U0385158

CULTURE

TEA

CHINESE

中國茶文化學

姚国坤 著

中国农业出版社
北京

图书在版编目（CIP）数据

中国茶文化学 / 姚国坤著. —— 北京 ：中国农业出版社，2019.5（2023.6重印）
ISBN 978-7-109-23901-2

Ⅰ．①中⋯ Ⅱ．①姚⋯ Ⅲ．①茶文化－研究－中国 Ⅳ．①TS971.21

中国版本图书馆CIP数据核字(2018)第015766号

中国农业出版社出版
地址：北京市朝阳区麦子店街18号楼
邮编：100125
特约专家：穆祥桐
责任编辑：姚　佳
版式设计：刘亚宁　责任校对：吴丽婷
印刷：北京通州皇家印刷厂
版次：2019年5月第1版
印次：2023年6月北京第2次印刷
发行：新华书店北京发行所
开本：889mm×1194mm　1/16
印张：46.75
字数：1 000千字
定价：398.00元

 中国国际茶文化研究会文库 ㉗

文库编辑委员会

CHINESE TEA CULTURE

作者简介

姚国坤 教授，1937年10月生，浙江余姚人，从事茶及茶文化科研教学57年，多次受到政府和相关部门授予的荣誉和奖励。曾任中国农业科学院茶叶研究所科技开发处处长，2003年组建全国第一个应用茶文化专业（浙江树人大学内）并任负责人，2005年开始筹建全国第一所茶文化学院（浙江农林大学内）并任副院长；曾先后兼任过中国国际茶文化研究会常务副秘书长、中国茶叶流通协会专家委员会副主任、浙江茶叶学会副理事长、浙江茶文化研究会副会长等职。现为中国国际茶文化研究会学术委员会副主任、世界茶文化学术研究会（日本注册）副会长、国际名茶协会（美国注册）专家委员会委员。先后组织和参加过20多次大型国际茶文化学术研讨会或论坛会。公开发表学术论文248篇，出版著作70余部。

中國茶文化學

释永信　题字

全国人大代表
中国佛教协会副会长
河南省佛教协会会长
河南嵩山少林寺方丈

序一

　　茶文化是中华文化优秀基因的浓缩，是世界解读中华文化的密码，也是沟通中国与世界的纽带。在中华无数文化形态中，最全面、最系统、最具体、最切身的当属茶文化。

　　众所周知，新生事物是最具有生命力，而且也是最具特色的。如今，随着社会的发展，科技的进步，社会物质文明、精神文明和道德文明得到广泛的交融与汇合，学科间渗透交叉产生了许多新兴学科，"学科在两门学科的交界处是最有前途的"。茶文化学就是其中之一。

　　姚国坤教授致力于茶及茶文化研究和实践已近六十个春秋，是这个领域的翘楚。他青年时代就读于浙江农业大学（今与浙江大学合并）茶学系，学的是茶。毕业后，他供职于中国农业科学院茶叶研究所，从事的是茶的自然科学研究。其间，还曾被国家派往马里、巴基斯坦等国帮助发展茶叶生产，是新中国早期援外重要的茶叶专家和顾问之一，有着丰富的理论知识和实践经验。如果说，他的前半生着重研究的是茶学基础理论和生产实践，那么后半生就完全奉献给了中国茶文化的教学与推广，主要从事的是茶的社会科学的研究，但平生始终没有离开过茶。所以由他执掌《中国茶文化学》是顺理成章的事，也是最合适的人选。

如今，他将一生中对茶与茶文化的研究心得与实践知识加以梳理，使之成为更系统、更严谨、更科学的学术体系。由他执笔完成的这部《中国茶文化学》，上下数千年，泱泱百万字，不但为中国茶文化学科建设做了实实在在的铺垫工作，开辟了新的蹊径；而且还为茶文化领域提供了概念清晰、持论有据的基础理论，实在难能可贵，可喜可贺！

姚国坤学识渊博，治学严谨，思路创新，是当代茶文化学科的开创者和践行者之一，也是一位具有时代意义的代表性人物。他一生学茶、探茶、研茶、究茶，且笔耕不辍，发表茶及茶文化专著近70部，论文220余篇，并亲赴世界多个国家和地区讲学，还多次主持和组织国际、全国性大型茶文化学术研讨会。1991年上半年，以他为主编著的《中国茶文化》，是第一部以"中国茶文化"为名称的著作，筚路蓝缕，开创之功不可没。2004年开始，由他担任第一主编的首套大专院校茶文化专业试用教材陆续出版，标志着茶文化学科开始逐渐走向成熟。

姚国坤一生事茶，曾任中国农业科学院茶叶研究所科技开发处处长，并长期担当中国国际茶文化研究会学术部主任一职。还于2003年组建全国第一个应用茶文化专业（浙江树人大学内）并任负责人。2005年开始筹建全国第一所茶文化学院（浙江农林大学内）并出任副院长，为培养茶文化专门人才做出了重要贡献。

中国是茶的故乡，茶文化的发祥地。一片神奇的树叶经历了一些少数民族的图腾崇拜，从药用、食用进而成为饮品，乃至精神的"粮食"。茶上至宫廷、贵族、士大夫，下至黎民百姓，唐宋元明清，从古饮到今。从"柴米油盐酱醋茶"到"琴棋书画诗酒茶"。茶的哲学精神，茶的历史流变，茶的社会民俗，茶的政治经济，茶的文学艺术，茶的科学技术，茶的医学养生，茶的人物事件……一杯茶中的上下七千年，纵横千万里，都成为作者一丝不苟的学术化的经纬，编织成为中国茶文化学这块精彩的锦绣。

中国茶文化从20世纪80年代开始有复兴之势，到21世纪初形成较为完善的茶文化学科，并开始形成本科专业，培养专门人才。《中国茶文化学》无疑是当代对这一学科加以系统研究的最重要的收获之一。然而，对于茶文化这样一种有数千年璀璨历史的文化资源而言，茶文化学科是年轻的，亟待大家的努力来完善、提升，从而肩负起中国茶文化复兴的伟大使命。我愿与大家共同努力，更上一层楼！

《中国茶文化学》的出版，是茶文化界的一件大事，也是一件喜事。相信它的问世，必将对推进"一带一路"建设，加快全面建成小康社会起着良好的作用。

是为序。

张天福

2017年4月18日

张天福（1910—2017），1932年毕业于金陵大学农学院，教授级高级农艺师，毕生从事茶的教育、科研和文化工作，被誉为"茶界泰斗""当代十大茶人"之一，对中国茶业发展贡献巨大。

序二
展开中国文化的一体两翼

　　一部茶文化大著，呈现在我们面前，这是一部内容丰厚、理念清晰、资料翔实、章节完整、框架齐全的茶文化学科专业著作。全书以茶的自然科学属性为起点，从梳理茶之源流开始，寻觅茶文化根脉及发展历程，由此进入茶文化的人文学科坐标系统，使读者得以观察茶文化与生活、风俗、养生之关系，研究茶文化与民生、旅游、艺文之互动融合，剖析茶在哲学、经济、政治、社会中的权重，前瞻茶文化走向世界的复兴之途。泱泱百万文字，最终集结成当代中国茶文化传承推广阵容中一部重要的读物与教材。

　　不辨门径何窥堂奥。感谢中国著名茶学与茶文化专家姚国坤先生年届八十时出版的这部力作，不但给茶界带来茶文化更新的认知结构，更为"一带一路"发展语境下的中国文化提供了最合适于传播的中国内涵。而站在这馨香袭人的茶文化露院，对什么是文化、什么是茶文化、什么是茶文化学，我们也有了更为广阔高远与精微缜密的思考平台。

　　文化是什么？汉语"文化"之原意，本是"人文教化"的简称，在中国，"文化"一词是讨论人类社会的专属语，归根结底是指导中华民族行动和内心的坐标。

如何为世界文明做出更相配于中国悠久灿烂文明的贡献，需要我们从自己的文化根源上寻找答案。上学而下潜，唤醒潜藏、隐伏在中华民族内心深处的文化基因，让中华传统文化在新的人类社会秩序构建中发挥重要的作用，正是我们当下最紧迫的历史使命。

中国作为茶文化的发祥地，实践者们相信人在造化中所起的作用就是赞天地之化育，而茶文化正是这种帮助天地化育、弥补天地化育之不足的不可或缺的文化。可以说，茶文化囊括了有关茶的社会与精神功能方面的一切事象，主要特质为天人合一、和谐美好、精行俭德、厚德载物。正因为茶文化的基本精神胎育于中国传统文化中，故中国文化的基本人文要素都较为完好地保存在茶文化之中，由此构成了中华民族优秀传统精神的组成部分。

人类生存离不开传统文化这条脐带的滋养，而现在从这条脐带吸吮最少的营养就是伦理道德——当今人类有责任反思源头，构建人类伦理。由于中国文化基因中的伦理性，并由伦理性转化而成的文化内在动力，使中国文化具备了推动历史的特有功能性。融入全球文化，发挥起正能量，恰是当今国际形势下中国文化伦理性与功能性的主要呈现。

中华文化要"走出去"，就要实施文化战略上的"一体两翼"。一体就是中国文化本身，而两翼则是将中国文化带出去的文化载体。中国文化的载体太多了，例如书画、诗词、歌舞、戏剧、丝绸、陶瓷等，但是最全面、最系统、最具体而又最切身的则有两种，一是中医，另一便是茶，由此构成了中华文化的"两翼"。

中国人说药茶同源，作为一片神奇的东方树叶，茶通过陆上丝绸之路和海上丝绸之路，迄今已遍及世界五大洲的60余个国家，160多个国家的近30亿人有饮茶习俗，渗入社会各个领域，与精神、道德、哲理、民生、生态等各个方面相伴相生，带去健康，惠及百姓，直接作用于人的身和心。茶文化作为一种具备了精微内在动力的文化，它将中国文化中的"大道"与"器术"如茶水相融般地结合了起来。作为一种可实操性的文化样貌，它引导人们注意到中国传统之中的表层文化走向深层次研究的文化通道。例如，为什么喝茶需要这样的礼仪程序？为什么客来敬茶是一种基本待客之道？最后归结到中国人的价值观、伦理观、宇宙观和审美观。茶的特性，全面系统地从伦理到功能都体现了中华文化的理念；而姚国坤先生的《中国茶文化学》一著，也正是在这个时代背景下，呈现出了其特殊的学术意义。

中国传统茶学，并未将茶的科学与人文属性分开。公元8世纪问世的《茶经》开宗明义首句定论"茶者，南方之嘉木也"，此一言已然提纲挈领，将茶之物质与精神水乳相融的复合形态全然点透。在此，茶既可以理解为地理环境上生长在中国南部的植物，亦可以诠释为人文语境下象征南方楚文化中君子品格的风物。茶与文化就此如一叶双菩提，结合构成了茶文化事象。

建立在20世纪初高等教育学科体系框架下的中国当代茶学，逐渐将茶的自然科学属性扩展为茶学的主要研究内容。当代茶学归口于农学，相当一段时期，中国茶中蕴含的重要人文基因日益式微，直至20世纪下叶，茶文化在新一轮文化热中再度崛起，茶所体现的和而不同的君子之风，包容天下的宽阔情怀，精行俭德的清廉形象，雅致蕴藉的艺文修养，清新活泼的民俗风味，立刻被主流社会价值观认同，政府与民间同时积极地介入，使茶文化日益兴旺。水涨船高，高等学府在全社会的茶文化热中与时俱进地关注茶文化，茶文化作为学术和教育的新兴建设学科，由此成为一种可能。

　　这是一次文化的重新出发，伦理性与功能性是当代中国茶文化学建立的重要视角。作为一门正在新兴建设中的学科，茶文化面临如何进行学科归类的重大命题。有将茶文化纳入文化学之范畴的，有将茶文化纳入茶学领域的，有将茶文化纳入历史学的；同时，因其学科的综合特质，茶文化必然与人文及自然学科领域中的农学、社会学、经济学、历史学、民俗学、文学、艺术学、哲学、宗教学、美学、心理学、传播学、医学等诸多学科相互联系，相互渗透。而关于茶文化的定义究竟如何归纳，本书撰著者姚国坤先生综合各家之说认为：茶文化就是人类在发展、生产、利用茶的过程中，以茶为载体，表达人与自然、人与社会、人与人，以及人与自我之间产生的各种理念、信仰、思想感情、意识形态的总和。

　　如果我们认可以上茶文化定义，那么在此背景下诞生的茶文化学，作为一门自然与人文相跨界的新兴学科，便是研究人类在发展、生产、利用茶的过程中，以茶为载体，表达人与自然、人与社会、人与人，以及人与自我之间产生的各种理念、信仰、思想感情、意识形态之总和的学科。简要说，茶文化学，是一门研究人类在发展、生产、利用茶的过程中所产生的文化现象的复合型学科。

　　本书作者，作为一名在茶科研文化领域中奋斗六十年的学者，从扎实的自然科学学术背景下出发，跨界于人文学科，其对于要担负起中国文化"一体两翼"使命的茶文化，兼有更为接地气的优势，而对茶文化学的研究归纳建构，自然便带有其更可实操性的建设内涵。

　　由鉴于此，我们更可以推论出本著的现实意义：相较以往同类型书籍的不同，此著的特性，在于姚国坤先生深厚扎实的茶学科研底蕴，加之其多年来深入一线的茶文化实践与文化整理与发现，自然科学与人文科学珠联璧合的知识框架，使读者不仅能够跨界阅读，在此书中吮取到在大数据收集实证基础上得出的茶文化范畴和内容，使我们的茶文化深入研究有了更为可靠的科学依据；更重要的是领略与学习到茶文化知识建构的多元与丰满，获取更为广阔的茶文化视野平台。这种集岁月历练、潜心体悟与学术研究于一体的知识结晶，正是我们后学者的无价之宝。

2017年7月19日

王旭烽（1955— ），女，国家一级作家，祖籍江苏徐州，1982年毕业于杭州大学历史系，现为浙江省作家协会副主席，浙江省政协委员，中国国际茶文化研究会理事，浙江农林大学茶文化学院院长。代表作品《茶人三部曲》，获1995年度国家"五个一工程"奖、国家八五计划优秀长篇小说奖、第五届茅盾文学奖。

目录

CHINESE

TEA

CULTURE

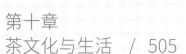

第十章
茶文化与生活 / 505

绪论

茶是一片神奇的东方古老树叶，生于中国的南方，长于深山密林中。长大后，周游列国，迄今为止，它的后代遍及世界五大洲的60余个国家，所到之处，给各国人民带去健康、惠及百姓。如今全世界已有160多个国家有饮茶习俗。茶，作为一种老少咸宜的饮品，深受各地人民普遍喜爱。不仅如此，茶的作用还渗入文化的各个领域，它与精神、道德、哲理、民生等各个方面相伴相生，在『茶人精神』的激励下，在茶德的熏陶下，茶在赋予人们淡泊、明志、俭朴、廉洁思想的同时，还与孔孟之道、道玄释家等哲学思想交融，成为一种绿色平和的象征。它还融天地人于一体，不分你我他，倡导『天下茶人是一家』。现代，茶文化作为新常态下的一种朝阳产业已经起步；茶作为一种重要出口物资，又与中国的『一带一路』建设紧密相连。如今，茶文化作为一门自然科学与社会科学相交叉的新兴学科，业已形成，并在形成中逐渐得到壮大。

生长在云南原始森林里的
大茶树

一、茶文化学定义和内涵

　　"茶文化"一词的出现和应用，始于20世纪80年代。不过，茶文化作为一种现象，它的呈现、形成与发展在中国已绵延数千年。而"茶文化学"作为一门学科，却是21世纪初的新生事物。

　　众所周知，新生事物是最具有生命力，而且也是最具特色的。如今，随着社会的发展、科技的进步，当今社会的物质文明、精神文明和道德文明得到广泛的交融与汇合，学科间渗透交叉产生了许多新兴学科。其实，"学科在两门学科的交界处是最有前途的"，茶文化学就是其中之一。

（一）"茶文化"一词的提出

　　"茶文化"这个词的普遍运用，出现于20世纪80年代，但我国茶文化的历史是悠久流长，在魏晋时期茶文化活动已不断涌现。但就总体而言，茶文化是兴于唐代，盛于两宋，明清时继续发展，民国时期一度衰落，直到20世纪80年代开始，再铸新的辉煌。尽管中国茶文化在中唐时期已经形成，但"茶文化"这一名词的出现和被接受，却是不太久远的事。

　　在大陆，当代著名茶学家庄晚芳首先使用"茶文化"一词。1981年，庄晚芳等在《饮茶漫

著名茶学家
庄晚芳石刻像

1990 年在杭州举办
首届"国际茶文化研讨会"

话》（中国财政经济出版社）中提到"饮茶文化"一说。1984年，庄晚芳发表论文《中国茶文化的传播》①，首倡"中国茶文化"名称。1986年，庄晚芳在《茶叶文化与清茶一杯》一文中运用了"茶叶文化"一词，这里的"茶叶文化"与"茶文化"是同实而异名。1989年，庄晚芳在《略谈茶文化》一文中，又重提"茶文化"这一名称。

　　无独有偶，在祖国宝岛，隔着一湾浅浅的海峡，1982年，娄子匡在为许明华、许明显的《中国茶艺》一书的代序——"茶的新闻"里，首次使用"茶文化"一词。1984年，吴智和出版了《茶的文化》②，使茶文化这一名称昭著于世。1987年，张宏庸在《茶艺》③一书中，也提出了"中国茶文化"之说。1988年，范增平等人发起成立"中华茶文化学会"。

　　由上可见，20世纪80年代，茶文化之说在海峡两岸几乎同时出现，并逐渐走进人民大众的视野。但1989年9月，在北京举行的国际性大型茶文化活动，仍称"茶与中国文化"。1990年6月，春风文艺出版社出版了孔宪乐主编的《茶与文化》一书中，也称为"茶与文化"。可见，当时"茶文化"已渐成潮流，在社会上产生了广泛的影响，进而在客观上又促进了"茶文化"的传播和流行。

　　1990年10月，在杭州举办了首届"国际茶文化研讨会"，会议主题是"茶文化的历史与传播"。事后，又于1991年出版了王家扬主编的《茶的历史与文化——90杭州国际茶文化研讨会论文选》④。与此同时，"国际茶文化研讨会组织委员会"开始筹备成立"中国国际茶文化研究

①《中国农史》1984年第2期。
②台北，"行政院文化建设委员会"出版。
③台湾幼狮文化事业公司出版。
④浙江摄影出版社出版。

会"，并于1993年11月正式成立了"中国国际茶文化研究会"。同年，在江西南昌也成立了"中国茶文化大观"编辑委员会，着手编辑了《茶文化论丛》《茶文化文丛》。至此，"茶文化"这一新名词才被确立。

（二）"茶文化"概念的确立

茶文化从一个新名词发展到新概念，是需要过程和时间的。不过，茶文化由名词发展到概念的时间并不长，这也反映出茶文化发展的迅猛。1991年4月，王冰泉、余悦主编的《茶文化论》由文化艺术出版社出版，该书收录了余悦（署笔名：彭勃）撰写的《中国茶文化学论纲》，其中对构建中国茶文化学的理论体系进行了全面探讨，认为中国茶文化是一门独立的学

姚国坤等编著的
《中国茶文化》

科，还提出了中国茶文化结构体系这一概念。进而提出了茶文化学必须研究和解决的六个问题：茶文化基本原理、茶文化分类学、茶文化历史学、茶文化信息学、茶文化比较研究、茶文化研究方法。1991年5月，姚国坤、王存礼、程启坤编著的《中国茶文化》[①]，由上海文化出版社出版，这是第一部以中国茶文化为名称的著作，筚路蓝缕，开创之功不可没。1991年，江西省社会科学院主办、陈文华主编的《农业考古》杂志推出《中国茶文化专号》，是当时国内唯一公开发行的茶文化研究核心期刊。在第1辑上，发表了陈香白的《中国茶文化纲要》等一批有分量的学术论文。1992年，王家扬主编的《茶文化的传播及其社会影响——第二届国际茶文化研讨会论文选集》由台北碧山岩出版社出版。而王玲的《中国茶文化》[②]是继姚国坤等的《中国茶文化》后的又一部同名力作。接着，又有几部同名著作问世。另外，1992年，朱世英主编的《中国茶文化辞典》[③]出版，这是第一部关于中国茶文化的辞典。

由上可见，"茶文化"作为一个新概念被正式确立，是在20世纪90年代初。但是作为一个新概念，对其内涵和外延的界定依然一时难以统一。后来不断有人通过研究、总结和提炼，对茶文化的概念进行阐释，如詹罗九的《茶文化浅说》[④]、刘勤晋主编的《茶文化学》[⑤]、陈文华的《中国茶文化基础知识》[⑥]和《长江流域茶文化》[⑦]、姚国坤的《茶文化概论》[⑧]等，都从不同角度进一

①该书完稿于1989年12月，参见《后记》。
②中国书店，1992年出版。
③安徽文艺出版社出版。
④《农业考古》1994年第2期。
⑤中国农业出版社，2000年。
⑥中国农业出版社，1999年。
⑦湖北教育出版社，2004年。
⑧浙江摄影出版社，2004年。

中国国际茶文化研究会
学术委员会成立大会

步完善了茶文化这一概念。

（三）茶文化学的建立

早在1991年，余悦就撰文呼吁建立"中国茶文化学"，王玲也提出构建"中国茶文化学"。20世纪90年代起，以高校和科研系统为主体的一批茶文化学者，从不同的角度对茶文化学科体系的建立和完善做出了各自的努力。诸如阮浩耕、梅重主编的《中国茶文化丛书》[1]、余悦主编的《中华茶文化丛书》[2]和《茶文化博览丛书》[3]等，都对茶文化进行了比较系统的专题研究。此外，还出版了许多单本的茶文化研究著作，发表了大量的茶文化研究论文，取得了新时期茶文化研究方面的一批新成果。

2003年，安徽农业大学中华茶文化研究所被批准为学校人文社会科学重点研究基地。基地以茶史、茶道、茶叶经济为主要研究方向，以王镇恒、詹罗九、夏涛、丁以寿、姜含春、高旭辉等为研究骨干，先后出版了十多部有影响的茶文化专著或工具书。

2004年，江西省社会科学院把茶文化学作为重点学科，以陈文华为学科带头人，余悦、王河、赖功欧、施由民、胡长春等为骨干，编辑出版茶文化系列专题著作十多部。

2004年12月，中国国际茶文化研究会成立以程启坤为主任，姚国坤、刘勤晋、沈冬梅为副主任的研究会直属机构——学术委员会，有组织、有计划地加强茶文化学术研究。还对中国茶文化研究进行全面规划，建立茶文化研究文库，组织全国茶文化专家学者进行课题攻关，渐有成效。2005年8月，江西省社会科学院在婺源主办"中国茶文化学术研究与学科建设研讨会"，标志着茶文化学科建设的自觉。

---

[1]浙江摄影出版社，1995年。
[2]光明日报出版社，1999年。
[3]中央民族大学出版社，2002年。

特别是进入21世纪以来，在中国十几所高校中，还在茶学硕士和茶学博士研究生培养专业中，设有茶文化研究方向，这在事实上已将茶文化作为一门学科或子学科对待了。

综上所论，21世纪初是标志着茶文化学科地位被确立的时期。

中日韩学者共同进行
茶文化学术研讨

（四）茶文化学的定义

文化是人类社会形成以后出现的一种社会现象，是人们长期创造所形成的产物。诚然，文化也是一种历史现象，是社会历史的积淀物。确切地说，文化是指一个国家或民族的历史、地理、风土人情、传统习俗、生活方式、文学艺术、行为规范、思维方式、价值观念等的表现，每个社会都有与其相适应的文化。有鉴于此，文化一词至今尚无最后定论。于是，何谓茶文化，与文化一样，依然众说纷纭，归纳起来大致有三种观点，即广义的概念、狭义的概念和介于两者之间的中义概念。

持广义概念的如《中国茶叶大辞典》[①]列有程启坤撰写的"茶文化"词条，释文说："茶文化，人类在社会历史发展过程中所创造的有关茶的物质财富和精神财富的总和。它以物质为载体，反映出明确的精神内容，是物质文明与精神文明高度和谐统一的产物。"

持狭义概念的如阮浩耕在《"人在草木中"丛书·序》[②]中说："如果试着给茶文化下一定义，是否可以是：以茶叶为载体，以茶的品饮活动为中心内容，展示民俗风情、审美情趣、道德精神和价值观念的大众生活文化。"

持中义概念的如丁以寿在《中国茶文化》[③]绪论中说：广义茶文化内涵太广泛，狭义茶文化（精神财富）又嫌内涵狭隘。因此，我们既不主张广义茶文化概念，以免与茶学概念重叠，也不主张狭义茶文化概念，而是主张一种中义的茶文化概念，介于广义和狭义的茶文化之间，从而为茶文化确定一个合理的内涵和外延。中义茶文化包括心态文化层、行为文化层的全部，物态文化层的部分——名茶及饮茶的器物和建筑等（物态文化层的茶叶生产活动和生产技术、生产机械等，制度文化层中的茶叶经济、茶叶市场、茶叶商品、茶叶经营管理等不属于茶文化之列）。茶文化是茶的人文科学加上部分茶的社会科学，属于茶学的一部分。

上述论述表明，对茶文化还没有一个普遍认同的特定定义，然而茶文化是在茶"被应用过程

①中国轻工业出版社，2000年。
②浙江摄影出版社，2003年。
③安徽教育出版社，2011年。

清末民初的
上海茶居

20 世纪 40 年代的
澳门茶业公会证章

中"或者说在"品饮活动中""作为饮料在被使用过程中"所产生和形成的文化，这一点已是大多数茶文化研究者的共识。所以，综合各家之说，可以认为，茶文化学就是人类在发展、生产、利用茶的过程中，以茶为载体，在研究茶的起源、演变、传播、结构、功能与本质的同时，表达人与自然、人与社会、人与人，以及人与自我之间产生的各种理念、信仰、思想感情、意识形态的一门综合性学科。

（五）茶文化学的内涵

茶文化蕴含丰富的内涵，它包括茶的历史发展，茶的发现和利用，茶的源流和传播，茶区人文环境，茶业科技和教学，茶的生产和流通，茶类和茶具的发生和演变，茶政茶法、饮茶习俗，茶道、茶艺、茶礼、茶德，茶对社会和生活的影响，茶事文学艺术，以及茶与宗教，等等。它以物质为载体，反映出明显的精神内容，是物质文明和精神文明的高度和谐统一的产物，属中介文化范例。其表现形式，一般认为可以归纳为四个方面。

1.物质形态　又称为茶的物态文化。物质泛指不依赖于人的意识，并能为人的意识所反映的客观实在。物质文化，是指人类物质生活的进步状况，主要表现为物质生产方式和经济生活的进步。如茶文物、茶遗迹、茶书、茶书画、茶雕刻、茶器具、茶歌、茶舞、茶戏，以及茶的种植和加工器具、茶及茶相关制品等。

2.制度形态　又称茶的制度文化。如果把"制度"一词分解开来，"制"按东汉许慎《说文解字》的观点，即本义是指裁，与裁衣有关，如今我们引申为节制、限制的意思；"度"是法制、标准的意思。两个字结合起来，表明制度是节制人们行为的尺度。它包括可辨别的有明文的制度和难以辨识的隐性非正式制度。它的第一要义便是指要求成员共同遵守，并按一定程序办事

峨眉山报国寺内的
"茶禅一味"匾

新郎新娘
向长辈敬茶

的规程。如历代茶政茶法、茶税、贡茶、榷茶、茶事诏典、茶马互市、礼规等方面。

3.精神形态　又称茶的心态文化。这里的"精神"一词是指人的意识、思维活动、神志等，其实质是事物的灵魂所在。如茶事中的茶人精神、茶禅一味、茶道、茶德、茶俗，以及以茶养性、以茶育德、以茶待客、以茶养廉、以茶修性、以茶尊礼等。

4.行为形态　又称茶的行为文化。这里的行为主要是茶事活动过程中，受人的思想支配而表现出来的外在举止和行动。包括客来敬茶、婚嫁茶礼、丧葬茶事，以茶祭祀，以及饮茶过程中形成的约定与成规等，就是茶的行为文化。

二、茶文化的性质和特点

人们研究茶文化，不但要从茶的自然科学角度研究它的自然属性，而且还要从茶的社会科学角度研究它的社会属性。所以，人们研究茶文化性质已不局限于茶本身，而是要在更大范围内环绕茶所产生的一系列物质的、精神的、道德的、行为的、意识的现象开展研究。所以，茶作为一种文化自然会有它自身的普遍性和本身固有的特点。

（一）茶文化的普遍性

与其他文化一样，茶文化作为一种文化现象有其普遍属性，主要表现在四个方面。

1.茶文化的社会性　饮茶是人类美好的物质享受与精神品赏。随着社会的文明进步，饮茶文化已渗透到社会的各个领域、层次、角落和生活的各个方面。富贵之家过的是"茶来伸手，饭来

汉代赏乐
石刻图

张口"的生活；贫困之户过的是"粗茶淡饭"的日子，但都离不开茶。"人生在世，一日三餐茶饭"是不可省的，即便是祭天祀地拜祖宗，也得奉上"三茶六酒"，把茶提到与饭等同的位置。"人不可无食，但也需要有茶"，无论是皇族显贵，还是平民百姓，都需要茶。所不同的，只是对茶的要求和饮茶方式的不同罢了，而对茶的推崇和需求，却是一致的。

唐代，随着茶业的发展，茶已成为社会经济、社会文化中一门独立的学问，饮茶遍及大江南北、塞外边疆。而唐文成公主嫁藏，带去饮茶之风，使茶与佛教进一步融洽，西藏喇嘛寺因此出现规模空前的饮茶盛景。宋代民间饮茶之风大盛，宫廷内外，到处"斗茶"。为此，朝廷重臣蔡襄写了《茶录》以告天下；徽宗赵佶也乐于茶事，写就《大观茶论》一册。皇帝为茶著书立说，这在中外茶文化发展史上是绝无仅有的。明代，太祖为严肃茶政，斩了贩运私茶出塞的爱婿欧阳伦。清代，八旗子弟饱食终日，无所事事，坐茶馆玩花鸟，成了他们消磨时间的重要方式。所有这些，道出了茶在皇室贵族生活中的重要位置。而历代文人墨客、社会名流以及宗教界人士，更是以茶洁身自好。他们烹泉煮茗，品茗论道，讴歌吟诗作画，对茶文化的发展起了推波助澜的作用。至于平民百姓，居家茶饭，不可或缺。即使是粗茶淡饭，茶也是必需品。"开门七件事，柴米油盐酱醋茶"，说的就是这个意思。

2.茶文化的广泛性　茶文化是一种范围广泛的文化，它雅俗共赏，各得其所。茶文化的发展历史告诉我们：茶的最初发现，传说是因"神农尝百草"，始知茶有解毒功能和治病作用，才为人们所利用的；在殷周时，茶被作为稀有珍贵物品已成为贡品；秦汉时，茶的种植、贸易、饮用已逐渐扩展开来；魏晋南北朝时，出现了许多以茶为"精神"的文化现象；盛唐时，茶已成了"不问道俗，投钱取饮"之物。唐代物质生活的相对丰富，使人们有条件以茶为本体，去追求更多的精神享受和营造艺术美的生活。随着茶物质文化的发展，茶的精神文化和制度文化向着广度延伸和深度发展，逐渐形成了固有的道德风尚和民族风情，成为精神生活的重要组成部分。爱茶文人的创作加工，为后人留下了许多与茶紧密相关的文学艺术作品。此外，茶还与许多学科紧密

苗族油茶汤

潮汕地区的
工夫茶

相关，茶文化是范围广阔的文化，以一物牵动众心，浸润众多领域、各个方面，这是茶文化的一个主要属性。

3.茶文化的民族性　据史料记载，茶文化始于中国古代的巴蜀族人，在发展过程中逐渐形成了以汉民族为主体的茶文化，并由此传播扩展。每个国家、每个民族都有自己独特的历史、文化、个性，并通过其特有的生活、心理、习俗加以表现出来，这就是茶文化的民族性。

中国是一个多民族的国家，56个民族都有自己多姿多彩的茶俗，蒙古族的咸奶茶、维吾尔族的奶茶和香茶、苗族和侗族的油茶、佤族的盐茶，主要追求的是用茶作食，茶食相融；土家族的擂茶、纳西族的"龙虎斗"，主要追求的是强身健体，以茶养生；白族的三道茶、苗族的三宴茶，主要追求的是借茶喻世，为人做事的哲理；傣族的竹筒香茶、傈僳族的响雷茶、回族的罐罐茶，主要追求的是精神享受，重在饮茶情趣；藏族的酥油茶、布朗族的酸茶、鄂温克族的奶茶，主要追求的是以茶为引，意在示礼联谊。尽管各民族的茶俗有所不同，但按照中国人的习惯，凡有客人进门，不管是否需要饮茶，主人敬茶是少不了的，不敬茶往往被认为是不礼貌的。再从大范围看，各国的茶艺、茶道、茶礼、茶俗，同样也是既有区别，又有统一，所以说茶文化是民族的，也是世界的。

4.茶文化的区域性　"千里不同风，百里不同俗"。中国地广人多，由于受历史文化、生活环境、社会风情的影响，形成了中国茶文化的区域性。如在饮茶过程中，以烹茶方法而论，有煮茶、点茶和泡茶之分；以饮茶方式而论，有品茶、喝茶和吃茶之别；以用茶目的而论，有生理需要、传情联谊和生活追求之说。再如中国的大部分地区，饮茶的基本方法是直接用开水冲泡茶叶，无须在茶叶中加入糖、薄荷、牛奶、葱姜等佐料，推崇的是清饮。对茶叶的品质需求，在一定的区域内，也是相对一致的。如南方人喜欢饮绿茶，北方人崇尚花茶，福建、广东、台湾人欣赏乌龙茶，西南地区一带推崇普洱茶，边疆兄弟民族爱喝再加工的紧压茶等。就世界范围而言，东方人崇尚的多为清茶，欧美及大洋洲国家人们钟情的是加有奶和糖的红茶，西非和北非的人们

日本高僧
荣西

当今
时尚茶宴

最爱喝的是加有薄荷或柠檬的绿茶。这就是茶文化区域性的反映。

（二）茶文化的特点

茶文化的发展史告诉我们：茶文化总是先满足人们物质生活的需求，再满足精神需要。在这一过程中，一些与社会不相适应的东西常被淘汰和摒弃，但更多的是产生和发展。从而使茶文化的内容得到不断充实和丰富，使茶文化由低级走向高级，进而形成自己的个性。所以，茶文化与其他文化相比，还具有一些与众不同的特点，主要表现在四个"结合"上。

1.物质与精神的结合　茶作为一种物质，它的形和体是异常丰富的；茶作为一种文化，有着深邃的内涵和文化的超越性。唐代卢仝认为，饮茶可以进入"通仙灵"的奇妙境地；韦应物赞誉茶"洁性不可污，为饮涤尘烦"；宋代苏轼将茶比作"从来佳茗似佳人"、杜耒说茶可"寒夜客来茶当酒"；明代顾元庆谓"人不可一日无茶"；近代鲁迅说品茶是一种"清福"。德国科学家爱因斯坦组织的奥林比亚科学院每晚例会，用边饮茶休息、边学习议论的方式研究学问，被人称为"茶杯精神"；法国大文豪巴尔扎克赞美茶"精细如拉塔基亚烟丝，色黄如威尼斯金子，未曾品尝即已幽香四溢"；日本高僧荣西禅师称茶"上通诸天境界，下资人伦"；华裔英国籍女作家韩素音说："茶是独一无二的真正文明饮料，是礼貌和精神纯洁的化身。"这些说法和赞美彰显着随着物质的丰富，人们的精神生活也随之提高，进而促进了文化的高涨。当前世界范围内出现的茶文化热，就是最好的注脚和证明。

福建武夷山举办的
大型茶事演出活动

澳门举办
"茶风传韵研讨会"

2.高雅与通俗的结合　茶文化是雅俗共赏的文化，在发展过程中，一直表现出高雅和通俗两个方面，并在两者的统一中向前发展。其实，历史上宫廷贵族的茶宴，僧侣士大夫的斗茶，大家闺秀的分茶，文人骚客的品茶都是上层社会高雅的精致文化。由此派生出茶的诗词、歌舞、戏曲、书画、雕塑等门类是具有很高欣赏价值的艺术作品，所以有"琴棋书画诗酒茶"之说，这是茶文化高雅性的表现。而民间的饮茶习俗，十分大众化和通俗化，老少咸宜，贴近生活、贴近社会、贴近百姓，并由此产生了茶的民间故事、传说、谚语等，所以又有"柴米油盐酱醋茶"之说，这就是茶文化的通俗性所在。但精致高雅的茶文化，是植根于通俗的茶文化之中的，经过吸收提炼，上升到精致的茶文化。如果没有粗犷、通俗的民间茶文化土壤，高雅茶文化也就失去了生存的基础。所以，茶文化是劳动人民创造的，但上层对高雅茶文化的推崇，又对茶文化的发展和普及起到了推进作用，并在很大程度上左右着茶文化的发展。

3.功能与审美的结合　茶在满足人类物质生活方面，表现出广泛的实用性。在中国，茶是重要的经济作物，有较高的经济价值和深度开发的功用，发展茶叶生产与茶叶商贸是促进国民经济发展的重要环节。茶又是生活必需品之一，食用、治病、解渴、保健与养性都需要用到茶。茶在多种行业中的广泛应用，更为世人瞩目。以茶会友，茶与文人雅士结缘，与广大民众联谊。倘若茶杯在手，观颜察色，品味苦茗，体会人生；或者品茶益思，世人联想翩翩，思绪横溢。多少文人学士为得到一杯佳茗，宁愿"诗人不做做茶农"。茶可健身，有利于提高国民身体素质。以茶为媒、以茶祭祀、以茶助修、茶禅结合更能发挥茶的媒介作用和精神寄托。可见，在精神需求方面，茶表现出广泛的审美性。茶的绚丽多姿，茶文学艺术作品的五彩缤纷，茶艺、茶道、茶礼的纷繁多样，满足了人们的审美需要。它集物质与精神，休闲与娱乐，观赏与文化于一体，给人以美的享受。

4.实用与娱乐的结合　茶文化的实用性，决定了茶文化的功利性。在茶的利用史上，茶不但经历过药用、食用、饮用等过程；而且还作过军饷、俸禄、飞钱等。如今，随着茶的深加工和综合利用的发展，茶的开发利用已渗透到多种行业。近年来，多种形式的茶文化活动，以及茶文化旅游活动的开展，其最终目标就是以"茶文化搭台，茶经济唱戏"，用以发展地方经济，这同样也是茶文化实用性与娱乐性相结合的体现。

总之，茶文化蕴含着进步的历史观和世界观，它以平和的心态，去实现人类的理想和目标。

三、茶文化的研究目的、方法和任务

当今全球正处于一个重要的历史发展时期，加强茶文化建设，谋求社会发展，促进人类进步，已成为世界各国茶人的共识，也是每个茶业工作者及茶文化工作者肩负的历史使命。因此，明确茶文化研究目的，提出茶文化研究方法和任务，确实很有必要。

（一）茶文化研究的目的

如今，茶在中国已成为举国之饮，在世界已成为消费量最多的绿色健康饮料。茶的发现和利用，不但推进了中国的文明进程，而且还极大地丰富了东西方乃至全世界的物质生活、精神生活。大家知道，茶文化的表现形式和功能是多方面的，它能使上层与下层、东方与西方、人与自然、社会与人际、世俗与宗教、心灵与自我沟通相融，成为人类心灵的理想家园。日本著名学者堺屋太一在《知识价值革命》一书中提出：由于多样化、信息化技术的发展，知识价值社会将取代"后工业社会"。在这个社会中，人们将不再去单纯地追求资源、能源和农产品的更大消费，而是更多地去追求时间和智慧，即知识价值的消费。也就是说，社会财富价值的高低，以及商品价值的高低不再取决于原料成本，而将取决于包含其中的知识价值的高低。同时，社会发展的快慢，也将取决于知识更新的速度。一些发达国家经济迅速发展的经验表明：包括茶文化在内的文化知识、科学技术是经济发展的动力，是社会财富的源泉。也就是说，知识是力量，知识是源泉。因此，研究茶文化的目的，就是要用当代社会的新思想、新观念，采用科学的方法，发展的眼光，创新思路，回眸中华茶文化源远流长的历史轨迹和博大精深的内涵，以实事求是的态度界定茶文化的丰富内容和深广范畴，了解和探索茶文化的发展规律，以便更好地为新时期的物质文明、精神文明、道德文明建设服务；为繁荣茶科学，促进茶经济的发展做出贡献；为加强国际间茶文化的交流与合作做出努力；为造福人类，提升人民生活质量有新的作为。

（二）茶文化研究方法和任务

在茶文化发展史上，许多学者从不同侧面、不同层次、不同角度，对茶文化进行了全方位的深入研究，对茶文化推动社会文明进程和世界进步的作用，给予了充分的肯定。因此，在现代物质和文化生活的基础上，充分发挥茶文化的功能，挖掘茶文化资源，扩展茶文化内涵，使茶文化更好地为社会文明建设服务，为社会经济建设服务，已成为全球每个茶文化工作者的历史任务。

唐代陆羽《茶经·六之饮》说：茶是"天育万物，皆有至妙"。而今，茶文化作为一种社会文化现象，是早已存在的事实。数千年来，茶文化在历史发展的长河中不断地充实和融汇，进而在东方文化中形成自己的体系，成了新文化学的一个分支。根据当前社会发展的需要，特别要从以下几个方面去推动茶文化事业的发展。①提倡茶为国饮，进一步弘扬茶文化，把茶确立为最有利于人类身心健康的大众产品和饮料；②弘扬和培育当代茶文化核心价值研究，提倡茶德，倡导茶人精神，促进社会文明进步；③充分发挥茶的功能，提高茶的综合利用价值，使有更多的茶文化产品供人们享用，提升人民生活质量；④积极发掘和整理茶文化遗迹，开发茶文化景观，促进茶文化旅游业的发展，使茶文化更好地为经济建设服务；⑤开拓创新，扩展和深化茶文化内涵，明确茶文化的作用与地位，使茶文化更加贴近群众生活；⑥努力发挥茶在社会生活中的纽带作用，和谐人际关系，增进人类的友谊和团结；⑦深化优秀传统茶文化的发掘、保护、研究、提炼，使茶文化进一步发扬光大。

因此，要搞好茶文化研究，就必须既要承传文明，又要开拓创新，以客观、科学的态度，用历史和现实的眼光，运用理论与实践相结合的方法，加以研究。

将物质与精神研究相结合：人们研究茶文化，不但要从自然科学角度去研究茶的自然属性，即茶的物态形式，还要从社会科学角度研究其社会文化属性，即在茶的应用过程中所产生的精神作用。所以，茶文化已不再局限于茶本身，研究的对象应是围绕着茶所产生的一系列物质的、精神的现象和产品。

将继承与创新研究相结合：茶文化的内涵十分丰富，它是前人在几千年的研究与实践中，通过不断的充实整理，逐渐完善，才积淀起当今如此博大精深的遗产。而蕴藏在茶文化中更多、更精彩的内涵，还有待人们去发掘和整理，开拓和创新，这就需要人们在继承茶文化优秀传统的同时，去拓展茶文化的新领域，使茶文化世代传承。

将知与行研究相结合：南宋著名诗人陆游作诗曰："古人学问无遗力，少壮工夫老始成。"作为茶文化工作者，首先要勇于实践，在形式多样的各种茶事活动中，通过调查考察，身临其境地去探求和领悟茶文化的真谛。只有这样，终身为之奋斗，才能对茶文化有较为深入的了解和掌握，取得研究新成果。

将广泛吸收与专题研究相结合：茶文化内容繁多，牵涉到许多学科，因此知识面要广，除广泛吸收与茶文化相关的各种知识外，还必须对茶文化的某个专门领域有深入的研究，有真知灼见。为此，茶文化工作者还要走出书斋，到群众中去了解汉韵唐风，到各民族兄弟中去领略数千年茶文化的万千风情。

（三）茶文化研究范围和对象

关于茶文化研究的范围与对象，由于对茶文化概念的不同认识，使茶文化的内涵与形态出现差异，以致研究范围有大小之别。在2004年召开的中国国际茶文化研究会第一届学术委员会时

福建建阳的
建窑遗存

浙江磐安的
宋代茶市场遗址

就曾提出讨论，其中，程启坤研究提出的方案有一定的代表性。归纳起来，茶文化研究的范围与对象综述如下。

茶的历史：包括茶树与茶的起源、饮茶起源与饮茶发展史、茶的传播史、茶树种植史、茶叶加工史、茶类演变史、茶政茶法史、茶的利用史、茶叶检验史以及茶的贸易史等。

茶的古籍考证与解读：包括唐代以前的茶事记载、自唐至今的历代茶书、自唐至清非茶书中的茶事记载、茶诗词及其他文学艺术作品等。

茶文化资源：包括各地现存的茶文化文物、古迹、人文资源、茶叶博物馆等。

饮茶习俗与茶艺：包括各民族的饮茶习俗、各种茶的烹饮技艺、各类茶艺呈现等。

茶馆文化：包括茶馆历史、现代茶馆。

茶具文化：包括历代茶具演变、历代茶具精品鉴赏、现代茶具与创新、历代茶具工艺师及其代表作品等。

名茶文化：包括历代名茶与贡茶的形成与发展、各地名茶的文化趣闻。

茶人与爱茶人：包括历代茶人、历代爱茶人等。

茶与文学艺术：包括茶与书画，茶与文学，茶与楹联、谜语、谚语，茶与戏剧，茶与歌舞，茶与影视，茶文化工艺品。

茶文化的社会功能：包括倡导茶为国饮、茶文化社团与活动、茶文化促进茶产业发展、茶文化促进社会的文明与进步、茶文化与茶科学、茶文化与茶经济的关系等。

茶道、茶与宗教：包括中国茶道的形成与发展、中国茶文化的核心价值、茶与儒教、茶与佛教、茶与道教、茶与其他宗教等。

茶叶经营贸易文化：包括茶产业的企业文化、茶产品的品牌文化等。

浙江农林大学茶文化学院正在
为东方航空公司空姐空少培训茶艺

饮茶与健康：包括饮茶与健康的历史记载、饮茶的好处、饮茶的精神感受等。

茶与旅游、休闲：包括茶文化与旅游、茶在未来休闲业中的地位与作用等。

茶文化普及与教育：包括茶文化宣传与普及、茶文化职业教育与学历教育等。

茶的综合利用和深加工：包括茶新产品的扩大、开发和延伸。

中国茶文化对世界文化的影响：包括中国茶文化对东方和西方饮食文化的影响、中国茶文化对世界文明作出的贡献等。

四、茶文化的功能和作用

茶，产于中国，源远流长，惠及世界，为人类送去了健康；茶文化，绚丽灿烂，博大精深，还为中国人民和世界人民友谊架起一座金色的桥梁。如今，茶在中国已成为国饮，在世界已有三分之一以上的人民正在享受着茶给人类带去的快乐。茶，真是一片神奇树叶，它的功能和作用是多方面的。

（一）茶文化的功能

弘扬茶文化，最直接的功能是促进茶产业、拉动茶旅游、提升茶经济。其实，茶的功能是多方面的，择要简述如下：

1.茶文化的社会功能　茶有多种功能，直接的是给社会带来美德；茶更有多种用途，直接的是给人民带来福祉。所以，茶的发现和利用是中国人民对世界文明的一大贡献！自20世纪80年代以来，市场经济的发展带来了综合国力的提升，人民生活水平提高。但趋利性的成长也给社会、给人民带来了一定的负面效应。特别是过多地强调物质享受的结果，也给社会带来了不少的拜金主义和病态的消费主义。在这种情况下，如何充分发挥茶的社会功能显得尤为重要。

（1）当代茶文化的核心价值观。茶文化是中华优秀传统文化的重要组成部分，不但有经济、文化、社会、生态和养生等诸多功能；而且还有深刻的教化作用，其精神实质就是处理好人与自然、人与社会、人与人、人与自我的关系。茶圣陆羽在《茶经·一之源》中说，饮茶对重操行、尚清廉之人最为适宜，使茶文化呈现"节俭、淡泊、和谐、廉洁"的人生价值观。当代，最早对茶文化精神实质进行概括的是台湾的林琴南教授，他于20世纪80年代提出的"茶道四义"，将茶道核心价值概括为"美、健、性、伦"，即"美律、健康、养性、明伦"。接着，台湾茶学家吴振铎随后提出"清、敬、怡、真"四字，称之为"茶艺基本精神"。1985年，台湾范增平

著名茶学界教授
庄晚芳题词

教授提出：茶艺的根本精神，在于"和、俭、静、洁"。其实，这里所说的"茶艺精神"指的都是茶道精神，也就是茶德。此外，台湾茶艺专家周渝在1990年也提出过"正、静、深、远"，后来于1995年修正为"正、静、清、圆"，用以概括茶道精神。大陆学者最早对茶文化精神进行概括的是庄晚芳教授，他于1989年明确提出中国茶德，极力提倡"廉、美、和、敬"的茶德精神，将茶文化的核心价值概括为"廉俭育德、美真康乐、和诚处世、敬爱为人"。与此同时，程启坤、姚国坤研究员也提出中国茶德一词，并用"理、敬、清、融"四字来概括中国茶德精神。以后，陆续有专家学者对中国茶道精神发表自己的意见。前些年，已105岁的茶界泰斗张天福提出中国茶礼的核心为"俭、清、和、静"，意为"节俭朴素、清正廉明、和睦处世、恬淡致静"。2012年9月，在陕西西安召开的第十二届国际茶文化研讨会上，陈野等在总结前人对茶文化精神实质的基础上，通过分析思考，提出"清、敬、和、美"为对茶文化精神实质的新的概括和提炼。

这里，表述虽有不一，但基本精神却是沿着一定脉络发展的，这是因为茶文化的精神实质和核心价值总是在把握时代精神和时代特征的基础上，进行提炼升华与理论概括的，所以古往今来，对茶文化的基本精神内涵尽管一脉相承，但茶与茶文化几千年的发展史就是一部与时俱进的演变史，是一个永恒的主题。由于时代背景不同，面对的角度有别，对茶文化核心价值之说，自然会出现一定差异的。这是因为：

所处的时代不同：最早提出中国茶文化基本精神的是唐代陆羽的"精行俭德"。当代，无论是台湾的林琴南、吴振铎、范增平等，还是大陆的庄晚芳、程启坤、姚国坤等表述的茶文化精神，都是1980—1990年提出的。这些论述在当时虽然发挥过积极的作用，产生过相当的影响，但毕竟距今已有30～40年。他们都是在中国茶文化复兴之初提出来的，是那个时期及其之前的精神和价值追寻。而当代茶文化核心理念的提出，既是对古人和前辈的继承，又是改革开放以来茶文化发展的总结。在中国社会和经济快速发展的大背景下，这种时间的差距，社会的快速发展，正表明茶文化精神所展现的时代性和社会性。

面对的角度不同：大陆茶学家庄晚芳1989年提出的"廉、美、和、敬"，是针对"中国茶德"的概括，其释义也非常明确。程启坤、姚国坤提出的"理、敬、清、融"，同样是对"中国茶德"的梳理，但其角度说得非常明确："从传统饮茶风俗谈中国茶德"，因为中国茶"能用来养性、联谊、示礼、传情、育德，直到陶冶情操，美化生活"。

台湾地区林琴南教授1982年提出的"美、健、性、伦"四字，即"美律、健康、养性、明伦"，称之为"茶道四义"。其具体解释为：美是茶的事物，律是茶的秩序；"健康"一项，是茶的本性；"养性"是茶的妙用，茶人必须顺茶性；"明伦"是儒家至宝，茶为饮合乎五伦十义。范增平先生1985年提出的四字茶艺根本精神，虽然并未详细解释，却也说得明白：中国"茶艺的精神，乃在于和、俭、静、洁"，这是从茶艺角度来概括的。所以，阐述的前提有别，面对的角度不同，得出的结论自然会有一定差异。

指向的格局不同：在中国文化范畴内，即便是同一个文字，体现的文化格局是不甚相同的。在茶文化的精神实质概括中，出现频率较多的是"和"字。但同样是一个"和"字，可以解释为相安、平息、平静、连带，直至古乐器名、古军队营门、数学名词等多种含义；而且在不同时期，对"和"字释义的侧重点也是不一样的。在先秦时期，《荀子·乐论》称君臣上下同听乐而"莫不和敬"，强调"故乐者，审一以定和"，将"和"作为文学观念的基本范畴。《老子·道德经》："道生一，一生二，二生三，三生万物。万物负阴而抱阳，冲气以为和。"将"和"作为生成万物的内在依据。《庄子·天道》："与人和者，谓之人乐；与天和者，谓之天乐。"将"和"释义为万物之和乐产生的哲学依据。可见同是一个"和"字，可以有不同释义，可以是人性，可以是艺术，甚至是哲理。而当代茶文化精神实质，乃至核心理念的提出，就是基于对传统的把握与继承，更是适应时代发展要求的论述，是茶、人、社会、自然在天人合一哲学境界内的共同升华，表明对茶文化精神实质的表述，对茶文化核心价值的概括是不可能有终结的，发展才是大道理。不过，人们依然可以从当代茶文化核心价值提出的时代背景，进一步理解茶文化的特点、价值、地位的所在。

（2）当代茶文化的社会功能实践意义。当代茶文化核心理念，不但有理论意义，而且有观念特性，更有表述的特征和实践依据。所以，当代茶文化核心理念一经提出，就成为社会的财富，成为大众的共享。主要表现如下：

茶文化与人民生活：中国人有句俗语："开门七件事，柴米油盐酱醋茶。"无论是富贵之家，还是贫穷之户，都离不开茶。所以，在中国，上至庆祝重大节日，招待各国贵宾；下至庆贺良辰喜事，招待亲朋好友，乃至在社交、家居、车间、码头、田间，以及其他一切生活场合，茶成了必备的款待物。

在世界，人民生活同样离不开茶，没有茶就无法感受生活。英国女作家韩素音对茶有特殊的感情和亲身体验，无论是茶对启发文思，还是保持健美的体态，她都有深刻的体会。点赞茶是真正的文明饮料，是礼貌和精神纯洁的化身。她几十年如一日，每天必须喝茶，她甚至说："人不可无食，但我尤爱饮茶。"如今，人民即便走到天涯海角，总能见到茶的影子，体验到饮茶的风情，以至客来敬茶，成了全世界人民的共同心声。

饮茶原本是人民生活的必需品，口干时，喝杯茶能润喉解渴；疲劳时，喝杯茶能消食去腻……不仅如此，细斟缓饮，"啜英咀华"，还能促进人们的思维。手捧一杯微雾萦绕、清香四溢的佳茗，你可以透过那清澈明亮的茶汤，看到在晶莹皓洁的杯底，朵朵茶芽玉立其间，宛如春兰初绽、翠竹争阳。一旦茶汤入口，细细品味，浓郁、甘醇、鲜爽之味便应运而生；若再慢慢回味，又觉得有一种太和之气从胸中冉冉升起。使人耳目一新，遐想联翩。君不见，我国有不少军事家，在深算熟谋战略之际，边饮茶、边对弈，看似清雅闲逸，实则运筹帷幄。军事家陈毅诗曰："志士嗟日短，愁人知夜长。我则异其趣，一闲对百忙。"中国著名诗人、文学家郭沫若在品饮名茶高桥银峰（茶）后，于1964年初夏赋七律诗一首，诗云："芙蓉国里产新茶，九嶷香风阜万家。肯让湖州夸紫笋，愿同双井斗红纱。脑如冰雪心如火，舌不饫饤眼不花。协力免教天下醉，三闾无用独醒嗟。"著名作家姚雪垠在《烟酒茶与文思》一文中说："我端起杯子，喝了半口，含在口中，暂不咽下，顿觉满口清香而微带苦涩，使我的心舌生津，精神一爽……我在品味后咽下去这半口茶，放下杯子，于是新的一天工作和生活开始了。"总之，人们的生活离不开茶，人们的生活需要茶。

茶文化与国计民生： 几千年的种茶和饮茶历史，成就了茶在国计民生中的特殊地位和作用。如今，茶已深深地融入中国人民的生活之中。如果说在过去，粗茶淡饭就是一种民生底线，茶是人们休养生息不可或缺的一种生活必需。那么，如今茶已成为一种重要的经济作物，特别是在南方山区，茶已成为提高农民收入、解决"三农"问题的重要途径。在目前经济全球化的背景之下，中国茶也面临着一个全新的机遇。茶作为世界三大饮品之一，茶的需求得到前所未有的提升。中国是茶叶生产大国，特别是21世纪以来茶叶产量有较快增长。据统计，2015年茶叶产量已达到227.8万吨，其中干毛茶的一产产值已达到1 519.2亿元。

其实，茶早已走出了单纯农作物的范畴，特别是20世纪80年代以来，茶已成为横贯一、二、三产的庞大产业链，如今，茶的总产值（包括一、二、三产）已超过5 000亿元。茶的种植业、茶的加工业姑且不论，仅就二产、三产而言也是亮点频呈，茶馆业的迅猛发展、茶旅游和茶饮食的不断开发、茶综合利用的日益深化和相关文化产业的崭露头角，发展势头强劲。比如，遍布全国大小城镇的茶馆茶楼少说也有9万家以上，且常常茶客满座；又如全国许多茶区开发的茶文化生态游，已成为中国旅游业的重要组成部分。这种全新的茶叶业态，昭示了中

空姐为乘客奉茶

国茶在21世纪的开发，前景广阔，生机无限。特别是随着人们生活水平的提高，饮茶在某种程度上代表着一种新的健康生活方式，促使茶叶有大的发展。随着科学发展，茶的保健药用功能得到不断拓展。茶以其养心健体的特殊功效，在世界饮料中独树一帜，成为世界公认的一种优良生活习惯。更重要的是茶契合了21世纪人们生活的发展潮流，这对促进健康向上的新民生有着特殊的意义。

茶文化与人类文明：中国茶的神奇魅力，不仅在于其事关民生，更在于其凝聚了中华民族的文化精华。如今，茶已成为一种生活的享受、健康的良药、友谊的纽带、文明的象征。

千百年来，无论是山野村夫，还是文人骚客，虽然他们饮茶方式不同，感悟茶的真谛不一，但茶在中国，不仅是一种饮品，更是一种养性之道。以茶寄情，以茶会友，陶冶情操，修身养性，饮茶不仅"润喉"，更能"涤心"，这便是中国茶独特的文化内涵之处。不论是谁，当你选择了"清茶一杯"，你事实上就是选择了与茶的一次亲近。很少有东西，能像茶这样既有强烈的文化指向，又有高度认同的全民性和普及性。茶，是弘扬中国优秀文化传统的一个很好载体，这个载体也应当而且完全可以与时俱进，不断丰富其内涵，扩大其外延。它集解渴、健身、怡情、社交、修政于一体的文化内涵，不但传统，而且先进。因此，提倡茶为国饮，既是提升生活品质，建设物质文明的需要，也是精神文明建设的重要助推器。

茶文化与社会和谐：千百年来，茶与"和谐"一词密不可分。茶圣陆羽认为：饮茶就要煮茶，而整个煮茶的过程就是"体均五行"：煮茶的风炉是"金"，放在地上的是"土"，点燃的炭是"木"，烧着的是"火"，品饮的是"水"。"金木水火土"，它们相生相克，是一个达到和谐平衡的过程。这种朴素的五行调和之说，体现的是《周易》阴阳调和之道。

在社会发展中，茶还与"去百疾"的作用相关，因为茶能调和五脏器官。而茶和茶文化，却又包含着浓郁的茶与自然、茶与人类、茶与社会、茶与生态的融洽之道。而人与自然的和谐相处，又是构建和谐社会的目标之一，也是中国茶及茶文化历来所倡导的。茶从"云雾高山"到"绿色有机"，自然成为21世纪的健康生活方式象征。茶及其代表的生活理念，保持着人与自然间的平衡，达到了人与自然的和谐相处。尽管如今对茶文化核心价值的诠释表达不甚一致，但都包含了这样的文化内涵：在人与自然之间，倡导"天人合一"，和美相处，和谐发展；在人与人之间，倡导重视友情，沟通思想，和睦相处；在人与社会之间，推崇诚信处世，化解矛盾，团结共进。天和、地和、人和。在构建和谐社会的进程中，茶是能发挥特殊的作用的，这也是当今弘扬茶文化的一项重要使命。

　　茶文化与交流合作：在中国与世界的文明交流中，茶一直扮演着亲善大使的角色。在漫长的历史进程中，世界许多国家认识中国是从茶和瓷器开始的。茶既能传承民族文化精华，也是与世界各国进行文化交流的桥梁。茶在许多国家中成了东方文明的一种象征，茶所代表的和平共处、崇尚自然的东方文明，启发着人们对人类新发展观的思考。这也是近几年来，源于中国、兴于亚洲的茶，在世界范围内愈演愈烈的重要原因所在。

　　如今，随着茶文化在全球范围内广泛而深入的开展，各国间的茶文化交流更加深入，茶文化活动更加频繁。它不仅会使茶文化活动更加如火如荼地开展起来，而且在相互借鉴、相互吸收中，使各国人民间友谊不断得到加深，从而使茶文化发展变得更加美好，前程更加广阔。正如2002年在马来西亚吉隆坡举行的第七届国际茶文化研讨会上，马来西亚首相马哈蒂尔所说："如果有什么东西可以促进人与人之间关系的话，那便是茶。茶味香馥甘醇，意境悠远，象征中庸和平。在今天这个文明与文明互动的世界里，人类需要对话交流，茶是对话交流的最好中介。"这段话简明扼要，透彻地表明了茶文化交流所具有的社会特有功能。

　　茶文化与世界未来：今天，中国倡导茶为国饮，不仅因为茶的内在价值吻合了21世纪人类发展的内在需求，而且更是代表着未来。但是，倡导茶为国饮并不排斥其他有益的饮料，也不是为"文化遗产"贴标签，而是要与倡导一种新生活、新价值观联系起来。要真正把饮茶确立为一种全民的健康生活方式，要深入发掘茶的内在思想精神和文化价值，弘扬茶德，弘扬民族文化；要倡导以茶为礼，以茶会友，推进和谐社会的建设；要充分发挥茶及茶文化作为"亲善"使者的作用，促进东西方文化的交流；要让茶的开发与新科技、新产业、新消费方式有机结合，树立品牌，不断创新，使茶在21世纪焕发出新的旺盛生命力。为此，中国国际茶文化研究会会长周国富提出："由于茶文化在构建和谐社会、推进人类文明进程、发展社会经济、提高人民生活品质中有着重要的现实意义，作为一个茶文化工作者，弘扬茶文化，为发展茶文化事业而奋斗，实现中华民族伟大复兴，也就成了每个茶文化工作者肩负的光荣使命。为此，我们必须把茶文化工作摆到中国和世界茶文化发展的历史长河中去审视，摆到战略与全局的高度去观察，摆到茶文化工作自身发展壮大的现实中去思考，进一步增强做好茶文化工作的责任感和使命感，进一步增强做好茶文化工作的信心和决心。"

　　2.茶文化的教化功能　茶文化在实践过程中所追求、所体现的精神境界和道德风尚，经常与人生处世哲学结合起来而具有一种教化功能，成为爱茶人的行为准则，也就是通常所说的以茶悟道，以茶养性，这就是茶修。它以茶文化为载体，培育人的心灵，把人心灵中的良好状态培育出来。因此，茶修便成了茶文化的灵魂，是茶文化的核心，是指导茶文化活动的最高原则。而茶修的实质是茶德。其实，茶德是茶道精神的概括。专家学者为了便于爱茶人对茶道精神的理解，用最精炼、最哲理的语言和词汇对茶道的基本精神进行概括，提出许多道德要求，希望人们在茶事活动中遵循。

　　唐代诗僧皎然首提"茶道"一词，但茶道意味深刻，难以言表，于是皎然接着写道："唯有丹丘得如此"。丹丘者，乃仙人也，茶道的含义，只有仙人才说得清，可见茶道大于茶德，高于茶德。而庄晚芳教授曾经提出过的"廉、美、和、敬"，程启坤、姚国坤研究员提出的"理、敬、清、融"等茶德精神与保健功效无关，实际上是指茶道精神。因此，茶道和茶德是有所区别的，但又是密切相关的。

（1）古人论茶道。当人们只将茶叶当作食物、药物或解渴之物的时候，茶艺还没形成，也就无所谓茶道。只有到了将茶当作品茗艺术的对象之后，才可能产生茶道精神。而我国的茶艺萌芽于晋代，因此茶道也只可能萌芽于晋代。在此之前，文献中提到茶时多是强调它的药理和营养功能，从未涉及精神领域的内容。只有到了西晋以后，饮茶之风日益兴盛，文人们在品茶过程中开始赋予茶以超出物质意义以外的品性。

西晋张载《登成都白菟楼》诗中有"芳茶冠六清①，溢味播九区②"之说，把茶的滋味上升到"人生苟安乐，兹土聊可娱"的曼妙境界。

我国茶道精神的真正形成是在唐代中期。此时品茗艺术已经正式形成，茶道精神也随之产生。作为标志性的著作就是陆羽《茶经》。晋代杜育的《荈赋》对陆羽影响甚大，《茶经》中多次引用《荈赋》的文字，因此杜育的"调神和内"的思想对陆羽定会产生影响。陆羽在《茶经》中多处流露他的道德思想，如在设计风炉时，要在炉之窗上铸"伊公羹，陆氏茶"字样，自比商代宰相伊尹帮助商代治国一样来推行饮茶之道的理想抱负。并在《茶经·一之源》中指出：茶"最宜精行俭德之人。"意思是茶作为饮料，最适合于品行端正、有勤俭美德的人饮用。也就是说，善于饮茶的人应该具有"精行俭德"的品行。这"精行俭德"四字可以视为陆羽在《茶经》中提倡的茶道精神。将品茶与个人的道德修养联系在一起，陆羽是第一人。

与陆羽一样，唐代中期前的茶人们都是一些深受儒家思想熏陶的文人，他们在品茗之时，除了欣赏茶汤的色香味形之外，也经常追求诗化的意境和哲理上的启示。

唐代文人在品茗之时，已远远超越一般感官上的享受，而是提升到精神世界的高度，达到"涤尘烦""涤心源""洗尘心""爽心神""欲上天""通仙灵"的境界，追求超凡脱俗的心灵净化，是地道的"灵魂之饮"。达此境界，自然要生发真正意义上的茶道精神了。于是便产生了"茶道"概念。明确提出这一概念的是唐代著名诗僧，也是著名茶人皎然和尚。他在《饮茶歌诮崔石使君》诗中就提出了"茶道"的概念，"孰知茶道全尔真，惟有丹丘得如此"，是说一般人不容易了解"茶道"的真正内涵，只有神仙（丹丘子）才能做得到。皎然诗中出现的"茶道"，指的就是"三饮便得道"中的品茗悟道，与现代茶文化学界学者们对"茶道"一词的界定较为接近，也比陆羽在《茶经》中所谓"最宜精行俭德之人"更为明确，更富哲理意蕴。

茶道概念的产生，在中国乃至世界茶文化史上都具有重大意义，它表明中国不但是茶树的起源地，品茗艺术的发源地，也是茶道的诞生地，并且早在1 200年前的唐代就已形成，实在是值得我们全体茶人引以为荣的事情。

---

① 六清：《周礼》所称的"六饮"：水、浆、醴、凉、医、酏，是供天子喝的饮料。
② 九区：指九州。《书·禹贡》将全国分为冀、兖、青、徐、扬、荆、豫、梁、雍州，泛指全国。

中国茶叶博物馆内的
陆羽塑像

在皎然之后，唐代茶人的诗文中，也有涉及茶道精神内容的。如裴汶在《茶述·序》中谈论茶之功效时指出：茶"其性精清，其味浩洁，其用涤烦，其功致和"。它侧重于饮茶的社会功能，与皎然的"三饮"大体接近，均属于今天所谓"茶道"范畴。他指出茶之性"清"，茶之功"和"，也揭示了茶道精神的重要部分，是很有价值的。

由此可见，到了唐代，我国的茶道精神已经形成，并臻于成熟。

宋代的点茶法更富有艺术性，宋代的茶人在品茗时也更加重视对茶汤及泡沫的色香味的欣赏，苏轼在诗中就直说"遂令色香味，一日备三绝"。宋代的茶诗中也有大量的诗句对此进行生动细致的描写，并且通过这些感官的愉悦升华到精神层面上的追求，让心灵进入一个天人合一、物我两忘的诗意境界。如范仲淹《和章岷从事斗茶歌》中的"不如仙山一啜好，泠然便欲乘风飞"，宋庠《谢答吴侍郎惠茶二绝句》中的"夜啜晓吟俱绝品，心源何处著尘埃"，梅尧臣《尝茶和公仪》中的"亦欲清风生两腋，从教吹去月轮旁"，文彦博《和公仪湖上烹蒙顶新茶作》中的"烦醒涤尽冲襟爽，暂适萧然物外情"，强至《谢元功惠茶》中的"绿云杯面呷未尽，已觉清液生心胸"，吕陶《答岳山莲惠茶》中的"洗涤肺肝时一啜，恐如云露得超仙"等，就饱含这种境界。

品茗到此境界，诗人们的所有烦恼和不快，一切不平和忧愤，均已抛到九霄云外。心灵得到净化，才能"悠然澹忘归，于兹得解脱"。至此，茶人们自然体验到品茶的味外之味，触及品茗之道的深奥意义，从而体会到茶道精神的实质。所以他们常会在品茗之时寄托自己的思想感情，超越感官的享受而赋予茶叶以浓郁的道德精神色彩。宋徽宗赵佶，身为帝王至尊，虽治国无方，但通六艺，精茶术，他在《大观茶论》中言道："至若茶之为物，擅瓯闽之秀气，钟山川之灵禀，祛襟涤滞，致清导和，则非庸人孺子可得而知矣；冲淡简洁，韵高致静，则非遑遽之时可得而好尚矣。""祛襟涤滞，致清导和"，"冲淡简洁，韵高致静"，这是对中国茶道基本精神的高度概括。他的茶道观可以归纳为"清、和、韵、静"四个字，这也是对中国茶道精神的一次发展。

明清时期，最早涉及茶道精神的是明初的朱权。朱权（1378—1448），明太祖朱元璋第十七子），封宁王，通茶道，他在《茶谱·序》写道："得非游心于茶灶，又将有裨于修养之道矣，其惟清哉。"朱权为高雅之士，在幽雅的大自然环境中通过品茗，忘绝凡尘，栖神物外，不受世俗污染，开阔心胸，扩大视野，探虚玄而参造化，从而达到"天人合一"、物我两忘的境界，因而有助于人们的道德修养。朱权晚年崇信道教，自称"臞仙""丹丘先生"，故在品茗之时偏重茶叶的"自然之性"，追求道家的虚清意境，因而文中常有清泉、清风、清谈、清心神等词语，并且强调指出有助于道德修养者"其惟清哉"，触及茶道精神中的一个特征，这就是"清"。

能够全面揭示中国茶道精神实质的是明末清初的诗人杜濬。他在《茶喜》一诗的序言中指出："夫予尝论茶有四妙：曰湛、曰幽、曰灵、曰远。用以澡吾根器，美吾智意，改吾闻见，导吾杳冥。"这里的"四妙"："湛"是指深湛、清湛；"幽"是指幽静、幽深；"灵"是指灵性、灵透；"远"是指深远、悠远。四者均与人们的生理需求无关，而是在品茶意境层面上对茶道精神的一种概括。

综上所述，自晋唐以来直至明清，茶道精神一直在茶文化过程中时隐时现，绵延不绝。

（2）茶道与茶艺的联系。"茶道"一词，古已有之，但古代也有"茶之为艺"的说法。如唐代封演《封氏闻见记·卷六》中说到饮茶时曰："楚人陆鸿渐为《茶论》，说茶之功效，并煎茶炙茶之法。造茶具二十四事，以都统笼贮之。远近倾慕，好事者家藏一副。有常伯熊者，又因鸿渐之《论》广润色之。于是茶道大行，王公朝士无不饮者。"表明封演的"茶道"，当属"饮茶之道"，也是"饮茶之艺"。而宋人陶谷《茗荈录》中谈到的注汤成象，"馔茶而幻出物象于汤面者，茶匠通神之艺也。沙门福全生于金乡，长于茶海，能注汤幻茶，成一诗句。并点四瓯，共一绝句，泛乎汤表"，当属"点茶之艺"。还有在宋代陈师道《茶经·序》中有："经曰：'茶之否臧，存之口诀。'则书之所载，尤其粗也。夫茶之为艺下矣，至其精微，书有不尽，况天下之至理，而欲求之文字纸墨之间，其有得乎？……夫艺者，君子有之，德成而后及，乃所以同于民也；不务本而趋末，故业成而下也。"也说到了"茶之为艺"的客观存在。特别是明代张源在《茶录·茶道》中说："造时精，藏时燥，泡时洁，精、燥、洁，茶道尽矣。"这里，张源说得很明白，茶道之义实为"茶之艺"，即为造茶、藏茶、泡茶之艺。

不过，茶之为艺之说虽然古已有之，但"茶艺"一词的正式出现，却是1940年的事。时任中国茶叶公司总技师、安徽祁门茶叶改良场场长的胡浩川在为傅宏镇辑《中外茶业艺文志》一书所作的"叙"中称："有宋以迄晚近，地上有人饮水之处，即几无不有饮茶之风习，亦即几无不有茶之艺文也。幼文先生即其所见，并其所知，辑成此书。津梁茶艺，其大裨助乎吾人者，约有三端：今之有志茶艺者，每苦阅读凭藉之太少，昧然求之，又复漫无着落。物无可物，莫知所取；名无可名，莫知所指。自今而后，即本书所载，按图索骥，稍多时日，将必搜之而不尽，用之而不竭。凭其成绩，弘我新知，其乐为何如也，此其一。技术作业，同其体用者，多能后胜乎前。茶之艺事，既已遍及海外。科学应用，又复日精月微，分工尤以愈细。吾人研究，专其一事，则求所供应，亦可问途于此。开物成务，存乎取舍之间；实验发明，参乎体用之际。博取精用，无间中外，其乐又何如也，此其二。吾国物艺，每多绝学。……"胡浩川先生这里所说的"茶艺"，实为"茶之艺事"，包括茶树种植、茶叶加工，乃至茶叶品评在内的茶之艺——有关茶的各种技艺。

1977年，以中国民俗学会理事长娄子匡教授为主的一批茶的爱好者，倡议弘扬茶文化，为了恢复弘扬品饮茗茶的民俗，有人提出"茶道"这个词；但是，有人提出"茶道"虽然建立于中国，但已被日本专美于前，如果现在援用"茶道"恐怕引起误会，以为是从日本搬来的；另一个顾虑，是怕"茶道"这个名词过于严肃，中国人对于"道"是特别敬重的，感觉至高无上，若要人们很快就普遍接受可能不容易。于是提出"茶艺"这个词，经过一番讨论，大家同意才定案。"茶艺"就这么产生了①。表明台湾茶人当初提出"茶艺"是作为"茶道"的代名词用的。当20

①参见：范增平，《中华茶艺学》，北京：台海出版社，2000年。

世纪70年代台湾茶人再倡"茶艺"后，始受茶文化界重视，于是后来就引发了关于茶艺如何界定，以及茶道和茶艺关系的讨论。

（3）当代对茶道的感悟。20世纪80年代以来，随着茶文化热潮在海峡两岸兴起之后，中国茶道精神再次得到新的弘扬。

当代，茶文化界的专家学者分别从不同层面、多种角度谈到了对中国茶道精神的感悟。诚然，综合各家的主张，对中国茶德精神概括用词至少有20字以上，它们是廉、美、和、敬、理、清、融、健、性、伦、怡、真、俭、静、洁、正、深、远、圆、雅等。他们对中国茶德的概括用字虽然取舍不尽相同，但主要精神还是接近的。这与日本茶道的"和、敬、清、寂"及韩国茶礼的"清、敬、和、乐"的基本精神也是相通的，为继续进行探索研究，以求更加准确、科学的界定提供了基础。同时也表明，中国学者对中国茶道已具有自觉的意识，能从理论的高度来探索、阐释它的深刻内涵和本质特征，标志着中国茶文化学正在走向成熟，进入一个崭新的历史时期。

（二）茶文化的作用

茶是大自然赋予全人类的"天赐之物"，具有经济、社会、民生、文化、生态、保健等多种功能，与人民生活息息相关，作用是多方面的。

1.茶文化具有物质和精神的双重作用　在中国历史上，茶是生活必需品，是物质的；但茶也是精神的，是人们精神生活的重要组成部分。在世界，人民生活同样离不开茶，没有茶就无法感受生活。汪曾祺先生在其散文《坐茶馆》中说到西南地区的生活方式泡茶馆："'泡茶馆'是联大学生特有的语言，本地原来似无此说法，本地人只说'坐茶馆'。'泡'是北京话，其含义很难准确地解释清楚，勉强解释，只能说是持续长久地沉浸其中，像泡泡菜似的泡在里面。'泡蘑菇''穷泡'，都有长久的意思。北京的学生把北京的'泡'字带到了昆明，和现实生活结合起来，便创造出一个新的语汇。'泡茶馆'，即长时间地在茶馆里坐着。本地的'坐茶馆'也含有时间较长的意思。到茶馆里去，首先是坐，其次才是喝茶(云南叫吃茶)。不过联大的学生在茶馆里坐的时间往往比本地人长，长得多，故谓之'泡'。"

又如梁实秋先生在其散文《喝茶》中写道："我不善品茶，不通茶经，更不懂什么茶道，从无两腋之下习习生风的经验。但是，数十年来，喝过不少茶，北平的双窨、天津的大叶、西湖的龙井、六安的瓜片、四川的沱茶、云南的普洱、洞庭山的君山茶、武夷山的岩茶，甚至不登大雅之堂的茶叶梗于满天星随壶净的高末儿，都尝试过。茶是中国人的饮料，口干解渴，推茶是尚。茶字，形近于茶字，声近于槚，来源甚古，流传海外，凡是有中国人的地方就有茶。人无贵贱，谁都有分，上焉者细啜名种，下焉者牛饮茶汤，甚至路边埂畔还有人奉茶。北人早起，路上相逢，辄问讯'喝茶么？'茶是开门七件事之一，乃人生必需品。"

如今，人民即便走到天涯海角，总能见到茶的影子，体验到饮茶的风情，以至客来敬茶，

体验日本茶道

成了全世界人民的共同心声。不仅如此，饮茶还可促进人的思维；细斟缓咽，唤起人的心情；把握茶艺，升华人的精神；敬奉杯茶，拉近人们的感情距离。据统计，当今全球已有160多个国家和地区的近30亿人有饮茶风习。茶在人民生活中无处不在，生活离不开茶，茶成为全球消费最多、流行最广、最受人民群众欢迎的一种世界性健康饮料。

2.茶是民族的，也是世界的　如今，茶已渗透到社会的各个领域、层次、角落和生活的各个方面。中国地广人多，由于受历史文化、生活环境、社会风情的影响，造就了中国茶文化的区域性。如南方人喜欢饮绿茶，北方人崇尚花茶，福建人、广东人、台湾人欣赏乌龙茶，西南地区一带推崇普洱茶，边疆兄弟民族爱喝再加工的紧压茶等。

就世界范围而言，东方人崇尚的多为清茶；欧美及大洋洲国家人民钟情的是加有奶和糖的调饮茶；西非和北非的人们特别爱喝的是加有薄荷或柠檬的调饮茶。这就是茶文化区域性的反映。又如各国的茶艺、茶道、茶礼，同样也是既有民族性的区别，又有人类的共同统一，所以说，茶文化是民族的，也是世界的。

3.茶是构建社会文明的载体   社会文明是全人类孜孜以求的美好愿望，而茶是构建社会文明的一个重要载体，有利于增强民族凝聚力。

首先，茶是加深人与人之间友谊的桥梁，是沟通身与心之间的纽带。宋代苏轼一生只将两种东西比作美女，一是"欲把西湖比西子"，一是"从来佳茗似佳人"。苏氏以自己的切身体验，赋诗感叹："何须魏帝一丸药，且尽卢仝七碗茶。"在中国饮茶史上，人们根据品茗的不同感受，从不同角度抒发出对茶的不同感受。有的甚至平生与世无求，只求以茶相伴："平生于物元（即原）无取，消受山中水（指茶）一杯。"更有人发出"诗人不做做茶农"的感叹。这些典故说明了茶不仅强身，而且养心。

其次，茶不仅为社会文明建设提供了物质基础，而且还为精神文明建设架起了一座桥梁。正如英国女作家韩素音所说："如果没有杯茶在手，我就无法感受生活。"可见茶已渗透到物质文明、精神文明、道德文明之中，是文明社会建设相统一的产物。发展茶产业，振兴茶文化，在经济社会发展和新农村建设中占有重要地位。

最后，茶追求的目标是多方面的，它在人与人之间倡导的是以和为贵，在人与社会之间倡导的是和平共处，在人与自然之间倡导的是和睦相亲，使社会变得更加和谐，人类变得更加康乐，世界变得更加美好。唐代陆羽《茶经》说："茶之为用，味至寒，为饮最宜精行俭德之人。"将茶德归之于饮茶人应具有俭朴之美德，认为不能单纯地将饮茶看成是为满足生理需要的一种饮品。据载，唐末刘贞亮提出饮茶"十德"：以茶散郁气，以茶驱睡气，以茶养生气，以茶除病气，以茶利礼仁，以茶表敬意，以茶尝滋味，以茶养身体，以茶可行道，以茶可雅志。其内容就包括了人的品德修养，并进而扩大到人际关系上去。

当代，在中国，乃至在世界范围内，由于时代背景不一，所视的角度不同，对茶德精神的概括不甚一致。但无论如何，其中有一个"和"的思想，或是围绕着"和"字延伸其意，可见"和"是核心的核心。强调的是通过对饮茶实践，引导人们完善个人的道德品行，实现人类追求的共同目标和崇高境界。

4.饮茶康乐是永恒的主题   茶的发现和利用是从神农氏用茶解"毒"开始的。几千年来，中国人都是把茶看作是一种富营养、保健康的绿色养生饮料。如今，随着茶的精深加工和综合利用的开展，茶的保健功能不断得以开发，使茶的品饮技艺不断得到升华，以及与康乐相关的茶山休闲生态游的兴起，使人民的品质生活有了提高。数以百计的古籍记述，饮茶有利健康，归纳起来有：少睡、安神、明目、醒脑、止渴、清热、消暑、解毒、消食、醒酒、减肥、消肿、利尿、通便、止痢、祛痰、解表、坚齿、治心痛、治疮、疗饥、益气力、益气延年等20多种功效。而现代科学分析表明：茶叶中含有600多种化学成分，这些成分对茶的色、香、味，以及营养、保健起着重要作用。

其实，外国人对中国茶的认识，也是从饮茶有利于身心健康开始的。"日本茶祖"荣西禅师，南宋时曾两度来中国学法，晚年写了《吃茶养生记》，开篇就开门见山，曰："茶者，养生之仙药也，延龄之妙术也。山谷生之，其地神灵也；人伦采之，其人长命也。"荣西认为饮茶能养生，饮茶有利于提高国民身体素质的崭新观点与诱人说法，给当时饮茶还属罕见的日本人民为之一惊。从此，日本的种茶、饮茶风习很快传播开来，遍及日本大地。又如1556年，葡萄牙神父克鲁士首先来到中国传播天主教，1560年回国后，他将中国茶及品饮等知识介绍给欧洲，说中国"凡上等人家习以献茶敬客，此物……可以治病，作为一种草药煎成液汁"。此后，意大利传教士利玛窦、威尼斯牧师勃脱洛、意大利牧师利赛等相继来到中国，回国后也纷纷将具有养生保健功能的中国茶介绍给本国和其他国家人民。

　　总之，茶与养生密切相关，它关系到每一个人的健康生活，关系到世界各民族的兴旺与发达。饮茶有利健康，是人类赖以生活的永恒主题，因为它为人类生活幸福创造了条件。

第一章
茶的源流

茶树属山茶属植物，植物分类学家按近缘植物比对估算，它起源于距今4 000万年的渐新世时期。而人类发现茶、认识茶、利用茶的历史又是一个漫长的过程，要远远落后于人类出现的历史。但尽管如此，人类发现和利用茶的历史已有数千年之久了。

第一节 茶树的原产地

茶树原本生长在中国西南地区的原始森林之中，这里远离人烟，雾锁重山。随着气候、生态、地理条件等的逐渐变化，以及人为的不断干预，茶树的生存环境也随之发生变迁。于是，茶树为了延续生命，特别是繁衍的后代便慢慢发生了与环境条件相适应的变异，促使茶树生理慢慢发生相应的改变。尔后，又随着茶的发现和利用，茶的功能也日渐深化，最终使茶成为与广大人民物质生活、精神生活和文化生活密切相关的一种产业，这就是茶及茶文化产业。

一、茶为何物

其实，茶为何物？从茶文化学的角度而言，这个问题很难回答清楚。简单说来，如果你是一位生物学家，它就是一种林木；如果你是一位农民，它就是一种土地上生长出来的农产品；如果你是一位商家，它就是一种在市场上进行买卖的商品；如果你是一位体力劳动者，它就是一种解渴的饮料；如果你是一位文化人，它就是一种有灵性的符号。总之，不同阶层的人们，对茶就会有不同的感受和认识。所以，如果你把它看作是一种物质，那么它仅仅是一片树叶，是一种饮料，属自然科学范畴；如果你把它看作是一种精神，那么它是一种精灵和文化，能给人以意识和感受，属社会科学范畴。站在不同的角度，就会对茶有不同的理解：有人认为它是一种植物，属于食品范畴，"柴米油盐酱醋茶"，茶是日常生活的必需品；有人认为它是一种文化，"琴棋书画诗酒茶"，茶是精神文化的"食粮"；有人认为它是一种哲理，给人以启示，"精行俭德"，能揭示为人之道；有人认为它是一味药，能强身养心，延年益寿，是一种保健品；有人认为它是一位终生相伴的"故旧"，"不可一日无此君"，是一位知音；有人认为它是一种花魁，将它比作是"瑞草魁""草中英"，称它仙草。凡此等等，不胜枚举。下面，将几种有代表性的认识和理解，阐述如下。

植物学家认为： 茶是一次种、多次收的多年生木本常绿植物。在植物学分类系统中，属于被子植物门、双子叶植物纲、山茶目、山茶科（Family *Theaceae*）、山茶属［Genus *Camellia* (L.)］。山茶属下分成多个组，茶属于茶组［Section *Thea* (L.) Dyer］，而茶组植物包括野生型茶树和栽培型茶树的所有物种。明白茶的这个概念很重要，因为这样能指导我们把握住茶的植物学特性，做好茶树良种繁育、茶园科学管理、改善茶叶加工工艺和设备等，以便生产出更多好品质的茶叶。

文学家认为： 茶能"益思"，使人清心，能愉悦人的心灵，还能使人"得道"。在中国饮茶史上，有许多爱茶文人，从不同角度抒发了对茶的感受：有的将茶比作知音："琴里知闻唯渌水，茶中故旧是蒙山。"（唐代诗人白居易句）有的将茶比作美酒："旧谱最称蒙顶味，露芽云液胜醍醐。"（宋代诗人文彦博句）有的将茶比作香花："入山无处不飞翠，碧螺春香百里

茶树

醉。"（作者佚名）有的文人与世无求，只求以茶相伴："平生于物元（同原）无取，消受山中水（指茶）一杯。"（明代诗人孙一元句）有的将茶比作仙方："一杯春露暂留客，两腋清风几欲仙。"（清人郑清之句）

社会学家认为：品茶品味人生。茶中蕴含着人生哲理，既是一种享受，也是一种熏陶，杯茶在手，神驰八极，苦涩回甘的茶味，委实如绵长的人生之路，回味的是艰难足迹，寻得的是人生哲理。唐代诗人韦应物《喜园中茶生》诗云："性洁不可污，为饮涤尘烦。"诗人在赞茶，也是在颂人，更在借茶而明志。明人徐渭《煎茶七类》中，在论述茶品之前先论人品，把人品列为第一。"煎茶虽凝清小雅，然要须其人与茶品相得，故其法每传于高流大隐、云霞泉石之辈、鱼虾麋鹿之俦。"说徐渭爱饮茶，倒不如说他更注重于饮茶人的人品。

明代的许次纾在《茶疏》中有"论客"一节："宾朋杂沓，止堪交错觥筹，乍会泛交，仅须常品酬酢，惟素心同调，彼此畅适，清言雄辩，脱略形骸，始可呼童篝火，酌水点汤，量客多少为役之烦简。"说茶品出于人品，倘是一个道德和审美趣味低下的人，必然领略不到茶的真谛。

药学家认为：神农尝百草，茶的发现和利用原本就是从药用开始的，以后才形成为茶疗和茶饮。现代科学实验表明，茶中含有碳水化合物、蛋白质、茶多酚、生物碱、氨基酸等12类物质，近700种化学成分，又具有明目、醒脑、消暑、解毒、消食、减肥、利尿等20多种功效，还能愉悦人的心灵，给人带来快慰。被誉为最合身心健康的饮品，还有预防疾病的作用和疗效。

总之，茶不但与生活相连，而且与心灵相通，还有很好的养生作用，自然对茶会产生不同的感受和认识。所以，在茶为举国之饮的中国，茶的影子始终萦绕在每个人的心间，如果说有什么东西能影响你的生活品质，茶无疑是其中最重要的内容。

二、茶树的祖籍

茶树是一种既古老而又年轻的经济作物，在中国古代文献中，称它是"南方之嘉木"，说它是生长在南方的一种最珍贵的树木。何为嘉木？宋代诗人苏轼的《叶嘉传》中，用"风味恬淡，清白可爱，颇负其名，有济世之才""容貌如铁，资质刚劲"赞颂"叶嘉"（茶）；用"始吾见嘉，未甚好也，久味之，殊令人爱"歌颂茶的真、善、美。在中国人的心目中，茶既是物质生活的享受，又是精神生活的拥有，更是文化生活的品赏，它既能促进人的身心健康，又能陶冶人的道德情操，还能延年益寿，是人民品质生活的重要组成部分。所以，陆羽在《茶经》中，开篇就用"嘉木"来称颂茶树，又用"嘉木"去喻人。其实，这是作者对茶的一种推崇、厚爱和歌颂。

（一）茶树原产地之争的缘起

茶树是多年生的木本常绿植物。瑞典科学家林奈（Carolus Linnaeus）在1753年出版的《植物种志》中，将茶树的最初学名定名为：Thea sinensis，意即中国茶，也就是说茶树发源于中国。1950年，中国植物分类学家钱崇澍根据国际命名和对茶树的特性研究，将茶树学名订正为：*Camellia sinensis*（L.）O.ktze。在国际上，植物的学名都用拉丁文表示，由属名和种名组成，这里*Camellia*是山茶属，*sinensis*是中国种，所以，茶树的学名就明白无疑地告诉人们：茶树是原产于中国的山茶属植物，也就是说，茶的"根"在中国。

中国是茶的原产地，这种长达千年的历史地位，在世界上一直未曾有人怀疑过。直至1824年英国人勃朗士（R.Bruce）在印度阿萨姆省沙地耶（Sadiya)发现野生茶树后，便开始出现有茶树原产地之争。1844年，Masters根据英属东印度公司采自印度阿萨姆茶园的标本，将茶树定名为"*Thea assamica*"（阿萨姆茶）后，宣称印度是茶树原产地。接着，英国人Baildon于1877年在《阿萨姆之茶叶》、英国植物学家Blake于1903年在《茶商指南》、英国人Browne于1912年在《茶》中，也发表有相似之说。

此外，因缅甸东部、泰国北部、越南与中国云南接壤之地有相似的自然条件，适宜茶树生长和繁衍，也有野生茶树生长。因此，1958年英国人艾登（Eden）在《茶》中，也提出过中国、印度和缅甸三国交界处的伊洛瓦底江上游为茶树原产地之说。

其实，有无野生大茶树生长，仅仅是考证是否是茶树原产地的佐证之一。发现有野生大茶树生长的地方，不一定就是茶树的原产地。如中国和印度、缅甸都有野生大茶树生存，但当印度、缅甸人还不知道有茶、茶为何物的时候，中国发现茶和利用茶已有数千年历史了。而印度种茶是19世纪中期，当中国茶种传播到那里以后才发展起来的。所以，时至今日，在世界范围内，依然没有动摇中国是茶树原产地的地位。1813年法国学者Ganive在《植物自然分类》，1892年美国学者Walsh在《茶的历史及其秘诀》、英国学者Willson在《中国西南部游记》，1893年俄国学者Bretschneider在《植物科学》，1960年苏联学者K.M.杰姆哈捷在《论野生茶树的进化因素》论著中，以及近年来日本茶树原产地研究会的志村乔、桥本实、大石贞男等都一致认为：中国是茶树的原产地。

2005年3月，中国国际茶文化研究会在杭州举办"中日茶起源研讨会"。会上，日本学者松下智先生提出：茶树原产地在中国云南的南部，并断然否认印度阿萨姆是茶树的原产地。20世纪70年代至21世纪初，松下智先生先后5次到印度的阿萨姆考察，最终认为印度阿萨姆当地栽培茶树的特征特性与中国云南大叶茶相同，属于*Camellia sinensis* var. *assamica*种，并认为阿萨姆的茶种最早是从中国云南的滇西传播过去的。

另外，还有人认为中国的西南地区是与印度连在一起的，中国是茶树的原产地，印度为何不是？其实，这还得从地壳的变迁说起。在远古时期，印度包括在冈瓦纳古南大陆之内，中国地处劳亚古北大陆南缘，中间隔着泰提斯海，两个古大陆并不相连。以后，随着喜马拉雅运动的出现，使海底不断升高，便形成了当今的喜马拉雅山脉。而今印度种茶的第一带低矮的丘陵和第二带小喜马拉雅山脉及其东麓，在当时还深藏在喜马拉雅海底之下。有鉴于此，苏联科学家在《历史植物地理》中断言："喜马拉雅向来不是任何植物的发育中心。"相反，中国从上三叠纪以及侏罗纪以来，就在已存在的大陆中，未曾出现过中断现象。所以，茶树原产地在中国的西南地区，不可能将印度包括在内。

（二）中国西南部是茶树祖籍

茶树起源，虽然为时久远，资料稀罕，考证较难。但尽管如此，人们依然可以从历史遗存、痕迹，以及点滴文献史料中，为茶树起源找到佐证，使人们能从多方面、深层次去了解和探索，并随着科学技术的不断发展，逐渐取得科学的结论和论证。

一般认为茶树起源，可以根据植物分类学的方法，先找到茶树亲缘植物，继而追根溯源找到它的祖先。茶树是由山茶目、山茶科、山茶属植物演化而来的，而茶树所属的山茶目是一个比较原始的种群，它发生在中生代末期至新生代早期，起源时间大约在距今6 000万～7 000万年的始新世时期和古新世时期，而山茶属植物则可能出现在距今4 000万年前的渐新世时期。但也有人认为茶树是由宽叶木兰演化而来的，时间大约在100万年以前。虽然对起源时间说法不一，但对茶树的原产地都认为是在中国西南的大山深处，主要是指云南、贵州、四川和重庆一带，主要依据是：

1.西南是最早利用和栽培茶树的地区　早在秦汉时，《尔雅·释木篇》中就有"槚，苦茶

贵州普安
四球古茶树

也"之记载；而这里的茶，在唐以前指的就是茶。在《礼记·地官》中，有"掌茶"和"聚茶"，意即供丧事之用。可知在2 000多年前茶就作为祭品被人们利用了。

2 000年前，西汉司马相如在《凡将篇》中记载的"荈""诧"，指的是粗茶和细茶，说明茶在药物名录中早已有记载。

公元前59年西汉王褒《僮约》中有"烹茶尽具"和"武阳买茶"之说，这里指的虽是煮茶和买茶，但表明茶在当时已成为上层人士的珍品。可知2 000年前，当世界各国还不知茶为何物，也不知道世界上有茶存在时，中国西南地区发现茶、利用茶的历史早已开始了。

2.西南是最早发现野生茶树集中分布的地方 早在三国（220—280）时，《吴晋·本草》引《桐君录》（约为东汉时作品）中就有"南方有瓜芦木（大茶树）亦似茗，至苦涩，取为屑茶饮，亦可通夜不眠"之说。唐代陆羽在《茶经·一之源》中指出："其巴山峡川，有两人合抱者，伐而掇之。"说明在唐代中期，"巴山峡川"已发现有许多古老的野生大茶树存在。如今，在川渝南部，贵州西北部的南川、宜宾、赤水、桐梓、普安等地依然有两人合抱的大茶树，习水等地还有"伐而掇之"的采摘方式。宋代沈括《梦溪笔谈》称："建茶皆乔木……"宋子安（1130—1200）《东溪试茶录》中说："柑叶茶，树高丈余，径七八寸。"明代云南《大理府志》载："点苍山（今云南下关）……产茶，树高一丈。"又据《广西通志》载："白毛茶，……树之大者，高二丈，小者七八尺。嫩叶如银针，老叶尖长，如龙眼树叶而薄，背有白色茸毛，故名，概属野生。"20世纪40年代初，李联标等在贵州务川发现有野生大茶树生长。近年来通过茶叶科学考察和调查，已在全国10个省区的200余处地方发现有野生大茶树，其中在云南省发现有树干直径在1米以上的野生大茶树至少有10多处。有的地区野生大茶树甚至成片分布，云南勐海南糯山还分布有上万亩*的古茶树林。在云南镇沅县千家寨的原始森林中，不但有万亩野生大茶树群落分布，而且还发现有树龄在千年以上的野生大茶树生长。另外，在云南西双版纳巴达大黑山密林中竟然有一株高达32米的野生大茶树。从20世纪80年代开始，又陆续在贵州普安及其周边地区的大山深处，发现有零星大面积野生大茶树分布。而这些野生大茶树，最终被认定为是四球茶，它是一种古老而又原始的茶树物种。其实，这些古老野生大茶树的发现，是茶树原产地的重要历史见证之一。

3.西南是茶树的原产地区域　1975年，云南省博物馆提供了云南宾川羊树村原始社会遗址出土的一块果实印痕标本，经专家鉴定，系茶树果实。1980年，贵州晴隆出土的百万年前的古茶籽化石，更表明世界上还不知道茶的踪影时，贵州大地已有茶树生长。按晋代常璩《华阳国志》记载：3 000年前巴蜀（今四川、重庆及云南、贵州的部分地区）一带，已经"园有芳蒻（魔芋）、香茗（茶树）"，表明当时巴蜀地区已有人工栽培的茶树了。又据西汉扬雄《方言》载："蜀人谓茶曰葭萌。"明代学者杨升庵撰《郡国外夷考》，曰："《汉志》葭萌，蜀郡名……盖以茶氏郡也。"表明古代蜀人，不但称茶为"葭萌"，而且以茶名来给都邑命名。它给我们传递了一个重要信息——四川的葭萌，早在2 300多年前，已是中国古代重要的产茶区了。

4.西南是山茶属植物分布多样性的中心　茶树系山茶属植物，而山茶科植物的厚皮香属起源于上白垩纪，包括茶树在内的其他各属起源于新生代第三纪，分布在劳亚古北大陆的热带和亚热带。中国的西南地区正处于劳亚古北大陆的南缘，这里是热带植物区系的大温床，也是热带植物的发源地。据查，在全世界山茶科植物共有23个属380余个种，在中国有15个属260余个种，它们大部分集中在西南部的云南、贵州、四川、重庆等省、市。就山茶属而言，已发现有100多个种，而中国就有60多个种。苏联科学家乌鲁夫在《历史植物地理》中指出："许多属的起源中心在某一个地区的集中，指出了这一个植物的发源中心。"可见，中国的西南地区是世界上最适宜于山茶科、山茶属植物生长繁衍的地方。因此，作为山茶属植物的茶树发生地，还有比这一地区更适宜的地方可言吗？！

5.西南的野生大茶树有最原始的特征　植物进化史实告诉我们，茶树在其系统发育的历史长河中，总是趋于不断进化之中的。因此，凡是原始型茶树比较集中的地区，当属茶树的原产地

＊ 亩为非法定计量单位，1亩=1/15公顷。——编者注

所在。自20世纪30年代以来，中国茶学工作者的调查研究和观察分析表明：中国的西南三省一市，以及相毗邻地区的野生大茶树，具有最原始型茶树的形态特征和生化特性，这也证明了中国的西南地区是茶树原产地区域。这一史实，也为苏联、日本等众多学者所认可。

云南茶树
叶形大小比较

6. 从地质变迁看西南是茶树原产地 自喜马拉雅运动开始后，中国西南地区的地形发生了巨大的改变，形成了川滇河谷和云贵高原，从而使西南地区既有起伏的群山，又有纵横交错的河谷，以致形成了许许多多的小地貌区和小气候区，在低纬度和海拔高低相差悬殊的情况下，使平面与垂直气候分布差异很大，以致使原来生长在这里的茶树，慢慢地分布在热带、亚热带和温带气候之中。从而使最初的茶树原种逐渐向两极延伸、分化，最终通过自然筛选，向着各自的适生条件区域发展，这就是中国西南地区既有大叶种、中叶种和小叶种茶树存在，又有乔木、小乔木和灌木茶树混杂生存的原因所在。植物学家认为：某种植物变异最多的地方，就是这种植物起源的中心地。中国西南地区是茶树变异最多、资源最丰富的地方，当然是茶树起源的中心区域了。

综上所述，中国西南地区的云贵川渝及其边缘地区，是世界上最早发现、利用和栽培茶树的地方；那里是世界上最早发现野生茶树和现存野生大茶树最多、最集中的地方；那里的野生大茶树又表现有最原始的特征特性；另外，从茶树类型的分布、地质的变迁、气候的变化等方面的大量资料，也都证实了中国西南地区是茶树原产地的结论，而云南的南部则是原产地的中心区域。

第二节　茶的发现和利用

关于茶的发现和利用，人们每每会谈到神农尝百草的传说。而现代社会的发展，科学的进步，进一步揭示了早在神农时代之前，中国的先民已经有对茶的认知和利用的迹象和证物了。

一、远古先民对茶的认知

1980年7月，贵州省野生茶树考察队在晴隆县箐口公社发现了一粒茶籽化石，后经中国科学院南京古生物研究所、中国科学院贵州地球化学研究所、贵州省地质研究所以及贵州省茶叶科学研究所等专家勘查和测定，认定是"新生代第三纪四球茶的茶籽化石"，距今已有100万年的

浙江萧山跨湖桥遗址
发现的疑似茶树籽

历史。

1990年，在发掘浙江萧山跨湖桥遗址时，在距今7 000～8 000年文化层中，发现了一粒类似山茶属植物茶树种子和类似原始茶的"茶"纹饰遗存，前者关心的是否是茶树种子，后者关注的是对芽叶纹饰的解读。这里先说这粒类似山茶属植物茶树种子，外观与今杭州龙井茶树的单室茶果（一个茶果中只有一粒种子）非常相近，体积大小相符，表皮平滑度相似，唯独形状有些差异，所以最后尚待生物学鉴定报告。

另外，在萧山跨湖桥出土的陶块、陶釜、陶盘遗存上，饰有许多芽叶纹饰。对这些芽叶纹饰，有人解读为是茶，有人认为是叶芽崇拜的表现，也即是对茶崇拜的明证。文史学者陈珲认为："早在河姆渡文化早期，古越人已将叶、芽从原始茶中分化出来，制作以叶、芽为原料的煎茶，从而确立了以叶、芽为'茶'的茶图腾崇拜。"

1973年，在距今约7 000年前的余姚河姆渡遗址中，考古专家发现一些堆积在古村落干栏式居住处的樟科植物叶片，同时出土的还有盛水器、陶壶等器具，许多迹象被认为是原始茶（泛指非茶之茶，是广泛意义上的茶）遗物。这一认识曾震撼了考古界、史学界与茶学界。

2004年，又在相距河姆渡遗址7公里的田螺山遗址中，在距今约6 000年前的文化层中，发掘者又发现了原生于土层中的不少树根根块，其中有疑似茶树根。后经植物形态学、解剖学结构对比分析，初步鉴定认为，这是先民种植的茶树根。由此再一次引起了茶学界的重视与关注。为此，在以往多侧面、深层次分析研究的基础上，2011年夏又幸运地获得在田螺山发掘现场再次出土疑似茶树根的机会，对出土的疑似茶树根样本进行茶树特有化学成分——茶氨酸的分析检测，还与遗址附近采挖的现代茶树根及近缘植物（诸如山茶、油茶、茶梅等）根系进行详细比对鉴定和分析。综合研究和鉴定结果认为：余姚田螺山遗址出土的疑似茶树根，是迄今为止经考古发现的人工种植且年代最早的茶树根遗存。

根据北京大学考古文博学院[14]C测年，确定田螺山遗址文化遗存的形成年代为距今5 500～7 000年。发掘现场可见一些排列有序的干栏式建筑立柱和木桩，还有不少先民使用过的各类器物。由于文化堆积层大部分深藏于潜水面下，因此无论是干栏式木构建筑、寨墙、独木桥，还是各类有机质遗存，包括动物骨骼、炭化稻米、橡子、菱角、部分树根和树叶等都保存良好。从遗址中采集的似为间隔且排列种植的6例树根样本，经日本东北大学、日本森林综合研究所、日本综合地球环境研究所、金泽大学的考古学教授铃木三男、中村慎一等进行显微切片分析，结果表明均为山茶（Camellia）的同种植物，并认为"其木材结构与栽培茶树一致，确认为茶树"。

浙江省文物考古研究所孙国平研究员等在遗址现场仔细观察看到的"集中排列、直立和两头细中间粗的条状、块状或球状的树木遗存"的情况以及"植物树木遗存靠近干栏式建筑的一些带垫板柱坑，……由此判断处在干栏式建筑的周围空地上"。"这些树木遗存发现在人工挖掘的熟

田螺山遗址
发掘现场

土浅坑内，说明这些树木不是自然生长而是先民有目的挖坑种植"。

2011年，农业部茶叶质量监督检验测试中心进行色谱检测，结果表明，遗址出土树根茶氨酸含量接近活体茶树主根，山茶、油茶和茶梅根中茶氨酸含量极微，表明出土树根当为茶树根。

田螺山遗址栽培茶树根的考古发现，把人类开始人工种植茶树的历史由过去认为距今3 000余年上推至5 500年前。由此表明，中国先民发现茶和利用茶的历史比传说中的"神农尝百草"时代更早。但这里依然有许多值得进一步研究的地方，如田螺山人如何知道茶的利用的？他（她）们种植的茶树种子是怎么来的？总之，还有不少问题，有待人们去进一步深入研究，继续完善。

二、对神农尝百草的理解

在中国乃至世界茶叶史上，提到茶的发现和利用，每每要提到"神农尝百草"的传说。传说虽与历史有差异，因为它是口传，没有史实记载，但也有联系，在还没有文字记载的远古时期，传说在一定程度上也是一种历史的记忆，因为在没有文字记载的远古时期历史总是存在的。

清代《格致镜原》引《本草》云："神农尝百草，一日而遇七十毒，得茶以解之。"而历代

神农尝草图

《本草》很多，据有的专家考证，认为这里指的是《神农本草》。该书约成书于秦汉年间，是世界上第一部药物书，它记录了药物的起源和治疗疾病的效用。尔后历代所有《本草》则是《神农本草》的发展和衍生。至于神农尝茶的故事，在中国流传很广，影响颇深。不过，从今人看来，"神农尝百草，日遇七十毒（也有的说是七十二毒），得茶而解之"，似有夸大之嫌。鲁迅先生在《南腔北调·经验》中写道："我们一向喜欢恭维古圣人，以为药物是由一个神农皇帝独自尝出来的，他曾经一天遇到七十二毒，但都有解法，没有毒死。这种说法，现在不能主宰人心了。"为此，鲁迅提出了自己的看法："古人一有病，最初只好这样尝一点，那样尝一点，吃了毒的就死，吃了不相干的就无效，有的竟吃了对症的就好起来。于是知道这是某一种病痛的药。"所以，神农是总结了原始社会先民长期生活斗争的经验，于是人们把茶的功劳归功于神化了的神农，把他看作是这一时期的先民代表，也是可以理解的。

至于原始社会用茶解毒，即使今人看来，也是符合当时社会实际的，也有一定的科学道理，因为历代的生活实践和现代的科学研究、试验分析都表明：饮茶有利健康，茶是健康饮品，具有消炎解毒和广泛的茶疗作用。所以，中国人推崇神农为发现和利用茶的鼻祖，并非是凭空杜撰，实为实践所得。

有鉴于此，唐代陆羽在总结唐及唐以前先民经验的基础上，在撰写世界上第一部茶叶专著《茶经》时，明确指出："茶之为饮，发乎神农氏，闻于鲁周公。"表达的意思很清楚，即茶的饮用开始于神农氏，尔后鲁周公正式对茶作了文字记载后才传闻于世。中国著名的茶史专家朱自振最先认同这一观点。朱教授在他的《茶史初探》中说："在饮茶的起源问题上，我们倾向陆羽'发乎神农'的观点。"同时，他对此观点作了注解："本文最早发表于1979年《中国茶叶》第1期。关于推定茶树栽培起源史前的根据，除笔者相信我国饮茶是'发乎神农'时代以外，主要考虑到当时越南的考古发现。美国的炸弹，不意把越南地下的史前遗址，也一个个翻揭了开来。所以，越战时期，不少西方考古工作者也跟着美国飞机去越南收获。在一篇发掘报告中，他们将出土的茶籽鉴定为是'6 000年前的栽培种'，提出越南在6 000年前栽培的作物中就有茶。笔者对此持怀疑态度，但在一定程度上又激发自己大胆把茶树栽培就确定在史前。"而神农时代是"只知其母，不知其父"的母系氏族社会时期，据此推算，可以说茶的发展和利用，距今有5 000年左右的历史了。

相传神农是最早发现茶和利用茶的人。当然，茶从发现到利用一般认为是从药用逐渐发展到食用与饮用，这是一个漫长的历史时期。但对茶的利用，并非一开始就作为饮料饮用的。其实，神农尝百草，是将茶看作一种药物饮用的，这在古代许多文献中可以得到证实。如果回顾一下茶的发展历史，不难发现茶的用途是多种多样的，除茶广泛地作为饮料外，在历史上它还是治病的良药，也曾作为佐餐的菜肴，还当过祭天祀神的供物，当过奖品、作过饷银等。这种做法，至今仍可在中国茶树原产地的西南地区找到遗踪。例如居住在云南景洪的基诺族兄弟，他们至今仍保留着以茶做菜的习惯。他们将茶树上的嫩枝采来，经晾洗后在沸水中浸泡一下，再用手稍作搓揉，尔后再加上盐、橘皮等调味品，就把茶当菜吃。还有生活在云南边境的哈尼族、佤族等兄弟民

云南澜沧兄弟民族
崇茶敬茶情景

族，都会不约而同地举行祭茶仪式。他们有的祭的是古茶树，有的祭的是山神，还有更多的是祭"茶祖"，这是茶农对天地的感恩，对先民的怀念，更是对未来的祈祷！

关于茶的发现和利用，当代著名的茶学专家陈椽教授在《茶业通史》中说："我国战国时代第一部药物学专著《神农本草》就把口传的茶的起源记载下来。原文是这样说的：'神农尝百草，一日遇七十二毒，得茶而解之。'"然而时过境迁，战国时代的《神农本草》早已佚失，这段引文来自哪里已无从考究。直到清乾隆三十四年（1769）陈元龙《格致镜原》以及清光绪八年（1882）孙璧文《新义录》卷九十六"饮食类"中才出现可查阅的同样引文："《本草》则曰：'神农尝百草，一日遇七十毒，得茶以解之。'"不管怎样，清代这些著作关于"神农尝百草"的引文，证明了《本草》是真实存在的；同时也表明，清代神农尝百草之说源于《本草》是有依据的；神农尝百草遇毒得茶而解的传说并非是虚构的，是有据可查的。

神农尝百草所传递的信息可以认为：在四五千年前，茶已被作为解毒药草而被发现和利用。尽管神农氏是中国古代传说中的三皇[①]之一，传说由于他发明了火食，还由于他"教民稼穑"，所以尊称他为神农氏。虽然是传说，但在没有文字和文字记载的岁月里，茶的历史只有依靠口头传说承传下来，所以传说在一定程度上也可看作是历史的一种借鉴，说神农尝百草是发现茶、利用茶的开始是有据可查的，是可信的。

商末周初时，据晋代常璩《华阳国志·巴志》记载：武王既克殷（前1066年）时，茶已成为"皆纳贡之"的朝廷贡品。还曰"园有芳蒻（魔芋）、香茗"。据此可以认为距今3 000年前茶已成为一种可供纳贡的农产品，并有人工栽培的茶园。

①三皇：即燧人氏、伏羲氏和神农氏。

乔木型茶树

　　西汉时，王褒《僮约》中有"烹茶尽具""武阳买茶"之说。《僮约》是王褒对其奴仆规定要做的事，实为一份契约。其中"烹茶尽具"和"武阳买茶"两件事说明了西汉时在四川成都一带，饮茶已成为上层人士的生活风尚；同时在武阳（今四川彭山）已有"买茶"的茶市出现，茶已成为一种商品了。

第三节　茶树的演变和迁移

　　自从地球上出现茶树植物以后，随着生态环境条件的变化，人为的不断干预，不但种茶区域逐渐扩大；而且茶树类型和品种渐趋增加，使茶的群体变得更加多姿多彩。但千变万变，也改变不了一个事实：它们都是从同一个祖先繁衍下来的后代。

一、茶树演变缘由

　　中国的西南地区是茶树祖先最早生活的地方。以后，随着高原的上升，河谷的下切，使得在茶树生长的同一区域内，既有高温恒夏的热带和四季分明的亚热带，又有寒暑交错的温带和常年

走进野生茶树林

如冬的寒带气候，使茶树被分割在热带、亚热带、温带和寒带的气候之中，造成了同源茶树的隔离分居现象，从而发生了与之相应的茶树形态和生活习性的变化，使得同源茶树逐渐演化成不同于茶树祖先的种、变种和生态型。一般说来，位于多雨炎热地带的茶树，演化成耐炎热、高湿、多雨、强日照的特性，成为树冠高大、叶大如掌的乔木型茶树；相反，位于气候比较寒冷地区的茶树，演化成耐寒、耐旱、耐阴的特性，演化成为树冠矮小，叶形较小的灌木型茶树；而处于上述两者之间地带的茶树，则演化成为小乔木型的大、中、小叶种茶树。

总之，由于地形及由此而引起的茶树生态条件的变化，使茶树发生了"适者生存""劣者淘汰"的演变。而生存下来的茶树，又向着两极分化，其结果使今天能见到的茶树，既有乔木型、小乔木型和灌木型的变化，又有大叶型、中叶型和小叶型的变异，这就是至今在中国西南地区各种类型茶树同时存在的原因。而茶树在向各个方向传播的过程中，又几经人为的异地引种和人工繁殖，于是便出现了当今形形色色、各有千秋的茶树品种资源。

二、茶树变迁历程

由于第三纪中期的地质变迁和随之而来的气候变化，便产生了茶树同源分居现象，其结果是茶树后代向着各自适应当地生态环境的方向发展。虞富莲研究员通过数十年对茶树分布情况的调查研究后认为，茶树在漫长的历史岁月中，从原产地开始，大致沿着三个方向在全国乃至世界范围迁移和传播开来。

1.沿着云贵高原的横断山脉，以及澜沧江、怒江等水系向西南方向传播　这里是低纬度、高温度区域，使茶树逐渐适应湿热多雨的气候条件。因此，这一地区茶生长迅速，树干高大，叶面大而隆起，从而使较为原始的野生大茶树得到大量保存，栽培型的云南大叶茶就是其中的代表。这类茶树的特点是多为大叶种乔木型茶树。目前，该种及人工选育的后代已经传播到赤道南北回归线以外的世界各国。

2.沿着云贵高原的南北盘江及沅江向东南方向传播　在这一区域里，因受东南季风影响，且又干湿分明，这一地区的茶树，由于干季气温高，蒸发量大，茶树容易受干旱危害，致使这一地区保存有较多的较为原始型的野生乔木大茶树，并生长有乔木型和小乔木型茶树，经人工选育后栽培的有广西凌乐白毛茶、广东乐昌白毛茶、湖南江华苦茶等。

3.沿着云贵高原的金沙江、长江水系向着东北大斜坡，即向着纬度较高、冬季气温较低、干燥度增加的方向传播　生长在这一区域茶树，由于冬季气温较低，时有冻害发生。其特点是茶树逐渐适应冬季寒冷干旱，夏季炎热，秋季干燥的气候条件。最具代表性的是在这一地区的贵州北部大娄山系和四川盆地边缘分布的较为原始的野生茶树。这一地区的野生茶树，通过多代人工栽培选育后，逐渐演化成为现今在云南东北部和贵州北部栽培比较普遍的苔子茶。这是一种灌木型的茶树，在同类茶树中，属中叶种，具有树姿较直立，抗寒性较强的特点。

三、名目繁多的茶树品种资源

茶树经同源分居以后，由于各自所处地理环境和气候条件的差异，再经过漫长的生长和繁衍，促使茶树本身的生理变化和物质代谢发生缓慢变化，最终使茶树自身的形态结构和代谢类型发生变化，形成了茶树不同的生态型。如今，中国的茶树资源，种类之多，性状之异，分布之广，是世界之最。截至2011年，中国有茶树栽培品种200多个，其中经各级茶树品种审定委员会审定的国家级品种96个，省级（包括台湾）品种约110个，还有不少地方品种和名丛（单株），为适制六大基本茶类的各种茶叶提供了丰富的优化品种资源。

中国的茶树品种，不但数量多，性状奇，而且命名怪，哲理深，既有文人的妙笔生花，又有凡夫的通俗比拟。经初步整理，对茶树品种的命名，主要有如下几种：

按茶树叶片大小命名的有：小叶种、中叶种、大叶种等。

按茶树叶片形状分有：瓜子种、柳叶种、枇杷茶等。

按茶树新梢性状分有：藤茶、白毛茶、苔子茶、杆子茶等。

按茶树嫩梢色泽分有：黄叶茶、紫芽种、白叶茶、黄叶茶等。

按茶树生长地方分有：鸠坑种、祁门种、紫阳种、信阳种、宜兴种等。

按茶树嫩梢近似动物分有：白毛猴、毛蟹、猴魁等。

按茶树相似植物分有：紫薇、佛手、水仙、白牡丹、梅占、黄旦等。

按茶树发芽迟早分有：不知春、迎霜、清明早、谷雨茶等。

按成品茶香气分有：茴香茶、兰花茶、十里香等。

按成品茶滋味分有：苦茶、甜茶等。

还有许多是兼而有之的，如根据新梢性状和发芽迟早分的白毫早，根据产地、叶片的形状和色泽分的湘波绿，根据叶片形状与新梢发芽迟早分的槠叶齐，根据叶片的色泽和新梢发芽迟早分的乌牛早、早青茶、早黄茶等；根据茶树叶片形状和大小分的大尖叶、大叶泡；根据茶树叶片形

白叶茶嫩梢

梅占茶树叶形

状和色泽分的尖波黄；根据产地和茶树某一特征分的政和大白茶、乐昌白毛茶、勐库大叶茶等；还有根据产地和选育单位编号分的龙井43、黔湄419、宁州2号、浙农12、安徽1号等。

此外，还有许多独特的珍贵茶树名种，如茶丛低矮的矮塌塌和矮脚乌龙，分枝挺直的高脚早和高脚乌龙，枝条曲折的奇曲，香高味甘的铁观音等。特别值得一提的还有不可多得的茶树名丛，如大红袍、水金龟、铁罗汉、白鸡冠、半天妖、九龙珠、白瑞香、奇兰、黄枝香、白兰香、芝兰香、玉兰香，等等。

在如此众多茶树品种资源中，由于茶树芽叶内各种内含物质含量多少和比例的不同，适宜加工成的茶类也不同。大体说来，中国南部地区乔木型、小乔木型的大叶种、中叶种茶树品种，最适宜于制红茶。北部地区灌木型、小乔木型的中叶种、小叶种茶树品种，最适宜于制绿茶。特别是地处北纬30°左右的山东、江苏、安徽、浙江、湖南、湖北、河南、四川、重庆、贵州等地，是中国绿茶的主要产地。东南部地区，以小乔木型的中叶种茶树品种为主，诸如福建、广东、台湾一带，最适宜于制乌龙茶。乌龙茶由于品质独特，要求味浓香洌，因此对茶树品种要求更为严格，适宜的茶树品种有安溪铁观音、金观音、黄观音、武夷水仙、凤凰水仙、黄金桂，以及武夷传统五大名丛：大红袍、铁罗汉、白鸡冠、水金龟和半天妖等。

白茶是中国特有的茶类之一，多由芽叶茸毛密，单芽长而壮的茶树品种采制而成。主要产区在福建的宁德、南平两个地区，产量以福鼎市为最多。适制的茶树品种有福鼎大白茶、福鼎大毫茶、政和大白茶、福建水仙等。

黄茶是中国特种茶类之一，在江南茶区的湖南、安徽、浙江、四川等地有零星分布，适制黄茶的茶树品种，除要求茸毛较多外，别无其他特殊要求，多为当地群体品种。

黑茶，其实是湖南黑茶、湖北老青茶、四川边茶、广西六堡茶、云南普洱茶的总称，适宜制黑茶的茶树品种，除普洱茶选用勐库大叶茶、临沧大叶茶、凤庆大叶茶等茶树品种外，其他均选用当地的中、小叶种茶树群体品种。

但不论何种茶树品种，不管新梢颜色有深有浅，芽叶有大有小，发芽有迟有早，茸毛有密有疏，内含物有多有少，任何一种茶树品种上采下来的芽梢，都能制成红茶、绿茶、青（乌龙）茶、白茶、黑茶和黄茶，只是说某种茶树品种最适宜制造某种茶而已，这是相比较而言的。认为红茶是从红茶树上的新梢制成的，绿茶是从绿茶树上的新梢制成的，青茶是从青茶树上的新梢制成的，那是一种误解。

第四节　制茶技术的发展

数千年来，千姿百态的茶叶品种和众多茶类的产生、发展和演变，大致经历了生吃鲜叶，生煮羹饮、晒干收藏、蒸青做饼、炒青散茶，乃至白茶、黄茶、乌龙茶、红茶、黑茶等多种茶类的发展过程。

一、制茶技术的发展

随着社会的发展，技术的进步，使茶叶制造技艺不断提升。程启坤研究员结合史实，对制茶技术的发展作过较为深入的研究。现根据程氏研究，结合相关史料，通过分析比较，分述如下。

（一）从生吃到煮饮

陆羽《茶经》称，茶是神农氏为了寻找能治病的药材和能食用的植物，满山遍野寻找嚼食各种植物叶片时发现的。说明茶的饮用，最早是从咀嚼茶树嫩枝、叶片开始的。这种生吃茶树鲜叶的现象，在现今云南的布朗族、佤族、德昂族等少数民族还保留着。其中有直接生吃的，也有加盐，或加橘皮、辣椒等拌着吃的，更有腌制以后吃的，这是茶叶最直接、最原始的利用方式。从这种最原始的利用方法进一步发展的结果便是生煮羹饮。

煮饮类似于现代的煮菜汤。以茶做菜的记载，见于《晏子春秋》："婴相齐景公时，食脱粟之饭，炙三弋五卵，茗菜而已。"是说春秋时，晏婴在景公时（前547—前490年在位），身为国相，饮食节俭，吃糙米饭，几样荤菜以外，只有"茗菜而已"。以茶做菜不仅古代有之，就是现代有些地方仍保留有这种风俗。如云南基诺族至今仍有吃"凉拌茶"的习惯，采来新鲜茶叶，在热水中稍作浸泡后放在碗中，加入少许黄果叶、大蒜、辣椒、盐、香油等作配料，再加入少许洁净山泉水拌匀，就做成"凉拌茶"菜了。

煮饮的另一种方式是早期的擂茶，流传于南方的湖南、湖北、江西、福建、广西、四川、贵州等少数民族居住地区，它是以生茶叶、生姜、生米仁三种生材料经混合研碎，再注入沸水浸泡成羹饮，俗称"三生汤"。

茶作羹饮，史见周公《尔雅》"槚，苦茶"。晋代郭璞（276—324）《尔雅注》：说苦茶"树小如栀子，冬生叶，可煮羹饮。"《广雅》云："荆巴间采叶作饼，叶老者，饼成以米膏出之。欲煮茗饮，先炙令赤色，捣末置瓷器中，以汤浇，覆之，用葱、姜、橘子芼之。其饮醒酒，令人不眠。"《晋书》记述："吴人采茶煮之，曰茗粥。"《广陵耆老传》中提到："晋元帝时，有老姥每旦独提一器茗，往市鬻之，市人竞买，自旦至夕，其器不减。"《茶经》引"傅咸司隶教曰：'闻南方有蜀妪作茶粥卖，为廉事打破其器具，后又卖饼于市'而禁茶粥以蜀姥，何哉？"

煮茶羹饮的习俗，延续至唐代仍有出现，唐代诗人储光羲（707—约760）当时在友人家做客，记述有盛夏吃茗粥，并诗一首："当昼暑气盛，鸟雀静不飞。念君高梧阴，复解山中衣。数片远云度，曾不蔽炎晖。淹留膳茗粥，共我饭蕨薇。敝庐既不远，日暮徐徐归。"可见茶的最早利用是从咀嚼鲜叶开始，再逐渐过渡到煮熟羹饮的。

（二）从煮饮到烧烤煮饮

煮熟羹饮是直接利用未经任何加工的茶鲜叶煮熟成羹作饮的。而进一步发展的结果，也许就是经烧烤后再煮饮。人类在原始社会，将狩猎到的猎物和采集到的植物块茎块根，放在火上烧烤至熟后再食用。这是发明"火"以后，人类食物的进步。可以想象，在那时将采集到的茶树新梢，放在火上经烧烤以后再放在水中去煮，煮出的茶汤供人们解渴消暑。这种"烧烤鲜茶"的做法，也许就是最原始的加工绿茶了。因为现代"绿茶"的概念，就是通过高温杀青以后制成的茶叶，现代杀青有蒸青、炒青、烘青等，都是利用高温抑制酶的活性，保持清汤绿叶的绿茶特征。烧烤茶鲜叶，实际上也是达到了杀青的目的。用现代的语言，就是将"杀青叶"（烧烤叶）直接煮饮，无非是没有制成干茶而已。

中国云南西双版纳的哈尼族、布朗族、傣族、拉祜族、佤族，至今还保留着这种"烤鲜茶煮饮"习俗。他们平时在茶山劳动休息时，常常就地采下茶枝叶就地烧烤后放在鲜竹筒内用山泉水煮成茶汤饮用。这种烤鲜茶煮成的"鲜竹茶"茶汤，有一种先苦后甘的焦香味，很能解渴。

（三）从烧烤煮饮到原始晒青

人类在原始社会，将茶经烧烤后煮饮，是直接利用茶的一种方式。进一步的发展，就是"晒干收藏"，以备后用。因为茶树新梢生长是有季节性的。为了全年都能喝到茶，或是想把产茶地的茶带到较远的非产茶地去，就需要经晒干加工成为干茶才行。因此茶叶的最初加工方式，可能就是利用阳光直接晒干或烤干，这样就能保存收藏了。

唐代樊绰《蛮书》记载了当时云南西双版纳一带茶叶采制及烹饮的情况："茶生银生城界诸山，散收，无采法，蒙舍蛮以椒、姜、桂和烹而饮之。"银生城是现在云南景东，"蒙舍"是唐代南诏国中的六诏之一，在今云南巍山、南涧一带。当时采制茶叶只是"散收，无采造法"可言。所谓"散收"，可能收购的就是简单的晒干散茶；所谓"无采造法"，就是相对于唐代巴蜀地区、江浙一带已出现的蒸青散茶来说，云南的"晒干收藏"法显得简单，可以说是"无采造法"。

（四）原始晒青到原始炒青、烘青、蒸青及蒸青饼茶

"晒干收藏"，方法虽然简单。但在多雨天又是如何干燥和收藏茶叶的呢？随着社会对茶叶需求量的增加，没有太阳的时候，人们可能利用早期出现的"甑"来蒸茶，于是就发明了原始的"蒸青"。蒸完以后，如何干燥茶叶呢？于是就发明了锅炒和烘焙的干燥方法，从而产生了原始的"炒青"和"烘青"。有太阳的日子，可能是蒸后利用太阳晒干。云南哈尼族中的老年人至今仍保留着吃蒸茶的习俗，常将采得的茶树鲜叶，用甑子蒸熟，晾晒干燥后贮于篾盒中，饮用时用沸水冲泡。这些原始的晒青茶、炒青茶、烘青茶和蒸青茶，在秦汉以前的巴蜀地区可能都已出现。到了三国魏时，《广雅》中记述的"荆巴间采茶作饼"，这种饼茶也许在三国之前就已出现，它可能是在原始散茶基础上的技术进步。仿效当时流行"饼食"的习俗，将采来的鲜茶，蒸后做成饼，老叶黏性差，加些米膏也能做成饼。于是，在原始散茶的基础上发明了原始形态的饼茶。

（五）蒸青饼茶到龙凤团饼

三国时，魏·张揖《广雅》（约230年）记载，虽也是煮茶作羹饮，但已前进了一大步，它是将采来的茶叶先做成饼，晒干或烘干，饮用时碾末冲泡，加佐料调和作羹饮。当时采叶做饼，已是制茶工艺的萌芽。至于采来茶叶经蒸青或略煮"捞青"软化后压成饼是完全可以做到的。

到了唐代，蒸青作饼茶的制法已逐渐完善，陆羽《茶经·三之造》记述："晴，采之。蒸之，捣之，拍之，焙之，穿之，封之，茶之干矣。"唐代的蒸青饼茶有大有小，据《新唐书·食货志》载："江淮茶为大模一斤至五十两。"也有小的，如唐代卢仝《走笔谢孟谏议寄新茶》诗中所描写的"手阅月团三百片"。"月团"是圆月形的饼茶，卢仝收到孟谏议派人送来的新饼茶，一包竟有三百片，表明是很小的饼茶。

宋代，制茶技术发展很快。自唐至宋，贡茶兴起，也促进了茶叶新产品的不断涌现。宋代熊蕃撰、熊克增补的《宣和北苑贡茶录》（1121—1125）记述："采茶北苑，初造研膏，继造腊面。""（宋）太平兴国初，特置龙凤模，遣使即北苑造团茶，以别庶饮，龙凤茶盖始于此。"据原注释称，太平兴国二年始置龙焙，造龙凤茶。龙凤茶，皆为做成团片的茶，起于北宋丁谓（962—1033），一说为蔡君谟（即蔡襄）所创，有龙团凤饼之称。宋徽宗《大观茶论》称："岁修建溪之贡，龙团凤饼，名冠天下。"

继龙凤茶之后，仁宗时蔡君谟又创造出小龙团。欧阳修《归田录》记述：茶之品莫贵于龙凤，谓之小团，凡二十八片，重一斤，其价值金二两，然金可有，而茶不可得。自小团茶出，龙凤茶遂为次。大观年间，又创制出了三色细芽（即御苑玉芽、万寿龙芽、无比寿芽）及试新銙、贡新銙。均为采摘细嫩芽叶进行制造。

龙凤团茶的制造工艺，据宋代赵汝砺《北苑别录》（1186）记述，分蒸茶、榨茶、研茶、造茶、过黄、烘茶等工序，即采来茶叶先浸于水中，挑选匀整芽叶进行蒸青，蒸后冷水冲洗，然后小榨去水、大榨去茶汁，去汁后置瓦盆内兑水研细，再入龙凤模压饼、烘干。

（六）团饼茶到散叶茶

唐代制茶虽以团饼茶为主，但也有其他茶，陆羽《茶经·六之饮》"饮有粗茶、散茶、末茶、饼茶者"，说明当时除饼茶外，尚有粗茶、散茶、末茶等非团饼茶存在。所谓粗茶，是指粗老鲜叶加工的散叶茶或饼茶；所谓散茶，是指鲜叶经蒸后不经捣碎直接烘干而成的散状茶；所谓末茶，是指经蒸茶、捣碎后未拍成饼就烘干的碎末茶。

宋太宗太平兴国二年（977）已有腊面茶、散茶、片茶三类：片茶即饼茶，腊面茶即龙凤团饼，散茶是蒸后不捣不拍烘干的散叶茶。《宋史·食货志》载："茶有两类，曰片茶，曰散茶。片茶……有龙凤、石乳、白乳之类十二等……散茶出淮南归州、江南荆湖，有龙溪、雨前、雨后、绿茶之类十一等。"

元代王祯在《农书·百谷谱》中对当时制蒸青叶茶工序有具体的记载："采讫，以甑微蒸，生熟得所。蒸已，用筐箔薄摊，乘湿略揉之，入焙，匀布火，烘令干，勿使焦，编竹为焙，裹箬覆之，以收火气。茶性畏湿，故宜箬。收藏者必以箬笼，剪箬杂贮之，则久而不浥。宜置顿高处，令常近火为佳。"

到了明代，团饼茶的一些弊端，如耗时费工、水浸和榨汁都使茶的香味有损等，逐渐为茶人所认识，感到有必要改蒸青团茶为蒸青叶茶。当时，促成这种变革的重要人物是明太祖朱元璋，他于洪武二十四年（1391）九月十六日下了一道诏令，废团茶兴叶茶，据《明太祖实录》卷二记载，"庚子诏，……罢造龙团，惟采茶芽以进。其品有四，曰探春、先春、次春、紫笋……"由于有了这道朝廷诏令，从此蒸青散叶茶大为盛行。

到了清代，各茶类的散叶茶不断发展，在贡茶精益求精技术的影响下，各种名茶大量涌现。

与此同时，随着边销茶需求量的增加，传统的紧压茶也有了很大发展，如湖南的湘尖、黑砖、茯砖、千两茶（以后又衍生出花砖茶），湖北的青砖，四川的康砖、方包茶，广西的六堡茶，云南的沱茶、紧茶、七子饼茶、普洱砖茶等都有相当的生产量。这是古代团饼茶的继承与发展。

（七）从蒸青茶到炒青茶

唐宋时，以蒸青茶为主，但也开始萌生炒青茶技术。唐代刘禹锡（772—842）《西山兰若试茶歌》曰："宛然为客振衣起，自傍芳丛摘鹰觜（嘴）。斯须炒成满室香，便酌砌下金沙水。"诗中"斯须炒成满室香"，说采下的嫩芽叶经过炒制，满室生香，这是至今发现的关于炒青绿茶最早的文字记载。表明炒青绿茶在唐代已有之。

后经唐、宋、元代的进一步发展，炒青茶逐渐增多，到了明代，炒青制法日趋完善。明代张源《茶录》中有："新采，拣去老叶及枝梗碎屑。锅广二尺四寸，将茶一斤半焙之，候锅极热始下茶。急炒，火不可缓，待熟方退火，彻入筛中，轻团那（通挪）数遍，复下锅中，渐渐减火，焙干为度……火烈香清，锅寒神倦，火猛生焦，柴疏失翠，久延则过熟，早起却还生，熟则犯黄，生则着黑，顺那则干，逆那则涩，带白点者无妨，绝焦点者最胜。"

明代许次纾《茶疏》中，在"炒茶"一节中详细记述："生茶初摘，香气未透，必借火力，以发其香。然性不耐劳，炒不宜久。多取入铛，则手力不匀，久于铛中，过熟而香散矣，甚且枯焦，尚堪烹点。炒茶之器，最嫌新铁，铁腥一入，不复有香；尤忌脂腻，害甚于铁。须预取一铛，专用炊饭，无得别作他用。炒茶之薪，仅可树枝，不用杆叶，杆则火力猛炽，叶则易焰易灭。铛必磨莹，旋摘旋炒。一铛之内，仅容四两，先用文火焙软，次加武火催之，手加木指，急急钞转，以半熟为度。微俟香发，是其候矣。急用小扇钞置被笼，纯绵大纸衬底，燥焙积多。候冷入瓶收藏。人力若多，数铛数笼；人力即少，仅一铛二铛，亦须四五竹笼。盖炒速而焙迟，燥湿不可相混，混则大减香力。一叶稍焦，全铛无用，然火虽忌猛，尤嫌铛冷，则枝叶不柔……"

明代罗廪在《茶解》"制"中记述："炒茶，铛宜热；焙，铛宜温。凡炒，止可一握，候铛微炙手，置茶铛中，札札有声，急手炒匀；出之箕上，薄摊，用扇扇冷，略加揉挼；再略炒，入文火铛焙干，色如翡翠。若出铛不扇，不免变色。茶叶新鲜，膏液具足，初用武火急炒，以发其香，然火亦不宜太烈，最忌炒至半干，不于铛中焙燥，而厚罨笼内，慢火烘炙。"

关于"炒青"茶名，清代茹敦和《越言释》载："今之撮泡茶，或不知其所自，然在宋时有之。且自吾越人始之。按炒青之名，已见于陆诗，而放翁安国院试茶之作有曰……日铸（浙江绍兴日铸茶）则越茶矣，不团不饼，而曰炒青。"

自从明代炒青绿茶盛行以后，各地对炒制工艺不断革新，因而先后产生了不少外形内质各具特色的炒青绿茶，如徽州的松萝茶、歙县的大方、六安的瓜片、杭州的龙井茶、平水的珠茶，等等。

二、茶类的变革

中国茶类的变革，有人认为是从绿茶类发展至其他茶类的；但也有人认为最早产生的茶类应是白茶，它是经晒干而成的产品，也是最原始的制茶方法。它们说的都有一定道理。

（一）黄茶的产生

绿茶的基本工艺是杀青、揉捻、干燥，制成后的茶清汤绿叶，故称绿茶。当绿茶炒制工艺掌握不当，如炒青杀青温度低，蒸青杀青时间过长，或杀青后未及时摊凉，或揉捻后未及时烘干燥，堆积过久，都会使叶子变黄，产生黄叶黄汤，类似后来出现的黄茶。因此黄茶的产生可能是从绿茶制法掌握不当演变而来的。明代许次纾在《茶疏》（1597）中记载了这种演变的历史："顾彼山中不善制造，就于食铛大薪炒焙，未及出釜，业已焦枯，讵堪用哉？兼以竹造巨笱，乘热便贮，虽有绿枝紫笋，辄就萎黄，仅供下食，奚堪品斗。"这与后来黄茶加工工艺很有相似之处。

（二）黑茶的出现

绿茶杀青时叶量多，火温低，会使叶色变成深褐色，或以绿毛茶堆积后发酵，渥成黑色，这是产生黑茶的过程。明代嘉靖三年（1524），御史陈讲疏就记载了黑茶的生产："商茶低伪，悉征黑茶，产地有限，乃第为上中二品，印烙篦上，书商品而考之。每十斤蒸晒一篦，送至茶司，官商对分，官茶易马，商茶给卖。"当时湖南安化生产的黑茶，多运销边区以换马。

《明会典》载："穆宗朱载垕隆庆五年（1571）今买茶中与事宜，各商自备资本。……收买真细好茶，毋分黑黄正附，一例蒸晒，每篦（竹篾篓）重不过七斤。……运至汉中府辨验真假黑黄斤篦。"当时四川黑茶和黄茶是经蒸压成长方形的篦包茶，每包7斤，销往陕西汉中。崇祯十五年（1642），太仆卿王家彦在奏疏中也说："数年来茶篦减黄增黑，敝茗羸驷，约略充数。"上述记载表明，黑茶的制造始于明代中期。

（三）白茶的演变

古代，采摘茶树枝叶用晒干收藏的方法制成的产品，类似于原始的白茶。但唐宋时的所谓白茶，是指偶然发现的白叶茶树采摘制成的茶，宋徽宗赵佶《大观茶论》称："白茶自为一种，与常茶不同，其条敷阐，其叶莹薄，崖林之间偶然生出。盖非人力所可致。正焙之有者不过四五家，生者不过一二株……如玉之在璞，他无与伦也。"这种白茶实为白叶茶，仍属于蒸青绿茶之列。现代的"安吉白茶"就是用这种白色芽叶制成的茶，实为绿茶。

明代田艺蘅著《煮泉小品》，记有类似现代白茶制法："芽茶以火作者为次，生晒者为上，亦更近自然，且断烟火气耳。况作人手器不洁，火候失宜，皆能损其香色也。生晒茶瀹之瓯中，则旗枪舒畅，青翠鲜明，尤为可爱。"现代白茶是从宋代绿茶三色细芽、银丝水芽开始逐渐演变而来的，最初是指干茶表面密布白色茸毫、色泽银白的"白毫银针"，后来又发展产生了白牡丹、贡眉和寿眉等不同花色。白茶是采摘大白茶树的芽叶制成。大白茶树最早发现于福建的政和和福鼎，这种茶树嫩芽肥大、毫多，生晒制干，色白如银，香味俱佳。

（四）红茶的诞生

"红茶"一词，始见于明代刘基（1311—1375）《多能鄙事·饮食类》，在谈到"兰膏茶"和"酥签茶"时都写到用红茶调制一事。但也有许多人提出异议，认为红茶是从福建崇安的小种红茶开始的。清代崇安县令刘靖《片刻余闲集》（1732）载："山之第九曲尽处有星村镇，为行家萃聚。外有本省邵武、江西广信等处所产之茶，黑色红汤，土名江西乌，皆私售于星村各行。"自星村小种红茶创制以后，逐渐演变产生了工夫红茶。安徽祁门生产的红茶，就是1875年安徽余干臣从福建罢官回乡，将福建红茶制法带去的，他在至德尧渡街设立红茶庄试制成功，翌年在祁门历口又设分庄试制，以后逐渐扩大生产，从而产生了著名的"祁门工夫"红茶，深受中外饮茶爱好者的赞赏。20世纪20年代，印度等国开始生产将茶叶切碎加工的红碎茶，产销量逐年增加，最终成为世界茶叶贸易市场的主要茶类。我国于20世纪50年代末也开始试制和生产

福建武夷
岩茶园

红碎茶。

（五）乌龙茶的由来

乌龙茶的起源，学术界尚有争议，有的推论出现于北宋，有的推定始于清咸丰年间（1851—1861），但一般都认为最早在福建创始。关于乌龙茶的制造，据史料记载，清代陆廷灿《续茶经》引述的王草堂《茶说》：武夷茶"茶采后，以竹筐匀铺，架于风日中，名曰晒青。俟其青色渐收，然后再加炒焙。阳羡芥片，只蒸不炒，火焙以成。松萝、龙井，皆炒而不焙，故其色纯。独武夷炒焙兼施，烹出之时，半青半红，青者乃炒色，红者乃焙色。茶采而摊，摊而摷[①]，香气发越即炒，过时不及皆不可。既炒既焙，复拣去其中老叶、枝蒂，使之一色。"《茶说》成书时间在清初，因此武夷茶这种独特工艺的形成，定在此时之前。现福建武夷岩茶的制法仍保留了这种乌龙茶传统工艺的特点。

至于乌龙茶最早创始于福建的说法，最近有学者持不同看法，认为有史料证明，乌龙茶最早创始于广东饶平。据清康熙二十六年(1687)《饶平县志·卷之一》载："侍诏山，在县西南十余

---

①摷：摇的意思。

里，四时杂花竞秀，名为百花山。土人植茶其上，潮郡称侍诏茶。"卷之十一专立"茶"条载："饶中百花、凤凰山多有植之，而其品不恶"；"茶种地宜风，宜露，宜微云；采宜微日，宜去梗叶，落病蒂"；"炒宜缓急火，宜善揉生气，宜净锅；宜密收贮。兼此者不须借邻妇矣。"上述记录，概括出了乌龙茶生产的特殊流程，种茶："宜风"，"宜露"，"宜微云"；采青："宜晴天"，"宜去梗叶"；晒青："宜微日"；炒青："宜净锅"，"宜缓急火"；揉青："宜善揉生气"；收藏：焙干后"宜密收贮"。

文献中"兼此者不须借邻妇矣"这句话。据传，妇女采茶，藏于怀中，归家后抖出制作。某妇因家务繁忙，回屋竟忘记制茶一事，投身于其他事务。直至第二天才记起制茶一事，但其时所采茶叶已完全发酵，香气四溢。茶农终于悟出一个道理：生茶叶先发酵，可以提高成品茶质量。以后采茶便依法炮制，借助妇女帮忙采茶"发酵"。如此通过不断实践，积累了比较规范的乌龙茶制作技艺，尤其是发酵工艺，借助日晒取代原始"借怀"。其实"借怀发酵"产生的乌龙茶特有香气，这是最早出现的乌龙茶原始制作工艺。

（六）普洱茶的来历

普洱茶主产于云南西双版纳、普洱一带，其地古时归普洱府管辖，普洱茶因普洱而得名，最早是指普洱所辖范围内生产的茶叶。明末谢肇淛《滇略》曰："土庶所用，皆普茶也。"清代方以智《物理小识》（1664）载："普洱茶蒸之成团，西番市之。"1765年，清赵学敏《本草纲目拾遗》云："普洱茶出云南普洱府，成团，有大中小三等。"普洱府虽至民国二年（1913）被撤销，但普洱茶名传承至今。

云南产制团块茶历史悠久。晋代傅巽《七诲》叙述了当时各地的名特产品，"蒲桃，宛柰，齐柿，燕栗，峘阳黄梨，巫山朱橘，南中茶子，西极石密。"其中南中茶子[①]也就是云南一带产的成个成块的紧团茶，已与蒲地的桃，古大宛国的苹果，山东的柿子，燕地的栗子，峘阳的黄梨，四川巫山的红橘，天竺的冰糖齐名，都是珍贵的特产。

唐代樊绰《蛮书·云南管内物产第七》中记载："茶生银生城界诸山，散收，无采造法。蒙舍蛮以椒、姜、桂和烹而饮之。"所谓散收的茶可能就是简单的晒青茶。清光绪《普洱府志》："普洱古属银生府，则西番之用普茶已自唐时。"说明唐时普洱茶已开始作为商品行销至西藏和内地。

宋代，大理政权为战争所需，在普洱设"茶马市场"，以普洱茶换取西藏马匹，并因"以茶易西番之马"而形成了一条普洱至西藏的"茶马古道"。自元至明清时，普洱茶随蒙古人北上而进入俄国。

明代万历年间的《云南通志》载："车里之普耳（即普洱），此处产茶。"另外，明代谢肇淛《滇略》中提到："土庶所用，皆普茶也，蒸而成团。"说明，明代的普洱茶已"蒸而成

易武古镇

团"，是蒸压团茶。

　　到了清代，阮福《普洱茶记》中已有详细的记载："所谓普洱茶者，非普洱府界内所产，盖产于府属之思茅厅界也。厅素有茶山六处，……每年备贡者，五斤重团茶、三斤重团茶、一斤重团茶、四两重团茶、一两五钱重团茶，又瓶装芽茶、蕊茶、匣装茶膏，共八色。……采而蒸之，揉为团饼。其叶之少放而犹嫩者，名芽茶；采于三四月者，名小满茶；采于六七月者，名谷花茶；大而圆者，名紧团茶；小而圆者，名女儿茶，女儿茶为妇女所采，于雨前得之，即四两重团茶也。"清代赵学敏《本草纲目拾遗》称：普洱茶有"人头式，名人头茶，每年入贡，民间不易得也。"作为贡品团茶，每年向清代朝廷进贡有一定数量。

　　清代除普洱贡品团茶外，民间生产销售的还有普洱散茶、七子饼茶、沱茶、紧茶等。因此可以认为，清代的普洱茶形态已多样化，除部分芽茶、毛尖等晒青散茶外，多数是以晒青茶为原料进行蒸压成形的紧压茶。传统普洱茶汤色红浓有陈香味的品质是经过长途贮运或多年的仓储存放，经历了缓慢的自然后发酵而形成的。如清代云南生产的七子饼茶"同庆号"的内飞（标签）中就标明：易武正山普洱茶"水味红浓而芬香"，说明普洱茶固有的品质特征应该是汤色红浓有陈香味。

　　20世纪70年代，研究成功的普洱茶渥堆后发酵新工艺，使后发酵时间大大缩短，从而产生了普洱散茶和蒸压成的普洱茶"熟饼"。渥堆后发酵新工艺，使晒青茶在高温、高湿条件下，加上微生物的作用，进行快速的后发酵，从而形成了具有红浓汤色和陈香气味的普洱茶。

　　（七）花香茶的产生

　　茶加香料或香花的做法由来已久。宋代蔡襄《茶录》曾提到有加香料的茶，说"茶有真香，而入贡者微以龙脑和膏，欲助其香"。南宋施岳《步月·茉莉》词中已有茉莉花焙茶的记述，该词原注："茉莉岭表所产……此花四月开，直至桂花时尚有玩芳味，古人用此花焙茶。"

明代刘基《多能鄙事》中谈及"薰花茶"的具体方法："用锡打连盖四层盒一个，下层装上茶叶半盒。中一层钻箸头大孔数十个，薄纸封，装花。次上一层，亦钻小孔，薄纸封，松装茶，以盖盖定。纸封经宿开。去旧花，换新花，如此三度。四时但有香无毒之花皆可。只要晒干，不可带湿。"在明代钱椿年辑、顾元庆删校的《茶谱》中亦有用橙皮窨茶和用莲花含窨的记述；进而《茶谱》还谈及木樨、茉莉、玫瑰、蔷薇、兰蕙、桔花、栀子、木香、梅花等都可用来窨制花茶。当代窨制花茶的香花除了上述花种以外，还有白兰、玳玳、桂花、珠兰等。

（八）新型茶产品的开发

经历了几千年的发展，六大基本茶类的产品已千种以上，但随着科学技术的发展和人民生活的不断提高，茶叶新产品的研制与开发也正在快速发展。首先，各种罐装饮料茶新品不断推出，有含糖的饮料茶，如冰红茶、冰绿茶、低糖乌龙茶等；有不含糖的纯茶饮料，如红茶、绿茶、乌龙茶、普洱茶、茉莉花茶等；还有各种各样的果味茶、香料茶、花草茶、保健茶，以及茶汽水、茶香槟、茶冰淇淋、茶酒等。

此外，还有茶食品、茶日常用品、茶化妆品、茶服饰、茶旅游品等，可谓琳琅满目，千姿百态。

当今，随着科学技术的进步，应用先进的工艺手段，将茶叶中有用的化学成分提取分离出来，制备成保健食品或饮料，满足有保健需求的消费者，这是茶产业应用高科技发展的结果。

第五节　多姿多彩的茶类

中国是世界上茶叶品类最多的国家。千百年来，劳动人民创造了不同的加工制作工艺，发展了从不发酵、半发酵到全发酵六大基本茶类，分别是绿茶、白茶、黄茶、乌龙茶（青茶）、红茶和黑茶。

六大基本茶类发酵的程度，大致如下：绿茶属不发酵茶，发酵程度微弱；白茶属微发酵茶，发酵程度为10%～20%；黄茶属轻度发酵茶，发酵程度为20%～30%；乌龙茶属半发酵茶，发酵程度为30%～60%；红茶属全发酵茶，发酵程度为80%～90%；黑茶属后发酵茶，发酵程度接近100%。

绿茶：是最早出现的茶类。中国绿茶中，名品最多，不但香高味长，品质优异，且造型独特，具有较高的艺术欣赏价值。基本工艺流程为杀青、揉捻、干燥。根据加工时杀青方式和干燥方法的不同，又分为炒青、烘青、蒸青、晒青四种绿茶。

绿茶杀青方式，有加热杀青、热蒸汽杀青、微波杀青三种，以蒸汽杀青制成的绿茶称为"蒸青"。绿茶干燥方式，有炒干、烘干、晒干之分，最终炒干的绿茶称"炒青"，烘干的绿茶称"烘青"，晒干的绿茶称"晒青"。

绿茶加工时，由于采用高温杀青，控制了茶叶中酶的活动和多酚类的氧化，保持了鲜叶的本来绿色，且内含的维生素、氨基酸、多酚类及芳香物质丰富，香气清高，滋味鲜醇。

茯砖茶

白茶：是中国的特产，属微发酵茶，制作的基本工艺是萎凋和晒（或烘）干。白茶色白如银，满披白毫；冲泡后的茶汤，颜色浅黄，香气清雅，滋味甘凉。

黄茶：属轻发酵茶，制作的基本工艺近似于绿茶。制作黄茶先要经过杀青，但与绿茶不同的是，在揉捻前后或干燥前后要进行一道"堆积闷黄"的工序，从而形成黄茶的"黄汤黄叶"品质特点。

乌龙茶：属半发酵茶，又称青茶。据考证，加工时采用特别的萎凋发酵方法，同时又采用绿茶的杀青方式，发酵程度介于全发酵茶（红茶）和不发酵茶（绿茶）之间。加工后成品茶，色泽青褐，又称青茶。冲泡以后，叶片边沿偏红色、中间偏绿色，俗称"绿叶红镶边"，汤色黄红，有天然花香，且滋味浓醇。

红茶：清代已有工夫、小种以及白毫、紫毫、迟芽、兰香等品种。19世纪红茶制法传到印度、斯里兰卡等国，它们将中国的红茶制法加以改良，把茶叶切碎后再发酵、干燥，制成红碎茶。红碎茶现在是国际市场上销售量最大的茶类。红茶在制作过程中经过发酵工艺，使茶叶的内含成分发生一系列的生物化学变化，从而形成了红汤红叶、香高味醇的品质特征。

黑茶：属后发酵茶，原料一般较为粗老，在制作过程中经过较长时间的堆积发酵，因此叶色油黑或黑褐。黑毛茶是压制紧压茶（如茯砖茶、黑砖茶、青砖茶等）的原料。不过，黑毛茶也可以直接饮用。用黑毛茶压制的各种紧压茶，是中国西部和北部边疆地区少数民族的生活必需品。

第六节　名优茶集锦

何谓名优茶，简单说来，就是有相当大的知名度，又具有奇特的外形和优异的色、香、味的优质茶叶。由于名优茶在历史上产生时期不同，可分为历史名优茶和新创制名优茶。还由于认可度的不同，有地方名优茶、省级名优茶和国家级名优茶之分。

一、名优茶释义

名优茶，有称名茶的，也有称优质茶的。它的形成往往有一定的历史渊源，或者有一定的人文地理条件，如风景名胜、人文历史、自然景观等外界因素；再加上得天独厚的生态环境、优良的茶树品种、科学的栽培管理、细心的采收标准，精湛的加工技术等。所以，名优茶的产生和发展是有条件的，并非是随心所欲的。它的产生和存在，关系到诸多条件。如下图所示。

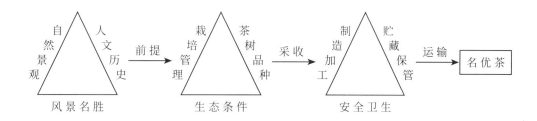

上述几个条件，既是各自独立的，又是相辅相成的，只要有一个或几个环节欠缺，就会影响下一个环节的进行，直至影响整个过程的实现，这样名优茶也就失去了产生和存在的可能。

不过，茶是一种嗜好品，饮茶者往往各有所求，各有所好。但尽管如此，凡称得上名优茶者，虽各有追求，但也有一个大致统一的标准：

一是茶的外形：要求外形特异划一，或秀丽、或粗壮、或扁平、或卷曲、或圆球、或白毫满披，总之，要吸引人的眼球。

二是茶的香气：历来为茶人看重，凡称得上是名优茶者，须俱有讨人喜爱的茶香，或清雅、或浓烈、或花香、或果香，只要有令人神闲意远，有开神敞怀之感即可。

三是茶的滋味和韵味：也就是茶对人口腔的刺激而产生的美感。诸如绿茶的清醇，红茶的浓甜，乌龙茶的馥郁，普洱茶的厚滑，花茶的香醇，白茶的鲜爽，它们都有各自的风格，为饮茶者所追求，且饮起来意味深远。

四是茶的色泽有红与绿、青与黄、白与黑之分，绿茶的嫩绿油润，红茶的红艳明亮，自然是名优绿、红茶中的佼佼者。而闽北武夷岩茶的青褐油润，闽南铁观音的砂绿油润，广东凤凰水仙的黄褐油润，台湾冻顶乌龙的深绿油润，也都是高级乌龙茶中有代表性的色泽，是茶人鉴赏乌龙茶质量优胜的重要标志。

二、历代名优茶概述

唐时，中国饮茶已成为风俗。《膳夫经手录》载："今关西、山东，闾阎村落皆吃之（茶），累日不食犹得，不得一日无茶。"封演《封氏闻见记》亦载："古人亦饮茶耳，但不如今人溺之甚，穷日尽夜，殆成风俗，始自中地，流于塞外。"在这种情况下，种茶遍及，名茶众多。

江南茶园
（秦国隆 摄影）

（一）古代名优茶分布

唐时，按陆羽《茶经》所述，结合历史资料综述，已在相当于现今的15个省种茶，当时至少有名茶140多种，它们在中国产茶历史上，是最早的名优茶。

宋元时，茶树栽培区域进一步扩大，特别是宋代发展较快。至南宋时，全国已有66个州的242个县产茶，又一批新的名茶产生。

至明清时，茶区虽然扩大不多，但茶园面积有所增加。清时，特别是18世纪中至19世纪80年代，随着内销和对外贸易量的增加，中国茶叶生产发展迅速加快。其时，六大基本茶类（即绿茶、白茶、黄茶、乌龙茶、红茶和黑茶）俱全，再加工茶类（如花茶、紧压茶、果味茶、保健茶

等）也不断出现，名茶处处，贡茶分布全国茶区。可是，晚清伊始，茶叶生产形势骤变，一落千丈，直至20世纪中期，中国茶叶生产长期处于低谷状态。

上述这些名优茶，历经千百年，虽然很多名优茶演变至今，其形有改，其境有变，但当时的绝大多数名优茶产地，依然是当今名优茶的重要产区。

（二）当代名优茶分布

当代，中国的种茶区域已发展到19个省区以及香港特别行政区和台湾地区，全国名优茶由唐时的140余种发展到当今的1 500种左右。人们为了便于指导生产，实现科学种茶制茶，将全国种茶区域划分为四大茶区，每个茶区内都有多种名优茶生产。

江北茶区位于长江以北地区，这里常年气温较低，冬春季节时间较长，年平均气温为14～16℃，年降水量为800～1 100毫米，使得茶树新梢生长时间较短，采茶的时间只有150～180天，因此产量较低，但品质较好。这里生长的茶树均为灌木型中小叶种，生产的茶类主要是绿茶，茶叶品种有炒青和烘青。名优品种有紫阳毛尖、信阳毛尖、崂山茶、浮来青、汉中仙毫等。

江南茶区位于长江以南地区，是中国茶叶的主产区，具有举足轻重的位置。这里春暖、夏热、秋爽、冬寒，四季分明，年平均气温16～18℃，年降水量1 300～1 800毫米，大部分地区生态条件较好，是中国茶叶的主产区。生长的茶树以灌木型为主，还有少量小乔木型茶树。生产的茶类齐全，有红茶、绿茶、白茶、乌龙茶、黑茶和黄茶，其中以绿茶为最多。这里也是中国名优绿茶生产最多、最集中的区域，品种有西湖龙井、开化龙顶、望海茶、径山茶、安吉白茶、磐安云峰、瀑布仙茗、洞庭碧螺春、黄山毛峰、太平猴魁、六安瓜片、庐山云雾、婺源茗眉、狗牯脑茶、古丈毛尖、碣滩茶等；名优红茶有祁门工夫、坦洋工夫、小种红茶等；名优乌龙茶有武夷岩茶等；名优黄茶有霍山黄芽、君山银针、温州黄汤等；名优黑茶有湖南黑茶（如花卷茶、茯砖茶、黑砖茶等）、湖北老青茶等；名优白茶有白毫银针、白牡丹等，这里也是白茶的唯一生产地区。

西南茶区位于中国西南部，是中国古老茶区。这里地形复杂，地势高亢，多属高原。全区大多属亚热带范围，气候特点是春早、夏热、秋雨、冬暖，年平均气温15～19℃，降水量1 000～1 700毫米，适合各种类型茶树生长。云南的西双版纳、普洱、临沧、大理是中国普洱茶的主要生产区域，云南也是滇红大金毫的重要生产基地。四川、重庆、贵州、西藏等地，以生产绿茶、黑茶和花茶为主。此外还有黄茶、红茶生产。著名的有蒙顶甘露、蒙顶黄芽、峨眉竹叶青、永川秀芽、巴南银芽、湄潭翠芽、凤冈富锌富硒茶、都匀毛尖、遵义红、滇红、七子饼茶、云南沱茶、珠峰圣茶等。

华南茶区位于福建南部、台湾以及华南各省、区，多属热带季风气候，境内高温多雨，恒夏无冬，年平均气温为19～20℃，年降水量在2 000毫米以上。茶树品种资源丰富，栽培品种以乔木型和小乔木型大中叶种茶树为主，灌木型中小叶种茶树亦有少量分布，生产茶类主要有乌龙茶、红茶和绿茶。此外，还有黑茶生产。著名的乌龙茶品种有铁观音、黄金桂、凤凰单丛、冻顶乌龙、文山包种等；著名的红茶品种有英红、桂红等；著名的绿茶品种有桂平西山茶、凌云白毫、南山白毛茶等；著名的黑茶品种有六堡茶等。

综观上述，中国茶类分布有三个特点：①中国是一个以生产绿茶为主的国家，绿茶生产遍布全国四大茶区，名优绿茶生产以江南茶区和江北茶区为多。②江北茶区主产绿茶，其他茶区都有红茶生产，工夫（条形）红茶主要产于江南茶区和西南茶区，红碎茶主要产于华南茶区。③茶类分布表明：偏北的茶区，以生产绿茶品质为好；偏南的茶区，以生产红茶、普洱茶品质为好；处于中部偏东的茶区，以生产乌龙茶、白茶为好；处于中部偏西茶区，生产多种茶类，如黑茶（包括普洱茶等）、绿茶、红茶、黄茶等。

三、名优茶与人文自然

中国的名优茶，大多与名山、名泉、名刹相连。山水的滋润，自然的熏陶，人文的提升，社会的认知，是创造名优茶的前提。而优良的茶树品种、科学的茶树栽培、精湛的茶叶加工技艺，以及严格的茶叶质量标准和经营管理，是生产各类名优茶的必备条件。

（一）高山自有名茶出

唐代诗人杜牧《题茶山》诗曰："山实东吴秀，茶称瑞草魁。"按照茶树生长发育的要求，中国的名优茶除部分名优绿茶出自江北茶区外，其余大部分产于江南丘陵和高山地区。那里到处岩奇峰幽，河溪迂回，四周绿树成荫，终年乱云飞渡，这正好迎合了茶树生长的要求，为生产茶叶优质原料提供了条件。明代陈襄古诗云"雾芽吸尽香龙脂"，说是生长在名山大川之中的茶树，制成的茶叶品质特别好，是因为茶芽吸收了"龙脂"。所谓"龙脂"，无非就是云雾。所以在中国众多的名优茶中，以云雾茶命名的茶也最多。如浙江的华顶云雾茶，江西的庐山云雾茶，湖北的熊洞云雾茶，江苏的花果山云雾茶，湖南的南岳云雾茶，等等。

首先，由于高山茶区起伏的群山，葱郁的森林，如烟的云海，长流的清溪，构成了一幅碧水丹山、落英缤纷的秀丽景观。在这样环境下生长的茶树，一是因光线受到雾珠影响，使短波光得到加强，它使茶芽中的氨基酸、叶绿素和水分含量明显增加；二是光照强度降低，漫射光增多，有利于含氮化合物的提高；三是乱云飞渡，大雾弥漫，使得空气和土壤湿度提高，茶树光合作用形成的糖类化合物缩合发生困难，纤维素不易形成，使茶芽能在较长时间内保持柔嫩而不易老化，这对保持和提高茶的色泽、香气、滋味，尤其是对改善绿茶品质，有着很好的作用。

其次，高山植被良好，在适度遮阴的情况下，茶树活动温度较低，使茶芽中芳香物质的含量提高，产生如某些鲜花的芬芳香气。所以，品饮高山茶会使人产生新风临荷，空谷幽兰之感。因此，名山大川总是名优茶的重要产地。

最后，丘陵地区的山岭，植被繁茂，枯枝落叶多，形成了一层厚厚的地面覆盖物，犹如一块展开的海绵，不但土壤质地疏松，结构良好，而且有机质含量丰富，茶树所需要的各种营养成分一应俱全。这使茶芽含有丰富的有效成分。如果加上精心加工制作，这样制造出来的茶叶，自然是香高味浓，品质优良。

纵观中国的茶叶生产历史，无论是历代贡茶，如顾渚紫笋茶、蒙顶甘露、阳羡茶、洞庭碧螺春、西湖龙井等，还是传统名优茶如君山银针、庐山云雾、太平猴魁、黄山毛峰、六安瓜片、信阳毛尖、霍山黄芽、西山桂平、都匀毛尖等，以及当代新创制的名优茶如临海勾青、磐安云峰、南京雨花、南糯白毫、峨眉竹叶青、安吉白茶、浮来青，等等，几乎都出自名山。

其实，常理是相对的，高山出佳茗亦是如此。因为高山出佳茗，是对同一地区的平地茶相比

云雾茶园

较而言的。所以，纬度不同，结果也就不一样了。另外，高山出佳茗，也并非是山越高茶越好。通过对长江中下游广大绿茶主产区的调查表明：名优茶产地海拔高度一般集中在200～800米。在这一区域，凡茶树种植海拔超过1 000米的，茶树往往容易产生白星病或赤星病之类，会使加工后的茶饮起来有苦涩味，反而会影响茶叶品质，特别是有碍口感。

（二）名优茶的历史人文景观

天竺寺僧人
采茶去

　　大凡江南胜山、清泉、古刹所在，多是名优茶产地。中国茶区的自然环境、人文景观，蔚为壮丽，所以名优茶多也就不足为奇了。而如此美妙的自然景致，当然是文人雅士的最好去处。加之品质优异的茶叶，又是骚人墨客借题抒怀的对象。"名茶吸引名人，名人传颂名茶"。茶叶生产的发展，特别是名优茶的产生与发展，除了茶叶本身的品质及其艺术欣赏价值外，还与历史上文人雅士的赞誉、推崇是分不开的。下面择要介绍几处有代表性的名优茶乡景观，以见一斑。

　　杭州西湖之滨的武林山水，是中外闻名的西湖龙井茶的产地。这里层峦叠嶂，岩石嶙峋，晨雾迷茫，山美、湖美、泉美。位于栖霞山与灵隐寺之间的玉泉，位于南高峰和天马山之间的龙井泉和位于大慈山白鹤峰麓的虎跑泉，并称为杭州西湖的三大名泉。与三大名泉相映成趣的还有清涟寺、玉泉寺和虎跑寺。此外，还有著名的灵隐寺、天竺寺、云栖寺等。在历史上，为文人和高僧的出没之处，文化古迹甚多。明代诗人孙一元《饮龙井》诗曰："眼底闲云乱不开，偶随麋鹿入云来。平生于物元（原）无取，消受山中水一杯。"诗人所言，平生别无他求，只要有龙井山中的一杯茶就足矣！如果你能坐在虎跑茶室，用虎跑泉水泡一杯龙井村产的龙井茶，既观山色景象，又品龙井韵味，真是情趣横生。如此好山、好水，自然能孕育出好茶，以致"龙井茶，虎跑水"誉称为杭州"双绝"。

　　江西庐山是驰名海内外的庐山云雾茶的产地。"云雾茶，谷帘泉"是庐山的"天仙配"。历代名人雅士都能以亲临观赏这幅山水图景和用此清泉烹煮云雾茶为幸。宋代名人王禹偁曾专为谷帘泉撰文，说它是："水之来计程，一月矣，而其味不败，取茶煮之，浮云蔽雪之状，与井泉绝殊。"而位于庐山西北麓的东晋古刹东林寺，旁伴清泉，背倚翠竹古树。如此好山、好水、好茶，勾画了一幅美丽动人的茶乡景色。

　　湖南的君山是海内外闻名的"君山银针"产地，坐落在"波涛连天雪"的八百里洞庭湖中。当地生长的茶树，由于受到洞庭湖温湿水气的滋润，使茶芽满披白毫，制成的茶叶，形似绣花针，故名银针。君山上的名胜古迹甚多，有舜的两个妃子娥皇和女英的"二妃墓"及湘妃祠，还有秦始皇的封山印石、轩辕台等。而位于君山龙口的柳毅井，相传为柳毅传书时入洞庭龙宫下水的地方。柳毅井正处于山麓裂隙集涓成流之处，可使泉水千百年来不涸。而泉水清澈洁净，甘洌醇厚，故又有"神井仙水"之美称。用柳毅井水冲泡的银针茶，初时两旗（即叶）

夹一枪（即芽），此起彼落，人称"白鹤展翅"，能"三起三落"。然后簇立杯底，好似含苞待放的菊花，在水中澄黄清澈，呷上一口，顿觉甘芳可口，爽神益智。如此茶乡河山，实在使人流连忘返。

湖北当阳的玉泉山，是唐代名茶仙人掌茶的产地。大诗人李白《答族侄僧中孚赠玉泉仙人掌茶》中，称赞仙人掌茶是"茗生此石中，玉泉流不歇。根柯洒芳津，采服润肌骨"。诗人用豪放的诗句，把仙人掌茶的芳香汁水，以及它对人体的良好功效跃然纸上。进而称此茶是"举世未见之"。玉泉山麓有珍珠泉，与珍珠泉互为辉映的还有玉泉寺。明代诗人袁宏道既喜仙人掌茶和珍珠泉水，也爱玉泉山和玉泉寺。他与好友黄平倩同游玉泉山、玉泉寺后，又用珍珠泉水烹试仙人掌茶，为此特作《玉泉寺》诗一首。诗中，诗人既描绘了玉泉山色之秀美，又引出南极仙翁运珍珠船颠覆的传说，"闲与故人池上语，摘将仙掌试清泉"。真是山以绿显翠，寺为天下古，泉从石中出，茶在丛林生。如此茶山，无愧是名茶、名山、名寺、名泉俱美的历史文化胜地。

安徽的黄山是黄山毛峰茶的产地，有"震旦国中第一奇山"之称。它雄伟秀丽，以奇松、怪石、云海、温泉"四绝"而扬名环宇。黄山温泉，清澈如镜，晶莹可掬，甘甜可口。用黄山泉沏毛峰茶，其味甘芳可口。据《图经》记载："黄山旧名黟山，东峰下有朱砂汤泉可点茗，茶色微红，此自然之丹液也。"据说，用黄山温泉沏毛峰茶，只要恰到好处，还会出现奇景：先是热气冉冉升起，接着是绕壶口回旋，尔后又转到碗中心部位呈直线上升一尺之余，直至最后消失。有一年，当地县令带着黄山毛峰茶上京进贡，并向皇上吹嘘一番冲泡黄山毛峰茶的奇景，乐得皇帝连忙命宫人试泡，但始终未见此情景，县令险获欺君之罪。返回黄山后，经当地父老提醒，方知黄山毛峰茶需用当地硬木炭烧黄山温泉水，再选择紫砂壶冲泡，方可见到这种奇观。于是，又有知府带着木炭、温泉水和紫砂壶，再次赴京，亲自冲泡，才使皇帝信服。

此外，如四川的峨眉山是竹叶青的产地，海南的五指山是海南红茶产地。西南边陲的云南西双版纳六大茶山，是傣族、景颇族等多民族居住地，也是茶树原产地的中心区域，这里的茶树高达数丈，蔚为奇景，其地所产的普洱茶，更具有神秘色彩。福建的武夷山，浙江的普陀山、径山和雁荡山，广西的西山，广东的凤凰山，四川的蒙山和青城山，江苏的茅山，海南的五指山，陕西的午子山，安徽的大别山和九华山，台湾的阿里山，等等，也都既是名优茶产地，又是历史文化名山，足见江南众多旅游观光的胜地，其实也是中国名优茶的产区。

四、名优茶欣赏

品茶无疑是一门综合艺术，在幽雅、洁净的环境中，闲情雅致，无事缠身，杯茶在手，闻香观色，察姿看形，啜其精华。此时此景，虽"口不能言"，却"快活自省"，个中滋味，无法言传，但可意会，这是品茗赋予人的一种享受。如此品茶，则已升华成为一种品茶文化。但这里需要说明的是，目前的品茗用茶，主要集中在两类：一是特种茶中的名优茶，诸如乌龙茶中的高级绝品茶与名丛（单丛），以及高档普洱茶等；二是绿茶中的细嫩名优茶，以及白茶、红茶、黄茶中的部分高档名优茶。这些高档名优茶，都有独特表现，为人们钟情所爱，从而成为品茶的主体。而名优茶的鉴赏内容，又是非常丰富的。

（一）观形之美

由于制作方法不同，各种名优茶的形态是各不相同的。加之茶树品种有别，采摘标准各异，使加工而成的名优茶形状显得多姿多彩。更由于一些细嫩名优茶目前大多采用手工制作，从而使得茶的形态，变得更加千姿百态，五彩缤纷。20世纪末、21世纪初出现的工艺茶，把茶的形状推向了一个更加婀娜多姿的新时期。如果将多种多样、各有特色的名优茶外形归纳起来，大致可分为如下几种：

扁形：外形扁平挺秀，光直匀齐，芽锋显露，如西湖龙井、大佛龙井、茅山青峰、平阳早香茶、千岛玉叶、老竹大方等。

针形：外形细紧，圆直如针，锋苗挺秀，如南京雨花、安化松针、阳羡雪芽、白毫银针等。

条形：外形呈条状紧卷，稍弯曲，如婺源茗眉、桂平西山茶、余杭径山茶、庐山云雾、凤凰单丛、大红袍、祁门工夫、安吉白茶等。

圆珠形：外形圆紧如珠，如泉岗辉白、涌溪火青等。

卷曲形：外形纤细，呈卷曲状，如井冈翠绿、凤阳春、高桥银峰、都匀毛尖等。

螺形：茶条弯曲紧抱状，常显毫，如洞庭碧螺春、无锡毫茶、奉化曲毫等。

单芽（矛）形：外形为完整单芽，状似矛，如开化龙顶、雪水云绿、金山翠芽等。

半球形：外形呈不规则球状，如羊岩勾青、铁观音、冻顶乌龙、黄金桂等。

此外，还有采用手工造型，塑扎成多种形状的工艺茶，如扎成菊花型的绿牡丹、橄榄型的龙须茶、耳环型的女儿环，以及海贝吐珠、葵花向阳、茗玫生辉、锦上添花，等等。这种特殊外形的名优茶，都是有几根，甚至几十根茶的芽叶组合而成，并非有单一芽叶做型而成。

多姿多彩的名优茶形状，再加上色泽的艳与淡，叶底的老与嫩，身骨的重与轻，外形的细与粗，从而构成了名优茶形状的五光十色和千态百姿，使品饮者从中获得美感，引发联想，平添品茶的无穷乐趣。

（二）察色之美

观赏名优茶，在察颜的同时，还须观色。这可以从茶色、汤色和底色三个方面去观察。

1.肤色美 由于名优茶的制作方法不同，其成品茶的色泽是各不相同的，有红与绿、青与黄、白与黑等之分。即使是同一种茶，采用相同的制作工艺，也会因茶树品种、生态环境、采摘季节的不同，最终使茶的颜色与光泽产生一定的差异。如同样是细嫩名优绿茶，它就有嫩黄、嫩绿、翠绿、黄绿之分；同样是细嫩的高档红茶，又有红艳明亮、乌润显红之别；同样是名优乌龙茶，而闽北大红袍的青褐油润，闽南铁观音的砂绿油润，广东凤凰水仙的黄褐油润，台湾冻顶乌龙的深绿油润之别，这也是茶人品赏乌龙茶质量优劣的重要标志。

2.汤色美　名优茶的汤色是茶的内含成分溶解于水后所呈现出来的色彩。因此，不但不同茶类的名优茶色泽不同，茶汤色彩会有明显区别；而且同一茶类中的不同花色品种、不同级别的名优茶，也会有一定差异。一般说来，凡属上乘的茶品，尽管都有汤色油润、明亮可鉴的特点，但具体内涵又是不一样的：名优绿茶汤色以浅绿、黄绿为宜；并要求清而不浊，明亮澄澈。倘是名优红茶，汤色要求红浓油润，若能在茶汤周边形成一圈金黄色的油环，俗称金圈，更属上品；若是名优乌龙茶，则以青褐光润为好。而名优白茶，汤色微黄，黄中显绿，并有光亮，当为上等。

不过需要说明的是，由于茶汤中一些溶解于水的内含物质与空气接触后会发生色变，所以观赏茶汤需及时进行，不断观察，细看其间变化。其次，茶汤的明暗、清浊、深浅，当然也属观察之列。另外，茶汤还会因受光线强弱、盛器色彩辐射、沉淀物多少等外在因素的影响，有微妙变化。对此，品赏时需引起注意。

3.底色美　就是观赏名优茶经冲泡去汤后留下的叶底色泽，一般可按照人的视觉来进行。欣赏时，除看叶底显现的色彩外，还可观察叶底的老嫩、光糙、匀净，以及手指触摸叶底的弹性感，如叶底的软硬、厚薄等，以便从中判断原料的优劣，加工技艺的精粗；还可从中获得感受和知趣。

（三）展姿之美

名优茶一经开水冲泡，就会慢慢舒展在盛器中，展现美妙的姿色。这种茶影水，水映茶的情景，在茶汤色彩的感染下，变得更加动人，使人产生一种美感，给人一种愉悦。

茶在冲泡过程中，经吸水浸润而舒展，或为麦粒，或如雀舌，或若兰花，或像墨菊……使茶形变得更加美丽动人。与此同时，茶在吸水浸润过程中，还会因受重力的作用，产生一种动感。太平猴魁舒展时，犹如一只机灵小猴，在水中上下翻动；开化龙顶舒展时，好似翠竹争阳，犹如一幅画卷；君山银针舒展时，如大雁展翅，在杯中三起三落；西湖龙井舒展时，活像春兰绽露，朵朵开放，犹如佳人一般。如此美景，映掩在杯水之中，真有茶不醉人人自醉之感。

（四）闻香之美

名优茶不但干嗅时能闻到清新肺腑的特有茶香，而且经开水冲泡后又会随着茶汤发出的雾气，或发清香，或发花香，或发果香，或发浓香，使人心旷神怡，耳目一新；更有甚者，将名优茶冲泡后，立即倾出茶汤，再连杯带叶送入鼻端，用深呼吸方式，去识别茶香的高低、纯浊和雅俗，这种闻茶香，往往常人是很难体会得到的，只能用领悟罢了。目前，闻香的方式，多采用湿闻，闻茶汤面发出的茶香。若用有盖的杯冲泡名优茶，那么也可闻盖香和面香。倘有用闻香杯作过渡盛器的（如台湾人冲泡乌龙茶），那还可闻杯香和面香。

另外，随着茶汤温度的变化，茶香还有热闻、温闻和冷闻之分。热闻主要体察茶香的高低，温闻主要体察茶香纯净度，冷闻主要体察茶香耐久性，而同一种茶不同的闻香方式，又会有不同的感受，可谓闻香之技，奥妙无穷。

　　通常，品茗用的都是名优茶，绿茶有清香鲜爽感，甚至有果香、花香者为佳；红茶以甜香、花果香为上，尤以香气浓烈，持久者为上乘；乌龙茶以具有浓郁的熟桃香者为好；而花茶则以具有清纯芬芳的本色香者为优。

　　此外，需要特别说明的是，闻茶香时要注意避免环境因素干扰，诸如吸烟、抹胭脂、洒香水，用香肥皂洗手、吃葱韭大蒜等，都会使空气中夹杂异味，影响闻茶之香。

（五）尝味之美

　　品名优茶汤的滋味，通常靠人的味觉器官来辨别。名优茶是风味饮料，不同的茶类固然有不同的风味。就是同一种名优茶，因产地、季节、品种、级别的不同，其味也是不同的。对一些品茶功夫较深的品饮者来说，还能品尝出同一块茶园、同一季节采摘、同一种加工方法制作的名优茶，区别出阴山（坡）茶与阳山茶，高山茶与平地茶，沙地茶与黄泥茶。

　　其实，茶中的不同风味，是由茶中呈味物质的数量和比例决定的，一般认为茶汤滋味是茶叶的甜、苦、涩、酸、辣、腥、鲜等多种呈味物质综合反映的结果。如果它们的数量和比例适合，就会变得鲜醇可口，回味无穷。不过，茶是一种嗜好品，各有所爱，但尽管如此，茶汤滋味，仍然有一个相对一致的标准。一般认为，名优茶中的绿茶茶汤滋味鲜醇爽口，红茶茶汤滋味浓厚、强烈、鲜爽，乌龙茶茶汤滋味酽醇回甘，就是名优茶的重要标志。

　　茶汤尝味，除特别细嫩的黄茶、白茶、以及乌龙茶、普洱茶外，通常在冲泡后3分钟左右，当茶汤温度在40～50℃时进行尝味，最为适宜。若温度太高，味觉会受强烈刺激而变得麻木；温度太低，又会降低味觉的灵敏度。不过，潮汕人啜乌龙茶有所例外，他们主张热饮，这固然与小杯啜茶有关，同时还与品乌龙重味求香有关。这样做的结果，不但使茶汤在口中的回旋变得更有情趣，而且还增加了茶对人体的刺激味。又如用玻璃杯冲泡黄茶君山银针，它在杯中三起三落的情景，以及在此过程中"白鹤展翅"状的茶叶展姿方式，叫人细细体察，联想翩翩。此时，精神的愉悦，已替代了人们对尝味欲望，使精神享受上升到一个更高的层面。所以，品饮君山银针，采用的是温饮，甚至是冷饮。

　　实践表明，人的味觉器官舌，由于部位不同，对滋味的感觉是不一样的。所以，品尝名优茶滋味时，要使茶汤在舌头两侧循环滚动，这样才能正确而全面地分辨出不同茶的汤味来：区分出茶汤的浓淡和爽涩，鉴别出茶汤鲜滞和纯异。不过，为了正确尝味，在尝味前，最好不吃具有强烈刺激味觉的食物，如葱蒜、辣椒、糖果、酒等，以便能真正尝到名优茶的本味。

五、名优茶简介

　　在中国21个产茶省区市都有名优茶的生产。据王镇恒、王广智《中国名茶志》[①]的不完全统计，截至2000年，全国有名茶1 017种。包括：江苏38种、浙江75种、安徽89种、福建47种、江

---

①中国农业出版社，2008年3月。

西54种、山东5种、河南38种、湖北112种、湖南131种、广东77种、广西74种、海南4种、四川90种、贵州37种、云南61种、西藏1种、陕西32种、甘肃14种、台湾38种。2000年至今，又有不少新的名优茶创制和传统名优茶恢复，预计目前全国名优茶有1 500种左右。

中国名优茶种类很多，其中绿茶名优茶数量最多，产区集中又有代表性的有：浙江（西湖龙井茶、安吉白茶等）、安徽（黄山毛峰、太平猴魁、六安瓜片等）、江苏（洞庭碧螺春等）、四川（峨眉竹叶青、蒙顶茶等）、湖南（古丈毛尖等）、湖北（采花毛尖等）、江西（婺源绿茶、庐山云雾等）、贵州（都匀毛尖、湄潭翠芽等）、重庆（永川秀芽等）、广西（桂平西山茶等）、山东（浮来青、崂山茶等）、河南（信阳毛尖等）、陕西（汉中仙毫等）等地。

红茶名优茶产区集中，又有代表性的有：云南（凤庆滇红等）、安徽（祁门红茶等）、福建（坦洋工夫、金骏眉等）、四川（宜红工夫等）、江西（宁红工夫等）、海南（海南红茶等）、广东（英德红茶等）、湖北（宜红等）、湖南（湘红工夫）、浙江（越红工夫等）等地。

乌龙茶名优茶产区集中，又有代表性的有：福建（安溪铁观音、武夷岩茶等）、广东（凤凰单丛、岭头单丛等）、台湾（冻顶乌龙、白毫乌龙等）等地。

黑茶名优茶产区集中，又有代表性的有：云南（普洱茶等）、湖南（益阳黑茶等）、广西（六堡茶等）、四川（雅安藏茶等）、湖北（青砖茶等）、陕西（泾阳茯砖茶等）等地。

白茶名优茶产区集中，又有代表性的有：福建的白毫银针、白牡丹、贡眉、寿眉等，产量以闽东福鼎为最，其次是闽北的政和等地。

黄茶名优茶产区集中，又有代表性的有湖南（君山银针等）、浙江（温州黄汤等）、四川（蒙顶黄芽等）、安徽（霍山黄芽等）等地。

花茶名优茶产区集中，又有代表性的有：广西（横县茉莉花茶等）、福建（福州茉莉花茶等）、重庆（重庆茉莉花茶等）、四川（成都茉莉花茶等）等。

中国许多名优茶还在国际多次获得嘉奖。据《中华茶叶五千年》[①]载：1914年台湾台北茶商公会选送茶样参加荷属东印度（今印度尼西亚）在爪哇三宝垄举办的博览会，参展的乌龙茶、包种茶获得过荣誉奖。1915年2月，为庆祝巴拿马运河开通，美国政府在旧金山举办巴拿马—太平洋万国博览会，中国参展的安徽"太平猴魁""祁门红茶"，江西"狗牯脑茶"，浙江"惠民茶"，福建武夷山"詹金圃乌龙茶"，湖南"安化红茶"，台湾的"包种茶"等获得金奖。还有一些获得二等奖和优质奖等。另据1917年由中国巴拿马赛会筹备局长兼监督陈淇编写、郑孝胥题签的《我国参与巴拿马太平洋万国博览会纪实》一书记录，在1915年巴拿马赛会上，设有（甲）大奖章、（乙）名誉奖章、（丁）金牌奖章、（戊）银牌奖章、（己）铜牌奖章、（丙）奖词（无牌）共6个奖励等级。我国茶叶共获奖44项，其中：

大奖章（7个）（由农商部组织协调），包括江西省红绿茶，浙江省红绿茶，福建省红绿茶，安徽省红绿茶，湖北省红绿茶，江苏省红绿茶和湖南省红绿茶。

---

①人民出版社，2001年12月。

名誉奖章（6个），包括上海汪辅仁汪裕泰红茶，湖南宝大隆兴曾昭模红茶，南昌出口协会文虎牌茶，Achre，大总统牌茶和Rice茶。

金牌奖章（21个），包括江苏江宁陈雨耕雨前茶，上海茶叶会馆三星牌红茶，上海茶叶协会祁门红茶，福建福安商会茶，湖南浏阳分商会红茶，湖南安化县昆记梁徵辑红茶，上海茶叶会馆红绿茶，四川商会红绿茶，福建周鼎兴茶，上海益芳公司峨眉雨前茶，上海茶叶会

巴拿马万国博览会
金质奖章

馆地球牌红茶，上海茶叶会馆地球牌茶，忠信昌祁门红茶，南昌出口协会茶，福州马玉记茶，上海出口协会红绿茶，湖南黔阳商会绿茶，江苏宜兴戴长卿（德元隆茶号）雀舌金针茶，江苏WINGYAGIN茶，江宁永大茶栈绿金针茶和上海裕生华绿茶。

银牌奖章（4个），包括江苏忠信昌绿茶，浙江Chiu Kir Ying绿茶，福州第一峰茶和贵州薛尚铭茶。

铜牌奖章（1个），为浙江Hung Gang茶。

奖词（5个），包括广东商会红茶，浙江Fang Hing绿茶，广西商会红茶，山西商会红茶和云南商会红茶。

进入当代以来，中国的名优茶很多，大致归纳为三类：

一是传统名优茶：即历史名茶，基本保持原有的制茶工艺与品质风格。如西湖龙井、庐山云雾、洞庭碧螺春、黄山毛峰、太平猴魁、恩施玉露、信阳毛尖、六安瓜片、君山银针、云南普洱茶、苍梧六堡茶、安溪铁观音、凤凰水仙、武夷岩茶、祁门红茶等。

二是恢复的历史名优茶：在历史上曾有过这种名茶，后来失传。后经过研究创新，恢复原有的茶名，但有些已不是原来的制茶工艺与品质风格。如休宁松罗、九华毛峰、蒙顶甘露、仙人掌茶、蒙顶黄芽、阳羡雪芽、霍山黄芽、顾渚紫笋、径山茶、日铸雪芽、金奖惠明、婺州举岩等。

三是新创制的名优茶：它们是当代新创造的名茶。如婺源茗眉、南京雨花茶、无锡毫茶、天柱剑毫、岳西翠兰、望府银毫、羊岩勾青、千岛玉叶、遂昌银猴、磐安云峰、都匀毛尖、高桥银峰、永川秀芽、上饶白眉、安化松针、遵义毛峰、峨眉竹叶青、黄金桂、秦巴雾毫、汉水银梭、南糯白毫、午子仙毫等。

另外，在中国的茶叶消费者中广泛流传着中国"十大名茶"的说法。据传，中国十大名茶评比始于1958年，但经查证，各地十大名茶说法不一，依据有别，因为全国和一些省的不同部门曾经多次举办过名茶评比，致使"十大名茶"，政出多头，版本不一，说法多样。所以，何谓中国"十大名茶"，尚未最后定论，不过这也反映了许多爱茶人对中国名茶知名度的一种认可程度而已。

狮峰山上
采龙井茶

　　2017年5月，经国务院批准，由农业部和浙江省人民政府联合举办的"首届中国国际茶叶博览会"在杭州拉开帷幕，世界上共有48个国家和地区上千家经销商近万种茶叶参展。作为全国范围内最具权威、最具规模、最具影响力的国际性茶叶盛会，农业部组织推出了中国十大茶叶区域公用品牌评选，并于茶博会总结会当天公布了中国十大茶叶区域公用品牌和中国茶叶区域优秀品牌。其中，西湖龙井（浙江）、信阳毛尖（河南）、安化黑茶（湖南）、蒙顶山茶（四川）、六安瓜片（安徽）、安溪铁观音（福建）、普洱茶（云南）、黄山毛峰（安徽）、武夷岩茶（福建）、都匀毛尖（贵州）被组委会授予"中国十大茶叶区域公用品牌"称号；福鼎白茶（福建）、安吉白茶（浙江）、庐山云雾茶（江西）、武当道茶（湖北）、祁门红茶（安徽）、洞庭山碧螺春（江苏）、英德红茶（广东）、凤凰单丛茶（广东）、湄潭翠芽（贵州）、凤庆滇红茶（云南）、恩施玉露（湖北）、横县茉莉花茶（广西）、永川秀芽（重庆）、碣滩茶（湖南）、汉中仙毫（陕西）、宜宾早茶（四川）、日照绿茶（山东）17个品牌被组委会授予"中国优秀茶叶区域公用品牌"称号。

　　现以"中国十大茶叶区域公用品牌"和"中国优秀茶叶区域公用品牌"为主，结合我国重点产茶省（自治区、直辖市）的几种主要名优茶，分省分别简介如下。

（一）浙江省

浙江省产茶历史悠久，全省各种名优茶很多，不下百余种，其中以绿茶为最，兼产红茶、黄茶等几种茶类。其中有代表性、有影响的名优茶有：

1.西湖龙井　属绿茶类。它以光、扁、平、直著称，有色绿、香清、味甘、形秀之誉，是绿茶中的极品，名列中国历史上的"传统名茶"之首，有"中国第一名茶"之誉。清代乾隆皇帝六下江南，四到龙井茶区，七次为龙井茶赋诗点赞。

安吉白茶

特级龙井茶以采摘细嫩、炒制精良著称，是不可多得的珍品，品饮龙井茶是一种物质和精神的享受。清代陆次云说：饮龙井茶，"觉由一种太和之气，弥瀹乎齿颊之间"。长期以来，西湖龙井一直是作为国礼，赠送给各国元首，成为不可多得的茶中珍品。

2.安吉白茶　属绿茶类，主产于安吉县天目山北麓。安吉是国家命名的"中国竹乡"，优异的生态环境，为安吉白茶生产和优异品质的形成提供了优越的自然生态条件。

安吉白茶，春茶幼嫩芽叶为白色，尤以一芽二叶开展时为最白，但主脉呈绿色。春茶成熟后，逐渐转为白绿相间的花白色，夏秋茶呈绿色。品质特征是外形细秀、形如凤羽，色如玉霜，光亮油润。内质香气鲜爽馥郁，独具甘草香，滋味鲜爽甘醇，汤色鹅黄，清澈明亮，叶底自然张开，叶张肉白，叶脉翠绿。饮后生津止渴，唇齿留香，回味无穷。

3.天台山云雾茶　属绿茶类，产于天台县的天台山，历史上的"罗汉供茶"就产在这里。早在三国时，道教炼丹家葛玄就在华顶植茶炼丹，祈求长生不老。

天台山云雾茶，茶芽壮实，品质优异，香气特高，具有高山云雾茶的天然特色。唐代诗僧皎然在华顶求法多年，在《饮茶歌送郑容》诗中说，饮这种茶，能使"丹丘羽人轻玉食，采茶饮之生羽翼"。

天台山云雾茶以一芽一叶和一芽二叶初展叶为原料，加工工艺精致，制好后的华顶云雾茶，外形细紧弯曲，芽毫显露，色泽绿翠。冲泡后，汤色明绿，滋味爽口，香气清高，叶底柔软，有高山云雾绿茶的特色。

4.雁荡毛峰　属绿茶类，产于乐清县的雁荡山。这里奇峰林立，风景秀丽，是人们休闲旅游的好去处。

雁荡山茶，相传为东晋时永和年间（345—356）诺讵那及其弟子所植。山上有瀑布大龙湫和小龙湫，传说是诺讵那面瀑坐禅、开山种茶之处。雁荡山茶，大多种在山岩间，古时驯猴采茶，所以又称猴茶。

雁荡毛峰茶用一芽一叶鲜叶为原料，加工技术讲究。品质特征是：外形紧秀，色泽翠绿，芽毫隐藏。冲泡后，茶汤色泽浅绿，香气高雅，滋味甘醇，叶底嫩匀。

5.顾渚紫笋茶　属绿茶类，产于长兴县顾渚山麓。它从唐代大历五年（770）开始作贡茶，直至明代洪武八年（1375）废贡，作贡茶时间长达606年。

唐代著名诗人钱起，称紫笋茶比神话中的仙浆还要好。加工后的紫笋茶，外形紧直稍扁，色泽绿中带润，香气清纯高雅，汤色明亮清澈，滋味鲜爽甘醇，叶底嫩黄匀称，具有独特的品质风格，是绿茶中的佼佼者。

6.径山茶　属绿茶类，产于杭州市余杭区径山。历史上的径山，以佛教圣地、茶道之源、古迹众多而享誉国内外。所产的径山茶，为径山寺高僧法钦和尚亲手栽植。径山寺僧采制的径山茶，除坐禅品饮外，在招待施主宾客时，还形成了一套径山茶宴，对以后日本茶道的形成，起过重要作用。

径山茶以采摘一芽一二叶为原料，经精心加工而成。制成后的径山茶，外形细嫩紧结显毫，色泽嫩翠；内质栗香持久，滋味甘醇爽口，汤色嫩绿明亮，叶底匀净成朵。

7.普陀佛茶　属绿茶类，产于佛教名山——普陀山。普陀山僧侣历来崇尚茶禅一味，唐开始，普济寺和其他寺院的僧侣一道，种茶制茶，世称普陀佛茶，已承传千余年。

普陀佛茶，形似蝌蚪，珍贵异常，专供奉观音菩萨，即使高僧大德，也很难享用，民间就更难得了。现在的普陀佛茶是1980年恢复研制而成的。其制法略似洞庭碧螺春，成茶品质亦与碧螺春略同。制成后的普陀佛茶，茶芽细嫩，稍卷曲，有白毫，银绿隐翠，清香袭人，鲜爽回甘，汤色清明，叶底成朵。

8.开化龙顶　属绿茶类，产于开化县山区。这里"晴日遍地雾，阴雨满山云"，有着独特的生态环境，自然景观优美，是"绿茶金三角地区"核心产区，从而孕育了高品质的开化龙顶茶。

开化产茶历史悠久，早在明代就享有盛名并作为向皇室进贡的贡茶。清代《开化县志》载：开化茶朝贡时，要用"黄绢袋袱旗号篓"。如今的开化龙顶，乃是名优绿茶中的新秀，用一芽一叶采制而成，以香高、味醇、耐冲泡著名，并以"三绿"即干茶色绿、汤色清绿、叶底鲜绿为其主要特征，多次在全国名优茶评比中获奖。

9.千岛玉叶　属绿茶类，产于风光秀丽有"千岛湖"之称的淳安县。这里山多林茂，源深水长，云雾缭绕，温暖湿润，宜人宜茶。其地产茶，始于唐代。

千岛玉叶是在20世纪80年代以来，在鸠坑毛峰基础上，汲取精华，推陈出新，研制开发出来的。

千岛玉叶选用一芽一叶初展嫩梢为原料，经精细加工而成。外形近似龙井，因此民间对千岛玉叶又有千岛湖龙井或淳安龙井之别称。

10.望海茶　为新创制名茶，属绿茶类，产于宁海市望海岗。宁海产茶历史悠久，据宋《嘉定赤城志》载："相传开山（宋代）初，有一白衣道者，植茶本于山中，故今所产特盛。治平（1064—1067）中，僧宗辩携之入都，献蔡端明襄，蔡谓其品在日铸上。"至今，在望海岗还生长有野生茶树。

望海茶一般在谷雨前后开采，以一芽一叶初展叶为原料。外形条索细紧、挺直；色泽绿翠显毫；香高持久，带有栗香；滋味鲜醇爽口；汤色叶底嫩绿明亮；饮后有甜香回味感。

11.天目青顶 属历史名优绿茶，产于临安天目山区。陆羽《茶经》有"（茶）杭州，临安、于潜二县生天目山，与舒州同"记载。唐诗僧皎然在品饮天目云雾茶后赞叹不已，认为"头茶之香远胜龙井"。清宣统年间（1909—1911）举办的南洋劝业博览会上，天目云雾茶荣获金质奖。

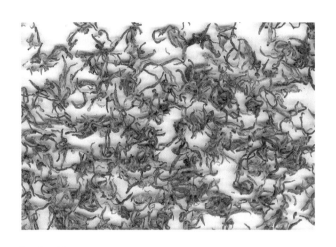

惠明茶

天目青顶以茶树新梢一芽一叶为原料。外形条紧略扁，形似雀舌，色泽绿润。冲泡后，滋味鲜醇爽口，香气清高持久。

12.龙谷丽人 属新创制名优绿茶，产于遂昌山区。早在隋唐时，遂昌已有产茶记载。明时，遂昌的三井毛峰和太虚妙露已是贡茶。明代著名剧作家汤显祖任遂昌知县时，赋《竹屿烹茶》诗，对遂昌茶赞誉有加。

龙谷丽人以一芽一叶初展嫩芽为原料，成品茶条形挺直似眉，色泽翠绿显毫，香气清幽持久，汤色嫩绿清澈，滋味甘醇爽口，叶底细嫩明亮。

13.诸暨绿剑茶 属绿茶类，产于诸暨龙门山和会稽山区，是20世纪90年代新创制的后起之秀。诸暨产茶历史悠久，宋高似孙《剡录》称诸暨石筧茶是"越产之擅名者"。明隆庆《诸暨县志》载：其时，诸暨东白山茶作为贡品，"岁进新芽肆觔"。

诸暨绿剑茶选用茶树中小叶种一芽一叶新梢为原料，外形似绿色宝剑，且尖挺、油润。冲泡后，香气清高持久，滋味鲜醇爽口，汤色清澈明亮，叶底匀齐亮绿，属浙江十大名茶之列。

14.松阳银猴 原称遂昌银猴，属绿茶类。松阳复县后，归属松阳管辖，改称松阳银猴。主产地牛头山、九龙山、白马山一带。这里是历史上产名优茶的好处所，相传为唐代道学家叶法善所栽，人称仙茶。

松阳银猴研制于1981年，采摘精细，加工后的茶叶，条索肥壮卷曲，形似银色小猴。色泽绿润，白毫显露。且口味鲜醇，香高持久，清汤绿叶，叶底成朵。

15.景宁惠明茶 属绿茶类，产于景宁惠明寺四周的赤木山区。其地产茶，相传始于唐代。它是唐时惠明寺开山祖南泉禅师指点种的茶。惠明茶产区，生态环境优越。诗人严用光《惠明寺茶歌》中，有"古柏老松何足数，山中茶树殊超伦。神僧种子忘年代，灵根妙蕴先天春"之句。

日铸
御茶古道

　　惠明茶以茶树新梢一芽一叶和一芽二叶初展叶为原料，外形紧秀如眉，内质香高味浓，且回味鲜醇香甜。

　　16.武阳春雨　属绿茶类，产于武义丘陵山地，是20世纪90年代新创制名优茶。唐代诗人孟浩然曾夜泊武阳川，留下了"鸡鸣问何处，风物是秦余"的优美诗篇。

　　武阳春雨以单芽或一芽一叶初展叶为原料，成品茶外形细嫩如针稍曲，色泽嫩绿稍黄，且有毫。冲泡后，汤色嫩黄明亮，滋味甘醇鲜爽，具有独特的兰花清香。

　　17.日铸茶　又称日注茶，属绿茶类，产于绍兴会稽山日铸岭。其地种茶始于唐，盛名于宋。北宋欧阳修《归田录》载："草茶盛于两浙，两浙之品，日铸第一。"南宋高似孙《剡录》云："会稽山茶，以日铸名天下。"清时在日铸岭专门开辟"御茶湾"，每年采制特级茶叶进贡朝廷，后失传。

　　如今的日铸茶是20世纪80年代试制而成的。以一芽一叶至二叶初展新梢为原料，外形条索细紧略钩曲，形似鹰爪，银毫显露，滋味鲜醇，香气清香持久，汤色澄黄明亮，别有风韵。

　　18.永嘉乌牛早　属绿茶类，产于永嘉括苍山南麓的南溪江两岸。其地产茶历史悠久。史载，早在隋代时，记有："永嘉县东三百里有白茶山。"

乌牛早茶突出一个"早"字，它以一芽一叶为原料，外形扁平、光滑、挺秀、匀齐，且芽锋显露，微显毫，色泽嫩绿光润。内质汤色清澈明亮，香气高鲜，滋味甘醇爽口，叶底幼嫩肥壮、匀齐成朵。

19.瀑布仙茗　属绿茶类，产于余姚瀑布岭一带，位于"丹山赤水"，是道教第五洞天。据传，汉代东方朔《神异记》中写到的"获大茗"故事就发生在这里。21世纪初的考古新发现，余姚人工栽培茶树已有5 500年以上历史。

冲泡后的黄山毛峰

瀑布仙茗以茶树新梢一芽一二叶为原料，外形紧细，色泽绿润，香气清鲜，滋味鲜醇，汤色明绿，叶底嫩匀。而且内含成分丰富，有良好的营养和保健作用。

20.越州龙井和大佛龙井　越州龙井和大佛龙井均属绿茶类，前者产于嵊州市，后者产于毗邻的新昌县，两地种茶至迟始于唐代。唐代诗僧皎然诗曰："越人遗我剡溪茗，采得金芽爨金鼎。"写的就是产于嵊州和新昌的茶叶。

越州龙井和大佛龙井品质接近，多以茶树一芽一叶和一芽二叶初展新梢为原料，成品茶外形扁平光滑，色泽绿翠泛黄。冲泡后，嫩香持久，略有兰花香。且滋味甘爽，汤色杏绿，叶底嫩匀，具有高山茶特征。

21.磐安云峰　属绿茶类，主产于磐安大盘山一带。这里山高水秀，林密雾重，泉水潺潺，幽兰溢香。唐时，其地所产的"婺州东白茶"已是宫廷贡茶之一。如今的磐安云峰是1979年新创制的名茶，如今已畅销全国各地。

磐安云峰的特点是"三绿一香"，即色泽翠绿，汤色嫩绿，叶底亮绿，香高持久，含有兰花清香，且条索紧直苗秀。沸水冲泡后，展叶吐香，芽叶朵朵直立，上下沉浮，形如仙鹤飞翔。品饮后，口颊留芳，沁人肺腑，心旷神怡。为此，多次获得国家及省级荣耀。

（二）安徽省

安徽产茶历史悠久，至今全省传统名优茶和新创名优茶已达100多种，以产绿茶为主，兼产红茶、黄茶等茶类。其中有代表性、有影响的名优茶有：

1.黄山毛峰　属绿茶类，产于黄山风景区。其地早在宋代就有名茶"早春英华""来泉胜金"。据《徽州府志》载："黄山产茶始于宋之嘉祐，兴于明之隆庆。"已有近千年历史。

黄山毛峰采摘细嫩，制成的茶叶，形似雀舌，色如象牙，匀齐壮实，锋毫显露。冲泡后，汤色清澈，清香高长，滋味醇厚，叶底嫩黄，富有特色。

2.六安瓜片　属绿茶特种茶类，产于金寨县齐云山一带。六安瓜片是全国名茶中唯一用单片，不含芽和嫩茎制成的名茶。

六安瓜片分布在六安（后撤县并入六安市）、金寨、霍山三县毗邻山区，有内山瓜片和外山瓜片之分。品质特征是：干茶外形似瓜子状，为单片，自然平展，叶缘微翘，色泽宝绿，大小匀齐，不含芽尖、茶梗。冲泡后，香气清香高爽，滋味鲜醇回甘，汤色清澈透亮，叶底嫩绿明亮。

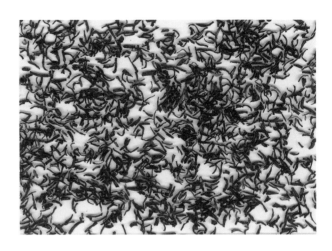

祁门红茶

3.祁门红茶　又称祁门工夫，属红茶类，主产于祁门县。与印度大吉岭红茶、斯里兰卡乌伐红茶，并称为世界三大高香红茶。祁门产茶历史悠久，唐时已经出名，当时各地茶商云集祁门，"摩肩接迹而至"。祁门历史上盛产绿茶，红茶是从清光绪元年（1875），一个叫余干臣的安徽黟县人试制开始的。另一种说法是从祁门人胡云龙于清光绪元年时，由绿茶改制而成的。

祁门红茶，采摘精细，制作讲究。品质特征是：外形条索紧细，锋苗秀丽，金毫显露，色泽乌润；开汤后，内质香气馥郁，鲜甜持久，汤色红明，滋味鲜醇，叶底嫩匀。

4.太平猴魁　属绿茶类，产于太平县（今黄山市太平区）的湘潭乡猴坑、猴村、猴岗一带的高山深处。

太平猴魁创制于清光绪后期，品质特征是：外形魁伟，挺直重实。干茶色泽苍绿，遍身白毫，且多而不显。内质汤色碧绿，香气高爽，带兰花香；滋味鲜纯醇厚，回味甘甜。1912年太平猴魁在南京南洋劝业场展出，获特等奖；1915年在巴拿马国际博览会上获一等金质奖章和奖状；1916年在江苏省商品展赛上，荣获一等奖。

5.敬亭绿雪　属绿茶类，产于宣州市城北的敬亭山。清《宣城县志》载："敬亭绿雪茶，最为高品。"

敬亭山风景幽雅秀丽，尤以一峰庵一带石缝中所产之茶，品质最佳。这里生态环境优美，悬崖峭壁，云雾笼罩，气候温润，土质肥沃，茶树生长旺盛。

敬亭绿雪的品质特征是：外形似雀舌，挺直饱满，色泽翠绿，身披白毫。冲泡后，汤色清澈明亮，香气清鲜持久，滋味醇和爽口，叶底嫩绿成朵。

6.九华毛峰　属绿茶类，产于青阳县九华山。九华山是中国四大佛教圣地之一，产茶历史悠久，始肇于唐。《青阳县志》载："九华为仙山佛茶……所产金地源茶，为（唐）金地藏自西域携来者。"此外，其地还产有茗地源茶。

九华毛峰品质特征是：外形条索细嫩稍曲，匀齐显毫，色泽嫩绿稍泛黄。冲泡后，香气高长，汤色明绿，滋味醇爽，叶底匀亮。

7.霍山黄芽 属黄茶类，产于大别山北麓的深山区，尤以产于霍山山区的为最。霍山产茶历史悠久，唐代陆羽《茶经》中就有霍山产茶之记载。唐李肇《国史补》载，霍山茶唐时已成为贡茶。明代王象晋《群芳谱》称：寿州霍山黄芽为极品名茶之一。清代霍山黄芽作为贡茶。以后，制作失传。直到20世纪70年代才恢复生产。

霍山黄芽，采制精良，以一芽一叶或一芽二叶初展叶为原料，干茶外形似雀舌，芽叶细嫩多毫，色泽嫩绿泛黄。开汤后汤色黄绿明亮，香气鲜纯高爽，有熟板栗香，滋味醇厚回甜，叶底黄嫩明亮。

8.休宁松萝 属绿茶类，是历史名茶，产于休宁县松萝山。明代冯时可《茶录》载："徽郡向无茶，近出松萝最为时尚，是茶始比丘大方。……其后于徽之松萝结庵，采诸山茶于庵焙制，远迩争市，价倏翔涌。"明代李时珍《本草纲目》中记松萝茶有消食、健胃、降火、明目之功效。《本经蓬源》亦云："徽州松萝，专用化食。"

休宁松萝以一芽一叶新梢为原料，成品茶外形条索紧卷显亮，色泽绿润。香气高爽，滋味醇厚，带有橄榄香味，汤色绿明，叶底黄绿。

9.天柱剑毫 属绿茶类，产于潜山县天柱山区。唐代杨晔《膳夫经手录》载："舒州天柱茶，虽不峻拔遒劲，亦甚甘香芳美，良可重也。"北宋沈括《梦溪笔谈》曰："古人论茶，唯言阳羡、顾渚、天柱、蒙顶之类。"

天柱剑毫在清明前采摘，以茶树新梢一芽一叶初展叶为原料，天柱剑毫外形扁平挺直似剑，色翠显毫。内质清雅持久，滋味醇厚回甜，汤色碧绿明亮，叶底匀整嫩鲜。

10.涌溪火青 属绿茶类，产于泾县涌溪、石井坑等地。境内山峦起伏，重岩叠翠，幽涧潺潺，气候宜人。多为"山径入修篁，深林蔽日光"之地。据清《泾县志》载：其地，"多产美茶"。

涌溪火青以一芽一二叶新梢为原料，成品茶外形颗粒腰圆，紧结重实；色泽墨绿，油润显毫。冲泡后，滋味醇厚，甘甜耐泡；香气馥郁，清高鲜爽。

11.瑞草魁 是历史名茶，属绿茶类，主产于郎溪鸦山。产茶最早见于唐代陆羽《茶经》。唐诗人杜牧《题茶山》中有"山实东吴秀，茶称瑞草魁"之说。宋代王仲仪在《答宣城张主薄遗鸦山茶次韵》的诗中详细描写了鸦山茶的采制特点和品质特征。清以后失传，如今的瑞草魁为1986年后恢复生产的。

瑞草魁的采制工艺讲究，加工精良。品质特征是：外形条索直带扁有锋苗，大小基本一致，色泽翠绿显毫。内质汤色浅绿，清澈明亮，香气清香带花香，滋味鲜醇，回味带甘，叶底嫩绿成朵，匀齐，耐冲泡。

12.老竹大方 属绿茶类，产于歙县东北的昱岭关一带，集中产区在老竹铺、三阳坑、金川，故名老竹大方。大方茶创制于明代，相传为大方和尚始创于老竹岭。至清时，大方茶已入贡茶之列。

大方茶以采摘茶树一芽一叶至一芽二叶初展叶为原料，外形扁平匀齐，挺秀光滑。色泽翠

安溪铁观音

白毫银针

绿，微黄稍暗，满披金毫，且隐伏不显。汤色清澈微黄，香气高长，有栗香。滋味醇厚爽口，叶底嫩匀。

（三）福建省

福建产茶历史悠久，当代全省有传统名优茶和新创名优茶数十种。有乌龙茶、绿茶、白茶、红茶和花茶等多种茶类生产。其中有代表性、有影响的名优茶有：

1.武夷岩茶　属乌龙茶类，其采制历史已有三百五六十年。在众多武夷岩茶中，又以五大名丛——大红袍、铁罗汉、白鸡冠、水金龟、半天妖为上品，而大红袍位居武夷岩茶名丛之首。

大红袍产生有多种传说：一说是大红袍茶树长在悬崖绝壁，寺僧以果品为诱饵，驯山猴采之。一说是大红袍茶树受过皇封，御赐其名。一说是大红袍茶树为神仙所植。而说得最多的是：很久以前，一位秀才上京赶考时，因中暑而晕倒在地，武夷山天心寺长老用岩茶医好了秀才的病。结果秀才中得状元，感谢长老，又脱下红袍，将它盖在救过命的茶树上，于是遂有大红袍之美称。

此外，还有武夷肉桂，清时已负盛名。《崇安县新志》载：肉桂茶树最早发现于武夷山慧苑岩。另说原产武夷马振峰，亦为武夷名丛之一。清代蒋衡《茶歌》中，赞美肉桂品质奇特：其香极辛锐，具有强烈的刺激感。

武夷岩茶的总体品质特征是：外形呈松条自然状，干茶色泽黑润带宝光。冲泡后，香气隽永悠远，滋味醇厚益清，汤色橙黄艳丽，有岩韵。人称是"绿叶红镶边，七泡有余香"。

2.安溪铁观音　属乌龙茶类，主产于安溪县西坪境内。铁观音的发现、栽植、制作，至少有300年历史了。

铁观音，既是茶树品种名，也是成品茶名和商品茶名。它的由来：一说是清乾隆年间，西坪松岩（松林头）村有茶农魏荫（也有称魏饮）本信佛，一夜，他梦见山岩间有一株闪闪发光的茶树。天亮时果见岩间有一株发光的茶树，遂移栽种植。由它采制的茶叶，重实如铁，香气极高，冲泡多次，仍有余音。另说是安溪西坪尧阳书生王士让（也有称王士谅的），在清乾隆年间，与诸生会文于南山之麓，见南轩之旁的乱石荒园间有一株茶树，长得奇异，后经精心培育，悉心加工，终于制成一种香气超凡的茶叶。清乾隆六年（1741），王士让奉召进京，拜谒相国方望溪时，以该茶相赠。再转呈内廷，终于博得皇上青睐，赐名为"南岩铁观音"。

铁观音的外形条索肥壮、紧结、沉重，干茶色泽砂绿油润。经冲泡后，茶汤金黄明亮，香气馥郁悠长，滋味醇厚甘爽，叶底肥厚软亮。饮之齿颊留香，甘润生津，人称"观音韵"。

3.福鼎白茶 属白茶类。最早产于福鼎太姥山一带。尧帝时，相传山下有一老妪，为避乱上山，以种兰为业。一天，老妪路过太姥山鸿雪洞发现一株生长繁茂、与众不同的茶树，当即培土，并用炼丹井水灌浇，终于培育出一株仙茶，据称这就是如今的国家级良种福鼎大白茶的祖先。

福鼎白茶，有白毫银针、白牡丹、贡眉、寿眉之分，福鼎是中国白茶的主产区。相比其他茶类，白茶自由基含量低，黄酮类含量高，氨基酸含量平均值高于其他茶类，性清凉，具有消热降火，消暑解毒的功能。

白毫银针为福鼎白茶佼佼者，由单个茶芽制作而成，采自福鼎大白茶或政和大白茶良种茶树。它芽头肥壮，满披白毫，挺直如针，色白似银。福鼎所产的白毫银针，茶芽茸毛厚，色白富光泽，汤色浅杏黄，味清鲜雅爽。

4.安溪黄金桂 属乌龙茶类，原产于安溪县虎邱镇灶坑，是乌龙茶中风格有别于铁观音的又一极品。它由黄棪（旦）品种茶树采制而成，香高味浓，珍贵如黄金，故又称"黄金贵"，近人又称其为"黄金桂"。

黄金桂是以黄棪品种茶树嫩梢制成，因其汤色金黄有奇香似桂花，故名黄金桂。黄金桂的品质特征是：条索紧细，色泽润亮，香气优雅鲜爽，带桂花香型，滋味醇细甘鲜，汤色金黄明亮，叶底中黄绿，边缘朱红，柔软明亮。多次评为中国名茶。

5.永春佛手 属乌龙茶类，产于永春丘陵山区。因永春佛手茶树出自佛手种茶树，叶片形似香橼（柑）叶，加工而成的乌龙茶又很珍贵，故又有金佛手之称。永春佛手分为红芽佛手与绿芽佛手两种，其中以红芽佛手为佳。

永春佛手的品质特征是：外形紧结，卷曲呈虾干状，色泽砂绿乌润。冲泡后，汤色橙黄，香气浓锐，滋味甘厚，叶底黄绿，且耐冲泡。

6.白琳工夫 属红茶类，产于福鼎太姥山麓。相传其地茶树是光绪年间（1875—1908）由乡民移栽繁殖而成，制成的茶品高于其他地区，于是广为种植。

白琳工夫红茶，兴起于19世纪50年代前后。当时，闽粤茶商在福鼎县经营工夫红茶，以白琳为集散地，远销重洋，白琳工夫茶也因此而得名。

制造白琳工夫茶有特殊的要求，茶树品种要福鼎大白茶，鲜叶原料要求早采、嫩采。制成后的茶叶品质特征是：条形紧结纤秀，显现橙黄白毫。冲泡后，具有鲜爽愉悦的毫香，汤色、叶底艳丽呈橘红色，"有橘子般红艳的工夫红茶"。

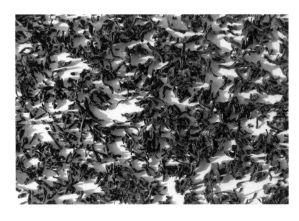

正山小种茶

白牡丹

7.正山小种　属红茶类，主产于武夷山桐木关一带。大约在18世纪后期初创制于崇安（今武夷山市）桐木关。如今，以此为中心东至大王宫，西近九子岗，南达先锋岭，北延桐木关的高地茶园所产的小种红茶，均称为正山小种。

正山小种的品质特征是：外形条索肥壮，紧结圆直，不带芽毫。干茶色泽乌黑油润。冲泡后，香气芬芳浓烈，滋味醇厚回甘，汤色红艳浓厚，叶底肥厚红亮。其最主要的特色是具有醇馥的松烟香和桂圆汤、蜜枣味，别具一格。

8.石亭绿　又名石亭茶，属绿茶类，产于南安九日山、莲花峰一带。其地种茶已有千余年历史，有晋代"莲花茶襟"石刻为证。清道光皇帝曾御赐"上品莲花"殊荣。

石亭绿之所以成为名优茶，除了有优越的生态条件外，还在于有精湛的采制工艺。它的采摘标准介于绿茶和乌龙茶之间。清明前开采，采下一芽二叶初展嫩梢为原料。石亭绿茶的外形紧结，身骨重实，具有"三绿三香"的特点。"三绿"，即色泽银绿、汤色碧绿、叶底嫩绿。"三香"，即绿豆香、杏仁香、兰花香。产品外销东南亚各国。

9.白牡丹　属白茶类，产于政和及附近各县。史载：白牡丹在20世纪20年代初创制于建阳水吉，这里亦是古建窑的遗址所在。建阳原属建瓯，据《建瓯县志》载：白毫茶出西乡，紫溪二里……广袤约三十里。1922年政和县开始制造白牡丹，成为白牡丹主要产区。

白牡丹以一芽二叶嫩梢为原料，加工时不经炒揉。所以制成的茶，外形不成条状，而是绿叶夹银白色芽毫，呈片叶状，形似花朵。经冲泡后，绿叶托着嫩芽，宛若牡丹初绽，故命名为白牡丹。

白牡丹的品质特征是：外形芽叶连枝，叶张肥嫩，有白毫，叶缘向叶背垂卷。干茶色泽深灰偏绿。冲泡后，汤色杏黄，又有毫香，滋味鲜醇。

10.坦洋工夫　属红茶类，原产于福安市北部的坦洋村。福安产茶始于明洪武四年（1371），其时坦洋村农民从当地的野生丛林中发现一株古茶树，后经繁衍生育而成。清咸丰元年（1851），福建建宁茶商将红茶制作工艺从武夷山传入坦洋，试制成红茶。这种红茶，品质独特而优异。坦洋人胡福四创办了"万兴隆茶庄"，并最早将它标称为"坦洋工夫"运销海内外，使坦洋工夫名声大振。

坦洋工夫红茶，以茶树一芽一二叶为原料，品质特征是：外形条索圆紧匀直，色泽乌黑油润。冲泡后，色泽红艳明亮呈金黄色，有桂花浓香，滋味醇厚甘甜。冲泡后的茶汤，既可清饮，又能调饮。

古丈毛尖

（四）湖南省

湖南省产茶历史悠久，至今全省传统名茶和创新名优茶已达60多种。产有绿茶、红茶、黑茶、黄茶等多种茶类。其中有代表性、有影响的名优茶有：

1.安化黑茶 属黑茶类，因产自湖南安化县而得名。安化产茶始自唐代。安化产黑茶始于明嘉靖初期；16世纪初，开始兴起，清光绪年间（1875—1908）进入兴盛时期。现黑茶产区已扩大至益阳、桃江、沅江、宁乡、汉寿等地。

安化黑毛茶经杀青、初揉、渥堆、复揉、干燥5个工序而成。内质要求香味醇厚，带松烟香，无粗涩味，汤色澄黄，叶底黄褐。由黑毛茶制成的紧压茶有茯砖茶、黑砖茶、花砖茶、湘尖等。其中，生产的千两茶，堪称一绝。

2.碣滩茶 属绿茶类，原产于湖南省沅水江畔的沅陵碣滩山区，汉时就已出名，西晋《荆州土地记》中有记载。唐代权德舆在为陆挚《翰苑集·序》也说："(沅陵)邑中出茶处多，先以碣滩产者为最。"从唐代开始，碣滩茶一直都是朝廷的贡茶。清同治十年《沅陵县志》载："(碣滩茶)极先摘者名曰毛尖，今且以之充贡矣。"1985年，日本政府代表团来湖南考察，通过鉴定和座谈，正式将碣滩茶命名为"中日友好之茶"，古老的碣滩茶，再次受到人们关注。2011年，国家质检总局命名沅陵碣滩茶为国家地理标志保护产品。

碣滩茶外形条索细紧，圆曲，色泽绿润，匀净明亮。有嫩香，且持久；汤色绿亮明净；滋味醇爽，回甘；叶底嫩绿、整齐、明亮。

3.古丈毛尖 属绿茶类，产于古丈县境内武陵山脉的武陵源。早在东汉时期，古丈已有名茶生产；西晋《荆州土地记》载：武陵七县通出茶，品质好。唐时，杜佑《通典》曰："溪州土贡茶芽、灵溪郡土贡茶芽二百斤。"

古丈毛尖采制精细，它以一芽二叶初展叶为原料。品质特征是：外形条索紧结，锋苗挺秀；色泽嫩黄翠润，白毫显露；开汤后，香气高锐耐久，汤色嫩黄明亮，滋味鲜爽，特具高山茶风味。以回味悠甜、香高持久、耐冲泡等显著内质特点而久负盛名。

4.南岳云雾 属绿茶类，产于南岳衡山。其地唐时已有寺僧植茶，所产石廪茶，唐代已负盛名，列为贡品。唐诗人李群玉游南岳时，作《龙山人惠石廪方及团茶》诗，称赞南岳云雾的前身石廪茶，可与当时浙江顾渚茶（唐时贡茶）和福建方山（唐代名茶）媲美。

南岳云雾茶以生长在南岳的茶树嫩梢为原料，翠中带绿、清香高爽、鲜醇厚实是南岳云雾茶的主要品质特征。

5.君山银针　属黄茶类，产于岳阳君山。种茶始于唐代，时称"黄翎毛"。因它满披茸毛，底色金黄，冲泡后像黄色羽毛一样根根竖立而得名。清代乾隆皇帝品尝君山银针茶后，倍加赞许，列为贡茶。《湖南省新通志》载："君山茶色味似龙井，叶微宽而绿过之。"古人称此茶是"白银盘里一青螺"。

君山银针的采摘和制作都有严格要求，品质特征是：外形芽头茁壮，紧实而挺直，白毫显露，茶芽大小长短均匀，形如银针，内呈金黄色。开汤饮用时，将君山银针放入玻璃杯内，以沸水冲泡，这时茶叶在杯中一根根垂直立起，踊跃上冲，悬空竖立，继而上下游动，然后徐徐下沉，簇立杯底。

6.沩山毛尖　属黄茶类，产于宁乡市沩山，唐时已负盛名。清同治《宁乡县志》载："唯沩山茶称为上品。"

沩山毛尖以采摘一芽一叶和一芽二叶初展嫩梢为原料，品质特征是：叶缘微卷，呈朵，形似兰花。色泽黄亮光润，白毫满披。冲泡后，汤色橙黄嫩亮，有浓厚松烟香，滋味醇甜爽口，叶底黄亮嫩匀，完整呈朵，耐冲泡。

7.北港毛尖　属黄茶类，产于岳阳北港一带。唐代李肇《唐国史补》有"岳州有邕湖之含膏"的记载。相传唐代文成公主远嫁西域松赞干布（641）时，就带去其地所产之茶。

北港毛尖鲜叶采摘标准为一芽一二叶，品质特征是：干茶紧细显毫，色泽金黄。开汤后，汤色黄亮，香气清高，滋味醇爽，叶底黄明。

8.高桥银峰　属绿茶类，产于长沙东郊玉皇峰下的高桥一带。这里历来是名茶之乡，历史上曾经是重要的红茶产地，所产红茶运往汉口集中销售。

高桥银峰具有形美、香鲜、汤清、味醇的特色。"雪芽如银现异香，巧妙美味舌甘永"。1964年著名文学家郭沫若赋诗赞曰："芙蓉国里产新茶，九嶷香风阜万家。肯让湖州夸紫笋，愿同双井斗红纱。"高桥银峰采摘标准为一芽一叶，成品茶条索紧细卷曲，色泽翠绿匀整，满身白毫如云，堆叠起来似银色山峰一般。开汤后的内质：香气鲜嫩清醇，滋味纯浓回甘，汤色晶莹明亮，叶底嫩匀明净。

（五）江西省

江西产茶历史悠久，唐代就有茶叶生产。至今全省传统名茶和新创制名优茶已达六七十种，以绿茶为最，兼有红茶、乌龙茶等多种茶类。其中有代表性、有影响的名优茶有：

1.庐山云雾　属绿茶类。庐山种茶始于东汉，为僧侣栽制，称为"云雾茶"。唐代诗人白居易曾在庐山香炉峰结草堂居住，亲辟园圃，曾做诗曰："平生无所好，见此心依然，如获终老

地，忽乎不知还，架岩结茅宇，辟壑开茶
园。"宋代列为贡茶。1959年朱德在庐
山品茶后做诗一首："庐山云雾茶，味浓
性泼辣，若得常年饮，延年益寿法。"

庐山云雾茶，圆直多毫，色泽翠绿，
有豆花香，滋味浓醇爽口。

2.婺源茗眉　属绿茶类，产于婺源县
的车田、武口一带。产茶历史悠久，陆羽
《茶经·八之出》称："歙州（茶）生婺
源山谷。"《宋史·食货志》载："顾
渚之紫笋，毗邻之阳羡，绍兴之日铸，
婺源之谢源，隆兴之黄龙、双井，皆绝品
也。"威廉·乌克斯《茶叶全书》曰：

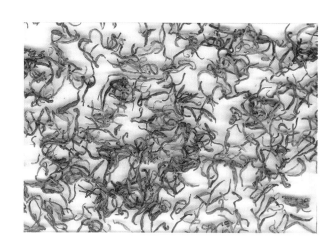

狗牯脑茶

"婺源茶不独为路庄绿茶中之上品，且为中国绿茶中品质最优者。"

婺源茗眉以一芽一叶嫩梢为原料，品质特征为：外形壮实，弯曲如眉，白毫显露。开汤后的
内质，香浓持久，具有兰花香，滋味鲜爽醇厚甘洌，汤色嫩绿清澈，饮之沁人肺腑，回味无穷。

3.大鄣山茶　新创名优茶，属绿茶类，产于婺源县大鄣山一带。《全唐文》载刘津《婺源诸
县置新城记》称："太和中，以婺源、浮梁、祁门、德兴四县，茶货最多。"明清时列为贡茶。
是中国名优绿茶产地。

大鄣山茶以一芽一叶和一芽二叶初展为原料。成品茶外形有条索形和月牙形两种，具有色泽
翠绿光泽，香气鲜嫩高爽，滋味鲜爽醇厚，汤色碧绿清澈，叶底嫩绿匀整的特点。

4.狗牯脑茶　属绿茶类，产于遂川狗牯脑山一带，已有300多年历史。相传，清嘉庆元年
（1796），茶农梁传溢（一作梁木镒）夫妇，在狗牯脑山中开辟茶园数亩，采用祖传工艺制作
茶叶，品质极佳。后来遂川茶商李玉山采用狗牯脑茶树鲜叶制成银针茶，于1915年参加美国巴
拿马万国博览会荣获金质奖章。

狗牯脑茶多以一芽一叶为原料，成品茶外形卷曲细紧，白毫显露。冲泡后，汤色嫩绿，香气
清雅，滋味甘醇、叶底匀一。

5.上饶白眉　属绿茶类，产于上饶尊桥一带，这里是历史上的名茶主要产地之一。据《广信
府志》载："府城北茶山寺，唐陆羽营寓其地，即山种茶。"迄今已有1 200余年历史。

上饶白眉是选用茶树良种上饶大面白嫩芽叶创制的特种条形绿茶。因白毫满披，外观雪白，
形似白色眉毛，故命名"白眉"。它以新梢上的嫩芽或一芽一叶为原料，品质特征是：外形壮
实，条索匀直，白毫满披，色泽绿润。

6.井冈翠绿　属绿茶类，产于旅游胜地井冈山。井冈山产茶，有一个美丽的传说：很早以前
天上有位仙姑，名叫石姬。她看不惯天上权贵的淫威，最后来到了井冈山一个小村，见家家都有

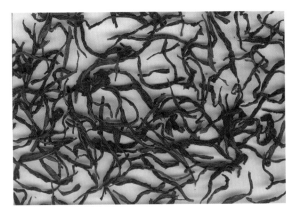

凤凰单丛

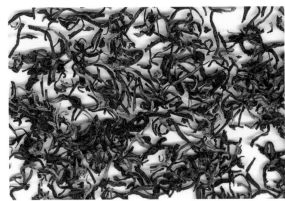

英德红茶

上等好茶，深受感动，决定在此住下来，并向村民学习种茶。最后石姬种的茶树长得非常茂盛，制作的茶叶品质也特别可口。从此名声大振。

井冈翠绿是由石姬茶发展而来，它以一芽一二叶为原料，外形条索细紧曲勾，色泽翠绿多毫。开汤后，香气鲜嫩，汤色清澈明亮，滋味甘醇，叶底完整嫩绿明亮。

（六）广东省

广东产茶历史悠久，唐代就有茶生产，至今全省传统名优茶和新创名优茶已达60多种。有绿茶、红茶、乌龙茶、白茶、黄茶、黑茶、花茶、保健茶等多种茶类，其中有代表性、有影响的名优茶有：

1.凤凰单丛　属乌龙茶类，产于潮州市潮安县凤凰山一带，种茶相传始于南宋末年，宋帝赵昺流亡至凤凰山，口渴难耐时，采当地茶树叶片，烹制成茶汤解渴，称赞乌崇山（凤凰山支脉）茶风韵奇特，能解渴生津。从此，广为种植，誉为"宋种"。

由凤凰水仙单丛制作而成的凤凰单丛系列茶，著名的有黄枝香、肉桂香、芝兰香、通天香、蜜兰香等品系，各有特殊的"韵味"、奇妙的"茶香"。

凤凰单丛茶外形挺直肥硕，色泽黄褐。冲泡后，具有天然花香，滋味浓郁，甘醇爽口，有特殊山韵蜜味，汤色清澈似茶油，叶底青蒂绿腹红镶边。

2.英德红茶　属红茶类，产于英德境内。英德产茶历史悠久，唐代在英德南山就有"煮茗台"，现在仍保留着遗址。明代英德茶叶已是贡品。1964年前后，英德红茶开始大规模试制出口。英国女皇在盛大宴会上用英德红茶招待贵宾，受到称赞和推崇。

英德红茶采制云南大叶种茶树上的一芽二三叶新梢为原料，其品质特征是：外形条索紧结重实，颗粒状红碎茶细小匀整，色泽乌润，金毫显露。冲泡后，汤色红艳，香气浓郁，滋味浓、强、鲜爽，可清饮，也可加糖加奶调饮。

岭头单丛

洞庭碧螺春

3.岭头单丛　又称白叶单丛，属乌龙茶类，产于饶平岭头村一带。岭头单丛原种出自凤凰水仙群体品种，后经单株选育而成。其实凤凰水仙茶（属乌龙茶类），据宋《潮州府志》载："潮州凤山茶亦名侍诏茶。"已有数百年历史了。

岭头单丛外形紧结呈条索状，色泽黄褐油润，呈鳝鱼皮色。冲泡后的岭头单丛，有浓郁的花蜜香，且滋味醇爽回甘，蜜韵浓。又汤色橙黄明亮，叶底黄腹朱边柔亮。倘若多次冲泡，仍不失余香。产品主销粤东、珠江三角洲地区。外销东南亚、美国、日本等地。

4.乐昌白毛茶　属绿茶类，又名乐昌大毛尖，产于乐昌沿溪山、九峰山一带，创制于清代。清人屈大钧《广东新语》载："乐昌有白毛茶，茶叶微有白毛。"

乐昌白毛茶因成茶满披银白色茸毛而得名。它选用一芽一叶嫩梢为原料，成品茶的品质特征是：外形紧结卷曲多毫。开汤后，香气清高持长，滋味浓醇鲜爽，汤色黄绿明亮，叶底匀一明亮。

5.石古坪乌龙　属乌龙茶类，产于潮州市潮安县凤凰镇石古坪及大质山一带。据宋《潮州府志》记载，种茶始于南宋后期，至今已有700多年历史。

石古坪乌龙茶的品质特征是：外形条索卷结细紧，色泽砂绿油光，身骨较轻。开汤后，香气清高，有花香。且汤色黄绿清澈，滋味鲜醇爽口，有独特的"山韵"。

（七）江苏省

江苏产茶历史悠久，唐代就有茶生产。至今全省传统名茶和新创名优茶已达40多种，有绿茶、红茶、花茶等多种茶类。其中有代表性、有影响的名优茶有：

1.洞庭山碧螺春　属绿茶类，原产于苏州太湖洞庭山。产茶历史早，唐代《茶经》载："（茶）苏州长洲县生洞庭山。"宋代朱长文《吴郡图经续》载："洞庭山出美茶，旧入为贡……"洞庭碧螺春茶始创于明代，俗名"吓煞人香"。据说清康熙三十八年（1699）时，康熙皇帝视察并品尝后，倍加赞赏，但觉其名不雅，于是题名"碧螺春"。从此成为年年进贡清廷的贡茶。

碧螺春茶采摘一芽一叶初展嫩梢为原料，成品茶外形条索纤细，卷曲成螺，茸毫密披，银绿隐翠，清香幽雅，滋味鲜醇，汤色鲜绿，叶底柔嫩。人们概括碧螺春茶的品质特征是："铜丝条，螺旋形，浑身毛，银翠绿，花香果味，鲜爽生津。"

2.南京雨花茶　属绿茶类，主产于南京中山陵、雨花台一带的风景园林名胜处，以及市郊的江宁、高淳、溧水、六合一带，创制于20世纪50年代末。南京在唐代已有茶叶生产。清宣统年间（1909—1911），种茶范围已扩大至长江两岸。

南京雨花茶以一芽一叶嫩梢为原料，加工而成的南京雨花茶：外形挺直如松针，锋苗挺秀，色泽嫩绿。所以，紧、直、绿、匀是雨花茶的外在特点。冲泡后，滋味醇爽，清香四溢，汤色嫩黄，叶底齐匀。

3.阳羡雪芽　属绿茶类，产于宜兴市。宜兴古称阳羡，是一个古老的茶区，是唐代贡茶产地之一。阳羡雪芽是20世纪80年代，根据宋代大文豪苏东坡诗句"雪芽为我求阳羡，乳水君应饷惠山"诗句，遂取名"阳羡雪芽"。

阳羡雪芽以一芽一叶新梢为原料，成品茶的品质特征是：外形匀直细紧，翠绿披毫。冲泡后，香气清雅高长，滋味鲜醇爽口，汤色嫩绿清澈，叶底嫩亮均一。

4.无锡毫茶　属绿茶类，主产于无锡市郊区的湖山景区一带。无锡产茶历史悠久，唐代开凿的"惠山泉"被陆羽品定为"天下第二泉"。宋代大诗人苏东坡有"独携天上小团月，来试人间第二泉"之句。

无锡毫茶是20世纪70年代末创制的。它以一芽一叶为原料，成品茶的品质特征是：外形卷曲肥壮，白毫满披显露。开汤后，香高持久，滋味鲜醇，汤色绿明，叶底肥嫩。有"白毫银尖，煎为碧乳"之誉称。

5.太湖翠竹　属绿茶类，产于无锡市郊区锡山一带。锡山产茶历史悠久，早在清康熙年间（1662—1722）雪浪禅林寺僧人觉海在雪浪山顶垦地种茶。乾隆皇帝下江南时，品饮此茶，挥笔写下"竹炉是处有山房，茗碗偏饮滋味长"的诗句。

太湖翠竹是20世纪80年代创制而成的。它以一芽一叶嫩梢为原料，茶的品质特征是：外形扁平似竹叶，色泽翠绿。开汤后，滋味鲜爽甘醇，香气清香持久，汤色清澈明亮，叶底嫩绿匀整。

6.金坛雀舌　属绿茶类，主产于金坛西部的方山、茅山东麓的丘陵山区。这里山清水秀，"峰从云间出，烟自幽谷起"，有"花飞佛地三千里，人在瑶峰十二层"之感，是产名茶的好去处。

金坛雀舌创制于20世纪80年代，它以一芽一叶嫩梢为原料，成品茶的品质特征是：外形扁平挺直，状如雀舌，色泽绿润。开汤后，茶香清高，滋味鲜爽，汤色黄绿明亮，叶底嫩匀成朵。

7.金山翠芽　属绿茶类，主产于镇江金山及句容的武岐山一带。陆羽在《茶经》中，将镇江列入茶叶产地，并广评天下美泉，将金山中泠泉品评为天下名泉。

金山翠芽是一种扁形的炒青绿茶，是20世纪80年代新创制的名茶。它以茶树一芽一叶初展新梢为原料，成品茶的品质特征是：外形扁平挺削匀整，色翠披毫。内质香高鲜嫩，滋味鲜浓，汤色绿亮，叶底匀齐。

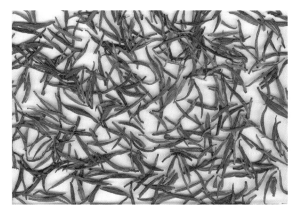

南山寿眉

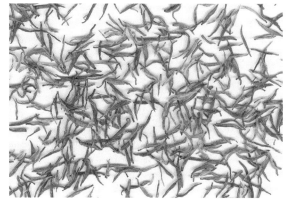

恩施玉露

8.南山寿眉　属绿茶类，产于溧阳南山的天目湖风景旅游区内。南山寿眉创制于20世纪80年代，采收的黄金季节是每年清明前后至谷雨，采摘标准为一芽一二叶。品质特征是：外形条索微扁略弯，色泽绿翠，白毫披覆，形似寿者之眉。内质香气清雅持久，滋味鲜爽醇和，汤色清澈明亮，叶底嫩绿匀整。

9.茅山青锋　属绿茶类，主产于金坛各大茶场及茅山东部的丘陵山区。茅山，素有仙境之称。道教将其列为十大洞天中的第八洞天。20世纪40年代，茅山就以产旗枪茶出名。1983年，在总结旗枪茶采制工艺经验基础上，研制出形似青锋短剑的茅山青锋茶。

茅山青锋采收茶树一芽一叶嫩梢为原料，品质特征是：外形扁平光滑，挺直如剑，色泽绿润，平整光滑，挺秀显锋。开汤后，汤色绿明，香气高爽，滋味鲜醇，叶底嫩匀。

（八）湖北省

湖北产茶历史悠久，唐代就有茶生产。至今全省传统名优茶和新创名优茶有近百种。有绿茶、红茶、黑茶、黄茶、花茶等多种茶类。其中有代表性、有影响的名优茶有：

1.恩施玉露　属绿茶类，产于恩施五峰山一带。五峰山位于恩施市东郊低陵山地。良好的生态环境，造就了玉露茶优良的天然品质。加之，保留了古老而传统的蒸汽杀青工艺特点，使恩施玉露品质更显奇特。

恩施玉露创制于清代康熙年间，据说为当地一位蓝姓茶商所创。它以一芽一二叶为采摘标准，外形条索紧圆、光滑、纤细，挺直如针。冲泡后，色泽苍翠润绿，艳如鲜绿豆，香高味更醇。

2.武当道茶　以绿茶为主，也有红茶生产，主产于十堰市武当山区。武当山是中国著名的道教圣地，其地种茶已有千年以上历史。2010年8月，武当道茶荣获国家"地理标志保护产品"称号。饮之，心旷神怡，清心明目，心境平和气舒，人生至境，平和至极，于是武当道茶又有太和茶之说。

武当道茶中的绿茶，鲜叶原料讲究细嫩，加工由摊放、杀青、揉捻、做形、干燥五道工艺组

仙人掌茶

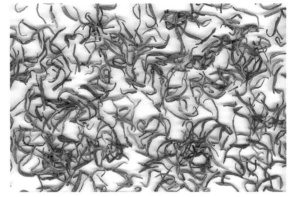

邓村绿茶

成。红茶加工由萎凋、揉捻、发酵、干燥四道工艺组成。

武当道茶由于蕴含道家名山熏陶、闻道而长的文化内涵。天人合一，造就了武当道茶品牌发展的重要优势资源，使之成为中国名茶中的佼佼者。

3.仙人掌茶　属绿茶类，产于当阳县玉泉山一带。史载：唐时，玉泉山玉泉寺的中孚禅师不但善品茶，而且善制茶，创制了形如仙人掌的扁形散茶。上元元年（760），他云游到金陵（南京）栖霞寺时，却逢其叔李白逗留于寺，于是中孚禅师将此茶献于李白。李白品尝后，觉得清香滑熟，其状如掌，为此欣然命笔，取名玉泉仙人掌茶，并作诗颂之。

仙人掌茶以一芽一叶初展叶为原料，成品茶外形扁平似掌指，色泽翠绿，白毫披露。冲泡后，芽叶舒展，嫩绿成朵，汤色清澈明亮，清香淡雅，滋味鲜醇，回味甘甜。

4.峡州碧峰　属绿茶类，产于宜昌县西陵峡一带。三国张揖《广雅》载："荆巴间采茶作饼，叶老者，饼成以米膏出之。"表明其地产茶历史久远。

峡州碧峰以茶树一芽一叶嫩梢为原料，成品茶的品质特征是：外形条索紧秀显毫，色泽翠绿油润。开汤后，香气清高持久，汤色碧绿明亮，滋味鲜醇回甘，叶底嫩绿匀齐。

5.邓村绿茶　属绿茶类，产于宜昌市的邓村一带。宜昌产茶历史悠久，唐宋时，这里属山南道"峡州茶"产区。陆羽《茶经·八之出》记有"山南：以峡州上"之述。邓村绿茶创制于20世纪80年代。

邓村绿茶以一芽一二叶新梢为原料，品质特征是：外形条索紧秀，白毫显露，色泽绿润。开汤后，内质嫩香持久，具有浓郁的熟栗香气，汤色绿亮明净，滋味浓醇爽口，有绿豆味，叶底嫩绿匀齐。邓村云雾茶在湖北以及沿长江各大中城市等地，具有很高的知名度。

6.天堂云雾　属绿茶类，产于英山境内的大别山南麓，大别山主峰天堂寨坐落境内。英山产茶历史悠久，始于唐代。如今的天堂云雾创制于20世纪90年代。具有香高、味醇、汤清、色绿等特点。

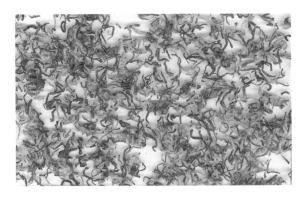

蒙顶甘露

叙府龙芽

天堂云雾以一芽一二叶新梢为原料，成品茶外形条索紧秀，翠绿油润，白毫显露。冲泡后，汤色清澈明亮，清香持久，滋味鲜醇回甘。

7.采花毛尖　属绿茶类，产于五峰采花坪一带山区。这里产茶历史久远，历史上曾是宜红工夫红茶的主产地，同时也生产白毛尖、茸勾等名优绿茶。

采花毛尖是新创造的优质名茶。它以一芽一叶初展叶为原料，成品茶的外形：色泽翠绿油润，条索紧秀匀直，满披银毫。开汤后的内质：香气清高持久，汤色清澈明亮，滋味鲜爽回甘，叶底嫩绿明亮。

（九）四川省

四川产茶历史悠久，唐代就有茶生产。至今全省传统名优茶和新创名优茶已达60多种，有绿茶、红茶、黑茶、花茶等多种茶类。其中有代表性、有影响的名优茶有：

1.蒙顶山茶　属于绿茶类，产于名山蒙顶山（又名蒙山）。蒙山植茶始于西汉，蒙山名茶初创于东汉，贡茶兴起在中唐。唐宋时，蒙顶山产的名茶有8种之多，世称蒙顶茶为天下"独珍"。唐代黎阳王有诗曰："若教陆羽持公论，应是人间第一茶。"

蒙顶山茶为系列名茶，主要的有蒙顶甘露、蒙顶石花等。它以一芽一叶初展新梢为原料，成品茶外形紧卷多毫，嫩绿色润，香气高爽，味醇而甘。人称"雨雾蒙昧，仙茗飘香"，是茶中珍品。

2.宜宾早茶　产于与云贵高原接壤的宜宾市山区，以生产绿茶、红茶为主。其地种茶历史久远，唐代陆羽《茶经》载："茶者，南方之嘉木也，一尺、二尺乃至数十尺；其巴山峡川，有两人合抱者……"其"巴山峡川"就是包括从万县到宜宾的长江南岸峡谷地带及相邻的云贵山区。

至今，生产的宜宾早茶有30余个产品获绿色食品标志使用权，8个品牌获无公害农产品认证，3个品牌获有机茶认证。"川红"工夫红茶、"叙府龙芽"等20多个产品先后多次获得国际和国家级金奖。

宜宾早茶由于有优越的地域优势和精心设计的加工技艺，无论是生产的红茶，还是绿茶，不

青城翠芽

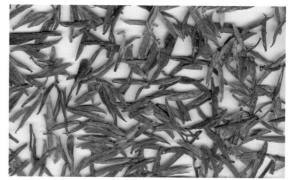

峨眉竹叶青

但品质优异，而且茶叶开采期特早，通常每年2月上中旬即可投产。

3.青城翠芽　属绿茶类，产于都江堰市的青城山。五代毛文锡《茶谱》载："青城其横芽、雀舌、鸟嘴、麦颗盖取其嫩芽所造，以其芽似之也……又有片甲者，早春黄茶，芽叶相抱，如片甲也；蝉翼者，其叶嫩，薄如蝉翼也。"明清时青城山产贡品，锡罐盛装，吉日送京。

青城翠芽是20世纪80年代新创制的名茶，它以一芽一叶新梢为原料，制成后的青城翠芽，条索秀丽微曲，白毫显露，香高味爽，是青城山四绝之一。

4.文君绿茶　属绿茶类，产于邛崃市。相传，西汉时司马相如到临邛（今邛崃市）在卓家做客时，用一曲《凤求凰》打动了文君的心。后他俩以卖酒为生，经常品茗相叙。1957年郭沫若为"文君井"题词："文君当炉时，相如涤器处，反抗封建是前驱，佳话传千古。会当一凭吊，酌取井中水，用以烹茶涤尘思，清逸凉无比。"后人为怀念这段佳话，创制了"文君绿茶"。

文君绿茶以一芽一叶为原料，品质特征是：条索壮实紧结，嫩绿油润有毫。冲泡后，汤色绿明，滋味甘醇，嫩香浓郁。

5.峨眉竹叶青　属绿茶类，产于峨眉山。峨眉山产茶历史悠久，始于晋代。唐代就有白芽茶被列为贡品。宋代诗人陆游有诗曰："雪芽近自峨眉得，不减红囊顾渚春。"现代峨眉竹叶青是20世纪60年代创制的名茶，其茶名为陈毅元帅根据茶叶形如青竹叶而取名"竹叶青"。

竹叶青以一芽一叶为原料，品质特征是：扁平光滑，色翠绿似竹叶，冲泡后，汤色黄绿明亮，香气高鲜持久，滋味鲜浓可口，是形质兼优的高级礼品茶。

（十）重庆市

重庆出产茶叶历史悠久，唐代已有茶生产。至20世纪90年代全市传统名优茶和新创名优茶达20多种，有红茶、绿茶、花茶等多种茶类。其中有代表性、有影响的名优茶有：

1.永川秀芽　属绿茶类，产于永川山区。重庆古属巴国，晋代的《华阳国志》载，早在周武王伐纣时，这一带已"园有芳蒻（魔芋）香茗（茶树）"。陆羽《茶经》中也记有"巴山峡川有

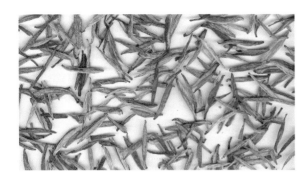

巴南银针

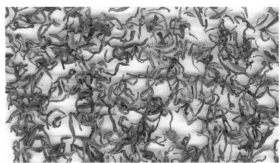

日照雪青

两人合抱"的大茶树，足见重庆产茶历史悠久。

永川秀芽是20世纪60年代创制的名茶，它以一芽一叶新梢为原料，成品茶外形紧细如针，色泽翠绿，香气高雅，滋味鲜醇，是深受消费者欢迎的旅游特产。

2.巴南银针　属绿茶类，产于巴渝山区。其地是茶树原产地之一，也是茶文化的发祥地。产茶历史悠久，是中国最古老的产茶区之一。其地古今都生长有"两人合抱"的野生大茶树。

现今的巴南银针是20世纪80年代新创制的名茶。它以一芽一叶新梢为原料，成品茶外形扁直显毫，色似白银。开汤冲泡后，汤色清明亮绿，滋味醇爽回甘，毫香浓郁持久，叶底匀整黄嫩。

3.缙云毛峰　属绿茶类，产于北碚缙云山。其地种茶历史悠久，据《缙云山志》载：明代"破空（和尚）楚襄阳人，随祖师来川，开建缙云，采茶如蘖"。只是以后因无人管理，多数茶树自然淘汰。20世纪50年代以后，茶叶生产很快得到恢复发展。1984年新创制出缙云毛峰名优茶。

缙云毛峰以一芽一二叶嫩梢为原料，成品茶外形重实，色泽绿润，满披白毫，条索匀齐伸直。一经冲泡，香气清醇隽永，汤色黄绿，清澈明亮，滋味鲜醇爽口，叶底嫩匀、黄绿明亮。

4.香山贡茶　属绿茶类，产于奉节山区。其地古称夔州，地处长江三峡腹地，是中国古老茶区之一。东汉《桐君录》载：奉节"巴东有真香茗，煎饮令人不眠"。陆羽《茶经》及相关史中，在谈及唐时产茶的四十二个州中，就有夔州（泛指今奉节一带）产茶记载。

香山贡茶为长江三峡库区的历史名优茶，以茶树一芽一叶新梢为原料，成品茶的品质特征是：条索紧秀匀直，锋苗显露，色泽银绿隐翠。内质香气浓郁持久，滋味鲜爽回甘。

（十一）山东省

山东产茶历史不长，但清代也已有茶叶生产。20世纪70—80年代以来，名优茶开发较快，至今全省名优茶已达10多种，主要生产绿茶。其中有代表性、有影响的名优茶有：

1.日照绿茶　属绿茶类，产于日照山区，是20世纪60年代以来新创制的名茶。这里属暖温带湿润季风气候，光、热、水资源丰富。其地冬季普降大雪，翌年春冰雪融化，茶树仍然一片嫩绿，采下的新茶制成后，遂取名日照绿茶。又因雪后茶树立刻返青，茶叶营养物质丰富，由此制

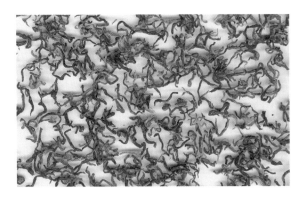

浮来青

崂山茗茶

作而成的茶，誉称为日照雪青。

日照绿茶以一芽一叶嫩梢为原料，成品茶的品质特征是：外形条索紧细，色泽翠绿，白毫显露。开汤后的内质：汤色嫩绿，香高持久，滋味醇爽，叶底匀齐。

2.浮来青　属绿茶类，产于莒县浮来山南麓的长虹岭一带。20世纪70年代，其地引种南方比较抗寒的茶树品种在山东日照、莒县、临沂等地试种，使"南茶北引"获得成功。浮来青茶由于茶树生长偏北，日夜温差大，日照时间长，有利于茶树内含物质的积累，使加工而成的茶叶有栗香，耐冲泡，具有北方绿茶独特风味。

浮来青通常以单芽或一芽一叶为原料，成品茶主要有扁形和曲条形两种。主要特征是："绿"，即干茶色泽翠绿油润，汤色青绿明亮，叶底嫩绿鲜活。"香"，即茶叶干贮时，清香诱人，冲泡时，栗香高长。"浓"，即滋味浓醇甘爽，经久耐泡，余味回肠荡腑。"净"，即纯天然无污染。

3.崂山茗茶　属绿茶类，产于青岛市崂山风景区。这里自古以来就是道教圣地，为道教全真天下第二丛林。

崂山茗茶主要生长在崂山脚下沿海的缓坡砾石地带。茶园是20世纪80年代以来新开辟的。它选用新梢一芽一叶为原料，有卷曲形、扁形等多种外形，嫩绿、高香、味甘、耐冲泡是崂山茗茶的最大特色之一。

（十二）广西壮族自治区

广西产茶历史悠久，唐代就有吕仙茶、象州茶、容州竹茶等生产。至今全区传统名优茶和新创名优茶已达40多种。有红茶、绿茶、黑茶、花茶等多种茶类。其中有代表性、有影响的名优茶有：

1.横县茉莉花茶　属再加工茶类中的花茶类，产于横县茉莉花茶产地范围内，是国家质检总局认定的地理标志产品。原料茶来自产地范围内的初、精制绿茶;在本地茶源供应不足的情况下，也可以采取外购的方式补充。窨制茶坯用的茉莉花为本地茉莉花。

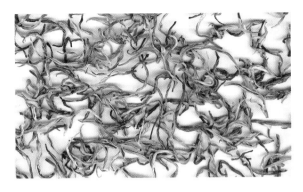

凌云白毫

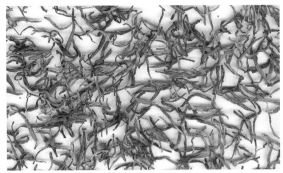

桂林毛尖

横县茉莉花茶根据产品等级要求，经茶坯处理→鲜花维护→茶花拼合→堆置窨花→通花续窨→起花→烘干→提花→过筛→匀堆装箱等工艺窨制而成。其品质特征是：外形尚紧结、有锋苗、尚匀整、有嫩茎。香气尚鲜浓、纯正。汤色黄绿明亮。滋味鲜、醇、正。叶底柔软、黄绿。

2.桂平西山茶　属绿茶类，因产于桂平县西山而得名。西山茶始于唐代；宋时已经出名，据《桂平县志》载：西山茶，"出观音岩，棋盘石下，矮株散生，根吸石髓，叶映朝暾，故味甘腴而气芬芳"，明时闻名。20世纪50—60年代，西山寺释宽能法师曾亲手制作桂平西山茶，多次寄给毛泽东主席品尝，中央办公厅回信感谢，并赞美"西山茶味道醇厚，是不可多得的好茶"。

桂平西山茶以茶树一芽一叶嫩梢为原料，成品茶外形呈条形，稍曲，呈深绿色。冲泡后取内质以香郁、味甘，耐冲泡而著称。并以嫩、翠、鲜为特色，其色泽翠绿乌润，汤色碧绿清澈，滋味幽香醇厚、甘甜芬芳，口齿留香。

3.凌云白毫　属绿茶类，原产于凌云山区，如今乐业县境内的云雾山中亦有生产。凌云产茶历史久远。历史上多属野生，据《凌云县志》载："凌云白毫自古有之。"《广西通志稿》载："白毛茶……树之大者高二丈，小者七八尺……概属野生。"

凌云白毫以一芽一叶嫩梢为原料，成品茶的品质特征是：外形白毫特显露，条索紧细。冲泡后，内质香高味爽，汤色翠绿。该茶曾作为国家礼品赠送给摩洛哥国王哈桑二世，被视为珍宝，称之为"茶中极品"。

4.南山白毛茶　属绿茶类，产于横县南山一带。《横县县志》载："南山白毛茶，相传为明朝建文帝（即朱允炆）所植。"据说，明建文帝下江南避难时，将白毛茶七株种于南山应天寺，故南山白毛茶旧称"圣山种"。

南山白毛茶以清明前一芽一叶新梢为原料，成品茶外形紧细微曲，绿润多毫。冲泡后，有鲜花香，且香高持久，而滋味鲜醇。主销广西、广东两地。

5.桂林毛尖　属绿茶类，产于桂林市郊。桂林素以"山清、水秀、洞奇、石美"而闻名于世。桂林毛尖是广西桂林茶叶研究所在20世纪80年代初研制而成的名茶。

冲泡后的都匀毛尖

湄潭翠芽

桂林毛尖以一芽一叶新梢为原料，成品茶的品质特征是：外形挺秀，白毫显露，色泽翠绿。冲泡后，香气清高持久，滋味醇和鲜爽，汤色嫩绿清澈，叶底黄绿明亮。倘用桂花窨制桂林毛尖后，更是香气倍增，品质更佳。

6.苍梧六堡茶　属黑茶类，原产于苍梧的六堡一带，是广西黑茶中最著名的茶品。六堡茶生产历史久远，始于明代。清同治《苍梧县志》载："产茶多贤乡六堡，味厚，隔宿不变。"清时，六堡茶已声名远播，产区不断扩大，发展到广西20余个县、市。

六堡茶以采摘大叶种茶树上的一芽二三叶为原料，经加工而成六堡散形茶，条索长整尚紧，色泽乌褐光润。冲泡后的内质：汤色红浓，香气纯陈，滋味甘爽，有槟榔味。且有存放久、品质佳之特点。除散形外，还有将散形茶经蒸压而成的紧压茶。六堡紧压茶多呈圆柱形或砖形。

（十三）贵州省

贵州产茶历史悠久，唐代就有夷州茶、费州茶、思州茶、播州茶等生产。至今，全省传统名优茶和新创名优茶已达40多种。有绿茶、红茶、花茶等多种茶类生产。其中有代表性、有影响的名优茶有：

1.都匀毛尖　属绿茶类，产于都匀边缘山区的团山、哨脚、大槽一带。早在明代洪武年间，都匀团山一带已有大片茶园。明刑部主事张翀记述："云镇山头，远看青云密布，茶香蝶舞，似如翠竹苍松。"都匀毛尖，因外形卷曲似钩，又名鱼钩茶。据《都匀春秋》载："十八世纪末，有广东、广西、湖南等地商贾，用以物易物的方式来换取鱼钩茶，运往广州销往海外。"

都匀毛尖以一芽一叶新梢为原料，成品茶呈现"三黄三绿"：干茶绿中带黄、汤色绿中透黄、叶底绿中显黄。其外形是：条索紧细卷曲如螺，多白毫，色泽绿润。冲泡后，汤色清澈明亮，香气清鲜幽雅，滋味醇爽回甘，叶底嫩绿齐匀。

2.湄潭翠芽　属绿茶类，主产于湄江两岸，产茶历史悠久，清《贵州通志》载："黔省所属皆产茶，湄潭湄尖茶皆为贡品。"又据《湄潭县志印录·食货志》载："物产，茶，质细味佳，所产最盛名。"

湄潭翠芽的前身湄潭龙井。它以一芽一叶新梢为原料，成品茶具有独特的高山茶品质风格。其品质特征是：外形扁平细直，光滑匀整，茸毫披露，嫩绿似矛。冲泡后，汤色绿润清澈，嫩香持久，滋味醇厚回甘，叶底细嫩鲜活。

凤冈富锌富硒茶

3.遵义毛峰 属绿茶类，主产于遵义和湄潭山区。遵义古属播州。唐代陆羽在《茶经》中，称其地产的茶"其味极佳"。遵义毛峰是20世纪70年代新创制的。

遵义毛峰选用一芽一叶嫩梢为原料，具有芽壮叶肥，茸毛多的特点。加上这种茶树的内含物质丰富，为形成毛峰茶的色、香、味、形提供了良好条件。品质特征是：外形紧细圆直绿润，有苗锋，多白毫。冲泡后，滋味甘醇，有嫩香，且高而持久。

4.梵净翠峰 属绿茶类，产于印江梵净山。梵净山是武陵山的主峰，素有"武陵正源"之称。明代永乐年间（1403—1424）梵净山辟为佛教圣地，山上多庙宇，许多茶园为寺院僧侣开山种植，当时梵净山产有"团龙贡茶"。如今的梵净翠峰是20世纪90年代初研制成功的。

梵净翠峰以茶树一芽一叶为原料，品质特征是：外形扁平似利箭，挺直平滑，匀整秀丽，色泽绿润，显毫。冲泡后芽叶成朵，兰花香浓郁高爽，滋味甘醇，而且耐冲泡。

5.贵定云雾 属绿茶类，产于贵定云雾山一带，产茶历史悠久。明万历《黔记》载："贵阳军民府定番州辖各长官司并金筑司三年一贡朝觐。茶芽伍拾叁斤壹拾壹两陆钱伍厘。"清乾隆五十五年（1790）立有"贡茶碑"。民国《贵州通志》载："黔省各属皆产茶，贵定云雾山最有名。""为贵州之冠，岁以充贡。"

贵定云雾以一芽一叶初展叶为原料，成品茶的品质特征是：外形卷曲、显毫、匀整齐，色泽翠绿、多毫。冲泡后，汤色黄绿、叶底嫩绿，有板栗香、蜂蜜香，滋味甘醇。

6.凤冈富锌富硒茶和绿宝石 属绿茶类，为20世纪后期新创制的名优茶，产于凤冈县丘陵山区。凤冈古属夷州。陆羽《茶经》载："黔中（茶）生思州、播州、费州、夷州……往往得之，其味极佳。"其地所产之茶，还有一个明显的特点，就是富锌、富硒。

凤冈富锌、富硒茶，以芽或一芽一叶为原料，成品茶色泽绿润，个形秀丽，外形扁平。开汤后，清香回甘，耐冲泡，且叶底嫩绿匀称，受到茶界好评。

此外，凤冈还有一种称之为绿宝石的富锌、富硒茶。这种茶的外形紧结圆润，呈颗粒状，绿润显毫。冲泡后，栗香兼有淡奶香；滋味鲜醇回甘，浓而不涩；叶底匀整鲜活。因该茶高贵如宝石，归属绿茶类，色泽绿润，故名绿宝石。

汉中仙毫

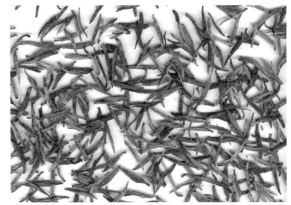

紫阳毛尖

7.石阡苔茶　属绿茶类，产于石阡山区。石阡属古夷州，陆羽《茶经》载：其地产的茶，"其味极佳"。据说清代乾隆年间，石阡县坪山乡的茶叶还纳贡进入清皇室。

石阡地处亚热带，地理环境、生态条件非常适宜茶树生长。选用当地茶树群体品种幼嫩新梢，经精细加工而成的石阡苔茶，具有香气高、滋味足、回味长、耐冲泡的品质特征。

（十四）陕西省

陕西产茶历史悠久，唐代就有金州芽茶、梁州茶，宋代已有紫阳茶、西乡团茶、城固团茶等生产。至今，全省传统名茶和新创名优茶已达30多种，主要生产绿茶。其中有代表性、有影响的名优茶有：

1.汉中仙毫　属绿茶类，原名午子仙毫，主产于汉中西乡一带。西乡产茶历史悠久，明代《雍大记》载："汉中产茶，产于西乡，故谓西乡茶也。"又《汉中府志》载："汉中之茶，独产西乡。西乡之茶独产云亭、游仙、归仁三里。"

汉中仙毫是20世纪80年代创制的名茶。它以一芽一叶新梢为原料，外形似兰花，朵形微扁，翠绿显毫。冲泡后，清香持久，滋味鲜醇，汤色明亮，叶底嫩绿。主销北京、江苏、上海、西安、广东、香港等地。

2.秦巴雾毫　属绿茶类，产于镇巴山区。相传种茶始于汉，盛于唐宋。如今在镇巴县境内还存有大茶树。据传用雌鸡岭的一棵大茶树制成的茶，曾进贡给汉高祖刘邦。

秦巴雾毫创制于1984年。因采摘时间不同，分春分、明前、清明、雨前、谷雨五个等级。加工而成的成品茶：呈扁条形，壮实有毫，绿润。冲泡后，有板栗浓香，汤色清明，滋味甘醇。产品主销北京、西安，外销日本。

3.紫阳毛尖　又称紫阳毛峰，属绿茶类，产于紫阳山区。这里西周时属巴国，因此紫阳茶在唐以前属巴蜀茶。紫阳毛尖是唐代贡品金州芽茶的传统产品。《新唐书·地理志》载："金州

普洱茶

（今安康）汉阴郡（辖今紫阳）……土贡麸金、茶牙①……"清代《西乡县志》中亦称："陕南惟紫阳茶有名。"

紫阳毛尖以一芽一二叶新梢为原料，品质特征是：外形挺秀显毫，肥嫩壮实，色泽翠绿。一经冲泡，香气清醇高爽，滋味鲜爽回甘，且富含硒元素和锌元素，具有很好的保健功效。主销西安、北京、天津、上海、广州、武汉等各大城市。

4.女娲银锋 属绿茶类，产于平利八仙山区。据陆羽《茶经》所载，唐时平利已产茶，其茶属古山南茶区金州范围。

女娲银锋以一芽一叶和一芽二叶初展新梢为原料，品质特点是外形扁平，色泽润绿。开汤后，香气高纯，色泽黄绿，滋味浓醇，叶底成朵。

5.汉水银梭 属绿茶类，产于南郑县山区。南郑产茶历史悠久，据记载：唐时，梁州贡茶盛行，南郑碑坝的千龙洞茶就曾作为贡茶，进贡朝廷。

汉水银梭创制于20世纪80年代。它以幼嫩新梢为原料，品质特征是：外形扁平似梭，匀整秀丽，翠绿披毫。开汤后，汤色清澈明亮，嫩香馥郁带花香，滋味鲜爽醇甘。

（十五）云南省

云南产茶历史悠久，唐代就有茶生产。至今，全省传统名茶和新创名优茶已达60多种，有红茶、绿茶、黑茶、紧压茶、花茶等多种茶类。其中有代表性、有影响的名优茶有：

①牙：可能同"芽"，是毛尖茶初始产品。

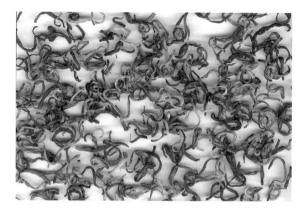

滇红工夫茶   南糯白毫

1.普洱茶　属黑茶类，主产于普洱、西双版纳、临沧三地，在下关、昆明、宜良等地亦有生产。历史上的普洱茶原料，大多出自古六大茶山：倚邦、易武（漫撒）、攸乐、革登、莽枝、蛮砖。从唐开始，滇南10多个少数民族便在六大茶山开辟茶园，种茶制茶。清代雍正七年（1729），西双版纳进行改土归流，隶属普洱府思茅厅管辖，普洱府将六大茶山定为贡茶和官茶采办地，六大茶山便成为普洱茶的主产区。

普洱茶以云南大叶种晒青毛茶为原料，再经后发酵加工而成，通常有散茶和紧压茶之别。如果将散茶再经蒸压，则可压制成七子饼茶、沱茶、砖茶、紧茶等多种普洱紧压茶。

普洱散茶条索粗壮、肥大完整，色泽红褐如猪肝。普洱紧压茶外形端正匀整，松紧适度。冲泡后，汤色红艳明亮，香气独特，叶底红褐，滋味醇滑稍甜。

2.滇红　属红茶类，主产于临沧、凤庆、西双版纳等地。滇红是云南红茶的简称，包括条形的滇红工夫茶和碎片状的滇红碎茶。云南在历史上最早以产晒青普洱茶为主，滇红是后起之秀，生产仅有七八十年历史。

滇红以云南大叶种茶树嫩梢为原料，制成红茶后，无论是工夫红茶，还是红碎茶，都具有汤色红艳明亮，滋味浓醇鲜爽，特别适合加糖、加奶作为调饮用茶。此外，由于茸毛多，制成红茶后形成金黄毫，外形十分艳丽，红茶"大金毫"就是由此而得名的。

3.南糯白毫　属绿茶类，主产于勐海南糯山一带，地处茶树原产地的中心地带，在起伏的群山中至今仍分布着万亩古茶林。

南糯白毫创制于1981年。它以一芽一叶或一芽二叶初展幼嫩新梢为原料，通常只采春茶。品质特征是：外形条索卷曲壮实，色泽墨绿匀整，白毫显露。开汤后，香气馥郁，汤色清澈，滋味甘醇，有回甘味，叶底嫩匀。

4.宜良宝洪茶　属绿茶类，产于宜良宝洪山一带。史载，唐代宜良建有宝洪寺，当时就有开山和尚从福建、浙江带来中小叶种茶种，在此种茶繁衍，成为当地特产。有"屋内炒茶院外香，

宝洪茶

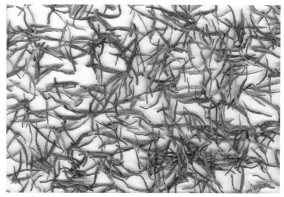

信阳毛尖

院内炒茶过路香，一人泡茶满屋香"之说。清初宝洪茶已是宜良的著名土特产了。

宝洪茶于每年清明前开采，以新梢一芽一叶或一芽二叶初展新梢为原料，成品茶外形扁平光滑，锋苗挺秀。开汤后，汤色碧绿明亮，滋味浓醇爽口，香气馥郁芬芳，高锐持久。

5.大理感通茶　属绿茶类，产于大理感通寺一带。其地产茶历史悠久。早在南昭、大理时期感通寺的僧侣已开始栽茶、制茶，茶为寺僧一业。宋、元、明时，感通茶的名声更大。特别是明代，众多的文人在著作中有大理感通茶的记载。明代冯时可《滇行记略》称："滇南城外石马井泉无异惠泉，感通寺茶不下天池、伏龙。"

感通茶以一芽一叶或一芽二叶初展嫩梢为原料，成品茶外形：条索卷曲显毫，色泽墨绿油润。冲泡后，汤色清澈明亮，香气清高持久，滋味鲜爽回甘。

（十六）河南省

河南省产茶历史悠久，唐代就有茶生产。至今，全省传统名茶和新创名优茶已达30多种，主要生产绿茶，近年亦有信阳红茶生产。其中比较有代表性、有影响的名优茶有：

1.信阳毛尖　属绿茶类，产于信阳的大别山区。唐代陆羽《茶经》中把它列入"淮南茶区"，是中国古老的八大茶区之一。唐《地理志》载："义阳（今信阳县）土贡品有茶。"在信阳毛尖产地，尤以五云（车云、集云、云雾、天云和连云）、两潭（黑龙潭和白龙潭）、一山（震雷山）、一寨（何家寨）、一寺（灵山寺）等地产的毛尖茶最为驰名。清代，信阳毛尖已列为贡品。

信阳毛尖以单芽和一芽一叶为原料，成品茶细嫩有锋苗，外形细、圆、紧、直，多白毫，色泽翠绿。

2.太白银毫　属绿茶类，产于桐柏县桐柏山一带。桐柏山主峰为太白顶，而太白银毫主产区位于太白顶的东麓，又因这种茶满披白色茸毛，故取名太白银毫。桐柏种茶历史悠久，其地唐代时属淮南茶区，所产茶叶一直是河南有名的传统特产。

太白银毫是20世纪80年代，在总结历史传统名茶的基础上新创制的一种名优绿茶。它以茶树一芽一叶为原料，成品茶呈兰花形，且色泽翠绿，银毫满披。冲泡后，汤色碧绿清澈，香气鲜爽清新，滋味甘醇爽口，叶底黄绿匀一。

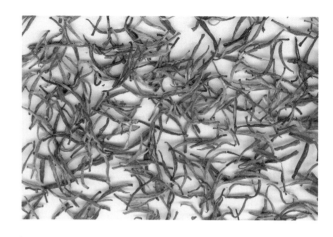

太白银毫

3.赛山玉莲　属绿茶类，产于光山赛山一带。在唐代陆羽《茶经》中把光山一带种茶区域划归为淮南茶区，并认为："淮南，光州（今光山县）上。"

赛山玉莲创制于20世纪80年代。它以单芽为原料，品质特征是：外形清秀如玉，绿如莲叶，扁平挺直，白毫满披，色泽鲜活。冲泡后，汤色嫩黄，香气高爽，滋味甘醇，饮之使人回味无穷。

4.仰天雪绿　属绿茶类，产于固始东南山区。这里地处大别山麓，山高谷深，每年春天采茶时，仰天瞭望山顶，依然白雪皑皑，故名仰天雪绿。其地产茶历史悠久，北宋沈括《梦溪笔谈》载：当时的固始县，便是全国重要产茶地区之一。

仰天雪绿以一芽一叶和一芽二叶初展嫩梢为原料，成品茶外形紧结，平伏略扁，锋苗挺秀，翠绿显毫；开汤后，汤色嫩绿微黄，清澈明亮；有兰花香，清香持久；滋味鲜醇甘厚，耐冲泡；叶底嫩匀，明亮。其色、香、味、形俱美。

（十七）海南省

海南产茶历史悠久，明代就有琼山芽茶和叶茶生产。至今，全省传统名优茶和新创名优茶已达20多种。有红茶、绿茶等茶类生产。其中有代表性、有影响的名优茶有：

1.海南红碎茶　属于红茶类，产于琼中、琼山、定安、保定、白沙等地。海南是中国最南端的一个产茶省，全省地处热带气候，冬季依然温暖如春。因此一年四季茶树都处于生长状态。

海南红碎茶试制于20世纪60年代，投产于70年代。它以一芽二三叶为原料，品质特征是：色泽乌润，滋味浓醇鲜爽，汤色红亮，有甜香，并具有季节性花香。这种茶，内销香港，外销欧美、大洋洲及东南亚等地。品尝红碎茶，清饮或加糖、加奶调饮都可。

2.白沙绿茶　属绿茶类，产于白沙境内的五指山区。史载：五指山产茶有500多年历史，至今仍在山中留有一些野生茶树。20世纪60年代，从云南和福建引种的茶树优良品种，使白沙绿茶的品质达到了高档绿茶的水平。

白沙绿茶以一芽二叶为原料，品质特征是：外形紧结细直，色泽绿润有光。一经冲泡，汤色

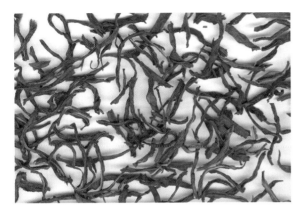

文山包种

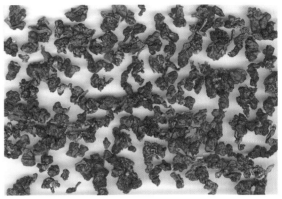

金萱乌龙

黄绿明亮，香气清高持久，滋味浓厚甘爽，且耐冲泡。主销广东、广西、湖南、海南等地。

（十八）台湾省

　　台湾产茶技艺由福建传入，清代就有茶叶生产。至今，台湾有传统的特色茶达40多种，以乌龙茶为主，也有红茶、绿茶、花茶等多种茶类生产。其中有代表性、有影响的名优茶有：

　　1.冻顶乌龙　属乌龙茶类，产于台湾中部，临近溪头风景区，主产于南投县鹿谷乡一带。冻顶山种茶历史悠久，据说1855年清咸丰时，南投县鹿谷乡举人林凤池在福建参加会考后，从武夷山带回青心乌龙茶苗36株，试种于南投冻顶山成功后发展起来的。而早期制茶的技工，大多是从福建招聘而来。制造出来的乌龙茶，有独特的乌龙茶韵。

　　冻顶乌龙茶以茶树新梢顶呈半开张时采摘二叶半原料为标准，品质特征是：外形呈半球形颗粒状，色泽墨绿油润。冲泡后，汤色金光亮丽，香气浓郁清新，滋味甘醇浓厚，且回韵无穷。近年来为适应消费者的新口味，追求花香清香类型，采用偏轻发酵工艺，香气清新而浓郁，耐冲泡，有台湾高山茶的品质风格。

　　2.文山包种　属于乌龙茶类，主产于台北文山山区，台北的南港亦有生产，谓之南港包种茶。文山包种茶有两百余年产茶历史。据说，台湾包种茶的名称为160多年前由福建安溪县茶农王义程创制。

　　文山包种茶系条状乌龙茶。它主要以金萱茶树品种为采收对象，品质特征是：外形呈条紧状，紧结自然弯曲，色泽呈青蛙皮稍带青翠，干茶有素兰花香。开汤之后，香气清雅，含奶花香，滋味甘醇滑润，汤色蜜绿鲜艳明亮，具有"香、浓、醇、韵、美"五大特色，特别是具有高雅的奶香，最为人称道。

　　3.阿里山金萱茶　属乌龙茶类，产于嘉义阿里山一带。其地种植的茶树品种，原先多为青心乌龙，后来育成乌龙茶高香新品种"金萱"，它抗逆性强，香气清雅，富含奶花香，是金萱茶树

白毫乌龙

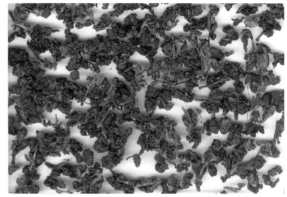

木栅铁观音

品种的一大特色。用这一品种茶树单独制作的乌龙茶自成一体，称为金萱乌龙。

金萱乌龙以金萱品种茶树"二叶半"新梢为原料，品质特征是，外形：颗粒紧结，色泽绿褐油润。冲泡后，香气特别清新，汤色金黄有光润，滋味带有浓郁的奶香或花蜜果香，因此阿里山金萱茶便成为台湾高山茶中的佼佼者。

4.白毫乌龙 又称东方美人、福寿茶、膨风茶、香槟乌龙等，属乌龙茶类，为台湾独有。白毫乌龙的诞生有一段有趣的经历：20世纪20年代新竹北浦、峨眉一带的茶树在夏季易受小绿叶蝉叮咬为害，茶叶受叮咬刺激后，形成了较多的甜味果香类物质。当时一位茶商把这种鲜叶制成的乌龙茶销往英国后，被发现该茶外形呈条片状，多白毫，红褐相间，非常美观，喝起来有一种蜜糖果味香，汤色橙红，滋味甘醇，别有风味，遂称之为"东方美人茶"。后又成了英国皇室的贡品茶。

典型的白毫乌龙茶品质特征必须带有明显的天然熟果香，滋味具蜂蜜般的甘甜后韵，外观艳丽多彩，具明显的红、白、黄、褐、绿五色相间，形状自然卷缩宛如花朵，泡出来的茶汤呈鲜艳的琥珀色，它的品质特点比较趋近于红茶。

5.木栅铁观音 属乌龙茶类，主产于台北木栅山区，而采制原料出自福建铁观音（别名红心观音）茶树品种，因此取名为木栅铁观音。史载：木栅铁观音是台湾木栅人张乃妙于清光绪年间（1875—1908）从祖籍安溪引种来的。后经张氏多年悉心栽培，才逐渐扩展成木栅铁观音茶树品种。相传，张乃妙还于20世纪30年代赴祖籍安溪考察铁观音的制造技艺，并聘请安溪制茶师到木栅传授制茶方法。

木栅铁观音茶的品质特征是：外形卷曲呈球形，墨绿油润。冲泡后汤色金黄，清澈明亮，滋味甘滑，香气浓郁，带有乳香。这种茶还有一个最显明的特点是耐冲泡。一旦茶汤入口，又有回甘唤喉韵之感。

6.松柏长青茶 原名浦中茶、松柏坑茶，属乌龙茶类，产于南投松柏岭一带。1975年，蒋经

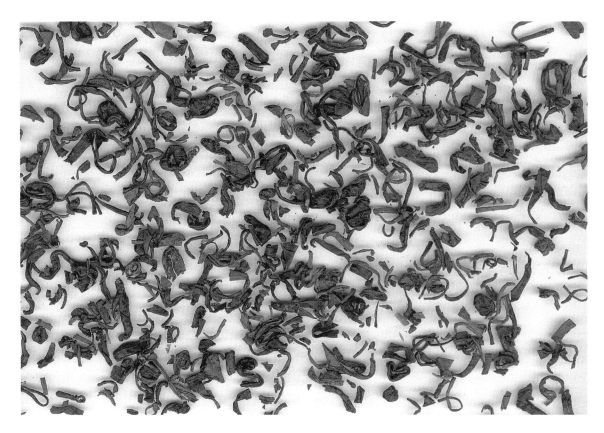

珠峰圣茶

国先生任内巡视于此，对这里种植的茶树香郁芬芳，称赞不已，因考虑松柏岭产茶历史悠久，品质奇特，又产于松柏岭一带，遂改名为松柏长青茶，成为台湾乌龙茶中的佳品。

松柏长青茶原料，以二叶半茶树新梢为采收对象，品质特征是：外形紧卷呈球形或半球形，色泽青绿。冲泡时，像含苞待放的花蕾，在水杯中徐徐绽开徜徉。冲泡后汤色黄绿，具有花香，滋味甘醇浓厚，叶底深绿柔软。尤以香气高、有芬芳而名噪市场。

此外，在甘肃、西藏等地也产有名优茶，如甘肃的碧峰雪芽：属于绿茶类，产于文县碧口的碧峰沟和李子坝一带，这里是甘肃的"小江南"。而碧口一带，清道光年间（1821—1850）就开始种茶，至今还生长有百余年树龄的老茶树。碧峰雪芽采摘一芽一叶和一芽二叶初展嫩梢为原料，加工而成的碧峰雪芽成品茶，条索细紧，色泽嫩绿。冲泡后，汤色明绿，香高味醇，又耐冲泡。如今，碧峰雪芽已成为甘肃人引以为荣的自产茶叶名品。

在文县碧口还生产一种仿杭州西湖龙井的茶，当地人称为碧口龙井。

西藏历史上不产茶。1956年从云南引进茶种，在察隅试种，存活2 000余株。1960年又从四川、湖南引进茶子，在林芝、山南、昌南、波密等地试种，终于获得成功。所产的珠峰圣茶，产于林芝地区雅鲁藏布江大峡谷和波密、易贡一带，"易贡"在藏语中是"美好的地方"。西藏人民把易贡誉为"高原里的江南"。现在易贡茶场有茶园200多公顷，加工时以一芽一二叶新梢为原料，其品质特征是：外形条索细紧重实，露毫锋苗，且色泽深绿光润。冲泡后，香高持久有栗香，滋味醇甘鲜爽，汤色清澈明亮。

特别可喜的是中国有多种名优茶制作工艺是宝贵的非物质文化遗产，至今经申报核准列入国家级非物质文化遗产名录的名优茶有：西湖龙井、婺州举岩、黄山毛峰、太平猴魁、六安瓜片、祁门红茶、安溪铁观音、大红袍、福鼎白茶、普洱贡茶、大益普洱茶、安化千两茶、茯砖茶、南路边茶、张一元花茶等的制作工艺。

此外，还有很多名优茶是省级非物质文化遗产。它们的制作工艺各具特色，是名优茶文化中的一束亮丽奇葩。

第二章
茶文化寻『根』

史记和考古证明：中国不仅是茶树的原产地，而且还是茶文化的发祥地。现在全世界五大洲有60多个国家种茶，有130多个国家和地区从中国进口茶叶，有160多个国家和地区有饮茶风俗，有30亿人民钟情于饮茶，茶文化覆盖全球。如果把世界茶文化比作一棵参天大树，那么这棵大树的『根』是在中国，世界各国茶树的种子、茶叶的采制、饮茶的习俗、茶文化的呈现等，都直接或间接地出自中国。英国的中国科技史专家李约瑟说：『茶是中国继火药、造纸、印刷、指南针四大发明之后，对人类的第五个贡献。』

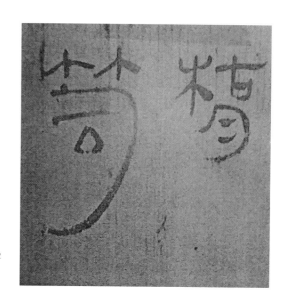

木牌文中
"槚笥"两字

第一节 "茶"字的嬗变与确立

远古时，人们对茶的认识是模糊的，各地对茶的称谓也是多种多样的。这种情况，时间愈早愈是如此。从对茶的称谓，到有茶意义的"茶"字的出现，直到"茶"字的最终确立，经历了一个漫长的时期。

一、早期对茶的称谓

在中唐以前，各地对茶有多种称呼，除了唐代陆羽《茶经·一之源》中提及的"其名，一曰茶，二曰槚，三曰蔎，四曰茗，五曰荈"外，在唐中期以前的古书中，对茶的称呼经常提到的还有"荼""荈诧""水厄""葭萌""金饼"等多种别称。现将古代对茶的主要称呼和别称，分述如下：

槚：《尔雅·释木》称："槚，苦荼"，说它是茶的同义词。20世纪70年代初，中国考古学家在发掘湖南长沙马王堆一号墓（前160年）和三号墓（前165年）时，发现其随葬清册中分别有"槚一笥"和"槚笥"的竹简文和木牌文。经查，"槚"是槚的异体字，"槚一笥"和"槚笥"都是茶箱的意思，槚指的就是茶。

对槚的注释，东汉许慎《说文解字》中也有注释，说槚就是苦荼，也即是茶。晋代郭璞《尔雅注》第十四也作了专门注释："早采者为荼，晚取者为茗，一名荈，蜀人名之苦荼。"历代史学家也认为，槚指的就是茶，是茶字早期可靠记载。

蔎：陆羽《茶经》注解："扬执戟云：蜀西南人谓茶曰蔎。"是指汉代扬雄在《方言》中所说。因扬雄曾任"执戟郎"，故称"扬执戟"。

郭璞《尔雅注》

茗： 在《晏子春秋》中，说晏婴任齐景公国相时，吃糙米饭，三五样荤食及茗和蔬菜。《神农食经》曰："茶茗久服，令人有力，悦志。"东汉许慎的《说文解字》曰："茗，茶芽也。"东汉《桐君录》曰："西阳（今湖北黄冈东）、武昌、庐江、晋陵（今江苏武进）好茗，皆东人作清茗，茗皆有饽，饮之宜人。"如今，人们也常将茗当作茶的雅称，常为文人学士所用。

荈诧： 西汉司马相如（前179—前118）《凡将篇》中，是将茶列为药物的最早文字记载，其中谈及二十种药物，称茶为"荈诧"。三国魏《杂字》曰："荈，茗之别名也。"晋代陈寿的《三国志》谈及吴王孙皓为韦曜密赐茶荈"以当酒"。晋代孙楚的《孙楚歌句》曰："姜、桂、茶荈出巴蜀。"又如晋代杜育的《荈赋》及南朝宋山谦之的《吴兴记》也将茶称谓"荈"。宋《魏王花木志》还进一步谈及："其老叶谓之荈，细叶谓之茗。"它们指的都是茶，仅是老嫩不同而已。

苦茶： 古代巴人对茶的称谓。《尔雅·释木·槚》曰："槚，苦茶。"郭璞注："树小似栀子，冬生，叶可煮作羹饮。今呼早取为茶，晚取为茗，或一曰荈，蜀人名之苦茶。"

葭萌： 西汉扬雄《輶轩使者绝代语释别国方言》，世称《方言》载："蜀人谓茶曰葭萌。"对此，明代杨升庵撰《郡国外夷考》曰："葭萌，《汉志》葭萌，蜀郡名。葭音芒，《方言》'蜀人谓茶曰葭萌'，盖以茶氏郡也。"表明葭萌指的是茶，也是中国最早以茶入命郡的一个郡名。

水厄： 后魏《洛阳伽蓝记》载：魏彭城王勰见刘镐慕王肃之风，"专习茗饮，谓镐曰：卿不慕王侯八珍，好苍头水厄，如海上有逐臭之夫，里内有效颦之妇。以卿言之，即是也。"唐代温庭筠的《采茶录》云："（晋时）王濛好茶，人至辄饮之，士大夫甚以为苦，每欲候濛必云：

今日有水厄。"表明在两晋南北朝时，水厄就是茶的代名词。

金饼：唐代诗人皮日休《茶中杂咏·茶焙》中有"初能燥金饼，渐见干琼液"之说。宋人黄儒《品茶要录》有："借使陆羽复起，阅其金饼，味其云腴，当爽然自失矣！"这是唐宋时期文人对团饼茶的雅称。

此外，茶还有多种其他称谓，如《本草·菜部》曰："苦茶，一名茶，一名选，一名冬游，生益州川谷山陵道傍，凌冬不死，三月三日采干。"表明"选""冬游"亦是古人对茶的称谓。

更有趣的是在中国茶文化史上，茶还有许多别称。

（1）**不夜侯：**晋代张华的《博物志》称："饮真茶，令人少眠，故茶美称不夜侯，美其功也"，胡峤《飞龙涧饮茶》诗："沾牙旧姓余甘氏，破睡当封不夜侯"，都称茶为"不夜侯"。

（2）**清友：**宋代苏易简《文房四谱》云："叶嘉字清友，号玉川先生。清友谓茶也。"姚合的《品茗词》亦曰："竹里延清友，迎风坐夕阳"，都将茶美称为清友。

（3）**余甘氏：**宋代李郛《纬文琐语》载："世称橄榄为余甘子，亦称茶为余甘子，因易一字，改称茶为余甘氏，免含混故也。"所以，"余甘氏"也是茶的别名。

（4）**"酪奴"：**陆羽《茶经》引《后魏录》："琅琊王肃，仕南朝，好茗饮、莼羹。及还北地，又好羊肉、酪浆，人或问之：'茗何如酪？'肃曰：'茗不堪与酪为奴'"。对此，北魏杨衒之《洛阳伽蓝记》亦有记载。

（5）**草中英：**五代郑遨《茶诗》中，赞美茶是："嫩芽香且灵，吾谓草中英。"

（6）**瑞草魁：**唐代诗人杜牧《题茶山》中，有"山实东吴秀，茶称瑞草魁"之说，实为唐人对茶的美称。

此外，茶还有森伯、涤烦子、凌霄芽、花乳、隽永等别称。

二、"茶"字的确立

茶在发现和利用之始，茶的称谓是多种多样的，各地对茶的称呼也是不一致的。直到中唐时，陆羽才将"茶"的称谓和茶字的形、音、义三者确立，将茶字由过去"荼"减去一横，使"茶"字从一名多物的"荼"字中独立出来。从此，便出现了真实意义上"茶"字及"茶"的称谓。

（一）中唐前对茶的称谓

在"茶"字出现之前，古代指茶的字和名字是很多的，而应用最多、最普遍的当推"荼"字。据查，最先出现"荼"字的是《诗经》。《诗经》大约是周初至春秋中叶的作品，距今约有2 500多年历史。在《诗经》中，有"荼"字的句子不少，或多或少为茶学界引用过的大致有5处：

（1）《诗·邶风·谷风》曰："谁为荼苦，其甘如荠。"

（2）《诗·大雅·緜》曰："周原膴膴，堇荼如饴。"

（3）《诗·豳风·七月》曰："采荼薪樗，食我农夫。"

（4）《诗·豳风·鸱鸮》曰："予手拮据，予所捋荼。"

（5）《诗·郑风·出其东门》曰："出其闉闍，有女如荼，非我思且。"

对于《诗经》中出现的"荼"字，虽然有人认为指的是茶，但也有人持不同意见。宋代车清臣《脚气集》言："毛诗云：'谁谓荼苦，其甘如荠。'注：荼，苦菜也。周礼掌荼，以供丧事，取其苦也。苏东坡诗云：'周《诗》记荼苦，茗饮出近世。'"据查，《诗经》分风、雅、颂三个部分："风"，大多记载的是黄河流域一带的民风民俗；"雅"记载的是王室区域内的人民生活情景；"颂"是歌颂先祖的溢美之词。如此说来，《诗经》中"风"记述的是黄河流域一带的人民生活习惯。而茶文化发源于巴蜀一带，在2 500年前相对于黄河流域而言，当然会有人提出《诗经》不可能会反映巴蜀的茶事生活。如此说来，有人说《诗经》中的"荼"字，当为"苦菜"也不足为奇了。但据有关史籍记载，至迟在春秋战国前，茶已传至黄河中下游地区了。《茶经》曰："茶之为饮，发乎神农氏，闻于鲁（今山东）周公（周文王之子）。"《晏子春秋》云："婴相齐景公时，食脱粟之饭，炙三弋五卵，茗菜而已。"《日知录》道："自秦人取蜀而后，始有茗饮之事。"表明并非发端于巴蜀的茶文化，在两千多年前的黄河流域没有茶事可言了。但要说清楚并不是件易事。我们知道，尽管茶在中国生存已有千百万年历史，但先人不可能在没有文字，或者文字数量和对事物认识远低于今天的古代，对每种植物都有一个特定确切的名称和文字记录。一名多物，或多名一物的情况是经常发生的。而越是古代，如今可查证的资料也就越少，这又为今人对"荼"字的考证增加了难度。加之，人们在刚刚发现新事物时，常常凭借直观感觉去命名，即在茶树植物名称未确立之前，借用相似植物名称而称呼之，这也是常有的事。正如成书于秦汉年间的《神农本草》[1]所曰："苦荼，一名荼，一名选，一名冬游。"在这本中国最早的药物学专著里，暂不说书中所说的"荼"是否指茶，但至少已表明：荼有木本植物和草本植物之分。而对《诗经》中的"荼"，有人认为指的是苦菜[2]，有人认为指的是莠草[3]，有人认为指的是茅、芦之类的白花[4]，还有人认为指的是菜和草[5]，再有人认为指的是神名[6]。此外，还有不少非茶之解。但对其中两处，即"谁为荼苦，其甘如荠"和"采荼薪樗，食我农夫"中的"荼"字，古今有较多学者认为指的是茶，但也有人认为指的是苦菜。其实，茶与苦菜，都有甘苦味，在当时、当地条件下，究竟指何物，很难定论。《神农本草经·菜部》记有"苦菜，……一名荼苦"之说，注释为"味苦寒，久服，……聪察少卧，……生川谷"的记述。但对此说法，又众说纷纭。南朝陶弘景在整理《神农本草经》时指出：苦菜，"疑即今茗"。

---

①原书已佚，内容由历代本草转引，使其意得以保存。

②《困学纪闻》曰："谁为荼苦，苦菜也。"

③《日知录》曰："《夏小正》取荼莠。

④《匡误正俗·苦菜篇》曰："荼，野菅白华也，言此奇丽，白如荼也。"

⑤《困学纪闻》曰："荼有三，苦菜、茅莠、陆草也。"

⑥《风俗通义》曰："上古之时，有神荼郁垒。"

"茗，一名荼。"认为指的可能是茶。但唐代苏敬等编著的《新修本草》中，否定了陶弘景的"苦荼即茗"的说法，认为"两物有别"。唐代颜师古（581—645）在《匡误正俗·苦菜篇》也认为："《神农本草经》中，苦菜名荼草，治疗疾病，功效极多，陶弘景误当为茗，茗岂有此效乎。"这里，颜师古也否定了陶弘景的说法。宋代王楙《客野丛书》称："世谓古之荼，即今之茶，不知荼有数种，非一端也。诗曰：'谁为荼苦，其甘如荠'，乃苦菜之荼，如今苦苣之类。《周礼》掌荼，《毛诗》有女如荼者，乃苦荼之荼也。惟荼槚之荼，乃今之茶也。"可是，元代王祯的《农书》认为："六经①中无茶字，盖荼即茶也。"认为"六经"中的"荼"指的就是茶。而清《康熙字典》又称："世谓古之荼，即今之茶，不知荼有数种，惟荼槚之荼，即今之茶也。"总之，对《诗经》中出现的几处"荼"字，指的是茶，是菜，是草……或兼而有之，历代说法不一。不过，从上可见，"荼"作为古代"茶"字的借用字，最初乃至现今，虽有的地方用来指茶，但也并非专门用来指茶，这是事实。

明确表示有茶名意义的是《尔雅》，它是中国最早解释词义的一部专著，由汉初学者缀辑周汉诸书旧文，递相增益而成。《汉书·儒林传序》称：《尔雅》是"文章尔雅，训辞深厚"。唐代颜师古注："《尔雅》，近正也，言诏辞雅正而深厚也。"所以，确切地说，《尔雅》是我国古代考证词义和古代名物的重要资料。《尔雅》中写道："槚，苦荼。"而对《尔雅》的注释，以晋代郭璞的《尔雅注》，宋代邢昺的《十三经注疏》最为通行；又以清代邵晋涵的《尔雅正义》、郝懿行的《尔雅义疏》最为详细。现分别就有关对"荼"的释文摘录于下：

《尔雅注》曰："树小如栀子，冬生叶，可煮羹饮……蜀人名之苦荼。"

《十三经注疏》曰："槚，一名苦荼……今呼早采者为荼，晚取者为茗。一名荈，蜀人名之苦荼。"

《尔雅正义》曰：荼，"今蜀人以作饮，音直加反，茗之类……汉人有阳羡买荼之语，则西汉已尚茗饮，《三国志·韦曜传》：曜初见礼异，密赐荼荈以当酒。自卫此以后，争茗饮尚矣……荈、茗，其实一也。"

《尔雅义疏》曰："槚与榎同。荼苍作檟。今蜀人以作饮，音直加反，茗之类。按，今茶字古作荼。"

又如，东汉许慎的《说文解字》也说："荼，苦荼也。"北宋徐铉等在书校时也认为："此，即今之茶花字。"此外，汉代司马相如《凡将篇》、扬雄《方言》、王褒《僮约》，三国魏张揖《埤苍》《杂字》《广雅》以及吴秦菁《秦子》，晋代陈寿的《三国志》、张华的《博物志》、郭义恭的《广志》、杜育的《荈赋》、常璩的《华阳国志》等众多著述，也都有类似记载。

（二）中唐时"茶"字的确立

由于古代对茶的不同认识，加之地域的阻碍，风俗的不同，语言的差异，以及文字的局限，

①六经：指孔子晚年修订的《诗》《书》《礼》《乐》《易》《春秋》。

所以古代早期对茶有着多种称呼。但随着社会的发展和科学的提高，使"茶"字逐渐从一名多物中分化出来，表明"茶"字从"荼"字中分化出来直到被用来专指茶，有一个发展和演化的过程。人们知道，一个独立完整的字，至少应包含三个部分，即"形""音"和"义"，并须三者同时确立，缺一不可。

史料表明，从"荼"字形演变成"茶"字形，始于汉代。在查阅有关汉代官私章的著作《汉印分韵合编》时，可以发现在"荼"字形中有"茶"和"茶"书写法，这显然已向"茶"字形演变了，但还没有"茶"字音，也不知道指的是何物。由"荼"字音读成"茶"字音，始见于《汉书·地理志》，其中写到今湖南省的茶陵，古称荼陵，曾是西汉荼陵侯刘沂的领域，是当时长沙国13个属县之一。唐颜师古注这里的"荼"字读音为："音弋奢反，又音丈加反。"然而，它虽有"茶"字义，已接近"茶"字音，但却没有"茶"字形。因此，人们还无法定论那时"茶"字是否已经确立。所以，南宋魏了翁的《邛州先茶记》说：茶陵中的"荼"字，"虽已转入茶音，而未敢辄易字文也"。魏氏认为，"茶"字的确立，"惟自陆羽《茶经》、卢仝《茶歌》、赵赞《茶禁》以后，则遂易荼为茶。其字为草，为人，为木"。明代杨慎在《丹铅杂录》中亦持相同看法："茶，即古荼字也。周诗记荼苦，春秋书齐荼，汉志书荼陵。颜师古、陆德明虽已转入茶音，而未易字文也。至陆羽《茶经》、玉川（卢仝）《茶歌》、赵赞《茶禁》以后，遂以'茶'易'荼'。"据此，清代学者顾炎武在他的《唐韵正》中考证后认为："愚游泰山岱岳，观览唐碑题名，见大历十四年（779）刻茶药一字，贞元十四年（798）刻茶宴字，皆作荼……其时字体尚未变。至会昌元年（841）柳公权书《玄秘塔碑铭》，大中九年（855）裴休书《圭峰定慧禅师碑》茶毗字，俱减此一画，则此字变于中唐以下也。"清代训诂学家郝德懿在《尔雅义疏》中也认为："今茶字古作荼……至唐朝陆羽著《茶经》始减一画作茶。"但陆羽自己在《茶经》中说："茶，其字，或从草，或从木，或草木并。"接着在同书注释中又指出："从草，当作茶，其字出《开元文字音义》；从木，当作搽，其字出《本草》；草木并，作荼，其字出《尔雅》。"其实，这种看法，亦不足为奇，因为一个新文字的出现，如繁体字转化成简体字一样，总有一个新老交替的使用时期。按此分析，中唐时，陆羽在对茶有着众多称呼的情况下，在撰第一部茶专著《茶经》时，对茶的语言与书写符号中将"荼"字减去一画，改写成"茶"字，使"茶"字从一名多物的"荼"字中独立出来，一直沿用至今，从而确立了一个形、音、义三者同时兼备的"茶"字，从而结束了对茶称呼混淆不清的历史。

三、各民族对茶的称谓

中国茶文化历史悠久，加之地域广、民族多，对茶的称呼也多。即使当今中国，对茶的称呼也是不一而足的。以居住最广的汉民族地区而言，除了普遍的称呼为茶外，还有雅称其为"茗"的。其实，茗的称呼，在唐代早有所闻，封演《封氏闻见记》载："早采者为茶，晚采者为茗……"不过，唐人说的茗是对早采者茶而言的，并非是当今所说的茗是茶的雅称，但茗这种称呼一直沿用至今。而在民族居住区，不但许多民族有自己的语言和文字，而且对茶的称呼也是各不相同的。维吾尔族是新疆维吾尔自治区的主体民族，特别是新疆南部更为集中。但新疆不产茶，然而处于非产茶区的维吾尔族人民，随着汉时张骞出使西域，以及丝绸之路的开通，在很早以前维吾尔族人民就与茶结下了不解之缘，饮茶至少有1 500年以上的历史。维吾尔族人民称茶为"恰依"，其实，这一称谓出自"茶叶"一词的译音。如今，茶早已成为维吾尔人生活的重要组成部分。当地将茶等同粮食，在生活中有"不可一日无茶"之说！

　　哈尼族主要居住在云南的红河州地区，以及西双版纳、普洱、澜沧等地。这里生长有千年以上的野生大茶树，以及树龄达800年之久的人工栽培大茶树。说起哈尼族发现茶和种植茶还有一个动人的故事。说很早以前，有一位忠实而憨厚的哈尼族小伙子，在深山猎到一头豹子，用大锅煮好后，分给全村老少吃。于是大家一边吃，一边跳起舞来，如此跳了一晚，深感口干舌燥。为此，小伙儿又烧了一锅开水请大家喝。正在这时，吹来一阵大风，将旁边一株大树上的叶子纷纷飘落在盛滚水的锅中。而当大家喝了锅中的树叶水时，都觉得清香甘醇，且口舌生津。自此，大家称这种树叶为"老拔"，其意是天上神赐给的叶子。如今，哈尼族兄弟仍称茶为老拔，并一直沿用到现在未变。

　　彝族主要居住在四川的凉山彝族自治州，其余是大分散，小聚居，在四川各地，以及云南、贵州、广西等也有居住。彝族同胞是最早发现茶、利用茶的民族之一。据四川凉山彝文《茶经》记载："彝人社会初始，已在锅中烤煮茶叶。"在日常饮食生活中，他们总是将茶放在酒、肉之先，形成了"一茶、二酒、三肉"的饮食文化特色。彝族在举行婚礼时，要诵"寻茶经"；在办丧事时，要诵"茶的根源"；祭天祀祖时，要用茶水献祭祖先和诸神；在招魂超度、诅咒凶邪时，要设"茶祭坛"，茶已深深地渗透到彝族同胞的精神世界之中。为此，他们称茶为"拉"，意为是万物之源。这里"拉"指的就是汉族里的茶，茶是万物之祖，生活中离不开茶。

　　相传，茶传入西藏始于唐贞观元年（627），唐太宗特许文成公主与藏王松赞干布和亲，当时文成公主带茶叶进藏。但在此前，这种珍贵饮品还没有为藏族兄弟所认知。史料表明，当时的西藏还没有将对茶的称谓从众多称呼中分离和独立出来，有许多民众称茶为槚。所以，藏语茶字至今仍读为槚（jia）音。

　　世居在云南攸乐山一带的基诺族，早在远古时代就发现了茶的价值。根据基诺族史诗《玛黑和玛妞》载：相传古代白天出七个太阳，夜里出七个月亮，七天七夜后植物被晒死，火焰升腾变成乌云，接着大雨倾盆，淹没了大地与人类。只有玛黑、玛妞兄妹得到创世女神"阿嬷腰贝"指点，带着茶籽、棉籽等躲到攸乐山，兄妹种茶植棉繁育后代，形成了今天的基诺族。由于茶拯救了基诺族兄弟姐妹，所以他（她）们世代以种茶为生。于是，基诺语称茶为"啦博"。"啦"是依靠的意思，"博"指的是芽叶，其意是赖以生存的芽叶。他们对茶树的称呼就有5种："啦博阿则"(茶树)、"啦博阿十拉"(野茶树)、"啦博则里"(老茶树)、"啦博则嬷"(大母茶树)、"接则"(摇钱树)。凡此等等，不胜枚举。

四、各民族的"茶"字

中国是一个多民族的国家，许多民族又有自己的语言和文字，因此，中国各民族"茶"字的书写字形和读音也是各不相同的。现将各民族"茶"字书写字形汇集如下表：

中国各民族"茶"字形

汉族	茶
回族	茶
满族	ᠴᠠ
藏族	E
侗族	xiic
傣族	ᨣᩤ
苗族	Jinl
壮族	caz
彝族	ꄜꃀ
白族	ZOD
佤族	gax
黎族	dhe
蒙古族	ᠴᠠ
景颇族	hpa-lap
布依族	xaz
哈尼族	laqbeiv
朝鲜族	차
拉祜族	lal
锡伯族	ᠴ
傈僳族	lobei
纳西族	ltl
维吾尔族	چاي
哈萨克族	شاي
俄罗斯族	Чай
哈萨克族	شاي

第二节　茶之为饮的出现

自从茶被中国人发现利用并成为饮料以后，这对中国乃至世界都产生了广泛而深远的影响，它浸润到了人们的物质生活和精神生活的各个方面。

一、茶的发现和利用

每每谈到饮茶的起源时，人们总会谈到《茶经》中所说的："茶之为饮，发乎神农氏，闻于鲁周公。齐有晏婴，汉有扬雄、司马相如，吴有韦曜，晋有刘琨、张载、远祖纳、谢安、左思之徒，皆饮焉。"《本草》载："神农尝百草，一日遇七十毒（也有注"七十二毒"的），得荼而解之。"[1] 而神农时代是"只知其母，不知其父"的母系氏族

《格致镜原》中茶事

社会，据此推算，茶的发展和利用，至今已有四五千年的历史了。

从现有的史料来看，最先明确表示茶名的是战国至汉初作品《尔雅》。而东晋常璩的《华阳国志》中写到："武王既克殷……土植五谷，牲具六畜，桑蚕麻苎，鱼盐铜铁，丹漆茶蜜……皆纳贡之。"将茶的文字记载历史推到周武王伐纣时期。按《史记·周本纪》所述，周武王伐纣是在公元前1066年，表明至迟在3 000多年前，中国巴蜀一带已用茶作为贡品了。该志中还有"园有芳蒻香茗"，"南安（今四川乐山）、武阳（今四川彭山），皆出名茶"的记载，说明在巴蜀一带，当时不但已有人工栽培的茶园，而且在四川的乐山、彭山还是中国的名茶产地。

虽然茶很早发现，但对茶的利用，并非一开始就作为饮料饮用的。其实，神农尝百草，相传是将茶看作是一种药物应用的，这在古代许多文献中可以得到证实。如果回顾一下茶的发展历史，便不难发现，茶的用途是多种多样的，它既作为治病的良药，也曾作为佐餐的菜肴，还当过祭天祀神的供物，等等。这种做法，至今仍可在中国茶树原产地的西南地区找到遗迹。如散居在云南德宏州潞西县和临沧地区镇康县的德昂族，这是最古老的少数民族之一。他们认茶为始祖，以茶为图腾，认为茶是超越自然力量使然：茶不但生育了人，还生育了日月星辰，将茶与祖先、鬼神连在一起。所以德昂族无论居住在何处，都要先种上茶，再造房住进屋。逢新年伊始，还要宰鸡敬茶，俗称鸡鸣茶，用来祭天祀祖。

还有德昂族的腌茶，如同青菜一般，用盐腌制后，如同咸菜一般，当作菜肴食用。

20世纪90年代，在云南西双版纳州勐腊佛寺发现了"游世贝叶经"。经文作于傣历204年，即南宋绍兴三十年（1160），内容是记述佛祖在西双版纳州的易武、革登、倚邦等地发现了茶树，并指导当地民族种茶、习茶之事。足见，其地对茶的崇拜。

---

[1] 参见：《钦定四库全书·格致镜原》。

又如居住在云南景洪的基诺族至今仍保留着以茶做菜的习惯。他们将茶树上的嫩枝采来，经晾洗后用手稍作搓揉；再在沸水中泡一下；尔后再加上佐料和调味品，就当菜吃。

此外，茶成为商品之后，在唐代时，茶还做过"飞钱"货币，当过税金。在唐、宋、明代做过中原与边疆"以茶易马"的交易品，还当过边疆官吏的"饷银"等。

敬凉拌茶

二、饮茶之始

至于茶是如何经过先人的探索，最终在何时成为人们日常生活不可缺少的饮料，则有不同看法。

一般认为，在远古时代，我们的祖先最早仅仅把茶作为一种治病的药物，他们从野生的茶树上采下嫩枝，先是生嚼，随后是加水煎煮成汤汁饮用，这就是人们所说的原始粥茶法。这种饮茶方法，如今在茶树原产地——云南哈尼族的烤茶、布朗族的青竹茶、佤族的烤茶、基诺族凉拌茶中找到踪影。之后，我们的先人通过不断实践，发现茶不仅是一种药物，可以防治疾病；而且还可以生津止渴，是一种很好的保健饮料。于是开始种茶、制茶，逐渐养成了饮茶的习惯。那么，这种转变起始于何时呢？

《茶经·六之饮》中，根据《尔雅》和《晏子春秋》所载茶事，提出神农是发现茶的人，而"茶之为饮"，则"闻于鲁周公"和"齐有晏婴"。这里神农是传说中被神化了的人物，牛首人身，种五谷，奠定农耕基础；制作陶器，改善生活；治麻为布，民着衣裳；亲尝百草，草药治病；削木为弓，以威天下；作五弦琴，以乐百姓。但鲁周公则实有其人，他是封于鲁的周武王之弟周公，因此不少人认为鲁周公，以及春秋时代以生活简朴，每餐食"茗菜"的齐国宰相晏婴是最早知道饮茶的人。但鲁、齐都在北方，而陆羽在《茶经》中说："茶者，南方之嘉木也。"那么，按此说法，茶原本生长在南方，它本是南方的一种嘉木，那么南方饮茶应早于北方。也就是说，南方饮茶更早于春秋战国之时了。

但由于《茶经》并未写明北方的周公和晏婴是如何知道饮茶的，北方的茶又是从何处而来的，因此有人就向南方产茶地区寻找最早的饮茶记载。依据《吴志·韦曜传》所说的三国时吴国国君孙皓，每次设宴，座客至少饮酒七升，韦曜的酒量不过二升，孙皓对他优礼有加，暗中赐给他茶，以茶代酒，从而推论中国饮茶至迟始于三国。

近年来，中国科学院科研人员通过对叶片绒毛间的微小晶体并利用质谱分析法证实，在陕西汉景帝刘启（前188—前141）墓葬群木盒中出土的叶子为目前存世最早的手制茶叶，表明至迟在2 100年前，茶在北方也早已成为饮料了。

但有更多的人引用早于三国的西汉辞赋家、宣帝时为谏大夫的王褒《僮约》中的"烹茶尽具""武阳买茶"之述。《僮约》其实是主人对家僮订立的一份契约，其中有要家僮在家里煮茶、洗涤茶器和去武阳（今四川彭山）买茶的条款。据此，认为距今两千多年前的西汉时，四川一带饮茶已经相当普遍，并有较大规模的茶叶市场了。清代学者顾炎武在《日知录》中则主张："自秦人取蜀而后，始有茗饮之事。"就是说，中国北方饮茶，始于"秦人取蜀"之后。那么，在南方，特别是作为茶树原产地的巴蜀一带，无疑始于"秦人取蜀"之前了。

从《茶经》中提及的茶人、茶事，王褒《僮约》中所说的"烹茶尽具"，以及浙江上虞出土的东汉越窑茶碗等茶事中，可以看出，自春秋到秦汉，中国从南到北，饮茶风俗已逐渐传播开来。据《中国风俗史》载："周初至周之中叶，饮物有酒、醴、浆、湆等……此外，犹有种种饮料，而茶最具著者。"因此，有理由认为，茶作为饮料，由药用时期发展至饮用时期，在茶树原产地的西南地区，当在春秋至秦之时。但比较多的人则引证西汉王褒《僮约》中要家僮煮茶、买茶、净器等茶事活动，在长江中下游的安徽、江苏、浙江一带，自秦至汉饮茶风习已经逐渐传播开来。而作为茶树原产地的西南地区，特别是巴蜀一带，饮茶更早，最迟始于秦。

第三节 历代饮茶方式的变革

中国饮茶方式的演变，是一个渐进的过程，并没有绝对的界限。这就是说，一种新的饮茶方式的出现与形成，是随着先前饮茶方式的逐渐衰退和消亡，新旧两种方式相互交织进行的。大致说来，饮茶方式从原始粥茶法开始，到全国范围内饮茶普及开来后，主要经历了四个时期的四种方式。

一、隋代前的羹饮法

按《茶经》所述，春秋战国时，鲁国的周武王之弟周公，以及齐国宰相晏婴，已经开始知道饮茶，开创了中国饮茶的先河。

秦汉时，饮茶之风已从中国的西南部逐渐传播开来。到三国时，不但上层权贵喜欢饮茶，而且文人以茶会友渐成风尚。当时的饮茶方法，虽然已经摒弃了早先的原始粥茶法，但仍属半煮半饮的羹饮之例。这可在三国魏张揖《广雅》的有关记述中得到证实："荆巴间采茶作饼，成以米膏出之。若饮，先炙令色赤，捣末置瓷器中，以汤浇覆之，用葱、姜芼之。"这就是说，其时饮茶已由生叶煮作羹饮，发展到先将制好的饼茶炙成"色赤"；然后"置瓷器中"捣碎成末；再烧水煎煮，加上葱、姜等调料；最后，遂煮透供人饮用。

到南北朝时，佛教兴起，僧侣提倡坐禅饮茶，以去除睡意，得以清心修行，从而使饮茶之风日益普及。当时，不仅上层统治者把饮茶作为一种高尚的生活享受，而且一些文人墨客也习惯于以茶益思，用茶助文，品茶消遣。但尽管如此，根据杨衒之《洛阳伽蓝记》所述，当时北方的北魏仍把饮茶看作是奇风异俗，虽在朝贵宴会时"设有茗饮"，但"皆耻不复食"，只有南朝来的人才喜欢饮茶，表明当时北方饮茶之风尚未普及。《茶经·六之饮》中说过去用"葱、姜、枣、橘皮、茱萸、薄荷之等，煮之百沸，或扬令滑，或煮去沫"，如此煮出来的茶，如同"斯沟渠间弃水耳"。这种如同煮羹一样的原始羹饮茶法，至唐时已被摒弃。

二、隋唐时的煮茶法

隋唐时期，饮茶之风遍及全国。茶叶已不再是士大夫和贵族阶层的专有品，而成为普通老百姓的日常饮料。另外，在一些边疆地区，诸如新疆、西藏等地，兄弟民族在领略了饮茶对食用奶、肉后有助消化的特殊作用以及茶的风味以后，也视茶为珍品，把茶看作是最好的饮料。自此，在中华大地，东南西北中，饮茶之风已普及。所以，唐代封演《封氏闻见记》载：当时"茶道大行，王公朝士无不饮者"，茶成了"比屋皆饮"之物。

唐时，陆羽提倡的饮茶方法是清饮，饮茶时不再加入葱、姜、桂、橘等辅料，但注重茶性，要求茶、水、火、器"四合其美"；同时，还特别讲究煮茶技艺。

（1）在煮茶前，先要烤茶：用高温"持以逼火"，并经常翻动。"屡其翻正"，否则会"炎凉不均"，烤到饼茶起"虾蟆背"状小泡时，当为适度。

（2）烤好的茶要用剡（浙江嵊州、新昌一带）纸趁热包好，以免香气散失。至饼茶冷却时，将饼茶瓣成小块，再用茶碾将小块碾成细米状即可。

（3）过罗，即过筛，将碾细的茶筛分，使茶颗粒均匀。

（4）煮茶需用风炉和釜作烧水器具，以木炭和硬柴作燃料，再加鲜活山泉水煎煮。煮茶时：

①当烧到水有"鱼目"气泡，"微有声"，即"一沸"时，加适量盐调味，并除去浮在表面、状似"黑云母"的水膜，否则"饮之则其味不正"。

②接着继续烧到水边缘气泡"如涌泉连珠"，即"二沸"时，先在釜中舀出一瓢水，再用竹夹在沸水中边搅、边投入碾好的茶末。

③如此烧到釜中的茶汤气泡如"腾波鼓浪"，即"三沸"时，加进"二沸"时舀出的那瓢水，使沸腾暂时停止，以"育其华"。这样茶汤就算烧好了。

同时，主张饮茶要趁热连饮，因为"重浊凝其下，精华浮其上"，茶一旦冷了，"则精英随气而竭，饮啜不消亦然矣"。书中还谈到，饮茶时舀出的第一碗茶汤为最好，称为"隽水"，以后依次递减，每釜茶煮3～5碗。可以看出，人们在饮茶技艺上已相当讲究。至于上层人士，特别是统治阶级，其饮茶的讲究程度就更非民间所可比拟的了。陕西扶风法门寺成套金银茶器的出土，就证明了这一点。

三、宋代的点茶法

中国人饮茶，历来有"兴于唐，盛于宋"之说。北宋蔡绦在《铁围山丛谈》中写道："茶之尚，盖自唐人始，至本朝（指宋朝）为盛。而本朝又至佑陵（即宋徽宗）时益穷极新出，而无以如矣。"宋徽宗赵佶也得意地著书《大观茶论》说：宋代茶叶"采择之精，制作之工，品地之胜，烹点之妙，莫不盛造其极"。可见宋代饮茶技艺更胜于唐。

点茶时，要将饼茶碾碎成粉状，过罗（筛）取其细粉，入茶盏调成膏。同时，用瓶煮水使沸，把茶盏温热，认为"盏惟热，则茶发立耐久"。调好茶膏后，就是"点茶"和"击沸"。点茶，就是把汤瓶里的沸水注入茶盏，点水时要喷泻而入，水量适中，不能断断续续。而"击沸"，就是用特制的茶筅（即小筅帚），边转动茶盏、边搅动茶汤，使盏中泛起"汤花"。如此不断地

宋（金）茶盏

运筅击沸泛花，使点茶进入美妙境地。宋代许多诗篇中，将此情此景称为"战雪涛"。接着就是鉴别点茶的好坏，首先看茶盏内表层汤花的色泽和均匀程度，凡色白有光泽，均匀一致，汤花持久者为上品；若汤花隐散，茶盏内沿出现"水痕"的为下品。最后，还要品尝汤花，比较茶汤的色、香、味，而决出胜负。竟连皇帝也以斗茶为乐，并著书立说，大谈斗茶之道，由此可见宋时饮茶之风的盛行。

四、明及明以后的泡茶法

明时，随着茶叶加工方式的改革，成品茶已由唐代的饼茶、宋代的龙团凤饼茶改为炒青条形散茶，人们用茶不再需要将茶碾成细末，而是将散茶放入壶或盏内直接用沸水冲泡。

这种用沸水直接冲泡的沏茶方式，不仅简便，而且保留了茶的本味，更便于人们对茶的直观欣赏，可以说这是中国饮茶史上的一个创举，也为明人饮茶不过多地注重形式而较为讲究情趣创造了条件。所以，明人饮茶提倡常饮而不多饮，对饮茶用壶讲究综合艺术，对壶艺有更高的要求。品茶玩壶，推崇小壶缓啜自酌，成了明人的饮茶风尚。

清代，饮茶盛况空前，不仅人们日常生活中离不开茶，而且办事、送礼、议事、庆典也同样离不开茶。此时，中国的饮茶之风不但传遍欧洲，而且还传到了美洲新大陆。

现当代，茶已渗入到人民生活的每个角落、每个阶层。饮茶成了人民老少咸宜、男女皆爱的举国之饮。至于饮茶的方式方法更是多种多样，有重清饮雅赏，追求香真味实的；有重名茶名点，追求相得益彰的；有重茶食相融，追求用茶佐食的；有重茶叶药理，追求强身保健的；有重饮茶情趣，追求精神享受的；有重饮茶哲理的，追求借茶喻世的；有重大碗急饮，追求解渴生津的；有重以茶会友，追求示礼联谊的……此外，以烹茶方法而论，有煮茶、点茶和泡茶之分；依饮茶方法而论，有喝茶、品茶和吃茶之别；依用茶目的而论，有生理需要、传情联谊和精神追求

多种。总之，随着社会的发展与进步、物质财富的增加、生活节奏的加快，以及人们对精神生活要求的多样化，中国乃至整个世界，饮茶的方式、方法也变得更加丰富多彩了。

第四节　水为茶之母

自从饮茶进入人们的生活和文化领域以来，人们对饮茶水品的选择，有了更深的认识和更高的要求。明人许次纾在《茶疏》中说："精茗蕴香，借水而发，无水不可与论茶也。"清人张大复在《梅花草堂笔谈》中也说："茶性必发于水，八分之茶，遇十分之水，茶亦十分矣；八分之水，试十分之茶，茶只八分耳。"可见茶之于水，关系至深。人们常说"水为茶之母"，说的就是这个意思。这是因为水是茶的色、香、味、形的体现者。人们饮茶时，赐予的物质享受，产生的愉悦快感，以及留赠给人的无穷意会，最终是人们通过用水冲泡茶叶后，经眼看、鼻闻、口尝方式提供给人们享用的。如果水质欠佳，人们在饮茶时既闻不到茶叶的清香，又尝不到茶味的甘醇，还看不到茶汤的晶莹和茶姿的变幻，甚至给人带来"平庸"或"厌恶"之感。所以古往今来，人们在"论茶"时，总忘不了"试水"。

一、试茶鉴水

在中国饮茶史上，在唐以前饮茶比较粗放，人们习惯于在茶叶中加入各种香辛佐料，采用煎煮羹饮，对茶的色、香、味、形无特别要求。因而对宜茶水品并没有引起茶人的特别关注。

入唐后，饮茶蔚为风尚，尤其是陆羽对茶业的卓越贡献以及精湛的茶艺，芸芸的饮茶者燃起了炽热的饮茶文化，展露了"比屋皆饮"的饮茶黄金时代。并随着清饮雅赏饮茶之风的开创，使喝茶解渴上升为艺术品饮。这就要求人们在汲水、煮茶和品茶过程中，对水有着特殊的要求。这是因为水质能直接影响茶质。水质欠佳，不但使人们无法闻到茶的清香，品到茶叶的甘醇，而且茶汤和茶姿也失去了欣赏价值。所以，中国人历来很讲究泡茶用水，提到喝茶总是把茶与水联系在一起。唐代张又新《煎茶水记》（825年前后），宋代叶清臣《述煮茶小品》（1040年前后）、欧阳修《大明水记》（1048），明代徐献忠《水品》（1554），田艺蘅《煮泉小品》（1554），清代汤蠹仙《泉谱》，等等，都是研究茶水关系的专著。

此外，还有更多的是在茶书中论茶兼论水的，如唐代陆羽《茶经》，宋代蔡襄《茶录》、赵佶《大观茶论》、唐庚《斗茶记》，明代罗廪《茶解》、张源《茶录》、熊明遇《罗岕茶记》、许次纾《茶疏》，清代陆廷灿《续茶经》等，都有关于茶水关系、水质鉴别方面的记述。

（一）从陆羽品茶说起

自唐以后，饮茶从人们的物质生活进入到精神享受和文化品赏，为此人们对饮茶用水的选择，特别是对品饮名茶，有着更深的认识和更高的要求。"扬子江心水，蒙顶山上茶"；"龙井茶，虎跑水"，说的就是这个意思。明代许次纾《茶疏》说："无水不可与论茶也。"这是古人对茶与水关系的精辟阐述，这种认识与实践，即使在今天仍有重要的借鉴作用。

扬子江南零水

1.刘伯刍是论水品泉第一人　刘伯刍，唐代人，生平事迹不详，其名首见于唐代张又新的《煎茶水记》。但张又新说刘伯刍是自己的长辈，且"为学精博，颇有风鉴"。按此推算，其所处年代，大约年长于张又新一辈，估计与"茶圣"陆羽（约733—804）所处年代相差无几。书中还谈到，刘伯刍通过"较水之与茶宜者"，再结合自己的亲身所历和实践所得，将天下宜茶水品，分列为七等。

扬子江南零水，第一。

无锡惠山寺石水，第二。

苏州虎丘寺石水，第三。

丹阳县观音寺水，第四。

扬州大明寺水，第五。

吴淞江水，第六。

淮水，第七。

书中还谈到：张又新自己又"尝俱瓶于舟中，亲挹而比之"，结果得出与刘伯刍相同结论。不过，张又新《煎茶水记》中写到：以后，至（唐）元和九年春，他和李德垂来到荐福寺，正巧遇到一位楚（湖北）僧，包裹内有几本书。偶抽一本翻阅，见卷末题有《煮茶记》，其内写到唐代宗时，湖州刺史李季卿与陆羽在维扬（今扬州）品评扬子江南零水（今镇江金山下的天下第一泉）之事。这从现有记载来看，天下最早提出鉴水试茶的当是刘伯刍。

2.陆羽是品茶论水的始祖　在中国饮茶史上，尽管在唐以前，在长江以南饮茶较为普遍，但饮茶仍较粗放，采用煎煮方式调饮。所以，对茶的色、香、味、形并无特别要求。对宜茶水品，也没有引起茶人的足够重视。自进入唐代以后，饮茶蔚为风尚，展露了"比屋皆饮"的黄金时代，使饮茶上升为品茗艺术，要求人们在煮水、沏茶、品茗过程中，对"精茗蕴香，借水而发"中的水有着特殊的要求。在唐代张又新的《煎茶水记》中，比较完整地记述了陆羽这样一件事：唐大历元年（766），御史李季卿出任湖州刺史，路过扬州，正逢陆羽逗留扬州大明寺，便相邀同舟赴郡，船抵维扬，即扬州驿时，泊岸休息。此时，御史对用扬子江南零水煮茶早有所闻，又知陆羽善于品茶论水，提出取南零水品茶。谁知当日风急浪大，当时南零水又处在长江江心旋涡之中。而当军士提瓶取水而归，请陆羽品茶试茗时，哪知陆羽说，此水"似临岸之水"。军士分辩，哪敢虚假。此时，陆羽将瓶中之水倒掉一半，重新试茗，说"这才是南零水之水"，军士闻

庐山康王谷
水帘水

听其言，不禁大惊，才从实相告。原来因江面风浪大，上岸时因小船颠簸，瓶水晃出大半，瓶中上半部是用江岸水加上去的。对此，李季卿佩服不已，恳请陆羽对品尝过的水作一评价，于是陆羽提出"楚水第一，晋水最下"。并把天下宜茶水品，点评为二十等。

无锡县惠山寺
石泉水

庐山康王谷水帘水，第一。

无锡县惠山寺石泉水，第二。

蕲州（今湖北蕲春）兰溪石下水，第三。

峡州（今湖北宜昌附近）扇子山下有石突然，泄水独清冷，状如龟形，俗云虾蟆口水，第四。

苏州虎丘寺石泉水，第五。

庐山招贤寺下方桥潭水，第六。

扬子江南零水，第七。

洪州（今江西南昌一带）西山西东瀑布水，第八。

唐州（今河南泌阳）柏岩县淮水源，第九，淮水亦佳。

庐州（今安徽合肥一带）龙池山岭水，第十。

丹阳县观音寺水，第十一。

扬州大明寺水，第十二。

汉江金州（今陕西石泉、旬阳一带）上游中零水，第十三，水苦。

归州（今湖北秭归一带）玉虚洞下香溪水，第十四。

商州（今陕西商县一带）武关西洛水，第十五。

吴淞江水，第十六。

天台山西南峰千丈瀑布水，第十七。

郴州圆泉水，第十八。

桐庐严陵滩水，第十九。

雪水，第二十，用雪不可太冷。

其实，张义新的这段记述，显然把陆羽品水的本领夸大了，还带上了传奇色彩。试想，远在1 200多年前的陆羽，要在不同的环境、不同的条件下，以一个人的力量，同时品评各地20个名山大川的水品，并排出名次，显然是有困难的。不过，不论陆羽品水的结论是否正确，但他强调茶与水的关系，提出泡茶用水有好坏之分，并采用调查研究的方法去品评水质，是符合科学道理并值得学习的。特别值得一提的是：陆羽品水开创了中国茶学史上有关鉴别泡茶水质的学术争论。宋代欧阳修针对陆羽的"山水上，江水中，井水下"的论述，结合"刘伯刍谓水之宜茶者有七等，又载羽为李季卿论水，次第有二十种。今考二说，与羽《茶经》皆不合"。欧阳修《大明水记》中最终认为：水品尽管有"美恶"之分，但把天下之水一一排出次第，这是"妄说"。

但明代徐献忠认为：陆羽能辨别扬子江南零水质，并非是张又新妄述。他在《水品》中写道："陆处士能辨近岸水非南零，非无旨也。南零洄洑渊渟，清澈重厚，临岸故常流水耳，且混浊迥异，尝以二器贮之自见。昔人且能辨建业城下水，况零岸固清浊易辨，此非诞也。"徐献忠认为：欧阳修在《大明水记》中对陆羽南零水的异议，是欧阳修自己"不甚详悟尔"造成的。

清代汤蠹仙《泉谱》中也评论了欧阳修《大明水记》的说法，认为"此言近似，然予以为既有美恶，即有次第。求天下之水，则不能；食而能辨之，因而次第之，亦未为不可。不见今之嗜茶者，食天泉，或一二年，或三四年，或荷露、梅露、雪水，皆能辨之，其理可类推也"。汤蠹仙最后认为：凡爱茶者，通常不精不专；凡专而精者，没有不能辨别水质的。进而认为：欧阳修或许不爱茶，却以常理去衡量，以致引出错误的结论。

陆羽品水的这场争论，自唐至清，延续千年，虽然仁者见仁，智者见智，没有最终结论，但却进一步引起了人们在日常生活中对饮茶用水的追求与审度。

3.《煎茶水记》是最早论水的专著 《煎茶水记》作者是唐代的张又新。张又新，字孔昭，深州陆泽（今河北深州）人，生卒年代不详，唐代品茶家。唐元和九年（814）进士第一名，历官江州刺史、左司郎中等。他擅长文辞，又善于品茶，尤其对煮茶用水颇有研究，约于825年，撰写《煎茶水记》。对《煎茶水记》的来龙去脉，书中写得很清楚：元和九年，张又新与朋友相聚在长安城内的荐福寺。作者先前到达寺内，这时一个江南和尚带着几卷书来到，他取出一卷细读，只见"文字细密，皆杂记"，卷末题《煮茶记》。另有一段文字，记述唐代宗时，湖州刺史李季卿路过扬州时，巧遇陆羽，而附近有被刘伯刍誉为天下第一的扬子江南零水，这是"千载一遇"的"二妙"，为此就请陆羽用南零水煎茶品茶。接着，李季卿又请陆羽纵论天下水品，于是陆羽分天下煎茶用水为二十等。李季卿让人记录下来，称之为《煮茶记》。张又新看了后，把陆羽的文字，同刘伯刍品水文字一道记录下来，形成《煎茶水记》。而对刘伯刍提出的天下七等宜茶水品，张又新说："诚如其说也。"后张又新来到两浙地区的桐庐严子陵滩，说这里的水，"溪水至清，水味甚冷"。用这种溪水煎茶，即使"陈黑坏茶"，"皆至芳香"。张又新认为，严子陵滩水，超过刘伯刍评定为"第一"的扬子江南零水。所以，按书中内容，严格说来，《煎茶水记》应为陆羽、刘伯刍和张又新的合著，是共同创作的结果。

4.王安石是鉴水试茗高手 在饮茶史上，鉴水试茗的高手中，最有影响的要数北宋大政治家王安石。王安石（1021—1086），庆历进士，官居宰相，后退居江宁（南京），封为荆国公。据说，他晚年患痰火之症，需用长江三峡瞿塘中峡水煎江苏阳羡茶才能收效。一年，正逢大文学家苏东坡冒犯朝廷，谪迁湖北黄州。王安石知苏东坡家在四川，去黄州时顺长江而下需经过瞿塘中峡。为此，王安石拜托苏氏，请他路过中峡时汲水一瓮。哪知苏氏心情沉重，无心顾及，直到船抵下峡时才记起王安石托水之事，只得在下峡汲水一瓮了事；又因碍于情面，不便以实相告。哪知王安石煎茶品味后，指出此水并非出自中峡，说长江上峡水流太急，下峡水流太缓，只有中峡水流缓急过半。若以上、中、下三峡煎阳羡茶，上峡味浓，下峡味淡，中峡处于浓淡之中，最

京师（北京）
玉泉水

济南
珍珠泉

适合治中脘病症。苏东坡听后，既感歉意，又佩服不已。其实，古代有关水性与治病的记载是很多的。唐代孙思邈认为："凡遇山水坞中出泉者，不可久居，常食作瘿病；凡阴地冷水不可饮，饮之必作虐病。"有关这方面的记载，在其他医书中也时有所见。加之，茶原本就是一味治病的良药，现代医学也证明茶有祛痰之效。所以，王安石用瞿塘中峡水煎阳羡茶，用来消痰化气，医治痰水之症，是有一定道理的。它提示人们，好茶固然可贵，但水质能直接影响茶味，选好茶，还得择好水。

5.乾隆皇帝最重试茶汲水　清代梁章钜在《归田琐记》中写道："品泉始于陆鸿渐，然不及我朝之精。"这种做法的代表人物就是乾隆皇帝。乾隆（1711—1799），平生爱茶，特别是晚年，更是离不开茶。他在位六十年，享年八十又八。据说，当他八十五岁高龄让位于嘉庆时，一位老臣不无惋惜地面谏乾隆，称："国不可一日无君！"哪知乾隆听后，哈哈大笑。然后用手抚摸银须，幽默地说："君不可一日无茶矣！"足见乾隆对茶的钟情与时尚。

乾隆不仅嗜茶，而且善于品茶。他一生曾多次周游江南各地，六下江南，四上龙井茶区，五次为杭州西湖龙井茶命笔赋诗。回京城后，又两次为龙井茶作追忆诗。此外，乾隆还去四川品尝过蒙顶茶，去福建细啜过铁观音，足见乾隆的爱茶之情。清代陆以湉《冷庐杂识》载：乾隆一生，多次出巡塞外江南，每次都带有一只银质小方斗，命内侍"精量"各地泉水，然后用精确度很高的秤称出水的重量；再按水的轻重依次排列水的优次。根据乾隆"秤重鉴水品"的结果，宜茶用水品是：京师玉泉水、塞上伊逊水最轻，以下为济南珍珠泉水和扬子江金山泉水，惠山泉水和虎跑泉水重量相等，接下去是平山、清凉山、白沙、虎丘及西山之碧云寺水。于是，乾隆"遂定玉泉水为第一，作《玉泉山天下第一泉记》"。自此，京城玉泉就有"天下第一泉"之称。此外，乾隆还特别对有"天泉"之称的雪水与玉泉水作了比较，认为它"较玉泉轻三厘"。为此，凡遇瑞雪，乾隆命内侍"必收取，以松实、梅英、佛手烹茶，谓之'三清'"。足见乾隆烹茶之精。

乾隆用"量水鉴泉品"，以评定水质优劣的做法，即使在今天看来，也是有一定科学道理的。因为水重表明水中混有杂质，或溶有其他离子物质，如水中混有铁盐溶液、碱性溶液等都会增加水的重量。而用含铁、钙多的水是不能烹茶的。在日常生活中，只要稍加留意就会发现：当含有铁质的水烹茶，茶汤就会成黑褐色，这是因为茶叶中的多酚类与水中铁离子作用的结果。当用碱性水烹茶时，茶汤表面就会浮现一层"锈油"，还能使茶汤变涩，这是茶叶中多酚类与水中氯化物作用的结果。当然在自然界中，绝对纯净的水是不存在的，即使被古人称之为"天泉"的雪水和天落水，特别是在工业发达的今天，也会因大气污染而含有尘埃使水变性。但相对而言，通常总是以水质比重轻的比重的好。

（二）古人论水

由于各人的审美、追求和嗜好不一，经历各异，对宜茶水品强调的侧重点又各不相同，所以对宜茶水品要求，以及得出的结论是不一样的。

1.须择"源" "问渠哪得清如许，为有源头活水来。"唐代陆羽《茶经》中提出的"其水，用山水上，江水中，井水下"。明代陈眉公《试茶》诗中的"泉从石出情更冽，茶自峰生味更圆"。说的都是择水须先择源。

2.味要"甘" 宋代蔡襄《茶录》中的"水泉不甘，能损茶味"。明代田艺蘅《煮泉小品》中提出的"味美者曰甘泉，气芬者曰香泉"。明代罗廪《茶解》中提出的"梅雨如膏，万物赖以滋养，其味独甘"。对水之味甘，有严格要求。

3.贵在"活" 宋代唐庚《斗茶记》中的"水不问江井，要之贵活"。北宋苏东坡《汲江水煮茶》诗中的"活水还须活火烹，自临钓石取深清"。南宋胡仔《苕溪渔隐丛话》中称："茶非活水，则不能发其鲜馥！"明代顾元庆《茶谱》中也认为："山水乳泉漫流者为上。"总之，品茶之水贵在活。

4.水要"清" 这是古今茶人对烹茶用水的最基本要求。唐代陆羽《茶经·四之器》中所列的漉水囊，就是用来在煎茶前过滤水中杂质的。宋人斗茶时，茶汤以白为贵，更强调"山泉之清洁者"。明代熊明遇在《罗岕茶记》中说"养水须置石子于瓮，不惟益水，而白石清泉，会心亦不在远",说的也就是这个意思。

5.体应"轻" 持这一观点的代表人物乃是大清乾隆皇帝。他一生塞外江南，无所不至。在游杭州时，品饮过龙井茶；上峨眉（四川）时，尝过蒙顶茶；赴福建时，啜过铁观音，是一位品茶行家，对宜茶水品，也颇有研究。据清代陆以湉的《冷庐杂识》记载，乾隆每次外出都带一只精制银斗，"精量各地泉水"，然后再精心称重，按水的比重从轻到重，依次排出优劣，以轻为佳。

百年前的
济南趵突泉

从上可见，诸家对名水的品评，都有一定的科学道理，但也有一些片面之处，而比较能够全面评述的，恐怕要数宋徽宗赵佶了。

宋徽宗赵佶工书画，通百艺，并以嗜茶著称，把茶视为养生之妙药，所以，精于品茶评水。他提出，泡茶用"水以清轻甘洁为美"，并将它写进由他编著的《大观茶论》中。皇帝撰写茶书，在中外历史上，恐是独此一家。宋徽宗赵佶对宋以前宜茶水品的科学总结，对今人也有实践指导意义。

二、品茗择水

在饮茶史上，有许多文人学士，不远千里，登庐山品谷帘泉水，赴济南汲趵突泉水，去镇江尝中冷泉水，奔无锡试惠山泉水，到杭州啜虎跑泉水……千里致水，不在话下。唐代诗人陆龟蒙识茶知水，当朋友用"石坛封"寄山泉水给他时，他喜出望外，还专门写了一首《谢山泉》诗以表感谢。宋代文学家苏轼深谙茶性，对汲水煎茶十分挑剔。据说他在无锡时，总爱用惠山泉水煎茶。而惠山泉有两井，方井动而圆井静。为此，苏轼弃圆井而只汲方井水。还传说，苏轼还爱用玉女河水煎茶，但远程汲水费工费时，又怕茶童汲水有诈，于是他便嘱当地寺僧，凡茶童去汲水时，发竹符水牌为记。这种"竹符提水"的方法，在宋及宋以后，一直为文人学士仿效采用。

美泉虽好，但并非随处可得。于是，历史上有不少人创造了加工水品的方法，还有人主张取水不必名川、美泉，更有主张随汲随饮，适意可人的。

井水属地下水的一种，悬浮物含量较低，透明度较高。但它多是浅层地下水，特别是城市井水，易受污染，用来沏茶，有损茶味。明代徐渭《煎茶七类》称："井贵汲多，又贵旋汲，汲多水活，味倍清新"，说的就是这个意思。

江、湖水多属地面水，通常杂质较多，混浊度较大，但在远离人烟的地方，污染物少，江、湖之水也仍不失为沏茶好水。陆羽《茶经·五之煮》中谈到："其江水，取去人远者"，说的就是这个意思。

雪水，古人称为"天泉"，更为茶人所推崇。唐代白居易的"融雪煎香茗"，宋代辛弃疾的"细写茶经煮香雪"，元代谢宗可的"夜扫寒英煮绿尘"，清代曹雪芹的"扫将新雪及时烹"，赞美的都是这个意思。但现代受大气污染所致，也不能一概而论。

雨水，又称天落水。综合历代茶人的经验，认为秋天雨水，因天高气爽，空中尘埃少，因此水味清冽，当属上品；梅雨季雨水，因天气沉闷，阴雨连绵，因此水味滞滑，当有逊色；夏天雨水，雷雨阵阵，飞沙走石，因此水质不净，会使茶味"走样"。但不论是雪水，还是雨水，与江湖水相比，一般说来，总是比较洁净的，不失为泡茶好水。

现代茶学科学表明，泡茶用水有软水和硬水之分。在自然水中，大抵说来，只有无污染的雪水和雨水，以及用人加工而成的纯净水和蒸馏水才称得上是软水外，其他如泉水、江水、池水、湖水、井水等，无一不是硬水。用软水沏茶，固然香高味醇，自然可贵。但眼下软水不可多得，也不可常得。另一方面，像雨水和雪水，虽然未曾落地，却也会受大气污染而含有尘埃和其他溶解物，甚至不及江湖之水。用硬水沏茶，固然有时会损茶的纯洁"本色"，但硬水的主要成分是碳酸钙和碳酸镁，只要硬度不太高，一经高温煮沸，就会立即分解沉淀，使硬水变为软水，因此同样能泡得一杯香茶。但含有铁质的水是不能泡茶的。试验表明，铁离子即使含量很少，只有万分之三时，就会使茶汤中的茶多酚与铁离子结合，使茶汤颜色变深；当含量达万分之五时，就会使茶汤变成褐色。所以，凡在铁质自来水管中滞留较久的水是不宜泡茶的。

当代，人们为了探求泡茶用水，不少地方对泡茶用水作了不少比较试验。在正常情况下，根据各地评茶师理化测定和感官审评结果表明，泡茶用水，在符合饮用水卫生标准的前提下，大致说来，以泉水和溪水为上，雪水和雨水其次，接着是江河、湖泊、井中的"活水"。至于城市中的自来水，虽然过滤消毒，但含有较多氯气。为此，若能将自来水先行贮存在缸内，待一昼夜氯气挥发完后，再煮沸泡茶；或者适当延长煮沸时间，驱散氯气，然后用来泡茶，同样也能取得好的效果。还有市场上的纯净水，它清洁卫生，泡茶当然是好，但缺少营养，不可长期饮用。唯碱性重的水、沼泽地的死水、含铁（或钙）离子高、有污染的水是不宜用来沏茶的。

第五节　器为茶之父

茶具在唐及唐以前文献中多称为茶器。它通常是指人们在饮茶过程中所使用的各种器具。陆羽《茶经·四之器》说的就是当今的饮茶器具，而《茶经·二之具》指的却是采茶和制茶的器具，并非是饮茶用的茶具。南宋时，在审安老人《茶具图赞》中，他集宋代点茶器具之大成，以传统的白描画法画了十二件茶具图形，称之为"十二先生"。自此以后，直至当今，将饮茶器具多称为茶具。

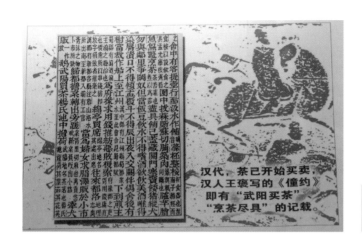

最早提及茶具的是
中国西汉王褒《僮约》

一、茶具的发生与演变

茶具的发生和发展，如同酒具和餐具一样，经历了一个从无到有，从共用到专一，从粗糙到精致，从单个到成套的过程。但茶具的发展是与茶类演变、饮茶习惯的变化密切相关的。中国早期的茶具是一具多用的。魏晋以后，茶具才从其他饮用器具中慢慢独立出来。至中唐时，专为饮茶用的系列茶具才真正得到确立。

（一）茶具的出现

一般认为，最早出现的器具是一种小口大肚、陶制的缶。《韩非子》中就说到，尧时饮食器具为土缶。如果当时饮茶，自然只能以土缶作为器具。1973年，在距今7 000年前的余姚河姆渡遗址中，考古学家发现在一个陶罐中保存有一些樟科植物的叶片，被认为是原始代用茶遗物。这一认识曾震撼了考古界、史学界与茶学界。2004年，又在相距河姆渡遗址很近的田螺山遗址，在距今5 500年前的文化层中，发掘者又发现了先民人工种植的茶树根。此外，在田螺山6 000年前出土的遗址中还有陶罐、陶壶和陶杯等先民的日常生活用具。从这些陶罐、陶壶、陶杯可以推知，河姆渡先民饮食器具中，就有取水、贮物的罐，煮汤的壶，还有饮食器碗、杯等。特别是其中的一把陶壶和一个陶杯，它们的形状与现代茶壶、茶杯相近，表明余姚田螺山先民在6 000年前已在用陶壶、陶杯来当作包括煮饮在内的器具了。

但在茶具发展史上，最早用文字写到饮茶器具的是西汉（前206—8）王褒的《僮约》，其中谈到："烹茶尽具，已而盖藏。"文中的"尽"作"净"解。《僮约》原是主人王褒对家僮便了订立的一份契约，所以在文内写有家僮在烹茶之前，要洗净器具的条文。这便是在历史上最早谈及饮茶用器具的史料。但这里的"具"，可以解释为茶具，也可以理解为食具，它是泛指烹茶时所使用的器具，还不能断定是专用茶具。另外，这种饮茶用的器具由何物制成，什么式样，做什么用？也都不得而知。20世纪后期，浙江上虞出土了一批东汉（25—220）时期的瓷器，内中有碗、杯、壶、盏等器具，考古学家认为这是世界上最早的瓷器茶具。浙江湖州也出土带有

"茶"字的东汉四系瓷罍。有鉴于此，人们有理由认为，作为饮茶时所需的专用器具，即单个茶具的出现，最迟始见于东汉，但到魏晋南北朝时，提到饮茶用器具的事例就更多了。但这些例证，还仅仅是茶器具中的个案，并不成套。直到中唐时，《茶经》中才出现有成套专用系列茶器的记载。

（二）陆羽论茶器

　　尽管在中国，6 000年前已可找到饮食器具雏形的实物佐证，2 000年前已可找到文献资料，但作为专用系列茶具在民间的普遍使用和确立，尚需有一个相当长的过渡时期。在这一时期内既有与食具共用的，也有作为单个茶具专用的，两者并存，可称之为过渡期。这种情况的出现，还在很大程度上与当时先人对茶的饮用方式有关。尽管自秦汉以来，茶已逐渐成为人们日常生活所需的饮料，但当时的饮茶方法粗放。与煮蔬菜食汤无多大区别，或用来解渴，或用来作食物，如此饮茶，当然不一定需要专用茶具，可以用食具或其他饮具代之。陆羽在《茶经·七之事》中引《广陵耆老传》载：晋元帝（317—323年在位）时，"有老姥每旦独提一器茗，往市鬻之。市人竞买，自旦至夕，其器不减"。接着《茶经》又引述了西晋"四王"（赵王伦、齐王冏、长沙王乂、成都王颖）政变，晋惠帝司马衷（290—306年在位）蒙难，后来惠帝从河南许昌回到洛阳，"有一人持瓦盂盛茶"献给他喝。这瓦盂当然也是饮茶器具了。至今，还存有出土的晋代越窑青瓷茶盏托就是最好的例证。所有这些都说明汉代以后，隋唐以前，尽管已有出土的茶具出现，但茶具和包括食具、酒具在内的饮具之间区分并不严格，在很长一段时间内，它们之间是共用的。

　　唐时，随着饮茶之风在全国兴起，并讲究饮茶情趣，茶具已成为品茶的主要内容之一。为此，唐代陆羽在总结前人饮茶使用的各种器具后，开列出28种茶具的名称，并描述其式样，阐述其结构，指出其用途（见《茶经·四之器》）。它们分别包括生火器具：风炉、灰承、筥、炭梻和火筴5种；烧水器具：鍑、交床和夹3种；备茶用具：夹、纸囊、碾、拂末、罗合和则6种；用水器具：水方、漉水囊、瓢和熟盂4种；用盐器具：鹾簋和揭2种；饮茶器具：碗和札2种；盛装器具：畚、具列和都篮3种；洗洁器具物：涤方、滓方和巾3种。陆羽提出的这套系列茶具，是茶具发展史上对茶具的最明确、最系统、最完善的记录。它表明，唐代时茶具不但配套齐全，而且已是形制完备。现按陆羽《茶经》所列，将28种茶具分述如下。

　　风炉（灰承）：风炉，可用铜或铁铸造，形如古鼎。它壁厚3分，炉口边缘宽9分，在6分下面虚孔，形成炉膛，其上涂抹一层泥巴。炉的下方有3只脚，其上书有古文21个字。其中一只书："坎上巽下离于中"；一只书："体均五行去百疾"；一只书："圣唐灭胡明年铸"。在3只脚之间，设3个窗口。炉的底部开一个洞，用来通风出灰。3个窗口上书6个字，一个窗口上书"伊公"二字，另一个窗口上书"羹陆"二字，还有一个窗口上书"氏茶"二字，其意是"伊公羹，陆氏茶"。在窗口内设置堤坝状的埪，3个埪墙上均铸有图画。一个埪墙上有野鸡，野鸡是火禽，并画上离卦的卦符；另一个埪墙上有只彪，彪是风兽，也画上巽卦的卦符；还有一埪墙上有条鱼，鱼是水虫，画一个坎卦的卦符。巽表示风，离表示火，坎表示水。风能助火，火能把水煮开，所以要有这三卦。炉身用花卉、藤草、流水、方形图案来装饰。风炉也有用熟铁制的，也有用泥做的。接受炉灰的灰承，是一个有三只脚的铁盘，用它托住整个炉子。

筥： 用竹编织而成，高1尺2寸，直径7寸。也有的先做个像筥形的木箱，再用藤编，有六角的圆眼。底和盖合拢后像个编织的箱子，口沿光洁。

炭挝： 用六棱形的铁棒制成，长1尺，头部尖，中间粗，手握处细的一头套一个小环作装饰，好像河陇（今黄河的甘肃地带）军人用的木棍。有的把铁棒做成槌形，有的做成斧形，各随其便。

火筴： 又叫箸，就是平常用的火钳。圆直形，长1尺3寸，夹火炭的顶端扁平，一样长短，不用葱苔、勾镎之类的形状，用铁或熟铜制成。

鍑： 用生铁制成。生铁就是搞冶炼人说的急铁。这种铁是以用坏了的犁刀之类炼铸的。铸锅时，内模抹土，外模抹沙。泥土细，锅面就光洁，容易磨洗；沙粒粗，可使锅底粗糙，容易吸热。锅耳做成方的，可让其放得端正。锅边要宽，使它能伸展开来。锅的中心部位宜宽，使火力集中于中间，再向锅腰蔓延。腰长，水就在锅中心沸腾；在中心沸腾，茶末易于沸扬；茶末易于上升，滋味就醇美。洪州制的是瓷锅，莱州制的是炻锅，瓷锅和炻锅都是雅致好看的器皿，但不坚固，不耐用。用银做的锅，虽非常清洁，但不免过于奢侈。雅致固然雅致，清洁固然清洁，但从耐久实用看，还是铁制的好。

交床： 用十字交叉作架，上搁板，中间挖空，用来坐锅。

夹： 用小青竹制成，长1尺2寸。头上一寸处有竹节，节以上剖开成夹子，用来夹饼茶烘烤。烤茶时小青竹也同时烤出津液，借竹子的香气来增加茶的香味。但不在山林间烤茶，恐怕难以弄到这种青竹。所以只好用精铁或熟铜来做夹，可以经久耐用。

纸囊： 用双层白而厚的剡溪藤纸缝制而成的袋，用来暂时存放烤好的饼茶，使香气不致散失。

碾（拂末）： 碾多用橘木做成，亦可用梨木、桑木、桐木、柘木制作。碾，内圆外方。内圆以便运转，外方防止倾倒。槽内放一个碾堕，碾堕与槽底紧密接触无空隙。碾堕，形似车轮，只是没有车辐，中心装一根轴。轴长9寸，宽1寸7分。碾堕直径3寸8分，中间厚1寸，边厚半寸。轴中间是方的，柄是圆的。扫茶用的拂末，可用鸟的羽毛做成。

罗合： 罗是筛，合是盒。用罗筛出的茶末放在盒中盖紧存放，把则（量取茶末的茶匙）也放在盒中。罗筛用大竹剖成片弯曲成浅圆形，罗底蒙上纱或绢作筛网。盒用竹节制成，或用杉木薄片弯曲成圆形，涂上油漆。盒高3寸，盖1寸，底2寸，直径4寸。

则： 用海贝、蛎、蛤的壳，或用铜、铁、竹制成勺匙之类充当。则，是标准度量器，通常煮1升水，取1立方寸茶末。如果喜欢饮淡茶的，就少放点茶末；喜欢饮浓茶的，就多放些茶末。故而称它为则。

水方： 可用稠木、槐木、楸木、梓木等制作而成。水方里外的缝，可用漆密封，盛水量为一斗。

漉水囊: 是滤水器, 与平常用的一样, 其圈架用生铜铸造, 以防水浸后滋生铜绿和污垢, 使水有腥涩味。用熟铜做的, 就容易生铜绿和污垢; 用铁做的, 容易有腥涩味。隐居山林的人, 也有用竹或木制的。但由竹或木制作的不耐用, 不便携带远行, 所以要用生铜制作。滤水的袋子, 可用青竹篾编织成卷曲状, 再缝上绿色细绢, 其上还可缀以翡翠金花。另外, 再做一个绿色的油布袋, 以贮存漉水囊。漉水囊的圆径为5寸, 柄长1寸5分。

瓢: 又称牺杓。它可将葫芦剖开, 或是用木挖成。晋代杜育《荈赋》曰: "用瓠舀取。" 瓠, 就是葫芦瓢。口阔, 瓢身薄, 柄短。(晋代)永嘉年间, (浙江)余姚人虞洪到瀑布山采茶, 遇见一位道士对他说: "我是丹丘子, 希望你日后把瓯牺 (盛茶器) 中多余的茶, 送点给我饮用。" 牺, 就是木勺, 当今常用的是用梨木制成的。

竹夹: 有用桃木制作的, 也有用柳木、蒲葵木或柿心木制作的。它长1尺, 再用银片包裹两头。

鹾簋(揭): 用瓷制成。圆形, 圆径4寸, 像个盒子, 或者像瓶子, 或者像小口坛子, 用来贮盐用的。揭, 用竹制成, 长4寸1分, 宽9分。揭, 就是策(小勺)。

熟盂: 是贮热水用的, 可用瓷器做的, 也可用陶器做的, 容量为2升。

碗: 越州 (今浙江绍兴) 产的最好, 鼎州 (今陕西泾阳)、婺州 (今浙江金华) 的为次。岳州 (今湖南岳阳) 的为上品, 寿州 (今安徽寿县)、洪州 (今江西南昌) 的为次。有人认为邢州 (今河北邢台) 产的比越州的还好, 完全不是这样。如果说邢州瓷质像银, 那么越州的瓷质就像玉, 这是邢瓷不如越瓷的第一点; 如果说邢瓷像雪, 那么越瓷就像冰, 这是邢瓷不如越瓷的第二点; 邢瓷白而使茶汤呈红色, 越瓷青而使茶汤呈绿色, 这是邢瓷不如越瓷的第三点。晋代杜育《荈赋》说的"挑选陶瓷器皿, 好的出自东瓯"。瓯, 就是越州, 瓯 (茶盏), 也是越州产的好, 它口唇不卷边, 底圈而浅, 容积不超过半升。越州瓷、岳州瓷都是青色, 能增进茶的汤色, 使茶汤呈现白红色; 邢州瓷白, 使茶汤呈红色; 寿州瓷黄, 茶汤呈紫色; 洪州瓷褐, 茶汤呈黑色, 这些都不适合用来饮茶。

畚: 用白蒲草卷成绳索而编成的盛具, 可放10只碗。也有的用双层剡纸, 缝制成方形的笤来装碗, 也可贮放10个碗。

札: 用茱萸木夹上棕榈皮, 捆扎紧。或将棕榈皮一头扎紧套入一段竹管内, 形如一枝大毛笔。

涤方: 是洗涤的盆, 用来贮放洗涤后的水。用楸木拼合制成, 制法同水方一样, 可装水8升。

滓方: 是用来盛各种茶渣用的。制法同涤方一样, 容积5升。

巾: 用粗绸制成, 长2尺, 做两块, 交替使用, 用以清洁茶具。

具列: 做成床形或架形, 用木或用竹做成。无论是木制的, 还是竹制的, 漆成黄黑色, 柜门可关。长3尺, 宽2尺, 高6寸。所谓具列, 是可贮放全部器物之意。

都篮: 因能装得下全部茶具而得名。竹篾编成, 里面编成三角形方眼, 外面用双篾作经, 一道细篾作纬, 交替编织在作经线的两道宽篾上, 编成方眼, 使它玲珑好看。都篮高1尺5寸, 长2尺4寸, 阔2尺, 底宽1尺, 高2寸。

（三）法门寺宫廷茶具

如果说陆羽在《茶经》中提及的是民间的饮茶器具。那么，1987年陕西法门寺地宫出土的成套金银饮茶器具，为人们提供了大唐宫廷饮茶器具的物证。根据同时出土的《物帐碑》载："茶槽子、碾子、茶罗子、匙子一副七事，共八十两。""七事"是指茶碾，包括碾轴；罗合，分罗身、罗合和罗盖；以及银则和长柄勺。

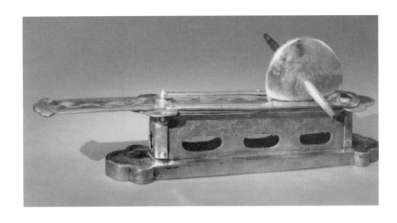

法门寺出土的
鎏金壶门座茶碾子

从这些器物上的铭文看，它们制作于唐咸通九年至十年（868—869），其上有"文思院造"字样。文思院乃是宫廷专造金银犀玉的工场，表明这些饮茶器具是专为宫廷制作的。同时，在茶罗子、银则、长柄勺上，还留下了刻画的"五哥"字样。"五哥"是唐懿宗（860—874年在位）李漼时，宫中对唐僖宗（874—888年在位）李儇小时的爱称，表明这些饮茶器具为宫廷专用。且《物帐碑》将这些器具列于唐僖宗所供的"新恩赐物"项内，表明这些饮茶器为唐僖宗供奉。

此外，在法门寺地宫同时出土的宫廷茶器还有：五瓣葵口圈足秘色瓷茶碗、琉璃茶盏、素面淡黄色琉璃茶盏和茶托等高贵珍稀的饮茶器具。这里特别要指出的是法门寺秘色瓷茶碗的出土是一次举世瞩目的重大发现。

据查，"秘色"称谓，主要源于传统文化的影响。早在汉时，皇室贵戚厚葬之物，称之为"秘器"。《汉书·董贤传》颜注引《汉旧议》："东园秘器作棺椁，素木长二丈，深广四尺。"称皇帝棺椁谓秘器。至于"秘色瓷"一词最早见诸于唐代文学家陆龟蒙《秘色越器》诗："九秋风露越窑开，夺得千峰翠色来。好向中霄盛沆瀣，共嵇中散斗遗杯"之句，着重描写了秘色越器的釉色。唐末五代时，徐寅《贡余秘色茶盏》诗，有"捩翠融青瑞色新，陶成先得贡吾君。巧剜明月染春水，轻旋薄冰盛绿云"之说，也是一首赞咏秘色瓷的诗作。五代至两宋时，有关载录秘色瓷的文献史籍、诗词歌赋更为多见。在《十国春秋》中，记有吴越国王钱王瓘在位时，曾三次向后唐、后晋朝贡秘色瓷，其中包括"金棱秘色瓷器二百事"；并八次向宋朝廷贡秘色瓷，其中包括"金银瓷器"。对此，五代蜀王王衍报后梁末帝朱有贞的信物中有金棱碗，说它是"金棱含宝碗之光，秘色抱青玉之响"。

而法门寺出土的14件秘色瓷器物，它的发现不仅在于器物本身，而是在于发现后所产生的历史价值和揭示的历史悬念。

（1）**将秘色瓷的文献与实物相印证**：唐代陆龟蒙的《秘色越器》诗，虽然在一定程度显露了秘色瓷开始烧造的年代，也在一定程度上揭示了秘色瓷的色彩。五代两宋时，有关记述秘色瓷的

唐
秘色瓷茶碗

唐
琉璃茶碗托

史料很多，给人以很多想象空间，但总是没有实物可以佐证，历史只能停滞在文献记载阶段。即便在以前越窑遗址或墓葬出土的一些所谓的秘色瓷，也仅仅依靠文字推断，加之假想所为，可靠性依然不强，因为它没有任何相关文字辅证。而法门寺秘色瓷的出土，它既有实物存在，又有《物帐碑》刻录，相互印证，可谓证据确凿。

　　（2）**使秘色瓷的烧制年代相对确定**：在中国陶瓷史上，秘色瓷一直为世人所重视。但是在历史上，从宋人开始，人们一谈到秘色瓷想到的就是五代钱越国的秘色瓷，而对唐代时的秘色瓷很少或者索性不再谈及。尽管在唐代陆龟蒙《秘色越器》诗、徐寅《贡余秘色茶盏》等诗篇中都提到了越窑秘色瓷，但是终究因为没有可被确认的证物，不敢问津，成了千古悬案。宋人赵德麟《侯鲭录》曰："今之秘色瓷器，世言钱氏有国越州烧进，为贡奉之物，臣庶不得用，故云秘色。"而法门寺秘色瓷的出土，不但有文献记载，实物印证，而且有供奉年代。据同时出土的《物帐碑》记载，法门寺地宫封存于唐咸通十五年（874）。那么，秘色瓷的烧造年代，至迟应先于这个年代。这与陆龟蒙（？—881）作《秘色越器》诗的年代也是相吻合的。由此表明，秘色瓷烧制大约始于9世纪70年代。

　　（3）**对秘色瓷的内涵认识更加延伸和深化**：在中国重大考古中，像法门寺秘色瓷出土一样，同时有物帐俱在，史实同存的事例少而又少。而法门寺秘色瓷的出土，终于揭开了秘色瓷的千年之谜。翻阅相关资料，在法门寺秘色瓷出土前，人们对秘色瓷的基本认识，归纳起来为三条：一是钱越王朝向唐王宫廷进贡的贡品。二是在工艺上不惜工本，精益求精，是越窑青瓷中的极品。三是釉色是青翠欲滴的青绿色。而法门秘色瓷的出土，终于揭开了谜团，特别是出土的14件秘色瓷中，有碗、盘、碟、瓶等多种器型，而且青瓷八棱净水长颈瓶，发色均匀明亮，呈青黄色，或曰艾色，给人以典雅之美。从而使秘色瓷的内涵得到新的延伸，表明秘色瓷不但有青绿色，也有青黄色的。

　　（4）**为秘色瓷标准提供了实物依据**：据法门寺地宫出土的《衣物帐》碑铭及文献记载："瓷秘色碗七口，内二口银棱。瓷秘色盘子、叠子共六枚"的文字记载，它是唐懿宗、唐僖宗的"恩赐"之物，时在咸通十四至十五年（873—874），且物帐相符，成为确切无疑的唐代秘色瓷标

浙江慈溪上林湖
越窑青瓷窑址遗存

宋
官窑粉青瓷碗

准器。出土的另一件秘色瓷——青瓷八棱净水长颈瓶，在同时出土的《衣物帐》碑没有记载，但当代在浙江慈溪的上林湖（其地古属越州管辖）越窑遗址中采集到同样造型的青瓷标本；再对照已经确定的13件秘色瓷标准器也是相符的，这为以后寻求发现和鉴定证明存世秘色瓷提供了标准样品。

（四）宋代茶具特点

　　进入宋代时，点茶法大行其道。其时，饮用的茶与唐代一样，仍然是以紧压茶为主，加工方法也无多大变化。所以，宋代的茶具与唐代相比，在种类和数量上，并无多大变化。但宋人饮茶，更讲究烹沏技艺，特别是宋代盛行的斗茶，不但讲究点茶的技和艺，而且对斗茶用的茶和水，以及用于斗茶的器和具，达到精益求精程度，以达到斗茶的最佳效果。在这种氛围下，在全国范围内形成和出现了五大官窑，即钧（均）窑、汝窑、官窑、定窑和哥窑。事实上，在宋以前中国烧制的实用器具多数是陶器，而进入宋代后，至五大官（名）窑形成，才开创了真正意义上的瓷器时代的到来。

　　另外，与唐代相比，宋代茶具更加讲究法度，形制愈来愈精。如品茶器具：唐人推行的是越窑青瓷茶碗，宋人时尚的是建窑黑釉盏；煮水器具：唐时为敞口式的鍑，宋代改用较小的茶瓶（也称汤瓶、执壶）；碾茶器具：唐代民间用木质或石质的茶碾碾茶，宋时的茶碾虽然也有用木质或石磨制成的，还有用银、铜、熟铁制成的，形制也有一定变化。

南宋审安老人在《茶具图赞》中，集宋代点茶器具之大成，画了12件宋时具有代表性茶具图形，雅称为"十二先生"，并按宋时官制冠以职称，赐以名、字和号，足见当时上层社会对茶具钟爱之情。现将12种典型茶具，简述如下：

明
时大彬高执壶

韦鸿胪，指的是炙茶用的烘茶炉。

木待制，指的是捣茶用的茶臼。

金法曹，指的是碾茶用的茶碾。

石转运，指的是磨茶用的茶磨。

胡员外，指的是量水用的水杓。

罗枢密，指的是筛茶用的茶罗（筛）。

宗从事，指的是清茶用的茶帚。

漆雕密阁，指的是盛茶末用的盏托（漆雕是复姓）。

陶宝文，指的是茶盏。

汤提点，指的是注汤用的汤瓶。

竺副师，指的是调沸茶汤用的茶筅。

司职方，指提清洁茶具用的茶巾。

（五）元代茶具特点

元代，从茶的加工到饮茶方法都出现了新的变化，茶叶蒸后经捣、拍、焙、穿、封加工而成的紧压茶开始消衰，经揉、炒、焙加工而成的条形散茶（即芽茶和叶茶）开始兴起，因此直接将散茶用沸水冲泡饮用的方法，逐渐代替了唐宋时主要采用将饼茶研末而饮的煮茶法和点茶法。与此相应的是：一些茶具开始消亡，另一些茶具开始出现。所以，从饮茶器具来说，元代是上承唐、宋，下启明、清的一个过渡时期。而青花瓷茶具成了元代茶具的顶峰和代表之作。

（六）明代茶具特点

明代茶具是一次大的变革，这是因为唐宋时，人们以饮团饼茶为主，采用的是煮茶法或点茶法，以及与此相应的饮茶器具。自元代以后，特别是从明代开始，条形散茶已在全国范围内兴起，饮茶主要改为直接用沸水冲泡。所以，明代茶具与唐宋相比有了创新和发展。

1.贮茶器具　明时，由于人们饮的是条形散茶，比早先的团饼茶更易受潮，因此，贮茶就显得更为重要。选择贮存性能好的贮茶器具锡瓶，为茶人普遍使用。

2.洗茶器具　在饮茶史上，"洗茶"一说始见于明代，在明代顾元庆的《茶谱》中有"煎

清代
粉彩茶盘

清
陈鸣远南瓜壶

福州的
脱胎漆茶具

茶四要",其中之一就是饮茶前先要"洗茶",即用热水涤茶,目的是除去"尘垢"和去"冷气"。对如何洗茶,明代冯可宾的《岕茶笺》有详细记载:在烹茶之前,用"热水涤茶叶",水"不可太滚",否则会冲淡茶味。

3.烧水器具　明代的烧水器具主要有炉和汤瓶,其中,炉以铜炉和竹炉最为时尚。

4.饮茶器具　明代,饮茶器具最突出的特点:一是小茶壶的出现,二是茶盏的变化。

在这一时期,江西景德镇的白瓷茶具和青花瓷茶具、江苏宜兴的紫砂茶具获得了极大的发展,无论是色泽和造型,品种和式样,都进入了穷极精巧的新时期。

（七）清代茶具特点

清时,六大基本茶类:绿茶、红茶、乌龙茶、白茶、黑茶和黄茶已经形成。但这些茶类,多以条形散茶为主。所以,无论哪种茶类,饮用时仍然沿用明代的直接冲泡法,基本上没有突破明人的规范。但与明代相比,清代茶具的制作工艺技术又有长足的发展,这在清人使用的最基本茶具,即茶盏和茶壶上表现最为充分。

清代茶壶,不但造型丰富多彩,而且品种琳琅满目,著名的有:康熙五彩竹花壶、青花松竹梅壶、青花竹节壶;乾隆粉彩菊花壶、马蹄式壶;以及道光青花嘴壶、小方壶等。

清代的江苏宜兴紫砂壶茶具,在继承传统的同时,又有新的发展。康熙年间宜陶名家陈鸣远制作的梅干壶、束柴三友壶、包袱壶、南瓜壶等,集雕塑装饰于一体,情韵生动,匠心独运。制作工艺,穷工极巧。嘉庆年间的杨彭年和道光、咸丰年间的邵大亨制作的紫砂茶壶,当时也是名噪一时,前者以精巧取胜,后者以浑朴见长。特别值得一提的是时任溧阳县令、"西泠八家"之一的陈曼生,传说他设计了新颖别致的"十八壶式",由杨彭年、杨凤年兄妹制作,待泥坯半干时,再由陈曼生用竹刀在壶上镌刻诗文或书画,这种文人设计、工匠制作的曼生壶,开创了新风,增添了文化氛围。

此外,自清代开始,福州的脱胎漆茶具、四川的竹编茶具、海南的生物(如椰子、贝壳等)茶具也开始出现,自成一格,使清代茶具异彩纷呈,形成了这一时期茶具新的特色。

民国
竹茶壶

20 世纪初
彩色雕花保暖茶桶

20 世纪初的
茶馆烧水壶

（八）现当代茶具纷呈

现当代饮茶器具，不但种类和品种繁多，而且质地和形状多样，以用途分，有贮茶器具、烧水器具、沏茶器具、辅助器具等；以质地分有金属茶器具、瓷器茶器具、紫砂茶器具、陶质茶器具、玻璃茶器具、竹木茶器具、漆器茶器具、纸质茶器具、生物茶器具等。而且使用时，讲究茶器具的相互配置和组合，将艺术美和沏茶需要统一起来。

二、茶具的种类与特点

历代茶具名匠创造了质地不一、形态各异、丰富多彩的茶具艺术，留存下来的传世之作，已成为不可多得的文物珍品。

（一）茶具的类别与特性

现将流行广、应用多，或在茶具发展史上曾占有重要地位的茶具，结合主要产地，分类介绍如下。

1.金属茶具　金属用具是指由金、银、铜、铁、锡等金属材料制作而成的器具。它是最古老的日用器具之一，早在公元前18世纪至公元前221年秦始皇统一中国之前的1 500年间，青铜器就得到了广泛的应用，先人用青铜制作盘、瓮盛水，制作爵、尊盛酒，这些青铜器皿自然也可用来盛茶。其实，这些茶具最早都是商周时期的青铜酒具。自秦汉至六朝，茶叶作为饮料已渐成风尚，茶具也逐渐从与其他饮具共用中分离出来。大约到南北朝时，出现了包括饮茶器具在内的金银器具。到隋唐时，金银器具的制作达到高峰。20世纪80年代中期，陕西扶风法门寺出土的一套由唐僖宗供奉的鎏金茶具，可谓是金属茶具中罕见的稀世珍宝。但从宋代开始，古人对金属茶具褒贬不一。元代以后，特别是从明代开始，随着茶类的创新，饮茶方法的改变，以及陶瓷茶具的兴起，金属茶具逐渐消失，很少有人使用。但用金属制成贮茶器具，如锡瓶、锡罐等，却屡见

古代龙泉窑
茶具碎片

唐代
白瓷茶碗

不鲜。这是因为金属贮茶器具的密闭性要比纸、竹、木、瓷、陶等好，具有较好的防潮、避光性能，这样更有利于散茶的保藏。

2.瓷器茶具　瓷器茶具的品种很多，其中主要的有：

（1）**青瓷茶具**：以浙江生产的质量最好。早在东汉年间，已开始生产色泽纯正、透明发光的青瓷。晋代浙江的越窑、婺窑、瓯窑已具相当规模。宋代，作为当时五大名窑之一的浙江龙泉哥窑生产的青瓷茶具达到鼎盛时期，远销各地。明代，青瓷茶具更以其质地细腻，造型端庄，釉色青莹，纹样雅丽而蜚声中外。16世纪末，龙泉青瓷出口法国，曾轰动整个法兰西。这种茶具除具有瓷器茶具的众多优点外，因色泽青翠，特别是用来冲泡绿茶，更有溢色之美。

（2）**白瓷茶具**：有"白如玉，明如镜，薄如纸，声如磬"之誉，具有坯质致密透明，上釉、成陶火度高，无吸水性，音清而韵长等特点。因色泽洁白，能反映出茶汤色泽，传热、保温性能适中，加之色彩缤纷，造型各异，堪称饮茶器皿中之珍品。早在唐时，河北邢窑生产的白瓷器具已"天下无贵贱通用之"。唐代白居易还作诗盛赞四川大邑生产的白瓷茶碗。元代，江西景德镇白瓷茶具已远销海外。如今，白瓷茶具更是面目一新，并适合冲泡各类茶叶。

（3）**黑瓷茶具**：黑瓷茶具，始于晚唐，鼎盛于宋，延续于元，衰微于明、清，当代再次兴起。这是因为自宋代开始，饮茶方法已由唐时煎茶法逐渐改变为点茶法，而宋代流行的斗茶，又为黑瓷茶具的崛起创造了条件。

宋人衡量斗茶的效果，一看茶面汤花色泽和均匀度，以"鲜白"为先；二看汤花与茶盏相接处水痕的有无和出现的迟早，以"盏无水痕"为上。时任三司使给事中的蔡襄，在他的《茶录》中就说得很明白："视其面色鲜白，著盏无水痕为绝佳；建安斗试，以水痕先者为负，耐久者为胜。"而黑瓷茶具，正如宋代祝穆在《方舆胜览》中说的"茶色白，入黑盏，其痕易验"。所

宋代
黑釉兔毫茶碗

19世纪从中国
销往欧洲的瓷茶盘

以，宋代的黑瓷茶盏，成了瓷器茶具中的最大品种。福建建窑、江西吉州窑、山西榆次窑等都大量生产黑瓷茶具，成为黑瓷茶具的主要产地。黑瓷茶具的窑场中，建窑生产的"建盏"最为人称道。建盏配方独特，在烧制过程中使釉面呈现兔毫条纹、鹧鸪斑点、日曜斑点，一旦茶汤入盏，能放射出五彩纷呈的点点光辉，增加了斗茶的情趣。明代开始，由于"烹点"之法与宋代不同，黑瓷建盏"似不宜用"，仅作为"以备一种"而已。

（4）彩瓷茶具：彩色茶具的品种花色很多，其中尤以青花瓷茶具最引人注目。青花瓷茶具，其实是指以氧化钴为呈色剂，在瓷胎上直接描绘图案纹饰，再涂上一层透明釉，尔后在窑内经1 300℃左右高温还原烧制而成的器具。然而，对"青花"色泽中"青"的理解，古今亦有所不同。古人将黑、蓝、青、绿等诸色统称为"青"，故"青花"的含义比今人要广。它的特点是：花纹蓝白相映成趣，有赏心悦目之感；色彩淡雅幽菁可人，有华而不艳之力。加之彩料之上涂釉，显得滋润明亮，更平添了青花茶具的魅力。

直到元代中后期，青花瓷茶具才开始成批生产，特别是景德镇，成了青花瓷茶具的主要生产地。由于青花瓷茶具绘画工艺水平高，特别是将传统绘画技法运用在瓷器上，因此这也可以说是元代绘画的一大成就。元代以后除景德镇生产青花茶具外，云南的玉溪、建水，浙江的江山等地也有少量青花瓷茶具生产，但无论是釉色、胎质，还是纹饰、画技，都不能与同时期景德镇生产的青花瓷茶具相比。明代，景德镇生产的青花瓷茶具，诸如茶壶、茶盅、茶盏，花色品种越来越多，质量愈来愈精，无论是器形、造型、纹饰等都冠绝全国，成为其他生产青花瓷茶具窑场模仿的对象。清代，特别是康熙、雍正、乾隆时期，青花瓷茶具在古陶瓷发展史上，又进入了一个历史高峰，它超越前朝，影响后代。康熙年间烧制的青花瓷器具，更是史称"清代之最"。

综观明清时期，由于制瓷技术提高，社会经济发展，对外出口扩大，以及饮茶方法改变，都促使青花瓷茶具获得了迅猛的发展，当时除景德镇生产青花瓷茶具外，较有影响的还有江西的吉安、乐平，广东的潮州、揭阳、博罗，云南的玉溪，四川的会理，福建的德化、安溪等地。

3.紫砂茶具 紫砂茶具是由陶器发展而成，是一种新质陶器。它始于宋代，盛于明清，流传至今。北宋梅尧臣《依韵和杜相公谢蔡君谟寄茶》说："小石冷泉留早味，紫泥新品泛春华。"欧阳修《和梅公议尝建茶》云："喜共紫瓯吟且酌，羡君潇洒有余清。"说的都是紫砂茶具在北宋刚开始兴起的情景。至于紫砂茶具由何人所创，已无从考证。据说，北宋大诗人苏轼在江苏宜兴独山讲学时，好饮茶，为便于外出时烹茶，曾烧制过由他设计的提梁式紫砂壶，以试茶审味，后人称它为"东坡壶"或是"提梁壶"。苏轼诗云："银瓶泻油浮蚁酒，紫碗莆粟盘龙茶"，就是诗人对紫砂茶具赏识的表达。但从确切有文字记载而言，紫砂茶具则创造于明代正德年间。

今天紫砂茶具是用江苏宜兴南部及其毗邻的浙江长兴北部埋藏的一种特殊陶土，即紫金泥烧制而成的。这种陶土，含铁量大，有良好的可塑性，烧制温度以1 150℃左右为宜。紫砂茶具的色泽，可利用紫泥色泽和质地的差别，经过"澄""洗"，使之出现不同的色彩，如可使天青泥呈暗肝色，蜜泥呈淡赭石色，石黄泥呈朱砂色，梨皮泥呈冻梨色等；另外，还可通过不同质地紫泥的调配，使之呈现古铜、淡墨等色。优质的原料，天然的色泽，为烧制优良紫砂茶具奠定了物质基础。

宜兴紫砂茶具之所以受到茶人的钟情，除了这种茶具风格多样，造型多变，富含文化品位，以致在古代茶具世界中别具一格外，还与这种茶具的质地适合泡茶有关。后人称紫砂茶具有三大特点，就是"泡茶不走味，贮茶不变色，盛暑不易馊"。

总体说来，紫砂茶具质量以产于江苏宜兴的为最，与其毗邻的浙江长兴等地亦有生产。经过历代茶人的不断创新，"方非一式，圆不相同"就是人们对紫砂茶具器形的赞美。一般认为，一件姣好的紫砂茶具，必须具有三美，即造型美、制作美和功能美，三者兼备方称得上是一件完善之作。

4.漆器茶具 采割天然漆树液汁进行炼制，掺进所需色料，制成绚丽夺目的器件，这是我国先人的创造发明之一。中国的漆器起源久远，在距今约7 000年前的河姆渡文化中，就有可用来作为饮器的木胎漆碗，距今约4 000～5 000年的良渚文化中，也有可用作饮器的嵌玉朱漆杯。至夏商以后的漆制饮器就更多了。但尽管如此，作为供饮食用的漆器，包括漆器茶具在内，在很长的历史发展时期中，一直未曾形成规模生产。特别自秦汉以后，有关漆器的文字记载不多，存世之物更属难觅，这种局面直到清代开始才出现转机，由福建福州制作的脱胎漆器茶具日益引起了时人的注目。

脱胎漆茶具的制作精细复杂，先要按照茶具的设计要求，做成木胎或泥胎模型，其上用夏布或绸料以漆裱上，再连上几道漆灰料，然后脱去模型，再经填灰、上漆、打磨、装饰等多道工序，才最终成为古朴典雅的脱胎漆茶具。脱胎漆茶具通常是一把茶壶连同四只茶杯，存放在圆形或长方形的茶盘内，壶、杯、盘通常呈一色，多为黑色，也有黄棕、棕红、深绿等色，并融书画于一体，饱含文化意蕴；且轻巧美观，色泽光亮，明镜照人；又不怕水浸，能耐温、耐酸碱腐蚀。脱胎漆茶具除有实用价值外，还有很高的艺术欣赏价值，常为鉴赏家所收藏。

5.木茶具　隋唐以前，饮茶虽渐次推广开来，但属粗放饮茶。当时的饮茶器具，除陶瓷器外，民间多用竹木制作而成。陆羽《茶经·四之器》中开列的28种茶具，多数是用竹木制作的。这种茶具来源广，制作方便，对茶无污染，对人体又无害，因此自古至今一直受到茶人的欢迎。但缺点是不能长时间使用，无法长久保存，失却文物价值。只是到了清代，在四川出现了一种竹编茶具，它既是一种工艺品，又富有实用价值，主要品种有茶杯、茶盅、茶托、茶壶、茶盘等，多为成套制作。

竹编茶具由内胎和外套组成，内胎多为陶瓷类饮茶器具，外套用精选慈竹，经劈、启、揉、匀等多道工序，制成粗细如发的柔软竹丝，经烤色、染色，再按茶具内胎形状、大小编织嵌合，使之成为整体如一的茶具。这种茶具，不但色调和谐，美观大方，而且能保护内胎，减少损坏；同时，泡茶后不易烫手，并富含艺术欣赏价值。因此，多数人购置竹编茶具不在其用，而重在摆设和收藏。

6.玻璃茶具　玻璃，古人称之为流璃或琉璃，实是一种有色半透明的矿物质。用这种材料制成的茶具，能给人以色泽鲜艳、光彩照人之感。中国的琉璃制作技术虽然起步较早，但直到唐代，随着中外文化交流的增多，西方琉璃器的不断传入，中国才开始烧制琉璃茶具。陕西扶风法门寺地宫出土的由唐僖宗供奉的素面圈足淡黄色琉璃茶盏和素面淡黄色琉璃茶托，是地道的中国琉璃茶具，虽然造型原始，装饰简朴，质地显混，透明度低，但却表明中国的琉璃茶具至迟在唐代已经起步，在当时堪称珍贵之物。唐代元稹曾写诗赞誉琉璃，说它是"有色同寒冰，无物隔纤尘。象筵看不见，堪将对玉人"。难怪唐代在供奉法门寺塔佛骨舍利时，也将琉璃茶具列入供奉之物。宋时，中国独特的高铅琉璃器具相继问世。元、明时，规模较大的琉璃作坊在山东、新疆等地出现。清康熙时，在北京还开设了宫廷琉璃厂，只是自宋至清，虽有琉璃器件生产，且身价名贵，但多以生产琉璃艺术品为主，只有少量茶具制品，始终没有形成琉璃茶具的规模生产。近代，随着玻璃工业的崛起，玻璃茶具很快兴起，这是因为，玻璃质地透明，光泽夺目，可塑性大，因此，用它制成的茶具，形态各异，用途广泛，加之价格低廉，购买方便，而受到茶人好评。在众多的玻璃茶具中，以玻璃茶杯最为常见，用它泡茶，茶汤的色泽，茶叶的姿色，以及茶叶在冲泡过程中的沉浮移动，都尽收眼底，因此，用来冲泡种种细嫩名优茶，最富品赏价值，家居待客，不失为一种好的饮茶器皿。但玻璃茶杯质脆，易破碎，比陶瓷烫手，是美中不足。

（二）著名茶具产地

茶具是茶文化的重要组成部分，它融实用性和艺术性于一体，是领略品茗情趣不可或缺的一个方面。现将这些茶具的主要产地，择要介绍如下。

1.江苏宜兴　是中国著名紫砂茶具的产地。紫砂茶具在历史上曾有"一壶重不数两。价重每一二十金，能使土与黄金争价"的记述，其名贵可想而知。

紫砂，在宋时已有提及。但宜兴紫砂茶具的制作，相传始于明代正德年间，当时宜兴东南有座金沙寺，寺中有位被尊称为金沙僧的和尚。他平生嗜茶，为此他选取当地产的紫砂细泥，用手捏成圆环，安上盖、柄、嘴，经窑中焙烧，制成了中国最早的紫砂茶具。此后，有个叫龚（供）春的家僮跟主人到金沙寺侍读，他巧仿老僧匠心，学会了制壶技艺，并仿照老银杏树瘿，制成树瘿壶。后人称之为"供春壶"，视作珍品，有"供春之壶，胜如白玉"之说。明张岱在《陶庵梦忆》中称："宜兴罐以供春为上……直跻商彝周鼎之列而毫无愧色。"至今仍有一把失盖的树瘿壶珍藏于北京历史博物馆。之后，到明代万历年间，出现了董翰、赵梁、元畅、时朋"四家"；后又出现时大彬、李仲芳、徐友泉"三大"（即分别称之为时大、李大和徐大）壶中妙手。在"三大"中，以时大彬壶艺影响最深，始仿"供春"，制作大壶。后独树一帜，制作小壶。他的杰作"调砂提梁壶"上小下大，形体稳定，色紫黑，杂砂呈现星星白点。现存的还有葵花壶等。

到了清代康熙至嘉庆年间，更是制壶名家辈出，其中陈鸣远堪称继时大彬后最杰出的紫陶大师。他的茶壶线条清晰，轮廓分明，加盖"鸣远"印章，现存于世的有束柴三友壶、朱泥小壶等。其他还有杨彭年、杨凤年、邵大享、黄玉麟等。特别是当时身居江苏溧阳知县的陈曼生，他好茶成癖，并喜工诗文、书画、篆刻，对茶具也有所研究。他曾特地赶到宜兴，与紫砂工匠杨彭年兄妹合作制壶。杨彭年作品雅致精巧，自然至致，被推崇为"当世杰作"。陈、杨合作制壶，可谓"猛虎添翼"。由陈曼生设计、杨彭年制作的茶壶，人称"曼生壶"，成了壶中绝品。当代，工艺大家顾景舟、蒋蓉等大家的作品，出手不凡，无论是造型还是泥色，都胜于前代。

2.江西景德镇 有瓷都之称，制造的白瓷，在唐代就闻名遐迩，人称"假白玉"。宋代彭器资的《送许屯田诗》中，赞景德镇瓷器为："浮梁巧烧瓷，颜色比琼玖。"为此，宋真宗赵恒于景德元年（1004）下旨，在浮梁县昌南镇兴建御窑，并改昌南镇为景德镇。宋代的青白盏茶具就是以景德镇为主要产地的。当时生产的瓷茶具，多彩施釉，并以书画相辅，给人以雅致悦目之感。到了元代，景德镇生产的瓷器茶具已有不少远销国外，日本"茶汤之祖"珠光氏爱不释手，将它命名为"珠光青瓷"。明代，明太祖朱元璋于洪武二年（1369）下令在景德镇设立专门工场，制造皇室茶礼所需的茶具。景德镇已成了全国的制瓷中心。生产的彩瓷茶具，造型精巧，质地细腻，书画雅致，色彩鲜丽，视作拱璧。明代刘侗、于奕正著的《帝京景物略》有"成杯一双，值十万钱"的记载。清代，特别是乾隆在位期间（1736—1795），景德镇生产的珐琅、粉彩等釉彩茶具，质如白玉，薄如蛋壳，达到了相当完美的程度，成为皇宫中的珍品。至今，在故宫博物院中仍藏有康熙、雍正、乾隆时期的景德镇白瓷茶具。如今，景德镇茶具更是面目一新。用它冲泡，总能相映增辉，茶具本身洁白如玉的色泽，别致精巧的造型，匠心别具的书画，使它又成了颇具欣赏价值的艺术品。因而深受世界各国茶人的喜爱，并以拥有为荣。

3.浙江龙泉 位于浙江西南部的浙闽赣边境，龙泉窑始烧于晋，北宋时已粗具规模，南宋中晚期进入鼎盛时期，制瓷技艺登峰造极，其中梅子青、粉青釉达到了青瓷釉的最高境界，龙泉窑中的哥窑是宋代五大名窑之一。生产的青瓷茶具，造型端庄，釉色青莹，纹样雅丽，誉为稀世珍

潮州
工夫茶"烹茶四宝"

品。明代，青瓷更是蜚声中外。16世纪末，当龙泉青瓷在法国市场出现时，轰动整个法兰西。他们认为无论怎样比拟，也找不出适当的词汇去称呼它。后来只得用欧洲名剧《牧羊女》中的主角雪拉同的美丽青袍来比喻，从此欧洲文献中的"雪拉同"就成了龙泉青瓷的代名词。至今，龙泉生产制造的青瓷茶具，依然蜚声中外。

4.潮州枫溪　本是广东潮州的一个镇，历史上是潮州窑的主产地，以产白瓷茶具出名。这种白瓷，色如象牙，古朴中不乏宝光之气。与此同时，其地产的紫砂茶具，质量也属上乘。而吃潮州工夫茶（即啜乌龙茶），又是潮州一俗。啜乌龙茶用的是一套古色古香的"烹茶四宝"：一是扁形赭色的烧水紫砂壶，俗称玉书碨，显得朴素雅淡。二是汕头土陶风炉，娇小玲珑，用来生火烧水。三是冲泡用的孟臣紫砂罐，容量仅50～300毫升的茶壶，小的如早橘，大的似香瓜。如今的孟臣罐，已为枫溪白瓷盖碗所替代。四是若琛瓯，原本是小得出奇的紫砂饮杯，只有半只乒乓球大小，仅能容纳4毫升茶汤。如今已为白瓷饮杯所替代。通常三只白瓷饮杯与白瓷盖碗一起，放在圆形的茶盘中。不少潮州吃工夫茶世家，也是"烹茶四宝"的收藏家，家藏几套、十几套、甚至几十套的也不少见。

红茶可选用
白瓷杯冲泡

用高筒杯
泡工艺扎束茶

5.福建福州　是脱胎漆茶具的主产地，始于清代，最大优点是：光亮美观、不怕水浸、不变形、不褪色、坚固、耐温、耐酸碱腐蚀。且光彩夺目，明镜照人，融书画艺术于一体，与其说是茶具，还不如说它是一件艺术品。难怪许多爱茶人家中都以拥有福州脱胎漆器茶具为贵，往往陈列于柜，用来供人鉴赏，很少用它来泡茶作饮品用。漆器茶具通常是一把壶，四只杯，放在一只圆形或长方形的托盘中。壶、杯、盘多为一色，其中又以黑色为多。近年来生产的宝砂闪光、嵌白玉、金丝玛瑙、釉变金丝、仿古瓷等新品种漆器茶具的相继问世，更使人耳目一新，特别是创造了红如宝石的"赤金砂"和"暗花"等新工艺以后，又使漆器茶具更上一层楼。

此外，还有四川成都是竹编茶具的主要生产地。这种茶具用细如金发的竹丝编成外壳，内衬陶瓷茶具，二者之间紧密无间，可谓"天衣无缝"。竹编茶具为中国特有，亦是不可多得的艺术珍品。这种茶具，在浙江安吉亦有生产，受到茶人的欢迎。

三、茶具的选配与组合

茶具选配与组合是一门学问，除了茶具本身的功能性和文化性外，还应做到最大限度地能发挥茶的品质特性，使茶的物质和精神两种特性得到最大的发挥。因此，茶类品种和花色、茶具的质地和式样、饮茶的地域与风情，以及不同的人群，对饮茶器具都有不同的要求。

（一）要因茶制宜

名优细嫩绿茶要用敞口厚底玻璃杯冲泡，能更好地观察茶的形状、姿态和色泽。所以，绿茶、白茶、黄茶中的高级细嫩名优茶，如西湖龙井、洞庭碧螺春、白毫银针、开化龙顶、君山银针等，一般多选用玻璃杯冲泡。

　　玻璃茶具的生产原料是有色半透明的矿物质，一般为纯碱和石英砂，制成后有透明感。但玻璃茶具直到20世纪才被广泛应用。目的在于更好地让饮茶者能察颜观色，在人前展现动人的茶姿；而普通绿茶则可用瓷质茶壶冲泡。此外，也有用瓷质盏冲泡的。

　　而红茶大多选用白瓷茶具冲泡。白瓷茶具特别适合冲泡红茶。冲泡方法，有用单杯泡的，也有用双杯法的，但无论是单杯泡，还是双杯冲泡，选用白瓷茶壶（杯）作冲泡器或饮杯，这样能使红色的茶汤，在白色的容器中产生强烈的色差对比美，使红茶汤色显得更加红艳。工夫红茶用双杯法（壶和杯结合）冲泡更佳。普通红茶可选用壶或白瓷杯（碗）冲泡。

　　乌龙茶、普洱茶冲泡，由于泡茶时水温要高，茶具要能耐温、保香、不走味，通常选用紫砂茶具（潮汕地区用盖碗）作冲泡器。用紫砂壶冲泡乌龙茶或普洱茶时，壶的大小，要与杯的多少相配。同时，由于茶类的需要，乌龙茶、普洱茶的原料有特殊要求，一般说来比较粗大，而选用紫砂茶具冲泡，既能发挥茶具对茶类品质的要求，又能掩饰这些茶的某些不足之处。

　　加料茶，往往在茶中加有贡菊、枸杞、花瓣等，这种茶可与盖碗配，会格外引人注目，也会使茶的汤面显得更加丰满。

　　至于一些艺术（扎束）型茶，诸如海贝吐珠、东方美人等，为了使茶显得美丽动人、更加高雅，则可选用高脚玻璃杯冲泡，或者索性用香槟酒杯来冲泡。

（二）要因具制宜

　　普通绿茶冲泡，有"老茶壶泡，嫩茶杯泡"之习，这是多指瓷质茶壶而言的。

　　用盖碗冲泡，这样可以突出花茶的香之美，而掩饰花茶色之平。而盖碗的盖，一是有利保香，二是有利撇茶。另外，也有选用有盖瓷杯冲泡花茶。在北方地区，还习惯于用双杯法冲泡花茶，用壶泡杯饮相结合的方式冲泡花茶。

　　而带滤网的茶具，特别适宜于冲泡红碎茶或奶茶。

　　漆器茶具采用天然漆树汁液，经掺色后再加工而成。它耐酸、耐碱、耐温、不怕水浸，既有观赏价值，还可以用来泡茶。

　　台湾地区冲泡乌龙茶用公道杯，目的是使茶汤均匀一致。而冲泡乌龙茶用闻香杯，专门用来闻香用，这与台湾地区品乌龙茶特别注重香气有关。

（三）要因地制宜

　　江南一带喜饮名优绿茶，以玻璃或瓷质杯盏茶具为宜。

　　北方地区习惯于饮花茶，认同用大瓷壶泡茶，再倒入茶杯饮用。四川及西北地区好饮花茶和炒青绿茶，以使用盖碗冲泡为主。广东、福建、台湾地区，爱啜乌龙茶，大多用紫砂小壶或瓷质小盖碗泡茶。

　　再如，同为乌龙茶，潮汕工夫茶用小壶或白瓷盖碗（瓯）冲泡，其品饮杯多呈玉白色，人称"象牙白"的枫溪小瓷杯。闽南乌龙茶则用紫砂小茶壶冲泡，饮杯也为紫砂小杯，只有半个乒乓

丝绸之路上
新疆的奶茶筒

傣族
竹筒茶用具

瑶族
打油茶用具

球大。

又如冲泡红茶，南方人爱用白瓷杯，北方人则喜用白瓷茶壶冲泡，再分别斟到白瓷小盅中，认为共享一壶茶，共乐也融融。

至于少数民族地区喝茶，饮茶器具更是异彩纷呈。

（四）要因人制宜

体力劳动者饮茶重在解渴，饮杯宜大，重在茶具的功能性。脑力劳动者饮茶，重在精神和物质双重享受，讲究饮杯的质地、样式和文化性。男士与女士相比，前者重在饮具的情趣，后者要求的是秀丽幽雅。

至于兄弟民族饮茶，茶具式样更是奇特，使人有耳目一新之感。

第三章
茶文化的发展历程

茶文化的出现当在茶的发现和利用以后，而茶文化的形成，又必然有一个发生、孕育和成长的过程。在这一过程中，一些与社会生活不相适应的东西被淘汰和摒弃，但更多的是产生和发展。其结果不但使茶文化的内容得到不断充实和丰富，而且使茶文化从低级走向高级，从物质上升到精神，在不断发展中得到提高，形成茶文化自己的特征和特性，最终使茶文化博大精深，成为世界文化的重要组成部分。

余姚
河姆渡遗址

第一节　先秦茶文化的萌动

1980年7月，贵州省野生茶树考察队在晴隆发现了一颗种子化石，后经中国科学院南京古生物研究所等专家鉴定，认定它是"新生代第三纪四球茶的茶籽化石"，距今已有100万年历史。

1990年，考古学家在浙江萧山发掘跨湖桥遗址时，发现了一颗疑似山茶科植物茶树种籽，经测定年代为7 000～8 000年。为此，引起了茶学界的普遍关注。

1973年，在距今7 000年前的余姚河姆渡遗址中，考古专家发现一些堆积在古村落干栏式居住处的樟科植物叶片，被认为是原始代用茶的遗物。

2004年，又在相距河姆渡遗址7公里的田螺山遗址距今6 000年前的文化层中发掘出部分树根根块，后经中日考古界、茶学界鉴定，认为是"5 500年前人工种植的茶树根"。按此，人们不难推测，发现和利用茶的历史至迟在5 500年前已发生了。

唐代陆羽《茶经》载：茶的饮用始于神农氏，尔后鲁周公时正式对茶作了文字记载后才传闻于世。而神农时代，距今有5 000年左右历史了。

东晋（317—420）常璩《华阳国志·巴志》载，在巴蜀一带，周武王伐纣时（前1066）不但有人工栽培茶园，并出现了以茶为礼的上贡。表明3 000年前茶已在人类生活中出现和融入上层社会之中。

西汉文学家扬雄《方言》载："蜀人谓茶曰葭萌。"明代文学家杨升庵撰《郡国外夷考》曰："《汉志》葭萌，蜀郡名。葭音芒，《方言》'蜀人谓茶曰葭萌'，盖以茶氏郡也。"表明蜀王分封其弟的都邑"葭萌"是"以茶氏郡"。这就传递了一个重要信息，葭萌乃是中国古代重要的产茶区，这段文字清楚地记述了在周克殷以后，巴变成宗周的封国，当地出产的茶叶等多

湖南茶陵
炎帝神农陵

种方物成了"纳贡"之品。而且其中所进贡的茶叶，已经不是采集的野生茶，而是种在园中的"香茗"。说明西周前巴人不仅利用茶、饮用茶，而且会种茶、制茶和藏茶。因此不难推测西周之前葭萌就是著名的产茶之地。

诸多事例表明，早在先秦时期，中国先民已开始有饮茶、种茶、制茶、藏茶之举了，随之而生的茶文化现象也开始萌生。

第二节 秦汉茶文化的孕育

秦汉时，饮茶已在全国范围内向大江南北逐渐蔓延开来。但明确表示有"茶"的意义，并为史学家认为是茶的最早文字记载是成书于2 200年前秦汉年间的字书《尔雅》，其内有"槚，苦茶"之说。不过，《尔雅》虽是中国最早的一部字书，曾被后世儒家列入《十三经》。但《四库

嵌有"茶"字的
东汉四系罍

蒙山上清峰下的
仙（皇）茶园

全书总目提要》说它是汉代毛亨以后小学家缀合旧文加以增补的一部著作，并非周公所作、孔子增补。东汉（25—220）许慎撰、北宋徐铉等校订的《说文解字》中说："茶，苦茶也，……此即今之茶字。"特别值得一提的是唐代陆羽《茶经》中提到的《茶陵图经》载，地处湖南的茶陵古称荼陵，是西汉茶陵侯刘沂的领地。茶陵的命名也始于西汉。其名的由来，陆羽《茶经》中说得很明白："茶陵者，所谓陵谷生茶茗焉。"表明至迟在汉时，种茶已扩展到长江中下游地区。

唐代陆羽《茶经·七之事》载："汉：仙人丹丘子，黄山君；司马文园令相如，扬执戟雄。"陆羽在谈及诸多发生在中唐及中唐前的茶事时，特别提到丹丘子，说他是一个汉代仙人，也就是以后《神异记》中指点晋时余姚人获大茗的那个道士。而丹丘位于今浙江宁海县南九十里，属有名的茶产地和佛教名山天台山支脉。黄山君，也是汉代得道的一个仙人。黄山，位于安徽歙县境内，是著名的黄山毛峰茶产地。同时提到的司马相如，为蜀成都人，西汉景帝（前156—前141年在位）时为武骑常侍；武帝时（前140—前87年在位）因"通西南夷"有功，出任孝文园令，所以陆羽称他为司马文园令。他所著的《凡将篇》中，记录了当时的20种药物，其中谈及的"荈诧"便是茶。这是把茶作为药物的最早文字记载。

西汉神爵三年（前59），王褒《僮约》中有"烹茶尽具""武阳买茶"的记述。说明汉时已有饮茶的器具，且讲究烹茶技艺。而"武阳（现四川彭山）买茶"表明，汉时当地已出现有茶的市场，茶已成为一种商品。上述几点非常重要，因为在王褒《僮约》之前，关于如此进步的饮茶之法，以及茶作为商品的记载几乎没有。王褒《僮约》的出现，使人忽然开朗，至少四川成都一带，饮茶已成为上层人家的生活习惯，茶已成为商品。据此推测，茶的栽培与加工也已发展到相当的程度，可以肯定的是茶树的人工栽培在相当范围内已较普及，茶的加工技术也已达到符合当时商品茶的要求。

与此同时，饮茶器具也开始从食器中分离出来，浙江湖州出土的嵌有"茶"字的东汉四系罍和浙江上虞出土的东汉越窑茶器就是例证。

又据清雍正十一年（1733）《四川通志》记载物产中，有"雅州府：仙茶。名山县治之西十五里，有蒙山，其山有五岭，形如莲花五瓣，其中顶最高名曰上清峰，至顶上略开一坪，直一丈二尺，横二丈余，即神仙茶之处。汉时甘露

古蒙泉

祖师姓吴名理真者手植，至今不长不灭，共八小株。"对此，清雍正六年（1728）《天下大蒙山》、清乾隆四年（1739）《雅州府志》、清光绪十三年（1887）《雅州府志》、清光绪十八年《名山县志》等都有类似相同内容的记载。

但在清道光丙午年（1846）刘喜海著的《金石苑》中，将有关碑记按朝代排列，其中在宋碑中有《甘露祖师像并行状》碑，此碑为宋人所刻。在宋甘露祖师像两侧有对联一副，曰："形归露井灵光璨，手植仙茶瑞叶芬"，并在接着的"文列于后"中又说"师由西汉出现，吴氏之子，法名理真，自岭表来，住锡蒙山，植茶七株以济饥渴"之事。

另外，《金石苑》卷六还载："右碑在名山县蒙山顶上，有蒙泉一，名甘露井。后汉神僧理真化身入井，其徒追求之，至井底，得石像，与僧肖，即山所奉甘露祖师也。"至于为何称吴理真为"宋甘露祖师"在《金石苑》中有记述，宋绍兴三年（1133），进士喻大中因甘露井"井水霖雨"惠民，遂奏请皇上，宋孝宗于淳熙戊申（1188）勒赐吴理真为"普慧妙济菩萨"。于是便有了"宋甘露祖师"之说。

不过，对甘露祖师吴理真是否真有其人，学术界尚有争论。但已有足够史料表明，至迟在秦汉时，茶作为一种饮料，已开始从巴蜀蔓延开来；而种茶则也已扩展到大江南北许多地方，特别是茶文化作为一种现象，已逐渐显现于世。

第三节　魏晋南北朝茶文化的呈现

六朝时，饮茶进一步在上层社会流行，茶已开始浸润到社会多个层面，特别是上层社会，以茶为雅，以茶养生，以茶养廉，比比皆是。同时还首现了茶的诗词。

葛玄是三国吴道士，在浙江天台山、盖竹山开山种茶。现有史料证明，葛玄种茶之地有两

临海
盖竹山道观

处：一处在天台山华顶，另一处是在临海的盖竹山。南宋
台州《嘉定赤城志》载：临海盖竹山……《抱朴子》云，
此山可合神丹。有仙翁茶园，旧传葛玄植茗于此。南宋
胡融《葛仙茗园》诗曰："……草秀仙翁园，春风发幽
茗。……携壶汲飞瀑，呼我烹石鼎。……"南宋道士白玉
蟾《天台山赋》称："释子耘药，仙翁种茶。"清康熙
《天台山全志》载："茶圃，在华顶峰旁，相传为葛玄种
茶之圃。"清《浙江通志·物产》载："盖竹山，有仙翁
茶园，旧传葛元植茗于此。"清乾隆齐召南《盖竹山长
耀宝光道院记》称："吴葛孝先尝营精舍，至今有仙翁茶
园。"齐召南另有《台山五仙歌·葛孝先》诗曰："华顶
长留茶圃云，赤城犹炽丹炉火。"表明在三国吴时，人称
太极仙翁的仙道家葛玄，已将茶作为养生、修炼、陶情之

竖立在天台山华顶
葛玄茗圃碑

物。这是有文字记载的江南最早茶园，因此葛玄被称为"江南茶祖"。1998年5月中国国际茶文化研究会创会会长王家扬带领茶叶专家亲临天台山华顶实地考察，证实华顶归云洞前的30多株茶树是进化型古茶树，是古时葛玄手植茶树留下的后代。为此，在归云洞前竖立有"葛仙茗圃"碑，并立有碑文："葛玄茗圃，为三国吴时高道葛玄住山修炼时的植茗之圃，位于天台山莲花峰南麓归云洞前……"

三国华佗《食论》有"苦茶久食，益意思"之句，表明三国时，茶的药理功能已为人知。三国傅巽《七诲》中写到当时8种珍品："蒲桃、宛柰、齐柿、燕栗、峘阳黄梨、巫山朱橘、南中茶子、西极石蜜。"而南中的方位相当于现今四川大渡河以南及云南、贵州两省，表明三国时茶已列入珍品之列。

此外，三国张揖《埤苍》、吴秦菁《秦子》、郭璞《尔雅注》、张华《博物志》等都有关于茶事的记载。

晋代（265—420）陈寿《三国志·吴志·韦曜传》载：吴国国君"孙皓每飨宴，坐席无不率以七升为限，虽不尽入口，皆浇灌取尽。曜饮酒不过二升，皓初礼异，密赐茶荈以代酒"，表明至迟在三国吴时，宫廷中已有"以茶代酒"之举。

晋时，咏茶诗作开始涌现。西晋（265—316）左思作《娇女》诗，内有："心为茶荈剧，吹嘘对鼎䥶"，说左思的两个娇女，因急于品香茗，只好用口对着风炉吹气。同为西晋人的张载作有《登成都楼诗》，其中有"芳茶冠六清，溢味播九区"之句，说茶是六种饮料之首，其味甚好，各地都喜欢饮用它。西晋孙楚《孙楚歌》中，又有"茱萸出芳树颠，鲤鱼出洛水泉。白盐出河东，美豉出鲁渊。姜桂茶荈出巴蜀，椒橘木兰出高山。蓼苏出沟渠，精稗出中田"之说。此外，在晋代杜育《荈赋》等作品中，也表明当时饮茶之风已开始在文人中兴起，为茶吟诗作赋，引为雅举。

南朝宋（420—479）何法盛《晋·中兴书》中，记载着东晋陆纳为吴兴太守时，"卫将军谢安常欲诣纳[1]。纳兄子俶，怪纳无所备，不敢问之，乃私蓄十数人馔。安既至，所设唯茶果而已。俶遂陈盛馔，珍羞毕具。及安去，纳杖俶四十，云：'汝既不能光益叔父，奈何秽吾素业。'"说明在东晋（317—420）时，身居吴兴太守的陆纳，不但提倡"以茶待客"，而且主张用茶养廉，仅用茶、果招待卫将军谢安，用茶表白自身的清廉。又如，在唐代房玄龄等撰《晋书》中，还记载着东晋征西大将军"桓温为扬州牧，性俭，每宴饮，唯下七奠柈茶果而已"。它进一步表明，晋时上层社会流行"以茶、果宴客"，用以标榜节俭。

唐代陆羽《茶经》引《艺术传》（即《晋书·艺术传》）曰："敦煌人单道开，不畏寒暑，常服小石子，所服药有松、桂、蜜之气，所饮茶苏（含有紫苏的茶）而已。"单道开是东晋敦煌人，幼年开始过隐居生活，后习辟谷，"不畏寒暑"。又于后赵武帝（335—349年在位）时在河北临漳昭德寺为僧。其间，单道开在室内坐禅时，曾用饮紫苏茶来防止睡眠，这是佛教与

---

[1]《晋书》云：纳为礼部尚书。

茶结缘的最早文字记录。

南朝齐世祖武皇帝萧赜（483—494年在位）是一个佛教信徒，在遗诏中曰："我灵座上，慎勿以牲为祭，但设饼果、茶饮、干饭、酒脯而已。"开创了"以茶为祭"的先河。《宋录》是一部记录南朝宋史实的著作，著录于《隋书·经籍志》，其内有："新安王子鸾，鸾弟豫章王子尚诣县济道人于八公山，道人设茶茗，子尚味之，曰：'此甘露也，何言茶茗'。"住持安徽寿县八公山的法师县济道人侍奉王子，也以"设茶茗"相待。南朝齐梁（479—557）陶弘景的《杂录》等也有关于茶的记载："苦茶轻身换骨，昔丹丘子、黄山君服之。"说茶有"轻身换骨"之功效。

种种事例表明，自两汉以来，至六朝时饮茶不但在上层社会得到流传，而且饮茶得到广泛的传播和深化，使饮茶内涵逐渐进入人们的精神领域。在赋予"节俭、淡泊、朴素、廉洁"等人格思想的同时，还与儒、道、释的哲学思想交融，而一些士大夫和文人雅士在饮茶过程中还创作了歌咏茶的诗作。可见，在隋唐之前，茶文化的基底已见端倪，开始孕育成长起来。

第四节　隋唐茶文化的勃兴

大唐（618—907）盛世，特别是中唐以后，国家统一，国力强盛，文化繁荣，饮茶在全国范围内普及开来，并开始蔓延到边疆；种茶已遍及江南大地，茶种开始向国外传播。其时，许多茶文化现象已在全国涌现，并在很大程度上已融入生活，渗入社会，触及人的心灵。

一、大唐茶文化形成的标志

素有"茶兴于唐"之说。唐时茶作为物质生活迅速发展，饮茶作为精神生活逐渐普及，茶文化现象在全国范围内随处呈现，茶文化的构架基本形成。

（一）种茶遍布大江南北，饮茶在全国兴起

据史料统计，唐时全国已有80个州，相当于现在的15个省区市产茶。种茶范围已遍布大江南北适宜茶树生长区域。

据查，唐时的云南早已产茶，但《茶经》中并未谈及，因为1 200年前的云南是属于南诏国管辖范围内，所以陆羽在《茶经》中没有写到云南产茶。如果再结合其他史料补充记载，唐代时的产茶区域与当今全国21个省区市的1 100多个县、市产茶相比，虽有一定差距，但茶区布局，已与现代接近。

按唐时陆羽《茶经》所述，人工种植茶树已达现今四川、重庆、陕西、河南、安徽、湖南、湖北、江西、浙江、江苏、贵州、福建、广东、广西14个省区市的42个州和1个郡，当时已形成八大茶区。

《茶经》中八大茶区分列表

序号	茶区名称	包括地区
1	山南茶区	峡州（今湖北省宜昌一带），襄州（今湖北襄阳一带），荆州（今湖北省江陵一带），衡州（今湖南省衡阳一带），金州（今陕西省安康一带），梁州（今陕西省汉中一带）
2	淮南茶区	光州（今河南省潢川、光山一带），舒州（今安徽省怀宁一带），寿州（今安徽省寿县一带），蕲州（今湖北省蕲春一带），黄州（今湖北省黄冈、新州一带），义阳郡（今河南省信阳一带）
3	浙西茶区	湖州（今浙江省湖州一带），常州（今江苏省武进一带），宣州（今安徽省宣城一带），杭州（今浙江省杭州一带），睦州（今浙江省建德一带），歙州（今安徽省黄山市一带），润州（今江苏省镇江一带），苏州（今江苏省吴县一带）
4	剑南茶区	彭州（今四川省彭县一带），绵州（今四川省绵阳一带），蜀州（今四川省成都，重庆市一带），邛州（今四川省邛崃一带），雅州（今四川省雅安一带），泸州（今四川省泸州一带），眉州（今四川省眉山一带），汉州（今四川省广汉一带）
5	浙东茶区	越州（今浙江省绍兴一带），明州（今浙江省宁波一带），婺州（今浙江省金华一带），台州（今浙江省临海一带）
6	黔中茶区	思州（今贵州省思南一带），播州（今贵州省遵义一带），费州（今贵州省德江一带），夷州（今贵州省凤冈、石阡一带）
7	江西茶区	鄂州（今湖北省武汉一带），袁州（今江西省宜春一带），吉州（今江西省吉安一带）
8	岭南茶区	福州（今福建省福州、闽侯一带），建州（今福建省建瓯、建阳一带），韶州（今广东省曲江、韶关一带），象州（今广西壮族自治区象州一带）

根据历史资料综述，随着唐代茶叶生产的发展，当时在八大茶区中，至少已有名茶140多个品种[1]，它们是中国产茶史上最早的名茶。了解和掌握古代名茶，有助于开拓和创新名茶的未来，有利于促进名优茶的发展，使茶在物质、精神和文化层面上都得到提升，有助于茶产业再铸新的辉煌。现将唐代名优茶品种整理如下。

唐代名优茶品种表

序号	茶名	产地	类别
1	黄冈茶	黄州黄冈（今湖北黄冈）	绿饼茶
2	蕲水团薄饼	蕲州浠水县（今湖北蕲春）	绿饼茶
3	蕲水团黄	蕲州浠水县（今湖北蕲春）	绿饼茶
4	蕲门团黄	蕲州蕲春、蕲水县（今湖北蕲春）	绿饼茶
5	鄂州团黄	鄂州（今湖北蒲圻、崇阳）	绿饼茶
6	施州方茶	施州（今湖北恩施）	绿饼茶
7	归州白茶（清口茶）	归州（今湖北秭归）	绿散茶
8	夷陵茶	峡州夷陵（今湖北宜昌）	绿饼茶
9	小江源茶（小江园）	峡州（今湖北宜昌）	绿饼茶

---

①参见，程启坤、姚国坤：《论唐代茶区与名茶》，《农业考古》1995年第2期。

（续）

序　号	茶　名	产　地	类　别
10	朱萸簝	峡州（今湖北宜昌）	绿饼茶
11	方蕊茶	峡州（今湖北宜昌）	绿饼茶
12	明月茶	峡州（今湖北宜昌）	绿饼茶
13	峡州碧涧茶	峡州宜都（今湖北枝城）	绿饼茶
14	荆州碧涧茶	荆州松滋（今湖北江陵）	绿饼茶
15	楠木茶	荆州松滋（今湖北江陵）	绿饼茶
16	荆州紫笋茶	荆州江陵（今湖江北陵）	绿饼茶
17	仙人掌茶	荆州当阳（今湖北当阳）	绿饼茶
18	襄州茶	襄州（今湖北襄阳、南漳）	绿饼茶
19	蒙顶茶（蒙山茶）	雅州蒙山（今四川雅安蒙山）	绿饼茶
20	蒙顶研膏茶	雅州蒙山（今四川雅安蒙山）	绿饼茶
21	蒙顶紫笋	雅州蒙山（今四川雅安蒙山）	绿饼茶
22	蒙顶压膏露芽	雅州蒙山（今四川雅安蒙山）	绿饼茶
23	蒙顶压膏谷芽	雅州蒙山（今四川雅安蒙山）	绿饼茶
24	蒙顶石花	雅州蒙山（今四川雅安蒙山）	绿散茶
25	蒙顶井冬茶	雅州蒙山（今四川雅安蒙山）	绿散茶
26	蒙顶笺茶	雅州蒙山（今四川雅安蒙山）	绿散茶
27	蒙顶露镌茶	雅州蒙山（今四川雅安蒙山）	绿散茶
28	蒙顶鹰嘴芽白茶	雅州蒙山（今四川雅安蒙山）	绿散茶
29	赵坡茶	汉州广汉（今四川绵竹）	绿饼茶
30	黔阳都濡茶（都濡高枝）	黔州彭水县（今重庆涪陵）	绿饼茶
31	茶岭茶	夔州（今重庆万县一带）	绿饼茶
32	香山茶（香雨茶、香真茶）	夔州（今重庆巫山、巫溪）	绿饼茶
33	多陵茶	忠州南宾（今四川石柱）	绿饼茶
34	白马茶	涪州（今四川武隆）	绿饼茶
35	宾化茶	涪州宾化（今重庆涪陵）	绿饼茶
36	狼猱山茶	渝州南平县（重庆巴县）	绿饼茶
37	纳溪梅岭茶（泸州茶、纳溪茶）	泸州（今四川纳溪）	绿散茶
38	绵州松林茶	绵州（今四川绵阳）	绿饼茶
39	昌明兽目（昌明茶、兽目茶）	绵州昌明县（今四川江油）	绿饼茶
40	神泉小团	绵州神泉县（今四川江油）	绿饼茶
41	骑火茶	绵州（今四川绵阳）	绿饼茶
42	玉垒沙坪茶	茂州（今四川汶川）	绿饼茶
43	堋口茶	彭州（今四川温江）	绿饼茶
44	彭州石花	彭州	绿饼茶

（续）

序 号	茶 名	产 地	类 别
45	仙崖茶	彭州	绿饼茶
46	峨眉白芽茶（峨眉雪芽）	眉州（今四川峨眉山）	绿散茶
47	峨眉茶	眉州峨眉山	绿饼茶
48	味江茶	蜀州青城（今四川灌县）、味江	绿饼茶
49	青城山茶	蜀州青城（今四川灌县）	绿散茶
50	蝉翼	蜀州、眉州各县	绿散茶
51	片甲	蜀州各县	绿散茶
52	麦颗	蜀州各县	绿散茶
53	乌嘴	蜀州各县	绿散茶
54	横牙	蜀州各县	绿散茶
55	雀舌	蜀州各县	绿散茶
56	百丈山茶	雅州百丈县	绿饼茶
57	名山茶	雅州名山县	绿饼茶
58	火番茶	邛州（今四川邛崃）各县	绿饼茶
59	思安茶	邛州思安县（今四川大邑县西）	绿饼茶
60	火井茶	邛州火井县（今四川邛崃县西）	绿饼茶
61	九华英	剑州（今四川剑阁以南蜀中地区）	绿饼茶
62	零陵竹间茶	永川（今湖南零陵）	绿饼茶
63	碣滩茶	辰州（今湖南源陵）	绿茶
64	灵溪芽茶	溪州（今湖南灵溪）	绿散茶
65	西山寺炒青	朗州（今湖南常德）西山寺	炒青
66	麓山茶（潭州茶）	潭州（今湖南长沙）	绿散茶
67	渠江薄片	潭州、邵州（今湖南安化、新化）	绿饼茶
68	石禀方茶	衡州（今湖南衡山）	绿饼茶
69	衡山月团	衡州（今湖南衡山）	绿饼茶
70	衡山团饼（岳山茶）	衡州（今湖南衡山）	绿饼茶
71	灉湖含膏（水喢湖茶、岳阳含膏冷）	岳州（今湖南岳阳）	绿饼茶
72	岳州黄翎毛	岳州（今湖南岳阳）	绿散茶
73	武陵茶	朗州武陵郡（今湖南溆浦）	绿饼茶
74	澧阳茶	澧州澧阳郡（今湖南澧县）	绿饼茶
75	泸溪茶	辰州泸溪郡（今湖南沅陵）	绿饼茶
76	邵阳茶	邵州邵阳郡（今湖南宝庆）	绿饼茶
77	枕子茶	今湖南	绿饼茶
78	金州芽茶	金州（今陕西安康）各县	绿散茶
79	梁州茶	梁州（今陕西汉中）各县	绿散茶

（续）

序 号	茶 名	产 地	类 别
80	西乡月团	梁州（今陕西西乡）	绿饼茶
81	光山茶	光山（今河南光山）	绿饼茶
82	义阳茶	申州义阳郡（今河南信阳）	绿饼茶
83	祁门方茶	歙州祁门县（今安徽祁门）	绿饼茶
84	牛轭岭茶	歙州（今安徽黄山市）	绿饼茶
85	歙州方茶	歙州新安各县（今安徽黄山市）	绿饼茶
86	新安含膏	歙州新安各县（今安徽黄山市）	绿饼茶
87	至德茶	池州至德县（今安徽东至）	绿饼茶
88	九华山茶	池州青阳县（今安徽青阳）	绿饼茶
89	瑞草魁（雅山茶、鸭山茶、鸦山茶、丫山茶、丫山阳坡横纹茶）	宣州（今安徽宣城、郎溪、广德、宁国四县交界的丫山）	绿饼茶
90	庐州茶	庐州舒城县（今安徽舒城）	绿饼茶
91	舒州天柱茶	舒州潜山（今安徽岳西）	绿饼茶
92	小岘春	寿州盛唐（今安徽六安）	绿饼茶
93	六安茶	寿州盛唐（今安徽六安）	绿饼茶
94	霍山天柱茶	寿州（今安徽霍山）	绿饼茶
95	霍山小团	寿州（今安徽霍山）	绿饼茶
96	霍山黄芽（寿州黄芽）	寿州（今安徽霍山）	绿饼茶
97	寿阳茶	寿州寿春县（今安徽寿县）	绿饼茶
98	婺源先春含膏	歙州婺源县（今江西婺源）	绿饼茶
99	婺源方茶	歙州婺源县（今江西婺源）	绿饼茶
100	径山茶	杭州仁和县（今浙江杭州）	绿饼茶
101	睦州细茶	睦州各县（今浙江建德、淳安）	绿散茶
102	鸠坑茶	睦州（今浙江建德、淳安）	绿饼茶
103	婺州方茶	婺州（今浙江金华）各县	绿饼茶
104	举岩茶	婺州金华县（今浙江金华）	绿饼茶
105	东白茶	婺州东阳县（今浙江东阳）	绿饼茶
106	明州茶	明州（今浙江宁波鄞县）	绿饼茶
107	剡溪茶（剡茶、剡山茶）	越州（今浙江嵊州）	绿饼茶
108	瀑布岭仙茗	越州余姚（今浙江余姚）	绿饼茶
109	灵隐茶	杭州钱塘（今浙江杭州）	绿饼茶
110	天竺茶	杭州钱塘（今浙江杭州）	绿饼茶
111	天目茶（天目山茶）	杭州（今浙江临安）	绿饼茶
112	顾渚紫笋（湖州紫笋、吴兴紫笋）	湖州吴兴（今浙江长兴）	绿饼茶
113	润州茶	润州（今江苏南京）	绿饼茶
114	洞庭山茶	苏州（今江苏苏州）	绿饼茶

（续）

序　号	茶　名	产　地	类　别
115	蜀冈茶	扬州（今江苏扬州）	绿饼茶
116	阳羡紫笋（义兴紫笋、常州紫笋）	常州义兴县（今江苏宜兴）	绿饼茶
117	夷州茶	夷州（今贵州石阡）	绿饼茶
118	费州茶	费州（今贵州思南、德江）	绿饼茶
119	思州茶	思州（今贵州婺川、印江）	绿饼茶
120	播州生黄茶	播州（今贵州遵义、桐梓）	绿饼茶
121	吉州茶	吉州（今江西吉安、井冈山）	绿饼茶
122	庐山云雾（庐山茶）	江州庐山（今江西庐山）	绿散茶
123	鄱阳浮梁茶	饶州浮梁县（今江西景德镇）	绿饼茶
124	界桥茶	袁州宜春县（今江西宜春）	绿饼茶
125	麻姑茶	抚州（今江西南城）	绿散茶
126	西山鹤岭茶	洪州（今江西南昌）	绿散茶
127	西山白露茶	洪州（今江西南昌）	绿散茶
128	唐茶	福州（今福建福州）	绿饼茶
129	蜡面茶（蜡茶）	建州（今福建建瓯）	绿饼茶
130	建州大团	建州（今福建建瓯）	绿饼茶
131	建州研膏茶（建茶、武夷茶）	建州（今福建建瓯）	绿饼茶
132	福州正黄茶	福州各县	绿饼茶
133	柏岩茶（半岩茶）	福州（今福建福州）	绿饼茶
134	方山露芽（方山生芽）	福州（今福建福州）	绿饼茶
135	金饼	福建	绿饼茶
136	罗浮茶	惠州博罗县（今广东博罗）	绿饼茶
137	岭南茶	韶州（今广东韶州）	绿饼茶
138	韶州生黄茶	韶州（今广东韶关）各县	绿饼茶
139	西乡研膏茶	封州（今广东封川）	绿饼茶
140	西樵茶	广州新会西樵山（今广东南海）	绿　茶
141	吕仙茶（吕岩茶、刘仙岩茶）	廉州灵川县（今广西灵川）	绿饼茶
142	象州茶	象州阳寿县（今广西象州）	绿饼茶
143	西山茶	浔州桂平县（今广西桂平）	绿散茶
144	容州竹茶	容州（今广西容县）	绿饼茶
145	普茶（普洱茶）	南诏普洱所属六茶山（今云南思茅、西双版纳地区）	绿饼茶

综合唐代陆羽《茶经》和李肇《唐国史补》等历史资料记载，唐代各地所产名优茶，若按当今省区市划分，分布如下：

唐代各省区市所产名优茶归类

相当现今省市	所产茶叶
四川	雅州（今四川雅安）一带的蒙顶茶，包括蒙顶研膏茶、蒙顶紫笋、蒙顶压膏露芽、谷芽、蒙顶石花、蒙顶井冬茶、蒙顶钱芽、蒙顶鹰嘴芽白茶、云茶、雷鸣茶，都江堰一带的有青城山茶、味江茶、蝉翼、片甲、麦颗、鸟嘴、横牙、雀舌，眉州（今眉山、峨眉山）一带的有峨眉白芽茶（峨眉雪芽）、峨眉茶、五花茶，名山一带的有名山茶、百丈山茶，邛崃一带的有火番茶、火井茶，绵阳一带的绵州松岭茶、骑火茶，温江一带的珊口茶、彭州石花、仙崖茶，泸州纳溪的纳溪梅岭茶，江油的昌明兽目（昌明茶、兽目茶），安县的神泉小团，汶川的玉垒沙坪茶，大邑的思安茶，剑阁以南地区的九华英
浙江	湖州长兴的顾渚紫笋，余杭的径山茶，建德、淳安的睦州细茶、鸠坑茶，金华的婺州方茶、举岩茶，东阳、磐安的东白茶，鄞县的明州茶，嵊县的剡溪茶，余姚的瀑布岭仙茗，杭州的灵隐茶、天竺茶，临安的天目茶、永嘉白茶等
重庆	重庆的茶岭茶，巫山巫溪的香山茶，彭水的黔阳都濡茶（都濡高技），石柱的多棱茶，武隆的白马茶，涪陵的宾化茶、三般，开县的龙珠茶，合川的水南茶，巴南的狼猱山茶等
湖北	宜昌一带的夷陵茶、小江源（园）茶、朱萸簝、方蕊茶、明月茶，当阳的仙人掌茶，蕲春一带的蕲水团薄饼、蕲水团黄、蕲门团黄，黄冈一带的黄冈茶，赤壁、崇阳一带的鄂州团黄，恩施的施州方茶，秭归的归州白茶（清口茶），松滋的荆州碧涧茶、楠木茶，枝城的峡州碧涧茶，襄阳、南漳的襄州茶等
湖南	零陵的零陵竹间茶，沅陵的碣滩茶，龙山灵溪的灵溪芽茶，常德的西山寺炒青，长沙的麓山茶（潭州茶），安化、新化的渠江薄片，衡山的石廪方茶、衡山月团、岳山茶，岳阳的灉湖含膏（岳阳含膏茶）、岳州黄翎毛，溆浦的武陵茶，澧县的澧阳茶，沅陵的泸溪茶，邵阳的邵阳茶，茶陵的茶陵茶等
陕西	安康的金州芽茶，汉中的梁州茶，西乡的西乡月团等
河南	光山的光山茶，信阳的义阳茶等
安徽	祁门的祁门方茶，黄山各县的新安含膏、牛轭岭茶，歙县的歙州方茶，东至的至德茶，青阳的九华山茶，宣州一带雅山茶（瑞草魁、鸦山茶、鸭山茶、丫山茶、丫山阳坡横纹茶），舒城的庐州茶，岳西的舒州天柱茶，六安的小岘春、六安茶，霍山、六安一带的霍山天柱茶、霍山小团、霍山黄芽（寿州黄芽），寿县的寿阳茶等
江西	婺源一带的先春含膏、婺源方茶，吉安的吉州茶，九江的庐山云雾茶（庐山茶），景德镇的浮梁茶，宜春的界桥茶，南城的麻姑茶，南昌的西山鹤岭茶、西山白露茶等
江苏	南京的润州茶，苏州的洞庭山茶，扬州的蜀冈茶，宜兴的阳羡茶等
贵州	石阡的夷州茶，思南、德江的费州茶，婺川、印江的思州茶，遵义、桐梓的播州生黄茶等
福建	建瓯一带的蜡面茶、建州大团、建州研膏茶（建茶、武夷茶），福州的唐茶、正黄茶、柏岩茶（半岩茶）、方山露芽（方山生芽）等
广东	博罗的罗浮茶，韶关的岭南茶、韶州生黄茶，封开的西乡研膏茶，南海的西樵茶等
广西	灵川的吕仙茶（吕岩茶、刘仙岩茶），象州的象州茶，桂平的西山茶，容县的容州竹茶等
云南	西双版纳、思茅一带的银生茶（普茶）等

　　唐代各地所产茶叶，按当时的品质分等，以现在的湖北宜昌、远安，河南光山，浙江长兴、余姚，四川彭山等地产的茶叶为上。在唐代众多茶品中，尤以四川的蒙顶茶为先，但因数量少，所以唐时影响最为深远的依然是江苏宜兴的阳羡茶和浙江长兴的紫笋茶。

　　另外，唐时饮茶之风已普及全国。据查，在唐以前中国饮茶主要局限于南方，北方初不饮茶。至唐开元年间（713—741），由于北方大兴禅教，坐禅夜不夕食，只许饮茶，所以饮茶在

竖立在天门西湖之滨的
陆羽立像

北方也很快相效成风，如此使饮茶在全国范围兴起。所以，唐代封演撰《封氏闻见记》有：当时"茶道大行，王公朝士无不饮者"，茶成了"比屋皆饮"之物。

随着饮茶在全国范围内的兴起，茶馆业已相当发达。唐代封演《封氏见闻记》道：自邹、齐、沧、棣，渐至京邑城市，已有许多煎茶卖茶的茶馆了。

而在一些边疆地区，诸如新疆、西藏等地，兄弟民族在领略了饮茶对食用奶、肉有助消化的特殊作用，以及茶的风味以后，也视茶为珍品，把茶看作是最好的饮料。

（二）首开茶书先河，《茶经》是影响茶文化发展之作

唐代陆羽《茶经》乃是中国也是世界上第一部茶文化专著，为引领和推动茶及茶文化的发展起到了重要的作用。

自《茶经》问世以来，虽历经1 200余载，但一直为历代茶人传诵，成为不朽之作，至今影响深远。

1.陆羽生平　陆羽（约733—804），唐代复州竟陵（今湖北天门）人，字鸿渐，一名疾，字季疵，自称桑苎翁，又号东冈子。他原本是个弃婴（一说是"遗孤"），年幼时为天门龙盖寺

（后改名为西塔寺）智积禅师（又称积公）在湖滨捡得，收养于寺院之中。在《新唐书》《唐才子传》《唐诗纪事》中，均称陆羽不知其生年和他的父母。但在《全唐文·陆文学自传》中，说陆羽在"上元辛丑岁"时，年方"二十有九"。而上元辛丑岁是唐肃宗上元二年，即761年。由此推算出陆羽生于733年。晚年，陆羽卒于浙江湖州，是年为唐德宗贞元二十年，即804年。可也有人觉得陆羽出生年月按此推理缺少前提，为此在《中国人名大词典》等一些典籍中，有把陆羽出生年月标注为"733？"的。

湖州
陆羽墓

陆羽生平富有传奇色彩，年幼时，在习学的同时，还学了不少茶事知识。但他身入寺院，却不愿学佛，更不愿皈依佛门，坚持读儒学。大约十一二岁时逃离寺院，加入戏班，作过"伶工"（即艺人）。约十三岁时，正值河南府尹李齐物贬官竟陵太守，陆羽的才华引起了李氏的关注，送给诗书，又介绍陆羽去竟陵火门山邹夫子处读书。陆羽拜师读书后，仍不忘茶事，常去附近的龙尾山考查茶事，为师煮茗。如此转眼到了天宝十一年（752），约在陆羽20岁时，拜别邹夫子回到竟陵。是年，陆羽又拜开元进士，曾当过朝廷重臣，后又贬官到竟陵作司马的崔国辅（678—755）为师。《陆文学自传》曰："属礼部郎中崔公国辅出守竟陵，因与之游处。凡三年，赠白驴乌犎牛一头，文槐书函一枚……"使陆羽的学问大有长进，为后来研究茶学打下了深厚的根基。

天宝十三年（754），陆羽22岁时拜别恩师崔公，离开竟陵，终于专心致志地踏上了探茶之路。他出游义阳、巴山、峡州，品巴东"真香茗"，在宜昌，尝峡州茶，谈蛤蟆泉。次年，陆羽又回竟陵定居。

天宝十五年（756），他在"安史之乱"前后，又离开家乡，广游鄂西、川东、川南、豫南、鄂东、赣北、皖南、皖北、苏南等地。一路之上，跋山涉水，考查茶事，品泉鉴水，勇于探究，搜集了大量茶事资料，为日后撰写《茶经》积累了资料。

乾元元年（758），陆羽去江苏调研茶事，品江苏丹阳观音寺水、扬州大明寺泉。后因受战事牵制，又南下杭州考察茶事，住灵隐寺与住持达标相识，结为至交，并对天竺、灵隐两寺产茶及茶的品第作了评述。

上元元年（760），陆羽到达浙江湖州考察茶事，其地盛产名茶。其间，陆羽结识了既精通禅宗，又深懂茶道的杼山妙喜寺诗僧皎然，两人情趣相投，常在一起品茶论道，终于结为忘年之交。

上元二年（761），陆羽作《自传》，后人称《陆文学自传》。如此，至宝应元年（762）间，陆羽平日常隐居湖州苕溪之滨的桑苎园草堂，并常去湖州长兴顾渚山考察紫笋名茶，"结庐于苕溪之湄，闭关对书，不杂非类，名僧高士，谈宴永日，常扁舟往山寺……"此外，还有与师友品茗吟诗，留下的众多联句茶诗。

另外，陆羽还去江苏无锡品惠山泉水，到苏州虎丘品石泉水，还品尝过吴淞江水。这些事迹都可在他以后的著述中找到印证。

宝应二年（763），陆羽去杭州考察茶事，对天竺、灵隐两寺产茶及茶的品第作了评述。同时，又去杭州的径山、双溪一带，把泉品茶，足迹踏遍浙北和苏南茶区，采集了大量的茶事资料。而苏杭一带，历来是文人墨客云集之地，陆羽在此结识了许多贤达名士，从中又得到了

重建后的
天门西塔寺一角

许多素材。终于在唐永泰元年（765），完成了茶叶专著《茶经》初稿，时人竞相传抄。从陆羽好友、诗人耿湋《联句多暇赠陆三山人》"一生为墨客，几世作茶仙"中，就可知陆羽其时，已是名声在外。其时，陆羽移居湖州青塘别业，进一步专心致志研究茶学，审订《茶经》，继续寻究茶事，充实内容。其好友皎然去房舍找他不遇，感慨之余，写了《寻陆鸿渐不遇》，诗曰："移家虽带郭，野人入桑麻。近种篱边菊，秋来未著花。扣门无犬吠，欲去问西家。报道山中去，归来每日斜。"对陆羽专心茶事的精神，表示由衷的敬佩。

大历八年（773），颜真卿出任湖州刺史，在皎然的引荐下，陆羽参加了时任湖州刺史颜真卿的《韵海镜源》续编工作，使陆羽有幸博览群书，从中辑录了古籍中大量有关古代茶事历史资料。于是从大历十年（775）开始，陆羽在《茶经》中充实了大量有关茶的历史资料，又增加了一些茶事内容，遂于建中元年（780）前后，《茶经》刻印成书，正式问世。这样，从陆羽寺院长大到六七岁跟积公学烹茶开始，到陆羽四十八岁《茶经》问世止，前后共倾注了四十多年的心血，才得以完成一部举世瞩目的《茶经》著作。从而，奠定了中国茶及茶文化学科的基础。

建中四年（783），陆羽移居江西上饶，建宅筑亭挖井，栽茶种竹会友。并应洪州（今修水）御史肖输之邀，寓居洪州玉之观，编《陆羽移居洪州玉之观诗》一辑，权德舆为之作序。

贞元五年（789），应岭南节度使、李齐物之子李复之邀，辅佐李复。次年回洪州，仍居玉之观。

贞元八年（792），陆羽返回湖州青塘别业，著书立说。

贞元十年（794），在陆羽62岁时，移居江苏苏州，在虎丘山结庐，凿井种茶，平静修养。

贞元十五（799），陆羽重回湖州，安度晚年。

贞元二十年（804），告老离世于青塘别业，终年72岁。

从上可见，陆羽在事业上取得的成就是多方面的，只是由于陆羽生前在其他方面取得的业绩为茶及茶文化上取得的辉煌成就所掩；陆羽死后，又为《茶经》的广泛影响和流传所

盖而已。

2.《茶经》内容略说 《茶经》问世是茶文化形成的重要标志，在国内外产生了深远影响。据吴觉农主编《茶经述评》（第二版）载：自唐至20世纪40年代止，历代《茶经》版本，著录于各书的有6种，北京图书馆收藏的有10种，未经北京图书馆标明收藏的有6种，著录于万国鼎所撰《茶书总目提要》中的有15种，日本诸冈存《茶经评释》尚著录有2种。其实，自唐至民国时期，在国内外已有几十种《茶经》版本问世。从陈师道《茶经·序》中可知，北宋时《茶经》就有毕氏、王氏、张氏及其家传本等版本，可惜唐宋时的版本大多已佚失。据不完全统计，截至民国时期，能查找到的《茶经》版本，包括部分其他国家的刊本在内，至少还有50余种，详见下表所示。

古代现存《茶经》刊本

序 号	名 称
1	宋左圭编咸淳九年（1273）刊百川学海壬集本
2	明弘治十四年（1501）华珵刊百川学海壬集本
3	明嘉靖十五年（1536）郑氏文宗堂刻百川学海本
4	明嘉靖壬寅（二十一年，1542）柯双华竟陵刻本
5	明万历十六年（1588）孙大绶秋水斋刊本
6	明万历十六年程福生刻本
7	明万历癸巳（二十一年，1593）胡文焕百家名书本
8	明万历癸卯（三十一年，1603）胡文焕格致丛书本
9	明万历中汪士贤山居杂志本
10	明郑熜校刻本
11	明万历四十一年（1613）喻政《茶书》本
12	明重订欣赏编本
13	明宜和堂刊本
14	明乐元声刻本（在欣赏编本之后）
15	明朱祐槟《茶谱》本
16	明汤显祖（1550—1617）玉茗堂主人别本茶经本
17	明钟人杰张逐辰辑明刊唐宋丛书本
18	明人重编明末刊百川学海辛集本
19	明人重编明末叶坊刊百川学海辛集本
20	明冯梦龙（1574—1646）辑五朝小说本
21	元陶宗仪辑，明陶珽重校，清顺治丁亥（三年，1646）两浙督学李际期刊行，宛委山堂说郛本
22	清陈梦雷、蒋廷锡等奉敕编雍正四年（1726）铜活字排印古今图书集成本
23	清雍正十三年（1735）寿椿堂刊陆廷灿《续茶经》本
24	文渊阁四库全书本（清乾隆四十七年，1782年修成）

（续）

序　号	名　　称
25	清乾隆五十七年（1792）陈世熙辑挹秀轩刊唐人说荟本
26	清张海鹏辑嘉庆十年（1805）虞山张氏照旷阁刊学津讨原本
27	清王文浩辑嘉庆十一年（1806）唐代丛书本
28	清王谟辑《汉唐地理书钞》本
29	清吴其濬（1789—1847）植物名实图考长编本
30	道光三十二年（1843）刊唐人说荟本
31	清光绪十年（1884）上海图书集成局印扁木字古今图书集成本
32	清光绪十六年（1890）总理各国事务衙门委托同文书局影印古今图书集成原书本
33	清宣统三年（1911）上海天宝书局石印唐人说荟本
34	国学集本丛书本——民国八年（1919）上海商务印书馆印清吴其濬植物名实图考长编本
35	吕氏十种本
36	小史雅集本
37	文房奇书本
38	张应文藏书七种本
39	民国西塔寺刻本
40	常州先哲遗书本
41	民国十年（1921）上海博古斋据明弘治华氏本景印百川学海（壬集）本
42	民国十一年（1922）上海扫叶山房石印唐人说荟本
43	民国十一年上海商务印书馆据清张氏刊本景印学津讨原本（第十五集）
44	民国十二年（1923）卢靖辑沔阳卢氏刊湖北先正遗书本
45	五朝小说大观本，民国十五年（1926）上海扫叶山房石印本
46	民国十六年（1927）陶氏涉园景刊宋咸淳百川学海乙集本
47	民国十六年张宗祥校明钞说郛涵芬楼刻本
48	民国二十三年（1934）中华书局影印殿本古今图书集成本
49	万有文库本，民国二十三年上海商务印书馆印清吴其濬植物名实图考长编本
50	丛书集成初编本等多种刊本
51	日本宫内厅书陵部藏百川学海本
52	明郑熜校日本翻刻本
53	日本大典禅师茶经详说本
54	日本京都书肆翻刻明郑熜校本

资料来源：摘自郑培凯、朱自振《中国历代茶书汇编·校注本》。

《茶经》内容分上中下三篇，共七千余字，分十章。

"一之源"记述了茶树的起源："茶者，南方之嘉木也，一尺、二尺，乃至数十尺。其巴山峡川，有两人合抱者，伐而掇之。"这一记载为论证茶起源于中国提供了历史资料。《茶经》中

茶树生长土壤
以烂石为上

关于茶树的植物学性状，描写得形象而又确切："叶如栀子，花如白蔷薇，实如栟榈，茎如丁香，根如胡桃。"接着，《茶经》还阐述了"茶"字的构造和同义字。在茶树栽培方面，陆羽特别注重土壤条件和嫩梢性状对茶叶品质的影响："其地，上者生烂石，中者生砾壤，下者生黄土。"这个结论，已被科学分析所证实。茶树芽叶与品质的关系是"紫者上，绿者次；笋者上，牙者次；叶卷上，叶舒次"。这种相关性的论述，至今仍有现实意义。

《茶经》论述茶的功效时指出，茶的收敛性能使内脏出血凝结，在热渴、脑痛、目涩或百节不舒时，饮茶四五口，其消除疲劳的作用可抵得上"醍醐甘露"。

"二之具""三之造"中，详细地记述了当时采摘、制造茶叶必备的各种工具19种，它们是：采茶工具：篮；蒸茶工具：灶、釜、甑、箪、榖木枝；捣茶工具：杵、臼；拍茶工具：规、承、襜、芘莉；焙茶工具：棨、朴、焙、贯、棚；穿茶工具：穿；封茶工具：育。

同时，《茶经》还把当时主要茶类，即饼茶的采制方法，分为采、蒸、捣、拍、焙、穿、封七道工序，将饼茶的质量根据外形光整度分为八等，其中优等茶6种，它们是：①鞞：饼面有皱缩的细褶纹；②牛臆：饼面有整齐的粗褶纹；③浮云出山：饼面有卷曲的褶纹；④轻飙拂水：饼面呈微波状；⑤澄泥：饼面平滑；⑥雨沟：饼面光滑有沟痕。

此外，还有次等茶2种，它们是：①竹箨：饼面呈笋壳状，起壳或脱落呈筛状，含老梗；②霜荷：饼面呈凋萎荷叶状，色泽干枯。

"四之器"中，开列了28种煮茶和饮茶器具，并将每件器具的制作原料、方法、规格、用途加以阐明。这是茶器发展史上，对茶器的最明确、最系统、最完善的记录。

"五之煮"中，首先论述了烤茶方法和烤茶燃料。提出烤茶时，要"持以逼火"，温度要高些。但要"屡其翻正"，使茶饼受热均匀，以防"炎凉不均"。经碾筛后的茶末，提出以"屑如细米"者为上。对烤茶燃料，提出首选用木炭，其次用硬柴。沾染膻腥味的和含油脂的柴薪，以及朽坏的木料，不能应用。

接着，阐述了煮茶用水，提出煮茶用水"山水上，江水中，井水下"。对山水，又提出"其山水，拣乳泉、石池漫流者上"。

最后，又着重阐述了煮茶和饮茶方法。对煮茶，提出"三沸"之说：把水入鍑，当烧至"沸如鱼目，微有声"，谓之"一沸"。其时，加入适量盐调味；烧水至"缘边如涌泉连珠"时，谓之"二沸"。其时，"出水一瓢，以竹夹环激汤心，则量末当中心下"；当烧水至"腾波鼓浪"时，谓之"三沸"。其时，将舀出的一瓢水倒入鍑中，止沸育"华"（花），此谓唐人煮茶的全过程。对饮茶，提出1升之水，只酌3～5碗，趁热饮下，这样才不至于"精英随气而竭"。

"六之饮"中，首先提到饮茶的意义在于"荡昏寐"；接着指明了饮茶的沿革，从"发乎神农氏，闻于鲁周公"说到"盛于国朝"（指唐朝）；最后写道："饮有觕（粗）茶、散茶、末茶、饼茶者。"此外，还对饮茶的方式方法作了说明，提出"一则"茶末，只煮三碗才能使茶汤"珍鲜馥烈"，较次的煮五碗。

"七之事"中，列有中唐及中唐以前的茶事历史人物和历史资料，其中：

历史人物：分别是三皇：炎帝神农氏；周：鲁周公旦，齐相晏婴；汉：仙人丹丘子、黄山君，司马文园令相如，扬执戟雄；吴：归命侯，韦太傅弘嗣，以及晋、（南北朝）后魏、（南北朝）宋、（南北朝）齐、（南北朝）梁、皇朝（唐）等历朝与茶有关的历史人物共43位。

历史资料：共摘录48条，大致可分为7类。详见下表所示。

《茶经》历史资料归类

序号	类别	内容
1	医药保健类	《神农本草》（失传）、司马相如《凡将篇》、刘琨与兄子南兖州刺史演书、华佗《食论》、壶居士《食忌》、陶弘景《杂录》、徐勣《本草·木部》、《枕中方》和《孺子方》9条
2	历史文化类	《晏子春秋》《吴志·韦曜传》《晋中兴书》《晋书》《世说》、记事：黄门以瓦盂盛茶上（晋）惠帝、《艺术传》（即《晋书·艺术传》）《释道该说续名僧传》《江氏家传》《（南北朝）宋录》和《后魏录》共11条
3	诗词歌赋类	左思《娇女》诗、张孟阳《登成都楼》诗、孙楚歌、王微《杂诗》和鲍昭妹令晖《香茗赋》5条
4	神话故事类	《搜神记》《神异记》《续搜神记》《异苑》和《广陵耆老传》5条
5	名称注释类	周公《尔雅》、扬雄《方言》、郭璞《尔雅注》和《本草·菜部》4条
6	地理地名类	傅巽《七诲》《坤元录》《括地图》、山谦之《吴兴记》《夷陵图经》《永嘉图经》《淮阴图经》和《茶陵图经》8条
7	其他类	《广雅》、傅咸司隶教示、弘君举《食檄》、南齐世祖武皇帝遗诏、梁刘孝绰谢晋安王饷米等启和《桐君录》6条

资料来源：《茶经述评》，吴觉农主编，中国农业出版社，2005年3月。

"八之出"中，把唐代茶叶产地分为山南、淮南、浙西、剑南、浙东、黔中、江南和岭南八大茶区。同时，为了比较茶叶品质的次第，还具体列出了唐代时茶叶产区中的43个州郡、44个县的名称。进而，又对各个茶叶产区的茶叶品质，划分为"上""下"和"又下"三等进行了比较。详见下表所示。

《茶经》中的唐代八大茶区所属州和县

道 名	州郡名	县 名
山南	峡州、襄州、荆州、衡州、金州、梁州	远安、宜都、夷陵、南鄣、江陵、衡山、茶陵、西城、安康、襄城、金牛
淮南	光州、义阳郡，舒州、寿州、蕲州、黄州	光山、义阳、太湖、盛唐、黄梅、麻城
浙西	湖州、常州、宣州、杭州、睦州、歙州、润州、苏州	长城、安吉、武康、义兴、宣城、太平、临安、于潜、钱塘、桐庐、婺源、江宁、长洲
剑南	彭州、绵州、蜀州、邛州、雅州、泸州、眉州、汉州	九陇、龙安、西昌、昌明、神泉、青城、丹棱、绵竹
浙东	越州、明州、婺州、台州	余姚、鄞县、东阳、丰县
黔中	思州、播州、费州、夷州	
江南	鄂州、袁州、吉州	
岭南	福州、建州、韶州、象州	闽县、山阴（唐属浙东道）

"九之略"写的是在不同场合下，有些茶具可以省略。

"十之图"说的是用书写张挂方法，有利加强记忆。

总之，《茶经》的内容是很丰富的，涉及的知识面也很广，它包括了植物学、农艺学、生态学、生化学、水文学、药理学、历史学、民俗学、地理学、人文学、铸造学、陶瓷学等诸多方面的学科内容，其中还辑录了不少现已失传的珍贵典籍片断。《茶经》是一部茶学百科全书。

3.《茶经》影响深远　《茶经》问世，为后来的茶产业发展、茶科学的创立和茶文化的提升打下了丰厚的根基。但时至今日，中外学者对《茶经》有过比较系统而深入的研究，后人也出版过《续茶经》《茶经校注》《茶经诠释》等众多专著。仅据1978—2011年统计，中国就出版过《茶经》研究著作61部（列表如下），并发表过《茶经》研究论文150余篇，其影响之深可见一斑。

1978—2011年出版的《茶经》研究著作

序 号	作 者	书 名	出版社	年 份
1	张迅齐编译	《茶话与茶经》	台北：台湾常春树书坊	1978
2	陈彬藩著	《茶经新篇》	香港：香港镜报文化企业有限公司	1980
3	张芳赐著	《茶经浅释》	昆明：云南人民出版社	1981
4	陆羽著，傅树勤、欧阳勋译注	《陆羽茶经译注》	武汉：湖北人民出版社	1983
5	蔡嘉德著，吕维新译	《茶经语释》	北京：农业出版社	1984
6	陆羽著，张宏庸编纂	《陆羽茶经译丛》	桃园：茶学文学出版社	1985
7	陆羽著	《丛书集成初编：茶经宣和北苑贡茶录茶品要录》	北京：中华书局	1985
8	吴觉农主编	《茶经述评》	北京：农业出版社	1987

（续）

序 号	作 者	书 名	出版社	年 份
9	欧阳勋，陈幼发主编	《茶经论稿》	武汉：武汉大学出版社	1988
10	陆羽著，熊蕃撰，黄儒著	《茶经·宣和北苑贡茶录·茶品要录》	北京：中华书局	1991
11	[日]千宗室著，萧艳华译	《〈茶经〉与日本茶道的历史意义》	天津：南开大学出版社	1992
12	王缵叔，王冰莹编著	《茶经·茶道·茶药方》	西安：西北大学出版社	1996
13	王晓达编	《茶圣陆羽》	成都：四川少年儿童出版社	1996
14	宋平生等著译	《历代茶经酒经论选译》	北京：中国青年出版社	1998
15	郭超，夏于全编著	《传世名著百部乐记、茶经、景德镇陶录》（第61卷）	北京：蓝天出版社	1999
17	黄志杰等主编	《遵生八笺、茶经、饮膳正要、食物本草精译》	北京：科学技术文献出版社	2000
18	童正祥，周世平著	《新编陆羽与茶经》	香港：香港天马图书有限公司	2003
19	裘纪平著	《茶经图说》	杭州：浙江摄影出版社	2003
20	[唐]陆羽，[清]陆廷灿著	《茶经·续茶经》	北京：中国工人出版社	2003
21	程启坤，杨招棣，姚国坤著	《陆羽〈茶经〉解读与点校》	上海：上海文化出版社	2003
22	柯秋先编著	《茶书——茶艺、茶经、茶道、茶圣讲读》	北京：中国建材工业出版社	2003
23	陆羽著	《影印宋刻〈茶经〉》	杭州：杭州出版社	2003
24	陈国勇编著	《中国古典文学丛书/茶经》	南宁：广西民族出版社	2004
25	[唐]陆羽，[清]陆廷灿著，乙力编	《茶经·续茶经》	兰州：兰州大学出版社	2004
26	[唐]陆羽著，张芳赐等译释	《茶经译释》	昆明：云南科学技术出版社	2004
27	[唐]陆羽，[清]陆廷灿著，志文注译	《茶经》	西安：三秦出版社	2005
28	[唐]陆羽著，卡卡译注	《茶经》	北京：中国纺织出版社	2006
29	[唐]陆羽，[清]陆廷灿著	《茶经》	昆明：云南人民出版社	2006
30	[唐]陆羽著	《茶经》	北京：华夏出版社	2006
31	南国嘉木编著	《茶经新说》	北京：中国市场出版社	2006
32	[唐]陆羽撰，沈冬梅校注	《茶经校注》	北京：中国农业出版社	2006
33	[唐]陆羽著，萧晴编译	《茶经》	北京：中国市场出版社	2006
34	齐豫生著	《意林茶经》	长春：北方妇女儿童出版社	2006
35	中国国际茶文化研究会编	《茶书集成》（1、2、3、4）	北京：中华书局	2007
36	[唐]陆羽，[清]陆廷灿著	《茶经》	北京：蓝天出版社	2007
37	[唐]陆羽著，紫图编绘	《图解茶经》	海口：南海出版公司	2007
38	[唐]陆羽著	《茶经（图文版）》	南京：凤凰出版社	2007

（续）

序　号	作　者	书　名	出版社	年　份
39	[唐]陆羽，[清]朱琰著	《茶经陶说》	长春：时代文艺出版社	2008
40	[台湾]池宗宪著	《茶经》	北京：中国友谊出版公司	2008
41	[唐]陆羽，[清]陆廷灿著	《茶经·续茶经》（插图本）	沈阳：万卷出版公司	2008
42	陈文华主编	《中国茶文化典籍选读》	南昌：江西教育出版社	2008
43	李桂编著	《茶经漫话》	北京：新世界出版社	2009
44	[唐]陆羽，[清]陆廷灿著，张峰书整理	《茶经·续茶经》（上、中、下）	沈阳：万卷出版公司	2009
45	[唐]陆羽著	《图说茶经》	北京：北京燕山出版社	2009
46	贾振明主编	《图解文释茶经》	呼和浩特：远方出版社	2009
47	[唐]陆羽著，宋一明译注	《茶经译注外三种》	上海：上海古籍出版社	2009
48	文婕主编	《新编中国古今茶经大全》	呼和浩特：内蒙古人民出版社	2009
49	[唐]陆羽，[清]陆廷灿著	《茶经》	合肥：黄山书社	2010
50	[唐]陆羽著	《茶经》（影印本）	合肥：黄山书社	2010
51	[唐]陆羽著	《茶经》	北京：中华书局	2010
52	[唐]陆羽撰	《茶经·续茶经》	郑州：中州古籍出版社	2010
53	姚国坤编著	《茶圣·〈茶经〉》	上海：上海文化出版社	2010
54	[唐]陆羽著，钟强主编	《茶经》（精装珍藏本）	哈尔滨：黑龙江科学技术出版社	2010
55	[唐]陆羽原著	《茶经全书》	呼和浩特：内蒙古人民出版社	2010
56	[唐]陆羽著	《图解茶经认识中国茶道正宗》	海口：南海出版公司	2010
57	唐译编著	《图解茶经》（白话全译彩图版）	海拉尔：内蒙古文化出版社	2011
58	[唐]陆羽著	《茶经》	昆明：云南人民出版社	2011
59	双鱼文化主编	《中国茶经茶道》	南京：凤凰出版社	2011
60	张绍民著	《〈茶经〉的人生智慧》	贵阳：贵州人民出版社	2011
61	[唐]陆羽著	《茶经》（彩色珍藏版）	北京：中国画报出版社	2011

资料来源：摘自《陆羽〈茶经〉研究》，第146～149页。

　　《茶经》是中国茶文化史上的圭臬之作，影响至深，主要呈现：

　　（1）茶学的典范：《茶经》全面地总结和记录了唐代中期及唐以前有关茶的诸多方面的经验与茶事，俨如一面镜子，展示了唐代中期及唐以前各个历史时期茶及茶文化的画面，以及重要茶事的始末，是一部茶及茶文化的历史文献。可以毫不夸张地说，如果没有陆羽这部《茶经》，就无法彻底弄清唐代中期及唐以前茶及茶文化的发展历史。所以，《茶经》一问世，立即在国内外产生了深远的影响，并对后来茶叶生产和茶学的发展具有重要的推动作用。

　　（2）茶学百科全书：《茶经》的内容是十分丰富的，涉及的知识面也很广，它包括了植物学、农艺学、生态学、生化学、水文学、药理学、历史学、民俗学、地理学、人文学、铸造学、陶瓷学等诸多方面的学科内容，可以说《茶经》是一部茶学的百科全书。

　　（3）中唐前的茶事总结：中唐以前，已有茶学及茶文化的萌芽与孕育，在不少的史书中对茶已有一些零星的记载。如公元前2世纪西汉初成书的《尔雅》中有"槚，苦荼"的记述、司马相如《凡将篇》中已把茶列为一味中药；三国《广雅》中有"荆巴间采茶作饼"的记载。到了晋代，更有以茶倡廉、以茶敬客、以茶健身、以茶治病、以茶作祭等多种记述。陆羽《茶经》将这些零星分散的茶叶点滴历史，从浩瀚如海的大量史籍中寻找出来，一一作了记录。如今，很多唐以前有关古籍中已失传的茶事历史资料，人们却可以从历代出版的《茶经》中找到它的文字依据。特别是陆羽《茶经·七之事》中，引述几十本典籍中有关茶事的记载，记述的人物有几十个，涉及的茶事内容十分广泛，有茶的特征、特性、产地、饮用、保健、药用、待客、倡廉、代酒、解乏、茶市、茶神话、茶故事、品茶、鉴赏、祭祀等。除《茶经·七之事》之外，在其他章节中也有不少历史记述，如《茶经·一之源》中，讲到巴山峡川有两人合抱的大茶树，讲到茶字字源的历史记载和茶的五种称谓。《茶经·六之饮》中，讲到"茶之为饮"的发展历史，指出了饮茶的开始，以及历代与茶有关的重要人物和唐时的饮茶盛况。所以说，《茶经》是中唐及其以前的茶事总结。

　　（4）开创茶区划分先河：陆羽在《茶经》中，根据当时的茶叶分布，结合实际情况，第一次对全国产茶区域作了划分，划分成八个茶区：即山南、淮南、浙西、浙东、剑南、黔中、江南和岭南茶区，包括茶产地43个州郡，44个县。陆羽开创的茶区划分，这是中国茶文化史上第一次，它对当时乃至现今指导和促进茶叶生产具有重要的意义。

　　（5）确立煮茶方法：唐时饮茶已在全国范围内普及开来，陆羽在总结前人煮茶方法的基础上，提出了新的"煮茶法"，列出了煮饮用具二十八器，提出了煮茶的具体方法和步骤。在《茶经·四之器》中指出，在风炉炉身所开的三窗之上，有"伊公羹，陆氏茶"六个字：伊公是指伊尹，商初大臣，善调羹汤；陆氏茶，指的就是陆羽自己的煮茶法，说明陆羽对自己的煮茶法很自信。在《茶经·六之饮》中，提出了煮好茶要把握好九个方面，即制好茶、选好茶、配好器、择好（燃）料、用好水、烤好茶、碾好茶、煮好茶、饮好茶。所以，唐代封演在《封氏闻见记》曰："楚人陆鸿渐为茶论，论茶之效，并煎茶炙茶之法，造茶具二十四之事，以都统笼贮之。远近倾慕，好事者家藏一副。有常伯熊者，又因鸿渐之论广润色之，于是茶道大行。"这一论述，非常明确地指出，陆羽的煮茶法在唐时已有相当的社会影响。

　　（6）有现实指导意义：陆羽《茶经》中的许多论述，虽历经千百年，但至今仍具有重要的现实意义。如《茶经·一之源》中，有"茶者，南方之嘉木也……其巴山、峡川有两人合抱者，伐而掇之"的记述，这对研究茶树的起源与发源地有很大帮助。"茶之为用，性至寒，为饮最宜精行俭德之人。若热渴、凝闷、脑痛、目涩、四肢烦、百节不舒，聊四、五啜，与醍醐、甘露抗衡也。"充分论述了茶的功效，同时也提出了"精行俭德"的茶道精神。这对当代研究茶的功效与普及茶文化，仍有重要的指导意义。又如，在《茶经·四之器》中，提出的要选好茶具，盛茶杯碗要与茶色相匹配等。在《茶经·五之煮》中，提出的煮茶要用清洁活水，烧水不能"老"，茶与水的比例要适当。这些，对于现代茶艺工作者研究如何泡好茶具有现实意义。再如，在《茶经·七之事》中，从三皇炎帝神农氏，到鲁周公《尔雅》，直到《本草》，从近50本典籍中归纳出的茶事历史记载，对当代茶文化工作者研究茶文化的历史，具有十分重要的参考价值。

（7）**使饮茶得到普及**：饮茶在秦汉前，主要限于巴蜀一带。在西汉时，《雨山墨谈》中有赵飞燕赐茶的故事，说明汉时长安宫廷、或官宦之家已知道饮茶。并从有关史料中表明：在长江下游已开始种茶。直到三国时，据《吴志》所载，饮茶还仅限于上层社会，民间很少饮茶。晋以后，唐以前，在江南一带，"坐客竞相饮"，敬茶已成为一种礼仪，但在北方饮茶还是不多。直到唐初时，饮茶才随着禅教的盛行，逐渐推开来。中唐时，由于《茶经》问世，文人学士竞相传抄，进一步推动了国人的饮茶风尚。唐代杨晔《膳夫经手录》称："茶，古不闻食之，近晋宋以降，吴人采其叶煮，是为茗粥；至开元、天宝之间，稍稍有茶；至德、大历遂多；建中以后盛矣。"表明在唐玄宗开元、天宝年间，北方饮茶不多；至肃宗、代宗时，才多了起来；至德宗、建宗以后，就兴盛起来了。《全唐书·陆羽传》称：陆羽"著经三篇，言茶之源、之法、之具尤备，天下益知饮茶矣。"表明《茶经》对推动与普及饮茶起到了很好的作用。

（8）**《茶经》对茶文化做出重大贡献**：由于著《茶经》的陆羽，从他的全部经历和他从事的事业来看，当是个文人墨客，故而历代文人颇以有陆羽为荣。苏轼说："唐人未知好，论著始于陆"；梅尧臣说："自从陆羽生人间，人间相约事春茶"；陈师道说："夫茶之著书，自羽始。其用于世，亦自羽始。羽诚有功于茶者。"文人们以"读茶经""续茶经"为雅事，并以自比陆羽自雅，陆游自称是"水品茶经常在手，前身疑是竟陵翁"。他说的就是这个意思。

4.陆羽功绩 一般认为，陆羽成名莫过于撰著世界上第一部集自然科学和社会文化于一体的茶事专著《茶经》，其实，陆羽一生的重大贡献，有茶学方面的，还有文学等其他诸多方面的，只是由于对茶和茶文化方面的贡献更高一筹，才使得其他方面做出的贡献被其所掩而已。

由于陆羽为茶及茶文化事业做出的杰出贡献，深受人民赞颂。在中国茶文化史上，有称陆羽为茶仙的。如元代文人辛文房，在他的《唐才子传·陆羽》中写道："（陆）羽嗜茶，著《茶经》三卷……时号茶仙"；称陆羽为茶神的也有之，《新唐书·陆羽传》记有："羽嗜茶，著经三篇，言之源、之法、之具尤备，天下益知饮茶矣。时鬻茶者，至陶羽形置炀突间，祀为茶神。"宋代苏轼在《次韵江晦叔兼呈器之》诗中，有"归来又见茶颠陆"之句。明代程用宾在《茶录》中称："陆羽嗜茶，人称之为茶颠。"他们都赞誉陆羽对茶孜孜不倦，追求事业的精神。清同治《庐山志》中，又将陆羽隐居苕溪，"阖门著书，或独行野中，击木诵诗，徘徊不得意，辄恸哭而归，时谓唐之接舆"。宋代的陶谷在《清异录》中称："杨粹仲曰，茶至珍，盖未离乎草也。草中之甘，无出茶上者。宜追目陆氏为甘草癖。"其实，亦为茶癖之意。不过，还有人称陆羽为"茶博士"的，但陆羽拒绝接受这一称谓。据唐代封演的《封氏闻见记》载：称御史李季卿宣慰江南，至熙淮县馆，闻伯熊精于茶事，遂请其至馆讲演。后闻陆羽亦能茶，亦请之。陆羽"身衣野服"，李季卿不悦，煎茶一完，就"命奴取钱三十文，酬煎茶博士（陆羽）"。陆羽受此大辱，愤然离去，遂写《毁茶论》，为后人留下了一个谜团，至今仍无定论。现代，有更多的人称陆羽为茶圣的。

如今，人们多知陆羽是茶学创始者，其实他在文学、诗词、书法、艺术、史学、地理学、陶瓷学等方面也有颇深研究。

（1）文学作品颇丰：据《陆羽小传》载：陆羽约13岁时，逃离寺院后便加入"伶党"戏班，成为"优伶"。后因表演才艺出色，便成为"优师"，还著有《谑谈》三卷。

乾元元年（758）开始，陆羽去江苏调研茶事，品江苏丹阳观音寺水、扬州大明寺泉。后因受战事牵制，又南下浙江杭州考察茶事，住灵隐寺与住持达标相识，结为至交，并对天竺、灵隐两寺产茶及茶的品第作了评述，著《天竺、灵隐二寺记》。

上元二年（761）正月，田神功平定刘展之乱，纵军抢掠十余日，江淮之民罹受茶毒。是年，陆羽作《自传》，称"陆子自传"，后人称其为《陆文学自传》。后又写有作品8种：《君臣契》《源解》《江表四姓谱》《南北人物志》《吴兴历官记》《湖州刺史记》《梦占》及《茶经》（初稿）。

永泰元年（765），御史李季卿宣慰江南，因陆羽"身衣野服"引起李季卿不悦，并命奴取钱酬谢。陆羽受辱，悔恨不已，愤然离去，后写了《毁茶论》。

陆羽自"结庐于苕溪之滨"后，虽多次北上苏南，南下浙北等地调研茶事，考察茶情。在永泰元年（765）开始，较长时期内在顾渚山调研和考察茶事，并于大历五年（770）撰写《顾渚山记》两篇。《顾渚山记》虽然已佚，但人们还可从唐代诗人皮日休《茶中杂咏》序中找到它的踪迹。序曰："自周以降，及于国朝（指唐）茶事。竟陵子陆季疵言之详矣。然季疵以前，称茗饮者，必浑以烹之，与夫瀹蔬而啜者无异也。季疵始为经三卷，由是分其源，制其具，教其造，设其器，命其煮，俾饮之者，除病而去疠，虽疾医之，不若也。其为利也，于人岂小哉！余始得季疵书，以为备矣。后又获其《顾渚山记》二篇，其中多茶事。"皮日休认为，从周至唐，有关论述茶事的著述，要数陆羽的《茶经》最为详尽。还说，陆羽的《茶经》初始时为三卷，分其源、具、造、器、煮、饮六个方面，强调饮茶对于防病治病的重要性。皮氏得到过一本，用以备用。后来，又获得陆羽著的《顾渚山记》二篇，其中"多茶事"。

大历九年（774），陆羽参加了颜真卿的《韵海镜源》的编写工作，从中辑录了古籍中大量唐以前茶事历史资料。使陆羽在《茶经·七之事》中充实了大量茶的历史资料。

大约于建中元年（780），《茶经》刻印成书，正式问世。《茶经》的内容是十分丰富的，涉及的知识面也很广，全面地总结和记录了唐代中期及以前有关茶的诸多茶事，俨如一面镜子，展示了此前各个历史时期茶及茶文化的画面，以及重要茶事的始末，是一部茶及茶文化的历史文献。

贞元八年（792），陆羽从洪州返回湖州青塘别业，闭门著书，著有《吴兴历官记》三卷、《湖州刺史记》一卷。

贞元十年（794），陆羽移居苏州，在虎丘山北结庐，凿一岩井，引水种茶，著《泉品》一卷。

另外，根据陆羽《陆文学自传》载，除上述提及的陆羽文学作品外，还有《居臣契》三卷，

《源解》三十卷、《江表四姓谱》八卷、《南北人物志》十卷等。

(2) 诗词歌赋俱佳：诗词歌赋，它通过语言的方式，除了表达文字的意义外，也表达情感与美感，用以引发共鸣。在这方面，陆羽也有出色的表现。

乾元元年（758）开始，陆羽几度深入越州的剡县（今嵊州、新昌）一带，亲访道人知己李季兰。事后，陆羽还伤感怀情，作《会稽小东山》诗一首，以示铭心："月色寒潮入剡溪，青猿叫断绿林西。昔人已逐东流去，空见年年江草齐。"

上元元年（760），刘展反叛，陷润州（今江苏镇江）；张景超造反，占据苏州；孙待封起兵，进陷湖州。是年，陆羽抵达湖州，"与吴兴释皎然为缁素忘年之交"。后又与皎然、灵彻三人同居杼山妙喜寺，并结庐于苕溪之滨，闭关对书，不杂非类，名僧高士，谈宴永日，常扁舟往来山寺。而对战乱时期经受的所见所闻，在陆羽心中留下了深深的印象。他的《四悲歌》就是写他在战乱时，一路慌不择路的情景。诗曰："欲悲天失纲，胡尘蔽上苍。欲悲地失常，烽烟纵虎狼。欲悲民失所，被驱若犬羊。悲盈五湖山失色，梦魂和泪绕西江。"另外，陆羽还作《天之未明赋》，以泄怨愤。

大历七年（772），颜真卿出任湖州刺史。次年，陆羽、皎然等参加由颜真卿为盟主的"唱和集团"，多次与诸多友人，在湖州杼山、岘山、竹山潭等地，举行茶会，探讨学问，作联句诗。现存世的有颜真卿、陆羽、皇甫曾、李萼、皎然、陆士修的《三言喜皇甫曾侍御见过南楼玩月联句》；颜真卿、皇甫曾、李萼、陆羽、皎然的《七言重联句》等，就是例证。

大历九年（774），在协助颜真卿编修《韵海镜源》期间，陆羽与耿湋相聚一起，作《与耿湋水亭咏风联句》《溪馆听蝉联句》等，反映的是陆羽与耿湋的亲近与友谊。据统计，在《全唐诗》中，仅陆羽加盟的"唱和集团"内与友人共唱的联句诗就有10余首之多。

贞元二年（786），陆羽应洪州御史肖瑜之邀，寓洪州玉之观。翌年，编成《羽移居洪州玉之观诗》一辑，权德舆为之序。

贞元六年（790），陆羽寓居江西上饶时，闻听积公圆寂。噩耗传来，陆羽豪淘大哭，并作《六羡歌》以纪念恩师和再生之父："不羡黄金罍，不羡白玉杯。不羡朝入省，不羡暮入台。惟羡西江水，曾向竟陵城下来。"

贞元八年（792），陆羽自洪州返回湖州时，再次途经杭州，造访灵隐寺道标住持，两人开怀畅谈。据《西湖高僧事略》载：其时，陆羽以《四标》为题，写了七言诗一首："日月云霞为天标，山川草木为地标。推能归美为德标，居闲趣寂为道标。"

由上可见，陆羽所作的诗词歌赋，一应俱全；而且体裁广、数量多。

(3) 表演才华出众：据《陆文学自传》载：陆羽"自幼学属文"，对文学感兴趣。而收养他的智积大师想让他修佛业，"示以佛书出世之业"。但陆羽不愿学佛书，更不愿皈依佛门，坚持要读儒书。为此惹恼积公，罚他以重力代苦役，放牧在竟陵西湖覆釜洲和寺西村放牧。但苦役劳累，仍压不息陆羽强烈的求知欲望，陆羽只好"学书以竹画牛背为字"。识字不多的陆羽，一次，还借了一本张衡的《南都赋》认真阅读。陆羽无心放牧，专心学文之事为寺院发现后，又被禁在寺院劳动。

约在陆羽13岁时，陆羽因"困倦所役，舍主者而去"，"卷衣"出走，逃离寺院后，在竟陵街头巧遇杂耍戏班。根据《陆羽小传》记载：陆羽离开寺院后，就加入"伶党"戏班，"匿为优人"，即古代以乐舞戏谑为业的艺人，也称"优伶"，相当于当今的滑稽演员。史称，陆羽脾气很倔，容颜不佳，还有口吃，惟演优人，却演技出色，又善于动脑，使他很快成为一个"伶师"，还开始了他的文学创作生活。少年陆羽著《谑谈》三卷，传为佳话。殊不知一个年少的陆羽，"以身为伶正，弄木人、假吏、藏珠之戏"，在未成名前，就成为一个出色的艺人。

史载，因陆羽演技不凡，戏演得惟妙惟肖，还赢得竟陵司马李齐物的关注和赞赏。其时，李齐物又闻陆羽好学，文学才华出众，于是便召见陆羽，并介绍陆羽去竟陵西北火门山邹坤老夫子处读书，李齐物是第一个发现陆羽才华的伯乐。

由于陆羽的这段经历，所以在近代《中国大戏考》中，专门著有"陆羽曾为伶正，著有《谑谈》三卷"一说。只是陆羽把演艺生涯，仅仅看作是人生旅途中的一段插曲，他追求的是更为广阔的生活大舞台。但尽管如此，陆羽的演艺才华已经显露在世人面前，得到肯定。

（4）**书法自成一体：** 特别值得一提的，陆羽还是一位书法家。《中国书法大辞典》就将陆羽列入唐代书法家之列。该辞典援引唐代陆广微《吴地记》云："陆鸿渐（即陆羽）善书，尝书永定寺额，著《怀素别传》。"陆羽以狂草著称。他所作《怀素别传》，已成为列代书法家评价怀素、张旭、颜真卿等书法艺术的珍贵资料。

史载，颜真卿（709—785）与陆羽关系甚密。他官至吏部尚书、太子太师，是继"书圣"王羲之之后的又一位杰出的书法家，也是唐代新书"颜体"的创造者，书法界有"亚圣"之称。颜真卿对陆羽而言，既是师，又是友，他们相处5年，情深谊重，共同编书撰文，吟诗联词，论书谈律，研讨学问。颜真卿在书法上取得的重大建树，以及后来与陆羽的亲密交往，自然对陆羽书法的长进，以及最后成家起过很大作用，有过很大关系。

可见，陆羽博学多闻，是一位知识非常渊博的学者。他不仅是一位茶学家，是茶及茶文化的创立者；而且还是一位才学超群的文学家、诗人、书法家、艺术家；另外，他在史学、地理学、陶瓷学、旅游学等方面，也有很深的造诣。大历五年（770），陆羽与湖州司法参军耿湋交往密切，经常在一起吟诗作联句，《连句多暇赠陆三山人》就是例证。在连句诗中，耿湋称陆羽是"一生为墨客"，说陆羽一生在文学艺术等诸多方面都取得过很好的成就，所以陆羽是"墨客"，是大家。又说"几世作茶仙"，说陆羽不仅在文坛取得成功，而且更是一位茶与茶文化的巨匠，便尊称陆羽是一位"茶仙"。

不过，陆羽的成就在众多方面相比较而言，他在茶及茶文化方面的成就更为突出，影响更为深远罢了。

（三）首开茶政、茶法先河

中国的茶业在唐以前虽有一定发展，还谈不上有规模生产，所以茶利也不显著。唐代开始，随着茶在全国范围内的兴起和发展，茶政、茶法也就应运而生。主要表现在唐代官府对茶的种植、加工、储运、经贸等各项管理都制订政策和法规，甚至设有专门机构。如茶税的征收和管理，榷茶的制定和专营，贡茶制的实现和确立，以及茶马互市的定位和实施等，都设有专机机构加以干涉。如唐建中三年（782），赵赞上奏："收贮斛斗匹段丝麻，候贵则下价出卖，贱则加估收糴，权轻重以利民。"朝廷批准，于是诏征天下茶税，十取其一，开创了中国茶业史上茶税的记录。

又如中唐以后，随着茶税的出现和兴起，于唐大和九年（835），根据司空王涯向唐文宗奏榷茶之利，规定民间种茶一律移至官营茶园；各户积贮的茶叶就地焚毁。凡茶的种植、制造、买卖，均归官府掌握，一改过去听由民众自由经营的局面。

再如贡茶，它是指古代进奉给包括皇帝在内的朝廷和皇室专用的茶叶。唐时，不但朝廷诏令各地名茶入贡，而且还于唐大历五年（770），在浙江湖州长兴设立了第一个专门生产朝廷用茶的顾渚贡焙，专为朝廷加工茶叶，称之为贡茶院。贡茶实际上是一种茶的税赋，可以说它是一种实物税，或者说它是一种劳役性质的茶税。

另外，还有始见于唐，成制于宋的茶马互市。它是唐宋至明清时官府用内地的茶，在边境地区与少数民族进行以茶易马的一种贸易方式，但以茶易马是政府的一项法规。

（四）将茶从物质层面上升到精神世界

唐代开始，中国饮茶风俗已从长江以南，风靡到长江以北，进而扩展到边疆。其时，现今的西藏、新疆、内蒙古等地的民族兄弟，领略了饮茶风味后都喜欢上了茶，饮茶已在全国范围兴起。特别值得注意的是：人们不仅把饮茶看作是一种解渴的健康饮料，而且还从物质层面上升到精神世界，这在唐代诗僧皎然的众多茶诗中得到印证。

如果说陆羽对茶的物质属性作了较多而全面的总结，还第一次将茶的养生作用从正反两个方面做了系统的表述，那么，皎然则深刻地揭示了茶的精神属性，并将茶的养心作用做了最完美的诠释。他在《饮茶歌送郑容》诗中云："丹丘羽人轻玉食，采茶饮之生羽翼。名藏仙府世莫知，骨化云宫人不识。"从诗中不难看出，道家思想对诗僧皎然饮茶影响很大，他认为只谈茶的物质属性是远远不够的，强调饮茶功效不仅可以除病祛疾，涤荡胸中忧虑；而且还会乘黄鹤而去，羽化飞向极乐世界。然而皎然毕竟还是个佛家，佛门思想对他影响更为深刻，故而又很讲究心和性的修养，这一点在他的《饮茶歌诮崔石使君》诗中表现得更为充分。全诗开头云："越人遗我剡溪茗，采得金芽爨金鼎。素瓷雪色缥沫香，何似诸仙琼蕊浆。"诗中提到：茶是越地朋友送的剡溪（位于浙江嵊州、新昌一带）金芽，器是罕见的金鼎。而雪白的邢瓷使茶乳飘香，简直就是仙人饮用的琼浆玉液。接着，皎然对如此饮茶，从心底里发出了自己的感悟："一饮涤昏寐，情思爽朗满天地；再饮清我神，忽如飞雨洒轻尘；三饮便得道，何须苦心破烦恼。"诗中说：饮茶一碗，即可涤去昏昏欲睡的感觉，心情开朗，天地之间一片光明；饮至两碗时，已如初春的细雨，轻轻压下纷乱的思绪；饮到三碗时，道已得，苦已灭，何须再去苦苦寻求破除烦恼之术。诗的末

壁画
大唐茶宴图（局部）

尾，皎然还特别提出"茶道"一词："孰知茶道全尔真，唯有丹丘得如此。"提出茶道可以保全人们纯真的天性，认为只有仙人丹丘子那样的修行者，才能真正领悟到茶道的真谛。这里，皎然在茶文化史上第一次把茶道这一概念明确地提了出来，虽然与我们当今谈论的茶道概念还有一些区别，但意义之大是不言而喻的。紧随皎然后尘的是唐代的封演，他在《封氏闻见记》中说：唐开元中，全国"到处煮饮（茶），从此转相仿效，遂成风俗……于是茶道大行"。还说"按此古人亦饮茶耳，但不如今人溺之甚，穷日尽夜，殆成风俗，始自中地，流于塞外。"可见，在1 200年前，在中国饮茶已遍及全国，还将饮茶之法称之为"茶道"，并将饮茶从物质层面上升到精神世界。

（五）茶宴、茶会开始兴起

茶宴和茶会是一件事情的两个方面，它们都是用茶聚友的一种联络方式，两者既有联系，又有一定差异。大致说来，茶宴在先，茶会出现在后，但都兴于唐。

1.茶宴　以茶为宴，始于两晋、南北朝时期，但兴盛于唐代。"大历十才子"之一的钱起，写有茶宴诗《与赵莒茶宴》："竹下忘言对紫茶，全胜羽客醉流霞。尘心洗尽兴难尽，一树蝉声片影斜。"诗中说的是钱起与赵莒一道举行茶宴时的愉悦情感，一直饮到夕阳西下才散席。这表明，茶宴原本只是亲朋好友间的品茗清谈的聚会形式，这在其他一些唐人留下的墨迹中，也可得到印证。唐代李嘉祐的《晚秋招隐寺东峰茶宴送内弟阎伯均归江州》诗写道："幸有茶香留稚（一作释）子，不堪秋草送王孙。"鲍君徽的《东亭茶宴》诗曰："闲朝向晓（一作晚）出帘栊，茗宴东亭四望通。远眺城池山色里，俯聆弦管水声中。幽篁映沼新抽翠，芳槿低檐欲吐红。坐久此中无限兴，更怜团扇起清风。"都写出了与至友茶宴时的快慰和令人留恋的心境。

茶宴的人数可多可少。如果说钱起和赵莒茶宴只有二人的话，那么，唐代白居易诗《夜闻贾常州、崔湖州茶山境会想羡欢宴因寄此诗》，则是一次盛大的欢乐茶宴。诗中写道："遥闻境会茶山夜，珠翠歌钟俱绕身。盘下中分两州界，灯前合作一家春。青娥递舞应争妙，紫笋齐尝各斗新。自叹花时北窗下，蒲黄酒对病眠人。"这首诗的前半部是写新茶：常州的阳羡茶和湖州的紫笋茶，互相比美；后半部写歌舞之乐。白居易因伤病在床，不能亲自参加这次盛大的茶宴，于是不胜感慨，遗憾万千，只得"自叹花时北窗下"，面对"蒲黄酒对病眠人"。又如唐代吕温写到的三月三日茶宴，内客是写与友人以茶代宴聚会时情景。他在《三月三日茶宴序》一文中提到：

宋代
赵佶《文会图》（局部）

"三月三日，上巳禊饮之日也。诸子议以茶酌而代焉。乃拨花砌，憩庭阴，清风逐人，日色留兴。卧指青霭，坐攀香枝。闲莺近席而未飞，红蕊拂衣而不散，乃命酌香沫，浮素杯，殷凝琥珀之色。不令人醉，微觉清思，虽五云仙浆，无复加也。座右才子南阳邹子、高阳许候，与二、三子顷为尘外之赏，而葛不言诗矣。"吕氏在这篇序中，既写了茶宴的缘起，又写了茶宴的幽雅环境，以及茶宴的令人陶醉之情。自唐以后，茶宴这种友人间的以茶代宴的聚会形式，一直延绵不断。直至今日，仍时有所见。只是与古人的茶宴相比，虽然形式大抵相同，但内容已经有所改进和提高。

　　2.茶会　在茶宴的基础上演绎出的茶会，是一种"以茶引言，用茶助话"的风习，至今已演变成为世上最时尚的聚会方式之一，即茶话会。《辞海》称："饮茶清谈。方岳《入局》诗：'茶话略无尘土杂。'今谓备有茶点的集会为茶话会。"表明茶话会是由古代茶会演变而成的，这是指用品茶尝点形式，用来招待宾客的一种社交性集会方式，似同茶宴。据查考，"茶会"一词，最早见诸唐代钱起的《过长孙宅与郎上人茶会》："偶与息心侣，忘归才子家。玄谈兼藻思，绿茗代榴花。岸帻看云卷，含毫任景斜。松乔若逢此，不复醉流霞。"诗中表明的是钱起、长孙和郎上人三人茶会，他们一边饮茶，一边言谈。他们不去欣赏正在开放的石榴花，且神情洒脱地饮着茶，甚至连天晚归家也忘了。茶会给人的欢乐之情，溢于言表。如此看来，茶会与茶宴一样，已有千年以上历史了。

由茶会演变至今的茶话会，既不像茶宴那样显富雅致，又不像日本茶道那样循规蹈矩，它质朴无华，吉祥随和，因而受到中国乃至世界人民的喜爱，广泛用于各种社交活动，上至欢迎各国贵宾，商议国家大事，庆祝重大节日；下至朋友叙谊，开展学术交流，联欢座谈，庆贺工商企业开张。在中国，特别是新春佳节，党政机关、群众团体、企事业单位，总喜欢用茶话会这一形式，清茶一杯，辞旧迎新。所以，茶话会已成了当今中国最流行、最时尚的集会社交形式之一。

（六）茶文化不断向外传播

唐代（618—907）开始，随着中国茶叶生产的快速发展，京城长安已成为中国对外文化和经济交流的中心，而其时的中原一带，种茶已遍及现今中国的15个省区市，饮茶已成为"比屋皆饮""投钱可取"之物。种茶、饮茶在全国范围内的普及，通往西域的丝绸之路也逐渐演变成为丝茶之路。

中唐时，通过茶马互市，使"始自中原"的茶"流于塞外"，进入新疆一带。与此同时，使茶源源不断地进入中亚、西亚等许多国家。而更多的阿拉伯商人，他们在中国购买丝绸、瓷器的同时，也带回茶叶。于是，中国的茶叶也随之沿着丝绸之路从陆路传播到许多阿拉伯国家，使饮茶之风在欧亚许多国家蔓延开来。这种茶马互市的经贸方式，是中国茶叶经陆路向外传播的重要方式之一。所以，确切地说，自唐开始，这条自西汉开通的商道，说它是丝绸之路，还不如说它是"丝茶之路"更为贴切，更加符合实际。

唐时，与丝茶之路相呼应的还有一条通道，这就是唐贞观十五年（641），唐太宗李世民将宗女文成公主下嫁吐蕃（指西藏民族）松赞干布，在和亲的同时，将茶和饮茶习俗传播去西藏。入藏时，文成公主带去了精美的工艺日用品，还有茶叶和美酒等食品。据《西藏政教鉴附录》载："茶叶亦自文成公主入藏也。"这使以奶与肉食为主的边民从中受益匪浅。文成公主不仅带去了茶叶，还带去各类茶具。至今，在西藏还流传着一首民歌《公主带来龙凤茶杯》，以表达对文成公主的怀念。

据称，文成公主还开创了西藏饮酥油茶的先河，饮茶随之形成习俗。从此，四川的茶及茶文化，就源源不断地从雅安，经泸定，过康定，直达吐蕃。然后通过尼泊尔、印度到达南亚其他国家。这条通道就是当今人们所说的川藏茶马古道。它与丝茶之路一样，是中国茶叶向外传播的陆上重要通道之一。

中国东邻朝鲜半岛和日本，它们都与中国临江或隔海相望。据称韩国种茶始于5世纪末，是当时的驾洛国首露王妃许黄玉从中国带去茶种繁殖起来的。现在韩国的金海市还保存有许黄玉陵墓。该市至今每年要举办茶会祭拜她，甚为隆重。智异山和全罗南道河东郡花开村至今还保存着许多中国茶树遗种，生长繁茂。

另据《三国史记·新罗本纪·兴德王三年》载："冬十二月，遣使入唐朝贡，文宗召见于麟德殿，宴赐有差。入唐回使大廉持茶种子来，王使命植于地理山(今韩国智异山)。茶自善德王有之，至于此盛焉。前于新罗第二十七代善德女王时，已有茶。唯此时方得盛行。"而二十七代善德女王在位于632—647年。又载，在新罗兴德王三年（828）时，有韩国遣唐高僧金大廉从中国带回茶种，种于河东郡双溪寺。对此，韩国《东国通鉴》亦有相似记载。

中国茶进入日本，有人认为始于汉武帝东征后。630年，日本国就开始向中国派遣唐使、遣唐僧，至890年止，日本先后派出19批遣唐使、遣唐僧来华。而这一时期，正是中国茶文化的兴盛时期。与此同时，随着佛教文化东传日本，茶亦伴随着佛教的脚步传入日本。

甘肃
莫高窟中的《张骞出使西域图》

在这一过程中起过重要作用的当推日本遣唐僧都永忠、最澄和空海，他们都是中日茶文化交流的友好使者。

由上可见，自唐开始，中国饮茶习俗不但遍及大江南北，而且通过商贸和文化交流，从陆海两路将茶叶和茶种传播到四邻，为各国人民送去了健康饮料，为以后全球茶业的形成与发展打下了根底。

（七）其他茶文化现象的呈现

史料表明：唐时，茶文化现象已随处可见，特别是文人雅士，他们嗜茶、尚茶、崇茶，结果使这种茶的物质上升到精神世界。通过文化人的加工提炼，还为后人留下了众多与茶相关的文学艺术作品。

其次，最能体现饮茶习俗和民族风情的茶馆，也是在唐代时出现的。尽管历史上茶馆的形成是有一个逐渐形成的过程。据《广陵耆老传》载："晋元帝时（317—323年在位），有老姥，每旦独提一器茗，往市鬻之，市人竞买。"表明晋时，已有在市上挑担卖茶水的，但它没有固定场所，这有点类似于流动茶摊的性质。三国两晋南北朝（220—589）时，品茗清谈之风在中国兴起，当时已出现专供过路人喝茶歇脚住宿的茶寮。这种场所，称得上是中国茶馆的雏形。而真正有茶馆记载，则是唐代封演的《封氏闻见记》，其中写道："自邹、齐、沧、棣，渐至京邑城市，多开店铺，煎茶卖之，不问道俗，投钱取饮。"表明在唐时，在许多城市，已开设有许多煎茶卖茶的店铺。这种店铺，已称得上是茶馆了。

又如，1987年在陕西法门寺地宫出土了一批金银茶具、秘色瓷茶具、琉璃茶具，它是唐代王室饮茶盛行的有力证据，也是反映宫廷饮茶文化的完美表现。而陆羽《茶经》中谈及的系统、成套茶器的涌现，它们虽然不及宫廷茶器那样用金银制作而成，多用铁、木、竹、瓷、石等原料制成，但却是饮茶普及民间的表现。其时，不但煮茶、饮茶技术已经确定，茶器已经系列配套；

北宋《清明上河图》中的
茶馆兴盛情景

而且茶树栽培、采茶、制茶等技术，也完整成套。

还有在唐时，茶在成为生活必需品的同时，还成了人们文化艺术的一种品赏，精神财富的一种体现。从而形成了茶礼、茶俗、茶禅、茶道、茶德等一整套道德风尚和社会风情。

与此同时，茶还与宗教、哲学、经济、历史、科学、技术、旅游、建筑等紧密相关。所有这些，构成了唐代茶文化的重要内容，使茶文化成了传统文化的重要组成部分，并不断地向外传播，使中国茶文化成为全球茶文化之源。

歌舞剧《清明茶宴》中的
一个场景

从诸多茶文化元素的呈现表明：唐时茶文化已真正成为独立的文化，而且这种文化现象已在全国范围内涌现，使茶文化基本形成了自己的体系。

二、大唐茶文化成因剖析

在中国封建社会历史长河中，唐代处在最强盛富庶、最文采斑斓的时期。不仅经济发达，综合国力世界领先；而且文化繁荣，为各国仰慕。主要原因是：

首先，自秦、汉至唐历经八百余年，社会长期处于动乱之中，直到隋末农民起义的胜利成果落入李家王朝之手，这时才出现了统一而强盛的唐朝，从而使社会有了一个安定的局面，促使茶的生产、消费和贸易都有一个大的发展。唐代白居易《琵琶行》曰"商人重利轻别离，前月浮梁买茶去"；封演的《封氏闻见记》"按此古人亦饮茶耳，但不如今溺之甚"等史料，都反映自唐代开始的饮茶盛况。

其次，唐时茶不但被皇室贵族视为养生之妙药，列为向皇室进贡的贡品之一，陕西扶风法门寺成套宫廷茶器的出土就是例证。而大唐清明茶宴，每年清明来临之际，朝廷在京城长安大明宫举行盛大茶宴，用茶举行大礼，不但要以茶祭天祀祖，而且要用茶重奖有功之臣。随着国内经济的繁荣，茶叶生产和消费量迅速增加，茶的重要性日益突现。《封氏闻见记》载：唐时，饮茶人群呈现"无不饮者"之势，达到"比屋皆饮"之态。

第三，进入唐以后，文风大盛。一些文人学士，他们几乎个个嗜茶、尚茶、写茶、崇茶，世间第一部茶著陆羽《茶经》就诞生于唐代。此外，唐代有影响的茶书还有张又新《煎茶水记》、温庭筠《采茶录》、苏廙《十六汤品》，以及五代十国蜀毛文锡《茶谱》等。

唐代茶书集成

作　者	书　名
陆羽	茶经
张又新	煎茶水记
苏廙	十六汤品
王敷	茶酒论
陆羽	顾渚山记
陆羽	水品
裴汶	茶述
温庭筠	采茶录
毛文锡	茶谱

藏族同胞
饮茶风尚依旧

又如唐代白居易、李白、杜甫、钱起、韩愈、柳宗元、皮日休、陆龟蒙等至少187位诗人、才子、大家留下了精妙的饮茶诗作。据钱时霖等编著的《历代茶诗集成·唐诗篇》载：其中收录的现存唐代茶诗至少有665首。特别是卢仝的《走笔谢孟谏议寄新茶》诗。诗中谈到由于茶味好，连饮七碗，碗碗感受不同。饮到七碗时，"唯觉两腋习习清风生。蓬莱山，在何处？玉川子（卢仝自号）乘此清风欲归去。"卢仝用脍炙人口的诗句，表现对饮茶的深切感受，其结果是使饮茶从物质上升到精神，有力地起到了宣传和推动饮茶的作用，从而使唐代饮茶在全国范围内很快得到普及，促进了茶叶生产的快速发展。而卢仝的《七碗茶歌》也久盛不衰，虽历经1 200多年，至今仍广为人们传颂，成为千古绝唱之作。

第四，与中国宗教传播和对外贸易的发展有关。特别是唐代时佛教的东传将饮茶风尚传授到东邻国家，而对外贸易和文化交流的开展，又为饮茶之风西进到边疆少数民族地区成为现实。如佛教东传的结果，为中日、中韩饮茶文化，以及茶种传播到日本和朝鲜半岛提供了条件，从而开创了日本、韩国最早有文字记载的种茶记录。又据《封氏闻见记》载：对外贸易的开展，使茶"始自中原，流于塞外"。结果使饮茶风习进入当今的新疆，继而远播中亚、西亚各国。而唐代文成公主与吐蕃松赞干布的和亲，又使饮茶之风远及西藏，进入南亚。

总之，自唐以来，饮茶风尚很快传播开来，茶种也开始向外传播，这除了茶的自身条件外，还与茶的社会功能，上层人士的推崇，文化的昌盛，宗教的活动，以及茶叶贸易（包括对外贸易）的发展等众多因素助推有关。

建瓯宋代
北苑贡茶摩崖石刻

第五节 宋元茶文化的昌盛

自唐以后，中国的茶文化又有新的提高和发展，特别是宋元茶文化的发展，使茶文化的构架更趋完善，内容更加充实和扩展，以致茶文化有"兴于唐，盛于宋"之说。

一、茶文化昌盛的标志

宋元时期，在中国茶及茶文化发展史上，是一个重要的时期，也是一个繁荣昌盛时期。突出表现在以下几个方面。

（一）产茶区域进一步扩大

宋代，茶树栽培区域与唐代相比进一步扩大。茶叶生产区域已由唐时的43个州、郡扩大到南宋时的66个州、郡的242个县。

宋代茶叶以产片茶为主，但也生产散茶。据历史记载，当时片茶的主要生产区域有：兴国郡（今湖北阳新）、虔州（今江西赣州）、饶州（今江西上饶）、袁州（今江西宜春）、临江郡（今江西清江）、江州（今江西九江）、池州（今安徽贵池）、歙州（今安徽歙县）、宣州（今安徽宣城）、福州（今福建福州）、建州（今福建建瓯）、潭州（今湖南长沙）、岳州（今湖南岳阳）、辰州（今湖南沅陵）、澧州（今湖南澧县）、鼎州（今湖南常德）、江陵（今湖北江陵）、光州（今河南潢川）以及两浙等地。散茶的主要产区是在淮南、荆湖、归州（今湖北秭归）和江南等地。

同时，根据气象学家研究结果表明，由于主要受气候变化的影响，至北宋开始，与唐代相比春季气温要下降2～3℃。于是，由于茶树新梢萌芽推迟的原因，使中国产茶的重心，特别是贡茶生产区域开始由江苏、浙江一带，向南转移到福建的建州一带，尤其是建安北苑、壑源所产的茶最为称著，至北宋徽宗宣和时，其地茶的贡额达47 100多斤。

（二）斗茶之风大兴

斗茶是宋元时期普遍盛行的一种以战斗的姿态，互比茶叶质量高低的一种方式。它类似于当今名优茶评比，不过竞争更为激烈罢了。

入宋以后，由于贡茶的需要，使斗茶之风很快兴起。宋太祖首先移贡焙于福建建州的建安。

溥儒（心畲）
《仿斗茶图》

据北宋蔡襄《茶录》载：宋时建安（今建瓯）盛行斗茶之风。当时，朝野都以建安所产的建茶，特别是龙团凤饼最为名贵，并用金色口袋封装，作为向朝廷进贡的贡茶。宋徽宗赵佶《大观茶论》称："本朝之兴，岁修建溪之贡，龙团凤饼，名冠天下，壑源之品，亦自此盛。"由于制作贡茶的需要，建州的斗茶之风也最为盛行。宋代唐庚《斗茶记》曰："政和二年（1112）三月壬戌，二三君子相与斗茶于寄傲斋。予为取龙塘水烹之而第其品。以某为上，某次之，某闽人，其所赍宜尤高，而又次之。"并说："罪戾之余，上宽不诛，得与诸公从容谈笑于此，汲泉煮茗，取一时之适，虽在田野，孰与烹数千里之泉，浇七年之赐茗也哉。"从文中可以看出：其时，唐庚还是一个受贬黜的人，但还不忘参加斗茶，足见宋代斗茶之盛。

为何斗茶？北宋范仲淹《和章岷从事斗茶歌》说得十分明白："北苑（茶）将斯献天子，林下雄豪先斗美。"为了将最好的茶献给朝廷，达到晋升或受宠之爱，斗茶也就应运而生。北宋苏东坡《荔枝叹》诗曰："武夷溪边粟粒芽，前丁（即丁谓）后蔡（即蔡襄）相笼加；争新买宠各出意，今年斗品充官茶。"由于丁谓和蔡襄监督贡茶有功，受到皇帝的恩宠，升官晋爵。更有甚者，为了博得皇上欢心，到处斗茶搜茗，掠取名茶进贡，为此升官发财。据宋代胡仔《苕溪渔隐丛话》载："郑可简以贡茶进用，累官职至右文殿修撰、福建路转运使。"后来其侄也仿效郑可简"千里于山谷间，得朱草香茗，可简令其子待问进之。因此得官"。其时，又遇宋徽宗赵佶好茶，宫中盛行斗茶之风。为迎合皇室，郑可简还督造"龙团胜雪"（茶），和他儿子的"朱草（茶）"送进宫廷，走升官捷径。这件事，一直被后人讽讥："父贵因茶白（宋代茶以白为贵），儿荣为'朱草'。"终使斗茶斗出了不少笑料。

如何斗茶？唐庚在《斗茶记》中写得清楚：斗茶者二三人聚集在一起，拿出各自珍藏的优质的茶品，烹水沏茶，依次品评，定其高低，表明斗茶是审评茶叶优劣的一种方法。所以，宋代斗茶不同于唐代以陆羽为代表，以精神享受为目的品茶。但宋代斗茶是饮茶大盛的集中表现，上达宫廷，下至百姓，都乐于斗茶之道。宋徽宗赵佶以皇帝之尊，写就《大观茶论》，开创了世界以一国之尊撰写茶书的先河。他在书的"序"中写道："天下之士，励志清白，竟为闲暇修索之玩，莫不碎玉锵金，啜英咀华，较箧笥之精，争鉴裁之妙，虽否士于此时，不以蓄茶为羞，可谓盛世之清尚也。"在这种情况，不仅帝王将相、达官贵人、骚人墨客斗茶；市井细民、浮浪哥儿同样也爱斗茶。重臣蔡襄善于茶的品评和鉴别。他在《茶录》中说："善别茶者，正如相工之瞟人色也，隐然察之于内。"他鉴定建安名茶之法，一直为茶界传为美谈。

（三）茶馆业兴盛

宋元时随着饮茶的普及，城镇茶馆业得到了一个大的发展。现存茶馆的确切记载，始见于唐代。但茶馆业的真正兴起，却是从宋代开始的，突出表现在两个方面：不但茶馆数量多，而且形式有突破。北宋时，东京（即今河南开封）府仪曹孟元老，对汴京开封城市风貌多有研究，他在《东京梦华录》中，谈到北宋时开封城内的闹市区，茶坊（即茶馆）已是鳞次栉比。茶馆的营业形式也多种多样，并出现了晨开昼歇，或专供夜游的特殊茶馆。茶馆的装饰格调，也各不相同，据南宋吴自牧《梦粱录》载：当时都城临安（今杭州）城内茶肆，"插四时鲜花，挂名人画，装点店面"。可见，宋时的茶馆，无论在数量上，还是经营方式上，或者装修布置上，都有新的发展，使茶馆文化走上一个新的台阶。

（四）茶类开始变革

宋代茶类就总体而言，仍以"片茶"（即团饼茶）为主，此外还有散茶（即蒸青茶和炒青茶），是指蒸、炒以后，再经捣碎，或不加捣碎直接干燥的茶叶。但宋代在片茶的制作技术上，有不少改进和发展。如片茶的捣，唐代时用杵臼捣舂，宋代改用碾捣。又如片茶的拍制工艺，宋代比唐代尤为精细，饰面大都图文并茂，一改唐代饰面粗笨的局面。尤其是宋代作为龙凤团饼的北苑贡茶的制作工艺，更是达到了炉火纯青的程度。其加工之精细，花色品种之多，可谓争奇斗艳，为唐代所不及。在茶叶加工史上，宋代的团饼茶生产，以及散茶的兴起，为后人留下了光辉的一页。

另外，就茶类而言，蒸而不碎，碎而不拍的散形"草茶"逐渐增多。特别是淮南、荆湖、归州和江南一带，有较多的散茶生产。宋代欧阳修在《归田录》中说"腊茶（宋时对团饼茶的俗称）出于剑、建，草茶盛于两浙"就是例证。

南宋时，中国的散茶生产日趋增加，开始占居主要地位。在元代王祯的《农书》中，谈到宋末元初时，尽管当时有团饼茶存在，但已不多见。所以，书中说到：虽然"腊茶（即团饼茶）最贵"，制作精工"不凡"，但"惟充贡茶"，在民间已"罕见之"。

元代的茶类生产，基本沿袭南宋后期生产局面，以制造散茶和末茶为主。据王祯《农书》载，其时的散茶和末茶已有完整的工艺，出现了类似近代蒸青茶的生产流程。

另外，元代贡茶虽沿袭宋制，但民间多饮散茶，并由此引发了一场饮茶文化的变革，对中国茶类变革产生了深远的影响。

（五）茶政茶法更趋完善

宋时，随着茶业的发展，茶政加强，茶法更严，一切以增加朝廷财政收入，安抚边疆，服从

浙江磐安
玉山古茶场

军需为前提。从而使茶政茶法更趋完善，主要表现在榷茶和茶马互市的成制。这是因为唐代出现的茶税，至唐末和五代时，收取不畅，"商旅不通"。因此，入宋后，就开始推出了官营官卖的榷茶制度和边茶交易的茶马互市政策，作为宋代茶业的两项基本国策。

宋代榷茶始于乾德二年（964）。其时，在江淮及东南一带，"设官监之，以进御命"，规定"园户"（即茶农）生产的茶先要去"山场"[①]兑取"本钱"，茶农再以茶相抵。多余的茶，茶农只能卖给山场。而茶商要买茶，不能直接向"园户"收购，先要向榷货务交纳金帛，然后向货栈或山场取货，方可营销。对其他地区生产的茶，实行自由买卖，但不准出境的政策。如今地处浙中的浙江磐安县的玉山古茶场，就是建于宋，重修于清乾隆年间的集茶叶监管、制造与交易为一体的政府监理机构，如今已被国务院列为全国文物保护单位，称得上是茶文化发展史上的一块"活化石"。

其实，宋代强化茶叶监管，这与长期受金、辽侵扰有关。榷茶制度至熙宁七年（1074）时，在原来不实行榷茶的川、陕也开始实行榷茶，原来实行榷茶的一些地方，却可随便买卖。雍熙时，又由于战时需要，茶商购茶改为先纳粮于边塞，然后按值付给代换券，最后按券兑取荆湘、江淮茶叶。总的说来，宋代的榷茶，由于受外来侵扰，为了适应战争的需要，时有变化。

茶马互市虽然早在唐代就有"回纥驱马市茶"的记载，但直到宋初时，一直没有形成为官府

①山场：专管茶的官府机构。

的一种制度或政策。直到宋太宗太平兴国八年（983），才开始在边区设立"茶马司"，禁止以铜钱买马，改用以马换茶，实行茶马互市制度。至熙宁七年（1074），还在四川成都、甘肃天水设立茶司和马司，专管茶马交易事务。宋高宗（1127—1162年在位）时，由于陕西失守，又将川秦茶马四个司改为都大提举茶马司。它的职责，据《宋史·职官志》载：是"掌榷茶之利，以佐邦用。凡市马于四夷，率以茶易之。"南宋时，掌管茶马互市的机构，设在四川的主管与西南少数民族的茶马交易；设在甘肃的主管与西北少数民族的茶马交易。此时的以茶易马，主要是换马以供战时需要。

元时，蒙古族本身有大量战马。因此，中止了以茶易马互市的政策，改用银两或货物易马。

二、茶文化为何盛于宋元

宋初，朝廷采取一系列措施，加强中央集权统治，结束了唐末五代以来割据混乱的局面，这对宋王朝经济恢复和社会安定起了积极的作用。同时，在封建社会历史长河中，宋代处在强盛富庶、文采斑斓的时代。不仅经济发达，国力强，而且文化繁荣，为各国仰慕。这为茶文化"盛于宋"打下了良好基础。主要原因如下：

第一，宋王朝的建立，虽然仍处于割据局面，但域内仍有足够的土地和人力资源，掌握着当时先进的文化和技术，拥有当时最适合农耕的土地。其间，尽管宋王朝也与北方签订过一些"丧权辱国"的协定，但同时也换取"一时苟安"，使南北双方经常处于较为和平的状态，可以开展较为稳定的"国际贸易"，茶马互市的积极推进就是例证。其结果，不但保证了战马的需要，有利巩固国防；而且增加了财政收入，使社会有了一个安定的局面，促使茶叶生产、消费和贸易都有一个大的发展。在北宋范仲淹的《和章岷从事斗茶歌》中，还专门写了宋时在全国范围内时兴的斗茶情景。斗茶是在众目睽睽之下进行的，而斗茶的结果，胜利者如"若登仙"，失败者如"同降将"，犹如一种耻辱。可见斗茶场面之惨烈，它反映了宋代茶文化的繁荣景象。

第二，宋代茶文化的繁荣，与上层社会的带头参与，积极推动有关。据北宋重臣欧阳修《归田录》载："茶之品，莫贵于龙凤，谓之团茶，凡八饼重一斤。庆历中，蔡君谟（襄）为福建路转运使，始造小片龙茶以进，其品精绝，谓之小团，凡二十团重一斤，其价值金二两。然金可有，而茶不可得。"这段文字虽然记载的是蔡襄和丁谓督造贡茶的事。但丁谓曾任过福建路漕运使，后在朝廷为相。他为了督造贡茶，亲临建安，改进团饼茶制作技艺，创制了龙凤团饼。蔡襄曾任过福建路转运使，官居枢密院直学士、端明殿学士。由他督造的小龙团，在宋人熊蕃的《御苑采茶歌》中，称它是："争得似金模寸璧，春风第一荐宸餐。"而记载这段茶事的欧阳修，则是北宋重臣，仕宦四十年，自题："吾年向老世味薄，所好未衰惟饮茶。"

此外，宋代重臣蔡襄、蔡京、苏轼、黄庭坚、秦观、梅尧臣、范仲淹、赵抃、苏洵等数十位朝廷重臣，都是当时的爱茶儒官，都留有对茶的崇尚之事。依现有史料，宋代茶书可考的有25

种①，作者大多是身为官吏的文人士大夫，选题大多集中在北苑贡茶、本朝茶法、点茶技艺三个方面。现辑录如下：

宋代茶书一览表

书　名	作　者
茗荈录	陶谷
述煮茶泉品	叶清臣
大明水记	欧阳修
茶录	蔡襄
东溪试茶录	宋子安
品茶要录	黄儒
本朝茶法	沈括
斗茶记	唐庚
大观茶论	赵佶
茶录	曾慥
宣和北苑贡茶录	熊蕃　熊克
北苑别录	赵汝砺
邛州先茶记	魏了翁
茶具图赞	审安老人
煮茶梦记	杨维桢
北苑茶录	丁谓
补茶经	周绛
北苑拾遗	刘异
茶论	沈括
龙焙美成茶录	范逵
论茶	谢宗
茶苑总录	曾伉
茹芝续茶谱	桑庄
建茶论	罗大经
北苑杂述	佚名

　　特别值得一提的是北宋皇帝徽宗赵佶，他以皇帝之尊写了《大观茶论》，提倡臣民饮茶，开创了天下古今中外皇帝写茶书的先例。

　　由于上有所好，自然下有所效，共同把茶文化推向一个新的高潮。

---

①参见：郑培凯、朱自振：《中国历代茶书汇编（校注本）》，商务印书馆，2007年3月。

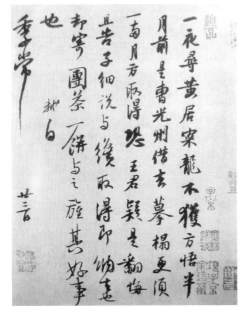

苏轼《一夜帖》中
茶事

日本
遣唐使船

　　第三，入宋以后，饮茶之风在全国范围内进一步盛行起来，茶作为财政收入的重要支柱产业，以及以茶易马，增强战备物资等需要，促使朝政统治者开始重视茶叶生产，带头饮茶兴茶。而一些文人学士，紧追其后，在崇茶尚茶的同时，积极咏茶写茶。而更多的文人学士，则通过专著、文章、诗词、书画、雕刻等文学艺术，崇尚饮茶。据不完全统计，唐代有茶书12种，宋代至少有30种之多。在钱时霖等编著的《历代茶诗集成·宋金代卷》中，搜集有宋代茶诗作者917位，茶诗5 297首。差不多与宋代同一时期的金代，有茶诗作者54位，有茶诗117首。在众多宋代诗人中，存世至今的：陆游397首，韩淲132首，黄庭坚127首，苏轼84首，冠历代之首，足见宋金时期文人学士的崇茶尚茶之风。

　　由于宋朝政对茶及茶文化宣传攻势的猛烈，推动了饮茶风尚的高涨。这在北宋的张择端《清明上河图》中可以得到印证。该画描绘了清明时节北宋京城汴梁（即开封）以及汴河两岸的繁华和热闹的景象及优美的自然风光。从当时临街傍水的茶肆、酒店，以及源源不断的运载物资中，人们可以见到当时的饮茶氛围和茶事的兴旺。对此，南宋吴自牧《梦粱录》也有说明。

　　第四，唐末时农民起义不断，唐王朝摇摇欲坠，国势渐衰。包括日本在内的东亚诸国，对与中国文化交流的热情渐减。894年，日本中止了向中国派送遣唐使、遣唐僧的决定。从此，中日茶文化交流也就进入了两三百年的沉寂时期。南宋开始，由于偏安一隅，出现相对平静状况。为此，许多日本佛教高僧决心再度来中国获取佛教经法，从而促使日本佛教文化获得新的发展，茶文化也更加兴盛起来。因此，日本派往中国的遣宋使、遣宋僧迅速增多。据日本《云游的足迹》记载，仅南宋至明代，日本来华求法的僧人就有443人。

三、宋元茶文化的历史贡献

宋代茶文化繁荣的背面，也给广大劳苦大众带来了深重的苦难。北宋初，刚结束了五代十国的分裂割据局面，百业待兴。此时，宋太宗为安抚功臣，推行"兼并"政策，使有功臣子占有更多的良田美宅，使众多百姓更加难以为命，生活悲惨。与此同时，宋王朝为了巩固统治，加强军队及边防，则需要更多的财政收入。于是，宋王朝就将茶马交易成为一种定制，只准许用茶换边境马匹。同时，在今陕西、山西、甘肃、四川等地开设马司，用茶换取吐蕃、回纥、党项等少数民族的马匹。另外，宋王朝为了获取更多的财富，又于太宗太平兴国二年（977），"置江南榷茶场"。在各茶区和要会之地，共设置6个榷货务和13个山场。6个榷货务是：江陵府（湖北江陵）、真州（江苏仪征）、海州（江苏连云港）、汉阳、无为（安徽无为）、蕲州（湖北蕲口）。所设的13个山场是：蕲州的王祺、石桥、洗马、黄梅；黄州的麻城；庐州的王同；舒州的太湖、罗源；寿州的霍山、麻步、开顺口；光州的商城、子安。为此，还专门设置了榨取茶农的"博买务"，专门管理茶叶生产和贸易。用低价强行收购"园户"的茶叶，使茶农生活陷入更深困境，以致爆发茶农起义。

但综观大宋一朝，在茶文化发展史所起的作用，也是毋庸置疑的，主要表现在四个方面：

（一）名茶辈出，茶叶品质提高

宋时，由于斗茶之风盛行，结果不但促进了名茶的发展，而且还促使茶叶品质的不断提高。自唐至宋，随着贡茶的进一步兴起，茶品愈益精制。再通过斗茶，将斗出来的最好茶品，充作官茶。据北宋欧阳修《归田录》载："然金可有，而茶不可多得，每因南郊致斋，中书、枢密院各赐一饼，四人分之。官人往往镂金花于其上，盖其珍贵如此。"宋时，贡茶称之为龙凤团饼，又有大小之分，还镂花于其上，精绝之至。大龙团原本已是八饼一斤，小龙团却是二十饼一斤，其目的正如苏东坡所说，为的是"相笼加"。

其次，由于斗茶结果，促使在全国范围内对创制和开发名优茶的重视，使各地名茶品种大增。以浙江为例，根据文献综合，唐时有名茶14个，而宋时就达到44个。

（二）改善边境防务，加强国防实力

两宋时，北方的辽、西夏、金、蒙古等均对宋构成严重威胁，而它们的制胜手段，据宋代吴泳《鹤林集》载："彼以骑兵为强。"宋代李心传《建炎以来系年要录》亦载："金人专以铁骑取胜，而吾以步军敌之，宜其溃散。"可见，在古代，倘若没有大批战马，难以与敌方抗衡，因此，以茶易马就成了宋王朝巩固国防的一件大事。所以，两宋时，每年以茶易马达万匹以上，多时达二万匹以上。这些战马都是与边疆以茶易马取得，据《宋史》载："都大提举茶马司掌榷茶之利，以佐邦用。凡市马于四夷，率以茶易之。"由此可见，两宋时期的战马是以茶易马的结果。而战马的获得，又大大提高了宋王朝对金、辽、西夏、蒙古的抗衡能力。

众所周知，宋王朝一直没有统一中国北部和西部边疆，连年战火不断。为此，宋王朝必须

保持一支庞大的军队。史载：宋太祖末年共有禁军、厢军37.8万人，而到宋英宗治平年间达到116.2万人，这就需要有强大的军费开支。据明代黄淮、杨士奇《历代名臣奏议》载：（宋）治平初，名臣陈襄奏曰："养兵之费约五千万，乃是六分之财，兵占其五。"而宋时，正是中国茶叶兴盛时期。据史料记载：北宋后期，在宋真宗、徽宗统治时期，全国榷茶收入达500万～600万贯，景德元年（1004）高达569万贯；南宋初期则高达600万贯，占全国财政收入的7％以上。这正如宋代苏轼在《私试进士策问》所言："凡所以备边养兵者，皆出于榷（茶）。"

日本佛隆寺内的
中国宋代茶磨

（三）茶器独树一帜，"五大官窑"并立

　　进入宋代时，茶事大盛，点茶法更是大行其道。为达到点茶的最佳效果，点茶的器具精益求精。与唐代相比，宋代饮茶器具更加讲究法度，形制愈来愈精。如品茶器具：唐人推行的是越窑青瓷茶碗，宋人时兴的是建窑黑釉盏；煮水器具：唐时为敞口式的鍑，宋代改用较小的茶瓶（也称汤瓶、执壶）来煎水点茶；碾茶器具：唐代民间用木质或石质的茶碾碾茶，但宋时大多用茶磨碾茶。

　　饮茶器具，宋人斗茶时兴建窑黑（瓷）釉盏，因为宋代崇尚茶汤"以白为贵"，用黑瓷盏盛白茶汤，这样黑白分明，更易鉴评茶的优劣，适合斗茶（评定茶的优劣）要求。

　　宋代饮茶之风的大盛，还推动了制瓷工业的发展，其时五大官窑都曾生产茶具，它们是：河南开封（北宋）和浙江杭州（南宋）的官窑，浙江龙泉的哥窑，河南临汝的汝窑，河北曲阳的定窑和河南禹县的钧窑。在中国茶器史上，宋代茶器称得上是一个辉煌时期。

　　元代开始，江西景德镇的青花瓷已成为瓷器茶具的代表。它质地透明如水，胎体质薄轻巧，洁白的瓷体上敷以蓝色纹饰，素雅清新，充满生机。青花瓷一经出现便风靡一时。在中国茶具发展史上，留下了辉煌一页。

（四）茶园管理、采制技术有明显进步

　　随着茶文化的昌盛与繁荣，与唐代相比，宋代的茶园管理和茶叶采制技术都有明显进步和提高。

　　茶园管理方面，在唐末韩鄂撰的《四时纂要》中，只有"耕治"一句；而到宋时，据《建安府志》载："开畲茶园恶草，每遇夏日最烈时，用众锄治，杀去草根，以粪茶根。"还说"若私家开畲，即夏半初秋各用工一次。"明显要比唐代进步。另外，唐时只在茶树幼年时用"雄麻黍稷"遮阴，而宋时根据《四时纂要》载，提到可用桐树和茶树间种。另外，据《茶经》载："凡采茶，在二月、三月、四月（均指农历）。"表明唐时只采春茶和夏茶，不采秋茶。而宋时，据苏辙《论蜀茶五害状》载："园户例收晚茶，谓之秋老黄茶。"表明入宋后，已有开始采收秋茶，茶树栽培技术已有长足进步。

至于茶叶制造，按《茶经》所载：茶叶采收后，有蒸、捣、拍、焙、穿、封等多道工序，最后制成"或圆、或方"的饼茶或团茶。但到宋时，尽管唐宋制茶有相承关系，但据宋代唐庚《宣和北苑贡茶录》、宋代赵汝砺《北苑别录》所记：入宋后不但制茶工具有所改进，特别是捣茶工具的改进；而且制造方法更为精巧，龙凤团饼的出现就是例证。

第六节　明清茶文化的曲折

明清时期，茶事纷繁复杂，总的说来，自明至清中期，茶叶是快速发展的。但从晚清后期开始，风云骤变，茶叶生产快速衰退。综观明清时期，我国茶文化的呈现突出表现在六个方面：

一、茶政茶法更加严厉

明时的茶政茶法基本沿袭了唐宋旧制，但为防止外来入侵，茶政茶法更加严厉。如清代张廷玉等《明史·茶法》载："番人嗜乳酪，不得茶，则困以病，故唐宋以来，行以茶易马法，用制羌戎。而明制尤密，有官茶，有商茶，皆贮边易马。"对茶叶生产、运输、贸易，以及榷税等方面实施了更为严格的管理，建立和制定了一系列茶业政策和法规。这是因为明代建国初期，面对着北方蒙古游牧民族不断侵扰的压力。明代中期时，蒙古势力又进入河套地区，更给明政府带来极大的威胁。明政权为了支撑边防危局，充实军事力量，非常需要马匹；而当时马匹的唯一来源是除蒙古以外的青藏高原，但青藏高原的藏族群众常年喝奶酪、吃牛羊肉和干燥的糌粑，而茶有助消化，还能提供更多、更全面的营养。所以，茶与藏族群众的生活休戚相关。于是，明朝政府把这两者的急切需求结合在一起，制定了严格的茶政茶法，而以茶易马始终是明政府控制青藏地区的基本政策。明洪武四年（1371），户部奏称，"陕西汉中、金州、石泉、汉阴、平利、西乡诸县，茶园四十五顷，茶八十六万余株。四川巴茶三百十五顷，茶二百三十八万余株。宜定令每十株官取其一。无主茶园，令军士薅采，十取其一，以易番马。""于是，诸产茶地设茶课司，定税额……设茶马司于秦、洮、河、雅诸州。"结果"西方诸部落，无不以马售者"。又据《明史·茶政》载：明初，"太祖（朱元璋）令商人到产地买茶，纳钱请'引'。引茶百斤，输钱二百，不及引，曰畸零，别置由帖给之。无由引，及茶引相离者，人得告捕；置茶局批验所称较，茶引不相当，即为私茶。凡犯私茶者，与私盐同罪。私茶出境，与关隘不识者，并论死"。综观明代一朝，其茶法在历朝历代中是最严的。明太祖朱元璋的第三个女婿欧阳伦，斗胆在西北地区贩卖私茶，结果被查处后，明太祖不为私情所扰，将欧阳伦"坐死"。如此一来，很少再有人敢以身殉法，贩卖私茶了。

又据明代何孟春《余冬序录摘抄内外篇》载：为加强对茶叶的管理，在"（明太祖）洪武中，我太祖立茶马司于陕西、四川等处，听西番纳马易茶"。并设立茶马司丞、茶马大使，或巡茶御史等官职，专管或监督茶马互市之事。明建文初，又设立办理茶马互市的专管机构茶课司。明永乐后，茶马政策虽然时有修正，但直至明代灭亡为止，严厉的茶法基本未变。

清代，茶法基本沿袭明制。据《清史稿·食货志》载："明时，茶法有三：曰官茶，储边易马；曰商茶，给引征课；曰贡茶，则上用也。清因之，于陕、甘易番马。"顺治元年（1644），在西北地区设立五个茶马司，同时，沿袭明制，设巡视茶马御史一人，统一管理五个茶马司。至康熙、雍正时期，清廷不仅控制了满、蒙古民族马匹来源，而且在察哈尔和辽西还设立了牧马场。乾隆年间又在甘肃、新疆建立牧马场，以解决战马的需要。之后，随着边疆地区经济的发展，人民生活的改善，需要内地商品的种类日渐增多，单纯的茶马贸易已不能满足需求。这时清政府又提倡"满蒙一家"，"内外一体"，于是蒙、藏、回等民族商人大量涌入内地，内地商人也进入边疆，资本主义萌芽进一步增长，终于冲破了官办茶马贸易的樊笼。但直到清代末期，茶马互市活动始终未曾停止。

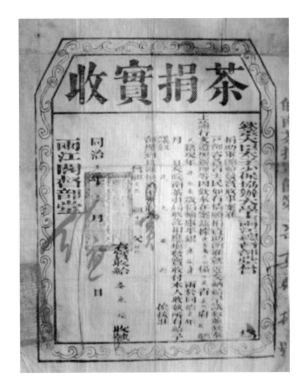

清同治茶捐票证

光绪
普洱金瓜贡茶

二、茶类加工方法改变

在茶叶制造史上，明清两代是一个重要的发展时期。明太祖朱元璋在建国初年，以"重劳民力，罢造龙团，一照各处，采芽以进"。明太祖诏令"罢龙团，兴叶茶"，使炒青和蒸青的散叶绿茶大量发展，特别是炒青绿茶发展更快。对此，明代张源的《茶录》、许次纾的《茶疏》、罗廪的《茶解》中都有炒青绿茶制造方法的具体记述。说明明代已大量制造炒青散叶绿茶。而蒸青团饼茶则退居少量生产的地位。

与此同时，明清时，除原有绿茶外，还出现了黄茶、黑茶、白茶、红茶、乌龙茶等，对此前已有述。

清时，贡茶产地，分布广阔，各种茶类的名优茶都有，如西湖龙井、黄山毛峰、洞庭碧螺春、武夷岩茶、安溪铁观音、祁门红茶、君山银针、白毫银针、普洱茶、七子饼茶等都有作为贡茶的。同时，各种名优茶发展迅速，生产量也大，茶品名目数量，已有数百种之多。

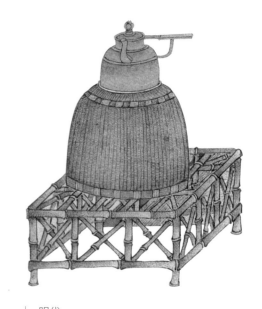

明代
丁云鹏《煮茶图》中竹风炉

三、饮茶方法创新

明代及明代以后，先是炒青绿茶在全国范围内兴起；至清时，又出现了乌龙茶、红茶、白茶、黄茶等。每种茶类，又有很多种茶的花色品种。但是，明清时期尽管茶的品种多姿多彩，但它们都是散型茶，饮茶改为直接用沸水冲泡，唐宋时的炙茶、碾茶、罗茶、煮茶或点茶等饮茶器具成了多余之物。结果，不但使饮茶器具变得更为简单，器具种类减少，而且还出现了不少与泡茶相关、与茶类相适应的许多新饮茶器具。

由于从明代开始，在全国范围内兴起的饮茶采用冲泡法，一直沿用至今，所以明代新品种饮茶器具的出现，对当今而言也是一次创新定型，器具品种自明至今无多大变化，只是茶器的质地和形式，工艺和技术有所改进罢了。为此，明代的文震亨《长物志》写道："吾朝（明朝）所尚（指炒青条形绿茶）又不同，其烹试之法，亦与前人异，然简便异常，天趣备悉，可谓尽茶之真味矣。至于洗茶、候汤、择器，皆各有法。"表明与唐宋相比，冲泡茶时的饮茶器具，要比唐宋时简便得多，而且更有"天趣"。特别是竹风炉煮水沏茶成为时尚。至于如何冲泡，使用何种茶器，明人许次纾在《茶疏》中说得十分清楚："未曾汲水，先备茶具，必洁必燥，开口以待。盖或仰放，或置瓷盂，勿竟覆之。案上漆气、食气，皆能败茶。先握茶手中，俟汤既入壶，随手投茶汤，以盖覆定。三呼吸时，次满倾盂内，重投壶内，用以动荡香韵，兼色不沉滞。更三呼吸，顷以定其浮薄，然后泻以供客，则乳嫩清滑，馥郁鼻端。"在这里，许氏将如何泡茶沏茗，以及所需的饮茶器具，说得一清二楚。

四、饮茶用器发生变化

明代时，随着茶类的变革，茶叶品种花式的增多，与饮茶紧密相关的饮茶器具，也随之发生了很大的变化。饮茶器具的种类和品种变得更加多姿多彩，特别是紫砂茶具，发展之快更是出乎寻常。

紫砂茶器的出现首见于明代。但在北宋诗人梅尧臣的《依韵和杜相公谢蔡君谟寄茶》诗

时大彬
僧帽壶

杨彭年
中石瓢壶

邮票中的
宜兴紫砂茶具

中，就有"紫泥"一说。但紫砂茶器的兴起是在明代。明代周高起《阳羡茗壶系》说："近百年中，壶黜银、锡及闽（指福建）、豫（指河南）瓷，而尚宜兴陶。"宜兴紫砂陶饮茶器具的兴起，除了与这一时期的茶类改制有关外，还与紫砂茶具的风格多样，造型多变，富含文化意韵有关。明代李渔《闲情偶寄》称："茗注莫妙于（紫）砂壶。砂壶之精者，又莫过于阳羡（指今宜兴）。"另外，还与紫砂茶器的本身特性有关，一般说来，紫砂茶具有三大特点，这就是："泡茶不走味，贮茶不变色，盛茶不易馊。"

明代紫砂茶器，首推供春制作的紫砂壶。据明代张岱《陶庵梦忆》称："宜兴罐以供春为上……直跻商彝周鼎之列而毫无愧色。"明代闻龙《茶笺》载：老友周文甫，家藏供春壶一把，"摩挲宝爱，不啻掌珠，用之既久，外类紫玉，内如碧云，真奇物也"。供春壶自问世以后，历代视作珍品，有"供春之壶，胜似白玉"之说。可惜时至今日，只有一把失盖的供春树瘿壶存世，现珍藏于中国历史博物馆。之后，到明万历年间，出现了董翰、赵梁、元畅、时朋"四家"；后又出现时大彬、李仲芳（李大芳）、徐友泉（徐大泉），人称"三大壶中妙手"。他们所制的壶，各具特色，特别是时朋之子时大彬，他始仿供春，制作大壶；后独树一帜，制作小壶。他的杰作调砂提梁壶，上小下大，形体稳定，色紫黑，杂砂碉土，呈现星星白点，宛若夜空繁星。现存的还有六方紫砂壶、三足圆壶、僧帽壶等数件，说他制的紫砂壶，"不务研媚而朴雅坚栗，妙不可思"。供春的主人吴颐山的孙辈吴梅鼎《阳羡茗壶赋》说："余从祖拳石公（即吴颐山）读书南山，携一童子名供春，见土人以泥为缶，即澄其泥，以为壶，极古秀可爱，世所称供春壶是也。嗣是时（即时朋）子大彬师之，曲尽厥妙。数十年中，仲美、仲芳、用卿、君用之属，接踵聘伎，而友泉徐子集大成焉，一瓷罂耳，价垺（相当）金玉，不几异乎！"这里提到供春以后的时朋、时大彬、李仲美、李仲芳、陈用卿、沈君用、徐友泉等，都是明代的制紫砂壶高手，可谓人才辈出；而烧制成的紫砂茶器，又"烂若披锦"，等同"金玉"。并开始向外传至欧、亚诸国，特别是瓜形和球形的紫砂壶，尤其受到国外茶人的欢迎。明末清初时惠孟臣制作的孟臣壶，呈猪肝色，虽无雕镂，但经沸水冲入，渐见紫色，同样被视为珍品。

清代，紫砂茶具又有新的发展。清康熙至嘉庆年间，出现了许多制陶大家，其中陈鸣远是继时大彬之后又一位制壶大师，他制作的壶穷工极巧，匠心独运，现存的束柴三友壶、梅干壶等均是世间极品。此外，还有杨彭年、杨凤年、邵大亨、黄玉麟等的紫砂壶作品，也是名扬遐迩。

明清时除了宜兴生产的紫砂茶具负有盛名外，当时有影响的紫砂陶产地还有广西钦州、四川荣昌、云南建水，与江苏宜兴陶器一道，号称中国"四大名陶"。

五、对外贸易迅速提升

明清时，随着欧洲工业革命的开展，资本主义列强的兴起，以及茶的自身魅力，茶叶对外贸易从陆路转向海路，并迅速提升到一个新的水平。17世纪初，荷兰人开始直接从中国贩运茶叶到欧洲销售。17世纪中，英国人首先在厦门设立商务机构，专门用来协调在中国的茶叶贩运。紧接着，瑞典、丹麦、法国、西班牙、德国等国的商人，也相继从中国贩运茶叶，并转卖到欧洲、美洲等地。但明末清初时，由于当时政局动荡，海盗猖獗，茶叶海上传播之路受阻，茶叶出口处于停滞状态。康熙二十四年（1685），在解除海禁的同时，清政府又在广州设立粤海关，部分开放口岸，准许广州口岸对外贸易。

18世纪初，英属东印度公司又在广州设立商务馆，其目的是想从中国购得有更多数量的茶叶，贩运到英国及其他国家销售。1727年，始废南洋贸易禁令，准许福建、广东商船前往南洋各国贸易。清廷随即开展茶税改革，同时又将厦门发展成为进出口贸易港。其时，从中国运出的货物中，主要还是茶叶、瓷器、丝绸等。1731年，瑞典东印度公司成立。次年开始与中国通商，每当春夏之交，瑞典商船以黑铅、粗绒、酒、葡萄干来广州易货买茶叶、瓷器诸物。至1880年，中国对英国的茶叶出口量达到8.81万担，占中国茶叶出口总量12.68万担的69.5%，创中国对英国茶叶出口的历史最高纪录。1886年，我国茶叶出口高达13.41万担，占世界茶叶出口总量的84%。

同时，随着国内饮茶量和对外贸易量的增加，使茶树种植面积又有新的发展，至清代中期时已在全国范围内形成以六大茶类（即绿茶、白茶、黄茶、乌龙茶、红茶和黑茶）为中心的六个栽培区域。它们是：

（1）以湖南省的安化，安徽省的祁门、旌德，江西省的武宁、修水和景德镇的浮梁为主的红茶生产中心。

（2）以江西省婺源、德兴，浙江省的杭州、绍兴，江苏省的苏州虎丘和太湖洞庭山为中心的绿茶生产中心。

（3）以福建省的安溪、建瓯、崇安（即今武夷山市）等为主的乌龙茶生产中心。

（4）以湖北省的蒲圻、咸宁和湖南省的临湘、岳阳等为主的砖茶生产中心。

瑞典哥德堡号沉船上的
茶叶

（5）以四川省的雅安、天全、名山、荥经、灌县、大邑、什邡、安县、平武、汶川等为主的边茶生产中心。

（6）以广东省罗定、泗纶等为主的珠兰花茶生产中心。

但从19世纪80年代中期开始，随着印度、斯里兰卡、日本等新兴产茶国兴起，印度、斯里兰卡的红茶出口，日本的绿茶出口，打破了中国茶叶出口的主导地位，它们与中国争夺出口市场，中国茶业开始走向衰退。1900年，印度茶叶出口首次超过中国，位处世界茶叶出口国之首。至1911年，中国茶叶出口8.84万担与历史上出口数量最多的1886年相比，数量大减，份额下降了34%。但在这一过程中，也使中国的茶业逐渐开始走向近代化。

六、茶业开始走向近代化

我国经历二次鸦片战争后，割地赔款，开放通商口岸，而《南京条约》《天津条约》《北京条约》的签订，使得清廷的主权严重沦丧。实际上，这时候的清廷很大程度上受到外国侵略者的牵制，在各个领域都受到外国的影响和阻挠。而国内为了镇压以洪秀全为代表的农民起义，又得花费很大的精力、物力和财力，其时的清廷统治者无论在内政上，还是在外交上都面临着很大的困境。在这种社会环境条件下，一些较为开明的官吏，如曾国藩、李鸿章、左宗棠、张之洞等，极力主张学习外国先进技术，强兵富国，摆脱困境，维护清朝统治。这就是从19世纪60—90年代，掀起的一场"师夷长技"的封建统治者的自救运动，史称"洋务运动"。在这样一个大的社会背景下，我国茶业开始走向近代化，据光绪二十四年（1898）《农学报》载：中国的福州商人，就派人去印度考察由英国人开办茶场的制茶技术。同年七月，"光绪谕，刑部奏代递主事萧文昭条陈称，国家出口货，以丝茶为大宗。自（五口）通商以来，洋货进口日多，惟此二项抵

民国时期的
杭州茶业会馆

郑世璜是最早出国
考察茶叶的官员

制。近年出口锐减，若非亟为整顿，恐无以保此利权。为此议请设立茶务学堂及蚕桑公院，著已开通商口岸及出产丝茶省份督抚，迅速筹议开办，以阜民付而固利源"。清光绪二十五年，湖北正式开办茶务学堂，设立茶务课，这是我国茶叶设课的早期记载。清光绪二十七年，台湾在文山深山及桃源龟山建立茶树栽培试验所，这也是我国茶叶开展试验的早期记载。清光绪二十九年，台湾殖产局又在桃园草湳坡（今浦心）建立一所制茶试验场，并在相邻的龙潭乡设立茶树栽培试验场。同年湖广总督张之洞等在"重订学堂"奏折中，就提出要求各产茶省区创办茶务学堂。清光绪三十一年，两江总督周馥又派郑世璜去印度、锡兰（今斯里兰卡）考察茶业，郑世璜回国后写了"印锡种茶、制茶暨烟土税则事宜"的报告。向清政府农工商部呈递了《考察锡兰、印度茶务并烟土税则清折》《改良内地茶业简易办法》等禀文。并对照印、锡两国的茶业发展状况，力陈中国茶业要复兴，必须要进行改革。于是，依靠官府力量，发动茶商，率先在安徽的屯溪和江西宁州两地，"设立机器制造茶厂，以树表式"。

其时，张之洞也提出"购机制茶"，振兴茶业事宜。接着，于1906年在南京紫金山设立江南植茶公司；1909年，在湖北羊楼洞建立示范茶场；1910年，在四川雅安成立茶业公司；在江西宁州设立茶叶改良场。但尽管如此，中国茶叶依然无法走出困境，这是因为就整个洋务运动而言，由于它未触动中国的旧制度和生产关系，单纯以效法西方而想救治清朝政府，必然以失败而告终。

第七节　民国茶文化的挣扎与磨难

民国时期，中国的茶文化事业受到西方文化的影响，开始向近代转化，但是由于中国还处于

设在贵州湄潭的
中央实验茶场遗址

吴觉农（1897—1989）

蒋芸生（1901—1971）

封建社会的延续时期，又受第二次世界大战的影响，茶叶生产不但没有发展，反而走向衰落。但不管怎样，毕竟还是向近代化发展跨出了艰辛的一步，在挣扎中渐行，在苦难中生存，这在茶叶科研、茶叶教育和茶叶生产三个方面都有所表现。

一、茶叶科研

民国时期，在一些有识之士的努力下，为使中国茶叶科研走出低谷着重做了三方面的工作：一是效仿国外，建立茶叶试验场，设置茶叶科研机构；二是派遣有志知识青年，出国留学深造，学习茶业先进技术；三是引进国外机器设备及技艺，改变茶业落后生产状况。这些措施实施结果，虽然未能从根本上扭转我国茶业的生产落后状况，但毕竟为我国茶叶科研发展走出了新的一步。

（一）科研机构的建立

1914年，北洋政府农商部湖北羊楼洞茶业示范场改名茶业试验场，建有试验茶园和实验茶厂。1915年，农商部又在安徽省祁门县南乡平里村创建祁门模范种茶场，这是中国政府最早建立茶叶专业试验示范茶场，下设历口、秋浦和江西修水、浮梁4个分区。它们主要推广种茶、制茶技术，为近代茶业发展做了奠基工作。1916年1月30日，据上海《申报》报道：湖南巡按使在岳阳设立模范制茶场，专办验茶与运销等事。总场下设安化、平江、长沙三个分场，专办制茶事务。1923年6月，云南省在昆明东乡创办了云南茶业实习所，由朱文精任所长，重点进行茶树品种试验。1928年，在湖南安化县黄沙坪成立湖南茶事试验场，后又于1932年在长沙高桥镇设立高桥分场，并从上海购买制茶机器，推行机器制茶。1932年，实业部中央农业实验所和上海、汉口商品检验局联合出资，将江西修水的宁茶振植公司改建为江西修水茶业改良场。1934年，全国经济委员会、实业部和安徽省政府联合成立祁门茶业改良场，同时，将江西修水茶业改良场并入祁门茶业改良场。当代一些闻名于世的茶叶专家，诸如吴觉农、胡浩川、冯绍裘、庄晚芳等曾在这里工作过，在茶学科研上，对茶树育种、栽培管理、茶叶采制、鲜叶分析等都有比较全面、比较系统的研究。

为加强茶叶科学研究，1935年在福建的崇安和福安，广东的鹤山，湖北蒲圻的羊楼洞相继建立茶业改良场。接着，浙江省农林改良场茶场在嵊县（今嵊州）三界成立；云南省在思茅（今普洱）建立普洱茶业试验场，又分别在勐海、景洪设立两个分场。同年，吴觉农、胡浩川在《中国茶业复兴计划》（1935）一书中，根据茶区自然条件、经济状况、茶叶品质、分布面积及茶叶产品等情况，将茶叶产地划分为13个产茶区。其中，外销茶8个区：分别为祁红、宁红、湖红、温红和宜红5个红茶产区，屯绿和平绿2个绿茶产区，福建乌龙茶产区；内销茶5个产区，它们是六安、龙井、普洱、川茶和两广。

1939年，经济部所属中央农业实验所和中国茶叶公司共同筹建湄潭实验茶场。1940年1月，农业部中央农业实验所湄潭实验茶场正式成立，拥有刘淦芝、李联标等一批著名茶叶专家参加试验研究，随即开始对茶树病虫防治、茶树品种资源征集等方面开展工作。

1941年4月，当时的财政部贸易委员会在浙江衢县万川成立了东南茶叶改良总场，著名茶叶专家吴觉农任场长。该场联系浙江、安徽、江西、福建4省的茶业改良场和茶叶管理处。同年10月，东南茶叶改良场改名为茶叶研究所，吴觉农任所长，蒋芸生任副所长，开展茶树栽培、茶叶制造、土壤肥料和农业化学等方面的试验研究工作。1943年，茶叶研究所又迁址福建崇安（今武夷山市），改名财政部贸易委员会茶叶研究所。

农业部中央农业实验所湄潭实验茶场和财政部贸易委员会茶叶研究所都是中国现代最早建立、又有大的影响的国家级茶叶科学专业研究机构。除民国政府部属茶业研究机构外，一些茶叶主产省，如云南、贵州、四川、湖南、广东、江西、湖北、浙江、福建、江苏、台湾等省都建有不同规模的茶业试验场、实验场、示范场、改良场、研究所等机构，至此，我国茶业科研机构布局基本确立。只是由于当时政局动荡，国力不支，又缺少相关专门人才，以致不少科研机构不时被改组、兼并，直至停歇，但它给我国的茶业发展，带来了希望，见到了曙光。

（二）科研人才的栽培

清末民初，茶业界一些有识之士在"国富民强"的主导思想的指引下，为复兴中国茶业，培养人才，各重点产茶省派人出国去日本学习。1914年，云南派朱文精去日本静冈，留学日本农商省制茶部，成为中国最早学习种茶、制茶的留学生。1919年，朱文精学成回国，任茶叶实习所所长兼茶叶试验场场长。是年，浙江也选派吴觉农和葛敬应赴日本设在静冈的农林水产省茶业试验场学习茶技。接着，1920年，安徽多次选派人员去日本学习茶业科技，如1920年派汪轶群、陈鉴鹏，1921年派胡浩川，1924年派陈序鹏，1927年派方翰周去日本学习。这些派去日本留学的学生，他们学成回国后，都从事茶业工作，成为茶叶科研战线的精英，为中国茶业新发展做出了杰出贡献！

20世纪20—40年代，中国还派出留学生去欧美等国家留学，学习与茶相关的一些学科，以扩大茶叶科学研究视野：如1922年，蒋芸生去日本千叶高等园艺高等学校学习园艺；1933年，王泽农去比利时国家农学院学习农业化学；1944年，李联标去美国康乃尔大学农学院和加州理工学院学习生物等。他们在国外，边学习、边搜集资料，回国后从事茶叶科学研究，大大加强了茶叶科学研究领域的力量，成绩斐然。

李联标（1911—1985）

与此同时，还多次派员去国内外考察调研生产。1916年6月6日上海《申报》载：中国赴美参加巴拿马—太平洋国际博览会的监督陈兰薰通过在美实地考察，提出了《关于调查美国用茶之报告》，认为华茶在美行销不畅，不及印度、锡兰、日本，主要原因有：价格过昂，不做广告，贩卖点少，不能持续供货，装潢不适宜，标记不明显，有的绿茶有染色等，要求改变茶叶外销现状。又据1933年6月6日上海《申报》有关改进华茶方案文章报道：茶为中国特产，今受日本、印度、锡兰、爪哇等茶竞争，以致销路惨落，而居世界第一位的华茶已退到爪哇茶之下，商品濒于危境。国际贸易局为此召集茶商讨论研究挽救之策。其时，商品检验局拟定七条改进华茶方案，并提出调查考察，应即派人至日本、台湾（当时为日本控制，下同）、印度、锡兰、爪哇等地考察，调查各产茶国改良步骤。1935年，民国政府实业部派吴觉农等赴印度、锡兰、印度尼西亚、英国、法国、苏联、日本以及台湾等国家和地区，实地考察茶叶产销市场。回国后，吴觉农写有《印度、锡兰之茶业》《荷印之茶业》《日本和台湾之茶业》等多篇茶业考察报告，并对照中国茶业现状，陈述各地茶业生产现状，指出差距，提出改进举措。这些报告，后由全国经济委员会刊印出版。

1937年3月，上海华茶公司派员赴美国，参加在纽约举行的"第十六届全国妇女工艺博览会"，并在会议期间，特辟中国茶园，还举行中国品茗展示。同年7月，中国茶叶公司派员赴英国和摩洛哥等国调查红、绿茶市场情况，还派员去英国伦敦设立经理处，宣传中国茶叶，重点推销红茶。1940年，财政部贸易委员会派出多名茶叶专家，分赴安徽、湖南、湖北等省调查茶叶产销及生产成本，为制订茶叶价格提供依据，进而调动茶农生产积极性。这种派员赴国内外调研考察的结果，不但加速了茶叶科研的进程，而且增强了科学技术的力量。

另外，组织科技力量采用集体或外部力量进行攻关。1932年，湖南茶事试验场在长沙高桥建立分场，并从上海购进动力制茶机械，组织茶叶专家在湖南推广茶叶初制加工，这对提高茶叶品质，节省成本起到了良好的示范作用。1935年，全国经济委员会农业处在皖、浙、湘、闽、滇、赣、鄂、川等省征集茶树地方品种，于安徽祁门茶业改良场，由场长胡浩川主持，进行茶树观察和对比试验，又对当地祁门等地茶树群体品种进行选育。1936年9月，浙江农林改良场从日本引进茶叶加工机械，试验机制茶叶，用以提高茶叶品质。1941年，中央湄潭实验茶场刘淦芝通过调查研究，在中国《农报》（1941）上发表的《湄潭害虫调查研究》，提出了茶树害虫64种和部分茶树病害，这是中国为时最早、内容较系统的一份茶树害虫研究报告，为以后研究茶树病虫害起到了引领作用。其时，李联标等还对贵州湄潭、凤冈、务川、德江四县的茶树地方品种作了深入调研，在务川县首次发现了中国野生乔木型大茶树，这对研究茶树起源与断定茶树原产地做出了重要贡献。1946年7月，农林部农业技术推广委员会选派中央农业实验所以及浙江、安徽、福建、湖南、贵州、江西等省的茶叶专业人员，赴台湾省实习机器制茶技艺，用以提高机器制茶技能和水平。这些措施，对科研攻关，试验推广，成果示范起到了一定作用。1948年，陈椽在《茶树栽培学》一书中，根据山川、地势、气候、土壤、交通运输及历史习惯等，将我国茶叶产地划分为四个茶区：浙赣皖茶区、闽台广茶区、两湖茶区和云川康茶区。

二、茶叶教育

中国茶叶教育，虽然在19世纪末已初见端倪。如湖北在1898年就开办农务学堂，开设有茶务课。1909年，湖北劝业道在羊楼洞茶叶示范场设置的茶业讲习所，用来培养茶叶专门人才。民国时期，茶叶教育开始逐步提升，早期以技术训练方式出现，如各地设立的茶业讲习所、开办的培训班。接着出现的是茶业中等专业学校、职业学校，直至是设置在大专院校中的茶业专修科和本科的开办。表明在民国时期，中国的茶叶教育已开始从训练教育走向学制教育。

（一）技术培训教育

民国期间，为了改良茶叶，在一些重点产茶省，几乎都设立了茶务讲习所等技术培训机构。1913年，四川为了改良出口川茶，提高出口茶品质，省长公署通令各州、县，筹设茶务讲习所，专门培养茶务人才，以便严格把好茶叶出口关。1917年，湖南省建设厅在长沙岳麓山创办了省立茶叶讲习所，推广茶树栽种技术和制造技艺。1918年，安徽省实业厅为了改善和提高徽茶品质，特派俞燮去屯溪高枧创办安徽省立第一茶务讲习所。1935年，全国经济委员会茶叶处在安徽祁门开设茶叶训练班，招收初中学生，集中培训茶业技术和生产管理知识，毕业后分赴各个茶区工作，指导当地茶农进行茶叶合作生产事宜。1937年，浙江省茶业改良场在嵊县三界举办茶业技术人员训练班，许多学员后来成了浙江茶业战线上的骨干。1938年，富华公司在香港开办茶业训练班，招收高中文化程度学生参加培训。次年，培训学生分赴我国东南各产茶省，从事茶叶统购统销工作。这种办学方式，时间长短不一，但目标明确，能收到较好的效果。

（二）中等职业教育

茶业中等职业教育是茶业技术培训的延伸和提高，学到的技术和知识比较全面，在民国时期，对促进茶业发展起到了一定的作用。中国早期的茶业中等职业教育，首见于湖南。1917年，湖南省建设厅在长沙岳麓山创办了省立茶叶讲习所，在此基础上，于1920年升级为茶业学

湄潭
实用职业学校旧址

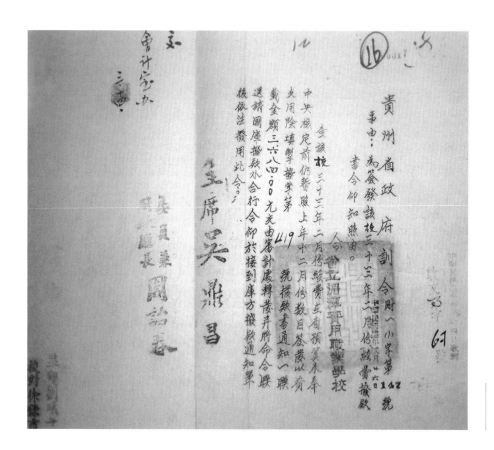

贵州省政府有关湄潭
实用职业学校令

校。1923年，在安徽六安的省立第三农业学校，率先设置茶叶专业班。1934年，福建福安职业中学，根据茶业发展需要，设置茶科班；1935年，改名福建省立农业职业学校，改设茶叶专业。1939年4月，安徽省茶叶管理处在祁门茶业改良场举办茶业高级技术人员训练班，开设茶树栽培、茶叶制造、茶叶生化、茶叶审评与检验、茶叶国际贸易等课程，采用课堂讲授与田间、车间相结合形式，进行培训学习。这种茶业技术高级培训与专题训练相比，教授课程与学习方式更为深化。同年，江西在婺源创办江西省立茶科技实用职业学校，学制3年，培养茶业专门人才。1944年，中央湄潭实验茶场和浙江大学农学院（抗战期间，浙江大学西迁湄潭）在湄潭创办省立湄潭实用职业学校，为培养茶业专门人才，专门设置了茶叶科，学制2年，设有茶树栽培、良种选育、茶叶制造、茶叶生化、审评检验、茶叶贸易等多种课程。

（三）大专学历教育

国民时期，茶业教学也随之逐渐提高，从最初出现的培训教育提高到茶叶中等或职业技术教育。20世纪30年代开始，中国的茶叶教育再上一层楼，出现了高等教育，用来培养高级茶业专门人才。高等学校中最先设置茶叶学科的是广州中山大学。1930年，广州中山大学农学院成立茶蔗部设茶作、蔗作两专科，学制2年。1933年，改设学制4年本科，为茶叶高等教育开了先河。1940年，从上海迁往重庆的复旦大学代理校长吴南轩、教务长孙寒冰和财政部贸易委员会茶叶处处长吴觉农倡议，由中国茶叶公司资助，在重庆复旦大学农艺系设立4年制茶叶组和2年制茶叶专科，这是我国茶业史上第一个高等院校设立的茶叶专业系、科，吴觉农任系科主任。设置的主要基础课程有：经济学、作物概论、土壤学、肥料学、植物生理学、化学等；专业课有：茶叶概论、茶树栽培、茶叶制造、茶叶化学、茶叶贸易、茶叶检验、茶树病虫害防治、茶树遗传育种，以及茶场、茶厂实习等。茶叶专修科课程，主要是精简了部分基础课，专业课程不变。在系科内，建有茶叶研究室，内分茶叶生产部、化验部、经济部。

抗日战争胜利后，复旦大学于1946年从重庆迁回上海，4年制茶叶组停止招生，2年制茶叶专修科继续招生，直到20世纪50年代初，全国高等学校院系调整后转入安徽大学农学院而告终。与复旦大学设置茶叶组和专修科同年（1940），浙江省油茶丝棉管理处委托杭州英士大学农学院设茶丝棉专修科，学制1年。其间，我国已有3所大学设置有茶叶专业的本科和专科。

三、茶叶生产

1912年1月1日，中华民国成立。但其时的中国，由于不断受到外国势力的侵略，以及国内不休的军阀混战和连年内战，茶叶生产依然跌入低谷，没有起色可言。

（一）茶叶生产

民国时的茶业，除对外贸易数字有据可查外，茶园面积和茶叶产量仅仅是估计而已。根据调查估计茶叶生产量为790万担，以每亩45斤计，有茶园1 755万亩，茶叶生产区域遍及全国20个省①。而至1943年，估计中国茶叶产量约790万担。若以平均亩产45斤计算，有茶园面积1 756万亩，20多年间，茶园面积和茶叶产量依然在原地踏步。尽管其间国民政府也采取一些措施，如1932年行政院农村复兴委员会将稻、麦、棉、丝、茶列为中心改良事业，对茶叶更为重视，组建成立茶业改良委员会，专门负责茶业的复兴；1937年实业部为提高茶叶品质，确定标准，改进产、制、运、销，拓展贸易，复兴茶业，成立了由中央政府和产茶各省政府与茶商合办的中国茶叶股份有限公司，简称茶叶公司，公司设在上海北京路星业大楼。但由于内忧外患，战争不断，依然无济于事。1949年全国茶园面积约15.30万公顷，产茶4.10万吨，跌入历史冰点。而当时的中国台湾，由于1895年4月中日签订马关条约割让给日本。其间，由于日本忙于大东亚侵略战争，直到1945年8月日本战败为止，茶业一直没有发展可言。日本投降后，接着便是解放战争，如此直到1949年中华人民共和国成立，台湾茶业与大陆一样，在整个民国时期，茶业生产不但没长进，甚至出现倒退。详见下表所示。

1934—1949年台湾茶园面积和茶叶产量变化

单位：万亩、万吨

年 份	1934	1935	1936	1937	1938
面积	—	—	—	—	—
产量	1.02	0.99	1.05	1.14	1.22
年 份	1939	1946	1947	1948	1949
面积	—	53.12	59.06	60.24	61.14
产量	1.33	0.29	0.75	0.85	1.02

（二）茶叶对外贸易

清代末期，连年遭受内忧外患、割地赔款，并签订了《马关条约》《辛丑条约》等一系列不平等条约。在这种情况下，外国洋行垄断中国茶叶对外出口贸易，中国茶商只能经营内地贩运和毛茶收购业务。特别是当印度、锡兰、日本茶业兴起后，在激烈竞争下，中国茶叶出口量从1885年的11.28万吨下降到1911年的8.85万吨，下降了21.54%。

1912年中华民国成立，国民政府宣布停止各省向政府进贡茶叶。当时的财政部还明令，除甘肃、四川、西康3省继续实行引票制外，其他各省均予废除引票制，改征营业税。1913年四川省长公署还通令各州县，专制改良红绿茶品质鼓励茶叶出口贸易。1915年，中国对俄茶叶贸易达7.03万吨，占当年茶叶出口总量（10.77万吨）的65.7%。这也是自1850年以来，中国茶叶出口俄国最多的一年。1916年，中国以出口茶叶为专业的华茶公司在上海成立。该公司是由唐翘

①亩、担、斤均为非法定计量单位，15亩=1公顷，1担=50千克，1斤=0.5千克。

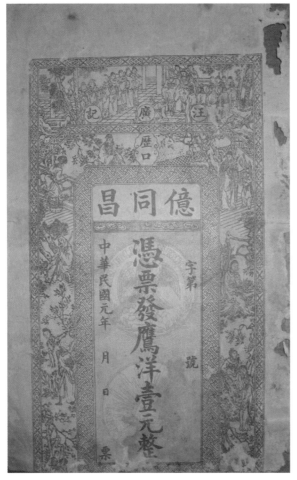

民国元年（1912）
祁红茶号茶票

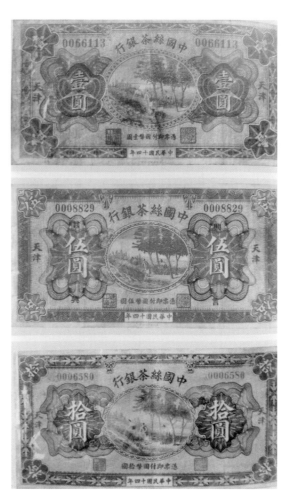

1925 年发行的
丝茶银行伍圆与拾圆纸币

卿、唐叔璠、唐季珊出资10万银元创办的一家私营茶叶出口行。但成立初期，由于华茶出口受洋行控制，以致对外出口困难，仅有"天坛牌""美女牌"等小盒装茶出口美国旧金山，由当地华侨商行代售。1925年上海发生"五卅"惨案，掀起反对外国侵略者的群众运动，工人罢工，抵制给外国商人装船，洋行茶叶运不出去，业务受到打击。而华茶公司不受其阻，反而趁机扩大出口贸易，花大力气收购过去只售与洋行的名牌茶叶货源。有的茶商过去只和洋行联系，如今也愿派代表长期驻扎在华茶公司，并规定由华茶公司独家对外出口经营。由此开始，华茶公司茶叶出口销量大增，使华茶公司发展成为与英商怡和、锦隆、协和等洋行并列的上海四大茶商之一。1925年华茶公司出口茶叶达8万箱，计2 500吨。这时华茶公司才算站稳了茶叶直接外贸出口的脚跟。

　　中国茶叶对外贸易的衰落，虽然始于清代末期。至民国初年，尽管采取了一些改善茶叶出口的措施，但当时仍处于军阀混战状态，民不聊生，直至1928年北洋政府彻底垮台的17年间，中国茶叶对外贸易长期处于低谷状态。尤其是1920年中国茶叶出口仅为1.85万吨，是中国茶叶对外贸易史上，年出口量最低的一年。详见下表所示。

1912—1930年中国茶叶对外出口统计

单位：吨

年 份	1912	1913	1914	1915	1916	1917	1918
出口	89 612	87 217	90 464	107 795	93 297	68 071	24 447
年 份	1919	1920	1921	1922	1923	1924	1925
出口	41 740	18 501	26 026	34 840	48 469	46 323	50 380
年 份	1926	1927	1928	1929	1930		
出口	50 761	52 748	56 005	57 318	41 975		

资料来源：摘自中国海关统计年报。

　　中国茶叶出口的衰落，原因是多方面的，这里既有内因，也有外因。内因主要是民国伊始，内战不断，政府不但无心扶植茶叶生产，而且茶叶课税重；其次是茶叶产制技术落后，陈规旧法不求改进，使生产成本高，售价低，茶农生产积极性严重低落；第三是个别商人道德败坏，出现掺假作伪现象，有损华茶声誉。外因主要有4个方面原因：一是当时英美等国对中国农产品采取歧视政策，不但设置许多限制，而且采用高进口税，使中国茶外销受阻。二是英国政府鼓励英商在印度、锡兰大力发展茶叶生产。与此同时，印度、锡兰、日本茶业又在本国政府扶植下，采用低税、优质、价廉措施，与中国茶业开展剧烈竞争。三是俄国"十月革命"后，中俄曾经一度断绝外交关系，而当时的北洋政府也禁止茶叶对苏出口。四是外国洋行既垄断中国茶叶对外贸易，又任意压级压价，从中谋取高额利润。在这种情况下，中国茶叶对外贸易衰落，并处于低谷状态成为必然。抗日战争爆发，又给中国茶叶对外贸易带来极大困难。据统计，1931—1940年中国茶叶对外出口一直徘徊在2.5万～4.5万吨。1941年，太平洋战争爆发，海上航线中断，除少数茶叶经陆上通道出口周边国家外，多数茶叶出口处于停顿状态。在这种情况下，中国茶叶出口从1941年的不到1万吨，降到1942年的1 449吨。至1944年中国茶叶出口仅为543吨，1945年只有480吨，几乎没有茶叶出口贸易可言。详见下表。

1931—1945年中国茶叶对外出口统计

单位：吨

年 份	1931	1932	1933	1934	1935
出口	42 529	39 527	41 958	47 049	38 140
年 份	1936	1937	1938	1939	1940
出口	37 284	40 657	42 625	22 558	34 493
年 份	1941	1942	1943	1944	1945
出口	9 118	1 449	1 001	543	480

资料来源：摘自中国海关统计年报。

　　1945年，抗日战胜利后，由于战争的破坏，茶园荒芜，生产凋零。之后，国名党挑起内战，茶叶生产一时无法恢复。当时虽有部分茶叶积压，但品质低次，数量有限，又属陈茶之列，不受外商欢迎，以致到中华人民共和国成立时的1949年，中国茶叶出口还不到1万吨。详见下表。

1946—1949年中国茶叶对外出口统计

单位：吨

年份	1946	1947	1948	1949
出口	6 900	16 443	17 501	9 922

资料来源：摘自中国海关统计年报。

　　纵观近代华茶对外贸易的历史，自1880—1888年为全盛时期，年茶叶输出量总计在200万担以上。清末民初时（1889—1917），茶叶年输出量还能维持在140万担以上。可从1918—1949年，茶叶对外输出更是急剧下降，直至不及1万吨纪录，使中国茶叶对外贸易趋于严重衰颓期。

第四章
当代茶文化的复兴

1949年，中华人民共和国成立，当时全国茶叶生产处于荒废状态。复兴茶产业、振兴茶文化，重振产茶大国，逐渐走向产茶强国成了每个茶文化工作者的担当。

当代茶文化发展应顺了这一历程并逐渐发展起来。如今，中国的茶产业不但有了长足发展，重建茶叶生产大国地位；而且正在稳步推进，为重塑茶叶生产强国而奋进。

山东
青岛茶园

西藏
林芝茶园

海南
五指山茶园

第一节 茶区分布与划分

进入当代以来，中国茶叶生产区域有新的扩展，特别是茶树种植"南茶北引"和向西推进有所突破，使茶园面积和茶叶生产量不断增加。

一、茶区不断扩展

20世纪50年代初，中国茶产业发展的重点在恢复生产，同时发展部分新茶园。60年代开始，根据茶叶生产发展需要，实施南茶北移进山东，东茶西栽至甘肃、西藏，使中国种茶区域进一步扩大，茶叶产量有大幅的提高。

如今，中国的茶区分布极为广阔：南自北纬18°附近的海南五指山，北至北纬38°附近的山东青岛，所占纬度达20°；西从东经94°附近的西藏林芝，东迄东经122°的台湾宜兰，横跨经度约28°。东西南北中，纵横千万里，种茶遍及浙江、湖南、四川、福建、安徽、云南、广东、广西、贵州、重庆、湖北、江苏、江西、河南、海南、西藏、山东、陕西、甘肃19个省区市，以及台湾、香港地区1 100余个县、市。

此外，在上海市、河北省也有少许茶树种植。种茶区域地跨热带、亚热带、温带，其内有山清水秀的东南丘陵，有群山环抱的四川盆地，有云雾缭绕的云贵高原，有春色满园的宝岛台湾，有恒夏多雨的西双版纳等地。

截至2013年，茶园面积最大的10个省份依次为云南、贵州、湖北、四川、福建、浙江、安徽、湖南、陕西和河南；茶叶产量最大的10个省份依次为福建、云南、湖北、四川、浙江、湖南、安徽、贵州、广东和河南。按茶类分，绿茶主产省为浙江、湖北、四川和云南，红茶主产省为云南、福建和湖北；乌龙茶主产省为福建和广东；黑茶主产省是云南、湖南和四川。

二、茶区划分与布局

当代，庄晚芳在《茶作学》（1956）中，根据地形、地势、气候和茶叶生产特点，将中国茶叶产地划分为四个茶区，即华中北茶区，包括皖北、河南和陕南等地；华中南茶区，位于长江以南的丘陵地带，包括江苏、皖南、浙江、江西、湖北、湖南北部等地；四川盆地和云贵高原茶区，包括四川（含今重庆市）、云南、贵州；华南茶区，包括福建、广东、广西、台湾和湖南南部等地。

王泽农在《我国茶区的土壤》（1958）一文中，主要根据土壤和气候条件，将中国茶叶产地划分为三大茶区：即长江中下游的华中区、东南沿海及西江流域的华南区，以及包括云贵高原、川西山地、秦岭山地和四川盆地的西南茶区。

中国茶叶编辑委员会在《中国茶叶》（1960）文稿中根据茶树分布、气候和土壤等特点，将中国茶叶产地划分为四大产区：北部茶区、中部茶区、南部茶区和西南茶区。

浙江农业大学在《茶树育种学》（1964）一书中也将中国茶叶产地划分为四大茶区，即华中、华中南、华南和西南茶区。

中国农业科学院茶叶研究所《中国茶树栽培学》（上海文化出版社，1986）中，根据产茶历史、茶树类型、品种分布、茶类结构，结合全国气温和雨量分布，以及土壤地带的差异等条件，经过综合分析和研究比较，将全国茶叶产地划分为华南、西南、江南、江北四大茶区，一直沿用至今。

现行茶区分布

区　名	位　置	包括省区市
华南茶区	集中在西南部地区	福建南部、广东、广西、海南、台湾、香港
西南茶区	集中在南部地区	云南、贵州、四川、重庆、西藏
江南茶区	主要集中在沿长江以南地区	安徽南部、江苏南部、福建北部、湖北、湖南、江西、浙江
江北茶区	集中在长江以北地区	甘肃、陕西、安徽北部、江苏北部、山东、河南

现将各茶区情况，简介如下。

（一）华南茶区

华南茶区是中国最南部的茶区，终年高温多雨，无冰雪，是茶树最适生态区域。区域的南部和西南部是世界山茶属植物的分布中心，也是栽培茶树的起源中心，多见有野生大茶树生长。栽培品种以乔木型、小乔木型为主，也有灌木型茶树植，最适宜制红茶和乌龙茶。著名茶叶有：安溪铁观音、英红、凌云白毫、凤凰单丛、冻顶乌龙、六堡茶等。

（二）西南茶区

西南茶区是中国最古老的茶区，地形复杂，多数处于亚热带季风气候带，也是茶树适宜生态区域。在云贵边境、四川盆地边缘有野生大茶树分布，茶树栽培品种多，乔木型、小乔木型、灌木型茶树均有种植。主产绿茶有宜宾早茶、都匀毛尖、湄潭翠芽、蒙顶山茶、峨眉竹叶青等；红茶有滇红、川红工夫；黄茶有蒙顶黄芽；黑茶有普洱茶、藏茶等。

（三）江南茶区

江南茶区是中国重要的产茶区域，这里地势比较平坦，大部分地区处于中亚热带季风气候区，也是茶树适宜生态区域。这里茶树种质资源丰富，茶树优良品种多，以灌木型品种为主，也有少许小乔木品种种植。在这一区域内茶园面积约占全国的45%，产量占55%左右，囊括了红茶、绿茶、乌龙茶、白茶、黄茶、黑茶所有茶类。近年来，随着茶类结构的调整，名优绿茶、乌龙茶和白茶已占该区的绝对优势。著名茶叶，绿茶有西湖龙井、黄山毛峰、庐山云雾、碣滩茶、安吉白茶等，乌龙茶有武夷岩茶等，白茶有福鼎白茶等，红茶有祁门工夫等。

（四）江北茶区

江北茶区是中国最北部的茶区，气温较低，雨量较少，是茶树次适宜生态区。茶树种植全为灌木型中叶种和小叶种，大多产绿茶，著名的有六安瓜片、信阳毛尖、太白银毫、紫阳毛尖、汉中仙毫、日照绿茶等。此外，近年来也产一些红茶，如信阳红等。

第二节　茶叶生产现状

1949年，中国茶园面积为15.30万公顷，茶叶产量为4.10万吨，茶叶出口为0.99万吨，茶业发展处于历史最低点。以后，由于茶叶生产受到重视，从此茶叶作为一种产业，无论是茶生产，还是茶文化，都开始有了长足发展与进步。

一、当代茶叶生产总述

当代中国茶叶生产，从1950年至今，历经60余个年头，已取得辉煌业绩。特别是进入21世纪以来，由于中西部地区茶叶生产的快速发展，从而促使全国茶叶生产发展更加喜人。茶叶产量连续增加，茶叶出口不断加大，各项茶叶生产指标年年提升，从而使中国在全球茶叶生产国中的地位日见显耀。

2000—2011年中国茶叶产量在世界主产国中地位与比重

单位：万吨、%

年　份	2000	2005	2008	2009	2010	2011	2011年占全球比例
全　球	298.72	366.06	421.14	424.11	450.22	429.92	100.00
中　国	70.37	95.37	127.50	137.58	147.51	162.32	37.76
印　度	82.60	90.70	98.70	97.27	96.64	98.83	22.99
肯尼亚	23.63	32.85	34.58	31.41	39.90	37.79	8.79
斯里兰卡	30.58	31.72	31.87	29.00	33.14	32.86	7.64
土耳其	13.88	21.75	19.80	19.86	14.80	14.50	3.37
印度尼西亚	16.26	17.77	15.09	14.64	12.92	11.97	2.78
越　南	6.99	13.25	17.35	18.57	17.00	17.80	4.14
日　本	8.50	10.00	9.65	8.60	8.30	7.80	1.81

注：中国数据中未包括台湾在内。

2000—2011年中国茶叶出口在世界主要出口国中比例

单位：万吨、%

年　份	2000	2005	2008	2009	2010	2011	2011年占全球比例
全　球	132.19	156.63	165.31	160.51	177.87	174.95	100.00
肯尼亚	21.7	34.83	38.03	34.25	44.1	42.13	24.08
中　国	22.77	28.66	29.69	30.29	30.25	32.26	18.44
斯里兰卡	28.01	29.88	29.88	27.98	29.64	30.13	17.22
印　度	20.44	19.52	20	19.51	21.97	19	10.86
越　南	5.57	8.79	10.4	12	12.79	14.3	8.17
印度尼西亚	10.56	10.23	9.62	9.23	8.71	7.55	4.32

（续）

年 份	2000	2005	2008	2009	2010	2011	2011年占全球比例
阿根廷	4.98	6.64	7.72	6.92	8.53	8.62	4.93
乌干达	2.64	3.31	4.24	4.79	5.32	4.62	2.64
马拉维	3.84	4.3	4.01	4.65	4.86	4.49	2.57
坦桑尼亚	2.25	2.25	2.48	2.15	2.61	2.71	1.55

2000—2011年中国茶叶基本情况汇总

单位：万公顷、万吨、个

年 份	2000	2005	2008	2009	2010	2011
茶园面积	108.90	135.19	171.94	184.90	197.02	211.25
茶叶产量	68.33	93.49	125.76	135.86	147.51	162.32
精制茶加工数	315	544	1 123	1 334	1 556	1 061
茶叶出口量	22.77	28.66	29.69	30.29	30.25	32.26
茶叶进口量	0.24	0.28	0.54	0.41	1.27	1.40

至2013年，中国一些主要茶叶生产指标：茶树种植面积、茶叶产量、茶叶消费均占世界第一，茶叶出口量占世界第二，已进入世界茶叶生产大国之列。

2013年中国与世界茶叶主要指标比较

项 目	单 位	中 国	世 界	中国占世界
茶叶产量	万吨	192.4	490.7	39.2（%）
茶园面积	万公顷	246.9	418.0	59.1（%）
出口量	万吨	33.2	186.0	17.8（%）
消费量	万吨	153.2	457.4	33.5（%）

数据来源：国际茶叶委员会。

2013年世界茶树种植面积前10名国家

单位：万公顷

中 国	印 度	肯尼亚	斯里兰卡	越 南	印度尼西亚	缅 甸	土耳其	日 本	阿根廷
246.9	56.4	19.9	18.7	12.4	12.0	7.9	7.7	4.3	4.2

数据来源：摘自王庆主编，《2014中国茶叶行业发展报告》。

2013年世界茶叶产量前10名国家

单位：万吨

中 国	印 度	肯尼亚	斯里兰卡	越南	土耳其	印度尼西亚	阿根廷	日 本	孟加拉
192.4	120.0	43.2	34.0	17.0	14.9	13.4	8.5	8.5	6.3

数据来源：摘自王庆主编，《2014中国茶叶行业发展报告》。

2013年世界茶叶出口量前10名国家

单位：万吨

肯尼亚	中国	斯里兰卡	印度	越南	阿根廷	乌干达	马拉维	坦桑尼亚	卢旺达
49.43	33.24	31.77	20.90	14.03	7.80	5.67	4.05	2.74	2.30

数据来源：摘自王庆主编，《2014中国茶叶行业发展报告》。

2013年世界茶叶消费量前10名国家及地区

单位：万吨

中国	印度	俄罗斯	土耳其	美国	巴基斯坦	日本	英国	独联体	埃及
153.2	90.6	15.6	15.5	13.0	12.7	11.8	11.5	10.2	10.1

数据来源：摘自王庆主编，《2014中国茶叶行业发展报告》。

印度爱饮的
马萨拉茶

18世纪初的俄罗斯
饮茶风情

土耳其街头
送茶侍者

巴基斯坦
街坊饮茶

阿富汗
喀布尔茶摊

18世纪中叶
英国伦敦贵妇饮茶情景

伊拉克人
在喝茶

二、当代茶叶生产的崛起

自20世纪50年代以来，中国茶叶生产就总体而言是有较快发展的。至2014年，无论是茶园面积、茶叶产量；还是茶叶单产、茶叶出口都有显著增长。与1949年相比，茶园面积增长16.9倍；茶叶产量增长50.0倍；茶叶出口增长29.1倍。

尽管如此，但中国茶叶生产走过的道路依然是曲折的，而且要进入世界茶叶生产强国之列，还有许多路要走、许多事要做。

（一）茶叶生产

中国茶叶生产，在3年（1950—1952）国民经济恢复时期，荒芜茶园得到积极垦复，全国茶园面积和茶叶产量两个方面都有了发展。1952年，全国茶园种植面积恢复到22.40万公顷，比

全国茶叶生产基本情况比较表

项　目	1949年	2014年	增加数量	增加倍数
茶园面积（万公顷）	15.3	274.1	258.8	16.9
茶叶产量（万吨）	4.1	209.2	205.1	50.0
茶叶出口（万吨）	1.0	30.1	29.1	29.1

1949年15.3万公顷增长44%；茶叶产量8.24万吨，比1949年4.10万吨增长101%。以后经过60年努力，至2012年中国茶叶生产的总体发展情况，无论是茶园种植面积，还是茶叶产量，总体是稳定向前发展的，但每个时期发展的速度是不一样的，中间夹杂着一些波动和曲折。

1953—1957年是中国国民经济建设第一个五年计划时期。全国茶叶获得较快发展。1957年全国茶园面积32.94万公顷，比1952年22.4万公顷增长47.05%；茶叶产量11.16万吨，比1952年8.24万吨增长35.44%。

1958—1962年是中国国民经济建设第二个五年计划时期。全国茶叶生产前2年（1958—1959）由于开展"大跃进"和"人民公社化运动"，浮夸成风，致使到1959年全国茶园面积和茶叶产量猛增，茶园面积达到40万公顷，茶叶产量达到15万吨，与1957年相比，茶园面积增长21%，茶叶产量增

20 世纪 50 年代
拣茶场景

长36%。但由于茶叶采收过度，茶树生长遭到严重破坏，使后3年（1960—1962）茶园面积和茶叶产量连年下降。1962年，茶园面积减到27.93万公顷，比1957年32.94万公顷减少15.21%，比1959年减少30.50%；茶叶产量减到7.39万吨，比1957年11.16万吨减少33.79%，比1959年减少近1/2，基本退回到1951年水平。

1966—1970年是中国国民经济建设第三个五年计划时期。全国茶叶生产经过5年国民经济的调整，使茶园面积和茶叶产量都得到稳步提高与发展。1970年全国茶园面积达到48.60万公顷，比1965年33.59万公顷增长44.69%；茶叶产量达到13.60万吨，比1965年10.06万吨增长35.19%。

1971—1975年是中国国民经济建设第四个五年计划时期。全国茶叶生产在第三个五年计划时期恢复、发展的基础上得到继续加快发展速度。1975年全国茶园面积为87.19万公顷，比1970年48.60万公顷增长79.40%；茶叶产量21.05万吨，比1970年13.60万吨增长54.78%。

1976—1980年是中国国民经济建设第五个五年计划时期。这一时期"文化大革命"结束，1978年确定国民经济实行改革开放政策。1979年，国家实行"调整、整顿、改革、提高"的发展国民经济总方针，对茶叶生产采取多项有效措施，使全国茶叶生产发展速度进一步加快。

1980年全国茶园面积突破百万公顷，达到104.07万公顷，比1975年87.19万公顷增长19.36%；茶叶产量达到30.38万吨，比1975年21.05万吨增长44.32%。

1981—1985年是中国国民经济建设第六个五年计划时期。随着国家实行经济体制改革，由计划经济向市场经济过渡，农村全面推行联产承包责任制，茶叶生产继续有所发展。1985年全国茶园面积达到104.49万公顷，与1980年大致持平；但茶叶产量达到43.23万吨，比1980年30.38万吨增长42.30%。

1986—1990年是中国国民经济建设第七个五年计划时期。随着国民经济体制改革的不断深化，茶叶生产、经营多方面发生深刻变化，国内茶叶市场全面放开，采取多渠道流通和议购议销，茶叶生产又获得持续发展。1990年全国茶园面积106.13万公顷，比1985年104.49万公顷增长1.57%，增长不快；但茶叶产量达54.01万吨，比1985年43.23万吨增长24.94%。

1991—1995年是中国国民经济建设第八个五年计划时期。国民经济正加速向市场经济转化，茶叶市场竞争加强。在此情况下，茶叶发展速度开始减缓。1995年全国茶园面积为111.53万公顷，比1990年106.13万公顷仅增长5.09%；茶叶产量58.85万吨，比1990年54.01万吨增长8.96%。

1996—2000年是中国国民经济建设第九个五年计划时期。由于国民经济加市场化转变，强调经济效益，其间全国茶园面积108.90万公顷，虽比1995年111.53万公顷下降2.36%；但茶叶产量68.3万吨，反而比1995年58.85万吨增长16.06%。

进入2000年以后，在国家持续加大对农业生产扶持力度的大环境下，加之在良好的市场效益驱动下，中国茶产业发展受到高度关注，在此背景下茶园面积不断扩大，茶叶产量连年增产。

2000—2013年中国茶叶种植面积与产量

单位：万公顷、万吨

年　份	面　积	产　量
2000	108.9	68.3
2005	135.2	93.5
2008	171.9	125.8
2009	184.9	135.9
2010	197.0	147.5
2011	211.3	162.3
2012	228.0	179.0
2013	246.9	192.4

至2012年，中国茶园面积前5位分别是：云南为38.97万公顷，四川为26.66万公顷，湖北为26.01万公顷，贵州为25.15万公顷和福建为22.15万公顷。其中，与2011年相比，2012年茶园面积绝对值增长最快的前5位分别是：贵州为5.52万公顷，四川为2.74万公顷，湖北为1.72万公顷，安徽为1.17万公顷，福建为1.01万公顷。茶园面积增幅最大的5个省，则分别是贵州、河

南、四川、江西和山东。

2012年全国茶园面积增幅前5位省份

单位：万公顷

省　份	2011年	2012年	增加量	增　长
贵州	19.64	25.15	5.51	28.05（%）
河南	7.85	8.76	0.91	11.59（%）
四川	23.92	26.66	2.74	11.45（%）
江西	5.90	6.55	0.65	11.02（%）
山东	1.88	2.18	0.19	10.11（%）

特别是近10年来，随着茶园面积的不断扩大，茶叶产量连年增产增收。

2003—2013年中国茶叶产量变化

单位：万吨

年　份	产　量	年　份	产　量
2003	76.8	2009	135.9
2004	83.5	2010	147.5
2005	93.4	2011	162.3
2006	102.8	2012	179.0
2007	116.6	2013	246.9
2008	125.7		

　　至2012年全国茶叶产量179.0万吨，比2011年的162.3万吨增加了16.7万吨，增长10.3%。2013年全国茶叶产量246.9万吨，又比2012年的179.0万吨增长37.9%。据2012年统计，全国茶叶产量前5位的省份依次是福建省为32.1万吨，云南省为27.2万吨，四川省为21.0万吨，湖北省为20.7万吨和浙江省为17.5万吨。2012年中国茶叶产量，若按茶类分布而言，依次为：绿茶124.78万吨，占全国总产量的69.73%；乌龙茶21.78万吨，占全国总产量的12.17%；红茶13.24万吨，占全国总产量的7.40%；黑茶7.98万吨，占全国总产量的4.46%；白茶1.02万吨，占全国总产量的0.57%；黄茶0.02万吨，占全国总产量的0.01%；其他茶10.13万吨，占全国总产量的5.66%。现将最近10余年来中国茶叶生产量情况，汇总如下。

2000—2011年中国茶叶生产量分类统计

单位：万吨

年　份	2000	2005	2008	2009	2010	2011
红茶	4.73	4.79	6.67	7.10	6.81	11.37
绿茶	49.81	69.10	92.66	100.63	104.64	113.37

（续）

年　份	2000	2005	2008	2009	2010	2011
乌龙茶	6.76	10.38	14.41	15.91	18.00	19.97
紧压茶	2.26	2.77	3.88	4.51	4.14	6.35
其他茶	4.78	6.44	7.84	7.62	12.66	9.40
总量	68.33	93.49	125.76	135.86	147.51	162.32

　　绿茶：属不发酵茶，是全国产量最多的一类茶，所有产茶省区市都有生产。2012年，全国绿茶生产量以福建、云南、四川、湖北、浙江、湖南等地为多。自20世纪80年代末以来，绿茶生产量一直是呈上升趋势的。2012年全国绿茶产量124.8万吨，比2011年的113.8万吨增长9.7%。特别是20世纪90年代以来，全国绿茶产量是连年增长的。

1989—2012年全国绿茶生产量变化

单位：万吨

年　份	产　量	年　份	产　量
1989	31.4	2001	51.3
1990	33.3	2002	54.6
1991	35.7	2003	57.0
1992	38.3	2004	61.4
1993	42.1	2005	69.1
1994	40.3	2006	76.4
1995	41.4	2007	87.4
1996	42.2	2008	92.7
1997	44.3	2009	100.6
1998	48.0	2010	104.6
1999	49.7	2011	113.8
2000	49.8	2012	124.8

　　红茶：属全发酵茶，从20世纪50年代开始，除福建、安徽、江西、湖北外，四川、浙江、湖南、云南、广东、广西、贵州也相继推广生产，成为中国茶叶的主要茶类之一。进入20世纪90年代开始，直至21世纪初，红茶产量生产量总体是呈下降趋势的。

1990—2003年红茶生产量情况

单位：万吨

年　份	1990	1991	1992	1993	1994	1995	1996
产　量	10.97	8.37	7.55	7.46	7.59	5.20	4.93
年　份	1997	1998	1999	2000	2001	2002	2003
产　量	4.95	5.68	4.89	4.73	4.29	4.35	3.99

但近10年来，中国红茶产量一直呈上升趋势，特别是2010年以来，在福建金骏眉、坦洋工夫和河南信阳红等红茶带动下，发展更快。以2012年为例，全国红茶生产量较大的省份有云南、福建、湖北、湖南等地，红茶产量为13.24万吨，与2011年的11.37万吨相比，增长16.45%。

2003—2012年全国红茶生产量变化

单位：万吨

年 份	2003	2004	2005	2006	2007
产 量	3.99	4.37	4.79	4.83	5.32
年 份	2008	2009	2010	2011	2012
产 量	6.79	7.19	8.81	11.37	13.24

乌龙茶：属半发酵茶，从20世纪80年代末以来，乌龙茶产量一直是上升的，而且速度很快。若以1989年为例，当年乌龙茶的生产量为3.05万吨，2012年乌龙茶生产量达到21.8万吨，是1989年的7倍。与2011年的19.97万吨相比，增长9.2%。

1989—2012年全国乌龙茶生产量变化

单位：万吨

年 份	产 量	年 份	产 量
1989	3.05	2001	7.01
1990	3.34	2002	7.67
1991	3.76	2003	8.13
1992	3.95	2004	9.02
1993	4.10	2005	10.38
1994	4.34	2006	11.62
1995	5.54	2007	12.97
1996	5.41	2008	14.41
1997	5.63	2009	15.91
1998	6.06	2010	18.00
1999	6.33	2011	19.97
2000	6.76	2012	21.79

乌龙茶主产于福建、广东和台湾等省。目前，四川、湖北、湖南、云南等省也有少量生产。由于乌龙茶市场一直是近10余年来国内茶叶消费的热点，铁观音市场渐趋成熟，武夷岩茶、广东乌龙茶继续快速发展。

黑茶：属后发酵茶，历史上主产于湖南、湖北、云南、四川、广西、陕西等省、自治区。近年来，浙江等省亦有生产。黑茶除了主销内蒙古、新疆、西藏等边境少数民族地区外，黑茶市场有所扩大，如今在广东、湖南、北京、山东等内地市场也有一定需求。近20多年来，前10余年（1991—2002年）黑茶产量一直在1.5万~2.5万吨波动；后10年（2003—2012年）黑茶产量上升加快，特别是2005年以来，生产量增长更快。但由于黑茶统计口径不一，统计数据偏低。黑茶主要供应边境少数民族地区，常年供应量在7万吨左右。而2010年黑茶产量为4.14万吨，2011年为6.35万吨，2012年为7.98万吨，这主要是指黑茶中的紧压茶，其实还有不少散形黑茶并未包括在内。根据少数民族地区黑茶的正常消费，以及国内其他地区黑茶消费的增加，估计现今（2013—2014年）黑茶生产量在9万吨左右。

1991—2002年黑茶产量变化

单位：万吨

年 份	产 量	年 份	产 量
1991	2.06	1997	1.86
1992	1.52	1998	2.11
1993	1.74	1999	1.89
1994	1.66	2000	2.26
1995	1.75	2001	2.51
1996	1.88	2002	2.51

2003—2012年黑茶产量变化

单位：万吨

年 份	产 量	年 份	产 量
2003	2.55	2008	3.88
2004	2.82	2009	4.51
2005	2.77	2010	4.14
2006	2.89	2011	6.35
2007	3.55	2012	7.98

白茶、黄茶：这是国家统计局2010年新列的项目，之前并没有对白茶、黄茶作专门统计。白茶属微发酵茶，主要产于福建的福鼎、政和、建瓯等县、市。2012年白茶产量1.02万吨，比2011年的1.43万吨减少28.67%；若与2010年的1.22万吨相比，也要减少16.39%。

黄茶属轻发酵茶，主产于湖南的岳阳和宁乡，广东的韶关、肇庆和湛江，安徽的霍山，四川的雅安，浙江的平阳、泰顺、瑞安和永嘉，以及湖北的英山等地。2012年黄茶生产量为179吨，与2011年的391吨和2010年的394吨相比，不及一半。

由于茶园管理总体粗放，茶叶单位面积产量水平较低。以2012年为例，中国茶园平均单产，按全国茶园面积计算，平均亩产茶叶49千克；按采摘茶园面积计算，全国平均亩产茶叶65

千克。而当今现实情况是：在全国茶区中普遍存在重春茶、弃夏茶、轻秋茶，约有50%的茶叶产量摒弃在茶园之中。也就是说，中国现实的茶叶产量原本还可以在现有基础上翻一番。在这种情况下，茶叶单位面积产量，近10年来一直处于低水平状态。

（二）茶叶出口

中国是茶叶生产大国，也是茶叶出口大国。进入当代以来的60余年间，就总体而言，是向前发展和提高的。

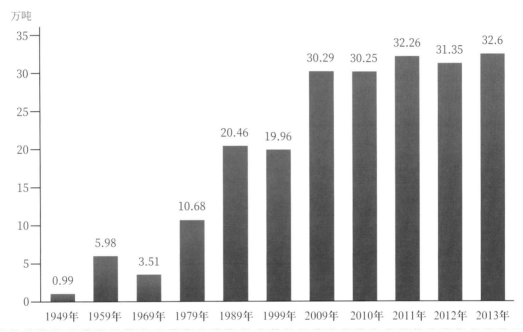

1949—2013年中国茶叶出口量

但具体到各个时期，发展情况是不一样的。1949年中华人民共和国刚成立，当时为了打破列强封锁，随即成立中国茶业公司，沟通产销情况，有计划地推动茶叶出口。茶叶出口从1949年的历史最低点0.99万吨，经1950—1952年3年国民经济恢复时期，1953年全国茶叶出口2.74万吨，比1949年的0.99万吨增长176%。

1953—1957年是国民经济建设第一个五年计划时期。茶叶出口得到较快发展。1957年全国茶叶出口4.16万吨，比1952年2.74万吨增长52%。

1958—1962年是国民经济建设第二个五年计划时期，当时由于高指标、浮夸风盛行，茶树采摘过度，生机遭到破坏，致使后3年（1960—1962）茶叶生产量遭到连年下降。1962年全国茶叶出口3.06万吨，比1957年4.16万吨减少26%。

1963年开始，国家采取积极有效措施，用3年时间进行经济调整，使茶叶出口逐渐恢复。1965年全国茶叶出口3.79万吨，比1962年3.06万吨增长24%，大致恢复到1956年茶叶出口水平。

1966—1970年是国民经济建设第三个五年计划时期，经过经济调整，茶叶出口又开始回升。1970年茶叶出口4.09万吨，比1965年3.79万吨增长8%。

1971—1975年是国民经济建设第四个五年计划时期，茶叶出口加快发展。1975年全国茶叶出口6.13万吨，比1970年4.09万吨增长50%。

1976—1980年是国民经济建设第五个五年计划时期。1978年国民经济实行改革开放政策，使茶叶出口进一步加速发展。1980年全国茶叶出口突破10万吨，达到10.80万吨，比1975年6.18万吨增长75%。

1981—1985年是国民经济建设第六个五年计划时期。随着国家实行经济体制改革，农村全面推行联产承包责任制，茶叶出口继续提高。1985年全国茶叶出口13.68万吨，比1980年10.80万吨增长27%。

1986—1990年是国民经济建设第七个五年计划时期。1990年全国茶叶出口19.95万吨，比1985年13.68万吨增长43%。

1991—1995年是国民经济建设第八个五年计划时期。随着国民经济加速向市场经济转化，茶叶出口实行自负盈亏，出口数量开始下降。1995年全国茶叶出口16.66万吨，比1990年19.55万吨下降15%。

1996—2000年是国民经济建设第九个五年计划时期。期间，国家对茶叶出口不再实行统一联合经营，对有茶叶出口经营权的外贸公司、生产企业、外商投资企业实行自行成交，促使茶叶出口数量迅速提升。2000年全国茶叶出口22.77万吨，比1995年16.66万吨增长36.67%。

进入21世纪以来，全国茶叶出口呈缓慢发展态势。2004年开始，虽然出口数量有呈阶段性增加的趋向，但未曾有大的突破。追其主要原因，在于世界茶叶就总体而言，已经呈现产销平衡状态。

2000—2012年中国茶叶出口状况

单位：万吨、亿美元

年　份	出口数量	出口金额
2000	22.77	3.47
2001	24.97	3.42
2002	25.23	3.32
2003	25.99	3.67
2004	28.02	4.37
2005	28.66	4.84
2006	28.66	5.47
2007	28.94	6.07
2008	29.69	6.82
2009	30.30	7.05
2010	30.25	7.84
2011	32.26	8.88
2012	31.35	10.42

现今，中国茶叶出口到120多个国家和地区，其中70%的出口对象为欠发达国家和地区。2012年中国茶叶出口量为31.35万吨，比2011年32.26万吨下降2.82%；但出口金额10.42亿美元，比2011年的8.88亿美元增长17.34%。

2012年中国茶叶分类出口情况

单位：万吨、亿美元

项 目	出口数量	出口金额
总 量	31.35	10.42
绿 茶	24.87	7.56
红 茶	3.58	1.19
乌龙茶	1.74	0.80
花 茶	0.73	0.52
普洱茶	0.43	0.36

2013年，中国出口茶叶32.6万吨，比2012年的出口31.4万吨增长3.8%；2013年中国茶叶出口换汇12.5亿美元，比2012年的出口换汇金额10.4亿美元增长20.2%。

根据2011—2012年统计，中国茶叶出口的前10位国家和地区如下表所示：

2011—2012年中国茶叶出口前10位的国家和地区

单位：万吨、%

项 目	2011年出口量	2012年出口量
出口总量	32.26	31.35
摩洛哥	6.36	5.81
美国	2.39	2.59
乌兹别克斯坦	1.86	2.59
日本	1.81	1.77
俄罗斯	1.79	1.59
阿尔及利亚	1.59	1.44
毛里塔尼亚	1.23	1.25
中国香港	1.15	1.06
伊朗	1.11	0.70
多哥	1.00	1.22

（三）茶叶消费

当代，中国茶叶消费量就总体而言，随着生活水平的提高，茶叶内销量是持续提升的。特别是近10年来，随着饮茶有利健康，以及倡导"茶为国饮"的激励下，全国茶叶消费水平提高更快。

中国茶叶消费情况

单位：万吨、千克

年 份	2002—2004	2003—2005	2005—2007	2006—2008
消费总量	52.10	57.33	73.67	82.27
人均消费	0.40	0.44	0.57	0.61
年 份	2007—2009	2008—2010	2009—2011	2010—2012
消费总量	93.00	103.00	112.80	130.00
人均消费	0.66	0.76	0.84	0.95

　　近年来，内销市场的茶类结构发生较大变化：绿茶虽然作为中国内销市场的主要茶类地位仍然不变，但各地把名优绿茶作为市场推广的重点，促进绿茶消费比重不断上升。绿茶销售比重已由2005年的48%上升到2012年的55%。乌龙茶也是近几年来的消费热点，继安溪铁观音之后，武夷大红袍、凤凰单丛等在内销市场受到欢迎。乌龙茶销售比重已由2005年的12%上升到2012年的14%。红茶同样得到快速发展。红茶销售比重已由2005年的2%上升到2012年的6%。普洱茶销售经历了2007年波动后，在逐渐恢复理性消费的基础上，2012年又出现回升态势。内销市场上的比重已由2005年的8%，经下降后又开始上升，2012年的内销市场比重已达到5.2%。花茶内销市场所占比重呈下降态势。黑茶内销市场呈上升态势。

　　在茶叶出口基本稳定的情况下，2012年茶叶内销仍然是拉动茶业发展的主导因素。近年来内销市场热点不断，红茶异军突起，普洱茶、武夷岩茶延续2011年态势，引领内销市场发展。铁观音转变发展方式，倡导精品化生产，浓香型和具有传统口味的乌龙茶重新得到内销市场欢迎。而黑茶的保健功能逐渐得到消费者认知，市场销售快速增长。普洱茶销售回归理性发展，开始进入继续发展的历程。白茶依然保持持续发展的良好势头。

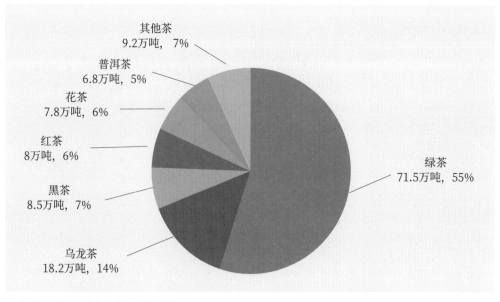

2012年中国内销市场各类茶叶销售情况

中国农业科学院
茶叶研究所

祁门茶叶
实验改良场旧址

可见茶叶内销市场上，绿茶依然是大头，销售量71.5万吨，占总销售量的55%，占据半壁江山；其次是乌龙茶，销售量18.2万吨，占总销售量的14%；第三是黑茶，销售量8.5万吨，占总销售量的6.5%；以下依次是红茶、花茶、普洱茶等。

第三节　茶叶科技与教育

茶叶生产要发展离不开兴科技和重教育。当代中国茶叶生产发展的实践有力地证明了"科教兴，茶叶兴"这一颠扑不破的道理。

一、当代茶叶科研

20世纪50年代开始，全国主要产茶省(区)相继建立了省级茶叶研究机构。1958年，中国农业科学院茶叶研究所在浙江杭州成立，标志着中国茶叶研究进入有计划、有组织的发展阶段。1978年，全国供销合作总社又在杭州成立了杭州茶叶蚕茧加工研究所，隶属中华全国供销合作总社管辖。至此，中国茶叶研究机构才渐趋完善，开始进入正常研究状态。

（一）茶叶科研机构的发展

如今，中国的茶叶科研主要是由各级农业、商贸等部门所属的研究、试验单位和大专院校相关研究所室组建而成的，茶叶科研机构体系已基本形成、布点已基本完善。当代茶叶科研机构的发展，大致可分为4个阶段。

1.科研机构不断建立　1949—1958年，当时的首要任务是尽快恢复和发展茶叶生产，这自然也是茶叶科研机构的首要任务。为此，重点做了三件事：一是培训人才，推广适用技术，垦复

中国茶叶学会
成立大会

荒芜茶园，提高栽茶和制茶技术水平，尽快改变茶叶生产落后面貌；二是围绕茶叶增产提质，以及改造低产茶园、改进制茶技术进行试验研究；三是为适应当时茶叶生产发展态势，尽快恢复和新建茶叶科研机构。1950年，首先将中国最早建立的茶叶专业试验示范机构之一，由民国政府设在安徽祁门的祁门模范种茶场改名为祁门茶叶实验改良场，对栽茶、制茶开展试验与示范。祁门茶叶实验改良场归属中国茶叶公司皖南分公司领导，场址设在祁门平里。1952年又划归安徽省农业厅领导，场部迁入祁门县城。1955年，改名为祁门茶叶试验场。

　　1951年5月，浙江省农业厅在绍兴设立平水茶叶改良所，主要研制绿茶改红茶技艺，为红茶销往苏联做出努力。同年，云南省农业厅成立佛海茶叶试验场，1953年改名云南思茅专署茶叶科学研究所。1952年，福建省福安茶叶改良场改建为福建省福安茶叶试验站。1953年，贵州将湄潭实验茶场改为贵州省茶叶试验站。1955年，湖南将湖南茶事试验场高桥分场改名为湖南省农业厅高桥茶叶试验站。同年，江西修水茶叶试验站成立，重点研究宁红工夫茶品质改进。1956年前，根据茶叶生产发展需要，还新成立了不少茶叶试验场。如浙江的余杭茶叶试验场、三界茶叶试验场，江西的婺源茶叶实验场，四川的雅安茶叶试验场。1958年3月，农业部在杭州召开茶叶生产会议，专门对发展茶叶科学研究、建立大型国营茶场、培训茶叶干部等工作进行讨论，要求在1958年建立全国性茶叶科学研究所，广东、广西、湖北、陕西也要建立茶叶试验站。1958年10月，中国农业科学院茶叶研究所在杭州成立，这是中华人民共和国成立后第一个全国综合性的研究机构，标志着中国茶叶科研走上一个新台阶，进入一个新的发展时期。茶叶科研机构的改建和新建，为开展茶叶科研增强了实力，为建立茶叶科技骨干队伍积聚了力量。

　　2.科研机构历程曲折　1959—1976年，先是1959年开始的连续三年困难时期。1963年开始，茶叶生产步入正常发展，但从1966年开始进入10年"文化大革命"时期，科研工作基本处于停滞状态，之后才开始逐步恢复。期间，就总体而言，虽有研究机构升格为研究所之举，如1962年6月，安徽省祁门茶叶试验场改名祁门茶叶研究所，内设6个研究室，附设示范茶场、试验车间和实验室等，成为一个设施较为完整的省级茶叶专业科研机构。1963年8月，经中国科学技术协会批准，中国茶叶学会在杭州成立，该会是以中高级茶叶科学技术人员为主体的国家级群众学术团体，由蒋芸生任理事长，王泽农任副理事长。

台湾茶业
改良场

1968年5月，台湾茶业改良场在桃源成立，其前身为1903年成立的台湾总督府殖产局草湳坡制茶试验场，以后几经更名和改变隶属关系，最后改为行政院农业委员会茶业改良场。1973年11月，广东省农业科学院茶叶研究所在英德成立，其前身是成立于1965年的中南茶叶科学研究所。1975年9月，福建省农业科学院茶叶研究所在福安成立。同年，江西省农业科学院蚕桑茶叶研究所在南昌成立。1976年10月，湖南省农业科学院茶叶研究所在长沙成立。在这段时期内，特别是"文化大革命"期间，总的说来，茶叶科研发展不快，科研机构维系在原有基础上，没有新建茶叶科研机构。

3.科研机构逐渐完善　1977年8月，"文化大革命"宣告结束，茶叶科研机构很快恢复正常秩序，科研工作积极开展。之后，随着改革开放，茶叶科研机构不但在原有基础上升级，而且根据茶业发展需要，又新建了若干茶叶科研机构，使科研机构布局更加合理、更趋完善。1978年5月，四川省农业科学院茶叶研究所在永川成立，其前身为1951年创建的灌县茶叶改良场。同年，湖北省农业科学院茶叶研究所在武汉成立。根据茶叶机械发展需要，1979年8月，第一个茶叶机械专业研究所——杭州茶叶机械科学研究所成立，结束了中国茶叶机械没有专门研究机构的历史。同年，云南省农业科学院茶叶研究所在勐海成立，其前身是1951年创建的云南省农业厅佛海茶叶试验场。

1982年4月，商业部杭州茶叶加工研究所在杭州成立，其前身为1978年全国供销合作总社杭州茶叶蚕茧加工研究所。至此，全国茶叶科研机构布局已基本定格。以后，只是根据发展需要，有个别机构有所调整或重组，如1998年因重庆划定为中央直辖市，遂将建在永川的四川省农业科学院茶叶试验站改为重庆市农业科学院茶叶研究所。同年，四川省农业科学院茶叶研究所迁址成都，重新建所。

4.科研体系基本建立　进入21世纪以来，至2012年，已有全国性茶叶科研机构2个，它们是中国农业科学院茶叶研究所和中华全国供销合作总社杭州茶叶研究院，均设在中国杭州；省级的有14个所（场），主要分布在重点产茶省区市或特别行政区内的有代表性城市。

全国现有省级茶业科研机构

序号	名　称	地址
1	安徽省农业科学院茶叶研究所	安徽祁门
2	福建省农业科学院茶叶研究所	福建福安
3	湖北省农业科学院果树茶叶研究所	湖北武汉
4	湖南省农业科学院茶叶研究所	湖南长沙
5	广东省农业科学院茶叶研究所	广东英德
6	重庆市农业科学院茶叶研究所	重庆永川
7	四川省农业科学院茶叶研究所	四川成都
8	云南省农业科学院茶叶研究所	云南勐海
9	贵州省农业科学院茶叶研究所	贵州湄潭
10	广西壮族自治区桂林茶叶科学研究所	广西桂林
11	江西省农业科学院蚕茶研究所	江西南昌
12	浙江省茶叶研究院	浙江杭州
13	江苏省茶叶研究所	江苏无锡
14	台湾省行政院农业委员会茶业改良场	台湾桃源

注：资料截至2013年1月。

此外，还在杭州建有2个国家级的茶叶质量安全检验测试中心，它们是国家茶叶质量监督检验中心和农业部茶叶质量监督检验测试中心。在中国农业科学院茶叶研究所内，还建有多个国家茶叶重点实验室。在杭州等地还建有国家种质茶树圃、国家茶树资源保护中心、国家茶树改良中心、国家茶树原种保存中心等。

其次，形成了一支包括院士在内，高中低职称相配，老中青相结合的茶叶科研专门队伍。他（她）们之中，有高级职称的专业人员就达400余人，并从事硕士生、博士生培养，还建有博士后流动站学科点。

茶叶研发领域更加广阔，内容包括产前、产中、产后诸多环节，它们之中，既有基础理论研究，也有应用实践研究。

总之，茶叶科研体系已基本形成。

（二）茶叶科研主要成果

当代，中国的茶叶科研取得了相当大的成绩与进步，但走过的道路是相当曲折的。1949年中华人民共和国成立，在贸易部和农业部共同领导下，成立国营中国茶业公司，统一领导全国茶叶产制、供销及研究改良等事宜。1950—1952年是3年国民经济恢复时期。为了尽快恢复茶叶生产，抽调科技人员，广泛开展培训，组织有经验茶叶技工，指导和改进生产，使荒芜茶园逐渐垦复，茶叶生产和出口开始复苏。1953—1957年是国民经济建设第一个五年计划时期。这一时期，茶叶科研工作的重点是调查研究，总结经验，推广先进，提高茶叶产量，为加速全面恢复茶叶生产做出努力，为开展茶叶科研打好基础。1959年，中国农业科学院茶叶研究所在杭州召开第一次茶叶科研工作会议，传达贯彻了全国农业科学研究会议精神，讨论议订了关于总结茶叶大面积高额丰产经验、旧茶园改造和新茶园发展技术、采茶机、茶树良种选育等重点科学研究任务。之后，茶叶科研开始进入有组织、有计划的发展之路。

国家茶叶质量监督
检验中心

现将当代茶业取得的主要科研成果，简述如下。

1.茶树种植业科研成果　包括的内容很多，主要的有三个方面。

（1）茶树栽培与生理方面：20世纪50年代末至60年代末，中国的茶叶生产从恢复开始走向发展，重点是实施以改土、改树、改管为重点的旧茶园改造，围绕茶树大面积高产稳产栽培技术研究的同时，推动旧茶园改造技术，为茶叶生产的恢复和发展起到推动作用。

1964年，西藏自治区开始试种茶树，终于在林芝地区易贡茶场获得成功，使茶树向西部种植推进了一大步。

1966年，山东在早年青岛公园试种茶树的同时，开展"南茶北移"的引种植茶工作。经过努力，终于在鲁东南沿海、鲁中南、胶东半岛地区获得试种成功，使茶树向北种植推进了一大步。

20世纪70—80年，随着茶叶生产发展速度加快。特别是1976—1980年，主要围绕茶树高产规律及技术指标进行。通过对茶园高产特点、产量分布、茶树结构、土壤理化指标的研究分析，提出了长江中下游地区丘陵茶园高产规律及主要栽培技术指标，不但具有较高的学术价值，而且对现实生产具有指导意义。80年代初期开始，随着茶叶产量的快速增长，科研重心从改造低产茶园，提高茶叶单产，开始逐渐转移到高产、提质、增效上来，提高茶叶品质的任务已成为茶树种植的主要任务。1986年，中国农业科学院茶叶研究所主编的《中国茶树栽培学》，作为农业部组织编写的5种作物栽培学之一，由上海科学技术出版社出版发行。

进入20世纪80年代后期开始的10多年间，茶树栽培研究主要是承担国家科技攻关项目"我国南方红（黄）壤区域综合治理与农业可持续发展研究"项目中的茶叶科研任务。针对丘陵红壤茶园持续发展中的"三低"（即低产、低质、低效益）现状与问题，从找障碍因子入手，通过多项研究，最终提出了"低丘红壤区域茶叶低产低质成因及其综合治理的技术途径"，并通过大面积示范推广，取得了良好的社会效益、经济效益和生态效益。

21世纪以来，对名优茶高效栽培及相应加工关键技术研究、茶树接种菌根的生理特性研究等方面，又获得了新进展，取得了新成果。

（2）茶树种质资源与遗传育种方面：20世纪50年代，由于垦复荒芜茶园和有重点开辟新茶园的需要，重点是做好茶树繁育工作。1956年，广州中山大学罗铺錄、华南农学院莫强在

国家种质
大叶茶树资源圃（勐海）

广东乐昌及连南等地发现野生大茶树，命名乐昌白毛茶和连南大叶种。1957年农业部经济作物生产局组织全国14个重点产茶省的茶叶科技干部到福建安溪参观学习茶树扦插育苗和茶叶丰产技术，为全面推广茶叶丰产和加速发展新茶园做出努力。

1958年前，在茶树繁育方面主要做了两件科研工作：一是通过对茶树地方品种调查收集和初步整理鉴定。至1964年，中国农业科学院茶叶研究所通过向全国主要茶区征集优良地方茶树品种87个，建立了茶树品种园。同时，还从苏联引进4个有性系优良茶树品种茶籽；从越南引进7个茶树材料。二是根据茶树长势，对地方品种、引进品种及天然杂交后代进行分离选择研究，选出优良单株100多个。

1970—1980年，着重对茶树品种选育进行了研究。1978年，在北京召开的首次全国科学大会上，中国农业科学院茶叶研究所主持的"龙井茶新品种龙井43"，福建省农业科学院茶叶研究所主持的"茶树新品种福云7号、8号、23号研究"，福建省安溪县尧阳生产大队和大坪生产大队研究推广的"茶树短穗扦插技术"等有关茶树种质资源与遗传育种项目，荣获全国科学技术大会优秀科技成果奖。

1980—2000年，茶树品种研究方面，主要对全国茶树种质资源进行考察、收集和保存；对全国茶树品种资源进行整理编目；对茶树品种资源进行系统鉴定；对茶树育种技术开展基础性研究；对无性系茶树良种加强选育方面开展大量工作，并取得了一批成果。1994年，全国农作物品种审定委员会茶叶专业委员会审定通过24个品种为全国茶树新良种。至此，经国家审定的茶树良种已达76个。

此外，1995年开始，还对茶树休眠机理、分子标记技术在育种中的应用等方面开展了研究。2000—2012年，除了继续对茶树育种基础理论加强研究外，经国家认定和审（鉴）定的茶树良种已达97个，省级良种130多个，正在全国区域试验点参加区试的新品种（系）60多个。

另外，对茶树基因分离克隆和功能基因组研究、茶树遗传多样性与遗传稳定性研究、分离克隆茶叶品质及抗性相关基因研究，以及茶树新梢和幼根基因表达谱研究等研究方面，也都取得新

进展。

（3）茶树保护方面：主要分茶树病虫防治技术、茶园农药使用技术两个方面。

茶树病虫防治技术研究：20世纪50—60年代，首先在全国各地开展了茶树病虫害的普查工作。中国农业科学院茶叶研究所从60年代开始，就浙江茶树病害危害情况做了调查研究。1971年，针对当时浙江茶树病虫严重危害情况，筛选出茶尺蠖、小绿叶蝉、长白蚧和螨类4种暴发性病虫，并根据它们的发生规律和需要采取的防治技术，在全省范围内建立茶园植保联系点，采取系列技术措施，有效地防治了4种害虫的危害。1983年，中国农业科学院茶叶研究所主持的"浙江省四大茶树害虫防治技术与农药安全施用技术的推广"研究，获农业部技术改进二等奖。

20世纪80年代开始，中国病虫防治以茶树主要病虫害综合防治技术研究为主体，着重就害虫病原真菌和病毒、昆虫信息素、预测预报数学模型和动态防治指标、病虫抗药性、茶树品种抗病史等方面开展了研究。

20世纪90年代以来的20余年，着重就电子计算机技术在茶树病虫防治中应用技术进行研究。中国农业科学院茶叶研究所建立了"三虫一病"发生期短中期预测模式、发生量预测模型和动态防治指标模型。在此基础上，结合以往成果，组建了以加强病虫测报和抗药性监测为前提，以农业防治为基础，突出生物防治与优先使用化学农药相协调的三虫一病综合防治体系，在国内外率先编制了计算机决策系统软件，并在多个重点产茶省推广应用。

茶园农药使用技术研究方面：在茶树病虫普查的基础上，从20世纪70年代初期开始，对农药防治茶树病虫技术，侧重于对农药的筛选，并对农药在茶树体内的消解规律进行研究，取得成果。70年代中期开始，在茶园病虫害防治中，逐渐转移到以农业防治为主，以及化学防治、物理防治和生物防治相结合的病虫害综合防治技术。以后，随着科学技术的发展，综合防治技术理念的深化，把茶园病虫种群控制在经济阈值之内，使茶园农药使用达到最优、最小化。

1986—1995年，由中国农业科学院茶叶研究所主持和承担的"茶叶中农药残留预测技术研究"，经实践验证，选用物理和化学参数，以及主要环境条件参数，提出的各类农药在茶树和茶叶中的残留预测模型和技术，实现了多种农药残留预测，该成果获国家科技进步三等奖。如此，从20世纪80年代开始，至21世纪初，先后制定和出台了37项茶叶中的农药MRL标准。2001年9月，农业部颁布了农业行业《无公害茶叶标准》；10月，轻工行业《茶饮料标准》开始实施。2012年12月，卫生部和农业部联合发布食品安全国家标准《食品中农药最大残留限量》，自2013年3月1日起实施，茶叶包括在食品之中。

2.茶叶加工业科研成果　当代，茶叶加工业及其产品的研究、开发与推广，已获得了众多成果，取得了明显的社会效益和经济效益。

（1）茶叶加工业方面：主要包括三个方面。

传统茶叶加工：20世纪50—60年代，根据当时生产实际及经济发展需要，一是推广机械制茶，改善和提高茶叶品质。二是针对红茶出口需要，在浙江、湖北等省，试制成功绿茶改制红茶新产品。70—80年代，在国内首次试制成功颗粒绿茶、颗粒花茶和袋泡茶生产。与此同时，完成了红碎茶工艺新技术研究，使红碎茶品质进一步得到提升。70年代后期至80年代，集中完善和提高炒青绿茶和花茶加工研究，提出了相应的工艺流程和工艺指标。同时，茶叶初精制联合加工技术和多茶类组合生产技术研究成功，并在浙江等地推广，成效显著。90年代至今，在改善普洱茶品质、提高茯砖茶生产技术等方面的研究，都取得了新的成果。1991—1995年，由全国农业推广中心主持的"名优茶开发项目"，通过5年实施，新创名茶331个，新增名优茶生产面积189万亩，新增名优茶产量3.4万吨，取得了良好的社会效益和经济效益。至2000年，全国有历史名茶、恢复历史名茶和新创名茶1 017个。进入21世纪以来，传统茶加工研究着重在创新和个性化发展上取得成功，特别是在普洱茶、乌龙茶、红茶、黑茶以及名优茶的创新和个性化研究和开发方面有新的突破，取得了新的成果。现今，估计我国有名可查的名优茶在1 500个左右。

茶叶新产品的研发：20世纪60年代初，袋泡茶生产已在上海、广州、福州等地研发投产。1964年，在云南勐海、广东英德、四川新胜、江苏芙蓉等地，试制成功了国际畅销的红碎茶产品，取得我国红碎茶生产零的突破，使红碎茶迅速发展，海南、广西等的红碎茶也同时研制投产。1974年，中国土产畜产进出口公司派员协同湖南、上海组织进行速溶茶试制工作，用喷雾干燥和冷冻干燥方法进行速溶茶研制生产；80年代罐装液态茶饮料研发成功，泡沫红茶在台湾兴起；90年代初，我国茶饮料开始进入产业化；90年代后期，茶饮料获得快速发展；近些年来，由于逆流提取、膜分离、超高温瞬时杀菌、膜冷除菌、无菌冷灌装等各类新工艺、新技术在茶叶饮料加工中的应用，实现液态茶饮料的全程常温加工，显著提高了产品质量。而在固体速溶茶加工中，由于逆流提取、酶工程、膜分离、膜浓缩、冷冻干燥等新技术的广泛使用，使产品质量大为提高，某些产品已经接近或达到国际水平。

从20世纪90年代至今，在茶叶微粉、保健茶、果味茶、风味茶加工技术研发上，也取得新的进展，获得好的成果。

另外，在茶叶保鲜加工技术，如茶叶包装材料、保鲜产品、保鲜器具等加工技术开发上，也有新的突破。

低碳茶叶的开发：从20世纪60年代以来，各地一直重视茶园的生态和环境建设。80年代末开始，又对有机、低碳茶叶生产技术进行了研讨。2007年，发布了《中国应对气候变化国家方案》，提出在农业领域加强法律法规的制定和实施。这方面在茶业生产上已取得了不少进展，如枯枝落叶归田，茶园采用种养结合技术等方法，增强茶园土壤碳固定。实行有机农业栽培、加工与贮运，发展有机茶生产。提升茶园光能利用，提高茶园综合生产能力等方面都有建树。2011年6月，中国农业科学院茶叶研究所和四川广元市人民政府联合主办，在广元市举办"茶·有机·低碳国际学术研讨会"。联合国粮农组织、商品共同基金、国际有机农业运动联合会专业人士，13个国家的国际著名低碳、有机茶业管理研究专家和国内13个省的190余名专家、企业家，围绕"有机、低碳茶业发展理念，生产、加工、营销等前沿技术"等内容进行深层次的研讨和交流。这次会议，对进一步促进我国低碳茶叶生产与开发起到了良好的作用。

（2）茶叶深加工方面：20世纪60年代开始，着重就茶的功能成分，如茶多酚、儿茶素、茶氨酸、咖啡因等的测定与分析方法进行比较研究。至1987年，共确定了13项理化分析方法作为国家标准，从而优化了制备技术。70年代开始，着重进行了茶多酚研究。由中国农业科学院茶叶研究所主持的"茶子制油工艺、精炼方法及茶皂素提取与应用研究"取得成果。80年代，袋泡茶、茶饮料（包括液态饮料和固态饮料）研发加速。1983年，浙江召开"茶叶营养与药理作用研讨会"。"茶叶与健康、文化学术研讨会"，就茶的营养与保健产品的研制进行探讨。90年代初，中国农业科学院茶叶研究所

部分茶叶
深加工制品

"茶叶天然抗氧化剂的提取与应用"研究取得成果，获国家级科技进步二等奖。90年代中，由浙江农业大学茶学系主持的"茶多酚清除自由基和抗氧化作用的机理及应用基础研究"取得成果，获国家教委科技进步二等奖。21世纪开始，茶的深加工产品的研发已进入多个行业，包括食品、医药、轻工、旅游、服装等。

（3）茶叶机械方面：20世纪50年代初，根据国家恢复茶叶生产的需要，中国茶业公司委托华东区茶业公司，测绘和设计10余种茶叶初、精制机械，由华东工业部在上海、杭州、无锡、福州等地生产，至同年8月，共制造出茶机2 577台，动力机134台，开启了当代茶叶机械制造的先河。

茶叶加工机械：20世纪50—80年代，茶叶机械的研发及其成果，主要针对大宗茶类为主，且多属单机研发。如50年代中，安徽研制成木质四桶水力揉捻机，浙江研制成我国最早的伞式珠茶匀堆机，云南生产了40型、60型茶叶揉捻机等。70年代前后，中国援助的几内亚、马里茶叶加工厂建成，这是用国产茶机全套加工装备在国外建成的茶厂。70年代中，又先后研制成75型窨花机、76-7型茶叶揉捻机，以及茶叶烘干机、拣梗机等。1978年，由浙江研制的"6CR-55型茶叶揉捻机"，安徽研制的"绿茶初制成套设备"。70年代后期开始，茶叶机械研发的主攻目标：已在不断改进和完善茶机的基础上，逐渐转移到实现茶叶初精制连续化目标上来。

20世纪80年代开始，主要茶叶机械研发的重点有三：一是改进和完善茶叶机械性能，二是实现茶叶初精制机械连续化，三是加强对名优茶连续化机械的研发。1980年在杭州召开了第一届全国茶叶机械展销会，展示了茶叶初精制加工机械、茶树修剪机和采茶机，以及茶园专用拖拉机等几十种茶叶加工机械。同年，乌龙茶综合做青机通过技术鉴定。1981年，在红碎茶机械选型会上，8种转子机和3种静电拣梗机获得推荐使用；而由多家单位联合设计的6CH-16型和6CH-10型茶叶烘干机新产品通过鉴定。1982年，6CH-50型大型茶叶烘干机通过鉴定和6CJR型挤揉

20 世纪 50 年代的
木质揉捻机

红茶
清洁化生产线

式转子揉切机通过鉴定。接着，在首次完成了颗粒绿茶、颗粒花茶、袋泡茶的连续化生产的同时，至80年代末，又有6CCH-64型远红外线电热炒茶炉（1984）、LCDT-20型绿茶光电拣梗机（1984）、6CH-25型茶叶烘干机（1985）等10种茶叶加工机械通过鉴定。

另外，由计算机控制的茶叶烘干机通过国家机械工业委员的新产品鉴定，使茶叶机械研发不断进入优化状态。与此同时，在1982年江西婺源召开的全国茶叶机械厂厂长会上，还把茶叶初精制连续化和名优茶机械的研制提到重要攻坚项目上来。

20世纪90年代中期以来，随着茶叶新机型、新机种的不断涌现，以及蒸汽、热风、微液、远红外、计算机控制等高新技术在茶叶机械上的广泛应用，茶叶机械行业加大茶叶加工机械连续化生产线的研制与开发。经10余年的努力，目前已有不同形式的300多条茶叶加工连续化生产线投入使用，加速了茶叶产业化进程。

茶叶深加工产品机械的研发与生产：茶叶深加工产品研发，始于20世纪70年代，但直到90年代才有较多的深加工产品开发面市。如袋泡茶包装机直到20世纪末仅有两三家，经过10余年后，今天已发展到近10家。至于茶饮料和茶功能成分产品等深加工机械，大多是从食品、化工、中成药机械中选取，并通过工艺参数试验和摸索，再加以改进，已能基本满足需要。

茶园作业机械研发与生产：茶园耕作机械研发，起步于20世纪60年代中后期。1976年，在湖南桃江召开采茶机工作会议期间，展示了当时各种型号的采茶机，并进行现场表演。80年代前后，在贵州都匀召开全国采茶机选型会，选出10余种性能较好的机型在全国推广。1983年，中国农业科学院茶叶研究所等单位设计的4CSW-90型双人采茶机和XS1040型双人修剪机通过鉴定。同时，还从日本引进采茶机仿制生产。但由于国内外生产的采茶机，均采用切割工作，对新梢采摘无选择性，至今还只能用大宗茶类生产，名优茶生产还须人工采茶。目前，全国茶区采茶机保有量在万台以上，有近10万公顷茶园不同程度地选用采茶机采茶。

另外，从20世纪70年代开始，对茶园灌溉、喷药、耕作机械的研发开始起步。如今，全国

茶园
耕作机

浙江农学院 58 级学生
在上茶树栽培课

约有40万台以上各类喷药机械在茶园使用。至于灌溉机械在茶园使用，已较普遍。还有茶园防冻（霜）机械的使用，在长江中下游茶区已在不少茶园使用。

二、当代茶业教育

中国当代茶业教育体系主要由普通高等教育、职业中等教育和普及教育三个方面组成，成型于20世纪80年代末。至今，已在创新发展的道路上更趋完整。现简述如下：

（一）茶业普通高等教育

茶业普通高等教育的发展虽然走过曲折的历程，但总体是积极、健康向前发展的。如今，较为完整的茶业高等教育体系已经建立，并且正在改革创新，走持续发展之路。

1.恢复调整时期　20世纪50年代初，西方国家对华实行全面禁运、封锁的情况下，迅速同苏联及东欧的一些国家建立了发展经济合作和贸易关系，需要及时组织大量农副产品出口。必须尽快恢复茶叶生产，急需更多的茶业专门人才。为此需要尽快恢复茶业高等教育，增加茶业高等教育布点。1950年，中国茶业公司中南区公司委托武汉大学农学院创办了二年制茶叶专修科，在中南地区招生。1952年11月，重庆私立敦义农工学院与重庆西南茶业联营公司联合创办茶业专修科，招收高中毕业生和茶业职工入学，集中学习茶叶产制技术。1952年，全国高等学校院系调整，上海复旦大学农学院茶叶专修科并入安徽大学农学院。设在重庆的西南贸易专科学校茶叶专修科并入西南农学院园艺系。1952年，设在杭州的浙江农学院新设茶叶专修科。1956年，浙江农学院茶叶专修科改为茶叶系，安徽农学院茶叶专修科改为茶业系，湖南农学院农业专业茶作组改为茶叶专业。改组后的三个农学院的茶叶系（专业），均升格为培养本科生。

2.沉寂动乱时期　1958年开始，全国范围内开展了"大跃进"运动，正常秩序被打乱。1959年开始，又出现连续三年困难时期，再加上中苏关系恶化，茶叶生产和出口受阻。直到1963年调整经济政策后，开始有了新的起色。

1966年开始，10年"文化大革命"停课"闹革命"。在这种情况下，茶业高教育虽然稍有发展，但总体趋于守护状态。1959年4月在杭州召开了全国高等农业院校茶业教材编写协作会议，采取协作编写方式，由安徽、湖南、浙江和西南4所农学院茶叶专业教师共同编写《茶树栽培学》《制茶学》《茶叶生物化学》和《茶树选种和良种繁育学》。1960年4月，浙江农学院改名浙江农业大学，茶学系与中国农业科学院茶叶研究所进行系所合并，实行教育与科研相结合。1961年，全国高等农业院校茶业专业试用教材：由浙江农业大学主编的《茶树栽培学》和《茶叶生产机械化》，安徽农业大学主编的《茶叶检验学》《制茶学》《茶树病虫害学》《茶叶生物化学》和《茶树选种和良种繁育学》先后出版发行。同年9月，浙江农业大学茶学系率先招收硕士研究生，由庄晚芳教授任指导老师，培养了第一位茶学硕士。1972年，设在云南的云南农业大学增设茶叶专修科（1984年改设本科）。

3.全面建设时期　1978年国家实行改革开放，把重心转移到经济建设上来，茶业高等教育开始拨乱反正，恢复正常秩序，高等茶业教育出现5个方面的可喜景象。

（1）**布点增加**：1976年，设在雅安的四川农学院开设茶叶专修班，1977年改为本科。1982年，设在宣城的皖南农学院，设立茶学系，内分本科和专科。同年，广西农学院亚热带作物分院改名广西农垦职工大学，内设茶学系，面向我国南方农垦职工招生。1993年8月，华中农业大学重建茶学专修科。

（2）**学制升格**：1975年"文化大革命"末期，福建农学院设立茶叶专修科；1978年改为4年制本科。1977年，设在广州的华南农学院农学系茶叶专修科改为本科。1985年，浙江农业大学受商业部委托，在茶学系创办茶叶经济贸易干部专修科。1994年4月，湖南农学院改建为湖南农业大学，单独成立茶学系。同年，安徽农学院改建为安徽农业大学，设有茶叶和机械制茶两个本科专业，还设有茶业经济贸易和包装两个专修科。

（3）**教材完善**：1979年，由陆松侯主编、张堂恒副主编的《茶叶审评与检验》；由庄晚芳主编，莫强、吕允福副主编的《茶树栽培学》；由陈椽主编的《制茶学》等全国高等农业院校茶业试用教材先后出版。该教材于1985—1988年经试用修订后作为正式发行，其中《茶叶审评与检验》还获得国家教育委员会"全国优秀教材奖"。1980年，由王泽农主编的《茶叶生物化学》，由陈兴琰主编的《茶树育种学》，由张文辉主编的《茶树病虫害》，由瞿裕兴主编的《茶叶生产机械化》等教材，也于同年先后出版。1988年3月，在第3次高等农业院校茶学教材编写协作会议上，确定"七五"期间编写《茶树栽培生理》《茶叶经营管理》和《茶用香花栽培》3种教材。"八五"期间再编写《茶树生态学》《茶树生物学》《茶叶市场学》《茶叶贸易学》《茶叶包装与储运》《茶叶加工学》《茶叶化学》《茶的综合利用》《制茶工程基础》《茶学实验技术》《制茶学电化教材》和《茶树栽培学电化教材》12种教材。1994年5月，由陈椽主编的《茶叶市场学》也由中国农业出版社出版发行。

（4）**基础加强**：1980年，在安徽合肥召开高等农业院校茶叶专业本科教育计划审定会，对培养目标、修业年限、课程设置、时间分配、教学进程、教学环节、教学安排和成绩考核等方面进行研讨。在此基础上，审定的茶叶专业教育计划，由农业部于1981年1月颁发试行。同年，又在合肥召开有关高等茶业专业实验室建设工作会议，农业院校的茶业专业派代表参加，通过讨论，制定出茶树栽培学、茶树育种学、茶树病虫害、制茶学、茶叶审评与检验、茶叶生物化学、茶叶生产机械化和茶叶机械基础8个实验室的设备标准，并于次年由农业部颁布试行。1986浙江农业大学茶学专业被国务院学位委员会批准为国内第一个茶学学科博士学位授权点。1989年1月，国家教育委员会批准浙江农业大学茶学专业为国家级重点学科，逐步做到能自主地、持续地培养与国际水平相当的学士、硕士和博士；能接受国内外学术骨干进修深造和较高水平的科学研究；能解决国家建设中重要的科学技术、理论和实际；能为国家重大决策提供科学依据，为开拓新的学术领域，为促进学科发展做出较大贡献。1996年12月，经审查通过，并经国家教育委员会同意，浙江农业大学列入"国家211工程"建设之列。该校茶学学科建设列入"国家211工程"组成部分。1998年，农业部茶叶生物技术开发实验室在安徽农业大学落成。

（5）**体系完善**：在不断加强茶业教育的同时，使得茶业教育体系不断得到完善。1981年，浙江农业大学、安徽农学院和湖南农学院首次批准具有硕士授予权单位，从此茶学学科开始进入正规培养研究生工作。1986年，浙江农业大学茶学系和中国农业科学院茶叶研究所被国务院学位委员会批准为全国首个茶学博士学位授予权单位。接着，湖南农学院茶学系、安徽农业大学茶业系、西南农业大学茶学系、福建农业大学茶学系也先后批准为博士授予权单位。至20世纪末，我国高等茶业教育体系已基本建立，渐趋完善，步入良性建设轨道。

4.稳健发展时期　21世纪初开始，高等茶业专业教学在取得全面发展的同时，还在转型升级、全面提高教育质量上做文章。主要做了两方面的工作：

（1）**增设专业布点**：新增设了河南农业大学园艺学院茶学专业、西北农林科技大学园艺学院茶学系、山东农业大学园艺科学与工程学院茶学专业、浙江农林大学茶文化学院、浙江树人大学应用茶文化专业、福建武夷学院茶学与生物系、漳州科技学院茶学院、信阳农业高等专科学校茶学系、扬州大学园艺与植物保护学院茶学专业、山东莱阳农学院茶叶研究所，以及不少高等职业技术学院设置的有关茶及茶文化专业等。不但有利于促进教学水平的提高，而且还有利于开拓新的学术领域，为促进茶学科事业发展做出贡献。为此，在一些大专院校内，建立了茶及茶文化研究中心（所）。如浙江大学、南京大学、西南大学、青岛农业大学等设有茶叶研究所，北京大学设有东方茶文化研究中心、云南大学设有茶马古道文化研究所、安徽农业大学设有茶文化研究所，江西社会科学院设有中国茶文化研究中心、浙江树人大学设有茶文化研究和发展中心等，就是例证。

（2）**扩展新专业**：20世纪80年代以来，随着茶文化在全国乃至世界范围内的兴起，浙江树人大学在多年开设茶文化课程教育的基础上，于2003年率先设立了应用茶文化专业，进行大专学历教育。与此同时，重庆的西南农业大学在高职教育中，也开设了茶文化专业。2006年2月，浙江农林大学在全国建立了第一个茶文化学院，同年开始招生，进行本科学历的茶文化教育。近年来，浙江、山东、江苏、四川、陕西、河南等省茶业高等院校中还新增设茶业、茶叶深加工与品质管理、茶文化与贸易、茶叶企业经营与管理等专业。从而，使得茶学专业学科的范围在原有基础上，得到进一步扩展与深化。

如此，从20世纪30年代以来，直到2012年止，全国至少已有38所高等大专院校，设立了茶及茶文化学科（或专业）。现列表如下：

全国茶及茶文化专业（学科）院校

序　号	院校名称	地　点
1	浙江大学农业和生物技术学院茶学系	浙江杭州
2	安徽农业大学茶和食品科技学院茶学系	安徽合肥
3	湖南农业大学园艺园林学院茶学系	湖南长沙
4	福建农林大学园艺学院茶学系	福建福州
5	西南大学食品科学学院茶学系	重庆
6	华南农业大学园艺学院茶业科学	广东广州
7	云南农业大学龙润普洱茶学院	云南昆明
8	四川农业大学园艺学院茶学系	四川雅安
9	华中农业大学园艺学院茶学专业	湖北武汉
10	浙江农林大学茶文化学院	浙江临安
11	浙江树人大学人文学院应用茶文化专业	浙江杭州
12	广西职业技术学院农业技术工程系茶叶教研室	广西南宁
13	河南农业大学园艺学院茶学专业	河南郑州
14	浙江经贸职业技术学院茶叶深加工与品质管理	浙江杭州
15	南京农业大学茶叶科学研究所	江苏南京
16	西北农林科技大学园艺学院茶学系	陕西咸阳
17	山东农业大学园艺科学与工程学院茶学专业	山东泰安
18	福建武夷学院茶学与生物系	福建武夷山
19	漳州科技学院茶学院	福建漳州
20	湖北三峡职业技术学院茶文化与贸易专业	湖北宜昌
21	江苏农林职业技术学院风景园林系茶艺专业	江苏句容
22	青岛农业大学茶叶研究所	山东青岛
23	信阳农林学院茶学系	河南信阳
24	宁德职业技术学院农业科学系茶学专业	福建宁德
25	扬州大学园艺与植物保护学院茶学专业	江苏扬州
26	上饶职业技术学院茶叶企业经营与管理专业	江西上饶
27	宜宾职业技术学院生物与化工系	四川宜宾
28	山东莱阳农学院茶叶研究所	山东莱阳

（续）

序 号	院校名称	地 点
29	安徽财贸职业学院茶艺(茶产业经营方向)专业	安徽合肥
30	贵州大学农学类园艺专业（茶学方向）	贵州贵阳
31	长江大学园艺园林学院茶学专业	湖北荆州
32	江西农业大学农学院茶学专业	江西南昌
33	宜宾学院川茶学院	四川宜宾
34	黔南民族师范学院生物科学系茶学专业	贵州都匀
35	滇西科技师范学院数理系茶业生产与加工专业	云南临沧
36	福建艺术职业学院社会文化系茶文化表演专业	福建福州
37	浙江农业商贸职业学院茶叶生产与加工技术专业	浙江绍兴
38	湖北经济学院茶酒文化研究室	湖北武汉

注：以上排名不分先后。

（二）茶业职业中等教育

20世纪50年代初，为尽快恢复茶叶生产，培养茶业基层专门技术人才，茶业中等教育得到大的发展。1950年8月，杭州农业技术学校专设茶叶科。1951年，在安徽祁门初级中学内附设茶叶初技班，命名为祁门初级茶科学校。如此，至20世纪中，全国有代表性的茶业中等专业学校至少有10余所。

全国茶业中等专业学校

学校名称	专业名称	学校地址
杭州农校	茶叶专业	浙江杭州
屯溪茶校	茶叶专业	安徽黄山
婺源茶校	茶叶专业	江西婺源
宜宾农校	茶叶专业	四川宜宾
宁德农校	茶叶专业	福建福安
句容农校	茶叶专业	江苏句容
常德农校	经作专业茶叶班	湖南常德
恩施农校	特产专业茶叶班	湖北恩施
襄阳农校	特产专业茶叶班	湖北襄阳
安顺农校	茶叶专业	贵州安顺
安康农校	茶叶专业	陕西安康
豫南农校	茶叶专业	河南信阳
安溪茶校	茶业专业	福建安溪
浙江供销学校	茶叶专业	浙江杭州

安徽农业大学

婺源茶校

雅安财贸学校
在上掺茶技艺课

　　如今，许多茶业中等专业学校，根据国家培养人才需要，至21世纪初，较多的已晋升或并入高等农业专科学校或职业技术学院，只有少数还保留着茶叶中等专业。

　　另外，根据国家经济建设发展需要，21世纪初还新开设一些特色茶业中等专业学校（班）。如四川的雅安财贸学校新设立茶叶生产与加工班，受到茶业经贸部门的关注。又如2011年新开设在贵州省贵阳市的贵州省茶技术茶文化中等专业学校，它是省属重点中等专业学校，专门用来为贵州省输送茶技术和茶文化人才的中等专业学校。

（三）茶业的普及教育

　　茶业普及教育，是指国家对茶业实施某种程度的普通教育。当代茶业普通教育，主要从事的是三个方面，即业务技术培训、职业技能培训及科普知识教育。

　　1.业务技术培训　20世纪50年代，中国茶业公司为打破西方某些国家对华封锁，尽快恢复茶叶生产，改善茶叶品质，拓展国外市场，于1950年在杭州举办制茶干部训练班，来自各省公司业务的260余人参加训练，目的是提高从业人员的业务水平。1952年开始，为恢复和垦复荒芜茶园需要，浙江、湖南、安徽、福建等重点产茶省，针对茶叶生产发展需要，开办了不同形式、不同业务需求的茶叶技术训练班。50年代末60年代初，农业部经济作物生产局先后两次组织全国14个重点产茶省的茶叶科技干部到福建等地，参观学习茶叶初制加工、老茶园改造、短穗扦插育苗等技术。这种业务技术培训，至今不断，它主要有政府相关部门或生产单位根据需要，选调有理论知识和有实践经验的专家教授，或者是委派大专院校或科研单位实施。这种培训方式，形式多样，针对性强，时间可短可长，且能紧密结合生产实际，因此效果显著。

　　2.职业技能培训　20世纪90年代初期，江西南昌子女职业学校在文秘专业中率先开设了茶艺课。90年代末，中国国际茶文化研究会还专门为日本开办了茶文化培训班。2000年3月，浙江省劳动厅批复中国国际茶文化研究会，同意由中国国际茶文化研究会、中国茶叶博物馆和浙江省国际茶业商会联合创办浙江华韵职业技术学校。这是全国最早建立的以专门培训茶文化职业技能为主体的职业学校。2002年社会劳动保障局颁布《茶艺师国家职业标准》，全国各地茶艺师培训

技术培训

浙江农林大学茶文化学院
学生在上茶艺课

普及
茶文化知识

开始火热进行。同年，2002年秋，江西南昌女子职业技术学校，还开办全国第一个以职业技能培训为目标的茶文化大专班。接着，国家职业技能鉴定中心，以及上海市、浙江省等职业技能鉴定中心，依照茶艺师国家标准，陆续出版了茶艺师技能培训系列教材。同时，为提高茶叶职业技能，2006年11月，由劳动和社会保障部就业培训技术指导中心、中国茶叶学会等单位联合主办的全国茶艺职业技能大赛总决赛在杭州举行。如今，茶叶职业技能培训已由最初的茶艺师系列，扩展到评茶师、茶叶加工师等系列。茶叶职业培训机构已遍布全国大中城市，不少县级劳动部门也开办了茶叶职业技能培训工作。

另外，2007年12月，商务部公布《茶馆业企业经营规范》征求意见稿，将使茶馆这一休闲产业纳入行业标准轨道。

3.科普知识教育　茶叶科普知识教育一直方兴未艾，从茶树种植、采制、安全、利用，直到科学饮茶等内容，几乎包括茶的全部知识。

1991年，中国科学技术协会主办以农民致富技术为内容的函授大学，开办了茶树栽培和茶叶加工两个函授班，以逐步提高茶农的文化和科技知识。1992年，上海市人民广播电台与上海市茶叶学会合作，举办"空中茶馆"，用聊天形式，弘扬茶文化，宣传饮茶有利健康，为爱茶人架起一座"空中桥梁"。至于利用大众传媒平台，普及茶与茶文化知识教育，更是不胜枚举。

1992年7月，上海第一支少儿茶艺队成立，为普及茶艺知识，上海还组织出版了《少儿茶艺》一书，作为小学课堂读本在一些小学试行。21世纪以来，随着茶为国饮的推进，宁波市茶文化促进会在市教育局的支持下，率先编写了小学乡土教材《中华茶文化少儿读本》，在全市选择部分小学高年级中试行。与此同时，北京、上海、浙江、福建等地的一些小学教学中，也开始有选择地设置茶文化课，与学生零距离接触茶文化。这样做的结果，不但传授了茶文化知识，而且还提升了师生的德育教学水平。

2010年2月，全国首个"茶为国饮，健康消费"推进委员会在杭州成立，为更大范围内传播与普及茶文化知识提供了保障。2010年11月，由浙江省茶为国饮推进委员会和浙江省图书馆联合主办的"茶为国饮，健康消费"系列讲座，在浙江图书馆举办，为时3个月，共举办12场。接着，中国国际茶文化研究会提出茶文化"四进"（即茶文化进机关、进学校、进社区、进企业）活动，使茶文化更加贴近民众，更加贴近生活，使人民大众真正感到茶文化就在你的身边。这项活动首先在杭州推开，如今已逐渐遍及浙江、贵州等地。

第四节 当代茶文化的复兴

20世纪80年代以来，随着改革开放的深入发展，茶文化有了长足的进步和发展。进入21世纪以来，发展更快，成绩更加喜人，茶文化不但在世界范围内得以发扬光大，而且更加博大精深，无论在广度和深度上，还是在高度和精度上，都达到了一个新的境界。实践证明，茶产业要发展，犹如一架飞机要向前推进，飞向远方，离不开两个翅膀。而茶科技和茶文化好比是一架飞机的两翼，茶产业要发展离不开科技和文化，茶文化与茶科技一样，也是一种生产力，当代茶产业的持续发展，与茶文化的复兴是密切相关的。主要表现在以下诸多方面。

（一）"茶为国饮"深入民心

几千年茶的发展史表明，中华民族为茶文化的发生、形成与发展，为人类身心健康和生活品质提高，为增进世界和平与友谊做出了重大贡献。孙中山先生在他的《建国方略》之二"实业计划"中提出："就茶而言，是最合卫生、最优美之人类饮料。"从此，茶为国饮呼声叠潮不断。为此，20世纪80年代，一批有识之士已提出，要提倡茶为国饮。2004年3月，中国国际茶文化研究会会长刘枫，向全国政协提交议案：要"把茶列为中国的'国饮'"。茶在中国具有悠久历史，渗透到社会的方方面面，提倡茶为"国饮"，不但没有引起争议，而且还对弘扬传统文化，促进茶产业发展，增强人民体质，美化社会环境等具有积极的现实意义。

如今，茶早已成为举国之饮。在世界范围内，已逐渐深入人心，成为全人类的宝贵财富。当今倡导茶为国饮完全是在一个全新的背景下，用一个全新的视角来重新认识茶文化的内涵和价值。因为提倡茶为国饮，能更好地展示茶叶祖国的地位和作用，也为造福人类提供了物质和精神财富。

众所周知茶是世界公认的保健饮品，饮茶有利于"三增"：增力、增智、增美；"三抗"：抗衰老、抗辐射、抗癌症；"三降"：降血压、降血糖、降血脂。同时，还能起到杀菌、消炎，增加营养，提高人体免疫力的作用。在医学界，无论是中医，还是西医，抑或是中西医结合都常用到茶，古今都有专家认为：提倡茶为国饮，有利于增强国民的身体素质。不仅如此，茶的功效与作用，还进入精神和道德领域范畴。在"茶人精神"的激励下，茶在赋予人们"节俭、淡泊、朴素、廉洁"等人格思想的同时，还与孔孟之道、儒道佛等哲学思想交融，是一种"绿色的和平饮料"。茶融天、地、人于一体，不分你、我、他，"提倡天下茶人是一家"。我们可以骄傲地说：茶，作为一种绿色的和平饮料，品茶品味品人生，不但推进了中国的文明进程，而且还极大地丰富了东、西方的物质、精神和道德生活。特别是在推进精神文明建设中，茶能起到独特的作用。倡导茶为国饮，有利于促进物质文明、精神文明和道德文明建设。

杭州湖畔居
茶楼一角

上海豫园
茶楼馆

北京老舍茶馆
说书厅

香港茶艺中心
集萃

上海举办
少儿茶艺演示

（二）茶文化形成为一种产业

随着茶文化活动的开展，使茶产业经济向着多元化的方向发展，并围绕着茶所产生的一系列物质与精神的转换，以致在全国范围内涌现了一批新兴的茶文化产业。如今，茶文化正在推动着茶产业的发展，使茶文化成为一种产业。

1.茶（艺）馆迅猛涌现　自20世纪80年代以来出现的现代茶（艺）馆，与过去的老式茶馆相比，无论是形式和内容，还是作用和地位都有新的发展和提高。过去坐茶艺馆的人，是"闲时来喝茶"；现代的茶艺馆，不但"没事来喝茶"，而且"有事到茶馆说"，到茶楼品茶、休闲、品赏文化。据不完全统计，在北京和四川成都两地，分别有不同形式，规模不一，且各有特色的茶艺馆5 000家左右；重庆、西安、长沙、南京、济南等城市的茶艺馆都有成百上千家；广州羊城和台湾台北的茶艺馆，更是遍及全城。在上海、浙江杭州，不但有茶艺馆1 000余家，而且成了当地旅游的一道风景线，成为假日休闲的一个时尚亮点。粗略估计，目前，全国有茶馆10万多家，年经营额500多亿元。茶馆不但对拉动茶叶消费、提升茶产业，以及推动文化旅游、繁荣城市经济所起的作用，让人刮目相看；而且成为展示城市风貌，对外宣传的一个窗口。

2.茶艺展示广泛展开　目前，在全国许多地方的企事业单位，相继建立了茶艺展示团体，使茶的冲泡与品饮成为一项专门的技艺，通过茶艺专门人员的传神展示，使饮茶更富有情趣和审美享受。它承上启下，传承了传统饮茶文化，又在传统文化中充实了时代气息。在上海、云南、广西、福建、广东、浙江、重庆等省区市相继开展了全国性茶艺、茶道大型展示或比赛。如2001年8月，广西横县举办的"刘三姐杯"全国茶道茶艺大奖赛；2002年月12月，在福建安溪举办了茶艺大奖赛；2003年开始，在云南思茅多次举办了全国少数民族茶道、茶艺大赛；2010年在重庆举办了国际茶道、茶艺邀请赛；近10年来，在上海多次举办了全国少儿茶道、茶艺比赛等，参赛的都是各地茶艺展示中的佼佼者。他们之中，有仿古茶艺、民俗茶艺、佛家茶艺、功夫茶艺、武术茶艺、文人茶艺、民族茶艺、少儿茶艺等，令人目不暇接，大开眼界。这些茶道、茶艺展示与比赛，不但推出了许多富有创意和个性的茶道、茶艺展示项目，而且又在传统基础上，有发展和创新，正在逐步成为休闲文化的一个重要组成部分。

3.茶艺成为一种职业　茶艺师国家职业标准，21世纪初已由国家劳动人事和社会保障部颁发实施。《茶艺行业规范》和《茶艺馆在职人员培训法规》也已出台。与此同时，全国茶艺师职业技能教材也已编写和出版。经国家劳动人事和社会保障部门审批，以培养茶艺专门人才为内容的职业技术培训学校，已在北京、上海、天津、重庆、江西、浙江、云南、广东、山东、福建、陕西、新疆等省份建立。经国家批准，浙江农林大学、浙江树人大学等大专院校，已率先在全国高校中开设茶文化专业，培养茶文化的专门人才。

（三）茶文化组织纷纷成立

随着茶文化事业的不断发展，茶文化组织（包括茶文化民间社团、学术团体等）不断涌现。它有利于茶文化朝着健康的方向发展，有利于加快茶文化事业的建设。

1980年12月，台湾成立了"陆羽茶艺中心"，该中心20多年来在开发茶具、教学茶道、出版茶书、举办茶文化活动方面做了大量工作。此后，在台湾还带头发起成立了"中华茶艺协会""中华茶艺业联谊会""泡茶师联合会""国际无我茶会推广协会"等。

1982年8月，中国大陆第一个以弘扬茶文化为宗旨的社会团体——杭州"茶人之家"成立，并于第二年创办《茶人之家》杂志。

1983年2月，厦门《茶人之家》成立，随后福州、上海、成都、济南、北京、南昌等地都纷纷建立了"茶人之家"之类的茶文化团体。

1983年，陆羽故乡——湖北天门成立了"陆羽研究会"。

1990年10月，陆羽第二故乡——浙江湖州成立了"陆羽茶文化研究会"。

1990年8月，"中华茶人联谊会"成立。并创办《中华茶人》杂志。

1986年在杭州开始筹建"中国茶叶博物馆"，1991年4月建成正式开馆，这在当时是中国唯一的茶叶专业博物馆。

1988年，香港茶艺中心成立。

1990年10月，在一批茶文化有识之士和社会活动界的积极倡议和推动下，"首届国际茶文化研讨会"在杭州召开，并成立了"国际茶文化研讨会常设委员会"，在此基础上，积极筹备成

中国茶叶
博物馆

立中国国际茶文化研究会。

1992年7月，中国佛教协会会长赵朴初倡议的"中国茶禅学会"成立。

1993年11月，经农业部与民政部批准同意正式成立了"中国国际茶文化研究会"，这是弘扬与研究交流中华茶文化的全国性民间团体。在它的影响下，全国许多省市也纷纷建立了茶文化研究会（促进会、协会），到目前为止，全国已有北京、上海、天津、重庆、浙江、江苏、福建、广东、广西、山东、黑龙江、辽宁、吉林、河南、陕西、江西、湖南、湖北、云南、贵州、四川、宁夏、新疆、青海、甘肃（筹）以及澳门、香港、台湾等，相继成立了茶文化社团组织。

各省区市茶文化社团简况

茶文化社团名称	成立时间	首任会长
台湾中华茶艺协会	1982年9月	吴振铎
台湾中华茶文化学会	1988年6月	范增平
中国国际茶文化研究会	1993年11月	王家扬
四川省茶文化协会	1996年12月	陈官权
江西省社会科学院中国茶文化研究中心	1998年	陈文华
湖北省陆羽茶文化研究会	1999年	韩宏树
山东省茶文化研究会	1999年4月	张敬焘
吴觉农茶学思想研究会	2001年5月	高麟溢
新疆维吾尔自治区茶文化协会	2002年5月	崔庆吉
天津市国际茶文化研究会	2002年	李锦坤

（续）

茶文化社团名称	成立时间	首任会长
浙江省茶文化研究会	2003年12月	刘枫（兼）
河北省茶文化学会	2004年6月	杨思远
重庆市国际茶文化研究会	2005年6月	陈澍
贵州省茶文化研究会	2005年8月	庹文升
云南省民族茶文化研究会	2005年9月	李师程
云南省普洱茶协会	2006年	张宝三
福建省茶文化研究会	2006年12月	杨江帆
河南省茶文化研究会	2007年3月	亢崇仁
黑龙江省茶文化学会	2007年3月	钱栋宁
香港中国茶文化国际交流协会	2008年11月	杨孙西
安徽省徽茶文化研究会	2009年3月	张学平
内蒙古自治区茶叶之路研究会	2009年4月	邓九刚
陕西省茶文化研究会	2009年6月	安启元
吉林省茶文化研究会	2009年8月	徐凤龙
黑龙江省茶艺师协会	2010年5月	于凌汉
江苏省茶文化学会	2010年5月	朱自振
广东省茶文化研究会	2010年9月	王兆林
广东省茶文化促进会	2013年12月	蔡金华
广西壮族自治区茶文化研究会	2013年11月	梁裕
辽宁省茶文化研究会	2014年5月	李哲
青海茶文化促进会	2014年12月	勉卫忠
宁夏回族自治区茶文化研究会	—	李芙蓉
澳门茶艺协会	1997年5月	曾佐威
澳门中华茶道会	2000年9月	罗庆江
香港茶道总会	1997年	叶惠民
香港茶艺协会	1992年	叶荣枝

　　在云南昆明，广东广州、深圳，浙江杭州、宁波，山东青岛、济南，湖北武汉，陕西西安，湖南长沙，黑龙江哈尔滨等众多副省级城市也建立了茶文化民间社团组织。另外，还有不少省区市的地级市和县级市，也相继建立了茶文化社团组织。在浙江有不少大学、中学和小学，直至某些重点产茶乡镇，也建有茶文化民间社团组织。

　　各地社团组织的相继建立，使全国各地的茶人都能找到自己的"家"；同时，也为各地的爱茶人和茶文化工作者，以及从事茶业的专家、学者，提供了实现"以茶会友"，提倡茶为国饮，倡导和平，增进友谊的场所。

台湾坪林
茶业博物馆

香港
茶具馆

澳门
茶文化馆

　　与此同时，还有一些与茶文化密切相关的全国性茶叶社团组织，如1964年成立的中国茶叶学会，1990年成立的中华茶人联谊会，1992年成立的中国茶叶流通协会，1998年成立的中国食品土畜产进出口商会茶叶分会，以及华侨茶业发展研究基金会、吴觉农茶学思想研究会、东亚茶文化研究中心等，它们也是发展茶文化、茶产业、茶科技事业的有力推动者。

（四）茶文化场馆纷纷建成

　　茶文化场馆是展示茶文化、宣传茶文化的重要基地，也是对国民进行爱国主义教育的好场所。中国的茶文化场馆，除了北京故宫博物院、台湾台北故宫博物院，以及分布在全国各地的省、市级综合性博物馆有茶文化的展示外，20世纪80年代以来，随着茶文化活动的高涨，在全国各地还建立了一批以茶为中心的主题博物馆，如1981年，在香港特别行政区建立了香港茶具馆；1987年，在上海创办了四海茶具馆；1988年，在四川蒙山建立了名山茶叶博物馆；1991年，中国最大的综合性茶叶博物馆——中国茶叶博物馆，在浙江杭州建成开放。它全面地展示了茶的起源和传播，茶的性质和功能，茶的种类和花色，茶的种植和采制，茶的品饮和礼俗，茶的法律和典制，茶的器具和水品，以及茶的文学艺术等，并以现代手法，构筑了中华茶艺的多种饮茶风情，蔚为大观；1997年，台湾首家茶叶博物馆——坪林茶业博物馆建成开放；2001年，福建漳州天福茶博物院建成；2003年，重庆永川建立巴渝茶俗博物馆对外开放；2008年，宁波茶文化博物馆落成；2013年，贵州茶文化生态博物馆开馆。至于地市级以茶为专题的博物馆就更多了，全国至少已有40多家。

（五）茶席成为一门空间艺术

　　"茶席"是指饮茶时的空间艺术塑造与布局，它既可以在室内，也可以在室外。20世纪80年代开始，中国茶文化界与日本、韩国，以及港、澳、台等地区的茶文化团体之间开始进行茶艺交流，那些具有规范性、礼节性和观赏性的茶艺展示，为众多的茶文化爱好者所关注。特别是茶艺展示中，将原本煮水、泡茶和品茗的几个不同空间结合在同一个空间进行，这给人增添了许多新的情趣，从而使中国茶席开始有了崭新的变化。

与此同时，又根据茶的冲泡程序、茶具的选配组合、泡茶台的布置（插花、色彩搭配）、环境的设计、背景的营造、服饰及茶食的选择等。如此经过精心设计，营造出煮水、泡茶和品茗空间艺术，从中产生了"茶席"这一新名词。

20世纪末，随着中国茶文化的蓬勃发展，杭州首先出现了以表现茶艺和品茗为主要形式的茶艺馆。2000年经浙江省人力和社会保障厅批准，中国国际茶文化研究会与中国茶叶博物馆、浙江国际茶叶商会共同合办成立了浙江华韵职业技术学校，专业从事茶艺师、评茶师等职业资格教育，"茶席与茶席设计"被列入其课程设置，成为教育培训的内容之一。

2000年在中国茶叶博物馆举办了第一届国际茶席展。此后，各地茶人互相效仿纷纷举办茶席展示和茶席比赛。2010年，在浙江农林大学茶文化学院举办的国际茶席展，参加的有中国、日本、韩国、法国、新加坡、印度尼西亚等国家和中国香港、澳门地区，共有70多个茶席参加联展，是一次规模较大的国际性茶席展示。

（六）名优茶获得创新和提升

据2000年统计，全国有历史传统名优茶、当代创新名优茶1 000余种。经过10余年发展，如今全国有名优茶1 500种左右。目前全国名优茶产量已达到茶叶总产量的45%以上，名优茶总产值要占到茶叶总产值的80%左右。以2011年为例，全国名优茶总产量为67.6万吨，占茶叶总产量的43.4%；名优茶总产值为560.3亿元，占茶叶总产值的76.8%。今后，随着人民生活水平的提高，对文化生活需求的提升，全国名优茶将成为中国茶产业的"半壁江山"，日益受到生产者的关注，消费者的关心。

（七）茶深加工得到开发和利用

近年来，人们对茶的天然、营养、保健和药效功能有了更深的了解。茶的保健制剂，已进入临床应用阶段。茶作为一种添加剂，已在食品、冷饮、糕点、糖果的制作中得到应用。北京、上海、广州、杭州等地的饮食行业，结合茶的特点和功效，巧妙地将茶融进菜肴。目前，已恢复和创新的菜肴品种超过200种。

茶罐装饮料从初始期开始，经成长期后，如今已步入成熟期之初，如此差不多前后花了20年时间。如今，已开始大量入市，从2000—2010年的10年间，发展速度很快，每年增速两位数以上。某些门类甚至每年以翻番的速度增长，且品类几乎囊括所有茶类，如绿茶、红茶、乌龙茶、花茶、普洱茶等茶水饮料。此外，还有各种保健茶、多味茶饮料，亦已有相继开发，进入市场。其中，"农夫山泉""旭日升""康师傅""娃哈哈""统一""三得利"已大规模上市，茶系列饮料有望快速增长。2011年，茶饮料产量接近1 200万吨，约占软饮料总产量的10%，销售总额已超过700亿元。

此外，茶的利用还渗透到食品、旅游、医药、化妆、轻工、服装、饲料等多种行业。茶的化妆品、茶的各种食品和冷饮糕点、茶的洗涤剂、茶的润肤剂、茶的除臭剂、茶的着色剂、茶的服

装，等等，都已问市。总之，随着茶叶深
加工的展开，茶的利用也更加广泛。

（八）饮茶器具有创新和发展

　　现代茶器，更是异彩纷呈，不但品种
花色俱全，注重与茶的品种配置；而且形
质双全，注意整体组合，富含文化，形成
了这一时期茶器新的重要特色。它主要表
现在以下三个方面：

冲泡后的工艺花茶

　　1.品种花色繁多，新品辈出　自20世
纪90年代以来，随着饮茶文化的兴起，茶
器也有了创新和发展，特别是随着一些失
传的古代著名茶器，如南宋官窑茶器、钧窑茶器等的仿制成功，以及众多著名茶器的创新和改
进，使每种品种的茶叶，都能找到与自己相应的茶器配套。从而，通过茶与器的配置，使茶性达
到最大程度的发挥，使爱茶人尽可能地享受到茶的色香味形给人带来的愉悦。

　　2.讲究技艺双全，提升品位　如今的饮茶器具，不但注重实用功能，而且讲究文化品位。在
这里既品茶，又玩壶，集物质享受和精神享受于饮茶之中。在这种情况下，高手辈出，名器凸
现，一些制壶大师的作品，成了茶人心爱之物。另外，还出现了一些注重观赏和收藏的各种金
银、玉石、漆器，以及珍贵竹木等制作的精品茶器。这些茶器，不但质地名贵，而且精工细雕，
成为一件不可多得的工艺品。

　　3.注重茶器组合，赏心悦目　茶器组合，诸如传统的有包括茶盘、茶罐、茶船、茶托、盖碗
在内的精瓷盖碗组合茶器，现代的有包括盘、杯、壶、缸在内的一式玻璃组合茶器。此外，还有
各式瓷质组合茶器、陶质组合茶器、竹木组合茶器等。这种组合茶器，已超越了单个茶器的空
间，讲究的不仅是茶器本身的精美，而且讲究茶器整体的完美、和谐与协调。这是茶器功能和艺
术的提升，是茶艺空间的一种追求，体现的是一种精神，从而丰富了茶文化的内涵。

（九）茶文化景观成旅游亮点

　　近年来，各地为了开发和利用茶文化资源，注重茶文化景观建设。福建的武夷山，不但形成
了以大红袍名丛为主体，集茶文化题词、铭刻、石雕、石碑、亭台等的配套建设；而且还加强了
御茶园、庞公吃茶去、茶洞等茶文化人文景观的宣传力度，使之成了武夷山茶文化旅游的一条茶
文化专线游。又如广东的雁南飞，重庆的茶山竹海，福建安溪的茶叶大观园，浙江长兴的大唐贡
茶院等人文景观，以及正在开发中的宜昌茶文化旅游苑等，都是在利用当地茶文化资源，再与旅
游相结合成为发展当地经济的一种新举措。浙江杭州老龙井景点，已对十八棵御茶、宋广福院、
龙井茶文化展厅进行了整修与恢复；梅家坞茶文化生态休闲村，又为西湖龙井茶文化景观建设增

部分
陶瓷茶器

配套
瓷茶器

添了光彩。

云南普洱多次举办的"古茶树文化节"，浙江长兴举办的"茶文化旅游节"，江西星子的"国际茶文化节"，以及重庆永川举办的国际茶文化旅游节，等等，都是在充分开发利用当地茶文化资源，再与旅游活动相结合，成为招商引资发展当地经济建设的新举措。

（十）茶文化学术活动蓬勃开展

在21世纪里，茶文化学术活动蓬勃发展，茶文化正向着深层次渐进。在北京、上海、重庆，以及云南的昆明、西双版纳、普洱，福建的福州、安溪，广东的广州、深圳，浙江的杭州、宁波、湖州，河南的郑州、信阳，陕西的西安，湖北的天门，还有香港、澳门和台湾等地区，都相继多次举行了综合或专题的茶文化学术研讨会，从不同侧面、不同层次、不同方位开展学术研讨，深化了茶文化内涵，拓宽了茶文化功能。在此基础上，一批以总结和提高茶文化为内容的专著、刊物和音像陆续公开出版发行。如《中国茶文化经典》《中国茶经》《中国茶文化大辞典》《中国古代茶叶全书》《中华茶叶五千年》《图说世界茶文化》《惠及世界的一片神奇树叶——茶文化通史》《茶文化旅游概论》《茶文化概论》，以及《中华茶文化》光盘等的出版和发行，使茶文化宝库得到进一步充实。2007年，郑培凯、朱自振主编的《中国历代茶书汇编·校注本》，汇集了自唐代陆羽《茶经》至清代《茶说》共114种茶书，为抢救和参阅古代茶事史料做出了贡献。

近年来，在北京、上海、安徽、浙江、江西、陕西等省、市，还成立了以研究中华茶文化为己任的茶文化研究机构，对茶文化进行专门研究。如唐代饼茶复原的研究，唐代宫廷茶道复原的研究，当代茶文化比较的研究，宋代斗茶的研究，茶马古道的研究，茶叶对外传播的研究等就是例证。

另外，各地的研究会以及大专院校和科研机构，还分赴世界许多国家，如日本、韩国、马来西亚、新加坡、法国、俄罗斯、英国、德国、瑞典、美国等几十个国家开展茶文化学术交流。全

杭州梅家坞
茶文化生态村

福建武夷山的
大红袍景区

国已有不少省、市的科研和教学机构，已招收培养茶文化为研究方向的国内外硕士生和博士生，茶文化已成为一门新兴的学科，为世人瞩目。

（十一）茶文物古迹受到保护和修复

近30年来，茶文物和茶文化古迹不断被发掘出来，并受到保护和修复。1987年，在陕西扶风法门寺地宫出土了一整套唐代宫廷金银茶器，同时出土的还有秘色瓷茶器和琉璃茶器。此外，在浙江长兴的顾渚山发现了唐代贡茶院遗址、金沙泉遗址，以及唐时的茶事摩崖石刻；在福建的建瓯，发现并考证了记载宋代"北苑贡茶"的摩崖石刻；在云南西双版纳寺院中发现800年前用傣文书写的茶事贝叶经；在云南南部和四川西部考证滇藏、川藏茶马古道时，发现了许多与茶相关的古代茶事文物；在河北宣化的古墓道中，在发现大量辽代饮茶壁画的同时，还发现了数量不等的辽代茶器。另外，在滇南原始森林深处，发现了大片的野生古茶树群落。其中，云南镇沅千家寨大片野生大茶树中，发现有一株野生大茶树，树干直径达1米以上，树高达25米。专家认为：这株野生大茶树是迄今为止，人们发现的树龄在千年以上的最古老的野生茶树。

茶文物、茶古迹的发现和发掘是不可再生和逆转的茶文化资源，它为人们研究茶的历史、茶的文化，提供了最好的证据与资料。

（十二）茶文化活动形式多样

全国各地，无论是茶的产区，还是茶的销区，各种茶事活动更加频繁。据不完全统计，2009—2013年，全国每年举办的国际茶文化研讨会，以及国际性、全国性的茶叶专题研讨会和大型茶文化活动，都在50次上下。这种以茶文化为媒介，以促进茶经济为目标的茶事活动，使茶文化与经济发展进一步结合起来。这种茶事活动，得到了茶学界、茶文化界、茶经贸界的认可。它使茶文化在贴近生活、贴近社会，让人民感到茶文化就在你身边的同时，拉动了茶产业经

800 年前用傣文书写的
茶事贝叶经

湖南益阳
举办黑茶文化节

台湾
进行茶叶推介会

济的发展。广东多次召开的国际茶业博览会，每届吸引了数十万境内外客商、来宾和广州市民，取得了良好的经济效益和社会效益。杭州每年春季举办的西湖国际茶叶博览会，也每届迎来数以十万计的国内外宾客，大大提升了"茶为国饮，杭为茶都"的地位。福建的安溪多次举办"茶王赛"、茶文化节、茶展示会，使安溪所产的铁观音名声大振。结果，使当地所产的乌龙茶价值提升，购销两旺，促进了当地经济的快速发展。云南西双版纳、普洱多次举办中国普洱茶国际学术研讨会或文化节，对提高普洱茶的声誉和促进普洱茶的消费，起到了良好的作用，从而引起与会的日本、韩国，以及东南亚茶经贸界人士的注意，使普洱茶快速走向国际市场。总之，全国各地举办的多种形式的茶文化节、茶博览会、交易会、名茶评比会、名茶品尝会、名茶拍卖会、茶乡旅游节等茶文化活动，它们都有一个共同点，那就是弘扬茶文化，促进茶消费，推动了茶产业经济的更大发展。

　　总之，综观中国茶文化的历史进程，从孕育、形成，乃至发展、壮大，大致经历了四个时期：一是秦汉时的孕育期，主要标志是从汉代开始，使商品茶出现于世，茶诗、茶具开始问世，茶区逐渐向长江中下游扩展。二是唐宋时的兴盛期，其标志是陆羽《茶经》的问世。三是明清时期以茶叶出口贸易的兴起，鼎盛时占了世界茶出口的80%以上。可到了19世纪40年代后，因茶而引起的鸦片战争失败以后，中国沦为半殖民地、半封建国家，直到20世纪40年代末，茶及茶文化一蹶不振，处于悲哀境地。四是20世纪80年代以来，随着改革开放的推进，中国的茶及茶文化又有了迅猛发展，生机勃勃的可喜景象至今方兴未艾，继续向前快速推进。中国茶及茶文化的发展历史清楚地告诉我们：国运兴，茶也兴；国势衰，茶亦衰。

第五节　茶文化发展趋向

　　千百年来，茶文化的功能和作用，决定了茶在社会生活中占有不可或缺的地位，在人民心目中占有重要位置。可以预言：21世纪茶必将成为世界最大饮品，成为全球绿色食品之王。明天的茶文化事业将变得更加亮丽，成为造福人类的共同财富，在更高层次上影响人们的品质生活。

茶文化正在向创新道路获得发展，其主要表现如下。

（一）茶文化的社会功能进一步得到发挥

20 世纪初杭州装
大碗茶大壶

茶是生活必需品，是物质的必需；茶又是一种文化，是精神食粮。制出来的一片普通茶叶，含在嘴里能解渴，还能使人心灵升华，这就是茶文化的魅力所在。世界上许多国家的人民，凡有亲朋进门，把茶作为迎客的见面礼，道理就在于此。

茶的作用是多方面的，还有深刻的哲学内涵。陆羽《茶经》曰："茶之为用，味至寒，为饮最宜精行俭德之人"，说茶不仅是一种饮料，还能修炼德行。综观世界，尽管世界各国人民宗教信仰不一，但世界上任何一种宗教都是推崇和倡导饮茶的。佛教认为茶性与佛理是相通的，所以有"茶禅一味"之说；道教认为茶是"天人合一"的产物，用茶炼丹，从中提取延年益寿之物；伊斯兰教认为茶是一种能使人清醒的和平饮料，喝酒是禁止的，饮茶是提倡的；天主教认为饮茶有利于身心健康，从而在世界范围内为茶文化事业的传播做出了很大贡献。

在这里，倘若人们把茶看作是一片叶子，那么它是一种有形的物质，只是一种能解渴、提神、生津的饮料；如果把茶看作是一种文化，那么它是一种无形的精神，是一种能修身养性，给人以心灵上的愉悦，成为人们品质生活的展示。

（二）茶的文化创意产业不断涌现

以茶文化来促进茶产业的发展，大力宣传茶叶对人类健康的功效，实现了茶产品与茶文化的一体化经营。在这方面已做了许多工作。例如，近年来，许多国家以发展文化创意产业为新的引擎，推动产业升级。以茶文化为题材的旅游业、影视业、出版业、艺术品经营业、动漫业等同样也可以形成新的茶文化产业。如过去说，凉茶并不为人喜爱，现在将凉茶加工成了茶饮料，并且以青春、活力、动感的崭新形象，吸引广大的年轻人饮茶；大多数茶叶是越新越好，而现在许多饮茶国家提出普洱茶、六堡茶、茯砖茶等黑茶陈的香气更纯正、滋味更醇厚，使之成为目前发展较快的茶类。特别是21世纪以来，在饮茶有利健康的推动下，倡导"茶为国饮"，使与之相关的戏曲、电影、歌舞、书籍等文化产品不断推出，进一步促进了茶消费的增加。如戏曲有阐述茶圣一生的《茶缘》，反映名茶为主旨的《龙谷丽人》，叙述茶事、茶礼为主线的《中国茶谣》等。电影有描写茶叶世家的《南方有嘉木》；有描写以晋（山西）商为代表，把茶叶推向沙俄及东欧市场的《乔家大院》；有描写以徽（徽州）商为代表的华商，为与西（方）商洋行争取茶叶公平经商的《新安家族》；有描写古代以茶易马，将川、滇茶叶运往西藏的《茶马古道》等。

如今，在中国还出现了不少前店后体验，以经营茶文化为主体的企业。又如以茶馆、茶博物馆等为主要对象的设计装修企业，以茶文化为代表的出版企业，以茶的包装设计、茶具制作、广告宣传等制作企业，也已经形成茶文化创意产业的雏形。又如，北京老舍茶馆推出系列茶文化漫画作品，让国内外人民更加形象直观地了解茶文化，这些都是茶文化创意产业的代表。

此外，还有数以十计的歌舞演出、每年数以百计的茶与茶文化书籍和书画的出版，以及成套茶邮票、茶磁卡等的发行，就是例证。

（三）茶的文化产品日益增加

茶文化产品是指以茶为题材，并由此衍生出来的茶产品。茶的文化产品很多，目前最常见的有茶的装饰品，诸如茶的书画、茶的雕塑、茶的工艺品等，它们常见于一些茶文化单位、茶博物馆、茶艺馆以及公共场所等。

其次是茶包装文化，随着人民生活水平和审美的提高，对茶包装设计的要求愈来愈高，不但要求茶包装无污染，耐保鲜；而且要求设计新颖，并富含文化。昔日一张清洁纸、一个食品袋的包装方式，早已一去不复返。如今的茶包装，真可谓品种繁多，式样新颖，功能完备。

此外，还出现了茶的会展设计、茶馆设计、茶的包装设计等行业。这些茶的设计行业，其设计的产品，不但要有茶的元素，更重要的还要有个性化，能吸引人的眼球。

总之，随着茶文化在全国范围内的广泛而深入的发展，茶文化产品已经在全国范围内出现，逐渐成为一种朝阳产业。

（四）茶的综合利用受到关注

千百年来，对茶的利用一直滞留在传统意义上，没有突破茶作为一种饮料的范畴。从20世纪中叶以后，在世界范围内有不少国家，它们将茶作为饮料的同时，积极开展茶的精深加工和综合利用，从而使茶产业上升到一个新的台阶。

茶的精深加工是指用茶树鲜叶和毛茶为原料，利用现代加工技术与手段提取茶叶功能成分，并将其加工成为终端产品，这是一个蕴藏巨大商机的朝阳产业，是对茶叶利用的一次巨大改革。近30年来，茶叶精深加工深受日本、美国、英国等发达国家的重视，茶叶的用途已经从其冲泡饮用的单一方式扩展到饮茶、吃茶、用茶、赏茶等人们生活的方方面面，茶叶的功能成分已经被分离，并已转化成高科技产品。例如，日本的茶叶40%是用来做精深加工的，其产品已渗透到医药保健、食品、日用化工、养殖等行业，年产值已达1 400亿人民币；美国仅开发以茶多酚为原料的终端产品的产值已达100亿美元。

目前，世界各国已开发的茶的综合利用和精深加工，主要的有以下几个方面：

（1）茶饮料：包括罐装茶水、速溶茶、茶冷饮、茶汽水、茶酒、茶香槟等。

（2）茶食制品：包括茶菜肴、茶面食、茶糕点、茶果脯等。

（3）茶健康制品：包括茶多酚胶囊、茶氨酸片剂、γ-氨基丁酸降压片、茶色素胶囊、茶心脑健胶囊等。

（4）茶食品添加剂：包括茶粉、食品抗氧化剂等。

茶饮料与茶食品　　　　　　四川名山的　　　　　　　绿剑（茶业）科技园
　　　　　　　　　　　　　蒙顶山茶文化园

（5）茶叶饲料添加剂：包括鸡禽、畜产、水产的配合饲料（能有效降低畜禽产品胆固醇含量）等。

（6）茶日用品：包括化妆品、空调杀菌剂、除臭剂、香波、茶香皂、茶沐浴露、茶床上用品、茶服装等。

（7）其他：如作为农药、木材的辅料等。

（五）茶的文化生活品质获得提升

如今，茶在中国人的心目中成了文明的一种象征，提高生活品质的一种享受。这不仅因为茶的内在价值切合了21世纪人类发展的物质与精神需求，而且更是代表着倡导新的生活，展示着未来的新价值观，把茶及由此衍生出来的茶文化，确立成为一种绿色、健康生活方式。所以，发掘茶文化的内在思想境界和文化价值，弘扬茶德，崇扬民族文化，以茶会友，推进和谐社会建设，已成为各国茶文化工作者肩负的一项重要任务。

近年来，许多地方开展的茶文化生态休闲游，诸如杭州梅家坞茶文化生态游、福建武夷山大红袍茶文化游、广东梅州雁南飞游、重庆永川茶山竹海游，等等，它们在为提升茶园经济价值的同时，重要的是为改善与提高人民的思想境界和生活品质，开创了新的文化旅游模式。

（六）茶文化庄园建设成新亮点

培育和建立集生态、休闲、旅游于一体的茶文化庄园，它不但集一产、二产、三产于一体，而且集生态、休闲、旅游于一体，还能带动周边经济发展，加强美丽乡村文化建设。在这方面各地已经起步，如山东日照市的浮来青茶业有限公司、浙江龙泉市的金福茶业有限公司、宁波鄞州区的福泉山茶场、安徽黄山市的谢裕大茶叶股份有限公司、云南勐海县的陈升茶业有限公司等就是如此，但要走的路还很长。

根据综合分析，一个较为完美的茶文化庄园，除了企业须有一定规模，具备一定的经济实力外。根据海内外实践所得：首先须要结合周边自然生态环境和人文景观，统一规划，把庄园打造成一个园林式的美丽景区。

其次是庄园至少需具备以下几个功能区块：文化展示、生产场所、体验实践、购物消费、观光养生、人居休闲。

另外，选择地理位置亦很重要，特别是环境、交通等条件，必须优先考虑。

今后，随着社会的进步，人民生活的提高，建设茶文化庄园对提升企业形象，提高人民生活品质，建设美丽家园将会起到很好作用，必将成为茶业发展的新亮点，日益受到人民的关注。

总之，如今的茶文化发展，已显示茶文化的未来有更旺盛的生命力，必将有助于提高人民生活品质，让世界变得更加和谐，更加美好！

第五章
茶文化与民生

如今，历史已翻开了新的一页，在新常态下对茶的重新认识，给我们带来了开创和发展茶文化事业的全新机遇。今天，茶在中国早已成为举国之饮，在世界也已成为全球最受欢迎的一种天然、绿色、健康饮料。不仅如此，茶还具有多种功能，事关民生，与文明、文化、经济、生态等各个方面紧密相连，茶的内涵与功能正在不断扩大，茶的物质生活和精神文明日益显现。

茶是
加深人际关系的纽带

金庸
题笔书茶

（书法内容：中国国际茶文化研究会 金庸题 一九九六年 水温雅 人温雅 古今幽情一杯茶）

第一节 茶文化与文明

社会文明是全人类孜孜以求的美好愿望。茶文化是道德建设的一种重要资源，也是构建社会文明的一个重要载体，有利于增强民族凝聚力。这是因为茶是加深人与人之间友谊的桥梁，是沟通身与心之间的心灵纽带。

一、茶是人民生活的必需品

中国有句俗语："开门七件事，柴米油盐酱醋茶。"早在南宋吴自牧《梦粱录》中就有此说。元代武汉臣《玉壶春》亦有："早晨起来七件事，柴米油盐酱醋茶。"以后，有关此说的记载更多。直至如今，依然如故，无论是富贵之家，还是贫穷之户，生活都离不开茶。所以，上至庆祝重大节日，招待各国贵宾；下至庆贺良辰喜事，招待亲朋好友；乃至在社交、家居、车间、码头、田间，以及其他一切场合，茶成了必备的款待物。在世界各地，人民生活同样离不开茶，没有茶就无法感受生活。著名华裔英国女作家韩素音对茶有特殊的感情和亲身体验，无论是茶对启发文思，还是保持健美的体态，她都有深刻的体会。她说："倘若我得挥笔对茶赞颂一番，我要说茶是独一无二的真正的文明饮料，是礼貌和精神纯洁的化身。"她几十年如一日，每天必须喝茶，她甚至说："人不可无食，但我尤爱饮茶。"如今，人们即便走到天涯海角，总能见到茶的影子，体验到饮茶的风情，以致客来敬茶成了中国和全世界人民的共同心声。生活离不开茶，生活需要茶！

民国时期的
上海茶馆

　　还有，始于魏晋，兴盛于唐宋，发展于明清，延续于今的茶宴、茶会和茶话会，虽然历经千载，仍经世未绝。它们都是简朴无华，自然祥和，用茶引言，以茶助乐的一种社交集会形式风靡于世。

　　茶馆是中国人民饮茶的专门场所。在两晋时已见茶馆雏形。《茶经》引西晋"傅咸司隶教示"中的"蜀妪作茶粥卖"一事，实为茶摊的原型。唐时，茶馆已遍及各地，随处可以"投钱取饮"。千百年来，它迎合了中国人历来喜欢在劳动之余，用茶引言，合群聊天，吟诗作画，议论分断，信息交流的习俗。当代在各大中小城市涌现的茶艺馆，是古代茶馆文化与当代文明的结合体。在这里，"品茗为了助乐，娱乐不离饮茶"，成了文明的文化休闲场所，也是以高雅的精神享受为最终目的的品茗之地。坐茶馆是人们千百年来形成的风习，成为人们休养生息、议事叙谊、买卖交易、公众断事的好去处。如今，中国的茶馆遍及大江南北，无论是城镇，还是乡村，几乎随处可见。在这里，不分职业，不讲性别，不论长幼，不谈地位，不分你我他都可以随进随出，广泛接触到各阶层人士。在这里，可以探听和传播消息，抨击和公断世事，并进行思想交流、感情联络和买卖交易；在这里，可以品茗自乐、休闲生息和养精蓄力。

　　所以，坐茶馆，既是人们生活的需要，又符合中国人历来有扎堆闲谈，有"摆龙阵"的风习，这也是中国人喜欢坐茶馆的缘由之一。总之，茶馆是人们生活不可缺少的组成部分，这是一

君子之交

20世纪初四川喇嘛寺
饮茶情景

种特殊的服务行业，受到人民的喜爱。

20世纪80年代以来，中国的茶馆业在全国范围内兴起。它们既是交流叙谊、经贸洽谈之处；也是休闲生息、文化娱乐之地；如今又成了中外游人旅游的一个好去处，构成了茶文化旅游的一个新景观，成了城市的一张金名片。

客来敬茶是中国人民的传统礼仪，在中国流传至少已有千年以上历史。据史书记载：早在东晋（317—420）时，太子太傅桓温"用茶果宴客"，吴兴太守陆纳"以茶果待客"。唐代虞世南《北堂书钞》还记载了晋惠帝用瓦盂饮茶之事。据史料记载，惠帝司马衷是武帝次子，为人愚蠢，即位以后，贾后大权独揽，毒死了太子，引起了"四王"（即赵王伦、齐王冏、长沙王乂、成都王颖）起事，惠帝避难出逃时，近臣随侍，即黄门散骑官用瓦盂盛茶，敬奉惠帝，被惠帝视为患难之交。又据记述南朝史实的《宋录》载：居住在安徽寿县八公山东山寺的昙济道人是一个很讲究饮茶的人，宋朝宋孝武帝的两个儿子去拜访昙济时，昙济道人设茶招待"新安王子鸾，鸾弟豫章王子尚"。唐代陆士修的"泛花邀坐客，代饮引情言"；宋代杜耒的"寒夜客来茶当酒，竹炉汤沸火初红"；清代高鹗的"晴窗分乳后，寒夜客来时"；郑清之的"一杯春露暂留客，两腋清风几欲仙"的诗句，都表达了中国人自古以来重情好客，以茶示礼的传统美德。这些诗句，更明白无异地表明了中国人民历来有客来敬茶和重情好客的风俗。所以，中国人的习惯是：凡有客人进门，不请客吃饭是可以的，但不敬茶被认为是不礼貌的。客来敬茶，乃是中华民族的传统美德，茶也是中华民族的传统礼节；香茶相迎，有利于形成和睦相处、相互尊重、互相关心的人际关系；清茶一杯，君子之交，有利于倡导清廉节俭，净化社会风气，陶冶情操修养。在这里客人对茶饮与不饮，无关紧要，它表示的是一种待客之举。通过敬茶，体现出文明与礼貌。

中国人不但有客来敬茶的习惯，而且还有赐茶敬客的做法。倘若"有朋自远方来"，主人敬茶时，发现客人对冲泡的茶情有独钟，那么主人只要家中藏茶还有富余，一定为分出一些茶来，当即馈赠给客人。或者是亲朋好友，常因远隔重洋，关山阻挡，不能相聚共饮香茗，于是便会千里寄新茶，以表怀念之情。唐代李白的《答族侄僧中孚赠玉泉仙人掌茶》、曹邺的《故人寄茶》，宋代欧阳修的《送龙茶与许道人》、赵抃《次谢许少卿寄卧龙山茶》，明代徐渭的《谢钟君惠石埭茶》《某伯子惠虎丘茗谢之》等都是千里寄茶的情怀表白。这在当今更是比比皆是，成为人与人亲近的一根纽带。

这种情况，即便在宫廷中也常有所闻。据《苕溪渔隐丛话》载：顾渚紫笋"每岁以清明日贡到，先荐宗庙，然后分赐近臣"。唐代以茶分赐臣僚的例子很多。时任监察御史的刘禹锡曾为他人写过二张谢赐茶表。一张是代武中丞所书："中使窦国宴奉宣圣旨，赐臣新茶一斤。……恭承庆赐，跪启缄封。"另一张代书的赐茶表称："中使某乙至，奉宣圣旨，赐臣新茶一斤，猥沐深恩。"这种由皇帝赐茶给近臣，再由近臣得茶后感恩谢赐茶的做法，在唐宋时期成为流行于上层社会的一种隆重礼仪。王室对臣僚表现为赐茶，臣僚对王室表现为感恩。唐代韩翃的《为田神玉谢茶表》、刘禹锡《代武中丞谢赐新茶第二表》、柳宗元《为武中丞谢赐新茶表》，宋代丁谓的《进新茶表》、王安石《谢赐银盒、茶、药表》、杨万里《谢傅尚书惠茶启》都是感恩谢茶表的范本。

二、茶文化是文明的产物

中国不仅有悠久的种茶、制茶、饮茶的历史，而且茶对人类生活健康和人文内涵有着深刻的作用。饮茶有利养生，早已为中国的先人所揭示。宋代苏轼一生只将两种东西比作美女，一是"欲把西湖比西子"，二是"从来佳茗似佳人"。苏轼以自己的切身体验，赋诗感叹："何须魏帝一丸药，且尽卢仝七碗茶。"在饮茶史上，人们根据品茗的不同感受，从不同角度抒发出对茶的不同感受。有的将茶比作美酒："旧谱最称蒙顶味，露芽云叶胜醍醐。"有的将茶比作香花："入山无处不飞翠，碧螺春香百里醉。"有的将茶比作知音："琴里知闻是渌水，茶中故旧是蒙山。"有的将茶比作灵丹："一杯春露暂留客，两腋清风几欲仙。"有的与世无求，只求以茶相伴："平生于物元（原）无取，消受山中水一杯。"直至当代，更有人发出"诗人不做做茶农"的感叹。这些典故都生动地说明了饮茶与健康的关系。茶不仅强身，而且养心，确实是促进人们身心健康的好东西。

其次，茶为社会文明建设提供物质基础和精神支柱。目前，茶在许多山区已成为农业中的优势产业，也是山区农民增收致富的主导产业，绿化美化山川大地的生态产业，更是城乡和牧区的消费产业。不仅如此，茶还为精神文明建设架起了一座桥梁。伟大的德国科学家阿尔伯特·爱因斯坦(Albert.Einstein)组织的"奥林比亚科学院"每晚例会，用边饮茶生息、边学习议论的方式研讨学问。正如英国女作家韩素音所说："如果没有杯茶在手，我就无法感受生活。"可见茶已渗透到物质文明、精神文明、道德文明之中，是文明社会建设相统一的产物。发展茶产业，振兴茶文化，在经济社会发展和新农村建设中占有重要地位。

第三，茶追求的目标和功能是多方面的，它在人与人之间倡导的是以和为贵，在人与社会之间倡导的是和平共处，人与自然之间倡导的是和睦相亲。天和、地和、人和，茶使社会变得更加和谐，人类变得更加康乐，世界变得更加美好。唐代陆羽《茶经》说茶"精行俭德之人"，将茶德归之于饮茶人应具有俭朴之美德，认为不能单纯地将饮茶看成是为满足生理需要的一种饮品。

此外，还有许多学者也对茶的品行，以及作为一个饮茶人应具有的品德修养，提出了各自的认识。但都认识到茶的美德：提倡的是"以和为贵"，倡导的是"天下茶人是一家"，厉行的是"操行节俭"，通过对饮茶技艺的实践，引导茶人完善个人的道德品行和文明理性，实现人类追求的共同目标和崇高境界。

陆羽烹茶图

第二节 茶文化与和谐

古往今来，茶文化一直与广大民众的基本生存和生活状态密切相关。茶作为一片树叶，它是人民生活的必需品；作为一种文化，它是人民的精神食粮。而在人与人、人与自然、人与社会之间创建的是一种和谐。

一、弘扬茶文化，有利于社会安定

在历史上，茶是山农赖以生存的根本所在，事关社会安定。而自唐至清，茶又是国家财政的主要来源。因此，茶事动荡，社会就会不安定。

（一）茶与社会稳定

在中国漫长的封建社会历史上，因官逼民反的案例很多，其中两宋农民因茶起义，就是例证。

北宋初，刚结束了五代十国的分裂割据局面的宋王朝，百业待兴。此时，宋太宗为安抚功臣，推行"兼并"政策，使有功臣子占有更多的良田美宅，使众多百姓更加难以为命，处于最底层农民的生活极为悲惨。与此同时，宋王朝为了巩固统治，加强军队及边防，则需要更多的财政收入。于是，始于唐代但并未形成定制的茶马交易，在宋代就确立成为一种定制。宋太宗太平兴国八年（983），盐铁史王明才上书，曰："戎人得铜钱，悉销铸为器。"于是，禁用铜钱买马，改用茶，并成为一种法规，禁止内地用铜钱换边境马匹。同时，在今陕西、山西、甘肃、四川等地开设马司，用茶换取吐蕃、回纥、党项等少数民族的马匹。在"边民生活不可无茶，中原强军不可无马"政策指导下，"蜀茶总入诸藩市，胡马常从万里来"。与唐代相比，茶法更严，条规更多，茶政茶法更为严厉。

古时
运茶入藏场景

宋代推行的是榷茶（茶叶的专卖制度），一切以增加朝廷财政，有利于军需和安边为主要目的。为了垄断茶利，推行"交引制"，设立专门管理机构，专管茶事。特别是宋代的榷茶、贡茶、茶马互市等茶政的推行，虽然对缓解当时宋代财政和国防危机，起到了相当大的作用。但宋王朝为了获取更多的财富，于太宗太平兴国二年，"置江南榷茶场"，还专门设置了榨取茶农的"博买务"。他们以低价强行收购"园户"的茶叶，使茶农生活陷入困境，也使许多以贩茶为生的茶商失去生计。

而宋王朝建国初，为了巩固政权，宋太祖征讨辽国，以惨败告终。而当时的国内局势也很不稳定，特别是川蜀地区，多次爆发农民起义，弄得宋王朝手忙脚乱。但川蜀地区在五代时期先后建立过前蜀、后蜀两个政权，相对远离战火，国库丰实。于是宋太祖灭蜀后，纵容将士抢掠，把川蜀财富运到东京（今河南开封），结果激起民愤。紧接着，鉴于蜀地是中原大地交换胡马的主要生产区域，又在蜀地建立榷茶场，设置博买务，垄断了蜀地出产的茶叶、丝帛买卖，使蜀地百姓生活一天比一天艰辛。对此，《续资治通鉴》载："青城县民王小波，聚徒众，起而为乱，谓众曰：'吾疾贫富不均，今为汝均之！'贫民多来附者，遂攻掠邛、蜀诸县。"

南宋建立以后，茶叶专卖制度更加严密，茶农反抗活动自然也更加活跃，尤其是两湖、两浙、四川、江西等主要产茶区，剥削茶农、茶商手段更甚，茶农被迫低价售茶，茶贩亏本销茶，最后被迫造反，揭竿起义，或"数百为群，刼掠舟船"、或"横刀揭斧，叫呼踊跃"，茶农起义依然不绝。

其实，两宋茶农起义，除了朝廷垄断茶叶、严厉茶叶税收外，当然还有更深刻的时代背景，这可从辛弃疾在给宋孝宗的奏疏中找到答案："比年李金、赖文政、陈子明、陈峒相继窃发，皆能一呼啸聚千百，杀掠吏民，死且不顾，至烦大兵剪灭。良由州以趣办财赋为急，吏有残民害物之政……田野之民，郡以聚敛害之，县以科率害之，吏以乞取害之，豪民以兼并害之，盗贼以剽奇害之，民不为盗，去将安之？"并望皇上"深思致盗之由"，不要"徒恃平盗之兵"。致使后来朝廷也不得不做出一些让步。

（二）茶与巩固统治

唐代中期开始，随着茶叶生产的快速发展，其利一著，茶政、茶法随之而生，月更年变，苛

茶马古道上的
新疆达坂城遗址

政不断加重，成为统治者限制和控制山农和茶叶生产的一种手段。自唐以来的文献和史籍中，有关茶政、茶法的记载连篇累牍。明太祖朱元璋执政后，为了巩固国家的统一，在急需要有一支强大的军队的同时，还不惜使用重典，对元朝以来官场松懈腐败恶习进行矫正。

明代初期，明太祖为了巩固统治地位，为了防御北方蒙古人的入侵着重做了两件事：一是使用重典，严刑峻法不仅施用于官员，而且亲属犯法，同样不会饶过。二是需要有一支强大的军队，在东起鸭绿江至嘉峪关一线，先后设置辽东、宣府、大同、榆林、宁夏、甘肃(张掖)、蓟州、太原、固原九个军事要镇，史称"九边重镇"。

有军队还须有战马，战马是当时重要的军需品。正如明代夏言所述："国之大事在戎，戎之大用在马。"但当时的汉族地区以农业经济为主，不产马匹。因此，必须向蒙藏地区输入战马。而蒙藏地区以畜牧经济为主，盛产马匹。"西番之人，资生乳酪，然食久气滞，非茗饮，则亦无以生之。番饶马而无茶，故中国得以摘山之利，易彼乘黄"。这样，在"边民生活不可无茶，中原强军不可无马"政策指导下，茶马交易就成汉民族与边境兄弟民族之间进行商业往来的一个重要组成部分。为此，明太祖于洪武初年，"设茶马司于秦、洮、河、雅诸州，自碉门、黎、雅，抵朵甘、乌斯藏，行茶之地五千余里，山后归德诸州，西方诸部落，无不以马售者"。据明代何孟春《余冬序录摘抄内外篇》载："（明）洪武中，我太祖立茶马司于陕西、四川等处，听西番纳马易茶。"并设立茶马司丞、茶马大使，或巡茶御史等官职，其职责是专门管理或监督茶马互市之事。这些设于陕西、四川等地的茶马司，就是明代政府实施茶政茶法、专门管理茶马交易的机关。通过茶马交易，明代政府取得优良的战马匹，源源不断地供给自己的军队，增强了军事实力。而边境兄弟民族有茶可饮，以满足他们日常生活的必需品。所以，茶马交易对明政府而言，不但有利于巩固国防、安定边境；而且也是实行经济贸易、促进文化交流的的需要。特别是通过茶马交易，增强汉藏兄弟民族间的团结，"行其羁縻之道"，这对加强与巩固明政府统治，孤立蒙元贵族的残余势力起到最有利、最直接的作用。在这种情况下，明政府就把茶马交易牢牢控制在自己手中，实行官府的垄断经营。于是明政府就制定了最严厉的茶法，制定出最严密的茶政，严禁私商贩运茶叶与边境民族私下进行贸易。据明代官修典章制度大全《明会典》记载："私严之禁甚严，中茶有引由，出茶地方有税，贮放有茶仓，巡察有御史，分理有茶马司、茶课司，验茶有批验所。"又载："洪武三十年诏：榜示通接西蕃经行关隘并偏僻处所，著拨官军严谨把守巡视。但有将私茶出境，即拏解赴官治罪。"当时对茶叶走私出境罪，处置极严。"在太祖高皇帝曰：私茶出境者，斩。关隘不觉者处以极刑"。同时，又严禁茶户私卖茶叶，"将茶卖与无引由客兴贩者，初犯笞三十，仍追原价没官，再犯笞五十，三犯杖八十，倍追原价没官"。而对"造茶引者处死，籍没当房家产"。

与此同时，明太祖还下谕户部指出："贩鬻之禁，不可不严。"同时又派遣金都御史邓文铿等官员巡察西川、陕西等地走私情况。据永乐翰林学士解缙陈述："太祖高皇帝因其利而利之也，置茶马司河州，岁运巴陕之茶于司，官茶而民得以马易之，夷人亦知有法禁忌畏，杀害之风帖息，而茶之缪恶亦少。数年之间，河州之马如鸡豚之畜，而夷人亦往往来知识，效信义，有士为臣者，不但茶马之供而已。"总之，明政府垄断了茶马交易的经营以后，达到了"虽所以供边军征战之用，实所以系番人归向之心"的目的。这对保证明代军用马匹的需求，反击蒙元贵族残余势力的骚扰，增加国家财政收入，以及加强国家的统一，促进民族融合，都有极其重要的意义。

明政府为了控制西番，就规定严格禁止茶叶走私。茶叶作为军事战略物资，严格由官府控制，用来交换西番地区的马匹。这样既实施了控制，又得到了西番马匹、加强了自己的实力。所以，明政府规定：任何人不得走私茶叶。而依据当时情况，一般走私茶叶者，不过是"包藏裹挟，不过四五斤、十斤而止，行则狼顾鼠探，畏人评捕"。而身为驸马都尉的欧阳伦，不仅走私茶叶数量惊人，而且还利用职权，"令陕西布政司移文所属，起车载茶"，动用国之运输工具，进行走私活动。据《明史·安庆公主传》载："安庆公主，宁国主母妹。洪武十四年下嫁欧阳伦。伦颇不法。洪武末，茶禁方严，数遣私人贩茶出境，所至绎骚，虽大吏不敢问。有家奴周保者尤横，辄呼有司科民车至数十辆。过河桥巡检司，擅捶辱司吏。吏不堪，以闻。"此案终于在洪武三十年（1397）大白于天下。欧阳伦贩运私茶案暴发后，明太祖朱元璋经过深虑，最终仍不徇私情，大义灭亲，"赐伦死，周保等皆伏诛"。同时，斥责了陕西布政司对欧阳伦走私罪行不检举的过失，对兰县河桥巡检司吏与走私活动进行斗争的行为进行嘉劳。由于明太祖对走私罪犯执法严明，从而有力地打击了一些官吏的走私活动，保证了明政府对茶马交易的垄断经营权，巩固了明政权的统治地位。

综观明代的茶马交易政策，它一方面成为明王朝控制茶叶生产、剥削茶农、掠夺茶利的一种手段；另一方面，在很大程度上，又为巩固国防、安定边境、促进内外经济和文化交流起到一定

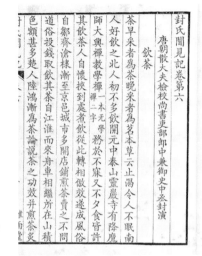

封演
《封氏闻见记》

的作用。就明代茶马交易而言，统治阶级的主观动机是利用内地茶叶控制边境安定，再用边境马匹强化对内统治和加强对外的防御能力。但在客观上，它对安定社会、促进经贸活动和文化交流起到了一定的作用。所以，茶马互市在历史上所起的作用，也是毋庸置疑的。

二、弘扬茶文化，有利于加强国防

在中唐前，茶的生产有限，涉及面不广，饮茶仅局限在上层社会少数人中间，其时的茶利也不显著。中唐开始，随着茶叶生产和贸易的发展，以及饮茶的普及，茶利才引起朝政重视。统治阶级为了巩固政权，加强国防、改善防务是头等大事。而要加强国防、改善防务，朝廷就需要有大量的军费开支、战略物资的供给，以及提高军队的凝聚力等。而古代中国是一个以农业为主的社会，要获得更多的财政收入，除了盐、茶、丝和瓷器外，再没有能比它们更珍贵、更重要的物品了。特别是茶，它在中国古代军事国防中，曾经发挥过重要的作用。榷茶的实施，使古代朝政能获取大量的财政收入；而茶马互市又能掌控战争所需的大量战马。所以，古代的茶马互市一直是历代朝政的一项国策，它是用内地生产的茶在边境地区与少数民族进行以茶易马的一种贸易方式，但它是作为一项法律条文被固定下来，违者将受到法律的严厉制裁。

据文献记载，茶马互市始见于唐代。在唐代封演的《封氏闻见记》中有载：茶"往年回鹘[1]入朝，大驱名马，市茶而归"就是例证。

但唐时的以茶易马并未形成为一种制度。直到宋太宗太平兴国八年（983）时，根据盐铁史王明才上书，遂开始禁用铜钱买马，改用茶或布匹换马，并成为一种法规。于是朝廷在今山西、陕西、甘肃、四川等地开设马司，用茶换取吐蕃、回纥、党项等少数民族的马匹。因为西南部和西北边境少数民族地区有马无茶，但在他们的生活中"不可一日无茶"；而内地有茶无马，而马

---

①回鹘：又称回纥，为维吾尔族先人。

美丽茶乡
安徽休宁茶村

又是战争时骑兵的重要武器和运输战备物资的主要工具。为此，在宋神宗熙宁七年（1074），又在川（成都）、秦（甘肃天水）分别设立茶司和马司，专管茶马互市之事。宋高宗绍兴初年，改设为都大提举茶马，其职责是："掌榷茶之利，以佐邦用。凡市马于四夷，率以茶易之。"到南宋时，全国有四川五场、甘肃三场专门设有茶马互市专管机构，负责与西南、西北少数民族的茶马互市。

茶马互市政策自宋代确立以后，到了元代，因本部蒙古族不缺马匹，茶马互市暂告中止，买卖茶叶改用银钱和土货交易。从明代开始，茶马交易重新作为一项治国安民的国策，一直沿用到清代中期方休。可见在中国历史上，茶马互市这项政策的作用，从表面看，只是用边境之马换内地之茶而已。但真实的意义，是在促进茶叶对外贸易，拉动内地茶叶生产的同时，达到了充实军备、巩固国防、安定边境的目的。因为在古代社会，马是重要的交通运输工具，又是先进的战争武器，乃为骑兵所必需，更是战备物资的重要运输工具。元代脱脱《宋史》载："惟以茶易马，所谓以采山之利易充厩之良，不惟固番之心，且以强中国。"说的就是这个道理。

特别在两宋时，北方的辽、西夏、金、蒙古等均对宋构成严重威胁。它们的制胜手段，根据宋代吴泳《鹤林集》载："彼以骑兵为强。"宋代李心传《建炎以来系年要录》亦载："金人专以铁骑取胜，而吾以步军敌之，宜其溃散。"可见，在古代，倘若没有大批战马，难以与敌方抗衡。因此，以茶易马就成了宋王朝巩固国防的一件大事。据载，在两宋及明代时，每年以茶易马的马匹在万匹以上，多时达二万匹以上。这些战马都是与边疆以茶易马取得的。而战马的获得，又大大提高了宋王朝对金、辽、西夏、蒙古的抗衡能力。

三、弘扬茶文化，有利于和谐社会

构建社会和谐是全人类孜孜以求的美好理想。茶文化是建设和谐文化的一种重要资源，是构建和谐社会的一个重要载体，所以弘扬茶文化是促进社会和谐的一条重要途径。

第一，从茶本身的功能看：茶是构筑人与人之间和谐的桥梁、调和身与心和谐的纽带。对茶文化发展史加以考察，我们就会发现，中国作为茶的故乡，不仅在于有悠久的茶树栽培、茶叶加工历史，更在于对茶在人类生活中的健康保健价值及人文内涵的深刻作用。茶是天地蕴涵的灵物，饮茶有利健康，早已为中国的先人所揭示。苏东坡说："何须魏帝一丸药，且尽卢仝七碗茶。"说茶是健康的侣伴。清代乾隆皇帝则把茶称为"润心莲"。茶者，寿也。许多典籍都生动地说明了饮茶与健康的关系。茶不仅强身，而且养心，确实是促进人们身心和谐健康的好东西。客来敬茶，缩短了人与人之间的距离；香茶相迎，有利于形成和睦相处、相互尊重、互相关心的人际关系；清茶一杯，代表"君子之交"，有利于倡导清廉节俭，净化社会风气，陶冶情操修养。

第二，从茶经济的角度看：茶业为和谐社会建设提供物质基础。2013年，中国干毛茶年产值（一产）已突破千亿元。在不少地方，茶叶已成为农业中的优势产业，也是山区农民增收致富的主导产业，绿化美化山川大地的生态产业，也是城乡和牧区的主要消费产业。茶业已成为物质文明与精神文明高度和谐统一的产物。发展茶产业，振兴茶文化，在中国经济社会发展和新农村建设中占有重要地位。

第三，从茶追求的目标看，茶文化的功能是多方面的，有物质的，也有精神的；有自然科学的，也有社会科学的。茶在人与人之间倡导的是以和为贵，在人与社会之间倡导的是和平共处，人与自然之间倡导的是和睦相亲。茶使社会变得更加和谐，人类变得更加康乐，世界变得更加美好。

众所周知，中华茶文化的核心思想，其实指的就是茶德。它是指作为一个茶人应具备的道德要求，就是将茶的外在表现形式，上升为一种深层次、高品位的精神世界和哲学思想范畴，追求的是真善美的境界和高尚的道德风范。

当代，许多茶文化学者对茶的品行，以及作为一个饮茶人应具有的品德修养，提出了各自的认识。但大都强调"以和为贵"，通过对饮茶技艺的实践，引导茶人完善个人的道德品行，实现人类追求的共同目标和崇高境界。因此，我们完全可以说，茶文化本质上就是一种和谐文化。茶是生活的享受、健康的良药、文明的象征、友谊的纽带、精神的食粮、和平的使者。

由上可见，茶文化不但与人民生活紧密相关，还与社会和谐直接相连。

清代早期
英国来华运茶帆船

停泊在广州口岸的
东印度公司运茶船

第三节 茶文化与政治事件

茶本是惠及世界的一片树叶，但它在国与国之间的交往中，因经济的原因，还多次引发了震惊世界的政治事件，甚至点燃一场战争，引爆一个国家。历史上，因茶而生的政治事件很多，18世纪70年代发生在北美的波士顿事件，近代史上的中英鸦片战争，以及中英西藏为茶而战的争斗等众多重大事件的发生，尽管原因很多，也很复杂，但却与茶有着一定的关系。下面列举几个典型案例。

一、北美独立战争的发生

直到1669年为止，中国茶叶对欧贸易一直为荷兰东印度公司所垄断。以后葡萄牙、英国参与其中。1684年，英国东印度公司在广州设立办事处，中国茶对欧洲乃至南北美洲的茶叶贸易逐渐为英国东印度公司所垄断，成为英国东印度公司进口的第一位商品。英国为了进一步扩展茶的对外贸易，获取更大茶利，为此引起了北美人民的强烈反抗，爆发了1773年12月16日的北美波士顿倒（倾）茶事件，即波士顿茶党案。此举揭开了北美独立战争的序幕，引发了美国的独立革命。可见，茶在征服全球的过程中，不但引发了北美的独立战争，而且还是催生美国独立的导火线。

（一）中国茶登陆北美

1647年，荷兰商人在北美13个殖民地的沿海大城市做起中国茶叶生意，很受北美人民的青睐。特别是北美波士顿、纽约、费城等城市的上层人士，他（她）们纷纷以茶聚会，用茶取悦。

但尽管如此，当时一些北美大城市的茶，主要还是依靠从中国贩运或走私进口获得的。英国东印度公司看到茶叶买卖在北美有利可图，便于1690年将中国茶叶输送到北美的波士顿，并取得在波士顿售茶的特殊许可证，从英国其他几家公司那里获得茶叶出口北美的独家经营权。此后，英属北美殖民地的茶叶均由英国东印度公司从中国进口后，再转向北美倾销。

塞缪尔·亚当斯

英国为了进一步扩大茶的销售区域，于是在不断贩运中国茶到欧洲的同时，又扩大将茶转运倾销到北美地区。特别是1756—1763年，英法两国间进行了长达7年的战争，英国最终取得胜利，获得了北美十三块殖民地的管辖权，这为英国扩大对外贸易开创了新渠道。但英国也为这场战争付出巨大的财政代价。为了弥补庞大的军费开支，英国议会于1764年批准了《食糖法案》。规定出口到美洲的茶叶、糖和其他大宗商品都必须缴税。而茶是英国东印度公司的大宗生意，也是最赚钱的。根据《中国近代经济史统计资料选辑》记载：1760—1774年，英国东印度公司从中国贩运了价值近300万两的茶叶，其价值占该公司同期货运总值的80%以上。从而，使英国东印度公司每年创造的利润达到150多万英镑。

紧接着，英国又在1767年制定出台了《唐森德法》。规定英国输往其管辖的殖民地的茶叶、纸张、玻璃等一律征收进口税。同时，还规定英国税务官吏有权闯入殖民地民宅、货栈、店铺，搜查违禁和走货物品，再次遭受到北美人民的强烈反抗，最终以夭折告终。

但英国政府并不就此罢休，决定实行高压手段对付北美殖民地。连续颁布了"设立总督""禁止人民集会"等五项强制法令。还于1773年颁布《茶叶法》，授权给英国东印度公司垄断北美贸易，每磅加收3便士的税收，同时严禁私茶入境。这样做的结果，严重地侵犯与剥夺当地商人利益。又加上苛税深重，结果引起北美人民的强烈不满和反对，激起了北美人民的抗茶运动，坚决抵制茶叶进口，掀起不喝茶运动。

（二）波士顿倒茶事件的爆发

1773年11月27日，英国东印度公司运载船"达特默斯号"装运大量陈茶抵达波士顿港口，激起当地人民的强烈愤恨，被波士顿人民堵在港口，不让卸货。接着又来了两条美国运茶船，它们都被逼停在港口。与此同时，波士顿、纽约等7个城市人民还举行抗茶集会。当时按海关规定，抵港船只超过20天不卸货，便将货物拍卖，这让英国东印度公司感到措手不及。同年12月16日，在塞缪尔·亚当斯精心策划下，150多位茶党弟兄冲上3艘货船，将英国人带来的价值18 000英镑的342箱茶叶全部倒入海水中，这便是举世震惊的"波士顿倒茶事件"，即波士顿茶党案。此举揭开了美国独立战争之序幕，激励了北美人民进行的独立革命。美国独立后，波士顿人民在倒茶港口，竖立起纪念碑，碑文写着："此处以前为格林芬码头，1773年12月16日有英

反映波士顿
倾茶事件画面

国装茶之船三艘停泊于此，为反抗英皇乔治之每磅三便士之苛税，有九十余波士顿市民（一部分扮作印第安土人）攀登船上，将所有342箱茶叶，悉数投于海中，以是成为世上闻名之波士顿抗茶之爱国壮举。"

（三）茶点燃了美国独立战争火焰

从塞缪尔·亚当斯率领人民把英国东印度公司的茶叶倒入大海的那一刻起，北美人民反抗英国暴政的行为不但没有停止，反而更加剧烈。而英国政府对波士顿倒茶事件的发生，以及由此而造成的政治、经济损失，变得更加不安，甚至恼羞成怒。1774年5月，英国报复行动开始，将英国舰队驶入波士顿港，决心封锁波士顿港口，并通告当地民众，必须赔偿被毁茶叶而造成的损失，不然就会被饿死。此举不但无济于事，反而加剧了英国与北美人民的矛盾，激起了北美人民的强烈反抗。为此，北美人民同仇敌忾，建立各种组织，于是茶党由此而生。同年9月，北美殖民地的50多位代表聚集费城，召开第一次大陆会议，并向英国呈递请愿书，要求停止征收殖民地重税，但遭到英国拒绝。

1775年初，北卡罗来纳州的艾登顿抗茶会发表一份宣言，抗议者号召大家起来反抗茶税，并号召拒绝饮茶。他们声称：他们宁可喝假茶，也不喝英国人贩运来的毒茶。更有甚者，把当地

美国来华的
运茶船

波士顿倾茶事件纪念馆
就设在当年的运茶船上

卖茶的人都看作卖国者，他们拒绝为英国货船卸茶箱，拒绝出售茶叶。1775年4月19日，一场不可避免的北美独立战争终于爆发了。北美民众推选华盛顿为"大陆军"总司令，成为这场独立战争的领导者。1976年7月4日，北美人民发布了独立宣言，宣告美国独立。

（四）美国成了中国茶出口大国

茶在它征服全球的过程中，引发了美国的独立战争。而独立后的美国，受浓烈的民族主义影响，为了与英国人生活区别开来，很多人还是不愿意喝红茶，所以美国人从中国进口的绿茶比例很大。与此同时，独立后的美国政府支持商人对华贸易，提供许多优惠政策。1789年，首次颁布的"关税法令"，就有贸易保护主义倾向。1791年，美国会规定，外国船只进口中国货物每吨收取0.46美元的关税，而美国的船只只需要0.125美元。同时茶叶获得最大的优惠，茶叶关税可以延期两年缴纳。1830年，政府再次降低茶叶关税，而到了1832年，政府居然豁免了美国从东亚运回的茶叶关税。这些都为美国茶叶贸易赶上英国作了充足的准备。

为此，1785—1895年，绿茶就成了中美贸易中最大宗的买卖。1784年，美国"皇后号"从中国运去了3 000多担绿茶回国，到1799年，中国对美绿茶贸易数量增加了10倍，达33 769担。而到19世纪后，这一数量更是有显著增长，1833年高达10万担，1836年又翻了一番，达20万担。此后几十年中，中国茶的比重占据了美国采购中国总货物的60%以上，甚至有达到90%的。从此，中国茶叶开始不断输入美国。但中国输入美国的茶叶，直至1867年前，"几乎全为绿茶，核其每年销量约占绿茶出口总数三分之二。而在全国茶叶输出总数之内，竟占六分之一至四分之一之多"。

1872年，美国再次减免茶叶进口税，每磅茶的进口税，由原来的25分减为15分，对此中国茶商错误地估计形势，认为输入美国的茶叶销量将会大幅增长，于是在上海无节制地购进绿茶达9 633吨，结果造成巨资亏损。而日本绿茶于1886年销美仅6.2吨，由于其注意质量，价格也比中国茶便宜，获得美国消费者的好评，从而刺激日本绿茶生产。至1865年，日本绿茶输美已扩大到3.94吨。1871年起，日本将全部外销绿茶运销美国。至1875年前后，仅10年间，日本绿茶对美国销售已增加到10 206吨，第一次超过中国绿茶9 072吨。1876年7月1日至12月31日的半年时间内，日本输美茶叶已超过中国一倍以上。从此，中国绿茶在美国销售遭到排挤，这与加工制作上存在种种缺陷，不求改进有一定关系，但与美国消费者和海关检验人员对绿茶缺乏知识也有一定关系。

特别值得一提的是美国对华茶叶贸易中，催生了美国一批百万富翁，如投资"皇后号"的罗伯特·莫里斯，以及阿斯托、伊利亚斯·德比等人的发迹都与中国茶叶贸易相关。

如今，美国人民为纪念独立战争取得的胜利成果，还在当年爆发波士顿倾茶事件的运茶船上，建立起波士顿倾茶事件纪念馆，供人参观，以表缅怀之情。

二、中英鸦片战争的爆发

自欧洲通往东方的海上航路开通以后，从17世纪初开始，茶就成了英国人的一种全新的外来饮品。之后，几经扩展，继荷兰东印度公司后，英国东印度公司几乎垄断了中国茶的对外贸易，时间长达200年之久。19世纪中爆发的中英鸦片战争，就是英国制造的为茶而起，因茶而战的重大事件。

（一）英国从中国运茶之始

1637年4月，英国东印度公司驾驶4艘帆船来到广州，首次从中国直接运去茶叶112磅，开创了英国贩运中国茶的先河。

英国东印度公司成立于1602年，由于垄断经营，获得高额利润，因而茶叶业务迅速发展。1657年英国伦敦有一家名叫加里威斯（GARRAWAYS）的咖啡店，首次出售由中国输入的茶叶，主要用来作为贵族宴会时的珍贵饮品出售，每磅售价达到6～10英磅。

1658年9月30日，英国伦敦《政治公报》周刊上，刊登了希得咖啡室(Sultaness Head)的售茶广告。说："中国的茶是一切医士们推荐赞赏的饮料，在伦敦皇家交易所附近的'苏丹王妃'咖啡店内有货出售。"这也是西方宣传中国茶的最早广告。

17世纪60年代开始，英国东印度公司为了从中国购茶更为便捷，特在澳门设立办事处，专门办理购置中国茶事宜。还将中国茶献给英皇，促使茶叶作为宫廷内阁议事时的一种饮料，并开启了英国人从东方回国时，用茶示礼赠送亲朋好友的风尚。

与此同时，英国东印度公司不断从中国购买茶叶输入英国、北美等地。1658年，英国最早的售茶广告刊登在伦敦一家名为《政治公报》的新闻周刊上，广告宣称："那种极好的，受到所有医生认可的中国饮料，中国人称它为Tcha，其他国家称作Tay或Tee，现在萨潭尼斯海德咖啡馆有售，地址位于伦敦皇家交易所附近的斯威汀润茨街。"

1684年英国东印度公司在广州设立办事处，主要从事对英国本国及欧洲茶叶的贩销业务。

早期的
英国东印度公司

澳门南湾码头
从事茶、丝、瓷器等物品的交易船

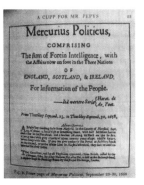

英国最早的
售茶广告

　　1701年，英国东印度公司到浙江宁波的舟山设立贸易站，其主要任务是贩运浙江的平水珠茶。1710年，据《茶叶全书》记载：这年10月19日，英国泰德报上登出一则广告："范伟君在怀恩堂街贝尔商店，出售一种武夷茶。"这是中国武夷山茶运销国外的最早广告。据《茶叶全书》载：1721年，在中英贸易中国输出的商品中，茶已占居第一位。这一年，英国输入华茶数额，首次超过100万磅（折合453吨）。自此，英国民间饮茶也开始逐渐兴盛起来。之后，几经扩展，英国也就成了中国茶对外贸易的主销国和世界茶贸易的最大国。

（二）英国是华茶的主销国

　　茶成为英国民众的日常饮品，其间经过了一个比较曲折的过程。直至17世纪中，英国国内茶商的生意还不尽如人意，消费仅局限于上层家庭。1666年，在英国伦敦每磅茶的价格差不多需要3英镑。如此昂贵的茶叶，绝非英国普通民众所能接受。直至1690年，英国东印度公司还在诉苦："来自中国的茶叶销售状况不佳"，多处处于滞销状态。可见，此时的茶仍然不是英国人的日常生活饮品。但英国东印度公司依然坚信：茶一定能够风靡英伦，仍然不断扩大茶的输入，宣传茶的健身功能，扩大对英国普通民众的消费。

　　18世纪中后期，当时英国政府深知从中国贩运茶的利害关系，促使英国东印度公司成了专职从事中国茶的贸易担当。据报道，1760—1764年英国东印度公司由广州经澳门等港口运出的茶，价值年平均白银80多万两，占该公司从广州运出货物总值的91.9%。1785—1833年，英国东印度公司运出茶叶价值年平均白银高达400万～500万两。

　　1784年，英国茶叶进口税改革以后，降低了茶叶税，使得茶叶价格迅速下降，由此使英国国内茶的消费市场急剧扩大，英国东印度公司的茶叶销量翻了一番。但与此同时，也使得英国东印度公司的影响力开始逐渐萎缩，主要原因在于公司官员腐败成风，一心只管聚敛财富，而不管百姓的生活疾苦。为此，英国政府于1813年接受亚当·斯密的自由贸易主张，取消了英国东印度公司除中国外对亚洲茶的垄断权。1834年，英国政府又最终取消了东印度公司对中国茶的垄断贸易权，从此结束了该公司垄断英国对中国茶叶贸易近200年的历史。

其实，英国东印度公司从1637年首次从广州进口茶后，由于垄断经营，获得高额利润，因而茶叶业务迅速发展。1760—1833年，共购进中国茶222.65万担（折11.13万吨），价值3 757.53万银两，占其总进口值的86%，茶成为该公司进口的第一位商品。

自英政府废止英国东印度公司对中国茶的贸易特权后，致使英国东印度公司最终宣告解体，期间英商相继成立了怡和、宝顺、仁记、义记等多家公司，以代替进行对中国茶的贩销业务。此后，英国茶叶入口贸易又很快获得发展。据记载：随着越来越多的英国民众加入到喝茶的行列，到18世纪晚期，饮茶已成了英国普通民众的日常饮料。英国人爱尼斯·安德逊在《英使访华录》中写到：其时（指18世纪晚），茶在英国几乎已成为日常生活的必需品，"不分男女、老幼、等级，每人每年平均需要1磅以上茶叶"。随着茶消费的日渐普及，家庭茶会也成了民众日常消闲的一种重要方式。其主要表现是18世纪末出现的"下午茶"。当时，一些清闲在家的贵妇，正在为打发晚餐前漫长的时间而苦恼。于是，维多利亚王朝的一位宫女——贝德福德公爵夫人安娜·拉塞尔开创了"下午茶"，并宣传饮下午茶的新生活举措，立即受到上流社会的欢迎。从此，英国生活中的下午茶，从上流社会开始，又逐渐向中产阶级家庭过渡，最后在普通民众家庭中发展开来，成为整个英国民众的一种休闲生活方式。在这种饮茶的氛围下，到19世纪40年代初期，茶就成为中英贸易最大宗的商品，也是英国贸易商最大的利润来源。对此，马克思曾于1853年6月14日，在美国《纽约每日论坛报》发表《中国革命和欧洲革命》一文，指出："1850年以来，英国工业的空前高涨"，需要扩大国际贸易市场。为此，英国就降低高额的进口税，从而加快进口中国茶叶等商品和输出英国工业品，"从中国输入的茶叶数量，在1793年还不超过16 167 331磅（计7 333吨），然而在1845年便达到50 714 657磅（23 004吨），1846年达到57 584 561磅（计26 120吨），现已超过6 000万磅（27 215吨）"，这充分反映了英国对华茶叶的需求。

（三）引发鸦片战争的主因

18世纪末，中国茶输出逐年增加，尤以销往英国的为最多。1797年英国艾登(F. Eden)描写当时饮茶的情形说："我们只要在乡下，就可以看到草屋里的农民都在喝茶。"他们不但上午、晚间喝茶，就是在中午也习惯以茶佐餐。其间，中国清户部奏折中也曾提到："嘉庆(1796—1820)、道光(1821—1850)以前，每年出口之茶约值银五千余万两，其时通商仅广州一口。"输往英国的茶占中国输出量的二分之一。由于英国向中国大量购买茶叶，在18世纪末至19世纪初，英国购买中国茶平均每年耗费白银2 000余万两之多。

据统计，在18世纪最初的60年里，英国出口中国的物品中只有10%是货物，其余都是金、银等硬通货。1721—1740年，输入中国的金银比例更高达94.9%。为扭转这种不利的外贸局面，英国政府通过东印度公司向印度倾销布匹，而后搜括印度的鸦片，大量输入中国倾销，用鸦片代替白银来换取大量的中国茶叶。

19 世纪时
英国人运输中国祁红的船只

鸦片战争前后
频繁进入上海港的鸦片、茶叶走私趸船

史载：早在18世纪中后期，英国就掌握了在土耳其、印度的种植鸦片产地，在没有完全占领中国市场时，鸦片已成为英国向中国输入的一种商品。到19世纪40年代初期，尽管随着鸦片的输入越来越多，使白银大量流到中国的局面有了一定改观。但英国政府错误地认为，如果没有鸦片贸易，在当时大量输入中国茶的情况下，英中间的贸易逆差就无法得到根本性扭转。因此，为扭转贸易逆差，对于英国来说，向中国开展鸦片贸易是必不可少的。

鸦片，在鸦片商眼里被看成是和白银一样值钱的东西，这让英国东印度公司看到了曙光。由于鸦片主要产自印度，而印度的生产和贸易又在很大程度上受英国东印度公司的控制，所以英国东印度公司很快就控制了鸦片的种植和生产，并从18世纪70年代开始默许把鸦片卖给走私商和腐败的清政府官员。英国东印度公司为用鸦片代替白银做茶叶贸易，开始大量种植罂粟。种罂粟就等于种钱，他们需要多少就可以种多少。而在这个平衡的背后，就是以英国东印度公司为首的远洋贸易公司，不断将鸦片送到中国沿海港口，再通过洋行分销到中国城镇和农村，使无数的黄金、白银由中国民间流回到英国商人的手中。这样，英国可以不费黄金、白银就可大量购得中国茶，这种以毒换利的贸易，就成为加剧鸦片战争的导火线。据记载，仅1830年一年，英国鸦片输入中国就达1 500吨。其销量足以赚取用来支付购茶费用所需的银两；到1831年，英国鸦片输入中国达10 000多箱，至1837年为39 000箱，1839年激增至40 200箱。白银的大量外流，使本来穷困潦倒的中国人民陷于十分痛苦的境地，由此也引发了国内诸多矛盾的恶化。事实上，从1828年起，中国进口的鸦片价值就已经超过了出口的茶叶价值，英国茶叶贸易逆差完全扭转。在此情况下，道光皇帝下诏查禁鸦片。这也是林则徐为什么在广东虎门销烟的缘由。

1839年3月，清朝钦差大臣林则徐到达广州，通知外国商人在三天内将所存鸦片烟土全部缴出，听候处理，并宣布："若鸦片一日未绝，本大臣一日不回，誓与此事相始终，断无中止之理。"林则徐在广州虎门禁烟堵住了英国人的财路，于是英国政府终于在1840年发动了侵略战争，英军于1月26日侵占香港，并于6月7日宣布香港为自由港。接着，清政府被迫签署了《中英

中英鸦片战争图

清时英国来华运茶的
剪帆船

南京条约》，割让香港岛，开放广州、福州、厦门、宁波、上海五口通商，允许自由贸易，并赔偿英国白银2 100万两，其中600万两用以赔偿林则徐所销毁的英商鸦片。这场战争，史称"鸦片战争"，实为因茶而起，为茶而战。英国发动鸦片战争的目的就是要使中国成为英国商品自由开放的广阔市场。

（四）战争改变了华茶命运

中国因鸦片战争的赔款及长期鸦片走私造成大量白银外流，市场出现严重银荒，使中英贸易不得不实行以茶易货的换货贸易局面。据统计，1840年8—12月，进出香港的商船共145艘，其中载运茶的共12艘。这些由广州黄埔港运出的茶，除小部分在香港销售外，大部分销往印度孟买、英国伦敦以及印度尼西亚、马尼拉、美国等地。1846年，英国年消费中国茶达2.54万吨，经营中国茶贸易的投资达1 000万英磅，运茶商船达6万余吨，每年征收茶进口税500万磅。

同治二年(1863)，英国"挑战"号武装快轮溯长江而上，到汉口装运茶叶，根本无视中国内河航行权。1865年茶叶输入超过10 000万磅，其后逐年增加。第一次世界大战期间，每年进口中国茶均在50 000万磅左右，约占产茶国家总出口量的50%。如此，直到1893年前，英国始终处于贩运中国茶的主销国地位，尤以1880年为最多，达到728 370公担，占华茶总出口的60%～70%。此前，由于英国在中国大量运销茶的同时，还在印度、斯里兰卡大量种茶和生产茶叶，以后还对中国茶的输入直接或间接的定了种种限制，致使中国茶从1888年开始输入英国数量锐减，其中尤以红茶为甚。这可从1865—1889年的25年中，中国与印度对英国红茶输出对比数量变化中找到答案。

1865年，中国占97%，印度仅占3%；1869年，中国占90%，印度占10%；1877年，中国占80%，印度占20%；1881年，中国占70%，印度占30%；1885年，中国占61%，印度占39%；1887年，中国占54%，印度占46%；1889年，中国只占42%，印度却占58%。此后，与印度红茶出口英国相比，每年不断减少，到1893年前后，中国茶在英国伦敦市场上，成了"只作为一种充数之物"。"许多英国伦敦商人承认，他们现在已不经营中国茶。伦敦杂货商店里已见不到中国茶。假使买主指定要买中国茶，他们就会把自称中国茶的茶叶卖给消费者，实际不是中国茶叶"。不过，最初，英国进口的茶叶，几乎全为中国的绿茶。18世纪后半期，因为伦敦茶叶搀杂的风气很盛，绿茶的信用逐渐丧失。这是我国绿茶市场衰落，红茶输出畅达的转机。英国为茶叶消费量最大的国家，同时也是茶叶转口量最大的国家。所以，输入的茶叶，并不是全部供应国内消费，其中一部分系供应欧美各国。19世纪中期，所有欧洲、美洲国家需要的茶叶，大都取给于英国。可以说英国几乎垄断了全世界的茶叶贸易。

鸦片战争战败后，清政府被迫签署了《中英南京条约》，割让香港岛，开放5个通商口岸，允许自由贸易，并赔偿英国白银2 100万两，其中600万两用以赔偿林则徐所销毁的英商的鸦片。《南京条约》的签订标志着英国的胜利，同时也翻开了中国历史上最耻辱的一页，从此华茶开始走向衰落。

总而言之，茶叶凭借着对大英帝国政策的影响改变了世界历史的进程，铸成和催生了一幕幕诸如美国独立、中英鸦片战争、中国封建王朝衰败这样的人间奇迹。

三、中英西藏之战的缘起

18—20世纪时，英国是世界茶叶贩运贸易的主导国，但巨大的茶叶需求，以及在收购中国茶叶中花费的大量白银支出，促使英国想尽办法寻求可控之地，用以摆脱对中国茶叶的依赖。为此，19世纪中期开始至20世纪初期，英国积极扶持印度植茶，并发展壮大。同时，再利用印度为跳板，入侵西藏。其主要目的有二：一是扩大殖民统治，妄图以此打破中国西藏与内地的联系，进而为入侵西藏打下基础。二是用来扩大市场，以印度茶叶为基地，增加茶叶出口贸易，以便输茶入藏，换回大量白银。中英西藏之战就是在这样历史背景下拉开序幕的。

（一）英国入侵西藏的原由

18世纪中叶，英国人瓦特改良蒸汽机之后，由一系列技术革命引起了从手工劳动向动力机器生产转变的重大飞跃，史称"工业革命"。随后，这场革命从英国开始，影响波及整个欧洲大陆，乃至播及到北美地区。

随着工业革命的进展，使英国国力渐增，并开始向外扩展势力范围。英国为控制海上贸易黄金水道，挑战荷兰海上霸权。1795年，荷属东印度公司破产，英属东印度公司开始主控全球的茶叶贸易权。至19世纪20年代，英国东印度公司每年的茶叶贸易额已占其商业总利润的90%，占英国国库总收入的10%。充足的国库给了英国政府很大底气，于是对内掀起工业革命浪潮，国民经济大增。与此同时，英国为了获取更大利益，又对外极力扩展殖民统治。当时，英国早已成为主宰世界茶叶贸易的第一强国，但贩运的茶叶几乎80%来自中国。19世纪30年代时，中国许多有识之士已经意识到：英国向中国输出茶叶和输入鸦片对中国造成的危害，纷纷向朝廷指出茶叶对中英两国的利害所在。清大臣林则徐进言："总如茶叶大黄，外国所不可一日无也，中国若

[英] 罗伯特·福琼（站立者）

靳其利而不恤其害，则夷人何以为生？"表明茶叶在当时已成为中国与英国对峙的重要手段。1839年4月，林则徐还向道光皇帝建议："凡夷人名下缴出鸦片一箱者，酌赏茶叶五斤，以奖其恭顺畏法之心，而坚其改悔自新之念。"漕运总督周天爵甚至提出：朝廷可以先禁止茶叶的出口，虽然这样会损失大量的商税，但却可以让英商向"大清乞求救命"，不敢再向中国输入一勺鸦片。在这种情况下，英国政府深深意识到：在中国购茶有岌岌可危之感，需要在另处寻找中国茶叶的替代品，尤其是扶持印度茶叶生产就成了英国的一项重要选择。时任英国政府的印度总督也认为，为保证税收，"最理想的办法就是鼓励在印度培植茶叶"。为此，英国想方设法，决心通过印度不断推进他们击溃中国茶叶的计划。然而，要实现这项计划并非是件易事。于是，19世纪40—50年代英国植物学家罗伯特·福琼（Robert Fortune，1818—1880）受英国皇家园艺协会和英国东印度公司派遣多次来华。他在中国期间，采集了众多植物标本和种子，其中就有大量茶树和茶籽带去印度。还从中国带去制茶工人和工具，数年后印度大吉岭地区便成了著名茶叶产区。

（二）英国入侵西藏的经过和结局

由于西藏是英国看中的一块"肉"。为达到其最终目的，英国政府先于1876年，迫使清政府签订了《中英烟台条约》，条约规定允许英国人可以从中国西部与印度北部进入西藏，从此，英国人进出西藏的大门敞开。

1884年，英国为了扩大商路，让西藏开放商业市场，建立公开的通商关系，以便英印商人能直接进入西藏倾销英国的工业品和印度的茶叶，用来平衡印藏间的贸易逆差，大幅度提高印藏贸易额，使英印资本集团能掠取更多的西藏羊毛等土特产。于是英国派兵采用强硬手段闯入西藏，但遭到西藏噶厦政府、三大寺院和藏民政府的极力阻挡，并在锡金建卡设防，严禁洋人入藏。

1888年3月，英军再以妨碍通商为由，悍然发动了第一次全面侵略西藏的战争。在英军强大的攻势下，迫使藏军节节败退，清政府被迫于1890年3月派遣驻藏大臣升泰与英军谈判，最终于1893年与英国签订了《藏印条约》，确定："印茶……俟百货免税五年限满，方可入藏销售，应纳之税，不得过华茶入英纳税之数。"这就为在后来印度茶叶大举输入西藏奠定了基础。条约签订的结果，不但使西藏失去了今之锡金，而且将印度茶叶输入西藏列入其中。这份条约虽然遭到西藏地方政府的极力反对，连当时的清廷四川总督刘秉璋也同时指出：印度茶叶入藏会给西藏和四川带来严重危害。

其实，英军攻打西藏，主要看重的是西藏有成熟的茶叶市场，而当时世界的茶叶市场是英国控制和主宰的。众所周知，印度紧邻西藏。印度种茶始于19世纪30年代从中国引种茶树获得成功开始的。19世纪60年代开始，在英国殖民化的进程中，在英国资本的大力扶持和管控下，增加茶园投入，应用先进技术，实行机械制茶，使印度茶叶生产获得快速发展。1910年与1886年相比，25年间茶园面积增加了89.0%，茶叶产量增长了219.3%。

1886—1905年印度茶叶生产状况

单位：万公顷、万吨

年 份	1886	1890	1895
茶园面积	120 685	139 546	168 534
茶叶产量	37 388	50 819	65 049
年 份	1900	1905	1910
茶园面积	211 443	213 675	228 062
茶叶产量	89 567	100 567	119 569

而西藏人民嗜茶，人人爱茶。而其时的英国人随着工业革命的兴起和对外的扩张，至19世纪末和20世纪初时，英国人在印度培育和控制的茶叶对外贸易已经超越中国。

1895—2011年中国与印度茶叶出口比较

单位：吨

年 份	中 国	印 度
1895	112 786	58 924
1896	103 546	63 015
1897	926 323	68 236
1898	93 012	69 104
1899	98 587	71 916
1900	83 687	87 232
1901	70 005	82 825
1902	91 840	83 331
1903	101 412	95 053
1904	87 732	97 205
1905	82 778	98 327
1906	84 883	107 090
1907	97 336	103 506
1908	95 283	106 636
1909	90 586	113 636
1910	94 355	116 321
1911	88 431	119 531

资料来源：中央研究院《65年来中国对外贸易统计》及陈慈玉《近代中国茶叶的发展与世界贸易》。

从上表可知，1900年，印度茶叶出口（87 232吨）首次超过中国（83 687吨），位居世界茶叶出口第一。至1911年，中国茶叶出口88 431吨，与历史上茶叶出口最多的1886年134 042吨相比，反而下降了34%，追其原因：

一是由于英国政府鼓励它的一些殖民地国家，诸如印度、锡兰（今斯里兰卡）等国种植茶叶，发展茶叶生产，并用工业革命产物，即采用机械化方式种茶、制茶，使茶叶产量快速增长。然后，将茶叶低价收购，再推销世界各地，并夺取世界茶叶市场。

二是当时中国的清王朝正处于连年遭受内忧外患，割地赔款境地。同时，还签订了许多不平等条约，丧失了许多茶叶市场占有率。

在这种情况下，英国政府为了进一步扩大市场，占领和控制西藏，其重要原因之一就是将印度茶叶用最直接、最简便、最有利可图的方法倾销到西藏，进而扩展到中国的西部地区。所以，英国派兵侵占西藏志在必得。在英军的强烈攻势下，清廷被迫派大臣去与英军商谈，而执行的自然是清廷的不抵抗政策。虽然英军遭到西藏地方政府与军民的剧烈反抗，但也无济于事，最后以屈服而告终。自此，原本由四川供给的边茶，逐渐为印度茶所取代。据西藏民族大学陈国栋研究认为：20世纪初，印度向西藏的茶叶输入数量大幅度增加；到1925年前后，印度茶叶已在西藏市场占据了主导地位；这种局面直到20世纪50年代初方告结束。

这场百年前发生在西藏为茶而战的抗英战争，最后虽以清廷求和，向英国殖民者签订不平等条约而告终。但它明白无疑地告诉人们，茶与政治是紧密相连的，茶在国计民生中的地位与作用是不可低估的。

第四节　"茶为国饮"的现实意义

历史告诉我们，茶文化是中国优秀传统文化中的瑰宝，人民生活、国家建设、社会发展、国际交流等都需要它。尤其是当今社会，弘扬茶文化，提倡茶为国饮，具有更深层的意义。

一、有利于增强国民身体健康

现代科学研究发现，茶叶中含有多种有益于人体健康的化学成分，诸如茶多酚（包括儿茶素、黄酮类物质）、茶氨酸、茶多糖、多种维生素等。这些成分有的是茶叶特有的，有的是茶叶中含量高于其他植物的。大自然最早赋予中国人的健康饮料，真可谓是中国人的福气。

茶叶中的儿茶素具有抗癌、增强免疫力、抵制病毒入侵、降血脂、抑菌、解毒等多种功效。茶叶中特有的茶氨酸，具有调节神经传达物质、镇静等多种功效，所以饮茶能使人心情舒畅、使大脑处于放松、平静状态。茶多糖具有非特异免疫功效，茶叶中富含多种维生素，对维护人体健康都是十分有益的。

中国是一个主产绿茶的国家，绿茶产量要占总产量的70%多。而研究表明，绿茶中的营养

释家用茶悟性

成分和药效成分更为丰富，居世界卫生组织推荐六种保健饮品之首。而中国人长期形成的饮茶习惯，随着生活条件的改善，饮茶会更加普及。进一步提倡"茶为国饮"，茶这种天然纯洁的健康饮料，带给中国人的好处之一，无疑是全面提高国民的身体素质，增进人民的身体健康。

二、有利于社会精神文明建设

中国茶道思想是集儒、道、佛诸家精神融合形成的。中国人重德，儒家讲品德，道家讲道德，佛家讲功德。茶道的中心思想在于以茶修德、以和为贵。

古人说，茶性俭。"清茶一杯"是廉洁的象征。著名的茶学家庄晚芳先生极力提倡的茶德精神为"廉、美、和、敬"、百岁茶人张天福提出的中国茶礼为"俭、清、和、静"。历代茶人都是提倡以茶倡廉的，在现代社会灯红酒绿的环境中，不少人主张"以茶代酒"。逢年过节，举办"茶话会"，手捧清茶一杯，进行总结交流。朋友相会，以茶会友，在一杯清茶中诉说人生、交流感情。一杯清茶会给更多的人带来乐趣，带来清静，带来幸福。1982年春节，在国家组织的团拜会上，曾以清茶一杯招待大家。《人民日报》在头版以"座上清茶依旧，国家景象常新"为题报道了这次团拜会。从此，上下仿效，遂成风气。相信在进一步提倡"茶为国饮"以后，会促进社会风气的进一步好转，精神文明建设会进一步得到加强。

三、有利于密切人际关系，促进国际交流

历史事实表明，茶是人际交往的桥梁和纽带。社会生活中无论是朋友相会、亲人团聚、礼尚往来，还是接见元首、招待贵宾、高级商谈，一般都能做到以茶招待。"清茶一杯"象征着礼诚、纯洁和热情，因此茶的亲和力具有公众的普通意义。2002年在马来西亚吉隆坡举行的第七届国际茶文化研讨会上，马来西亚首相马哈迪尔的献词中说得好，他说："如果有什么东西可以促进人与人之间关系的话，那便是茶。茶味香馥甘醇，意境悠远，象征中庸和平。在今天这个文明与文明互动的世界里，人类需要对话交流，茶是对话交流最好的中介。"这段话，简明透彻，充分表明了茶的重要社会功能。

茶文化是人类的共同财富，它为中华民族和全人类通向物质文明与精神文明，架起了一座金色的桥梁。茶是一种绿色纯洁的和平饮料，广大茶人提倡"和为贵""茶和天下"以及"天下茶人是一家"的精神。茶这种健康饮料，不但推进了中国的文明进程，而且还极大地丰富了东西方乃至世界的物质与精神生活。

在当今世界以对话为主要方式的交流活动中，茶必将发挥着更重要的作用，使其更有利于密切人际关系，促进国际交流。

四、有利于茶产业的发展与山区农民的致富

近十多年来，弘扬茶文化，广泛开展茶文化活动，普及茶文化知识，大力发展名优茶，提倡"多喝茶、喝好茶"，其效果是明显的。首先是引导更多的人参与饮茶，从而大大促进了茶叶的多元化消费。城市茶馆业的蓬勃发展和茶饮料的开发，使传统的茶产业变成了现代大茶业。茶文化的兴起与普及，促进了茶叶的多元化消费，推动大茶产业的发展是显而易见的。

弘扬茶文化，提倡"茶为国饮"，必将进一步拉动茶消费，其深远意义还在于必将有力地促进产茶山区经济的发展。喝茶的人多了，茶产业获得快速发展，茶叶产值迅速增长，这对南方山区茶农的致富无疑是有益的。

第六章
茶文化与哲学

任何一种文化体系都包含有人生哲学，而人生哲学的形成又能升华文化体系。所以，什么样的文化基因与内在核心，就会产生出什么样的人生哲学。茶文化与人生哲学的关系就是这样。茶德如人德，茶性若人性，说的就是这个道理。

第一节 茶德与茶人精神

唐代诗人，官至江州（今江西九江）、苏州刺史的韦应物（737—791），虽然身为官吏。但他善品茶，又精于饮茶之道，对茶有深究。在《喜园中茶生》诗中，他指出：茶，"洁性不可污，为饮涤尘烦。此物信灵味，本自出山原"。诗中作者对茶大加点赞，说它具有洁性和灵味，茶性"不可污"，饮之"涤尘烦"。在此，茶的德性也由此而生义，并演绎出茶人对茶的颂扬和追求的高尚品德。有鉴于此，茶德也就应运而生，茶人精神开始萌生，茶文化的核心价值也就提到了最为人民关心的位置上来。同时，还表明茶德是从茶的风格、茶的品性中演绎和引申出来的。

一、茶德含义

茶德，归属于道德范畴，是茶社会生活中的一种意识形态，是茶文化内涵的集中体现，也是茶文化核心价值的概括。在中国，由于受传统文化的影响，所以茶德总是将儒、道、释三家的思想融合在一起，用精练的哲理语言，进行提炼、概括，提出自己的认识和看法。应该说最早提出茶德含义的是茶圣陆羽的"精行俭德"。而能够从理性的角度对茶德含义进行概括的则是晚唐时的刘贞亮。据说，他将茶赐予人们的功德概括成"十德"：其中所说的"散闷气""驱腥气""养生气""除病气""尝滋味""养身体"六个方面是属于茶对人们生理上的功德，而"利礼仁""表敬意""可雅心（志）""可行道"四个方面则是属于茶的道德精神范畴，即茶德。这里所说的"可行"之"道"，是指道德教化的意思，即认为饮茶的功德之一就是可以有助于社会道德风尚的培育。"可雅心（志）"是指饮茶可以修身养性，陶冶个人情操。"表敬意"是指以茶敬客，可以协调人际关系。"利礼仁"是指饮茶有利于道德教育，可以净化社会风气。这是以明确的理性语言将饮茶之道的社会公德提升到最高层次，可视为唐代茶道精神的最高概括。这里，刘贞亮是以明确的理性语言将茶道的社会公德提升到最高层次——人生哲学，可视为唐代茶德教化的概括。它表明在千年前，中国人已经有对茶德含义的完整表述。而且还有一个共同点，即它倡导的是"以和为贵"。和诚相处，和气生财、和平团结、和蔼可亲、和睦相处、和气致祥、和颜悦色、和衷共济。这种"和"，其实就是儒家"仁"的一种体现，也符合不倚不偏的儒家中庸之道。

这里，如果说唐人之说表述的仅仅是对茶德含义的教化阐述，那么北宋的强至（1022—1076）就是明确首提茶德的开创者。

强至，杭州人，北宋进士，尤为宰相韩琦倚重，聘为主管机宜文字，在韩幕府六年，深受鸿儒敬仰。现存有强至茶诗十余首，在强至所作的《公立煎茶之绝品以待诸友退皆作诗因附众篇之末》长诗中，他在花费大量笔墨阐述茶的作用和品性后，明确提出："一饮睡魔窜，空肠作雷吼。茶品众所知，茶德予能剖。烹须清泠泉，性若不容垢。味回始有甘，苦言验终久。"第一次把"茶德"一词明白无疑地确立于世，为后人传颂不已。

但由于不同社会、不同层面的人们对茶的功能，可以从不同角度根据自己的实践和认识茶的秉性，因此对茶德理解当然也有不甚一致的地方。宋徽宗赵佶以帝王之尊，不但首开皇帝书写茶书的先例，而且在他的典章《大观茶论》中指出："至若茶之为物，擅瓯闽之秀气，钟山川之灵禀，祛襟涤滞，致清导和。"茶之为物，洁清不污灵通透，既有深情的文化滋养，又有山川的和风软雨育化。正因为如此，才造就了茶的物用清明，药理万机的独特秉性。而若论人世，当

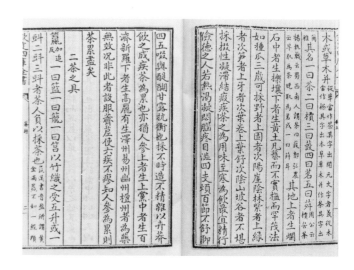

《茶经·一之源》论茶德

为性灵相交，情理相通。以后，历明清，经现当代都有对茶德的深入探究和高度概括，表明世间对茶德的孜孜追求和崇尚。被誉为"日本茶祖"的荣西禅师，南宋时两度留学中国，在探究佛道的同时，对茶德亦有深刻的研究和认识。回国后，荣西著述日本第一本茶书《吃茶养生记》，在全书的最后部分明确提出："贵哉茶乎，上通诸天境界，下资人伦矣。"荣西还驳斥了一些对茶的非议，说这"是则不知茶德之所致也"。对此，日本《吾妻镜》在记录荣西给源实朝献茶之事后，点赞《吃茶养生记》实为"称誉茶德之书"。可见茶德，实为茶人追求之德和崇尚之德。

二、陆羽与"精行俭德"

陆羽年少时，长于寺院。成长后，不愿学佛，云游茶山，一生不宦不隐，不佛不儒，逍遥山林溪涧，云游茶山井泉，既有为人世间的通达清澈，又有逍遥隐逸的清高旨趣。他在764年前后，终于完成了举世瞩目的世间第一部茶著——《茶经》初稿，并在《茶经·一之源》中，说茶能"精行俭德"。在《钦定四库全书》收录的《茶经·一之源》云："茶之为用味至寒为饮最宜精行俭德之人若热渴凝闷脑疼目涩四肢烦百节不舒聊四五啜与醍醐甘露抗衡也。"但对这段话的句读，历来存在多种断句的方式。清华大学夏虞南博士通过资料搜集分析，提出当前比较多的断句为："茶之为用，味至寒，为饮最宜。精行俭德之人，若热渴、凝闷、脑疼、目涩、四肢烦、百节不舒，聊四五啜，与醍醐甘露抗衡也。"而对"若热渴"以下断句无基本分歧。第二种句读："茶之为用，味至寒，为饮，最宜精行俭德之人。……"第三种句读："茶之为用，味至寒。为饮最宜，精行俭德之人。……"第四种句读："茶之为用，味至寒。为饮最宜精行俭德之人。……"第五种句读："茶之为用，味至寒；为饮，最宜精行俭德之人。……"第六种句读："茶之为用，味至寒，为饮最宜精。行俭德之人，……"。其实，陆羽《茶经》中的"精行俭德"无论如何断句，简单说来，就是颂尚"操行"和"俭德"之人。但是它的内涵要远远超过词条含义本意。

经文献稽查"精行俭德"之词在《茶经》出现之前，似乎并没有使用的先例。如果从词面上理解，"精行"是指行事而言，茶人应该严格遵循社会道德规范行事，不可越轨；而"俭德"是指处世而言，是指茶人应时刻恪守的品德，不可懈怠。所谓"精行俭德"之人，泛指那些追求"至道"的贤德之士。不过，在一些典籍中依然能寻找到"精行"和"俭德"单用的例证。

（一）"精行"追源

从汉语语法的角度探讨，夏虞南博士通过典籍查证后，认为"精行"一词至少出现两种用法：

1.名词用 ①"精"单指精气，"行"作动词或作状语（指日月星辰运行之灵气），如《抱朴子·释滞》："欲求神仙，唯当得其至要，至要者在于宝精行炁，服一大药便足，亦不用多也。然此三事，复有浅深，不值明师，不经勤苦，亦不可仓卒而尽知也。"②指精专的德行或品德，如《魏书·释老传》："若无精行，不得滥采，若取非人，刺史为首……"《全唐文·卷九百十八》："苏州支硎山报恩寺大和尚碑：举精行大德二十七人，常持法华，报主恩也。"

2.形容词用 ①"精"与"行"连用，修饰行（动词）作为"精专于行"之意，如《太平广记·贞白先生》："贞白先生陶君。讳弘景……仕齐，历诸王侍读。年二十馀。稍服食。后就与世观主孙先生咨禀经法。精行道要。殆通幽洞微。传转原作传。"《绍陶录》："精行次绝行兮，非通行照行之可希。"②单独使用，作为"精专"之意，如《抱朴子·仙药》："但凡庸道士，心不专精，行秽德薄，又不晓入山之术，虽得其图，不知其状，亦终不能得也。"《居业录》："事虽要审处然，亦不可揣度过了，事虽要听从人说，亦不可为人所惑乱，择须精，行须果。"③佛教专用"专精修行"之意，如《大藏经·渐备一切智德经卷第一》："何因至今无，则无有吾我。若能离恐惧，专精行慈愍。"（西晋月支三藏竺法护译）、《大藏经·佛说无量寿经卷下》："不能深思熟计，心自端政，专精行道，决断世事。"（曹魏天竺三藏康僧铠译）、《大藏经·佛说无量清净平等觉经卷第三》："意念诸善，专精行道。"（后汉月氏国三藏支娄迦谶译）等。

综上所述，前人对于"精行"一词虽然并无明确解释，但人们依然可以从占据中国主流学术思想的儒、释、道三家脉络寻找到它的来源。它们大多：一是收录在隐士们居在山水间的诗歌作品，这些作品大多是抒发隐逸高蹈的出云之志，说明"精行"是隐者需要具备的一种修行品德或者方式。二是人们可以从魏晋以后逐渐兴起的围绕着佛教典籍为中心的佛教思想找到依据。三是这一思想发展到唐以后，如明代大儒胡居仁《居业录》等儒家文人的理学笔录中，也反复强调"精行"的重要性。就整体上而言，"精行"一词经历的思想史流变经历了从道家过度释家再逐渐影响到儒家的基本过程。从时代的脉络看，此词首先从秦汉、魏晋时期道家思想过渡到兴起的佛家思想中。在这一时间段其实儒家主流思想中强调的"笃行"，《礼记·儒行》："儒有博学而不穷，笃行而不倦"；"博学之，审问之，慎思之，明辨之，笃行之"。强调作为儒者应该要笃行，踏实执着，专心实践，意思和"精行"类似。

其实"笃行"和"精行"是有着很多相似性的。可以说从"精行"一词中能够看到儒家思想对于其词的隐性影响。而陆羽《茶经》中的"精行"更多的偏向道家和释家的宗教色彩，与佛家

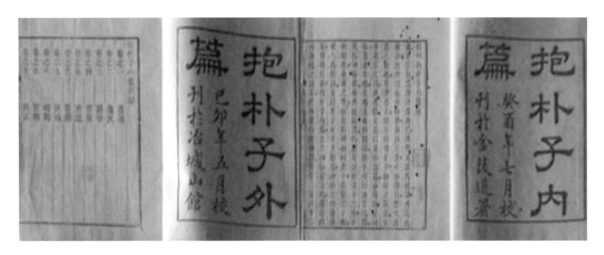

嘉庆刻印本
《抱朴子》

相关的"精行"一词更符合文义，有"专精行道"的含义。它有可能受到《抱朴子》等道教典籍的影响，虽然一直在受其影响，但茶道慢慢渗入到儒家主流的品饮阶层后，又不断吸收其中的精髓，最终慢慢融化到茶德精神之中。

（二）"俭德"的内涵

在"精行俭德"中，"精"是修饰"行"的，与之相对"俭"则是对"德"的修饰和补充。所以，"俭德"一词可以理解成"节俭内敛的厚德"。

"俭德"一词最早出自《周易·否·象传》："象曰，天地不交，否；君子以俭德辟难，不可荣以禄。"接着，三国时期《周易兼义卷第二·上经》的王弼注［疏］正义曰："'君子以俭德辟难'者，言君子于此否塞之时，以节俭为德，辟其危难，不可荣华其身，以居幸位。此若据诸侯公卿言之，辟其群小之难，不可重受官赏；若据王者言之，谓节俭为德，辟其阴阳已运之难，不可重自荣华而骄逸也。"其意是劝诫君子要约束、隐蔽自己的才华和力量避免危险。同为三国时期的虞翻作《周易集解》："谓四泰反成否，干称贤人隐藏坤中，以俭德避难，不荣以禄，故贤人隐矣。"也是强调君子需要"俭德"以趋避难的意思。

《后汉书·翟酺传》："夫俭德之恭，政存约节。故文帝爱百金于露台，饰帷帐于皂囊。或有讥其俭者，上曰：'朕为天下守财耳，岂得妄用之哉！'至仓谷腐而不可食，钱贯朽而不可校。"这里东汉安帝时的侍中翟酺以西汉文帝节俭之事对上进行劝诫，也是一例典型的儒家正统的"俭德"之论，提倡政治统治者需要"俭德"，不可滥用无度。明显是从先秦《周易》一书中对于君子德行的劝勉的继承。而且早在春秋战国时期将"俭""德"分离而施以政论的经典以《左传》。《左传·庄公二十四年》曰："俭，德之共也；奢，恶之大也。"意为有德者皆由节俭简朴的厚德而来，而奢侈则是当时认为统治者最大的罪恶之一。可见对"俭德"的强调已经成了当时主流的统治思想和一种普遍的社会群体意识。《晋书·礼志》："魏武葬高陵，有司依汉立陵上祭殿。至文帝黄初三年，乃诏曰：'先帝躬履节俭，遗诏省约。子以述父为孝，臣以系事为忠。古不墓祭，皆设于庙。高陵上殿皆毁坏，车马还厩，衣服藏府，以从先帝俭德之志。'"

此外，在《晋书·儒林》《魏书·程骏传》《北齐书·赵郡王传》《新唐书·李程传》《旧唐书·杨凭传》等众多史籍中，也都有关于对俭德的记载。这表明从春秋战国时的《左传》到唐代的整个统治阶级和正统史家都注重君子特别是统治阶级的节俭朴素的德行，在很长一段历史时期，"俭德"都是作为君子品德的重要衡量标准之一，更是"仁政"的重要组成部分。所以，陆羽提倡"俭德"，其实也是对于君子品德的概括和实践。

另外，人们还能在佛教经典中看到释家思想对于儒家正统思想的吸收。如在《大藏经·北山录卷第五》中载："古人言：'俭，德之恭也；侈，恶之大也。'而实不德不俭，恶盈而侈，诚为祸胎，安不忌欤。"其实，这是沿袭了《左传》的说法，明显看到了释家对于儒家所提倡的"俭德"思想的吸收。

（三）陆羽是精行俭德的实践者

由上可见，"精行俭德"是陆羽亲身实践所为，若将释家和道家讲究的专精实践和儒家的俭朴厚德结合在一起，这是陆羽对于茶之精髓的洗练升华，并不断地影响到后世文人雅士，以及爱茶尚茶之人。宋代诗人晁说之（1059—1129）在《高二承宣以长句饷新茶辄次韵为谢》中，将茶与俭德联在一起："信美江山非我家，兴亡忍问后庭花。明时不见来求女，俭德唯闻罢贡茶。"诗中把江山兴衰和俭德奢侈相结合，认为只有"俭德"之君主才没有苛捐赋税，对茶也不应有奢侈无度之举，认为茶的秉性应该是俭朴而非奢华。在茶文化中，这种俭德之道一直贯穿到当今的茶文化领域和茶人的现实生活，使"精行俭德"成为古今茶人内心自勉、自省的准则。江西省社会科学院哲学所所长赖功欧在《茶哲睿智——中国茶文化与儒释道》中指出：儒家茶文化是中国茶文化的核心，这一核心的基础是儒家的人格思想。他认为陆羽《茶经》开宗明义指出"茶之为用，味至寒；为饮，最宜精行俭德之人"。分明是以茶示俭，以茶示廉，从而倡导一种茶人之德，这也是儒家理想人格。赖功欧还指出中华传统尤其是儒家思想十分重视"节俭"这一美德，将其视为一种可贵的价值理念和做人的基本原则。这里，赖先生是想强调通过饮茶，营造一个联系人与人之间和睦相处的和谐空间，代表了茶文化所体现出的儒家道德理想。

陆羽虽然少年时在寺院修行生活，但在实践中更多的还是对于儒家的道统和"孝悌"观点更为专精和亲近，所以不难解释他之所以提倡"俭德"的原因。

另一方面，陆羽名字的由来也为我们研究陆羽一生对于儒家和《周易》思想的尊崇是贯穿了其茶道精髓的。史载：陆羽幼年时，抚养陆羽的智积，叫他虔诚占卦，根据卦辞，智积遂给他定姓：陆，取名：羽。这在《全唐文·陆羽小传》中写得很清楚，说：陆羽"既长，以易自筮，得蹇之渐曰：'鸿渐于陆，其羽可用为仪。'乃以陆为氏，名而字之。"对此，《唐才子传·

陆羽》中，亦有类似描述："以《易》自筮，得蹇之渐曰：'鸿渐于陆，其羽可用为仪。'以为姓名。"《新唐书》载陆羽为自己起名字的故事："既长，以《易》自筮，得蹇之渐，曰：'鸿渐于陆，其羽可用为仪。'乃以陆为氏，名而字之。"而在前文中笔者详细地讨论了《周易》和"俭德"之间的关系。所以陆羽对于《周易》的喜好可能也是他将《周易》中所体现出的思想融入茶德旨归中的重要原因。

其次，陆羽的才气和才情，让他虽在人生沉浮之际，若逆水行舟，虽无功名之心，却博得众多显贵名士之赏识。约在上元元年（760）春、秋之季，陆羽从栖霞山麓来到苕溪（今浙江吴兴）杼山妙喜寺后，进深山、采野茶，辛苦万分。所以，在《陆文学自传》中，写有"往往独行野中，诵佛经，吟古诗，杖击林木，手弄流水，夷犹徘徊，自署达暮，至日黑兴尽，号泣而归"之说。对此，高僧灵一就记有一首描写陆羽行状的诗。诗曰：

> 披露深山去，黄昏蜷佛前。
> 耕樵皆不类，儒释又两般。

诗中，灵一将陆羽在妙喜寺的行踪，以及陆羽的为人品行，都作了概述性的描述。

进入中年时期的陆羽寓寄杼山妙喜寺，在湖州考察茶事。并经诗僧皎然指引，还到长兴顾渚山考察茶事，发现"八月坞""茶窠"（丛生茶树的山谷）。陆羽与皎然，两人情趣相投，结为忘年之交，又常在一起品茶论道。在以后的岁月里，平日隐居苕溪之滨的桑苎园苕溪草堂，并常去湖州长兴顾渚山考察紫笋名茶，于是著《顾渚山记》两篇，其中也多处写到茶事。并初步完成《茶经》原始稿三篇。期间，皎然还多次邀陆羽上山品茶。一次，还邀陆羽赏菊。为此，皎然还作诗与陆羽共勉。诗曰：

> 九日山僧院，东篱菊也黄。
> 俗人多泛酒，谁解助茶香。

诗中，皎然用赏菊助茶香的情景，与陆羽共勉。

但陆羽矢志茶事，在此期间，陆羽依然为考察茶事，隐居山林，潜心著述《茶经》，常身披纱巾短褐，脚穿芒鞋，独行山野，采茶觅泉，评茗品水，或诵经吟诗，杖击林木，手弄流水，每每至日黑兴尽，方穷途而归，以至时人称他为"楚狂接舆"，也即是时人所谓的山人处士，陆羽作为隐者和曾经的修行人，强调"精行"是顺理成章的事。

其实，陆羽的一生，都和隐居山林有着必然的相连。而隐居山林的陆羽，自然会以高洁隐逸的志向为己任，精于修行，不断躬行，遂最终写出了以"精行俭德"为核心的《茶经》，成为不朽之作。

据查阅资料表明，在唐代，与陆羽交游酬唱的朋友中，虽称陆羽为陆鸿渐、陆太祝、陆文学等，但更多是称其为处士、山人等。诸如颜真卿的《题陆处士茅山折青桂花见寄之什》、皇甫曾的《送鸿渐山人采茶》《哭陆处士》，戴叔伦的《岁除日推事使牒迫赴抚州辨对留别崔法曹陆太祝处士》《敬酬陆山人》，皎然称陆羽为处士者八九处，如《访陆处士》《春夜集陆处士居

长兴顾渚山谷
古茶园遗址

玩月》《九日与陆处士羽饮茶》《往丹阳寻陆处士不遇》《同李侍御萼李判官集陆处士羽新宅》《奉和颜使君真卿与陆处士羽登妙喜寺三癸亭》等诗作中都称陆羽为处士。而在唐代，处士、山人大都是指具有隐逸背景的文人，唐代诗人中有不少是这类文化身份的人。陆羽与当世文士名流广有酬唱，也是当时吴中诗派的主要成员之一。江南大学文学院黄志浩先生曾指出："陆羽既是唐代吴中诗派的重要成员，又是具有世界影响的'茶圣'。他的《茶经》……也是中国茶学史上第一次系统地完整地将茶学精神与美学精神相结合的重要历史文献……毫无疑问，这一切都与他诗人与茶学家的双重身份有关。"

由此，我们可以从陆羽的曲折身世中找到他之所以提出"精行俭德"的原因。但是毕竟环境对于一个人的造化影响也是相当重要的。我们还需要最后从茶文化史的发展角度看陆羽是处于什么样的历史环境，产生了对于茶道精神内涵的分析。在隋唐以前，魏晋南北朝时期有一种普遍的奢侈糜烂风气存在。初唐时，这种风气依然有所延续，因而作为一国之主的唐太宗和名臣魏征等都大力提倡廉俭之风。而茶的清而洁的秉性与廉俭的本质是相通的。这时，过渡到由于道教和佛教的兴起的汉末魏晋时期，成为当时修行的僧侣道人和风雅文人的盏中珍，慢慢地随着佛教和茶文化的结合以及其中的相互融合，原本是"禅茶"的一种形式，逐步走进了更为广大的社会层面。作为唐代茶圣的陆羽提出"精行俭德"的饮茶之道，这是应顺历史需要。所以，夏虞南博士认为："显而易见，在深受儒家思想影响的陆羽心目中，做人为君子之道也是治国之道的根本。由此不难理解，为何陆羽要开宗明义提出'精行俭德'的围绕着儒家思想和宗教修行意识的茶文化原则。"

禅茶文化论坛

三、茶人与茶人精神

"茶人"称谓，古已有之，指向比较广泛。至于"茶人精神"，意象在古时亦有体现，但"茶人精神"一词的明确提出却是20世纪80年代的事。

（一）茶人出典

唐代白居易《谢李六郎寄新蜀茶》诗曰："不寄他人先寄我，只缘我是别茶人。"这里的别茶人是指对茶道有深究的人。唐代皮日休作《茶中杂咏·茶人》诗，曰："生于顾渚山，老在漫石坞。语气为茶荈，衣香是烟雾。"清代周亮工作《闽小记》，说："延邵呼制茶人为碧竖，富沙陷后，碧竖尽在绿林中矣。"这里的茶人指制造茶的人。唐代陆羽在《茶经·二之具》中，说：赢，一曰篮，"茶人负以采茶也"。明末清初的屈大钧作有：《广东新语》，内中写道："其采茶亦多妇女，予诗'春山三二月，红粉半茶人。'茶人甚守礼法，有问路者，茶人往往不答。"这里的茶人指的是采茶之人。可见，"茶人"一词指向广泛，泛指是与茶有关联的人。

进入现当代后，茶人称谓更为广泛使用，已成了事茶人和爱茶人的雅称。所以，在茶文化界只要是事茶、爱茶、惜茶的人，即使不够精于茶道，也都往往乐于称自己为茶人。从这里，人们不难看出，茶在人民心目中的地位，表明茶文化已深入人心，已在人民心目中生根落脚。

如今，随着社会的发展，茶文化的传播与弘扬，茶人队伍不断扩展，茶人的内涵也随之扩大。茶人的概念正在更新。大致说来，茶人似乎可分为三个层次：一是指事茶的人，包括专门从事茶的栽培、采制、审评、检验、生产、流通、教育、科研人员等人；二是指与茶相关的人，包括茶机具、茶器具研制，茶医疗保健科研，以及从事茶的宣传和艺术创作的人；三是指爱茶的人，包括广大的饮茶人和热爱茶的人们。现在，中国涉茶人口近亿，倘若将饮茶人包括在内，不下五六亿。而全世界有近30亿人喜欢饮茶，以茶为媒介，已跨越了国家、地区、民族、文化、政治、宗教信仰的界限，使天下茶人遍布海内外，差不多占居全球的半壁江山。

大家都是
爱茶人

以茶为媒
跨越世界

（二）茶人精神

茶人精神是指一个茶人应具备的精神与具有的胸怀。中国是茶的故乡，茶文化是中国茶人对世界文化做出的重大贡献。茶人精神，无时无刻地透露出中国文化的精髓。诸如和平精神，天人合一精神，乐生精神，独立不阿的人格精神，东方独特的审美精神等，它们都是真善美精神的一种体现与展示，是中国茶人特有的，但却是世界文明史和人类文化发展史的重要组成部分。

（三）茶人精神的提出

在茶文化界，通常所言的茶人精神，其实是指茶人的形象或者说茶人应有的道德情操、风范、精神面貌，这在古代多有阐述。但浓缩为"茶人精神"一说，却是20世纪80年代初由已故上海市茶叶学会理事长钱梁提出的。他认为"默默地无私奉献，为人类造福"是"茶人精神"的朴素表述。它是从茶树风格、茶叶品性引申过来的。对此，宋代文学家苏东坡作有《叶嘉传》，他将茶誉为"叶嘉"，称颂它是"吾植功种德，不为时采，然遗香后世，吾子孙必盛于中土，当饮其惠矣。"还说："吾当为天下英武之精，一枪一旗，岂吾事哉！"进而称赞它是"风味恬淡，清白可爱，颇负其名，有济世之才，虽羽知犹未详也。""容貌如铁，资质刚劲"。

1992年2月，中国科学院资深院士、上海市茶叶学会名誉会长谈家桢挥毫题写了"发扬茶人精神，献身茶叶事业"12个大字赠送给上海市茶叶学会，进一步肯定了"茶人精神"。

1997年4月，在纪念当代茶圣吴觉农诞辰100周年座谈会上，上海茶人进一步把"爱国、奉献、团结、创新"八个字作为茶人精神基本内容，在行业范围内进行宣传倡导，号召广大茶人认真学习古代茶圣陆羽、当代茶圣吴觉农、上海茶人楷模谈家桢的茶人精神，为献身茶叶事业，默默地无私奉献，为人类造福做贡献。有关内容在《吴觉农年谱·编后记》有明确阐述。

（四）茶人精神内涵

何谓茶人精神，唐代陆羽是第一位提出茶人标准的，认为茶人应是"精行俭德之人"，意

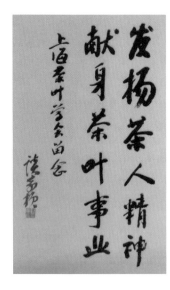

谈家桢题词

《吴觉农年谱·编后记》

（美）威廉·乌克斯
《茶叶全书》中的茶树图

即注意操守和生活节俭的人。其实，陆羽本人就是最好的"茶人精神"践行者。唐代宗曾诏拜陆羽为太子文学，但他不依；后又诏为"徒太常侍太祝"，他依然拒绝。他却愿意做一个山野之人，踏青山，进深谷，攀悬崖，不趋名利，专心茶事。为此，他作《六羡歌》以表白心声："不羡黄金罍，不羡白玉杯。不羡朝入省，不羡暮入（登）台。千羡万羡西江水，曾向竟陵城下来。"陆羽身处乱世，却出淤泥而不染，依然追求茶文化事业，这正是一代茶人独立不阿精神的写照。出生稍晚于陆羽的大诗人白居易（772—846）作有《两碗茶》诗，其表白的意思也是茶人精神的一种体现。诗曰："食罢一觉睡，起来两碗茶；举头看日影，已复西南斜；乐人惜日促，忧人厌年赊；无忧无乐者，长短任生涯。"自此以后，对茶人精神的理解和认识不断出现，但由于作者站的立场不一，社会环境各异，着眼的角度不同，所以自古至今，对茶人精神的表达方式也多种多样，但万变不离其宗，这就是"无私奉献，造福人类"，这是对茶人精神的最朴素表述。

　　茶不论生长在何种环境，高山、坡地、深谷荒野，它从不计较土质厚薄，也不怕风吹雨打，依然坚持植根大地，四季常青、绿化大地、净化空气给人以生态美。一旦春回大地，它尽情抽发新芽、任人采用，采了又发，发了又采，如此循环，常采不败，周而复始地默默地为人类作出无私奉献，惠及人类。直到生命尽头，通过饮茶，最终还给人带来健康。以茶喻人，以茶为范的茶人，就该具有这种博大胸怀，无私奉献的精神。

　　唐代王敷《茶酒论》中，茶以拟人口气阐述了自我："百草之首，万木之花，贵之取蕊，重之摘芽，呼之茗草，号之作茶。贡五候宅，奉帝王家，时新献入，一世荣华，自然尊贵，何用论夸。"写的虽是作者对茶的作用与地位的概述，但反映和折射的是茶人精神光彩照人的形象。

第二节　茶道的由来与发展

　　中国文化的发生与发展一直受到儒、道、释三教文化的影响，所以在茶文化中人们总能找到三教思想的痕迹。

　　众所周知，"道"一般是指事物的来源、本质和规律。中国茶道是指茶文化特别是饮茶过程中的技艺、美学，以及哲理和道德原则，侧重于茶对精神方面的感悟。所以中国茶道的内在本质就是儒、道、释三教思想的统一。

一、对茶道的理解和认识

　　"茶道"一词，最早见于笔端的是唐代诗僧皎然。皎然，生卒年不详。俗姓谢，字清昼，吴兴（今浙江湖州）人。南朝谢灵运十世孙。活动于大历、贞元年间。他在一首杂言古体诗《饮茶歌诮崔石使君》中云：

> 越人遗我剡溪茗，采得金牙爨金鼎。
> 素瓷雪色缥沫香，何似诸仙琼蕊浆。
> 一饮涤昏寐，情来朗爽满天地。
> 再饮清我神，忽如飞雨洒轻尘。
> 三饮便得道，何须苦心破烦恼。
> 此物清高世莫知，世人饮酒多自欺。
> 愁看毕卓瓮间夜，笑向陶潜篱下时。
> 崔侯啜之意不已，狂歌一曲惊人耳。
> 孰知茶道全尔真，唯有丹丘得如此。

　　在这首诗中，皎然从友人赠给他"剡溪茗"开始讲到茶的珍贵，犹如天赐琼浆玉液。然后谈茶的"三饮"功能："一饮涤昏寐""再饮清我神""三饮便得道"。"茶道"一词，缘出于此。这里说的茶道之"道"并非道家之"道"，而是集儒、释、道三教之真谛。儒家的"正气"，道家的"清气"，佛家的"和气"，再融入茶家的"雅气"，便构成了中国茶道的重要内涵。诗中还说到茶道的意境是十分深长的，"孰知茶道全尔真，唯有丹丘得如此"。要解释清楚茶道的真正含义，那只有仙人丹丘方能知晓。另外，在唐代封演的《封氏闻见记》也有："有常伯熊者，又因鸿渐之广润色之，于是茶道大行。王公朝士无不饮者。"的记载。

　　在唐以前，如晚唐诗人皮日休所说，称茗饮者"与夫瀹蔬而啜者无异"，喝茶与煮菜喝汤一样，当然也就谈不上什么茶道。至唐代，特别是中唐时，自陆羽《茶经》面世以后，如封演《封氏闻见记》所记，鸿渐为《茶经》，说茶之功效并煎茶、炙茶之法，造茶具二十四器，"于是茶道大行"。唐代僧侣通过种茶、制茶、饮茶而精于茶术；道家力主天人合一，饮茶养生，延年益寿；士大夫们则创造性的发挥，把茶技加以艺术化、理论化，终使茶道思想集儒、道、释诸家精神，主张以茶修德。饮茶者，应是"精行俭德之人"，贯穿了和谐、中庸、淡泊的思想内容，强调饮茶自修内省，这便是唐代的茶道初始时的本意。以后茶道不但在中国被传承的同时，还传播到国外，特别是东渡日本后，在与日本文化结合后又形成日本茶道。传播到朝鲜半岛后，逐渐演化和形成茶礼。而今在中国，更多的人喜欢说它是茶艺。其实，万变不离其宗，它们都是从茶道演变而来的。只是每个国家为区分国别，避免重复，称谓虽有区分，但内涵相连，本质无殊。

韩国茶礼

二、茶道的秉性与内涵

当人们只将茶充当做食物、药物或解渴之物的时候，饮茶艺术还没形成，也就无所谓茶道。只有到了将茶当作品茗艺术的对象之后，才可能产生茶道的精神内涵，即茶道的秉性。而我国的茶艺萌芽于晋代，因此茶道也只可能萌芽于晋以后。在此之前，文献中提到饮茶时多是强调它的药理和营养功能，从未涉及精神领域的内容。只有到了西晋以后，饮茶之风日益兴盛，文人们在品茶过程中开始赋予茶以超出物质意义以外的品性。如我国茶道内涵的真正表述是在唐代中期。此时品茗艺术已经正式形成，茶道精神也随之产生。作为标志性的著作就是陆羽《茶经》。杜育的《荈赋》对陆羽影响甚大，《茶经》中多次引用《荈赋》的文字。因此杜育的"调神和内"的思想对陆羽定会产生影响。陆羽在《茶经》中多处流露他的道德思想，如在设计风炉时，要在炉之窗上铸"伊公羹，陆氏茶"字样，自比商代宰相伊尹帮助商代治国一样来推行饮茶之道的理想抱负。并在《茶经·一之源》中指出："茶之为用，味至寒，为饮，最宜精行俭德之人。"意思是茶作为饮料，最适合于品行端正、有勤俭美德的人饮用。也就是说，善于饮茶的人应该具有"精行俭德"的品行。这"精行俭德"四字可以视为陆羽在《茶经》中提倡的茶道内涵的表白。将品茶与个人的道德修养联系在一起，陆羽是第一人。

与陆羽一样，唐代的茶人们都是一些深受儒家思想熏陶的文人，他们在品茗之时，除了欣赏茶汤的色、香、味、形之外，也经常追求诗化的意境和哲理上的启示。

唐代文人品茗，早已超越一般人感官上的享受，而是上升到精神世界的高度，达到"涤尘烦""洗尘心""爽心神""欲上天""生清风"的境界，追求的是超凡脱俗的心灵净化，是地道的"灵魂之饮"。如此饮茶，自然要生发真正意义上的茶道了。于是便真正产生了"茶道"概念。诗僧皎然在《饮茶歌诮崔石使君》诗中提出了"茶道"的概念，说"三饮便得道"，品茗能悟道，这比陆羽在《茶经》中所谓"为饮，最宜精行俭德之人"更为明确，更富哲理意蕴。在皎然之后，唐人的诗文中，也有涉及茶道内涵的。如裴汶在《茶述》序中谈论茶功时指出："其性精清，其味浩洁，其用涤烦，其功致和。"它侧重于饮茶的社会功能，与皎然的"再饮""三饮"大体接近，均属于"茶道"范畴。他指出茶之性"清"，茶之用"洁"，茶之功"和"，都属茶道重要内涵所在。

从理性的角度对茶道秉性进行概括的还有晚唐的刘贞亮。他将茶道本质称之为茶德，他将茶赐予人们的精神世界，归纳成茶的"十德"。这是以明确的理性语言将茶道的社会功能提升到最高层次，可谓是唐代茶道秉性的最高概括。可见，唐时我国的茶道内涵确实已经形成并日趋成熟。

宋代的点茶法与唐代的煮茶法相比，更富有艺术性。如宋代的茶人在品茗时十分重视对茶汤及泡沫的色香味的欣赏，特别重视茶汤的"乳白"美。宋代文学家苏轼在诗中就直说"遂令色香味，一日备三绝"。在他的《汲江煎茶》诗中，明确提出："活水还须活火烹，自临钓石取深清。大瓢贮月归春瓮，小勺分江入夜瓶。茶雨已翻煎处脚，松风忽作泻时声。枯肠未易禁三碗，坐听荒城长短更。"不但对点茶技艺，包括水、火、器提出严格要求，而且对点茶的茶汤，提出明确要求，即乳白如雪，上下一色。对苏轼的《汲江煎茶》诗，南宋诗人杨万里给予十分欣赏，认为这是宋人对点茶和写诗的典范之作。杨万里认为"七言八言，一篇之中句句皆奇。一句之中，字字皆奇，古今作者皆难之"。他认为在苏轼的《汲江煎茶》诗中做到了。接着，杨万里说："'煎茶仍须活火煎，自临钓石取深清'，第二句七字而具五意：水清，一也；深清取清者，二也；石下之水，非有泥土，三也；石乃钓石，非寻常之石，四也；东坡自汲，非遣卒奴，五也。'大瓢贮月归春瓮，小勺分江入夜瓶'，其状水之清美极矣。'分江'两字，此尤难下。'雪乳已翻煎处脚，松风忽作泻时声'，此倒语也，尤为诗家妙法，即杜少陵'红稻啄馀鹦鹉粒，碧梧栖老凤凰枝'也。'枯肠未易禁三碗，坐数山城长短更'，更翻卢全公案，全吃到七碗，坡不禁三碗，山琳更濡无定，'长短'二字有无穷之味。"此外，在宋代黄庭坚的《奉同六舅尚书咏茶碾煎烹》三首、晁补之的《次韵苏翰林五日扬州石塔寺煎茶》、孙觌的《李茂嘉寄茶》、陆游的《北岩采茶用忘怀录中法煎饮，欣然忘病之未去也》等众多诗句中，对宋代点茶都有生动细致的描写，并且通过这些感官的愉悦升华到精神层面中去，让心灵进入一个天人合一、物我两忘的诗意境界。如范仲淹《和章岷从事斗茶歌》中的"不如仙山一啜好，泠然便欲乘风飞。"宋庠《谢答吴侍郎惠茶二绝句》中的"夜啜晓吟俱绝品，心源何处著尘埃"。梅尧臣《尝茶和公仪》中的"亦欲清风生两腋，从教吹去月轮旁"。文彦博《和公仪湖上烹蒙顶新茶作》中的"烦醒涤尽冲襟爽，暂适萧然物外情"。强至《谢元功惠茶》中的"绿云杯面呷未尽，已觉清液生心胸"。吕陶《答岳山莲惠茶》中的"洗涤肺肝时一啜，恐如云露得超仙"。陶崇《访僧归云庵》中的"悠然淡忘归，于兹得解脱"，等等，表明的都是这等境界。此时此刻，诗人们的所有烦恼和不快，一切不平和忧愤，都已抛到九霄云外，心灵得到净化，才能"悠然淡忘归，于兹得解脱"。至此，茶人们自然体验到品茶的味外之味，从而体会到茶道的秉性与实质所在。所以他们常会在品茗之时寄托自己的思想感情，超越感官的享受而赋予茶以浓郁的道德精神色彩。宋徽宗在《大观茶论》序言中指出："至若茶之为物，擅瓯闽之秀气，钟山川之灵禀，祛襟涤滞，致清导和，则非庸人孺子可得而知矣；冲淡简洁，韵高致静，则非遑遽之时可得而好尚

陕西长安
唐墓壁画《宴饮》

北京石景山
金墓壁画《点茶图》

矣。""祛襟涤滞，致清导和"，"冲淡简洁，韵高致静"，是对中国茶道基本精神的高度概括，认为茶道的本质特征，可从清、和、韵、静四个字演化开去，可谓是对中国茶道秉性认识的一个发展。

明清时期茶学家中，对茶道秉性内涵最有研判的则是明初的朱权(1378—1448)。朱权好学博古，读书无所不窥，深于史，旁及释老，尤精茶道，著有《茶谱》。这部茶书，它既继承了唐宋茶书的一些传统内容，又开启了明清茶书的若干新风，按朱权自己说法是："崇新改易，自成一家。"万国鼎在《茶书总目提要》中推定："作于晚年，约在1440年前后。"特别值得一提的是朱权在《茶谱》一书中，开启茶道新风。他在《茶谱》序言中写道："挺然而秀，郁然而茂，森然而列者，北园之茶也。泠然而清，锵然而声，涓然而流者，南涧之水也。块然而立，晬然而温，铿然而鸣者，东山之石也。瘿然而酸，兀然而傲，扩然而狂者，渠也。渠以东山之石，击灼然之火，以南涧之水，烹北园之茶，自非吃茶汉，则当握拳布袖，莫敢伸也。本是林下一家生活，傲物玩世之事，岂白丁可共语哉？予尝举白眼而望青天，汲清泉而烹活火，自谓与天语以扩心志之大，符水火以副内练之功，得非游心于茶灶，又将有裨于修养之道矣。其惟清哉。涵虚子臞仙书。"

朱权为高雅清逸之士，在幽雅的大自然环境中通过品茗忘绝凡尘，栖神物外，不受世俗污染，以探求虚玄而参造化，清心神而出尘表，从而达到天人合一、物我两忘的境界。其实，朱权晚年笃信道教，自誉"臞仙""丹丘先生"就是例证，故在品茗之时偏重茶的"自然之性"，追求道家的虚清意境，因而他的文中总能显现一个"清"字：清泉、清风、清石、清谈、清心、清神等词语时时流露其中。进而，朱权还特别指出："其惟清哉"有助于道德修养者！可以说朱权在《茶谱》序言中已触及茶道秉性的一个重要特征，就是一个"清"字。

但是，明代张源在《茶录》中专门写有"茶道"一节，曰："造时精，藏时燥，泡时洁。精、燥、洁，茶道尽矣。"张源茶道特别强调制茶要"精"，贮茶要"燥"，沏茶要"洁"，认为只有这样，才能使茶道呈现得尽善尽美。由此可见，茶道内涵，虽然重在精神层面，但也不乏技艺功底，当为精神和技艺的有机结合体。

清初诗人杜濬（1611—1687），写有一篇《茶丘铭》，自述："吾之于茶也，性命之交也。性也有命，命也有性也。天有寒暑，地有险易。世有常变，遇有顺逆。流坎之不齐，饥饱之不等。吾好茶不改其度。清泉活火相依不舍，计客中一切之费，茶居其半。有绝粮无绝茶也。"杜濬人称茶癖诗人，对茶道有深究。他作有一首《茶喜》诗，在序言中指出："夫予论茶四妙：曰湛、曰幽、曰灵、曰远。用以澡吾根器，美吾智意，改吾闻见，导吾杳冥。"诗中，全面地揭示了中国的茶道精神内涵。这里的"湛"是指深湛、清湛；"幽"是指幽静、幽深；"灵"是指灵性、灵透；"远"是指深远、悠远。综观"四妙"，可以说与人的生理需求并无多大关联，但它却是品茶意境在不同层面上的升华，更是对茶道秉性的一种明确概括。

综上所述，"茶道"的产生，在茶文化史上具有重大意义，它表明中国不但是茶树的起源地，品茗艺术的发源地，也是茶道的诞生地，并且早在1 200年前的唐代就已经形成，继而发展成熟，影响世界。茶道，是值得中国茶人引以为荣的一个创举。

三、当代茶道

直到20世纪80年代茶文化热潮在海峡两岸兴起之后，中国茶道秉性再次得到弘扬。它们虽然提法不一，有提茶道精神的，有称茶德精神的，有说茶艺精神的，但所言的精神实质都牵涉到茶道的秉性所在，也是茶道精神的一种概括。

最早对茶道秉性进行概括的是台湾国学大师林琴南教授，他于1982年提出的"茶道四义"，将茶道秉性概括为"美、健、性、伦"。具体解释如下：

美律，"美是茶的事物，律是茶的秩序。事由人为，治茶事，必先洁其身，而正其心，必敬必诚，才能建茶功立茶德。洁身的要求及于衣履，正心的要求见诸仪容气度。所谓物，是茶之所属，诸如品茶的环境和器具，都必须美观，而且要调和。从洁身、正心，至于环境、器具，务必须知品茗有层次，从层次而见其升华，否则茶功败矣，遑信茶德"。

"'健康'一项，是治茶的大本。茶叶必精选，劣茶不宜用，变质不可饮；不洁的水不可用，水温要讲究，冲和注均须把握时间。治茶当事人，本身必健康，轻如风邪感冒，亦不可泡茶待客，权宜之法，只好由第三者代劳。茶为健康饮料，其有益于人身健康是毫无疑问的。推广饮茶，应该从家庭式开始，拜茶之赐，一家大小健康，家家健康，一国健康，见到全体人类健康；茶，就有'修、齐、治、平'的同等奥义。"

"'养性'是茶的妙用，人之性与茶之性相近，却因为人类受生活环境所污染，于是性天积垢与日俱加，而失去其本善；好在茶树生于灵山，得雨露日月光华的灌养，清和之气代代相传，誉为尘外仙芽；所以茶人必须顺茶性，从清趣中培养灵尖，涤除积垢，还其本来性善，发挥茶功，葆命延所，持之有恒，可以参悟禅理，得天地清和之气为己用，释氏所称彼岸，可求于明窗净几之一壶中。"

"'明伦'是儒家至宝，系中国五千年文化于不坠。茶之功用，是敦睦耸关系的津梁：古有贡茶以事君，君有赐茶以敬臣；居家，子媳奉茶汤以事父母；夫唱妇随，时为伉俪饮；兄以茶友弟，弟以茶恭兄；朋友往来，以茶联欢。今举茶为饮，合乎五伦十义（父慈、子孝、夫唱、妇随、兄友、弟恭、友信、朋谊、君敬、臣忠），则茶有全天下义的功用，不是任何事物可以替代的。"①

台湾茶艺协会原会长茶学家吴振铎随后提出"清、敬、怡、真"四字，称之为"茶艺基本精神"。台湾中华茶文化学会会长范增平教授在1985年也提出"茶艺的根本精神，乃在于和、俭、静、洁。"②吴、范二人所说的"茶艺精神"其实指的也是茶道精神。此外，台湾茶艺专家周渝在1990年用"正、静、深、远"，后来又于1995年修正为"正、静、清、圆"，用以概括茶道秉性所在。

大陆学者最早对茶道秉性进行概括的是当时浙江农业大学的庄晚芳教授，他在《文化交流》1990年2期的《茶文化浅议》一文中提出："发扬茶德，妥用茶艺，为茶人修养之道。"明确提出中国茶德是"廉、美、和、敬"，并加以解释为：廉俭育德，美真康乐，和诚处世，敬爱为人。

接着，庄先生又将中国茶德进行细化，具体内容为：

廉：	时饮名茶	灵心益体	茶禅一味	清净天地
	廉洁勤俭	国饮最宜	振兴道德	大公无私
美：	茶香美味	美水甘洌	善用茶具	推广美艺
	友好莅临	引进美处	层次时练	高功育德
和：	漫品道味	融和神气	待人和睦	乐观天世
	和解纠纷	和衷共济	以茶为桥	和平世界
敬：	奉赠礼品	敬茶最誉	注视生产	敬民第一
	敬重行业	遵守规则	敬亲随俗	敬礼俱备

差不多与此同时，中国农业科学院茶叶研究所程启坤研究员和姚国坤研究员在《中国茶叶》（1990年6期）杂志上发表了《从传统饮茶风俗谈中国茶德》一文，作者从饮茶风俗入手，梳理出中国茶德可用"理、敬、清、融"四个字来表述，认为：

"理者，品茶论理，理智和气之意。两人对饮，以茶引言，促进相互理解；和谈商事，以茶待客，以礼相处，理智和气，造成和谈气氛；解决矛盾纠纷，面对一杯茶，以理服人，明理消气，促进和解；写文章、搞创作，以茶理想，益智醒脑，思路敏捷。"

"敬者，客来敬茶，以茶示礼之意。无论是过去的以茶祭祖，公平是今日的客来敬茶，都充分表明了上茶的敬意。久逢知己，敬茶洗尘，品茶叙旧，增进情谊；客人来访，初次见面，敬茶以示礼貌，以茶媒介，边喝茶边交谈，增进相互了解；朋友相聚，以茶传情，互爱同乐，既文明又敬重，是文明敬爱之举；长辈上级来临，更以敬茶为尊重之意，祝寿贺喜，以精美的包装茶作礼品，是现代生活的高尚表现。"

---

① 详见：蔡荣章《现代茶艺》，台湾中视文化公司，1989年7版，200页。
② 《台湾茶文化论》，"探求茶艺的根本精神"，台湾碧山出版公司出版。

张天福题
《中国茶礼》

　　"清者，廉洁清白，清心健身之意。清茶一杯，以茶代酒，是古代清官司的廉政之举，也是现代提倡精神文明的高尚表现。1982年，首都春节团拜会上，每人面前清茶一杯，显示既高尚又文明，'座上清茶依旧，国家景象常新'，表明了我国两个文明建设取得了丰硕成果。今天强调廉政建设，提倡廉洁奉公，'清茶一杯'的精神文明更值得发扬。'清'字的另一层含义是清心健身之意，提倡饮茶保健是有科学根据的，已故的朱德委员长曾有诗云：'庐山云雾茶，示浓性泼辣。若得长年饮，延年益寿法。'体会之深，令人敬佩。"

　　"融者，祥和融洽、和睦友谊之意。举行茶话会，往往是大家欢聚一堂，手捧香茶。有说有笑，其乐融融；朋友，亲人见面，清茶一杯，交流情感，气氛融洽，有水乳交融之感。团体商谈，协商议事，在融洽的气氛中，往往更能促进互谅互让，有益于联合与协作，使交流交往活动更有成效。由此可见，茶在联谊中的桥梁纽带作用是不可低估的。"

　　程启坤、姚国坤两位还认为：茶"能用来养性、联谊、示礼、传情、育德，直到陶冶情操，美化生活。茶之所以能适应各种阶层，众多场合，是因为茶的情操、茶的本性符合于中华民族的平凡实在、和诚相处、重情好客、勤俭育德、尊老爱幼的民族精神。所以，继承与发扬茶文化的优良传统，弘扬中国茶德，对促进精神文明和道德文明建设无疑是十分有益的"。

　　著名茶学家张天福提出《茶礼精神》，其核心内容是用4个字概括，即"俭、清、和、静"。

　　据陈香白教授研究认为中国茶道秉性的核心就是一个"和"字。"和"意味着天和、地和、人和。它意味着宇宙万物的有机统一与和谐，并因此产生实现天人合一之后的和谐之美。

　　其实，"和"的内涵非常丰富，作为中国文化意识集中体现的"和"，主要包括：和敬、和清、和寂、和廉、和静、和俭、和美、和爱、和气、中和、和谐、宽和、和顺、和勉、和合（和睦同心、调和、顺利）、和光（才华内蕴、不露锋芒）、和衷（恭敬、和善）、和平、和易、和乐（和睦安乐、协和乐音）、和缓、和谨、和煦、和霁、和售（公开买卖）、和羹（水火相反而成羹，可否相成而为和）、和戎（古代谓汉族与少数民族结盟友好）、交和（两军相对）、和胜（病愈）、和成（饮食适中）等意义。陈香白认为"一个'和'字，不但囊括了所有敬、清、寂、廉、俭、美、乐、静等意义，而且涉及天时、地利、人和诸层面。请相信：在所有汉字中，再也找不到一个比'和'更能突出'中国茶道'内核、涵盖中国茶文化精神的字眼了。"①

品茶乐

　　此外，香港的叶惠民先生认为"和睦清心"是茶文化的本质，是茶道的核心。②以后，大陆络绎有专家学者对中国茶道秉性发表意见。如林治的"和、静、怡、真"；余悦的"和、清、美、敬"；陈文华的"静、和、雅"，等等，就是例证。2013年，中国国际茶文化研究会本着传承、弘扬、创新的精神，着力汲取传统精华，融会贯通各家观点，通过分析归纳，概括提炼出"清、敬、和、美"是当代茶文化核心理念。

　　以上各家对中国茶道秉性的基本精神的认识，虽然概括不尽相同，计有廉、美、和、敬、理、清、融、健、性、伦、怡、真、俭、静、洁、正、深、远、圆、雅等20余个字，但主要精神还是接近的，特别是清、静、和、美、敬、雅等，这些茶道精神和茶艺特性与日本茶道的"和、敬、清、寂"及韩国茶礼的"清、敬、和、乐"的基本精神也是相通的。对于当今的专家学者来说，可以继续对中国茶道的秉性定义进行探索，以求更加准确表述和科学的界定。至于能否形成共识，还有待于历史和实践的考量。但由此亦可表明，中国学者对中国茶道的表达已具有自觉的意识，能从理论的高度来探索、阐释它的深刻内涵和本质特征，也标志着中国茶文化学正在走向成熟，进入一个崭新的历史时期。清茶一杯，促膝交谈，以茶会友向来是中华民族的传统美德。有人说，品茶有三乐，一曰：独品得神；二曰：对品得趣；三曰：众品得慧。众人在品茶中互相沟通，相互启迪，可谓是人生一大乐事。

四、何谓茶艺

　　自有茶的文字记载开始，包括从陆羽《茶经》开篇以来，有关茶事记录很多，终不见有"茶艺"一词的呈现。这种情况一直延续到清代，在杞庐主人《时务通考》（1897年）中才写道："至于采、蒸、焙、修制等法，见于茶经茶谱者，固已详备，尤须参以新法，求抵至精，此茶艺之大略

①陈香白：《中国茶文化》，山西人民出版社出版，1998年。
②《茶艺报》，香港茶艺中心，1993年出版。

也。"不过，此处说的"茶艺"一词，是专指茶叶加工制造技术而言的。此后，现代茶业奠基人之一的胡浩川先生在民国二十九年（1940年），为傅宏镇所辑的《中外茶业艺文志》一书所作的前序中又提到"茶艺"一词，文曰："幼文先生即其所见，并其所知，辑成此书。津梁茶艺，其大裨助乎吾人者，约有三端：……。"还说："今之有志茶艺者，每苦阅读凭藉之太少。昧然求之，又复漫无着落。"其实，胡先生所说的茶艺，指的是包括种茶、制茶、沏茶技艺在内的各种艺事。

20世纪80年代，随着茶文化在全国范围内的复兴，人们对"茶艺"一词，在茶界成为用得最普遍、频率最高的一种说词。不过，当今所说的茶艺，通常指的是在饮茶实践过程中所产生的技和艺，可以说是茶道的演绎，也是一门追求和探索生活品质的学问，内容大致包括如何选好茶、沏好茶、奉好茶、品好茶、藏好茶，其基本内涵包括三个层次：

一是技术层面。指的就是如何根据茶类的品性，结合饮茶者需求，泡出一杯色香味形俱佳的茶。内容包括选好茶、择好水、控好火、配好器。沏茶时，还须掌控好茶水比例、沏茶水温、泡茶时间、续茶次数等。总之，一切以沏好一杯茶为前提，最大限度地施展出沏茶技能，这是茶艺的根本所在，是茶艺的基础层，是就物质层面而言的。

二是艺术层面。在掌握茶艺基本技术基础上，就得在艺术层面上下功夫，不但要求主泡者有动人、可亲的形象和优美、娴熟的技艺，而且还要根据不同茶类的品性特征，做好茶席空间配置、服饰配搭、茶点配备、主宾配位、音乐烘托等，给人以一种美的空间艺术，也是茶的艺术给人的一种精神享受，这是从茶艺精神层面而言的，是茶艺的提升层。

三是心灵层面。茶艺的职责是开启人的智慧，揭示生活的真谛，其结果必然会有不见于形，不闻其声，且能感悟心灵的东西隐藏其间，这就是茶艺的结果，它告诉了你什么？你感受到了什么？这是茶艺的终极层，也是茶艺追求的最高境界。

如今，有些茶艺不求技术，只求好看，不讲功用，这种重形式而轻内涵的做法，值得商榷。因为茶艺毕竟是一门带有实用性的技艺和学问，不同于戏曲表现，更不同于舞台表现。如果把它作为一种助兴活动，抑或是一场专场演出，权作舞台表演艺术，那就另当别论了。

第三节 茶文化与宗教

茶文化与宗教的关系甚为密切，其中尤以佛教、道教、儒教的影响最为深远。

一、佛教与茶文化

据《庐山志》记载，早在汉代庐山的僧人就采制茶叶。东晋慧远和尚在庐山东林寺附近种过茶。东晋怀信和尚的《释门自镜录》记载："跣定清谈，袒胸谐谑，居不悉（一作愁）寒暑，食不择甘旨，使唤童仆，要水要茶。"说明至少在晋代，佛门已盛行饮茶。至唐代中期佛家更加重视茶事，并且带动民间百姓饮茶成风。《封氏闻见记》载："开元中，泰山灵岩寺有降魔师，大兴禅

古画
僧侣《筹办茶礼图》

赵州柏林禅寺
寺内"茶禅一味"碑

教。学禅务于不寐，又不夕食，皆许其饮茶，人自怀挟，到处煮饮。从此转相仿效，遂成风俗。"

佛家认为茶性与佛理是相通的，所以自古以来，就有"茶禅一味"之说。宋代陈知柔《石梁》诗中就有"云际楼台深夜见，雨中钟鼓隔溪传。我来不作声闻想，聊试茶瓯一味禅"之句。

中国佛教协会会长赵朴初有诗云："七碗受至味，一壶得真趣。空持百千偈，不如吃茶去。"佛家还认为吃茶能悟性，其典出自河北赵州柏林禅寺从谂禅师。如今，在寺内立有"茶禅一味"碑，以示纪念。

佛门内部也将饮茶列为宗门规式，写入佛教丛林制度的《百丈清规》，其中"法器章""赴茶""旦望巡堂茶""方丈点行堂茶"等条文都明文规定丛林茶禅及其做法次第。目的是为了帮助禅修，潜移默化，成为佛教丛林的法门规式。因此，黄河流域饮茶风气也就随着佛教的盛行而普及开来。

"自古名山、古寺出名茶"。佛教除了推动社会饮茶之风盛行外，还对历代名茶生产的发展起了很大的促进作用。慧远和尚在庐山东林寺附近种植茶树，带动了各"寺观庙宇相继种茶"，成为"庐山云雾茶"的始祖，延续至今，已成为历史名茶。浙江普陀山的僧人广植茶树，创制了著名的普陀佛茶。浙江湖州附近的寺庙也种植茶树，皎然《顾渚行寄裴方舟》诗就描写到："伯劳飞日芳草滋，山僧又是采茶时。由来惯采无近远，阴岭长兮阳崖浅。"刘禹锡《西山兰若试茶歌》也描写了山僧采茶、炒茶的情形。

僧人不但对茶树种植付出大量劳动，而且还对炒茶技术的发明做出重要贡献。江西云居山真如寺僧侣种植的"攒林茶"，曾给云游至此的唐代大僧赵州和尚留下深刻印象，他后来著名的禅门公案"吃茶去"与此实有渊源关系。福建的建溪，从南唐开始便是佛教圣地，建茶的兴起应是包括南唐僧人在内的历代僧侣努力的结果，至宋代终于引起朝廷的重视，被确定为贡茶生产基地。又如福建武夷山天心观僧人栽制的大红袍，安徽九华山僧人栽制的九华毛峰，浙江天台山万年寺僧人栽制的罗汉供茶，江苏洞庭山水月庵僧尼栽制的碧螺春茶等，无不与僧侣有关。特别是中国历代的传统名茶，或多或少都留有佛家的印迹。

武夷山天心寺僧侣
是大红袍的始祖

荣西在佐贺县脊振山
开辟茶园

杭州径山寺内
的日僧圣一国
师圆尔辨圆碑

　　佛教对中国的茶艺和茶道也有很大的贡献。唐宋时期许多僧人经常参与茶事活动，推动了品茗艺术的形成和发展。如唐代皎然、齐己、灵一等和尚都留下了很多描写品茶的诗篇，宋代的福全和尚还创造了"分茶"的技艺，在历史上留下佳话。

　　在宋代的点茶技艺的发展过程中还形成一门独特的"分茶"技艺，"分茶"又称"汤戏""茶戏""茶百戏"，是在点茶时使茶汤表面的纹脉形成图像甚至文字。善于此道者，恰恰是一位佛门僧侣。据宋初陶谷《清异录》记载："茶自唐始盛，近世有下汤运匙，别施妙诀，使茶纹水脉成物象者，禽兽虫鱼花草之属，纤巧如画，但须臾就散灭。此茶之变也，时人谓之茶百戏。"据说，沙门福全还能注汤幻字，成诗一句，并点四瓯，泛乎汤表。诗云："生成盏里水丹青，巧画工夫学不成。却笑虚名陆鸿渐，煎茶赢得好名声。"

道人在
采集茶叶

至南宋，茶百戏仍然盛行，诗人杨万里《澹庵坐上观显上人分茶》描写在胡铨（澹庵）府上观看显上人进行分茶表演。这位能"注汤作字"的显上人也是一位和尚。可见佛门僧侣精通"分茶"技艺者不少。他们对中国的品茶艺术确实作出重要贡献。

佛教不但对国内饮茶风气的盛行起了重要的推动作用，而且在茶叶的对国外传播更是起了重大的作用，其中尤以东传日本最为典型。最早将茶叶东传日本的就是一批到中国留学的日本僧人。如唐时，日本的永忠、最澄、空海等人都是有名的高僧，他们到中国的寺庙中学习佛学，先后在805年前后回到日本，不但将中国寺庙中饮茶的方式带回日本，同时还将中国茶籽带回日本种植，是日本茶树种植之始祖。宋时，日本的荣西在1168年和1187年两度到浙江天台、宁波、杭州等地的寺庙学习佛学，回国时将宋代盛行的点茶法以及茶籽带回日本，还写了一部《吃茶养生记》，大大推动了日本的饮茶之风。

荣西之后还有很多日本僧侣入宋学佛，其中影响较大的有圆尔辨圆和南浦绍明。

圆尔辨圆于1235年到杭州径山万寿寺学佛，南浦绍明于1259年到杭州净慈寺、径山万寿寺学佛，带回《禅苑清规》等中国典籍，将中国佛门茶礼引入日本，对日本寺院茶礼产生很大影响。南浦绍明带回的7部茶典中有一部刘元甫的《茶堂清规》，其中的"和、敬、清、寂"的茶道宗旨对日本后来茶道思想的形成影响巨大。

到了明代，盛行散茶冲泡方式，将这一饮茶方式传入日本的也是一位和尚——出身于福建福清的隐元，清代顺治十一年（1654）在他63岁时带领徒弟30多人到日本传道，也将中国民间流行的散茶冲泡方式引进了日本，形成了日本茶道的另一大流派"煎茶道"。

综上所述，中日僧人，还有中韩僧人，还有中国和东南亚各国僧人，在茶叶东传历程中都做出重要贡献。可见佛教与茶的关系是何等密切。

二、道教与茶文化

茶与道教的因缘很深。道教是两汉时期方士们把先秦的道家思想宗教化的产物。道教的独特服食修炼方式促进了茶的发现、利用和向民间普及的过程，其时间早于佛教。道士们追求得道成

余姚四明山
虞洪获大茗之地

磐安古茶场中的
许逊塑像（右二）

仙，通过服食药饵来摄生养命，企求长生不老。他们将服食金石类的金丹称作大药，将草木类的草药称为小药，"服小药以延年命"。而茶是属于小药，是道人们日常服食的仙药，他们认为饮茶可以轻身换骨，羽化登仙。道教典籍《壶居士食忌》说："苦荼久食羽化。"《陶弘景杂录》说："苦荼轻身换骨，昔丹丘子、黄山君服之。"于是就在他们隐居修炼的云雾缭绕的名山洞府种茶、制茶，促进了茶叶生产的发展，一批有影响的名茶就被制造出来并在社会上流传。

东汉末年，著名的道教理论家葛玄就曾在浙江天台山植茶。其后裔葛洪《抱朴子》记载："盖竹山（位于浙江临海境内）有仙翁茶圃，旧传葛玄植茗于此。"《神异记》是一本假托西汉东方朔所作的神怪故事集，其内记载：浙江余姚人虞洪入山采茗，遇一道士丹丘子，引他到瀑布山，指点他说：山中有"大茗"，后家人经常进山采获大茗。陆羽《茶经》也说："余姚县（茶）生瀑布泉岭，曰仙茗。大者殊异，小者与襄州同。"浙江磐安县的民间传说晋代的许逊来到该县的玉山地区，教会当地农民种植、加工茶叶，使得玉山的茶叶声名远播。许逊被尊为"真君大帝"，世代祭祀。此外，如四川的青城山、峨眉山，江西的庐山、西山，福建的武夷山，浙江的四明山、天目山，湖南的君山、衡山等，它们都是道教的理想修道场所，又是著名的茶叶产地。可见道教与茶的关系是密不可分的。

道家在"道法自然"时，强调进入虚静的境界。老子说"致虚极，守静笃，万物并作，吾以观其复。""清静为天下正。"庄子也说："夫虚静恬淡，寂漠无为者，万物之本也。"道教所提倡的清静无为、顺应自然观念与致虚守静的修养方式，对品茗艺术和中国茶道的形成和发展产生了影响。道人们在品茶中追求清静的诗化意境，"疏香皓齿有余味，更觉鹤心通杳冥。"（唐·温庭均）"一瓯解却山中醉，便觉身轻欲上天。"（唐·崔道融）"越瓯遥见裂鼻香，欲觉身轻骑白鹤。"（唐·李涉）"采茶饮之生羽翼。"（唐·皎然）。都是一种审美愉悦极致时产生的飘飘然羽化登仙的道家境界，也体现了中国茶道清静之美的美学特征。可见道教对中国茶道精神的形成产生了深刻影响。

三、儒教与茶文化

儒教并非是严格意义上的一种宗教，因为它无明确的宗教戒律和严密的组织，但它在中国人民的思想中，却打下了根深蒂固的烙印，具有旺盛的生命力。

（一）茶与儒学

儒教是由孔子创立的。孔子（前551—前479），鲁国人，他是古代中国知识分子的代表，是中国文化史上承上启下第一人。所以，孔子是一个大儒。他"倡儒教，其要以孝悌为本，以忠恕为方，而行仁道于天下。故其教始于修身齐家，终于治国平天下"。于是，有弟子三千人，贤人七十二位，成为古代中国知识分子的代表人物。

1.孔子与儒学　孔子作为儒家学说的创立者，他对中国文化的贡献，主要表现在"制礼"和"作乐"两个方面。其内容都在孔子制定的"六经"中都有说明。

孔子的"六经"，一般认为指的是：《易》《尚书》《诗经》《春秋》《礼》（指《仪礼》《礼记》和《周礼》）和《乐》。核心思想是"仁"，提倡的是"中庸"之道，以"和"为贵。中国茶文化的核心思想就是一个"和"字，与孔学核心思想是一致的。

孔子是位大儒，其所处的时代，记述茶事发生的资料很少。而孔孟之道所创立的儒家思想，却对中国人对茶的利用和茶事活动产生了深刻的影响，特别是对茶礼、茶俗、茶德等方面影响更加深远。如在茶礼方面表现有贡茶、赠茶、赐茶、敬茶、奉茶等；在茶俗方面表现有用茶祭天祀祖、订婚下茶、茶作丧葬，以及饮茶的区域性和民族性等；至于茶在精神领域、思想道德方面与孔孟之道相融，更是渗透到茶文化的核心精神，诸如茶道、茶德、茶人等方面，并引领茶世界的发展。

2.孔子或许知茶　孔子作为中国的大儒距今已有2 500年左右的历史。其时，有关茶的历史资料很少，留传至今的更少，至于孔子有否尝过茶，更无资料可以查证。特别生长在中国北方的孔子是否饮过茶，更难考证。但尽管如此，人们还是有理由找到一些推证。依孔子所言，他最崇拜周公。而根据唐代陆羽《茶经·七之事》所言："茶之为饮，发乎神农氏，闻于鲁周公。齐有晏婴……"周公是西周初的一位政治家，他的不少言论，辑录在孔子的《尚书》中，说明孔子时茶已为人民所利用。相传，《尔雅》为周公所著。而在茶的发展史上，史学界和茶学界都认为，在茶字未确立前，真正确切表明茶的史籍是《尔雅》中说的"檟，苦茶"之记述。晏婴（前？—前500年），齐国大夫，也是北方人，著有《晏子春秋》，其中写道："婴相齐景公时，食脱粟之饭，炙三弋五卵，茗菜而已。"说的是身为齐国宰相的晏子，吃得十分简单，还把茶当菜吃。从周公和晏子的记述中，孔子虽生在北方，但其时北方是有茶的。

另外，还有一些可供参考的例证。例如，孔子编的《尚书·顾命》有"王三宿、三祭、三诧"之句，有人认为"诧"也是古时茶的别称。又如，经孔子删定的《诗经》，其内多次写到"茶"。虽然，其时有一物多名，一名多称之嫌，但比较多的情况下，在"茶"字未确立前，有不少"茶"字指的就是茶。特别是《诗经》中的"谁谓茶苦，其甘如荠"之句中的"茶"，多数人认为指的是茶。所以，孔子有可能知道茶，特别是孔子创立的儒学，深深地渗透在茶学和茶文

皎然居住的杼山妙喜寺
已是一片废墟

世界（中日）茶文化
学术研讨会

化之中，这是不争的事实。

（二）儒学与茶道

儒家思想吸引着千千万万的信仰者，有许多论点，一直是中国人的立论依据，成为一种无形的精神支柱和文化基石，茶道正是如此。它全面地吸收了儒、道、释（佛）三家的精神与文化内涵，特别是儒家的"中庸"之道，使之形成了茶道自身固有的特性。

何谓茶道，大都是仁者见仁，智者见智，说法不一。一般认为茶道中的"道"，指的是事物的法则和规律，是宇宙万物的本原、本体，是一定的人生观、世界观和政治主张和思想体系。这都可在儒家的学说中找到依据，如《论语·公冶长》曰："道不行，乘桴浮于海。"《卫灵公》载："道不同，不相为谋。"《礼记·礼器》称："苟无忠信之人，则礼不虚道。"特别是受《周礼》的影响很深。何谓《周礼》？李泽厚在《中国古代思想史论》中认为："它是在周初确定的一整套的典章、制度、规矩、仪节，基本特征是原始巫术礼仪基础上的晚期氏族统治体系的规范化和系统化。"但茶道一词却是由唐代诗僧皎然首先提出的，首见于皎然的《饮茶歌诮崔石使君》。诗中谈到茶的功用，能"涤昏寐"，能"清我神"，但皎然触及到的是更深层次，将饮茶与"道"联系在一起。所以，其结果是皎然将它归结为："孰知茶道全尔真，唯有丹丘得如此。"这里，人们不难看出：茶道的内涵，首先受到的是儒学的渗入，它是由佛家皎然最早提出的，但又在内容中反映出道家思想的影响。

接着，唐玄宗天宝（742—756）进士封演《封氏闻见记》写到：中唐时，大兴饮茶之风，使"茶道大行"。这里的茶道一词，主要是指饮茶之道。

中唐以后，几乎有千余年之久，在中国的茶书和有关涉及茶的书籍中，在较长时间内少有茶道一词出现。不过，严格地说，唐人对茶道的理解和界说，并不是很明确的。以后，经宋历明，在张源《茶录》中提到过茶道之说外，直到20世纪80年代开始，随着茶文化在全国范围内的再次掀起，历经1 200余年后，茶道重新被人们所关注。而对茶道一词，从更深层次上进行界说。"当代茶圣"吴觉农在《茶经述评》中提出：茶道是"把茶视为珍贵、高尚的饮料，饮茶是一种精神上的享受，是一种艺术，或是一种修身养性的手段。"著名茶学家庄晚芳在《中国茶史散论》中认为："茶道就是一种通过饮茶的方式，对人民进行礼法教育、道德修养的一种仪式。"

　　与中国相反，茶道虽出自中国，在传到日本后，再结合日本国的国情，形成了日本茶道。日本茶道的形成虽然要比中国晚几百年，但茶道在日本，已成了日本文化的重要组成，成为日本人民心灵的一种寄托。不过，对何谓日本茶道，日本学者也是界说纷纭，莫衷一是。综合现当代日本学者的意见，将几种有代表的茶道论述，分别简述如下。

　　日本学者久松真一从文化学角度出发，认为："茶道文化是以吃茶为契机的综合文化体系。"

　　日本学者谷川彻三在《茶道的美学》中认为：茶道是"以身体的动作为媒介而演出的艺术。"

　　日本学者熊仓功夫从历史学角度出发，认为：茶道是"一种室内艺能"。

　　日本学者仓泽行洋在《艺道的哲学》一书中，认为："茶道包含两个意思：一个是以点茶、吃茶为机缘的深化、高扬心境之路的意思。另一个是以被深化、高扬了的心境为出发点的点茶、吃茶之路的意思……茶道是茶至心之路，又是心至茶之路，如以图示意的话，就成为'茶←→心'……茶道超出了艺道的范围，成为人生之道。简而言之，茶道是宗教的一种存在方式。"

　　而对日本茶道，在中国人的眼里又是怎样的呢？作家周作人评述日本茶道时，在《恬适人生·吃茶》中是这样认为的：日本"茶道的意思，用平凡的话来说，可以称作'忙里偷闲，苦中作乐'，在不完全现实中享受一点美与和谐，在刹那间体会永久，是日本之'象征的文化'里的一种代表艺术。"对日本茶道颇有研究的北京大学藤军教授，在《日本茶道文化概论》一文中认为："茶道是日本文化的结晶，是日本文化的代表。它又是日本人生活的规范，是日本人心灵的寄托……茶道被称为应用化了的哲学，艺术化了的生活。"

　　综上所述，我们可以这样认为：茶道是中国茶文化的结晶，是生活，是艺术，是哲学。它主要是通过用饮茶的方式，对人们进行礼仪教育、道德教化、修身养性的一种手段。

　　从上可见，茶道始自中国，在发展过程不断获得完善。它与生俱来，在茶文化发展史上，茶道始终蕴藏在饮茶文化之中，成为人们饮茶生活的重要组成部分。

（三）儒教与茶德

　　孔子是一位伟大的思想家和教育家，他所创立的儒家学说，在漫长的历史岁月中，几乎无时无刻不在影响着人们的精神思维与活动规范，创造了人类社会发展史上的奇迹。特别是孔子思想的核心"仁"，则是引领"茶德"精神的最先基石。

　　茶德精神，简单地说来就是指由茶的行为而产生的道德和品行。德可以说是儒家的政治主张，主张以道德感化来治理国家。《论语·为政》载："为政以德"，"道之以政，齐之以刑，民免而无耻。道之以德，齐之以礼，有耻且格。"孟子提出："以德服人。"但儒家的德，它的核心仍然是"中庸之为德"。这种思想也反映在茶事上，就是以茶可行道，即反映的是茶的道德和

武夷精舍是朱熹
在福建武夷山讲学之处

品行。据说，唐代刘贞亮提出的茶有"十德"，就是包括茶的功效、茶的礼仪、茶的情操、茶的品行、茶的哲理等在内的为人处道的反映。

宋代理学家朱熹，他在比较建茶与江茶时曾说："建茶如中庸之为德，江茶如伯夷叔齐。又曰：《南轩集》草茶如草泽高人，腊茶如台阁胜士。似他之说，则俗了建茶，却不如适间之说两全也。"[①]这里说的建茶是腊茶，江茶是草茶，两种茶的品质特性是不一样的。进而又以张栻的《南轩集》为例，以人品比茶品。这在清代蒋超伯《南漘楛语·品茶》中亦有记述，如"岕茶为名士，武夷为高士，六安为野士。"这种比法，只是风格意义上的比较，境界并不很高。而朱熹作为大理学家，他的思想境界就大不一样了。同样的建茶、江茶之比，他却将之升华到"中庸之德"这种儒家伦理的高度。

江茶是草茶，味清薄，有草野气。虽有清德，而失之"偏"，而建茶是腊茶，其味最中和醇正。建茶之膏本偏于厚，制作时榨去过剩的膏脂，故其味不浓不淡，不厚不薄而归于"中"。再者建茶之味"正"而长，而归于"庸"。故而建茶，在诸茶中最具有中庸之德。

朱熹将儒家最高之道德——中庸之德赋之于茶，是对茶德的极大提高。通过饮茶，可以体会中庸，从而砥砺茶人努力攀登"中庸之道"，而做君子仁人。

① 《朱子语类·杂说》。

何谓中庸？就是"不偏之谓中，不易之谓庸，中者天下之正道，庸者天下之至理"。[①]"中庸之为德也，其至矣乎"（《论语·雍也》）。中庸是儒家的最高道德标准，是一种至德、一种完美的德。中庸之德，是难以达到的，孔子就曾说："中庸不可能也"，只有"君子"才有可能"依乎中庸""择乎中庸"。可见，茶德之德有一个共同点，即倡导"以和为贵"。和诚相处，和气生财，和衷共济，和平团结。这种"和"，其实就是儒家"仁"的一种体现，它符合不倚不偏的儒家中庸之道。

晋代顾恺之
《列女传仁智图卷》局部

（四）儒家与茶缘

古往今来，有识之士一直倡导廉、俭，热情赞颂清正廉洁等优良品德。而茶正好具有清廉、高洁的品性，茶在养廉、雅志和励志等方面的作用正符合儒家的品性要求，"清茶一杯"意味深长。

1. 用茶养廉　早在两晋南北朝时，一些有眼光的政治家便提出"以茶养廉"，以对抗当时的奢侈之风。东晋贵族以奢侈为时尚，而此一时期的儒家学说践行者们，则承继晏子的茶性俭朴精神，以茶养廉对抗同时期的侈靡之风，其中典型的当推陆纳杖侄。晋人陆纳曾任吴兴太守，累迁尚书令，有"恪勤贞固，始终勿渝"的口碑，是一个以俭德著称的人。《晋中兴书》记载："陆纳为吴兴太守时，卫将军谢安常欲诣纳，纳兄子俶怪纳，无所备，不敢问之，乃私蓄十数人馔。安既至，所设唯茶果而已。俶遂陈盛馔珍羞必具，及安去，纳杖俶四十，云：'汝既不能光益叔父，奈何秽吾素业？'"这里说的是卫将军谢安要去拜访陆纳，陆纳的侄子陆俶对叔父招待仅仅为茶果而不满，自作主张，暗暗备下丰盛的菜肴。待谢安来了，陆俶便献上了这桌丰筵。客人走后，陆纳愤责陆俶，并打了侄子四十大板，狠狠教训了一顿。而谢安是清高倜傥，为天下共知，若以丰筵俗习接待，的确诚如陆纳所言是玷污了他的素业，让谢安在心里小看。文人士大夫之间精神上的同声相气，在魏晋时代是非常重大的事情，茶在这里不但是内容，也是形式，是传递俭廉精神的重要载体。

同时期还有一个东晋大将桓温（312—373），生平有大志，曾挟天子而令诸侯，虽离帝位一步之遥，终究未成。史书记载他也是个性俭之人，可见性俭之人，多有克制自己的能力。《晋

五代周文矩《文苑图》描绘的是
以茶雅志的情节

书》中说："桓温为扬州牧，性俭，每宴饮，唯下七奠拌茶果而已。"说的是桓温在任扬州太守时性情俭朴，每次宴饮客人只设七个盘子的茶食。这样的一个关于生活习惯的小故事被郑重地记入史书，可以说也是以茶养廉的真实写照。

　　清茶一杯，是古代清官的廉政之举，也成为现代人倡廉的高尚表现，古时的"茶宴"，沿袭至今演变成各种形式的"茶话会"，各种招待会、迎新送老、表彰庆祝、喜庆座谈等联谊活动，大都以茶为载体。清茶一杯，配以少量水果糖品，既庄重又生动活泼，而其中传承的清廉之风，正是儒家所一直倡导的。

　　2.用茶雅志　儒家茶的品饮活动，首先注重的是"茶可雅志"的人格思想，正因为儒家茶人从"洁性不可污"的茶性中吸取了灵感，应用到了人格思想中。他们认为饮茶可自省、可审己，而只有清醒地看待自己，才能正确地对待他人，足见儒家茶文化表明了一种人生态度，基本点在从自身做起，落脚点就在"利仁"。

　　茶是一种文明的饮料，被人们视作饮品中的"君子"。首先，这是由其本性决定的。茶性温，喝茶使人清醒，喝茶可以驱病健身，茶对人可谓有百利而无一弊。其次，茶的"君子性"还表现在茶的诸种属性上。茶的属性之一是其形貌风范为人景仰。北宋司马光把茶与墨相比："茶欲白，墨欲黑；茶欲新，墨欲陈；茶欲重，墨欲轻，如君子小人之不同。"茶的属性之二是茶作为人间纯洁的象征。茶从采摘烘焙到烹煮取饮，均须十分洁净。正因为如此，人们历来总是将茶品与人品相比，有茶德似人德的说法，这茶德正是寄寓着儒家追求廉俭、高雅、淡洁的君子人格。

儒家茶人在饮茶时，将具有灵性的茶叶与人的道德修养联系起来，认为品茶活动能促进人格修养的完善，因此沏茶品茗的整个过程，就是陶冶心志、修炼品性和完善人格的过程。

文人雅士的茶事活动有深刻的文化情结，以怡情养性，塑造人格精神为第一要素。茶的基本品质是纯洁，因而无论是在文人雅士的视野中，还是在普通百姓的民俗里，茶都被认为是纯洁高尚人格的象征，被赋予俭朴的人格思想。长期以来，多数正直文人热情赞颂清正廉洁等优良品德。儒家茶文化正是以茶的优美物性带来人格的提升，从实到虚提示了行为准则、道德标准，又从虚到实，按人的真善美的伦理情趣，运用精巧的培育和加工技术，塑造出茶的高雅物性。文人雅士在细细品啜，徐徐体察之余，在色、香、味、形的品赏之中，移情于茶，托物寄情，从而感情受到了陶冶，灵魂得到了净化，人格在潜移默化中得以升华。

陆羽在《六羡歌》充分表现了陆羽对自由高尚人格的追求。历史上儒士阶层都与茶结下不解之缘。苏轼以茶喻佳人，并为茶叶立传，留下了不少有关茶的诗文。裴汶、司马光等也都在品饮之中，将茶视为刚正、纯朴、高洁的象征，借茶表达高尚的人格理想。因此茶道中寄寓着儒家对理想人格的企求，即修身为本、修己爱人、自尊尊人、敬业乐群和志趣高尚等君子人格。

3.用茶勉己　古往今来，多少儒家文人，喝酒成"疯"有之，但饮茶自勉亦为常见。明代文学家李贽，他在《茶夹铭》中写道："我无老朋，朝夕惟汝。"最大的心愿是："夙兴夜寐，我愿与子（茶）终始。"他终生以茶为挚友，直至最后发出了肺腑之言："子不姓汤，我不姓李，总之一味，清苦到底。"他要"汤""李"一家，相伴一生，痴情到物我难分之地。所以，大凡儒家文人，视茶为清廉自洁之物，愿意与茶结伴自勉。在中国历史上，众多儒家对自己的名和号，甚至书斋和文集，总会引经据典，刻意求精，从中考究出最符合自己品格的"东西"去冠名。而茶的品格，最符合儒家文人的品行。

唐代陆羽，一生事茶。到了晚年，他曾居江西上饶茶山寺，亲自开山种茶，挖井煮茶，自号"茶山御史"。唐代诗人白居易，酷爱饮茶，称茶为"故旧"，自称"别茶人"。宋代文人曾几，当年因遭奸相秦桧排斥，隐居在唐代陆羽居住过的江西上饶茶山寺，为追慕茶"精行俭德"品行，自号"茶山居士"。宋代理学家朱熹，在福建武夷山紫阳书院讲学时，总爱与学生品茶论理。他为避"庆元学案"，在给朋友和学生的书信往来中，别号"茶山"，用来隐名埋姓，淡泊人生。有"东方莎士比亚"之称的明代戏曲家汤显祖，在浙江遂昌做县令时，以茶洁身自好，还写了好多茶诗。在他的剧作中，很多地方都写有茶事。后来，他索性将自己的书斋命名为《玉茗堂》，自号为"玉茗堂主人"，将所著的文集题名为《玉茗堂集》。汤氏以"玉茗"命号、命斋、命集。明代文学家王浚，毕生爱好茶，为此他将自己的书屋，定名为"茗醉庐"。明代文学家沈贞，茶不离口，笔不离手，饮茶和写作是生活两大爱好，为此他的别号是"老茶人"，他的文集亦题名为《茶山集》。明代的屠兼，经常饮茶与朋友分享快乐，为此，他索性将自家的居处定名为"茶居"。

此外，明代书画家王涞，别名"茗醉"；文学家姚咨的室名为"煮茗轩"等。明末清初文学家彭孙贻，将自己书斋命名为"茗斋"，传世之作有《茗斋杂记》《茗斋诗余》等。清初常

遂昌
汤显祖纪念馆

州词派创始人张惠言，平日与茶结缘，洁身自重，自号"茗柯"，将书斋定名为"茗柯堂"，将自己的文集题名为《茗柯集》。"茶癖"杜濬也是明末清初人，寓居江宁（今南京）鸡鸣山时，他深居山乡，以茶相伴，工诗作文，自号"茶星"，还嫌不足，又号"茶村"。说他与茶的关系是："吾之于茶也，性命之交也。"平日连剩茶也不忍舍去，集于净处，用土封存，名曰"茶丘"，并作《茶丘铭》记文。清代的沈嶧日，平日以茶究学，将自己的书斋取名为"茶星阁"。清代戏曲家李渔，不善酒，好品茗，曾作《不载果实茶酒说》，以"茗客"自称，反映了李氏对茶的钟爱之情。清代大学者俞樾是一位大学问家，但他经不住茶香的诱惑，其妻姚氏也以品茗自好。为此，他将自己的住处定名为"茶香室"，将所著的文集冠以《茶香室丛钞》《茶香室经说》。

　　这种以茶入名之举，古人有之，今人更甚。如近代文化名人周作人，自言"常到寒斋吃苦茶"。竟将他的书斋命名为"苦茶庵"，自号"苦茶庵主"。从此以后，又有人称其为"苦茶上人"。现代著名茶学家庄晚芳教授，毕生事茶，终身与茶为伴，生前签名题词，常以"中华茶人"作闲章，以"茗叟"落款。至于以"茶人""茶夫"等为别号，"草木轩""清茗屋"等为堂屋名的更是常见。这充分体现了茶在儒家文人心目中的崇敬地位。

4.用茶怡悦　在中国饮茶史上，固然有饮茶超脱，"飘飘欲仙"之人。最引人入胜的要数唐代卢仝，他在《走笔谢孟谏议寄新茶》中，说由于对茶的酷爱，诗人一连饮了七碗，每饮一碗，都有一种新的感受。而饮到第六碗，已经"通仙灵"了。饮到第七碗时，则是"两腋习习清风"，快乐成仙了。所以，儒家文人饮茶怡悦者，称茶仙的有之，谓茶神的有之。

而与此相反的是：当饮茶饮到兴头上时，有时会口吐狂言，一发不可收入。于是将自己比作茶颠，誉作茶癖的也不少。其实，这是有感而发的一种豪情狂语罢了。如在中国茶学史上，有称陆羽为茶仙的。如元代文人辛文房，在他写的《唐代才子·陆羽》中写道："（陆）羽嗜茶，造妙理，著《茶经》两卷……时号茶仙"；同样称陆羽为茶神的也有之。《新唐书·陆羽传》记有："羽嗜茶，著经三篇，言之源、之法、之具尤备，天下益知饮茶矣。时鬻茶者，至陶羽形置炀突间，祀为茶神。"此外，宋代苏轼在《次韵江晦叔兼呈器之》诗中，有"归来又见茶颠陆"之句。明代的程用宾，亦在《茶录》中称："陆羽嗜茶，人称之为茶颠。"他们都赞誉陆羽对茶孜孜不倦，追求事业的精神。清同治《庐山志》中，又将陆羽隐居苕溪，"阖门著书，或独行野中，击木诵诗，徘徊不得意，辄恸哭而归，时谓唐之接舆。"宋代的陶谷在《清异录》中称："杨粹仲曰，茶至珍，盖未离乎草也。草中之甘，无出茶上者。宜追目陆氏（陆羽）为甘草癖。"其实，亦为茶癖之意。不过，还有人称陆羽为"茶博士"的，但陆羽拒绝接受这一称谓。据封演的《封氏闻见记》载：称御史李季卿宣慰江南，至熙淮县馆，闻伯熊精于茶事，遂请其至馆讲演。后闻陆羽亦能茶，亦请之。陆羽"身衣野服"，李季卿不悦，煎茶一完，就"命奴取钱三十文，酬煎茶博士（陆羽）"。陆羽受此大辱，愤然离去，遂写《毁茶论》，为后留下了一个谜团，至今仍无定论。近代，更多的人称陆羽为"茶圣"。

当然，也有爱慕陆羽，有步陆羽后尘，自比为茶仙和茶神的。如唐代的杜牧，在《春日茶山病不饮酒因呈宾客》诗中写道："谁知病太守，犹得作茶仙。"自称茶仙。宋代的王禹偁在《谷帘泉》诗中写道："迢递康王谷，尘埃陆羽仙。"清代文学家何焯，家有藏书万卷，平日杯茶在手，研读学问，终日用茶、书相伴，自号茶仙。

与茶仙和茶神相反的，还有歌颂别人为茶颠，或自嘲为茶癖的。五代的贯休在《和毛学士舍人早春》中称："茶癖金铛快，松香玉露含。"诗中称毛学士为茶癖，而这个毛学士就是五代文人毛文锡，他爱茶成癖，著有《茶谱》一书，留传至今。在明顾大典的《茶录引》中，记有："洞庭张樵海山人（张源）……所著《茶录》，得茶中三昧。余乞归十载，同有茶癖。得君百千言，可谓纤悉具备，其知音以为茶，不知者亦以为茶。""引"中将文人张源和作者自己，爱茶成癖写得入木三分。明代的许次纾在《茶疏》中说："余斋居无事，颇有鸿渐之癖。"这个茶癖，既指鸿渐陆羽，也是许次纾的自称。更有甚者，清代的大文人阮元，用茶屏障尘世，以保身心自洁。在他的《揅经室集·揅经室续集》卷六《正月二十日学海堂茶隐》诗中写道："又向山堂自煮茶，木棉花下见桃花。地偏心远聊为隐，海阔天空不受遮。"阮氏曾绘《竹林茶隐图》，图中的人物就是他自己，实是自称"茶隐"。这种痴情于茶之举，至今亦有所闻。有诗人感叹曰：他愿"诗人不做做茶农"，这不就是文人痴茶的表现么！

四、其他宗教与茶文化

在茶文化发展史上，对茶文化影响深远，并做出过重要贡献的除了佛教、道教、儒教外，主要的还有基督教和伊斯兰教，它们的作用，集中表现在两个方面：一是茶的向外传播，二是宣传饮茶好处。现简述如下。

意大利人
传教士利玛窦

（一）基督教对茶文化的贡献

基督教对茶文化的贡献主要体现在茶叶传播与饮茶普及两个方面。早在16世纪时作为基督教三大派别之一的天主教先后派遣了许多传教士来中国传教，据统计从1581年到1712年，来华的耶稣会传教士达249人，分属于澳门、南京、北京三个主教区。他们中很多人改穿儒服，学说汉语，起用汉名。甚至有些人还进入北京供职清廷。有些西方传教士与当时的封建士大夫交往甚密，关系良好。因此了解中国的风土人情、饮食习惯、礼仪文化，自然也了解中国的茶文化，自然会通过他们的讲述、著作将中国饮茶习俗向西方社会传播，引起西方社会对茶叶的兴趣和了解，进而饮用消费并最终进行贸易。

1556年葡萄牙传教士加斯帕尔·达·克鲁兹在广州住了几个月，回葡萄牙后于1569年出版了《广州记述》，介绍中国人"彬彬有礼"，当"欢迎他们所尊重的宾客时"总是递给客人"一个干净的盘子，上面端放着一只瓷器杯子……喝着一种他们称之为'Cha'（茶）的热水"。据说这种饮料"颜色微红，颇有医疗价值"。克鲁兹可能是将中国饮茶礼仪、茶具、疗效介绍给西方社会的第一人，也是首先将"Cha"这一语音带到欧洲的人，因为广州人"茶"的读音正是"Cha"。1588年意大利传教士G.马菲在佛罗伦萨出版《印度史》一书，书中引用了传教士阿美达的《茶叶摘记》中的材料，向读者介绍了中国茶叶、泡茶的方法以及茶的疗效等内容。1582年意大利人传教士利玛窦来中国传教，在中国生活近30年，足迹遍及澳门、肇庆、韶州、南昌、南京、北京，平日写了大量笔记。1615年，比利时传教士金尼阁在德国将这些笔记资料整理出版了《耶稣会士利玛窦神父的基督教远征中国史》一书，轰动一时。书中，利玛窦介绍中国茶叶时说："他们在春天采集这种叶子，放在阴凉处阴干，然后用干叶子调制饮料，供吃饭时饮用或朋友来访时待客。在这种场合，只要宾主在一起谈话，就不停地献茶。这种饮料是要品啜而不要大饮，并且总是趁热喝。它的味道不是不很好，略带苦涩，但即使经常饮用也被认为是有益健康的。"由于该书被译成多种文字出版，使更多的欧洲人了解到中国的饮茶风俗。

其实，众多的传教士是由意大利的罗马教廷派出的，他们必须经常向罗马教皇汇报传教情况，其中也有涉及茶的相关信息，当然会在意大利传播开来。17世纪中期以后，法国的一些传教士也直接来到中国，他们曾将中国茶树栽培和茶叶加工的图片和文字资料寄回法国，从而促进了法国饮茶之风的兴起。

总之，天主教对中国茶叶传播到欧美起了宣传和推动作用，而且在教会内部也极力提倡饮茶，使茶成为天主教最受欢迎的饮品。

（二）伊斯兰教对茶文化贡献

在中国信仰伊斯兰教的回族等兄弟民族，主要生活在西北地区，其地虽然不产茶或局部地区产一些茶，但饮茶之风却很盛。伊斯兰教的《古兰经》禁止饮酒，从而促使他们选择茶、喜爱茶。同时，"清真"教义贯穿于整个民族精神中，和谐、清真、清净是回族穆斯林兄弟一生的人格追求，这与中国茶道的

回族罐罐茶

"精行俭德"精神是一致的。回族是在华夏古国汉文化占绝对优势的中华大地土壤中逐渐形成、崛起、成熟的民族，在长期生活中不可避免地会相互吸收、融汇一些所在环境中的文化因素，因此，他们接受正在蓬勃发展的汉族茶文化也是历史的必然。同时，回族穆斯林同胞生活在西北地区，大部分处于干旱地带，气候干燥，风沙较大，这样的生活环境促使他们必定要选择清热去火、自然清净、明目利尿的天然饮料——茶。此外，回族以畜牧业为生，自古以来喜食牛羊肉及乳酪等不易消化的肉食品，饮茶正可以有助于食物的消化，还对减少食牛羊肉的膻腻起到清新爽口的作用。《明史·食货志》就指出："番人嗜乳酪，不得茶则因以病。""西北多乳酪，乳酪滞隔，而茶性通利，能荡涤之。"而茶叶中含有多种维生素，可以补充缺乏蔬菜的不足。多种主客观原因决定了回族穆斯林兄弟养成"不可一日无茶"的风俗习惯。

西北地区的甘肃、青海、宁夏、新疆等省区，多数地方不产茶，回族同胞所饮之茶，在古代主要是通过茶马互市换回来的。早在宋代，朝廷就专门设立了茶马司，《宋史·职官志》指明茶马司的职责是"掌榷茶之利，以佐邦用。凡市马于四夷，率以茶马易之"。并开辟了天水、临洮、临夏等地为茶马交易市场。这一制度一直延续至清代中期，从而保证了回族穆斯林兄弟民族所需要的茶叶供应。因此在平日生活中，茶成为不可或缺的生活必需品，被看作和粮食一样重要的物品。在走亲访友时茶就成为首选的礼物。客人来访，以茶待客也成为必然的礼节。在每年的封斋月，最重要的事情便是给亲友中的封斋者赠送茶叶。男女订婚时，也以茶送礼，称之为"下茶"。结婚同房时新人要喝交杯茶，称之为"合茶"，象征夫妻双方恩爱一生，永不分离。在平日的饮茶方式方面，回族穆斯林兄弟创造了有名的"八宝盖碗茶"，将冰糖、桂圆、红枣、枸杞、芝麻、果干、葡萄干等一些地方特产与茶叶一起冲泡，营养丰富，滋味可口，且具有多种医疗保健功效。在中国饮茶艺术宝库中，"八宝盖碗茶"是一颗璀璨的明珠。

回族同胞饮茶，大多喜欢选用盖碗饮茶。盖碗上有天覆盖，下有地相托，将天盖、地托和中间人饮茶用的碗相连，象征天地人相融，当地人形象地称它为"三炮台"。回族同胞用三炮台沏茶饮茶，有意境、有情趣，堪称一景，蔚为大观。

第七章

茶文化与经济

茶在隋唐前，生产有限，饮茶仅局限于上层少数士大夫阶层，所以茶与经济关系并不密切，朝廷对茶叶生产关注度不高。入唐以后，随着茶文化的兴起，饮茶逐渐从上层社会普及到民间，茶叶生产区域不断扩大，茶叶流通领域开始深化。特别是从中唐开始，随着茶叶生产、贸易的发展和饮茶的普及，茶在经济中的地位和作用日益显露，以致引起朝廷重视，茶政茶法也应运而生。

　　中国古代的茶政茶法集中体现在茶税、贡茶、榷茶、茶马互市等方面，以及与此有关的上谕、法令、规定和奏章等内容。茶政茶法如果制订得当，便成为促进茶叶生产的一种手段。相反，"兴一利，增一弊"，如果制订不当，便成了统治阶级限制和控制茶叶生产，压迫和剥削茶农、掠夺和独揽茶利的一种手段。中国自唐开始，有关茶的史书和文献中，有关茶政茶法的内容，连篇累牍，一代比一代多。

东汉画砖上的
士人享乐图

　　特别是从中唐开始，随着茶税的出现和兴起，对茶业的政策和法规获得了一系列的建设和发展，开始日趋完善。这里，茶政是指有关对茶的栽种、储运、经销、榷税、缉私等各项管理工作的总称。内容包括茶业政策的制定，茶业管理机构的设置，茶税的征收管理，流通体制的建立等。而茶业法规，指的是政府管理茶的生产、运销、税收的法律和规定，带有强制性。现将古代有关茶政茶法择要阐述如下。

第一节　茶税的出现

　　史料表明，在唐大历以前，茶的上贡多由地方政府上贡，朝廷并未形成定制。据《新唐书·地理志》载：唐代贡茶的州郡，主要有怀州河内郡（今河南济源）、峡州夷陵郡（今湖北宜昌）、归州巴东郡（今湖北秭归）、夔州云安郡（今四川奉节）、金州汉阴郡（今陕西汉阴）、兴元府汉中郡（今陕西南郑）、寿州寿春郡（今安徽寿县）、庐州庐江郡（今安徽合肥）、蕲州蕲春郡、睦州新安郡、湖州吴兴郡、常州晋陵郡、饶州鄱阳郡、福州长乐郡、溪州灵溪郡（今湖南龙山）、雅州庐山郡（今四川雅安）等地，这些贡茶，只有少数有定额，多数并未形成一种定制。

一、茶税法的出现

　　唐开元以后，宫廷饮茶风气更浓，用茶数量渐增，已非一般上贡所能满足，于是唐王朝就在江苏常州的义兴（今宜兴）和浙江湖州的长兴建立了中国茶文化史上，第一个专门生产王室用茶的场所——顾渚贡焙。根据《唐义兴县重修茶舍记》载："顾渚与义兴接，唐代宗以其（指宜兴）岁造数多，遂命长兴均贡。自大历五年始分山析造，岁有定额。"以后，随着贡额渐增，茶农的负担渐重。据《元和郡县志》载："（唐）贞元以后，每岁以进奉顾山紫笋茶，役工三万

长兴大唐贡茶院
博物馆一角

长兴
唐贡茶园遗址

人，累月方毕。时任浙西观察使和湖州刺史的袁高，在亲自督造贡茶的过程中，在《茶山诗》中发出了"动生千金费，日使万姓贫"。"一天且当役，尽室皆同臻"。"悲嗟遍空山，草木为不春"。"选纳无昼夜，捣声昏继晨"的感叹声！而制作的贡茶，限时在清明前三天送达长安（即今西安）。为此，唐代李郢《茶山贡焙歌》曰："驿骑鞭声砉流电，半夜驱夫谁复见？十日王程路四千，到时须及清明宴。"诗中，作为刺史的袁高，对送贡者的艰辛和同情，发出了深重的内疚感。由此可见，贡茶实际上就是一种茶的税赋，它是一种实物税，或者说它是一种劳役性质茶税。特别是安史之乱以后，由于朝廷国库空缺，以筹措常平仓为借口，于唐德宗建中三年（782），户部侍郎赵赞上奏：在盐铁专卖基础上，"收贮斛斗匹段丝麻，候贵则下价出卖，贱则加估收籴，权轻重以利民。从之。"于是，由盐铁转运使主管茶政，其资备赈灾之用，"乃於诸道津要置吏税商货，每贯税二十文；竹木茶漆，皆什一（十分之一）税一"。开创了中国茶业史上最早茶税的记录。不久，德宗因战乱外逃，西遁奉天，为减轻茶农负担，诏罢商货税。接着，据《文献通考》记载：盐铁使张滂于贞元九年（793），以水灾两税不登，请"于出茶州县及茶山外商人要路，委所由定三等，时估每十税一"；由此又"昭征天下茶税，十取其一"。恢复茶税后，朝廷发现税赋显著，遂把茶税作为一种定制，与盐、铁并列为主要税种之一，并设置盐茶道，作为主持茶政的机构。又钦派盐铁使，专门主管茶、盐等商货务，以加强对茶、盐的控制。自此开始，茶税也就正式列入茶政之列。

据《旧唐书·食货上》载："元和十三年（818）盐铁史郑异奏请：应诸州府先请置茶盐店收税，伏准今年正月一日赦文，其诸州府因用兵已来，或虑有权置职名，及擅加科配，事非常制，一切禁断者。伏以榷税茶盐，本资财赋，赡济军镇，盖是从权。昨兵罢，自合便停，时久实为重敛。其诸道先所置店及收诸色钱物等，虽非擅加，且异常制，伏请准赦文勒停。"这里所说的"昨兵罢"是指平定淮西藩镇吴元济后，国家一统，勒令停止各地茶、盐店税收。接着，唐宪宗又"从刺史房免让之请"，获准归还光州（今河南潢川一带）"茶园于百姓"。但好景不长。据《旧唐书·穆宗纪》载：穆宗即位后，于元和十五年（820）五月下诏："以国用不足，应天下两税、盐利、榷酒、税茶及户部阙官、除陌等钱，兼诸道杂榷税等，应合送上都及留州、留使、诸道支用、诸司使职掌人课料等钱，并每贯除旧垫陌外，量抽五十文，仍委本道、本司、本使据数逐季收计。其诸道钱，便差纲部送付度收管，待国用稍充即依旧制。"至文宗时，据《旧唐书·庾敬修传》载，工部侍郎兼鲁王傅庾敬修奏称："剑南西川、山南西道每年税茶及除陌钱，旧例委度支巡院勾当榷税，当司于上都召商人便换。大和元年，户部侍郎崔元略与西川节度使商量，取其稳便，遂奏请茶税事使司自勾当，每年出钱四万贯送省。近年已来，不依元奏，三道诸色钱物，州府逗留，多不送省。请取江西例，于归州置巡院一所，自勾当收管诸色钱物送省，所冀免有逋悬。欲令巡官李潠专往与（李）德裕遵古商量制置，续具奏闻。"如此，根据《旧唐书》和《新唐书》记载，茶自立税以后，税额并不因国库收支好转而有所减免，反倒是随着茶叶生产的发展而不断增加。如贞元时期（785—805），茶税收入每年增加到四十万缗。武宗会昌年间（841—846），除正税外，又新增一种叫"塌地钱"的过境税。到宣宗大中六年（952），通过裴休订约十二条，严禁私茶贩运，使税斤两不漏，更加丰厚。

二、茶税的演绎

北宋时，茶税主要实行的是东南茶法榷货务山场制，采用的是交引法。这里的榷货务为官署名，管理食粮、盐茶、金帛等贸易，由监官、朝官、诸司使、副使及内侍充任其职。茶引法是宋代茶叶专卖法的一种，它一直沿用至清代。茶引实为茶叶专卖凭证，就是茶商于官场买茶，缴纳引税后，州县发给茶叶引票，尔后茶商凭引票贩运茶叶。这种茶叶引票，类似现代的购货凭证和纳税凭证，具有专卖凭证的性质。据查，茶叶交引法在宋太祖和太宗时已基本形成，以后只是它的承袭和演绎而已。据《续资治通鉴长编》卷五载：宋太祖建隆三年（962），"以监察御史刘湛为膳部郎中。湛奉诏榷茶于蕲春，岁入倍增。"这里的榷茶，其实是鉴于北方是茶叶的重要消区，宋王朝对经蕲春北销的江南茶叶实行官府垄断收购。由于"岁入倍增"，至宋乾德二年（964），官买制正式确立，"初令京师、建安、汉阳、蕲口并置场榷茶"。设立管理机构，对江南所产之茶实行政府专买制，由政府独占收购和批发环节。然后，准许商家入榷货务入中钱物，算买交引，再持引到沿江榷货务换茶销售。这种茶叶入税方式，一直贯穿于宋王朝。

与此同时，宋王朝还于乾德二年制订贩卖私茶的惩罚令，据《续资治通鉴长编》卷五载："民敢藏匿不送官及私贩鬻者，没入之。计其直百钱以上者杖七十，八贯加役流。主吏以官茶贸易者，计其直五百钱，流二千里，一贯五百及持仗贩易私茶为官司擒捕者，皆死。"商人或官吏私藏私贩都将受到惩罚。

据《续资治通鉴长编》卷六载：宋乾德三年（965）三月，苏晓"建议榷蕲、黄、舒、庐、寿五州茶，置十四场"。采用的是更为严厉的惩罚手段。但综观北宋王朝，由太祖建立的榷货务茶叶专卖交引税法，后来入税数额虽然有变，宽严程度不一，但格局经年未变，这为后来太宗、真宗、仁宗等茶政税法奠定了格局。到徽宗政和二年（1112）时，权相蔡京对茶法进行改革，推行的是合同场法，采用的是以引榷茶的方式。其时，茶引分长、短两种。茶引的印造和发卖权州县不得参与，统一收归中央，由太府寺负责。据《宋会要辑稿》载："长、短引令大府寺以厚纸立式，印造书押，当职官置合同簿，注籍讫，每三百道并籍送都茶场务。"表明都茶务是唯一的卖引机构。商人贩茶时以笼篰为单位，分大小两等，由官府统一制造。商人贩茶时，必须向官府按笼篰购买茶引，以此达到政府专卖，收取专卖税的目的。

南宋时，东南茶法继承了政和合同场法模式，但茶引分长、短、小三种，方法有变。按《宋会要辑稿》言，南宋初，长引允许隔路通商，立限一年缴引。短引仅限本路州军流转，立限半年。至宋孝宗初年，长、短引的含义有了改变，长引是指淮南、京西等地贩茶的引凭，短引则可以在江南不限路分，任凭贩运。以后，虽时有改动，但格局未变。表明南宋实行的茶税法就是政府不直接参与买卖，而是通过卖引收取税收和对商人贩茶的严密控制，以达到获取茶叶专卖的目的。

元代，因蒙古本身有足够的战马，因而茶马互市中止。进而，又废除了榷茶制，茶税统一改为引票制。据《元史》载：元世祖中统二年（1262），潭州路总管张庭瑞变更引法，每引纳2缗，茶叶自由买卖。元世祖至元十三年（1276）以三分取一，第二年增到三分之半，此后茶税不断增加，到至元二十六年增到10贯。如此，从1276—1314年的38年时间，茶税增加360倍。而苛重的茶税，使茶商、茶农损失惨重，茶叶生产惨遭破坏，最终起而反之。元顺帝至正十一年（1351）五月，刘福通率红巾军起义时，河南、湖北、安徽三省茶农纷纷响应，加入起义军就是例证。

明代茶政采用的是以榷茶和以茶易马为主，并辅以茶税的政策。这主要是因为明王朝建国前，元蒙铁骑压境，一统天下。而蒙古本身不产茶，但视茶为生活必需品。所以，明太祖朱元璋把茶法定为重要国策之一。在明王朝尚未建立之前，于元顺帝至正二十一年（1361），在战火声中朱元璋就"议榷茶之法"。

明王朝建立初期，还有元蒙残余势力，朱元璋为完成统一大业，他采取团结今甘肃、青海、新疆等地少数民族，孤立元蒙残余势力的同时，在全国实行两种不同的茶税体制。一是在四川、陕西地区实行官买官卖垄断制，茶农赋税交实物，余茶官买，把茶叶全部控制在政府手里，以利于与西番进行茶马互市，并对蒙古严加控制，用以加强战备，完成统一大业。二是在江南广大地区则实行商买商卖和折征制，以增加国家财政收入。茶税由中央户部统一管理的同时，又在应天府（今南京市）、宜兴、杭州设批验所，管理商人购买、查验茶引事宜。对产茶州、县还增设茶课司，产量较少的地区由宣课司兼管，并征收茶税。据《明会典》载："国初招商中茶，上引五千斤，中引四千斤，下引三千斤，每七斤蒸晒一篰，运至茶司，官商对分。官茶易马，商茶给卖。"规定："凡引由，洪武初议定，官给茶引，付产茶府州县。凡商人买茶，具数赴官，纳钱给引，方许出境货卖。"规定税率为"凡茶引一道，纳铜钱一千文，照茶一百斤。茶由一道，纳铜钱六百文，照茶六十斤。"并定有严厉惩罚措施，"诸人但犯私茶，与私盐一体治罪，如将已批验截角退引，入山影射照茶者，同私茶论。""出园茶主，将茶卖与无引由客兴贩者，初犯笞三十，仍追原价没官；再犯笞五十；三犯杖八十，倍追原价没官……"

入清后，初时仍实行榷茶和引税并行制。据《清会典》载："本朝茶法，陕西给番易马，初差御史巡视，后归巡抚兼理。他省发引招商，征课起解，因地制宜。"清康熙二十二年（1683）时，不但茶税范围甚广，而且税率很高，除正税之外，还有厘金。每引茶税，低者一钱二分九厘三毫，商者三两九钱至十两五钱。至清末时，由于战乱不断，遂改茶叶贸易以税收为主，以增加库入，补助地方行政费用。特别是鸦片战争爆发后，由外国洋商与内地官僚勾结，对茶行、茶栈、茶客、茶贩大肆盘剥，茶叶税赋更多更重，茶农深受其害，致使茶叶生产严重衰退。

清同治
茶捐收据

其实，茶税的征收，是社会经济发展到一定阶段的必然产物。若制订得当，这在一定时期内，对促进和规范茶叶经济发展，完善茶叶生产经营法律条文有着积极的作用。但是，茶税的重征重收，也会极大地打击茶农生产和茶商销售的积极性，直至成为剥削人民的一种手段，以致成为阻碍和破坏生产的一种手段。中华人民共和国成立后，于1953年以后，国家将茶叶划为二类物资，基本实行统购统销政策。1983年开始，国家根据当时的茶叶生产形势和国民经济发展需要，为了平衡农村各种作物的税收负担，促进农业生产的全面发展，当时国务院发布了《关于对农林特产收入征收农业税的若干规定》。自开征农业特产税后，通过17年的实践与运行，国家又从2000年开始进行农村税费改革试点，对农业税和农业特产税政策进行了重大调整，主要内容有：一是合并征收环节。二是规范农业特产税的征收。三是下调农业特产税税率，合并有关应税项目。2004年7月，国务院决定暂停征收除烟叶以外的农业（含茶叶，下同）特产税。2006年2月17日，农业特产税被宣布废止。从此，茶税成了历史的记忆。

第二节　榷茶的问世

榷茶，实是茶叶的专卖制度，它"禁他家，独王家得为之"。凡茶叶的种植、采收、烘焙、运销全由国家控制，私者不得营销。

一、榷茶由来

《唐会要》载："茶之有榷税，自涯（即王涯）始也。"据查，榷茶始于唐大和九年（835）十月，其时唐文宗采纳重臣郑注"以江湖间百姓茶园，官自造作，量给直分，命使者主之"的榷茶之法，当即诏命盐道转运使王涯兼任榷茶使，负责具体实施。于是王涯向唐文宗奏榷茶之利，奏请采用"使茶山之人，移树官场，旧有贮积，皆使焚弃"的蛮横手段，强行推行榷茶法。奏准后文宗以王涯为榷茶史，规定民间种茶一律移至官营茶园；各户积贮的茶叶就地焚毁。凡茶的种植、制造、买卖，均归官府掌握，一改过去听由民众自由经营的局面。

榷茶制度颁发后，茶户怨声四起。王涯于当年十月领命行榷茶，但只有一个月时间，王涯因"甘露事变"被宦官仇士良杀害。又因王涯推行的榷茶法主观过于偏激，其时立马遭到朝野普遍反对，江淮茶民甚至宣称，要起来造反入山。其后，朝廷为缓解气氛，遂任命令狐楚继任榷茶史，同年十二月，令狐楚奏请停止榷茶，恢复税茶旧法，变税法为"纳榷之时，须节级加价"，即允许茶叶由民间种植制作，再由官府统一收购茶叶后，加价出售给茶商运销。如此，王涯推行的榷茶法，前后推行时间只有两个月就夭折了。

榷茶制度的推行，在对茶农加重负担的同时，对保证唐王朝财政收入带来莫大好处，于是朝廷为保证榷茶制度的推行，在令狐楚推行的变相茶叶榷茶之法的基础上，又新制订严法相辅。唐武宗开成五年（840）十月之规定：若园户私卖茶叶，犯十斤至一百斤，征钱一百文，决脊杖十五。至三百斤，决脊杖二十，钱如上。累犯累科，三犯以后，委本州上历收官，重动徭役，少戒乡间。唐大中初，裴休又新立茶法十二条，严征茶叶私卖和漏茶者，用更严厉茶法，保证了官府对茶利的垄断。

二、榷茶的延伸

到宋乾德二年（964）时，朝廷诏京（河南开封）、建（福建建州）、汉（湖北汉阳）、蕲口（今湖北宜春）等地，设置榷货务，实行榷茶制。后又以苏晓为淮南转运使，"榷舒、庐、蕲、黄、寿五州茶货……尽搜其利"。至此，榷茶才真正实施。不过宋代榷茶，时榷时废，大致分为三个阶段：宋初，太平兴国二年置江南榷茶场；接着，于北宋熙宁七年（1074）至南宋末对川陕茶实行禁榷，确立了茶马互市和边茶贸易体制；最后，于崇宁年间（1102—1106），蔡京复榷东南茶叶，实行的是一种长短引结合的茶叶间接的专卖方式。以后，又时榷时废，经过多次反复。大致说来，除保证岁额几十万斤的贡茶外，其余茶叶均以卖引商销为主。

元代榷茶茶叶专卖制度。据《元史·食货志二·茶法》载："元之茶课，由约而博，大率因宋之旧而为之制焉。"至元六年（1269）"始立西蜀四川监榷茶场使司掌之"；至元十四年，又"置江淮等路都转运盐使司及江淮榷茶都转运使司"；至元十六年，"立江西榷茶运司及诸路转运盐使司"；至元二十七年，"复立南康、兴国榷茶提举司"。到皇庆二年（1313）时，"置榷茶批验所，并茶由局官"。到元统元年（1333）时，"江西、湖广、江浙、河南复立榷

浙江磐安
宋代茶市场内景

茶运司"。不过，从整个元代而言，在较长时期内，实
行的主要是禁榷。

　　明时，采用的是袭元制，实行禁榷。据《明会典》
载：明初招商中茶，分上引、中引、下引。"上引五千
斤，中引四千斤，下引三千斤"。凡引茶运至茶司，官
商对分，官茶易马，商茶给卖。每上引仍给附茶一百
算，中引八十算，下引六十算，名曰酬劳。"官给茶
引，付产茶府、州、县。凡商人买茶，具数赴官，纳钱
给引，方许出境货卖。"不过，在茶业发展史上，明代
的茶法是最为严厉的。据《明史》载：明初，太祖（朱
元璋）令商人到产地买茶，纳钱后方可请"引"。凡
"引茶百斤，输钱二百，不及引，曰畸零，别置由帖
给之。无由引及茶、引相离者，人得告捕；置茶局批验

清康熙时的
武夷引制碑记

所称较，茶引不相当，即为私茶。凡犯私茶者，与私盐同罪。私茶出境，与关隘不稽者，并论死"。终观明代一朝，其茶法在历朝历代中是最严的。明太祖朱元璋的第三个女婿欧阳伦，自以为是驸马都尉，不怕牵连，斗胆在西北地区贩卖私茶，结果在兰县（今兰州）事发，被查处后，明太祖不为私情所致，也不管爱女哭诉，将欧阳伦"坐死"。如此一来，很少再有人敢以身殉法，贩卖私茶了。

清代的榷茶法，前期基本沿用明制。只是到了嘉庆以后，由于中国逐渐沦为半殖民地半封建社会，原引制渐废，茶税始变为厘金、茶捐。这是因为鸦片战争后，外国商人通过不平等条约，可以直接到茶区建厂制茶，或收购茶叶；其次，由于洪秀全农民起义军起义造反，特别是在长江中下游一带，原引制路线受阻，改由福州海运。清廷遂在各扼要处所和广东、江西、浙江邻近地区增卡设关，实行征税制。据《清史稿》载："自咸丰五年（1855）始，凡贩运茶斤，概行征税，所收专款，留交本省兵饷。"咸丰九年，重臣曾国藩在江西制定章程，分别征收"茶厘茶捐"，每百斤除境内抽厘银二钱，出境又抽一钱五分，各省相率仿效，至咸丰末年同治初年，清代榷茶制除个别地方尚保留某些形式外，其余全部消失，历史上的榷茶制到此寿告正寝。

终观自唐至清，榷茶法虽时禁时复，但基本上一直处于保留状态。自清咸丰以后，再也没有出现过榷茶之举了。

第三节　贡茶的延续

贡茶是指古代进奉给包括皇帝在内的皇室专用的茶。自唐开元以后，北方饮茶之风日益高涨，宫廷饮茶已非以前地方贡献所能满足。自此，便出现了中国历史上最早的贡焙，即浙江长兴的顾渚山贡焙。据《唐义兴县重修茶舍记》载："义兴贡茶非旧也，前此故御史大夫实典是邦，山僧有献佳茗者，会客尝之。野人陆羽以为芳香甘辣，冠于他郡，可荐于上。栖筠从之，始进万两，此其滥觞也。厥后因之，征献渐广，遂为任士之贡。"从此，贡茶作为向王室进贡的专门制度，岁有定额，设有禁令。顾渚山贡焙进贡的贡茶数，日渐增多，相应地人民所付的劳役也多。据《元和郡县志》载："（唐）贞元以后，每岁以进奉顾山紫笋茶，役工三万人，累月方毕。"这种向王室明令进贡的贡茶制度，自唐大历五年开始，历经五代、宋、元、明、清各朝各代，成了统治者强加在劳动人民身上的一项沉重负担。说到底，贡茶实质上是一种带有劳役性的税赋，也是一种实物税。它与真正课收的茶税相比，只是表现形式不同而已。

一、贡茶的缘起

据晋代常璩《华阳国志·巴志》载，公元前1066年周武王伐纣时，西南地区的巴国已将茶与其他珍贵产品，给周武王纳贡。据说隋时，隋炀帝杨广在江都（今江苏扬州）患头痛病时，天台山国清寺的智者大师，携带天台茶为隋炀帝治好头痛病。为此，隋炀帝大喜，命全国大行

顾渚山
唐代贡茶院遗址

宋元时的
建茶贡碑

茶事，推动了王公贵族的饮茶之风。但据宋代寇宗奭《本草衍义》载，贡茶始于晋代，说："晋温峤上表，贡茶千斤，茗三百斤。"接着南朝宋时，山谦之的《吴兴记》则记有：乌程县二十里有温山，出产御茶。不过，在唐以前，虽有贡茶之说，但并未形成一种制度。而唐时，不但各地名茶入贡，而且还于唐大历五年（770），在浙江长兴顾渚山设贡焙；至会昌中，贡额达18 400斤。《新唐书·地理志》中提及唐代贡茶产地达17州之多，最有名的是江苏宜兴的阳羡茶、浙江长兴的紫笋茶和四川雅州的蒙顶茶。唐代诗人、湖州刺史杜牧（803—853）写了一首长诗《题茶山》：首先写到作者奉诏来到长兴顾渚茶山监制贡茶时的心情，"修贡亦仙才"，觉得这是一件美差，并希望今后能旧地重游。接着写了茶山修贡时的繁华景象，说河里船多，岸上旗多，山中人多、笑声多、歌舞多。三是说到茶山的奇异风光："等级云峰峻，宽平洞府开。""磬音藏叶鸟，雪艳照潭梅。""树荫香作帐，花径落成堆。"四是写了紫笋茶入贡时情景，快马加鞭，急送京城："拜章期沃日，轻骑疾奔雷。"史载，这种茶要快马急送，在十天内从浙江长兴送到京城长安（即今陕西西安），跑完四千里路，因此又叫"急程茶"。

　　宋代贡茶更盛。《宋史》载，宋代贡茶地区达30余个州郡，约占全国产茶70个州郡之半。以后，宋太祖首先移贡焙于福建建州（今建瓯）的北苑，自此北苑便成为全国生产贡茶的主要基地。据《宋史·食货志》载："建宁蜡茶，北苑第一。其最佳者曰社前，后制愈精，数愈多，胯式屡变而品不一，岁贡片茶二十一万六千斤。"后丁谓、蔡襄相继出任路转运使，在蜡面茶基础上，分别创制了大、小龙团凤饼上贡。宋元丰中，贾青任福建路转运使，又创制了"密云龙"。到北宋末年，贡茶品目多达41种，且每种贡茶的制作工艺，都有严格的操作顺序和具体规定。特别是极品贡茶，制作精致，工夫极深，其价"远胜黄金"。

　　元代贡茶沿袭宋制，继续以福建建瓯采制的龙凤团饼为贡茶，但制作中心已由北苑移到武夷山。元顺帝末年（1367），岁贡达990斤。此外，也有一些各地产制的名特茶作为贡茶的。

明代贡茶，初袭元制。洪武初，明太祖朱元璋罢团茶改散茶，遂将贡茶改贡芽茶。据明代谈迁《枣林杂俎》载：明代有四十四州县产贡茶。又据明代何孟春《余冬序录摘抄内外篇》载："天下茶贡岁额止四千二十二斤，而福建二千三百五十斤，福建为多。天下贡茶但以芽称，而建宁有探春、先春、次春、紫笋及荐新等号，则建宁为上，国初建宁所进，必碾而揉之，压以银板，为大小龙团，如宋蔡君谟所贡茶例。太祖以重劳民力，罢造龙团，一照各处，采芽以进。"但明代贡茶虽以建茶为主，但范围已扩大到福建、浙江、南直隶、江西、湖广五省区。

清时，贡茶产地进一步扩大，江南、江北的著名茶叶产地，均有列为贡茶的。据《清会典》载："岁进芽茶，顺治初，系户部执掌。七年，改属礼部。俱入土产处所起解，转送该衙门供用，各有定数。"并规定各地贡茶，每年谷雨后第十天起解，按远近规定送达日期。对各地贡茶的数量，有严格的规定。如以浙江为例："浙江省岁解芽茶共五百零五斤，杭州府属四十斤，湖州府属三十二斤，宁波府属二百六十斤，绍兴府属四十斤。"据查慎记《海记》所列，清初各地有贡茶13 910斤。

清初各地贡茶条目

单位：斤

古地名	今地名（今所属辖区）	数量
宜兴县	江苏省宜兴市	100
六安县	安徽省六安市	300
广德州	安徽省广德县	72
建平县	福建省南平市建阳区	25
长兴县	浙江省长兴县	35
嵊县	浙江省嵊州市	18
会稽	浙江省绍兴市	30
永嘉	浙江省永嘉县	10
临安	浙江省临安市	20
富阳	浙江省杭州市富阳区	20
龙游等县	浙江省衢州市、龙游县	20
慈溪	浙江省慈溪市	260
丽水	浙江省丽水市	20
金华	浙江省金华市	12
临海等县	浙江省临海市等县	15
建德	浙江省建德市	5
淳安县	浙江省淳安县	5
遂安、寿昌	浙江省建德市、淳安县	6
桐庐	浙江省桐庐县	12
江西南昌府	江西省南昌市	75

（续）

古地名	今地名（今所属辖区）	数量
南康府	江西省星子、永修、都昌等县	25
赣州府	江西省赣州市、石城、兴国以南地区	11
袁州府	江西省宜春市	18
临江府	江西省新余市、清江、新干、峡江三县等地	47
九江府	江西省九江市和德安、湖口、瑞昌、彭泽等县	120
瑞州府	江西省高安、宜丰、上高等地	30
抚州府	江西省抚州市	24
吉安府	江西省吉安市	18
广信府	江西省贵溪县	22
南安府南康县	江西省南康县	10
武昌府	湖北省黄石、阳新、通山、大冶等市县地	60
岳州府湘阴县	湖南省湘阴县	60
宝庆府邵县	湖南省邵阳市	20
武冈州	湖南省武冈市	24
新化县	湖南省新化县	18
长沙府安化县	湖南省安化县	22
宁乡县	湖南省宁乡县	20
益阳县	湖南省益阳市	20
建宁府建安县	福建省建瓯市	1360
崇安县	福建省武夷山市	941
池州府	安徽省贵池、青阳、东至等县地	3000
徽州府	安徽省黄山市、休宁、祁门、绩溪等县及江西婺源县	3000
苏州府	江苏省苏州市	3000
滁州府	安徽省滁州市、来安、全椒三县地	300
徐州	江苏省徐州市	200
和州	安徽省和县、含山等地	300
广德州	安徽省广德、朗溪县地	300

资料来源：摘自万秀锋等著，《清代贡茶研究》，故宫出版社，2014年。

  关于各地贡茶的数量，在清代各个时期是有变化的，以云南普洱茶为例，雍正七年（1729）八月初六日，云南巡抚沈廷正向朝廷进贡茶叶，包括：大普茶二箱、中普茶二箱、小普茶二箱、普儿茶二箱、芽茶二箱、茶膏二箱、雨前普茶二匣，从此开始了普洱茶进贡的历史。雍正十二年云南巡抚张允随所进贡单中，有："普茶蕊一百瓶、普芽茶一百瓶、普茶膏一百匣、大普茶一百元、中普茶一百元、小普茶一百元、女儿茶一千元、蕊珠茶一千元。"在《宫中杂件》中，记载了光绪三年（1877）四月新收普洱茶的品种数量为："普洱大茶九十个、普洱中

长兴顾渚山
最高堂贡茶摩崖石刻

重建的清风楼
是唐时督贡官吏的憩息地

茶九十个、普洱小茶九十个、普洱女儿茶三百个、普洱珠茶四百五十个、普洱蕊茶八十瓶、普洱芽茶八十瓶、普洱茶膏八十匣。"①

1912年，中华民国成立，民国政府宣布：停止各省向政府进贡茶叶。从此，演绎了近三千年的贡茶制度告终。贡茶制度的建立，虽然加重了农民的深沉负担，为少数统治阶级占有，但它对促进茶叶品质的提高和名优茶的发展，无疑起到了推动作用。

二、著名的贡焙和御茶园

贡焙和御茶园始于唐代，源出于贡茶，也就是说：因为有了贡茶，才会有贡焙和御茶园的出现。据唐代杜佑《通典》载：唐代贡茶，其初仅安康郡贡芽茶一斤，夷陵郡（今湖北宜昌）贡茶芽二百五十斤，灵溪郡（今湖南龙山）贡茶芽二百斤。官置贡焙始于代宗大历五年（770）。因其时江苏宜兴阳羡茶难以完成贡额，朝廷遂命湖州郡在长兴置贡茶院于顾渚。于是，在中国茶文化史上，就有了第一个官置，并专门为宫廷制作贡茶的贡焙，即长兴顾渚山的贡茶院，顾渚山茶园也就成了专供贡焙制作的御茶园了。据查，在中国茶文化史上的贡焙和御茶园，影响较大的有三处。

1.唐代贡焙　位于浙江长兴县顾渚山南麓的虎头岩，始建于大历五年，始贡500串。唐建中二年（781），进3 600串。至唐会昌中（841—846），增至18 400斤。唐代时曾任吴兴（今浙江湖州）刺史的张文规写了一首《湖州贡焙新茶》诗，曰："凤辇寻春半醉归，仙娥进水御帘开。牡丹花笑金钿动，传奏吴兴紫笋来。"因为顾渚紫笋茶深受皇帝喜爱，所以诗中说一旦贡茶送达长安（今西安），宫女们立即向正在寻春半醉而归的皇帝禀报："长兴紫笋贡茶到！"又据宋代嘉泰《吴兴志》载："《统记》云，长兴有贡茶院，在虎头岩后……自大历五年至贞元十六年（800年）于此造茶，急程递进，取清明到京。袁高、于頔、李吉甫各有述。至贞元十七年（801），刺史李词以院宇隘陋，造寺一所，移武康吉祥额置焉。以东廊三十间为贡茶院，两行置茶碓，又焙百余所，工匠千余人，引顾渚泉亘其间。"另据《长兴县志》记载：顾渚贡茶院，自唐代宗大历五年始，到明洪武八年（1375）止，长达600年，其间役工3万，工匠千余，制茶工场30间，烘焙100余所，产茶万斤，专供皇帝和王公贵族享用。

2.宋代贡焙　当时由于建茶鹊起成为贡茶主要茶品，自此宋代贡焙移建于建安（今福建建瓯）建溪河畔的北苑。北苑便成了全国生产贡茶的主要基地，其规模比唐时更大。据宋代宋子安《东溪试茶录》载："旧记建安郡官焙三十有八，自南唐岁率六县民采造，大为民间所苦……至道年（995—997）中，始分游坑、临江、汾常、西濛洲、西小丰、大熟六焙。隶南剑，又免五县茶民，专以建安一县民力裁足之。……庆历中，取苏口、曾坑、石坑、重院，还属北苑焉。"最盛时，公私之焙多达1 336个，北苑的茶园也就成了生产贡茶的御茶园了。

武夷御茶园

3.元代贡焙　已由北苑移至武夷山九曲溪的四曲溪畔，与御茶园相邻。据清嘉庆《崇安（今武夷山市）县志》载："御茶园，在武夷山第四曲，元建堂宇尽废，存喊山台，台左有通仙井，元时井上复以龙亭，岁于惊蛰日有司致祭，率役夫茶户，鸣金鼓谓动地脉以发泉，畅春膏（指茶）而早苗，重玉食，谨有事也。"这里说的是元至顺二年（1331），建宁总管（武夷山旧属建宁府）为祈求上苍保佑，确保御茶园（即皇家贡焙局）岁岁平安，不致惹祸，又在通仙井畔筑起一个喊山台。据清代《武夷胜记》载，喊山台乃元暗都喇建，每逢春季茶园开采之前，值惊蛰之日，当地地方和偕同专管御茶园的官吏及员工，一定要登上通仙井旁的喊仙台，祭礼茶神，以求茶神保佑。崇安县令还得亲诵祭文。祭毕，隶卒鸣金击鼓，红烛高烧，鞭炮齐鸣，祭礼者同声三呼："茶发芽！茶发芽！茶发芽！"在震耳欲聋的喊山声中，通仙井水缓缓上升。众者确认这是天赐万民，有利于国泰民安！据清代周工亮的《闽小记》载。这种奇特的水涨水落现象，为贡茶增添了一种神奇的民族色彩。

明清时，由于茶类改制，由唐宋时的团饼茶改制为散形芽茶。同时，随着茶叶生产在全国范围内的兴起和扩展，贡茶品种渐增，生产区域更广，除了旧时沿袭的贡焙外，也无须专门新设立贡焙了。

第四节　茶马互市的定制

茶马互市是唐宋至清代时，官府用内地的茶，在边境地区与少数民族进行以茶易马的一种贸

西安茶文化街
《茶马互市》壁画

易方式，但这是一项国策，制定成法规加以推行。不过，它的作用与意义，则要远远超过贸易往来，实是一种法制。

一、茶马互市的出现

　　茶马互市始见于唐代。据封演的《封氏闻见记》载：茶"往年回鹘（今新疆维吾尔族的祖先）入朝，大驱名马，市茶而归"就是例证。但此时的以茶易马，并未形成一种定制，西北少数民族向中原市马，其地仍按值回赐"金帛"。到宋太宗太平兴国八年（983），盐铁史王明才上书："戎人得铜钱，悉销铸为器。"于是设"茶马司"，禁用铜钱买马，改用茶或布匹换马，并成为一种法规。另外，在设茶马司的同时，在今山西、陕西、甘肃、四川等地开设马司，用茶换取吐蕃、回纥、党项等少数民族的马匹。这是因为边境少数民族有马无茶，在他（她）们的生活中，"不可一日无茶"；而内地有茶无马，马还是战争和生活用具。在这种情况下，茶马互市对安边卫国、促进经济发展有着特别重要的意义。为此，在宋神宗熙宁七年（1074），于川（成都）、秦（甘肃天水）分别设立茶司和马司，专管茶马互市之事。"蜀茶总入诸蕃市，胡马常从万里来。"至宋高宗绍兴初，改设为都大提举茶马司，它的职责是根据《宋史·职官志》载：

重走古老的茶马互市通道
（甘肃敦煌）

　　"掌榷茶之利，以佐邦用。凡市马于四夷，率以茶易之。"南宋时，有8个地方，设有茶马互市，即四川五场、甘肃三场。前者主要用来与西南少数民族，特别是吐蕃的茶马互市；后者全都用来与西北少数民族，特别是与回纥、党项的茶马互市。

　　茶马互市政策，自宋代确立以后，只是到了元代，因本部蒙古族不缺马匹，茶马互市暂告中止，买卖茶叶改用银钱和土货交易。明代开始，茶马互市重新作为一项治国安民的国策，一直沿用到清代中期方休。

二、茶马互市的沿袭

　　自宋开茶马互市定制以后，由于这项政策对于补充战马，满足军需，增强国防，以及安定边境，改善边疆少数民族生活，进而对推动和促进边境少数民族和中原汉族的经济、文化交流都有着积极的作用，以致茶马互市在很长历史时期内，一直为历代官府所采用。

　　1.明代茶马政策　元代，因本部蒙古产马，未采用以茶易马政策。到了明代，茶马互市政策很快得到恢复。明代何孟春的《余冬序录摘抄内外篇》载："（明太祖）洪武中，我太祖立茶马司于陕西、四川等处，听西番纳马易茶。"并设立茶马司丞、茶马大使，或巡茶御史等官职，专管或监督茶马互市之事。明建文初，又立即设立办理茶马互市的专管机构茶课司。永乐后，茶马政策虽有修正，但直至明代天亡，茶马互市制度基本未有大的变革。

　　2.清代茶马政策　清初时，茶马政策沿用明制。但行之不久，据《清会典》载："本朝茶法，陕西给番易马，初差御史巡视，后归巡抚兼理。他省发行召商，征课起解，因地制宜。其例具后：在陕西设洮岷、河州、西宁、庄浪和甘州五茶马司，在江南设批验茶引所。岁额：

康熙二十二年（1683）各省茶银共课三万二千六百四十二两。其中陕西茶课六千七百五十五两六钱；定额二万二千四百引，每引征课三两九钱。又安、汉两府，各征商茶税二百五十两。四川茶课四千二百七十两四钱；定额巴州等二十一州县，边票六千八百八十四张，每张征课四钱七分二厘；腹票二千四百二十七张，每张征课二钱五分，共银三千八百五十五两九钱九分八厘，遵义府茶税八十八两二钱九分五厘。"此外，对江南、浙江、江西、湖广、

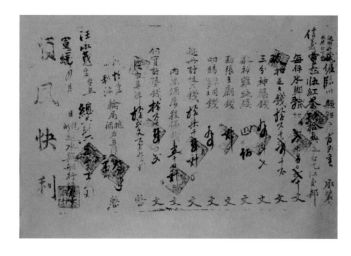

清末
运茶凭证

福建、山东、广东、广西、云南茶课，也都有具体记载。这反映顺治初年，完全继承明末的茶马交易体制，但政策较前灵活。并任命茶引批验大使、巡视茶马御史等官员，专门负责茶马互市。但由于清人和蒙古族关系密切，使得清人马匹的需求状况大为缓解。又据《清史稿》载：康熙四年（1665），"裁陕西苑马各监"；康熙七年"裁茶马御史，归甘肃巡抚管理"；康熙三十六年，"差部员督理茶马事务"；康熙四十四年，"停差部员，仍归甘肃巡抚管理"；在此前后，命"西宁等处停止易马"；雍正九年（1731）"命五司复行中马法"；雍正十三年，"复停甘肃中马"。大抵说来，清代自康熙至雍正年间，茶马互市，时行时停。到乾隆以后，茶马互市定制，终于废止。但茶马互市在历史上所起的作用，是毋庸置疑的。

第五节　茶政茶法的演变

中唐前茶的生产有限，饮茶仅局限在少数人中间，由于涉及的面不广，当时茶与政法的关系并不密切。只是从中唐开始，随着茶叶生产和贸易的发展，以及饮茶的普及，统治阶级为了赖以生存，茶政、茶法也随之产生，并获得了一系列的建设和发展。

一、茶政茶法的形成

中唐以后，随着茶在全国范围内的兴起和发展，茶政茶法也就应运而生。具体表现在历代官府对茶的种植、加工、储运、经贸等各项管理工作都制订有政策和法规，设有专门机构，专职管理。如茶税的征税和管理，榷茶的制定和专营，以及茶马互市和"安边"等。特别是宋代开始，茶政得到加强，茶法更严，一切以增加朝廷财政收入，安抚边疆，服从军需为前提。史载：唐

茶马古道上的
遗存新疆达坂城

建中元年，德宗采纳户部侍郎赵赞议，税天下茶，"十取其一"，以为常平本钱。贞元九年，复茶税。大和九年，王涯为诸道盐铁转运榷茶史，始改税茶为榷茶专卖。自此，茶税便成了朝廷的最重要收入。五代时，南方诸国仍因唐制实行茶叶专卖。据《新唐书·食货志》载：唐大中六年（852），裴休以兵部侍郎之位，领诸道盐铁使，提出十二条茶法，内容有"论死""皆死""杖脊""重徭"等。当时由于茶法执行严厉，从而使茶税倍增。

　　宋代，茶法更严，条规更多。宋元丰中，在开封周围的汴河河岸，"修置水磨"，禁止京城茶户擅磨末茶，只许"赴官请买"。并设都提举汴河提岸司，兼管茶事。宋雍熙后，北方边疆受

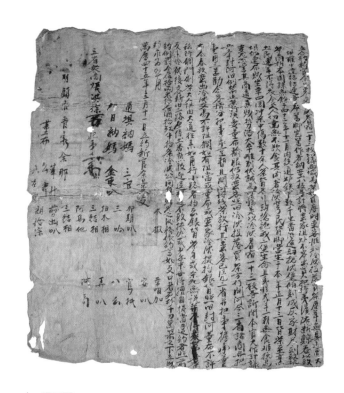

明万历
茶约

川藏
茶马古道遗址

到侵扰，粮饷匮缺，将原收金帛改付茶叶，并进而推行"交引法"，宋崇宁四年（1105），规定商人在京师都茶场购买茶引，这就是官方颁发的购茶执照，至设在产茶州军的合同场购买。购茶时，还需验视、封印、装入笼箨，并"给券为验"，方可运往指定地点销售。期间，还出现过有关产、制、运、销的各种有关茶的禁令和限制，史称"茶禁"。

元、明、清时，又改"榷茶法"为"茶引法"，直到清咸丰以后，由于当时国内外茶叶贸易都有了很大发展，才将"茶引法"改为征收厘金税，民间也逐步恢复自由经营。

（一）茶政

茶政与历代财政、国防，以及人民生活紧密相关。就古时的历代茶政而言，制定得最完备、最严密的当推宋代。起初，宋代推行的是榷茶制，但仍行通商法，一切以增加朝廷财政，有利于军需和安边为主要目的。为了垄断茶利，推行"交引制"，设立专门管理机构，专管茶事。特别是宋代的榷茶、贡茶、茶马互市等茶政的推行，对缓解当时宋代财政和国防危机起到了相当大的作用。而进入元、明、清后，茶业政策虽有一定变化，但主要的还是从榷茶、贡茶和茶马互市三个方面入手，以增收、强兵、安边和满足人民生活为目的。

（二）茶法

茶法，它主要用来保证茶政的贯彻与实施，使茶政畅通无阻。茶法的出现，它虽然给茶农、茶商和茶叶消费者带来一种负担，但若能取之于民，用之于民，茶业税赋的增加，必然会推动社会生产事业的发展。只是在中国古代，一切权力集中在少数统治阶级的手里，广大人民群众很少有享受这种权利的机会。在中国茶业史上，茶法的种类很多，但更多的是沿袭前代的。历代主要的茶法有如下几种。

1.唐代的"茶法十二条"　唐宣宗制定的茶法。自贞元九年（793）开征茶税以后，随着税额的增加，茶税在唐代的财政收入中也日显重要。唐文宗开成元年（836），鉴于当时茶税混乱、私茶横行的情况，中书侍郎李石提出复行贞元茶叶税制的建议。至大中六年（852），裴休以兵部侍郎领诸道盐铁转运使，提出并制定"宽商严私"的"茶法十二条"。《新唐书·食货志》载："私鬻三犯皆三百斤乃论死，长行群旅茶虽少皆死，雇载三犯至五百斤、居舍侩保四犯至千斤者皆死；园户私鬻百斤以上杖脊，三犯加重徭。伐园失业者，刺史、县令以纵私盐论。"裴休茶法十二条颁行后，商良均以为便，天下茶税，增倍贞元。为保障国家茶利、防止打击私贩以及为五代两宋和后来的茶法建设，起到了积极作用。

2.宋代的"三说法"、通商法和茶引法　宋代的茶法很多，主要的有三说法、通商法和茶引法，此外还有见钱法、四说法、合同茶法、茶禁区等。现将主要的茶法简述如下。

（1）三说法：有好多种含义，影响较大的是指入中钱、帛、金银三说法，即商人在东京榷货务交纳钱、帛、金银，官给券在沿江六榷务给茶的制度。始行时间为景德二年（1005），京师榷货务通过入中，积聚大量金银、钱、帛，入内库，以充籴本。

（2）**通商法**：宋代嘉祐四年（1059）至崇宁元年（1102）实行于东南地区，长达40余年间。东南茶除福建蜡茶仍禁榷外，其余六路并行通商，其核心内容如马端临的《文献通考·征榷五》所载，"园户之种茶者，官收租钱；商贾之贩茶者，官收征算"。因其相当于农业税法，故也称"茶租"。商人与园户可自由交易，只需交纳茶税。

（3）**茶引法**：亦称"卖引法""长短引法"，或简称"引法"。宋代蔡京于崇宁四年（1105）创立，商人于京师都茶场购买茶引（官府颁发的购茶执照），自买茶于园户，至设在产茶州军的合同场秤发、验视、封印，装入笼箬，官"给券为验"，然后再运往指定地点销售。长引限一年，可行销外路；短引为一季，只能行销本路。路为宋代行政区划，略小于今之省。实则是官方专买体制下有限的通商法。此法为元代钞引法所继承，后明代商茶引法也有较多的采纳和参考。

3.元代的"减引添课法" 元代时，主要在江西推行，它是主要有利于增加茶税。元延祐五年（1318），敕江西茶运司，"岁课以二十五万锭为额"。摊派方法，据《元史·食货志二》载："用江西茶副法忽鲁丁言，立减引添课之法。每增税为一十二两五钱，通办钞二十五万锭。"

4.明代的"茶引法" 明代朱元璋建国后，恢复榷茶制度，凡商人买茶，具数赴官纳铜钱给引，方可出境买卖。凡钱运至茶司，官商对分，官茶易马，商茶给卖。伪造茶引处死刑。茶和引不相当即为私茶，私茶之禁甚严。成祖永乐元年（1403)设陕西、徽州、火钻峪、北平批验茶引所。以后各地也陆续设立，都归巡检司领导。当时规定民间贮茶不得超过一个月之用。令各关头目军士设法巡捕私茶。对拿获到官之私贩，一律严加惩处。

5.清代的折色法 清时，一改明代茶法，采用的就是可以用银钱直接换取茶引。据查，从顺治二年（1645)开始，自产地茶课不再征收实物，改征税银，谓之"折色"。当时官茶的来源，都是依靠向商人征收本色茶。每引100斤，征实5篓，每篓2封，每封5斤，实征二分之一，这比明代课税更重。顺治以后，至宣统止，税率虽然时有所变，但折色法一直贯穿始终。

6.民国时"整理茶叶办法并检验条例" 这是民国时制定的第一份整顿、检查出口外销茶叶的办法和条例。1914年由张謇主持制定。共八条：

（1）凡行销国外的茶叶，均要求受检验。

（2）请求检验时须先缴茶样。

（3）请求检验须出具请求书，内容包括商号、地址、姓名、籍贯、产地、箱数、茶叶品名。

（4）请求检查须交纳检查费。

（5）检查事项，计有色泽、香气、质味、形状、重量五项。

（6）不合格产品的质量规定。

（7）合格产品得另编号，定为一、二、二、四等级。

（8）茶叶经过检查后合格者，得在箱面盖用合格证印，不合格者，盖用不合格证印。

二、茶政茶法实施结果

茶政和茶法，是一个问题的两个方面，它们是相互依存，互为条件，密不可分，缺一不可

四川雅安的
茶马古道群雕

的。如果茶业政策有方，又有相应的茶业法规作依靠，不但有利于促进茶业生产的发展；而且利国、利民，为人民带来幸福。自宋至清的茶马互市政策的实施，尽管当时统治者更多考虑的是在于战备和安边的需要，但是促进茶叶对外贸易和茶叶生产的快速发展也起到了相当大的作用。反之，则阻碍生产的发展，还会祸及人民，给人民带来痛苦。

两宋时，为防止金辽扰乱，急需大批战马。为此，宋王朝强化茶马互市，作为一项国策严加执行。同时，特别强化对四川茶叶的控制，这是因为：一是宋时的茶马互市以购买甘肃、青海的战马为主，而四川近邻西夏、吐蕃等产马区域，有地利之便；二是四川为当时产茶大省，茶叶产量占居全国首位，这给四川茶叶赋予特殊的政治地位。特别是南宋时，由于东南地区受宋金战争的破坏，川茶产量达到全国的60%以上，茶马互市的茶叶几乎全部来自四川。

宋神宗熙宁七年（1074），为加强四川的茶政管理，朝廷派李杞入蜀，主持买茶和博马事务。与此同时，朝廷分别在成都设大提举成都府路茶场，在秦州（今甘肃天水）设都大提举茶马司，负责在四川产茶州县设买茶场，在四川与藏区交界地设卖茶场和买马场，进行茶马互市。北宋时每年在熙、秦地区买的战马15 000～20 000匹。茶马互市的结果，使当时川茶的销路大增，促使川茶生产规模不断扩大，年产量最高时达3 000万斤左右，这在客观上发展了汉族与其他少

四川雅安
茶马古道遗迹

反映王小波、李顺
茶农起义塑像

数民族之间的经济贸易与文化交流，推动了社会生产力的发展。

但是，由于宋王朝在较长时期内推行"榷茶"之制，争利于民，竭泽而渔，造成茶叶课税上的横征暴敛，从而引发尖锐的社会矛盾。淳化四年（993）二月，在四川永康军（今都江堰市境内）爆发了大规模茶农起义与反抗。而李杞入川后，宋王朝的盘剥有增无减，茶农生计维艰，对宋王朝充满了怨恨。元祐元年（1086）侍御史刘挚在给朝廷的奏疏中写道："四川产茶的州县不过数十个地方，茶农以茶为生，但茶叶买卖却全部由官府专营，由于牙侩（旧时协助买卖双方成交而从中获利的人）把持茶叶检验收购的权力，茶农还要受他们的重复剥削，以致茶农们有的逃跑，有的以死求得解脱。所以人们都抱怨说这里的土地不是生茶而是生祸啊！"表明宋时榷茶制使四川茶农民不聊生。

这是因为官商以掠夺为宗旨，私营商业遭到扼杀，难以成长起来，社会经济发展也就失去活力。而垄断的官商机构缺乏竞争机制，服务质量低下，往往在管理上存在着不可避免的弊病，茶叶因"滥恶之入，岁以陈积"造成极大浪费，有人曾深切感叹这种情况是"竭民利而取之，积腐而弃之，非善计也"。①

上述矛盾与问题，不可能不对茶马互市产生消极的因素，从而影响宋王朝的财赋收入。宋王朝的官员中有一个人对此比一般人看得更清楚。他就是建炎二年（1128）被南宋任命为主管川陕茶马事务的都大提举——赵开。

赵开认为川茶受阻，一是战争所为，二是在茶马互市实施中存在的诸多问题，进而主张"大更茶马之法，官买官卖茶并罢"。为此，他请求朝廷依照嘉祐时的办法，废止茶禁，改行通商之

①《宋史·杨允恭传》。

法，仍由转运司买马。他认为，如果这样做，上述弊病便得以消除，还可保边境安宁。南宋朝廷几经权衡，终于采纳了赵开的意见。结果，赵开的变革措施既保证了南宋王朝商税的正常课征，又给茶商、茶户的交易创造了相对宽松的环境，有利于茶叶的正常生产和流通，减少了宋王朝的财政支出。两年后，四川每年茶引税利达170多万贯，买马超过20 000匹。

而明代的严厉茶马交易政策，它一方面成为明王朝控制茶叶生产、剥削茶农、掠夺茶利的一种手段；同时，在很大程度上，又为巩固国防，安定边境，促进内外

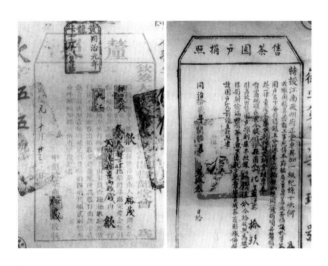

清同治
茶厘照

经济和文化交流起到一定的作用。就明代茶马互市政策而言，统治阶级的主观动机是利用内地茶叶控制边境安定，再用边境马匹强化对内统治和加强对外的防御能力。但在客观上，它对安定社会，促进经贸活动和文化交流起到了一定的作用。所以，茶马互市在历史上所起的作用，也是毋庸置疑的。因此，茶马互市一直沿袭至晚清方告结束。

三、茶与巩固国防

茶在中唐前虽与人民生活紧密相关，但茶的生产有限，涉及面也不广，饮茶仅局限在少数人中间，所以茶利也不显著。只是从中唐开始，随着茶叶生产和贸易的发展，以及饮茶的普及，茶利才引起朝政重视。统治阶级为了巩固政权，加强国防、改善防务显得尤为重要。而要加强国防，改善防务，朝廷就需要有大量的军费开支、战略物资的供给，以及提高军队的凝聚力等。而古代中国，是一个以农业为生的社会，要获得更多的财政收入，除了盐、茶、丝和瓷器外，再没有能比它们更珍贵、更重要的物品了。特别是茶，在中国古代军事国防中，曾经发挥过重要的作用。

（一）获取战马，加强防务

茶马互市，它是中国唐宋至清代时，官府的一种国策，就是用内地的茶，在边境地区与少数民族进行以茶易马的一种贸易方式。它一方面成为古代王朝控制茶叶生产，剥削茶农，掠夺茶利的一种手段；同时，在很大程度上，又为巩固国防，安定边境，促进内外经济和文化交流起到一定的作用。

古代的茶马互市，就统治阶级而言，其主观动机是利用内地茶叶控制边境安定，再用边境马匹强化对内统治和加强对外的军事防御能力。这对安定社会，促进经贸活动和文化交流起到了相

当大的作用。

　　茶马互市表面看，只是用边境之马换内地之茶而已。但真实的意义，就是在促进茶叶对外贸易，拉动内地茶叶生产的同时，达到了充实军备、巩固国防、安定边境的目的。这是因为在古代社会，马是重要的交通运输工具；又是先进的战争武器，乃为骑兵所必需。元代脱脱《宋史》载："惟以茶易马，所谓以采山之利易充厩之良，不惟固番之心，且以强中国。"说的就是这个道理。

　　唐宋开始，战争所需战马，主要塞北地区，统治阶级出于军事上的特殊需要，多与边境的少数民族通过用茶互市马匹。因为对中原统治者而言，用金帛易马，金本身就是有价货币，影响财政。用铜钱易马，铜本身就是军用物资，影响边防安全隐患。而用茶易马，据明代谢肇淛《五杂俎》载："盖土蕃潼酪腥膻，非茶不解其毒……（中原）藉之可以得马，以草木之叶，易边场之用，利之最大者也。"又由于地理环境、生活习惯之所需，而以依靠食牛羊肉、奶制品为生的边境民族而言，茶是生活的首选，是安定边境的需要。所以，当地历来有"宁可一日无粮，不可一日无茶"之说。

　　而在古代，特别在两宋时，北方的辽、西夏、金、蒙古等均对宋构成严重威胁，而它们的制胜手段，据宋代吴泳《鹤林集》载："彼以骑兵为强。"宋代李心传《建炎以来系年要录》亦载："金人专以铁骑取胜，而吾以步军敌之，宜其溃散。"可见，在古代倘若没有大批战马，难以与敌方抗衡，因此，以茶易马就成了宋王朝巩固国防的一件大事。所以，中国除元代由于蒙古族本身不缺马，茶马互市暂告中止外，在两宋及明代时，每年以茶易马达万匹以上，多时达二万匹以上。这些战马都是与边疆以茶易马取得，据《宋史》载："都大提举茶马司，掌榷茶之利，以佐邦用。凡市马于四夷，率以茶易之。"由此可见，两宋时期的战马是以茶易马的结果。而战马的获得，又大大提高了宋王朝对金、辽、西夏、蒙古的抗衡能力。

（二）解决养兵，改善武器装备

　　中唐以后，随着茶税的出现和兴起，对茶业的政策和法规获得了一系列的建设和发展，开始日趋完善。而就古时的历代茶政、茶法而言，制定最完备、最严密的当推宋代。

　　宋代初期推行的是榷茶制，但仍行通商法，一切以增加朝廷财政，有利于军需和安边为主要目的。为了垄断茶利，宋代还推行"交引制"，设立专门管理机构，专管茶事。特别是宋代榷茶的推行，对缓解当时宋代财政和国防危机，起到了相当大的作用。

　　榷茶，实是茶叶的专卖制度，规定民间种茶一律移至官营茶园；各户积贮的茶叶就地焚毁。凡茶的种植、制造、买卖，均归官府掌握，一改过去听由民众自由经营的局面。榷茶制颁发后，茶户怨声四起。所以，前后行榷只有两个月就夭折了。

　　到宋乾德二年（964）时，朝廷诏京（开封）、建（建州）、汉（汉阳）、蕲口（今湖北宜春）等地，设置榷货务，重新实行榷茶制。后又以苏晓为淮南转运使，"榷舒、庐、蕲、寿五州茶货……尽搜其利。"其时，榷茶才真正实施。最后，于崇宁年间（1102—1106），蔡京复榷

茶马古道上的
甘肃古阳关

东南茶叶，实行的是一种长短引结合的茶叶间接的专卖方式。

茶引法，又称"卖引法""长短引法"，简称"引法"，是蔡京于崇宁四年（1105）创立的。其做法是商人于京师都茶场购买茶引（官府颁发的购茶执照），自买茶于园户，至设在产茶州军的合同场秤发、验视、封印，装入笼篰，官府"给券为验"。然后，再运往指定地点销售。长引限一年，可行销外路；短引为一季，只能行销本路。路为宋代行政区划，略小于今之省。实则是官方专买体制下有限的通商法。如此茶法，使两宋的茶利，主要依靠榷茶而获得的。

众所周知，自唐末经五代十国，到宋时国家衰微，仍然没有统一中国在北部和西部边疆，依然战火不断，对宋王朝构成严重威胁。为此，宋王朝必须保持一支庞大的军队。史载：宋太祖末年（976）共有禁军、厢军37.8万人，而到宋英宗治平年间（1064—1067）达到116.2人，这就需要有强大的军费开支。据明代黄淮、杨士奇《历代名臣奏议》载：治平初，名臣陈襄奏曰："天下所入财政大数，都约缗钱六千余万，养兵之费约五千万，乃是六分之财，兵占其五。"而宋时，正是中国茶叶兴盛时期，这就为榷茶、税茶提供了最好的契机。据史料记载：北宋后期，在宋真宗、徽宗统治时期，全国榷茶收入达500万～600万贯，景德三年（1006）高达569万贯，南宋初期，则高达600万贯，占全国财政收入的7%以上。可见，宋代榷茶制实施的结果，为宋王朝解决军费开支，缓解财政压力起到了很大的作用。这正如宋代苏轼在《私试进士策问》所言："凡所以备边养兵者，皆出于榷。"

（三）凝聚军心，提高战斗力

历史上，中国历代王朝都很重视与周边兄弟民族的关系处置，因为这对改善周边防务和巩固国防有着重要的意义。而茶是联结这两者关系的一条最好纽带。清代康熙《巩昌府志》载：

清末民初
运茶进藏情景

"历代之马政，其法不啻备矣。然无如西塞之招商榷茶，羁番易马者之得策也。"《陕西通志》
亦载："控驭不以师旅，以市微物，寄疆场之大权，其惟茶乎。"为此，宋王朝有意识地用茶为
礼，通过赐茶、赠茶，笼络军心，并增进与边境兄弟民族间的团结，进而达到抚夷制夷目的。

众所周知，对西北游牧民族而言，茶是第二生命，正如明人王圻《续文献通考》所述："夷
人不可一日无茶以生。"为此，宋代政府严格茶禁，并根据不同对象，采用不同对策。如西夏
元昊发动对宋战争，宋王朝立即关闭边境榷茶场，使茶无法进入西夏，结果西夏"食无茶，衣帛
贵"，人民起来反对战争，元昊于庆历四年（1044）被迫向宋代统治者俯首称臣，终于获得包
括茶在内的"岁赐"。又如宋王朝为防止西夏反叛，削弱辽国，果断榷四川茶。这是因为四川茶
运往西北方便，加上四川是当时重点产茶地区。正如清代徐松辑《宋会要辑稿》所言："四川产
茶，内以给公上，外以羁诸戎，国之所资，民恃为命。"宋王朝将四川茶与边境防务结合起来。

为了实现有效统治，宋王朝会用茶安抚边境兄弟民族，有目的地用茶互市马匹。清代徐松
辑《宋会要辑稿》指出：宋王朝设置叙州市马场的原因，在于"西南夷每岁之秋，夷人以马请互
市，则开场博易，厚以金缯，盖饵之以利，庸示羁縻之术，意宏远矣。"以此来保持同西南少数
民族的友好关系。宋代榷茶北（西北、东北）严西（西南）宽的政策实施的结果，维持了西南地
区的安定，从而摆脱了两面受敌夹攻的局面，达到维持和保持自身的存在。

第八章
茶文化与旅游

大凡产茶的地区，特别是名茶产地，总是与名山、名泉和名刹相连。而每个茶文化景观，大都留下了历代许多王公贵族、文人骚客与茶文化相关的足迹和笔迹，为迷人的茶山人文景观和历史遗迹增添了风致。加之茶文化本身具有明显的个性，一旦融入地方特色之后，变得更加多姿多彩。因此，如何将中国一些有特色的茶文化景观和遗迹在保护的同时，加上当地的特色和民俗风情，结合茶叶本身固有的采制技术和品饮艺术掺杂其间，这不仅是丰富和提高人民生活品质需要，也是发展旅游业、促进当地经济、提高地区知名度的需要。

茶山一片好风光
（秦国隆 摄影）

第一节　茶文化与旅游的关系

茶文化旅游早在1 200年前的中唐时已有所闻，但作为一个行业起步较晚，主要自20世纪80年代以来，随着改革开放步伐的加快，人民生活水平的提高后才逐渐时兴起来的，并日益受到人民大众的欢迎。

中国的茶文化，底蕴深厚。茶区的名山、名寺和名泉，茶文化的历史遗迹和茶区的人文景观，茶的采制技术和品饮艺术，以及茶制品的多种多样与各具地方特色的民风民情等，都是现代茶文化旅游不可多得的资源。

一、茶文化旅游的渊源

当代，随着中国经济的持续发展，人民生活的普遍提高，茶文化事业进入兴旺发达时期，茶之旅游也就成了人民追求的新亮点，成为人们旅游休闲文化的重要内容，使茶文化旅游逐渐形成为一种新的产业。

茶区常绿无际的茶园、婀娜多姿的茶树，为人民提供了人在画中游的情景。过上一天山民生活：行在茶乡，吃在农家，做茶女采茶，学茶农制茶，又为人民提供了参与其中过把瘾的活动。加之，茶与山水、宗教、烹饪、书画、歌舞结缘，与民族、民俗、民风相连，使茶文化变得更加

游览在贵州湄潭的
美丽茶乡

沏茶技艺展示
（秦国隆 摄影）

丰富多彩。而千姿百态茶叶品种花色、各具特色饮茶器具、琳琅满目的茶艺术制品，又为游人提供了可供选择的茶文化旅游纪念品。特别是茶区的山水风光、名泉古刹、各民族和地区的茶俗风情，以及古茶树、茶马司、茶马古道、贡茶院、御茶园等茶文物和茶遗迹，都为茶文化旅游提供了亮丽之处。

因此，在茶文化旅游活动中，在饱览名山、名泉、名刹和名茶的同时，开展茶文化活动，如观赏民俗茶艺，品饮文化名茶，表演茶歌、茶舞，品尝茶点、茶菜，选购名茶、名器，以及自己动手，实践采茶、制茶、泡茶，以及做茶菜、摸陶吧，凡此等等，都会给游人带来新鲜、愉悦之感，它既增长了游人的求知欲望，又满足了游客的好奇心理。

二、茶文化旅游的特点

现代旅游已从以往的：食、住、行、游、购、娱"六个要素"，向着：文、商、学、养、闲、情、奇"七要素"转移，而这七个要素又都与茶文化紧密相关。人们之所以愿意花费财力、物力、体力和心力去参加旅游，那是因为他（她）们在付出的同时，满足了探奇求知的欲望和需求，而探奇求知的核心是亲身去体验异域和异俗文化。在这方面，茶不仅具有丰富的文化内涵、众多的文化资源和历史遗迹；而且茶文化异地（异族）文化突出，体系完整，功能显著。可以吃茶食、茶菜，住茶山、茶楼，行茶之路，看茶之观，购茶之品，娱茶之艺。加之，茶区的自然景观奇异多彩，人文景观沉积深厚，从而使茶文化旅游能满足不同游客对旅游日益增长的文化需求。

其次，人们在旅游过程中，不但要求能看到一些过去没有看到的事和物；而且还要求能了解这些文化现象的来龙去脉，以及相关知识；还要能提供一些可参与的项目，游客更想亲自去体验和实践一下，以便知道个中缘由，体验个中"滋味"。

对一些有纪念意义和具有地方特色的东西，人们更愿意购买一点，带回家中与亲朋好友分

茶歌舞演出
（秦国隆 摄影）

湖南常德的
擂茶原料

打擂茶

享，或留作纪念，供日后慢慢回味。在这方面，琳琅满目的名优茶品，别具特色的茶食、茶点，各种各样与茶相关的工艺制品，以及众多的茶深加工产品等，对游客而言，既满足了新奇感和满足感；又从中获得了知识，弘扬了文化；还拉动了消费，促进了地方经济的发展。更有甚者，让游客亲自去采茶、制茶，或掏泥制壶，或把壶艺茶，让游客参与到茶文化活动中去，使游客对茶文化旅游的兴趣倍增。所有这些，正符合现代旅游对文化的需求，最终使茶文化旅游得到持续发展。

再次，自从茶进入人民日常生活以后，由于受地域和民族的影响，充分表现出"千里不同风，百里不同俗"的民俗和民风。对茶的利用，特别在饮茶文化上，各地的差异更为明显，而且形式丰富多彩，从而使最早从"吃茶"开始的饮茶文化，更加具有民俗和地方风采。以汉族居住区而言，如沪（上海）杭（州）的品龙井，闽（福建）粤（广东）的啜工夫茶，成（都）渝（重庆）的掺盖碗茶，羊城（广州）的吃早茶，春城（昆明）的冲"九道茶"，北方的大碗茶，武陵（湖南、湖北、重庆和贵州的交界地区）的打擂茶，陕（西）甘（肃）宁（夏）的喝"三炮台"等，都是一些有代表性的饮茶方式和方法。

在兄弟民族地区，由于各兄弟民族之间所处地理环境和历史文化的不同，以及生活风俗的各异，使每个民族的饮茶习俗各不相同，风尚迥异；即使是同一民族，在不同地域，或者说同一地域内的不同人群，其饮茶方式也是各有不同。结果，使饮茶变得更加奇异。

最后，茶文化旅游具有很强的参与性，无论是茶文化的专项旅游，或是在一次旅游活动中，恰如其分地安排一些茶文化的内容，如观赏茶艺表演、品名茶、观看茶歌茶舞、观赏选购茶具、品尝茶餐茶菜、自己动手学制茶学泡茶、参观和考察茶文化遗迹等，都会给游客带来新鲜感、愉悦感，既增长了知识，又愉悦了心情，达到探奇求知的目的。如去武夷山大红袍景观游，不仅可到"大红袍"母树景点参观游览，还可买到品质奇特的乌龙茶"大红袍"，而且晚上还能看到一场名为"印象大红袍"的实景文艺演出，这也就是茶文化的魅力。

近些年来，已有一些地区举办过茶文化旅游节。如1999年浙江长兴举办过"99'长兴—中国陆羽茶文化旅游节"，2000年福建安溪举办过"中国茶都（安溪）茶文化旅游节"，2010年

欢迎到云南勐海
哈尼族茶村参观

普陀
佛茶文化节

重庆（永川）国际茶文化旅游节，近年来多次举办的普陀佛茶文化节等，不但吸引了众多的中外游客参加旅游，而且还推动了当地经济的发展。

第二节　现存茶文化旅游资源

历朝历代留下来的茶文化遗迹很多，有的保存完好，有的被人淡出，更有的已被人遗忘了。据估算，现存于世，既有较大影响，又在历史上有过重大作用的，全国至少还有数百处。它们再现了中国茶文化的深厚历史文化底蕴，让人们体察到几千年茶文化的渊源和内涵；又折射出中华先民的无穷智慧和力量，使茶文化以更强劲的势头，更有开拓和创意的新姿，再铸新的辉煌。

一、全国现存茶文化遗迹

中国茶文化遗迹很多，姚国坤等编著的《中国茶文化遗迹》（上海文化出版社，2004年）中，就列有全国范围内的主要茶文化遗迹89处。

茶事井泉29处
北京玉泉、庐山谷帘泉、庐山招隐泉、上饶陆羽泉、济南趵突泉、济南珍珠泉、淄博柳泉、崂山矿泉、无锡惠山泉、镇江中泠泉、扬州大明寺泉、苏州石泉水、峨眉玉液泉、邛崃文君井、桐庐严子陵滩水、乐清雁荡大龙湫、杭州虎跑泉、杭州龙井泉、长兴金沙泉、天台山千丈瀑布水、当阳珍珠泉、宜昌陆游泉、宜昌蛤蟆泉、安宁碧玉泉、黄山温泉、武夷通仙井、秭归香溪水、天门文学泉、承德热河泉

茶事寺观15处
长青灵岩寺、南京栖霞寺、杭州韬光寺、杭州径山寺、杭州广福院、杭州净慈寺、天台国清寺、天台万年寺、天台方广寺、景宁惠民寺、当阳玉泉寺、赵县柏林禅寺、扶风法门寺、大理感通寺、西安青龙寺

（续）

古茶山13处
四川峨眉山、雅安蒙顶山、岳阳君山、湖南衡山、江西庐山、浙江天台山、舟山普陀山、乐清雁荡山、青阳九华山、安徽黄山、吴县洞庭山、云南六大茶山、潮安凤凰山
古茶所15处
长兴顾渚贡茶院、湖州三癸亭、天台葛仙茗圃、杭州十八棵御茶、武夷山御茶园、大红袍原产地武夷天心岩、安溪铁观音和黄金贵原产地、武夷山茶洞、建阳建窑、武夷山斗茶台、绿雪芽产地太姥山、名山皇茶园、古蔺古焙茶窑、滇川藏茶马古道、云南古茶树林
古茶碑刻5处
武夷庞公吃茶处摩崖石刻、建瓯龙凤团茶摩崖石刻、上虞徐渭《煎茶七类》刻贴、长兴顾渚山唐宋茶事摩崖石刻、江山茶会碑
古茶文物12处
宣化辽代墓道饮茶壁画、偃师唐代墓葬出土茶具、建瓯铜音盏、名山茶马司、婺源明清茶商民宅、勐腊佛祖游世贝叶经、中国农科院茶叶研究所保存的茶文物、中国茶叶博物馆保存的文物、杭州宋代官窑茶具、宜兴中国陶瓷博物馆馆藏紫砂古茶具、北京故宫博物院院藏茶文物、台北台湾故宫博物院院藏茶文物

在这些遗迹中，既有5 000年前的余姚田螺山茶树块根出土遗址，又有2 000年前的名山皇茶园、邛崃文君井等；还有1 000年以前的天台山葛玄炼丹茗圃，长兴贡茶院、云南野生大茶树、扶风法门寺地宫茶具、茶马古道、赵州观音院等；至于有500年以上的现存茶文化遗迹，那就更多了。它们是大自然和祖先创造的杰作，代表了大自然和中华民族对全人类的馈赠，以及全人类文明发展的轨迹。

其实，茶文化遗迹远不止以上这些，如茶事井泉中的桂平西山乳泉、杭州余杭陆羽井等；与茶相关寺观中的江西庐山东林寺、奉新百丈寺等；古茶山中的云南南糯山、镇沅哀牢山等；古茶所中的磐安宋代古茶场、广元葭萌战国古茶城等；古文物中的西安宋墓茶渣斗、瑞典哥德堡号古沉船等，它们也是有名的茶文化遗迹。在陈宗懋主编的《中国茶叶大辞典》（2000）中，就列有古茶山120余处，茶事名泉名水60余处。这些茶文化遗迹，再现了中国茶文化的深厚历史文化底蕴，让人们体会到几千年中国茶文化的渊源和内涵；折射出中华先民的无穷智慧和力量，使中华茶文化以更强劲的势头，更有开拓和创意的新姿，再铸新的辉煌。

中国现存茶文化遗迹，是中华民族祖先遗留下来的一份宝贵遗产，她是中华民族的，也是全人类的。让我们以"天降大任"的执着和追求，在充满希望的21世纪开始之际，为弘扬茶文化，为振兴民族精神，为倡导人类进步做出贡献！

下面，按遗迹性质类别，选择部分现存于世，又有较大影响的茶文化遗迹，简述如下。

（一）茶文化名泉

水是茶的色香味的体现者，特别是随着唐人以清饮为主的品茶方式的兴起，对水也就有了更高的要求。唐代陆羽根据调查研究，结合自己的亲身感受，把自然界中的煮茶用水分为三类，即山（泉）水上、江水中和井水下，并在实践过程中，留下了许多与茶有关的水文化遗迹。稍晚于陆羽的唐人张又新，在搜集和整理陆羽煎茶用水之道的同时，借鉴水文化家刘伯刍的实践所得，再结合自己对煎茶用水的理解，编成中国乃至世界上第一本专论煎茶用水的著作《煎茶水记》。

唐代以后，帝王将相，文人墨客，僧侣道人，他们为了品得一杯佳茗，不惜重金，"千里致水"，"竹符递水"，直至发出平生无它求，但"求山中水一杯"的感慨。虽然古代没有科学分析手段，却郑重其事地抒之胸臆，流于笔端，相传在百姓之口。为此，在饮茶史上，也就为后人留下了众多茶事井泉文化遗迹。

1.北京玉泉　位于北京西郊的玉泉山麓，因"水清而碧，澄洁如玉"而得名。明代焦竑《玉堂丛语》载："黄谏尝作京师泉品：郊原玉泉第一，京城文华殿东大庖井第二。"明代永乐进士王英《咏玉泉诗》中，称玉泉是："山下泉流似玉虹，清泠不与众泉同；地连琼岛瀛洲近，源与蓬莱翠水通；出润晓光斜映月，入潮春浪细含风；迢迢终见归沧海，万物皆资润泽功。"特别是从清代开始，玉泉成了宫廷御用茗饮泉水。清代乾隆皇帝一生嗜茶，注重品茶择水。对天下诸多山泉，作过专门研究和品评。他以水的轻重为标准，特别精制了一个方形小银斗，每次出巡带着这只小银斗，"精量各地山泉"，钦定北京玉泉为"天下第一泉"。为此，乾隆皇帝亲自御写了《玉泉山天下第一泉记》一文，再由户部尚书汪由敦书写刻石，立碑为记。记文中除提到各地名泉的比重大小外，最后还写道："然则更无轻于玉泉者乎？曰：有！乃雪水也。"但乾隆在记文中认为："雪水不可恒得，则凡出于山下而有洌者，诚无过京师之玉泉，故定为天下第一泉。"如今，因地下水位下降，泉水时现枯竭，唯池边石壁上的"天下第一泉"五个大字，仍然清晰可见。

2.庐山谷帘泉　位于江西庐山三大峡谷之一康王谷底，泉水源出自汉阳峰。据志书载："泉水两行为枕石崖所阻，湍怒喷涌，散落纷纭，数十百缕，斑驳如玉帘，悬注三百五十丈，故名谷帘泉，亦匡庐（庐山别名）第一观也。"古人称谷帘泉有八大特点，即清、冷、香、洌、柔、甘、净、不噎人。但谷帘泉的出名，还得归功于唐代"茶圣"陆羽。陆羽为了深究茶事，遍访名山大川，强调茶与水的关系，提出煎茶用水有好坏之分，最后得出各地有20个名山大川之水最宜品茶，确定"庐山康王谷水，第一。"于是谷帘水又有"天下第一泉"之称。唐代文学家张又新在《谢山僧谷帘泉》诗中称："消渴茂陵客，甘凉庐阜泉。泻从千仞石，寄送九江船。竹柜新茶出，铜铛活火煎。……超递康王谷，尘埃陆羽篇。何当结茅屋，长在水帘泉。"宋代陈舜俞在《谷帘泉》诗中称："玉帘铺水半天垂，行客寻山至此稀。陆羽品题真籥龊，黄州吟咏尽珠玑。"宋代的王禹偁在《谷帘泉序》中，说他到谷帘泉一月有余，但水味不变，取水煮茶，水气似浮云散雪，和井泉水完全不同，认为谷帘泉水最宜煎茶。南宋理学家朱熹，利用自己任当地地方长官的优势，在过观口山门前的回马石旁，亲自用隶书写了"谷帘泉"三个大字，刻于涧旁崖壁之上。在康王城前的山门口，新建有一座四柱三门的牌坊，横刻有"天下第一泉"五个大字，显得苍劲有力。牌坊内侧，为时人所建的陆羽茶庄和陆羽品茶碑。入内，在山涧岩石之上，多有题刻。在危崖之上，还建有一座单层四角四柱的观瀑亭，是观看谷帘泉的最佳处。亭下，有鸿渐桥。因陆羽，字鸿渐，是后人为纪念"茶圣"陆羽所建。过桥，有双层六角六柱的仰止亭，柱上书有茶联："谷帘泉醉桃花源，仰止亭怀陆羽仙。"再下，在石壁上还刻有"听瀑""到此无尘""高山流水"等石刻。2000年4月，曾在此召开过"天下第一泉新世纪国际茶会"，国内外茶文化界名流，同济一堂，在论茶品水的同时，还立下一碑，以示后人。

庐山招隐泉

3.庐山招隐泉　位于江西庐山东南的石人峰麓，栖贤谷旁，坐落在观音桥景区内。泉水源自五老、汉阳、太乙诸峰汇合的三峡涧。招隐泉西侧的观音桥为全国重点文物保护单位，建于宋大中祥符七年（1014），为中国现存最早石拱桥之一。因地处山势险要的栖贤谷，原称栖贤桥。又因横跨断壁悬崖的峡涧，又称三峡桥。据《庐山志》载："土人于三峡前立庙，祀奉观音，大著灵应，因又名观音桥。"相传为观音菩萨显灵之故。招隐泉旁的栖贤寺，建于南齐永明七年（489），唐宝历初，江州（今江西九江市）刺史将该寺迁至招隐泉旁，并在此读书，故名栖贤寺。

招贤寺，其上有亭，曰："六泉亭"。泉水从亭内石龙口中流出，终年不枯，四季长流，且水质好，清纯滑口，用来沏茶，色清味醇，当为上等水品。后经唐代陆羽品评，定"庐山招贤寺下方桥潭水，第六"。于是招隐泉名声大振，自唐始有"天下第六泉"之美称。至今，泉边仍竖立着一块石碑，上书"陆鸿渐（即陆羽）品为天下第六泉"。在亭阁上还书有"天下第六泉"五个大字。因陆羽在招隐寺品泉著书，南宋周必大就称招隐泉为陆子泉。之后李溉之、王子充又直接称它为陆羽泉。宋人邹士驹在《招隐泉》诗中称："龙首清泉味无穷，长流清韵此山中。古今招隐何人至，只有苕溪桑苎翁。"说招隐泉只招隐了晚年居住在浙江苕溪著茶书，立茶道，自称为桑苎翁的陆羽。如今，用六泉水烹庐山云雾茶，已成为庐山一观。而招隐泉之名，几乎已为"第六泉"所掩盖。

4.上饶陆羽泉　位于江西上饶市茶山旁的今上饶第一中学内，其地原为广教寺。据《上饶县志》载，广教寺，又称茶山寺，建于唐代哀帝天祐年间（904—907）。不过，泉在先，寺在后。据查唐代陆羽为调研茶事，编著《茶经》，于德宗贞元初（785—786），从浙江湖州苕溪来到信州上饶城西北的广教寺旁建宅山舍，凿井开泉，种植茶树，灌溉茶园，品泉试茗，在此隐居下来。据清道光六年（1826）《上饶县志》载："陆鸿渐宅，在府城西北茶山广教寺。昔唐陆羽尝居此……《图经》：羽性嗜茶，环居有茶园数亩，陆羽泉一勺吟为茶山寺。"后人为纪念陆羽，遂命名为陆羽泉。因陆羽性嗜茶，环居多植茶，后人为纪念陆羽对茶学作出的杰出贡献，其地命名为茶山，又将广教寺称为茶山寺。对此，历代志书和名家诗文，广有记载。唐代孟郊在

《题陆鸿渐上饶新开山舍》中称它是"惊彼武陵状，移归此岩边。开亭拟贮云，凿石先得泉。啸竹引清吹，吟花成新篇。乃知高洁情，摆落区中缘"。说这时的陆羽，是一副庄稼人模样：开亭、凿泉、啸竹，已成为了一个"摆落区中缘"的隐君子。明代贡修龄作有《幕雨同吴鼎陶司李游茶山四绝》。清代张有誉《重修茶山寺记》说："信州城北数（里）武嵲然而峙者，茶山也。山下有泉，色白味甘，陆鸿渐先生隐于尝品斯泉为天下第四，因号陆羽泉。"于是，此泉又有"天下第四泉"之称。特别是古代佚名作者为上饶陆羽泉题写的一副泉联，更为人称道，曰："一卷经文，苕雪溪边证慧业；千秋祀典，旗枪风里弄神灵。"它既道出了陆氏为茶学、茶文化、茶业作出的卓越贡献，也说出了世人为陆氏业绩的敬仰之情。直到20世纪60年代，陆羽泉仍保存完好，清代信州知府段大诚所题的"源流清洁"四个大字，依然清晰可辨。

5. 镇江中泠泉　位于江苏镇江市金山以西的石弹山下，属于由地下水沿石灰岩裂缝上涌而成的上升泉。据《金山志》载："中泠泉，在金山以西，石弹山下，当波涛最险处。"史载，古时，中泠泉处于江心波涛汹涌的旋涡中，要汲中泠泉，颇不容易，只能选择在"子午二辰"，即半夜和正午时，用有铜丸、壶身和壶盖组成的水葫芦系在绳子上，沉入江心，当正好深入到泉水窟中，用绳子拉开壶盖，方可取得真正中泠泉水。"若浅深先后，少不如法，即非中泠正味。"由于中泠泉水，甘甜清冽，品泉试茗尤佳。为此，据唐代张又新《煎茶水记》载，中泠泉被唐代品泉家刘伯刍评为"天下第一"，故而，历史上有"天下第一泉"之称。为此，历代文人学士，慕名前去汲泉试茗，传为趣事。据宋代《太平广记》载，唐代宰相李德裕曾派人到金山汲中泠泉水煮茶。另据《煮茶记》载，唐代宗（762—779）时，御史李季卿在赴浙江湖州任刺史时，路过扬州，巧遇陆羽逗留于扬州大明寺，遂相邀同舟赴郡。当船抵镇江附近扬州驿时，御史对用扬子江南零水沏茶早有所闻，又深知陆羽懂茶事，通茶艺，有茶道，于是，笑对陆羽道："陆君善于茶，盖天下闻名矣！况扬子南零水又殊绝，今者二妙千载一遇，何旷之乎？"于是，御史忙命军士驾舟去江心取泉水。哪知，泉水取来后，陆羽"用杓扬其水"，便说："江则江矣！非南零者，似临岸之水。"军士随即分辩道："怎敢虚假？"陆羽一声不响，将水倒掉一半，再"用杓扬之"，才点头说："这才是南零之水矣！"军士大惊，只好从实相告。原来，因江面风急浪大，取水上岸时，瓶水晃出近半，只好用岸边江水加满充数，不料被陆羽识破。这一记载，似乎有些玄虚，但陆羽广品天下宜茶水品，对品泉确有丰富经验和实践依据，这在历史上早有定论。由于这些原因，使中泠泉蒙上了一层神秘色彩，赢得了无数上至帝王将相，下达平民百姓的爱慕之情。南宋爱茶诗人陆游在品评中泠泉水后，留下了"铜瓶愁汲中濡水，不见茶山九十翁"的感叹！南宋民族英雄文天祥，在抗金兵时，扎营镇江，在多次汲中泠泉水试茗后，也写道"扬子江心第一泉，南金来北铸文渊。男儿斩却楼兰首，闲品《茶经》拜羽仙"的诗句。到了明清时，金山已成为旅游胜地，金山上有寺院，最著名的是金山寺，民间流传的白娘子"水漫金山寺"的故事就发生在这里。人们在这里，不但可以远眺大江东去的景色；还可汲泉品茗，亲口尝一下"天下第一泉"的滋味。

史载，金山原是一个小岛，中泠泉也只是在枯水季时，当江水退潮后才有可能露出泉眼。平日要汲中泠泉水，都需轻舟而上。以后，几经沧桑，到清代同治年间（1862—1874），随着长江主干道的北移，金山才与南岸相连。所以，如今的中泠泉已成为长江南岸金山公园旁的一处茶文化景观。在池边的石栏上，刻有"天下第一泉"五个大字，乃是清代镇江知府、著名书法家王仁堪所题。池旁的"鉴亭"，是历代爱茶、崇茶、写茶的文人学士品泉试茗之地，为后人传为佳话。

6.扬州大明寺泉　位于江苏扬州市大明寺西花园内。大明寺是唐代鉴真大师居住和讲学的地方，它始建于南朝大明年间（457—464），因而取名大明寺。清乾隆三十年（1765），乾隆皇帝巡幸大明寺时，因怕"大明"两字会引起百姓对前朝（明代）的怀念，才亲笔题名，改大明寺为法净寺。1980年，因东渡日本传播佛教，并给东邻带去饮茶习俗的鉴真大师，从日本探亲回扬州时，又将法净寺改为原名——大明寺。

大明寺泉，水质清澈，滋味甘醇，用来沏茶，香高味醇，向来为茶人推崇。唐代宗时，"茶圣"陆羽在扬州大明寺居住，与湖州刺史李季卿品评镇江中泠泉水时，对天下宜茶泉水作了广泛的评定，列扬州大明寺泉为天下"第十二"。据唐代张又新的《煎茶水记》载，与陆羽同时代的品泉家刘伯刍，说："扬州大明寺水，第五。"从此，扬州大明寺泉，便有"天下第五泉"之美称。在大明寺山门两侧，分别书有"淮东第一观"和"天下第五泉"两行大字，便是最好的注释。

扬州大明寺泉出名后，历代文人雅士，慕名前去汲水试茗，留下了许多歌颂美泉沏佳茗的诗文。宋代文学家欧阳修在《大明寺泉水记》中，称："此水为水之美者也！"宋代诗人晁补之在《扬州杂咏七首》其四中，对用大明寺泉沏茶感叹不已；对自己此前不识大明寺泉，深感心中有愧。如今，在大明寺西花园内，建有"五泉茶室"，用"五泉"之水品茗，自有"茶不醉人人自醉"之感。

7.济南趵突泉　位于山东济南市城区的趵突泉公园内，是济南七十二泉中的"第一泉"。趵突泉之名，因北宋文学家曾巩在《齐州二堂记》中，说它泉水瀑流，跳跃如趵突，遂名。泉水集中在一个长方形泉池中，有三个大型泉眼，日夜涌水不息，势如鼎沸，状如堆雪。古人说它是东海之中的三座神山，即蓬莱山、方丈山和瀛洲山。趵突泉出名很早，后魏郦道元《水经注》称它是"水涌若轮"，有"天下第一泉"之誉。

趵突泉池北有泺源堂，堂柱上刻有元代赵孟頫所题的楹联，曰："云雾润蒸华不注，波涛声震大明湖。"后堂壁上嵌有明清大家咏泉石刻。泉池南为半壁廊水榭"沧园"。泉池西南方有明代所建的"观澜亭"。亭边立有石碑，上书"趵突泉"三字，出自明代胡缵宗手迹；"观澜"石刻，它出自明人张钦之手；"第一泉"石刻，为清人王仲霖所题。

趵突泉水质清净、甘洌，用来试水品茗，香正味醇。宋代曾巩选用趵突泉水品茗，盛赞它是："润泽真茶味更真。"辽、金时的胡祗遹，在《趵突泉》诗中，称它是："正喜茶瓜漱玉雪，只愁风雨涌云雷。"清代乾隆皇帝每巡幸山东时，都选用趵突泉水品茗议政。清人吴趼人在《近十年之怪现状》中，记述了一家人去趵突品泉、品茶的详尽经过，最后得出的结果是："喝下去觉得清沁心脾，耳目都清爽了，只怕比吃药还好。"

8.济南珍珠泉 位于山东济南市泉城路。在泉城济南有七十二泉，分为四大泉群，珍珠泉为珍珠泉群之首，因泉水上涌时，形若串串珍珠而得名。清人王昶在《珍珠泉记》中称："甃为池，方亩许，周以石栏。依栏瞩之，泉以沙际出，忽聚忽散，忽断忽续，忽急忽缓。日映之，大者为珠，小者若玑，皆自底以达于面。瑟瑟然，累累然。"相传在济南大明湖畔，住着一个孝子朱砂和他的瞎子老娘，其事感动了天上的珍珠仙子，她变作一只河蚌，为孝子朱砂所获，带回家中收养，最

淄博柳泉

后显现原形，与朱砂结为夫妻。珍珠仙子用蚌中珍珠化作百脉泉，还医好了婆婆的眼睛。但此事却触犯了天规，玉皇大帝便派太乙神来捉拿珍珠仙子归天，但被珍珠仙子和朱砂的真情感动，落下动情的眼泪，化作了一潭清水，这就是太乙泉。这时，玉皇大帝又派雷神下凡，将珍珠仙子挟上天，珍珠仙子和朱砂的女儿南芙蓉见状，便号啕大哭，落下的泪水化作了南芙蓉泉。朱砂眼看爱妻被挟，泪如泉涌，泪水化作了一潭朱砂泉。又由于雷神挟持珍珠仙子时用力过猛，撕破了她的衣衫，将珍珠仙子宝箱中的串串珍珠抖落在地，化作一潭清水，人们还能在清水中见到许多透明的珍珠，于是人们就称它为"珍珠泉"。珍珠泉与其他泉水一道汇集成湖，人们就称它为濯缨湖。湖水流经百花桥后汇入大明湖。

珍珠泉水，清澈甘冽，是品茗佳水。对此，历代文人雅士，多有记述。古时，山东一县令此写了一副赞泉楹联，曰："逢人都说斯泉好，愧我无如此水清。"清代乾隆皇帝用特制银斗秤重评水，只比乾隆皇帝评为"天下第一泉"的玉泉水重二厘，比塞上伊逊之水略重，而比唐代刘伯刍评为"天下第一泉"的扬子江金山水和唐代陆羽评为天下第二泉的惠山泉相比，反而略胜一筹。为此，乾隆皇帝将珍珠泉评定为天下第三泉。乾隆每次巡幸山东时，总爱用济南珍珠泉水沏茶。史载，乾隆二十年（1755）谕旨："朕明春巡幸浙江，沿途所用清茶水……至山东，著该省巡抚将珍珠泉水预备应用。"在历史上，选用珍珠泉水品茶，向来为文人骚客所好。

9.淄博柳泉 位于山东淄博市淄川区蒲家庄，它的盛名与清代著名小说家蒲松龄有关。蒲松龄，字留仙，号柳泉居士，至今在故里淄博蒲家庄仍保留有蒲松龄的故居和墓园；还有一处就是柳泉，文以泉生，泉以文传，在中国柳泉可算得是名誉卓著一大名泉。柳泉是蒲松龄设茶待客，煮茶取水，听取乡夫野老谈狐说鬼获取《聊斋志异》素材之地。如今，柳泉井犹存。

柳泉旧时正好地处大道之旁，又是山谷转弯处，是山泉水汇集之地。泉口一米见方，条石镶边。泉外围为青石铺的平台，并有花墙护栏。泉边竖立石碑，上书"柳泉"两字，是1979年当代文学大家沈雁冰题写的。据考，柳泉本是一处天然自流泉水，古时先民为了不让其流散，才砌

石为井。清代蒲松龄在世时，柳泉早已出名。当时，泉水深丈余，即使大旱之年，泉水仍涌流不息，当地村民称柳泉为满井。又因当时满井旁有一株两人合抱的柳树，长得枝叶繁茂。以后，蒲松龄和当地村民又在泉旁加追了数十株柳树，在泉水的滋润下，长得郁郁葱葱，垂柳拂面，于是改满井为柳泉，蒲松龄也自号为柳泉居士。在柳泉旁还建有一座茅亭，当年出身于教书先生的蒲松龄，因不满社会，又无意仕途，为了撰写《聊斋志异》，就在柳泉旁的茅亭内，设桌备椅，亲自用柳泉之水沏香茗，招待过往行人。蒲氏乘机请过

崂山矿泉

路行人，讲述各地风情和新奇鬼怪故事。如此二十余载，终于汇编成《聊斋志异》，成为后世不朽之作。对此，柳泉简介牌上是这样介绍的："柳泉，原名满井。当年此井深丈余，水满而溢，自流成溪。周围翠柳百章，合环笼盖，风景秀美。传说蒲松龄曾在茅亭上设茶待客，听取乡夫野老谈狐说鬼，以写《聊斋志异》。"对此，后人多有传诵。

10.崂山矿泉　位于山东青岛崂山风景名胜区内，人称"仙山"。当年秦始皇、汉武帝为求仙方，以祈长生不老，都曾到此炼丹求仙。唐玄宗也专门指派心腹王昊、李华周上崂山采药炼丹。宋、元以来，崂山又成为道人聚集之地，成了道教名山。其地道观林立，著名的道观有上清宫、下清宫、太平宫等，均是石壁瓦舍，深具道教玄机。历代著名的道士，诸如邱处机、刘志坚、张三丰等均先后来此修道。

崂山多奇峰削壁，有"群山削玉三千仞，乱石穿空一万丈"之说，形成了崂山33条清溪。而九曲连环，还构成了幽深清邃的九水风光。崂山处处水，汲汲皆可饮。这些矿泉，水质清澈，略带甘甜，又富含对人体有益的矿质元素，盛在杯中，即使水面满出杯沿半米粒，也不致使水流外溢。因此，崂山矿泉，有"神水""仙饮"之说，用仙山上的仙水冲泡而成的仙茶，有治病和延年益寿的功效。所以，开发利用，已是历史悠久。清代蒲松龄用茶待客，听取和搜集《聊斋志异》素材，其中小说中的《香玉》《崂山道士》两则故事，就是专写崂山风情的。历史上，一些爱茶、写茶的文人学士，如唐代的李白，宋代的苏东坡，明代的文徵明，清代的顾炎武、王士慎，近代的康有为等，都曾慕名到崂山煮水试茗，留下众多吟茶墨宝。加之，其地又是崂山春（茶）的产地，好水烹好茶，自然美不可言，有"崂山春茶矿泉水"之誉。许多游客，怀着对崂山仙水的爱慕之情，在回程时，总会瓶装罐盛，带回几升崂山仙水，回家煮水试茶，与亲人共享。

11.无锡惠山泉　位于江苏无锡市西郊惠山山麓的锡惠公园内，泉因山而得名。惠山泉的开发和利用，是与唐代"茶圣"陆羽和无锡令敬澄相关。据唐代独孤及《惠山新泉记》载："无锡

令敬澄，字源深，考古案图；有客陆羽，有多识名山大川之名，与此峰折云相为宾主。"二人相处甚欢，于是合力"疏为悬流，使瀑布下钟，甘流湍激"。从此惠山泉名噪天下。惠山泉分上池和下池：上池呈八角形，位于二泉亭内；下池为不规则形，位于二泉亭前。此外，入门还有一个下池，开凿于宋代，池壁有明代杨理雕刻的龙头。在二泉亭和漪澜堂的影壁上，分嵌有元代书画家赵孟頫和清代书法家王澍分别题写的"天下第二泉"五个大字。由于惠山泉水源于若冰洞，透过岩层裂隙，呈伏流汇集而出，遂成为泉。因此，泉水质轻而"味甘"，能溢诸茗色、香、味、形之美，深受茶人赞誉。唐天宝进士皇甫冉评茶品水，称此泉来自"太空""仙境"；唐元和进士李绅谓此水是"人间灵液，清鉴肌骨，漱开神虑。茶得此水，尽皆芳味"。

惠山泉盛名，始于中唐以后。据唐代张又新的《煎茶水记》载，最早品评宜茶用水品第，并评点惠山泉水的是唐代刑部侍郎刘伯刍和"茶圣"陆羽。品泉家刘伯刍，根据其游历所至，分别排出宜茶水品七等，将无锡惠山寺石水评定为"第二"；而与刘伯刍同时代的陆羽，在更大范围内将天下宜茶水品评为二十等，也提出"无锡惠山寺石泉水，第二。"

惠山泉，被评为"天下第二泉"后，历代众多名人学士为呷上一杯佳茗，甚至不惜劳力和钱财，远道汲取惠山泉水，成了人们心目中的玉液佳泉。据唐代无名氏的《玉泉子》载，唐武宗时，官居丞相的李德裕，就职于京城长安，为取得惠山泉水，利用权势，设立了类似驿站的专门输水机构"水递"，将无锡惠山泉水直送三千里外的京城长安，劳民伤财，怨声载道。为此，唐代诗人皮日休作诗讽刺道："丞相常思煮茗时，郡侯催发只嫌迟；吴关去国三千里，莫笑杨妃爱荔枝。"

宋时，从帝王将相到骚人墨客，也十分推崇惠山泉水，甚至不惜工本，将惠山泉水用舟车运载，送到京城开封，为达官贵人享用。为防止送水过程中水味变质，据周辉的《清波杂记》载，当时还摸索出一种用"细沙淋过"，去其杂质，称之为"拆洗惠山泉"的保水法。宋代大文学家欧阳修花了18年时间，编成《集古录》千卷，写好序文后，请当时大书法家蔡襄用毛笔书就。欧阳修看后，十分赞赏，称"字尤精劲，为世珍藏"。为酬劳蔡襄，欧阳修特选用惠山泉、龙团茶作润笔费馈赠。蔡襄接到酬礼后，十分高兴，认为是"太清而不俗"。此后，蔡襄又特地选用惠山泉水沏茗与苏舜元斗茶，这也正说明了惠山泉水之珍。而大诗人苏轼对惠山泉水也爱之成癖，多次到惠山，在他的《惠山谒钱道人烹小龙团登绝顶望太湖》诗中，写下了"踏遍江南南岸山，逢山未免更留连；独携天上小团月（茶），来试人间第二泉"的脍炙人口的诗句。苏轼离开无锡后，还在"寄无锡令焦千之求惠山泉"诗中，要焦千之寄惠山泉水给他。后来，苏轼流放到现在的海南，当地有一间"三山庵"，庵内有一泉，苏轼品评后，认为此泉水与无锡惠山泉水不相上下。为此，苏轼感慨万千，说："水行地下，出没于数千里之外，虽河海不能绝也。"惠山泉水还受到宋徽宗赵佶的赞赏。在他著的《大观茶论》中，有一篇专论"择水"，把惠山泉水列为首品，定为贡品，由当时的两准两浙路发运使赵霆按月进贡100坛，运至汴梁城（今河南开封）。据蔡京的《太清楼特宴记》载，政和二年（1112）四月八日，在皇宫后苑太清楼内，宋徽赵佶为蔡襄举行盛大宫廷宴时，就是用惠山泉水烹新贡佳茗，再用建溪黑釉兔毫盏盛茶，招待

第八章　茶文化与旅游　　371

群臣的。更值得一提的是南宋高宗赵构被人逼得走投无路，仓皇南逃时，路过无锡，还特地去品茗惠山泉，可见惠山泉水在宋皇室中的影响。元明之际，诗人高启，江苏吴江人氏，客居浙江绍兴，平生嗜茶。一次家乡好友来访，特地为他捎去惠山泉水。高启为此爱不释手，欣喜之余，欣然命笔，作《友人越馈以惠泉》诗一首："汲来晓泠和山雨，饮处春香带间花。送行一斛还堪赠，往试云门日铸茶。"而无锡当地官吏，为了限制当地日益增多的民众汲水烹茗，竟在泉外设卡收税。

明代，爱茶诗人李梦阳，也有与高启相似的经历，有他的《谢友送惠山泉》诗为证："故人何方来？来自锡山谷。暑行四千里，致我泉一斛。"

清代，乾隆皇帝为取得品茗佳泉，在南巡时，乾隆还在惠山泉品茗赋诗："惠山画麓东，冰洞喷乳麋。江南称第二，盛名实能副。流为方圆池，一倒石栏甃。圆甘而方劣，此理殊难究。对泉三间屋，朴断称雅构。竹炉就近

苏州石泉水

烹，空诸大根圌。"这首诗刻在惠山泉前的景徽堂墙上，一直为后人念诵。

近代，这种择惠山泉水试茗的做法，亦大有人在，他们或步行，或乘车，汲得美泉在手，回家试茶品水，自得其乐。

从今人看来，惠山泉是地下水的天然露头，所以，免受环境污染；加之，泉水经过沙石过滤，汇集成流，水质自然清澈、晶莹；另外，由于水流通过山岩，使泉水富含对人体有益的多种矿质营养。用如此泉水烹茗，自然成为"双绝"，难怪历代茶人都如此钟情惠山泉，特别是宋代诗人王禹偁，因留恋惠山的泉美、茶香、鱼乐，曾作诗一首："甃石封苔百尺深，试茶尝味少知音。惟余半夜泉中月，留照先生一片心。"就是这"半夜泉中月"孕育了一支名传天下的二胡名曲，这就是清光绪年间由无锡雷遵殿小道士，即瞎子阿炳以惠山泉为素材创作的《二泉映月》，更增添了惠山泉品茗情趣。

12.苏州石泉水　位于江苏苏州市阊门外山塘街虎丘山。虎丘，又名海涌山，因"丘如蹲虎，以形名"。虎丘上的虎丘寺，为东晋司徒王珣和弟司空王珉所建。南宋时，曾列为"五山十刹"之一。唐代爱茶诗人白居易任苏州刺史时，常游虎丘，戏称自己是"一年十二度，非少

也非多。"

虎丘山上的石泉，在剑池附近，地处千人岩右侧，冷香阁之北。据《苏州府志》载，唐德宗贞元中，茶圣陆羽曾寓居苏州虎丘，汲水品茗，调研茶事，发现虎丘山泉水清澈如镜，甘甜可口，实属煎茶好水。于是，陆羽便在虎丘山上挖了一口井泉，用来品茶试茗。同时，还在井泉外开山种茶，并用泉水灌浇茶园，使"种茶"成为苏州一业。以后，陆羽又根据游历所到，通过广泛比较，将天下宜茶水品分为二十等时，说"苏州虎丘寺石泉水，第五"。后人为纪念陆羽对茶学做出的杰出贡献，把陆羽亲手挖掘的虎丘石泉，又称为陆羽泉或陆羽井。与陆羽同时代的刘伯刍，说"苏州虎丘寺石泉水，第三"。于是，苏州石泉水还有"天下第三泉"之美誉。

虎丘茶，宋时已闻名于世。清乾隆《苏州府志》载："虎丘金粟房旧产茶极佳，烹之色白如玉，香如兰……宋人呼为白云茶。"由于虎丘茶名声大，所产茶又不多，明时只有达官贵人享用，一般人无法接近。明代屠隆《考槃余事》载："虎丘茶最号精绝……皆为豪右所居，寂寞山家无由获购矣！"对此，清康熙《虎丘山志》亦有相同记载。民间以能尝到虎丘茶烹石泉水为荣。现存的苏州石泉，是一口古石井。井口方形，四面垒以石块。虽存世1 200年之多，但井水仍清澈可鉴，终年不枯。在井边南侧的冷香阁，开有茶室。坐在虎丘山上，用石泉水沏茶，品茗小憩，观景察色，别有一番情意。

13.峨眉玉液泉　位于四川峨眉山金顶之下的万定桥边、神水阁前，有"神水第一"之誉。玉液泉以一潭碧泓悦人，以奇绝水品称雄。由于此泉不同凡响，所以，称它是"天上的神水"，"地下的甘泉"。虽历经千百年，仍大旱不竭，水品清澈明亮，光照鉴人。玉液泉四周，又是峨眉茶产地。用玉液泉品峨眉茶，向来为文人墨客倾心。早在北宋时，黄庭坚、苏东坡就曾来此咏泉品茗，留下了赞美玉液泉、峨眉茶的墨宝。如今在玉液泉前的一块石碑上，镌刻的历代诗文，就是佐证。"二美合碧瓯，殊胜馔群玉。"玉液泉烹峨眉茶，相映生辉。

说到玉液泉的由来，还有几则动人的传说。据说是春秋战国时，楚狂接舆来峨眉山隐居，舆朝夕修心，普渡众生，感动天上王母娘娘，于是遣玉女引来瑶池琼浆玉液供接舆享用。自此以后，舆天天用泉水煮饭品茶，静心养身，这就是玉液泉的由来。因玉液泉既是神仙所赐，又与瑶池相通，故又称"神水"。至于"神水通楚"，说的是隋代高僧智顗，在峨眉山中峰寺修行期间，天天用神水烹茶诵经。后移居湖北江陵玉泉寺为僧，但仍不忘峨眉神水之味。一天，一位仙姑龙女扮作民间少女出现在智顗面前，表示愿去峨眉取神水，约定次日在寺院外玉泉边交接。智顗不信，便说："娘娘若能将我留在中峰寺的钵盂和禅杖一同取来，便可相信取来之水是峨眉神水。"次日，智顗应约来到玉液泉边，只见自己的钵盂和禅杖随泉水飘出，且盂中已盛满"神水"。于是高僧用神水烹茶，深感此水与玉泉水无异。从此，智顗天天能饮到玉泉水了。而湖北，古代为楚国辖地，所以简称楚，因而有"神水通楚"之说。

现今，人们见到泉旁石碑上镌刻的"玉液泉"和"神水通楚"碑文，乃是明代龚廷试所题。泉旁石崖上题写的"神水"两字，出自明代御史张仲贤手迹。

玉液泉自唐以来，历经宋、元、明、清，直至今日，仍有众多茶人来此品茗。经有关食品专

邛崃文君井

家测定，认为玉液泉水最宜烹茶，它是一种极为难得的优质饮用矿泉水，除视觉、口感殊绝于众外，还含有微量的氡、二氧化硅等，对人体有很好的保健作用，这就是人们热衷于用玉液泉品茗的道理所在。

14. 邛崃文君井 位于四川邛崃县城文君公园内，是汉代才女卓文君与词赋家司马相如两情相爱，结为夫妇后烹茶卖酒用水之处。现代文学家郭沫若称："卓文君与司马相如的故事，实系千秋佳话，故井犹存，令人向往。"据《邛崃县志》记载："井泉清洌，甃砌异常，井口径不过两尺，井腹渐宽如胆瓶然，至井底径几及丈。"说起文君井，却有一段优美动听的传说：西汉词赋家司马相如，汉景帝时，曾辅佐梁王，后仕途失意，回故乡成都。好友、临邛（今四川邛崃）县令王吉，深表同情，遂邀请司马相如赴临邛小住。期间，王吉约司马相如同赴临邛富豪卓王孙家作客。卓王孙之女卓文君，才貌超群，通晓音律，但年轻丧夫，寡居在家。王吉有意介绍卓文君给司马相如，相如闻之，也喜笑颜开。而司马相如文采风流，更有《子虚赋》千金难买之作，世人尽知。卓文君得知后，也暗暗产生了爱慕之情。但终因男女有别，更何况卓文君又新寡归家，难以相见。为此，司马相如就在卓家暂住。此时，相如日思夜想，月下抚琴，一曲《凤求凰》，更激起了文君的爱慕之情。一日，终于相见，互吐衷情，许了终身，但遭到卓王孙的坚决反对。于是两人月夜私奔，回到成都相如家中。后因相如父母早亡，孤身一人，难以度日，又重返临邛，在友人的资助下，开了一家卖酒烹茶的店铺，以此相依为命。后人将"文君当炉，相如涤器"传为佳话。当年他俩烹茶卖酒用水的古井，称之为文君井。文君井南是卓文君当年梳妆打扮的遗址梳妆台，文君井北为当炉亭，是文君和相如卖酒烹茶之地。文君井东侧的石壁屏风上，刻有郭沫若于1975年游文君公园时，为故人写的题词："文君当炉时，相如涤器处，反抗封建是先驱，佳话传千古。今当一凭吊，酌取井中水，用以烹茶涤尘思，清逸凉无比。"与文君井一水之隔的琴台，为司马相如当年抚琴弄曲，向文君发出求爱信息的地方。在琴台亭上书有楹联："井上风，疏竹有韵；台前月，古琴无弦。"唐代诗人杜甫、宋代诗人陆游等历代文人，都有凭吊遗迹之作，发人思古。用文君井泉，烹文君绿茶，已成为今人的一种时尚。

15.桐庐严子陵滩水　位于浙江桐庐富春山下的富春江边。在半山腰处，有两块大盘石，屹立东西两岸。东为严光钓台，西为谢翱台。

据唐代张又新的《煎茶水记》记载，唐代品泉名家刘伯刍，根据游历所至，排列出七个地方的水最宜煎茶，进而又将这七个地方的水分为七等。后来，张又新又到了刘伯刍没有到过的两浙地区，来到当年严子陵钓鱼的地方，即严子陵滩水，说当地都用此水煎茶，即使所煎的茶是"陈黑坏茶"，也"皆至芳香。又以煎佳茶，不可名其鲜馥也"。张又新最终认为，严子陵滩水超出刘伯刍品为第一的扬子江南零水。差不多同时代的陆羽，为煎茶鉴水，亦曾登临严光垂钓的严子陵滩水，通过比较，认为天下二十个最宜茶水品中，名列第十九，于是又有"天下第十九泉"之称。

明代的徐献忠，步前人后尘，到严子陵滩鉴水试茗后，在他的《水品全秩》中写道："张君（指唐代张又新）过桐庐江，见严子濑溪水清冷取，煎佳茶，以为愈于南泠水（即中泠泉），予尝过濑，其清湛芳鲜诚在南泠上。"并进而指出，严陵滩水最佳处是在严子陵钓台之下，滩溪之水在此回旋，当属澄寂停留之处，只有沿陡立的台磴上下，或者驾舟至台下，才能取得。真是佳水难得！加之严子陵钓台所处的桐君山，历史上是名茶产地。诗云："桐君云山采雀舌（茶），富春江水煮龙团。"把产雀舌茶的桐君山，和煮龙团贡茶的富春水，描绘成一幅采茶品茗图。如此桐君山、严子陵滩水、雀舌茶，催人遐想，使诗情画意，尽收眼底，读之令人向往不已。

16.乐清雁荡大龙湫　位于浙江乐清雁荡山连云嶂，水从嶂壁凌空而下，落差约200米，为我国东南巨瀑。清代江西巡抚李桓题的"天下第一瀑"五个大字，至今仍在连云嶂上历历在目。北宋著名科学家沈括在《梦溪笔谈》中称："天下奇秀，无逾此山（即雁荡山）。"产于龙湫背的雁荡毛峰茶，属历史传统名茶。明代冯可宾在《雨航杂录》中，将雁山茶与观音竹、金星草、山乐官、香鱼列为"雁山五珍"。《瓯江逸志》也载："雁荡山水为佳，此上茶为第一。"用龙湫水沏雁荡茶，有使人产生"幽香移入小壶来"之感。

说到龙湫水、雁荡茶，还有一则美丽的传说，相传唐初高僧诺讵那率弟子三百，从四川东来雁荡，见龙湫景色叹为观止。于是，在此观瀑坐化。一天夜里，忽见有一个白发老人对他说："感恩始祖，使我得以安生。"高僧诺讵那答道："何以说出此话？"老人说："师居龙

乐清雁荡大龙湫

湫，日常将水倾于山地，遂流成溪涧，保全山水洁净，为报答恩师，特赐茶树一株，管你终身受用。"诺讵那又问："长者尊姓？家住何处？"老人答："远在天边，近在眼前。"诺讵那一觉醒来，原以为是一场梦，不了出门一看，但见龙湫上端老龙"哗哗"吐水，龙尾摇摆。而居住的茅舍边，又多了一株茶树。这老龙吐出来的水，就是大龙湫瀑布；雁山茶就是那株茶树繁衍而成的。"雁荡毛峰大龙湫"之说，也就很快为人所知。

据清代梁章钜的《游雁荡日记》载：雁荡山，"若隐若现在云雾中，有应接不暇之势……飞泉从空喷下，散为珠帘。寺僧设茶灶于此，相传过客到此，至诚瀹茗。"寺院向过往游人和香客施茶，成了雁荡寺院的一种礼俗。相传，古时，雁荡山茶，为寺院所有，此茶多产于悬崖峭壁之上，凡人难以采制，于是，靠专门有人工训练的猴子采茶。雁山茶又有猴茶之说。如今，雁荡山、大龙湫、雁山茶已成为"名山有佳水，佳水育好茶"的美谈。

17.杭州虎跑泉　位于杭州西湖西南大慈山白鹤峰麓。相传在唐以前，这里既无泉，也无寺。唐宪宗元和年间（806—820），高僧寰中（性空和尚）云游到此，认为此地适合佛门修身养性，便有心栖禅于此，但又感缺乏生活用水。一日，小寺来了大虎、二虎兄弟俩，身强力壮愿拜性空为师，要为寺院挑水。但他俩纵有千斤之力，也无法满足一个大寺院生活用水的需要。一

杭州虎跑泉

杭州龙井泉

天，大虎忽然想起南岳衡山有口童子泉，甘冽香甜，适合泡茶煮饭。于是，便和二虎一同去衡山搬泉，谁知用尽全力，分毫不动。正在无计可施之际，护泉的小仙童指点道，只要你们兄弟俩愿意脱俗成虎，便可将泉移走。兄弟俩当即同意，遂变成虎。于是，大虎背着仙童，二虎扛着泉，直奔杭州大慈山麓。这天夜里，性空正在打坐，梦见两虎正在禅房外刨地，又见泉水从石缝中涌出，即刻便成为泉。明代万历《杭州志府》也载，唐元和十四年（819）高僧寰中居此，苦于无水，一日，梦见"二虎刨地作穴"，泉水从穴中涌出，故名"虎刨泉"，后又改名为"虎跑泉"，这就是虎跑泉的由来。现今石壁上的"虎跑泉"三个大字，出于西蜀书法家谭道一手迹。

　　其实，虎跑泉水是从后山石英砂岩中渗出来的一股泉水，水质极为清纯，还富含对人体有益的矿物质成分，是一种很珍贵的矿泉水。若将泉水盛于碗中，即便水面满出碗沿二三毫米，水也不外溢。在清代丁立诚的《虎跑泉水试钱》诗中，说："虎跑泉勺一盏平，投以百钱凸水晶。绝无点点复滴滴，此山泉清凝玉液。"加之，其地四周又是著名西湖龙井茶产地，好茶须用好水泡，所以，历史上又有"龙井茶，虎跑水"之说。宋代大诗人苏东坡作《虎跑水》诗，赞美它是："更续《茶经》校奇品，山瓢留待羽仙尝。"明代，高濂《四时幽赏录》载："西湖之泉，以虎跑为最。西山之茶，以龙井为佳。"清乾隆皇帝在位时（1736—1795）品评天下佳茗，鉴别"通国之水"敕封虎跑泉为"天下第三泉"，并作有专以虎跑泉品茗为题的茶诗两首，即《戏题虎跑泉》和《虎跑泉》，将虎跑泉的来历，以及用虎跑泉品茶的情趣，写得入木三分。近代，著名文学家郭沫若在游览虎跑泉后，也赋诗赞曰："虎跑泉犹在，客来茶甚甘。名传天下二，影对水成三。饱览湖山美，毫游意兴酣。春风吹送我，岭外又江南。"

　　现今，与虎跑泉连成同一景点的，还有建于唐元和年间的虎跑寺、虎跑亭、滴翠轩等建筑，以及为纪念中国早期话剧活动家、艺术教育家李叔同在虎跑寺出家而建的弘一法师塔，它们与虎跑泉相映成趣，为品泉试茗增添了无限情趣。

18.杭州龙井泉　位于浙江杭州市西湖西南的风篁岭上。相传龙井与江海相通，龙居其中，故名。据明代田汝成《西湖游览志》载，龙井泉发现于三国东吴赤乌年间（238—251）。此外，还可从明代时，在龙井泉中发现的一片"投书简"中得到证实，其上刻有东吴赤乌年间的"水府神龙"祈雨告文。在历史上，有"天下第三泉"之称。

龙井泉出自山岩，四时不绝，属于岩溶裂隙泉。由于井中泉水溢出与井底泉水涌入时，水的比重和流速的不同，只要用小棍轻轻拨动水面，水面就会立刻出现一条由外向内的波动分水线，视为奇观。龙井泉水质甘醇，清澈如镜，用龙井泉沏龙井茶，更是沁人肺腑。所以，历史上，有"采取龙井茶，还烹龙井水"之说。元代虞集有《咏龙井茶》诗，说："烹煎黄金芽，不取谷雨后；同来二三子，三咽不忍漱。"明代孙一元在《饮龙井诗》中说得更为生动："眼底闲云乱不开，偶随麋鹿入云来；平生于物元（原）无取，消受山中水一杯。"明代田艺蘅《煮泉小品》也载："今武林（杭州）诸泉，惟龙泓入品，而茶亦惟龙泓山为最，又其上为老龙泓，寒碧倍之，其产茶，为南北山绝品……求其茶泉双绝，两浙罕伍。"清代陆次云说龙井泉沏龙井茶是："啜之淡然，似乎无味，饮过之后，觉有一种太和之气，弥沦乎齿颊之间，此无味之味，乃至味也。"清代乾隆皇帝多次来此品泉试茗，还写有《坐龙井上烹茶偶成》等诗作，它对用龙井泉品龙井茶平添了无尽韵味。与龙井泉相映成趣的是泉的四周还有神运石、涤心沼、一片云等胜迹。与龙井泉紧挨的西侧，建有龙井寺茶室，用龙井之水，沏上龙井村采制的龙井茶。如此，龙井泉、龙井寺、龙井村和龙井茶，可谓"四龙合一"，相得益彰。如此，品茗赏景，别有一番情景，它构成了杭州的新西湖十景之一，"龙井问茶"的主要内容。

此外，在离龙井泉几百米外的风篁岭落晖坞，还有一口老龙井，它紧挨山岩，岩壁上有"老龙井"三字，据分析，认为出自宋代杭州知州苏东坡手迹。老龙井与现在人们熟知的龙井泉一样，在历史上也有记载，是一处与茶有关的重要人文景观。史载，在历史上，有新、老龙井寺和新、老龙井之分，而龙井寺，原亦建在老龙井处，相传为五代后汉乾祐年间（948—950）的一位名叫凌霄的杭州人所建。北宋时，龙井寺名噪一时。其时，大法师辨才和尚退居于龙井寺，开山种茶，品茗悟性。许多文人学士，如苏东坡、苏辙、秦观、黄庭坚、赵抃等也来寺品茗赋诗，甚至还吸引高丽（朝鲜）王子来龙井寺。明正统年间（1436—1449），浙江总督李德又在风篁岭龙井亭修建龙井寺。当时，为与原先龙井寺相区别，将原先老龙井边的龙井寺（又称寿圣院或广福院）称之为老龙井寺，将明时新建的龙井寺称之为新龙井寺，或龙井寺。如此老龙井、龙井和老龙井寺、龙井寺已构成一个有机联系的茶文化景点，让人赞叹不已。

19.长兴金沙泉　位于浙江长兴县顾渚山东麓，而顾渚山，又是中国最早的唐代贡茶——紫笋茶的产地。史载，要尝到紫笋贡茶的真味，又非用金沙泉水煎茶莫属。所以，在历史上，有"顾渚茶，金沙水"之说。当紫笋茶列为贡品后，又同时将金沙泉水列为"大唐贡水"。唐时在每年清明前进贡紫笋茶时，还得用银瓶盛装金沙泉水，与紫笋茶一并送往京城长安（今陕西西安市）。据《新唐书》载："湖州（辖长兴县）土贡紫笋茶、金沙水"，说的就是这个意思。明万历《湖州府志》也载："金沙泉在县北四十五里，顾渚山侧有碧泉涌出，灿如金星，唐宋时注以

长兴金沙泉

银瓶，随茶并贡。"它表明金沙泉作为贡水，一直延续到宋代。至于用银瓶装水，一是显得金沙泉水的高贵；二是银瓶对水而言，具有杀菌、抗腐、防臭的作用，是"一箭双雕"之计。

金沙泉水品质优异，是不可多得的好水，为了赢得皇上的欢心，又发展到加工紫笋茶时，用金沙泉水先洗鲜叶再蒸制贡茶的做法。唐代斐清《进金沙泉表》称："吴兴（现属长兴）古郡，顾渚名山，当贡焙之所居，有灵泉而特异，用之蒸捣，别著芳馨，信至德之感，通合太湖而献纳，甘有同于沆瀣清远，胜于沧浪。"《统纪》也载："贡茶院两行置茶碓，有焙百余所，工匠千余人，引顾渚泉亘其间，烹蒸涤濯，汲造贡茶皆用之，非此水不能制也。"宋人唐稹还写了一篇《金沙泉》，更是说得神乎其神，说："湖州长城（今长兴）县啄木岭金沙泉，每岁造茶之所，居常无水。湖（州）常（州）二郡守至境，具牲祭，泉其夕清溢，造御茶。毕其水即微减，太守造毕，即涸。"顾渚山，泉是贡水，茶是贡茗，山秀、泉甘、茶美，自然受到文人骚客的钟情。至今，仍为后人津津乐道，赞叹不已。

20.天台山西南峰千丈瀑布水　　位于浙江天台县天台山。这里云山重叠，群峰竞秀，瀑布飞泻，溪水长鸣。著名的西南峰千丈瀑布水地处天台县城西的紫凝山的奇岩幽谷之中。清代张联《天台山全志》载，唐代陆羽品泉所指的西南峰，名曰瀑布山，一名紫凝山，在天台县城西四十里，有瀑布垂流千丈，与国清、福圣二瀑为三，其山出奇茗。余爽（生平不详）在《瀑布诗》中称它是"九峰回合抱琼田，石蕊云英漱瀑泉。闻说丹成(丘)从此路，玉虹艺驾上青天"。说汉代仙人丹丘子就是路过这里时，饮茗成仙的。其实，瀑布水的盛名主要应归功于唐代"茶圣"陆羽。当年，陆羽为考察茶事，广评天下宜茶水品，通过比较，最终认定"天台山西南峰千丈瀑布水，第十七"。于是，天台山西南峰千丈瀑布水，又有"天下第十七泉"之说。

西南峰千丈瀑布水，一瀑三折，从紫凝山飞流直泻。第一折落差最大，约30米；第二折和第三折落差较小，流速稍缓。每折瀑布的下端，有个水潭。由于三折瀑布，或湍急、或涌喷、或潺流，容姿各异，蔚为奇观，故其地又有瀑布山之称。唐光化（898—901）进士曹松在《瀑布诗》中，形容它是"万仞得名云瀑布，遥看如织挂天台"。明万历（1573—1620）进士王士性在《入天台山志》也称："行至紫凝山，瀑布悬流一千丈，陆羽第为天下十七水。"后人为纪念陆羽品泉功绩，遂在悬崖上题刻"天下第十七水"六个大字，供众人瞻仰。其地紫凝山，又是历史名茶产地。据《天台山全志》引《桑庄芝续谱》载："天台山茶有三品，紫凝为上。"其实，紫凝茶在隋唐时已经盛名；加之，其地又有天台山系的最佳水品西南峰千丈瀑布水，好山、好茶、好水，难怪后人称它为"山岳之神秀"了。

21.安宁碧玉泉 位于云南安宁县西北螳螂川峡谷涧的玉泉山麓，汉时已经出名。在碧玉泉附近的火龙寺，还保存着一块石碑，上刻"东汉建武丙辰年间（56），有名将苏文达随伏波将军马援南征交趾，其后回朝，道经滇省，因瘴气不能进，乃于此，偶与乡人游，见山中白雾腾腾，始知为温泉。于是，召工开辟，遂成名胜。"民间也传说，苏文达随伏波将军作战后，班师回朝路经新罗邑国（安宁县古称）螳螂川，染上瘴气，被迫扎营于此。此事被新罗邑国公主发现，遂邀请上山，后终成眷属，并献出秘方，用碧玉泉水洗浴，能使瘴气全除。因苏文达和公主的爱情，纯如碧、美如玉、清如泉，碧玉泉之名，也由此而来。明代洪武三十一年（1398），地理学家徐霞客，广游名山大川后，来到碧玉泉，并对碧玉泉水作了详细记录："池汇于石崖下，东倚崖石，西去螳川数十步。池之南有室三楹，北临池上。池分内外，外固清莹，内更澄澈，而浴者多就外池。池内有石高低不一，俱沉水中，其色如绿玉，水光映烨然。余所见温泉，滇南最多，此水实为第一。"明代状元杨慎（即杨升庵），贬官到云南，对碧玉泉更是推崇备至，特地写了《浴温泉序》，说碧玉泉水有七大特点："滇池号曰黑水，虽盈尺不见底，而此特皓镜百尺，纤芥毕呈，一也；四山壁起，中为石门，不烦秋葺甓，二也；污垢自去，不待扪拭，三也；苔污绝迹，不用淘潄，四也；温凉适宜，四时可浴，五也；掬之可饮，尤发苔颜，六也；盏酒增味，治疮省薪，七也。"并作温泉诗一首，说温泉是："心不假犀凉，春酝熏兰罨。云腴泛茗枪，弄珠余浣女。"意为用碧玉泉水酿酒煮茗，均能增色益味。杨氏最后的结论是："仙家三危之露，伟地八巧之一，可以驾称之，四海第一汤也。"还饶有兴趣，专门为碧玉泉题写了"天下第一汤"五个大字，刻于泉口岩壁上。历代文人学士称，用碧玉泉水沏茶，茶更香，味更醇。

22.黄山温泉 位于安徽黄山逍遥溪冰川幽谷中段的北面。相传轩辕黄帝沐浴后，白发变

黄山温泉

武夷通仙井

黑，返老还童，故又称灵泉。它水质清澈，晶莹可掬，甘芳可口，是独具风味的优良矿泉水。

黄山温泉，不仅是沐浴的佳地，而且是品茗的上好泉水。据《图经》记载："黄山旧名黟山，东峰下有朱砂汤，泉可点茗，茶色微红，此自然之丹液也。"黄山产茶，在宋代就有"早春英华""来泉胜金"等茶品，明代许次纾在《茶疏》中说："可与虎丘、龙井、茶雁行。"据《黄山志》载："莲花庵旁就石隙养茶，多轻香冷韵，袭人龈腭，谓黄山云雾茶。"清代江澄云《素壶便录》记述："黄山有云雾茶，产高山绝顶，烟云荡漾，雾露滋培，其柯有历百年者，气息恬雅，芳香扑鼻，绝无俗味，当为茶品中第一。"用黄山温泉泡毛峰茶，其味甘芳可口，能更好展示黄山毛峰茶的清香冷韵，使之更为袭人，其中还蕴含着一段有趣的传说。

据说用黄山温泉泡云雾茶，能出现奇景：先是热气绕茶碗边一圈；接着，再转到碗口中心部位；然后又冉冉升起，高达一尺有余；最后，呈白雾一片，渐渐消失于空间。有一年黟县县令带着黄山毛峰茶上京赴贡，说云雾茶品质出众，冲泡时能出现奇景。为此，皇帝急令内宫沏茶，结果并无奇观发生，县令差点为此落得欺君之罪。回县后，经调查后方知，必须用黄山温泉水沏云雾茶，才有这等奇观。于是，县令再次上京，终于出现奇观，使皇帝信服。自此以后，黄山温泉才名扬四海。其实，黄山温泉的出名，还得益于黄山的天然景色。黄山，有"巍峨高耸的奇峰，苍劲多姿的古松，清澈明净的山泉，波涛起伏的云海。"明代著名旅行家徐霞客称黄山为名山之冠，留下"五岳归来不看山，黄山归来不看岳"的名句。明代文人吴士权对黄山温泉也大加赞赏，说它："清数毛发，香杂兰芷，甘和沆瀣。"当年文学家郭沫若在游黄山温泉后，说"尚有温泉足比华清池（注在西安临潼）"。历代名人，诸如李白、石涛、黄宾虹等，也都登过黄山，品过温泉，为后人留下了许多品茗美谈。1979年，邓小平赴黄山视察，还欣然挥毫，为黄山温泉题写了"天下名泉"四个大字，使黄山温泉更加增添了人文景色。

23.武夷通仙井　位于福建武夷山九曲溪的四曲溪畔，与武夷御茶园相邻。据清嘉庆《崇安（今武夷山市）县志》载："在武夷山第四曲，元建堂宇尽废，存喊山台，台左有通仙井，元时

当阳珍珠泉

井上复以龙亭，岁于惊蛰日有司致祭，率役夫茶户，鸣金鼓谓动地脉以发泉，畅春膏（指茶）而早苗，重玉食，谨有事也。"这里说的是元至顺二年（1331），建宁总管（武夷山旧属建宁府）为祈求上苍保佑，确保御茶园（即皇家贡焙局）岁岁平安，不致惹祸，又在通仙井畔筑起一个喊山台。据清代《武夷纪胜》载，喊山台乃元暗都喇建，台高五尺，方一丈六尺。每逢春季茶园开采之前，值惊蛰之日，当地地方和偕同专管御茶园的官吏及员工，一定要登上通仙井旁的喊山台，祭礼茶神，以求茶神保佑。崇安县令还得亲诵祭文，曰："惟神，默运化机，地钟和气，物产灵芽，先春特异，石乳流香，龙团佳味，贡于天下，万年无替！资尔神功，用申当祭。"祭毕，隶卒鸣金击鼓，红烛高烧，鞭炮齐鸣，祭礼者同声三呼："茶发芽！茶发芽！茶发芽！。"在震耳欲聋的喊山声中，通仙井水缓缓上升。众者确认这是天赐万民，有利于国泰民安！据清代周工亮《闽小记》载："祭毕……水既满，用以制茶上供，凡九百九十斤。制毕，水遂浑浊而缩。"对此，清代《武夷纪胜》也有记载："致祭毕……而井泉旋即渐满甘洌，以此制茶，异于常品。造茶毕，泉亦渐缩。""不独其茶之美，亦此水之力也，故名通仙，又名呼来泉。"这种奇特的水涨水落景观，为贡茶增添了神奇色彩。但按当地世代相传的说法，认为每年到惊蛰时地气已经温热，加上当时祭礼茶神，其地万人践踏，灯火一片通红，地温自然增高，故而出现井水渐溢现象，也是事出有因。只是以后"茶贡独免，悉皆荒废"，井里的水涨水落现象当然也不复存在了。如今，通仙井依然存在，仍有许多后人，前去瞻仰。

24.当阳珍珠泉　　位于湖北当阳县的玉泉山麓、玉泉寺左侧的翠寒山下，泉池正处于幽篁丛丛的斑竹园内。由于泉水碧透如玉，无数泉眼涌起串串水泡，清如玉，宛似颗颗珍珠，故名珍珠泉。宋代苏雨题为"漱玉喷珠"，明代袁宏道称为"珠泉跳玉"。游人临岸静观，池清水静。如击掌踩石，则沸泉翻滚。所以，有"游人一击掌，叠叠如贯珠"之效。

说到珍珠泉，还有一个动人的传说，说它原先是银河系段，一次南极仙翁奉玉帝之命，从东海龙王处运一船珍珠路过这里，神船牵夫提醒仙翁，此处多暗礁，应绕道而行。仙翁把话听错了，说："龙王本是水族之王，河里当然蛟（礁）多，不必绕道而行。"结果，神船颠覆，珍珠翻入河底，仙翁也受到玉帝处罚。从此，银河改道于天上，当阳一带成为一片陆地。不知过了多少年以后，为当地龙伯国大人们知道，便挖土凿船取珍珠，结果珍珠随着留存的银河圣水涌出，但一出水面，就不见踪影。最后，当龙伯国的大人们知道神物入不了凡人之手时，池坑已成为涌水如珠的泉水，珍珠泉也因此得名。其实，珍珠泉在唐代时已经盛名，唐代大诗人李白及族侄李英（即中孚禅师），对用珍珠泉水煮仙人掌茶赞不绝口，从此使珍珠泉名声大振。自唐以后，历宋、元、明、清，直至今日，历代名家，都以珍珠泉水品仙人掌茶为快，并留下许多墨宝。明代诗人袁宏道与好友黄平倩同游玉泉山寺后，写了一首名诗《玉泉寺》，留下了"闲与故人池上语，摘将仙掌试清泉"的诗句。这里的"仙掌"指的就是玉泉仙人掌茶；"清泉"指的是当阳珍珠泉水。"仙掌试清泉"，绝妙好句，便似"珍珠"从胸中涌出，真是景趣横生，令人向往。总之，玉泉寺因珍珠泉出雅，珍珠泉因仙人掌茶为贵，可谓是一幅名寺、名泉、名茶的代表作，使人浮想联翩。

25.宜昌陆游泉　位于湖北宜昌县西陵山的三游洞下，陆游泉水面如镜，清澈见底；夏不枯竭，冬不结冰；饮之润喉，清凉甘醇，有"神水"之称。历代茶人都以用陆游泉水品茶为快！

该泉的发现，首见于唐代大诗人白居易的《三游洞序》。说唐元和十四年（819），诗人与弟白行简、友元稹三人探三游洞时，意外发现了这口清泉，在他的序中写道："次见泉，如泻、如洒。其怪者如悬练，如不绝线。"又说："且水石相薄，嶙嶙凿凿，跳珠溅玉，惊动耳目，自未讫戌，爱不能去。"而该泉的扬名，却是在宋代。宋孝宗乾道六年（1170），陆游被贬谪到夔州（今四川奉节）任通判，在赴蜀途中慕名到此汲泉试茗，妙不可言，于是欣然命笔，作《三游洞下牢溪》诗一首，并书于峭壁上。题曰："三游洞前小潭水甚奇，取以煎茶，"诗曰："苔径芒鞋滑不妨，潭边聊得据胡床。岩空倒看峰峦影，涧远中含药草香。汲取满瓶牛乳白，分流触石佩声长。囊中日铸（茶）传天下，不是名泉不合尝。"诗中不仅描绘出陆游泉的奇异风光，还道出山泉色如"牛乳"声如"佩"的优异质地。最后，诗人说他"囊中"所带的家乡（浙江山阴，今绍兴）"日铸"茶，倘若不是这样的名泉，是"不合尝"的。自从有了陆游的光顾和赋诗颂名，后人遂将其命名为陆游泉，并将陆游诗句刻于泉旁岩壁上，以示纪念。陆游泉周围，绿竹森森、流水淙淙、绚丽幽雅、景趣无穷。其旁依溪还用青石垒砌了一座半壁亭。在亭柱上，刻有陆游"囊中日铸传天下，不是名泉不合尝"的诗句，为陆游泉增添了无限景趣。

26.宜昌蛤蟆泉　位于湖北宜昌长江西陵峡中黄牛峡下游南岸的蛤蟆碚。碚后重山掩映，森峭壁立，如扇如屏，因此又有扇子峡之名。其地有一块霍然挺出的大石，呈椭圆形，形似蛤蟆，头、眼、鼻、额，惟妙惟肖，故名蛤蟆泉。其内积泉成潭，水色清明，其味甘甜润美，最适合品茗试茶。唐代"茶圣"陆羽称它是："峡州扇子山下有石突然，泄水独清冷，状如龟状，俗出蛤蟆口水，第四。"将其列入当时全国宜茶二十水品中的第四位，因而被历代茶人称谓"天下第四泉"。据清乾隆《东湖（今宜昌）县志》载："第四泉，在蛤蟆碚，石大数丈，形如蛤蟆。其山出泉，陆羽尝品其水味天下第四。"北宋诗人黄庭坚汲泉烹茶，称其"冷慰入齿"，作诗云："巴人漫说蛤蟆碚，试裹春芽来就煎"。南宋爱国诗人陆游也作诗云："巴东峡里最初峡，天下泉中第四泉。"

说到蛤蟆泉水，还有一则有趣的传说。说很久以前，嫦娥在月宫里养了一只小蛤蟆，因慕人间三峡，逃出月宫，直奔三峡，半路被吴刚打昏，掉落在扇子峰上，被一砍柴老汉救回家。待小蛤蟆康复后，老汉正想将它放生，小蛤蟆突然说话，吐露真情，要陪伴老汉终生。次日，又将老汉引至清澈晶莹的水潭边，说这清清的明月水，用它"泡茶，茶碗凤凰叫；煮酒，酒杯白鹤飞"，可以十里闻香。老汉深知峡江里多的是水，谁肯花钱买明月水，只好挑去试试，果然无人问津。只得将水挑回家，才到扇子峰时，不小心跌了一跤，把挑的水全泼在扇子峰上。哪知当天夜里，扇子峰发出道道银光，如同明月一般发亮，把老汉惊呆了。峡江内外父老，知道了这一消息，都争着要买老汉的"天水"，终使老汉生活过得越来越好。为此，小蛤蟆遭到财主的抢劫，哪知聪明的小蛤蟆趁财主一不留心，就跳进扇子峰下的一个溶洞中，并变成一块巨石，在此日夜吐水，以报答老汉和乡亲好友。从此，蛤蟆石、蛤蟆泉的美名也扬名四海了。

27.秭归香溪水   位于湖北秭归香溪的玉虚洞下、香溪河畔。据清同治《归州（今秭归县）志》载："香溪，即王昭君所游处。《寰宇记》：香溪源出昭君村，水味甚美，载在《水品》，色碧如玉，澄清可掬。"清光绪《归州志》载："玉洞灵泉，州东二十里。……石壁峭空，洞门宏敞，钟乳下滴，三伏时凛若九秋，即唐陆羽品香溪泉处。"玉虚洞，相传发现于唐天宝五年（746），洞口刻有"玉虚洞天"四个字。洞呈不规则长方形，四壁丛生钟乳石，形状变化多样，使人联想翩翩。洞室面积达3 600平方米，洞内四季温暖如春。历代文人学士，慕名来此。据载，唐代的李白、杜甫，宋代的陆游，都曾到过玉虚洞，品茗试水，吟诗抒怀，为后代留下了不朽诗篇。如今，玉虚洞中还保存有宋代文人谢景初等留下的不少摩崖题刻，以及清代甘立朝撰写的《游玉虚记》碑刻。

玉虚洞下的香溪水四季不息，长年流入下方的香溪河。为此，香溪水亦称为香溪泉。泉水清澈明亮，回甘可口。用香溪甘泉沏茗，自然可以品尝到"香、清、甘、活"的茶品。唐代茶圣陆羽，于唐天宝年间（742—756）来到荆楚大地，访茶问水，自然也不忘来玉虚洞，取香溪水试茗。陆氏通过亲自经历，对香溪水赞不绝口。根据唐代张又新《煎茶水记》记述，陆羽在辨别扬子江（今长江）南零水真假时，结合自己的实践所得，提出"楚水第一，晋水最下"的同时，还把天下宜茶水品，品点为二十等。其中提到："归州玉虚洞香溪水，第十四。"从此以后，归州（即今秭归）玉虚洞下的香溪水，即香溪泉，又有"天下第十四泉"之称。游玉虚洞，品香溪水，也就成为人世间的一大乐事。

28.天门文学泉   位于湖北天门市北门外的原西塔寺内。天门，在唐时称复州竟陵县，是唐代茶圣陆羽的故乡。因陆羽本为"弃婴"，原为竟陵龙盖寺智积禅师收养。史载，陆羽在游历江南，调研茶事前，一直在此用三眼井水，为智积禅师烧水煮茗，汲水品茶，深得赞许。智积圆寂后入塔，龙盖寺也就改名为西塔寺。又因为陆羽长大后，曾诏拜"太子文学"，徒太常寺大祝。人们为纪念陆羽"品泉问茶"的功绩，遂将三眼井命名为文学泉，又名陆子（陆羽）井。

天门文学泉

据历史记载，该泉为晋代高僧支遁（即支道林，314—366）开凿。唐代诗人裴迪（716—？）作《西塔寺陆羽茶泉》诗曰："竟陵西塔寺，踪迹尚空虚。不独支公住，曾经陆羽居。草堂荒产蛤，茶井冷生鱼。一汲清冷水，高风味有馀。"在陆羽离开西塔寺一百多年后，诗人来到陆羽故居西塔寺，找到陆羽当年汲水煮茗的三眼井，见到的却是一片荒凉。结尾时，作者感慨万千，茶泉虽然已经"清冷"，但陆羽"高风"依然存在。后西塔寺堕毁，陆子井湮没。直到嘉靖庚子（1540），"金宪柯公令人持锥匝地，博求无踪"，遂在西塔寺旧址建陆子茶亭，以寓怀古之意。

据清代康熙《景（竟）陵县志》载："嘉靖己未（1559），知县丘宜阅视城址，召民填筑，掘得井于城西北隅二十余步官地内，口径七尺，深近百尺，中有断碑废柱，字刻支公，方真陆井也，岂清冷之迹，出处显晦，固迹有数存耶。"后陆子井再度湮没，直到清代乾隆三十三年（1768），因久旱无雨，人们在荷花圹挖池寻水时，才找到一块断碑，上刻"文学"两字，并终得泉水。后经考证，方知是文学泉所在，遂建亭立碑，使胜迹复生。如今的文学泉口径近一米，上覆八字形巨石，并开有三孔，呈"品"字状。井后为碑亭，为六角尖顶重檐。亭内立有石碑，正面题"文学泉"三字，背面题"品茶真迹"字样。亭后有小庙，庙内线刻陆羽小像，端坐品茶，颇有风采。

天门文学泉，及附近的陆公祠等，现今已成为历代茶人寻祖究根的重要胜地。

（二）茶文化寺观

中国茶文化与佛、道有着广泛而紧密的联系，佛教的"以茶悟性"，道教的"用茶养生"，使茶文化深深融入佛、道文化之中，为佛、道文化注入了新的思想，打下了深深的烙印；而佛、道的融合，又使茶文化与佛、道文化相融，相互整合，所以，佛、道的出现和存在，既充实了茶的历史文化和哲学内涵；又回归本原，与茶山自然景貌相融，并整合形成风景式的人文景观，成为茶的历史文化遗产，给人以绵绵的余韵流风，历史的遐想和发人深沉的思古。所以，有许多寺院道观，包涵着丰富的茶文化内涵。而物质的精神化和精神的物质化，其结果是给中国茶文化注入了丰富的宗教文化内容，为人们研究佛、道文化与茶文化的融合，提供了宝贵的历史文物资料。

1.赵县柏林禅寺 位于河北赵县城内，始建于东汉末，隋唐时称之为观音院，金代时名柏林禅院，元时改为柏林禅寺。据史料记载，唐代玄奘大师在去印度求法前，曾在柏林禅寺研习佛事。寺内有真际禅师塔和真际禅师殿。

真际禅师，是"以茶悟性"的佛门高僧，法名从谂（778—897），唐僧人。本姓郝，青州临淄（今山东淄博）人，一说曹州（今山东曹县）人，从小出家，为池州南泉山普愿禅师弟子。时住赵州（今河北赵县）观音院，世称"赵州古佛""赵州和尚"。卒谥真际禅师。从谂毕生笃信佛教，传扬佛教不遗余力。他认为"茶能悟性"，于是"吃茶去"便成了赵州和尚的法语。清代汪灏的《广群芳谱》引《日指录》载："有僧到赵州从谂禅师，问：新到曾到此间么？曰：曾到。师曰：吃茶去。又问僧：僧曰：不曾到。师曰：吃茶去。后院主问曰：为什么曾到也吃茶去，不曾到也云吃茶去？师召院主，主应喏，师曰：吃茶去。"自此以后，"赵州茶"和"吃茶去"成了"赵州门风"，成为茶文化典故，流传千年，是历史上茶和佛教关系至深的佐证。宋代普济的《五灯会元》载："生缘有语人皆识，水母何曾离得虾。但见日头东畔上，谁能更吃赵州茶。"当代著名诗人、中国佛教协会会长赵朴初先生诗云："七碗受至味，一壶得真趣；空持百千偈，不如吃茶去。"著名书法家启功先生，为"中国茶文化展示周"题诗时也云："今古形殊义不差，古称茶苦近称茶；赵州法语吃茶去，三字千金百世夸。"并特地在诗后注释道："吃茶去为赵州从谂禅师机锋语。"其实，仅拘泥"赵州茶"中"吃茶去"三字，是很难理解从谂的本意和用心的，它有更深广的意义在里头。一般认为，从谂认定，茶能悟性，使之成为"觉悟"之人。当代人们举行的"无我茶会"，悟出佛道"无我"境地，也许与茶能悟性有关。

近百年来，柏林禅寺屡遭劫难，如今已粗具古道场规模。在茶文化发展史上，观音院为茶与禅的关系提出了一个深刻的命题，留下了茶的著名公案。从而，更加丰富了茶文化的内涵，还为禅人开启了觉悟之门。

2.扶风法门寺 位于陕西扶风县城北的法门镇，隋代改称成实道场。唐初改名法门寺，建有护国真身宝塔，内藏有唐宪宗迎来的释迦牟尼佛指骨，使其成了"王公庶士，奔走舍施"，"百姓废业破产，烧顶灼臂而求供养者"。以致成为当时皇家参拜的寺院，也是最著名的寺院之一。1981年8月寺塔半侧倒塌，1986年2月拆除残塔重建时，在塔底发现有唐代地宫。宫内有金银器121件（组）、玻璃器17件、瓷器16件、佛指舍利4枚，以及精美的丝织品等。在这些秘藏了1 100多年的珍贵文物中，还有出土成套的唐代宫廷饮茶器具，为我们提供了唐代大兴饮茶之风的实物证据。根据地宫同时出土的《物账碑》载："茶槽子、碾子、茶罗子、匙子一副七事共八十两。"结合实物分析"七事"是指：茶碾，包括碾、轴；罗合，包括罗身、罗盒和罗盖；以及银则、长柄勺等。从器物上錾有的铭文表明，这些器物制作于咸通九年至十年（868—869）。在器物上，还錾有"文思院"造字样。据查，文思院是指专造金银犀玉巧工之物的宫廷手工工场。表明这些饮茶器具，出自宫廷制作。同时，在茶罗子、银则、长柄勺等饮茶器物上，还留有用硬物刻画的"五哥"字样。而"五哥"乃是宫中对唐僖宗李儇（874—888年在位）小时的爱称，而《物账碑》也把这些饮茶器物列于唐僖宗的"新恩赐物"之项，表明这些饮茶器物无疑是唐僖宗供奉之物。

此外，从法门寺出土的饮茶器物中，属于饮茶器物的并非只有"七事"，除唐僖宗供奉的饮茶器物外，还有唐懿宗（860—874年在位）时的宫廷饮茶器物和部分重臣供奉的饮茶器物。这些饮茶器物，大致可以归纳为四类：

法门寺

一是金银茶器：它是迄今为止世界上最高等级的古茶器，其中包括炙茶用的鎏金银笼子、金银丝结条笼子、碾茶用的鎏金茶碾子、罗茶用的鎏金茶罗子、贮茶用的鎏金银龟盒，放调料用的三足盐台、鎏金银坛子，煮茶用的银风炉、银火筋、银匙子，以及调茶、饮茶用的鎏金调达子等。

二是秘色瓷茶器：计有五件。法门寺地宫出土的秘色瓷茶器，不但揭开了历史上只见其文，不见其物的秘色瓷茶器之谜；同时，也将秘色瓷最早出现的年代，从五代提前到唐代。

三是琉璃茶器：出土的为素面淡黄色琉璃茶盏和茶托，从造型和质地看，是中国地道的茶器制品，这在同时出土的《物账碑》中亦有记载，表明中国的琉璃茶具在唐代已经起步，可这在唐代陆羽写的《茶经》中是未曾提及的。

四是其他茶器：计有食帛、揩点布、折皂、手巾等用具，它们是供擦拭饮茶器物，或为清洁饮茶者口手之用。

法门寺地宫出土的饮茶器物，是我国，也是世界上最早、最珍贵、最完整的宫廷饮茶器物；更是唐代饮茶风行，茶文化兴盛的佐证。特别为中国饮茶器具的发生和发展，提供了珍贵历史资料。

3.西安青龙寺　位于西安东南郊，始建于隋开皇二年（582），唐景云二年（711）改名为青龙寺，是唐代长安城内最著名的寺院之一。

青龙寺对中国唐代茶文化在日本的传播，起过重要的作用。唐贞元二十年（804），日本高僧空海（774—835）来华学佛，师事长安（今西安）青龙寺惠果。他在唐二年，遍访古刹，广集群典，研习诸艺，而此正值中唐，中国饮茶已在全国兴起，在京城长安，已是"比屋之饮"。作为学佛僧的空海，由于茶禅结缘，自然也就成了茶僧。回国时，他在京都高野山修建了金刚峰寺，建立日本佛教真言宗。与此同时，也将中国的饮茶之风传播到日本。日本弘仁四年（815），空海呈给嵯峨天皇的《空海奉献表》中，谈到他在华的生活起居时，就谈到："观练余暇，时学印度之文；茶汤坐来，乍阅振旦之书。"而与空海差不多同时来华学佛归国，并与中国茶文化传播有关的是日本高僧最澄（767—822），他归国后在京都比睿山修建了延庆寺，建立了日本的天台宗；还带去茶籽，种在京都日吉神社旁，成为日本最古老的茶园。至今，在比睿山东麓还立有《日吉茶园之碑》。

空海、最澄等，是最早给日本带回佛教的同时，也带去中国茶的传播者。就饮茶而言，最先将中国茶带进日本森严的皇宫内廷。特别是在日本弘仁年间（810—824），嵯峨天皇带头饮茶，还命令京畿及近江等地，种植茶树，史称"弘仁茶风"。

弘仁茶风与大唐茶文化一脉相承，认为饮茶不但延年益寿，而且成为时尚，其影响深及皇室。皇室好茶，对后来日本的茶道大行，有着不可低估的作用。弘仁五年，嵯峨天皇作

青龙寺内的
惠果与空海像

诗《夏日左大将军藤原冬嗣闲居院》，曰："避暑时来闲院里，池亭一把钓鱼竿。回塘柳翠夕阳暗，曲岸松声炎节寒。吟诗不厌捣香茗，乘兴偏宜听雅弹。暂时清泉涤烦虑，况乎寂寞日成欢。"嵯峨天皇的茶诗里深悟着茶与佛教文化的内在联系。

日本茶文化之始，与大唐时来中国长安青龙寺学佛的空海，以及天台国清寺学佛的最澄有着密切联系。青龙寺在中国的茶文化最早向日本国传播中做出了贡献。

4.南京栖霞寺 位于江苏南京市栖霞山中峰西麓，创建于南齐永明元年（483），为隐士明僧绍宅舍改建。因明僧绍字栖霞，所以，寺以栖霞名之，山亦以栖霞称之。

唐肃宗乾元元年（758），唐代陆羽寄居栖霞寺，在栖霞山踏小径，攀悬崖，采摘茶叶，晚上回寺后再潜心研究茶事。对此，唐代诗人皇甫冉作《送陆鸿渐栖霞寺采茶》诗，对陆鸿渐即"陆羽采茶"作记录如下："采茶非采菜，远远上层崖。布叶春风暖，盈筐白日斜。旧知山寺路，时宿野人家。借问王孙草，何时泛碗花。"说陆羽要到很远很高的栖霞山去采茶，即使是春天茶芽舒展之时，也得从早到晚，才能采满一筐。并说，采茶的地方是陆羽曾经去过的。作者由此想到，陆羽采茶采得很晚，会在茶农家借宿。进而，感慨地说：你采的茶，我何时能尝到呢？明代的李日华，在他的《六研斋二笔》中也写道："摄山栖霞寺，有茶坪，茶生榛莽中，非经人剪植者。唐陆羽入山采之，皇甫冉作诗送之云（略）。"表明栖霞寺在陆羽一生茶事调研活动中，是一个重要的落脚点。

其实，栖霞寺在茶文化史上的地位，还与唐代大诗人李白作仙人掌茶诗有关。李白是初唐时的一位酒仙，但也是茶人。史载，唐肃宗上元元年（760），正值唐代大诗人李白寓居栖霞寺，而此时，李白的族侄湖北当阳玉泉寺僧李英（法名中孚禅师）云游至金陵（今南京）栖霞寺，拜会族叔李白，赠玉泉仙人掌茶，并乞求诗稿。于是，李白作《答族侄僧中孚赠玉泉仙人掌茶》诗，并作"序"曰："余闻荆州玉泉寺，近清溪诸山，山洞往往有乳窟，窟中多玉泉交流。其中有白蝙蝠，大如鸦。按仙经，蝙蝠一名仙鼠，千岁之后，体白如雪，栖则倒悬，盖饮乳水而长生也。其水边，处处有茗草丛生，枝叶如碧玉。惟玉泉真公常采而饮之，年八十余岁，颜色如桃

天台国清寺

花。而此茗清香滑熟，异于他者，所以能还童振枯，扶人寿也。余游金陵，见宗僧中孚示余茶数十片，拳然重叠，其状如手，号为仙人掌茶。盖新出乎玉泉之山，旷古未觌。因持之见遗，兼赠诗，要余答之，遂有此作。后之高僧大隐，知仙人掌茶，发乎中孚禅子及青莲居士李白也。"在"序"中，大诗人李白已将玉泉山地貌，仙人掌茶的出处和功能，以及写此作的原由，说得明明白白。接着，李白在诗文中，以雄奇豪放的诗句，把仙人掌茶再一次作了描述。在中国茶文化史上，唐代李白在栖霞寺作成的这首茶诗，不仅是重要的名茶历史资料，而且在茶文化发展史上，还是最早"以名茶入诗"的诗篇，这对研究寺院茶文化有着重要的作用。

　　5.天台国清寺　　位于浙江天台县天台山南麓，创建于隋开皇十八年（598）。国清寺不但是佛教天台宗的祖庭，而且也是日本茶种之祖。唐贞元二十年（804）日本高僧最澄（767—822），于日本延历二十二年（803）带弟子兼翻译义真和空海（774—835）一起，乘藤原葛野磨遣唐使船，从难波（今大阪）出发入唐，后因在上海遇风暴而折回。次年7月，又从筑紫（今福冈）出发，到达大唐明州（今宁波），再经台州，在台州刺史陆淳的保护下，到达天台山国清寺，在修禅寺向道邃禅师（766—？）学习天台教旨，在佛陇寺向行满禅师（735—822）学习天台宗教相，向惟象禅师学习《大佛顶大契曙茶罗》法事。8个月后，于805年乘遗唐船回国。临行时，行满禅师为最澄赋诗相赠："异域乡音别，观心法性同。东来求半偈，去罢悟真空。贝叶翻经疏，归程大海东。行当归本国，继踵大师风。"

最澄一行回国时，在带去大量佛教天台宗典籍的同时，还带去天台山茶和茶种，并将茶种栽于日本近江（今滋贺县境内）比睿山麓的日吉（今为池上茶园），成为日本最早的茶园。最澄从天台国清寺求法时带回的茶叶，献给日本嵯峨天皇后，深得赞誉，嵯峨曾作诗曰："远传南岳教，夏久老天台。客羽亲讲席，山精供茶杯。"

唐元和元年（806），日僧空海也来到天台山国清寺求法，归国时在带去佛教经文的同时，也带去茶种栽于日本各地。

至于国清寺天台宗与朝鲜本岛往来，早在东晋时，就揭开了天台山与朝鲜佛教的往来。特别是在智顗大师创立天台宗的关键时期，高句丽波若（562—613）在南陈时入华到天台国清寺学佛；接着，又有新罗圆光在581—589年间，入唐到天台国清寺求法，随着中国和朝鲜半岛天台宗佛教界人士的往来，使饮茶之风很快传入朝鲜半岛，并很快普及到民间。不过，朝鲜半岛种茶历史，有文化记载的却始于唐。据《东国通鉴》载："新罗兴德王之时，遣唐大使金氏，蒙唐文宗赐予茶籽，始种于全罗道州之智异山。"

由上可见，国清寺不仅是中外天台宗的祖庭，也是日本茶种的祖地，同时亦是开创朝鲜半岛饮茶之风的源头，在中国茶向外传播中，具有重要的地位。

6.天台万年寺　位于浙江天台县天台山的万年山麓。始建于东晋兴宁年间（363—365），为高僧昙猷所建。宋孝宗（1127—1194）问："天下名山古寺哪里最好？"学士宋之端答曰："太平鸿福，国清万年。"曾被列为"禅宗五山十刹"之一。

宋乾道四年（1168），日僧荣西禅师（1141—1194）来天台山国清寺、万年寺求法，并对天台山石桥（即石梁）的"罗汉供茶"作过调查和研究。宋淳熙十四年（1187）荣西禅师二上天台山，并随万年寺虚庵怀敞禅师学临济宗黄龙派禅法达2年有余。其间还深入到万年寺、石桥茶区调查种茶、制茶技术和民间饮茶方法。1191年7月，荣西携带佛经，以及茶和茶籽回国，将茶籽分别种于九州的平户岛、肥前、博多等地，以后成为日本的"名茶珍品"产地。并经过多年潜心研究和悉心体验，撰写《吃茶养生记》，说："茶者养生之仙药也，延龄之妙术也，山谷生之其地神灵也，人伦采之其人长命也。"又说："登天台山，见青龙于石桥，穆罗汉于饼峰，供茶汤现奇，感异花于盏中。"荣西为日本茶叶生产的发展，以及普及日本民间饮茶起到了重要作用。因此，荣西被誉为"日本的茶祖"。

宋宝庆元年（1225），日僧道元禅师来天台山万年寺学法，期间，也到天台山石桥考察"罗汉供茶"，并将这一做法，移植到日本曹洞宗总本山永平寺，结果也出现"瑞华（花）"，乃是吉祥之意。对此，日本的《十六罗汉现瑞华记》是这样写道的："日本宝治三年（1249）正月一日，道元在永平寺以茶供养十六罗汉。午时，十六罗汉皆现瑞华。现瑞华之例仅大宋国天台山石梁而已，本山未尝听说。今日本山数现瑞华，实是大吉也。"由此可见，万年寺在历史上，特别是在宋时，对中国茶和饮茶传播到日本，以及后来对日本饮茶的普及，起过重要的作用。

宋以后，历经明、清两代，直到民国初年，万年寺还占地约36亩，尚有天王殿、大雄宝殿、法堂、方丈室、肃堂、客堂、戒堂、西方胜院等殿宇。此后，又经荒废，到20世纪80年代，仅留下大雄宝殿、天王殿等少量建筑。20世纪90年代开始，人们为发掘这座在中日茶文化史上占有重要地位和起过重要作用的寺院，将万年寺重新开始修复。目前一些重要的殿宇已经得到整修，并开始迎接朝山进香的香客和慕名前来瞻仰的中外游客。

7.天台方广寺　位于天台县天台山的石梁飞瀑景区内，依地势高低，又有上方广寺、中方广寺和下方广寺之分。其地产茶，古代多为道院或寺院所占。而唐代陆羽则亲临其境，说："石桥诸山亦产茶，味清甘，不让他郡。"唐代天台山道士徐灵府在《天台山记》中说："松花仙药，可给朝食。石茗香泉，堪称暮饮。"明代诗人陈明复诗曰："花气晓蒸桃坞日，茶烟清煮石桥冰。"

在中国茶文化史上，天台山石梁方广寺的出名，寺院植茶，提倡坐禅饮茶，这是其一。而它最重要的贡献，在于以茶供佛，从而产生"罗汉供茶"而为茶文化界所称颂，并名噪一时。据"大唐西域记"载："佛言震旦天台山石桥方广圣寺，五百罗汉居焉。"宋景定二年（1261），宰相贾似道命天台山万年寺妙弘法师建立昙华亭，供奉五百罗汉。在向罗汉供茶时，会在供茶杯中出现奇景，显现"大士应供"字样，史说"罗汉显灵"。其实，"唐煮宋点"，唐代推行煮茶法饮茶，宋代则推行点茶法饮茶。而点茶时，宋人有将它作为一种游戏，俗称分茶或叫茶百戏。就是点茶时，通过执壶冲点茶汤时，使盏面上的茶汤泡沫，形成诗句、文字或花鸟虫草之类，以求一乐，这在宋代许多文献中都有记载。可惜如今没有再去把握这种点茶之术了。所以，如上所述，方广寺罗汉供茶也就是向罗汉供茶时，推行的一种分茶艺术罢了。对此，南宋洪适、贺允中等人的《石桥》中，均有记载。"罗汉供茶"的灵显，也博得了宋仁宗的欢心。为此，据《天台山方外志》记载，宋仁宗将遣内使张履信持旨御赐，说："供施石梁桥五百应真勒：诏曰闻天台之石桥应真之灵迹俨存，慨想名山载形梦寝。今遣内使张履信赍沉香山子一座、龙茶五百斛、银五百两、御衣一袭，表朕崇重之意。"不仅如此，"罗汉供茶"还对东邻日本产生深远影响。如宋熙宁五年（1072），日僧成寻在天台山求法，后写《参天台五台山记》，内中详细记述了"罗汉供茶"事迹。说："一月十八日丁酉，次下华顶……傍溪行至石梁桥……十九日戊戌辰时参石桥，以茶供罗汉五百十六杯，以铃杵真供养。知事僧来告：茶八叶莲花纹，五百余杯有花纹，知事僧合掌礼拜。小僧实知罗汉出现受大师茶供，现灵端也。"宋宝庆元年（1225），日僧道元来天台山学佛，也曾到石梁方广寺考察"罗汉供茶"。回国时，在日本本山永平寺以茶供养十六罗汉，结果也出现了与天台山方广寺"罗汉供茶"的相同结果。据道元的《十六罗汉现瑞华记》载："今日本山数现端华（花），实是大吉祥也。"使天台山供茶分茶技艺，在日本得到重现，视为吉祥之兆。由此可见，方广寺在天台山茶文化史上具有重要的地位和深广的国际影响。

8.杭州韬光寺　位于杭州西湖西面崇山峻岭间的巢枸坞内，离千年古刹灵隐寺不远。步行时，顺灵隐寺山墙往西，沿石路直上韬光道，穿越半山亭，便到了峰顶凌空的韬光寺。

韬光寺，以人名寺。韬光本是唐代四川一位高僧的法号。相传在唐穆宗长庆年间（821—824）离开四川，云游山川。临行时，其师嘱咐韬光；"遇天可前，逢巢即止。"而当韬光云游到杭州灵隐山巢枸坞时，正直大文学家白居易，即白乐天任杭州刺史，正应了师父的教诲，于是韬光便驻足在此住了下来。白乐天闻听此言，又慕韬光才高八斗，便亲往造访，两人经常吟诗唱和，结为至交。一天，白乐天自感经常上山打扰韬光，过意不去。为此就在衙门内的虚白堂备素斋一席，以诗邀请韬光进城入席小叙。诗的结尾特地声

韬光寺内金莲池是
白乐天与韬光汲水煮茗之处

名"命师相伴食，斋罢一瓯茶"。才知韬光自四川来到山寺，自持甚严，足不入市。为此，很有礼貌地写了一首诗和唱。他首先说自己是："山僧野性好林泉，每向岩阿倚古眠。"最终道出："城市不能飞锡去，恐妨莺啭翠楼前。"其意是虽然与白氏结为好友，但不愿为尘嚣玷污。白氏得到韬光的诗后，更加敬重韬光。便亲自来到寺院，煮茗真情相伴，敬佩不已。至今，在韬光寺内仍保留着一口烹茗井，就是当年白乐天与韬光汲水煮茗之处。当年韬光《答白太守》诗中谈到的："不解栽松陪玉勒，惟能引水种金莲。"种金莲的莲池，至今犹在。

据查，韬光寺与灵隐寺原是一寺，白居易《寄韬光禅师》诗道："一山门作两山门，两寺原从一寺分。"其地产茶，历史久远。唐陆羽《茶经》载："钱塘生天竺、灵隐二寺。"在贞元中，陆羽游杭，住在灵隐寺，曾作有《天竺、灵隐二寺记》。明时，其地产的龙井茶已扬名。清代，作为贡茶闻世。期间，灵隐寺僧为龙井茶的发展作出了贡献。在历史上，灵隐虽以胜取胜，但韬光却以幽为最。于是，从清代开始，道人却在韬光幽僻的林泉宝地，建了一处吕洞宾炼丹"遗址"，使佛教圣地有了道教痕迹。

9.杭州径山寺　位于杭州市余杭区的径山之巅。径山是天目山的支脉，因天目山自西而来，犹如骏马奔驰，至此奔突而下，使东西两径形似马缰，径通天目主峰，故称径山。

径山寺始建于唐大历三年（768），唐代法钦和尚所建。所产之茶，为开山祖师法钦禅师所栽，专门用来供佛。据《余杭县志》载："径山寺僧采谷雨茶者，以小罐贮送，钦师曾手植茶数株，采以供佛。"这种茶，"其味鲜芳特异他产"。唐"茶圣"陆羽曾在径山品茶，至今山下仍保留陆羽泉遗迹。所以，其地可称得山明、水秀、茶佳。北宋时期，径山茶与径山寺一样，已经名扬四海，大文学家苏东坡和苏轼兄弟，还有书法家蔡襄等都曾来过径山寺，品过径山香茗。又载：古时，径山寺僧采制的径山茶，除参禅品茶外，在招待宾客中，还形成一套径山茶宴，佛门高僧与官宦显贵盘膝打坐，饮茶论经，议事叙景，都有规约。它对以后日本茶道的形成，起过重要的影响。南宋时，径山寺称为"五山十刹"之首，名扬四海，成为"东南第一禅院。"据《南

径山
茶宴壁画

宋经山大事考》载：乾道二年（1166）偕宋高宗、显仁皇后同上径山，宋孝宗亲笔御赐"径山兴圣万寿禅寺"几个大字，刻石立碑，至今碑石尚在。其时，径山寺高僧辈出，与日本高僧交往密切。南宋嘉定十六年（1223），日僧道元登径山参谒如琰禅师，在径山禅寺明月堂，设茶宴接待道元，品茗论禅。南宋端平二年（1235），日僧圆尔辨圆入宋，参谒径山寺无准师范为师。回国后，在日本筑前开创崇福寺和承天寺，又在京都开创东福寺，并将径山茶礼、茶仪一并带回，在寺院中推广。据日本《茶之文化史》载："茶道源于茶礼，茶礼源于大宋国的《禅苑清规》"。仁治二年（1241）圣一国师圆尔辨圆从径山学法回国，带去《禅苑清规》一卷。后来圆尔依此为蓝本，制定了《东福寺清规》。《清规》中就有严格的茶礼。宋开庆元年（1259）日僧南浦绍明入宋求法，先在杭州南山净慈寺参见虚堂智愚法师，后随虚堂智愚到径山寺，继承法统。回国时，不仅带回佛经，还将径山的茶种、制茶、茶宴仪式和茶具等一并带回日本。日本《类聚名物考》载："南浦绍明到径山参虚堂传其法而归，时文永四年也。"还说，日本"茶道之起在正元中，筑前崇福寺开南浦绍明由宋传入"。在《禅与茶道》一文中，还写道："南浦绍明从径山把中国的茶台子、茶典七部传来日本。茶典中有《茶道清规》三卷。"表明径山茶与径山寺院茶宴与以后日本以茶论道的日本茶道的形成，有着直接的关联。径山寺在中国茶文化上，特别在茶的传播史上留下了光辉的篇章。

　　10.杭州广福院　　位于杭州西湖龙井村的狮峰山麓，与"十八棵御茶"仅一沟之隔，始建于吴越国乾祐二年（949），北宋熙宁中（1072年左右）改名为寿圣院。北宋元丰二年（1079），上天竺寺住持辨才法师退居寿圣院，在狮峰山麓辟山种茶，开了龙井种茶的先河。也是西湖龙井

宋广福院

名品狮峰龙井茶的最早产地。

辨才退居寿圣院当年，著名文学家秦观特去拜访，还写了《游龙井记》一文，谈到辨才"自天竺谢事"，退休于寿圣院之事。明人冯梦祯在其《龙井复先朝赐田记》中，写到辨才老人退居寿圣院后，"所辟山顶，产茶特佳。相传盛时曾居千众，少游（秦观）、东坡先后访辨才于此"的记载。

北宋元丰七年（1084），原杭州太守赵抃退休6年后重来杭州，并访辨才后于寿圣院小憩，后辨才陪赵抃到院旁的风篁岭龙井亭游览品茶。赵抃为此作诗，留下了"珍重老师迎厚意，龙泓亭上点龙茶"的诗句。北宋元丰八年，神宗皇帝委派礼部侍郎杨杰，陪同高丽国主管佛事的王太子祐世来龙井寿圣院参拜辨才，与其品茶论经。事后，还写了一篇纪文。北宋元祐四年（1089），大文学家苏东坡重返杭州任太守时，常去龙井寺寿圣院探望辨才。两年后，苏东坡奉召回朝，离杭前告别辨才，夜宿寿圣院。次日，辨才热情相送，一路谈笑，过了归隐桥，步下风篁岭，忘了自己所订送客不过溪的规定，二人还相互作诗唱和。苏东坡诗中写了"聊使此山人，永记二老游"的诗句。辨才在诗中和道："煮茗款道论，奠爵致龙优。过溪虽犯戒，兹意亦风流。"诗中充分表达了二位至友难舍难分情结。后来，辨才还在老龙井旁建亭，以示纪念。后人称它为"过溪亭"，也称"二老亭"。并把辨才送苏东坡过溪经过的归隐桥，称之为"二老桥"。如今，溪、桥依存。

南宋绍兴三十一年（1161），寿圣院改名为广福院，院中设有供奉辨才、赵抃和苏东坡像的三贤祠。明正统年间（约1449年），浙江总督李德在风篁岭龙井亭旁修建龙井寺。自此，当地人将新建的龙井寺称为新龙井寺，将广福院称为老龙井寺。明《西湖游览志》载："龙井之上，为老龙井。老龙井有水一泓，寒碧异常……其地产茶，为两山绝品。"如今，老龙井依然存在，井旁山壁上"老龙井"三字，依然历历在目，有人推断，它可能出自苏东坡手迹。

清雍正九年（1731），李卫在老龙井（广福院）旁侧修建北宋杭州太守胡则的"显应庙"，故后常将广福院与胡公庙混而为一。据记载清乾隆皇帝曾于1762年上过老龙井寺品过龙井茶，并作有《坐龙井上烹茶偶成》诗一首。又于1765年再游龙井，又作《再游龙井作》茶诗一首。相传还在寺旁的茶树上采过茶，这就是人们传诵的"十八棵御茶"。1952年朱德元帅视察杭州农村时，也到过龙井村，还上胡公庙老龙井寺饮茶，并向广福寺老和尚慧森了解西湖龙井茶的来历和传说，观看了近旁的十八棵御茶树，环视四周的龙井茶山。欣然命笔，作诗为证："狮峰龙井产名茶，生产小队一百家。开辟茶园四百亩，年年收入有增加。"其时，老龙井寺尚具规模，外殿为胡公庙，内殿为寿圣院，有头山门，二山门。二山门即为宋广福院。至20世纪70年代末，广福院仅剩破屋二间和宋广福院山门石匾。2001年新千年开始之际，当地政府为了发掘茶文化遗迹，已在其地重修古迹，使更多的人能了解西湖龙井茶的历史与文化。

11. 杭州净慈寺　位于杭州西湖南侧的南屏山北麓，始建于五代周显德元年（954），由吴越国王直接创建。宋时，改名为净慈寺，规模仅次于径山寺和灵隐寺，在"禅院五山"中，名列第三。

净慈寺作为江南著名禅院，自然也与茶结缘。寺僧以茶论道，颇多茶艺高手。宋代大诗人苏东坡第二次到杭州任知州时，于元祐四年（1089）十二月二十七日，到西湖北山葛岭寿星寺小叙，此时，住在西湖南山净慈寺的南屏谦师闻讯赶去拜会，并亲自为知州苏东坡当场点茶。苏东坡深知谦师点茶有道，品饮了谦师亲手点的茶，更觉谦师茶艺高明，于是当场作诗一首，题名《送南屏谦师》，以示庆贺。诗曰："道人晓出南屏山，来试点茶三昧手。忽惊午盏兔毫斑，打作春瓮鹅儿酒。天台乳花世不见，玉川风液今安有。先王有意续茶经，会使老谦名不朽。"在诗的"序"中，苏东坡还说："南屏谦师妙手茶事，自云，得之于心，应之于手，非可言传学到者。"其实，苏东坡本人就是一位诗人兼茶人，不但知茶理懂茶功，还是一位茶艺高手，但对谦师点茶技艺，佩服不已，足见谦师茶艺之高。事隔几年之后，苏东坡又作《又赠老谦》诗："泻汤旧得茶三昧，觅句近窥诗一斑。清夜漫漫困披览，斋肠那得许悭顽。"由于苏东坡称南屏谦师为"点茶三昧手"，从此，"三昧手"就成了沏茶技艺高超的代名词。对这一纪茶典故，历代多有记载。其实，南屏谦师作为一位高僧茶艺水平又如此之高，是禅林提倡饮茶的必然结果。

此外，南宋时，净慈寺主持虚堂智愚，也是一位著名的茶人。开庆元年（1259），日本高僧大应国师南浦绍明入宋求法。入宋后，到杭州净慈寺参谒虚堂智愚禅师。在学佛的同时，也探讨茶和茶艺。直到南宋咸淳元年（1265）秋，虚堂智愚禅师奉御旨调至径山法席为四十代主持，南浦绍明也随师至径山寺继续学佛；同时，也跟虚堂智愚禅师学习径山茶宴仪式，日僧南浦绍明在宋长达九年，在净慈学佛多年，跟随虚堂智愚为时最长。南浦绍明于宋咸淳三年（1267）辞师回国。回国后广泛传播饮茶之道和茶艺之技。为日后日本茶道的形成有着直接的联系。

惠民寺山门

所以，净慈寺在中国茶文化交流史上，同样也占有一席之地。

12. 景宁惠民寺 位于浙江景宁县的南泉山麓，始建于唐代。史载，唐代高僧惠民从蜀地（今四川）云游至南泉，搭茅庐在此清修，并带来茶籽播种，开景宁种茶、制茶的先河。唐永泰二年（766），福建罗源人雷进裕带领全家和几个僧人迁入景宁大赤寺，后又进驻南泉山。唐咸通二年（861），雷进裕后代与当地村民一起，为纪念开山师祖惠民禅师而修建了惠民寺，并依照惠民禅师生前所好，又在惠民寺四周开辟了茶园。以后，雷进裕的后裔雷明玉，因建寺、辟茶园和护寺有功，深受当地群众爱戴。直至20世纪50年代，惠民寺内仍供着雷明玉的牌位。至今，虽然牌位已废，寺前的路上，仍立着一副用汉白玉刻成的楹联，上书："此唐蜀僧结庐清修福地；为畲（指畲族）先祖入浙第一云山。"其意说的就是这段业绩。

说到惠民寺僧侣栽制的惠民茶，还有一个神奇的故事，叫做"三片惠民茶"。说惠民寺自唐代修建后，至宋代已庙宇破旧，为此，惠民寺长老去外地化缘。在回景宁惠民寺的路上，在乐清遇到一位客商，两人相处十分投机，成为好友。分手时，乐清客商以银元、布匹相送，可长老无物可赠，想到泥罐中还有三片惠民茶，于是仅留下一片，两片送于客商。并说明：家中凡有难事解不开，用此茶泡碗茶喝，必有好处。客商虽不经意，但也觉得"礼小情意在"，便随手收下放入箱笼。哪知这位客商一到家，正逢上老婆生孩子难产，急得团团转。这时，想起长老所送茶叶，便泡了一碗，给老婆喝下去。哪知"茶到病除"，很快生下一个白白胖胖的男孩。后来，这孩子聪明过人，长大后进京赴考，得中头名状元。这个状元，据说就是宋代有名的才子、乐清状元王十朋。此事传开，各地客商云集，纷纷赶到景宁采购惠民茶，惠民茶也就名声远播了。

其实，惠民寺所产的惠民茶，品质虽好，但因其地山峦重叠，交通闭塞，惠民茶一直藏在深山无人识。明代成化年间（1465—1487）才开始出名。清代时，才在邻近各县出名，成为赠送给地方官员和施主的礼品茶。民国初，才一举扬名。据《景宁县续志》载："茶叶各庄皆有，

灵岩寺

玉泉寺

惟惠民寺及漈头村出产尤佳，民国四年（1915），得美利坚万国博览会一等证书和金质奖章。"

惠民寺因有惠民长老而存世，惠民茶因有惠民寺才出名，禅宗与茶理又一次得到最好的印证，佛教文化与茶文化再一次结合在一起，佛教对推动中国茶文化的发展起到了重要的作用。

13.长清灵岩寺　位于济南长清区方山下，始建于东晋，兴于北魏，盛于唐宋。明代学者王世贞称："灵岩是泰山背最幽绝处，游泰山而不至灵岩，不成游也。"现为全国重点文物保护单位。

唐代陆羽《茶经》称：饮茶"发乎神农氏，闻于鲁周公"。说封于鲁（指今山东）的周武王之弟周公是最先知道茶的人。据此，有人认为春秋战国（前770—前221）时，中国北方已经知道饮茶。但在北方的周公怎么知道饮茶？茶又从何而来？都未说清楚。但记载详细，说的明确的是唐代封演的《封氏闻见记》，说"（唐）开元中，泰山灵岩寺有降魔禅师，大兴禅教，学禅务于不寐，又不夕食，皆许其饮茶，人自怀挟，到处煮饮，从此转相效仿，遂成风俗。"他明确指出，北方饮茶的普及，是与灵岩寺僧人提倡饮茶，有着重要的推动作用。对此，济南郡守吴拭有《灵岩道场》石刻，曰："飞锡道人知几年，青蛇白兔亦茫然。焚香且上五花殿，煮茗更临双鹤泉。今日别栽庭下柏，当时曾种社中莲。证明佛事真何事，聊策藤枝结胜缘。"不仅如此，灵岩寺众多的碑碣，还是研究"茶"字确立年代的重要历史资料。据清代著名学者顾炎武认为，灵岩寺碑碣，还是考证确立"茶"出现年代的重要材料。经顾氏考证指出，茶字确立，应在中唐以后，他在《唐韵正》中说："愚游泰山岱岳，观鉴唐碑题名，见大历十四年（779）刻茶药字。贞元十四年（798）刻茶宴字。皆作荼。……其时字体尚未变。至会昌元年（841）柳公权书《玄秘塔碑铭》，大中九年（855）裴休书《圭峰禅师碑》茶毗字，俱减此一划，则此字变于中唐以后也。"从碑碣考证，得出我国茶字的演变，从"荼"形到"茶"形是在中唐以后。虽然顾炎武的考证，还有不同看法，但碑碣为考证"茶"字的确立毕竟提供了重要的历史资料。

由此可见，北方饮茶的普及与推广和北方禅宗的兴起有关，而对考证"茶"字的确立，灵岩寺作出了重要的贡献；寺内文物，又是研究茶文化的重要资源。

14.当阳玉泉寺　位于湖北当阳市玉泉山东麓，始建于东汉建安年间（196—220）。玉泉寺产的玉泉仙人掌茶，是玉泉寺僧李英亲自栽种和创制的。李英，法名中孚，是唐代大诗人李白的宗侄，他深通佛理，善于词翰，尤喜品茶。每年清明节前后，他总要吩咐小沙弥于寺左的"乳窟"外采摘茶树鲜叶，制成仙人掌茶，施

感通寺

舍过往香客。中孚禅师后云游至金陵（今江苏南京）栖霞寺，拜会族叔李白，并呈上仙人掌茶。于是，李白作《答族侄僧中孚赠玉泉仙人掌茶》相谢。诗载《玉泉寺志·词翰篇》诗中。李白用雄奇豪放的诗句，将仙人掌茶作了详细的描述：叶片外形如掌，色泽银光隐翠，香气清鲜淡雅，汤色微绿明净，饮后齿颊留香。如果配以寺前的珍珠泉，其味尤妙。当年，明代诗人袁宏道与他的好友黄平倩同游玉泉山寺后，写了一首《玉泉寺》诗，诗中写的"闲与故人池上语，摘将仙掌试清泉"。描绘的就是诗人与好友在玉泉寺旁，用玉泉水闲品仙人掌茶的情景。直到今日，玉泉山因玉泉寺出雅，玉泉寺因玉泉为贵，玉泉因仙人掌茶出名。千古流芳，使之成为古代茶文化史上的重要篇章。

15.大理感通寺　位于云南大理圣应峰麓的斑山之上，系南昭、大理时期名刹。明嘉靖年间（1522—1566），四川新都人杨慎贬官到云南，曾寓居寺内斑山楼。杨慎前后流放云南40余年，到过云南许多地方。在云南安宁，当他考察了当地的碧玉泉后，认为在所见过的温泉中可谓第一。为此，杨慎亲题"天下第一汤"五个大字，并作《温泉诗》，认为"泉水清冽，宜沏茶"。在参拜感通寺后，杨氏又作《感通寺》诗一首。曰："岳麓苍山半，波涛黑水分。传灯留圣制，演梵听华云。壁古仙苔见，泉香瑞草（指茶）闻。花宫三十六，一一远人群。"明末清初，诗僧担当和尚，仰慕杨慎品学，重修写韵楼作为自己居室。故后人又有"奇花龙女传千古，名士高僧共一楼"之说，并作成楹联，挂在写韵楼门柱上。

其实，云南乃是中国茶树原产地的中心区域，早在南昭、大理时期，感通寺僧侣已经开始栽茶、制茶，茶已成为寺僧之业。经宋至明，感通寺名声更大。据明代《大理府志》载："感通寺在点苍山圣应峰麓，有三十六院，皆产茶树，高一丈，性味不减阳羡，曰通感茶。"说感通茶不减唐代宜兴阳羡贡茶。明代冯时可《滇行记略》也称："滇南城外石马井泉无异惠泉，感通寺茶不下天池、伏龙。"说石马井泉无异于江苏无锡惠山的"天下第二泉"，感通寺茶不下闻名的天池茶、伏龙茶。时至今日，感通寺周边，仍有大茶树生长。明代著名地理学家徐霞客在《滇游

日记八》中，也写到感通寺"中庭内外，乔松修竹，间以茶树。树皆高三四丈，绝与桂相似，时方采茶，无不架梯树者"。

云南，由于地理位置的关系，佛教传入较早，早在南昭、大理时期，"其俗事佛而释"。唐宋时云南仍属南昭国、大理国管辖。所以，唐代陆羽在编著《茶经》时，未曾提及大理市感通寺产茶之事。同时，正因为如此，根据其地佛教传入早，又是茶树原产地区域，茶及茶文化的内涵相当丰富，正有待专家、学者去整理和发掘。

（三）茶文化名山

据考证，世界上有茶树植物已有几千万年历史。茶树被人发现利用，也有几千年历史了。以后，随着中国道教的形成，佛教的传入，致使"山林"成了佛、道与茶的融洽之地。佛陀在山林坐禅，以证菩提；老庄在山林隐逸，返璞归真。佛教传入中国后，又掺杂道教教义，所以佛寺道观，多选在名山之中。而山林又是茶树生长的好处所。加之，佛教僧尼数倍于道教道士，终使"天下名山僧占多"。此后，饮茶成了僧侣悟性之物，因而又有"名山有名寺，名寺产名茶"之说。而群峰涌翠，岗峦起伏，山泉岚影，是茶山的自然景色和万种风情，不但为僧侣道人所好，而且受到文人学士的青睐。于是，凡有名茶之处，大多与名山、名泉、名刹、名人连在一起，特别是一些著名的古老茶山，兼具众多自然胜景和深邃的茶文化内涵，成为历代茶人寻踪的重要之地。

1.雅安蒙山　位于雅安名山境内，为著名旅游胜地。唐宋以来，佛、道相继交替在蒙山建寺观。山有五峰，其中以上清峰为最高。在上清峰下，相传是西汉末年吴理真亲手种植七株仙茶之处，人称"皇茶园"。其旁，吴理真还开凿有井泉，后人称之为"甘露井"。宋绍兴三年（1133），因甘露井"井水霖雨"及民，宋孝宗于淳熙戊申（1188）追封勒赐吴理真为"宋甘露普慧妙济菩萨"。这在汉碑和以后石碑以及名山志中，均有记载。在清代雍正年间的纪事碑中，说它"不生不灭，食之去病"。如今皇茶园、甘露井仍存于世。

蒙山风景秀丽，所产蒙顶茶，据《元和郡县志》载："蒙山在县西十里，今每岁贡茶，为蜀之最。"唐时蒙顶茶因入贡京华而誉满天下后，达官贵人不惜重金争相购买，身价百倍。世有"蒙顶山上茶，扬子江心水"之说。唐代大诗人白居易在《琴茶》诗中写道："琴里知闻唯渌水，茶中故旧是蒙山。穷通行止长相伴，谁道吾今无往还。"将蒙山茶与名曲《渌水》并称，一为茶中名品，一为曲中仙乐，平生平爱，缺一不可。唐代黎阳王还专门写了《蒙山白云岩茶》诗，曰："蟹眼不须煎活水，酪奴何敢染新芽。若教陆羽持公论，应是人间第一茶。"说此茶为"人间第一茶"。而宋代的文同，在《谢寄蒙顶茶》中，称："蜀土茶称圣，蒙山味独珍。"宋代的文彦博在《谢人惠寄蒙顶茶》中，说："旧谱最称蒙顶味，露芽云液胜醍醐。公家药笼虽多品，略采甘滋助道腴。"称蒙茶胜过仙浆"醍醐"。难怪宋代陆游《效蜀人煎茶戏作长句》中，发出了"饭囊酒瓮纷纷是，谁赏蒙山（茶）紫笋（茶）香"的感叹！明正德《四川志》载："雅州，蒙山蒙顶茶，俗称蒙山顶上茶，即此也。"

蒙顶山门

峨眉万年寺

　　其实，蒙顶茶汉时已经出名，人们称它为"圣扬花""吉祥蕊"。唐时，蒙顶茶已经作为进贡的贡茶。自唐至清，一直作为朝廷的贡茶。据《名山县新志》载，每年采制贡茶时，县令选择吉日，着朝服，率僚属，并带领蒙山众僧上山祭拜之后，方开始采茶，而且规定只采360叶，送交寺僧炒制。炒茶时，僧侣还得盘坐诵经。炒好后，再贮入银瓶，直送京城，供王室祭祀之用。稍后采制者，作为皇室成员享受。这种情况，一直延续至清代。

　　蒙顶山茶，历史上一直与佛教结缘。特别是唐宋时，一直为寺院所有，成为寺院茶。除了上述与佛、道相关的纪茶外，还有一个动人的故事。相传很久以前，蒙山有一位老和尚生了重病，吃了许多药，仍不见效。一天，一位过路老汉告诉他，春分前后春雷初起时，采蒙山茶用蒙山水煎服，即能去疾。于是，老和尚便在蒙山上清峰筑起古屋，按照老汉所述，及时采得蒙山茶，煎服后，果见奇效。老和尚不但治好了病，而且还变得年轻了。为此，历代都说蒙顶茶能治百病，有返老还童之奇功。由鉴于此，使得蒙山上的僧侣达到"惟茶是求"的程度。据北宋陶谷在《清异录》中载："吴僧梵川，誓愿燃顶供养双林傅大士，自住蒙山上结庵，种茶凡三年，味方全美。得绝佳者，曰圣扬花、吉祥蕊，共不逾五斤，持归以献。"说的吴僧梵川，他"燃顶"供养，以茶供佛，在蒙顶植茶三年，终于得到名品，可谓是一位深懂茶禅要旨的苦行僧。

　　蒙顶茶是蒙山各类名茶的总称。其中最著名的有蒙顶甘露和蒙顶黄芽，它们都是茶中珍品，并深蕴佛事，使茶文化和佛教文化紧密结合在一起，使"茶禅一味"的渊源与内涵得到了深化。

　　2.四川峨眉山　　位于四川峨眉市西南，山势雄伟，誉称"峨眉秀天下"，被列入"世界遗产名录"。据《峨眉志》载："峨眉多药草，茶尤好，异于天下。"峨眉山植茶，始于晋代。所产的峨眉茶，唐代已经盛名。在峨眉山黑水寺后，至今仍长有一株千年古茶树，历史上，每年有僧侣采制，加工成"雪芽"，由官府送去京城，作为贡品敬献给皇上。如今，这株古茶树依然存在，只是不再是皇帝的专用品了。宋代大文豪苏东坡作《试院煎茶》诗云："我今贫病常苦饥，

君山茶园

分无玉盌捧峨眉。"诗人说的是：即使在贫病相加时，也与峨眉茶相伴为依。宋代诗人陆游也有《何元立蔡肩吾至东丁院汲泉煮茶》诗云："雪芽近自峨眉得，不减红囊顾渚春。"说峨眉茶不比唐代早已出名的顾渚紫笋贡茶差。从这些赞颂峨眉茶的诗句中，可见峨眉茶在宋时，已经是名扬退迩了，比唐时有了更大的发展。清代，据《峨眉县志》载："明初赐有茶园，在白水寺（今万年寺）植茶万本，为云水常住之用。万历末年，为僧典去，至康熙初年乃以千金赎还。"这里说的云水，是指峨眉山的"三云二水五大寺"，说明自明至清初，峨眉山茶都是千金难买的珍品。山上还有《御茶文》石碑，存放于明代国师宝塔坛附近。峨眉山的报国寺的殿宇上方，有一块匾额：上书"茶禅一味"四字，为原中国佛教协会会长赵朴初亲笔题词，它揭示了峨眉山佛教寺院与茶理结缘的深层关系。

峨眉山腰所产的峨蕊茶，条索紧细，白毫显露，形似花蕊，宋代诗人苏辙把这类茶称之为"春芽大麦粗"。

1964年4月，国务院副总理陈毅途经四川，来到峨眉山万年寺憩息。万年寺方丈用新采制的绿茶奉送给陈毅副总理品尝。陈毅副总理呷了两口，顿觉清香沁脾，心旷神怡，疲劳顿消。遂问"这茶产在何处？叫啥子茶名？"方丈答曰："此茶是峨眉山的土产，用独特工艺精制而成，还没名称。"于是老和尚再三请求："请首长赐名！"陈毅副总理见此茶形似竹叶，青秀悦目，于是便取名为"竹叶青"。这宗茶事，一直为后人传诵，成为游人慕名必尝的佳茗。

3.岳阳君山　　位于湖南岳阳西南的洞庭湖中，又称洞庭山。这里，四面环水，风光独好，唐代陶雍说君山是："烟波不动影沉沉，碧色全无翠色深。疑是水仙梳洗处，一螺青黛镜中心。"

明代孙继鲁《登山记》载，君山有茶，始于舜帝南巡时。由舜帝二妃娥皇和女英，在白鹤寺旁亲自种茶树三棵。以后，几经繁衍，才有了如今闻名遐迩的君山银针茶。如今，二妃墓犹在，催人遐想，供人凭吊。在二妃墓东侧，还有一口柳毅井，据唐代李朝威的传奇故事《柳毅》载，此井是柳毅激于义愤，为泾河边受虐待的龙女，传书进龙宫给洞庭君的地方。古往今来，人们把君山茶、柳毅井联系在一起。人称"柳井有水好作饮，君山无处不宜茶"。明代谭元春《吸柳毅井水试茶于岳阳楼》载："临湖不饮湖，爱汲柳毅井。茶照楼上人，君山破湖影。"

南岳衡山

　　不过君山产茶，有史可查的是始于唐代。唐代李肇《唐国史补》载："岳阳有灉湖惟上贡，何以惠寻常？"宋代，上至皇亲贵族，下达平民百姓，斗茶试茗，盛极一朝。明人陈仁锡《潜确类书》称岳州茶是唐宋名茶，"昔日之佳品"。明代姜廷颐《过君山值雨》曰："十二青螺寺作家，晓寻诗句乞赠茶。"清代袁枚《随园食单》说："洞庭君山出茶，色味与龙井相同。"清同治《湖南省志》载："巴陵君山产茶，嫩绿似莲心，岁以充贡。"由于君山茶好、水美，因此，品茗汲水，便成了游君山的一乐。特别是在试茗阁品茶，静心观景，细心品茶，情趣无限。

　　4.湖南衡山　　位于湖南省中部，是"五岳"之一。历史上著名的石廪茶，就产在南岳石廪峰一带。相传，舜南巡和禹治水时，都到过南岳山。汉时，除汉武帝外，几代帝王都祀典南岳。祝融峰之高，藏经殿之秀，方广寺之深，水帘洞之奇，为南岳"四绝"。山上寺庙林立，南岳庙始建于唐开元十三年（725）。半山上的广济寺、铁佛寺、湘南寺、福严寺、上峰寺等，早在唐代便已有寺僧植茶，特别是石廪茶，唐代已经盛名。唐代诗人李群玉有《龙山人惠石廪方及团茶》诗云："客有衡岳隐，遗余石廪茶。自云凌烟露，采撷春山芽。珪璧相压叠，积芳莫能加。碾成黄金粉，轻嫩如松花。红炉爨霜枝，越儿斟井华。滩声起鱼眼，满鼎漂清霞。凝澄坐晓灯，病眼如蒙纱。一瓯拂昏寐，襟鬲开烦拏。顾渚与方山，谁人留品差。持瓯默吟味，摇膝空咨嗟。"作者在赞叹石廪茶的同时，又为石廪茶鸣不平。唐代诗僧齐己也有《送人游衡岳》诗："荆楚腊将残，江湖苍莽间。孤舟载高兴，千里问名山。雪浪来无定，风帆去是闲。石桥僧问我，应寄岳茶还。"相传，浙江杭州的虎跑水，就是从南岳衡山移来的。

　　石廪茶为南岳佛茶，又为寺僧所创制。它不仅助寺僧坐禅、伴读、做法事；还是寺之产业，是历史上农禅的重要项目。而寺僧以茶为礼，成为供佛、待客的必需品；坐禅饮茶，又可以让茶境和禅境和谐。史载：唐时，有僧人问南岳衡岳寺的道辨禅师："拈槌举拂即且置，和尚如何为人？"禅师曰："客来须接。"僧人曰："便是为人处也。"禅师曰："粗茶淡饭。"僧人礼

庐山五老峰茶园

国清寺前日本茶文化界
竖立的御奉茶纪念碑

拜。禅师曰："须知滋味始得。"这是南岳茶文化史上的一个茶禅公案。这对研究中国茶理的形成，以及为茶理从客观上促进中国佛教，扎根华夏，提供了佐证。

5.江西庐山　庐山位于江西省九江市境内，以雄、奇、险、秀闻名于世，素有"匡庐奇秀甲天下"之美誉。

庐山是驰名海内外的庐山云雾茶产地，为全国重点风景名胜区。山中多险绝胜景，匡庐瀑布名传天下。唐代"茶圣"评定的天下二十品最宜茶水品中，庐山独占两品，即天下第一泉——谷帘泉和天下第六泉——招隐泉。庐山种茶，传说与大闹天宫的孙悟空有关。庐山的五老峰，也有一个关于茶文化的美丽传说。据载，早在晋代，庐山上的"寺观庙宇相继种茶"。庐山东林寺名僧慧远，用亲手栽制的茶，与诗人陶渊明吟诗饮茶，叙事诵经，终日不倦。庐山寺僧对推动庐山茶起到了重要的作用。对此唐代大诗人白居易还有诗云："架岩结茅屋，垦开茶园"，"药圃茶园为产业，野麋林鹤是交游"。说的就是他在庐山开地种茶，居然成了他的副业。1958年，朱德委员长视察庐山，品尝了庐山云雾茶后，欣然提笔，写下了"庐山云雾茶，味浓性辣。若得长年饮，延年益寿。"一直为人称颂。如此，名山、名水、名刹与名茶，自然赢得游人的青睐。

6.浙江天台山　位于浙江天台城北，是中国佛教天台宗的发源地。主峰华顶所产的云雾茶，为历史传统名茶；近主峰的归云洞口的葛玄茗圃，是三国道学家葛玄炼丹植茶之处。天台山的国清寺、万年寺和塔头寺，在中日、中韩茶文化史上有着光辉的一页。天台山西南峰的瀑布千丈水，在天下宜茶水品中，被唐代"茶圣"陆羽评为"天下第十七泉"。不仅如此，陆羽还曾到天台山华顶、石桥（石梁）、紫凝、赤城山等地，攀崖历险，考察天台山茶事。在他的茶事专著《茶经》中，说天台山茶"生赤城者，与歙县同"，"石桥诸山亦产茶，味清，甘不让他郡"。

陈隋时，智顗大师在天台山创立中国佛教史上第一佛宗——天台宗，曾在天台山参禅学法多年的唐代诗僧皎然，在他的《饮茶歌诮崔石使君》的结尾写道："此物（指茶）清高世莫知，世人饮酒多自欺。孰知茶道全尔真？唯有丹丘得如此！"诗中揭示了茶与禅的深妙境界。所以，皎

普陀山是
普陀佛茶产地

然在诗中还自注："《天台记》云：天台丹丘出大茗，服之生羽翼。"歌颂了天台山茶树对佛教修禅的作用。

唐代，天台山石梁方广寺用茶供奉五百罗汉，自此出现"罗汉供茶"。其影响波及东邻日本，视为"吉祥"之兆。由于天台山对茶的佛化，使天台山许多寺院重视种茶，还在寺院设有专司茶水的茶头。唐时，如为日本高僧最澄大师讲法的行满禅师，就曾在天台山佛陇寺（今塔头寺）当过茶头。

唐贞元十九年（803），日本高僧最澄来天台山求法，次年归国时，带回天台山茶籽，种于日本近江（滋贺县）。接着，日本高僧空海来天台山求法，回国时也带回天台山茶种，种于日本各地。南宋时，日本高僧荣西也来天台山万年寺求法，回国时亦带回茶籽，种于日本。这样，使天台宗的教义和天台茶东渡日本，在日本扎根，成了中日佛教和茶文化交流的见证。

由上可见，天台山的茶文化历史根基是十分深广的，沉积很深。道源佛宗，都在天台山与茶结下了不解之缘。时至今日，国内外众多茶文化学者、茶人、爱茶人，抱着各种目的，相继来天台山巡视茶事，怀古思源，也就不足为奇了。

7.舟山普陀山　位于浙江杭州湾外的普陀区，孤悬海中。唐以前，普陀山曾是道人炼丹之地。唐代，佛教传入本山，成为中国佛教圣地，有"海天佛地"之称，奉为观世音菩萨应化道场。佛迹与印度、日本联系颇多。相传，唐大中元年（847），印度高僧万里迢迢来普陀山结茅而居，自燔十指供佛，在普陀山潮音洞亲见观音显灵。五代后梁贞明二年（916），日本高僧慧锷从山西五台山请观世音菩萨像去日本，途径普陀山，正好遇上大风，无法渡海东去。为此，祈祷观音菩萨，乃知观音显灵，不愿东去日本。于是，日僧慧锷在潮音洞前的紫竹林中，建了一座"不肯去观音院"。

普陀山人文景观颇多，寺院、庵堂、茅蓬就达数百处，其中，以普济禅寺、法雨禅寺、慧济禅寺为最。普陀山僧侣历来崇尚茶禅一味，唐开始，普济寺和其他寺院的僧侣一道，种茶制茶，世称普陀佛茶，已传承千余年。在历史上，普陀山

雁荡山寺院

佛茶，形似蝌蚪，珍贵异常，专供观音菩萨，即使是少数高僧，也难以享用，民间就更难得了。明代李日华在《紫桃轩杂缀》中有记："普陀寺僧贻余小白岩茶一裹，叶有白茸，瀹之无色。徐饮，觉凉透心腑。僧云，本岩多止五六斤，专供大士，僧得啜者寡矣。"说明普陀佛茶，仅此供佛，连和尚也大多不能享用，足见其珍贵之处。清乾隆《浙江通志》引《定海县志》载："定海之茶，多山谷野产……普陀山者，可愈肺痛血痢，然亦不甚多得。"其茶多为寺院僧侣种植，用来敬佛和供寺僧香客饮用。据说，用普陀山上神水沏佛茶，可治病。20世纪中期以来，普陀佛茶虽有发展，但仍然数量有限，至今仍是不可多得的珍品。

普陀山是中国佛教圣地之一，也是中国佛教文明产物——佛茶的诞生地之一，它使茶与佛融洽在极乐净土之中，当然"茶佛结缘"也就在其中了。

8.乐清雁荡山 位于浙江乐清市境内。雁荡山因山顶有湖，荡中芦苇丛生，北雁南飞时，常居宿于此，故称雁荡山。明代旅行家徐霞客两次游雁荡山，感叹不止。史以山水奇秀，禅院林立闻名，誉称"东南第一山"。相传，唐初有高僧诺讵那率弟子三百，从四川来到雁荡"三绝"之一的大龙湫，在此观瀑坐化，感动老龙，化作老翁托梦于他，谢其保护生态环境，不污龙湫，赐以茶树相谢。回寺后，果见有株大茶树，此便就有了雁荡山茶，这就是现今著名毛峰茶的始祖。史载雁荡山茶园，历史上多为寺院所有，采制精良。"龙湫水，毛峰茶"是雁荡"一绝"，"五珍"之一。

由于雁荡山以峰、石、涧、瀑多而著称，许多茶树生长在山岩嶂壁，虽品质优异，但人工采茶，险情时有所闻。于是，栽制雁荡山茶，古时又有猴子采茶之说。自此制成的茶，又称之为猴茶。据《雁山志》载："浙东多茶品，而雁山称最，每春清明日，采摘芽茶进贡，一旗一枪，而白色者曰明茶，谷雨日采者曰雨茶。此上品也。"此茶古时候又称猴茶。据传，由于古时雁荡山茶多生长在悬崖峭壁，很难采茶，而当地又猿猴成群，于是猎人捕猴卖给当地茶农。茶农又利用猴子能模仿人工动作，遂经过一定时间的训练，教猴子采茶，俗称猴奴。当每年春暖花开，

黄山—茶村

茶树发芽长出新梢时，猴子颈套布袋，攀悬崖，登峭壁，采茶装袋，带回交给主人。据清代佚名的《蝶阶外史》载："雁宕山有猴茶，以泉水品之，味清而腴。盖三冬大雪后，猴无所食，各山寺僧以小袋盛米赠之，春后猴采人迹不到处之茶。藏原袋还赠，其趣如此。"甚至有的寺院，驯养有猴奴几十只。近人徐珂《清稗类钞》也载："温州雁崖有猴茶，有猴每至晚春，辄采高山茶叶，以赠山僧。盖僧常于冬时知猴无法得食，以小袋投之。猴子遗茶，所以报答也。"可见雁荡山不但山美水秀，而且茶更美，还因为她蕴含许多茶文化内涵，给茶文化工作者，以更多的想象空间。

9.安徽黄山　位于安徽黄山市境内，秦称黟山。唐天宝六年（747）敕改黄山。传说，此山乃是黄帝在此修身炼丹，故名黄山。唐代大诗人李白称黄山是："黄山四千仞，三十二莲峰。丹崖夹石柱，菡萏金芙蓉。伊昔胜绝顶，下窥天目松。"有"五岳归来不看山，黄山归来不看岳"之说。

黄山产茶，历史久远。早在宋代，就产有名茶"早春英华""来泉胜金"。明代许次纾在

《茶疏》中称黄山是"天下名山，必产灵草"。又称黄山茶是："可与虎丘、龙井、芥茶雁行。"中国历史十大名茶之一的黄山毛峰茶，它始于清代光绪初年（1875）。据《黄山志》载："莲花庵旁就石隙养茶，多轻香冷韵，袭人齿腭，谓之黄山云雾茶。"这就是黄山毛峰的前身。黄山茶在明代已经盛名。据《徽州府志》载："黄山产茶始于宋之嘉祐，兴于明之隆庆。"可见，黄山产茶，历史久远，已有近千年历史了。

九华山佛家
爱用茶待客

黄山不但产名茶，而且多名泉。用人字瀑泡黄山毛峰，有轻香冷韵。《图经》载："黄山旧名黟山，东峰有朱砂沙汤，泉可点茗，茶色微红，此自然之丹液也。"民间传说，用黄山温泉泡毛峰茶，还会出现奇景：说明代天启年间（1621—1627），安徽黟县县令熊开元带书童迷了路，只好借宿山寺。寺院长老以茶相待。熊县令见此茶非同一般，叶似雀舌，色微黄，满披白毫。泡茶时还会出现奇景：一旦用沸水冲泡，微雾绕碗旋转，尔后又转到中心呈直线尺许，会化成一朵白莲，最后消失。有一年，熊县令带着黄山毛峰，上京城进贡，并言明泡黄山毛峰茶会出现奇景，乐得皇上马上命宫人试泡，但始终未见上述情景，熊县令险获欺君之罪。返回黄山后，熊县令闷闷不乐，后经老僧指点，方知泡黄山毛峰茶只有用黄山泉水冲泡，方能见到这种情景。于是，熊县令再次进京，重新为皇上泡茶，才使皇帝信服。清人江澄云在《素壶便录》中称："黄山云雾茶，产高峰绝顶，烟云荡漾，雾露滋培，其柯有历百年者。气息恬雅，芳香扑鼻，绝无俗味，当为茶品中第一。"如此好山、好水、好茶，自然受到历史文人学士的称颂。

10. 青阳九华山　　位于安徽青阳县西南。唐代大诗人李白曰："妙有分二气，灵山开九华。"其实，九华山初为道教第三十九福地，晋隆安五年（401）有天竺僧杯渡在九华山始建茅庵，并传佛法；后是新罗僧人金乔觉于唐开元七年（719）上九华山授法，并实行农禅制度，披荆斩棘，择地栽茶。采制之茶，史称"金地佛茶"。据《青阳县志》载："金地茶，相传为金地藏西域携来者，今传梗空筒者是。"《九华山志》也载："金地茶，梗心如筱，相传金地藏携来种。……在神光岭之南，云雾滋润，茶味殊佳。"九华山的闵园，实名茗地源，种茶历史已在千年以上。九华山的煎茶峰，相传为"金地藏（即金乔觉）携道侣于前汲泉烹茗"之地。金乔在九华山提倡种茶、饮茶，从佛法，但不忘茶事，是"茶禅一味"的最好体现。

九华山产的历史名茶，除由金乔觉栽制的金地茶外，还有为纪念闵公在千年前栽制的闵园茶；产于道僧洞一带的黄石天云茶，相传由一僧一道合作培育、炒制而成的；产于双溪寺一带的双溪早芽茶，它是由双溪寺主持大兴和尚栽制而成的；产于西竺庵的西竺云雾茶，也是由唐代西竺庵的僧侣培育而成的。此外，还有南苕空心茶，古代称之为拜佛茶，也与佛教有关。九华山僧人虚云作诗云："山中忙碌有生涯，采罢山樵又采茶。此刻别无玄妙事，春风一夜长灵芽。"可见，茶在九华山僧人中的地位。清代诗人白元亮有诗云："频年漂泊在天涯，又信萍踪上九华，云拥奇峰天欲滴，家春乱石涧生花。傍林鸟语捣灵药，隔岸人声摘茶时。今日探幽俱乘兴，不知何处谪仙家。"清人赵国麟在《东岩咏》中也写道："半径白云飞作雨，满林冬雪缀成花。壑中阴雾

洞庭山是
碧螺春茶产地

铺银海，塔顶晴光映紫霞。一片袈裟藏佛骨，千秋溪水长云芽。于今岩下闵公墓，名并新罗宁有涯。"这些诗，虽然写的是九华山山水、寺院和僧人，但最终还归结到九华山的茶，可见九华山僧侣在历史上，为推动茶业发展，建树卓越的贡献，也为研究茶与禅的关系，留下了宝贵的资料。

11.苏州洞庭山 位于苏州的太湖之滨，又以产历史名茶洞庭碧螺春而名扬四海。

洞庭山，分东、西两山：洞庭东山是一个宛如巨舟伸进太湖的半岛；洞庭西山是屹立在太湖中的一个小岛，相传是吴王夫差和越国西施避暑之地。据《清嘉录》载："洞庭山有个碧螺峰，石壁上生长着几株野茶，当地百姓每年把茶叶采下来饮用。"有一年，有人把鲜叶放在茶姑怀里，受人体热气作用，发出了"吓煞人"的花香。有个叫朱正元的，特别精通"吓煞人"香茶的制法。有一年，清代康熙皇帝（1662—1722年在位）到太湖游览，巡抚宋荦进献"吓煞人"香茶，康熙觉得茶佳而名俗，巡抚恭请皇上赐名，于是康熙就题名为"碧螺春"。后人誉碧螺春为"入山无处不飞翠，碧螺春香百里醉"。

其实，碧螺春茶，单就其名而言，就是一部富有很深内涵的茶文化篇章。碧螺春茶始于何时，出从何来？至今还是一个谜。清代《野史大观》载："洞庭东山碧螺峰石壁，产野茶数株，土人称曰：'吓煞人香'。康熙己卯……抚臣宋荦购此茶以进……以其名不雅驯，题之名曰'碧螺春'。"又据《随见录》载："洞庭山有茶，微似岕而细，味甚甘香，俗称'吓煞人'，产碧螺峰者尤佳，名碧螺春。"另据相传，明代时，宰相王鏊，是东山后山陆巷人，"碧螺春"由王鏊题名所为。此外，还有人认为，碧螺春茶是因茶形卷曲如螺，色泽碧绿，采于早春，故名"碧螺春"。如此富含文化的茶名，是历史传统名茶所不多见的。

据查，洞庭山产茶，唐代已经出名。唐代陆羽《茶经·八之出》注：茶"苏州，长洲县生洞庭山，与金州、蕲州、梁州同"。清代乾隆《苏州府志·物产》亦载："宋时，洞庭茶尝入贡，水月院僧所制尤美，号水月茶。近时，佳者名曰碧螺春，贵人争购者。"表明碧螺春茶"入

贡"并非始于清，在宋时已经成为贡茶。而碧螺春茶的优异品质，除了良好的生态条件外，与水月院僧的精制细作，有着重要的关系。至于碧螺春的茶名由来，民间虽称为清代康熙皇帝所赐，但清代康熙之孙，即乾隆时撰修的府志中并未提及此事，不过洞庭西山有碧螺峰却是事实，是否因地而命茶名，可以探讨。如今，"铜丝条、螺旋形、混身毛、银翠绿、花香果味、鲜爽生津"的碧螺春仍是不可多得的茶中珍品。不过，由于清代皇帝参与茶事，使茶更香，地更出名，也是事实。从

乌岽山上的
凤凰单丛茶

此，洞庭山与碧螺春茶一样，更为世人所瞩目了。

12.潮安凤凰山　位于广东潮州市北的潮安县境内，其地是茶树良种凤凰水仙的原产地，特别是由凤凰水仙单丛制作而成的凤凰单丛系列乌龙茶，有特殊的"韵味"，奇妙的"茶香"。潮州（包括潮安）人饮茶，俗称喝工夫茶，更是堪称中国"一绝"：不但饮茶注重品啜，提倡吸取精华；而且讲究茶艺，泡工夫茶的一招一式，都有出典，蕴含着浓厚的文化品位。

凤凰山种茶，相传始于南宋末年（1279）因元军进迫，宋帝昺（即赵昺），从广东厓山（今广东新会南）流亡至凤凰山，口渴难耐才采当地茶树叶片，烹制成茶汤解渴，称赞乌岽山（凤凰山支脉）茶树风韵奇特，最能解渴生津。从此，广为种植，并称誉茶树为"宋种"。如今，在乌岽山的石壁上，仍刻有"宋种"两字，以示纪念。在凤凰山的乌岽山上，至今还保留着自宋起，历经元、明、清，直至现代的不同生长树龄的茶树千余株，树龄最大的达800年以上。经专家鉴定和当地茶农世代实践所得，将乌岽山上的"宋种"茶树，选用树型高大的凤凰水仙群体品种中的优异单株，单独采制成的乌龙茶，称之为凤凰单丛系列乌龙茶，至少有80余个品系，著名的有黄枝香、肉桂香、芝兰香、通天香、茉莉香、杏仁香、桂花香、白蜜香、蜜兰香等。这些不同命名的凤凰单丛茶，虽种在同一座乌岽山上，都制作成为条形、青蒂、绿腹、红镶边的茶叶，只因他们的树龄不一，种质有别，结果使每个单丛茶，具有自己的"山韵蜜味"，为茶树选种提供了宝贵的原始资料。

至于凤凰山产的凤凰水仙茶（属乌龙茶类），据宋《潮州府志》载："潮州凤山茶亦名侍诏茶。"还有产于石古坪的石古坪乌龙茶，又名一线红乌龙，也都有数百年历史。

凤凰山因产凤凰水仙，特别是凤凰单丛而盛名于茶界。茶界也因凤凰山产的茶独树一帜而惊奇！凤凰山不愧为一座活着的茶树种质资源圃。

13.贵州梵净山　位于贵州东北部印江、江口、松桃三县交界处，被联合国列为一级世界生态保护区。

梵净山

西乡午子山

梵净山，山势雄伟，层峦叠嶂；坡陡谷深，群峰高耸；溪流纵横，飞瀑悬泻；古老地质形成的特殊地质结构，塑造了它千姿百态、峥嵘奇伟的山岳地貌景观。它的闻名与开发源于佛教，遍及梵净山的庞大寺庙群，奠定了梵净山著名"古佛道场"——弥勒菩萨道场地位。使梵净山披上一层肃穆而神奇的色彩。

梵净山贡茶相传始于宋代，源于"团龙贡茶"。当时以团龙村（梵净山西麓）海拔千米之上的茶叶为原料，采用独特的技术制成，具有"色泽隐翠，汤色内绿明亮，香高滋味浓纯鲜爽，略带茶香"的特点，至今已有六七百年的历史。

如今印江的梵净翠峰，茶色泽油亮，茸毛多，富含人体必需的多种营养元素，具有多种保健功效。

14.西乡午子山　位于陕西西乡县堰口镇内，为道教圣地。据碑、碣、志书记载，午子观古建筑群始建于西汉，是汉高祖刘邦爱姬戚姬进香焚轮之处。据民间传说，尧舜谋士善卷，明代建文帝等曾来午子山隐居，道教重要人物张道陵、张鲁、张三丰来此讲经传教。

午子山产茶始于汉，盛于唐。在唐代陆羽《茶经·八之出》的梁州产茶，指的就是今陕西包括西乡在内城固以西的汉水流域一带。西乡午子山产的午子仙毫，人称"茶中皇后"，传说它为仙人午子仙姑所栽。据《西乡县志》记载，西乡产茶在唐宋时已经很盛。历史上曾有："男废耕，女废织，其民昼夜制茶不休之举。"另据《明史食货志》记载，西乡在明初时，是朝廷"以茶易马"的主要集散地之一。不过，现今的午子仙毫，是20世纪80年代新创制的，1986年获全国名茶称号，是陕西省名牌产品，现易名为汉中仙毫。

15.西双版纳六茶山　位于云南西双版纳境地，是历史上普洱茶产地。据清《滇海虞衡志》载："普茶名重于天下，出普洱所属六茶山，一曰攸乐、二曰革登、三曰倚邦、四曰莽枝、五曰蛮砖、六曰慢撒，周八百里，入山作茶者数十万人。"此六茶山旧时均属为云南普洱府辖

1887 年的普洱县城是
普洱茶集散地

地，而普洱府旧时又在思茅厅界内，可见历史上的普洱茶，主要是指由原思茅厅六茶山生产，集中于普洱府（今普洱县）再加工后，销售到国内外的茶叶。由于区域调整，现今的普洱县属思茅地区管辖。而六茶山中，除攸乐山在西双版纳州的景洪县境内；其余的革登山、倚邦山、莽枝山、蛮崀山和慢撒山，均在西双版纳州的勐腊县境内。因此，古时的普洱茶产地，主要是指现今产自思茅地区和西双版纳州所属的各县、市。

　　普洱茶的种植历史悠久，在唐代樊绰的《蛮书》中已有记述。而普洱茶名的出现，始见于明代谢肇淛的《滇略》，内中写道："士庶所用，皆普茶也，蒸而成团。"清《普洱府志》又对六茶山所产的普洱茶，作了详细说明，曰："榷六山为正供，周资雀舌，一攸乐山，在府南七百五里，后分为架布山、嶍崆山。一莽芝山，在府山四百八十五里。一革登山，在府南四百八十里。一蛮砖山，在府南三百六十里。一倚邦山，在府南三百四十里。五山俱倚邦土司所管。一慢撒山，即易武山，在府南五百八十里，为易武土司管。"对六茶山的由来，还有一段有趣的故事，说它与三国蜀相武侯"遗器"有关。相传，三国时（220—280），蜀汉丞相诸葛亮走遍六茶山，留下许多"遗器"作纪念，六大茶山因而得名。据清道光《普洱府志》在"六茶山遗器"条目载："六茶山遗器，俱在城南境。旧传武侯遍历六山，留铜锣于攸乐，置锰于莽芝（枝），埋铁砖于蛮砖，遗木邦梆于倚邦，埋马镫于革登，置撒袋于慢撒，因以名其山。又莽芝有茶王树，较五山茶树独大，相传为武候遗种，今夷民犹祀之。"所以六大茶山，其实还是古代普洱茶的主要产地。

六茶山位于云南西南部，属热带高原季风气候，其地为原始森林覆盖，地处茶树原产地区域内，有着丰富的茶树种质资源和众多的野生大茶树。在六茶山中的五茶山所在地勐腊县，在傣语中当为"产茶之地"。在勐腊寺院中发现的《佛祖游世贝叶经》，又为六茶山的产茶历史提供了活的素材。而茶马古道的痕迹，又为六茶山找到了历史的辉煌。由于六茶山的茶文化沉积深厚，因此，已成了众多茶文化工作者的探索之地。

（四）茶文化遗址

茶，最早为中国人发现，最早为中国人利用，最早为中国人栽制。所以，中国也就具有世界上最古老的茶文化遗址。直至今日，中国仍保留着不少古代用作栽茶、制茶、评茶、造茶的场所遗址。它们是原汁原味的风貌，千年沉积的文化，给人以无限的想象；也许它们是零星和杂碎的、点滴而不连贯的，但千百年来，一直流淌在中华大地的历史长河里，追溯了许多朝代，可仍然铭刻着茶文化最古老的故事，和历史上最早发生过的茶事。虽然很多茶文化景观，昔日的繁华已化成虚无，但却能让后人听到那段遥远而美丽的历史。它们是世界茶文化发祥地在中国的物证所在，是世界茶文化的宝贝遗产，也是茶文化不可再生的重要资源。现择要简介如下。

1.长兴贡茶院遗址　位于浙江长兴县顾渚山南麓的虎头岩（今乌头山）后，是中国茶叶发展史上最早的贡茶——唐代顾渚紫笋茶的贡茶作坊，人称"顾渚贡焙"。它始于唐大历五年（770），始贡500串；唐建中二年（781）进3 600串；至唐会昌中（841—846），增至18 400斤。由"刺史主之，观察使总之"，时任湖州刺史的袁高，对顾渚山人民蒙受贡茶之苦，深表同情。他在《茶山诗》中写道："黎甿辍农桑，采掇实苦辛。一夫旦当役，尽室皆同臻。扪葛上欹壁，蓬头入荒榛。终朝不盈掬，手足皆鳞皴……选纳无昼夜，捣声昏继晨。"作者对采制贡茶的人民深表同情，对自己"俯视弥伤神"，但又没有办法解除他们的痛苦。而时为监察御史的杜牧，在他的《题茶山》（茶山在宜兴）中，说到作者是奉诏来常州宜兴与湖州长兴间的顾渚山监制贡茶时的情景，说"修贡亦仙才"，认为这是一种美差。接着谈到在茶山，河里船多、岸上旗多、山上人多，"舞袖岚侵润，歌声谷答回"，"树荫香作帐，花径落成堆"。好一个茶山的热闹景象和优美的自然风光。而经过茶人们的辛勤劳动，紫笋贡茶制好了，于是修具奏章，快马加鞭，直送京城长安，也许能得到皇上的赏赐。而唐代时曾任吴兴（今浙江湖州）刺史的张文规则在《湖州贡焙新茶》诗中还写道："凤辇寻春半醉归，仙娥进水御帘开。牡丹花笑金钿动，传奏吴兴紫笋来。"一旦贡茶紫笋送到长安（今西安），宫女们立即向正在寻春半醉而后归的皇帝禀报。据宋嘉泰《吴兴志》载："《统记》云，长兴有贡茶院，在虎头岩后……自大历五年（770）至贞元十六年（800）于此造茶，急程递进，取清明到京。袁高、于頔、李吉甫各有述。至贞元十七年，刺史李词以院宇隘陋，造寺一所，移武康吉祥额置焉。以东廊三十间为贡茶院，两行置茶碓，又焙百余所，工匠千余人，引顾渚泉亘其间。"

元代，贡茶院改为磨茶院，院址移到下游水口。

明洪武八年（1375）废贡，前后延续606年。贡茶院四周，是中国历史上第一个贡茶——紫笋茶的产地。近旁又有金沙泉，时为贡水，与贡茶紫笋并列"双绝"。在附近的山崖绝壁上，还有茶事摩崖石刻。所有这些，为研究贡茶的形成，评说贡茶的功过，提供了十分宝贵的资料。

2.湖州三癸亭　位于浙江湖州市郊。据唐代颜真卿《杼山妙喜寺碑铭》载："真卿遂立亭于（妙喜寺）东南。"现在的三癸亭是20世纪90年代重建的。

三癸亭始建于唐代大历八年（773）十月，为当时湖州刺史颜真卿所建。"茶圣"陆羽以癸丑岁、癸卯朔、癸亥日建亭，赐名三癸亭。释皎然在《奉和颜使君真卿与陆处士羽登妙喜寺三癸亭》诗题注中，也说："亭即陆生所创。"三癸亭落成后，颜真卿作《题杼山癸亭得暮字》诗曰："欻构三癸亭，实为陆生故。"

史载，唐至德元年（756），陆羽为避安史之乱，离开故乡复州竟陵，转辗江南，于上元元年（760）来到浙江湖州，至唐贞元末（804）在湖州病逝。其间，除去湖南、江西、江苏等地调研过茶事外，前后有34年时间，一直留在湖州，考察茶业调研茶事，潜心著作，湖州可谓是陆羽的第二故乡。

陆羽在湖州期间，与当时湖州刺史颜真卿、诗僧皎然，交往甚密，成为至友，时常会面，终成至交。三癸亭实是三位茶人品茗吟诗之处。陆羽在《陆文学传》中提到的"上元初（760—761），结庐于苕溪之湄，闭关对书，不杂非类，名僧高士，谭宴永日。"说的就是他与诗僧皎然同居于湖州杼山妙喜寺的情景。

三癸亭建成后，三人又以诗颂之。颜真卿诗云："不越方丈间，居然云霄遇。巍峨倚修岫，旷望临古渡。左右苔石攒，低昂桂枝蠹。山僧狎猿狖，巢鸟来积棋。"皎然诗曰："俯砌披水容，逼天扫峰翠。境新耳目换，物远风烟异。倚石忘世情，援云得真意。嘉林增勿剪，禅侣欣可庇。"清康熙年间湖州知府吴绮到过杼山，作有《游三癸亭》诗，曰："望岭陟岩峣，沿溪入葱蒨。遂至夏王村，复越黄蘗涧。三癸漱遗迹，登高足忘倦。清流绕芳原，晴阳叠层巘。"对三癸亭歌颂不已。

三癸亭，是陆羽彪炳千秋功业的见证，也是陆羽与颜真卿、皎然深厚友谊的象征，还是茶文化史上的一座丰碑。如今，重建三癸亭，虽然时隔千年以上，但也使人有得瞻仰陆羽圣迹，追思风流遗韵之感。

3.天台山葛玄茗圃遗址　位于浙江天台县天台山华顶归云洞前，是三国道学家葛玄修道炼丹植茶之处。至今，在归云洞前仍零星散布着一些古茶树，人称"仙茶"。

天台山自两汉始，就以道源仙山著称。天台山的赤诚山（天台山支脉）玉京洞为天下第六洞天；天台山的桐柏为七十二福地。两汉的茅盈、吴时的葛玄等入山炼丹，都视茶为养生之"仙药"。唐释皎然《饮茶歌送郑容》曰："丹丘羽人轻玉食，采茶饮之生羽翼。"说的就是这个意思。因此三国道学家葛玄在天台山修炼时，就在天台山华顶归云洞前开辟茶园，潜心炼丹饮茶健身。对此，许多有道骨仙风的仙道诗家，每每谈及。唐代天台山道丈徐灵府在《天台山记》中

湖州三癸亭

归云洞前的
三国葛玄茶圃

写道："松花仙药，可给朝食。石茗香泉，填充暮饮。"宋代天台山道家白玉瞻在《天台山赋》中也有"释子耘药，仙翁种茶"的记述。宋代大诗人苏东坡在《赠杜介游赤城》中也写道"我梦君见之，卓尔非魔娆。仙葩发茗碗，剪刻分葵蓼"之说。近代著名学者蔡元培先生为赤诚山玉京洞题联时，也曾写到过茶与仙的关系："山中习静观朝槿，竹下无言对紫茶。"天台籍清代地理学家齐召南写有《紫凝试茗》《葛玄》等诗篇，对道学家葛玄，以及天台山的紫凝山所产之茶，与道家的因缘关系作了精辟的阐述："华顶长留茶圃云，赤城犹炽丹炉火。"

由于天台山华顶一带，终年云雾缭绕，加之土地肥沃，气温宜人，因此，天台山的华顶归云洞一带所产的云雾茶，备受茶人与爱茶人的赞誉。两晋《神异经》中谈到的"丹丘仙茗"。宋代诗人宋祁《答天台吉公寄茶》中誉称的"佛天雨露，帝苑仙浆"。其实指的都是天台华顶云雾茶。直到隋唐时，由于天台山佛教文化的兴起，天台山茶才由道家的"仙茗"演变为佛家的"佛茶"。

近年来，天台县有关部门，拨出专款，对华顶云雾茶文化遗迹——归云洞作了修复和保护，中国国际茶文化研究会首任会长王家扬写了碑文，并立碑铭记，以示后人。

4.杭州十八棵御茶遗址 位于杭州狮峰山的胡公庙老龙井寺（宋广福院）前。相传清乾隆皇帝（1711—1799）巡游杭州时，乔装打扮来到龙井村狮峰山下的胡公庙前，老和尚献上西湖龙井茶中的珍品——狮峰龙井，乾隆饮后顿感清香阵阵，回味甘甜，齿颊留芳。遂下马亲自采茶，所采茶叶夹在书中带回京城，因时间一长，茶芽夹扁了，但却倍受皇后赞赏。乾隆大喜，传旨封胡公庙前茶树为御茶树，每年进贡京城，供皇后享用。因胡公庙前共有十八棵茶树，当地人就称之为"十八棵御茶"。至今，这块茶园仍在，并被保护起来。据历史记载，乾隆曾六次南巡，四度幸临杭州西湖龙井茶区，二上龙井探茶。第一次是在乾隆二十七年（1762），这是乾隆第三次离京南巡，三月甲午朔日到杭。此次畅游龙井，上老龙井寺品茶。作诗一首《初游龙井志怀三十韵》，在品尝了用龙井泉水烹煎的龙井茶后，又作《坐龙井上烹茶偶成》诗一首。诗中道：

"龙井新茶龙井泉，一家风味称烹煎。寸芽出自烂石上，时节焙成谷雨前。何必凤团夸御茗，聊因雀舌润心莲。呼之欲出辨才在，笑我依然文字禅。"第二次是乾隆三十年（1765），这是乾隆皇帝第四次南巡来杭，他再次上龙井，吟成《再游龙井作》，留有"清跸重听龙井泉，明将归辔启华旃。问山得路宜晴后，汲水烹茶正雨前。入目景光真迅尔，向人花木似依然。斯真佳矣予无梦，天姥那希李谪仙"的诗句。乾隆第五、第六次南巡，未见有访龙井茶区的记载。但在清嘉庆《杭州府志》中，却有乾隆追忆龙井茶的诗两首：

十八棵御茶

在《雨前茶》中说："记得西湖龙井谷，筠筐老幼采忙时"；在《烹龙井茶》诗中，说道："我曾游西湖，寻幽至龙井。径穿九里松，云起风篁岭。新茶满山蹊，名泉同汲绠。芬芳溢齿颊，长忆清虚境……"。

1952年，国家副主席朱德元帅来杭视察西湖龙井村，并上胡公庙老龙井寺品茶，听老和尚慧森介绍龙井茶的历史和传说，还看了寺前的"十八棵御茶"，环视了十八棵御茶四周的狮峰山，提出不但要种好茶树，还要绿化好荒山。

1960年，朱德委员长再次来到龙井村狮峰茶山，还饶有兴趣地题诗一首："狮峰龙井产名茶，生产小队一百家。开辟斜坡四百亩，年年收入有增加。"他的题词为"十八棵御茶"更增添了诗情画意。

如今，"十八棵御茶"已砌石围栏，加以保护，连同相邻的茶文化景点宋广福院、老龙井一起，得到整修保护。

5.武夷山御茶园遗址　位于福建武夷山市武夷九曲溪的四曲溪畔，其地所产之茶，具岩骨花香之胜，韵味隽永奇绝。元代至元十六年（1279），浙江平章（即地方高级长官）高兴，在武夷监制石乳（茶）数斤进贡，深得元世祖忽必烈赏识。以后，高兴又令崇安县（即今武夷山市）县令亲自监制贡茶，"岁贡二十斤"。元大德五年（1301），高兴儿子高久住任福建邵武总管，到武夷督造贡茶。次年，又亲自选定武夷山九曲溪的四曲溪畔的平坂，设立了专门精制贡茶的皇家贡焙局，即御茶园。对此，清代的《武夷纪胜》是这样记载的："御茶园制茶为贡，……元设场官二员。茶园南北五里，各建一门，总门曰御茶园。大德己亥，高平章之子久住创焙局于此。""岁修贡事，明著令，定额贡九百九十斤。有先春、探春、次春三品。"从此，武夷岩茶正式成为敬献宫廷的贡茶。精制而成的龙凤团饼（茶），沿着驿站直送元代大都（今北京）。

其时，御茶园的建筑按皇家的规格和模式建造，有仁凤门、拜发殿；还有清神堂、思敬堂、焙芳堂、嘉宴亭、浮光亭；又有通仙井、通仙亭等，盛极一时。

御茶园设有场官，专管岁贡。还有工员，负责贡茶的采制。最多时，采茶、制茶的农户达250户，精制龙凤团饼达五千饼。元至顺二年（1331），建宁总管（武夷山时属建宁府）在通仙井旁建起喊山台，山上还建起喊山寺，内供茶神，每年茶园开采前，其地官员要登喊山台，祭祀茶神，祷上苍保佑，以免因采制贡茶而带来不测。

明代，据清代吴振臣《闽游偶记》载：明太祖朱元璋于洪武二十四年（1391）九月诏令全国改"大小龙团"为"芽茶（条形散茶）"，但仍需按规定的每岁贡额送茶贡，并"诏建宁岁贡上供茶"。其中，以探春、先春、次春、紫笋四品茶为上品。只是到了明代嘉靖三十六年（1557），由于茶叶制作方式的改变，烹茶的技艺也随之改变，随着全国散茶的兴起，御茶园不再受到先前那样重视，管理疏松，遂免于进贡。

武夷山御茶园，历经元、明两代，从兴到废，历经255年。御茶园的建立虽然劳民伤财，给当地茶农造成苦难，但武夷山的岩茶随着御茶园时期的精工细作，遂使它跨进了中国名优茶的精品行列，直至今日，仍名扬迩遐。正如清代史学家董天工在《贡茶有感》中所说："武夷粟粒芽，采摘献天家；火分一二候，春别次初嘉；壑源难比拟，北苑（指宋代贡茶）敢矜夸；贡自高兴始，端明（指北宋重臣蔡襄）千古污。"贡茶的功与过、兴与衰，人们不难在武夷山御茶园的发展过程中，悟出一些道理来。

6.武夷山大红袍遗址　生长在福建武夷山天心岩九龙窠的岩壁上，仅有几棵茶树。在武夷"五大名丛"（即大红袍、铁罗汉、白鸡冠、水金龟和半天妖）中，享有最高的声誉。古时，采摘大红袍，需焚香拜礼，设坛诵经。并使用特制的加工器具，由精练茶师专门制作而成。大红袍一经冲泡，可续水七次以上，仍有真香原味，人称"七泡有余韵"。宋代诗人范仲淹称其是："不如仙山一啜好，冷然便欲乘风飞。"大红袍品质很有特色，与其他名丛相比，更具岩茶风韵；细细品味，富含桂花芳香。

大红袍的采制，至今约有300年历史。对大红袍的历史，传说颇多：有说大红袍生长在人迹罕至的深山悬崖峭壁，即"茶野生绝壁，人莫能登"。有的说大红袍是天上神仙所栽，凡人不能得。只有天心岩寺僧每于元旦日，焚香礼拜，供于佛前。茶可自生，无须人管理。有说大红袍茶治病，功效神奇，是灵丹妙药，能治百病。也有说大红袍茶"树高十丈，叶大如掌"。每年茶季，寺僧以果为饵，驯山猴采之。总之，将大红袍茶描绘得出神入化。武夷山茶歌曰："莫道诸生终落拓，今朝已试大红袍。"足见大红袍之珍奇可贵。

至于大红袍的由来，也有三种说法：一是说大红袍在元代已作为进贡之品，于是得到皇帝的赏赐，遂赐名"大红袍"；二是说大红袍在春茶时发出的芽叶，呈紫色，远看似一团覆盖着的火，于是取名"大红袍"；三是说大红袍能治百病。有一年，正遇崇安县（今武夷山市）令一病不起，武夷山天心寺和尚进献大红袍茶，县令饮后，病体很快痊愈。为此，县令亲临九龙窠，将身上披的红袍加盖在茶树上，并焚香礼拜，遂得名大红袍。如今，大红袍名称虽一时无以考证，但作为名丛之首，备受人们尊崇，却是可信的。

现今，武夷山有关部门，已在生长大红袍茶树的山崖之上，将历代文人雅士歌颂武夷岩茶的诗文，刻石纪碑，以示后人。并建起亭台，供人参谒。

7.安溪铁观音和黄金桂之源　源于福建安溪县西坪境内，这里山峦重叠，岩峰林立，云雾缭绕，山泉长鸣，是闽南乌龙茶铁观音、黄金桂的故乡。当地种茶已有千年以上历史，铁观音和黄金桂的发现栽植、制作至今，至少亦有200年以上历史了。

传说魏饮是
铁观音首创者

铁观音，既是茶树品种名，也是成品茶名和商品茶名。它的由来，说法有二：一是说清代乾隆后期（1720年前后），西坪松岩（松林头）村茶农魏饮（也有称魏荫）（1703—1775），本信佛，每晨必奉清茶供奉于观音大士佛像前，十分虔诚。一夜，他做梦时，行至一溪涧，遇见山岩间有一株茶树，枝叶繁茂，长势喜人。天亮时他上山砍柴，路过松林头观音岩打石坑，见到岩石隙间有一株茶树，闪闪发光，与梦中所见的那株茶树一模一样，遂掘回栽种，采摘制茶，沉重如铁，香气极高，冲泡多次，仍有余音。魏饮认为此乃观音所赐，即命名为铁观音。以后，几经繁殖，才成为现在的安溪铁观音。二是说安溪西坪尧阳书生王士谅（也有称王士让），在清乾隆初与诸生会文于南山之麓，见南轩之旁的乱石荒园间有一株茶树，光彩夺目，遂移植于南轩之圃，精心培育，细心加工，终于制成一种香气超凡的茶叶。清乾隆六年（1741），王士谅奉召进京，拜谒相国方望溪时，以该茶相赠。再由相国转呈内廷，终于博得皇上青睐，于是乾隆召见方望溪，方知原由。因奏本时，说此茶栽植于西坪南山观音岩下，故乾隆遂赐名为"南岩铁观音"。

至于乌龙茶黄金桂，它是由黄棪（旦）品种茶树采制而成。原产于安溪县虎邱镇灶坑。关于它名称的由来，有两种说法，其中一说，是与西坪相关。说清代咸丰年间（1851—1861年前后），虎邱灶坑青年林梓琴，娶西坪女子王木音为妻，按当地习俗，新婚后要"对月换花"，新娘要从娘家"带青（植物）"种植在婆家之地，以示生根开花，世代相传。其时，王氏带去一株茶苗，种于灶坑的小山仓上，经繁殖成为一种茶树品种，因王木音的"王"与"黄"方言同音；"木音"字在当地又读作"棪"，因此，谐称为"黄棪（旦）"，制成的茶，香高味浓，珍贵如黄金，故又称之为"黄金贵"或叫"透天香"。近人又称其为黄金桂。

自清以来，铁观音与黄金桂已成为茶中珍品，声名远播。西坪也就成了茶文化的重要人文景观所在地。

8.建阳建窑遗址　分布在福建建阳县水吉镇的后井、池中村一带。它以烧造黑釉瓷器为主，创始于晚唐、五代时期，兴盛于两宋、元初。20世纪90年代，已在建窑遗址，发掘出目前中国最大的宋代龙窑遗址，其中一座长达136米，可见宋时建窑生产规模之大，产量之多。

　　建窑生产的茶具，以生产宋时最为盛行的斗茶盏最具特色，史称建盏，后传至日本，称作"天目茶碗"。"天目"是指浙江的天目山，因宋时日本高僧南浦绍明到浙江天目山径山寺学佛，回国时带回一批建盏（茶碗），因而日本人称之为天目茶碗。在日本被"视作上等精宜茶具"。因日本人讲究茶道，当时"不惜重金求之"。

　　建窑兴起，是与当时宋代盛行的"斗茶"有关。斗茶，在宋时，上至皇帝将相，下至平民百姓，竞相以有佳茗珍器，试比高低为快。宋徽宗赵佶还御写《大观茶论》，对斗茶给予高度评价。北宋大诗人苏东坡《荔枝叹》诗云："武夷溪边粟粒芽，前丁（指丁谓）后蔡（指蔡襄）相笼加；争新买宠各出意，今年斗品充官茶。"这里说的"斗品"，指的就是斗茶中评出来的佳茗。

　　据文献记载："建窑多斂口，而少敞口"，形似倒置的"斗笠"，故又称斗笠盏，有"色黑如漆，银斑如星，器重如铁，击声如磬"之说。宋徽宗《大观茶论》称："盏色贵青黑，玉毫条达者为上。""茶色白，宜黑盏，建安（今建阳）所造者，绀黑纹如兔毫，最为要用。"其时，兔毫盏成为福建建州的名产贡品，成为宫廷内用重器。据《建瓯县志》载："兔毫盏出禾义里。……宋碗由山内挖出，形式不一。……唯池敦村水尾岗堆积该碗打碎之底，时见'进盏'二字，……'供御'二字者。"

　　其实，兔毫盏花纹，是在建盏烧造过程中，通过窑变而显现出的一种美丽花纹。此外，还有如鹧鸪颈上的云状或块状斑点的，称为鹧鸪盏；闪烁出珍珠斑点状的，称为油滴盏的也很珍贵。对此，宋代的蔡襄、欧阳修、苏东坡、苏辙等，都有诗文为证。

　　宋代因何对建盏如此珍视呢？这是因为一是斗茶者的需要；一是宋代的贡茶正好也出自建阳凤凰山麓的北苑；再之宋时以茶色白为贵。而黑色的盏，最能衬托出白色的茶汤，黑白分明。所以，宋人斗茶，必用建盏。宋代祝穆在《方舆胜览》中载："茶色白，入黑盏，其痕易验。"其次，建窑在烧造时出现条条花纹和点点光辉，在茶汤中能折射出可求而不可多得的异彩现象，乃是一种眼福的享受，精神的升华。第三，建盏的造型，状如斗笠，盏口面积大，可容纳点茶出现的汤花。而盏壁斜直，容易吸尽茶汤和茶末。特别是离碗沿半寸处出现的"倒钩型痕"，起到了点茶时注汤的标准线作用，这对斗茶而言，能有标准可依。

　　据查，建窑早在南宋时期，已出口日本、韩国、东南亚各国。建窑遗址，有历史可考的年代，已近千年，对建窑遗址的发掘和整理，不仅为研究中国茶具发展提供了重要的物证，而且也为宋代的茶文化，特别是宋代盛行的斗茶文化提供了可靠物证。

　　9.福鼎绿雪芽源头　生长于福建福鼎市南太姥山鸿雪洞旁。相传为太姥娘娘手植。它傲霜雪于百丈，历枯荣于千年，形神俱丰；受云雾之呵护，得泉露之滋养，色香皆绝，至今犹存。

　　太姥山，相传早在黄帝时，就有仙道家容成子在此炼丹，当年炼丹用水的炼丹井，至今犹存。尧帝时，山下有一老妪，为避乱上山，以种兰为业。一天，老妪路过，在鸿雪洞，发现一株生长繁茂的，与众不同的茶树，当即培土，并用炼丹井水灌浇出一株仙茶，取名"绿雪芽"，这就是当今国家级良种福鼎大白茶的祖先。据说，这种茶治疗小儿麻疹有特效。有一年山下村中麻疹大流行，村民无药可治，老妪便用"绿雪芽"茶治好不少病孩。为此，村民感激不已，尊称老妪为"太母娘娘"。老妪死后，葬于此山，村民也就称其为"太母山"。汉代，重臣东方朔奉汉武帝之命，敕封太姥山为天下名山。

鸿雪洞旁的
"绿雪芽"茶树

太姥山以峰、石、洞、雾"四绝"称雄，峰峦奇特，怪石嵯峨，肖人肖物，洞壑玲珑，终年云雾缭绕，如入"仙境"。东方朔称此山是："山增海阔，海添山雄，山海相成，深为一体，实乃生平所首见耳！"于是，东方朔回京城后，奏明皇上，汉武帝遂封太姥山为全国三十六山之首，并改太母山为"太姥山"。现在摩霄峰下摩霄庵（即白云寺）边石壁上所刻的"天下第一山"五个大字，相传就是出自汉代大臣东方朔的手迹。

另一个传说：尧帝时，福鼎县竹栏头村有一个叫陈焕的孝子，终日劳作，而不得温饱，到太姥山求太姥娘娘指点。当他焚香膜拜毕时，仿佛见太姥娘娘挥手一指，说"山中有佳木，系老妪亲手所植，君可分而植之，当能富有"。次日，陈焕寻遍山岭，终于在鸿雪洞旁觅见一丛茶树，便分出一株带回家细心培植，精心采制，制成白毫银针、白毛猴、白牡丹等珍品，广销四方，终使家道渐丰。以后，绿雪芽也就扩种开来了。

其实，据考证，福鼎的太姥"绿雪芽"在明代就已开始出名。清郭柏苍《闽产录异》记载："福宁府（闽东古称）茶区有太姥绿雪芽"。近代，更是名声远播。

10.名山皇茶园遗址　位于四川名山县蒙山上清峰下，是中国最早有文字记载的人工栽培茶园。仙茶院中的茶树，相传为西汉甘露三年（前51），为蒙顶茶始祖吴理真手植，有茶七株，取北斗星座次之数。清代雍正年间刻碑记事，言其茶"灵茗之种，植于五峰之中，高不盈尺，不生不灭，迥异寻常"。又说其茶"有云雾覆其上，若有神物护之者"。所以，又称为"仙茶"，是为蒙顶茶之祖。其旁玉女峰侧有甘露石室，有吴理真塑像。附近还有蒙泉蓬茶阁和蒙茶仙姑雕像等。

皇茶园所处的蒙顶山，史称："名山之茶美于蒙，蒙顶又美之。"蒙顶茶之所以为世独珍，不仅因为它有得天独厚的自然条件，而且制作技艺特别精良。"蒙山有茶，受全阳气，其茶芳香，为天下称道。"远在东汉，已有雷鸣茶、吉祥蕊、圣扬花等名品。唐时已列为贡茶，史称："蒙茸香叶如轻罗，自唐进贡入天府。"说的就是这个意思。唐代大诗人白居易平生以茶相伴，但最不忘的是蒙山茶，在他的《琴茶》诗中，将蒙山茶称为"茶中故旧"。唐代黎阳王，蒙山茶经他品评与比较后，在《蒙山白云岩茶》诗中提出："若教陆羽持公论，应是人间第一茶。"宋代的文同称"蜀上茶称圣，蒙山味独珍"。宋代的文彦博在《谢人惠寄蒙顶茶》中，说："旧谱最称蒙顶味，露芽云液胜醍醐。"称：蒙山茶胜过天上的仙浆"醍醐"，可见蒙顶茶品之最。难怪清代的赵恒山在《试蒙顶茶》诗中，说蒙山茶有"色淡香长品自仙"，将它称为"仙品"。这样一来，历代茶人称蒙山茶树为仙茶，也就不足为奇了。

在中国茶文化发展史上，自汉以来，蒙山茶一直为寺院茶，特别是古代，蒙山寺院和庵堂的僧尼为培育这一茶中名品，倾注了许多心血。而且采制时，还要进行佛教祭礼仪式，这样做，既为作贡茶向皇上表忠心，也为向佛祈福，以表虔诚佛子之心。蒙山仙茶院，从仙品茶到皇家贡茶，实是一部以禅扬茶的历史经典著作。

11.滇、川茶马古道遗址 是中国历史上"以茶易马"的重要通道。早在唐、宋时，用川、滇之茶，换西藏边疆马匹，成为朝政的重要政策。

云南、四川与西藏之间的茶马古道，现今可辨的还有两条：一条是从云南西双版纳、思茅经大理、丽江、中甸、德钦进入西藏的邦达、察隅、林芝、拉萨等地，然后分道进入尼泊尔、印度；一条是从四川雅安经泸定、康定、巴塘进入西藏。这两条古道，沿途道路艰险，蜿蜒于崇山峻岭之中，茶叶运输靠人背马驮。特别是一条滇西北路段的勐腊、永平、保山之间，仍保留着当年运茶马帮通往的博南古道。在沿途坚硬的青石便道上，留有马帮驮茶通过的一连串深深的马蹄印痕。其地有"马蹄凿岩留石窝"之说，正是对这种历史遗迹的写照。

云南的丽江是滇西北茶马古道的必经之路。在丽江东北塔城的金沙江畔，隋唐时先后设置了吐蕃（西藏）神川都督府和南诏（云南大理）铁桥节度，其间架设一座铁索桥，人称"古铁桥"。它是当时吐蕃地区马匹与南诏（大理）茶、盐相互交换的必经通道，成为古代云南和西藏茶马互市、民族往来的要津。如今，古铁桥已毁，但当时加固古桥用的"穴古锢铁"乃历历可见。据丽江《商业劝工会纪念碑》载，其时，"担者、背者、捆载者，络绎如期至。……嘈嘈然杂以金钱声、算珠声，商场之交易也"。茶叶一项，年交易量达5万斤以上，在滇、藏贸易中，茶是主要物资。明代旅行家徐霞客，称当时的丽江是"富冠诸土群"。大理白族自治州的剑川县也是滇、藏以茶易马的古代通道必经之地。该县沙溪镇寺登街，是当今在"茶马古道"上唯一幸存的集市。迪庆藏族自治州的中甸，现称香格里拉，也是茶马古道上的一个重镇，藏语称其为"建塘"，相传与四川的理塘和巴塘，原属藏王三个儿子的封地。清代康熙二十七年（1688），应西藏达赖喇嘛要求，在金沙江沿岸，扩大通商口岸，为此，云贵总督范承勋奏请皇上，准设中甸互市，"遂设渡通商贸易"。在历史上，中甸是滇西北茶马古道的转运站，来自云南大理、丽江的马帮与藏民马帮在此"以茶换马"。勐腊，在傣语中为产茶地方，是滇茶最主要、也是最早的茶产地，其地也留下不少茶马古道的遗迹。

茶马古道，历经崎岖雪山，风宿夜露，行程几千里，可谓是世界上最高、最艰巨的贸易通道，它对研究古代中央政府的国防安边政策，以及茶叶边贸有着重要的史料价值。

12.云南古茶树林 位于中国西南的云、贵、川、渝四省、市，是茶树原产地区域，至今仍保存着不少古代大茶树，但成片成林的很少，主要的在云南有几处。

（1）千家寨野生型古茶树林：位于云南镇沅县九甲乡千家寨原始森林中，在80公顷地域内，发现有8个野生茶树群落。其中最大的一株，树高25.6米，基部干径1.2米以上，被认为是世界上最大、最古老的茶树，称之为千家寨1号。还有一株，树高19.2米，基部干径1.02米，称之为千家寨2号。至于基部干径在0.5～1米的野生大茶树，那就更多了。

云南千家寨
野生大茶树

云南西双版纳
野生古茶树群

（2）邦崴过渡型古茶树林：位于云南澜沧县富东乡邦崴村。它们是野生型与栽培型茶树间的过渡型古茶树。其中最高的一株，树高11.8米，基部干径1.14米。国家邮电部1997年4月发行的《茶》邮票一套四枚，第一枚《茶树》，就是邦崴古茶树。

（3）芒景、芒迈栽培型古茶树林：位于云南澜沧县的芒景、芒迈原始森林中，在500多公顷区域内发现有栽培型古茶树。考证认为，这是少数民族中布朗族先民濮人驯化栽培留下来的茶树，它证明了云南最先种茶是布朗族和德昂族的先民濮人。

（4）南糯山栽培型古茶树林：位于云南勐海县南糯山原始森林中，是栽培型古茶树群落，面积达数公顷。其中最大的一株，树高8.8米，基部干径1.04米，树龄达800年以上，可惜前几年已枯死。

（5）勐库野生型古茶树林：位于云南双江县勐库大茶山原始森林中，面积达370公顷，其中有少数野生大茶树，树高在15米以上。最高的树高达22米，基部干径在1.04米，称之为五家野茶树。

据统计，全国12个省、区中，现今发现有一类非人工栽培也很少采制茶叶的野生大茶树200余处，其中，基部干径在1米以上的有9株，均分布在云南，除上面提到的4株外，还有：

本山大茶树：位于云南凤庆县。树高15米，基部干径1.15米。

巴山大茶树：位于云南勐海县。树高23.6米，基部干径1.00米。

镇安老茶：位于云南龙陵县。树高13.2米，基部干径1.23米。

传龙茶树：位于云南永平县。树高10.0米，基部干径1.04米。

新平野茶树：位于云南新平县。树高7.2米，基部干径1.14米。

以上这些古茶树林和野生大茶树，既是茶树原产在中国的重要证据，也是研究茶树进化的好材料。

此外，在贵州、四川、重庆等地，也都有野生大茶树分布。

13.葭萌古城 位于四川广元市元坝区的昭化镇，其地直至今日仍称为"葭萌关"。葭萌关是战国时苴侯国首府，其地原属青川县辖地，当地盛产茶叶。据考证，其地为战国时因盛产茶叶而命名"葭萌"的古茶城，因古时称茶叶为葭萌，这是中国以茶命名都市最早的地方。而古时七佛是葭萌

葭萌是最早
以茶命县的地方

玉山
古茶场

所辖之地，所产"七佛贡茶"据说是武则天皇帝最喜欢喝的家乡茶。如今，在青川县七佛镇仍保存着一片三面有石块垒起来的七佛贡茶古茶园。

14.玉山古茶市场 位于浙江中部的磐安县大盘山区的玉山镇。它是国内现存最早的茶叶交易市场，已被国务院命名为"全国重点文物保护单位"。

玉山古茶市场地处玉山的玉峰山下，距天台、新昌各50公里左右，地处历史上由婺州通往越州、明州、台州的古驿道旁。现存的古茶场分为茶场庙、管理用房、茶市场三个部分。茶场庙内供奉有晋代仙道家许逊真君塑像，当地茶农认他是玉山茶之祖。整座建筑群坐北朝南，自西向东依次排列，占地2 940平方米。关于古茶场已发现的记载可追溯至宋。现存建筑为清乾隆辛丑年（1781)由当地的名士周昌霁主持重修的。这座古建筑被考古学家认为是中国宋代实施榷茶制而建立的古代茶叶交易市场的活化石。现在古茶场旁建有玉山古茶场博物馆。

（五）其他茶文化遗迹

中国文化遗迹很多，除了上面提及的，再选择一些茶文化碑刻和文物简介如下。

1.茶文化碑刻 是中华民族祖先遗留下来的文化瑰宝。它们既具有历史意义，又具有科学价值的珍贵文物。漫步茶文化碑刻，犹如置身于茶文化的历史画廊，给后人以有益的启示。诸如：如福建武夷山九曲溪旁的庞公吃茶处摩崖石刻，浙江上虞孝女庙的徐渭《煎茶七类》刻贴、江山茶会碑、余姚河姆渡茶会碑、宁波镇海区憩桥古村茶亭等，就是最好的例证。

20世纪80年代在浙江长兴顾渚山，发现了唐代贡茶院遗址、金沙泉遗址、陆羽种茶处和一些茶事摩崖石刻。在贡茶院遗址地下挖掘出捣茶石臼。在遗址附近挖掘出金沙泉石桩柱。在顾渚山一带发现有多处唐代湖州刺史在此督造贡茶时留下的题名石刻，包括西顾山袁高、杜牧石刻，五公潭的张文规石刻、裴汶石刻，霸王潭的唐代杨汉公、宋代汪藻韩允寅石刻，明月峡的颜真卿石刻等。这些石刻和遗迹充分证明了唐代贡茶的辉煌与发达，为进一步研究唐代贡茶的产生与发展提供了丰富的历史实物资料。

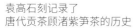
袁高石刻记录了
唐代贡茶顾渚紫笋茶的历史

四川
名山茶马司

　　另外，在福建建瓯县东峰镇焙前村的林垅坡上，发现了宋庆历七年（1047）记载宋代产制"北苑贡茶"的80字摩崖石刻。全文为"建州东凤凰山，厥植宜茶，唯北苑。太平兴国初，始为御焙，岁贡龙凤。上东、东宫、西幽、湖南、新会、北溪，属三十二焙。有置暨亭榭，中曰御茶堂。后坎泉甘宇，之曰御泉。前引二泉曰龙凤池。庆历戊子仲春朔柯适记。"这一石刻为研究宋代贡茶的形成与发展，以及贡茶的功过，提供了历史性资料。

　　又在福建武夷山发现了有"竞台"二字的宋代斗茶遗址。竞茶台位于武夷山九曲溪五曲接笋峰下的问樵台后面，其地有一石台，长约1.5米，宽约0.8米，高约0.7米。面平，作斗茶评品之用。石台旁，还有一个近似茶灶的残迹。石台后方的摩崖上刻有"竞台"二字，表明此处为斗茶之台。这一发现，为研究古建州的历史和茶文化，特别是宋代的斗茶史提供了有价值的实物资料。

　　2.茶事文物　中华茶文化，上下六千年，在茶文化的形成和发展过程中，古老而悠久的历史，灿烂而丰富的文化，独具匠心的艺术创造，为后人留下了许多茶文化历史文物。如：北京故宫博物院院馆藏茶文物、杭州中国茶叶博物馆藏茶文物、陕西省博物馆藏茶具、陕西扶风法门寺博物馆藏茶具、河北宣化辽代墓道饮茶壁画和偃师唐代墓葬出土茶具，福建武夷茶洞、四川名山茶马司、江西婺源明清茶商民宅、云南勐腊佛祖游世贝叶经、杭州宋代官窑茶具、宜兴中国陶瓷博物馆馆藏紫砂茶具、香港茶具馆和台北坪林茶业博物馆馆藏茶艺术品等，这些都是很好的茶文物。至于不少民间茶文化博物馆收藏的茶文化遗存也很多，它们都是茶文物的重要组成成分，是后人怀古、求知、探索、考察的好去处。同样，它们也是游人观光、休闲的好地方。特别值得一提的是2006年7—8月，瑞典的仿古商船"哥德堡号"重访广州，引起了世界的关注。因为那是一艘1745年购买中国茶叶、瓷器和丝绸运往欧洲的古船。当时船上装载的货物有700吨，其中有茶叶370吨，瓷器约100吨，此外，还有丝绸、藤器、珍珠母等物品。可见当年的"瑞典东印度

台湾冻顶山
茶区风光

公司"与中国的贸易中，茶叶、瓷器占了相当大的比重。当年这艘商船第三次返回瑞典时，在离哥德堡港口900米处触礁沉没。近年从沉船上打捞上来的瓷器与茶叶展出后，令参观者感叹不已，那是历史的遗珍，友谊的见证。其中有少量密封保存较好的安徽休宁松萝茶，已转送中国茶叶博物馆保存。

另外，2009年时，在西安蓝田发掘的北宋吕氏家族墓地内，共出土了数十件主要用途为茶具的渣斗，分有陶、瓷、石、铜等材质。其中一件铜质渣斗内还发现了距今近千年的珍贵芽茶，大约有30多根，类似福鼎白茶，能够保存至今的茶叶实物在中国考古史上极为罕见。出土的"铜渣斗"，或许可能是铜茶碗。

二、其他茶文化资源

中国的茶文化资源很丰富的，除了上面提及的茶文化景观、茶文化文物、茶文化历史遗踪外，茶的生长环境、饮茶风情以及地方特色和民风民情，也是不可多得的旅游资源。

（一）茶区的风光和生态环境

中国产茶区域辽阔，有21个省市区产茶，茶区山川的秀丽风光和怡人的气候环境是旅游休闲的理想境地。如杭州的西湖，桂林的漓江，安徽的黄山、九华山，浙江的普陀山、径山、天台

杭州龙井茶产地
龙井村

山、雁荡山，江苏苏州无锡的太湖、溧阳的天目湖，江西的庐山、井冈山，湖南的洞庭君山、衡阳的衡山，四川的蒙山、峨眉山，云南的西双版纳，广东潮安的凤凰山，广西桂平的西山，陕西的午子山，贵州的梵净山，台湾的阿里山等，这些旅游胜地中的茶园，多数海拔较高，森林植被条件较好，云雾缭绕，气候怡人。尤其是春暖花开的采茶季节，满山满园的绿色茶芽，加上采茶姑娘的巧手跳动，茶区风光无疑是迷人的。此情此景，人在茶山，身在画中，喜在心里，这是放松身心的最佳时机。

（二）名茶及其采制技巧

中国传统名茶有数百种之多，具有特异品质和风味的各种名茶是重要的旅游商品。中国的绿茶，在世界独树一帜，形状多变，有扁平形、直条形、兰花形、卷曲形、圆珠形、扎花形等，讨人喜欢。而碧绿的汤色和馥郁的香气，饮了使人清心可口。而安徽祁门和云南凤庆的红茶，红浓的汤色和甜醇的香味，可亲可爱，活泼动人。还有福建武夷山、安溪，广东潮州和台湾的乌龙茶，茶汤的香味十分突出，虽浓妆但不失端重，叫人称绝。福建闽北的白茶、云南西双版纳的普

凤凰山上
采茶去

江西婺源茶乡
品茶

洱茶，其品质风味和保健功效也是十分诱人的。

如果上得茶山，在一片山野绿波之中，能与纯朴的采茶女一起，身临其境，学学采茶，也不是一种放松心情的旅游休闲活动。而很多传统名茶的制作技艺是十分特殊的，如何做成扁平的西湖龙井、曲螺形的碧螺春、兰花形的黄山毛峰、松针形的南京雨花茶、颗粒形的平水珠茶、名花形的扎束茶等，使人十分好奇，总想探个究竟。如果设个陶吧，让游客亲手做把陶壶，带回家去，终生难忘。在茶区旅游活动中，能适当安排一些茶事活动，会使游客感到是一件很新鲜有趣的事。

（三）品茶情景和饮茶技艺

中国品茶历史悠久，沏茶已形成一门艺术。中国又是一个多民族的国家，各民族的饮茶习俗各有不同。如杭州的杯沏泡龙井茶、福建广东的小壶小杯啜饮乌龙茶、四川的盖碗掺茶、湖南的擂茶、甘肃的用长嘴壶冲泡"三炮台"八宝茶、西藏的酥油茶、维吾尔族与蒙古族的奶茶、土家族的打油茶、云南白族的三道茶、傣族的竹筒香茶、纳西族的"龙虎斗"、回族的罐罐茶、布朗族的烤茶等，都各具特色。倘能身临其境，去那些地方观赏并亲自品尝一番，体验其中的风情和风味，实是一件趣事。

此外，20世纪90年代以来，茶艺渐渐形成了一门空间艺术，一种演示活动，沏茶技艺吸引着不少观众。去云南大理旅游，就能领受到品三道茶的乐趣；去黔北旅游，就会享受到苗家吃油茶汤的滋味；去湖南湘西旅游，就能尝到芝麻豆香茶的味道；去北疆伊犁牧区旅游，哈萨克族牧民会送上大碗马奶子茶给你喝；去西藏牧区旅游，藏族同胞会打酥油茶、敬酥油招待，这是最高的待客礼仪。所以，各地的旅游活动中，也往往安排一些到茶艺馆或茶吧，让游客一边休息、一边饮茶，同时观看各式各样的茶艺表演，这实在是既符合休闲要求，又能愉悦心情的一种文化享受。如果有时间让游客自己动手学学泡茶，应当是十分有益的事。

武夷山的
大红袍景观

第三节 茶文化旅游景观建设

进入20世纪80年代以来，中国茶文化获得全方位的发展，以茶文化旅游为中心的茶文化景观建设，以及以休闲为中心的茶文化庄园的崛起就是例证。

一、茶文化旅游景观的开发和利用

近年来，随着茶文化的繁荣和复兴，茶文化旅游开始兴起，不少地方已建立了以茶文化为内容的旅游参观点。设在杭州的中国茶叶博物馆，全面地展示了中国茶文化的各个方面，馆藏文物、史料丰富。还有在四川名山的茶叶博物院、陕西法门寺的唐代茶文化陈列馆、澳门茶文化馆、台湾的坪林茶叶博物馆、福建武夷山茶博物馆、贵州茶文化生态博物馆等，都在不同层面上展示了中国茶文化的内容。上海、江苏宜兴、江西景德镇、香港等地都设有茶具博物馆，中国农业科学院茶叶研究所也收藏有一些古团茶和古茶具。还有一些地方的"茶人之家"和一些有特色的茶艺馆都不同程度地展示了茶文化的一些史料和饮茶器具。它们都是现代旅游业的茶文化

湎潭"天下第一壶"

资源。

　　此外，还有不少茶产地，利用茶山风光，结合当地民风民情，再配套旅游设施，建成了以茶文化生态为主要内容的休闲旅游景点。如杭州梅家坞茶文化休闲生态村、重庆永川的"茶山竹海"、广东梅州的"雁南飞"、福建安溪的"茶叶大观园"和"茶叶公园"、福建武夷山的大红袍景观等。

　　进入21世纪以来，贵州湎潭在加快茶产业发展同时，提出"以茶促旅、以旅兴茶"发展战略思路，以快乐在农家和"黔北民居"为载体，以良好的生态环境为依托，以绿色茶园长廊为背景，以茶文化为内涵，以"天下第一壶""万亩茶海"等为标志，通过政策扶持，每年定期举办茶文化活动，开辟发展了乡村茶文化休闲旅游产业。推出了"一城、一壶、一会、一所、一海、一村"的茶文化旅游亮点，使一批批集制茶、品茶、观茶、茶艺表演为一体的涉茶企业正在壮大，谱写了乡村茶旅一体化发展的新篇章。

　　20世纪90年代以来，一批茶文化主题公园正在兴建，如云南普洱市的莲佛山茶文化主题公园、湖北宜昌市的肃氏茶文化主题公园、四川宜宾的筠连茶文化主题公园、贵州凤冈的陆羽茶文化主题公园、湖北宣恩的茶文化主题公园、湖南新化的茶文化主题公园、贵州湎潭的天下第一壶茶文化主题公园、湖南茶陵的中华茶祖文化产业园、福建莆田的仙游茶文化主题公园、福建安溪北部湾的铁观音茶文化公园、福建武夷山的中华武夷茶博园、四川成都的茶店子茶文化主题公园、湖北天门的陆羽茶文化公园等。这些茶文化主题公园，从设计到实施，处处都有茶文化的内容，可参观、可体验、可休闲，符合现代消费需求。

另外，还有一些地方转型建设茶文化主题酒店，它们是四川雅安西康大酒店、杭州余杭陆羽山庄、山东青岛又一村酒店、福建厦门家和春天酒店、湖南长沙0731茶文化主题酒店等，它们都颇具特色，如雅安西康大酒店内以茶砖装饰墙面，随处都有茶文化气息，还向客人赠送茶文化小礼品。

与此同时，还有一批已建成的茶文化主题餐厅，如设在上海、广州、北京的盛天下茶文化主题餐厅、济南朝茶晚酒茶文化主题酒店、西安西北大酒店茶餐厅、长沙静园茶文化主题餐厅、江苏丹阳忆江南茶文化餐厅、厦门阿度茶文化餐厅、北京吴裕泰内府茶文化创意餐厅等，也颇受消费者欢迎。

还有一些地区建立了观光茶园，供游客观赏茶园风光的同时，还可在那里学习采茶、制茶、泡茶、品茶等技艺，颇有新意。

二、茶文化庄园建设

培育和建立集生态、休闲、旅游于一体的茶文化庄园，它不但集一产、二产、三产于一体，而且集生态、休闲、旅游于一体，还能带动周边经济发展。在这方面全国许多产茶省（自治区、直辖市）已经兴起或起步，但要走的路还很长。

（一）茶文化庄园

历史上的庄园是指坐落在市郊或乡间的田园房舍，或是景观式的田庄。庄园通常包括有住所、园林和农田的建筑组群等。同时，根据庄园主的地位，庄园有不同的名称。皇室的称为皇庄，雅称为苑等；贵族、官吏、地主的称为私庄，别称为别墅、别业等；属于寺庙的称之为常住庄。中世纪英、法等国出现带有防御设施的庄园宅邸，宅邸中的大厅为庄园主的会议厅和佃户集会的场所。而进入到当代社会，庄园大多以某一业为载体，以"健康、快乐、创造、分享"为主题，构筑成为集生产、旅游、休闲、营销为一体的文化生态庄园。茶文化庄园就是在这一理念下衍生出来的新型茶场的生产经营方式。它与以往以单一生产茶叶的茶场相比，至少在由传统农业向现代农业转型升级上跨越了一大步。与传统农业相比，至少具有三个转变：一是由以往的传统茶叶生产向以茶业为载体，向多业生产转变；二是由以往的传统茶叶生产向以茶文化为载体，向文化产业转变；三是由以往传统茶山模式向美丽景观式山园转变。

（二）茶文化庄园建设

茶文化庄园是建设美丽乡村，也是努力建设美丽中国的重要组成部分。其基本核心要把传统

龙泉的
金福茶文化庄园一角

杭州西湖区梅家村
茶文化生态村

茶场打造成"生产美、生态美、生活美、休闲美"的茶文化庄园。要谋求这个新篇，须在锚定目标的同时，各地要在选择一些具有一定规模和具有一定条件的茶企业加以培育和扶持。

根据海内外实践所得，一个较为完美的茶文化庄园：首先须要结合周边自然生态环境和已有景观，统一规划，把茶场打造成一个美丽景区。其次，一个茶文化庄园至少需具备以下几个功能区块：文化展示、生产场所、体验实践、购物消费、人居休闲。另外，选择地理位置亦很重要，特别是环境、交通等条件，必须优先考虑。

关于茶文化庄园建设，目前在不少茶区已渐见成型，并在不断完善之中。浙江龙泉的金福茶文化庄园、长兴的水口茶乡、杭州西湖区梅家村茶文化生态村等；广东潮安的乌岽茶山、梅州的雁南飞、英德的茶趣园等；福建福鼎的品品香茶庄园、天湖茶业有限公司、武夷山茶文化广场等，四川名山的皇茶园、峨眉山的竹叶青茶业有限公司等，云南勐海的老班章茶山寨、临沧的茶文化风情园等；江苏宜兴的茶文化博物园、溧阳的天目湖茶文化生态苑；湖南中华茶祖文化产业园等；贵州湄潭的黔北美丽茶乡以及其他众多产茶区的茶文化庄园，它们都是先行实践者，也是茶文化生态游的好去处，并已取得良好的成效。

第九章
茶文化与文学艺术

品茶品味品人生，其结果是使茶事生活渗透到文学艺术的各个方面，构成茶文化自身固有的茶事文学艺术作品。所以，茶事文学艺术是茶文化在人们意识形态的体现，是精神文明的反映，它有益于提高人们的文化修养和艺术欣赏，服务于社会文明。

第一节 茶事专著

　　早在秦汉之际就有茶的记载，但专门论述茶的专著，始于唐代。宋代以后，不仅文人雅士著书写茶，而且朝廷重臣也挥笔泼墨论茶。宋徽宗赵佶开创了前无古人，后无来者，以皇帝之尊著就《大观茶论》。

一、古代茶书

　　中国是最早为茶著书立说的国家，世界上第一个编写茶书的人是唐代的陆羽，他亲临茶区调查，亲身实践，品饮各地名茶和名泉，并博采群书搜集茶事历史资料，于764年左右写出了世界第一部茶书《茶经》初稿。此后，几经修改增删，大约在780年时《茶经》刊印于世。《茶经》问世后，不少爱茶文人以《茶经》为范本，或增补，或就其中一部分加以发挥，著述专论。自唐至清，中国茶书数量之多，堪称世界之冠，据万国鼎先生《茶书总目提要》(1958年)所列，中国历史上刊印的各类茶书共存98种。2007年由香港城市大学中国文化中心主任

郑培凯、朱自振主编
《中国历代茶书汇编 · 校注本》

郑培凯教授和中国农业科学院农业遗产研究室朱自振教授主编的《中国历代茶书汇编 · 校注本》，汇集了自唐代陆羽《茶经》至清代王复礼《茶说》共114种茶书。

自唐至清茶书一览表

朝　代	书　名	作　者
唐五代	茶经	陆羽
唐五代	煎茶水记	张又新
唐五代	十六汤品	苏廙
唐五代	茶酒论	王敷
唐五代	顾渚山记	陆羽
唐五代	水品	陆羽
唐五代	茶述	裴汶
唐五代	采茶录	温庭筠

（续）

朝　代	书　名	作　者
唐五代	茶谱	毛文锡
宋元	茗荈录	陶谷
宋元	述煮茶泉品	叶清臣
宋元	大明水记	欧阳修
宋元	茶录	蔡襄
宋元	东溪试茶录	宋子安
宋元	品茶要录	黄儒
宋元	本朝茶法	沈括
宋元	斗茶记	唐庚
宋元	大观茶论	赵佶
宋元	茶录	曾慥
宋元	宣和北苑贡茶录	熊蕃　熊克
宋元	北苑别录	赵汝砺
宋元	邛州先茶记	魏了翁
宋元	茶具图赞	审安老人
宋元	煮茶梦记	杨维桢
宋元	北苑茶录	丁谓
宋元	补茶经	周绛
宋元	北苑拾遗	刘异
宋元	茶论	沈括
宋元	龙焙美成茶录	范逵
宋元	论茶	谢宗
宋元	茶苑总录	曾伉
宋元	茹芝续茶谱	桑庄
宋元	建茶论	罗大经
宋元	北苑杂述	佚名
明代	茶谱	朱权
明代	茶谱	顾元庆　钱椿年
明代	水辨	真清
明代	茶经外集	真清
明代	煮泉小品	田艺蘅
明代	水品	徐献忠
明代	茶寮记	陆树声
明代	茶经外集	孙大绶
明代	茶谱外集	孙大绶

（续）

朝 代	书 名	作 者
明代	煎茶七类	徐渭
明代	茶笺	屠隆
明代	茶笺	高濂
明代	茶考	陈师
明代	茶录	张源
明代	茶集	胡文焕
明代	茶经	张谦德
明代	茶疏	许次纾
明代	茶话	陈继儒
明代	茶乘	高元浚
明代	茶录	程用宾
明代	茶录	冯时可
明代	罗岕茶记	熊明遇
明代	茶解	罗廪
明代	蔡端明别记·茶癖	徐㶿
明代	茗笈	屠本畯
明代	茶董	夏树芳
明代	茶董补	陈继儒
明代	蒙史	龙膺
明代	茗谭	徐㶿
明代	茶集	喻政
明代	茶书	喻政
明代	茶笺	闻龙
明代	茶略	顾起元
明代	茶说	黄龙德
明代	品茶要录补	程百二
明代	茗史	万邦宁
明代	竹嬾茶衡	李日华
明代	运泉约	李日华
明代	茶谱	曹学栓
明代	岕茶笺	冯可宾
明代	茶谱	朱祐槟
明代	品茶八要	华淑 张玮
明代	阳羡茗壶系	周高起
明代	洞山岕茶系	周高起

（续）

朝　代	书　名	作　者
明代	茶酒争奇	邓志谟
明代	明抄茶水诗文	醉茶消客
明代	岕茶别论	周庆叔
明代	茶薮	朱日藩 盛时泰
明代	岕茶疏	佚名
明代	茶史	佚名
明代	茶说	邢士襄
明代	茶考	徐㶿
明代	茗说	吴从先
明代	六茶记事	王毗
清代	茗笈	《六合县志》辑录
清代	虎丘茶经注补	陈鉴
清代	茶史	刘源长
清代	岕茶汇钞	冒襄
清代	茶史补	余怀
清代	茶苑	黄履道（明） 佚名（清）
清代	茶社便览	程作舟
清代	续茶经	陆廷灿
清代	煎茶诀	叶隽
清代	湘皋茶说	顾蘅
清代	阳羡名陶录	吴骞
清代	阳羡名陶录摘抄	翁同和
清代	阳羡名陶续录	吴骞
清代	茶谱	朱濂
清代	枕山楼茶略	陈元辅
清代	茶务佥载	胡秉枢
清代	茶史	佚名
清代	整饬皖茶文	程雨亭
清代	茶说	震钧
清代	红茶制法说略	康特璋 王实父
清代	印锡种茶制茶考察报告	郑世璜
清代	种茶良法	高葆真（英） 曹曾涵
清代	龙井访茶记	程淯
清代	松寮茗政	卜万祺
清代	茶说	王梓
清代	茶说	王复礼

但可惜的是历经千年变迁，很多茶书已经散失，有的只有一些残句或残本，至今保存完整的茶书不过五六十种。

古时，除茶书专著外，还有一些内中记有茶事和茶法的史书或论著，约有五百多种。可见中国历史上记茶论茶之书，是极其丰富的。现就历史上有较大影响的一些茶书简介如下。

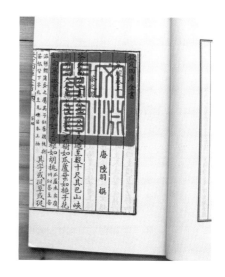

陆羽《茶经》

（一）唐代陆羽《茶经》

《茶经》内容，在第三章第四节中有过说明。在书中，陆羽将中唐及唐以前中国劳动人民有关茶的丰富经验，用客观忠实的科学态度，进行了全面系统的总结。

《茶经》开篇记述了茶树的起源："茶者，南方之嘉木也，一尺、二尺、乃至数十尺。其巴山、峡川，有两人合抱者，伐而掇之。"这一记载为论证茶起源于中国提供了历史资料。《茶经》中关于茶树的植物学特征，描写得形象而又确切："叶如栀子，花如白蔷薇，实如栟榈，茎如丁香，根如胡桃。"在茶树栽培方面，陆羽特别注意土壤条件和嫩梢性状对茶叶品质的影响："其地，上者生烂石，中者生砾壤，下者生黄土"，这个结论至今已被科学分析所证实。茶树芽叶是"紫者上，绿者次；笋者上，芽者次；叶卷上，叶舒次。"这种与品质相关性的论述仍有现实意义。在论述茶的功效时指出，茶的收敛性能使内脏出血凝结，在热渴、脑疼、目涩或百节不舒时，饮茶四五口，其消除疲劳的作用可抵得上醍醐甘露。

古籍中的
神农

《茶经》"六之饮"中提到："饮有觕茶、散茶、末茶、饼茶者。"这明确记载了唐朝时除团饼茶外，还有粗茶、散茶、末茶，这对研究中国制茶历史很有帮助。《茶经》的"二之具""三之造"中，详细地记述了当时采制茶叶必备的各种工具，同时把当时主要茶类——饼茶的采制分为采、蒸、捣、拍、焙、穿、封七道工序，将饼茶的质量根据外形光整度分为八等。《茶经》"八之出"中，把唐代茶叶产地分成八大茶区，对其茶叶品质进行了比较，这在当时交通十分不便的情况下，做出这种调查研究的结论是很难得的。

另外，《茶经》还极其广泛地收集了中唐以前关于茶叶文化的历史资料，遍涉群书，博览广采，为后世留下了十分宝贵的茶文化历史遗产。《茶经》"七之事"中，记载了古代茶事47则，援引书目达45种。记载中唐以前的历史人物30多人。把中国饮茶之历史远溯于原始社会，

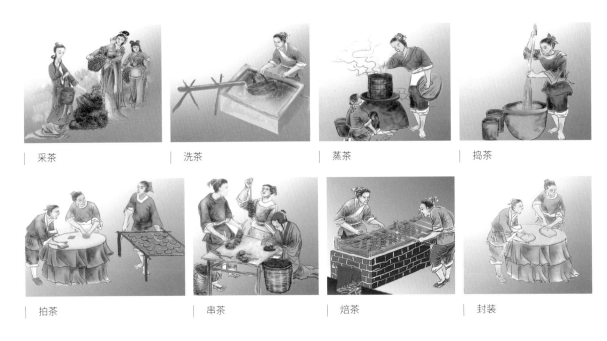

| 采茶 | 洗茶 | 蒸茶 | 捣茶 |

| 拍茶 | 串茶 | 焙茶 | 封装 |

唐代紫笋研膏饼茶
加工示意图

说明中国是发现和利用茶最早的国家。《茶经》还援引了《广雅》中关于荆巴间制茶、饮茶的记载。这些都是很难得的史料。

对茶的名称，中唐前有多种称谓，陆羽《茶经》提出统一称"茶"，南宋《魏了翁集》说："茶字古时为荼，自陆羽《茶经》……以后，遂易荼为茶。"这对以后厘清茶的称呼，可以说是一个里程碑。

《茶经》内容丰富，按现代科学来划分，包括了植物学、农艺学、生态学、生化学、药理学、水文学、民俗学、训诂学、史学、文学、地理学以及铸造、制陶等多方面的知识，其中并辑录了现已失传的某些珍贵典籍片段。因此，《茶经》实是一部"茶学百科全书"。由于《茶经》总结出了茶叶科学中具有规律性的东西，并使之系统化、理论化，很多内容至今仍具有研究和指导实践的重要价值和意义，所以千百年来一直被国内外茶学界奉为经典巨著。自1 200多年前《茶经》问世以来，广为传播，至今国内外流传的《茶经》版本有近百种之多。陆羽因此被誉为"茶圣""茶神""茶祖"等，陆羽的丰功永垂青史，《茶经》的芳韵长存。

（二）唐代张又新《煎茶水记》

张又新，河北深州陆泽（今河北深州）人，于825年前后著有《煎茶水记》一卷。该书内容为论述煎茶用水对茶叶色香味的影响，评述了刘伯刍（755—806）把各地之水分为七等，并辩证地提出除7种水外，浙江也有好水，如桐庐江严子滩溪水和永嘉的仙岩瀑布水，均不比南零水差。书中还记载了陆羽检验真假南零水的故事，列出了陆羽所品的20种水的品第。张又新在评述了茶、水关系后，指出茶汤品质不完全受水的影响，善烹、洁器也很重要。

（三）唐代苏廙《十六汤品》

苏廙，一作苏虞，《十六汤品》成书年代不详，此书原为苏廙《仙芽传》第九卷中的一篇短文，《仙芽传》早佚。这里是引自陶谷的《清异录卷四·茗荈门》(970)。因此推测《十六汤品》成书于900年前后。

《十六汤品》是论述了煮水、冲泡注水、泡茶盛器和烧水用燃料的不同，并将汤水分成若干品第：煮水老嫩不同分三品，冲泡注水缓急不同分三品，盛器不同分五品，燃料不同分五品，共计十六汤品。即第一，得一汤；第二，婴汤；第三；百寿汤；第四，中汤；第五，断脉汤；第六，大壮汤；第七，富贵汤；第八，秀碧汤；第九，压一汤；第十，缠口汤；第十一，减价汤；第十二，法律汤；第十三，一面汤；第十四，宵人汤；第十五，贼汤；第十六，魔汤。

《十六汤品》，对煮水老嫩程度、泡茶器具的选择，烹茶方法等的论述，至今仍有一定的现实意义。

（四）五代十国蜀毛文锡《茶谱》

毛文锡，髙阳（今河北高阳）人，据陈尚君考证，《茶谱》成书于889—904年可能最大。原书已佚，后据宋乐史《太平寰宇记》传于后人。该书是继陆羽《茶经》后的一部重要茶学著作，内容记述了各产茶地的名茶，对其品质、风味及部分茶的疗效均有评论。书中提及的名茶有彭州(今四川彭县)、眉州(今四川眉山县)、临邛(今四川临邛县)的饼茶，蜀州的雀舌、鸟嘴、麦颗、片甲、蝉翼等散茶，泸州的芽茶，建州的露芽，紫笋，能治头痛；渠江的薄片，洪州的白露，婺州的举岩茶，味极甘芳；蜀的雅州(今四川雅安一带)蒙山有蒙顶茶，湖州长兴县啄木岭金沙泉则是每岁造茶之所，造茶前祭泉水涌，造毕则涸，似有些不可思议。书中还提到非茶之茶，如枳壳芽、枸杞芽、枇杷芽、皂荚芽、槐芽、柳芽，均可制茶，且能治风疾。另记述有龙安的骑火茶、福州的柏岩茶、睦州的鸠坑茶、蒙山的露芽茶，此茶有压膏(压去茶汁)与不压膏之分。

《茶谱》中记述了多种散叶茶(即芽茶)，这说明当时除饼茶外，散叶茶已产生并有所发展。

（五）宋代蔡襄《茶录》

蔡襄(1012—1067)，兴化仙游（今福建仙游）人，性嗜茶，熟知茶事，曾任福建转运使，亲临建安北苑督造贡茶，于1049—1053年著《茶录》两篇。

《茶录》上篇论茶，论述茶的色、香、味、贮藏、碾茶、冲泡等。认为茶色以白为贵，且青白者胜于黄白。茶有真香，不直掺入龙脑等香料，恐夺其真香。茶味与水质有关，水泉不甘，能损茶味。茶叶贮藏，以蒻叶包好保持干燥，不宜近香药。茶存放时间久了，则色香味皆陈，需用微火炙之才能碾用，碾后过筛，即可备用。煮水必须老嫩适宜，未熟和过熟之水均不宜，因此候汤最难。泡茶之茶盏必须热水温热才能置茶冲泡。

《茶录》下篇论茶器，有烘茶的"茶焙"、贮茶的"茶笼"、碎茶的"砧椎"、烤茶的"茶钤"、

宋代
蔡襄《茶录》

碾茶的"茶碾"、筛茶的"茶罗"、泡茶的"茶盏"、取茶的"茶匙"、煮水的"汤瓶"等。

（六）宋代宋子安《东溪试茶录》

宋子安，福建建安人。他在蔡襄《茶录》的基础上，于1064年前后写成《东溪试茶录》，记述建安产茶的概况，书中对产地、茶树品种、采制、品质及劣次茶产生的原因等，均作了较详尽的调查记录。建安茶品甲于天下，官私诸焙有1 336处，唯北苑凤凰山连属诸焙所产者味佳，因此对建安北苑、壑源、佛岭、沙溪各处的产茶情况作了概述。

《东溪试茶录》对建安的茶树品种有所研究，将其分为7种，即白叶茶、柑叶茶、早茶、细叶茶、稽茶、晚茶、丛茶。该书还记述了建溪茶的采摘时间与方法，指出采制不当则出次品茶。

（七）宋代黄儒《品茶要录》

黄儒，字道辅，北宋建安(今福建瓯县)人。于1075前后写成《品茶要录》，全书约1 900字，主要内容是论述茶叶品质的优劣，分析造成劣质茶的原因：一是采摘制造时间过晚，二是采茶时带下白合(鳞苞)和盗叶(鱼叶)，三是混入其他植物种子，四是蒸茶不足，五是蒸茶过熟，六是炒焦，七是制茶各工序处理不及时，产生压黄，八是榨汁不尽，有渍膏之病形成味苦，九是烘焙时有烟焰，产生烟焦。书中对建安壑源和沙溪两处茶叶品质的差异进行了分析，指出两处茶园虽只一山之隔，但差异很大。书的"后论"认为，品质最好的茶是鳞苞未开、芽细如麦者。南坡山，土壤多砂石者，茶叶品质较好。

（八）宋代赵佶《大观茶论》

宋徽宗赵佶（(1082—1135)是北宋第八任皇帝，他以皇帝之尊，举国之富，于大观元年(1107)，贡茶鼎盛、烹茶取乐、茶兴大发之时写成《茶论》。该书自序说："本朝之兴，岁修建溪之贡，龙团凤饼，名冠天下。""近岁以来，采择之精，制作之工，品第之胜，烹点之妙，莫不咸造其极。"序之后，对茶产地、天时、采择、蒸压、制造、鉴辨、白茶、罗碾、盏、筅、瓶、杓、水、点、味、香、色、藏焙、品名、外焙，共二十目，一一进行了论述。对于北宋时期的蒸青团茶的地宜、采制、烹试、质量等均有详细记述，讨论切实，内容全面。

（九）宋代熊蕃《宣和北苑贡茶录》

　　熊蕃，生卒年月不详，福建建阳人，宋太平兴国元年(976)遣使北苑督造团茶。宣和年间(1119—1125)，北苑贡茶极盛，熊蕃深感当年陆羽著《茶经》时未提及北苑产茶是一憾事，于是特撰《宣和北苑贡茶录》，专述北苑茶事。它成书于宣和七年（1125）。

　　该书内容包括北苑贡茶历史、各种贡茶发展概略，并有各色模板图形造出的贡茶附图三十八幅：贡新銙、试新銙、龙园胜雪、御苑玉芽、白茶、万寿龙芽、上林第一、乙夜清供、承平雅玩、龙凤英华、玉除清赏、启沃承恩、雪英、云叶、蜀葵、金钱、玉华、寸金、无比寿芽、万春银叶、玉叶长春、宜年宝玉、玉清庆云、无疆寿龙、瑞云翔龙、长寿玉圭、兴国岩銙、香口焙銙、上品拣芽、新收拣芽、太平嘉瑞、龙苑报春、南山应瑞、兴国岩拣芽、小龙、小凤、大龙和大凤。

宋代审安老人茶具中的
"十二先生"图

　　书末还收录有其父所作《御苑采茶歌》十首，以示仰慕前贤之意。

（十）宋代赵汝砺《北苑别录》

　　赵汝砺，生卒年月不详，曾于淳熙十三年（1186）任福建转运使主管帐司时，因北苑茶事益兴，深感熊蕃的《宣和北苑贡茶录》已欠详尽，于是在搜集补充资料的基础上，撰写《北苑别录》一书，作为前书的续集。

　　该书约有2 800多字，内容包括：序言、御园(御茶园46处)、开焙(开园采摘)、采茶(每日常以五更挝鼓，集群夫于凤凰山，监采官人给一牌入山，至辰刻则复鸣锣以聚之)以及拣茶(剔除白合、乌蒂、紫芽)、蒸茶、榨茶(宋时制茶要压榨去汁，以免味苦色浊)、研茶、造茶(装模造型)、过黄(焙茶与过沥出色)等制茶过程。

　　其次，对北苑贡茶的等级以"纲次"划分，分为十二纲，即细色第一至第五纲，粗色第一至第七纲。细色茶以龙团胜雪最精，细色茶用箬叶包好，盛在花箱之中，内外有黄罗幂之。粗色茶箬叶包好后，束以红缕，包以红纸，缄以蒨绫。

（十一）宋代审安老人《茶具图赞》

　　审安老人，他的真姓实名和平生已无可考查。《茶具图赞》成书于1269年，将焙茶、碾茶、筛茶、泡茶等用具的名称和实物图形，编辑成书，附图十二幅，并加说明。茶具共十二先生，其姓名和字号，均以表格示之。十二件茶具包括：韦鸿胪(焙茶)、木待制(碎茶)、金法曹(碾茶)、石转运(磨茶)、胡员外(收茶)、罗枢密(筛茶)、宗从事(扫茶)、漆雕秘阁(茶盏)、陶宝文(茶碗)、汤提点（茶壶）、竺副师(茶筅)、司职方(抹布)等，均有附图。

（十二）明代朱权《茶谱》

朱权（1378—1448）是明太祖朱元璋第十七子，于1440年前后编著成《茶谱》一卷。除序言外，内容包括品茶、收茶、点茶、熏香茶法、茶炉、茶灶、茶磨、茶碾、茶罗、茶架、茶匙、茶筅、茶瓯、茶瓶、煎汤法、品水等节。

在序言中提到"茶之功大矣……占万木之魁。始于晋，兴于宋……制之为末，以膏为饼。至仁宗时，而立龙团、凤团、月团之名，杂以诸香，饰以金彩，不无夺其真味"。因此他不主张掺入香料，并提倡烹饮散叶茶，"然天地生物，各遂其性，莫若叶茶，烹而啜之，以遂其自然之性也，予故取烹茶之法，末茶之具，崇新改易，自成一家。"这在当时是一种创新性主张。因此，书中重点介绍了蒸青散叶茶的烹饮方法。

（十三）明代顾元庆《茶谱》

顾元庆，生卒不详，苏州常熟人（今江苏常熟）人，是明代文学家，他读了钱椿年于1539年写的《茶谱》，认为"收采古今篇什太繁，甚失谱意"，因此对其"余暇日删校"。可见，成书于1541年的顾元庆《茶谱》是删校钱椿年《茶谱》而成的。

该书的主要内容包括：序、茶略(茶树的性状)、茶品(各种名茶)、艺茶(种茶)、采茶(采茶时间与方法)、藏茶(贮藏条件)、制茶诸法(橙茶、莲花茶、茉莉、玫瑰等花茶制法)、煎茶四要(择水、洗茶、候汤、择品)、点茶三要(涤器、熁盏、择果)、茶效(饮茶功效)，还附竹炉并分封六事。

书中有几处论述是很有价值的，一是关于花茶的窨制方法，指出要采摘含苞待放的香花，茶与花按一定比例，一层茶一层花相间堆置窨制。二是关于饮茶，指出"凡饮佳茶，去果方觉清绝"，提倡清饮，指出不宜同时吃香味浓烈的干鲜果，如果一定要配用，也以核桃、瓜仁等为宜。三是关于饮茶功效，指出"人饮真茶，能止渴消食、除痰少睡、利水道、明目益思、除烦去腻，人固不可一日无茶"。

（十四）明代田艺蘅《煮泉小品》

田艺蘅，生卒不详，钱塘（今杭州）人，于1554年汇集历代论茶与水的诗文，写成《煮泉小品》一卷。全书约5 000字；分为：序、引、源泉、石流、清寒、甘香、宜茶、灵水、异泉、江水、井水、绪谈、跋等节，多数文字系文人戏笔。书中宜茶一节有参考价值。认为好茶必须要有好水来冲泡，一般名茶之产地，均有名泉，如龙井茶产地有龙井。另外，书中赞赏生晒茶(即后来发展起来的白茶)，认为"芽茶，以火作者为次，生晒者为上，亦更近自然，且断烟火气耳。况作人手器不洁，火候失宜，皆能损其香色也。生晒茶瀹之瓯中，则旗枪舒畅，青翠鲜明，尤为可爱"。

（十五）明代屠隆《茶盏》

屠隆（1543—1605），鄞县人（今宁波鄞州）人，于1590年写成《考槃余事》四卷，共十六节，后抽取其中卷三的"茶笺"(笺即节)，删去其中的洗器、熁盏、择果、茶效、茶具诸节，增入"茶寮"一节，改称《茶盏》。

《茶盏》的内容，包括茶寮(茶室)、茶品(例举虎丘、天池、阳羡、六安、龙井、天目等名茶)、采茶(指出"不必太细，细则芽初萌而味欠足；不必太青，青则茶已老而味欠嫩")、日晒茶(即今之"白茶")、焙茶(即今之"炒青")、藏茶(介绍保持干燥的种种贮茶方法)、花茶(用杯水吸茉莉花香制成花香水泡茶)、择水(水有天泉、地泉、江水、长流、井水、灵水之分)、养水、洗茶、候汤(煮水有一沸、二沸、三沸，一沸为度，三沸已过)、注汤(缓注为佳)、择器(茶壶、茶盏宜小，玉、石器更佳，铜、铁、铅、锡之器，茶味苦涩，不宜用)、择薪(无烟炭火最好)、茶效、人品、茶具。

（十六）明代陈师《茶考》

陈师，生卒不详，钱塘（今杭州）人。他于1593年著《茶考》一卷，论述蒙顶茶、天池茶、龙井茶、闽茶等的品质状况；杭城的烹茶习俗，即"杭俗，烹茶用细茗置茶瓯，以沸汤点之，名为撮泡"，且提倡清饮，不用果品，"随意啜之，可谓知味而雅致者矣"。

（十七）明代张源《茶录》

张源，生卒不详，苏州吴县包山（今洞庭西山）人，隐居山谷间，平日汲泉煮茗，博览群书，历三十年，于万历中(1595年前后)，著成《茶录》一卷。

该书约1 500字，文字简洁，内容广泛，包括采茶（采茶之候，贵及其时）、造茶(炒茶锅温宜先高后低)、辨茶(茶之妙，在乎始造之精，藏之得法)、藏茶(保持干燥)、火候(煮水火候要适中)、汤辨(汤有三十辨十五小辨，说得十分微妙)、汤用老嫩、泡法、投茶(先茶后汤称下投，汤半下茶再加汤称中投，先汤后茶称上投，季节不同投法不同，春秋宜中投，夏宜上投，冬宜下投)、饮茶、香、色、味、点染失真、茶变不可用、品泉、井水不宜茶、贮水、茶具、茶盏、拭盏布、分茶盒、茶道(造时精、藏时燥、泡时洁，精、燥、洁，茶道尽矣)等。

（十八）明代张谦德《茶经》

张谦德（1577—1643），苏州府嘉定人（一说崑山人）。他于1596年，在收集前人论茶资料的基础上，编写成《茶经》，分上、中、下三篇。上篇论茶，内容包括茶产、采茶、造茶、茶色、茶味、别茶、茶效；中篇论烹，内容包括择水、候汤、点茶、用炭、洗茶、熁盏、涤器、藏茶、炙茶、茶助、茶忌；下篇论器，内容包括茶焙、茶笼、汤瓶、茶壶、茶盏、纸囊、茶洗、茶瓶、茶炉等。

（十九）明代许次纾《茶疏》

许次纾（约1549—1604），钱塘（今杭州）人，于1597年著《茶疏》一书，内容丰富，其目录为：序、产茶、今古制法、采摘、炒茶、岕中制法、收藏、置顿、取用、包裹、日用置顿、择水、贮水、舀水、煮水器、火候、烹点、秤量、汤候、瓯注、荡涤、饮啜、论客、茶所、洗茶、童子、饮时、宜辍、不宜用、不宜近、良友、出游、权宜、虎林木、宜节、辩讹、考本等节。

在"产茶"一节中，认为"天下名山，必产灵草，江南地暖，故独宜茶"。"江南之茶，唐人首称阳羡，宋人最重建州，于今贡茶，两地独多，阳羡仅有其名，建茶亦非最上，惟有武夷雨前最胜"。

在"炒茶"一节中，认为炒茶"铛必磨莹，旋摘旋炒。一铛之内，仅容四两。先用文火焙软，次加武火催之。手加木指，急急钞转，以半熟为度，微俟香发，是其候矣。急用小扇钞置被笼，纯棉大纸衬底，

许次纾《茶疏》

燥焙积多，候冷入瓶收藏"，"岕中制法，岕之茶不炒，甑中蒸熟，然后烘焙"。

在"饮啜"一节中，认为"一壶之茶，只堪再巡。初巡鲜美，再则甘醇，三巡意欲尽矣"。

该书对什么时候适宜饮茶，什么时候不宜饮茶，饮茶时哪些器具不宜用，饮茶环境等都提出了要求，可谓非常讲究。

在"宜节"一节中，认为"茶宜常饮，不宜多饮。常饮则心肺清凉，烦郁顿释；多饮则微伤脾肾，或泄或寒"。

（二十）明代程用宾《茶录》

程用宾，生卒不详，于1601年写成《茶录》。全书分四集，即首集十二款、正集十四篇、末集十二款、附集七篇。其中首集十二款，摹古茶具图赞。正集十四篇为：原种、采候、选制、封置、酌泉、积水、器具、分用、煮汤、治壶、洁盏、投交、酾啜、品真。末集十二款为拟时茶具图说。附集七篇为：六羡歌（陆鸿渐）、茶歌（卢玉川）、试茶歌（刘梦得）、茶赋（吴淑）、斗茶歌（范希文）、煎茶赋（黄鲁直）、煎茶歌（苏子瞻）。

（二十一）明代熊明遇《罗岕茶记》

熊明遇，生卒不详，江西进贤人，于1608年前后著《罗岕茶记》一书，全书约500字，分七节。主要内容介绍长兴罗岕茶山的茶产概况。"岕茗产于高山，浑至风露清虚之气，故为可尚"。

（二十二）明代罗廪《茶解》

罗廪（1553—？），浙江慈溪（现属余姚地界）人，通过亲自种茶、采茶、制茶实践，于1605年写成《茶解》一卷。全书约3 000字，分叙、总论、原、品、艺、采、制、藏、烹、水、禁、器、跋等节。

在"品"一节中，认为"茶须色、香、味三美具备。色以白为上，青绿次之，黄为下。香如兰为上，如蚕豆花次之。味以甘为上，苦涩斯下矣"。

在"藏"一节中，认为"藏茶宜燥又宜凉，湿则味变而香失，热则味苦而色黄"。这一论述符合科学，这一点与过去若干茶书提出藏茶宜温燥忌冷不同，因此提出"蔡君谟云，茶喜温，此语有疵"。

在"禁"一节中，认为"茶性淫，易于染着，无论腥秽及有气之物，不得与之近，即使名香亦不宜相杂"。

（二十三）明代闻龙《茶笺》

闻龙，生卒不详，浙东四明（今宁波）人，于1630年前后编写《茶笺》一卷。主要论茶之采制方法，四明泉水，茶具及烹饮等。

其中论述茶的采制较为具体，且有参考价值："茶初摘时，须拣去枝梗老叶，惟取嫩叶。""炒时须一人从旁扇之，以祛热气。否则黄色，香味俱减。予所亲试，扇者色翠，不扇色黄。炒起出铛时，置大瓷盘中，仍须急扇，令热气稍退，以手重揉之，再散入铛，文火炒干入焙。"

（二十四）明代周高起《洞山岕茶系》

周高起（？—1645），江阴（今江苏江阴）人，于1640年前后写成《洞山岕茶系》，论述岕茶及其品质。岕茶是宜兴与长兴之间茶山之茶，岕为山岭，据八十八岭，"洞山为诸岕之最"。其中第一品位于老庙后，第二品位于新庙后等处，第三品位于庙后涨沙等处，第四品位于下涨沙等处，不入品则位于长潮等处。贡茶即南岳茶，为天子所尝。

岕茶采焙，须在立夏后三日。"采嫩叶，除尖蒂，抽细筋炒之，曰片茶；不去筋尖，炒而复焙燥如叶状，曰摊茶；采取剩叶制之者，名倏山"。

（二十五）明代冯可宾《岕茶笺》

冯可宾，生卒不详，山东益都人，于1642年前后写成《岕茶笺》，论述宜兴一带产茶者有罗岕、白岩、乌瞻、青东、顾渚、篠浦等，以罗岕最胜，岕为两山之介也，罗氏居之，故名罗岕。该书还论及采茶、蒸茶、焙茶、藏茶、辨真膺、烹茶、泉水、茶具、茶宜、禁忌等内容。

（二十六）清代陈鉴《虎丘茶经注补》

陈鉴（1594—1676），南越化州（广东化州）人，于1655年著《虎丘茶经注补》，作为陆

羽《茶经》的补充，内容亦分为：一之源、二之具、三之造、四之水、五之煮、六之饮、七之
出、八之事、九之撰、十之图等。

（二十七）清代冒襄《岕茶汇钞》

冒襄(1611—1693)，江苏如皋人。于1683年前后写成《岕茶汇钞》，全书连小序和跋约1 700
多字，主要是从许次纾、熊明遇、冯可宾等茶书中抄录有关内容，对岕茶进行较详尽的论述。

（二十八）清代程雨亭《整饬皖茶文牍》

程雨亭，生卒不详，浙江山陰（今绍兴）人，于光绪二十三年（1897）主持安徽茶厘局，
罗振玉辑录其禀牍文告，题名《整饬皖茶文牍》。

书中主要内容有《程雨亭观察请南洋大臣示谕徽属茶商整饬牌号禀》《请裁汰茶釐局卡冗
费禀》《请禁绿茶陰光详稿》《復陈购机器制茶办法禀》《整饬茶务第一示》《整饬茶务第二
示》《摘开雷税司原拨》《整饬茶务第三示》《黏抄美国新例》和《洪商查複购办碾茶机器节
略》等。

（二十九）清代程淯《龙井访茶记》

程淯，生卒不详，江苏吴县人，清末住杭州，宣统二年（1910年）秋写《龙井访茶记》。
1949年后移居台湾。其散文集《三句不离本"杭"》中就有《龙井访茶记》一文。

书中内容主要论述龙井茶产地土性、栽植、培养、采摘、焙制、烹瀹、香味、收藏、产额、
特色。书中对龙井茶炒制过程描写细致，对龙井茶味有深刻体会，认为"龙井茶的色香味，人力
不能仿造，乃出天然"。

二、现当代茶书

进入现当代以来，在民国时期（1912—1949），因战乱不断，茶叶生产荒芜，茶叶对外贸
易跌入低谷，在37年间能查到的茶书只有10部。

民国时期茶书表

作者	书名	出版社	年份
吴觉农	茶树栽培法	上海泰东书局	1923
赵烈	中国茶业问题	上海泰东书局	1931
程天绶	种茶法	商务印书馆	1933
吴觉农 胡浩川	中国茶叶复兴计划	商务印书馆	1934
主编：王云五	丛书集成初编·茶录（及其他五种）	商务印书馆	1936
朱美予	中国茶业	上海中华书局	1937
吴觉农 范和钧	中国茶业问题	商务印书馆	1937

（续）

作者	书名	出版社	年份
傅宏镇	中外茶业艺文志	文星堂印局	1940
胡山源	古今茶事	世界书局	1941
戴龙孙	茶	上海正中书局	1946
陈椽	茶叶制造学	新农出版社	1949

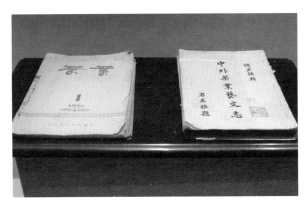

傅宏镇
《中外茶业艺文志》等

当代茶书一角

　　进入当代社会以来，茶叶生产获得恢复和发展。特别是20世纪80年代以来，随着改革开放的实施，茶叶生产发展取得稳步持续发展，重新赢得茶叶生产大国地位。在这一过程中，充分调动了专家学者和广大茶人的积极性，编纂出版了大量与茶和茶文化有关的专门著作，据陈宗懋、杨亚军主编的《中国茶经》2011年修订本介绍，1949—2008年，中国出版的茶和茶文化专著就达650种以上。估计2009—2014年，至少又有500种左右茶事专著出版。加上由地方出版的茶事专著，当代茶书合计不下1 500种之多。这些茶书，有的是介绍茶及茶文化的基本知识，被许多培训机构和企业作为培训茶业人才的教材。有的是专家学者研究心得所在，受到教学科研部门重视，作为重要参考文献。有的是在总结前人成果，结合当前实际，进行再创作，深受读者好评。茶事专著的出版，丰富了茶文化宝库，扩大了茶文化影响，促进了茶产业发展，它是茶文化繁荣昌盛的重要标志。

第二节　茶事诗词

　　茶事诗词，一般可分为广义和狭义两类：广义的是指包括所有涉及茶事的诗词；狭义的是单指主题是茶的"咏茶"诗词。现在，通常所指的茶事诗词，多是指广义而言的。

中国茶事诗词，始见于晋（265—420），留传至今已有1 600年以上历史。此后，茶事诗词逐渐增多，成了文学艺术的重要组成部分。自晋至清保留至今的茶事诗词，至少在万首以上。这些茶事诗词，个性显明，特点也显明，主要表现在四个方面。

一、历史悠久　作者众多

中国茶诗特点之一，就是历史悠久，作者众多。据查，从西晋至南北朝时，根据文献记载，如今能查到的至少有四首是涉及茶的诗，它们是西晋孙楚（约218—293）的《出歌》、左思（约250—约350）的《娇女诗》、张载的《登成都白菟楼》诗、杜育的《荈赋》，以及南朝宋王徽的《杂诗》，均被唐代陆羽收录在《茶经》中。

西晋孙楚的《出歌》，它是中国第一次提到茶产地的诗歌，说"姜桂茶荈出巴蜀"。

西晋左思《娇女诗》为五言古诗，内中曰："吾家有娇女，皎皎颇白皙。小字为纨素，口齿自清历。……其姊字惠芳，面目粲如画。轻妆喜楼边，临镜忘纺绩。"姊妹二人，聪明玲巧，无忧无虑，嬉戏好动。"心为茶荈剧，吹嘘对鼎𬋖。脂腻漫白袖，烟熏染阿锡。衣被皆重池，难与沉水碧。"姊妹俩为饮茶而停息喧闹，迫不及待地对着鼎下的炉火使劲吹气，以致污染了白衫袖，炉烟熏黑了细布衣，难以清洗干净。诗中对两位娇女的容貌举止、性格爱好描写细致传神，而饮茶对她俩的强烈诱惑及有关茶器、煮茶习俗等的描述使该诗成为陆羽《茶经》节录中的古代最早的茶诗之一。

西晋张载的《登成都白菟楼》诗也是五言古诗，同样是以茶入诗的最早篇章之一，陆羽《茶经》节选"借问扬子舍"以下的16句："借问扬子舍，想见长卿庐。程卓累千金，骄侈拟五侯。门有连骑客，翠带腰吴钩。鼎食随时进，百和妙且殊。披林采秋橘，临江钓春鱼。黑子过龙醢，果馔逾蟹婿。芳茶冠六清，溢味播九区。人生苟安乐，兹土聊可娱。"该诗描述白菟楼的雄伟态势及繁荣景象、物产富饶、人才辈出的盛况，其中除赞美秋菊春鱼、果品佳肴外，还特别炫耀四川香茶是"芳茶冠六清，溢味播九区"。按"六清"，即《周礼》所称的"六饮"，是供天子饮的六种饮料：水、浆、醴、醍、醫、酏。其中水为饮用水，浆为有醋味的酒，醴为甜酒，凉为薄酒，医为醴和酏混合后的饮料，酏为薄粥。而溢味，即是茶的美味四溢。"九区"当为九州，在《书·禹贡》把当时的全国分为冀、兖、青、徐、扬、荆、豫、梁、雍九州，后用"九州"泛指全中国。诗人认为，茶是全国人民所喜爱的饮料，甚至超过"六饮"。

西晋杜育的《荈赋》，是历史上最早描述茶的文学作品。赋曰："灵山惟岳，奇产所钟。瞻彼卷阿，实曰夕阳。厥生荈草，弥谷被岗。承丰壤之滋润，受甘露之霄降。月惟初秋，农功少休。结偶同旅，是采是求。水则岷方之注，挹彼清流。器择陶简，出自东隅；酌之以匏，取式公刘。惟兹初成，沫沈华浮。焕如积雪，晔若春敷。若乃淳染真辰，色绩青霜，□□□□，白黄若虚。调神和内，倦解慷除。"赋中涉及的范围很广，包括自茶树生长至饮用的全部过程。从"灵山惟岳"到"受甘霖之霄降"是写茶的生长环境与条件。自"月惟初秋"到"是采是求"是写尽管在初秋季节，茶农还是不辞辛劳地结伴采茶的情景。接着，写到煮茶所汲之水当为"清

钱时霖等编
《历代茶诗集成 · 唐代卷 · 宋代卷 · 金代卷》

流"，所用茶具，出自"东隅"(东南地带)所产的陶瓷。当一切准备停当，烹出的茶汤则有"焕如积雪，晔若春敷"的艺术美感。最后，还写到了茶的保健功效。

而南朝宋王徽的《杂诗》，同样为五言古诗。诗曰："桑妾独何怀，倾筐未盈把。自言悲苦多，排却不肯舍。妾悲叵陈诉，填忧不销冶。寒雁归所从，半途失凭假。壮情抃驱驰，猛气捍朝社。常怀云汉渐，常欲复周雅。重名好铭勒，轻躯愿图写。万里度沙漠，悬师蹈朔野。传闻兵失利，不见来归者。奚处埋旍麾，何处丧车马。拊心悼恭人，零泪覆面下。徒谓久别离，不见长孤寡。寂寂掩高门，寥寥空广厦。待君竟不归，收颜今就槚。"陆羽《茶经》节引该诗后四句。该诗描述的是一个女子对阵亡丈夫的哀悼和思念，只得"收颜今就槚"，以茶解百愁。

纵贯茶诗及茶诗作者，历代著名诗人、文学家大多写过茶诗。钱时霖选注的《中国古代茶诗选》①中，收录了自唐至清的90余位诗人的200余首茶诗。刘枫主编的《历代茶诗选注》②中，就收注茶诗360余首。钱时霖等编的《历代茶诗集成·唐代卷·宋代卷·金代卷》③中，共收录茶诗6 079首，其中唐代茶诗665首、宋代茶诗5 297首、金代茶诗117首，三代茶诗作者共1 158位，这是迄今为止搜集唐宋茶诗数量最为丰富的一部茶文化巨著。其实，从西晋到当代，茶诗数以万

①浙江古籍出版社，1985年8月。
②中央文献出版社，2009年3月。
③上海文化出版社，2015年12月。

计，作者数以千计，多如牛毛，已无法统计了。

二、数量多 题材广

茶事诗词，不但数量多，而且题材广泛。历代众多的诗词家，他（她）们从爱茶、尚茶、写茶，把茶事渗透进诗词，为茶与文学艺术紧密结合，为茶文化添枝增果，永留人间。在留存下来的众多茶事诗中，涉及茶文化的各个方面，现举例如下。

写名茶：有王禹偁的《龙凤茶》、范仲淹的《鸠坑茶》、梅尧臣的《七宝茶》、刘秉忠的《试高丽茶》、文同的《谢人寄蒙顶茶》、苏轼的《月兔茶》、苏辙的《宋城宰韩文惠日铸茶》、于若瀛的《龙井茶》、爱新觉罗·弘历的《坐龙井上烹茶偶成》等。

写名泉：有陆龟蒙的《谢山泉》、苏轼的《求焦千之惠山泉诗》、朱熹的《唐王谷水廉》、沈周的《月夕汲虎丘第三泉煮茶坐松下清啜》、爱新觉罗·玄华的《试中泠泉》等。

写茶具：皮日休和陆龟蒙分别作的《茶籯》《茶灶》《茶焙》《茶鼎》《茶瓯》、秦观的《茶臼》、朱熹的《茶灶》、曹寅的《茗碗》等。

写烹茶：白居易的《山泉煎茶有怀》、皮日休的《煮茶》、苏轼的《汲江煎茶》、陆游的《雪后煎茶》、顾清的《煮茶》、徐祯卿的《秋夜试茶》、方文的《惠泉歌》等。

写品茶：钱起的《与赵莒茶宴》、白居易的《晚春闲居，杨工部寄诗、杨常州寄茶同到，因以长句答之》、文彦博的《和公仪湖上烹蒙顶新茶作》、刘禹锡的《尝茶》、陆游的《啜茶示儿辈》、孙一元的《试龙井》、童汉臣的《龙井试茶》等。

写制茶：顾况的《培茶坞》、陆龟蒙的《茶舍》、蔡襄的《造茶》、梅尧臣的《答建州沈屯田寄新茶》、李郢的《茶山贡焙歌》、蔡襄的《造茶》等。

写采茶和栽茶：姚合的《乞新茶》、张日熙的《采茶歌》、黄庭坚的《寄新茶与南禅师》、韦应物的《喜园中茶生》、杜牧的《茶山下作》、陆希声的《茗坡》、朱熹的《茶坂》、曹廷栋的《种茶子歌》、陈章的《采茶歌》等。

写颂茶：苏东坡在《次韵曹辅寄壑源试焙新茶》中"从来佳茗似佳人"，将茶比作美女；周子充在《酬五咏》诗中，"从来佳茗如佳什"，将茶比作美食；秦少游在《茶》诗中，"若不愧杜蘅，清堪拚椒菊"，将茶比作名花；施肩吾在《蜀茶词》中，"山僧问我将何比，欲道琼浆（欲却）畏嗔"，将茶比作琼浆。此外，在陆游的《试茶》、高启的《茶轩》、高鹗的《茶》中，也都有颂茶、尚茶之意。

写送茶：陆游以同族的"茶神"陆羽自比，在《试茶》诗中称道："难从陆羽毁茶论，宁和陶潜止酒诗"，表示宁可舍酒取茶；沈辽在《德相惠新茶奉谢》诗中认为："无鱼乃尚可，非此意不厌"，则表示愿意取茶舍鱼之情。此外，在齐己的《谢人惠扇子及茶》、苏轼的《马子约送茶，作六言答之》、陆容的《送茶僧》等，都有充分反映了诗人对茶的爱好。

此外，还有很多是抒发情感、抨击事实的就更多了，在此不再一一枚举。

三、匠心别具　体裁多样

在众多茶事诗词中，由于诗词家匠心别具，各人的情趣各异，写作风格不一，结果使茶事诗词的体裁也变得丰富多彩，各有千秋。下面，将一些体裁具有典型性的茶事诗词，辑录几首。

（一）寓言茶诗

用寓言形式写茶诗，读来引人联想，发人深省。唐代王敷写了一首《茶酒论》，以诗的形式，"暂问茶之与酒，两个谁有功勋？"茶首先出来"对阵"，说自己是"百草之首，万木之花。贵之取蕊，重之摘芽。呼之敬草，号之作茶，贡五侯宅，奉帝王家，时时献人，一世荣华。"那知酒不服气，抢白道："自古至今，茶贱酒贵，单醪投河，三军千醉。君王饮之，叫呼万岁；君臣饮之，赐卿无畏，和死定生，神明歆气。"茶又曰："酒能破家散宅，广作邪淫，打却三盏以后，令人只是罪深。"酒又反其道曰："酒通贵人，公卿所慕。曾道赵主弹琴，秦王击缶，不可把茶请歌，不可为茶交舞。"最后，茶又对酒曰："君不见生生鸟，为人酒丧其身。"直至还谈到因酒斗殴，甚至有杀父害母的。这种用写茶、酒"对阵"的寓言诗，还发现在一本清代的笔记小说上。首先，茶发话道："战后睡魔功不少，助战吟兴更堪夸。亡国败家皆因酒，待客如何只饮茶。"谁知酒针锋相对道："瑶台紫府荐琼浆，息讼和亲意味长。祭祀筵席先用我，可曾说着淡黄汤。"说到"淡黄汤"（指茶水）三字，水不服气了，出来说："汲井烹茶归石鼎，纱泉酿酒注银瓶。两家且莫争闲气，无我调和总不能。"这些记述，饶有风趣。茶和酒，无须论谁高谁低。茶人、酒客，虽都可引经据典，但须知，物各有所用，人各有所爱。歌颂所爱之物，这是各人所好使然。茶和酒原本都出自天然植物和五谷粮食。它们自问世以来，延绵至今，都有数千年之久。它们的存在，都早已融入于人民生活之中，成为人民物质和精神文化的重要组成部分，这是人民生活的需要，关键是掌握一个"度"，这个度就是要做到科学和合理。

（二）宝塔茶诗

唐代元稹写过一首宝塔诗，题名《一字至七字诗·茶》。这种体裁的诗，不但在茶诗中罕见，就是在其他诗中也不多见。整首诗，从一个字开始，以后每句依次增加一个字，而且要不失词意。这样，一首诗写出来，其写作形式是上尖下宽，呈宝塔形，因此谓之宝塔诗。诗中写到：

茶。

香叶，嫩芽。

慕诗客，爱僧家。

碾雕白玉，罗织红纱。

铫煎黄蕊色，碗转曲尘花。

夜后邀陪明月，晨前命对朝霞。

洗尽古今人不倦，将至醉后岂堪夸。

这首宝塔茶诗原为一种杂体诗，它是一字句到七字句，或选两句为一韵，每句或每两句字数依次递增。全诗开头，用"香叶，嫩芽"四字来说茶的香和嫩。接着说诗人、僧侣对茶的钟爱。然后，谈到煎茶之事：用白玉碾碾茶，用红纱罗筛茶。当茶放进茶铫煎煮，以及随后泡到茶碗时，泛起黄花般"尘花"，说明此茶品质佳美，不同凡响。而对这种茶，诗人和僧侣，不但要从晚吃到"夜后邀陪明月"；而且早晨要饮到"晨前命对朝霞"。这样全诗从写茶的品质开始，说到人们对茶的喜爱，茶的煎煮，直至最后谈到茶的功用——"将至醉后岂堪夸"。看后，不但使人情趣横生，而且意味深长，更有新奇之感，堪称佳作。

（三）回文茶诗

北宋大文学家苏轼，一生写过茶诗数十首，用回文写茶诗，也是茶诗一绝。在题名《记梦回文二首并叙》的"叙"中，苏氏写道："十二月十五日，大雪始晴，梦人以雪人烹小团茶，使美人歌以饮余。梦中为作回文诗，觉而记其一句云：'乱点余花唾碧衫'，意用飞燕唾花故事也。乃续之，为二绝句云。"

> 酡颜玉碗捧纤纤，乱点余花唾碧衫。
> 歌咽水云凝静院，梦惊松雪落空岩。
> 空花落尽酒倾缸，日上山融雪涨江。
> 红焙浅瓯新火活，龙团小碾斗晴窗。

苏轼的这首回文茶诗，顺着读和倒着读，都成篇章，而且整首诗的含意相同。全诗充满着作者对茶的一片痴情。怪不得苏氏在"叙"中谈到自己在梦中也在饮茶作诗，也难怪苏氏在一首《试院煎茶》诗中写道："我今贫病常苦饥，分无玉碗捧蛾眉（茶）。"在作者"贫病"和"常苦饥"时，仍不忘"且学公家作茗饮，砖炉石铫行相随"，心中想的仍然是与茶"行相随"。

（四）联句茶诗

在茶事茶诗中，还有几个人共作一首诗的，称之为联句茶诗。联句诗虽几个共作，但要诗意连贯，相辖成章。在中国茶事联句诗中，最享盛名的茶事联句诗，就是由唐代官至吏部尚书的颜真卿，以及同时代的浙江嘉兴县尉陆士修、史官修撰张荐、庐州刺史李萼、昼，即诗僧皎然和崔万（生平不详）六人合写的《五言月夜啜茶联句》。各人的诗句是：

> 泛花邀坐客，代饮引情言（士修）。
> 醒酒宜华席，留僧想独园（荐）。
> 不须攀月桂，何假树庭萱（萼）。
> 御史秋风劲，尚书北斗尊（万）。
> 流华净肌骨，疏瀹涤心原（真卿）。
> 不似春醪醉，何辞绿菽繁（昼）。
> 素瓷传静夜，芳气满闲轩（士修）。

　　这首咏茶联句诗，为六人合写，其中陆士修作首尾两句，合计七句。诗中说的是月夜饮茶的情景，各人别出心裁，用了与饮茶相关的一些如"泛花""醒酒""流华""疏瀹""不似春醪""素瓷""芳气"等代用词，用这种方式作成的联句茶诗，在茶诗中也是不多见的。

（五）唱和茶诗

　　在数以千计的茶事诗词中，唐代皮日休和陆龟蒙两位文学家写的《茶中杂咏》唱和诗，即《茶坞》《茶人》《茶笋》《茶籝》《茶舍》《茶灶》《茶焙》《茶鼎》《茶瓯》和《煮茶》。可谓是一份十分珍贵的茶文化文献。皮日休在他的《茶中杂咏罍·序》中写道："茶之事，由周至于今，竟无纤遗矣。昔晋杜育有《荈赋》，季疵有茶歌，余缺然于怀者，谓有其具而不形于诗，亦季疵之余恨也，遂为十咏，寄天随子（即陆龟蒙）。"说他以诗的形式来表达茶事，为此写了十首五言古诗，寄给朋友陆龟蒙。现按程序，将唱诗辑录于后。

茶 坞

闲寻尧氏山，遂入深深坞。种荈已成园，栽葭宁计亩。
石洼泉似掬，岩罅云如缕。好是初夏时，白花满烟雨。

茶 人

生于顾渚山，老在漫石坞。语气为茶荈，衣香是烟雾。
庭从蘖子遮，果任獳师虏。日晚相笑归，腰间佩轻篓。

茶 笋

褎然三五寸，生必依岩洞。寒恐结红铅，暖疑销紫汞。
圆如玉轴光，脆似琼英冻。每为遇之疏，南山挂幽梦。

茶 籝

筐筥晓携去，蓦个山桑坞。开时送紫茗，负处沾清露。
歇把傍云泉，归将挂烟树。满此是生涯，黄金何足数。

茶 舍

阳崖枕白屋，几口嬉嬉活。棚上汲红泉，焙前蒸紫蕨。
乃翁研茗后，中妇拍茶歇。相白掩柴扉，清香满山月。

茶 灶

南山茶事勤，灶起岩根旁。水煮石发气，薪然杉脂香。
青琼蒸后凝，绿髓炊来光。如何重辛苦，一一输膏粱。

茶 焙

凿彼碧岩下，恰应深二尺。泥易带云根，烧难凝石脉。
初能燥金饼，渐见干琼液。九里共杉林，相望在山侧。

茶 鼎

龙舒有良匠，铸此佳样成。立作菌蠢势，煎为潺湲声。

草屋暮云阴，松窗残雪明。此时勺复茗，野语知逾清。

茶 瓯

邢客与越人，皆能造兹器。圆似月魂堕，轻如云魄起。
枣花势旋眼，苹沫香沾齿。松下时一看，支公亦如此。

煮 茶

香泉一合乳，煎作连珠沸。时有蟹目溅，乍见鱼鳞起。
声疑松带雨，饽恐生烟翠。倘把沥中山，必无千日醉。

接到皮日休的《茶中杂咏》十首后，陆龟蒙随即作《奉和袭美茶具十咏》相和。陆氏的每首诗的题目，与皮日休相同。现按对应关系，将陆龟蒙的和诗摘录如下：

茶 坞

茗地曲隈回，野行多缭绕。向阳就中密，背涧差还少。
遥盘云髻慢，乱簇香篝小。何处好幽期，满岩春露晓。

茶 人

天赋识灵草，自然钟野姿。闲来北山下，似与东风期。
雨后探芳去，云间幽路危。唯应报春鸟，得共斯人知。

茶 笋

所孕和气深，时抽玉茗短。轻烟渐结华，嫩蕊初成管。
寻来青霭曙，欲去红云暖。秀色自难逢，倾筐不曾满。

茶 籝

金刀劈翠筠，织似波文斜。制作自野老，携持伴山娃。
昨日斗烟粒，今朝贮绿华。争歌《调笑》曲，日暮方还家。

茶 舍

旋取山上材，架为山下屋。门因水势斜，壁任岩隈曲。
朝随鸟俱散，暮与云同宿。不惮采掇劳，只忧官未足。

茶 灶

无突抱轻岚，有烟映初旭。盈锅玉泉沸，满甑云芽熟。
奇香袭春桂，嫩色凌秋菊。炀者若我徒，年年看不足。

茶 焙

左右捣凝膏，朝昏布烟缕。方圆随样拍，次第依层取。
山谣纵高下，火候还文武。见说焙前人，时时炙花脯。

茶 鼎

新泉气味良，古铁形状丑。那堪风雪夜，更值烟霞友。
曾过颍石下，又住清溪口。且共荐皋芦，何劳倾斗酒？

茶 瓯

昔人谢堀埏，徒为妍词饰。岂如珪璧姿，又有烟岚色。
光参筠席上，韵雅金罍侧。直使于阗君，从来未尝识。

煮 茶

闲来松间坐，看煮松上雪。时于浪花里，并下蓝英末。
倾余精爽健，忽似氛埃灭。不合别观书，但宜窥玉札。

明万历刻本中的
皮日休《酒醒问茶图》

另外，还有"爱茶人"之称的大诗人苏轼，与狮峰龙井茶
开山鼻祖、龙井寿圣院辩才和尚二人作的唱和诗，也为茶人赞
不绝口。北宋元祐四年（1089），苏轼第二次来杭州任太守，
其间常去龙井寿圣院拜访辩才。元祐七年，朝廷召苏轼回京[①]
为礼部尚书兼端明殿、翰林侍读两学士。在离开杭州前，苏轼再一次去龙井寿圣院拜访辩才，并
夜宿寿圣院。次日才依依相别。辩才也因情忘了自己所订送客不过溪的规定，过了归隐桥，步
下风篁岭。事后，二人还以诗相和。苏东坡诗道：

　　　　日月转双毂，古今同一邱。
　　　　唯此鹤骨老，凛然不知秋。
　　　　去住两无碍，人天争挽留。
　　　　去如龙出山，雷雨卷潭湫。
　　　　来如珠还浦，鱼鳖争骈头。
　　　　此生暂寄寓，常恐名实浮。
　　　　我比陶令愧，师为远公优。
　　　　送我还过溪，溪水当逆流。
　　　　聊使此山人，永记二老游。
　　　　大千在掌握，宁有别离忧。

日后，辩才也和诗一首给苏东坡，诗云：

　　　　政暇去旌旗，策杖访林邱。
　　　　人惟尚求旧，况悲蒲柳秋。
　　　　云谷一临照，声光千载留。
　　　　轩眉狮子峰，洗眼苍龙湫。
　　　　路穿乱石脚，亭蔽重岗头。
　　　　湖山一目尽，万象掌中游。
　　　　煮茗款道论，莫爵致龙优。
　　　　过溪虽犯戒，兹意亦风流。
　　　　自惟日老病，当期安养游。
　　　　愿公归庙堂，用慰天下忧。

---

①京：即汴京，今河南开封。

诗中充分表达了二位至友"煮茗款道论""永记二老游"的难舍难分的情结。后来，辩才还在老龙井旁建亭，以示纪念。后人称它为"过溪亭"，也称"二老亭"；并把辩才送苏东坡过溪经过的归隐桥，称之为"二老桥"。

北宋元祐八年（1093），辩才圆寂于龙井寿圣院，弟子为他在寿圣院旁的山坡上，建立辩才墓塔，以便后人参谒。北宋散文家，官拜尚书右丞相的苏东坡之弟苏辙，亲自作墓志铭。时任扬州太守的苏东坡，亲写奠文。云："孔老异门，儒释分宫，又于其间，禅律相攻。我见大海，南北西东，江海虽殊，其至则同。虽大法师，自戒定通，律无持破，垢净皆空。讲无辩讷，

辩才墓塔

事理皆融，如不动山，如常撞钟，如一月水，如万窍风。八十一年，生虽有终，遇物而应，施则无穷。"

由于辩才与赵抃、苏东坡在寿圣院内，发生过以茶会友的感人情节，一直被后人传为佳话。为此，南宋时，还在寿圣院增设了"三贤祠"，供奉辩才、赵抃和苏东坡三人塑像，让人们瞻仰。

四、影响深远　佳作连篇

中国的茶事诗词，茶人爱读，诗人爱诵，人民爱听。一首茶诗，影响深远者有之，流传千古者有之。最引人入胜的，则要数唐代卢仝的《走笔谢孟谏议寄新茶》，又称《七碗茶歌》。诗中除写谢孟谏议寄新茶，和对辛勤采制茶叶的劳动人民的深切同情外，其余写的是煮茶和饮茶的体会。诗中说由于茶味好，诗人一连饮了七碗，每饮一碗，都有一种新的感受："一碗喉吻润。两碗破孤闷。三碗搜枯肠，惟有文字五千卷。四碗发轻汗，平生不平事，尽向毛孔散。五碗肌骨清，六碗通仙灵。七碗吃不得也，唯觉两腋习习清风生。蓬莱山，在何处？玉川子（即卢仝）乘此清风欲归去。山上群仙司下土，地位清高隔风雨。安得知百万亿苍生命，堕在颠崖受辛苦！便为谏议问苍生，到头还得苏息否？"

卢仝描述的各种不同的饮茶感受，对提倡饮茶产生了深远的影响。所以，在唐以后，卢仝连同他的七碗茶歌一起，每每为后人所传颂，卢仝亦被后人称之为爱茶诗人，誉称为"亚圣"。宋代范仲淹的《和章岷从事斗茶歌》、梅尧臣的《尝茶与公议》、苏轼的《游诸佛舍，一日饮酽茶七盏，戏书勤师壁》、元代耶律楚材的《西域从王君玉乞茶，因其韵七首》等诗中，都谈到了对卢仝茶歌的推崇。

另外，还有诗人依照卢仝七碗茶诗的意境，写了类似的诗句。如宋代沈辽的《德相惠新复次前韵茶奉谢》："一泛舌已润，载啜心更惬"，与卢仝七碗茶诗的头两句类同；刘秉忠的《尝云芝茶》："待将肤凑浸微汗，毛骨生风六月凉"，与卢仝七碗茶诗的四、五句相似；邵长蘅《愚

山诗讲公贻敬亭绿雪茶》："细啜来清风，两腋清欲仙"，与卢仝七碗茶的末句接近。又如，明代诗人潘允哲的《谢惠人茶》等，也有与卢仝七碗茶诗相同的说法。

自卢仝之后，还有许多诗人谈了饮茶的体会，肯定了茶的作用，可谓是补卢仝的不足。继卢仝之后，唐代诗人崔道融的《谢朱常侍寄贶蜀茶剡纸二首》："一瓯解却山中醉，便觉身轻欲上天"，认为茶可醒酒，使人轻健。宋代苏轼的《赠包安静先生茶二首》："奉赠包居士，僧房战睡魔"；陆游的《试茶》："睡魔何止退三舍，欢伯直知输一筹"，都认为茶有"破睡之功"；黄庭坚的《寄茶与南禅师》："筠焙熟茶香，能医病眼花"，认为茶可以治"眼花"。此外，历代如欧阳修的《茶歌》、陆游的《谢王彦光送茶》、刘禹锡的《西山兰若试茶歌》、高鹗的《茶》等，也都论及茶的功效。

第三节　茶事小说

唐代以前，科学尚不发达，小说中的茶事，多在神话志怪传奇故事里出现。自唐以后，直至当代，出现了不少专门描写茶事的小说。如在明清时期，出现了许多描述茶事的话本小说和章回小说。在中国六大古典小说或四大奇书，诸如《三国演义》《水浒传》《金瓶梅》《西游记》《红楼梦》《聊斋志异》《三言二拍》《老残游记》，等等书中，都有关于茶事的描写，有的还出现了专门描写事茶的章节。

特别是当代，就有很多专门写茶的小说出现，如沙汀的短篇小说《在其香居茶馆里》，陈学昭的长篇小说《春茶》，廖琪中的中篇小说《茶仙》，颖明的传说文学《茶圣陆羽》，章士严的纪实文学《茶与血》，丁文的传记文学《陆羽大传》等。尤其是由王旭烽编写的《南方有嘉木》《不夜之侯》和《筑草为城》，合称《茶人三部曲》，其中《南方有嘉木》和《不夜之侯》荣获第五届茅盾文学奖，这是茶事文学中的最高荣誉奖项。现将《茶人三部曲》简介如下。

《南方有嘉木》：小说中的主人公杭九斋，是清末江南的一位茶商，虽风流儒雅，但不善理财治业，最终死在烟花女子的烟榻上。后人杭天醉，长于民国初年，身上交织着颓唐与奋发的双重性，最终遁身佛门。天醉的子女，经历的是更加广阔的时代，他们以不同方式参与了国茶兴衰的全过程。实为一部近现代史上的中国茶人的命运长卷。

《不夜之侯》：它以抗日战争时期为时代背景。杭氏家族及与他们有关的各种人在战争中，经历了各自的人生。新一代的杭家儿女投入到了抗日战争之中，有的在战争中牺牲了，有的依然坚持着中华茶业建设。杭嘉和作为茶世家的传人，在漫长的八年抗战中，承受了巨大劫难，却呈现出中华茶人的不朽风骨。

《筑草为城》：它以"文化大革命"为时代背景，杭家的第四、第五代传人在这一特殊的历史年代登上人生舞台。当时，善良与愚昧、天真与邪恶都以革命的面孔、狂热的姿态、自觉不自觉地投入到运动之中。杭嘉和作为世纪老人，在家族蒙受巨大灾难的年代里，保持了一个中华茶

《红楼梦》
第四十四插图

电视剧
《新安家族》

电视剧
《乔家大院》

人的优秀品格。杭汉等后人在备受煎熬的苦难中，从未停止过对事业的追求，终于迎来了美好的时代。

此外，还有不少茶事小说，改编成电影或电视剧，如《南方有嘉木》《新安家族》《乔家大院》等就是例证。

下面将明清古典名著中的专门写茶章节，举例简述如下。

一、《红楼梦》中的品茶元素

《红楼梦》全书写茶事的近300处。清人曹雪芹在开卷中就说："一局输赢料不真，香销茶尽尚逡巡"，并用"香销茶尽"为荣、宁两府的衰亡埋下了伏笔。接着叙述林姑娘初到荣国府，第一次刚用罢饭，说有"各个丫鬟用小茶盘俸上茶来"，直到"老祖宗"贾母要"寿终归天"时，推开邢夫人端来的人参汤，说："不要那个。倒一钟茶来我喝。"在整个情节展开过程中，不时地谈到茶。但整个小说中，说得最详尽要数第四十一回：《栊翠庵茶品梅花雪》，其内谈到了选茶、择水、配器和尝味。

选茶：当妙玉将茶"捧与贾母。贾母道：'我不吃六安茶'。妙玉笑说：'知道。这是老君眉。'"这一问一答，道出了贾母对茶性的熟知。古人认为，六安茶茶味浓厚，而洞庭君山银针茶，即老君眉，其味轻醇，最适合老年人品饮。而招待黛玉、宝钗和宝玉用的是"体己茶"。如此品茶，最具温馨之感。

择水：当妙玉将老君眉茶捧与贾母。"贾母接了，又问'这是什么水'。妙玉道：'这是旧年蠲的雨水。'贾母便吃了半盏"。后来，妙玉又用"梅花上的雪水"烹茶，招待黛玉、宝钗和宝玉。古人认为，雨水和雪水，是"天泉"水，又免除污染，是最好的洁净水，最宜沏茶。

配器：妙玉在用茶招待贾母一行时，按年龄、身份、性格和茶性，将茶具分成几档：

一是给贾母配的是精绝细美的名品："成窑五彩小盖钟"。

二是给宝钗配的是：上刻"晋王恺珍玩"，又有"宋元丰五年四月眉山苏轼见于秘府"题款的"瓟斝"；给黛玉配的是"形似钵而小……点犀盉"；而给宝玉配的先是绿玉斗，后又改为"九曲十环二百二十节蟠虬整雕竹根的一个大盏。"

三是给众人配的则是一式的"官窑脱胎填白盖碗"。如此配器，是精于茶艺的一种体现。

尝味：饮茶有喝茶和品茶之分，前者注重物质享受，以解渴为主，渴而得茶，大口畅饮，以一饮而尽为快；后者重精神愉悦，轻啜缓咽，个中滋味，不可言传。贾母接了妙玉捧与的老君眉，"吃了半盏"；宝玉捧过妙玉递给的"体己茶"，"细细吃了"。当然属于品之例。而刘姥姥接过贾母的半盏茶后，"一口吃尽"，这自然属于喝茶了。怪不得妙玉道："岂不闻一杯为品；二杯即是解渴的蠢物；三杯便是饮牛饮骡了。"

《老残游记》中的
品茶图

二、《儒林外史》中的江南茶俗

清代吴敬梓《儒林外史》第十四回：《蘧公孙书坊送良友，马秀才山洞遇神仙》，虽在回目中未提到茶事，但内容主要涉及的是江南茶俗：说马二先生来杭城书店选书，独自步出钱塘门，路过圣园寺，上苏堤，入净慈，七上茶亭或茶店喝茶。其时，杭州沿西湖一带，"卖茶的红炭满炉，士女游人，络绎不绝"。在吴山上，"庙门口都摆的是茶桌子。这一条街，单卖茶的就有三十多处，十分热闹。"正当马二先生走着，"见茶铺子里一个油头粉面的女人招呼他吃茶。马二先生别转头来就走，到间壁一个茶室泡了一碗茶，看见有卖的蓑衣饼，叫打了十二个钱的饼吃了，略觉有些意思。"在这一回中，吴氏对清代江南茶俗，以及杭州茶馆风貌，作了较为细致而真实的描写，却并无虚假之感。

三、《老残游记》中的"三合其美"

清代刘鹗《老残游记》第九回：《申子平桃花山品茶》，说申子平去柏树峪访贤，仲屿姑娘泡茶招待远方客人，但见"送上茶来，是两个旧时茶碗，淡绿色的茶，才放在桌上，清香已经扑鼻。"申子平端起茶碗，呷了一口，觉得清爽异常，咽下喉去，觉得一直清到胃脘里，那舌根左右津津汩汩，又香又甜，连喝两口，似乎那香气又从口中反窜到鼻子上去，说不出来的好受。于是，申子平问道："这是什么茶叶？为何这么好吃？"仲屿姑娘答曰："茶叶也无甚出奇，不过本山上的野茶，所以味道是厚的。却亏了这水，是汲的东山顶上的泉。泉水的味，愈高愈美。又是用松花作柴，沙瓶煎的。三合其美，所以好了。"进而，又进一步阐明，"尊处吃的，是外间卖的茶叶，无非种茶，其味必薄；又加以水火俱不得法，味道自然差的。"仲屿姑娘的一番话，可谓一语道中的，要沏好一杯茶，必须茶、水、火"三合其美"，缺一不可。

四、《夺锦楼》中的"吃茶"配婚

清代李渔《夺锦楼》第一回：《生二女连吃四家茶》，写的是明代正德初年，湖广武昌府江夏县鱼行经纪人钱小江之妻沈氏，四十岁上才生下一对"双胞胎"千金，长得极为标致，又聪明过人，媒妁者不断上门。于是，钱小江夫妇俩各自为两女择婿，受了四姓人的聘礼，也就是连吃了"四家茶"，结果告到衙门，引发了一场官司，最终只好以"官媒"成亲了结，直落得"娶双妻反合孤鸾命"。其实，"吃茶"一词，在古代的许多场合中，指的是男子婚姻之事。古人认为："种茶下数，不可移植，移植慢不复生也。"这回小说表示的是爱情"从一"，"至死不移"的意思，所以，凡婚姻，必以茶这礼。而钱小江之妻沈氏，二女连吃了"四家茶"，自然受到谴责，要吃官司了。

五、《镜花缘》中的说茶论理

清代李汝珍《镜花缘》第六十一回：《小才女亭内品茶》，写的是众才女在绿香亭品茶之事。亭子"四周都是茶树，那树高矮不等，大小不一，一色碧绿，清芳袭人"。品茗之际，才女燕紫琼引经据典，说《尔雅》《诗经》，谈《茶经》《本草》，叙述茶事源流，又说到绿香亭及四周茶树来历，还谈及家父著《茶疏》有缘由。最后，奉劝大家，"少饮为贵"，"况近来真茶渐少，假茶日多，即使真茶，若贪饮无度，早晚不离，到了后来，未有不元气暗损"。这一回目，说品茶不但要茶香、水甘，还须有优雅的环境。进而旁证博古，说到茶事渊源，以及茶与健康的关系，谈到的都是说茶论理之事。

由上可知，在众多小说中，总能窥窃到茶事的影子，更不要说专门描写茶事的小说了。

第四节　茶事书画

茶可清心，它给予了书画家清醒开窍和创作激情，所以书画家书茶、画茶也是情理中的事。而茶与书画共同具有的清雅、质朴、自然的美学特征，又是茶与书画千秋之缘的基础所在。而茶的书画艺术，以其独特的表现手法和视觉效果，将茶的深邃文化内涵，多彩的生活情趣，高雅的哲理定位，为茶文化提供了广阔的表现空间，也为茶文化的发展创造了新的一页，从而使众多爱茶人能享受到更多的茶文化艺术佳作。所以，中国茶书画，不但具有欣赏性，而且还具有资料性，它更是当时社会现实生活的写照，也为追溯茶事历史提供了依据。

一、源远流长的茶事书画

茶事书画，始于何时？难以稽考。在1972年四川大邑县出土东汉年间的画砖上，画有文人宴饮的情景：人物神态自然，场面气氛热烈。画砖的右下角还有一口大锅，锅中有长勺，其煮饮习惯与茶事书画中唐代的《宫乐图》相似，这对研究汉代饮茶和茶事画有着重要的参考价值。河南安阳出土的东汉画砖行乐图，亦有类似于以煮茶饮茶行乐情景图。

雕塑
宋人斗茶

明确无异的最早茶事书画则是唐代阎立本（？—637）的《萧翼赚兰亭图》，它真实记录了儒释同堂，谈书论艺的场面。画中人物位置、神态和主宾关系，恰到好处，已成为古代茶事书画作品中的传世精品。现存于台北故宫博物院的唐代《宫乐图》，虽然无从考查到具体年代，却也是研究饮茶文化发展史的珍贵资料。因为在中国历史上，唐代政治相对稳定，经济发展，生活富足。所以，作者用饱满的感情，明亮的色彩，描绘宫廷中仕女奏乐饮茶情景。而案中的大锅、长勺，以及众仕女斟茶、品茶的姿态，说明在1100年前的唐代，品茶仍不失为高雅之举，成为宫廷欢宴的佳品。

五代时，画坛大家顾闳中创作的《韩熙载夜宴图》，是鸿篇巨制。在夜宴中的重要场景，绘的是茶饮、茶食、茶具，说明品茶是官宦夜宴生活的重要内容。

宋代，由于茶文化大盛，一批宫廷画家和民间艺术家各显其能创作的，集中表现以制茶、烹茶、品茶为题材的画作，著名画家钱选的《卢仝煮茶图》、刘松年的《撵茶图》《茗园赌市图》等，真实地反映了当时对茶人生活的理解和深切感受。

北宋末年，徽宗皇帝赵佶，是个疏于政事，但精于书画的人。他创作的《文会图》，描写的是文士们举行的一个大型茶会，案桌上果品、茶食、茶盏陈列有序，案后花树之间，炉香氤氲，琴瑟悠扬，茶会气氛祥和，这说明宋代饮茶已从实用走向雅化，从物质需要到追求精神升华的文化理念。

元代的赵孟頫是个诗、文、书、画造诣很深的艺苑高手。在品茗、吟诗之余，创作了很多以茶为题材的书画，其中《斗茶图》更形象地反映了茶农在品茶、斗茶、嬉茶的一种休闲心态。还有赵原创作的《陆羽品茶图》，突破了前人以书斋、庭院、宫苑为背景的局限，将茶人、茶事移至山川林泉之中，体现作者崇尚"天人合一"，回归自然的主观追求。

明代，有"吴门四子"之称的文徵明、唐寅、仇英、沈周都是茶画创作的身体力行者，他们同居苏州，精于诗、文、书、画，以茶会友，既能激发画家的创作灵感，也从中领略到品茗、吟诗的仙境之乐。他们的茶事书画充分表现了明代仕图圈外文人超凡脱俗品泉吟诗，追求精神境界，融天、地、人、山水、香茗于尺幅之中的绝妙画师。

清代，由于散茶冲泡法的流行，紫砂茶具得到文人的青睐，画家创作不再以描述烹茶作为主

孙位的传世作品
《高逸图》

阎立本《萧翼赚兰亭图》
局部

要场所，而寓情于方兴未艾的茶馆文化，一批反映社会人物、文化和市民留恋于茶馆、茶肆的风俗速写、素描及小说插图纷纷面世，也成为我们研究近代茶文化现象的重要资料。

进入20世纪以来，随着多元文化的勃兴和互动，很多有影响的书画家如吴昌硕、王震、郑午昌、陈师曾、齐白石、潘天寿、丰子恺、沙孟海、陆维钊、邓散木、林散之、赵朴初、刘江、高式熊、丁聪、吴山明、孔仲起、潘公凯、林晓丹，等等，也都创作了不少以茶为题材的书画佳作，极大地丰富了茶文化内涵。

综观茶事书画两千余年的历史，不难看出，茶画的创作过程是和中华茶文化史结伴而行的。研究茶文化史，不能不研究茶画；同样，一幅幅风格各异，情趣盎然的茶画，又使我们紧紧地把握住了中华茶文化进程中跳动的脉搏。

二、茶事书画的丰富内涵

在茶文化史上，曾出现过许多爱茶与诗、书、画、印俱成的大家。宋代的苏轼曾对茶与书画的关系，作过精到的论述："上茶妙墨俱香，是其德同也；皆坚，是其操同也。譬如贤人君子黔晳美恶之不同，其道操一也。"苏氏认为：茶与书画虽然形式不同，但对人产生的美感却是相通的。与苏轼同称为宋代四大书画家中的黄庭坚、米芾和蔡襄，也都精于茶，对品茶、制茶，从及茶的功效都有独到的见解。难怪书画家梁巘在《承晋斋积闻录》中也说道："品茶试砚，是人生第一韵事，是吾辈第一受用。"以致在中国茶文化史上，出现了许多以茶为题材的书画。中国美术学院裘纪平教授在《中国茶画》（浙江摄影出版社，2014年1月）中收录了自唐至民国时期的故事画、风俗画、肖像画、仕女画等茶画369幅，并对近300件画作的尺寸大小、表现意境，以及地位作用进行了较为深入的剖析。

下面，将历代茶事书画中的一些影响深远，又具代表性作品，择要简述如下。

佚名
《宫乐图》

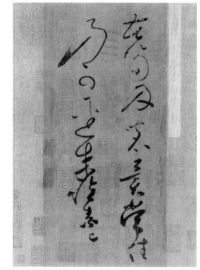

怀素
苦笋帖

（一）唐及唐以前茶事书画

在徐文镜的《古籀汇编》中，汇集了甲骨刻辞、钟鼎款识，以及古玺、古匋、古币、古兵器中的文字，其中就搜入了三个"茶"字形，均为古玺文。一般认为古玺是战国及战国以前印章的总称。由此可见，三千年前，茶已登上了书法艺术的大雅之堂。接着，西汉黄门令史游撰，三国吴皇象书的《急就篇》中，有用章草书成的"简札检署椠椟家，板柞所产谷口茶"之句。

唐时，孙位的传世作品《高逸图》，从内容看，是《竹林七贤图》的一段。画面以4个士大夫为主体，列坐于设色绚丽的花毯上，身旁各有侍者一人，表现的是品茶安逸的情景。

周昉（生卒不详）绘的《调琴啜茗图卷》，反映的是妇女在宫廷品茗听琴的悠闲生活。图中宫廷贵妇束装色彩雅妍，体态丰腴，雍容华贵，还有侍女奉茶，反映的是宫廷贵族品茶娱乐的情景。

另外，唐代阎立本画的《萧翼赚兰亭图》，它根据唐代何延之《兰亭始末记》之述，虽画的是唐太宗从辨才手中骗取《兰亭序》的故事。但画绘有客来敬茶内容。画中的主人是一位身居高官的士大夫，奉茶的则是个仆人模样的人，表明唐代茶是高贵的饮料。

此外，还有一幅《宫乐图》，虽未署名款，但根据文物专家考证，此画为中晚唐作品。描写的是宫廷仕女围坐长案品茗娱乐的盛况。图中的茶具摆设，茶艺操作，以及啜茗品尝、弹琴吹箫的情景，它为考稽中晚唐茶事提供了珍贵的资料。而佳丽体态丰腴，展现的是大唐女性的风尚。整幅画作，表明饮茶在当时与上流社会的高雅艺术是相吻合的。

唐代怀素（725—785）《苦笋帖》，书法俊健，墨彩如新，直逼二王书风，是怀素传世书

北宋张择端的
《清明上河图》局部

迹中的精彩之笔。正文只有两行共计十四个字，写的是："苦笋及茗异常佳，乃可径来。"落款为怀素。这是一封作者写给友人的书信，意思是说，苦笋和茗茶两种物品异常佳美，请直接送来吧。怀素敬上。这也是迄今为止，留存于世的最早茶事书法作品。

五代佚名的《乞巧图》，画面表现的是女子在七夕节上，满桌摆上茶果供品，乞求心灵手巧的情景。整个画面，上承唐《宫乐图》，下启宋《文会图》，表现的是点茶品点的情景。

（二）宋元茶事书画

宋代是中国茶文化的兴盛时期，时至今日，留下的茶事书画虽然不多，但从书画家的丹青尺幅之间，不难看出当时茶事兴旺的情景。北宋张择端的《清明上河图》，可谓是古代现实主义的杰作。全图规模宏大，结构严谨。它的中心部位描绘了汴河两岸繁华而又闲适的景象，这里临近京城汴梁，有一座巨大的拱桥横跨两岸，桥的南端屋宇错落，柳树吐絮，在临河的茶馆，赶集的人们或饮茶歇息，或席间闲谈，或凭窗眺望。为后人研究宋代茶文化提供了一份形象化的材料。而宋代米芾（1051—1107）的自书诗，运笔潇洒，圆润有劲。诗卷中有诗云："懒倾惠泉酒，点尽壑源茶。"抒发了诗人抑酒扬茶之情。

宋时，点茶之风盛行，进而又将饮茶上升到品玩的游戏层面，于是斗茶之风兴盛。宋徽宗赵佶（1082—1135），不仅自己亲为，自己书画，而且承唐开宋，引领宋代饮茶、绘画黄金时代，人们借茶内省，从中探求人生美的理想。他的《文会图》记录了当时文人雅集饮茶的场贵。他将自己画的历史功臣肖像画《十八学士图》处理成文人雅集的《文会图》，用宋代盛行的点茶之法，和对品茗的环境要求，用细腻的笔端，刻画出园林中点茶品茗的盛况。

　　宋代审安老人的《茶具十二先生图》收录并绘制了当时点茶用的十二种茶器，并以拟人手法，称之为"先生"；进而又将每种茶器分别赐以姓名、字号；再冠以官名。从而饮茶文化融入整体文化之中，使之成为承载传统文化的符号，称得上是宋代点茶法的绝唱。

张文澡墓室壁画
《童嬉图》

　　又如，宋代佚名（清人摹本）的《斗茶图》，画的是宋代斗茶的场面。画中共有六人，分别带着风炉、茶瓶、茶碗等，他们有的倒茶入碗，有的烧水烹茶，有的持碗待品，有的凝神细听，有的急待应战，虽然表情不一，神态各异，但都流露出跃跃欲试，一比高低的神情。从衣着来看，这六个人当属士大夫阶层。这幅画将宋代盛行斗茶的情景，惟妙惟肖地展现在人们的面前，也反映了作者对当时的饮茶风尚了如指掌。除了绘画之外，现存的北宋妇女烹茶画像砖，可谓是一件优美古雅的工艺品，砖上刻有一位身着长裙，头束高髻的妇女，在烹茶炉前专心致志地擦拭茶具的情景。

　　元代，钱选（约1239—约1303）绘有《卢仝烹茶图》一幅，图中卢仝身着白色衣衫，坐于山冈平石之上，身后有山石、芭蕉相依，环境可人。"一婢赤脚老无齿"，正在忙于煮茶。"一奴长须不裹头"，侍立在卢仝之旁。图中将隐居在洛阳城中，以饮茶闻名的卢仝的神情，一一勾画了出来。从这里，人们也不难看出，卢仝为什么饮七碗茶会有不同感受的缘由了。

　　元代赵孟頫的《斗茶图》，堪称茶画的代表作，它真实地反映了自唐以来已深入到民间的斗茶风习，充满了生活气息。整幅画上有四个人，从他们的衣着及身旁的茶担来看，应是穿街走巷贩茶的货郎。前左站着一人，右手提茶壶，左手拿茶杯，似在夸耀自己的茶品之高；对面右前站着一个人，左手握茶杯，左手下放着一把茶壶，似在准备应战；左后站着一人，卷起双袖，正在倒茶入杯，以决一高低；右后站着一个人，正在凝神观看，以便随时应战，均有一决雌雄之势。《斗茶图》被人们看作是茶文化的历史见证，而为茶人所推崇。

　　此外，还有一些具有代表性的宋、元茶事书画，简述如下：

　　1.宋墓进茶壁画　现存于河南洛阳邙山宋崇宁二年（1103）前后一无名氏墓室，壁画呈现侍女墓主人进茶的情景。再现了贵族阶层的饮茶风习。

　　2.辽墓点茶壁画　现存于河北宣化下八里村辽代张文澡墓室（1093）、张匡正墓室（1093）、张世卿墓室（1116）、张世古墓室（1117）等的壁画，都集中反映了辽民茶俗，以及崇茶、事茶的情况，再现了当时流行的点茶技艺。

刘松年
《茗园赌市图》

元代墓道壁画
《道童》

3.茗园赌市图　南宋刘松年（生卒不详）画的《茗园赌市图》，描绘的是民间斗茶的情景。画面上有七人，或扇炉、或提壶、或挟炭、或点茶、或生火、或饮茶，人物生动，气势热烈，具有斗茶必胜的信念。刘松年的《撵茶图》《博古图》《斗茶图》等亦是茶画佳作。

4.斗茶图　宋人佚名画，清人摹本。图中一色的民间打扮，描绘的是宋时民间斗茶的真实写照。画中人物，神态各异，表现的是斗茶急切取胜的心情。

5.莲社图　宋代佚名画作品。画的是晋代高僧惠远等18贤士在庐山东林寺结白莲社的故事情节。画面中有煮茶场景，展示了寺院品茗参禅的情景。

6.元代墓道壁画《道童》　作者不详。壁画保存在山西省大同市郊冯道真墓室墓壁。画有修竹数枝，桌案上有茶托、茶碗，风炉上有釜，旁有茶罐，罐上书"茶末"二字，展现了点茶奉茶的场景。

（三）明代茶事书画

明代以后，由于制茶技术的改革，茶类品种繁多，饮茶不但更加讲究情趣，而且更加多样化。由于创作题材丰富，使茶事书画作品有更多的问世。

明代大画家唐寅（1470—1523）绘的《事茗图》，左右两侧以山崖、树石相掩。画面青山环抱，溪水潺潺，小桥茅屋。屋有人把壶品茗；桥上有一老翁拄杖而来，后面跟着一个抱琴的童子，想必是来此品茗抚琴。整幅画作描绘的是文人学士在乡间林下品茗的情景。画幅后有自题诗一首："日长何所事，茗碗自赍持。料得南窗下，清风满鬓丝。"清代仁宗皇帝读此画后，忆及惠山竹炉煮茶，亦吟诗题于画右下角，画上还铃有"嘉庆御览之宝"印，是一幅事茶的不可多得之作。唐寅绘的《品茶图》，图中有茶山、绿树，在茅屋之中，有童子煮茶；又有儒生言茶、待茶；后间门窗外，还似有制茶场面。画中有作者自题诗："买得青山只种茶，峰前峰后摘春芽。烹煎已得前人法，蟹眼松风娱自嘉。"画的空白处，还有乾隆等的题咏多首。这是一幅反映文人

明代唐寅《事茗图》
局部

文徵明
《惠山茶会图》

恬情自适，钟情品茶的佳作。

文徵明（1470—1559）绘的《惠山茶会图》，画面绘的是正德十三年（1518）清明节时，文氏与好友蔡羽、王宠、汤珍、王守、潘和甫和朱明七人，游无锡惠山品茗吟诗时的情景。画前有蔡羽题的《惠山茶会序》，画后有蔡羽、汤珍、王宠等自题的游记诗。这是一幅诗、书、文、画相结合的珍贵之作。整幅画面反映的是明代文人雅士崇尚清新而又不失古风的品茶风情。

仇英（1498—1552）绘的《东林图》，画中绘的是草堂前，山石参差，风拂松林。轩中两文士对坐。松林下，石几上，有童子执扇风炉，忙于煮茶的情景，表现的是主宾借品茶促思助谈的情景。此画虽并非专论茶事，却抒发了画家尚茶的风俗。还有仇英绘的《白描罗汉图》，图中

沈周拙修庵册页
东庄图之一

王问
《煮茶图》

有凉亭水阁放有卷书式茶几，上置茶壶、茶杯等茶器，主人在柳荫下把盏品茗，自得其乐，是品茗陶情之处。绘得入木三分。仇英的茶事画很多，留存至今的还有《松林试泉图》《玉洞仙源图》《琴书高隐图》等10余幅。

沈周（1427—1509）与文徵明、唐寅、仇英并称"明四家"，他绘的拙修庵册页东庄图之一，画的是一位高士在拙修庵中独坐烹茶品茗，悠然自乐的情景。东庄，古称东墅，位于苏州葑门内，是吴宽父子营造的庄园，江南士人常在此聚会，吟诗品茗。画中修篁、山石、林木、茅舍，布局错落有致，明豁开朗，展现的是理想栖居，品茶佳境。此外，沈周的《高贤饯别图》《仿倪瓒笔意图》等也是茶画佳作。

王问（1497—1576）绘的《煮茶图》，是继王绂《竹炉煮茶图》以后的又一幅以竹炉煮茶为题材画作。画面左边一高士席地而坐，欣赏长卷，并有书童帮助展卷。右边一高士正坐着面对竹炉候汤烹恭。在历史上，竹炉烹惠山泉，是茶家所好，为此，屡见丹青。

徐渭（1521—1593）书的《煎茶七类卷》，上书茶事七类，即：一人品、二品泉、三烹点、四尝味、五茶宜、六茶侣、七茶勋。文后题："是七类，用卢仝作也。中夥甚疾，余临书稍改定之。"作者深知茶理，将品茶技艺用诗、书艺术表现出来，是一幅茶事艺术佳作。

丁云鹏（1547—1628）绘的《玉川煮茶图》，画中卢仝坐于蕉林修篁之下，手执羽扇，目视茶炉，正专注于煮茶。图面按唐代卢仝《走笔谢孟谏议寄新茶》诗意绘成。此图是丁氏在苏州虎丘为陈眉公所作，清代曹寅有题画诗："风流玉川子，磊落月蚀诗。想见煮茶处，颀然麾扇时。风泉逐俯仰，蕉作映参差。兴致黄农上，僮奴若个知。"

陈洪绶（1598—1652）绘的《停琴品茗图》，图中有一介儒生停琴凝思，一雅妇专注读书，桌上有茶壶、茶杯、茶瓶等，表现的是品茗悦性之意，是陈氏茶事画的代表作。画面右上角边款为"老莲洪绶画于青藤书屋"。现存于世的陈洪绶茶事画至少有10余幅。

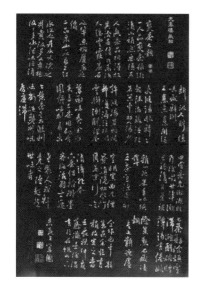

徐渭
《煎茶七类卷》

年画
《烹茶鹤避烟》

此外，万历刻本《酒醒问茶图》，按唐诗创作而成，案上有茶炉、茶壶及茶碗等物。绘的是唐代诗人皮日休夜半酒醒，问侍童奉茶的情景。

年画《烹茶鹤避烟》，它将古人"洗砚鱼吞墨，烹茶鹤避烟"楹联，中的"烹茶鹤避烟"，以年画形式加以夸张表现。画中上部题有"气法炉中火，烹茶鹤避烟"之句。

（四）清代茶事书画

清代茶事书画作品很多，深受后人推崇。

薛怀（生卒不详）绘《山窗清供》，画中有大小茶壶各一把和茶盏一只，并引五代胡峤诗："沾牙旧姓余甘氏（即茶），破睡当封不夜侯（即茶）。"题于左上角。此幅茶画虽几近素描，但有诗、书相融，仍显得十分豁朗，并富有立体感，它既突出了茶这个主题，又将烹茶要点，茶的功效清楚地告诉给人们，因此深受茶人称道。

郑燮（1693—1765）《竹石图》画的是竹石，但从落款可知，"茅屋一间，天井一方，修竹数竿，小石一块，便尔成局。亦复可以烹茶，可以留客也。月中有清影，夜中有风声，只要闲心消受耳。板桥郑燮"。证明它是一幅地道的茶事画。

虚谷（1823—1896）《瓶菊图》虽是清人画坛常画的题材，但虚谷表现这一题材的主题画风独特，他将菊花和松枝，花瓶和茶壶，双双对影，相映成趣。右边落款为"壬午冬月写于瑞莲精舍。虚谷"。下钤"虚谷书画"朱印，画风虚怀若谷，为人称道。他绘的《茶热香温图》，图中有提梁壶一把，鲜花数枝，表明茶是清雅悦性，淡泊人生之物。

篆刻可说是书法艺术的一个分支。近代著名篆刻家黄牧甫曾有一方颂茶的阳文印，刻有"茶

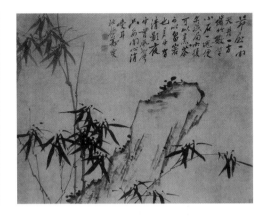

薛怀
《山窗清供》

郑燮
《竹石图》

熟香温且自看"几个字，反映的是品茶闻香、悠然自得的神情。另一位清代篆刻家张在辛，也有一方阳文印，上刻"风软茶香一研花"，把茶香和春风、鲜花相提并论，使人感受到春的信息和茶的馨香。书法大师吴昌硕曾有一幅深沉雄健的篆书横披"角茶轩"。落款时，还对茶与茶的由来作了简要的说明。"角茶"乃是"斗茶"之意，是一种高雅的艺术活动。题书"角茶轩"，很可能是作者认为用茶与书法比赛是相媲美的趣事，以示书斋乃是高尚清雅之地。清代"扬州八怪"之一的黄慎曾有书法作品"曾记深夜煎雪水，牙痕新月剩团茶"，深夜用雪水煎团茶，说明书法家对煎茶用水的精通与讲究。

其实，在众多的清代茶事书画作品中，最有代表性的要数"扬州八怪"，他们个个精通茶事，人人尚茶崇茶，为后人留下了众多的茶事书画作品，为丰富茶文化艺术内涵作出了杰出的贡献。除上面提到的黄慎作品外，下面将"扬州八怪"中具有典型意义的几幅茶事书画作品，简介如下。

1.墨梅图　汪士慎（1686—1759）绘。图中为墨梅，未涉及茶事。而左上题诗："西唐爱我癖如卢，为我写作煎茶图。高杉矮屋四三客。嗜好殊人推狂夫。时予始自名山返，吴茶越茗箸裹满。瓶瓮贮雪整茶器，古案罗列春满碗。饮时有得写梅花，茶香墨香清可夸。万蕊千葩香处动，桢枝铁干相纷拿。淋漓扫尽墨一斗，越瓯湘管不离手。画成一任客携去，还听松声浮瓦缶。"将画家写梅抒茶情之意，欣然跃上纸墨之间，这也是画家爱茶之情的表白。

2.梅兰图　清代李方膺（1683—1748）绘。图中有梅和兰，前有一壶一杯。图下有长题："峒山秋片，茶烹惠泉。贮砂壶中，色香乃胜。光福梅花开时，折得一枝归。吃两壶尤觉眼耳鼻舌俱游清虚世界，非烟人可梦见也。"作者将无形的品茶之情，通过笔端，跃于纸上。

3.玉川先生煎茶图　清代金农（1687—1763）绘。图中绘的卢仝，坐在蕉林之中，执扇对鼎煮茶，一婢赤脚汲水，款书《玉川先生煎茶图》，绘的是卢仝蕉林烹茶图景，但他款书明言："宋人摹本也。昔耶居士。"

金农
《玉川先生煎茶图》

佚名
《八旗子弟茶不离身》

清末民初民俗画
《京华茶馆》

4.梅花图 清代李鱓（1686—1762）绘。图中绘的墨梅，生机盎然。题款表明绘的主题是用梅花上的雪水烹茶："疏篱矮屋傍溪沙，桥外梅开一树花。渗入雪水分不出，扫来煮就小春茶。此是仙人荨绿花，好看都在未开花。怪来领悟凭谁得，梦醒空庭自煮茶。"他的《煎茶图》中反映的是烹茶的情景，落款为"腹堂里善制"。隐喻"腹堂"为李鱓号"复堂"，"里善"是"李鱓"之谐音，即"复堂李鱓制"之意。

此外，在清代的茶事作品中，还有：清代石涛（1642—1707）《墨醉图》、华嵒（1682—1756）《金屋春深图》、边寿民（1684—1752）《壶茶图》、阮元（1764—1849）《竹林条隐图》、任熊（1823—1857）《煮茗图》、蒲华（1832—1883）《茶熟赏秋》、钱惠安（1833—1911）《烹茶洗砚图》、佚名《八旗子弟茶不离身》、任薰《寒夜客来茶当酒》（之一），等等，也是有代表性的茶事画。

特别值得一提的是在清代的茶事书画作品中，还出现了不少风俗画、年画、速写、素描及小说插图等。如风俗画《京华茶馆》：图中茶馆分上下三层，茶客众多，有包厢、大厅。大厅茶客围桌而坐，桌上都放有盖碗茶。所有茶客的眼睛注视前方看演出。此画反映的是当代京华茶馆的饮茶风情。

（五）民国时期茶事书画

民国时期上半叶，文人画革新，出现了不少茶事书画的新画风。尤其是吴昌硕（1844—1927），他爱茶、尚茶、画茶，常常将案头茶具融入画中，展示了茶事书画的新风尚。他绘的《黄花灯影》。图中有紫砂壶一把，旁有菊花一束，油灯一盏。左上题"黄花灯影"，富含画家的精灵之气。吴昌硕的《岁朝清供图》，绘有紫砂提梁壶、白瓷茶杯、瓶梅、盆栽牡丹和佛手一篮。自题："岁朝清供。乙卯十有一月信笔缀成，酷似孟皋设色。七十二岁聋叟吴昌硕。"其实，吴昌硕的茶事画很多，能见于世的不下20幅。

王震（1867—1938）绘的《读经图》，画面一位长者趺坐，持经正对笔砚，旁有风炉煮

吴昌硕
《黄花灯影》

叶曼叙
《一窗嫩绿试新茶图》

茶，边有茶托置杯，体现的是品茗参禅悟道。自题"不摸关董拟倪黄，满目烟云绕碧堂。休笑老翁忙若是，诗情画稿费平章。碧堂先生同游日光，剪烛写行看子，并赋绝句，幸正之。时乙丑孟冬之初，白龙山人，王震"。

徐砚（1866—1954）绘的《人物故事》之一。绘的是唐肃宗赐张志和一奴一婢，志和配为夫妇，取名渔童、樵青的故事。在山岩水边的茅亭里，志和正在与水中小舟上的渔童交谈，而樵青正在竹林烹茶，对炉扇风。并自题："浮家泛宅侍张翁，竹里煎茶课女红。却喜主人能解事，慰怀心愿配渔童。徐砚。"

此外，在茶文化典籍中，常为人据典的还有：叶曼叙的《一窗嫩绿试新茶图》、蒋洽的《西园雅集图》、郑午昌的《群贤大半是无家》、陈师曾的《吃茶去》等。

（六）当代茶事书画

当代，随着多元文化的蓬勃兴起和相互交错，在中国乃至世界有重要影响的一批书画名家，也都创作了不少以茶为题材的茶事书画作品。

1.齐白石（1864—1957）《煮茶图》画面有风炉一个，上置瓦壶，旁有蒲扇、火钳、木炭，表现出作者对山乡生活，以及煮茶事茗的热爱。

此外，齐白石《茶具梅花图》《寒夜客来茶当酒图》等也是茶事佳作。

2.黄宾虹（1865—1955）《煮茗图》画面有山林涧溪，茅屋数间。主人凭栏静思，童子忙于煮茶。桌上茶已备妥，正待沏茶品味。画上有题语云："前得佳纸作为拙画，置箧衍中忽忽数年。"反映的是作者向往自然，流连品茶自得的心境。

3.丰子恺（1898—1975） 漫画《茶舍》画面为晴空夜色，一钩新月。舍内凉台边一张小桌，一壶三杯。题语："人散后，一钩新月水如天。朗度先生清供。"作者反映的是人生情味。

4.傅抱石（1904—1965）《蕉荫煮茶图》图中营造的是清雅脱俗的品茗意境，画家借一壶清茗，刻画着清雅宁静的天地。

齐白石
《茶具梅花图》

黄宾虹
《煮茗图》

丰子恺
《茶舍》

傅抱石
《蕉荫煮茶图》

金庸
《茶》

　　至于当代以事茶为内容的书画，更是随处可见，如书法有赵朴初、爱新觉罗·傅杰、启功、金庸等；绘画有刘旦宅、萧劳、丁聪、方成、王伯敏、潘公凯、吴山明，等等，真是不胜枚举。他（她）们都为茶文化事业倾注了心血，推出了一批茶事书画新作。

第五节　茶事戏曲

　　茶与戏曲渊源很深，茶圣陆羽就有过一段演戏、编剧的经历。说陆羽当年不愿出家从佛，卷起衣被，投身戏班，不但编写了滑稽戏《谑谈》三篇，而且亲自参加演出，还耍弄木偶，演做假

汤显祖
《牡丹亭》剧照

戏曲
《龙谷丽水茶》

官，做了藏珠之戏。可惜这些剧作，未能长留人间。

宋时，音乐、曲艺已进入茶馆。元时，还出现了有茶事内容的杂剧，在《孟德耀举案齐眉》中有"管家的嬷嬷，一日送三餐茶饭"去与小姐之语。明时，著名戏剧家汤显祖（1550—1616）代表作《牡丹亭·劝农》中，就写了杜丽娘之父，太守杜宝下乡劝农。农妇边采茶边唱歌："乘谷雨，采新茶，一旗半枪金缕芽。学士雪炊他，书生困想他，竹烟新瓦。"杜宝为此叹曰："只因天上少茶星，地下先开百草精。闲煞女郎贪斗草，风光不似斗茶清。"说的是采茶、烹茶和斗茶的情景。

此外，在中国的传统戏剧剧目中，还有不少表现茶事的情节与台词。如昆剧《西园记》的开场白中就有"买到兰陵美酒，烹来阳羡新茶"之句。

进入当代以来，茶事戏曲歌舞、电视电影等诸多剧种中都有演出，著名剧作家田汉的《环璘玦与蔷薇》中有不少煮水、沏茶、奉茶、斟茶的场面。戏剧与电影《沙家浜》的剧情就是在阿庆嫂开设的春来茶馆中展开的。电视剧《几度夕阳红》，从何慕天与李梦竹相识、相爱，直至含泪分别，主要活动也是放在山城重庆的茶馆里进行的。在电视剧《聊斋志异·书痴》中，书痴与书仙结婚时，则采用以清茶代酒的情节。特别值得一提的还出现了以茶为题材的戏剧。可以说，自古至今，茶事戏曲既多又广，是戏曲家笔触的重要内容之一。现简述如下。

一、中国茶事戏曲

历代茶事戏曲是很多。据《陆羽小传》载，唐代陆羽就著有《谑谈》（相当于当代的滑稽戏）三卷。

入宋后，茶事戏曲渐多，连茶馆中也有吹吹打打的曲艺演出。

至于元代以茶为题材，或情节与茶有关的戏剧，数量是很多的。

这里将专门事茶，又具有代表性的一些戏剧节目，简述如下。

老舍
《茶馆》剧照

1.《水浒记·借茶》 明代计自昌（生卒不详）编剧。内容是写张三郎偶遇县衙押司宋江之妾阎婆惜，先是借茶调戏，继而以饮茶为由，勾搭成奸，最终被宋江杀死的情节。

2.《玉簪记·茶叙》 明代高濂（生卒不详）编剧。内容是写才子潘必正与陈娇莲从小指腹联姻，后因金兵南侵而分离。陈娇莲进女贞观改名妙常，潘必正投金陵姑母处安身，后在女贞观与妙常相见。一天，妙常煮茗问香，相邀潘必正谈话。在禅舍里，二人品茗叙情。妙常有言道："一炷清香，一盏茶，尘心原不染仙家。可怜今夜凄凉月，偏向离人窗外斜。"在此，潘、陈以清茶叙谊，倾注离人情怀。

3.《凤鸣记·吃茶》 相传系明代王世贞（1952—1590）编剧。全剧写权臣严嵩杀害忠良夏言、曾铣。杨继盛痛斥严嵩有五奸十大罪状而遭惨戮。《吃茶》一出写的是杨继盛访问趋炎附势的赵文华，在奉茶、吃茶之机，借题发挥，展开了一场唇枪舌战。其中有杨、赵的一段对白。

赵曰："杨先生，这茶是严东楼（严嵩之子）见惠的，如何？"杨答："茶便好，就是不香！"

赵曰："茶便不香，倒有滋味。"

杨答："恐怕这滋味不久远！"

这种含蓄的对话，使吃茶的涵义得到进一步扩展，更有回味。

4.《四婵娟·斗茗》 清代洪昇（1645—1704）编剧。斗茗为《四婵娟》之一，写的是宋代女词人李清照与丈夫、金石学家赵明诚："每饭罢，归来坐烹茶，指堆积书史，言某事在某书、某卷、第几页、第几行，以中否角胜负，为饮茶先后"的斗茶故事，描写了李清照富有文学艺术情趣的家庭生活。

5.《茶馆》 现代老舍（1899—1966）编剧。该剧通过写一个历经沧桑的"老裕泰"茶馆。在清代戊戌变法失败后，民国初年北洋军阀盘踞时期和国民党政府崩溃前夕，在茶馆里发生的各种人物的遭遇，以及他们最终的命运，揭露了社会变革的必要性和必然性。

6.《茶童戏主》 由当代高宣兰等挖掘整理成的《茶童歌》，1979年改编成舞台艺术片。写的是：早春，姑娘在茶山上采茶时，赣州府茶商朝奉上山买茶收债，其妻怕他不规矩，交代茶童看住他，才知朝奉本性难改，路上要船娘唱阳关小曲，茶童提醒他，又发生矛盾。上茶山后，看

《中国茶谣》剧照

见漂亮姑娘二姐又起歹心，故意压低茶价催债；又瞒过茶童，要店嫂去做媒。待茶童识破后告知二姐，用对策假允婚姻，把朝奉的债约烧掉。朝奉妻子赶到时，遂锁了朝奉。

7.《茶圣陆羽》　当代程学开、许公炳编剧。全剧写唐代茶圣陆羽生平及其为茶叶事业奋斗的一生。

8.《中华茶文化》　由中央电视台、中国茶叶进出口公司、上海敦煌国际文化艺术公司联合摄制的电视专题纪录片。内容有：《饮茶思源》《茶路历程》《名茶飘香》《茶馆风情》《茶俗志异》《茶具琳琅》《茶艺荟翠》和《茶寿绵延》等。

茶不仅广泛地渗透到戏剧艺术之中，而且在还有以茶命名的戏剧剧种。如江西采茶戏、黄梅采茶戏、阳新采茶戏、粤北采茶戏、桂南采茶戏、广西采茶戏等，这种剧种都是在茶区人民创作茶歌、茶舞、茶乐的基础上，逐渐形成和发展起来的。它们以采茶、茶灯歌舞为表现形式，通常以两小（小旦和小丑）或三小（小生、小旦和小丑）进行表演。

9.《中国茶谣》　王旭烽编剧，为大型茶文化艺术舞台剧。它体现了中华民族的高度美感和丰富的文化内涵，尤其是茶文化事象中的茶习俗，把中华民族生生不息的生命形态加以茶化，最容易沟通各民族各个不同文化背景下人们共同的情怀与精神。整个剧情结合诸多的文化样式，比如歌舞、影像、茶艺、武术、说书等，共分10个场次，依次为：头道茶：喊茶；二道茶：采茶；三道茶：佛茶；四道茶：下茶；五道茶：仙茶；六道茶：施茶；七道茶：会茶；八道茶：讲茶；九道茶：礼茶；十道茶：祝茶。

二、外国茶事戏曲

随着中国茶的向外传播，茶进入了各国人民的生活之中，茶事自然也渗入到外国的戏曲中。日本是中国茶传入最早的国家，电影《吟公主》中就有许多反映丰臣秀吉时代的茶道宗师千利休提倡创导"和、敬、清、寂"茶道精神的情节。1692年，英国剧作家索逊在《妻的宽恕》剧中有关于茶会的描述。1735年，意大利作家麦达斯达觉在维也纳写过一部叫《中国女子》的剧本，其中有人们边品茶、边观剧的场面。还有英国剧作家贡格莱的《双重买卖人》、喜剧家费亭的《七副面具下的爱》，都有饮茶的场面和情节。德国布莱希特的话剧《杜拉朵》也有许多有关茶事的情节，特别值得提出的是，1701年荷兰阿姆斯特丹上演的戏剧《茶迷贵妇人》，至今还在欧洲演出。

荷兰是欧洲最早饮茶的国家。中国茶最初作为最珍贵的礼品输入荷兰。当时由于茶价昂贵，只有荷兰贵族和东印度公司的达官贵人才能享用。到1637年，许多富商家庭也参照中国的茶宴形式，在家庭中布置专用茶室，进口中国名贵的香茗，邀请至爱亲朋欢聚品饮。以致使许多贵妇人以拥有名茶为荣，以家有高雅茶室为时髦。后来，随着茶叶输入量的增多，使饮茶风尚逐渐普及到民间。在一段时间内，妇女们纷纷来到啤酒店、咖啡馆或茶室饮茶，还自发组织饮茶俱乐部、茶会等。由于妇女嗜茶聚会，悠闲游逛，懒治家务，丈夫常为之愤然酗酒，致使家庭夫妻不和，社会纠纷增加，因此社会舆论曾一度攻击饮茶，《茶迷贵妇人》写的就是当时荷兰妇女饮茶及由此引起的风波。

第六节　茶事歌舞

茶歌最早见于唐代著名诗人刘禹锡（772—842）的《西山兰若试茶歌》。他在歌中写道："山僧后檐茶数丛，春来映竹抽新茸。宛然为客振衣起，自傍芳丛摘鹰嘴。斯须炒成满室香，便酌砌下金沙水。骤雨松声入鼎来，白云满碗花徘徊。悠扬喷鼻宿酲散，清峭彻骨烦襟开。阳崖阴岭各殊气，未若竹下莓苔地。炎帝虽尝未解煎，桐君有录那知味。新芽连拳半未舒，自摘至煎俄顷馀。木兰沾露花微似，瑶草临波色不如。僧言灵味宜幽寂，采采翘英为嘉客。不辞缄封寄郡斋，砖井铜炉损标格。何况蒙山顾渚春，白泥赤印走风尘。欲知花乳清泠味，须是眠云跂石人。"这首茶歌描述了西山寺的饮茶情景。僧侣看到有贵客进寺，便去采茶制茶煎茶。由于现采、现制、现喝，使茶格外好喝。"木兰沾露花微似，瑶草临波色不如。"说它比唐代贡茶蒙顶茶、顾渚紫笋茶还好。由此作者感叹，要尝到好茶，就要生活在茶区，做一个"眠云跂石人"。

与刘禹锡差不多同时代的杜牧（803—852），他写了一首《题茶山》诗。诗中谈到："溪尽停蛮棹，旗张卓翠苔。柳村穿窈窕，松涧穿喧豗。""舞袖岚侵润，歌声谷答回。磬音藏叶鸟，雪艳照潭梅。"说到当年在茶山采茶的载歌、载舞的热闹场面。其实，中国各民族的采茶姑娘，历来都能歌善舞，特别是在采茶季节，茶区几乎随处可见尽情歌唱、翩翩起舞的情景。

此外，唐代文学家李郢描述对采制贡茶人民寄予深切同情的《茶山贡焙歌》；晚唐诗人温庭筠（约812—866）描述西陵道士煎茶、饮茶的《西陵道士茶歌》；北宋文学家范仲淹（989—1052）以夸张手法描述当时斗茶盛况的《和章岷从事斗茶歌》；元代诗人洪希文（生卒不详）描述莆（福建莆田）中土茶品质优异的《煮土茶歌》；清代文学家曹廷栋（生卒不详）叙述种茶方法的《种茶子歌》等，它们不但见证了某一件事的情景，而且还是一篇很好考证文献。总之，在中国茶文化上有关记载茶歌、茶舞的史料是很多的。时至今日，我们依然在茶山随处可以见到采茶时载歌载舞的热闹情景。所以，在茶乡有"手采茶叶口唱歌，一筐茶叶一筐歌"之说。

这里，仅列举几首影响大，有代表性的茶歌茶舞，以飨读者。

1.明浙江富阳江谣　在明代正德年间(1506—1521)，浙江曾发生过一起有名的"谣狱案"。此案起因于浙江杭州富阳一带流行的《富阳江谣》。这首民谣，以通俗朴素的语言，反映了茶农的疾苦，控诉了贡茶的罪恶。此事，被当时的浙江按察佥事韩邦奇得知，便呈报皇上，并在奏折中附上了这首歌谣，以示忠心，不料皇上大怒，以"引用贼谣，图谋不轨"之罪，将韩邦奇革职为民，险些送了性命。这首歌谣是这样写的：

> 富春江之鱼，富阳山之茶。
> 鱼肥卖我子，茶香破我家。
> 采茶妇，捕鱼夫，
> 官府拷掠无完肤。
> 昊天何不仁？此地一何辜？
> 鱼何不生别县，茶何不生别都？
> 富阳山，何日摧？
> 富春水，何日枯？
> 山摧茶亦死，江枯鱼始无！
> 呜呼！山难摧，江难枯，
> 我民不可苏！

2.清陈章《采茶歌》　清代钱塘（今杭州）诗人陈章《采茶歌》，写的是"青裙女儿"在"山寒芽未吐"之际，被迫细摘贡茶的辛酸生活。歌词是：

> 凤凰岭头春露香，青裙女儿指爪长。
> 渡洞穿云采茶去，日午归来不满筐。
> 催贡文移下官府，那管山寒芽未吐。
> 焙成粒粒比莲心，谁知侬比莲心苦。

3.浙江民间歌谣《伤心歌》　在朱秋枫《浙江民间歌谣》中，也记有多首反映茶农疾苦的歌

谣。其中一些反映了20世纪30—40年代茶农的生活。现辑录两首:

一首叫《龙井谣》:

> 龙井龙井, 多少有名。
> 问问种茶人, 多数是客民。
> 儿子在嘉兴, 祖宗在绍兴。
> 茅屋蹲蹲, 番薯啃啃。
> 你看有名勿有名?

另一首叫《伤心歌》:

> 鸟叫出门, 鬼叫进门。
> 日里摘青, 夜里炒青。
> 手指起泡, 眼睛发红。
> 种茶人家, 多少伤心。

当然, 茶农的生活是多层面的, 《浙江省茶叶志》[①]记载的民歌《采茶女》, 读来亲切生动, 感人肺腑, 并具有浓郁的乡土气息:

> 正月里来是新年, 姐妹上山种茶园, 点种茶籽抓时机, 耽误季节要赔钱。
> 二月里来茶发芽, 边施肥料边采茶, 采得满篓白毛尖, 做好先敬老东家。
> 三月里来茶碧青, 谷雨之前更抓紧, 双手采茶快如飞, 勤劳换来好收成。
> 四月里来茶正旺, 采茶莳田两头忙, 忙着莳田茶要老, 顾得采茶秧又长。
> 五月里来茶树浓, 茶树丛中生小虫, 爷爷烧香求菩萨, 爹煎土芭喷茶丛。
> 六月里来事蚕桑, 采桑养蚕日夜忙, 忙里抽闲上茶山, 茶园垄里把草铲。
> 七月里来秋风起, 织布机上显手艺, 绣花茶裙亲手做, 围在身上笑眯眯。
> 八月里来桂花香, 姐妹双双摘桂忙, 巧手做出桂花茶, 茶香味好人人赞。
> 九月里来是重阳, 农忙过后人松爽, 农家无钱买美酒, 自做料酒自家尝。
> 十月茶篓上阁楼, 媒婆串门不停留, 鸳鸯八字被拿走, 羞在脸上喜心头。
> 十一月里花轿来, 吹吹打打新娘抬, 姐姐出嫁离妹去, 茶园从此笑声衰。
> 十二月里临过年, 东家又来收租钿, 算盘一拨半年空, 采茶姑娘泪涟涟。

这类民间诗歌大致可以概括这一时期茶农生活的喜怒哀乐的心境。

4.台湾民间茶歌　　在台湾民间, 还经常出现有用来表达心声和传递爱情的茶歌, 现摘录四首:

(一)

> 好酒爱饮竹叶青, 采茶家采嫩茶心;
> 好酒一杯饮醉人, 好茶一杯更多情。

---

①浙江人民出版社, 2005年4月出版。

台湾茶园
采茶忙

采茶扑蝶舞

（二）

得蒙大姐按有情，茶杯照影影照人；

连茶并杯吞落肚，十分难舍一条情。

（三）

采茶山歌本正经，皆因山歌唱开心。

山歌不是哥自唱，盘古开天唱到今。

（四）

茶花白白茶叶青，双手攀枝弄歌声；

忘了日日采茶苦，眼上情景一样好。

5.福建武夷山的《采茶灯》　由金帆作词，陈田鹤作曲，流传于福建武夷茶区的民歌《采茶灯》，则以轻松愉快的歌声，表达了采茶姑娘对茶叶丰收的喜悦。歌词是：

百花开放好春光，采茶姑娘满山冈。

手提着篮儿将茶采，片片采来片片香。

采到东来采到西，采茶姑娘笑眯眯。

过去采茶为别人，如今采茶为自己。

茶树发芽青又青，一棵嫩芽一棵心。

轻轻摘来轻轻采，片片采来片片新。

采满一筐又一筐，山前山后歌声响。

今年茶山好收成，家家户户喜洋洋。

6.浙江茶乡《采茶舞曲》　由周大风作词、作曲，具有浓厚江南越剧风味的《采茶扑蝶舞》

和《采茶舞曲》。它以龙井茶区为背景，充分反映了江南茶乡的春光山色和姑娘采茶扑蝶，与小伙子你追我赶，喜摘春茶的欢乐情景。其中《采茶舞曲》的歌词是：

溪水清清溪水长，溪水两岸好呀么好风光。
哥哥呀，你上畈下畈勤插秧，姐妹们，东山西山采茶忙。
插秧插到大天光，采茶采到月儿上。
插得秧来匀又快，采得茶来满山香。
你追我赶不怕累，敢与老天争春光，争呀么争春光。

溪水清清溪水长，溪水两岸采呀么采茶忙。
姐姐呀，你采茶好比凤点头，妹妹呀，你摘青好比鱼跃网。
一行一行又一行，摘下的青叶往篓里装。
千篓百篓堆成山，篓篓嫩芽发清香。
多快好省来采茶，好换机器好换钢，好呀么好换钢。

7.杭州民歌《龙井茶，虎跑水》 由周大钧作词、曾星平作曲的《龙井茶，虎跑水》，是一首名茶配名泉的赞歌。歌曲是：

龙井茶，虎跑水，绿茶清泉有多美。
山下泉边引春色，湖光山色映满怀。
五洲朋友！请喝茶一杯！
春茶为你洗风尘，胜似酒浆沁心肺。
我愿西湖好春光，长留你心内，凯歌四海飞。

龙井茶，虎跑水，绿茶清泉有多美。
茶好水好情更好，深情厚意斟满怀。
五洲朋友！请喝茶一杯！

手拉手，肩并肩，互相支持向前进，一杯香茶传友谊！凯歌四海飞。这是一首对名茶、名泉、名湖的赞歌，也是一首友谊的颂歌。

8.湖南民歌《挑担茶叶上北京》 由叶蔚林作词、诚仁作曲的湖南民歌，表达的是故乡人民对毛主席的热爱。歌词是：

桑木扁担轻又轻，挑担茶叶上北京。
船家问我是哪来的客，我是湘江边上种茶人。
桑木扁担轻又轻，头上喜鹊唱不停。
我问喜鹊唱什么？他说我是幸福人。
桑木扁担轻又轻，一路春风出洞庭。
船家问我哪里去，北京城里探亲人。
桑木扁担轻又轻，一片茶叶一片心。
你要问我哪一个？毛主席的故乡人。

这首歌词，文字优美，曲调明快，十分动听。

早年卖大碗茶
场面

杭州梅家坞的
周总理纪念室

9.北京前门《大碗茶》　由阎肃作词、姚明作曲的前门《大碗茶》，勾起了海外游子归来的无限遐想，新旧对比，意味深长。歌词是：

我爷爷小的时候，常在这里玩耍。

高高的前门，仿佛挨着我的家。

一蓬衰草，几声蛐蛐儿叫，伴随他度过了灰色的年华。

吃一串冰糖葫芦，就算过节，他一日那三餐，窝头咸菜么就着一口大碗茶。

世上的饮料有千百种，也许它最廉价。

可谁知道它醇厚的香味儿，饱含着泪花。

如今我海外归来，又见红墙碧瓦。

高高的前门，几回梦里想着它。

岁月风雨，无情任吹打，却见它更显得那英姿挺拔。

叫一声杏仁儿豆腐，京味儿真美，我带着那童心，带着思念么再来一口大碗茶。

世上的饮料有千百种，也许它最廉价。

可为什么它醇厚的香味儿，直传到天涯，它直传到天涯。

10.西湖民歌《总理来到梅家坞》　20世纪60年代中后期至70年代初，周恩来总理等国家领导人多次到杭州西湖龙井茶乡梅家坞考察访问，与茶农结下深厚友谊。《浙江省茶叶志》记有多首记载国家领导人赞美梅家坞茶区诗歌，更有多首茶农对国家领导人的吟诵民歌。其中有一首《总理来到梅家坞》，歌词是：

喜鹊叫，人欢呼，总理来到梅家坞。

茶喷香，竹跳舞，溪水潺潺把掌鼓。

走东家，访西户，关心社员衣食住。

幼儿园，小卖部，墙院门窗都面熟。

话规划，绘蓝图，描出一个新山坞。

梅家坞，真幸福，总理指点光明路。

第七节　茶事楹联

茶联是以茶为题材的对联，是茶文化的一种文学艺术兼书法形式的载体。中国的茶联，包括茶匾、碑，数以千计，常见于茶楼门庭、茶亭石柱、茶店厅堂。它更是一种浓缩了的茶文化，也是一种物化了的茶文化呈现。下面，择要简介如下。

一、名家的茶联

历代出自名家的茶联很多，大多出自他（她）们名诗中的名句作为上下联。这里仅举几例，窥视一斑。

1.苏轼茶联　苏轼（1037—1101），北宋文学家，字子瞻，又字和仲，号东坡居士。眉山（今属四川）人。与父苏洵、弟苏辙合称"三苏"。他在文学艺术方面堪称全才，为唐宋八大家之一。他的诗清新豪健，善用夸张比喻，在艺术表现方面独具风格。他的词开豪放一派，对后代很有影响。苏轼茶联：

潞公煎茶学西蜀

定州花瓷琢红玉

出自《试院煎茶》诗，描写的是潞公文彦博学西蜀人煎茶，重视定州花瓷茶碗具。

欲把西湖比西子

从来佳茗似佳人

在这副茶联中，人们将苏轼《次韵曹辅壑源试焙新茶》的一句作上联，又将苏轼《饮湖上初晴雨后》诗中一句作下联，如此组成茶联，将"佳茗"比作美人儿西子（西施），使人回味无穷。

何须魏帝一丸药

且尽卢仝七碗茶

该茶联出自苏轼的《游诸佛舍，一日饮酽茶七盏，戏书勤师壁》诗。这副茶联说的是饮茶有利健康，常饮茶的人，药也不用喝了。

此外，苏轼茶诗中常作为茶联用的还很多，如：

坐客皆可人
鼎器手自洁

磨成不敢付僮仆
自看雪汤生玑珠

银瓶泻油浮蚁酒
紫碗铺粟盘龙茶

2. 陆游茶联　陆游（1125—1210），字务观，号放翁，山阴（今浙江绍兴）人，南宋爱国诗人，现存茶诗至少有近400首。现将陆游茶诗中常用来作茶联的名句，摘录部分如下。

寒泉自换菖蒲水
活水闲煎橄榄茶

寒涧挹泉供试墨
堕巢篝火吹煎茶

更作茶瓯清绝梦
小窗横幅画江南

青灯耿窗户
设茗听雪落

茶映盏毫新乳上
琴横荐石细泉鸣

3. 郑燮茶联　郑燮（1693—1765），号板桥、板桥道人，江苏兴化人，扬州八怪之一。他的诗、书、画，人称"三绝"。他善书画，精茶道。一生淡泊宁静，超然脱俗。他爱茶、写茶，平生写过不少茶联。少年在家乡求学时，他就用朴素无华的方言，写了一副题镇江焦山的茶联：

汲来江水煮新茗
买尽青山当画屏

郑氏用区区14个字写了这副茶联，读来使人尽览焦山风光，有气势、有风度、有雅致。
在家乡，郑燮还用方言俚语写了一副茶联：

白菜青盐粳子饭
瓦壶天水菊花茶

他将民间俗语："粗茶"和"淡饭"联在一起，使人读来有一种亲切之感。
郑氏擅画兰竹，又深通茶事，于是他还将书画纸墨与茶饮茶具相联，写了一副茶联：

墨兰数枝宣德纸

苦茗一杯成化窑

郑氏还为茶馆写过楹联，在《题真州江上茶肆》中写道：

山光扑面因朝雨

江水回头为晚潮

郑燮又在一副宣扬越州日铸茶的茶联中写道：

雷文古泉八九个

日铸新茶三两瓯

郑燮更将地方风貌融入茶联，读来亲切可人。

楚尾吴头，一片青山入座；

淮南江北，半潭秋水烹茶。

其实，用古代名家名句作茶联的情况是很多的，下面再补几例，如：春风解恼诗人鼻；非叶非花自是香（杨万里）。寒夜客来茶当酒；竹炉汤沸火初红（杜耒）。蜀土茶称圣；蒙山味独珍（文同）。长安酒价减千万；成都药市无光辉（范仲淹）。春烟寺院敲茶鼓；夕照楼台卓酒旗（林逋）。小石冷泉留翠味；紫泥新品泛春华（梅尧臣）。茶甘酒美汲双井；鱼肥稻香派百泉（黄庭坚）。玉杵和云春素月；金刀带雨剪黄芽（耶律楚材）。寒灯新茗月同煎，浅瓯吹雪试新茶（文徵明）。平生于物元（原）无取，消受山中水一杯（孙一元）。凡此等等，不胜枚举。

二、名著中茶联

名著中的茶联也很多。举例如下：

1.《西游记》中的茶联　《西游记》是描写唐僧西天取经为主要题材的长篇小说。明代作者吴承恩(1501—1582)在写《西游记》时，多次运用了茶联。这里摘录三副。

（一）

香酒香茶多美艳

素汤素饭甚清奇

（二）

椰子葡萄能做酒

胡桃银杏可传茶

（三）

两林松柏千年秀

几簇山茶一样红

2.《红楼梦》中的茶联　在清代著名小说家曹雪芹（约1715—约1763）名著《红楼梦》中也有不少茶联。现摘录二副，供欣赏。

（一）

烹茶水渐沸

煮酒叶难烧

（二）

宝鼎茶闲烟尚绿

幽窗棋罢指犹凉

3.《金瓶梅》中的茶联　《金瓶梅》是第一部文人独立创作的长篇白话世情章回小说，创作于明代，作者署名兰陵笑笑生。书中亦有不少茶联，如：

（一）

闲是闲非休要管

渴饮清泉闷煮茶

（二）

风流茶说合

酒是色媒人

三、茶馆中茶联

品茶，不仅是品尝一种饮料，而且是品味一种文化。坐在茶馆里，细细品茶，再环顾四周，观察茶馆门庭上镌刻悬挂的茶联，便是一件颇有趣味的事情。

1.上海"天然居"茶楼茶联　这副茶联，把上"天然居"的主宾关系，说得娓娓动听。

客上天然居

居然天上客

若将这副茶联顺着读，再倒过来读，则同样可以念成：

客上天然居

居然天上客

上下两句，顺读倒念，一字不变，意思完全一样；而且读起来端庄大气。字里行间虽不乏有对茶馆的溢美和赞叹之词，但也蕴含对茶客的崇敬和尊重。

2.广州"陶陶居"茶楼茶联　"陶陶居"为广州百年名楼，相传当时老板为了招揽生意，美化环境，按时尚的话说，用公开招标的方式，以楼名"陶陶"两字征集茶联一副。众人感到用字出奇，实在难以成联。后来，一位嗜茶能文的过路人，驻步凝视，几翻思索，终于以每句"陶"字开头，竟然作成茶联一副。

如今的广州
"陶陶居"茶楼

杭州
"茶人之家"茶联

上联是：

陶潜善饮，易牙善烹，饮烹有度

下联是：

陶侃惜分，夏禹惜寸，分寸无遗

这里，茶联中的"陶潜善饮""易牙善烹""陶侃惜分""夏禹惜寸"分别出自4个典故，细细品读，这副茶联洗尽俗味，有郁郁乎文哉的气质。它恰到好处地将茶馆名"陶陶居"中的"陶陶"两字嵌得自然得体，将茶楼的名称融化在诗句之中，又将茶楼的经营之道明白无误地告诉大家。同时，又暗含中国传统文化的平和雍容，典雅庄重之味，颇耐咀嚼。时至今日，这副茶联仍挂于"陶陶居"茶楼。

3.成都茶酒铺茶联 据说，早年成都有家兼营茶酒的铺子，生意清淡，难以维继，为此掌柜只好让位给他儿子。儿子果然比老子高明，他四处求访，请来当地一个才子，请他以商道文化为题材，写一副对联，挂于门庭两旁，以招揽生意。联曰：

为公忙，为利忙，忙里偷闲，且喝一杯茶去

劳心苦，劳力苦，苦中作乐，再倒一碗酒来

这副茶酒联，生动贴切，雅俗共赏，人们交口相传，使众多顾客慕名前去观看，结果生意日益兴隆，长盛不衰。

4.杭州"茶人之家"茶联 在杭州西湖之滨"茶人之家"的"迎客轩"门庭上，挂有一副茶联：

得与天下同其乐

不可一日无此君

北京
老舍茶馆一角

"秀萃堂"
茶联

在这副茶联中，尽管见不到一个"茶"字，但人们一看便知，说的是"茶"，大有"此处无茶胜有茶"之感。它对茶的性质，以及茶与人民生活的关系，说得一清二楚。如此读联，越发激起了人们对饮茶的向往。

在"茶人之家"另一门庭上，还有一副茶联：

　　　　　一杯春露暂留客
　　　　　两腋春风几欲仙

它将人与茶的关系，以及人饮茶的情趣说得明明白白。如此吟联品茶，使人流连忘返。

5.北京"老舍茶馆"茶联　著名的北京老舍茶馆，有一副门联是这样写的：

　　　　　大碗茶广招九洲宾客
　　　　　老二分奉献一片丹心

这副茶联，上联说出了茶馆"以茶会友"的本色，下联阐明了茶馆的经营宗旨，两者相映生辉，可谓珠联璧合。

6.杭州"秀萃堂"茶联　杭州"新西湖十景"之一的"龙井问茶"处，有一间"秀萃堂"茶室，门上有一副茶联：

　　　　　泉从石出情宜冽
　　　　　茶自峰生味更圆

它把"品饮龙井茶，还须龙井水"这个道理，用茶联这种形式，加以表白出来。

下面，再选择各地一些有代表性茶楼名联，列举如下。

北京万和茶楼联：

> 茶亦醉人何必酒
> 书能香我不须花

上海一壶春茶楼联：

> 最宜茶梦同圆，海上壶天容小隐
> 休碍酒家借问，座中春色亦常留

重庆嘉陵江茶楼联：

> 楼外是五百里嘉陵，非道子一枝笔画不出
> 胸中有几千年历史，凭卢仝七碗茶引起来

江苏南京瞻园东山茶楼联：

> 辛勤有此庐，抽身回矣！喜觉鸟啼花笑，三径常开，好领取竹簟清风，茅檐暖日。
> 萧闲无个事，闲户恬然。欣对茶熟香温，一编独抱，最难忘别来旧雨，经过名山。

湖南湘潭大雅茶楼联：

> 舵楼饭晚茶烟兴
> 麦陇风来饼饵香

四、其他茶联集萃

以茶为题材的茶联遍及全国各地，内容也很丰富，分布范围也很广。杭州径山寺是日本茶道的重要发源地。在径山寺大雄宝殿的门柱上，挂着一副著名诗词学家戴盟撰写的茶联：

> 苦海驾慈航，听暮鼓晨钟，西土东瀛，同登彼岸；
> 智灯悬宝座，悟心经慧典，禅机茶道，共味真谛。

这副茶联，它将径山寺禅宗与日本茶道的关系，说得清清楚楚。

浙江吴兴是历史上最早产贡茶的地方，也是唐代陆羽调研茶事，著述《茶经》之地，历来饮茶成风。在吴兴八里店有一路边茶亭，题有一副茶联：

> 四大皆空，坐片刻不分你我
> 两头是路，喝一盏各自东西

在这副茶联中，它把茶亭的功能说得一清二楚。

在杭州风景区九溪十八涧，有座半途凉亭，名曰：梅林亭，在亭柱上有副茶联。曰：

> 小住为佳且吃了赵州茶去

日归可缓试同歌陌上花来

这副茶事联，将凉亭的功能和茶事典故串插在一起，使人读来耳目一新，却深藏内涵，意义冗长。

有意思的是在众多的茶联中，还有集茶名为联的茶联。如：

观音恩施玉露
罗汉仙寓天台

它集铁观音、恩施玉露、铁罗汉、仙寓雾毫、天台山云雾五种名茶于一联。又如：

八仙长安玉茗露
太白大悟竹叶青

它将八仙茶、长安茶（产于台湾新竹）、玉茗露、太白银毫、大悟毛尖、竹叶青六种名茶于一体，不但集成了一副绝好的联语，而且还宣传了名茶。再如：

龙井云雾毛尖瓜片碧螺春
银针毛峰猴魁甘露紫笋茶

联中将一些历史传统名茶加以排列组合，上下对称有韵，看了使人回味无穷，联想翩翩。

还有茶事回文联，顺读倒念都成句，且是同一个意思，读后使人赞叹不已。如：

雾藏茶园茶藏雾
泉涌野塘野涌泉

更有一种叫茶事叠字回文联，虽字字重叠，但读起来朗朗上口，语意清晰。如：

雾雾云云树树芽芽叶叶
晴晴雨雨山山绿绿青青

总之，茶事楹联不但内容丰富，而且形式多样，还富含文化，越来越受到人们的喜欢。现将一些富含茶理，精于茶事，且又意味深长的茶联，例举如下。

四海咸来不速客
一堂相聚知音人

龙团雀舌香自幽谷
鼎彝玉盏灿若烟霞

只缘清香成清趣
全因浓酽有浓情

蒙顶山上茶
扬子江心水

客至心常热
人走茶不凉

诗写梅花月
茶煎谷雨春

美酒千杯难成知己
清茶一盏也能醉人

茗外清风移月影
壶边夜静听松涛

尘虑一时净
清风两腋生

茶亦醉人何必酒
书能香我无须花

著名书法家刘江的
茶联

第八节 茶事传说

茶事传说是茶文化的一道风景线，它是茶文化口头相传的非物质文化遗产；也是连接过去与未来、此地与彼岸以及人与人之间最精致、最巧妙、最神秘的方式。所以，茶作为一片神奇的东方树叶，被俄罗斯女诗人阿赫玛托娃称作是"复活之草"的灵物，它与生俱来就具备了可供无限故事化的可能。在潘城、姚国坤著《一千零一叶》[①]中，就撰有179个茶文化传说和故事。

中国产茶历史悠久，文化性强，有关茶的传说数以百计，不但题材广泛，内容丰富；而且大多具有地方特色和乡土气息。下面选择几则流传广、影响深的故事传说，供大家品读。

一、神农尝茶

中国人在谈到茶的发现时，每每要谈及神农。说很早以前，有一个叫神农的人，生有一个水晶般透明的肚子，东西吃在肚子里，可以看得一清二楚，神农为了解救人民的病痛，遍尝百草，但自己每天也要中毒几次。一次尝到一种白花的常绿植物嫩叶时，见到这嫩叶在肚子里翻动，似在检查什么？还能把有毒的东西化解，于是就称它为"查"。以后，又称"查"为"茶"。如此，神农长年累月，跋山涉水，尝试百草，凡遇毒时，全靠用茶来解救。就这样，茶被先人当做一种药物而问世了。这就是传说中"神农尝百草，日遇七十二毒（一说七十毒），得荼（茶）而

①上海文化出版社，2017年1月出版。

以茶代酒，至今依旧

用茶祭祖

解之"的故事，它一直流传至今。

二、陆羽煎茶

　　说唐代宗时，有一次竟陵（今湖北天门）积公和尚被召进宫。宫中高手给积公煎茶，积公品了一口便作罢？皇帝问他为何？积公说："我所饮之茶，都是弟子陆羽所为，旁人所煎之茶，都觉淡而无味。"皇帝听罢，记在心中，当即派人四处寻找陆羽。终于在浙江吴兴的天抒山上找到陆羽，立即召进宫中。陆羽便用长兴带来的紫笋茶精心煎茶，皇上一品，果然与众不同。随即命宫女奉上一碗到书房给积公品尝。积公呷上一口，连连叫好，一饮而尽。当即冲出书房，高呼："渐儿（陆羽字）何在？"代宗问："你怎知道是陆羽所煎！"积公道："刚才饮的茶，只有渐儿能煎得出来。"从此，陆羽煎茶的本领，在全国范围内被张扬开来。

三、以茶代酒

　　以茶代酒的故事竟然出自一位凶残的暴君。他就是三国东吴孙权的孙子，叫做孙皓。孙皓未登位时，封地在吴兴郡，也叫乌程。南朝山谦之在《吴兴记》里写道："乌程县西二十里有温山，出御荈。"孙皓既然当过乌程侯，必定在这茶的土地上熟悉了品饮之道。他去南京当了吴帝之后，乌程就开始给他进贡茶。

　　孙皓初登大位，抚恤民情、开仓赈贫，还算做了一些好事。但很快他就过惯了帝王的奢侈生活，荒淫无度。孙皓嗜酒，天天摆酒设宴，强邀群臣作陪，每设酒宴，有个不成文的规矩，每人以七升为限。大臣之中有个叫韦曜的人，酒量实在不行，最多只能喝二升。但韦曜本是孙皓父亲的老师，孙皓对他格外照顾，早知韦曜不胜酒力，就秘密的赐给他茶水当酒。这就是"密赐茶荈"的由来。

四、古冢祭茶

说南朝时，剡县（今浙江嵊县）有一个叫陈务的人，不到30岁就患病去世了，留下一个妻子和两个儿子。孤儿寡母生活十分艰辛。可他们的住宅里有一座古冢，也无法辨识是何许人也。陈务的妻子心地善良，敬畏神明，每天总要将自己饮的粗茶，先向这古老的坟墓祭拜一番。她的两个儿子长大了，认为自己家宅中有这么个古坟，心里总感到不舒服，想要把坟迁移到别的地方去。但母亲始终觉得这座古墓已经是家的一部分了，没有什么不好，反对迁移。

一次，两个儿子趁母亲不在，就拿着农具要去挖墓，正好被赶回家的母亲阻止了，并守在古墓前不走。两个儿子见母亲如此坚决，也只好听从。是夜，母亲做了一个梦，梦见有人对她说："我在这座古墓里已经三百多年了，你的孩子时常想毁掉我，幸亏你阻止保护，而且每天给我好茶喝。我虽然已是地下腐朽成枯骨，但不能忘记报答你的恩惠。"第二天早晨，母亲竟在客厅的地上看到有十几万的钱，而且这些钱看上去像是埋在土中很久，但穿钱的绳子是崭新的。她连忙将此事告诉两个儿子，两个儿子的脸上顿时露出惭愧之色。从此以后，陈务的妻子和儿子在这古坟墓上每天供茶并且更加勤快、真诚了。这个故事告诉大家，在两晋南北朝时，茶叶开始广泛地用于各种祭祀活动了。

五、救命茶壶

在历史名茶安徽黄山毛峰茶的产地黄山一带农村，往往在堂屋的香案上供奉着一把茶壶。相传明代时，徽州府有个知县，闻说黄山云雾茶不仅清香扑鼻，滋味甘醇；而且在泡茶时能出现奇景：在雾气缭绕的茶壶上，似能看到有个美丽的姑娘，左脚跪地，面对旭日；右手前伸，犹如一只飞翔的天鹅。知县为了讨好皇帝的欢心，匆匆赴京禀报皇上，哪知皇帝要在金殿当场面试，不料一试，未能形成奇观，于是龙颜大怒，将知县立即问斩，并追查制造"胡言邪说"的人，以同罪处之。徽州知府闻听此言，大惊失色。他虽听过此传说，但未曾想到知县会瞒着他进京献茶，落得杀身之祸。如今又要给茶乡百姓带来灾难，该杀多少无辜？为此，他只得将个中缘由告诉百姓，问众位父老如何是好？结果，黄山百姓告诉他，用黄山云雾茶泡茶，确有这等景观，但必须有四个条件，这就是必须用谷雨前采制的茶叶，盛在紫砂壶中，再用栗树炭烧的山泉水冲泡，才能有此奇观。于是他亲自带着一位有丰富泡茶经验的老汉，带着谷雨茶、紫砂壶、山泉水、栗树炭，来到金殿之上，当场验证，果然有效。龙颜大悦，文武百官见了也大呼："神奇！神奇！"随即，皇帝重赏了知府，撤销前旨，终于避免了一场灾难。从此之后，黄山百姓把知府上京用过的紫砂壶等物奉若珍宝，把它看作是"救命壶"。此后，黄山的家家户户，都置上茶壶一把，作为供物，一直流传至今。

六、茶入吐蕃

文成公主（625—680）是唐皇室宗女，聪慧美丽，知书达理，并信仰佛教。640年，奉唐太宗之命和亲吐蕃，远嫁吐蕃松赞干布，并随嫁带去茶叶、丝绸、瓷器、漆器等嫁妆。

公主刚刚入藏时，对高寒严酷天气和饮食牛羊肉和奶制品很不习惯，于是想到了带去的茶。早餐时，先喝半杯奶，再喝半杯茶，感觉会舒服得多。为了方便，她又干脆将茶和奶放在一起来喝。这便成了如今藏族人民最初的酥油茶。

上有所好，下必甚焉。文成公主的这一举动逐渐引起宫中群臣权贵的仿效。公主为了鼓励大家与她一起懂得品味来自汉地的茶味，就常常以奶茶赏赐群臣，款待

文成公主进藏图

亲朋。从此人民很快效仿，酥油茶风靡藏区。但整个藏族对茶燃起了渴望之火，仅凭文成公主嫁妆里带来的茶叶如何能满足？于是公主建议用各种西藏土产如牛羊、马匹、毛皮等去内地换取茶叶。这就成为了兴盛千年的"茶马互市"的开端。而中唐以后，茶马交易使吐蕃与中原的关系更为密切，并开启了后世茶马古道的漫长茶路。

七、茶墨之争

唐宋时期文风大盛，而文人雅士又以尚茶为荣，不仅嗜好品饮，而且参与采茶、制茶，于是斗茶之风兴起，范仲淹的《斗茶歌》曰："北苑将期献天子，林下雄豪先斗美。"而这种"茗战"之乐，也确实吸引了许多文人墨客。人们聚集一堂斗茶品茗，讲究的还自备茶具、茶水，以利更好地发挥名茶的优异品质。相传有一天，司马光约了十余人，同聚一堂斗茶取乐。大家带上收藏得最好的茶叶、最珍贵的茶具等赴会，先看茶样，再闻茶香，后尝茶味。按照当时社会的风尚，认为茶类中白茶[①]品质最佳，司马光、苏东坡的茶都是白茶，评比结果名列前茅，但苏东坡带来泡茶的是隔年雪水，水质好，茶味纯，因此苏东坡的茶占了上风，不免流露出得意之状。司马光心中不服，便想出个难题压压苏东坡的气焰，于是笑问东坡："茶欲白，墨欲黑；茶欲重，墨欲轻；茶欲新，墨欲陈。君何以同爱两物？"众人听了拍手叫绝，认为这题出得好，这下可把苏东坡难住了。谁知苏东坡微笑着，稍加思索后，从容不迫地欣然反问："奇茶妙墨俱香，公以为然否？"众皆信服。茶墨有缘，兼而爱之，茶益人思，墨兴茶风，相得益彰，一语道破，真是妙人妙言。自此，茶墨结缘，传为美谈。

---

①宋时点茶，以白为贵。

八、生死不离

很久以前，在西藏一河之隔的两山之巅，有一对青年男女结成同心。男的叫文顿巴，女的叫美梅措，他们每日遥相对歌。此事遭到姑娘母亲、女土司的反对，她指使打手一箭射死文顿巴。为此，美丽善良的美梅措悲痛欲绝，在火化文顿巴的遗体时，跳入火海，与文顿巴一起化为灰烬。狠毒的女土司仍不肯罢休，将他们的骨灰分开埋葬。可是第二天，在埋葬骨灰的地方长出两株树，而后树枝相连，树桠相抱。为此，女土司又命人将树砍断，于是他们又变成一对鸟，

喝酥油茶

比翼双飞，一个乘祥云飞到藏北，变成一摊白花花的盐；一个腾云驾雾飞到藏南，变成一片茶林。以后，藏族人民为了纪念这对青年男女，才将盐和茶再加上当地产的奶，制成藏族最喜欢喝的酥油茶。

九、十八棵御茶

史载，清乾隆皇帝六下江南，四上杭州西湖龙井茶区，二上狮峰龙井产地。传说，有一次，乾隆乔装改扮成平民，来到西湖龙井狮峰山下，见乡女正在采茶，也学着采起茶来。此时，太监来报："太后有病，请皇上急速回京！"于是，乾隆随手将采下来的一些茶叶，放入衣袋，立即赶回京城。后得知太后因山珍海味吃多而滞食，仅是消化不良，并无大病。又见皇儿来到，心中大喜，便问带来什么好东西？乾隆随手一摸，取出一把茶叶。此时茶已干，但觉芳香扑鼻。于是，乾隆就将此茶是何等之好、何等之贵说了一遍。太后又忙命宫女泡茶，该茶碧绿、清香、甘醇，几口饮下，精神为之一振，病也好了大半，便称赞地说："杭州西湖龙井茶，是灵丹妙药。"为此，乾隆传旨，将狮峰山下胡公庙前他采过的十八棵茶树，敕封为"御茶"，并将西湖龙井茶，作为贡茶。如今，这一传说中的"十八棵御茶"景观，依然屹立在西湖龙井村的狮峰茶山麓。

十、马换《茶经》

唐时，每年要用好茶向北方及回纥等地换回好马，以作军需之用。相传有一年，回纥国王知唐代陆羽著有《茶经》，很想得到。便提出用千匹良马换《茶经》。唐皇觉得此意不错，但不知何处能找到《茶经》。为此，便召大臣们商议。有位重臣启奏，说十几年前，听说江南有个叫陆羽，写过一部《茶经》，派人找到陆羽便可。官员来到浙江湖州的苕溪，见到陆羽住的茅庐已

破败不堪，陆羽已不在此居住。后经茶农指点，到了抒山妙喜寺。可官员到了妙喜寺，老方丈已圆寂。又经指点，说当年陆羽活着时，已将《茶经》带到家乡湖北竟陵西塔寺去了。但西塔寺的和尚又说，陆羽写的书，大部分留在湖州。正在官员左右为难之际，一位秀才前来禀报：我是竟陵皮日休，要向朝廷献宝。说罢，捧出《茶经》三卷。官员见此大喜，问是否有底卷。皮日休答道：有抄本，正在刊刻。于是，官员立即回京，后又赶赴边关，换得良马千匹。自此以后，《茶经》开始传到世界各地，逐渐成了有多种文字的译本。

十一、大红袍

大红袍是福建武夷山的"五大名丛"之一。它的来历，传说很多，说得最多的是：说古时候，有一书生上京赶考，路过武夷山天心岩时，病倒在路边，幸被天心庙老方丈发现，给他喝了一碗浓茶才获救。后来秀才金榜题名，状元及弟，还招为东床驸马。一日，为谢恩来到武夷山，老方丈陪他到了九龙窠，指着岩壁上的三株茶树，说去年你犯鼓胀病时，就是用这种茶树叶泡茶治好的。状元听后，要求采制一些带给皇上。于是，第二天，天心庙烧香点烛，击鼓鸣钟，召集众僧侣来到九龙窠，焚香礼拜，三呼："茶发芽！"然后派专人爬上悬崖，采下茶叶，经精工细作，装盒进京。其时，正逢皇后肚痛鼓胀，状元立即奉上，茶到病除。闻听此事，皇上大喜，赐大红袍一件，直送武夷封赏，披在三株茶树上。如此，后人便把三株茶树称为"大红袍"，还在岩壁上刻下"大红袍"三个字。如今，大红袍茶树几经繁衍，已在武夷山开花结果。

十二、君山银针

相传，湖南岳阳洞庭湖君山茶的第一棵种子，是四千多年前娥皇、女英播下的。从五代起，银针茶便作为"贡茶"，年年向皇帝进贡。后唐的第二个皇帝明宗李嗣源，第一回上朝的时候，侍臣为他沏了一杯君山茶。开水向杯子里一冲，马上看到一团白雾腾空而起，慢慢地出现一只白鹤。这只白鹤对明宗点了三下头，便朝蓝天翩翩飞去了。再往杯子里一看，杯中的茶叶都齐崭崭地悬空竖了起来，就像一群破土而出的春笋，过了一会儿，又慢慢下沉，就像是雪花坠落一般。明宗感到很奇怪，就问侍臣是什么原因。侍臣回答说："这是君山的白鹤泉（即柳毅井）水，泡黄翎毛（即银针茶）的缘故。白鹤点头飞入青天，是表示万岁洪福齐天；翎毛竖起，是表示对万岁的敬仰；黄翎缓坠，是表示对万岁的诚服。"明宗听了，心里十分高兴，立即下旨把君山银针定为贡茶。

十三、庐山云雾

说到江西庐山产的云雾茶来历，还与大闹天宫的孙悟空有关。相传孙悟空在花果山当猴王的时候，常吃仙桃、瓜果、美酒，有一天忽然想起要尝尝玉皇大帝和王母娘娘喝过的仙茶，于是一个跟斗翻了十万八千里路上了天，驾着祥云向下一望，见九洲南国一片碧绿，仔细看时，竟是一片茶树。此时正值金秋，茶树已结籽，可是孙悟空却不知如何采种。这时，天边飞来一群多情鸟，见到猴王后便问他要干什么？孙悟空说：我那花果山虽好，但没有茶树，想采一些茶籽回去，但不知如何采得？众鸟听后说：我们来帮你采种吧。于是展开双翅，来到南国茶园里，一个个衔了茶籽，往花果山飞去。多情鸟嘴里衔着茶籽，穿云层、越高山、过大河，一直往前飞。谁知飞过庐山上空时，巍巍庐山胜景把它们深深吸引住了，领头鸟竟情不自禁地唱起歌来。领头鸟一唱，其他鸟跟着唱和。茶籽便从它们嘴里掉了下来，直掉进庐山群峰的岩隙之中。从此云雾缭绕的庐山便长出了棵棵茶树，出产清香袭人的云雾茶。

十四、松萝茶

说到松萝茶的来历，还有一段美丽的传说：明太祖洪武年间，松萝山的让福寺门口摆有两口大水缸，引起了一位香客的注意。水缸因年代久远，里面长满绿萍。香客来到庙堂对老方丈说，那两口水缸是个宝，要出三百两黄金购买，商定三日后来取。香客一走，老和尚怕水缸被偷，立即派人把水缸的绿萍水倒出，洗净搬到庙内。三日后香客来了，见水缸被洗净，便说宝气已净，没有用了。老和尚极为懊悔，但为时已晚。香客走出庙门又转了回来，说宝气还在庙前，那倒绿水的地方就是，若种上茶树，定能长出神奇的茶叶来，这种茶三盏能解千杯醉。老和尚照此指点种上茶树，果然发出的茶芽清香扑鼻，便起名"松萝茶"。两百年后，至明神宗时，休宁一带流行伤寒痢疾，人们纷纷来让福寺烧香拜佛，祈求菩萨保佑。方丈便给来者每人一包松萝茶，并面授"普济方"：病轻者沸水冲泡频饮，两三日即愈；病重者，用此茶与生姜、食盐等煮服，或研碎吞服，两三日也愈。果然，服后疗效显著，制止了瘟疫的流行。从此，松萝茶也名声大作。

十五、碧螺春

传说在很久以前，江苏苏州太湖的西洞庭山上，住着一位美丽、勤劳、善良的姑娘，名叫碧螺。与西洞庭山相对的东洞庭山住着一位小伙子，名叫阿祥，以打鱼为生，两人相爱着。但不久灾难来临，太湖中出现一条恶龙，作恶多端，扬言要碧螺姑娘作它的妻子，如不答应，要让人民不得安宁。阿祥得知此事后，便决心为人民除害，他手持鱼叉潜入湖底，与恶龙搏斗，最后终将恶龙杀死，但阿祥也因流血过多昏迷过去。碧螺姑娘将阿祥抬到家中，亲自照料，但总不见转好。碧螺姑娘为了抢救阿祥便上山找草药。在山顶见有一株小茶树，虽是早春，但已发新芽，她用嘴逐一含着每片新芽，以体温促其生长，芽叶很快长大了，她采下几片嫩叶泡水后给阿祥喝下，阿祥果然顿觉精神一振，病情逐渐好转。于是碧螺姑娘把小茶树上的芽叶全部采下，包好紧贴胸前，使茶叶慢慢暖干，然后泡茶给阿祥喝。阿祥喝了这种茶水后身体很快康复，两人陶醉在爱情的幸福之中。然而碧螺姑娘却一天天憔悴下去，原来，姑娘的元气全凝聚在茶叶上了，最后姑娘带着甜蜜幸福的微笑倒在阿祥的怀里，再也没有醒过来。阿祥悲痛欲绝，把姑娘埋在了洞庭山上。从此，山上的茶树越长越旺。为了纪念这位美丽善良的姑娘，乡亲们便把这种名贵的茶叶，取名为"碧螺春"。

十六、白牡丹

福建福鼎县一带，盛产白牡丹茶，说这种茶是由白牡丹花变成的。传说在西汉时期，有位名叫毛义的太守，清廉刚正，因看不惯贪官当道，于是弃官随母去深山老林归隐。母子俩骑着白马来到一座青山前，只觉得异香扑鼻，于是便向路旁一位鹤发童颜、银须垂胸的老者，探问香气来自何处。老人指着莲花池畔的十八棵白牡丹说，香味就来源于它。母子俩见此处似仙境一般，便留了下来，建庙修道，护花栽茶。一天，母亲因年老加之劳累，口吐鲜血病倒了。毛义四处寻药，正在万分焦急、非常疲劳睡倒路旁时，梦中又遇见了那位白发银须的仙翁。仙翁问清缘由后告诉他："治你母亲的病须用鲤鱼配新茶，缺一不可。"毛义醒来回到家中，母亲对他说："刚才梦见仙翁说我须吃鲤鱼配新茶，病才能治好。"母子俩人同做一梦，认为定是仙人的指点。这时正值寒冬季节，毛义到池塘里破冰捉到了鲤鱼，但冬天到哪里去采新茶呢？正在为难之时，忽听得一声巨响，那十八棵牡丹就成了十八棵仙茶。毛义立即采下茶叶晒干，说也奇怪，白毛茸茸的茶叶竟像是朵朵白牡丹花，且香气扑鼻。毛义立即用新茶煮鲤鱼给母亲吃，母亲的病果然好了，她嘱咐儿子好生看着这十八棵茶树，说罢跨出门便飘然飞去，变成了掌管这一带青山的茶仙，帮助百姓种茶。后来为了纪念毛义弃官种茶，造福百姓的功勋，建起了白牡丹庙，把这一带所产的名茶，叫做"白牡丹"。

十七、凤凰单丛

凤凰山种茶，相传始于南宋末年（1279）。因元军进逼，宋帝赵昺，从广东厓山（今广东新会南）流亡至凤凰山，口渴难耐才采当地茶树叶片，烹制成茶汤解渴，称赞乌崠山（凤凰山支脉）茶树风韵奇特，最能解渴生津。从此，广为种植，并称誉茶树为"宋种"。在凤凰山的乌崠山上，至今还保留着自宋起，历经元、明、清，直至现代的不同生长树龄的茶树千余株，树龄最大的达800年以上。经专家鉴定和当地茶农世代实践所得，将乌崠山上的"宋种"茶树，选用树型高大的凤凰水仙群体品种中的优异单株，单独采制成的乌龙茶，称之为凤凰单丛系列乌龙茶，至少有80余个品系。这些不同命名的凤凰单丛茶品系，虽种在同一座乌崠山上，只因他们的树龄不一，种质有别，结果使炒制而成的每种单丛茶，具有自己的"山韵蜜味"。

十八、铁观音

福建安溪产的铁观音茶，有"美如观音重如铁"之誉。对这种茶树的由来，安溪民间传说有二：一是说清乾隆年间（1720年前后），安溪西坪松林头村茶农叫魏荫（也有称魏饮，1703—1775），他本信佛，每日晨昏必奉清茶供观音菩萨，十多年来，从不间断，十分虔诚。一夜，他梦见在山崖上有一株透发兰花香味的茶树，正想采摘时，一阵狗吠把好梦惊醒。第二天起床

乌崇山
单丛茶园

后，他立即去后山崖，寻找这棵茶树，果然找到了与梦中一模一样的茶树。魏荫认为这是茶中之王，决心用压条方法进行繁殖。他先把茶苗种在家中的几个铁锅里，茶树长大后，采下茶叶精工制作，品质非凡。他把这些茶叶密藏于罐中，每逢贵客临门，便泡茶待客，品尝过的人个个称赞不已。有位塾师尝过此茶后，觉得香气特殊，问是哪里来的。魏荫就将梦中见宝茶的事说了一遍。塾师认定这茶一定是观音托梦所赐，用铁锅栽种，茶叶重实如铁。便说，这茶美如观音重如铁，又是观音托梦所获，就叫它为"铁观音"。二是说安溪西坪尧阳书生王士让（也有称王士谅），在清乾隆初与诸生会文于南山，见南轩之旁的乱石荒园间有一株茶树，光彩夺目，遂移植于南轩之圃，精心培育，终于制成香气超群的茶叶。清乾隆六年（1741），王士让奉召进京，参谒相国方溪望时，以茶相赠，再由相国转呈内廷，博得皇上青睐。因奏本时，说此茶栽于西坪南山观音岩下，故乾隆赐名为"南岩铁观音"。

十九、蒙顶茶

四川雅安蒙顶山产的蒙顶茶，它的来历非常动人。传说古时候，青衣江有条仙鱼，经过千年修炼，成了一个美丽的仙女。仙女扮成村姑，在蒙山玩耍，拾到几棵茶籽，这时正巧碰见一个采药青年吴理真，两人一见钟情。鱼仙掏出茶籽，赠送给吴理真，订了终身，相约在来年茶籽发芽时，鱼仙就来和理真成亲。鱼仙走后，吴理真就将茶籽种在蒙顶山上。第二年春天，茶籽发芽了，鱼仙出现了。两人成亲之后，相亲相爱，共同劳作，培育茶苗。鱼仙解下肩上的白色披纱抛向空中，顿时白雾弥漫，笼罩了蒙山顶，滋润着茶苗，茶树越长越旺。鱼仙生下一儿一女，每年采茶制茶，生活倒也美满。但好景不长，鱼仙偷离水晶宫，私下与凡人婚配的事，被河神发现了。河神下令鱼仙立即回宫。天命难违，鱼仙只得忍痛离去。临走前，嘱咐儿女要帮助父亲培植好满山茶树，并把那块能变云化雾的白纱留下，让他永远笼罩蒙山，滋润着茶树。吴理真一生种茶，活到八十，因思念鱼仙，最终投入古井而逝。后来有个皇帝，因吴理真种茶有功，追封他为"甘露普慧妙济禅师"。蒙顶茶因此世代相传，朝朝进贡。

二十、四贤茶

明代中期，生活在吴门（通常指苏州一带，它是古吴国都城）的唐伯虎、祝枝山、文徵明、周文宾，可谓家喻户晓，人称吴门四才子，又称江南四大才，民间流传他们的故事也多。话说有一天，四才子兴致勃发，一路游至泰顺（今属浙江温州），在酒足饭饱，昏昏然欲睡之际。唐伯虎说道："久闻泰顺的茶叶是茶中的上品，何不沏上几碗，借以提神。"片刻，香茶就端了上来。祝枝山说："品茗怎么可以没有诗歌助兴呢？我们今天就以品茗为题，各吟一句，联成一首绝句如何？"才思敏捷的唐伯虎马上起头道："午后昏然人欲眠。"祝枝山续道："清茶一口正香甜。"文徵明灵机一动，曰："茶余或可添诗兴。"周文宾略加思索，结尾言道："好向君前唱一篇。"茶庄老板，也不是等闲之称，便将四句七言诗记在心间，立马将当地名茶包装成盒，命名为"四贤茶"，并将四句名言印在盒上，于是泰顺茶便名声远扬。

二十一、午子仙毫

据说很久以前，在陕西西乡县城外有一座秀丽的山峰上，来了一位秀丽而善良的种茶姑娘，因她出生于午夜子时，所以人称"午子姑娘"。姑娘不但在山顶种茶，还在路旁搭起茶棚，方便过往行人。一日，有位高僧送午子姑娘对联一副，上联：龙脖洞中水，下联：午子山顶茶，横额：仙境双绝。他向众人解释道："此'双绝'乃指两双，即茶与水，环境与美女也"，后来被人们称为品饮"四要"。据传，还被茶圣陆羽收集到"茶经"之中。从此，午子姑娘以茶待客的美名广为人民传颂。此事被皇上知道了，一日皇上顺路驾临午子山，亲口品饮午子姑娘煎的香茗后，感慨地说道："喝遍天下香茗，还数此茶最好。"随即将此茶钦定为贡品，专供皇宫所用，并封午子姑娘为"御前茶侍"，一同进宫。然而皇上的"好意"遭到午子姑娘断然拒绝，于是龙颜大怒，吩咐侍从砍去午子山茶，还拆掉茶棚。这时，午子姑娘便对皇上说："只要皇上能将我带出午子山，我便随皇上一同进宫。"皇上听罢命御林军将午子姑娘护送返京。当走至白松崖时，天上突然刮起一阵狂风，午子姑娘借风纵身一跃，跳下了山崖，变成一只美丽的金凤凰，绕

午子山茶园

着茶园飞过一圈后，便飞向天空远处。皇上觉得天意难违，便令众人速速摆驾，返回了京城。从此午子山的茶园保住了，午子仙女的传说也被人们一代又一代的传颂着。从此以后，人们为了纪念美丽善良的午子仙女，把每年清明前在山顶所采的新茶嫩芽，看作是午子姑娘的化身，取名为"午子仙毫"。当年午子姑娘搭起茶棚的地方，修建了一座"道观"，取名为"午子观"。

第九节 茶的其他文学艺术

茶事文学艺术作品，除了以上提到的以外还有很多，这里只能择要简介如下。

一、茶事谚语

茶事谚语，其实就是茶事俗语。它始于唐代，其特点是民间口头相传，易讲、易记，但富含哲理。其内容涉及茶的栽种、采制、贮存、品饮等各个方面。现将在民间流传广、又有代表性的茶事谚语，简述如下。

（一）茶树种植谚语

如"千杉万松，一生不空；千茶万桐，一世不穷。"说种茶和种杉、种松、种桐一样，都可致富。"桑栽厚土扎根牢，茶种酸土呵呵笑。"说的是种桑要土层厚，种茶要选择酸性土。"向阳好种茶，背阳好插杉。"说的是茶树要种在阳坡，杉树要植在阴坡。

（二）茶树栽培谚语

如"七挖金，八挖银，九冬十月了人情。"说的是在长江中下游一带，茶树深耕以农历七月份为最好，其次是八月，九、十月没有什么效果，只是了却人情。"若要茶树好，铺草不可少。"说的是茶园铺草，可以起到抗旱、抑草、作肥的作用。"春山挖破皮，伏山挖见底。"说的是春季以浅耕"破皮"为宜，伏天则要深耕"挖见底"。"拱拱虫拱一拱，茶人要喝西北风。"说的是拱拱虫（茶尺蠖）对茶树生长危害很大，会影响茶农生活。"熟地加生泥，赛如吃高丽。"说的是茶园加"客土"（生泥），比人吃"高丽"人参还要补。"基肥足，春茶绿。"说的是深秋施基肥，最有利于春茶的生产。

（三）茶树采摘谚语

说"笋者上，牙者次。"说的是粗壮的茶芽要比瘦小如牙的茶芽品质好。"早采三天是个宝，迟采三天是根草。"说的是采茶必须及时，迟采会严重影响茶的品质。"割不尽的麻，采不完的茶。"说麻割了还可从根部抽生，茶采后还可不断发芽采摘。"摘秋茶，犯天骂。"说的是茶树虽是常绿植物，采了春、夏茶后，秋茶就要留养了。

（四）茶叶制造谚语

如"嫩叶老杀，老叶嫩杀。"说的是嫩叶含水量多，酶的活性强，在茶叶制造过程中的杀青要"老杀"，要多除去水分；反之要"嫩杀"。"小锅脚，对锅腰，大锅帽。"说的是制造珠茶时，炒小锅是使细小的茶做圆，炒对锅是使不大不小的"腰档茶"做圆。炒大锅是使大的"面张茶"做圆。

（五）茶叶贮存谚语

如"茶是草，箬是宝。"说的是箬对密封保存茶的作用。否则，茶为变质成草。"贮存好，无价宝。"说的是茶的保管，这对保持茶的品质具有重要的作用。

（六）茶叶品饮谚语

如"白天皮包水，晚上水包皮。"说白天坐茶馆饮茶，肚中藏的是茶水；晚上去浴室洗澡，用水冲泡全身，这是江南水乡饮茶者的写照。"春茶苦，夏茶涩。要好吃，秋白露。"说春茶、夏茶和秋茶，其品质是不一样的。"开门七件事，柴米油盐酱醋茶。"说的是茶等同柴米油盐酱醋，是人民生活的必需品。"宁可一日无粮，不可一日无茶。"说的是边陲兄弟民族，虽每日不

澳门
茶事邮票

民初发行的
丝茶银行纸币

茶事
电话磁卡

可无粮，但也不能无茶。与此相关的还有类似的茶谚，如"手鞭不离手，奶茶不离口"等。

二、茶事谜语

它以茶事为题材，用隐喻、形似、暗示，或说出某一特征的方法，让人猜测为何事、何物。所以，又称茶事隐语。茶谜的种类很多，下面以谜底为例，分述如下。

（一）谜底猜物茶谜

如"生在山中，一色相同。泡在水中，有绿有红。"相同谜底的还有"坐在青山叶儿蓬，死在湖中水变色。人家请客先用我，我又不在酒席中。"谜底指的都是茶。

（二）谜底猜词语茶谜

如"言对青山青又青，二人土上说原因。三人牵牛牛无角，草木之中有一人。"谜底为请坐奉茶。

又如"一人能挑二方土，三口之家乐融融；夕阳下时寻一口，此人还在草木中。"谜底为佳品名茶。

（三）谜底猜器具茶谜

如"人间草木知多少。"谜底为茶几。

又如"一只无脚鸡，立着永不啼。喝水不吃米，客来把头低。"谜底为茶壶。

（四）谜底猜树种茶谜

如"娘在江南黄土，出世清明前后。吃过多少苦头，还要陪客进口。"谜底为茶树。

（五）谜底猜物名茶谜

如"山中无老虎，猴子称大王。"谜底为太平猴魁（茶）。

又如"全民种树种草。"谜底为宜兴绿（茶）。

此外，在茶事文学艺术中，还有茶事邮政、茶事剪纸、茶事雕刻等，在此不再赘述。

第十章
茶文化与生活

茶早已成为中国人生活的重要组成部分。林语堂先生的一番话，或许让我们更加明白茶在中国人生活中的地位：『饮茶为整个国民的日常生活增色不少。它在这里的作用，超出了任何一项同类型的人类发明。饮茶还促使茶馆进入人们的生活，相当于西方普通人常去的咖啡馆。人们或者在家里饮茶，或者在茶馆饮茶；有自酌自饮的，也有与人共饮的；开会的时候喝茶，解决纠纷的时候也喝茶；早餐之前喝，午夜也喝。只要有一茶壶，中国人到哪儿都是快乐的。』

茶不仅起到解渴生津、防病健身的作用；而且可以收到心平气和、知书达理的功效，让人从从容容去面对生活，这是饮茶给人们带来的好处，也是中国茶文化的精髓所在。

以茶为乐

客来敬茶

第一节 待茶、奉茶和赐茶

人们在不断探索中发现，饮茶除了解渴生津、防病强身外，还可以"细咽咀华"，促进人的思维；细斟缓咽，唤起人的心情；把握茶艺，升华人的精神；敬奉杯茶，拉近人们的感情距离。所以茶与人民的生活密切相关，人的生活是离不开茶的。

一、客来定会敬茶

客来敬茶是中国人的待客之道，是人与人之间的常礼。在一杯茶中，既凝聚着中国传统文化的基本精神，又充满着中国传统文化的艺术气息。路边的大碗茶，固然受到过往行人的欢迎，而在茶艺馆中高消费的一杯茶，同样为爱茶人所喜爱。这里虽然有物质投入的差别，但主要还是因为后者包涵了众多茶文化的艺术品位。所以，两者价格即便相差千倍，也在所不惜。客来敬茶，它在包容物质和文化的同时，更汇聚着一种情谊，充满着一份激情，这种精神的"东西"却是无价的。这一传统礼仪，在中国流传至少已有千年以上历史了。

史书记载：早在东晋时，已有以茶待客之举。唐代颜真卿的"泛花邀坐客，代饮引清言"，宋代杜耒的"寒夜客来茶当酒，竹炉汤沸火初红"，清代高鹗的"晴窗分乳后，寒夜客来时"等诗句，更明白无疑地表明了中国人民，历来有客来敬茶和重情好客的风俗。

其实，客来敬茶是中国人的一种礼俗。客人饮与不饮无关紧要，它表示的是一种待客之礼，待人之道。按中国人的礼俗，凡有客进门敬茶是不可省的，体现的是一种文明与礼貌。

按中国人的习惯，客来敬茶时，倘若家中藏有几种名茶，还得一一介绍，向客人介绍这种名茶的由来和有关的故事。当然，也有的会同时拿出几种名茶，让客人品尝比较，引起客人对茶的兴趣与好感，从中也增添了主客之间的亲近感。

至于泡茶用的茶具，最好富有艺术性，即使不是珍贵之作，也一定会洗得干干净净。若污迹斑斑则被视为是一种不文明的表现，是对客人的一种"不恭"。如果用的是一种珍稀或珍贵的茶具，那么，主人也会一边陪同客人饮茶，一边介绍茶具的历史和特点，制作和技艺，通过对壶艺的鉴赏共同增进对茶具文化的认识，使敬茶情谊得到升华。

七分茶，三分情

敬茶时，按中国人的礼节，都必须恭恭敬敬地用双手奉上。讲究一些的还会在饮茶杯下配上一个茶托或茶盘。奉茶时，用双手捧住茶托或茶盘，举至胸前，轻轻道一声："请用茶！"这时客人就会轻轻向前移动一下，道一声："谢谢！"或者是用右手食指和中指并列弯曲，轻轻叩击桌面，表示"双膝下跪"，这同样是表示感谢之意。倘若用茶壶泡茶，而又得同时奉给几位客人时，那么与茶壶匹配的茶杯，其用茶量宜小不宜大，否则无法一次完成，无形中造成对客人有亲疏之分，这是要尽量避免的。如果壶与杯搭配相宜，正好"恰到好处"，那么说明主人茶艺不凡，又能引起客人的情兴与共鸣，实在是两全其美。

二、沏茶注重礼仪

客来敬茶，在注重礼节的同时，还要注重沏茶礼仪。在泡茶时，最好避免用手直接抓茶，可用瓷器、角质、竹木等制作的茶匙逐壶（杯）添加茶叶。

如果客人是体力劳动者，或是老茶客，一般可泡上一杯饱含浓香的茶汤；如果客人是文人学士，或无嗜茶习惯的，一般可以泡上一杯富含清香的茶汤；倘若主人并不知道客人的爱好，又不便问时，那么不妨按一般要求，泡上一杯浓淡适中的茶汤。这种根据来客需要而进行泡茶的做法，叫做"因人泡茶"。

泡茶用水必须是清洁无异味的。泡茶时，不宜一次将水冲得过满。以七八分满为宜，这叫"七分茶，三分情"。送茶时，切不可单手用五指抓住壶沿或杯沿提与客人，这样做既不卫生，又缺少礼貌。

如果是宴请宾客，那么还得敬上餐前茶和餐后茶。餐前茶一般选饮的是清香爽口的高级绿茶或花茶，以清淡一些为宜，目的在于清口；餐后茶一般选饮的是浓香甘洌的乌龙茶或普洱茶，以浓厚一些为宜，目的在于去腻助消化，还可起到解酒的作用。不过，在饭店和宾馆用得最普遍的是餐前茶；在家庭用得最普遍的是餐后茶。

另外，在粤港地区还风行吃早茶。早茶又称"一盅（茶）两件（点心）"，实为早餐，多在上班前去专设的早餐店用餐。

粤港风行吃早茶

请喝一杯茶

　　中国人饮茶有"一人得神，二人得趣，三人得味，七八人是施茶"的说法。在工作之余，约上一二知己，一边饮茶品茗，一边促膝谈心，自有茶趣在其中。中国有句俗语，叫做"酒逢知己千杯少"，饮茶又何尝不是如此呢？老朋友在一起，细啜慢饮，推心置腹，无所不谈，自然有"饮不尽的茶，说不完的话"之趣。如果许多人在一起，大杯喝茶，那只好天南地北、高谈阔论，要相互交心，则难以办到。明人冯可宾在《岕茶笺》中写道："茶壶以小为贵，每一客壶一把，任其自斟自饮方为得趣，何也，壶小则香不涣散，味不耽搁。"所以，那种大碗急饮，通常只有在经过强体力劳动，口渴唇干时才会见到。中国人遇到喜事常以一醉方休为快！有趣的是：茶喝得过多、过浓，也会发生"茶醉"。这一是因为茶叶中含有较多的咖啡因，它能刺激中枢神经系统，使人精神兴奋。如有的人与老友重逢，促膝长谈，频频饮茶，毫无倦意，"莫道清茶不是酒，情到浓时也醉人"，这种超乎寻常的兴奋状态，其实就是一种"茶醉"的表现。二是有的人平日不甚饮茶，一旦饮茶多了，或是在空腹时饮了浓茶，身体一时适应不过来，产生恶心、头晕，甚至冒虚汗等，也是"茶醉"的表现。遇到这种情况，只要吃上几块糖果，再喝几口白开水，就可以解醉了。

　　客来敬茶，在做到技熟艺美的同时，对奉茶者来说，还要有良好的气质和风姿，一个人的长相是天生的，是父母的遗传因子决定的，并非自己可以选择。但自己可以通过努力，不断加强自我修养，即使自己容貌平平，客人也可从他（她）的言行举止，甚至衣着打扮中发现自然纯朴之美，甚至变得更有个性和魅力，从而使客人变得更有情趣，很快进入饮茶的最佳境界。相反，虽然生就一张漂亮的面孔，但倘若举止轻浮，打扮妖艳，言行粗鲁，反而会使人生厌，使客人对饮茶变得无趣，甚至讨厌。这就是人们常说的："人并非因漂亮而变得可爱，而只有可爱才会使人变得漂亮。"客来敬茶，同样如此。

　　一个人的气质，对客人敬茶也很重要，倘有较高的文化修养，得体的行为、举止，以及对茶文化知识的了解和掌握，做到神、情、技动人，自然会给客人以舒心之感。总之，客来敬茶，要体现出以茶为"媒"，使主客之间焕发出自内心的情感，而最终达到亲近有加。

三、赐茶传递情谊

中国人不但有客来敬茶、讲究礼仪的习惯；而且还有赐茶奉客表情谊的做法。倘若"有朋自远方来"，主人敬茶时发现客人对冲泡的茶情有独钟时，那么主人只要家中藏茶还有富余，一定为分出茶来当即馈赠给客人。或者是亲朋好友，常因远隔重洋，关山阻挡，不能相聚共饮香茗，引为憾事，于是千里寄新茶，以表怀念之情。这种情况，在宫廷中也常有所闻，即表现为皇帝向大臣赐茶。据《苕溪渔隐丛话》载：顾渚紫笋"每岁以清明日贡到，先荐宗庙，然后分赐近臣"。唐代以茶分赐臣僚的例子很多。其实，这种风尚表现在社会上，凡亲朋之间相馈赠茶叶的做法，为时更早。这可从唐代大诗人李白的《答族侄僧中孚赠玉泉仙人掌茶诗》中，看得十分清楚。

此外，唐代大诗人白居易的"蜀茶寄到但惊新，渭水煎来始觉珍"；齐己的"灉湖唯上贡，何以惠寻常"；薛能的"粗官寄与真抛却，赖有诗情合得尝"。宋代王禹偁的"样标龙凤号题新，赐得还因近作臣"；梅尧臣的"啜之始觉君恩重，休作寻常一等夸"和"忽有西山使，始遗七品茶"；黄庭坚的"因甘野夫食，聊寄法王家"；陆游的"平食何由到草莱，重奁初喜坼封开"。明代谢应芳的"谁能遗我小团月？烟火肺肝令一洗"；徐渭的"小筐来石埭，太守赏池州"。清代郑燮的"此中蔡（襄）丁（渭）天上贡，何期分赐野人家"等诗句，都充分表现了亲朋间千里分享新茶佳茗的喜悦之情。其实，这种远地送茶寄亲人的风俗，时至今日，依然如故。它通过送茶这一形式，使远方的亲朋好友，能体察到朋友的情谊，进一步增加亲近感，最终达到敬客之意。

第二节　斗茶、点茶与分茶

斗茶是宋、元、明时期，上至宫廷、下至民间，普遍盛行的一种以战斗的姿态，审评茶叶优劣的方法。斗茶时，既要讲究茶品，又要注意水质，还要重视技和艺，可谓是中国古代全民评茶的集大成。这种评茶的方式，一直流传至今，仍常为民间采用。

至于分茶，以及分茶结合点茶而衍生出来的茶百戏，实是一种点茶游戏，使点茶变得更有情趣。

一、斗茶的发生与发展

斗茶，又称茗战，用以战斗的姿态，互评互比茶的优劣，决出胜负。据载，斗茶始于唐，但入宋后斗茶更盛，上至帝王将相，下至平民百姓，乐极一时，具有很强的胜负色彩，成为当时极

元代
赵孟頫《斗茶图》

明万历
刻本《斗茶图》

具刺激性和挑战性一种活动。

（一）斗茶的兴起

斗茶的兴起与推行的贡茶有关。特别是入宋以后，由于贡茶的需要，使斗茶之风很快兴起。宋太祖首先移贡焙于建州的建安。据北宋蔡襄《茶录》载，宋时建安盛行斗茶之风。建安，即现今福建省的建瓯县。宋时，朝野都以建安所产的建茶，特别是龙团凤饼最为名贵，并用金色口袋封装，作为向朝廷进贡的贡茶。宋徽宗赵佶在《大观茶论》称："本朝之兴，岁修建溪之贡，龙团凤饼名冠天下。"由于制作贡茶的需要，建州的斗茶之风也最为盛行。

北宋蔡襄在《茶录》中亦谈到：斗茶之风，先由唐代名茶、南唐贡茶产地建安兴起。于是，就出现了斗茶。用斗茶斗出的最佳名品，方能作为贡茶。所以说斗茶是在贡茶兴起后才出现的。

由于贡茶的需要，推动了宋代斗茶之风盛行。宋代唐庚写了一篇《斗茶记》，说："政和二年三月壬戌，二三君子相与斗茶于寄傲斋，予为取龙塘水烹之，而第其品，以某为上，某次之。"并说："罪庚之余，上宽不诛，得与诸公从容谈笑，于此，汲泉煮茗，取一时之适。"从文中可以看出：其时，唐庚当时还是一个受贬黜的人，但还不忘参加斗茶，足见宋代斗茶之盛。

元代继宋人所好，斗茶之风不减。元代的赵孟頫仿画过一幅《斗茶图》：它真实地反映宋时盛行、并已深入到民间的斗茶之风。《斗茶图》虽为艺术之作，但却把元代斗茶的情景，作了全景式的描绘，使后人对元代民间斗茶有所了解。

明代斗茶，虽然有关记载不多，但仍未消失，这可从明代大画家仇瑛绘的《松溪·斗茶图》、明万历刻本《斗茶图》中得到信息。

斗茶，虽盛于宋、元，却在古代茶文化史上留下了重要的一页。只是从明代以后，斗茶已演变成为审评茶叶的一种技艺和评比名优茶的一种方法罢了。

龙团凤饼
茶模

（二）斗茶原由

为何斗茶？北宋范仲淹的《和章岷从事斗茶歌》说得十分明白："北苑（茶）将斯献天子，林下雄豪先斗美（茶）。"为了将最好的茶献给朝廷，达到晋升或受宠之爱，斗茶也就应运而生。北宋苏东坡《荔枝叹》诗曰："武夷溪边粟粒芽，前丁（谓）后蔡（襄）相笼加；争新买宠各出意，今年斗品充官茶。"这里的"前丁后蔡"，说的是北宋太平兴国初，福建漕运使丁谓和福建路转运使蔡襄。自唐至宋，贡茶的进一步兴起，茶品愈益精制。再通过斗茶，将斗出来的最好茶品，充作官茶。据北宋欧阳修《归田录》载："茶之品，莫贵于龙凤，谓之团茶，凡八饼重一斤。庆历中，蔡君谟（襄）为福建路转运使，始造小片龙茶以进，其品精绝，谓之小团，凡二十团重一斤，其价值金二两。然金可有，而茶不可多得，每因南郊致斋，中书、枢密院各赐一饼，四人分之。官人往往镂金花于其上，盖其珍贵如此。"宋时，贡茶称之为龙凤团饼，又有大小之分，还镂花于其上，精绝至此。大龙团初创人为丁谓，曾在北苑督造贡茶。而其后的蔡襄，为了博得龙心大喜，在督造福建贡茶时，又在大龙团的基础上，改造小龙团。大龙团原本已是八饼一斤，小龙团却是二十饼一斤，其目的正如苏东坡所说，为的是"相笼加"。结果丁谓终于官至为相，封晋国公。蔡襄召为翰林学士、三司使。

不仅如此，而且还有因献茶得官的。为了博得皇上欢心，更有到处斗茶搜茗，掠取名茶进贡，为此升官发财的。据宋代胡仔《苕溪渔隐丛话》载："郑可简以贡茶进用，累官职至右文殿修撰、福建路转运使。"后来其侄也仿效郑可简"千里于山谷间，得朱草香茗，可简令其子待问进之。因此得官"。其时，又遇宋徽宗赵佶好茶，宫中盛行斗茶之风。为迎合皇室，郑可简还督造"龙团胜雪"（茶），和他儿子的"朱草（茶）"送进宫廷，走升官捷径。这件事，一直被后人讽讥："父贵因茶白（宋代茶以白为贵），儿荣为'朱草'。"终使斗茶斗出了不少笑料。

（三）斗茶方法

北宋的范仲淹《和章岷从事斗茶歌》，专门有一段写斗茶时的情景："鼎磨云外首山铜，瓶携江上中泠水。黄金碾畔绿尘飞，紫玉瓯心雪涛起。斗余味兮轻醍醐，斗余香兮薄兰芷。其间品第胡能欺，十目视而十手指。胜若登仙不可攀，输同降将无穷耻。"这里明白无疑地告诉大家：因为斗茶是在众目睽睽之下进行的，所以茶的品第高低都会有公正的评论。而斗茶的结果，胜利者如"若登仙"，失败者如"同降将"，则是一种耻辱。

对如何斗茶，宋代唐庚在《斗茶记》中写得十分清楚：斗茶者二三人聚集在一起，献出各自珍藏的优质的茶品，烹水沏茶，依次品评，定其高低，表明斗茶是审评茶叶品质高低的一种方法。按照当代的话说，就是名茶评比。现综合宋代有关斗茶史料，将古人斗茶方法，按程序先后，简述如下：

点茶

1.炙茶　如果是陈（饼）茶用"沸汤渍之"，去除膏油，再用微火炙干。新茶，则可免去炙茶。然后用纸趁热包好，以防香气散逸，直至冷却。

2.碾茶　将炙过的茶饼槌成小块，再用茶磨磨成细粉末状。

3.罗筛　即过筛，粗粒重新碾后再筛，直至茶粒全部过筛。

4.候汤　要掌握烧水程度，汤嫩则"沫浮"；汤老则"茶沉"。

5.烘盏　加热茶盏，以发挥"点茶"的最佳效果。

6.点茶　先投茶，后注汤，再调膏，再击拂、点茶。具体"点"和"拂"的方法，在下节中将会提到。

7.品比　按宋代对茶品的要求，斗茶胜负的标准决定于三条：一比茶汤的色泽是否呈白色。"茶色贵白"，以茶汤洁白如乳者为上。二比茶盏四周是否有水痕。蔡襄《茶录》称："视其面色鲜白，着盏无水痕者为绝佳。建安斗试，以水痕先者为负，耐久者为胜。"就是比汤花紧贴盏壁时，"咬盏"时间的长短，凡悬浮在水面的茶沫很快消失，而露出水痕者为下。三比茶汤面上是否浮有细茶末。如果茶末碾得不细，注水后调和不匀，茶末就会很快沉入碗底。凡茶汤面上茶末先沉者为下，后沉者为上。

宋代斗茶不同于唐代以陆羽为代表，以精神享受为目的的品茶。但宋代斗茶是饮茶大盛的集中的表现，上达皇室，下至百姓，都乐于斗茶之道。宋徽宗赵佶《大观茶论》"序"中写道："天下之士，励志清白，竞为闲暇修索之玩，莫不碎玉锵金，啜英咀华，较箧笥之精，争鉴裁之妙，虽否士于此时，不以蓄茶为羞，可谓盛世之清尚也。"在这种情况，不仅达官贵人、骚人墨客斗茶；市井细民、浮浪哥儿同样也爱斗茶。宋代的李嵩、史显祖；元代的赵孟頫；明代的唐寅均绘有《斗茶图》，这些画卷，均展现了斗茶的风采。与此同时，一些与斗茶有关的逸事，也为后人传闻。最为人传颂的，就是有关"苏蔡斗茶"的故事。这里，苏是指北宋福建路提点刑狱苏舜之，即才翁。"蔡"是指北宋福建转运使蔡襄，即蔡君谟。苏蔡两人均爱斗茶。宋人江休复《嘉祐杂志》记有蔡襄与苏舜之斗茶的一段故事：蔡襄斗试的茶精，选用的水是天下第二泉——

天台山

惠山泉；苏舜之所取茶劣于蔡襄，却是选用了天台山竹沥水煎茶，结果苏舜之胜了蔡襄。

　　蔡襄还善于茶的品评和鉴别。他在《茶录》中说："善别茶者，正如相工之瞟人色也，隐然察之于内。"他鉴定建安名茶石岩白，一直为茶界传为美谈。彭乘《墨客挥犀》记载："建安能仁院有茶生石缝间，寺僧采造，得茶八饼，号石岩白，以四饼遗君谟，以四饼密遣人走京师，遗内翰禹玉。岁余，君谟被召还阙，访禹玉。禹玉命子弟于茶笥（即茶箱）中选取茶之精品者，碾待君谟。君谟奉瓯未尝，辄曰：'此茶极似能仁石岩白，公何从得之？'禹玉未信，索茶贴验之，乃服。"北宋欧阳修深知君谟嗜茶爱茶，在请君谟为他书写《集古录序》时，以大小龙团和惠山泉水作为润笔弗。蔡襄称此举是"太清而不俗"。蔡襄年老因病忌茶时，仍"烹而玩之"，爱不释手。

（四）斗茶结果

　　贡茶的兴起以及斗茶的出现，它在带给人民深重苦难的同时，却在一定程度上促进了名茶的发展，以及茶叶品质的不断提高。当然，也会为投机取巧者所利用，为他们讨好皇上、趁机升官提供了机会。但尽管如此，斗茶之风自宋以来，一直流传至今。近代，只是由于生活节奏的加快，人们大多忙于奔波，特别是在一些青年中，难以有较多时间去享受玩味品茗的乐处。但有更多的人还是愿意忙里偷闲，在约上二三知己，或全家聚坐品味一下饮茶的乐处。当今，中国各产茶省区召开的名茶评比会，其实就是古代斗茶的延续，有的人就干脆把评茶称作斗茶。这对创制和发掘名茶，改进制茶工艺，提高茶品，都有着积极的作用。

另外，斗茶对东邻日本和韩国的饮茶也产生了重要的影响，特别是日本。据《吃茶往来》记载：日本斗茶之始，以辨别本茶和非茶为主，这可能是受当时宋代斗茶中辨别北苑贡茶和其他茶区别的影响。当时，日本斗茶有10种方法，赢者可以得到中国产的"文房四宝"。又据日本镰仓时代高僧虎关师炼《元亨释书》载：在延德三年（1491），进行过"四

北京石景山金代赵励墓
壁画点茶图

种十服法"斗茶。就是在斗茶前，先有三种茶让斗茶者品尝一下，以后在十次品尝斗茶过程中反复出现，品有第四种茶只出现过一次。最后看谁能分辨清楚。这种方法与中国的斗茶相比，更有情趣，也更加复杂化，它对以后日本茶道的形成，也产生了不小的影响。

二、点茶与分茶

点茶是一项技艺性很强的沏茶方式。在点茶过程中，茶汤浮面出现的变幻，又使点茶派生出一种游戏，古人称之为分茶，又称茶百戏。所以，点茶与分茶可以说是一根藤上的两个瓜，是相互联系在一起的。

（一）点茶要领

古代烹茶有"唐煮宋点"之说，说的是唐人品茶以煮茶为主，而宋时茶的品饮技艺，已由唐代的煮茶发展为点茶。

点茶的要求很讲究，技术性也很强，所以有"三不点"之说，即点茶时泉水不甘不点，茶具不洁不点，客人不雅不点。宋代胡仔《苕溪渔隐丛话》载："六一居士（欧阳修）《尝新茶诗》云：泉甘器洁天色好，坐中拣择客亦佳。东坡守维扬，于石塔寺试茶，诗云：'禅窗丽午景，蜀井出冰雪。坐客皆可人，鼎器手自洁。'正谓谚云三不点也。"点茶技艺要求很高，北宋苏东坡有诗云："道人晓出南屏山，来试点茶三昧手。"说北宋杭州南屏山净慈寺高僧谦师妙于茶事，品茶技艺高超，达到得之于心，应之于手，非言传可以学到者。因此，人称谦师为"点茶三昧手"。明代韩奕亦有诗曰："欲试点茶三昧手，上山亲汲云间泉。"表明点茶比唐人的煮茶，更加讲究技艺。虽然宋代品茶方式也有采用煮茶的，但凡"茶之侍者，皆点啜之"。宋徽宗赵佶精于茶艺，曾多次为臣下点过茶，宰相蔡京《太清楼侍宴记》记有"遂御西阁，亲手调茶，分赐左右"，这种技艺高超的点茶方式，是宋代品茶集大成的表现。

点茶时，先要选好茶饼的质量，要求"色莹澈而不驳，质缜绎而不浮，举之凝结，碾之则铿

宋代
胡仔《苕溪渔隐丛话》

然，可验其为精品也"。也就是说，要求饼茶的外层色泽光莹而不驳杂，质地紧实，重实干燥。点茶前，先要灸茶，再碾茶过罗（筛），取其粉末。再候汤（选水和烧水）尔后将粉末入茶盏调成膏。同时，用瓶煮水使沸，把茶盏温热。认为"盏惟热，则茶发立耐久"。调好茶膏后，就是"点茶"和"击沸"。

　　点茶，就是把茶瓶里的沸水注入茶盏。点茶时，水要喷泻而入，水量适中，不能断续。而击沸，就是用特别的茶筅，边转动茶筅，边搅拌茶汤，使盏中泛起"汤花"。如此不断地运筅、击沸、泛花，使点茶进入美妙境地。古人称此情此景为"战雪涛"。这是因为宋人崇尚茶汤白色，"战雪涛"其实就是通过点茶和击沸，使茶汤面上浮起一层白色浪花。

　　据北宋蔡襄《茶录·点茶》载："钞茶一钱匕，先注汤，调令极匀；又添注入，环回击拂，汤上盏可四分则止。"点茶的用茶量，按晚唐称量一钱约为四克。点茶的茶器有茶焙、茶笼、砧椎、茶钤、茶碾、茶罗、茶盏、茶匙、汤瓶等，在整个点茶过程中，其中候汤最难，据罗大经《鹤林玉露》载："汤要嫩，而不要太老。""盖汤嫩，则茶味甘，老则过苦矣！"而最为关键的则是点茶。据宋徽宗赵佶《大观茶论》载，点茶之色，以纯白为上；追求茶的真香、本味，不掺任何杂质。

（二）分茶影响

　　分茶，在唐及唐以前，原本是一种烹茶时的待客之礼。到了宋代时，由于斗茶大行，而斗茶时又融合了分茶技艺，使茶汤表面变幻出各种纹饰，于是又出现了一种点茶游茶百戏，实是沏茶

天台山石梁的
下方广寺

日本大圆觉寺内
道元塑像

游戏。但它影响深远，名声远播。

1.何谓分茶 分茶之说，首见唐代韩翃的《为田神玉谢茶表》，其中说道："吴主礼贤，方闻置茗；晋臣好客，才有分茶。"表明分茶是一种待客之礼。宋初沿袭唐人习俗，煎茶用姜、盐，不用者则称分茶。以后，又逐渐将分茶演变成为一种游戏。宋代胡仔《苕溪渔隐丛话》载："分试其色如乳，平生未尝曾啜此好茶。"进行时，表明分茶结合点茶同时进行。"碾茶为末，注之以汤，以筅击沸"，使茶汤表层浮液幻变成各种图形或字迹。北宋陶谷《茗荈录》载："近世有下汤运匕，别施妙诀，使汤纹水脉成物象者……但须臾即就散灭。此茶之变也，时人谓之茶百戏。"表明分茶是宋人点茶时派生出来的一种茶艺游戏，原先主要流行于宫廷闺阁之中，后来扩展到民间，连帝王和庶民都玩。据宋代重臣蔡京《延福宫曲宴记》载：宴会上宋徽宗亲自煮水点茶，击沸时运用高超绝妙的手法，竟在茶汤表层幻画出"疏星朗月"四字，受到众臣称颂。不过，分茶虽出自斗茶中的点茶，着重点不在于斗出好的茶品，而通过"技"注重于"艺"，这个"艺"，就是使茶汤表面显现出变幻的纹饰。但又不同于纯艺术的游戏，似乎两者的因素都有，即在茶艺过程中有游戏，游戏过程中有茶艺。

2.分茶影响 分茶，主要流行于宋、元时期，也可以说是一种茶的艺术，但它给人们带来的影响是很大的，特别是给佛教造成了深远的影响。陶谷《清异录》载：沙门有一个名叫福全的和尚，善于点茶注汤，其工夫能使茶汤表面变幻出诗句来。倘若四盏并点，则会使四盏汤面各现一句诗，最终凑为一首绝句。一次，有人求教，他当场分茶，结果在四个茶盏中，各现诗一句，凑起来即是一首诗："生成盏里水丹青，巧画工夫学不成。却笑虚名陆鸿渐，煎茶赢得好名声。"他笑人间"学不成"此等功夫，还暗自讥讽了唐代"茶圣"陆羽，也无这般功夫。表明分茶虽以点茶为基础，不过"技"和"艺"当在点茶之上。宋代杨万里曾在《澹庵坐上观显上人分茶》一诗中，记述了宋代高僧显上人的高超分茶技艺。他说："分茶何似煎茶好，煎茶不似分茶巧。蒸水老禅弄泉手，隆兴元春新玉爪。二者相遭兔瓯面，怪怪奇奇真善幻。纷如擘絮行太空，影落寒江能万变。银瓶首下仍尻高，注汤作字势嫖姚。不须更师屋漏法，只问此瓶当响答。紫薇仙人乌角巾，唤我起看清风生。京尘满袖思一洗，病眼生花得再明。汉鼎难调要公理，策勋茗碗非公事。不如回施与寒儒，归续《茶经》传纳子。"表明佛教对分茶有更深的了解和掌握。不仅如此，佛教还将分茶加以佛化。就是将分茶时茶盏内茶汤表面出现的泡沫景象和特异情景，与佛教的意念融洽在一起。最富灵验的是浙江天台山的"罗汉供茶"。据《大唐西域记》载："佛言震旦天台山石桥（即石梁）方广圣寺，五百罗汉居焉。"据《天台山方外志》载：宋景定二年（1261），宰相贾似道命万年寺妙弘法师建昙华亭，供奉五百罗汉。分茶时，供茶杯汤面浮现出奇葩，并出现"大士应供"四字。后来，众多诗人吟咏这一"罗汉供茶"奇事。宋代诗人洪适称："茶花本余事，留迹示诸方。"宋代元瑞曰："金雀茗花时现灭，不妨游戏小神通。"这种"罗汉供茶"出现的神灵异感，传至京城汴梁（今河南开封），连仁宗皇帝赵祯，也感动不已，认为这是佛祖显灵，随即派内使张履信持，供施石梁桥五百应真勒："诏曰：闻天台山之石桥应真之灵迹俨存，慨想名山载形梦寝，今遣内使张履信赍沉香山子一座、龙茶五百斛、银五百两，御衣一袭，表朕崇重之意。"表明分茶的声誉影响之深。北宋天台山国清寺高僧处谦，还将天台山方广寺内的分茶灵感，带到杭州，给时任杭州太守的苏东坡察看，苏氏大为赞叹，赋诗《送南屏谦师》曰："天台乳花世不见，玉川（卢仝）风腋今安有？东坡有意续《茶经》，会使老谦名不朽。"苏东坡也感为观叹！

天台山的分茶，还影响到东邻日本。宋乾道四年（1168），日本佛教临济宗创始人千光荣西法师来天台山学佛，对石桥"罗汉供茶"作了考察记录。宋淳熙十四年（1187），荣西第二次来天台山，师从天台山万年寺虚庵怀敞法师，在长达两年多的时间里，每年总要深入万年寺和石桥茶区，考察茶事。宋绍熙二年（1191），荣西回国，后经精心研究，写成日本国第一部茶书《吃茶养生记》。他对天台山石梁"罗汉供茶"亦有记载："登天台山，见青龙于石桥，穆罗汉于饼峰，供茶汤现奇，感异花于盏中。"宋宝庆元年（1225），日本高僧道元来天台山万年寺求法，回国时又将天台山石梁"罗汉供茶"之法，带回日本曹洞宗总本永平寺。据《十六罗汉现瑞华记》载："日本宝治三年（1249）正月一日，道元在永平寺以茶供养十六罗汉，午时，十六尊罗汉皆现瑞华。现瑞华之例仅大宋国天台山石梁而已，本山未尝听说。今日本数现瑞华，实是大吉祥也。"日本佛教界，把中国天台山分茶法带回日本的同时，在分茶时，茶盏茶汤表层浮现的异景，称之为瑞华（花），誉之为吉祥。所以，分茶的影响，不仅波及全国，而且还产生了深远的国际影响。

第三节　茶宴、茶话与茶会

茶宴和茶话会之间既有联系，又有一定差别。大致说来，茶宴在先，茶话会出现较晚。但也有人认为，茶话会是在茶会的基础上发展起来的，起始时期是与茶宴差不多年代。

一、古今茶宴

茶宴，本是朋友间以茶为载体，并配以适量小点的一种清谈雅举。在此基础上，又演绎出茶话会，这是一种"以茶引言，用茶助话"的欢庆习俗。如今已成为中国，乃至世界时尚的集会方式之一。

古长安唐代
墓壁画《宴饮》图

"茶宴"一词的出现，始于南北朝时期。成书于刘宋山谦之的《吴兴记》载："每岁吴兴（今浙江湖州）、毗陵（今江苏常州）两郡太守采茶宴会于此。"但这里的茶宴并非是一个独立的词，是"采茶"与"宴会"的结合。大唐时，茶宴开始盛行。"大历十才子"之一的钱起（生卒不详），写有一首《与赵莒茶宴》载："竹下忘言对紫茶，全胜羽客醉流霞。尘心洗尽兴难尽，一树蝉声片影斜。"诗中说的是钱起与赵莒一道举行茶宴时的愉悦情感，一直饮到夕阳西下才散席。这表明茶宴，原本只是亲朋好友间的品茗清谈的聚会形式，这在其他一些唐人留下的墨迹中，也可得到印证。唐代鲍君徽（女，生卒不详）的《东亭茶宴》诗曰："闲朝向晓出帘栊，茗宴东亭四望通。远眺城池山色里，俯聆弦管水声中。幽篁映沼新抽翠，芳槿低檐欲吐红。坐久此中无限兴，更怜团扇起清风。"在唐代李嘉佑（生卒不详）的《晚秋招隐寺东峰茶宴送内弟阎伯均归江州》诗中，也写道："幸有茶香留稚子，不堪秋风送王孙。"都写出了与至友茶宴时的快慰和令人留恋的心境。

茶宴参加的人数可多可少。如果说钱起和赵莒茶宴只限于二人的话，那么，唐代白居易（772—846）的《夜闻贾常州、崔湖州茶山境会亭欢宴》，则是一次盛大的欢乐茶宴。诗中写道："遥闻境会茶山夜，珠翠歌钟俱绕身。盘下中分两州界，灯前合作一家春。青娥递舞应争妙，紫笋齐尝各斗新。自叹花时北窗下，蒲黄酒对病眠人。"这首诗的前半部是写新茶：常州的阳羡茶和湖州的紫笋茶，互相比美；后半部写歌舞之乐。作者因伤病在床，不能亲自参加这次盛大的茶宴，不胜感慨，遗憾万千。又如唐代吕温写到的三月三日茶宴，它是一篇以茶代宴的聚会形式。他在《三月三日茶宴序》一文中提到："三月三日上巳，禊饮之日也。诸子议以茶，酌而代焉。乃拨花砌，憩庭阴，清风逐人，日色留兴。卧指青霭，坐攀香枝，闲莺近席而未飞，红蕊拂衣而不散，乃命酌捍沫，浮青杯，殷凝琥珀之色。不令人醉，微觉清思，虽五云仙浆，无复加也。座右才子南阳邹子、高阳许候，与二三子顷为尘外之赏，而曷不言诗矣。"吕氏在这篇序中既写了茶宴的缘起，又写了茶宴的幽雅环境，以及茶宴的令人陶醉之情。自唐以后，茶宴这种友人间的以茶代宴的聚会形式，一直延绵不断。如五代时的朝臣和凝，与同僚"以茶相饮"，轮流做东，相互比试茶品，把这种饮茶之乐，美称为"汤社"。

当代茶宴

　　宋代开始，茶宴更盛，特别流行于上层社会和禅林僧侣之间，其中尤以宫廷茶宴为最。这种茶宴通常在金碧辉煌的皇宫中进行，被看作是皇帝对近臣的一种恩赐。所以，场面隆重，气氛肃穆，礼仪严格。这一情景在蔡京的《延福宫曲宴记》有详细记载："宣和二年（1120）十二月癸巳，召宰执亲王等曲宴于延福宫……上命近侍取茶具，亲手注汤击拂，少顷白乳浮盏面，如疏星淡月，顾诸臣曰，此自布茶，饮毕皆顿首谢。"这就是宋徽宗赵佶亲自烹茶赐群臣的情景。

　　文人茶宴多在知己好友间进行，大都选择在风景秀丽、环境宜人、装饰优雅的场所举行，一般从相互间致意开始，然后品茗尝点、论书吟诗。至于禅林茶宴，通常在寺院内进行，参加的多为寺院高僧及当地知名的文人学士。茶宴开始时，众人团团围坐，住持按一定程序冲沏香茗，依次递给大家品尝。对冲茶、递接、加水、品饮等，都按教仪要求进行。在称赞茶美之后，也少不了谈论道德修身、议事叙情。在这方面最负盛名的是浙江余杭的径山（寺）茶宴。据载，宋理宗开庆元年时，日本南浦昭明禅师曾来径山寺求学取经。学成回国时，将径山茶宴仪式一并带回日本，在此基础上，结合日本国情，逐渐形成和发展为以茶论道的日本茶道。各种茶宴虽然目的、要求有所不同，但茶宴的仪式大致是相同的。按宋代《禅苑清规》程式，大致可分为张榜、备席、击鼓、点汤、上香、入座、行盏、评赞、离席、谢客等内容。整个进行过程，都以品茗贯穿始终。所以，对与品茗有关的程序，诸如选茶、择水、配器，以及烧水、点茶、递接，直至观色、闻香、尝味等，都须按要求进行。茶宴进行时，一般先由主持人亲自调茶，以示敬意。然后献茶给赴宴的宾客，宾客接茶先是闻茶香、观茶色，尔后尝味。一旦茶过两巡，便开始讨论禅修[①]，评论茶品，称赞主人品行好、茶味美，随后话题便是转入叙情誉景了。

进入当代社会，随着人们对物质、精神和文化生活要求的提高，茶宴一词又开始较多的见诸人们的日常生活。不过，今日茶宴，大多泛指于以茶配点作宴，或以茶食、茶菜形式作为宴请客人的一种方式。与古人的茶宴相比，虽然形式大抵相同，但内容已经有所改善和提高。与茶宴平行于世，但不像茶宴那样豪华，并经常为世人所采用的还有茶话会，这也是一种以茶叙谊、联络感情的集会形式，它简朴、庄重、随和，受到大家的欢迎。

茶话会

二、茶话会

茶话会，它质朴无华，吉祥随和，因而受到人民的普遍喜爱，广泛用于各种社交活动，上至欢迎各国贵宾，商议国家大事，庆祝重大节日；下至开展学术交流，举行联欢座谈活动，庆贺工商企业开张。在中国，特别是新春佳节，党政机关、群众团体、企事业单位，总喜欢用茶话会这一形式，清茶一杯，辞旧迎新。所以，茶话会成了中国最流行、最时尚的集会社交形式之一。在茶话会上，大家用茶品点，不拘形式，叙谊谈心，好不快乐。在这里，品茗成了促进人们交流的一种媒介，饮茶解渴已经无关紧要。

一般认为茶话会是在古代茶话和茶会的基础上逐渐演变而来的。而"茶话"一词，据《辞海》称饮茶清谈，方岳《入局》诗："茶话略无尘土杂。"今谓备有茶点的集会为茶话会。表明茶话会是指用茶点招待宾客的一种社交性集会形式。而"茶会"一词，最早见诸唐代钱起的《过长孙宅与郎上人茶会》："偶与息心侣，忘归才子家。玄谈兼藻思，绿茗代榴花。岸帻看云卷，含毫任景斜。松乔若逢此，不复醉流霞。"诗中表明的是钱起、长孙和郎上人三人茶会，他们一边饮茶，一边言谈。他们不去欣赏正在开放的石榴花，且神情洒脱地饮着茶，甚至连天晚归家也忘了。茶会欢乐之情，溢于言表。如此看来，茶话会与茶宴一样，已有千年以上历史了。

茶话会在中国出现以后，这种饮茶集会的社交风尚，也慢慢地传播到世界各地。根据历史记载，17世纪中叶，荷兰商人把茶运往英国伦敦，引起英国人的兴趣。当时，英国社会上酗酒之风很盛，特别是上层社会和青年中间更为严重。1662年，葡萄牙公主凯瑟琳嫁给英王查理二

①禅修：泛指心灵的培育。

葡萄牙公主
凯瑟琳

荷兰
茶迷贵妇人

世，她把饮茶风尚带到英国，还在皇宫举行茶会，成了朝廷的一种礼仪。当时，显贵人家都辟有茶室，用茶待客，以茶叙谊，成为主妇们的一种时尚。自此，英国人尊称凯瑟琳为"饮茶王后"。18世纪时，茶话会已盛行于伦敦的一些俱乐部组织。至今，英国的学术界仍经常采用茶话会这种形式，边品茶，边研究学问，其名为"茶杯精神"。17世纪末18世纪初，荷兰饮茶成风，主妇们以品茶聚会为乐事，甚至达到了着迷的程度。当时荷兰上演的戏剧《茶迷贵妇人》说的就是这件事。在日本，特别推崇茶道；在韩国，讲究茶礼；在东南亚各国，时尚以茶敬客。在这些国家里，政界、商界、社团等，都喜欢用茶话会形式，进行各种社交活动。

由于茶话会廉洁、勤俭，简单朴实，又能为社交起到良好的作用，所以很得人心。在中国目前仍很流行，已被机关团体、企事业单位普遍采用。特别是20世纪90年代以来，茶话会已成为中国，以及世界上众多国家最为时尚的社交集会方式之一。

第四节　茶馆、茶摊与施茶会

茶馆是指用来专门饮茶的场所。通常有固定的场所，坐茶馆是人们休闲生息、议事叙谊、买卖交易的好去处。但也有一种称之为茶摊的，它没有固定的场所，是流动式的或季节性的，主要功能是为过往行人提供解渴之便。更有甚者，还有一种由民间出资，专为过往行人提供免费饮茶的施茶会。如今，茶馆、茶摊和施茶会都是人们生活不可缺少的组成部分，是一种特殊的生活服务行业，受到人们的喜爱。

一、茶馆

茶馆，又称茶楼、茶坊、茶肆、茶寮
等，现代人又更多地称为茶艺馆。中国的茶
馆遍及大江南北，无论是城镇，还是乡村；
无论是产茶区，还是非茶区，东西南北中，
几乎随处可见。在这里，不分职业、不讲
性别、不论长幼、不谈地位、不分你我他，
都可以随进随出，可以广泛接触到各阶层人
士；在这里，可以探听和传播消息，抨击和
公断世事，并进行思想交流、感情联络和买
卖交易；在这里，可以品茗自乐、休闲生息

清末民初的
上海湖心亭茶馆

和养精蓄力。所以，坐茶馆，既是人们生活的需要，又符合中国人历来有扎堆闲谈和"摆龙阵"
的风习，这也是中国人喜欢坐茶馆的缘由之一。

（一）茶馆的形成

茶馆的形成是有一个过程的。据《广陵耆老传》载："晋元帝时（317—323），有老姥，
每旦独提一器茗，往市鬻之，市人竞买。"表明晋时，已有在市上挑担卖茶水的。南北朝时，品
茗清谈之风在中国兴起。当时已出现茶寮，是专供人喝茶歇脚的，这种场所称得是中国茶馆的雏
形。而真正有茶馆记载，则是唐代封演的《封氏见闻记》，其中写道："自邹、齐、沧、棣，渐
至京邑城市，多开店铺，煎茶卖之，不问道俗，投钱取饮。"表明在唐时，在许多城市，已开设
有许多煎茶卖茶的店铺。这种店铺，已称得上是茶馆了。

宋代时，茶馆业开始繁华兴盛，当时北宋的京城汴京（今开封），据宋代张择端《清明上河
图》绘画所载：图中虹桥的右下部及对岸河边，茶铺一字排开，屋檐下方桌排列有序，许多饮茶
者在席间喝茶闲谈。

据宋代孟元老《东京梦华录》载："潘楼东去十字街，谓之土市子，又谓之竹竿市。又东
十字大街，曰从行裹角，茶坊每五更点灯，博易买卖衣服图画、花环领抹之类，至晓即散，谓
之鬼市子。"又曰："旧曹门街，北山子茶坊，内有仙洞、仙桥，仕女往往夜游吃茶于彼。"
表明其时除由白天营业的茶馆外，还有供仕女们吃茶的夜市茶馆和人们进行交易的早市茶馆。此
外，据孟元老记载，在汴京还有从清晨到夜晚，全天经营的茶馆。至南宋，据《都城纪胜》载：
当时南宋京城临安（今杭州）有"大茶坊张挂名人书画，在京师只熟食店挂画，所以消遣久待
也。今茶坊皆然。冬天兼卖擂茶或卖盐豉汤，暑天兼卖梅花酒。……茶楼多有都人子弟占此会
聚，习学乐器或唱叫之类，谓之挂牌儿。人情茶坊，本非以茶汤为正，但将此为由，多收茶钱

《梦粱录》中的
茶馆

也。又有一等专是娼妓弟兄打聚处；又有一等专是诸行借工卖伎人会聚行老处，谓之市头。水茶坊，乃娼家聊设桌凳，以茶为由，后生辈甘于费钱，谓之干茶钱。"由此可见，南宋杭州的茶馆，形式多样，在"都人"大量流寓以后，较北宋汴京的茶馆更加排场，数量也更多了。据《梦粱录》载，南宋时杭州"处处各有茶坊"，"今之茶肆，列花架、安顿奇松异桧等物于其上，装饰店面，敲打响盏歌卖。止用瓷盏漆托供卖，则无银盂物也。……大凡茶楼，多有富室子弟、诸司下直等人会聚"。接着，《梦粱录》还对"花茶坊"和其时杭州的几家有名茶店，也特别作了详细介绍："大街有三五家开茶肆，楼上专安著妓女，名曰'花茶坊'，如市西坊南潘节干、俞七郎茶坊，保佑坊北朱骷髅茶坊，太平坊郭四郎茶坊，太平坊北首张七相干茶坊，盖此五处多有吵闹，非君子驻足之地也。更有张卖面店隔壁黄尖嘴蹴球茶坊，又中瓦内王妈妈家茶肆，名一窟鬼茶坊，大街车儿茶肆、蒋检阅茶肆，皆士大夫期朋约友会聚之处。"表明当时杭州的茶馆，自宋室南渡后，由于王公贵族、三教九流云集临安，为应顺社会的需要分别开设了供"富室弟子、诸司下直等人会聚"的高级茶楼；供"士大夫期朋约友会聚"的清雅茶肆；供"为奴打聚""诸行借工卖伎人会聚"的层次较低的"市头"；更有"楼上安著妓女"，楼下打唱卖茶的妓院、茶馆合一的"花茶坊"。总之，在杭州城内，各个层次的人都可以找到与自己地位相适应的茶馆，开展各种各样的较为广泛的社交活动。

明代，茶馆又有进一步的发展。张岱的《陶庵梦忆》中写道："崇祯癸酉，有好事者开茶馆，泉实玉带，茶实兰雪，汤以旋煮，无老汤。器以时涤，无秽器。其火候、汤候亦时有天合之者。"表明当时茶馆对茶叶质量、泡茶用水、盛茶器具、煮茶火候都很讲究，以精湛的茶艺吸引顾客，使饮茶者流连忘返。对茶馆发展之快，据明代嘉靖年间（1522—1566）《杭州府志》有记载：旬月之间开五十余所，今则大小茶坊八百所，各茶坊均有说书人，所说皆《水浒》《三国》《岳传》《施公案》等。与此同时，京城北京卖大碗茶兴起，列入三百六十行中的一个正式行业。

清末民初
京城茶馆示意图

清代，茶馆业更甚，遍及全国大小城镇。尤其是北京，随着清代八旗子弟的入关，他们饱食之余，无所事事，茶馆成了他们消遣时间的好去处。为此，清人杨咪人曾作打油诗一首："胡不拉儿（指一种鸟）架手头，镶鞋薄底发如油。闲来无事茶棚坐，逢着人儿唤'呀丢'①。"特别是在康（熙）乾（隆）盛世之际，由于"太平父老清闲惯，多在酒楼茶社中"，使得茶馆成了京城上至达官贵人，下及贩夫走卒的重要生活场所。当时北京茶馆，主要有两类：一是"二荤铺"，大多酒饭兼营，很有些广东茶楼的味道，品茶尝点，喝酒吃饭，实行一条龙经营。著名的有天福、天禄、天泰、天德等茶馆。这种茶馆，座位宽敞，窗明几净，摆设讲究，用的茶多为香片，盛具是盖茶碗，当属上乘。二是清茶馆，它只卖茶不售食，但多备有"手谈"（即象棋）和"笔谈"（指谜语），下午听评书大鼓的，因此，在某种意义上说，茶馆还是中国文化艺术的发祥地。

茶馆在京城如此，其他城市也相继效仿。在广州，清代同治、光绪年间，"二厘馆"茶楼已遍及全城。这种每位茶价仅二厘钱的茶馆，深受广东人特别是当地劳动大众的欢迎。

在上海的茶馆，兴于同治初年，早期开设的有一同天、丽水台等。清末，上海又开设了多家广州茶楼式的茶馆，如广东路河南路口的同芳居、怡珍居等；在南京路、西藏路一带先后又开设有大三元、新雅、东雅、易安居、陶陶居等多家，都天天满座。除普通市民外，商人在这里用暗语谈买卖，记者在这里采访新闻，艺人在这里说书卖唱，三教九流，无所不有。

在杭州，《儒林外史》作者吴敬梓在乾隆年间游览西湖时，对杭城茶馆的描述着墨颇多，说到马二先生步出钱塘门，过路圣因寺，上苏堤，入净寺，四次到茶馆品茶。一路上"卖酒的青楼高扬，卖茶的红炭满炉"。在吴山上，"单是卖茶的就有三十多处"。虽然这是小说，不能据以为史，但清代饮茶之风，茶馆之盛，暴露无遗。

现当代，在中国，东南西北中，无论是城市，还是乡村或集镇，茶馆或茶艺馆更是随处可见。据粗略统计，如今全国茶（艺）馆至少在9万家以上，成为城市生活的一道亮丽风景线和人民休闲的一个重要落脚点。

①呀丢：俗称打招呼。

四川古镇上的
乡村老茶楼

杭州湖畔
居茶楼

重庆白鹭
源茶馆

杭州西湖之滨的
露天茶座

（二）茶馆的类型

20世纪80年代以来，茶馆在全国范围内兴起，有饮茶文化发源地之称的中国成都，现有茶馆5 000余家；京城北京、大都市上海等地，茶馆已超过千家；羊城广州的早茶楼遍及城市的每个角落；有茶都之称的杭州，目前已有茶馆千余家，遍及大街小巷和西湖各处景点。杭州，有的地方茶馆鳞次栉比，已形成了茶馆一条街。在西湖之滨盛产龙井茶的龙井村和梅家坞村，"家家是茶农，户户是茶馆"，成了茶文化休闲生态村。它们既是交流叙谊、经贸洽谈之处；也是休闲生息、文化娱乐之地；如今又成了中外游人旅游的一个好去处，构成了茶文化休闲生态游的一个新景观。目前中国的茶馆，大致可以分为四类：

一是历史悠久的老式茶馆，还保存有较多的旧时传统风貌，影响深远，富含文化特色是老店中的精品茶楼。诸如上海湖心亭茶楼、成都顺兴老茶馆、广州陶陶居茶楼等；但更多的是开设在

街头巷尾，或在居民住宅的社区内，乡土和
生活气息比较浓厚，是普通百姓、特别是老
年人的天地。这类茶馆，多数陈设简朴，配
有象棋、扑克、麻将等娱乐用品。人们边品
茗，边聊天，其乐融融，富有生活气息。

　　二是20世纪90年代以来新建的茶艺馆，
建筑风格奇特，四周辅以假山、喷泉；室内陈
设考究，有鲜花、字画相托，直至曲艺演出，
文化性强。品茶讲究茶艺，注重茶、水、火、
器，"四合其美"，适合业界人士光顾，是朋
友叙谊、商贸洽谈和节假日小憩的好地方。在
此品茶，实是一种精神的享受。

品茶独乐

　　三是当代兴起的都市大茶馆，规模大，
具有多种功能。在这里人们除饮茶外，还配有各种茶食、点心、菜肴食物。在此品茶，既适合文
人交往，又适合经贸洽谈，还能迎合大众消费。总之，老少皆宜，男女不等，都可进出往来，是
各色人的聚集地。

　　四是露天茶室，多设在旅游景点的湖滨绿荫丛中，摆的是砖瓦小桌，用的是细瓷或透明玻璃
杯。在此饮茶，既可品茶休息，还可远眺湖光山色，特别受到游人和过路客人的喜爱。

　　此外，还有一类与茶馆相类似的饮茶场所，称之为茶摊。它们多见诸于城市的车船码头，
或郊外乡镇，或车道两旁，通常凉棚高搭，或索性在绿荫树下，一张桌子，一块白台布，二根条
凳，盛的是搪瓷大桶，饮具是粗砂陶碗，喝的是大口大口的凉茶。在这里，喝茶的大多是过往行
人，饮茶多为解渴而已。不过。细细体味，也别有一番野趣。

（三）茶馆的趋向

　　茶馆，这是一个既古老，又新兴的行业。它走过了一千多年历程，当今又输入了新的精神与
内涵，使之具有商品市场、物质享受和精神文化的多重属性，并为取得社会和经济双重效益做出
新的贡献。当代茶艺馆与老式茶馆相比，更具新意，更具活力，突出表现在以下几个方面。

　　1.品茗成为艺术展示　在现代茶艺馆品茶，人们并非为了解渴，而是将它作为是一种生活的
艺术，在很多情况下，追求的是一种精神的享受，所以要求品饮环境美，要求茶好、水佳、器
新，更要求有一套符合茶性，又富含文化的沏茶技艺，从中获取更多的文化情趣和生活知识，这
就要求茶艺馆在泡好一杯茶，奉好一杯茶，使受茶者品好一杯茶的同时，还要不断展示品茗技艺
创新，特别要注重茶艺的创新。

　　2.塑造品茶的意境　品茶是一种物质的享受、精神的愉悦，同时也是一种文化的品位。如果
将文化融合在品茗之中，那么品茶就成为一种文化。所以，当今茶馆都在着力于创造文化氛围，

龙井问茶

广东潮州
天羽茶斋

传递文化信息，构筑文化心境，使茶馆当作一件艺术作品，用"文化味"去打动受茶者的心田，这是当代茶艺馆的一大特色。

3.茶馆更趋个性化　如今的茶馆，五花八门，雅俗共赏。所以，在芸芸众生的茶馆中，无论是以自然见长，还是怀旧取胜，抑或是以老字号吸引人，直至立足传统，它们都在融合文化的同时，使每个饮茶者都能找到适合自己的茶馆。在这种情况下，都市的大茶馆、街头巷尾的小茶馆、花园式的风景茶馆，以及曲艺、棋牌茶馆等，也就应运而生，成了当今茶馆的一大亮点。

4.注重主宾互动　在21世纪里茶馆日益深入大众，融合文化，走向市场。与此同时，茶馆功能的休闲与叙事，茶馆形式的雅与俗，以及学技求艺，崇学探知，将会在双向互动中获得营养，以扩大视野，茶馆终将成为大众文化的重要阵地，并在变化中求得进步与发展。

二、施茶会

施茶会，也称茶会，它主要流行于江南农村地区，多是民间慈善组织所为。一般由地方上乐善好施、或热心于公益事业的人士自愿组织，民间共同集资，在过往行人较多的地方，或在大道半途，设立凉亭，或建起茶棚，公推专人管理，烧水泡茶，供行人免费取饮。大凡出资者的姓名及管理实施公约，刻于石碑上，以明示大众。这种慈善活动，在中国江南民间，旧日极为常见。

中国旧时多建有茶庵，大多建在大道旁，其实是作施茶或作供茶用的佛寺，这类佛寺以尼姑庵居多。暑日备茶，供路人歇脚解渴，是茶庵的主要任务之一，性质与茶亭基本相同。浙江江山万福庵就是众多茶庵之一。旧时，在中国，特别是江南一带，茶庵很多。据清乾隆《景宁县志·寺观》载，浙江景宁全县有四个茶庵："惠泉庵，县东梅庄路旁"；"顺济庵，一都大顺口路旁"；"鲍义亭，一都蔡鲍岸路旁"；"福卢庵，在三都七里坳"。江山万福庵茶会碑中，记的就是当地僧尼与民间集资施茶行善之事，它对研究中国江南民间茶俗有着重要的作用。茶会碑现珍藏在江山市文物管理委员会内。明、清时，屈大均的《广东新语》亦载：河南之洲，"有茶

民间施茶摊

江山茶会碑

庵，每岁春分前一日。采茶者多寓此庵"。

　　另外，还有民间设在过往要道旁的茶亭，也是乐善好施为过往行人免费提供喝茶、歇脚休息的场所。这在江南农村随处可见，许多地方名谓茶亭者，就是当年的茶亭所在地。

　　如今，这种助人为乐，设立免费茶摊，供过往行人饮茶之事，在中国城乡依然较为普遍。只不过形式较为简单，它常常出现在某个、或几个乐事好善者之手，以闲居老年人居多。

第五节　饮茶、品茶与藏茶

　　中国人饮茶，不但讲究环境和技艺；而且注重鉴赏和保藏，在更多的场合，饮茶并非为了解渴，而是把它看作是一种生活，是一种享受。

一、饮茶环境

　　明代冯可宾在《茶录·宜茶》中提出了适宜品茶的十三个条件。分别是：一要"无事"：即超脱凡尘，悠闲自得，心中无事；二要"佳客"：人逢知己，志同道合，推心置腹；三要"幽坐"：环境幽雅，平心静气，无忧无虑；四要"吟诗"：茶可引思，饮茶吟诗，以诗助兴；五要"挥翰"：茶墨结缘，挥毫泼墨，以茶助兴；六要"徜徉"：青山翠竹，小桥流水，花径信步；七要"睡起"：睡觉清醒，香茗一杯，净心润口；八要"宿醒"：酒后破醉，饭饱去腻，用茶醒神；九要"清供"：杯茶在手，佐以果点，相得益彰；十要"精舍"：居室精美，摆设陶情，平添情趣；十一要"会心"：品尝香茗，深知茶事，心有灵犀；十二要"赏鉴"：精于茶道，懂得鉴评，善于欣赏；十三要"文僮"：茶僮侍候，烧水奉茶，得心应手。

与此相反的是，冯氏还提出七个不适宜品茶的周围环境条件，一是"不如法"：指烧水、泡茶不得法；二是"恶具"：指茶具选配不当，或质次，或玷污；三是"主客不韵"：指主人和宾客，口出狂言，行动粗鲁，缺少修养；四是"冠裳苛礼"：指戒律严多，为官场间不得已的被动应酬；五是"荤肴杂陈"：指大鱼大肉，荤菜腻杂，有损茶性；六是"忙冗"：指忙于事务，心烦意乱，无心品茗；七是"壁间案头多恶趣"：指室内杂乱，令人生厌，俗不可耐。

归纳起来，品茗环境的构成因素，主要包括四个方面，即饮茶所处的周围环境、品饮者的心理素质、冲泡茶的本身条件，以及人际间的相互关系。其结果完美，必然使品茗情趣上升到一个新的境界。常说："和尚吃茶是一种禅，道士吃茶是一种道，儒生吃茶是一种文化。"所以，品茶是一种品格的表现，也是一种情操的再现。因此，茶的品饮，除了对茶"啜英咀华"外，品茶环境的塑造，也是十分重要的。

一般说来，层次较高的聚会茶宴，不但要求室内摆设讲究，而且力求居室、建筑富有特色，周围自然景色美观；如果是举行简朴、庄重、随和的茶话会，它既用不上我国茶宴那样隆重豪华，也用不上日本茶道那样循规蹈矩，只要有一间宽畅明亮场所，有一种整洁大方的陈设也就可以了。而设在车船码头、大道两旁、劳作工地的茶水供应点，诸如北方的大碗茶，南方的凉茶，饮茶的目的在于消暑解渴、生津解困，因此，除了要求供应茶点整洁卫生外，并无多大讲究。家庭饮茶，环境较难选择，但在有限空间内，通过努力把室内之物放得整洁有条，做到窗明几净，尽量营造一个安静、清新的环境，同样也能成为舒心悦目的品茶之处。

品茶与周围环境的关系是很密切的，但也有强调随遇而安的，现今在闽南、广东潮汕地区品工夫茶就是如此。不过，这里的饮茶者却十分强调饮茶过程中的文化特性，如沏茶中的"关公巡城""韩信点兵"品茶时的"游山玩水""三龙护鼎"等，都为品饮者平添了几多情趣。

二、沏茶技术

要沏好茶，饮好茶，并非是件易事。中国有六大基本茶类，又有六大再加工茶类，仅是名优茶茶品就达1 500个之多。不但不同茶类、不同的茶品，有不同的沏茶方法。就是同一种茶品，由于原料老嫩不同，季节有别，泡茶方法也不一样。所以，同一种茶，由不同的人沏泡，就会冲泡出不同的结果来，可见沏茶也是一门学问。但尽管如此，根据试验和实践，人们还是可以从中找出一定的轨迹来，这就是要茶、水、火、器"四合其美"的同时，把握好泡茶的五个要素。

（一）茶水用量的多少

对泡茶用水量，可以先做一个试验：选用最普通的大宗红、绿茶，选取4只茶碗，投入等量茶叶3克，分别沏上摄氏95℃开水50毫升、100毫升、150毫升和200毫升，经冲泡3分钟后，再尝其味。结果发现茶汤滋味如下表。

茶水用量对茶汤滋味影响

冲水量（毫升）	50	100	150	200
茶汤滋味	极浓	太浓	甘醇	偏淡

表明3克茶，注入150毫升水，即投入1克大宗红茶或大宗绿茶，冲上50毫升水能取得较好的冲泡效果。有鉴于此，多数茶是按此标准，确定茶水比例的。即如果是200毫升的一只茶杯或一把茶壶，放上3克左右的茶，冲水至七八分满，即150毫升左右开水，就成了一杯浓淡适宜的茶汤了。但也有例外的，如：

（1）乌龙茶： 它的用茶量在各类茶中是最大的，通常投入1克乌龙茶冲水量20～30毫升。按此要求如果是茶形比较紧实的半球形的乌龙茶，投茶量大致是茶壶容积的三四分满；松散的条状乌龙茶，投茶量甚至达到茶壶容积的七八分满，这时，冲沸水至满壶，基本上能达到上述用量要求。这是因为啜乌龙茶，重在闻香玩味，所以，用茶量要比大宗茶类高得多，而冲水量却要减少很多。

（2）普洱茶： 在各类茶中，普洱茶的用茶量仅次于乌龙茶。一般说来，饮普洱茶侧重于尝味，其次是闻香。用水量一般是每克茶冲30～40毫升水。

（3）紧压茶： 主要是供边陲兄弟民族饮用，如藏族的酥油茶、哈萨克族的奶茶、维吾尔族的香茶、蒙古族的咸奶茶等，他们多以肉食为主，缺少蔬菜，喝茶主要服从生理需要，因此，普遍喜喝浓茶。通常用较大的茶壶，或锅子煮茶。一般每50克茶，加水1.5～2.0升，即每克茶加水40～50毫升，煨在火上煎煮。这样，随时可根据需要调制成各种调饮茶，以便饮用。

（4）碎茶： 多采用袋包形式泡茶。由于碎茶已经揉切成小颗粒状，很容易将茶汁浸润于水中，所以，多为一次性沏茶，通常每克茶可冲开水70～80毫升。

茶与水的容量关系

序号	茶类	每克茶用水量（毫升）
1	碎茶	70～80
2	大宗红绿茶	50～60
3	细嫩名优茶	50左右
4	紧压茶	30～40
5	普洱茶	30左右
6	乌龙茶	20左右

此外，沏茶时的用水量，还与饮茶者的年龄结构、男女性别、工作种类有关。大致说来，中、老年人比年轻人饮茶要浓些，男性比女性要浓些，体力劳动者比脑力劳动者要浓些。具体说来，泡茶用水量的多少，要因茶制宜，还与饮茶者的嗜好有关，关键是在泡茶过程中，要掌握好投茶量与用水量的比例。

杭州
街坊茶俗景象

（二）泡茶水温的高低

据测定，用3克大宗红、绿茶，采用不同的水温，分别冲入等量150毫升的开水，经3～5分钟浸泡后，茶汤中的水浸出物含量。

水温对茶叶水浸出物的影响

水温（℃）	100	60
水浸出物（%）	100	45～65

从表可以看出：冲泡茶的水温高，茶汁就容易浸出；相反，冲泡茶的水温低，茶汁浸出速度慢，表明冲泡茶叶的水温，与茶汁在茶汤中的浸出速度有着密切的关系。"冷水泡茶慢慢浓"，说的就是这个意思。

一般说来，泡茶水温的高低，与茶的种类、形态、松紧，以及制茶原料的老嫩有关。大致说来：茶叶原料细嫩、成品茶松散、叶片切碎的茶比原料粗老、成品茶个型紧实、整叶的茶相比，茶汁浸出速度要快。而制茶原料粗老、成品茶紧实、整叶的茶与制茶原料细嫩、成品茶个型松散、叶片切碎的茶相比，则冲泡用水的温度要高。因此，不同茶类固然要泡茶水温高低不一，就是同类茶中不同级别的茶，要求泡茶的水温也是不一样的。所以，泡茶水温要恰如其分，过高、过低都是不好的。

以绿茶为例：如果泡茶水温过高，则会使茶汤、叶底泛黄；使茶芽"泡熟"而不能直立，失去观赏性；还会使维生素类物质遭到破坏，降低营养；同时，也会使茶多酚很快浸出，致使茶汤变得苦涩。相反，如果泡茶水温过低，这样会使茶的叶片渗透性降低，使茶叶片长时间浮在汤面；同时，使茶中的有效成分难易浸出，从而使茶味变得淡；另外，也会使茶的香气成分不易挥发，降低茶的香气。

具体说来，沏茶水温的高低，要因茶制宜，大致掌握如下原则：

（1）高级细嫩的名茶，特别是高档的细嫩名优绿茶、红茶和白茶，诸如西湖龙井、黄山毛

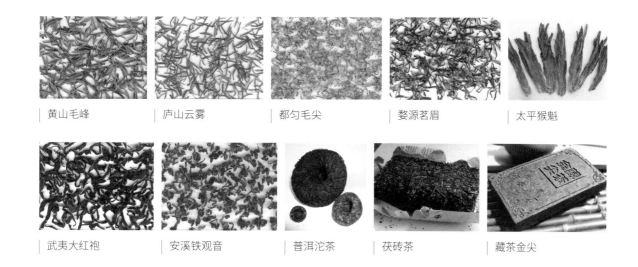

| 黄山毛峰 | 庐山云雾 | 都匀毛尖 | 婺源茗眉 | 太平猴魁 |
| 武夷大红袍 | 安溪铁观音 | 普洱沱茶 | 茯砖茶 | 藏茶金尖 |

峰、庐山云雾、信阳毛尖、都匀毛尖、桂平西山茶、永川秀芽、开化龙顶、婺源茗眉、祁门红茶、大金毫、白毫银针等，这些茶的原料比较细嫩，多由茶树新梢中的粗壮单芽或一芽一叶嫩梢加工而成。对这类茶，可用85～90℃的水冲泡。只有这样，才能使冲泡出来的茶，汤色清澈不浑，香气纯正不钝，滋味鲜爽不熟，叶底明亮不暗，使人饮之可口，视之动情。

（2）特种名优茶和大宗绿茶、大宗红茶、大宗花茶的冲泡，如绿茶中的太平猴魁、六安瓜片，白茶中的白牡丹、寿眉，以及大宗花茶等，对这类茶而言，由于茶叶加工原料要求适中，它们通常以一芽一二叶茶树嫩梢加工而成，因此可选用烧沸不久，90～95℃的开水冲泡。这样使泡出来的茶，达到最佳状态。

（3）乌龙茶（除白毫乌龙茶外）、普洱茶：由于这些茶要待茶新梢即将成熟时，才采下含有驻芽的二三叶新梢，再经加工而成。这类茶称之为特种茶，通常要求采用特种采茶方法，制茶原料并不细嫩；加之，冲泡时，用茶量较大，因此需用刚沸腾的开水（100℃）冲泡。特别是第一次冲泡，更是如此。为了保持和提高冲泡时的水温，还要在冲泡前用滚开水烫热茶具，冲泡后再用滚开水淋壶加温，才能将茶汁浸泡出来。否则，会影响茶香发挥，使茶汤滋味变得淡薄，以及失去这类茶的固有特性。

（4）紧压茶：至于兄弟民族喝的紧压茶，由于饮茶和销售的特殊需要，这类茶的制茶原料比较粗大，而且在重压后使其变得更紧实。这种茶，即使用刚沸腾的开水冲泡，也难以将茶中的汁水浸提出来，所以得先将紧压茶捣碎成小块状，再放入壶或锅内，用沸水煮后方可饮用。这类茶，往往要与（牛、羊）奶、糖或盐等调和而制成，目的在于助消化、增营养。

（5）单芽：它指的是用茶树单个芽炒制而成的茶叶，如黄茶中的君山银针，高级细嫩绿茶中的洞庭碧螺春、都匀毛尖等，由于这些茶的原料特别细嫩，泡茶用的水温甚至可以降低到85℃左右。特别是君山银针，不但用的单芽，而且芽形小，若用较高水温泡茶，会有损于人们对茶的物质需求和精神欣赏。

茶叶类型与泡茶水温关系

茶叶类型	泡茶水温（℃）
细嫩芽茶（如君山银针）	85 左右
细嫩名优茶（如开化龙顶）	80～90
大宗红茶、绿茶（如炒青眉茶）	90～95
乌龙茶、普洱茶	100
紧压茶	100（沸水煮）

（三）泡茶时间的长短

泡茶时间必须适时，时间短了，茶汤会淡而无味，香气不足；时间长了，茶味太浓，汤色过深，茶香也会因飘逸而变得淡薄。这是因为茶叶一经用水冲泡，茶中可溶解于水的浸出物，就会随着时间的延续，不断浸出和溶解于水中。所以，茶汤的滋味总是随着冲泡时间延长而逐渐增浓的。如果细细体察，还会发现用沸水冲泡后的茶汤，在不同时间段，茶汤的滋味、香气是不一的。试验表明，用沸水泡茶后，能溶解于茶汤中的物质，大致茶中能浸提出来的物质，先后依次如图所示：

2分钟左右

表明茶叶一经冲泡，首先浸提出来的是带有爽味的维生素，带有鲜味的氨基酸和带有刺激味的生物碱。大约到2～3分钟时，上述物质已有较高含量，这时饮起来的茶汤滋味，有鲜爽、刺激之感，但缺少饮茶者需要的浓醇味。以后，随着时间的延续，茶多酚、脂多糖等浸出物含量逐渐增加，浓醇味随之上升。因此，为了获得一杯既鲜爽色美，又甘醇清香的茶汤，以普通大宗茶为例，冲泡后3分钟左右品饮为最好。

但中国茶品种繁多，茶性各异，所以不能一概而论。具体说来：

（1）对较为普遍饮用的大宗红、绿茶而言，头泡茶以冲泡3分钟左右饮用为好。若想再饮，那么，到饮杯中剩有三分之一茶汤时，再续开水。以此类推。这样做，可使一杯茶中的茶汤，前后趋向相对一致。

（2）如果冲泡的是乌龙茶，用茶量较大，又加沏茶的水温高，因此，第一泡15～30秒钟就可将茶汤倾入杯中。在此基础上，第二泡开始，每次应比前一泡增加10秒钟左右，倾茶汤入杯。这样可使各泡茶汤浓度不致相差太大。也就是说，从第二泡开始，要逐渐增加冲泡时间，使前后茶汤比较均匀。倘若是冲泡普洱茶，那么第一次冲泡的时间10秒钟左右就可以了。

（3）有些单芽茶，炒制时，未加揉捻；沏茶时，水温又较低；而可溶于水的物质又不多。但它具有很好的观赏性：如芽叶个形的展姿、汤色的变幻、芽体的沉浮等，都是能给人带来赏心悦目之感。因此，对这类茶的沏茶时间，可适当延长，尤其是黄茶类中的君山银针，一般习惯于在沏茶后，欣赏至6分钟左右再品尝。

（4）花茶：为了保香，不使香气散失，沏茶时间不宜过长，一般2分钟左右便可饮用。

茶类与冲泡时间关系

序号	茶类	冲泡时间
1	普洱茶	10秒左右
2	乌龙茶	15～30秒
3	花茶	2分钟
4	细嫩名优茶	2～3分钟
5	大宗红绿茶	3分钟左右
6	细嫩单芽茶（君山银针）	6～8分钟

（四）泡茶续水的次数

据测定，茶叶中各种有效成分的浸出率是不一样的。以大宗绿茶为例，一次性沏泡的浸出率，氨基酸高达80%以上，咖啡因近70%，茶多酚为45%左右，可溶性糖少于40%。测定结果还表明：大宗绿茶一经冲泡，若每隔5分钟冲泡一次，则每次在茶汤中的可溶性物质含量，大致如下表所示。

茶叶冲泡次数对浸出物的影响

冲泡次数	浸出物占总量的比例（%）	浸出物累计（%）
第1次	50～55	50～55
第2次	30	80～85
第3次	10	90～95
第4次	2～3	92～98
第5次	近似0	92～98

测定结果还表明：一般第一次冲泡大宗绿茶时，茶中的可溶性物质能浸出50%～55%；沏泡第二次时，能浸出30%左右；沏泡第三次时，能浸出约10%；沏泡第四次时，只能浸出2%～3%，几乎是白开水了；沏泡第五次时，茶中能溶于水的物质已很难测出来了。因此，大宗茶的续水次数一般为2～3次。但具体说来，各种茶由于茶性不一，又不能一概而论，大致如下表所示。

各种茶的续水次数

序号	茶名	可续水次数
1	乌龙茶、普洱茶	3～6
2	大宗红茶、绿茶和花茶	2～3
3	细嫩名优茶	2
4	单芽茶	1～2
5	碎茶（袋包茶）	1

可以看出，由于茶叶原料老嫩不一，加工方法有别，所以沏泡续水次数有多有少。一般说来，茶叶原料老的比嫩的续水次数多，加工后茶叶完整的比切碎的续水次数多。

（五）沏茶次序的先后

不同的茶类，有不同的泡茶方法，即使是同一茶类，由于制茶原料老嫩的不同，冲泡方法也是不一样的。也就是说，在众多的茶叶花色品种中，由于每种茶的特点不同，或重香、或重味、或重物质、或重观赏、或兼而有之，这就要求泡茶也有不同的侧重点，并采取相应的方法，以发挥茶叶本身的特点。但不论泡茶技艺如何变化，倘有亲朋进门，要冲泡任何某一种茶，除了备茶、选水、烧水、择具之外，以下沏茶次序却是需要共同遵守的。

（1）**洁具：** 用热水冲泡茶壶，包括壶盖、壶嘴。同时，烫淋饮杯。随即将茶壶、饮杯沥干，其目的是清洁饮茶器具，提高茶具温度，使茶叶冲泡后，温度相对稳定，不使温度下降过快，这对较粗老茶叶的冲泡，尤为必要。

（2）**置茶：** 按茶壶或茶杯的大小，用茶匙置适量茶叶投入壶（杯）中。如果用茶壶泡茶，那么冲泡后，可直接饮用，也可将壶中的茶汤倾入饮杯中饮用；倘用茶杯作泡茶用器，那么泡茶用的茶杯，当然也权作是饮茶的饮杯了。

（3）**冲泡：** 置茶入壶（杯）后，按茶与水的比例要求，将开水冲入其中。冲水时，除乌龙茶冲水需溢出壶的口沿外，通常冲水以七八分满为宜。如用玻璃杯或白瓷杯冲泡注重欣赏的细嫩名优茶，冲水也以七八分满为度。冲水时，在民间常用"凤凰三点头"之法，即将水壶注水时下倾上提三次，其意一是表示主人向客人点头，欢迎致意；二是可将茶叶在冲力的作用下，上下翻滚，使茶汤浓度上下均匀。此外，也有用提高水壶，飞流直泻，冲水入杯的，其意是高山流水觅知音。这种泡茶方法，随着茶在水中的翻滚，茶汤浓度自然也就均匀了。

（4）**敬茶：** 敬茶时，主人要脸带微笑，最好用茶托托着送给客人。如果直接用茶杯奉茶，应避免手指直接接触杯沿，以免污染茶器。奉茶时，倘若正面上茶时，双手端茶，至近客处，左手作掌状伸出，以示敬意。从客人侧面奉茶，若左侧奉茶，则用左手端茶，右手作请用茶姿势；若右侧奉茶，则用右手端茶，左手作请用茶姿势。这时客人可用右手除拇指外，其余四指并拢弯曲，轻轻敲打桌面，或微微点头，以表谢意！

（5）**尝茶**：如果饮的是高级名茶，那么茶叶经冲泡后，不可急于饮茶，应先端茶举目观色察形，尔后移杯送入鼻端闻香，再啜汤尝味。尝味时，应让茶汤从舌尖沿舌两侧流到舌根再回到舌尖，如是反复多次，以留下茶之清香甘甜的回味。

（6）**续水**：一般饮茶到壶（杯）中的茶汤只剩下三分之一时，就需向壶（杯）中续水。倘若等到壶（杯）中的茶汤饮干净了再续水，那么续水后的茶汤，饮起来就会感到前后截然不一，或者会变得淡而无味。通常一杯茶可续水2～3次，如果还想继续饮茶，那么最好重新冲泡。

杯泡法（上）和壶泡法（下）
示意图

三、品茶赏茶

中国人饮茶，根据实践所得，有品茶和喝茶之分。而在品茶时，针对不同品性的茶叶，又区分有不同的品饮方法。

（一）品茶与喝茶

饮茶，有品茶和喝茶之分，它们是不在同一层次上的两种饮茶方式。品名优茶有别于饮普通茶，更须在"品"字上下功夫；而饮普通茶，重在喝，是灌入肚子的茶汤。所以，品茶与喝茶的要求是不一样的：品茶重在文化，意在精神享受，要的是一种情趣；喝茶重在解渴，意在物质，是满足人体生理的需要。清代曹雪芹在《红楼梦·贾宝玉品茶栊翠庵》中，对品茶与喝茶有深刻的描述。书中，作者先写了栊翠庵庵主妙玉给老祖宗饮的茶，用旧年陈的雨水沏老君眉，配的是海棠式雕漆填金云龙献寿小茶盘和一个成窑五彩小盖锺；而给宝钗、黛玉、宝玉三人的，汲的是五年前收取的梅花雪水沏茶，并按照他（她）们的地位和身份，乃至性格爱好，选配不同的茶和茶器；给宝钗沏的是体己茶，配的是王恺珍玩瓟斝；给黛玉沏的虽然也是体己茶，但配的是一只"形似钵而小"的点犀盉；给宝玉品的茶，配的是只绿玉斗，后又觉得太俗，改用九曲十环一百二十节蟠虬整雕竹根大盏。如此这般，泡出来的茶自然让人赏心悦目，怡情可口了。为此，妙玉借机说了一句有关饮茶的妙语，说："一杯为品，二杯即是解渴的蠢物，三杯便是饮驴了。"显然，古人早就认为饮茶有品茶和喝茶之分了。

品名优茶与喝普通茶相比，两者的区别，主要表现在以下三个方面：

（1）**目的不一**：品茶重在精神，把饮茶看作是一种艺术的欣赏、生活的享受，饮的是文化茶。而喝茶是为了满足人的生理需要，补充人体水分的不足，饮的是解渴茶。

（2）**方式不一**：品茶要在"品"字上下功夫，要细细体察，徐徐品尝。通常两三知己，围桌而坐，以休闲心态去饮茶。通过观形、察色、闻香、尝味，从中获得美感，达到精神升华。而喝茶是采用大口急饮快咽，如在田间劳动、车间操作等剧烈体力运动后，口舌干渴，仅仅是补充人体水分需要而已。

（3）**需求不一**：品茶，茶要优质，具要精致，水要美泉，境要优雅。这里饮茶并非为了补充生理需要，解渴在品茶中已显得无足轻重了，所以不在茶水多少，要的是随意适口。而喝茶需要的是充足的茶水，所以茶水的用量要大，直到解渴为止。

（二）品茗的技艺和要领

品茶，不但要求环境幽雅，而且要求心入佳境，更要求在品饮上做文章。品茶是一门艺术。由于各种名优茶的品质特征是各不相同的。因此，不同的名优茶，品茶的侧重点是不一样的，由此导致品茶要求的不同。下面，将各地一些主要名优茶，经分别归类后，谈谈如何把握品茗的技艺要领。

1.高级细嫩名绿茶的品饮要领　在细嫩名优茶中，其中以绿茶的品种花色为最多，著名的有西湖龙井、洞庭碧螺春、庐山云雾、蒙顶甘露、南京雨花茶、开化龙顶、华顶云雾、信阳毛尖、婺源茗眉、桂平西山茶、安化松针、峨眉竹叶青、都匀毛尖、凌云白毫、黄山毛峰、顾渚紫笋、敬亭绿雪、太平猴魁、巴南银针、午子仙毫、南糯白毫等，这些高级细嫩名优绿茶，由于色、香、味、形都别具一格，讨人喜爱，因此，品茶时，可从全方位、多角度地去进行品评与鉴赏。通常，这些细嫩名优绿茶，一经冲泡即可透过莹亮的茶汤，观赏茶的沉浮、舒展和姿态；还可察看茶汁的浸出、渗透和汤色的变幻。一旦品饮者端起茶杯，则应先闻其香，顿觉清香、花香扑鼻而来。然后，呷上一口，含在口中，让其慢慢在舌头两侧来回旋动，只觉醇甘之味徐徐袭来，顿生清新之感。如此往复品赏，不断回味追忆，自然不乏飘飘欲仙的感觉。如此一来，使饮茶者从物质品赏，升华到精神的享受，乐也当然就在其中了。

品饮细嫩名优绿茶，一般多为清饮，其目的在于回归自然，从追求本色中去平添情趣。这是因为名优绿茶，它本身就具有两重特性：既有物质性，又有精神性，因此自然能从全方位、多角度、深层次地去品味它了。

2.高档乌龙茶的品饮要领　高档乌龙茶品饮，至今在很大程度上仍保留传统的品饮方法。由于品饮乌龙茶需要花时间，又要练就一套功夫，所以品乌龙茶，有称其为品功夫茶，或品工夫茶的；又由于品乌龙茶，需要有一套小巧精致的独特茶具，加之品茶尝味以啜为主，所以也有人称其为小杯啜乌龙的。高档乌龙茶的品饮，重在闻香和尝味，不重外形。在实践过程中，又有品香更重于品味的（如台湾），或品味更重于品香的（如东南亚一带）。大抵说来，潮（州）汕（头）人品饮凤凰单丛的方法是，一旦洒茶入杯，强调热品，随即以拇指和食指按杯沿，中指抵杯底，俗称"三龙护鼎"。如此慢慢将杯由远及近，使杯沿接唇，杯面迎鼻，先闻其香；尔后将茶汤含在口中回旋，徐徐品尝其味，并啧啧作声，通常三小口见杯底；再嗅留存于杯中茶香。如此反复品饮，自觉有鼻口生香，咽喉生津，两腋清风之感。台湾人品饮高档乌龙茶方法，采用的是温饮，重于闻香。品饮时先将壶中茶汤，趁热倾入于公道杯，尔后分注于闻香杯中，再一一倾入对应的小杯内，而闻香杯内壁留存的茶香，正是台湾人品乌龙茶需要的精髓所在。品啜时，通常先将闻香杯置于双手手心间，将闻香杯口，对准鼻孔；再用双手慢慢来回搓动闻香杯，用热量促使杯中香气尽可能多地送入鼻腔，以得到最大限度的闻香之乐。至于啜茶方式，与潮汕地区无多大差异。

品高档乌龙茶，虽有解渴之意，但更多的在于鉴赏香气和滋味。清人袁枚（1716—1798）在《随园食单》中，对品乌龙茶的妙趣作了生动的描写："杯小如胡桃，壶小如香橼，每斟无一两，上口不忍遽咽，先嗅其香，再试其味，徐徐咀嚼而体贴之，果然清芬扑鼻，舌有余甘。一杯以后再试一二杯，令人释燥平矜，怡情悦性。"所以，品乌龙茶，若能品得芳香溢齿颊，甘泽润喉吻，神明凌霄汉，思想驰古今，境界至此，已得工夫茶"三昧"。从而，将品乌龙茶的特有韵味，从物质上升到精神，给人以一种文化艺术的享受和熏陶。

3.细嫩优质红茶的品饮要领　红茶，人称迷人之茶。特别是细嫩优质红茶，如祁红工夫、九曲红梅、大金毫、白琳工夫等，不但色泽红艳油润，滋味甘甜可口；而且品性温和，广交能容。所以人们品饮红茶时，除清饮外，还喜欢用它调饮，酸的如柠檬，辛的如肉桂，甜的如砂糖，润的如奶酪，它们与茶交互相融，都可以与之相调和，这也是红茶最讨人喜爱之处。

在中国，人们品饮优质红茶，最多见的是清饮，本意是追求一个"真"字。馥郁的甜香，强烈的滋味，鲜爽的回甘，即"浓、强、鲜"，是人们对品饮优质红茶的最高追求。但在世界范围内，比较多的国家，习惯于调饮，常在红茶汤中加上砂糖、或牛奶、或柠檬、或蜂蜜、或香槟酒等，或择几种相加。但不论采用何种方法品饮优质红茶，多采用茶杯冲泡。更由于品饮优质红茶，重在领略它的香气、滋味和汤色，所以，通常多直接采用白瓷杯泡茶。只有北方地区，认为"同饮一壶茶"是亲热的一种表现，故而采用壶泡后再分洒入杯品赏。但也有少数地方，如湖南，认为用壶斟茶待客，被认为是不合礼仪，故应避免使用。品饮优质红茶时，通常先闻其香，再观其色，然后尝味。饮红茶须在品字上下功夫，缓缓斟饮，细细品味，在徐徐体察和观赏之中，方可获得品饮优质红茶的真趣。

4.高级花茶品饮要领　花茶，它融茶之味，花之香于一体。如此慢慢品嚼，使人回味无穷，能使人感触到有春天的来临之意。花茶，它将茶味与花香巧妙地加以融合，构成茶汤适口、香气芬芳的特有韵味，故而人称花茶是诗一般的茶叶。

花茶的品种花色很多，不下几十种。常见的有：茉莉花茶、珠兰花茶、玳玳花茶、桂花茶、玫瑰花茶、金银花茶、白兰花茶等。

品饮高级花茶，首先要欣赏花茶的外观形态。进行时，取一张洁净无味的白纸，放上2～3克干花茶，细细察看，观其形，察其色，从中可以提高对花茶的饮欲。而对花茶中蕴含的花香，可以从三个方面加以品评：一是香气的鲜灵度，即香气的鲜灵清新程度，无陈、闷之感；二是香气的浓度，即香气要浓厚，无浅薄之感；三是香气的纯度，即香气要真纯，无杂味、怪味和浊味之感。

高级花茶的品饮，只有通过眼品、鼻品和口品，方能享受到花茶的多姿多彩和真香实味。高级花茶一般用有盖瓷杯或盖碗沏茶，一经冲泡后，可立时观赏茶在水中的飘舞、沉浮、展姿，以及茶汁的渗出和茶汤色泽的变幻。如此一来，"一杯香品茶，山川花木情"，尽收眼底。这种用眼品茶的方式，人称"眼品"。而当花茶冲泡1～2分钟后，即可用鼻闻香。闻香时，可将杯子送入鼻端，如果用有盖的杯（碗）泡茶，则需揭开杯盖一侧，使花茶的芬芳随着雾气扑鼻而来，叫人精神为之一振。有兴趣者，还可凑着香气做深呼吸，以充分领略花茶的新香。这种用鼻品茶的方式，人称"鼻品"。一旦茶汤稍凉适口时，喝少许茶汤在口中停留，以口吸气，鼻呼气相结合的方法，使茶汤在舌面来回流动，使之与味蕾结合，口尝茶味和余香。这种用口品茶的方式，人称"口品"。如此品饮花茶，方能领略出花茶的真情实味来。

5.细嫩名优白茶与黄茶的品饮要领 白茶属轻微发酵茶，由单个茶芽制成的称为银针，由一芽一二叶制成的，称为白牡丹。由于制作时，通常将鲜叶经萎凋后，直接用日光晒干而成；加之原料细嫩，所以，白茶的汤色和滋味均较清淡，著名的茶品有白毫银针和白牡丹等。

黄茶的品质特点是黄汤黄叶，通常制作时，经杀青、闷黄、烘干而成。由于原料细嫩，通常由单个芽，或一芽一叶制作而成。著名的茶品有君山银针、蒙顶黄芽、霍山黄芽、莫干黄芽、沩山毛尖等。

由于白茶和黄茶，特别是白茶中的白毫银针，黄茶中的君山银针，这些茶一经冲泡，茶形的变幻、姿态的舞动，具有极高的欣赏价值，是以欣赏为主的一种茶品。当然悠悠的清雅茶香，淡淡的澄黄茶色，微微的甘醇滋味，也是品赏的重要内容。所以在品饮前，可先观干茶，它似银针落盘，如松针铺地，叫人倾倒。考虑到这些茶以观赏为主，所以，盛水容器，以选用直筒无花纹的玻璃杯为宜，以利观赏。又因为茶叶细嫩为芽，所以，冲泡用水70～75℃为好。这样，一则可避免将茶芽泡熟而倾倒在杯底，以便使茶芽在杯水中多次上下浮动，最终个个林立，犹如春笋斗艳，一派满园春色景象。接着，就是闻香观色，这些茶通常要在冲泡后7～8分钟才开始尝味。这固然与这些茶特重观赏有关，还与这些茶原料细嫩，加工方法特殊，茶汁较难浸出有关。

四、茶叶保鲜要点

名优茶贮藏和保管不好，会很快失去新鲜感，使茶的色、香、味、形俱变，结果既降低了利用价值，又失去了欣赏意义，尤其是水分含量较高时，使名优茶很快陈化，甚至滋生细菌腐烂变质，饮之会有害身体健康。而保管好的名优茶，即使存放一二年，甚至更长时间，冲泡后，香气依存，滋味不变，颜色照旧，近似新茶一般。因此名优茶的贮藏和保管大有讲究。

（一）名优茶的陈化变质及其预防

在日常生活中，人们往往重视购买名优茶，但不善贮藏和保管名优茶。往往新茶不出一二

新茶（左）和
陈茶（右）

个月就陈化了，逐渐变色，香气消失，条索松散，汤色灰暗，滋味淡薄，直至不堪饮用。那么，茶为什么会陈化呢？现代科学研究表明，茶叶陈化是在周围环境，包括湿度、温度、空气、光线（阳光）的综合作用下，使茶中内含的众多化学成分发生一系列物理的和化学的变化所造成的。

1.湿度   湿度是名优茶陈化的最主要因素。这是因为：

首先，茶叶中具有亲水的化学物质，如茶多酚、蛋白质、糖类、类酯物质等；其次，茶叶本身又具有吸水的物理性状，如条索松空、质地疏散等。这样就使茶具有较强的吸水还潮的特点。

而茶吸水还潮的结果，又会使茶叶中的茶多酚、类酯物质、维生素C等产生不同程度的氧化；叶绿素、氨基酸，以及各种香气成分转化成其他新的物质。结果，使原来组成茶色、香、味的成分很少存在，或不复存在，而一些不利于茶色、香、味的成分相继产生，于是，使茶叶滋味变淡，香气消失，色泽失去新鲜感。

2.温度   温度的作用，主要在于加快茶叶中多种成分的自动氧化。试验表明，温度每提高10℃，绿茶汤色和色泽褐变的速度可加快3～5倍。相反，冷藏则可大大降低褐变的速度。而氧化的结果：

（1）本来有相当一部分可以溶解于茶汤的滋味物质，变成了不溶或难溶于茶汤的物质。

（2）还有一部分茶的色泽和香气的组成物质，也发生不同程度的变化。如叶绿素自动氧化的结果，会使绿茶的色泽由青翠变成枯黄；茶多酚自动氧化的结果，会使红茶的汤色由红润变成暗淡。

为此，当前人们已开始在保持茶叶干燥的同时，利用低温冷藏茶叶。据试验，干燥的茶，在0～15℃贮藏，可使氧化变质速度非常缓慢，贮藏1年以内，与新茶相差无几；在0～−18℃贮藏，可贮存2年左右；若在−18℃以下贮藏，可贮存2～3年，甚至更长。

因此，干燥、低温是防止茶叶变质的基本途径。

3.空气　除了上面提到的湿度与温度之外，空气的存在也与茶叶的自动氧化有关。空气，主要是空气中的氧，它以分子状态存在，几乎能与茶中所有的元素化合，并能促进反应酶的存在。在这种情况下，茶的氧化作用就可以变得更加强烈起来。茶中的茶多酚、维生素C、儿茶素的氧化，以及茶红素、茶黄素的进一步氧化聚合，均与空气中氧的存在有关。酯类物质产生的陈味，也是在氧的直接参与和作用下进行的。20世纪80年代以来采用的茶叶抽氧包装，目的就在于将茶内含物质的自动氧化，减少到最低点。

4.光线　光，特别是强光，它会加速茶的自动氧化，使茶叶的色素氧化变色，使绿茶由绿变黄，红茶由乌变暗。它还会使茶叶中的某些物质起光化反应，使醛类和醇类物质的含量增加。有的茶叶在加工时采用日光晒干，以致产生不愉快的"日晒味"，其道理也在于此。

从上述可知，茶叶陈化，主要是在湿度、温度、空气和光线的共同作用下，使茶叶自动氧化的结果。而这四个影响因素，既是相辅相成的，又是互为因果的。如在空气和强光的参与下，高湿、高温可以促进茶叶的自动氧化，又能加速微生物的繁衍，使茶叶陈化，直至变质腐烂。但这4个因素之间，其作用并非等同的。实践表明，在4个条件中，最易使茶叶陈化变质的乃是湿度和温度。

（二）名优茶贮藏禁忌

要贮藏和保管好名优茶，保持名优茶原来的天赋"本色"，除了防止出现茶叶陈化变质的4个因素外，在名优茶存放时，还须做到"四忌"。

1.忌茶叶相互掺味　各种名优茶，都有自己的妙处。以名优茶的香型而论，就有各自的妙香。诸如绿茶中西湖龙井的豆花香、洞庭碧螺春的乳花香，乌龙井中武夷大红袍的"岩韵"、安溪铁观音的"观音韵"，白茶中白牡丹的清香，花茶中茉莉花茶的茉莉香、桂花茶中的桂花香，红茶中祁门工夫的甜香，正山小种的松烟香，等等，无一不是每个茶品所特有的"妙香"。倘若人们不加任何处理，将它们贮存在同一容器中，那么不出数月，就会因各品茶的相互掺味，而失去"本性"，变得无多大差异了。

2.忌茶叶含水量高　名优茶水分含量高，是造成陈化变质的最主要原因。据试验：含水量为5.7%的茶叶，在空气不同湿度的条件下暴露10天后测定，在空气相对湿度为42%的条件下茶叶含水量上升到6.5%；在空气相对湿度为57%的条件下，茶叶含水量上升到8.4%；在空气相对湿度为90%的条件下，茶叶含水量上升到16.8%。如果在梅雨季节，空气相对湿度在90%～100%的情况下，茶含水量每小时增加1%左右。所以，要藏好茶叶，贮器以及贮器周围的环境必须是干燥的。

其次，需要明确的是茶叶含水量控制在多大范围内最有利于存放呢？试验结果表明，保存茶叶的最佳含水量，一般绿茶应控制在6.5%以内，红茶应控制在7%以内，花茶应控制在7.5%以内。

家庭贮藏茶叶，不可能像实验室一样有专门的测定仪器，但一般凭触觉也可大致估量出来：

（1）如果抓几片茶叶，在手掌中稍加摩擦，如即成粉末，表明茶叶含水量在6%以内，这类茶叶最宜贮藏。

（2）如用手指稍用力一搓，茶叶成为碎片，表明这类茶含水量大致在7%左右，这类茶也在较适宜贮存的范围。

（3）若用手指加力揉搓，只能使茶叶成片末状，表明茶叶含水量达到8%~10%。这类茶叶一般不宜存放，除非立即进行干燥处理，否则不出半月就会使茶变色，失去茶香。

以上是指散型茶而言，至于紧压茶，就很难用触觉估量水分含量了。不过，一般说来，紧压茶通常较难吸水变质，这类茶叶的贮存对含水量的要求没有散型茶严格，只要存放在通风干燥的地方就可以了。

3.忌茶叶接触异味 名优茶都有自己特有的茶香，是人们钟情茶的原因之一。倘若名优茶失去原有的香味，代之以其他异味，甚至是人们厌恶的气味，那么即使其他品质条件再好，人们也是不愿饮的。

茶叶容易吸收异味，主要是由于茶叶中含有高分子棕榈酸和萜烯类化合物。这类物质，生性活泼，广交异味，即使茶叶装在普通的茶叶罐内，存放在有香皂、樟脑、油漆、香烟、中草药等有异味的物质中，茶叶也会很快地吸收这些异味。所以，茶不但不能与周围有异味的东西一同贮藏，而且还要求贮器本身也不能有异味。如新制的木器家具内贮藏茶叶，就会产生木质味，因此，制作贮藏茶的木箱、木盒，其木料必须在露天下搁置半年以上。又如有异味的茶叶罐、茶叶袋也必须在消除异味后方可贮藏。

4.忌茶叶相互挤压 除紧压茶和各种碎茶外，大多名优茶的芽叶是完整的。凡成朵不碎，有芽有叶，保持完整，多为名优茶品质好的重要标志。所以，除特殊需要外的名优茶，即使在加工过程中有碎末产生，也要通过筛选，加以去除。由于名优茶贮藏时要求干燥，本身多数又比较疏松，如果受到挤压，很容易变成碎片，以致使高级茶被人误会为低级茶，开汤泡饮时，也因碎末多而缺少观赏价值。因此，贮藏名优茶采用挤、压、揿等方式，对多数名优茶而言都是不妥的，只有紧实型、或碎片型的名优茶，问题不大。

（三）名优茶叶包装及产品标志

名优茶包装是茶叶贮藏不可缺少的手段，通常还是人情交往的礼品，要求更高。良好的包装不仅能使名优茶在经销贮存各个环节中减少损失，而且还是提高茶叶"身价"的一种方式。

名优茶包装有大包装与小包装之分，与民众生活密切相连的是小包装。小包装一般分为内外两层：内包装主要起保质作用，一般要求密封性好；外包装着眼于装潢作用。目前在市场上见到的各种小包装名优茶，大致可分为普通包装、真空包装、充氮包装、除氧包装等几种，但不管哪种包装，目的多在于为名优茶更好的保质，以及提高名优茶的整体"身价"。目前在市场上供消费者选购的各种小包装茶，多使用防潮、阻氧性能较好的包装袋，再采用除氧剂、抽气真空、放干燥剂，或抽气充氮、抽气充二氧化碳等技术。如果能将这些小包装茶再放在空气流通的高燥低温处贮藏，那么，其效果更为理想。

但这些小包装茶，一旦拆封，茶叶便暴露于空气，如一时无法饮完，放上十天半月，就会开始受潮劣变。所以，小包装名优茶拆封后，通常要在半个月内饮完。

现今，对名优茶贮藏保鲜，有用磁瓷坛贮藏的，也有用陶缸贮藏的，民间多推崇用锡器贮藏。从要求贮器密封性能好，不会污染来看，锡瓶、瓷坛、陶缸等都是上好的包装和贮藏容器。

其次，是铁制茶听、木盒、竹盒等。

至于食品袋、硬纸盒、纸袋等就较差了。

目前家庭中大多数用以铁制、纸制、木制茶听最为普遍。如能采用有两层盖的听、盒、罐装茶，其贮藏效果更好。

（四）家庭名优茶的贮存与保鲜

试验研究表明，名优茶在贮藏过程中的陈化变质，实质上是茶在一定温湿条件下，其内含物质与空气中的氧气和其他物质相互不断作用的结果。而要防止或延缓这种作用，最重要的是保持名优茶叶的干燥。

1.茶叶贮藏前的准备　上面已经谈及，茶叶含水量高是茶叶陈化变质最主要、最直接的原因。因此，将要贮藏的茶叶必须是干燥的。否则，即使将贮藏容器密闭，甚至将空气抽出，或者充入惰性的氮气，也无济于事。据试验，将含水量为3%的干燥普陀佛茶，用抽气充氮的方法，贮藏于多层复合喷铝的小包装袋内，置于常温下经420天后，茶叶的色、香、味、形基本不变，仍保持原有的天然本色。而采用同样方法贮藏的龙井茶，只因原先水分含量较高，达到7.8%，结果茶叶色泽泛黄，香气偏低。因此，家庭贮藏茶叶，首先必须要求茶叶干燥。对含水量较高的名优茶，贮藏前必须先经复火焙炒，使其充分干燥，冷却后方可置于容器内贮藏。

其次，贮藏茶叶的场所应是干燥的，切忌阴湿。如果是阴湿之地，那么，即使是使用密闭的藏茶容器，也会使茶叶含水量逐日增高；如果藏茶的容器密封性能差，那么茶叶含水量就会很快升高，使茶叶陈化变质。据试验，如果原来茶叶含水量在6%以内，将茶叶贮于封闭的容器内，而周围空气相对湿度在50%以下，则贮藏的茶叶含水量变化不大；如果贮藏之处的周围空气相对湿度在80%以上，茶叶的含水量就会较快升高。例如，在长江流域一带的梅雨季节和南方雨季，只要贮藏的茶叶稍有不妥，就会很快变质，道理就在于此。

此外，贮茶的容器，以及周围的环境必须是清洁、避光、无异味的，否则，会污染茶叶，使茶叶变质，失去原有风味。

2.茶叶贮藏方法　一般说来，家庭选购的名优茶，无论是小包装茶，还是散装茶，只要是在短期内不能用完的，都有一个保藏问题。

名优茶如何保藏为好呢？唐代韩琬的《御史台记》写道："贮于陶器，以防暑湿。"宋代赵希鹄在《调燮类编》中谈到："藏茶之法，十斤一瓶，每年烧稻草灰入大桶，茶瓶坐桶中，以

灰四面填桶瓶上，覆灰筑实。每用，拨灰开瓶，取茶些少，仍覆上灰，再无蒸灰。"明代许次纾在《茶疏》中也有述及："收藏宜用磁瓮，大容一二十斤，四周厚箬，中则贮茶，须极燥极新，专供此事，久乃愈佳，不必岁易。……可以接新。"说明我国古代对茶叶的保藏就十分讲究。现代，随着时代的发展，科学的进步，茶叶的保鲜方法已非昔日可比，但是尽管保藏方法有所改进和变化，但是茶叶保质的目的、保藏的原理却是相同的。现将当前家庭常用的几种名优茶贮藏方法，介绍如下，供读者根据各自的条件选用。

（1）**坛藏法：**用此法贮藏茶叶，选用的容器必须干燥无味，结构严密。常见的容器有陶甏瓦坛、无锈铁桶等。大小按家庭年饮茶量而定。

贮茶时，先将干燥茶叶内衬白纸，外用牛皮纸或其他较厚实的纸包扎好，每包置茶0.25～0.5千克。在容器中间放干燥剂，其四周存放经包装好的茶叶。常用的干燥剂有干木炭、生石灰（未经消化的块状石灰）、硅胶等。

如果用干木炭作干燥剂，那么，干木炭可用清洁布袋包好，干木炭与茶叶之比为1：5；如果用块状石灰，那么生石灰也应装在白细布袋内，切忌石灰与茶叶直接接触，生石灰与茶叶的比例亦为1：5；倘若选用的干燥剂为硅胶，因为硅胶的吸水能力比干木炭和生石灰要强几十倍，因此，硅胶与茶叶的比例为1：10就足够了。

生石灰

木炭

但不论选用何种干燥剂，都必须适时调换或处理，否则干燥剂因吸水到一定程度后，就会失去干燥能力，而使茶叶受潮变质。一般说来，干燥剂在梅雨或雨季时应于1～2个月调换1次，其余季节每隔3～4个月换一次。至于硅胶，是否需要调换或处理，可从硅胶色泽上加以识别：未吸潮的硅胶颗粒呈白色，当它吸潮而失去干燥能力时，便变成蓝色。这时，可将它倒出来放在强烈的阳光下晒或烘焙等处理，一旦硅胶颜色由蓝变白，就可以继续使用了。

特别需要提醒的是，茶叶通常不宜混藏，因为红茶是经发酵加工而成的，花茶则是以花香取胜，而绿茶又自成一体，倘若一家有几种风格不一、香气迥异的茶叶贮藏在一起，则会因相互感染而失去本来的特色。还有在贮藏花茶和红茶时，一般不应使用生石灰作吸湿剂，尤其是花茶更应避免，否则，会使花香消失，花茶也就不成其为花茶了。红茶、花茶一般可用干木炭或硅胶作干燥剂。

(2) 罐藏法：目前，有许多家庭采用市售的铁罐、竹盒或木盒等装茶。这些罐或盒，往往染有油漆等异味，为此，必须先行处理，消除异味，方法有三：一是用少量的低档茶或茶末，置于罐或盒内，盖好盖，静放两三天，让茶叶将异味吸尽；二是用少量低档茶或茶末置于罐或盒内，加盖后，用手握罐或盒来回摇晃，让茶叶与罐壁不断摩擦，如此，经2～3次处理，同样可以去除异味；三是将罐盖打开，用湿毛巾擦洗罐壁，尔后将罐和盖放在通风有阳光的地方，让其自然干燥去除异味。

还有，装有茶叶的铁罐或竹盒、木盒，应放在阴凉干燥处，避免潮湿和阳光直射。如果罐装茶暂时不饮，可用透明胶纸封口，以免潮湿空气渗入。罐藏法虽可减缓茶叶陈化变质的速度，但效果不及坛贮法好。

(3) 袋藏法：目前用得最多的是用食品袋贮藏茶叶，这也是家庭贮藏名优茶最简便、最经济的方法之一。用食品袋包装名优茶，能否起到有效的保藏作用，关键是：一要茶叶本身干燥。二要选择好包装材料。为此必须做到以下几点：首先必须选用对人身健康无害的食品包装袋；其次，食品袋材料的密度要高，尽量减少气体的通透，食品袋本身不应有漏洞和异味；另外，食品

罐藏法

袋的质地要好，强度要高。

　　用食品袋保藏茶叶时，先要用较为柔软的白净纸张（不能用旧报纸和已写过字或用过的纸，以免茶叶吸附油墨等异味）把名优茶包装好，再置入食品袋。尔后，挤出空气，将食品袋封口。家庭一般无封口机，可用以下方法将口封住：取蜡烛一支、长尺一根，把盛有名优茶的塑料袋口叠齐，在封口线上用直尺顶住，形成一条直线，放在烛火上依封口线慢慢从一端移到另一端，即可将口封住。为减少名优茶香气散逸和提高防潮性能，也可按上述要求，再从相反方向套上一只塑料袋，依法封口。尔后，放在阴凉干燥处，这样一般可贮藏8～12个月。

　　（4）冷藏法：用冰箱冷藏名优茶，可以收到令人满意的效果。但两点是必须注意的：一是要防止冰箱中的鱼腥味污染名优茶；二是名优茶必须是干燥的。为此，选择茶叶冷藏时的包装方式就成为冷藏效果好坏的关键所在。名优茶包装的密封性能要好，只有这样才能防止茶叶吸附异味和吸潮变质。为此，可将名优茶先置于密封的食品袋或小铁罐内，或者采用袋贮法保存，但必须在袋装封口的同时，再套上一只袋封口，即使茶叶套在双层封口的塑料食品袋内。如冰箱温度控制在0℃以下，一般可贮藏2年左右；若温度控制在−5℃以下，效果更佳。冷藏法特别适合贮藏名优茶及各种花茶。

（5）瓶藏法：用瓶贮藏名优茶，也不失为家庭藏茶的一种好方法。通常采用热水瓶（也可用瓶胆隔层无破损的废弃热水瓶）藏名优茶，更是简单易行。只要将瓶胆内的水放完、晾干，装入需保藏的名优茶即可。装名优茶时，应尽量将茶叶装实、装满，排出空气，塞紧热水瓶塞。如果不用热水瓶，也可用普通的玻璃瓶封装，但玻璃瓶最好是有色的，或用有色的纸、布将其包住，以免阳光透过玻璃照射茶叶，引起名优茶陈化变质。用玻璃瓶封装茶叶，一般可将茶装至七八成满，其上面再塞上一团干净无味的纸条团，尔后拧紧瓶盖。若用蜡封住盖沿，那么效果更好。

瓶藏法

第十一章
饮茶与风俗

饮茶风俗通常是指特定社会文化区域内历代人们共同遵守的行为模式，不但与社会文化相关，而且与生活习性相连，以致在饮茶过程中形成了许多与茶有关的民风民俗。这种风俗在人们社会生活中，往往世代相传，影响深远，关系到各个方面；而且还与地域有关，故有「千里不同风，百里不同俗」之说。其表现形式多种多样。

第一节　婚嫁中的茶事

　　在中国茶被看作是一种有灵性的物品，具有高尚的品位，纯洁的化身，吉祥的象征，从而使茶的形式和内涵从物质上升到精神，茶与婚姻的关系就是如此。

新郎新娘
以茶为媒告谢先人

一、茶与婚姻关系

　　清代郑燮《竹枝词》写道："溢江江口是奴家，郎若闲时来吃茶。黄土筑墙茅盖屋，门前一树紫荆花。"写的是一个清纯的农村姑娘，邀请郎君来自家"吃茶"，其词是一语双关：它既道出了姑娘对郎君的钟情，又说出了要郎君托人来行聘礼，送去爱的信息。可见"吃茶"一词是与婚姻相关的。

　　又如，清代曹雪芹的名著《红楼梦》里，凤姐笑着对林妹妹黛玉说道："你既吃了我们家的茶，怎么还不给我们家做媳妇？"这里说的"吃茶"，就是订婚行聘之事。其实，特别是在古代"吃茶"一词，在许多场合中，指的是男女婚姻之事。

　　吃茶与婚配的相连，由来很早。唐贞观四年(630)，唐太宗遣兵灭了东突厥；贞观九年又击败了西南的吐谷浑，打通了西域的通道，于是西域各国纷纷遣使和大唐交往。其时，地处西藏高原的吐蕃国，他们也派使者来长安（今西安），与唐朝建立友好关系。对此，唐太宗于贞观十五年将宗女文成公主，在江夏王李道宗的护送下远嫁吐蕃松赞干布，在聘礼中就有茶叶。据《藏史》记载，藏王松赞冈布之孙时，"为茶叶输入西藏之始"。其实，以茶做嫁妆是悟茶多子，其性不移作为婚姻美满的象征。

　　宋代，诗人陆游在《老学庵笔记》中，对湘西少数民族地区男女青年订婚的风俗有详细记载："辰、沅、靖各州之蛮，男女未嫁娶时，相聚踏唱，歌曰：'小娘子，叶底花，无事出来吃盏茶。'"宋人吴自牧《梦粱录》中也谈到了杭城婚俗："丰富之家，以珠翠、首饰、金器、销金裙褶，及缎匹、茶饼，加以双羊牵送。"

　　明末冯梦龙在《醒世恒言》中，也多次提到青年男女以茶行聘之事。在《陈多寿生死夫妻》一文中，就写到柳氏嫌贫爱富，要女儿退还陈家聘礼，另攀高亲时，女儿说："从没见过好人家女子吃两家茶。"可见，吃茶与婚嫁是一脉相承的。

　　时至今时，在一些民族地区依然有茶山对歌，倾诉爱慕之情，最终喜结良缘的。

　　为何要以茶为聘定亲呢？对此，明代郎瑛《七修类稿》说得十分明白："种茶下籽，不可移植，移植则不复生也，故女子受聘，谓之吃茶。又聘以茶为礼者，见其从一之义。"这种说法在明代许次纾的《茶疏》中也有类似记载，认为："茶不移本，植必子生。古人结婚，必以茶为

画家笔下的
红楼茶艺

文成公主
和亲图

瑶族男女青年
茶山对歌

礼，取其不移植子之意也。今人犹名其礼曰下茶。"明代陈耀文《天中记》中也写道，"凡种茶树必下子，移植则不复生，故俗聘妇以茶为礼，取其不移置予之意也。"尽管古人认为茶树只能用种子繁殖，移植就会枯死，这在现代显然是一种误解，但祝愿男女青年爱情"从一"，有"至死不移"的意思，这是符合中国传统道德的。这种观念，在清代曹廷栋的《种茶子歌》中得到了充分的阐述："百凡卉木移根种，独有茶树宜种子。茁芽安土不耐迁，天生胶固性如此。"茶树是常绿树，古人借此比喻爱情之树常绿，爱情之花"从一"，以茶为聘，则是将茶作为一种吉祥物，寄托着人们的祝愿。以茶为聘，象征着新郎、新娘永不变心，白首偕老。结婚以后，也像茶树那样，枝繁叶茂，果实累累，以示婚后子孙满堂，合家兴旺发达。

　　旧时，福建、台湾一带在婚姻礼仪中就有"三茶天礼"之习。"三茶"说的就是订婚下彩礼时的"下茶"，结婚迎亲时的"定茶"，同房合欢见面时的"合茶"。

二、兄弟民族中的茶定

　　以茶为聘联姻，在兄弟民族地区更为常见。藏族同胞一向将茶看作是珍贵的礼品。在青年男女订婚时，茶是不可缺少的礼品。结婚时，总要熬煮许多酥油茶来招待客人，并以茶的红艳明亮的汤色，比喻婚姻的美满幸福。

　　居住在北部内蒙古、辽宁一带的撒拉族青年男女相爱后，就由男方择定吉日，由媒人去女方家说亲，送"订婚茶"，其中包括砖茶和其他一些礼品。一旦女方接受"订婚茶"，表明婚姻关系已定。又如，蒙古族姑娘在结婚后的第一件事，就是当着婆家众多亲朋好友的面，熬煮一锅咸奶茶，一则表示新娘家教有方，有修养；二则显示姑娘心灵手巧，技艺不凡；三则比喻姑娘对爱情的"从一"与甜蜜。

　　在西南地区的拉祜族青年男女求爱时，男方去女方家求亲，礼品中须有一包自己亲手制作的茶叶，另加二只茶罐，女方通过品尝茶叶质量好坏来了解男方的劳动本领和对爱情的态度。布朗族兄弟结婚时，一般要举行三次婚礼，特别是第一次婚礼，虽然鸡、肉、酒等礼品众多，但茶叶是不可缺少的。白族新女婿第一次上门，或女儿出嫁时，做父母的，总要请他们喝"一苦、二

制作
三道茶原料

冲泡后的
咸茶

甜、三回味"的三道茶，以茶喻世，告诫晚辈，今后做人要好好品味"先苦后甜"的道理。

在西北地区的裕固族青年男女，在结婚后第二天天亮之前，新娘第一次到婆家点燃灶火，并用新锅煮酥油茶，称为"烧新茶"。当新媳妇烧好茶后，新郎就会请全家老少就座，新娘按辈分大小，一一舀上一碗奶茶，以示尊老爱幼，全家幸福。

最有趣的是"吃油茶"一词，还是广西侗族、瑶族未婚青年向姑娘求婚的代名词。倘有媒人进得姑娘家门，说是"某某家让我来你家向姑娘讨碗油茶吃"。一旦女方父母同意，那么，男女青年婚事就算定了。所以，"吃油茶"一词，其意并非是单纯的吃茶之意。

三、当代婚俗中的茶礼

在中国吃茶与婚姻古今有缘，它融民俗学、风俗学、文化学于一体。自唐代起，把茶叶作为高贵礼品伴随女子出嫁后，宋代又有"吃茶"订婚的风俗。明代以后，"吃茶"几乎成了男女订婚求爱的别称。时至今日，不但中国不少地方仍保留着这种风习，而且还有新的发展。现今，在海峡两岸，虽然结婚是人生大事的观念并无改变，但时兴采用茶话会、茶宴等方式举行婚礼的，也不乏其例。这种方式，既符合古代茶与婚姻的传统观念，又体现了现代的精神文明境界。

在乡村，这种以茶为媒的婚俗，时至今日，依为常态。在江浙一带，新郎新娘在拜过天地，见过父母之后，凡参加婚礼者就按辈分大小，一一向大家敬茶示礼：一则感谢父老兄弟，二则表明爱情如茶一样专一。在洞房花灶夜，新郎新娘还须同饮交杯茶，以表永结同心。

在江南水乡杭嘉湖地区，年轻姑娘出嫁之前，家中必备上等好茶，对姑娘看中的未来郎君，就会以最好的茶相待，称之为"毛脚女婿茶"。一旦男女双方爱情关系确定后，就要行定亲礼，这时男方就得向女方下聘金，同时男女双方还得互赠茶壶，并用红纸包上花茶，分别赠送给各自亲友，俗称"定亲茶"，表明婚事已定，喜事圆满。他（她）们还将男方发来的礼金称为"受茶"。此时，女方还须让男方带回一包茶和一袋米，其意是"茶代水，米代土"，示意女方嫁到男家后，能服"水土"。结婚时，女方还得准备好咸茶。咸茶由茶和芝麻、烘青豆、橙子皮、笋干、炒花生米等近10种作料配制而成，分别送给男方亲朋邻里，俗称"大接家茶"。按照当地风俗，女儿出嫁第二天，女方父母要到新女婿家去看望女儿，还得带去一包有雨前茶、烘青豆、芝麻、炒花生米等配制而成的咸茶，称之为"亲家婆茶"。接着，男

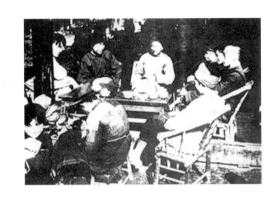

清末民初
吃讲茶情景

方的母亲要到新媳妇家，请亲家的亲戚朋友和长辈，到自家家中来喝"新娘子茶"。以后，新娘子的亲邻，也得在新娘子出嫁的当年或新娘子回娘家的头一年春节期间，作为回礼喝"请新娘子茶"。

　　在福建福安一带农村有一种婚俗，凡未婚少女出门作客，不能随便喝别人家的茶水，倘若喝了，若客人家有未婚男青年，就意味着姑娘已同意做这家人的媳妇。

　　在湖南农村，男女订婚要有"三茶"，即媒人上门，沏糖茶，表示甜甜蜜蜜。男青年第一次上女方家，姑娘得送上一杯清茶，以表清纯真情一腔。结婚入洞房前，以红枣、花生、桂圆（俗称龙眼）和冰糖沏茶，送亲朋好友品尝，以示夫妻恩爱甜蜜，早生贵子跳龙门之意。

　　在安徽贵溪一带，青年男女订婚相亲之日，要用大红木盆，盛上佐茶糕点果品，传送至相亲人家。同时，把各家送来的礼物摆放在桌上款待亲家，当地人称为"传茶"，是传宗接代的意思。倘有夫妻失和，双方又碍于面子不便开口时，一方就会邀请邻里好友前来喝茶，在喝茶中劝说男女双方，使夫妻重归和好。

　　旧时在江南农村还有"吃讲茶"的风俗，又称"吃碗茶"。就是夫妻俩发生口角时，男女双方又不便多争吵，于是双方到茶馆里请公众评判是非。清代韩邦庆《海上花列传》有："月底耐（方言，'你'的意思）勿拿来末，我自家到耐鼎丰里来请耐去吃碗茶。"现代作家沙汀笔下描述的悲剧女性形象《兽道》中：也有"随后人们又纷纷赞成她们去吃讲茶"之说。

　　这种婚俗在北方农村也有。清代福格《听雨丛谈》载："今婚礼行聘，以茶叶为币，满汉之俗皆然，且非正室勿用。近日八旗纳聘，虽不用茶，而必曰'下茶'，存其名也。"又据《顺天府志》记载："合婚得吉相亲留物为赘，行小茶、大茶礼。"在父母之命，媒妁之言，决定男女终身大事的年代，经媒人转告男女生辰八字后，男方便用茶代币行聘，俗称"行小茶礼"。一旦女方收礼，就称为"接茶"。在即将结婚之前，还得行备有龙凤喜饼、衣服和酒的"大茶礼"。相传，在清代光绪皇帝大婚的礼品中，就有精美茶具行聘，它们是：金海棠花福寿大茶盘一对、金福寿盖碗一对、黄地福寿瓷茶盅一对和黄地福寿瓷盖碗一对。

　　如今，男女青年订婚以茶为信物的风俗，虽有淡出之势，但经世未绝，特别在偏远农村，男女青年结婚行聘，依然称为"行茶礼"。

第二节　用茶祭祖祀神

　　茶是心灵高洁之物。因此，古往今来，常被用来作为祭天祀神之物品。祭祀活动有敬天敬地，有祭祖、祭神、祭仙、祭物等，它与以茶为礼相比，显得更加虔诚和祝祷，还蒙上一层神秘的色彩。

一、用茶祭祀

　　用茶祭祀，可以追溯到两晋南北朝时期。东晋干宝的《搜神记》载："夏侯恺因疾死，宗人字苟奴，察见鬼神，见恺来收马，并病其妻。著平上帻、单衣入，坐生时西壁大床，就人觅茶饮。"其事当可怀疑，但它告诉人们，茶可以作为祭品。《神异祀》一般认为是假托西汉东方朔所作的神怪故事集，说浙江余姚人虞洪上山采茶，遇见一位道士，道士对他说："予丹丘子也。闻子善具饮，常思惠。山中有大茗，可以相给，祈子他日有瓯牺之余，乞相遗也。"后来，虞洪就用茶来祭祀，再叫家人进山，果然采到大茗（茶）。这是用茶祭仙的延伸。《南齐书·武帝本纪》记载：南朝齐世祖武皇帝在他的遗诏里说："我灵上慎勿以牲为祭，唯设果饼、茶饮、干饭、酒脯而已。天下贵贱，咸同此制。"这是现在可知的用茶祭祀的最早的史料。南朝宋敬叔的《异苑》中还谈到，剡县人陈务的妻子年轻守寡，和两个儿子住在一起，喜欢喝茶。因为住宅里有一个古墓，她每次在喝茶之前，总要先用茶祭先人。两个儿子很讨厌母亲这种做法，说"古冢何知？徒以劳？"还要把古墓掘掉，经母亲苦苦劝说才作罢。可那一夜，她梦见有个人对她说："吾止此三百余年，卿二子恒欲见毁，赖相保护，又享吾佳茗，虽泉壤朽骨，岂忘翳桑之报。"天亮后，她在院子里果见铜钱十万，好像很久以前埋在地下的，只是穿钱的绳子是新的。为此，她把这件事告诉两个儿子，他们都感到惭愧。此后，他们一家祭奠得更加虔诚了。这个故事反映了当时民间已有用茶祭祖的做法。明代道士思瓘在江西南城外麻姑山修建麻姑庵，每天在庵中以茶供神，称之为"麻姑茶"。台湾种茶始于清代，早期制茶师多从福建聘请，每年春季渡海去台湾时，总要用茶祈求航海保护神妈祖保佑。后来，索性从福建迎去神祖，称为"茶郊妈祖"，供在台湾。每年农历九月二十二日，闽、台茶人共同祭祀"茶郊妈祖"之俗，至今不改。

　　用茶祭祀，有的还是沿袭民间传说而形成的。如中国著名黄山毛峰茶的产地黄山一带农村，有的农户，往往在堂屋的香案上供奉着一把茶壶。相传，茶壶是黄山百姓的"救命壶"。以后，黄山的家家户户，都置上茶壶一把，作为供物。浙江安吉是白（叶）茶之乡，它源于山谷岩壁中的一丛白（叶）茶树。以后由这丛茶树经多步繁衍，终于培育成为一个产业——安吉白茶，致富一方，并惠及全国茶区。于是，安吉人民每年都要祭拜这丛白茶之祖，感谢它为人民造福之恩。

其实，这种祭茶祖习俗，在我国茶区随处可见，且经世不绝，一直流传至今。

在中国民间，还有信神拜佛的善男信女，他（她）们常用"清茶四（种）果"或"三（杯）茶六（杯）酒"，祭天谢地，期望能得到神灵的保佑。

在兄弟民族地区，以茶祭神，更是习以为常。

总之，用茶祭天祀神，在中国许多民族地区，都有这种习俗，意在期盼天下太平，五谷丰登，国泰民安。

三茶六酒
祭祖

二、岁时茶祭

在中国民间，逢年过节，有做岁时茶祭的习惯。明代田汝成《西湖游览志余》载："立夏之日，人家各烹新茶，配以诸色细果，馈送亲戚、比邻，谓之七家茶。"在江浙、闽台等地，端午节时，有选用红茶、苍术、柴胡、藿香、白芷、苏叶、神曲、麦芽等原料，煎成"端午茶"饮用习惯，说是可以逢凶化吉，避灾消难。因此，有钱人还会用"端午茶"作为一种施舍。穷人也会集资配料，能喝上一碗端午茶为乐事。

时至今日，这种喝岁时茶的风俗，依然经世未绝，时有所闻。如每逢农历正月初一有新年茶，农历二月十二有花朝茶，公历四月五日有清明茶，五月初五有端午茶，八月十五有中秋茶。这种民间的吉日茶祭，意在祈求天下太平，五谷丰登。

又如在江浙一带，说农历七月初七是地藏王菩萨生日；农历七月十五日，是阴间鬼放假的日子，称是鬼节；农历十二月二十三日，是灶神一年一度的赴天之日；农历十二月三十日，是大年除夕，等等。在这些节日里，就得用三茶六酒，拜天谢地，泼洒大地，告慰神灵，以保佑平安，寄托未来。

岁时茶祭在少数民族地区也时有所见。在贵州侗族居住区，每年正月初一，各家各户会用红漆茶盘盛满糖果，全家人会围坐在火塘四周喝年茶，认为这样做可以获得合家欢乐，国泰民安。此外，侗族还有"打三朝"的风习，就是在小孩出生后三天，主人会将桌子拼成"长龙席"，桌上放满茶水、茶点、茶食，再邀请邻里乡亲、亲朋好友团团围坐，边唱歌、边喝茶，祈祷上苍保佑孩子长命富贵、聪明智慧。

三、茶与丧葬

用茶作为殉葬品，古已有之。在湖南长沙马王堆西汉1号墓（前160）和3号（前165）出土的随葬清册中，就有"槚"，即"苦茶"记载，表明至迟在2100多年前，茶已作为丧事的随葬物。这种风习，在中国不少地区，一直沿袭至今。长辈死后，若生前爱茶，做晚辈的就用茶作为随葬品，以尽孝心慰藉长辈在天之灵。至于根据故人生前遗嘱作为随葬物的更是时有所闻。

云南西盟佤族
祭茶

云南澜沧县布朗族
祭茶

　　选用茶作为殉葬品，在我国民间有两种说法：一种认为茶是人们生活的必需品，人虽死了，但阴魂犹在，衣食住行，如同凡间一样，饮茶仍然是不可少的，前面提及的几则神异故事，就是这种意思的反映。它虽有神秘色彩，但也表明晚辈对长辈的一片孝心。如流行于云南丽江地区的纳西族居住区的鸡鸣祭就是一例。纳西族办丧事吊唁，通常在五更鸡叫时进行，故叫鸡鸣祭。吊唁时，家人会备好米粥、糕点等物品供于灵前，若逝者是长辈，子女会用茶罐泡好茶，倒入茶盅祭亡灵，因为纳西族生前个个爱茶，自然死后也离不开茶，这是表示小辈的一片孝心和对长辈的怀念。另一种人认为茶是"洁净"之物，能吸收异味，净化空气。湖南乡间丧俗中使用茶枕就是一例。旧时，在湖南中部地区，一旦有人亡故，家人就会用白布，内裹茶叶，做成一个三角形的茶枕，随死者殓入棺材。这样做，一则表示茶是洁净之物，可以消除死者病痛；二则可以净化空气，消除异味。还有一种意思就是表示活着的人对死者的一种寄托。又如云南丽江地区纳西族的含殓。纳西族人在长辈即将去世时，其子女会用小红包一个，内装茶叶、碎银和米粒，放在即将去世的人的口中，边放边嘱咐："你去了不必挂牵，喝的、用的、吃的都已为你准备好了。"一旦病人停止呼吸，则将红包从死者口中取出，挂在他的胸前，以寄托家人对死者的哀思。所以，用茶作为丧葬物，既有象征意义，又有功能作用，其意是多方面的。

　　在民间有用茶祭天、祭地、祭鬼魂的做法，认为茶是生命的化身，生活的必需品，天地人间都需要它。在西南地区的德昂族先民，他们把茶视为图腾崇拜，认为茶叶有功于部族与世界。在历史上德昂族几经迁徙，他们走到哪里就把茶树种到哪里，正如德昂族神话史诗中所唱："有德昂的地方就有茶叶，德昂人的身上飘着茶叶的芳香。"所以，德昂族兄弟家搬到哪里，茶树种到哪里。德昂族认为：人是不能离开茶的，即便人死了，但阴魂犹存，衣食住行，如同凡间一般，茶仍然是不可少的。前面提及的几则神异故事，就是这种意念的反映。为此，每年都会在一个特定的时间里进行祭茶，禀告上苍。

同时，还认为茶是"洁净"之物，能吸收异味，净化空气，用今人的话来说，就是用茶作随葬物，有利于死者的遗体保存和减少环境污染。

第三节　饮茶的约定成规

在饮茶过程中有一些约定成规，它是无须用语言去表述的，只需要一种手势、一个眼神就能表达出来。在长期的饮茶实践中，还形成了许多以人为本，从茶性出发，根据茶对水的要求，结合茶器特性，在茶的冲泡、品饮过程中，形成了许多与茶艺有关的饮茶约定与成规。这些约定与成规，既符合茶艺冲泡和品饮的要求，又折射出中国的传统礼俗的展现，进而增近主宾双方的亲近感。因此，在茶艺过程中常常加以运用，并能得到较好的效果。下面，将一些各地常见的饮茶约定与成规，概述如下。

一、礼仪与示礼

中国是礼仪之邦，这在茶艺过程中同样得到了充分的显示。以下约定与成规就是饮茶过程中礼仪与风俗的体现。

（一）摆碗示意

在西南、西北地区，当地多用盖碗饮茶，俗称饮盖碗茶。由于盖碗茶是由盖、碗、托三件组成的。所以，盖碗，当地也称之为"三炮台"，称喝盖碗茶为喝三炮台（茶）。品饮盖碗茶时，首先是用左手托住茶托，托上盛有冲沏好茶的盖碗，而右手则用大拇指和食指夹住盖钮，中指抵住盖面，一旦持盖后，即可用盖里朝向自己鼻端，先闻盖面茶香，尔后，持盖在碗面的茶汤面上，由里向外撇几下，目的在于使茶汤面上飘浮着的茶叶下沉；同时，也有均匀茶汤的作用，如果此时品饮者觉得温热适口，则可将盖碗放回桌上，并将碗盖斜搁于碗口沿。它告诉侍者，茶汤温度适中。如果将碗盖斜搁于碗托一则，表明茶汤温度太高，冲水时要降低水温，待茶汤降温后再饮。如果将盖碗的纽向下，盖里朝天，表示我的茶碗里已经没有水了，请赶快给我冲水。如果将盖碗的托、碗、盖分离，排成一行，它告诉侍者，或是茶不好，或是泡茶有问题，或者服务不周到。总之，一句话，我有意见，请主管赶快出来回话。所以，一个有一定服务经验的侍者，一旦看到盖、碗、托分离成三，知道情况不妙，总会赶紧上前，听取意见，并好言相劝，说明情况，表示歉意的。

（二）茶三酒四

茶三酒四表示的意思是品茶时，人不宜多，以二三人为宜；而喝酒则不然，人可以多一些。这是因为品茶追求的是幽雅清静，注重细细品啜，慢慢体会；而喝酒追求的是豪放热烈的气氛，

摆器示意

提倡在众目睽睽之下，大口吞下，一醉方休。这也是茶文化与酒文化的重要区别之一。明代陈继儒在《岩栖幽事》中说：品茶是"一人得神，二人得趣，三人得味，七八人是名施茶。"表明品茶时的人数是不宜多的。明人张源《茶录》中也说"饮茶以客少为贵，客众则喧，喧则雅趣乏矣。独啜曰神，二客曰胜，三四曰趣，五六曰泛，七八曰施。"说七八人聚在一起喝，喧杂乏味，人心涣散，无法静心品味，等同施茶一般。而喝酒就不一样，人多气氛显得比较热烈，猜拳行令，把壶劝酒，使喝酒的场面显得更加热烈。

其次，茶与酒的属性不一样，因为茶性不宜广，能溶解于水的浸出物有限，即使按茶与水正常比例冲泡出来的茶水，通常续水2～3次，茶味也就淡了。如果人多，一壶之茶，后饮者只能喝到既淡薄，又无味的茶汤了。而酒则不然，只要酒缸中有足量的酒，是不怕人多的。

（三）叩桌感恩

人们在饮茶时，能经常看到冲泡者向客人奉茶、续水时，客人往往会端坐桌前，用右手中指和食指，缓慢而有节奏地屈指叩打桌面，以示行礼之举。在茶界将这一动作俗称为"叩桌行礼"，或叫"屈膝下跪"，是下跪叩首之意。这一动作的寓意，还有一则动人的故事：说清代乾隆皇帝曾六次幸巡江南，四次到过杭州龙井茶区，还先后为龙井茶作过5首茶诗。有一次，乾隆为私察民情，乔装打扮成一个伙计模样来到龙井茶区暗访。一天，避雨而到路边小店歇息，店小二因忙于杂务又不识这位"客官"的身份，便冲上一壶茶提给乾隆，要他分茶给随从饮用。而此时，乾隆又不好暴露身份，便起身为随从斟茶，此举可吓坏了随从，皇帝给奴才斟茶，那还了得！情急之上，奴才便以双指弯曲，示"双腿下跪"，不断叩桌，表示"连连叩头"。此举传到

叩桌行礼

民间，从此以后，民间饮茶者往往用双指叩桌，以示对主人亲自为大家泡茶的一种恭敬之意，一直沿用至今。

（四）以茶代酒

在中国民间，东西南北中，都有以茶代酒之举，无论在饭席、宴请间，还是为朋友迎送叙旧时，凡遇有酒量小的宾客，或不胜饮酒的宾客，总会以茶代酒，以饮茶方式来代替喝酒。这种做法，不但无损礼节，反而有优待之意。所以，在中国此举随处可见。宋人杜耒诗曰："寒夜客来茶当酒，竹炉汤沸火初红。寻常一样窗前月，为有梅花便不同。"说的就是这个意思。

以饮茶代替喝酒由来已久，最早可以追溯到周代。据《尚书·酒诰》记述，商纣是个暴君，酗酒误事，朝政腐败，民皆恨之。周武王兴兵伐纣，执政后为整朝纲，严禁饮酒，人民为感谢武王治国有方，南方各地遂选最好的茶进贡给武王。如此一来，上至朝廷，下及百姓，纷纷以茶代酒。这一廉洁、勤俭的好传统，3 000多年来一直流传至今。期间，还不乏涌现出不少以茶代酒的逸事。《三国志·吴志》记载：三国时代的吴国（222—280）国君孙皓，原为乌程侯，他每次宴请时，坐客每次至少饮酒7升，虽不完全喝进嘴里，也都要斟上并亮盏说干。而孙皓的手下有位博学多才，深为孙皓所器重的良才韦曜，酒量不过2升。孙皓对他优待，就暗中赐给韦曜茶水，以饮茶水代替喝酒。这是因为茶自从被人发现利用以来，一直被视为是一种高尚圣洁的饮料。"茶圣"陆羽称茶为"精行俭德之人"。南宋诗人陆游《试茶》诗中明确表示，若要从茶和酒之间做出选择，宁要茶而不要酒。既然如此，那么，以茶代酒，也是一种高雅之举。君不见，佛教坐禅修行，一不准喝酒，二不准进点，三不能打盹，却准许饮茶。伊斯兰教教规很严，在严禁喝酒的同时，却提倡饮茶。天主教在提倡爱主的同时，也倡导饮茶，并为爱茶的传播和推广做出自己的贡献。这就是以茶代酒之所以能历数千年而不衰的缘由。今天随着社会的发展，人们生活不断提高，可以茶代酒却有愈来愈旺之势。

（五）揾碗谢茶

在民间凡有客进门，无须问话是否需要饮茶？主人总会冲上一杯热气腾腾的热茶，面带笑容，恭敬地送到客人手里。至于客人饮与不饮，无关紧要，其实这是一种礼遇，一种"欢迎"的意思。按中国人的习惯，每当客人饮茶时，茶汤在杯中仅留下1/3时就得续水。此时，客人若不想再饮茶，或已经饮得差不多了，或不再饮茶想起身告辞，客人就会平摊右手掌，手心向下，手背朝上，轻轻移动手臂，用手掌揾在茶杯（碗）之上按一下，它的本意是：谢谢你，请不必续水了！主人见此情意，不用言传，已经意会，就停止续水。用这种方式，既有示意，又有感意，有时甚至比用语言去挑明显得更有哲理，更富人情味。这种做法，无论在广大汉民族居住区，还是少数民族居住地区，都有"揾碗"谢茶的做法。

（六）茶分三等

在中国饮茶史上出现过按身份施茶的习俗。相传，浙江雁荡山历史上是佛教参禅的好住处。东晋永和年间，这里就有佛门弟子三百，终年香火不断，朝山进香的施主和香客甚多。其时，当地产茶不多，很难满足用茶招待施客，要用上等茶招待更是困难。为此，雁荡山寺院采用因人施茶的办法，并用暗语传话。凡有客人进院，若是达官贵人、大施主，负责接待的和尚就喊："好茶、好茶！"于是端上来的就是一杯香茗上品；若是上等客人、小施主，就喊："用茶、用茶！"则端上来的是一杯上好的茶；若是普通香客，就喊："茶、茶！"那端上来的是一杯较普通的茶。在电视剧《宰相刘罗锅》中，有一段刘罗锅刘墉与郑燮（郑板桥）的茶事叙述，这个故事的出处是郑板桥题词讥人。相传：有一天，清代大书画家郑板桥去某寺院，方丈见他衣着俭朴，如同一般俗客。为此，双方略施小礼后，方丈根据本寺院俗规，就淡淡地说了一声："坐"，又回头对小和尚说："茶！"小和尚随即送上一杯普通的茶；坐下后双方一经交谈，方丈感到此人谈俗不凡，颇有学问。于是引进厢房，说："请坐！"回头又对小和尚说："敬茶！"这时小和尚送来一杯上好的香茗；尔后再经深谈，方知来者乃是"扬州八怪"之一的大书画家郑燮。随即请到方丈室，连声说："请上坐！"，并立即吩咐小和尚说："敬香茶！"于是小和尚连忙奉上一杯极品珍茗。告别时，方丈一再恳求，请郑板桥题词留念，郑氏略加思索，当即提笔写了一副对联：

> 上联是：坐，请坐，请上坐
> 下联是：茶，敬茶，敬香茶

方丈一看，满面羞愧，从此以后，这个寺院看客施茶的习惯也就改了。不过，这种习俗，如今虽有淡化，但对一些特别尊敬的客人，或是好友久别重逢，或小辈见长辈来到时，取出一包平时舍不得吃的极品茶，与其同享，这种情况也是时有所见的，它是出于一种待客的礼遇。

二、吉祥与祝福

在茶艺过程中，有些寓意是通过动作的"形"来表示其意的，如"凤凰三点头"；但也有的是无形的，它是通过沏茶最终的结果去说明其意的，如浅茶满酒、七分茶三分情等。

（一）浅茶满酒

饮茶有一种习俗，叫做"茶满欺人，酒满敬人"，或者说"浅茶满酒"。它指的是在用玻璃杯或瓷杯或盖碗直接冲泡茶水，用来供宾客品饮时，一般只将茶水冲泡到品茗器的七八分满为止。这是因为茶水是用热开水冲泡的，主人泡好茶后马上奉给宾客，倘若满满的一杯热茶水，是无法用双手端茶敬客，一旦茶汤晃出，又颇失礼仪。其次，人们品茶，通常采用热饮，满满一杯热茶会烫伤嘴唇，这不是叫人无法饮茶吗？这也会使宾客处于尴尬场面。第三是茶叶经热水冲泡后，总会或多或少地有部分叶片浮在水面上。所以，人们饮茶时，常会用嘴稍稍吹口气，使茶杯内浮在表面的茶叶下沉，以利于品饮；如用盖碗泡茶，也可用左手握住盛有茶汤的碗托，右手抓住盖纽，顺水由里向外推去浮在碗中茶汤表面的茶叶后再去品饮。如果满满一杯热茶，一吹一推，岂不使茶汤洒落桌面上，又如何使得！而饮酒则不然，习惯于大口畅饮，显得更为豪放，所以在民间有"劝酒"的做法。加之，通常饮酒不必加热，提倡的是温饮。即使加热，也是稍稍加温就可以了。因此，大口喝酒，也不会伤嘴。所以说要浅茶满酒，既是民间习俗，又符合饮茶喝酒的需求。

（二）七分茶、三分情

七分茶、三分情，其实就是浅茶满酒的体现。其做法是主人在为宾客分茶，或直接泡茶时，应控制茶水用量正好在品茗杯（碗）的七分满为止。而留下的三分空间，当作是充满了主人对客人的情意。其实，这也是泡茶和品茶的需要，而在民间，则上升成为融洽主宾关系的一种礼仪。

（三）凤凰三点头

对细嫩高档名优茶的冲泡，通常是采用两次冲泡法：第一次采用浸润法。第二次采用凤凰三点头法。它们指的都是泡茶的动作与要领，泡茶的技巧与艺术。具体做法是：当茶置入杯或盖碗中后，把水壶中的开水，用旋转法按逆时针方向冲水，用水量以浸润茶叶为度，通常约为容器的1/5。再用手握茶杯（碗）轻轻摇动几下，目的在于使茶叶在杯（碗）中翻动，以浸润茶叶，使叶片慢慢舒展开来，这样既能使茶叶容易浸出，并更快地溶解于水；又可使品茶者最大限度内闻到茶的真香。这一动作，在茶艺界称之为浸润泡。整个泡茶过程的时间，掌握在10～20秒完成。紧跟浸润泡后的第二次冲泡，采用的方法就是"凤凰三点头"，即再次向杯（碗）内冲水时，将水壶由低向高，连拉三次，犹如凤凰展翅，上下飞翔点头，俗称"凤凰三点头"，使杯（碗）中的冲水量恰好到七八分满为止。采用凤凰三点头法泡茶：一是使品茗者能欣赏到茶艺的美感，提升饮茶欲望；二是可以使品茶者观察到茶在杯（碗）中上下翻滚，使茶汁更易浸出；三是可以使浸出的茶汤上下、左右回旋，使整个杯（碗）里的茶汤浓度均匀一致。不过，这个动作还蕴藏着一个重要的含义，那就是主人为迎接客人的到来，有向客人"三鞠躬"之意，以示对客人的礼貌和尊重的意思。所以，这个泡茶动作，在茶馆中常为运用。如果茶艺小姐穿着大方，风度有加，再加上泡茶时，能从茶性出发，在充分展示沏茶技巧的同时，既能融洽宾主双方的情感，还能收到以礼待人的效果。

关公巡城

三、拟人与比喻

在饮茶技艺中，有一些约定和成规是通过形象的手法，用拟人的方法和比喻的动作去说明问题的，蕴含很强的文化寓意，最明显的例证，前者如关公巡城、韩信点兵；后者如内外夹攻、游山玩水、端茶送客。

（一）关公巡城

在茶艺过程中，关公巡城既是寓意，又是动作，多用于福建及广东汕头、潮州地区冲泡功夫茶时运用。因为这些地区冲泡功夫茶，与台湾地区目前流行冲泡功夫茶的方法是不一样的，后者将冲泡好的功夫茶先倒入一个叫公道杯的盛器内，尽管从壶中倒入公道杯中的茶汤前后浓度不一样。但当全部茶汤统统倒入公道杯后，已经是均一的茶汤了。而福建、广东人冲泡功夫茶时，用茶量通常要比冲泡普通茶高出2～3倍，这样大的用茶量冲泡浸水后，茶叶几乎占据了整个茶壶，使壶中的茶汤上下浓度不一，如将壶中的茶水直接分别洒到几个小小的品茗杯中，这样往往使前面几杯的茶汤浓度偏淡，后面几杯的茶汤浓度偏浓，这在客观上不符合茶人精神，不能同等对客。为此，在福建和广东的汕头、潮州一带，通过长期的饮茶实践，总结出了一套能解决这一矛盾的功夫茶冲泡方法，并且更富有文化性。"关公巡城"就是其中之一。具体做法是：一旦用茶壶或冲罐或盖碗冲泡好功夫茶后，在向几个品茗小茶杯中倒茶汤时，为使各个小茶杯的茶汤多少，以及茶汤的颜色、香气、滋味前后尽量接近，做到平等待客。为此，在分茶时，先将各个小品茗杯，按宾客多少顺序排列，再采用来回提壶倒茶法洒茶，尽量使各个品茗杯中的茶汤浓度均匀。加之，冲泡功夫茶时，通常选用的是紫砂壶或紫砂做的冲罐和盖碗泡茶。而在茶壶（罐、碗）中的茶汤，又是用现烧开水冲泡的，热气腾腾，在人们心目中，三国时期的武将关公（关云长）是紫红色的脸面。如此，提着紫红色的冲茶器，在热气腾腾条形排列的城池（一排小品茗

韩信点兵

内外夹攻

杯）上来回巡茶，犹如关公巡城一般，故而，将这一动作称为"关公巡城"。它既生动，又形象，还道出了动作的连贯性，但关公巡城这道茶艺程序，其目的在于分茶时，各个品茗杯中的茶汤浓度达到一致，称它为"关公巡城"，只不过是拟人化的美称。

（二）韩信点兵

　　韩信点兵与关公巡城一样，既是沥茶的需要，又是一种拟人的比喻，更是一种美学的体现。这是在小杯啜功夫茶时，常加运用。特别是冲泡福建功夫茶和广东潮（州）汕（头）功夫茶时，最为常见。这一茶艺程序是紧跟关公巡城后进行的。因为经巡回分茶（关公巡城）后，还会有小数茶汁留在冲泡器中，而冲泡器中的最后几滴茶汁，往往是最浓的，也是茶汤的精髓所在，弃之可惜。但为了将这小许茶汁均匀分配在各个品茗杯中，所以，还得将冲泡器中留下的几滴茶汤，分别一滴一杯，一一滴入每个品茗杯中，这种分茶动作，被人形象地称之为"韩信点兵"。其实，韩信，乃是西汉初的一位名将，他足智多谋，善于用兵、点兵。因此，用"滴滴茶汁，一一入杯"之举，比做"韩信点兵"实在是惟妙惟肖，使人回味无穷。不过，就茶艺而言，"韩信点兵"，其关键是使一壶茶汤，通过分茶，使各个品茗杯中的茶汤，达到均匀一致，而形象的拟人动作，只是体现了功夫茶冲泡中的一种美学展示。

（三）内外夹攻

　　内外夹攻本是出于对冲泡某些茶的需要，而采用的一道程序，诸如对一些采摘原料比较粗老的茶叶，最典型的是特种名茶——乌龙茶，最佳的采摘原料是从茶树新梢上采下"三叶半"，即待茶树新梢长到顶芽停止生长，新梢顶上的第一叶刚放开半张叶时，采下顶部"三叶半"新梢。这与采摘单芽或一芽一二叶新梢加工而成的茶相比，显得原料要粗大。对这种茶的汁水很难冲泡出来，所以，冲泡时水温要高。为提高泡茶时的水温，不但泡茶用水要求现烧现泡，泡茶后当即加盖，加以保温；而且泡茶前，先得用热水温茶壶，以免泡茶用水被壶吸热而降温；而且，更须

奉茶迎客

在泡茶后用滚开水淋壶的外壁以求追热。这一茶艺程序称之为"内外夹攻"。它的寓意是淋在壶里，热在心里，给品茶者一个温馨之感。其实，这一程序在很大程度上是出于泡茶的需要。目的有二：一是为了保持茶壶中的水温，促使茶叶浸出和茶香透发；二是为了清除茶壶外溢出的茶沫，以清洁茶壶。这一程序，对冬季或寒冷地区冲泡乌龙茶而言，更是必不可少。

（四）游山玩水

采用壶泡法泡茶，通常在冲泡后难免有水滴落在壶的外壁，特别是冲泡乌龙茶时，不但泡茶冲水要满出壶口，而且还有淋壶之举，使外壁附着许多水珠。如果要将壶中的茶汤，再分别倒入每个品茗杯中，这一过程人称分茶。分茶时，常用右手拇指和中指握住茶把，食指抵住壶的盖纽，再提起茶壶，为了不使溢在壶表顺势流向壶足的小水流（滴）落在桌面上，往往在分茶前，先把茶壶底足，在茶船口沿上顺逆时针方向荡一圈，再将壶底置于茶巾上按一下，这样可以除去附在壶底上的水滴。在这一过程中，由于把壶沿着"小山"（茶船）荡（玩）了一圈，目的又在于除去游运着的壶底之水，因而，美其名曰"游山玩水"。实是除去壶底的附着水，有清洁茶具之意。

（五）端茶送客

茶可以用来敬客，但在中国历史上，也有用以逐客的。这种做法过去多见于官场中。如大官接见小官时，大官都堂堂正正地摆起架子端坐在大堂之上，两边侍从"一字"排开；然后传令"请"！于是小官进堂拜谒，旁坐进言。倘有言语冲撞，或遇言违而意不合，或言繁而烦心，大官就会严肃地端起茶杯，以一种端茶的特定方法，示意左右侍从"逐客"。而侍从也就心领神会，齐呼"送客"。在这种情况下，端杯就成为一种"逐客令"。人们可曾记得，在《官场现形记》和《二十年目睹之怪现状》中，就有关于"端茶"逐客之闻。据说，清末民国初时，孙中山先生为求团结救国，曾北上去找清政府李鸿章面呈政见。但由于志不同，道不合，话不投机，不一会李鸿章就生气地喊道："端茶！"于是孙中山愤然起立，拂袖而去。

据查，"端茶送客"的做法，首见于宋代普济的《五灯会元》，这是一本佛教书，其本意并非是"逐客"之意。内载有公案一则，曰："问：还丹一粒，点铁成金。至理一言，转凡成圣，学人上来，请师一点。师（翠岩会参）曰：不点。曰：为什么不点。师曰：恐汝落凡圣。曰：乞师至理。师曰：侍者，点茶来。"其实，在这则公案中，师是以一种特殊的方式，点茶来，接引学人自悟禅理，意思是说："你不必说了，你可以走了！"因为禅是要靠"自悟"的，但以后在官场上进一步引申，最终形成为了一种"端茶送客"之举。

端茶逐（送）客，与客来敬茶的美德是背道而驰的，特别是在提倡社会文明进步的今天，此举更不可长。

四、方圆与规矩

在茶艺过程中，有些方圆与规矩，它是在总结泡茶技艺的基础上才形成的，不成方圆也就是没有规矩可言。

（一）老茶壶泡和嫩茶杯泡

这里说的是较为粗老的茶叶，需用有盖的瓷茶壶或紫砂茶壶泡茶；而对一些较为细嫩的茶叶，适用无盖的玻璃杯或瓷杯冲泡。这是因为：对一些原料较为粗老的鲜叶加工而成的中、低档大宗红、绿茶，以及乌龙茶、普洱茶等特种茶来说，它们有的因原料所致，有的因茶类所需，采摘的鲜叶原料，与细嫩的名优绿茶，以其少数由嫩芽加工而成的红茶、白茶、黄茶相比，因茶较粗、较大，处于老化状态，所以，茶叶中的纤维素含量高，茶汁不易在水中浸出。因此，泡茶用水需要有较高的温度才能出味。而乌龙茶，由于茶类采制的需要，采摘的原料新梢已处于半成熟状态，冲泡时既要有较高的水温；而且还要在一定时间内保持水温不致很快下降，只有这样才能透出香味来。而这些茶选用茶壶冲泡，不但保温性能很好，而且热量不易散失，保温时间长。倘若用茶壶去冲泡原料较为细嫩的名优茶，因茶壶用水量大，水温不易下降，还会"焖熟"茶叶，使的汤色变深，叶底变黄，香气变钝，滋味失去鲜爽，产生"熟汤"味。如改用无盖的玻璃杯或瓷杯冲泡细嫩的名优茶，既可避免对观赏细嫩名优茶的色、香、味带来的负面效应，又可使细嫩名优茶的风味得到应有的发挥。

对一些中、低档茶和乌龙茶、普洱茶而言，它们与细嫩名优茶相比，冲泡后外形显得粗大，无秀丽之感，茶姿也缺少观赏性，如果用无盖的玻璃杯或瓷杯冲泡，会将粗大的茶形直观地显露眼底，可以说一目了然，有失雅观，或者使人"厌食"，引不起品茶的情趣来。

由上可见，老茶壶泡，嫩茶杯泡，既是茶性对泡茶的要求，也是品茗赏姿的需要，符合科学泡茶的道理。

（二）高冲低斟

高冲低斟是指泡茶和分茶而言的。前者是指泡茶时，落水点要高。冲泡时，犹如"高山流水"一般。因此，也有人称这一冲泡动作为"高山流水"。冲泡功夫茶（乌龙茶）更加讲究，要求冲泡时，一要做到提高水壶，使沸水环茶壶（冲罐）口边缘冲水避免直接冲入壶心；二要做到注水不可断续，不能急促。那么，泡茶为何要用高点注水呢？这是因为：高冲泡茶，能使泡茶器内的茶，上下翻动，湿润均匀，有利于茶汁的浸出。同时，高冲泡茶，还能使热力直冲泡茶器底部，随着水流的单向流动和上下旋转，有利于泡茶器中的茶汤浓度达到相对一致。另外，高冲茶，特别是首

冲茶出水点要高

次续水，对乌龙茶来说，随着泡茶器的旋转和翻滚，使茶的叶片很快舒展开来，可以及时除去附着在茶片表面的尘埃和杂质，能为乌龙茶的洗茶、刮沫打下基础。

　　茶经高冲泡后，通常还得进行适时分茶，即斟茶。具体做法是将分茶器（壶、罐、瓯）中的茶汤一一斟入到各个品茗杯中。但斟茶与泡茶不一样，斟茶时，提起茶壶分茶的落水点宜低不宜高，通常以稍高品茗杯口为宜。在茶艺过程中，相对于"高冲"而言，人们称之为"低斟"。这样做的目的在于：高斟会使茶汤中的茶香飘逸，降低品茗杯中的茶香味；而低斟，可以在一定限度内，尽量保持茶香不散。高斟会使注入品茗杯中的茶汤表面，泡沫丛生，从而影响茶汤的洁净度和美观，降低茶汤的欣赏性。高斟还会使分茶时产生"滴答"声，甚至使茶汤翻落桌面，叫人生厌。

　　其实，高冲与低斟，是茶艺过程中两个相连的动作，是人们在长期泡茶实践中的经验总结，目的是有利于提高茶的冲泡质量。

（三）恰到好处

　　恰到好处是泡茶待客时的一个吉祥语，其做法是泡茶选器时，要根据品茶人数，在选择泡茶用的茶壶或茶罐，应按泡茶器容量大小，配上相应数量的品茶杯，使分茶时每次在泡茶器中泡好的茶，不多不少，总能刚刚洒满对应的品茗杯（通常为品茗杯的七八分满）。其实恰到好处，既是喜庆吉祥之意，又是茶人精神的一种体现，它表达的意思是：人与人之间是平等的，不分先后，一视同仁，没有你、我、他之分。

　　不过，在我国某些地区，诸如闽南与广东潮州、汕头一带，冲点（分茶时）用的泡茶器，容水量有1～4杯之分。而根据宾客多少，泡茶时有意选用稍小的泡茶器泡茶。若3人品茶则用2杯壶，4人品茶用3杯壶，5人以上品茶用4杯壶。这样做的结果，使每次泡茶完毕时，总有一位甚至几位宾客轮空，其结果是每斟完一轮茶后，品茶者总会出现主人让客人，小辈敬长辈，同事间

相互谦让的场面，从而使祥和、互敬的融洽气氛充满整个茶座，使"和""敬"的精神得到充分的体现，这也是茶德的一种体现。

（四）上投法、中投法和下投法

这三种投茶方法，是指在茶的冲泡过程中如何投茶而言的。在实践过程中，要有条件、有选择地进行。如果运用得当，不但能掩盖不足，而且还能平添情趣。

下投法泡茶

1.上投法　指的是在茶叶冲泡时，先按需在杯中冲上开水至七分满，再用茶匙按一定比例取出适量茶叶，投入盛有开水的茶杯中。用上投法泡茶，多因泡茶开水水温过高，而冲泡的茶又是紧细重实的高级细嫩名茶时采用。诸如高档细嫩的径山茶、碧螺春、都匀毛尖等。但用上投法泡茶，虽然解决了冲泡某些细嫩高档名茶时，因水温过高而造成对茶汤色泽和茶姿挺立带来的负面影响，但却会造成茶汤浓度上下不一的不良后果。因此，品饮上投法冲泡的茶叶时，最好先轻轻摇动一下茶杯，从而使茶汤浓度上下均一，茶香透发后再品茶。另外，用上投法泡茶，对茶的选择性也较强，如对茶索松散的茶叶，或毛峰类茶叶，都是不适用的，它会使茶叶浮在茶汤表面。不过，用上投法泡茶，在某些情况下，若能向宾客主动说明其意，有时反而能平添饮茶情趣。

2.下投法　是冲泡时用得最多的一种投茶方法，它是相对于上投法而言的。具体方法是：按茶杯大小，结合茶与水的用量之比，先在茶杯中投入适量的茶叶，尔后，按茶水的用量之比，将壶中的开水高冲入杯至七八分满为止。用这种投茶法泡茶，操作比较简单，茶叶舒展也较快，茶汁也容易浸出，且茶汤浓度较为一致。因此，有利于提高茶汤的色、香、味。目前，除细嫩高级名优茶外，多数采用的是下投法泡茶。但用下投法泡茶，常由于不能及时调整泡茶水温，而影响各类茶冲泡时对适宜水温的要求。

3.中投法　是相对于上投法和下投法而言的。目前，对一些细嫩名优茶的冲泡，多数采用中投法冲泡，具体操作方法是：先向杯内投入适量的茶叶，尔后冲上少许开水（以浸没茶叶为止）；接着，右手握杯，左手平摊，放在杯底之下，中指抵住杯子把纽，稍加摇动，使茶浸润；再用高冲法或凤凰三点头法，冲开水至七分满。所以，中投法其实就是用两次分段法泡茶。中投法泡茶，在很大程度上解决了上投法和下投法对泡茶造成的不利影响，但操作比较复杂，这是美中不足之处。

（五）平等相待

北方人沏茶喜欢多人用一把壶，认为这样饮茶，富有亲近感。泡茶后的茶壶，经游山玩水除去壶底水滴后，就可以将茶壶中的茶汤，分别倾入"一"字形排开的各个品茗杯中。但茶壶中的茶汤，在上下层之间，浓度不是很一致。这样，茶壶中倒出来的茶汤，前后浓淡是有差异的，为了使各个品茗杯中的茶汤浓度达到相对一致，各个品茗杯中的茶汤色泽、滋味，乃至香气不致有明显的差异，就要把好分茶这一关。尤其是冲泡乌龙茶。用茶量大，茶壶中的茶汤更难以均匀，所以分茶采用"关公巡城"之法，它就是巡回倒茶法的一种展示。不过，除乌龙茶外，其他茶类，如绿茶、红茶、花茶等，虽倾茶时，不能像乌龙茶那样采用"关公巡城"法使各个品茗杯中的茶汤达到均匀一致，也有采用循环倒茶法，去解决茶汤的均匀度。以4杯分茶法为例，总容量以七分满为止。具体操作如下：第一杯倒入总容量的1/4，第二杯倒入总容量2/4，第三杯倒入总容量3/4，第四杯倒入七分满为止。尔后，再依次1/4、2/4、3/4的容量，逆向追加茶汤容量，直到茶汤至七分满为止。这种分茶方法，能最大限度地使各个品茶杯中的茶汤的色、香、味达到均匀一致。体现了茶人平等待人的精神，使饮茶者的心灵达到"无我"的境地，这也是"天下茶人是一家"的一种体现。

五、其他寓意和礼俗

中国地大，又有56个民族。由于各地历史、环境、文化、习俗不一，因此，民间在饮茶风俗和礼仪上，还有不少其他饮茶礼俗。如泡茶、烫壶时的回转动作，即用右手提水壶，冲水需用逆时针方向回转；用左手提水壶冲水时，用顺时针方向回转，它的寓意是欢迎客人来赏茶。另外，茶壶放置时，壶嘴不能对准品茗的客人，否则有要客人离席之嫌，是不礼貌之举。

其实，在茶艺过程中，民间还有不少寓意和礼俗动作。各地可以结合当地风习，加以挖掘和运用。只要使用恰当，不但可以诱发饮茶者的品茶情趣，而且还可以增加宾主双方的亲近感，能取得较好的效果。

第四节 饮茶风情大观

中国人虽然都爱茶，但由于历史文化、地域环境，以及对茶的认知和饮茶的习俗是不一样的，所以各民族的饮茶方式、方法上呈现是各不相同的。

一、饮茶综述

中国是一个多民族的国家，饮茶习俗更是五花八门。如果将中国56个民族多种多样的饮茶习俗归纳起来，大致可以将其划分为以下几类。

（一）清茶饮尝，真香实味

这种饮茶方式，中心是突出一个"真"字，追求的是原汁原味。它应顺自然，强调真实。保持了茶的"纯粹"。如北方人爱饮花茶，长江中下游地区好饮绿茶，西南一带推崇沱茶和普洱茶，

闽、粤、台嗜好乌龙茶，京、津、沪、杭等地习惯于品
龙井茶等高档名优绿茶。对这些茶的饮用，都是通过
用热开水直接冲泡茶叶，无须在茶汤中添加任何其他
佐料，重在求得茶的真香实味，故而称之为清饮。目
前，汉民族居住地区，多数采用这种清饮方式饮茶。

清茶一杯
亦醉人

（二）大碗急饮，解渴生津

这个饮茶方式，中心是突出一个"渴"字，意在
补充人体生理需要。所以，大碗急饮，稍时而别，是
这类饮茶方式的主要特征。它通常见于公园门前、大
道两旁、半路凉亭、车站码头等处。大凡过往行人较
为集中的地方，往往设有茶摊和茶亭，喝大碗（杯）茶是这里的特色。在这等去处，对茶质量的
优与劣，以及四周陈设的要求显得不甚要紧，只求整洁卫生就是。这种饮茶方式，虽然无从体验
茶的真趣，却也蕴含山村野味之情，所以，古往今来，受到人民群众的赞许。目前，在中国东南
西北中，几乎在各民族居住地，都可见到这种饮茶方式。

（三）以茶为引，意在示礼

这种饮茶方式，中心是突出一个"礼"字。这是因为重情好客，是中国各民族的传统礼仪。
凡有朋友进门，不问你要不要饮茶，都会奉上一碗（杯）茶，以示欢迎和亲近。特别是在一些
重要场合，如接待贵宾、双方会谈、隆重会议，每逢这类高层次的活动，宾主坐席上均摆上一杯
茶，茶具高雅，茶叶高档，以示高规格、重礼仪。如活动时间不长，宾主喝茶是随意的。茶在这
种场合，既是一种不可缺少的摆设，也是礼仪之举。

（四）借茶喻世，追求哲理

这种饮茶方式，中心是突出一个"理"字。白族的三道茶是这方面的典型事例，其最初是作
为长辈对子女学艺、经商、求学，或者是男婚女嫁时的一种嘱托和祝福，以后才慢慢演变成一种
待客的风尚。三道茶中的每一道茶，都有不同的含义，内含是"一苦、二甜、三回味"。它寓意
做什么事，只有苦尽才能甜来，而且要做到后事不忘前事之鉴，多多"回味"，不可忘本。有的
汉族居住地，称男女青年婚嫁为"吃茶"，其实它寓意男女相爱：一要像茶树那样四季常绿，百
年皆老；二要似茶树那样，不可移栽（这是古人的看法），"从一而终"；三要如茶一样，真实纯
洁，好好过日子。目前，这种饮茶方式和内含食物，虽然有一些改变，但追求的哲理却是一样的。

（五）名茶名点，相得益彰

这种饮茶方式，中心是突出一个"融"字。以茶融点，品茗尝点，茶点相济，其乐融融。
在这方面，最盛行的是羊城广州的早茶。通常人们在上早班前，占据茶楼一角，泡上一盏称心如

鲜奶蛋糕
配龙井

玉米枣泥糕
配红茶

吴山酥油饼
配大红袍

酸奶乳酪
配普洱茶

梅干菜饼
配铁观音

玉米蛋糕
配黄山毛峰

核桃派
配庐山云雾

果肉雪眉娘
配碧螺春

（本组照片由杭州和茶馆庞颖提供）

杨柳青年画中的
《竹林烹茶图》

用茶为媒，
自娱自乐

基诺族的
凉拌茶

意的茶，选上两件美味可口的点心，既品茶，又尝点，按当地人的说法，叫"一盅两件，人生一乐"。如今，各大、中城市的茶艺馆，奉上一杯清茗，捧上几碟点心，供君静静品尝，饮茶基本方式，很有点广州早茶的味道，只是前者在饭店、宾馆经营，后者多为专一的饮茶场所罢了。

（六）陶冶情操，意在精神

这种饮茶方式，中心是突出一个"情"字。这里有茶文化的继承，也有现代生活的文明，饮茶解渴已显得无关紧要，重在精神享受，身心愉悦。目前各大、中城市涌现的高档茶艺馆，其建筑格局、环境布置、室内陈设，乃至文艺演出、奉茶施礼，都颇有讲究。在这里，人民饮茶，实是对文化的品味，精神的升华，这是一种高层次、多功能、重享受的饮茶方式。其实，20世纪80年代以来，在全球，特别是在中国、日本、韩国，以及中国的台湾地区、香港特别行政区兴起的茶艺、茶道、茶礼演示也是弘扬茶文化，提倡茶人精神，用茶作引子，将物质文明和精神生活奉献给人民的一种艺术形式，它能陶冶情操，提升精神境界。

对更多的普通民众而言，饮茶仅仅是个引子，他（她）们通过饮茶，从中获得乐趣。如扎堆饮茶摆龙门阵就是一例，三五人相聚一起，边饮茶，边聊天神吹、或打扑克悠闲、或侃大山，悠悠自乐，放松心情，不愧是一种自乐的文化活动。

（七）用茶掺食，待客作宴

这种饮茶方式，中心是突出一个"食"字。中国蒙古族的咸奶茶、哈萨克族的奶子茶、基诺族的凉拌茶、崩龙族的水茶，实是古代吃茶方法的延续。最有代表性的是侗族、壮族、瑶族的油茶，它用茶和多种食品、佐料配合而成，既作茶菜肴，又当食物。与其说喝油茶，倒不如说吃油茶，因为在这里，茶已成为待客的点心了。近年来，中国各地的某些城市，根据茶品特性，结合菜肴特点，除保持原有的茶菜外，还新创制了一批特色茶菜，品种在200个以上，西坪老鸭、御扇茶香骨、红茶焖肉、太极碧绿、茶松银鱼、乌龙戏水等，这些茶菜，既保持了茶的香和韵，又保持了菜的品和感，从而为饮食文化增添了金果小枝。

（八）茶药相通，强身保健

这种饮茶方式，中心是突出一个"健"字。茶的最早利用就是从药用开始的。中医认为，茶兼具药用功能和保健作用，既可作单方，又可作复方，是一种重要的中药材。现今居住在湘、鄂、川、黔交界武陵山区一带的土家族兄弟喝的擂茶，用生茶叶、生姜和生米仁三种原料配制而成的擂茶，既是饮料可解渴，又是良药能保健。又如居住在云南密林中的一些少数民族同胞，喜欢喝一种叫"龙虎斗"的茶，就是将煎熬过的浓涩茶汁，趁热倒入盛有酒的茶杯中，这种茶酒相融的浓汤，趁热喝下，能去湿发汗，祛寒解表，这种饮茶方式，是居住在多湿的高山区人民与大自然搏斗的经验总结。

可以预见，随着人民生活质量的提高，社会的进步，中国各民族的饮茶风俗也将随之而变，并将变得更加丰富多彩。

二、汉民族饮茶习俗

汉族是中国的主体民族，由古代华夏族和其他民族长期融合而成。人口约占全国总人口的90%以上，是当今世界上人口最多的民族，遍布整个中国，但主要聚居在黄河、长江、珠江三大流域和松辽平原。

汉族的饮茶方式，大致有品茶和喝茶之分。大抵说来，重在意境，以鉴别茶香、茶味，欣赏茶姿、茶汤，观察茶色、茶形为目的，自娱自乐者，谓之品茶。凡品茶者，得以细啜缓咽，注重精神享受。倘在劳作之际，汗流浃背，气喘吁吁，或炎夏暑热，以清凉、消暑、解渴等人体生理需要为目的，手捧大碗急饮者；或不断冲泡，连饮带咽者，谓之喝茶。不过，汉族饮茶，虽方式之别，目的不同，但大多推崇清饮，就是将茶直接用开水冲泡，无须在茶汤中加入糖、盐、椒、姜等调料，或果品之类，属纯茶原汁本味饮法。汉族认为，清饮能保持茶的"纯粹"，体现茶的天然本色。汉族最有代表性的饮茶方式，则要数品龙井茶、啜乌龙茶、尝盖碗茶、吃早茶和喝大碗茶了。现分别介绍如下。

（一）品龙井茶

在江、浙、沪的大、中城市最喜爱品龙井茶。龙井茶主产于浙江杭州的西湖山区。"龙井"一词，既是茶名，又是树名，还是村名、井名和寺名，可谓"五龙合一"。历代诗人以"黄金芽""无双品"等美好词句来表达人们对龙井茶的酷爱。

品饮龙井茶，除了茶美外，还要做到：一要境恰，自然环境、装饰环境和茶的品饮环境相恰；二要水净，指泡茶用水要清澈洁净，以山泉水为上，用虎跑水泡龙井茶，更是杭州一绝；三要具精，泡茶用杯以白瓷杯或玻璃杯为上。倘若盖碗冲泡，则无须加盖；四要艺巧，即要掌握龙井茶的冲泡技艺，以及品饮方法；五要情融，二三知己，情投意合，品茶论道，其乐融融。

一般说来，冲泡龙井茶的开水，以80℃左右为宜。茶和水的比例，大致掌握在1克茶冲50～60毫升水。通常一个可盛200毫升的杯子，放置3克左右的龙井茶就可以了。冲泡时，先

龙井门楼

小杯啜乌龙

潮汕工夫茶具

用少量开水，高冲入杯，以湿润茶叶，使茶舒展，内含物容易浸出，这叫做浸润泡；大约过10～15秒钟后，再冲水至七分满杯，留下三分空杯即可，这叫"留下三分情"。同时，也符合民间的"浅茶满酒"之举，因为东南沿海一带，在历史上向有"酒满敬人，茶满欺人"之说。

品龙井茶，无疑是一种美的享受。品茶时，先应慢慢提起杯子，举杯细看翠叶碧水，察看多变的叶姿。尔后，将杯送入鼻端，深深地嗅闻龙井茶的嫩香，使人舒心清神。看罢、闻罢，然后缓缓品味，清香、甘醇、鲜爽应运而生。此情此景，正如清代陆次云所说："龙井茶真者，甘香如兰，幽而不冽，啜之淡然，似乎无味。饮过之后，觉有一种太和之气，弥沦于齿颊之间，此无味之味，乃至味也。"这就是对品龙井茶的动人写照。

如今，在品饮龙井茶时，也有奉茶点的。但茶点以清淡，或略带咸味的食品为佳。不过，由于高级龙井茶采摘细嫩，只采一芽一叶或一芽二叶初展新梢加工而成，所以，泡茶续水二次已足矣，再续就无味了，得重新置茶冲泡才是。

（二）啜乌龙茶

在广东、福建、台湾等地，喜欢用小杯啜乌龙茶。目前，全国不少大、中城市，也开始对啜乌龙茶感兴趣。不过，啜乌龙茶最为讲究的要数广东的潮汕地区，不但冲泡讲究，而且颇需工夫，故而称之为工夫茶。台湾人啜乌龙茶虽出自闽、粤，但融入了新的内容，使饮茶更有情趣。他（她）们认为要真正尝到啜乌龙茶的妙趣，升华到艺术享受的境界，需具备多种条件。下面，以广东潮汕地区啜乌龙茶为例，结合台湾啜乌龙茶的风俗简述如下。

首先，要根据饮茶者的品味，选好优质乌龙茶，如凤凰单丛、武夷岩茶、安溪铁观音、冻顶乌龙等。

其次，泡茶用水应选择甘洌的山泉水，而且强调现烧现冲。

接着是要备好茶具，比较讲究的，从火炉、火炭、风扇，直到茶洗、茶壶、茶杯、冲罐，等等，备有大小十余件。人们对啜乌龙茶的茶具，雅称为"烹茶四宝"：潮汕风炉、玉书碨、孟臣罐、若琛瓯。具体说来，潮汕风炉是一只粗陶小风炉，专作生火加热用。玉书碨是一把缩小了的瓦陶壶，高柄长嘴，架在风炉上，是烧水的容器。孟臣罐是一把普通橘子大小的紫砂壶，专门用来作泡茶用。若琛瓯是个只有半个乒乓球大小的小茶杯，通常以三个为多，这叫"茶三酒四"，专供啜茶用。

冲泡乌龙茶时，先要用沸水把备好的茶具，淋洗一遍。然后，按需将乌龙茶倒入白纸，轻轻抖动，将茶粗细分开。将细末填入壶底，其上盖以粗条茶，以免填塞茶壶内口。冲泡时，要提高水壶，再缓慢冲水入壶，俗称"高冲"。并将沸水满过茶叶，溢出壶口，尔后用盖刮去茶汤表面浮沫。也有将头遍茶冲泡后茶汤立即倒掉，这叫"洗茶"。其实，刮沫和洗茶目的一样，都具有洗茶的作用。乌龙茶冲泡后，应立即加盖，其上再淋一次沸水，提高壶中茶水温度，这叫"内外夹攻"。约1～2分钟后，注汤入杯，这叫"斟茶"。但斟茶宜低，这叫"低斟"。为了使几个杯中的茶水浓度均匀一致，斟茶时要来回往复注茶汤入杯，这叫"关公巡城"。若一壶茶汤，正好斟完，这叫"恰到好处"。讲究的，还要将茶壶中的最后几滴茶汤，分别一滴一滴地将它注入各个杯中，使各杯茶汤浓度不致有浓淡之分，这叫"韩信点兵"。

一旦茶叶冲泡完毕，主人示意啜茶，啜茶时，一般用右手食指和拇指夹住茶杯口沿，中指抵住杯子圈足，先看汤色，再闻其香，尔后啜饮。如此啜茶，不但满口生香，而且韵味十足，才能使人领悟到啜乌龙茶的妙处。

另外，按广东潮汕地区啜乌龙茶的风习，认为啜乌龙茶，可随遇而安。因在当地人不分男女老幼，地不分东南西北，啜乌龙茶已成为一种风俗。所以，啜乌龙茶无须固定位置，也无须固定格局，或在客厅、或在田野、或在水滨、或在路旁、或在航舟中都可随着周围环境变化的随意性，茶人在色彩纷呈的生活面前，使啜茶变得更有主动性，变得更有乐趣。他（她）们还认为，啜乌龙茶最大的乐处，是在乌龙茶冲泡程序的艺术构思，其中概括出的形象语言和动作，啜茶者未曾品尝，已经倾倒，这种"意境美"已或多或少地替代了茶人对"环境美"的要求。当然，有好的啜茶环境也是求之不得的，只是当地并没有刻意追求罢了。

闽南人啜乌龙茶，方式方法与广东潮汕地区相差不大。至于台湾人啜乌龙茶的方法，与潮汕人啜乌龙茶大致相同，但有些操作程序不尽相同，如将乌龙茶泡好后，在斟入杯前，先把茶汤倾入到一个公道杯中，尔后斟茶入闻香杯中，再分别注入对应的茶杯品啜。它以公道杯为载体，将茶汤浓度达到一致；而闻香杯，顾名思义，当然是闻香的专门茶具了，所以，这种啜乌龙茶的方法，虽然与潮汕地区相比，冲泡方式有些区别，但品啜的基本要求却是一致的。

（三）尝盖碗茶

在汉民族居住的大部分地区，都有尝盖碗茶的习俗。盖碗，有的地方称它为"三件套"，它有托、碗和盖组成。用盖碗泡的茶，称之为盖碗茶。而尝盖碗茶，最有代表性的是四川和重庆一带。在当地用盖碗泡茶，不但见诸茶馆，而且还用于家庭泡茶，这是一种传统的饮茶方法，当地人尝盖碗茶，一般说来，有五道程序。

长嘴壶茶艺

（1）**净具：**用温水将茶碗、碗盖和碗托清洗干净。

（2）**置茶：**视盖碗大小，一般置茶2～3克。常见的有沱茶、花茶，以及各种名绿茶等。

（3）**沏茶：**一般用初沸开水冲茶，冲水至茶碗七八分满时，盖好碗盖，以待品茶。

（4）**闻茶：**待冲泡3～4分钟后，茶汁开始浸出时，则用左手提起碗托，右手掀盖，闻香舒腑。

（5）**品尝：**闻香后，若见茶汤面上有漂浮的茶片，则可用碗盖刮去漂浮于汤面的片末，随即倾碗将茶汤徐徐送入口中，尝味润喉，提神生津。

川渝一带是茶的原产地之一，也是中国最早饮茶的起源地，历来有饮茶风习：他（她）早晨用茶清肺润喉，饭后用茶消食去腻，劳作时用茶解乏提神，会友时用茶晤谈聊天，纠纷时用茶消释前嫌，烦恼时用茶清心解闷。所以，历来有中国饮茶数成都、重庆之说，而成都、重庆茶馆的一大特色是，四方小木桌，大背靠竹椅，品尝盖碗茶。

成都、重庆人尝盖碗茶的另一特色是，从茶具配置到服务格调，都有讲究，最为叫人称绝的是称之为"锦城（成都）一绝"的盖碗茶冲泡技艺。冲泡时，选用的是铜茶壶、锡碗托、白瓷带盖茶碗，用这种风格冲泡的茶，被认为具有正宗巴蜀风味，受到当地茶客的青睐，为外地茶客称奇。旧时，成都锦春楼茶馆茶博士周麻子，他的掺（冲泡）茶功夫，最为令人叫绝。冲泡盖碗茶时，他用大步流星出场，右手握一把紫铜茶壶，左手卡一摞银色锡托和白瓷碗，犹如一柱荷花灯树。随即，左手一扬，"哗"的一声，一串茶托飞出，几经旋转，不多不少一人前面一个。接着，每个茶托上面已放好一个茶碗，动作之神速，使人眼花缭乱。至于各人点的什么茶，一一放入茶碗，绝不会出错。尔后，茶博士在离桌一米外站定，挺直手臂，提起茶壶"唰唰唰"，犹如蜻蜓点水，一点一碗，却无半点冒出碗外。为确保服务质量，周麻子还口中念念有词："请各位客官放心，倘出半点差错，我今生今世不再卖茶。"话音刚落，他又抢先一步，用小拇指把碗盖一挑，一个一个碗盖像活了似的跳了起来，把茶碗盖得严严实实。如此一来，盖碗茶就大功告成。所以，尝盖碗茶，使品尝者不但可以领略茶的风味，而且是一种艺术的享受，这就叫做人醉茶，茶醉人。纵然末曾品尝，品饮者也已达到"自醉"的境地。

吃早茶

（四）吃早茶

　　早茶，又称早市茶，在华南及香港、澳门地区流传最广。目前全国大、中城市都有供应早茶的，但历史最久、影响最深的是羊城广州及港澳地区，他们无论在早晨上工前，还是在工余后，抑或是朋友聚议，总爱去茶楼泡上一壶茶，要上几件点心，边品茶、边尝点，润喉充饥，风味横生。广州及港澳地区人们吃茶大都一日早、中、晚三次，但早茶最为讲究，饮早茶的风气也最盛。由于饮早茶是既喝茶润喉，又尝点充饥，因此当地称饮早茶谓之吃早茶。

　　吃早茶是汉族名茶加美点的另一种清饮艺术，人们可以根据自己的需要，品味传统香茗，当场点茶；又可按自己的口味，要上几款精美清淡小点，如此吃来，更加有滋有味。

　　如今在华南一带，除了吃早茶，还有吃午茶、吃晚茶的，把这种吃茶方式看作是充实生活和社交联谊的一种手段。

　　在广东城市或乡村小镇，吃茶常在茶楼进行。如在假日，全家老幼登上茶楼，围桌而坐，饮茶品点，畅谈国事、家事、身边事，更是其乐融融。亲朋之间上得茶楼，谈心叙谊，沟通心灵，倍觉亲近。所以，人们交换意见，或者洽谈业务、协调工作，甚至青年男女，谈情说爱，也喜欢用吃（早）茶的方式去进行，这就是汉族吃早茶的风尚之所以能长盛不衰，甚至更加延伸扩展的缘由。

（五）喝大碗茶

　　喝大碗茶的风尚，在汉族居住地区随处可见，目的在于解渴生津，所以多见于大道两旁、车船码头、半路凉亭，直至车间工地、田间劳作等总是屡见不鲜。这种饮茶习俗在中国北方最为流行，尤其是早年北京的大碗茶，更是名闻遐迩，如今中外闻名的北京大碗茶商场，就是由此沿袭命名的。

　　大碗茶多用大壶冲泡，或大桶装茶，大碗畅饮，热气腾腾，提神解渴，好生自然。这种清

茶一碗，随便饮喝，无须做作的喝茶方式，不但比较
粗犷，而且随意，不用楼、堂、馆、所，摆设也很简
便，一张桌子，几根条凳，若干只粗瓷大碗便可，因
此，它常以茶摊或茶亭的形式出现，主要为过往客人
解渴小歇。

　　由于大碗茶贴近生活，所以受到人们的称道。即便
是生活条件不断得到改善和提高的今天，大碗茶仍然不
失为一种重要的饮茶方式。

三、少数民族饮茶风俗

　　中国是一个多民族的国家，每个民族的饮茶习俗
是各不相同的。尤其是边疆地区，聚居着众多的兄弟民
族，饮茶习俗更是异彩缤纷，蔚然观叹。下面，将一些
有代表性的兄弟民族饮茶习俗，简介如下。

蒙古族
喝咸奶茶

（一）蒙古族的咸奶茶

　　蒙古族主要居住在内蒙古自治区及其边缘的一些省
（区），他们是以牛、羊肉及奶制品为主食，粮、菜为
辅的游牧民族。砖茶是牧民不可缺少的饮品，饮用砖茶煮成的咸奶茶是蒙古族人们的传统饮茶习
俗。蒙古族如今喝的咸奶茶，大约始于13世纪以后。在砖茶还未进入蒙古草原之前，森林草原
上的许多药用植物都曾替代过茶来作为制作奶茶的原料。如今，依然可见的苏顿茶、玛瑙茶、乌
日勒茶、曾登茶等，就是古代奶茶的遗风，实是代用奶茶。

　　现代蒙古族是用青砖茶或者黑砖茶作为熬制咸奶茶的原料。在牧区他们习惯于"一日三餐
茶，一顿饭"。所以，喝咸奶茶，除了解渴外，也是补充人体营养的一种主要方法。每日清晨，
主妇的第一件事就是先煮一锅咸奶茶，供全家整天享用。蒙古族喜欢喝热茶，早上，他们一边喝
茶，一边吃炒米，将剩余的茶放在微火上暖着，以便随时取饮。通常一家人只在晚上放牧回家才
正式用餐一次，但早、中、晚三次喝咸奶茶，一般是不可缺少的。

　　制作蒙古族喝的咸奶茶，一般是用青砖茶或者黑砖茶，煮茶的器具是铁锅。熬制咸奶茶时，
先用砍茶刀把砖茶打开，再用石臼把砖茶砸碎成末，将洗净的铁锅置于火上，加入2～3千克刚
打上来的新鲜活水，烧水至刚沸腾时，加入50～80克碎茶末后即用文火熬3～5分钟，然后再加
入几勺鲜牛奶，用奶量为水的1/5左右，稍加搅拌，再加入适量盐巴。等到铁锅的茶汤开始沸腾
时熄火，这时咸奶茶算是煮好了，即可盛在碗中待饮。

　　蒙古族是个好客的民族，十分重视喝茶的礼节。家中来了尊贵的客人，首先要让客人坐在
蒙古包的正首，并在低矮的木桌上摆上炒米花、糕点、奶豆腐、黄油、奶皮子、红糖等茶食。上
奶茶时，通常由长儿媳双手托举着带有银镶边的杏木茶碗，举过头顶，敬献给客人，依次再敬家

回族
罐罐茶

回族
爱喝三炮台茶

族长辈，客人起身用双手接过奶茶，先喝一口以示对主人的敬意。奶茶一般以七八分满为度。随后，宾主可根据各自的口味，选用桌上食品随意调饮。

（二）回族的罐罐茶和八宝盖碗茶

7世纪时，少数波斯人和阿拉伯人迁入中国；另一部分中亚细亚人、波斯人和阿拉伯人于13世纪时迁入中国，他们在与汉族、维吾尔族和蒙古族等长期相处的过程中形成回族，他们主要生活在宁夏回族自治区，以及甘肃、青海、新疆等省（区），与汉族杂居。回族和苗族、彝族等有喝罐罐茶的习俗。罐罐茶有清茶和面茶之分。在当地，每户农家的堂屋地上都挖有一只火塘（坑），上置一把水壶，或烧木炭，或点炭火，这是熬罐罐茶必备的器皿。清晨起来，主妇们的第一件事，就是熬罐罐茶。

罐罐茶主要是以喝清茶为主，少数也有用素油炒或在茶中加花椒、核桃仁、食盐之类。回族认为，喝罐罐茶有四大好处：提精神，助消化，去病魔，保健康。煮罐罐茶的茶具，一壶（铜壶）、一罐（容量不大的小土陶罐）、一杯（有柄的白瓷茶杯）。煮茶时，通常是将罐子围放在壶四周火塘边上，放水半罐，待壶中的水煮沸时，放上茶叶8～10克，为使茶、水相融，茶汁充分浸出，再向罐内加水至八分满，直到茶叶又一次煮沸时，罐罐茶煮好了，即可倾茶汤入杯开饮。

当远方来了尊贵客人时，主人有时会将茶先烘烤或用素油翻炒茶叶后再煮，有时还要加入核桃仁、花椒、食盐等增加茶汤的香味和滋味。由于罐罐茶的茶叶用量大、煮茶时间长，所以茶的浓度很高，一般可续水3～4次。

另外，还有一种称之为面茶的罐罐茶，在接待礼遇较高的宾客时饮用。制作时，一般选用核桃、豆腐、鸡丁、黄豆、花生等，分别用素油加上五香调和炒好，以备调茶。然后，在火堂上煨好茶罐，放上茶叶、花椒叶等，再加水煮沸。接着再调面粉，并用筷子搅拌使之呈稠状。最后再向茶碗内加一层茶料，一层调料，通常重复三次，使之叠加成为有三层不同风味的面茶。如此吃来，每层面茶都具有不同的风味。面茶既是茶饮料能生津止渴；又是食料可充饥，可谓"一举两得"。

回族除了喝罐罐茶之外，还有喝三炮台茶的习惯。三炮台茶喝茶选用的是上有盖、下有托、中有碗的盖碗，形似炮台。而它的用料很多，除茶叶外，还有辅料圆肉、桃仁、红枣、柿饼、果干、葡萄干、枸杞、芝麻等，有的还放些白糖或红糖，由于这种茶用盖碗冲泡，又有多种辅料，故而也称之为八宝盖碗茶。

（三）藏族的酥油茶和奶茶

藏民族主要是生活在西藏自治区，但在四川、青海、云南、甘肃的部分地区也有藏民族人居住。饮茶在藏族同胞生活中是十分重要的，据了解茶与藏族的结缘因始于7世纪初，当时藏族同胞的英雄松赞干布战胜其他部落，统一了辽阔的青藏高原，并定都于现今的拉萨，建立了吐蕃王朝。

松赞干布十分敬仰唐代文化，贞观八年（634）派使臣入唐到长安，受到唐太宗李世民的厚礼。贞观十五年文成公主入藏嫁给松赞干布，茶随着嫁妆一起到了吐蕃。据说，文成公主提倡饮茶并亲自将带去的茶叶，用当地的奶酪和酥油调制成酥油茶，赏赐给大臣们喝，获得点赞。从此，敬酥油茶便成了赐臣和敬客的隆重礼节，并由此传到民间。

另外，因为藏民族主要是生活在空气稀薄，气候干旱，有"世界屋脊"之称的高寒地区，当地的蔬菜和瓜果很少，藏民们主要是以游牧生活为主，常年以奶肉糌粑为主食。因此，茶成了藏民族补充维生素等营养物质和帮助消化的主要物质。同时，热饮酥油茶还能抗御寒冷，增加热量，所以喝酥油茶便成了同吃饭一样重要的事。

藏族的奶茶制作比较简单，历史上多选用四川雅安生产的康砖。茶砖的原料比较粗老，一般是用50克茶在锅里或茶壶里放入2升水煎煮，大约8分钟左右，茶水变成赤红色时滤去茶渣，再加1/4量的牛奶煮沸即可，加上适量的盐，会使奶茶的味道更加鲜美。

奶茶使人醒脑提神，消困解乏，生津止渴；还可滋润喉咙，消食去腻的作用，所以，受到藏族同胞的欢迎。但在节日、喜庆以及招待宾客时，藏族同胞用酥油茶待客。

酥油茶是一种在茶汤中加入酥油等配料，再经特殊加工而成的茶汤。酥油，是将牛奶或羊奶煮沸，经搅拌冷却后凝结在溶液表面的一层脂肪，而茶一般选用的是紧压茶中的茯砖茶、普洱茶或金尖。制作时，先将紧压茶打碎加水在壶中煎煮20～30分钟，滤去茶渣，把茶汤注入长约1米，直径为20厘米的长圆形的打茶筒内。同时，加入适量酥油，根据需要加入事先已炒熟研碎的核桃仁、花生米、芝麻粉、松子仁之类，最后还应放上少量食盐、鸡蛋等。接着，用木杵在圆筒内上下抽打。当茶筒内发出的声音由"伊啊、伊啊"转为"嚓伊、嚓伊"时，表明茶汤和核桃仁、花生米等配料已混为一体，酥油茶就算打好了，随即可将酥油茶倒入茶瓶待喝。

酥油茶是用茶、酥油以及核桃仁、花生米、盐等经混合而成的液体饮料，所以，喝起来咸里透香，香中带甜，喝酥油茶既可暖身御寒，又能补充营养。在西藏草原或高原地带，人烟稀少，家中少有客人进门。偶尔，有客来访，可招待的东西很少，加上酥油茶的独特作用，因此，敬酥

维吾尔族
香茶

柯尔克族一家
在饮香茶

油茶便成了西藏人款待宾客的珍贵礼仪。

（四）维吾尔族香茶和奶茶

维吾尔族是新疆维吾尔自治区的主体民族，还有居住在南疆的柯尔克孜族等，他们都是以农业生产为主，主食面粉和奶制品。由于维吾尔族的食物中有含油多、奶多、烤炸食物多的特点，所以食品中的热量高，易上火，而饮茶可以消暑清热去火；还有去油腻和提神以及补充上述食品中维生素不足的作用，因而成为维吾尔族生活中不可或缺的饮料。

茶是维吾尔族人民生活的必需品，在日常生活中他们有"宁可一日无粮，不可一日无茶"，"无茶则病"之说。以至在他们生活中把请客吃饭说成"给茶"；请人吃一顿饭说成"请喝一碗茶"；希望对方原谅或向对方赔礼道歉说成"倒茶"；时间不长说成"煮一碗茶时间"；将吃饭时间说成"喝茶的时间"等，因此茶与维吾尔族人民的生活早已是紧密相连、密不可分了。由于茶在维吾尔族人民生活中的特殊地位，因而茶成为民间办喜事或丧事时相互赠送的珍贵礼物。

维吾尔族人称茶为"香茶"。煮茶用的一般多用铜制的长颈茶壶，也有用陶质、搪瓷或铝制的长颈茶壶。制作香茶时，要先将茯砖茶敲成小块状，在长颈壶内放水七八分满加热，当水刚沸腾时，抓一把碎块砖茶放入壶中，再继续煮5分钟左右，将准备好的适量姜、桂皮、胡椒等香料，放入煮沸的茶水中一边煮一边轻轻搅拌，约3分钟香茶煮好了，过滤一下茶汤就可以喝了。

维吾尔族人除喜欢喝香茶外，住在北疆的维吾尔族及其他兄弟民族还有爱吃炒面茶和喝奶茶风俗。吃炒面茶多在冬天进行，饮用时先将植物油或羊油将面粉炒熟，再加入刚煮好的茶水和适量的盐拌匀即成，这是一种富含营养的茶食品。至于奶茶，通常饮用时，先将茯砖茶打碎，放在铝壶中，加水煮沸后，再放入茶汤用量1/5～1/4的鲜奶和适量盐，搅匀即成。喝奶茶多采用温饮，与吃馕或面食同时进行，犹如汉族同胞吃饭喝汤一样。

（五）白族三道茶和响雷茶

白族是中国少数民族之一，自称"白子""白尼"，1956年根据本民族意愿正式定名为白族。其中80%聚居于云南省的大理，散居于云南的碧江、元江、昆明、昭通及贵州省的毕节、四川省的西昌等地。

白族三道茶，白族称它为"绍道兆"。这是一种宾主抒发感情，祝愿美好，并富于戏剧色彩的饮茶方式。喝三道茶，当初只是白族用来作为求学、学艺、经商、婚嫁时，长辈对晚辈的一种祝愿。它的形成，还有一个富有哲理的传说：早年在大理苍山脚下，住着一个木匠，他的徒弟已学艺多年，却不让出师。一天，他对徒弟说："你已会雕会刻，不过还只学到一半的功夫。如果你能把苍山上的那棵大树锯下，并锯成木板，扛得回家，才算出师了。"于是徒弟上山找到那棵树，立即锯起来。但未等将树锯成板子，徒弟已经口干舌燥，便恳求师父下山喝水解渴，但师父不依，一直锯到傍晚时，徒弟再也忍不住了，只好随手抓了一把新鲜茶树叶，咀嚼解渴充饥。师父看到徒弟吃茶树叶又皱眉头又咂舌的样子，语重心长地说："要学好手艺，不吃点苦怎么行呢？"这样，直到日落西山，总算把板子锯好了，但此时徒弟已精疲力竭，累倒在地。这时，师父从怀里取出一块红糖递给徒弟，郑重地说："这叫先苦后甜！"徒弟吃了糖，觉得口不渴，肚不饿了。于是赶快起身，把锯好的木板扛回家。此时，师父才让徒弟出师，并在徒弟临走时，舀了一碗茶放上蜂蜜和花椒，让徒弟喝下去。进而问道："这碗茶是苦是甜？"徒弟说："这茶中情由，跟学艺和做人的道理差不多，要先苦后甜，好好回味。"此以后，白族就用喝"一苦二甜三回味"的三道茶作为子女学艺、求学，新女婿上门，女儿出嫁，以及子女成家立业时的一套礼俗。以后，应用范围日益扩大，成了白族人民喜庆迎宾时的饮茶习俗。

白茶三道茶，以前，一般由家中或族中长辈亲自司茶。如今，也有小辈向长辈敬茶的。制作三道茶时，每道茶的制作方法和所用原料都是不一样的。

第一道茶，称之为"清苦之茶"，寓意做人的哲理："要立业，先要吃苦。"制作时，先将水烧开，由司茶者将一只小砂罐置于文火上烘烤。待罐烤热后，随即取适量茶叶放入罐内，并不停地转动砂罐，使茶叶受热均匀，待罐内茶叶"啪啪"作响，叶色转黄，发出焦糖香时，立即注入已经烧沸的开水。少倾，主人将沸腾的茶水倾入茶盅，再用双手举盅献给客人。由于这种茶经烘烤、煮沸而成，因此，看上去色如琥珀，闻起来焦香扑鼻，喝下去滋味苦涩，故而谓之"苦茶"，通常只有半杯，一饮而尽。

第二道茶，称之为"甜茶"。当客人喝完第一道茶后，主人重新用小砂罐置茶、拷茶、煮茶，与此同时，还在茶盅放入少许红糖，待煮好的茶汤倾入八分满为止。这样沏成的茶，甜中带香，甚是好喝，它寓意"人生在世，做什么事，只有吃得了苦，才会有甜香来"！

第三道茶，称之为"回味茶"。其煮茶方法虽然相同，只是茶盅中放的原料已换成适量蜂蜜，少许炒米花，若干粒花椒，一撮核桃仁，茶汤容量通常为六七分满。饮第三道茶时，一般是一边晃动茶盅，使茶汤和佐料均匀混合；一边口中"呼呼"作响，趁热饮下。这杯茶，喝起来甜、酸、苦、辣，各味俱全，回味无穷。它告诫人们，凡事要多"回味"，切记"先苦后甜"的哲理。

（六）苗族八宝油茶汤

苗族半数以上居住在贵州，其余分布于湖南、重庆、湖北、广东、广西等，与其他民族大杂居，小聚居。苗族同胞，有爱喝八宝油茶汤的习惯。他们讲："一日不喝油茶汤，满桌酒菜都不香。"倘有宾客进门，他们更会用香脆可口，滋味无穷的八宝油茶汤款待。其实，称为八宝油茶汤，其意思是在油茶汤中放有多种食物之意。所以，与其说它是茶汤，还不如说它是茶食更恰当。

八宝油茶汤的制作比较复杂，先将玉米（煮后晾干）、黄豆、花生米、团散（一种米薄饼）、豆腐干丁、粉条等分别用茶油炸好，分装入碗待用。

接着是炸茶，特别要把握好火候，这是制作的关键技术。具体做法是：放适量茶油在锅中，待锅内的油冒出青烟时，放入适量茶叶和花椒翻炒，待茶叶色转黄发出焦糖香时，即可倾水入锅，再放上生姜。一旦锅中水煮沸，再徐徐掺入少许冷水，等水再次煮沸时，加入适量食盐和少许大蒜之类，用勺稍加拌动，随即将锅中茶汤连同佐料，一一倾入盛有油炸物的碗中，这样就算把八宝油茶汤制好。

待客敬八宝油茶汤时，大凡有主妇用双手托盘，盘中放上几碗八宝油茶汤，每碗放上一只调匙，彬彬有礼地敬奉客人。这种油茶汤，由于用料讲究，烹调精细，一碗到手，清香扑鼻，沁人肺腑。喝在口中，鲜美无比，满嘴生香。它既解渴，又饱肚，还有特异风味，堪称中国饮茶技艺中的一朵奇葩。

（七）瑶族、侗族油茶

瑶族、侗族主要分布在贵州、湖南、广西三省的毗连地区，他们与当地的壮族、苗族、汉族等民族一起，都喜喝一种类似菜肴的油茶。认为喝油茶可以充饥健身、祛邪去湿、开胃生津，还能预防感冒，对一个长期居住在山区的民族而言，油茶实在是一种健身饮料。因此，凡在喜庆佳节，或亲朋贵客进门，总喜欢用做法讲究、佐料精选的油茶款待客人。

做油茶，当地人称之为打油茶。打油茶一般经过四道程序。

首先是选茶：通常有两种茶可供选用，一是经专门烘炒的末茶，二是刚从茶树上采下的幼嫩新梢，这可根据各人口味而定。

其次是选料：打油茶用料通常有花生米、玉米花、黄豆、芝麻、糯粑、笋干等。

第三是煮茶：先生火，待锅底发热，放适量食油入锅，待油面冒青烟时，立即投适量茶叶入锅翻炒，当茶叶发出青香时，加上少许芝麻、食盐，再炒几下，即放水加盖，煮沸3~5分钟，即可将油茶连汤带料起锅，盛碗待喝。一般家庭自己喝油茶，这又香、又爽、又鲜的油茶已算打好了。

如果打的油茶是供作庆典或宴请用的，那么，还得进行第四道程序，即配茶。配茶就是将事先准备好的食料，先行炒熟，取出放入茶碗中备用。然后将油炒经煮而成的茶，捞出茶渣，趁热倒入备有食料的碗中供客人吃茶。

接着是奉茶，一般当主妇快要把油茶打好时，主人就会招待客人围桌入座。由于喝油茶时，碗内加有许多食料，因此，还得用筷子相助，所以，说是喝油茶，还不如说吃油茶更为贴切。吃

瑶族
油茶原料

壮族
打油茶

油茶时，客人为了表示对主人热情好客的回敬，赞美油茶的鲜美可口，称道主人手艺不凡，总是边喝、边啜、边嚼，在口中发出"啧，啧"声响，表示称赞。

由于油茶加有许多配料，所以，与其说它是一碗茶，还不如说它是一道菜。有的家庭，每当贵宾进门时，还得另请村里做油茶高手制作。由于制油茶费工、花时，技艺高，所以，给客人喝油茶是一种高规格礼仪，因此，按当地风俗，客人喝油茶，一般不少于三碗，这叫"三碗不见外"。

（八）土家族擂茶

土家族自称"毕兹卡"，是本地人的意思。主要分布在湖南省的湘西、湖北省的恩施，以及重庆市的万县等地。与汉、苗等族杂居，千百年来，他们和苗族世代相传，至今还保留着一种古老的吃茶方法，这就是擂茶。

擂茶，又名三生汤，是用生叶（指从茶树上采下的新鲜茶叶）、生姜和生米仁三种生原料经混合研碎加水后烹煮而成的汤，故而得名。土家族认为，擂茶，既是充饥解渴的食物，又是祛邪祛寒的良药。相传三国时，张飞带兵进攻武陵壶头山（今湖南省常德境内），正值炎夏酷暑，当地正好瘟疫蔓延，张飞部下数百将士病倒，连张飞本人也不能幸免。正在危难之际，村中一位草医郎中有感于张飞部属纪律严明，秋毫无犯，便献出祖传除瘟秘方，结果茶（药）到病除。其实，茶能提神祛邪，清火明目；姜能理脾解表，去湿发汗；米仁能健脾润肺，和胃止炎，所以，说擂茶是一帖治病良药，是有科学道理的。

随着时间的推移，与古代相比，现今的擂茶，在原料的选配上已发生了较大的变化。如今制作擂茶时，通常用的除茶叶外，再配上炒熟的花生、芝麻、米花等；另外，还要加些生姜、食盐、胡椒（粉）之类。通常将茶和多种食品，以及佐料放在特制的陶制擂钵内，然后用硬木擂棍

土家族
打擂茶

哈尼族
土锅茶

哈尼族
烤茶

用力旋转，使各种原料互相混合，再取出倾入碗中，用沸水冲泡，用调匙轻轻搅动几下，即调成擂茶。少数地方也有省去擂研，将多种原料放入碗内，直接用沸水冲泡的，但冲茶的水必须是现沸现泡的。

土家族兄弟都有喝擂茶的习惯。一般人们中午干活回家，在用餐前总以喝几碗擂茶为快。有的老年人倘若一天不喝擂茶，就会感到全身乏力，精神不爽，视喝擂茶如同吃饭一样重要。不过，倘有亲朋进门，那么，在喝擂茶的同时，还必须备有几碟茶点。茶点以清淡、香脆食品为主，诸如花生、薯片、瓜子、米花糖、炸鱼片之类，以增添喝擂茶的情趣。

（九）哈尼族土锅茶和烤茶

哈尼族内部有"和尼""布都""碧约""多卡""爱尼"等不同的自称，主要居住于云南省的红河地区，以及普洱、澜沧等县。喝土锅茶是哈尼族的嗜好，这是一种古老而简便的饮茶方式。

说起哈尼族发现茶和种植茶，以及喝土锅茶，还有一个动人的故事。说在很久以前，有一位勇敢而憨厚的哈尼族小伙子在深山里猎到一头凶豹，用大锅煮好后，分给全村男女老幼分享。大家一边吃豹肉，一边高兴地跳起舞。如此通宵达旦，跳了一晚，顿觉口干舌燥。为此，小伙子又请大家喝锅中煮沸的开水，正当这时，一阵大风吹来，旁边一株大树的叶片纷纷落入锅中，大家喝了锅里的开水，深感这种开水苦中有甜，还带有清香，非常爽口，自此，哈尼族就称这种树叶为"老拔"，即汉语里的"茶"，并开始种茶树，喝土锅茶也就由此开始，一直延续到现在。

哈尼族煮土锅茶的方法比较简单，一般凡有客人进门，主妇先用土锅（或瓦壶）将水烧开，随即在沸水中加入适量茶叶，待锅中茶水再次煮沸3～5分钟后，将茶水倾入用竹制的茶盅内，一一敬奉给客人。平日，哈尼族同胞也总喜欢在劳动之余，一家人喝茶叙家常，以享天伦之乐。

此外，哈尼族人在田间劳作，还喜欢在野外用烤茶解渴去疲乏。野外烤茶的方法很简单，随便在山间抓一些枯枝树叶，待点燃后，再采几根野茶嫩枝在火上一烤，稍加搓揉。与此同时，砍下一根青竹，分成若干段斜插在地上，其上加入山溪水，下面用山间枯枝落叶生火，待竹筒里的水烧开后，放上已烤好的茶树嫩枝。稍时，这种既有青竹香味，又有浓醇茶味的烤茶就算大功告成了。至于饮茶用的杯，自然也离不开竹筒，如此大口喝茶，不但野趣横生，而且煞是过瘾。

哈萨克族
茶礼

（十）哈萨克族的奶茶

哈萨克族主要居住在新疆维吾尔自治区天山以北的伊犁、阿尔泰，以及巴里坤、木垒等地，少数居住在青海省的海西和甘肃省的阿克塞。以从事畜牧业为生，饮食大部分取自牲畜，以肉、奶为主，最普遍的是手抓羊肉和奶茶。茶在他们生活中占有很重要的位置，把它看成与吃饭一样重要，在牧民中有"宁可一日无食，不可一日无茶"之说。他们的体会是："一日三餐有茶，提神清心，劳动有劲；三天无茶下肚，浑身乏力，懒得起床。"他们还认为，"人不可无粮，但也不可少茶。"这与当地食牛羊肉和奶制品，少吃蔬菜有关。所以，喝奶茶已成为当地生活的重要组成部分。

奶茶，对以放牧为生的哈萨克族，以及当地的维吾尔等族同胞来说，已是家家户户，长年累月，终日必备的饮料。哈萨克族煮奶茶使用的器具，通常用的是铝锅或铜壶，喝茶用的是大茶碗。煮奶茶时，先将茯砖茶打碎成小块状。同时，盛半锅或半壶水加热煮沸，随即抓一把茯砖茶入内，待煮沸5分钟左右，加入牛（羊）奶，用奶量约为茶汤的1/5，轻轻搅拌几下，使茶汤与奶充分混合，再投入适量盐巴，重新煮沸3分钟左右即成。讲究的人家，也有不加盐巴而加食糖和核桃仁的。这才算把一锅（壶）热乎乎、香喷喷、油滋滋的奶茶煮好了，便可随时供饮。

哈萨克族牧民习惯于一日早、中、晚三次喝奶茶，中老年人还得上午和下午各增加一次。如果有客人从远方来，那么，主人就会立即迎客入帐，席地围坐。好客的女主人当即在地上铺一块洁净的白布，献上烤羊肉、馕（一种用小麦面烤制而成的饼）、奶油、蜂蜜、苹果等招待，再奉上一碗奶茶。如此，一边谈事叙谊，一边喝茶进食，饶有风趣。

喝奶茶对初饮者来说，会感到滋味苦涩而不习惯，但只要在高寒、缺蔬菜、食奶肉的北疆住上十天半月，就会感到喝奶茶实在是一种补充营养和去腻消食不可缺少的饮料，对当地牧民"不可一日无茶"之说，也就不难理解了。

（十一）傣族竹筒茶

傣族历史上有"掸""金齿""白衣""白夷""摆夷"等名称，主要聚居于云南省的西双版纳、德宏地区，其余分布在云南省内的各县，其中以西双版纳最为集中，是一个能歌善舞而又热情好客的民族。

傣族多数居住在群山环抱的河谷平坝地区。这里山川秀丽，雨量充沛，土壤肥沃，呈现一派

傣族
竹筒茶艺

傣族
喝竹筒茶

热带风光。西双版纳的普洱茶，更是驰名海内外，所以，喝竹筒茶便成了当地迎客的款待物。平日，劳作之余，一家人围坐在竹楼平台上，手捧一碗竹筒茶，开怀畅饮。

竹筒茶，傣语称为"腊踩"。按傣族的习惯，烹饮竹筒茶大致可分两个步骤：

1. 竹筒茶的制作　竹筒茶的制作，甚为奇特。一般可分三步进行。

（1）装茶：用晒干的春茶，或经初加工而成的毛茶，装入刚砍回的生长期为一年左右的嫩香竹筒中。

（2）烤茶：将装有茶叶的竹筒，放在火塘三脚架上烘烤，约6～7分钟后，竹筒内的茶便软化。这时，用木棒将竹筒内的茶压紧，尔后再填满茶烘烤。如此边填、边烤、边压，直至竹筒内的茶叶填满压紧为止。

（3）取茶：待茶叶烘烤完毕，用刀剖开竹筒，取出圆柱形的竹筒茶，以待冲泡。

2. 竹筒茶的泡饮　泡茶时，大家围坐在小圆竹桌四周。一般可分两步进行。

（1）泡茶：先掰下少许竹筒茶，放在茶碗中，冲入沸水至七八分满，大约3～5分钟后，就可开始饮茶。

（2）饮茶：竹筒茶饮起来，既有茶的醇厚滋味，又有竹的浓郁清香非常可口，所以，饮起来有耳目一新之感。

（十二）傈僳族油盐茶

傈僳族在史籍中有过"栗蛮""力些"等称谓，主要聚居于云南省的怒江一带，散居于云南省的丽江、大理、德宏等地，境内的高黎贡山、碧罗雪山对峙东西，形成南北走向的两大峡谷，落差达3 000米以上。傈僳族大多与汉族、白族、彝族、纳西族等交错杂居，形成大分散、小聚居的特点，是一个质朴而又十分好客的民族，喝油盐茶是傈僳族广为流传而又十分古老的饮茶方法。

傈僳族喝的油盐茶，制作方法奇特，首先将小陶罐在火塘（坑）上烘热，然后在罐内放入适

佤族
苦茶

量茶叶，在火塘上不断翻滚，使茶叶烘烤均匀。待茶叶变黄，并发出焦糖香时，再加上少量食油和盐。稍时，再加水适量，煮沸3分钟左右，就可将罐中茶汤倾入碗中待喝。

油盐茶因在茶汤制作过程中，加入了食油和盐，所以，喝起来，"香喷喷，油滋滋，咸兮兮，既有茶的浓醇，又有糖的回味"！傈僳族同胞常用它来招待客人，也是家人团聚喝茶的一种生活方式。

（十三）佤族苦茶

佤族自称"布饶""阿佤"等，主要聚居于云南省的沧源、西盟等地，在澜沧、孟连、耿马等地也有居住。佤族居住的地区，习惯上称之为呵佤山，他们至今仍保留着一些古老的生活习惯，苦茶就是其中之一。

佤族的苦茶，冲泡方法别致，通常先用茶壶将水煮开，与此同时，另选一块清洁的薄铁板，上放适量茶叶，移到烧水的火塘边烘烤。为使茶叶受热均匀，还得轻轻抖动铁板。待茶叶发出清香，叶片转黄时随即将茶叶倾入开水壶中进行煮茶，约沸腾3～5分钟后，即将茶置入茶盅，以便饮喝。由于这种茶是经过烤煮而成，喝起来焦中带香，苦中带涩，故而谓之苦茶。如今，佤族

拉祜族
烤茶

景颇族
腌茶

仍保留这种饮茶习俗。

（十四）拉祜族烤茶

　　拉祜族在清代及以后史籍称之为"倮黑"，主要分布在云南省的澜沧地区和双江、孟连等县，其余散居在云南思茅、临沧等地。饮烤茶是拉祜族古老而传统的一种饮茶方式。

　　饮烤茶，通常分四道程序进行。

　　1.装茶抖烤　先用一只小陶罐，放在火塘上用文火烤热，然后放上适量茶叶抖烤，使茶受热均匀，待茶叶叶色转黄，并发出焦糖香为止。

　　2.沏茶去沫　用沸水冲满装茶的小陶罐，随即拨去上部浮沫，再注满沸水，煮沸3～5分钟待饮。然后倒出少许，根据浓淡，决定是否另加开水。

　　3.倾茶敬客　就是将在罐内烤好的茶水倾入茶碗，奉茶敬客。

　　4.喝茶啜味　拉祜族兄弟认为，烤茶香气足，味道浓，能振精神，才是上等好茶。因此，拉祜族喝烤茶，总喜欢喝热茶。

（十五）纳西族"龙虎斗"和盐茶

　　纳西族自称"纳""纳西"，晋、唐史籍称之为"摩沙"或"磨些"，主要聚居于云南省的丽江，其余分布在云南省的中甸、维西、宁蒗等县，以及四川省的西昌地区。由于纳西族聚居于滇西北高原的雪山、云岭、玉龙山和金沙江、澜沧江、雅砻江三江纵横的高寒山区，用茶和酒冲泡调和而成的"龙虎斗"茶，被认为是解表散寒的一味良药，因此，"龙虎斗"茶总是受到纳西族的喜爱。

　　纳西族喝的"龙虎斗"，制作方法也很奇特，首先用水壶将水烧开。与此同时，另选一只小陶罐，放上适量茶，连罐带茶烘烤，为免使茶叶烤焦，还要不断转动陶罐，使茶叶受热均匀。待

布朗族
青竹茶

布朗族
罐烤茶

茶叶发出焦香时，罐内冲入开水，烧煮3～5分钟。同时，准备茶盅，再放上半盅白酒，然后将煮好的茶水冲进盛有白酒的茶盅内。这时，茶盅内就会发出"啪啪"的响声，纳西族同胞将此看作是吉祥的征兆。声音愈响，在场者就愈高兴。纳西认为"龙虎斗"还是治感冒的良药，因此，提倡趁热喝下。如此喝茶，香高味酽，提神解渴，甚是过瘾。但纳西族认为，冲泡"龙虎斗"茶时，只许将茶水倒入在白酒中，切不可将白酒倒入茶水内。

纳西族喝的盐茶，其冲泡方法与龙虎斗茶相似，不同的是在于先准备好的茶盅内，放的不是白酒而是食盐。此外，也有不放食盐而改换食油或糖的，分别称之为油茶或糖茶。

（十六）景颇族腌茶

景颇族是由唐代"寻传"部落的一部分发展而来，近代文献多称其为"山头"，自称为"景颇"，主要聚居于云南省的德宏地区，少数分布在云南省的怒江一带。景颇族大多居住在山区，是一个土著民族。他们至今仍保留着以茶做菜的古老食茶法，吃腌茶就是一个佐证。

腌茶一般在雨季进行，所用的茶叶是不经加工的鲜叶，用清水洗净，沥去鲜叶表面的附着水后待用。

腌茶时，先用竹编将鲜叶摊开，稍加搓揉，再加上辣椒、食盐适量拌匀，放入罐或竹筒内，层层用木棒舂紧，再将罐（筒）口盖紧，或用竹叶塞紧。静置两三个月，到茶叶色泽开始转黄，就算将茶腌好。

接着，将腌好的茶从罐内取出晾干，然后装入瓦罐，随用随取。它即沏茶作饮料，也可作食用。食用时，讲究一点的还可拌一些香油，或者加蒜泥或其他佐料等。

（十七）布朗族青竹茶

布朗族是唐代"朴子蛮"后裔的一部分，元代以后史籍称之为"蒲人"，分布在云南省的西双版纳，以及云南省的临沧、双江、镇康、澜沧、景东、墨江等地的部分山区。主要从事农业，善种茶。布朗族的青竹茶，是一种方便而又实用，并贴近生活的饮茶方式，常常在离开村寨务农，或进山狩猎时饮用。

撒拉族
"三炮台"碗子茶

　　布朗族喝的青竹茶，制作方法较为奇特，首先砍一节碗口粗的鲜竹筒，一端削尖，插入地下，再向内加上泉水，当作煮茶器具，然后，找些干枝落叶，当作燃料点燃于竹筒四周。当筒内水煮沸时，随即加上适量茶叶，继续煮沸，经3分钟左右，即可将煮好的茶汤倾入事先已削好的新竹节罐内，便可饮用。

　　青竹筒茶将泉水的甘甜、竹子的清香、茶叶的浓醇融为一体，所以，喝起来别有风味，久久难忘。

　　此外，布朗族还有烤茶的习惯。这种茶由于在冲泡前，先放在小砂罐中烘焙，而后再冲入沸腾开水冲泡，喝起来既有焦糖香气，又有浓醇茶味，煞是过瘾。

（十八）撒拉族"三炮台"碗子茶

　　撒拉族主要分布在青海省的循化、化隆和甘肃省的积石山、临夏等地，多住在黄河岸边，他们主要与当地的回族杂居，不习惯于喝茯砖茶，而是喜欢喝三炮台茶。撒拉族认为，喝三炮台碗子茶，次次有味，且次次不同，又能去腻生津，滋补强身，是一种甜美的养生茶。用循化骆驼泉冲泡的三炮台碗子茶，是"佳茗配美泉"，堪称当地一绝。冲泡三炮台碗子茶时，除茶叶（多为炒青绿茶）外，一般还要加入冰糖、桂圆、枸杞、苹果、葡萄干、红枣等，有的还要加上白菊花、芝麻等，故也有人美其名为"八宝茶"。喝三炮台碗子茶时，一手提碗，一手握盖，并用碗盖随手顺碗口由里向外刮几下，这样一则可以刮去茶汤面上的漂浮物；二则可以使茶味和添加物的汁水相融。如此，一边啜饮，一边不断添加开水，直到糖尽茶淡为止。由于三炮台碗子茶，有一个刮漂浮物的过程，因此，又称三炮台碗子茶为刮碗子茶。

　　由于冲泡三炮台碗子茶时，其内加进了许多食物配料，而各种配料在茶汤中的浸出速度又是不一样的，因此，续水后喝起来的茶汤滋味每次是不一样的。一般说来，刮碗子茶用沸水冲泡，随即加盖，经5分钟后开饮，第一泡以茶的滋味为主，主要是清香甘醇；第二泡因糖的作用，就有浓甜透香之感；第三泡开始，茶的滋味变淡，各种干果的味道就逐渐明显，具体依所添干果而定，大抵说来，一杯刮碗子茶，能冲泡5～6次，甚至更多。

（十九）基诺族凉拌茶和煮茶

基诺族是中国的少数民族之一，聚居于云南省的西双版纳地区，尤以景洪最多，主要从事农业，最善于种茶。所居境内的基诺山，为产普洱茶的六大茶山之一。说起基诺族种茶、好茶，至今还流传着一个《女始祖尧白》的故事。据说在远古时，尧白开天造地，召集各民族去分天地，但基诺族没有参加。尧白请汉族、傣族去请，基诺族也不去参加。最后，尧白亲自去请，基诺族还是不去参加，尧白只好气得拂袖而去。当尧白走到一座山上时，想到基诺族不参加分天地，以后生活怎么办？于是，尧白抓了一把茶籽，撒在龙帕寨土地上，从此茶树在这里生根、开花，基诺族在居住的地方便开始种茶，与茶结下不解之缘。基诺族喜爱吃凉拌茶，其实是中国古代食茶法的延续，所以，这是一种较为原始的食茶法，基诺族称它为"拉拔批皮"。

凉拌茶以现采的茶树鲜嫩新梢为主料，再配以黄果叶、辣椒、大蒜、食盐等制成，可依各人的爱好而定。制作时，可先将刚采来的鲜嫩茶树新梢，用手稍加搓揉，把嫩梢揉碎，然后放在清洁的碗内。再将新鲜的黄果叶揉碎，辣椒、大蒜切细，连同适量食盐投入盛有茶树嫩梢的碗中。最后，加上少许泉水，用筷子搅匀，静止一刻钟左右，即可食用。所以，说凉拌茶是一种饮料，还不如说它是一道菜，它主要是在傣族吃米饭时当作菜吃的。

基诺族的另一种饮茶方式，就是喝煮茶，这种方法在基诺族中较为常见。其方法是先用茶壶将水煮沸，随即在陶罐内取出适量已经加工过的茶叶，投入到正在沸腾的茶壶内，经3分钟左右，当茶叶的汁水已经溶解于水时，即可将壶中的茶注入竹筒，供人饮用。

竹筒，基诺族既用它当盛具，劳动时可盛茶带到田间饮用；又用它作饮具，因它一头平，便于摆放；另一头稍尖，便于用口吮茶，所以，就地取材制作的竹筒，便成了基诺族喝煮茶的重要器具。

（二十）畲族的二道茶和宝塔茶

畲族主要住在福建、浙江两省。茶是畲族人民敬老待客的传统习俗。每年清明采茶时节，畲族人家总会亲自采制几斤绝对上等的名茶，并加以密封贮藏起来作为招待宾客享用。她们不但采制名茶十分考究，而且沏泡时也十分注重技巧，煮茶用水必取山中最洁净的清泉，茶具必选用半透明镂空细花的薄胎瓷碗，冲泡时必先以少量开水润湿茶叶，然后泡至七分满。凡有客人进门，畲家不分生熟，一边敬茶，一边唱敬茶歌表示欢迎和祝福。在一些喜庆场合，一旦贵宾临门，人们还会唱起敬茶歌，以表欢迎。而客人喝茶，必须茶过"二道"：就是主人奉茶时，第一次称之冲，二次谓之泡，一冲一泡，才算向客人完成奉茶仪式。而第三道茶则主随客便。客人若冲三杯五杯，主人更为高兴，显示自己的茶叶品质优佳，让你喝个够，喝出"一杯淡，二杯鲜，三杯甘又醇，四杯五杯味犹存"的惠明茶。

畲族宝塔茶是福建福安畲族同胞在长期生活中形成的一种独具特色的婚嫁习俗。说的是男方送来的礼品要一一摆在桌上展示。女方会取猪肉、禽蛋等过秤，男方一语双关地问道："亲家嫂，有称（有亲）无？"亲家嫂连声答道："有称（有亲）！有称（有亲）！"接着，女方用茶盘捧出5碗热茶，叠罗汉式叠成3层：一碗垫底，中间3碗，围成梅花状，顶上再压一碗，呈宝塔形，恭恭敬敬地献给男方宾客"亲家伯"品饮。而亲家伯品饮时要用牙齿咬住宝塔顶上的那碗茶，以双手挟住中间那3碗茶，连同底层的那碗茶，分别递给4位轿夫，自己则一口饮干咬着的那碗热茶。这简直是高难度的品茶技艺。要是把茶水溅了或倒了，不但大伙无茶喝，还会遭到"亲家"的数落。

第十二章
茶文化与养生

茶作为药用、食用已延续了数千年历史。所以，在中国，历来有『茶食同源』『茶药同源』之说。进入现当代社会以来，茶又出现在多种健康制品行列。我国历代医学家、药学家通过对茶的营养作用和药理功效的多方面分析研究和临床试验实践，都对茶有利养生给予了充分的肯定。

第一节 茶的功效

健康生活，重在养生。而自古至今，凡能查阅到的古籍和史料，无一例外地表明，饮茶有利健康，净化心灵，愉悦身心。现当代科学分析和临床实践也一致表明，茶对养生的功能是多方面的，人民生活需要茶。

年逾百岁的长寿老茶人
张天福（1910—2017）

一、茶的营养与保健成分

据现代科学分析测定，茶叶中含有600多种化学成分，它们对茶的色、香、味，以及对人体营养、保健起着重要作用。茶叶干物质的化学成分是由无机物和有机物组成：无机矿质元素至少有27种之多，包括磷、钾、硫、镁、锰、氟、钙、钠、铁、铜、锌、硒等多种。每日饮10克茶能摄入物质的数量和对人体保健的作用大致如下：

钾，含量为140～300毫克，作用是维持体液平衡。

镁，含量为1.5～5毫克，作用是保持人体正常的糖代谢。

锰，含量为3.8～8毫克，作用是参与多种酶的作用，与生殖、骨骼有关。

氟，含量为1.5～5毫克，作用是预防龋齿，有助于骨骼生长。

钙，含量为3～4毫克，作用是有助于骨骼生长。

钠，含量为2～8毫克，作用是维持体液平衡。

硫，含量为5～8毫克，作用是与循环代谢有关。

铁，含量为0.6～1毫克，作用是与造血功能有关。

铜，含量为0.5～0.6毫克，作用是参与多种酶的作用。

镍，含量为0.05～0.28毫克，作用是与代谢有关。

硅，含量为0.2～0.5毫克，作用是与骨骼发育有关。

锌，含量为0.2～0.4毫克，作用是有助于生长发育。

硒，微量，作用是参与某些酶的作用，增强免疫功能。

茶叶中的有机化合物主要有：蛋白质、脂质、碳水化合物、氨基酸、生物碱、茶多酚、有机酸、色素、香气成分、维生素、皂苷、甾醇十二类。它们的含量，以及对人体的主要保健作用如下。

茶多酚(包括儿茶素、黄酮类物质)，含量15%～30%，有抗氧化、清除自由基、抗菌抗病毒、防龋、抗癌抗突变、消臭、抑制动脉粥样硬化、降血脂、降血压等作用。

咖啡因，含量2%～4%，有兴奋中枢神经、利尿、强心作用。

多糖，含量0.1%～0.5%，有调节免疫功能、降血糖、防治糖尿病等作用。

色素，含量2%～10%(红茶)，有降血脂，防治血管硬化，保护心血管等作用。

茶氨酸，含量0.5%～1.0%，有镇静、消除精神紧张、疏导神经系统等作用。

叶绿素，含量0.6%～1.2%，有消臭、助消化等作用。

胡萝卜素，含量7～20毫克/100克，有预防夜盲症和白内障、抗癌等作用。

爱茶老人、著名京剧表演艺术家
宋宝罗（1916—2017）谈饮茶延年益寿

纤维素，含量10%～20%，有助于消化，降低胆固醇等作用。

维生素B，含量8～13毫克/100克，有预防皮肤病、保持神经系统正常等作用。

维生素C，含量50～300毫克/100克，有抗坏血病、预防贫血、增强免疫功能等作用。

维生素E，含量20～80毫克/100克，有抗氧化、抗衰老、平衡脂质代谢等作用。

维生素U，含量20～25毫克/100克，有预防消化道溃疡等作用。

维生素K，含量300～500国际单位/克，有降血压、强化血管等作用。

二、茶疗的形成与发展

茶自从被人类发现和利用以来，它的应用和发展，无不与茶的营养、保健，乃至药用功效有着密切的联系。所以，茶与茶疗一直是祖国医药学的重要组成部分，是中华民族药学宝库中的一朵奇葩，在增进人民身体健康的保健事业中起了积极的作用。今天，随着茶学研究和医学事业的发展，茶在医药学上的地位与作用更加引人注目。

（一）茶疗的形成

茶疗，通常是指用茶为单方，或配伍其他中药组成复方，用来内服或外用，以养生保健、防病疗疾的一种治疗方法。当提到茶疗时，人们很自然会想到远古时代神农用茶解毒的传说。不过，茶的药用，自《神农本草经》问世，才得到了确认。在这部我国现存的最早药学专著中，对茶的功用作了明确的记载："茶味苦。饮之使人益思，少卧，轻身，明目。"说明茶原本就是一种药，所以，历代的医药著作中大多有对茶的记载。如东汉医学大师张仲景在《伤寒杂病论》中说"茶治便浓血"，三国华佗在《食论》中说"苦茶久食，益意思"，梁朝名医陶弘景在《杂录》中说"苦茶轻身换骨"。

唐时，有关茶的强身保健和延年益寿作用的知识广为流传，促使饮茶之风大兴。唐显庆四年（659），世界上第一部药典性著作《新修本草》问世，提出："茶味甘苦，微寒无毒"，有"去痰热，消宿食，利小便"之功用。又说："下气消食，作饮加茱萸、葱、姜良。"这是我国早期有关含茶药茶的记载。唐代著名药理学家陈藏器(约687—757)，在他的《本草拾遗》中称道："人不可一日无茶"，而日本茶祖荣西在他的《吃茶养生记》中说得更明白："诸药为各病之药，茶为万病之药。"古代医药名家都明确指出：茶是一种能提高人体免疫力和预防或治疗多种疾病的良药。

（二）茶疗的发展

自唐开始茶疗有新的发展，唐代医药学家郭稽中《妇人方》中记述："产后便秘，以葱白捣汁，调蚋茶末为丸，服之自通。"表明唐时茶疗的方法已打破早期的单一煎饮法，而开始出现茶的成药丸剂。

宋代，茶疗的服法更为多样，出现了药茶研末外敷、和醋服饮、研末调服等多种形式，从单方迅速向复方发展，使茶疗的应用更为广泛。在王怀隐、陈昭遇等主编的宋代官修方书《太平圣惠方》中就有茶疗方10多则，其中包括用茶配伍荆芥、薄荷、山栀、豆豉等用来"治伤寒头痛壮热"的葱豉茶；用茶配伍生姜、石膏、麻黄、薄荷等用来"治伤寒鼻塞头痛烦躁"的薄荷茶；用茶配伍硫黄、诃子皮等用来"治伤寒头痛烦躁"的石膏茶等。在宋代太医院编写的《圣济总录》中所载的茶疗方也不少，如用茶配伍炮干姜，用来"治霍乱后烦躁卧不安"的姜茶；用茶配伍海金沙、生姜、甘草汤调服用来"治小便不通，脐下满闷"的海金沙茶等。总之，宋时由于茶疗方法的不断改进，促使茶疗的应用范围逐渐扩大，疗效也更加明显，从而使茶疗得到进一步的发展。

有效的茶疗方剂不仅为历代人民大众所接受，用作防病治病的良药；而且在宫廷王室也颇受青睐。对此，人们不仅可从宋代官方编纂出版茶疗方中得到印证，而且还可以从元代宫廷饮膳太医忽思慧《饮膳正要》中找到佐证，其中有关含茶的药茶配方很多，如用"玉磨末茶三匙头，面、酥油同搅成膏，沸汤点之"而成的膏茶；用"铁锅烧赤，以马思哥油、牛奶子茶芽同炒成"的炒茶；用"金子末茶两匙头，入酥油同搅，沸汤点之"而成的酥茶等。此外，还记载有玉磨茶、枸杞茶、金字茶、范殿帅茶、紫笋雀舌茶、清茶、建汤、香茶等10多则茶疗方剂的应用方法。书中还明确指出："凡诸茶，味甘苦，微寒无毒，去痰热，止渴，利小便，消食下气，清神少睡。"元代王好古《汤液本草》亦载有茶能"清头目，兼治中风昏愦，多睡不醒"。元代纱图穆苏撰的《瑞竹堂经验方》中，还详细地记载了两则治痰喘病的茶疗方，至今仍在民间流传应用。

明代，茶疗方的运用更为广泛。在明代吴瑞《日用本草》中就有许多关于茶疗的记载，其中谈到：茶"炒煎饮，治热毒赤白痢，同芎劳、葱白煎饮，止头痛"。明代朱橚主编的《普济方》中专列"药茶"一节，收载茶疗方8则，并详细地介绍了适应证与饮用方法。明代韩懋《韩氏医通》中，还记载有抗衰老的"八仙茶"方。明代著名药学家李时珍《本草纲目》中，在论述茶性的同时，也附录了茶疗方10余则。此外，如明代李中立《本草原始》、汪颖撰《食物本草》、鲍山撰《野菜博录》、缪希雍撰《本草经疏》、赵南星《上医本草》、李士材《本草图解》、张时彻《摄生众妙方》、俞朝言《医方集论》、钱椿年《茶谱》、许次纾《茶疏》、程用宾《茶录》，等等，都有关于茶性、茶疗的记载。

清代，茶疗更为盛行，所以，有茶疗方记载的著作就更多了。在清代的茶疗方中，最著名的首推沈金鳌《沈氏尊生书》里记载的"天中茶"，这是沈氏根据温病学家叶天士茶疗方改订而成的，迄今一直为临床所应用。此外，刘长源《茶史》、张路《本经逢原》、陆廷灿《续茶经》、汪昂《本草备要》、王孟英《随息居饮食谱》、黄宫绣《本草求真》、费伯雄《食鉴本草》、赵学敏《本草纲目拾遗》、沈李龙《食物本草会纂》、韦进德的《医药指南》、钱守和的《慈惠小编》，等等，都有关于民间茶疗方的记述。不仅如此，清代宫廷中也十分重视茶疗。如用于降脂、化浊、补肝益肾的清宫仙药茶，就是由乌龙茶、六安茶、中药泽泻等组成的。再如在《慈禧光绪医方选议》中，仅清热茶疗方就有清热理气茶、清热化湿茶、清热养阴茶、清热止咳茶，等等。可见，在清代，上至皇室士大夫阶层，下至平民百姓，茶疗已成为养生保健、防病治病的重要手段。

至于现当代，茶疗的应用几乎随处可见。在陈存仁主编的《中国药学大辞典》、谢利恒主编的《中国医学大辞典》、南京药学院编的《药材学》、江苏新医学院编的《中药大辞典》等书中，都搜录了在群众中广为流行的大量茶疗方。在临床实践中，除茶叶单方外，还应用许多由茶与其他中草药配伍制成的复方成品茶，如天中茶、午时茶、减肥茶、甘露茶等。著名老中医耿鉴庭《瀚海颐生十二茶》中的茶疗方，就是运用茶疗防治疾病的经验总结，如今在群众中广为应用。近年来，许多茶学界和医学界著名专家，还对茶疗进行了深入的发掘和研究，如在《家用中成药》《食物疗法精萃》《养生寿老集》《中国药膳学》《中国药茶》等众多著作中，都有不少茶疗方搜录其中，它们都具有取材容易、制法简单、应用方便、价廉有效等特点，因而备受人们的欢迎。不少保健茶在日本、韩国、东南亚以及欧美等国也开始盛行，为世界人民的卫生保健事业做出了贡献。当代林乾良、陈小艺《中国茶疗》，分上下两篇：上篇为总论，有茶的药用史、茶寿、茶的疗效、茶的有效成分、茶的用法等章；下篇为各论，分科系论述有关茶疗的理论与实践。它对促进茶科学，发展人类健康将会起到很好的作用。

（三）茶疗的特点

茶疗，不仅适用于内科、外科、儿科、妇科等多种疾病，应用范围广；而且能防病健身，以及抗衰老，养生延年。这也是茶疗之所以能延续数千年而不衰的原因所在。

茶不论作为单方，还是与其他草药配伍组成复方，用来防治疾病，特别是对于病情不重，病程长，一时难以痊愈的慢性病患者来说，不但乐于接受，而且只要坚持长期服用，慢慢调理，必将收到良好的效果。就是对一些急性病患者来说，茶疗也不失是一种良好的辅助疗法。如宋代《太平圣惠方》中的葱豉茶就是治疗"伤寒头痛壮热"病症的茶方；现当代用午时茶治疗感冒等，这些都是公认的有效茶疗方。另外，《韩氏医通》中提到的抗人体衰老的八仙茶，以及根据茶能降血脂、降胆固醇，防治糖尿病、高血压的特性，研制而成的各种抗衰老保健茶，使茶的应用范围进一步得到扩大。概括起来说，茶疗有如下特点：

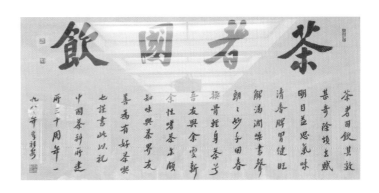

著名书法家
章祖安论茶

1.应用广泛，剂型多样　茶疗方，既有单方又有复方，还有经加工制成的成品药茶。而茶疗方的剂型也很多，除了应用较多的汤剂外，还有将茶或茶方中诸味药研成细末应用的散剂，如川芎茶调散、菊花茶调散等；将茶或茶方中诸味药研成细末拌匀，再用蜜或面糊、浓茶汤黏和成粒、块状的丸剂；将茶或茶方中诸味药研成粗末，用滤纸或纱布分装成小袋，再用沸水冲泡饮用的袋泡剂，等等。加之茶中含有的药效成分种类很多，而茶与其他中草药配伍的结果，又使茶的药效得到加强，因而应用更加广泛。

2.配伍简便，取材容易　茶疗方通常只选用茶作为单方，即使是复方，除了少数由于种种特殊原因配伍比较繁杂外，一般除茶外，大多只精选二三味经中医长期临床实验证实确属有效的中草药配伍。因此，茶疗方的配伍，可以说是以精当、简洁为原则的。而茶在南方20余个省区市都有生长，全国各地随处都可买到；与茶配伍的一些中草药，大多也是常见的，即使不是可以就地采得，就是可以在当地随处买到。

3.应用方便，易于接受　随着时代的进步，传统医学中那种整天守着药罐煎煮药剂的方法已不大再被人接受。经配制而成的药茶，或者成品茶剂，不但易于携带，而且饮服方便，只要用沸水冲泡即成。而且，在工余饭后既可用它当茶解渴，又能起到防治疾病的作用。对慢性病人来说，便于长期服用；对小儿、老人患者，因易于接受而减少了服药困难；对少数长期煎服中药汤剂而感到烦恼的病人，则可减少服药的精神和精力上的负担，因而，茶疗受到广大民众的青睐和欢迎。

4.药力专一，费用节省　茶疗方的选药和配伍组合，多以药力专一为前提。如午时茶以祛风解表发散的中草药与茶组合，主治畏寒感冒发热；葱豉茶以茶叶、葱白、淡豆豉、荆芥组合，主治伤寒头痛壮热；三宝茶以普洱茶、菊花、罗汉果组合，主治肥胖高血压病。此外，如用薄玉茶治糖尿病，杜仲茶治腰痛，三花减肥茶治肥胖，以及饮用益寿茶抗衰老，醒酒茶治饮酒过量，等等。其结果，使得茶疗在防治疾病和保健延年方面均保持一定的优势。再加上茶疗方以单味，或二至三味的居多，用药量少，不少药材均属廉价的草药，因此，医疗费用低，便于推广。

不过，需要说明的是，茶疗虽然应用广，但它不是万能的。特别是对一些急性病患者来说，目前茶疗还大多是一种辅助治疗手段，因此仅仅依靠茶疗是不够的。

另外，茶疗也得讲究得法。首先，服汤剂时冲泡或煎煮时间要有所控制，时间太短，药效成分浸提不完全，影响药性；时间太长，会使药效成分挥发或发生质变，同样也会影响药效。一般说来，冲泡时间以10～15分钟为宜；煎煮时间以5～8分钟左右为好。其次，饮用时，通常以热饮或温服为好，最好做到现制现服，切忌煎汤后隔天再服。最后，配制茶方剂时应选择质量好的茶，凡霉变或污染变质的茶绝不能用。用量多少，应遵医嘱；倘若配来的散剂、丸剂或袋泡剂一时难以用完，那么，必须晾干后放在瓷瓦罐内密封，置于通风干燥处贮存。

三、茶的保健功能

无论是古代医学实践，还是现当代科学验证，都一致肯定饮茶能提高免疫力，有利身体健康，还能对许多疾病的预防和辅助医疗方面起到重要作用。

（一）古籍论茶功

数以百计的古籍记述，饮茶有利健康，归纳起来，有：少睡、安神、明目、醒脑、目渴、清热、消暑、解毒、消食、醒酒、减肥、消肿、利尿、通便、止痢、祛痰、解表、坚齿、治心痛、治疮、疗肌、清心、益气延年等20多种功效。

《宋录》载，南朝宋时，宋孝武帝的两个儿子，经常去安徽寿县八公山东山寺拜访高僧昙济，饮了昙济亲自调制的茶，赞不绝口，誉为"甘露"，这是寺院以茶敬客的最早记载。东晋名僧怀信用二十六字真言，论述了饮茶的好处："跣定清谈，袒露谐谑，居不愁寒暑，食不择甘旨，使唤童仆，要水要茶。"从而，使寺院饮茶成为风尚。唐代封演的《封氏闻见记》道："（唐）开元中，泰山灵岩寺有降魔禅师大兴禅教，学禅务于不寐，又不夕食，皆许其饮茶……"终使僧人饮茶成风。而众多高僧对茶的推崇，终使茶成了养生正心之物，终将饮茶与健康联在一起，它对北方饮茶起到了良好的推动作用。

由于茶原本就包含有长寿之意。而茶的拆字笔画是由"廿"加"八十八"组成的，将这些数字加起来，其总数为108。所以，说饮茶可长寿，"茶寿"即为饮茶能使人颐养天年，活到108岁之意。

其实，茶的发现和利用，就是神农用茶解"百毒"开始的。以后，在诸多医学宝库中，有关茶的药效和功能记载，比比皆是。道家更是将茶作为帝苑仙浆，直至用茶炼丹，意在"长生不老"。佛家认为茶有"三德"：一是醒脑，坐禅通夜不眠；二是助神，满腹时能助消化，轻腹时能补充营养；三是清心"不发"，不乱性。进而用茶悟性，认为茶性与佛理是相通的，这就是人们通常所说的"茶禅一味"。现代科学研究也证明，茶对身体的保健功效是多方面的。

（二）茶对人体的保健功能

经现代科学研究表明，已知茶对人体有多种保健作用，对多种疾病有辅助防治效果。现归纳中外研究成果，茶对人体的保健功能，至少有以下20余项：

（1）生津止渴、消热解暑。

（2）利尿解毒：加速体内重金属及其他毒素排出。

（3）益思提神、消减疲劳：兴奋中枢神经，加速排出乳酸，消除疲劳。

（4）坚齿防龋。

（5）增强免疫力。

（6）预防和延缓衰老：通过清除自由基、抗氧化作用而实现。

（7）杀菌抗病毒。抑制有害细菌和病毒。

（8）降血脂、抗血凝，降低胆固醇，预防动脉粥样硬化。

（9）降低血压：通过抑制血管紧张素Ⅰ转化酶而实现。

（10）减肥健美：消解脂肪，降低血脂。

（11）降血糖，防治糖尿病：因茶多糖有降血糖作用。

（12）洁口消臭。

（13）消食解腻：通过促进胃液分泌和消解脂肪而实现。

（14）明目，防治眼疾：茶叶中维生素的作用。

（15）清热护肝：儿茶素类物质的作用。

（16）防治坏血病：茶多酚与维生素C的作用。

（17）防治辐射损伤，有利于升高血液白细胞数量。

（18）抗过敏：通过抑制组胺释放实现。

（19）抗溃疡：通过抑制胃蛋白酶的消化作用实现。

（20）促进大肠蠕动，治疗便秘。

（21）醒酒消醉：利尿有利于酒精排出。

（22）消解烟焦油，减轻烟毒。

（23）和胃止泻：茶叶有杀灭肠道有害细菌，保护有益菌群作用。

（24）抗癌抗突变：儿茶素类、黄酮类物质的作用。

（25）调节身心，促进思维：茶有清心，调节情绪，开发智慧的作用。

不过迄今为止，在茶的功能应用方面，主要还是集中在茶的饮用、食用、药用和保健品方面，这是茶的营养成分和药效功能决定的。

茶的营养作用与药效功能，虽有一定区别，但对人体关系的密切程度而言，两者都具有提高人体免疫力的功能，都能收到防病保健的效果。

四、寿星说茶功

现代科学研究表明，饮茶不仅可以提神益思，增加营养，而且可以延缓衰老，健身益寿。所以，茶叶已成了一种理想的天然保健饮料，饮茶有利养生已成为全人类的共识。即使在科学不发达的古代，物质生活水平比较低下，人的平均寿命较短，但是一些酷爱常年饮茶的人，却大多寿命很长。如唐代"唯茶是求"的从谂禅师活到120岁；宋代"饱尝天下名茶"的

陈椽

王泽农

大诗人陆游活到85岁；明代"通晓茶道"的礼部尚书陆树声活到96岁；清代"不可一日无茶"的乾隆皇帝活到88岁。现代的一些高龄老人中，也都嗜好饮茶。据载，四川省万源县大巴山深处的青花乡，自古以来盛产茶叶，居民习惯于喝茶，有"巴山茶乡"之称。全乡一万多人中，至今未发现一例癌症患者。那里有100多名年龄在80岁以上的老人，最大的年龄已超百岁。四川省彭山县，地处茶树原产地区，历史上我国最早的茶叶市场，就从这里开始的。据查，这里的人民无论男女老少都有喝茶的习惯，甚至宁可少吃一餐饭，也不愿少喝一杯茶，这里已成为"中国长寿之乡"。俄罗斯老人阿利耶夫活到110多岁，他从不吸烟、喝酒，长寿的秘诀是每天饮茶和散步。埃及农民札那帝·米夏尔活到130多岁，他从不吸烟，但每天要饮茶6杯。被誉为韩国茶坛泰斗的崔圭用，到年逾九旬时，仍为茶事奔波不息。中国茶界元老，被誉为"当代茶圣"的吴觉农，一生研究茶、崇尚茶、饮用茶，92岁高龄时才寿终正寝。还有茶界著名泰斗级人物，庄晚芳活到89岁、陈椽活到90岁、王泽农活到90岁。特别值得一提的是茶界泰斗张天福，出生于1910年，年逾百岁时，依然身心健康，为茶叶事业奔波在第一线。最后，一直活到108岁仙逝。所以说，饮茶有助延年益寿，长寿得益于经常饮茶。为此，人们把茶看作是一种长寿的象征。所谓"年逾茶寿"，其意也在于此。

下面，列举古今部分寿星，看看他们如何看待饮茶，以及通过饮茶得以养生的。

（一）法瑶实践饭后饮茶

法瑶，生卒不详，南朝宋僧人，本姓杨，河东人，是一位很讲究饮茶的人，特别是在饭后一定要饮些茶。据唐代陆羽《茶经》引《释道该说续名僧传》载：法瑶后来转居江南，遇见吴兴郡武康人沈台真（即沈演之）（397—449），请他到武康（今浙江德清）小山寺为僧。《淮南子》说此时的法瑶"日至悲泉，爰息其马"，其意是说他年事已高，人已老了。到了南朝齐代永明年间，齐武帝传旨吴兴地方官请法瑶上京，其时他已经79岁了，但身体仍然十分健朗。认为这与法瑶平日好茶是有相当大的关系的。

（二）陶弘景饮茶"轻身换骨"

陶弘景（456—536），字通明，享年九十又一，南朝秣陵（今江苏南京）人。他精医学，通历算地理，著作颇丰，曾在江苏句容句曲山（即茅山）华阳洞隐居，自号华阳隐居。南朝梁武帝曾数次请他出山为官，遭他婉谢。陶氏本是一个道士，主张儒、释、道三教合流。晚年又受"佛教五大戒"，自号华阳真逸、华阳真人。

陶氏一生酷爱饮茶，特别是茅山茶。并将饮茶健身实践，记录在《杂录》（即《名医别录》）中。因原著已佚，内容可见唐代陆羽《茶经》，认为"苦茶轻身换骨，昔丹丘子、黄山君服之"。按照现代的话说，饮茶可以降脂去腻，瘦身换骨。从前，即使像丹丘子、黄山君这样的仙人，也离不开茶。他笃信饮茶有利健身，能延年益寿。他自己的亲身实践，也就是最好的说明。

（三）皎然饮茶的真知灼见

皎然（704—785），唐代诗僧，俗姓谢，字清昼，享年八十又二，湖州长城（今浙江长兴）人，为南朝谢灵运十世孙。久居吴兴杼山妙喜寺，与茶圣陆羽至交。而他们俩又都是与茶墨结缘之人。由于共同的爱好，使他们之间相处几十年。

皎然是诗僧，又是茶僧，平生爱茶，他崇茶、尚茶、写茶、吟茶，在其《饮茶歌诮崔石使君》诗中，赞誉剡溪（今浙江嵊州、新昌一带）茶有清郁隽永的茶香，甘露琼浆般的滋味。并生动地描绘了对饮茶的真知灼见："一饮涤昏寐，情思爽朗满天地；再饮清我神，忽如飞雨洒轻尘；三饮便得道，何须苦心破烦恼。"最后，皎然还提出了"孰知茶道全尔真，唯有丹丘得如此"。在茶文化发展史上，第一个提出了"茶道"一词。

（四）从谂饮茶悟性

从谂(778—897)，唐代高僧，本姓郝，青州临淄(今山东淄博东北)人，一说曹州(今山东曹县西北)人。自幼出家，世称"赵州禅师"，卒谥"真际禅师"。他在世120岁，深信茶能悟道修身，可以说是一生与茶结伴。

他崇茶、尚茶、爱茶，不但自己饮茶，而且提倡饮茶，可以说是嗜茶成癖，连在说话时，总是每次说话前，都要加上一句"吃茶去"。据《群芳谱·茶谱》引《指月录》道："有僧到赵州，从谂禅师问：'新近曾到此间么？'曰：'曾到。'师曰：'吃茶去。'又问僧，僧曰：'不曾到。'师曰：'吃茶去。'后院主问曰：'为甚么曾到也云吃茶去，不曾到也云吃茶去？'师召院主，主应诺，师曰：'吃茶去。'"

众所周知，茶是一种养性修身的和平饮料，而僧人坐禅修行，讲究专注一境，静坐养性，为此，很需要一种既符合佛教戒律，又能消除坐禅带来的疲劳和弥补"过午不食"导致营养不足的食物。茶的提神益思、生津止渴等药理功能，以及本身含有的丰富营养物质，自然成了僧人的理想饮料。所以，僧人即使长年吃素，但大多高寿。唐陆羽在《茶经》中说："茶最宜精行俭德之人。"说的就是这个意思。从谂禅师尽管一生为僧，但依然长寿，这是和他终生与茶为伴分不开的。

（五）进一僧"唯茶是求"

进一为东都（洛阳）名僧，生卒不详。当唐懿宗李漼在他120岁高龄召见他时，他还精神爽朗，耳聪目明，最终活到120多岁。他一生从不服药，只是"唯茶是求"。据宋代钱易的《南部新书》记载："唐大中三年，东都进一僧，年一百二十岁。宣皇问，服何药而至此？僧对曰：'臣少也贱，素不知药。性本好茶，至处唯茶是求。或出，亦日进百余碗。如常日，亦不下四五十碗。'"宣皇闻听此言，知其长寿秘诀，遂"赐茶五十斤，令居保寿寺"。以示嘉赏。道原的《景德传灯录》亦曾载："有人问如何是和尚家风？师曰：'饭后三碗茶'。"佛教认为饮茶能够彻悟、长生，因此有"茶禅一味"之说。所以，在古代佛教典籍中，对饮茶多有推崇。佛教不但提倡饮茶，而且对种茶、制茶亦多有研究。可以说，佛教对推动我国茶业的发展，以及茶在国内外传播是作出了重要贡献的。进一僧从亲身领略到的饮茶的好处中，深知茶能治病疗疾，延年益寿，因此推崇饮茶，终成寿星。

（六）陆游"汲泉闲品故园茶"

南宋著名诗人陆游(1125—1210)，越州山阴(今浙江绍兴)人。一生酷爱饮茶，还当过三年福建和江西两路茶盐公事常平，这使他对茶有了更多的了解。由于陆游爱茶、管茶，又与陆羽同姓陆，所以，他曾多次以茶圣陆羽自诩："桑苎(指陆羽)家风君勿笑，他年犹得作茶神(亦指陆羽)"；"我是江南桑苎家，汲泉闲品故园茶。"

由于陆游一生出任许多地方官吏，又专门作过茶官，因此，使他有机会遍尝众多名茶："饮囊酒瓮纷纷是，谁尝蒙山紫笋香"；"春残犹看小城花，雪里来尝北苑茶"；"建溪官茶天下绝，香味欲全试小雪。"蒙山、北苑、建溪都是出产名茶、贡茶的地方。

陆游一生很不得志，生活十分清贫，因此，他常以饮茶自慰，这可在他的许多诗中看到："眼明身健何妨老，饭后茶甘不觉贫"；"幸眼明身健，茶甘饭软。非惟我老，更有人贫"；"眼明身健残年足，饭软茶甘万事忘。"尽管陆游所处的时代政局动荡，他的仕途又屡受挫折，可他却以淡泊自慰，只求"饭软茶甘"足矣。因此，他依然享年85岁。可见清茶淡饭的生活和淡泊名利的修养，是与健康长寿紧密相关的。

（七）陆树声说茶比"凌烟"更好

明代茶人陆树声(1509—1605)，华亭(今上海松江)人。年少时在家耕读，走上仕途后官至礼部尚书。

陆氏一生嗜茶饮茶，特别是退隐后，常以饮茶自娱，并根据亲身实践与体会，写成《茶寮记》一文留给后人。此文通称"煎茶七类"，即：一是"人品"，二是"品泉"，三是"烹点"，四是"尝茶"，五是"茶候"，六是"茶侣"，七是"茶勋"。陆树声认为，茶是清高之物，只有人品与茶品相得的人，才能真正获得茶道的真趣。在"茶勋"一节中，他更认为在"除烦雪滞，涤醒破睡，谭渴书倦"时，茶的功能比"凌烟"更强。陆树声虽一生几多挫折，但他的人品如同茶品一样，不肯"屈就"，唯以饮茶自娱，终于享年九十有七。

绍兴日铸茶产地
日铸岭古道

乾隆
南巡图

（八）张岱自嘲"茶淫橘虐"

张岱(1597—1679)，号陶庵，明末清初史学家，浙江山阴(今浙江绍兴)人。他癖好饮茶，在《自为墓志铭》中自称为"茶淫橘虐，书蠹诗魔"。在张氏的许多文章中，都留下了对茶赞美的墨迹。在张岱的心目中，茶的重要性超过了柴米油盐。如张岱的《斗茶檄》中说："八功德水，无过甘滑香洁清凉；七家常事，不管柴米油盐酱醋。一日何可少此，子猷竹庶可齐名；七碗吃不得了，卢仝茶不算知味。一壶挥尘，用畅清淡；半榻焚香，共期白醉。"视品茶为最大乐趣。

张岱爱茶，因而对品茶鉴水、制作名茶等也颇有造诣。经张岱采用安徽休宁松萝茶制作工艺改进生产的故乡越州日铸茶，取名兰雪，因品质特佳，一时名声大振，终成贡品。

张岱在世80年，不但精于历史，长于散文，而且著作齐身，堪称"一代奇才"。这与他终生饮茶，而茶能益思、延寿不无关系。

（九）乾隆不可一日无茶

爱新觉罗·弘历(1711—1799)是大清的乾隆皇帝，也是一位品茗的行家。平生六下杭州，观看茶农采茶制茶，品饮西湖龙井，并五次为龙井茶提笔赋诗。他的《观采茶作歌》《观采茶作歌之二》《坐龙井上烹茶偶成》《荷露烹茶》和《再游龙井作》等诗，充分反映了乾隆的爱茶之情，至今读来，仍脍炙人口。在西子湖畔的狮峰山麓，传说乾隆采过茶的十八棵茶树，被围为"御茶园"，至今依然存在。

乾隆一生爱茶，他不但广尝名茶，而且对宜茶用水也很有研究。为了品评天下名泉水质，他命人精制了一只小银斗，用银斗量出各种泉水的比重，然后排出泉水的优次，钦定北京的玉泉为"天下第一泉"，镇江的金山寺泉为"天下第二泉"，无锡的惠山泉为"天下第三泉"等共二十等泉水。

乾隆在研究名茶、名水的同时，还对茶具的选择有很高的要求。他十分欣赏江苏宜兴的紫砂茶具，认为紫砂茶具特别适合泡茶，而这种茶具本身又是具有文化意蕴的工艺品，乾隆称它为"世上茶具称为首"。

在历代皇帝中，乾隆是年龄最高的一位。传说他85岁让位于嘉庆时，一位老臣不无惋惜地说："国不可一日无君!"乾隆听后哈哈大笑，抚摸着银须，幽默地说："君不可一日无茶啊!"可见茶在乾隆心目中的地位之高。乾隆享年88岁，除了注重养生之道外，与他一生嗜茶、修身养性，也有很大的关系。

（十）袁枚"尝尽天下之茶"

清代诗人袁枚(1716—1798)，浙江钱塘(今杭州)人，享年80有余，一生酷爱饮茶，杭州的西湖龙井、江苏宜兴的阳羡茶、湖南的君山银针、安徽的六安瓜片、福建的武夷岩茶、湖南的安化松针等，他都品尝过。他认为："尝尽天下之茶，以武夷山顶所生，冲开白色者为第一。"

袁枚早先最推崇的是家乡的龙井茶："杭州山茶处处皆精，不过以龙井为最。"并说："余向不喜武夷茶，嫌其浓苦如饮药。"然而，后来他情有独钟："丙午秋，余游武夷，到曼亭峰天游寺诸处，僧道争以茶献，杯小如胡桃，壶小如香橼，每斟无一两，上口不忍遽咽，先嗅其香，再试其味，徐徐咀嚼而体贴之，果然清芬扑鼻，舌有余甘；一杯之后，再试一二杯，令人释躁平矜怡情悦性。"从此以后，袁氏开始独钟武夷岩茶。他认为"龙井虽清而味薄矣，阳羡虽佳而韵逊矣，颇有玉与水晶品格不同之故。故武夷享天下盛名，真乃不忝，且可以瀹至三次而其味犹未尽。"袁枚才高八斗，又健康长寿，茶在其中起到了不小的作用。

（十一）阮元以"茶隐"自居

阮元(1764—184)，江苏仪征人。作为一位经学大师，他的著作甚丰。阮元生活中，既少不了书，也离不开茶，"煮茶说群经，郑志互问答"，是他一生的写照。

阮元不善酒，曾说过："余不能饮，最多一杯而已。"因此，凡所到之处，他常常是携茶自娱。他曾经这样写道："道光癸未(1823)正月廿日，余六十岁生辰。时督两广，兼摄巡抚印。抚署东园，竹树茂密，虚无人迹，避客竹中，煮茶竟日，即昔在广西一日隐诗意也。画竹林茶隐图小照，自题一律。"以后，阮氏又以"茶隐"名堂，将自己的爱茶、崇茶之情昭示于世。这种情感，在阮氏的《试院煎茶用苏公诗韵》一诗中也得到表现："我闻玉川(指卢仝)七碗两腋清风生，又闻昌黎石鼎姗窍苍蝇鸣。未若风檐索句万人渴，湖水煮茶千石轻。封院铜鱼一十二，间学古人品茶意。古人之茶碾饼煎，今茶点沸但煮泉。坡公(指苏轼)蒙顶一团自夸蜀，不闻龙井一旗绿如玉。得茶解渴胜解饥，我与诗士同扬眉。开帝放试大快意，况有笔床茶灶常相随。今年门生主试半天下，岂似坡公懊恼熙宁新法时。"

阮元一生不善酒，独喜茶，享年八十有余，这不能不说与饮茶益寿有关。

（十二）林语堂笃信茶能"延年益寿"

文化名人林语堂(1895—1976)，不但熟悉茶的历史，而且喜欢品茶论茶。在他的《茶与交

林语堂

吴觉农（左二）
九十寿庆

友》一文中，认为饮茶已经成为社交生活中不可缺少的一环。林氏还根据饮茶实践，总结了有关茶的贮藏、水品选择、茶的冲泡、茶品次第等十条经验。特别是他的"三泡"之说，更是形象生动，惟妙惟肖。他认为茶"第一泡譬如一个十二三岁的幼女，第二泡为年龄恰当的十六岁女郎，而第三泡则已是少妇了"。因此，他主张"茶在第二泡时为最妙"。

林语堂熟知茶性，深知茶的作用，故极力推崇饮茶，他在《生活的艺术》一文中写道："饮茶为整个国民的生活增色不少。它在这里的作用，超过了任何同类型的人类发明。"他还认为饮茶"会使每个人的情绪都为之一振，精神也会好起来。我毫不怀疑它具有使中国人延年益寿的作用，因为它有助于消化，使人心平气和"。为此，在林氏的一生中，不但尚茶、崇茶，而且写茶、论茶。他一生与茶结缘，茶对他的回报是使他寿龄八十有二。

（十三）吴觉农长寿秘诀是"每天适量喝茶"

著名茶叶专家吴觉农(1897—1989)，浙江上虞人，一生以茶为业，与茶为友，被尊为"当代茶圣"，享年九十二岁。

吴老1919年毕业于浙江甲种农业专科学校，后在日本农林水产省茶叶试验场研究茶叶。1922年回国，一直从事茶叶生产、教学和科研工作，曾先后去印度、斯里兰卡、印度尼西亚、日本、英国、法国，以及苏联等国考察种茶和茶叶贸易。他于1936年建议成立了中国茶叶公司，1940年创立我国第一个高等院校的茶叶专业，1941年又在福建崇安设立我国第一所茶叶研究机构，1947年创办了之江机械制茶厂，后又任中国茶业公司总经理。直到90高龄时，还撰写了他最后的一部著作《茶经述评》。在半个多世纪里，吴觉农为振兴华茶作出了重要的贡献，在茶叶界享有崇高的威望。

吴觉农是一个"爱茶成癖"的人，他把振兴我国茶叶事业作为他人生的"最大乐处"。他自称"茶人",取名"觉农",具有终身为茶叶事业奋斗的含义。在他92岁高龄寿终前几天,还在北京参观"茶与中国文化展示周",并亲切地和观众交谈,当有人问他长寿的秘诀是什么,他含笑回答说:"每天适量喝茶。"

庄晚芳

(十四)张大千称"无茶不欢"

国画大师张大千(1899—1983),四川内江人,享年八十有五,他习惯于吃早点和点心时佐茶,而且要佐以好茶,自称"无茶不欢"。

张大千一生嗜茶,而且要喝好茶。在大陆时,崇尚喝西湖龙井、庐山云雾;在台湾时,钟情啜铁观音、冻顶乌龙;去日本时,喜喝玉露茶。喝茶时,还讲究茶与具的搭配。啜乌龙茶时,选用扁平的紫砂壶冲茶,再用陶土制的小茶碗品茶;喝绿茶时,选用白色瓷杯冲茶品饮,认为用这些茶具冲泡而成的茶,不会变性走味。

用茶佐食,古已有之,它对帮助消化、去脂、除腻、降压,很有裨益。特别是老年人进食时,若能适当佐以好茶,实是有百利而无一害的事,应该予以提倡,这对降脂、减肥、降血压以及延年益寿,大有好处。后人说张大千的高寿,与他主张的"吃点佐茶"是有关系的。

(十五)唐云说:"凡是好茶,我都会喝"

著名画家唐云(1910—1993),浙江杭州人,年轻时就开始饮茶,不论红茶、绿茶、乌龙茶,他都喜欢喝。西湖龙井、黄山毛峰、台湾乌龙、武夷岩茶、祁门红茶、普洱沱茶,他都喝过。自称:"凡是好茶,我都会喝。"

唐云爱茶,他不但对沏茶、品茶很在行,而且对茶具很有研究,还喜欢收藏茶具古董,特别是对内涵十分丰富的紫砂壶,更有独见。

唐云在构思作画时,总喜欢沏上一杯好茶在手,用茶助兴,提神醒脑,然后才铺毫挥洒。为了表达自己对茶的酷爱,唐云曾以《武夷茶》为题作画,还为《蔡忠惠公茶录》书写题跋。

唐云手不离笔,口不离茶,思路敏捷,身板硬朗,八十四岁终老,对画、对茶始终一往情深。

(十六)庄晚芳论茶德"和敬清廉"

庄晚芳(1908—1996),享年八十又九,福建惠安人,曾先后任上海复旦大学茶叶专业教授和浙江农业大学茶学系教授,是浙江省茶叶学会和中国茶叶学会创始人之一。系著名茶学家和茶学教育家,茶树栽培学科学的奠基人。

庄晚芳自1934年南京中央大学农学院毕业后,一直从事的科研、教育和生产工作。为振

张天福品茶

兴中国茶及茶文化事业付出了毕生精力，著作颇丰。平生视茶为第二生命，平日在生活中也离不开茶，他以茶著作，以茶为友。根据研究和实践所得，提出中国茶德的核心是：廉俭育德，美真康乐，和诚处世，敬爱为人。他一生事茶，不但自己爱茶，而且教人学茶，认为饮茶有利于提高国民身心健康。

（十七）张天福爱茶养生

张天福（1910—2017），享年108岁，福建福州人，出身中医世家，1932年毕业于金陵大学农学院，先后从事茶叶生产和科研教育80余载。他提出的中国茶礼的内涵"俭、清、和、静"：俭就是勤俭朴素，清就是清正廉明，和就是和衷共济，静就是宁静致远，产生广泛影响。当问到张老长寿秘诀时，他自豪地说："茶是万病之药"，一天也离不开它。我从事茶叶工作几十年，天天饮茶几十杯，天天在养生，身体自然健康。"

现今，在茶及茶文化界人士中，以及众多爱茶人中，活到85岁以上的随处可见，这里不再一一赘述。

第二节　茶与养心

饮茶不但养身，而且养心，有利于身心健康。一杯清茶，有营养，能保健，还有花的香气，诗的浪漫，情的感受。唐代诗人钱起在《与赵莒茶宴》诗中，说饮的紫笋茶，茶味比流霞仙酒还好。饮过之后，世俗全消，兴致更浓，如此一直饮到夕阳西下。唐代大诗人白居易（772—846）在《夜闻贾常州、崔湖州茶山境会亭欢宴》诗中，写到常州、湖州两郡太守举行茶会时，自己因坠马损腰不能参加。但对这次饮茶盛宴的欢快之情，却跃在笔端："珠翠歌钟俱绕身"，

"青娥递舞应争妙"。而自己只得"自叹花时北窗下，蒲黄酒对病眠人"。唐代诗人卢仝（约795—835）《走笔谢孟谏议寄新茶》诗，可谓是饮茶对心灵美的代表作。作者收到新茶时，受宠若惊，在"日高丈五睡正浓"时，"柴门反关"，便"自煎吃"起新茶来。由于卢仝爱茶、喜茶，一连喝了七碗。而每喝一碗，碗碗都有不同的新感受。当他喝到第七碗时，饮茶后的快感，促使饮茶如入仙境，飘飘欲仙，于是便发出："蓬莱山，在何处？玉川子（指卢仝本人）乘此清风欲归去，山上群仙司下土，地位清高隔风雨。"这是爱茶人对茶与心灵感受的代表作，受到历代茶人的点赞。宋代蔡正孙《诗林广记》说："胡苕溪云：'《艺苑》以此二篇[1]皆佳作，未可优劣论。'……余谓玉川子之诗优于希文（即范仲淹）之歌。玉川出自胸臆，造诣稳贴，得诗人之句法。希文排比故实，巧欲形容，宛成有韵之文，是果无优劣邪！"以致卢仝被后人誉称"亚圣"。

王震题词
《饮茶康乐》

宋代欧阳修《和梅公仪尝建茶》曰："溪山击鼓助雷惊，逗晓灵芽发翠茎。摘处两旗香可爱，贡来双凤品尤精。寒侵病骨惟思睡，花落春愁未解醒。喜共紫瓯吟且酌，羡君潇洒有余清。"诗中说了作者在尝茶时，想到了早春采茶时的情景。采下的茶叶，香而可爱。即便作者在病中，得到此茶，心情豁然开朗，依然一边品茶，一边吟诗，并对梅公仪[2]的潇洒仪态，深表羡慕之情。

元代大臣耶律楚材《西域从王君玉乞茶，因其韵七首》中，深表对茶的爱慕之情。其中一首曰："积年不啜建溪茶，心窍黄尘塞五车。"说茶能使人开心窍，对茶不免有怀念之情，故有"思雪浪""忆雷芽"之句。在另一首诗中，耶律楚材由于觉得茶味好，以致"琼浆啜罢酬平昔，饱看西山插翠霞"。

明代诗人孙一元《饮龙井》茶诗，说："平生于物元（原）无取，消受山中水一杯。"平生无他求，只要有龙井山中一杯茶就足矣！

清人陆次云，在品饮龙井茶之后，虽觉滋味平和，但依然有"此无味之味，乃至味也"之感。

近代，出于对茶的钟爱，更有诗人发出肺腑感言，宁愿"诗人不做做茶农"。

现代文学巨匠鲁迅先生生于茶乡绍兴，茶是他的终身伴侣。他在《喝茶》[3]一文中写道："有好茶喝，会喝好茶，是一种'清福'。不过要享这'清福'，首先必须有工夫，其次是练出

---

①另一篇宋代范仲淹的《和章岷从事斗茶歌》。
②梅公仪：指北宋诗人梅尧臣，进士出身，官至尚书都官员外郎。
③收录于《准风月谈》。

来的特别的感觉。"鲁迅在杂文中说的这段话，明白地道出了他的喝茶观。鲁迅在文中还说了这样一件事：一次，他买了二两好茶，泡了一壶，怕它冷得快，用棉袄包起来，却不料喝的时候，觉得茶味与他一向喝着的粗茶差不多，颜色混浊。他发觉冲泡方法不对。喝好茶，是要用盖碗的，于是用盖碗。果然，色精而味甘，微香而稍苦，确是好茶。但是，当他正写着文章中途，拿来一喝，好味道竟又不知不觉地滑过去了。于是他知道，喝好茶须在静坐无为的时候，而且品茶这种细腻锐敏的感觉得慢慢练习。

当代著名文学家老舍是位钟情于茶的文学家。他认为"喝茶本身是一门艺术"，深得饮茶真趣。他在《多鼠斋杂谈》中写道："我是地道中国人，咖啡、可可、啤酒、皆非所喜，而独喜茶。有一杯好茶，我便能万物静观皆自得。"老舍生前有个习惯，就是边写作边品茶，以清茶为伴，文思泉涌，创作了饮茶文学的名作《茶馆》。老舍还常去好友冰心家做客，一进门便大声问："客人来了，茶泡好了没有？"冰心总是以她家乡福建茉莉香片款待老舍。浓浓的馥郁花香，老舍闻香品味，啧啧称好。后来，老舍写一首七律诗回赠，"中年喜到故人家，挥汗频频索好茶"。

现代文学家周作人将自己的书房命名为"苦茶庵"，并在散文《喝茶》中写道："喝茶当于瓦屋纸窗下，清泉绿茶，用素雅的陶瓷茶具，同两三人共饮，得半日之闲，可抵十年的尘梦。"他对茶的感悟是："茶道的意思，用平凡的话来说，可以称作为忙里偷闲，苦中作乐，在不完全现实中享受一点美与和谐，在刹那间体会永久。"

其实，人生如品茶，茶中滋味，细细品悟，是能感怀浮生得失，洞悉沧海桑田，总是能使心灵回归宁静的。作家三毛说："饮茶必饮三道，第一道苦若生命，第二道甜似爱情，第三道淡如清风。"喝茶有三道，这道出的是一种高超的品茶境界，茶里乾坤大，壶中日月长，一杯清茶品尽了人生沉浮。

如今，茶已是中华民族的国饮。在中国人的生活中，一天也离不开它。口干时，喝杯茶能润喉解渴；疲劳时，喝杯茶能舒筋消累；心烦时，喝杯茶能静心解气；滞食时，喝杯茶能消食去腻；会友时，喝杯茶能增加亲近……

不仅如此，细斟缓饮，"啜英咀华"，还能促进人们思维。手捧一杯微雾萦绕、清香四溢的佳茗，透过清澈明亮的茶汤，朵朵茶芽玉立其间，宛如春兰初绽，翠竹争阳之感，使人精神为之一振。一旦茶汤入口，细细品味，又觉有一种太和之气，在心中冉冉升起，使人耳目为之清心。君不见，我国有不少军事家，在深算熟谋战略之际，边饮茶边对弈，看似清闲洒脱，实在运筹帷幄。当代军事家陈毅诗曰："志士嗟日短，愁人知夜长。我则异其趣，一闲对百忙。"当代著名文学家郭沫若品饮湖南高桥银峰茶后，于1964年夏赋七律一首："芙蓉国里产新茶，九嶷香风阜万家。肯让湖州夸紫笋，愿同双井斗红纱。脑如冰雪心如火，舌不饫丁眼不花。协力免教天下醉，三闾无用独醒嗟。"当代著名作家姚雪垠《酒烟茶与文思》一文中写道："我端起杯子，喝了半口，含在口中，暂不咽下，顿觉满口清香而微带苦涩，使我的口舌生津，精神一爽……。我在品味后咽下去这半口茶，放好杯子，于是新的一天的工作和生活开始了。"伟大的科学家爱

劳间小憩，
养精蓄力

刘枫
《茶为国饮》

因斯坦组织的奥林比亚科学院每晚例会，用边饮茶、边学习议论方式研讨学问，被人称为"茶杯精神"。法国大文豪巴尔扎克点赞茶"精细如拉塔基亚烟丝，色黄如威尼斯金子，未曾品饮已幽香四溢"。英国女作家韩素音谈茶时说："茶是独一无二的真正饮料，是礼貌和精神纯洁的化身。我还要说，如果没有杯茶在手，我就无法感受生活。人不可无食，但我尤爱饮茶。"

茶，性清质洁，不但是一种强身的保健饮料，而且也是一帖净化心灵的方剂。

第三节　茶与健身

在祖国的传统医学中，茶疗不失是一种有价值的疾病防治手段，功效不可低估。茶叶中不少特有的药理功能，其他中药材无法代替。加以茶叶的药效成分广泛，可与其他许多中药配伍，因此，在中医药中，茶叶不但占有一定的地位，而且对某些疾病的治疗，具有其他中药材无可替代的功效。

一、常见病的茶疗方剂

长期的临床实践，以及现当代的药理测定都表明，茶原本是一种中药材。它既可作为一种单方，又在许多药茶中，与其他中药组成复方，从而使茶的药效更好，用途更广。

茶的药用方剂，广泛地在内科、妇科、五官科等临床治疗中应用，有着防病、治病和延年益寿的功效。特别是对治疗慢性病，临床验证的疗效较为理想。而对急性病来说，也是一种很好的辅助治疗药物。值得说明的是，茶叶虽然药理功效广泛，但并非是包治百病，尤其是对一些大症、重症，需要用疗效更好的药物。但作为一种辅助治疗手段，许多含茶的方剂，常常能显示出良好的效果。

另外，茶的药用方剂即是一种药，因此便不能随便服用，同样要遵循中药的"十九畏""十八反"和妊娠禁忌等。在服用药茶方剂前，最好先去医院请医生诊治，在医师指导下服用，这样更能收到良好的效果。对懂得一些医药知识的人来说，在正常情况下，对一般的病痛，如一时无法去医院治疗，根据病情发展，自选服用一些含茶的方剂，也是有益无弊的。

下面所列的茶疗方是根据文献记载资料、历代方书和民间便方编纂的。现将其中取材方便，服用简便的部分方剂，分述如下。

（一）内科疾病茶疗方

1.感冒　由病毒或细菌引起的一种上呼吸道传染病，临床有头痛、鼻塞、流涕、喷嚏、发热等特征。以下茶疗方剂，可供应用。

（1）**生姜茶**：绿茶5克，生姜8克，葱白5～8克，混合后用沸水冲泡5～8分钟即成。每日1～2剂。功效是祛风发汗。适用风寒感冒。

（2）**苏羌茶**：紫苏叶9克，羌活9克，绿茶9克，混合后用沸水冲泡8～10分钟即成。每日1剂。功效是解表、散风寒。适用感冒风寒。

（3）**芝麻生姜茶**：生芝麻30克，生姜5克，绿茶5克，混合后用沸水冲泡5～8分钟即成。每日1～2剂。功效是发汗解表。适用外感初起。

（4）**核桃生姜茶**：核桃仁20克，葱白20克，生姜20克，茶叶15克。用水煎沸5分钟后服。每日1剂，煎2次服饮。功效是解表散寒。适用感冒发烧，头痛无汗。

（5）**薄荷茶**：茶叶5克，薄荷2克，用沸水冲泡5～8分钟即成。每日2～3剂。功效是祛暑解表。适用风热外感。

（6）**银花茶**：银花20克，茶叶5克，用沸水冲泡5～8分钟即成。每日2剂，多次服饮。功效是清热解毒，辛凉解表。适用风湿感冒初起。

（7）**桑菊薄竹茶**：桑叶5克，菊花5克，薄荷3克，竹叶片30克，绿茶10克。用沸水冲泡5～8分钟即成。每日1剂。功效是清热、散风、解表。适用风热感冒，发热头痛。

2.头痛　一般认为，脏腑经络病变均能发生头痛。所以，头痛是一种常见症状，许多疾病都能引起头痛。以下茶疗方剂，可供应用。

（1）**川芎茶**：川芎3克，茶叶6克，共研成细末，用沸水冲泡5～8分钟即成。每日2剂，多次饮服。功效是祛风止痛。适用头目昏重，偏正头痛。

（2）**姜糖茶**：生姜6～8片，茶叶3克，红糖25克，用沸水冲泡5分钟即成。每日2剂，多次饮服。功效是祛风、解表、止痛。适用风寒头痛。

（3）**菊花茶**：菊花10克，绿茶3克，蜂蜜25克，菊花加水煎沸水3分钟，趁沸加入绿茶、蜂蜜，拌匀即成。每日1剂。功效是疏风、清热、止痛。适用风热头痛。

（4）川芎天麻茶：川芎10克，天麻3克，高级茶3克，黄酒适量，将以上药料用黄酒煎沸10分钟即成。每日1剂，煎服2次。功效是祛风止痛。适用头痛。

（5）核桃葱茶：核桃肉6克，嫩绿茶6克，葱白6克，先将核桃炒熟，用沸水煎沸5分钟后，趁热加入绿茶、葱白，拌匀即成。每日1剂，多次温服。功效是解表、发汗、止痛。适用风寒头痛。

（6）川芎葱白茶：川芎10克，葱白2～4段，绿茶6克，将以上药料用水煎沸5分钟即成。每日1剂，煎2次饮服。功效是祛风，止痛。适用外感风寒头痛。

（7）决明茶：草决明20克，绿茶6克，将以上药料用沸水冲泡5～8分钟即成。每日1剂，多次饮服。功效是清火、止痛。适用高血压头痛。

3.哮喘　是一种过敏性疾病，病因比较复杂。一般认为，治疗哮喘应注意补肾纳气和抗过敏。临床实践表明，茶中的生物碱可医治哮喘病。以下茶疗方剂，可供应用。

（1）款冬花茶：款冬花6克，茶叶6克，将两种药料用沸水冲泡5～8分钟即成。多次饮服。功效是祛痰、平喘。适用一般性哮喘。

（2）荞麦蜂蜜茶：荞麦面120克，茶叶6克、蜂蜜6克，先将茶叶研末，与荞麦面、蜂蜜和匀。每剂为20克，用沸水冲泡5分钟即成。每日1剂。功效是清热、平喘。适用一般性哮喘。

（3）石苇冰糖茶：石苇10克、冰糖25克、绿茶2克。将石苇用水煎沸5分钟后，趁沸加入绿茶和冰糖，搅拌均匀即成。每日1剂，分3次煎服。功效是化痰、止咳、平喘。适用支气管哮喘。

4.支气管炎　支气管炎有急性和慢性之分。临床主要表现为咳嗽、咳痰，严重时呼吸功能受阻。茶有止咳、平喘的作用，治疗时，以下茶疗方剂，可供应用。

（1）川贝米糖茶：川贝母3克，米糖9克，茶叶3克。用沸水冲泡10分钟即成。每日1剂，2次煎服。功效是清热、平喘。适用风寒头痛。一般性哮喘、支气管炎。

（2）橘茶：干橘皮2克，茶叶2克。用沸水冲泡5分钟即成。每日1剂。功效是镇咳化痰。适用支气管炎。

（3）萝卜茶：白萝卜100克，茶叶5克，食盐适量。将萝卜洗净切丝加盐煮熟。茶叶用沸水冲泡5分钟，将茶汁倒入熟萝卜中，加盐即成。每日2剂。功效是清火、止咳、平喘。适用气管炎咳嗽多痰。

（4）茄子茶：干茄子根10～20克，绿茶1～2克。将茄子根切细，与茶一起用沸水冲泡10分钟即成。每日1剂，分2～3次饮服。功效是清火、止咳、平喘。适用支气管炎咳嗽。

5.食滞　多为脾胃功能失常，食物滞积，消化不良所致。茶叶能帮助消化。特别是红茶有健脾和胃之功能，有助于防治食滞。由于引起食滞的病因很多，因此应对症治疗。以下茶疗方剂，可供应用。

（1）萝卜蜜茶：白萝卜120克，茶叶5克，蜂蜜25克。将白萝卜捣烂取汁，茶叶用沸水冲泡5～8分钟后滗出茶汁，两者混合加入蜂蜜调匀，蒸热服饮。每日1剂。功效是开胃，助消化。

适用食滞、消化不良。

（2）菖蒲茉莉茶：绿茶10克，草蒲6克，茉莉花6克。将以上药物研末，用沸水冲泡5～8分钟即成每日1剂，多次服饮。功效是理气化湿、止痛。适用脘腹胀痛、厌食。

（3）酱油茶：茶叶9克，酱油30克。将水煮沸加入茶叶、酱油，继续烧煮3分钟即成。每日1剂，分2～3次服饮。功效是开胃、消食。适用消化不良，胃脘胀痛。

（4）醋茶：茶叶3克，米醋15～20毫升。将茶、醋混合后用沸水冲泡5分钟即成。每日1剂，分数次服饮。功效是开胃、杀菌、助消化。适用消化不良。

（5）山楂茶：山楂片25克，绿茶2克。将山楂片、绿茶混合后加水煎沸5～8分钟即成。每日1剂，分3次服饮。功效是开胃、助消化。适用食滞、消化不良。

（6）三花茶：玫瑰花5克，茉莉花3克，金银花10克，茶叶10克，陈皮6克，甘草3克。将以上药物混合后用沸水冲泡5～8分钟后即成，每日1剂，分3～4次服饮。功效是健胃、清热、消食。适用食滞，消化不良。

6.便秘 主要的临床症状是大便干结，排出困难或排便次数少，2～3天排便一次。引起便秘的病因很多，有热秘、气秘、虚秘、冷秘之分。治疗便秘的茶方不多，以下茶疗方剂，可供应用。

（1）红糖茶：红糖5克，茶叶3克。将两药混合后用沸水冲泡5分钟即成。每日3剂，饭后服饮。功效是和胃、通便。适用病后大便不畅，胃部不适。

（2）蜂蜜茶：蜂蜜5毫升，茶叶3克。混合后用沸水冲泡5分钟即成。每日3剂，饭后服饮。功效是润肺、益胃、通便。适用便秘、胃寒。

7.胃痛 以上腹部近心窝处疼痛为症状。临床上，急性或慢性胃炎、胃或十二指肠溃疡、胃神经官能症等均可引起胃痛。这里仅就一般胃痛，提供一些茶疗方剂，供选择试用。

（1）糖蜂蜜茶：红茶10克，红糖及蜂蜜适量。混合后用沸水冲泡5分钟即成。每日1剂，多次服饮。功效是和胃、止痛。适用胃及十二指肠溃疡。

（2）姜茶：老姜10克，红茶5克。共加水煎沸5分钟即成，每日1剂。功效是解表、温中、止呕。适用胃痛。

（3）芦根甘草茶：芦根50克，甘草5克，绿茶2克。将芦根、甘草用水煎沸10分钟后，趁沸加入绿茶，拌匀即成。每日1剂，多次服饮。功效是平喘、止痛、消炎。适用急性胃炎。

（4）玫瑰蜂蜜茶：玫瑰花5克，蜂蜜25克，绿茶1克。玫瑰花加水煎沸5分钟后，趁热加入蜂蜜、绿茶，拌匀即成。每日1剂，多次服饮。功效是健胃、消食。适用胃神经官能症。

8.泄泻 一般凡大便稀薄，次数多、粪质完谷不化者，称之为泄泻。暑、湿、寒、热都可引起泄泻。湿热泄泻以泄泻时腹痛，泻而不爽，肛门灼痛，苔白为主要症状。此外，还有暑天受湿寒引起的泄泻和因积食停滞引起的泄泻。茶叶的收敛和助消化作用，有利于防治泄泻。以下茶疗方剂，可供应用。

（1）浓糖茶：茶叶50克，红糖50克。将茶、糖加水煎至汤发黑时服饮。每日1剂。功效是收敛、消积。适用腹泻。

（2）**姜茶散**：茶叶60克，干姜30克。将两者混合研成细末。用水送服。每日服2～3次，每次服3克。功效是温中、止泻。适用胃痛腹泻。

（3）**醋浓茶**：红茶10克，米醋适量。用沸水冲泡浓茶一杯，加入米醋，趁热一次服饮。功效是涩肠、止泻、杀菌。适用水泻。

（4）**生姜苏叶茶**：生姜15克，苏叶10克，绿茶15克。混合后加水煎沸5分钟即成。每日1剂。功效是温中、止泻、收敛。适用寒湿腹泻。

（5）**炮姜茶**：炮姜3克，食盐3克，粳米30克，茶叶15克。混合后加炒至焦黄，加水煎沸5分钟即成。每日1剂。功效是发汗、消食、止泻。适用寒性水泻。

（6）**石榴山楂茶**：茶叶3克，焦山楂5克，石榴皮5克。将以上药物混合后加水煎沸5分钟即成。每日1剂。功效是消食，涩肠止泻。适用腹泻。

（7）**姜茶**：生姜9克，茶叶9克。混合后加水煎沸5分钟即成。每日1剂。功效是收敛、发汗、止泻。适用腹泻。

9.痢疾　在夏秋季节最为常见的一种疾病。临床主要以腹痛、里急后重、腹泻、大便呈脓血样为特征。引起痢疾的原因很多，主要因外受湿热，内处伤食所致。此外，还有痢疾杆菌引起的菌痢，以及阿米巴痢疾等。此类疾病中医称为"肠癖""带下"，统称为"痢疾"。根据病因，治疗时，急性痢疾以清热、除湿、解毒为主，慢性痢疾以健脾胃、收敛固脱为主。另外，为预防传染，应采取隔离措施。茶叶中的茶多酚具有抗菌杀菌作用，选择以下茶疗方剂，对治疗痢疾均有一定的疗效，可供应用。

（1）**生姜茶**：生姜5克，红茶5克。混合后用沸水冲泡5～8分钟即成。每日1剂，多次服饮。功效是祛寒、除湿、杀菌、止痢。适用痢疾。

（2）**山楂糖茶**：山楂30克，红（白）糖果15克，细嫩绿茶30克。混合后加沸水冲泡5～8分钟即成。每日1剂，多次服饮。功效是助消化、杀菌、止痢。适用痢疾初起。

（3）**山楂姜茶**：山楂60克，生姜3片，茶叶10克，红糖适量。混合后加水煎沸5分钟后，趁热加糖拌匀即成每日1剂，分2～3次服饮。功效是助消化、和胃、杀菌、止痢。适用痢疾，细菌性食物中毒。

（4）**大蒜茶**：大蒜1只，细嫩绿茶60克。大蒜去皮捣烂成糊，与茶共用沸水冲泡5分钟即成。每日1剂，分2～3次服饮，连饮4～5天。功效是杀菌、止痢。适用慢性痢疾。

（5）**莲子冰糖茶**：莲子30克，冰糖20克，茶叶5克。茶叶用沸水冲泡，去渣取汁。莲子用温开水浸发，加冰糖煮烂，倒入茶汁中拌匀即成。每日1剂。功效是和胃、涩肠、健脾。适用痢疾。

（6）**乌梅生姜茶**：乌梅肉30克，生姜10克，绿茶5克，红糖适量。生姜、乌梅切碎，加糖和茶，用沸水冲泡5分钟即成。每日1剂，分3次服饮。功效是和胃、杀菌、涩肠、止泻。适用阿米巴痢疾，细菌性痢疾。

（7）马齿苋茶：马齿苋50克，红糖50克，茶叶15克。混合后加水煎沸5分钟即成。每日1剂，3次服饮。功效是凉血治痢，解毒消痈。适用细菌性痢疾。

（8）三花陈皮茶：金银花10克，玫瑰花6克，茉莉花3克，茶叶10克，陈皮6克，甘草3克。混合后加沸水冲泡10分钟即成。每日1剂，分3～5次服饮。功效是凉血、解毒、止血。适用细菌性痢疾。

（9）葡萄生姜茶：白葡萄汁60毫升，生姜3片，茶叶9克，蜂蜜30克。茶叶用水煎后取汁，趁热和其他各药物混匀。每日1剂。功效是补气血、涩肠、解毒。适用细菌性痢疾。

10.中暑　又称中喝。在夏季气候炎热期间，进行高温劳作，最易中暑。临床表现为：轻者口渴，冒汗，头昏，身热烦躁，胸闷；重则气喘不语，昏迷不醒，甚至四肢抽搐，导致死亡。喝茶不仅能降低皮肤表层温度，还有生津止渴、醒神、悦目之功。常饮有关的茶疗方剂，不仅能达到未病先防，而且还可以治轻防重，所以，除严重中暑者外，对症状较轻的中暑病人，以下茶疗方剂，可供应用。

（1）茶汤：茶叶3～5克。按茶、沸水以1∶50的比例冲泡5分钟后，取汁热饮，每日多次服饮。功效是清热、解渴、安神。适用轻度中暑。

（2）盐茶：茶叶10克，食盐5克。混合后加沸水1 000毫升冲泡5分钟即成，每日1剂，多次服饮。功效是清热、止渴、生津、解毒。适用预防中暑，中暑后口渴。

（3）柿叶茶：干柿叶10克，茶叶2克。混合后用沸水冲泡5分钟即成。每日1剂，分3次服饮。功效是清热、止渴、润肺。适用轻度中暑。

（4）萝卜茶：白萝卜100克，茶叶5克，食盐适量。将萝卜切片，加盐煮熟，趁沸倒入茶叶服饮。每日2剂。功效是清热、散风、止渴。适用轻度中暑。

（5）冰茶：红茶3克，冰块适量。将红茶用沸水冲泡5分钟，冷却后，放入冰块即成。多次服饮。功效是降温、解渴。适用预防中暑，轻度中暑。

（6）蜂蜜茶：蜂蜜25克，绿茶1克。混合后加沸水冲泡5分钟即成，或煎服。每日1剂。功效是清热、解毒、润燥。适用预防中暑，轻度中暑。

（7）苦瓜茶：苦瓜1个，绿茶适量。将苦瓜上端切开，去瓤，装入绿茶，阴干后，切碎。每剂10克，用沸水冲泡10分钟即成。每日1剂，多次服饮。功效是清热解暑、除烦。适用中暑发热，口渴烦躁。

11.高血压　以血压增高，特别是舒张压持续升高为特征。主要是由于中枢神经系统和内分泌功能失调所致。一般认为它属于中风、头痛、眩晕、肝风范畴。治疗以降压和延缓动脉粥样硬化为主。治疗时，应采用综合治疗，既注意药物治疗，又要重视"药食同治"。茶叶中茶多酚的抗凝血作用，能维持血管畅通，防治动脉硬化，因此，对治疗高血压有一定效果。以下茶疗方剂，可供应用。

（1）柿叶汤：绿茶1～2克，干柿叶5～10克。混合后用沸水冲泡5分钟即成。每日1剂，分3次服饮。功效是降血压、收敛、止血。适用高血压、冠心病。

（2）绿茶柿饼汤：绿茶1~2克，柿饼50~100克。柿饼用水煎沸5分钟后，趁沸加入茶叶即成。每日1剂，分3次服饮，并食柿饼。功效是清心凉血、活血止血。适用高血压。

（3）菊花山楂茶：菊花10克，山楂10克，绿茶10克。混合后用沸水冲泡5分钟即成。每日1剂，多次服饮。功效是清热、降痰、消食、健胃。适用高血压、冠心病、高血脂症。

（4）绿茶番茄汤：绿茶1~2克，番茄50~100克。番茄洗净切片，加水煮沸，3分钟后趁沸加入绿茶，搅匀服汁。每日1剂，分2次服饮。功效是生津、止渴、凉血、止血。适用高血压，眼底出血。

（5）杜仲茶：杜仲叶6克，高级绿茶6克。混合后用沸水冲泡5分钟即成。每日1剂。功效是补肝肾、降血压、强筋骨。适用高血压合并心脏病。

（6）绿茶蚕豆花汤：绿茶1~2克，干蚕豆花9~15克。混合后用沸水冲泡5分钟即成。每日1剂，分3次服饮。功效是清热、凉血、柔肝、止血。适用高血压、咯血。

（7）玉米须茶：玉米须30克，茶叶5克。混合后用沸水冲泡5分钟即成。每日1剂，多次服饮。功效是降血压、利尿。适用高血压。

12.冠心病　这是最常见的一种心脏病。主要是由于供应心脏血液的冠状动脉内腔变窄，从而使心脏缺血所致。一般认为，其发病与神志内伤、外感寒邪、饮食失调，以及年老体弱等因素有关；凡是有利于扩张冠状动脉，或者能降低冠状动脉内膜沉积胆固醇的药物，包括茶在内，都对治疗冠心病有作用。不过，心动过速的冠心病患者，不宜过多喝浓茶，因茶叶中咖啡因是兴奋剂，会使心跳加快。心动过缓的冠心病人，可选择下列茶疗方剂作为冠心病的辅助治疗药物。

（1）山楂茶：山楂25克，绿茶1克。混合后加水煎沸5分钟即成。每日1剂，多次服饮。功效是消食、降脂。适用冠心病。

（2）山楂菊花茶：山楂10克，菊花10克，绿茶10克。混合后用沸水冲泡5~8分钟即成。每日1剂，多次服饮。功效是清热、消食、降脂、健胃。适用冠心病、高血压。

（3）香蕉茶：香蕉50克，茶叶10克，蜂蜜少许。将茶叶用沸水冲泡5分钟后去渣取汁，香蕉去皮后切碎，与蜂蜜和茶汁拌匀即成。每日1剂，多次服饮。功效是降压、润燥、滑肠。适用冠心病、高血压、动脉硬化。

（4）绿茶柿叶汤：干柿叶5~10克，绿茶1~2克。共用沸水冲泡5分钟即成。每日1剂，多次服饮。功效是降血脂、收敛、止血。适用冠心病、高血压。

（5）绿茶红花汤：绿茶1~2克，红花1克，砂糖25克。红花用醋喷洒后烘干，与绿茶、砂糖共用沸水冲泡5分钟即成。每日1剂，多次服饮。功效是清热、活血、止痛。适用冠心病、脑血栓、心绞痛。

13.高脂血症　高脂血症是指患者的血浆中，脂质浓度超过正常范围，这是引起动脉粥样硬化的主要原因。此症，还可引起心脑血管疾病以及胆石症，所以对人体健康的危害很大，应引起重视。茶叶中的茶多酚有活血化瘀、降低血脂、防止血栓形成的作用，尤其绿茶的效果更好。

（1）葫芦茶：陈葫芦15克，绿茶3克。共研成细末，用沸水冲泡5分钟即成。每日1剂，多次服饮。功效是降脂、散瘀。适用高脂血症。

（2）绿茶山楂汤：山楂片25克，绿茶1～2克。混合后加水煎沸5分钟即成。每日1剂，分3次服饮。功效是消脂、散瘀、止痛。适用高脂血症。

（3）菊花山楂茶：菊花10克，山楂10克，绿茶10克。混合后用沸水冲泡5分钟即成。每日1剂，多次服饮。功效是清热、消食、降脂。适用高脂血症、冠心病、高血压。

（4）山楂陈皮茶：山楂7克，陈皮9克，红茶适量。将山楂生炒、陈皮翻炒，共用沸水冲泡5分钟即成。每日1剂，多次服饮。功效是消食、降脂、活血。适用高脂血症。

（5）罗汉果菊花茶：普洱茶、菊花、罗汉果各等量。共研成细末混合后，装入纱布袋，每袋20克，用沸水冲泡5分钟即成。每日1剂，多次服饮。功效是润肺、止咳、降脂。适用高脂血症。

（6）荷叶茶：荷叶10克，绿茶10克。混合后用沸水冲泡5分钟即成。每日1剂，多次服饮。功效是清热、利湿、补阳、降脂。适用高脂血症。

14.贫血　贫血中医称其为血虚，认为是脾肾亏虚，生血不足，或失血过多所致。因此，滋养肝肾，养血补血，温补肾脾，凉血清热，有助于防止贫血。茶叶中因含有叶酸，可防止贫血。如果茶叶与其他药物组成复方，其疗效更佳。但茶叶中的茶多酚易与含铁物质发生反应，因此，缺铁性贫血，或服补铁药治疗贫血时，最好不用茶叶。以下茶疗方剂，可供应用。

（1）红枣茶：红枣10枚，茶叶5克，白糖10克。将红枣用糖水煎煮至熟烂，茶叶用沸水冲泡5分钟后去渣，倒入煮烂的红枣内，拌匀即成。每日2剂，多次服饮。功效是补血、活血、健脾、和胃。适用贫血，维生素缺乏。

（2）参黄精茶：丹参10克，黄精10克，茶叶6克。混合后研成细末，用沸水冲泡10分钟即成。每日1剂，多次服饮。功效是补血、活血、填精。适用贫血，白细胞减少。

（3）桂圆茶：桂圆肉20克，绿茶1克。将桂圆肉蒸熟，绿茶用沸水冲泡5分钟后去渣取汁，与桂圆肉拌匀即成。每日1剂。功效是补气血、益心脾、抗癌。适用贫血、抗癌。

15.肝炎　肝炎多由肝炎病毒引起。初期多以食欲不振、身体疲劳、四肢无力、腹部膨胀为临床症状。渐可出现全身发黄，肝脏肿大，身体消瘦。一般认为，以目黄、皮肤黄、尿黄为特征的急性黄胆型肝炎为多，属湿热蕴结之阳黄。即使是急性无黄胆之肝炎，亦多与湿热困脾有关。如果是慢性肝炎，则也与脾虚湿困，或肝肾阴亏有关。所以，在治疗方法上，应根据不同病情，采用清热、解毒、利湿、活血、化瘀、养肝、健脾等方法加以治疗。茶叶因具有清热、解毒等作用，自然成了治疗肝炎的一味良药。所以，从古至今，用茶叶治疗肝炎，时有所见。以下茶疗方剂，可供应用。

（1）红茶糖水：红茶6克，葡萄糖36克，白糖120克。混合后用沸水冲泡5分钟即成。每日1剂，上午服用，7天为一疗程。功效是养肝、活血、祛瘀、解毒。适用黄胆型肝炎。

（2）茶丸：绿茶适量。绿茶用温开水和成丸，每丸3克，每次1丸，每日3～4次，用水送服。功效是疏肝、利湿、清热、解毒。适用急性传染性肝炎。

（3）茅根茶：白茅根10克，茶叶5克。混合后加水煎沸10分钟即成，每日1剂，分2次服饮。功效是生津、利尿、通淋、解毒。适用急性肝炎。

（4）甘蔗茶：甘蔗250～500克，绿茶2克。将甘蔗切片，加水煎沸15分钟后，去渣取汁，趁热加入绿茶，拌匀即成。每日1剂，分3次服饮。功效是润肺燥、祛热痰。适用慢性肝炎。

16.呕吐　它以人体胃内食物反流，口腔外吐为临床症状。一般认为，若胃被外邪所伤，或脏腑受病邪干扰，则会发生呕吐。如能祛邪化浊，温中和胃，或养胃滋阴，将有助于治疗呕吐。而"茶能清心神，凉肝胆，涤风热，肃肺胃"，故可治疗呕吐。以下茶疗方剂，可供应用。

（1）甘草姜茶：干姜3～5克，炙甘草3克，红茶1～2克。生姜切片炒干，与甘草、红茶共用沸水冲泡5分钟即成。每日1剂，分3次服饮。功效是温中驱寒，健脾和胃。适用胃寒呕吐，大便溏薄。

（2）豆糖茶：绿豆粉3克，茶叶3克，白糖适量。混合后用沸水冲泡5分钟即成。每日1剂，多次服饮。功效是清热、解毒、和中、止吐。适用急性呕吐。

（3）花茶：橘花3克，红茶3克。混合后用沸水冲泡5分钟即成。每日1剂，多次服饮。功效是理气、调中、燥温、化痰。适用暖气呕吐，腹脘胀痛，食积不化。

（4）葱枣茶：葱须25克，大枣25克，甘草5克，绿茶1克。大枣、甘草用水煎沸15分钟后，趁沸加入葱须、绿茶即成。每日1剂，温服。功效是清热、暖急。适用呕吐腹泻。

17.呃逆　一般人认为呃逆乃由气逆上冲所致。临床表现为呃逆连声，不能自制。一般认为，呃逆主要是胃气上逆，动膈冲肺，故治疗应以清热除烦，下气降逆为主。以下茶疗方剂，可供应用。

（1）刀豆姜茶：刀豆10克，生姜3片，绿茶3克，红糖适量。混合后用沸水冲泡5分钟即成。每日1剂，多次热饮。功效是温胃、散寒、下气、降逆。适用胃寒呃逆。

（2）姜茶：生姜3片，绿茶3克。混合后用水煎沸5分钟即成。每日1剂，多次热饮。功效是温中、散寒、止逆。适用呃逆。

（3）丁香茶：丁香9克，冰糖25克，绿茶1克。丁香捣碎，和冰糖、绿茶混合后用沸水冲泡10分钟即成每日1剂，分2次服饮。功效是温中、止呃、降逆。适用呃逆。

18.糖尿病　其临床表现为糖尿，以及多尿、多饮多食、疲劳、消瘦等症状。一般认为，糖尿病是肝气郁滞，肝郁脾虚，水湿不化，肝郁化火，煎熬津液等所致。因此，常用化痰散结，疏肝泻火，益气养阴，清火增津等方法加以治疗。用茶叶治疗糖尿病，在我国和日本，都有不少先例，认为用生长几十年的老茶树采制的茶叶治疗糖尿病，效果更好。以下茶疗方剂，可供应用。

（1）盐姜茶：食盐4克，鲜生姜2片，绿茶2克。混合后加水煎沸5分钟即成。每日1剂，多次服饮。功效是清热、润燥。适用糖尿病。

（2）宋茶：老宋茶（或改用70年以上老茶树采制的茶叶）10克。用沸水冲泡5分钟即成每日1剂，分2～3次服饮。功效是降糖、生津、止渴。适用糖尿病。

（3）茶鲫鱼：活鲫鱼500克，绿茶10克。鲫鱼去内脏洗净，腹内塞入绿茶，入锅清蒸至熟，不加盐。每日1剂，食鱼喝汤。功效是滋阴、补肾、利水、解毒。适用阴虚不足型糖尿病，消化不良。

（4）玉米须茶：玉米须50克，绿茶1克。玉米须用水煎沸10分钟后，趁热加入绿茶拌匀即成。每日1剂，分3次服饮。功效是生津、止渴、收敛、止血、利尿。适用糖尿病、高血压、肾炎。

（5）罗汉果茶：罗汉果20克，绿茶1克。罗汉果加水煎沸5分钟后，趁热加入绿茶拌匀即成。每日1剂，多次服饮。功效是润肺、生津、止咳、解渴。适用肺热化燥型糖尿病、咽喉炎、肺结核等。

（6）糯米茶粥：糯米50～100克，红茶2克。将红茶用沸水冲泡后取汁，糯米煮熟时，趁沸加入红茶汁，拌匀即成。每日1剂，分2次服食。功效是益气、解毒、健脾。适用糖尿病，气虚自汗。

（7）丝瓜茶：丝瓜200克，绿茶5克。将绿茶用沸水冲泡后取汁，丝瓜去皮切片，加盐煮熟，再趁热加上绿茶汁，拌匀即成。每日1剂，分2次服饮。功效是清热、解毒、凉血、止血、祛痰、止咳。适用糖尿病、尿血、肺热咳嗽。

（8）陈年粗茶汤：陈年粗茶10克。陈年粗茶用冷开水浸泡5小时即成。每日1剂，分3次服饮，坚持服用40天以上。功效是收敛、利尿、生津、止渴。适用糖尿病。

19.肺结核　民间常称为肺痨，是由结核杆菌引起的一种慢性肺部感染性疾病。一般认为，肺痨乃是人的机体正气不足，阴精耗损，以致痨虫乘虚而入肺脏的结果。因此，治疗肺痨应补虚扶正，方可收到成效。茶叶的抗菌消炎、清热解毒功用，为治疗肺痨提供了可能。因此，在中医验方中，用茶叶配方治疗肺痨的方剂是很多的。以下茶疗方剂，可供应用。

（1）玉兰蜂蜜茶：玉兰花3～5克，蜂蜜25克，绿茶1克。将玉兰花、绿茶加水煎沸5分钟后，趁沸加入茶叶和蜂蜜搅匀即成。每日1剂，分3次服饮。功效是消炎、祛痰。适用肺结核，慢性气管炎。

（2）糖茶：柚花5～6克，白糖30克，绿茶1克。将柚花、绿茶加水煮沸5分钟后，趁沸加入白糖搅匀即成。每日1剂，多次服饮。功效是行气、镇痛。适用肺结核、胸膜炎、慢性气管炎。

（3）甘草柚糖茶：柚皮30克，炙甘草5克，红糖25克，绿茶1克。将柚皮、甘草加水煮沸5分钟后，趁沸加入红糖、绿茶拌匀即成。每日1剂，分3次服饮。功效是消炎、祛痰。适用肺结核、胸膜炎、慢性胃炎、慢性气管炎。

（4）绿茶甜瓜汤：将甜瓜、冰糖加水煮沸5分钟后，趁沸加入绿茶，拌匀即成。每日1剂，分2次服饮。功效是润肺、祛痰。适用肺结核、慢性肝炎、慢性气管炎。

（5）枇杷茶：枇杷果100克，冰糖25克，高级绿茶1克。枇杷果加水煎沸半小时，趁沸加入冰糖、绿茶拌匀即成。每日1剂，多次服饮。功效是润燥、止咳、清热、生津。适用肺结核，急性、慢性气管炎。

（6）甜瓜莲藕茶：甜瓜200克，莲藕100克，冰糖25克，绿茶1克。甜瓜、莲藕切片，和冰糖加水煎沸5分钟后，趁沸加入绿茶拌匀即成。每日1剂，分2次服饮。功效是润肺、祛痰、益血、补肾。适用肺结核。

（7）鸡蛋蜂蜜茶：鸡蛋1个，蜂蜜25克，绿茶1克。水烧沸后，加入鸡蛋（打散）、蜂蜜和绿茶，待鸡蛋熟后即成。每日1剂，早餐后服，45天为一疗程。功效是健脾、扶肝、利尿、解毒。适用肺结核、肝炎，产后或手术后气血两虚者。

20.水肿　水肿乃是水液潴留人体内所致，临床表现为眼睑、面部、四肢、腹部，甚至全身浮肿。人们通常认为，无论何种水肿，均与肺、脾、肾三脏功能失调有关。所以，急性或慢性肾炎、肾病综合征等疾病，都有可能引起水肿。因此，常用理肺、脾、肾治其本，多用发汗，利小便治其标。以下茶疗方剂，可供应用。

（1）**茶鲫鱼**：鲫鱼500克，绿茶10克。鲫鱼去鳞和内脏，洗净，将绿茶塞入肚内，入锅隔水蒸熟后食用。每日1剂。功效是补肾、利水、解毒、滋阴。适用全身水肿。

（2）**玉米须茶**：玉米须30克，茶叶5克。混合后用沸水冲泡5分钟即成。每日1剂，多次服饮。功效是清热、利尿、降压。适用肾炎水肿、高血压，一般性水肿。

（3）**冬瓜皮蚕豆壳茶**：冬瓜皮50克，蚕豆壳20克，红茶20克。将以上药物混合后加水3碗，煎至1碗，去渣服饮。每日1剂。功效是清热、利尿、降压。适用肾炎水肿、心脏病水肿。

（4）**茅根茶**：白茅根10克，茶叶5克。两者混合后加水煎沸15分钟即成。每日1剂，多次服饮。功效是清热、利尿、凉血、止血。适用急性或慢性肾炎水肿。

（5）**万年青茶**：万年青30克，茶叶6克。混合后加水煎沸5分钟即成。每日1剂，分2~3次服饮。功效是清热、利尿、通淋。适用心脏性水肿。

（6）**粳米白糖粥**：粳米50克，茶叶10克，白糖适量。茶叶用沸水冲泡5分钟后去渣取汁。粳米煮成粥，加入茶叶汁、白糖拌匀至沸即成。功效是健胃、利水、消肿。适用心脏性水肿。

（7）**黑鱼茶**：黑鱼500克，茶叶6克。黑鱼去鳞和内脏，腹内加入茶叶，用文火煮1小时，食鱼喝汤。每日1剂，多次服饮。功效是利尿、消肿、补肾、解毒。适用肾炎水肿，一般性水肿。

（8）**黄芪茶**：黄芪15~25克，红茶1克。黄芪用水煎沸5分钟后，趁热加入红茶拌匀即成。每日1剂，分3次服饮。功效是利尿、消肿、生津、止渴。适用急性或慢性肾小球炎。

（9）**柿叶茶**：柿叶10克，绿茶2克。柿叶经蒸后晾干，连同绿茶用沸水冲泡5分钟即成。每日1剂，分3次饭后服饮。功效是清热、利尿、润肺。适用急性或慢性肾炎。

（二）妇产科疾病茶疗方

1.经闭　通常是指妇女在未到绝经期时，月经停闭而不来潮的一种疾病。一般认为，患此病者有虚、实之分：因虚引起的闭经，可采用补气益血的方法治疗；实者可采用活血、祛瘀、通经的方法治疗。根据具体病情，以下茶疗方剂，可供应用。

（1）**白糖茶**：白糖100克，绿茶叶25克。混合后用沸水冲泡5分钟，露宿一晚，次日1次饮下。功效是调经、理气。适用月经骤停伴有腰痛、腹胀（孕妇忌服）。

（2）**红花糖茶**：红花1克，紫砂糖25克，绿茶1～2克。红花用醋洒后再用文火烘干，速同紫砂糖、绿茶用沸水冲泡10分钟即成。每日1剂，分4次服饮。功效是活血、调经、理气。适用闭经。

（3）**枣姜糖茶**：大枣60克，老姜15克，红糖60克，绿茶1克。混合后用沸水冲泡5分钟即成。每日1剂，连服至月经来潮。功效是补气、益血、调经。适用血虚寒凝闭经。

2.痛经　是指妇女在经期及经期前后，伴有小腹及腰部疼痛。病情按月经周期发生，平时消失。一般认为，此病发生原因较为复杂，寒温不节，精神忧郁，经期贪食生冷之物等都有可能引起痛经。以下茶疗方剂，可供应用。

（1）**当归茶**：当归5～15克，红茶1～2克。混合后用沸水冲泡10分钟即成。每日1剂，多次温服。功效是补血、活血、抗菌、消炎。适用月经不调、痛经，功能性子宫出血。

（2）**月季花茶**：月季花3～5克，红糖25克，茶叶1～2克。混合后用沸水冲泡5分钟即成。每日1剂，分3次饭后服饮。最好在月经前5天起服至月经盛期。连服3～4个月。功效是活血、调经、消肿、止痛。适用痛经，月经不调，经期食欲不振，血瘀肿痛。

（3）**二花茶**：玫瑰花9克，月季花9克（鲜月季花18克），红茶3克。混合后用沸水冲泡10分钟即成。每日1剂，多次温服。最好在行经前几天开始服用，连服4～6天。功效是活血、理气、祛瘀、止痛。适用气凝血瘀引起的痛经、闭经，经色黯或夹块。

（4）**红糖茶**：红糖10克，茶叶2克。混合后用沸水冲泡5分钟即成。每日3剂，每次饭后服。功效是调经、散寒、止痛。适用痛经。

（5）**益母草茶**：干益母草20克，绿茶1克。混合后用沸水冲泡5分钟即成。每日1剂，多次服饮。功效是和血、调经、祛瘀、利水。适用痛经，肾炎水肿，高血压。

（6）**芝麻盐茶**：芝麻2克，食盐1克，茶叶3克。混合后用沸水冲泡5分钟即成。每日1剂，分5～6次服饮。经前2～3天开始服用。功效是通血脉、养脾气、厚肠胃、益肝肾。适用经期腹痛、腰痛。

3.月经不调　主要是指妇女在行经期间，或月经过多，崩漏不止；或月经过少不畅，1～2天即净。前者，一般认为应本着急则治标，缓则治本的原则，采用化瘀、止血的方法加以治疗；后者，认为多由虚寒气滞所致。凡血虚、血寒、血瘀、血滞、痰湿者都有可能引起此病。因此宜选择活血、调经、补肾等药加以治疗。总之，对月经不调者，在去医院查清病因的基础上，可根据以下茶疗方的药效功能，对症选服。

（1）**莲花茶**：莲花6克，绿茶3克。莲花阴干，连同绿茶，用沸水冲泡5分钟即成。每日1剂。功效活血、清心、凉血、止血。适用月经过多，瘀血腹痛，吐血。

（2）**莲子茶**：莲子30克，冰糖2克，茶叶5克。茶叶用沸水冲泡5分钟后，去渣取汁。莲子浸泡数小时后，加冰糖炖烂，再加上茶汁调匀即成。每日1剂，食莲子喝汤。功效是健脾、益肾。适用月经过多崩漏。

（3）**鸡冠花茶**：干鸡冠花5～10克，白糖25克，高级绿茶1～2克。鸡冠花用沸水冲泡5分钟后，趁沸加入绿茶和白糖调匀即成。每日1剂，分3次服饮。功效是凉血、止痛。适用月经过多，赤白带下，吐血压计，尿血。

（4）当归茶：当归3～5克，红茶1～2克。混合后用沸水冲泡5分钟即成。每日1剂，分3次服饮。功效是活血、补血、抗菌、消炎。适用痛经，月经不调，瘀血，功能性子宫出血。

（5）月季花茶：月季花3～5克，红糖25克，茶叶1～2克。混合后用沸水冲泡5分钟即成。每日1剂，分3次饭后温服。功效是活血、调经、消肿、止痛。适用痛经，月经不调，经期食欲不振，血瘀肿痛。

（6）玫瑰花茶：玫瑰花5克，蜂蜜25克，绿茶1克。混合后用沸水冲泡5分钟即成。每日1剂，分3次饭后温服。功效是理气、解郁、和血、散瘀。适用月经不调，赤白带下，乳痈，胆囊炎。

（7）柠檬茶：腌柠檬1只，蜂蜜25克，红茶1～2克。混合后用沸水冲泡5分钟即成。每日1剂，分3次服饮。功效是止血、收敛、健脾、生津、止咳。适用月经过多，尿血，肝炎。

4.产后疾病　妇女分娩后，由于津血大量消耗，造成阴精亏损，元气受损，以致"百节空虚"。如果产后营养不良，更易引起各种产后疾病，诸如产后便秘、产后腹痛、产后头痛、产后出血、产后呕吐等，均属此例。一般认为，妇女产后发病，多虚多瘀。所以，诊治时，要辨其虚实，或补或泻，并可用以下茶疗方作为治疗妇女各种产后疾病的辅助药剂。

（1）益母甘草茶：干益母草150～200克，甘草3克，红糖25克，茶叶1～2克。混合后用沸水冲泡5分钟即成。趁沸加入绿茶和蜂蜜拌匀即成。每日1剂，分3次服饮（孕妇忌服）。功效是活血、调经、祛瘀、利水。适用产后出血或恶露不绝，肾炎水肿，高血压。

（2）红糖茶：红糖25克，茶叶适量。混合后用沸水冲泡5分钟即成。每日1剂，分3次服饮。功效是活血、宁心、安神。适用产后恶露不绝。

（3）蜜茶：蜂蜜2毫升，茶叶3克。混合后用沸水冲泡5分钟即成。每日1剂。饭后温服。功效是调脾胃、润脏腑。适用产后便秘，老年性便秘。

（4）麦芽茶：大麦芽稍炒，加水煎沸10～15分钟后，趁沸加入绿茶和白糖拌匀即成。每日1剂，分2次服饮。功效是健胃、消食、通便。适用产后便秘。

（5）山楂茶：山楂片25克、绿茶2克。混合后加水煎沸5分钟即成。每日1剂，分3次服饮。功效是消食积、健脾胃。适用产后便秘。

（6）莲子茶：莲子30克，绿茶1克。莲子加水煎沸30分钟后，即趁沸加入绿茶拌匀即成。每日1剂，分3次温服。功效是健胃、止泻、滋养、强壮。适用产后呕吐。

用茶疗方可防治的妇科疾病很多，重要的是选用时，一定要对症下药，根据病史、症状、体征综合分析而定。

（三）普通外科疾病茶疗方

1.疮痈　一般多由细菌感染所致，是在外科中最常见的疾患。病情较轻的，出脓后就可痊愈。病情较重的，还会反复感染。一般多发于夏季，疮疖感染严重者，要及时去医院诊治。利用茶叶消炎、杀菌的作用，采用以下茶疗方，可作为疮痈的一般对症方剂，加以选用。

（1）浓茶汁：茶叶适量。混合后加水煎沸成浓茶汁。每日1剂，日服2次，在患处可用浓茶汁外敷。功效是杀菌、消炎、收敛。适用疮疖，带状疱疹，接触性皮炎，湿疹。

（2）萝卜茶：白萝卜100克，食盐适量，茶叶5克。萝卜洗净切片，加食盐煮烂，趁沸加入绿茶拌匀即成。每日2剂。功效是解毒、生津、消食、润肺。适用暑毒，痱疖肿。

（3）银花茶：干金银花1克，茶叶2克。混合后用沸水冲泡5分钟即成。饭后1次。功效是清热、解毒。适用疖肿，外感发热。

（4）烂茶：茶叶适量。茶叶用口嚼烂，敷于患处。每日1次。功效是清热、解毒、抗菌、消炎。适用无名肿毒。

（5）槐花茶调散：槐花、绿豆粉各等份，茶叶30克。槐花、绿豆粉共炒至象牙色，研成细末。茶叶加水煎成汁，茶汁露一夜。每次用细末9克与茶汁调和，涂于患处。每日1次。功效是清热、解毒、散结。适用疮疖疔毒。

2.痔疮　多见于成年男女。一般认为，平时饮食缺少节制，吃过多辛辣、厚味之食，以及长期便秘的患者，都有可能引起湿热内生，气血不调，瘀浊下注，经络阻塞，这是最终引发痔疮的原因所在。因此，利用茶叶的清热、化湿作用，再适当配以凉血的中草药，对治疗痔疮就能取得一定疗效。以下茶疗方剂，可供应用。

（1）茶树根汤：茶树根250克。茶树根切片，加水煎沸15分钟后，用其热汤坐浴熏洗患处。每日1次。功效是清热、解毒、消炎。适用痔疮。

（2）菱角薏米茶：菱角60克，薏米30克，绿茶1克。菱角、薏米加水煎沸30分钟后，趁沸加入绿茶拌匀即成。每日1次，分3次服饮。功效是清热、解毒、消炎、止血。适用痔疮出血。

（3）蜈蚣茶散：蜈蚣适量、茶叶适量、甘草适量。蜈蚣、茶叶用文火炒至香熟，研成细末，待用。甘草用沸水冲泡后清洗疮口，然后涂上细末。每日1次。功效是清热、解毒、疗疮、生肌。适用痔疮有瘘管者。

3.毒虫咬伤　毒虫咬伤其实是中虫毒。能螫伤人体的毒虫种类很多，临床表现也各不相同。症状较重的，例如被毒蛇咬伤，发病骤急，应及时送往医院救治，以免危及生命。所以，茶疗方对症状较重的中虫毒症而言，仅仅是作为一种应急的辅助治疗剂。一般的虫中毒，乃是火毒所致。茶叶性寒苦，具有降火解毒、消炎抗菌的作用。以下茶疗方剂，可供应用。

（1）湿茶：茶叶一撮。将茶叶捣烂，敷于患处。每日1～2次。功效是解毒、消肿、止痛、止痒。适用毒虫叮咬。

（2）明矾茶：明矾、芽茶各等份。混合后研成细末。每次9克，用凉开水调服，或涂抹于患处。每日1～2次。功效是清热、解毒、消肿、止痒。适用虫叮咬伤。

（3）茶水：茶叶6克。茶叶用沸水冲泡5分钟，凉后，用茶水洗或搽于患处。每日1～2次。功效是消肿、止痛、止痒。适用各种昆虫叮咬。

（4）东风菜根茶：东风菜根300克、茶叶5克。茶叶加水煎沸5分钟后，去渣取汁待用。东风菜根捣碎去渣取汁，加入浓茶汁调匀即成。每日1次服下。另用东风菜根渣敷于患处。功效是清热、解毒、消肿、止痛。适用蛇咬伤应急用。

4.阴疮　多发生在阴部。用茶疗方治疗阴疮，主要是利用茶叶的清热解毒，抗菌消炎的作用，再配以其他中药材，进而达到敛疮生肌的目的。以下茶疗方剂，可供应用。

（1）**茶末膏**：茶叶适量，甘草适量。甘草加水煎沸15分钟，用汤洗患处。茶叶研成细末敷于患处。每日1～2次。功效是清热、解毒、疗疮、生肌。适用阴囊生疮。

（2）**五倍子茶膏**：五倍子15克，腻粉少许，腊茶15克，另配葱、椒香油适量。先用葱、椒煎汤，将患处洗净。其他诸药混合后研成细末，用香油调和敷于患处。每日1～2次。功效是清热、解毒、敛疮、生肌。适用小儿阴囊生疮。

5.梅毒　俗称杨梅疮，是常见的一种性病，为梅毒螺旋体感染所致。通常感染后，三周左右就会在外生殖器部位发生硬下疳。两个月后全身皮肤发疹。如不及时治愈，还可危及心血管、神经等组织器官。少数亦有潜伏多年而无任何病症的。此病可由孕妇传染给胎儿。中医常用茶疗的清热解毒，除瘀脱腐，升阳疗疮之法加以治疗。以下茶疗方剂，可供应用。

（1）**雄黄芝麻丸**：雄黄花120克，生芝麻120克，雨前茶120克。将诸药混合后研成细末。和成糊状，捏成丸，如桐子大小。每日早晨用白开水送服，每次9克。功效是清热、解毒、疗疮。适用杨梅大疮。

（2）**真珠茶散**：真珠0.1克，片脑0.05克，孩儿茶3克。将诸药混合后研成细末，敷于患处。每日1次。功效是清热、解毒、除瘀、脱腐。适用梅毒。

6.烫伤、烧伤　由汤烫、火灼造成人体皮焦、肉烂所致。由于引起的病因不一，造成的伤害程度有异，加之受害者年龄、体质等众多因素，致使临床症状，以及由此而产生的后果也各不相同。所以，对病情较重者，应及时送往医院急救。但对一些轻症患者，以下茶疗方剂，可供应用。

（1）**浓茶**：茶叶5克。茶叶加水煎沸5分钟，去渣取汁。把浓汁喷洒于患处上。每日1～2次。功效是清热、消炎、止痛、收敛。适用烧伤、烫伤。

（2）**茶散**：茶叶适量。将茶叶烤至微焦，研成细末，和茶油调成糊状，敷于患处。每日1～2次。功效是消肿、止痛。适用轻度烧伤。

7.胆石症　是胆囊内或肝内、外胆管任何部位发生结石的一种疾病。发病时，会突然发生剧烈难忍的左上腹阵痛性绞痛，称为胆绞痛。对此，一般可用茶叶的清热利湿、行气止痛的作用，达到利胆排石的目的。而茶叶与其他中草药组成的茶疗方剂，更强化了这种作用。以下茶疗方剂，可供应用。

（1）**绿茶水**：绿茶（多种绿茶混合使用更佳）适量。将绿茶研成细末，用沸水冲泡5分钟，连茶末一起服下。早晨空腹或晚上睡觉前各服1次。其他时间，随时服用5～7次。功效是利胆、排石、清热、去湿。适用胆石症。

（2）**过路黄茶**：过路黄10克，绿茶1克。将鲜过路黄洗净、晒干、切碎，与绿茶用沸水冲泡5分钟即成。每日1剂，分2～3次服用。功效是止痛、利胆、排石、利湿。适用胆石症。

8.腰痛　常见于中、老年人，临床表现为腰部一则或两则有疼痛。中医认为外邪、内伤和外伤都有可能引起腰痛，病因比较复杂。因此，应用茶疗方剂时，必须对症选用。以下茶疗方剂，可供应用。

（1）**醋茶**：醋5毫升，茶叶10克。茶叶用沸水冲泡5分钟后，去渣取汁，投醋和匀即成。每日1～2次，趁热顿服。功效是去湿化瘀，下气，散结。适用腰痛。

（2）**蜂蜜茶叶蛋**：鸡蛋2个，蜂蜜25克，绿茶1克。水煮沸后，投入鸡蛋、蜂蜜和绿茶。待蛋熟后，食蛋喝汤。每日1剂，早餐后服用。功效是去湿、祛瘀、化滞。适用腰肌劳损。

（3）**芝麻红糖茶**：芝麻15克，红糖25克，绿茶1克。将芝麻炒熟研末，与红糖、绿茶一起用沸水冲泡5分钟即成。每日1剂，分3次温服。功效是去湿、清热、行气。适用腰肌劳损。

（4）**核桃茶**：核桃仁5～15克，白糖25克，绿茶1克。将核桃仁用食油炸酥，研成粉末，与绿茶、白糖一起用沸水冲泡5分钟即成。每日1剂。功效是补肾、强腰、敛肺、定喘。适用腰肌劳损，尿路结石，慢性气管炎。

9.跌打损伤　此病多因受到外伤所致。因此，中医主张用活血、行瘀、止痛的方剂加以治疗。而茶叶与某些中药材的组合，就具有上述的药理作用。从而，为茶疗方在治疗跌打损伤方面提供了可能。以下茶疗方剂，可供应用。

（1）**枸杞茶丸**：枸杞叶500克，茶叶500克。将枸杞叶、茶叶晒干，混合后研成细末，加适量面粉糊黏合，制成丸，每丸4克。每次1丸，每日2～3次，用沸水冲服。功效是止痛、活血。适用跌打损伤。

（2）**季花糖茶**：月季花5克，红糖25克，红茶1克。混合后用水煮沸5分钟即成。每日1剂，分3次服用。功效是止痛、化瘀、活血、消肿。适用血瘀肿痛，跌打损伤。

（3）**硫黄茶散**：硫黄1小匙，茶叶适量。先用茶水洗净患处。再用口嚼烂茶叶，拌入硫黄，敷于患处。每12小时换1次。功效是止痛、散瘀、活血、消肿。适用跌打损伤，膝盖弯曲处伤口。

（4）**珠兰茶**：珠兰20克，甘草10克，绿茶2克。混合后用水煮沸5分钟即成。每日1剂，分3次饭后温服。功效是止痛、消肿。适用跌打损伤，外伤出血。

（5）**红花茶**：红花1克，绿茶2克，醋适量。红花用醋喷后文火烘干，与绿茶一起加沸水冲泡10分钟即成。每日1剂，分4次服饮。功效是清热、止痛、活血、消炎。适用血栓闭塞性脉管炎，跌打损伤。

其实，茶叶具有杀菌、消毒等功能，除了上面提及的以外，还可以用来预防不少外科疾病，这里不再一一叙述。

（四）皮肤科疾病茶疗方

1.皮炎　种类很多，如神经性皮炎、接触性皮炎、过敏性皮炎、稻田性皮炎等。因此，在选择茶疗方时，必须对症下药，方能收效。以下茶疗方剂，可供应用。

（1）明矾茶水：明矾60克，茶叶60克。先将明矾、茶叶用水浸泡30分钟，再煎沸30分钟待用。下水田前后将手脚在明矾茶水中浸泡10分钟后，令其自然干燥。功效是清热、解毒、燥湿。适用稻田皮炎，皮肤瘙痒，红斑水泡。

（2）山楂茶：山楂片25克，绿茶1～2克。混合后用水煮沸5分钟即成。每日1剂，分3次服用。功效是除腻、消脂、散瘀血、消肉积。适用溢脂性皮炎、高脂血症、冠心病。

（3）硼砂茶水：硼砂50克，绿茶25克。混合后用水煮沸10分钟即成。浸洗患处后，令其自然干燥。功效是消炎、收敛、止血。适用接触性皮炎，稻田性皮炎，疮疖，皮肤癌。

（4）明矾黄柏茶水：明矾50克，黄柏50克，绿茶25克。明矾研成末，与绿茶、黄柏混合后加水煎沸10分钟，浸洗患处，每日1剂。功效是消炎、收敛、抗菌、除湿。适用接触性皮炎，稻田性皮炎，伤口感染，皮肤癌。

（5）盐茶水：茶叶适量，食盐少许。茶叶加水煎沸5分钟后，趁热加入食盐拌匀即成。每日1剂，浸泡患处。功效是消炎、收敛、止痒、抗菌。适用稻田性皮炎。

2.癣症　因皮肤感染霉菌引起的一种疾病，主要是病菌侵犯皮肤、指（趾）甲、毛发等。因发病部位不同，有手癣、足癣、甲癣、体癣、股癣、头癣等之分。因它具有一定传染性，所以，在生活中应尽量避免接触传染，患者则可用合适的茶疗方加以控制和消灭。此外，还有一种称之为牛皮癣的，因患部皮肤坚厚如牛的颈部皮肤，故其名。对此病，一般可依据病因，用散风、清热、利湿或养血、祛风、润燥的茶疗方加以治疗。以下茶疗方剂，可供应用。

（1）老茶根茶：老茶树根30～60克。老茶树根切片，用水煎沸15分钟煎成浓汁。每日1剂，分2～3次服饮。功效是清热、凉血、止痒。适用牛皮癣、足癣。

（2）茶膏：茶叶适量。茶叶用冷开水捣烂成糊状，敷于患处。每日2次。功效是清热、消炎、止痒、杀菌。适用足癣。

（3）绿茶水：绿茶适量。绿茶用水煎沸10分钟，用茶汁浸洗足部。每日1～2次。功效是消炎、止痒、杀菌。适用足癣。

（4）蚕豆壳茶：蚕豆壳（干品）15克，红茶6克。混合后用沸水冲泡5分钟即成。每日1剂，分2～3次服饮。功效是清热、解毒、润燥、收敛。适用足癣。

3.湿疹　是一种常见的过敏性皮肤病，可发生于皮肤任何部位，而在面部和四肢更为多见。在选用茶疗方治疗湿疹时，应避免抓挠，也不能采用肥皂水或其他刺激物擦洗。以下茶疗方剂，可供应用。

（1）升麻茶：升麻5～10克，炙甘草3克，绿茶2克。混合后用水煮沸10分钟即成。每日1剂，分3次服饮。功效是清热、解毒、抗过敏、抗癌。适用皮肤过敏，子宫颈癌，疮疖，咳嗽。

（2）绿茶水：绿茶10～15克。用水煎沸5分钟成浓汁。用药棉反复洗患处10分钟左右。早晚各1次。功效是清热、消毒、去湿、抗菌。适用阴囊湿疹。

（3）茶散：甘草适量，茶叶适量。甘草用水煎沸15分钟成浓汁。用汁洗患处，茶叶研成细末敷于患处。功效是清热、消毒、去湿、收敛。适用阴囊湿疹。

4.酒糟鼻　在鼻尖及鼻翼两侧最易发生。发病初期为暂时性红斑，或出现成批的小如针尖、大如黄豆般的疹疱，伴以毛细血管扩张，致使红色长时间不退。重症者鼻部组织增生增厚，形成鼻赘。由于茶叶具有清热、抗菌、消炎的功能。因此，用茶叶以及与其他中草药配伍而成的茶疗方，对治疗酒糟鼻具有良好的作用。以下茶疗方剂，可供应用。

（1）辛夷茶：辛夷花3～5克，甘草5克，绿茶1克，蜂蜜适量。辛夷花用蜂蜜炒成红色，加上甘草用水煎沸10分钟后，趁沸加入绿茶拌匀即成。每日1剂，分3次服饮。功效是通肺窍、消炎、抗菌。适用酒糟鼻、鼻窦炎、鼻咽癌。

（2）凌霄花茶：凌霄花3克，甘草5克，绿茶1克。凌霄花、甘草用水煎沸10分钟后，趁沸加入绿茶拌匀即成。每日1剂，分3次服饮。功效是清热、消炎、抗菌。适用酒糟鼻、鼻窦炎、牙痛、鼻咽癌。

（3）菊花茶：白菊花15克，甘草5克，绿茶1克。混合后用水煎沸5分钟后，趁沸加入绿茶拌匀即成。每日1剂，分3次服饮。功效是清热、消炎、抗菌。适用酒糟鼻、鼻窦炎、牙痛。

（4）枇杷叶汤：枇杷叶6克，茶叶适量。枇杷叶去毛，焙干研成末，用茶叶经冲泡后的汁水送服。每日3剂。功效是清热、止咳、消炎、抗菌、生津。适用酒糟鼻。

5.痱子　是一种常见的皮肤疾病，多出现于夏季。临床症状表现为皮肤上散布着密集的、针头大小的红色丘疹。顶部有灰白色小水疱，感染后可发展成为脓疱疮或疖肿。尤其以人体的额、颈、上胸、肘窝发生为多。有瘙痒和灼热感。所以，保持皮肤清洁干燥，服用清暑、解毒、利尿的茶疗方剂，对痱疖有较好的防治作用。以下茶疗方剂，可供应用。

（1）萝卜茶：白萝卜100克，茶叶5克，盐适量。白萝卜洗净切片，加上盐和水煮烂，趁沸加入茶叶拌匀即成。每日2剂，分别在上午和下午服饮。功效是清热、散风、消肿、止痛。适用痱疖肿，暑毒。

（2）茶水：茶叶适量。茶叶加水煎沸取汁。洗患处。每日2～3次。功效是清热、消炎、抗菌。适用痱子。

此外，还有许多预防皮肤疾病的方剂，如用茶水洗脚、沐浴等，在此不再叙述。

（五）五官科疾病茶疗方

1.眼科疾病　眼科疾病有很多，这里主要介绍一些能用茶疗方医治的眼疾。一般认为，眼睛疾病，内与脏腑、外与感受风、寒、暑、湿、燥、火之气有关。因此，治疗时，应辩证选用茶疗方剂。以下茶疗方剂，可供应用。

（1）银耳冰糖茶：银耳30克，冰糖60克，茶叶6克。茶叶冲泡成汁。银耳、冰糖用文火煎沸30分钟后，加入茶汁即成。每日1剂，连吃带喝。连服数日。功效是清肺热、益脾胃。适用红眼初起。

（2）盐茶水：陈茶15克，食盐6克。混合后加水煎成汁，洗眼。每日2～3次。功效是明目、去障。适用眼云翳风火（即火眼）。

（3）桑叶茶：桑叶5～10克，菊花15克，甘草5克，绿茶2克。混合后加水煎沸10分钟后，即成。每日1剂，分3次饭后服饮。功效是清肝明目，消炎解毒，祛痰镇咳。适用急性结膜炎，慢性青光眼，急性泪囊炎，风热咳嗽。

（4）甘菊茶：甘菊花15克，蜂蜜25克，绿茶1克。甘菊花加水煎沸5分钟后，趁沸加入绿茶、蜂蜜拌匀即成。每日1剂，分3次温服。功效是清肝明目，散热止痛，抗菌解毒。适用结膜炎，高血压头痛。

（5）茉莉花茶：茉莉花5克，绿茶1克。混合后加水煎沸5分钟后即成。每日1剂，分3次服饮。功效是理气、开郁、辟恶、和中、去火。适用下痢腹痛，结膜炎。

（6）枸杞子茶：枸杞子10克，红茶2克。枸杞子用盐炒熟，混入红茶，加沸水冲泡5分钟即成。或枸杞子用水煎沸5分钟后，趁沸加入红茶拌匀即成。每日1剂，分3次服饮。功效是益肝明目，润肺补肾，养血。适用肝炎，视力减退，潮热盗汗，性欲早退。

（7）枸杞子菊花茶：枸杞子10克，白菊花10克，红茶1克。枸杞子用盐炒至发胀，与白菊花、红茶混合后，用沸水冲泡5分钟后即成。每日1剂，分3次服饮。功效是养肝明目，疏风散热。适用视力衰退，目眩，夜盲症。

（8）茶水熏：高级绿茶适量。茶叶加沸水冲泡入杯。低头将眼睛对住杯口，让热蒸汽熏双眼，双手捂住杯沿，以免散热过快。难忍时，可稍作休息。1次熏眼时间必须保持10分钟左右，日熏2～3次。功效是调节眼周围组织，恢复眼清晰度（明目）。适用视力减弱。

（9）菊花茶：干菊花2克，茶叶2克。混合后，加沸水冲泡5分钟后即成。每日2～3剂，饭后服饮。功效是清热、解毒、润肺、去火。适用预防或控制老年白内障发生和发展。

（10）盐茶：食盐1克，茶叶3克。混合后，加沸水冲泡5分钟后即成。每日1～2剂，温服。功效是清火、消炎。适用红眼病、咽喉炎、牙痛、牙周炎。

2.口腔疾病　口腔疾病很多，可用茶疗方防治的主要有龋齿、牙周炎、口腔溃疡、口臭、牙痛等。以下茶疗方剂，可供应用。

（1）茶树根汤：茶树根30克。茶树根切片，用水煎沸15分钟后成汤。每日1剂，代茶饮。功效是清胃、泻火。适用口腔溃疡。

（2）茶根蛋：茶树根30克，鸡蛋3只。茶树根切片，与蛋共加水煮至蛋熟透为止。喝汁食蛋。每日1剂。功效是止痛、滋阴、润燥、消炎、洁齿。适用牙痛、牙周炎。

（3）绿茶：绿茶适量。用口咀嚼，而后用茶汤漱口。功效是抗菌、止痛、消炎。适用口臭、牙痛、牙周炎。

（4）护齿茶：红茶30克。加水煎沸5分钟后成浓汁。先漱口，后服饮。每日1～3次。每次红茶另换，不可中断，至痊愈为止。功效是止痛、坚齿、消炎、防腐。适用牙本质过敏，口臭，吸烟过量致使心慌恶心。

（5）盐茶：茶叶3克，食盐1克。混合后用沸水冲泡5分钟后即成。每日1～2剂，温服。功效是清火、消炎。适用牙痛、牙周炎、咽喉炎、红眼病。

（6）**桂花茶**：桂花3克，红茶1克。桂花加水煎沸3分钟后，趁沸加入红茶拌匀即成。每日1剂，温服。功效是消炎、抗菌、除臭。适用口臭、牙痛。

（7）**薄荷茶**：薄荷15克，甘草3克，绿茶1克。混合后用水煎沸10分钟即成。每日1剂，少量多次，温饮。可重新加水和蜂蜜25克，如上法煎饮。功效是辛凉散热，芳香辟秽。适用口臭，中暑，扁桃腺炎。

（8）**芒果茶**：芒果（去核心）50克，白糖25克，绿茶1克。芒果用水煎沸5分钟后，趁沸加入白糖、绿茶拌匀即成。每日1剂，分2次温服。功效是健脾、止咳、消炎、助消化。适用牙龈出血，消化不良，咳嗽。

3.鼻腔疾病　临床以鼻塞、鼻痒、流浊涕，多喷嚏，直至发生头痛等症状为主。而急性鼻炎、慢性鼻炎、过敏性鼻炎、鼻窦炎、副鼻窦炎等均有可能产生上述症状。常见鼻腔病的茶疗方不少，除了诊治上述疾患外，有的还可用来治疗鼻出血、鼻息肉等。以下茶疗方剂，可供应用。

（1）**黄柏茶散**：川黄柏6克，龙井茶30克。混合后研成细末。挑少许吹入鼻腔。每日5～6次。功效是清热泻火，解毒排脓。适用鼻渊鼻塞，鼻有脓性分泌物腥臭。

（2）**枇杷叶茶**：枇杷叶6克，陈茶3克。枇杷叶去毛，焙干研成细末，与茶叶一起，用沸水冲泡5分钟即成。每日1剂，分2次服饮。功效是降气解暑，升清降浊。适用鼻子流血。

（3）**白茅根茶**：白茅根（鲜品）100克，车前（鲜品）150克，绿茶1克。白茅根、车前混合后加水煎沸10分钟后，趁沸加入绿茶拌匀即成。每日1剂，分2次服饮。功效是凉血、止血、利尿。适用鼻出血、咯血、尿血、急性肾炎、黄疸。

（4）**辛夷花茶**：辛夷花5克，甘草5克，绿茶1克。辛夷花去毛，用蜂蜜熬至红色，炒至不粘手。加甘草用水煎沸5分钟后，趁沸加入绿茶拌匀即成。每日1剂，分3次饮后温服。功效是抗菌、消炎、通肺窍。适用鼻咽癌、鼻窦炎、牙痛。

（5）**盐茶水**：茶叶适量，食盐少许。茶叶加盐，用水煎沸5分钟后，至温度适宜时，按住左鼻孔，用右鼻孔吸水，再挤出，如此重复3～4次；如上法洗左鼻孔。每日2次，分清晨和睡觉前各1次。功效是杀菌、消炎、去异味。适用鼻窦炎。

4.咽喉疾病　包括咽部疾病，诸如急性或慢性咽炎，急性或慢性喉炎，急性或慢性扁桃腺炎等。一般认为，导致上述疾病的原因，是外感风热之邪，以及肺、胃郁热，痰火旺盛所致。因此，可用清热、润肺、解毒、利咽、祛痰茶疗方加以诊治。以下茶疗方剂，可供应用。

（1）**双叶盐茶**：苏叶3克，茶叶6克，盐6克。茶叶炒至焦香。盐炒至呈红色。三者混合后，加水煎沸5分钟即成。每日1剂，分2次服饮。功效是利咽、清热、宣肺。适用外感引起的声音嘶哑。

（2）**桂花茶**：干桂花1克、茶叶2克。混合后，加沸水冲泡5分钟后即成。每日1剂，早晚各饮1次。功效是散寒、活血、润喉、止痛。适用声音沙哑。

（3）**橄榄竹梅茶**：咸橄榄5个，竹叶5克，乌梅2个，绿茶5克，白糖10克。混合后加水煎沸

10分钟后，拌匀即成。每日1剂，分次服饮。功效是清咽、润喉。适用久咳及劳累过渡引起的咽喉失音。

（4）**罗汉果茶**：罗汉果10～15克，绿茶1克。罗汉果切碎，与茶叶一起用沸水加盖冲泡5分钟后即成。每日1剂，分2次服饮。功效是化痰、清热、润喉、止渴。适用急性或慢性咽喉炎。

（5）**榄海茶**：橄榄6克，胖大海3枚，绿茶6克，蜂蜜适量。橄榄加水煎沸10分钟后，趁沸加入绿茶、胖大海，加盖片刻，调入蜂蜜拌匀即成。每日1剂，多次徐徐服饮。功效是利咽、清热、润肺。适用慢性咽喉炎。

（6）**丝瓜茶**：丝瓜200克，茶叶5克。茶叶加水冲泡后5分钟后取汁。丝瓜切片加盐煮熟，倒入茶汁拌匀即成。每日1剂，服食。功效是利咽、清热。适用咽喉肿痛。

（7）**菊花茶**：鲜茶叶，鲜菊花各等份。茶叶、菊花剪碎，用凉开水浸泡20分钟后即成。每日1剂，不拘时服饮。功效是利咽消肿，清热泻火，化痰散结。适用急性咽喉炎。

（8）**白梨茶**：白梨200～300克，绿茶2克。白梨连皮切片，加水煎沸5分钟后，趁沸加入绿茶拌匀即成。每日1剂，分3～6次服饮。功效是清热生津，润肺祛痰。适用咽喉炎、气管炎、糖尿病。

（9）**枇杷茶**：枇杷果100克，细嫩绿茶1克，冰糖25克。枇杷果加水煎沸30分钟后，趁沸加入冰糖、绿茶拌匀即成。每日1剂，分3次温服。功效是润燥、止咳、清热、生津。适用急性或慢性咽喉炎，慢性气管炎，肺结核。

（10）**绿茶水**：细嫩绿茶适量。用沸水冲泡5分钟后即成。每日2剂，分多次徐徐含服。功效是清热、润喉、消肿。适用嗓子哑。

5.耳内疾病　可用茶疗方防治的耳内疾病，有耳鸣、听力减退、中耳炎等。以下茶疗方剂，可供应用。

（1）**菊槐茶**：槐花3克，菊花3克，绿茶3克。混合后加沸水冲泡5分钟后即成。每日1剂，分3次服饮。功效是清热、平肝。适用中耳炎，听力减弱。

（2）**皮川芎茶**：粉丹皮5克，川芎5克，京菖3克，茶叶3克。混合后用沸水冲泡5分钟后即成。每日1剂，多次服饮。功效是凉血、活血、祛风、益耳。适用霉菌性中耳炎。

（3）**黄柏苍耳茶**：黄柏9克，苍耳10克，绿茶3克。混合后研成粗末，用沸水冲泡5分钟后拌匀即成。每日1剂，分2次服饮。功效是散热、解毒、益耳。适用中耳炎。

（4）**五味子茶**：北五味子5克，绿茶2克，蜂蜜25克。北五味子用文火炒至微焦，与诸药混合后加水煎沸5分钟后拌匀即成。每日1剂，分3次服饮。功效是提神、补肾、益耳。适用乏力，视力减退，耳鸣。

（六）抗癌抗辐射茶疗方

一般认为癌症的发生，是人体调控功能发生改变失控所致，受环境、饮食以及生活方式、心理状态、性格行为等诸多因素影响造成的结果。因此，调动一切积极因素，如改善生活方式，选择合理善食，避免与致癌物接触，净化心理状态等，都将有助于抑制或延缓癌症的发生和发展。研究表明，茶叶中的许多物质，诸如茶多酚、维生素C、脂多糖、胱氨酸等，不但具有抗癌和防癌的作用，而且还可使因放射治疗，所引起的副作用有所减轻，使白细胞数量回升。因此，下列用茶和其他中药材组成的抗癌、抗辐射的茶疗方，可供选用作为辅助治疗方剂。以下茶疗方剂，可供应用。

（1）丹参黄精茶：丹参10克，黄精10克，茶叶5克。混合后研成细末，用沸水冲泡5分钟后拌匀即成。每日1剂，多次服饮。功效是补血、填精。适用白细胞减少。

（2）桂圆茶：桂圆20克，绿茶1克。桂圆肉蒸熟，绿茶用混合沸水冲泡5分钟后，去渣取汁，与桂圆肉拌匀即成。每日1剂。功效是补气血，益心脾。适用抗癌、贫血、肺结核。

（3）乌梅甘草茶：乌梅25克，绿茶2克，甘草5克。乌梅、甘草加水煎沸10分钟后，趁沸加入绿茶拌匀即成。每日1剂，分3次服饮。功效是消炎、抗癌、涩肠。适用直肠癌，子宫颈癌，慢性痢疾。

（4）绿茶大蒜汤：大蒜头25克，绿茶2克，红糖5克。大蒜去皮捣碎，加绿茶和糖，混合后用沸水冲泡5分钟即成。每日1剂，多次服饮。功效是消炎、抗菌、清热、解毒。适用胃癌，急性细菌性痢疾，铅中毒。

（5）茯苓蜂蜜茶：茯苓10克，绿茶2克，蜂蜜25克。茯苓研成细末，加水边煎边搅，煎沸5分钟后，趁沸加入绿茶、蜂蜜拌匀即成。每日1剂，分2次服饮。功效是抗癌、和胃、利尿、消肿、健脾。适用胃癌，水肿，消化不良。

（6）银花甘草茶：金银花10～20克，甘草5克，绿茶2克。金银花、甘草混合后加水煎沸10分钟后，趁沸加入绿茶拌匀即成。每日1剂，分2次服饮。功效是抗癌、清热、解毒。适用胃癌、痈疽、痢疾。

（7）猕猴桃大枣茶：猕猴桃50～100克，红茶1～3克，大枣25克。猕猴桃、大枣混合后加水煎沸10分钟后，趁沸加入红茶拌匀即成。每日1剂，分3次服饮。功效是抗癌、健脾。适用胃癌，维生素C缺乏症。

（8）菱角薏米茶：菱角60克，薏米仁30克，绿茶3克。菱角、薏米仁混合后加水煎沸30分钟后，趁沸加入绿茶拌匀即成。每日1剂，分3次服饮。功效是抗癌、益气、健脾。适用食道癌、乳腺癌、子宫颈癌、胃溃疡。

（9）苡仁茶：苡仁50克，绿茶3克。苡仁（若用于癌症，用量为100克）加水煎至熟后，趁沸加入绿茶拌匀即成。每日1剂，多次服饮。功效是去湿、排脓、抗癌、解毒、健胃。适用胃癌、肠癌。

（10）杏仁蜂蜜茶：甜杏仁5～9克，绿茶2克，蜂蜜25克。杏仁加水煎沸15分钟后，趁沸加入绿茶、蜂蜜拌匀即成。每日1剂，多次服饮。功效是抗癌、清热、解毒、润肺、祛痰。适用鼻咽癌、肺癌、乳腺癌、肺气肿。

二、常见成品药茶

茶与其他中药材相比，具有药效成分广，药理作用强的特点。因此，在我国历史悠久而又行之有效的众多中药方剂中，有数以百计的方剂都包含有茶这味药。特别是20世纪80年代以来，由于茶疗特有剂型的不断涌现，饮茶方法的日益改善，以及茶对医疗保健的独有作用，使得药茶的品种日趋增加，临床运用日益普遍，在这种情况下，也强化了成品药茶的开发。这是因为相比之下，成品药茶具有针对性强、用药量少，携带方便、有效成分不易损失等优点。为此，深受患者的欢迎。这里，仅将已在临床应用的含茶成品药茶，辑录如下。

（一）古今知名的成品药茶

纵观我国古今知名且应用普遍的含茶成品药茶，古代的要数宋代的川芎茶调散及其相应方剂；近代的要数午时茶及其方剂。这两大系统，可谓是古今含茶成品药茶的代表方剂。现将有关方剂，介绍如下。

（1）**川芎茶调散**。配方：川芎、荆芥（去梗）各四两，白芷、羌活、甘草（爁）各二两，细辛（去芦）一两，防风（去芦）一两半，薄荷（不见火）八两。功效：清头目，疏风止痛。主治：外感风邪头痛。服法：晒干后，共研成细末，每次二钱，用茶水调服。出处：《和剂局方》。该方用量按一两等于30克，一钱等于3克计，下同。

（2）**茶调散**。配方：片芩二两（酒拌炒三次，不能焦）、小川芎一两、细芽茶三钱、白芷五钱、薄荷三钱、荆芥穗四钱。功效：疏风、清热、止痛。主治：风热、头目昏痛。服法：晒干后，共研成细末，每次二三钱，用清茶水调服。出处：《赤水玄珠》。

（3）**苍耳子散**。配方：辛夷半两、苍耳子（炒）二钱半、香白芷一两、薄荷叶半钱。功效：祛风通窍。主治：鼻渊、前额疼痛。服法：晒干后，共研成细末，每次二钱，用葱、茶水调服。出处：《重订严氏济生方》。

（4）**川芎茶**。配方：川芎3克、茶叶6克。功效：祛风止痛。主治：诸风上攻，头目昏重，偏正头痛等。服法：晒干后，共研成细末，用茶水泡饮。出处：《简便单方》。

（5）**午时茶**。配方：茅术（苍术）、柴胡、陈皮、连翘、积实、山楂、防风、前胡、川芎、羌活、藿香、神曲、甘草、白芷各300克，厚朴、桔梗、麦芽、苏叶各450克，红茶10千克，生姜2.5千克，面粉3.25千克。功效：发散风寒，和胃消食。主治：风寒感冒，寒湿内滞、食积不消等。服法：生姜切丝压制取汁备用。其余诸药晒干后，共研成细末，用姜汁、面粉打浆混合成块，每块干重约15克。每次一块，用沸水冲饮。出处：《中国医学大辞典》。

（6）**天中茶**。配方：杏仁（去皮）、制半夏、制川朴、炒莱菔子、陈皮各90克，槟榔、香薷、荆芥、炒车前子、羌活、干姜、炒积实、薄荷、炒青皮、柴胡、大腹皮、炒白芥子、土藿香、独活、炒黑苏子、前胡、炒白芍、防风、猪苓、藁本、木通、桔梗、泽泻、紫苏、炒白术、炒茅术各60克，炒六神曲、炒山楂、炒麦芽、茯苓各120克，炒草果仁、秦艽、川芎、白芷、甘草各30克，红茶3 000克。功效：疏散风寒、和胃通气。主治：四时感冒、寒热、胸闷、头痛、咳嗽、呕恶、便泻等。服法：大腹皮水煎，滤渣取汁备用。其余药晒干后，共研成细末，用大腹到汁拌入药粉，烘干后，用纸袋分装，每袋9克。每次1袋，日服2次，用沸水冲服。出处：《上海市中药成药制剂规范》。

（7）四时感冒茶。配方：野牡丹、鬼针草、仙鹤草、香薷、野花生、陈皮、截叶铁扫帚、南五味子藤、牡荆叶、薄荷、防己、青蒿、玉叶金花、铁苋菜、茶叶、高粱酒、马鞭草。功效：散寒解表，清暑消热。主治：感冒、中暑。服法：晒干后，共研成细末，分装成每袋15克，每次1袋，日服1～2次，用沸水冲服。出处：《实用中成药手册》。

（8）四时甘和茶。配方：稻芽、陈皮、山楂、藿香、厚朴、紫苏、柴胡、乌药、防风、荆芥穗，茶叶。功效：疏风解热、祛寒消积。主治：感冒、中暑、食滞。服法：晒干后，共研成细末。分装成每袋8～10克。每次1袋，日服1～2次，用沸水冲服。出处：《实用中成药手册》。

（9）甘和茶。配方：紫苏、苍术、厚朴、薄荷、青蒿、前胡、铁苋菜、桔梗、羌活、甘草、泽泻、陈皮、积壳、桑叶、半夏、藿香、柴胡、香薷、佩兰、白芷、黄芩、山楂、仙鹤草、茶叶。功效：疏风解寒，祛暑清热。主治：风寒感冒、头痛、中暑、腹泻。服法：晒干后，共研成细末，分装成每袋6克。每次1袋，日服2次，用沸水冲服。出处：《实用中成药手册》。

（10）双虎万应茶。配方：木香、茯苓、藿香、大腹皮、半夏、苍术、陈皮、泽泻、积壳、羌活、紫苏、厚朴、香附、香薷、白扁豆、槟榔、木瓜、白术、薄荷、白芷、茶叶。功效：祛暑解表，健脾消食。主治：暑热泄泻、四时感冒、食滞。服法：晒干后，共研成细末。分装成每袋6克。每次1袋，日服1～2次，用沸水冲服。出处：《实用中成药手册》。

（11）清源茶饼。配方：槟榔、车前子、乌梅、甘草、茯苓、知母、大腹皮、荆芥、泽泻、黄芩、香薷、小茴香、栀子、薄荷、厚朴、姜半夏、山楂、延胡索、稻芽、葛根、川芎、补骨脂、紫苏、诃子、乌药、刀豆花、柴胡、藿香、砂仁、白术、木香、麦芽、大黄、五灵脂、白扁豆、苍术、桔梗、郁金、积壳、陈皮、香附、积实、酒曲、茶叶。功效：解表、和胃、消食。主治：恶寒发热，中暑，积食。服法：晒干后，共研成细末，和面粉黏合，压制成块，每块7.5克。每次1块，日服1～2次，用沸水冲服。出处：《实用中成药手册》。

（12）方应甘和茶。配方：紫苏、苍术、藿香、厚朴、白术、陈皮、茯苓、泽泻、甘草、木瓜、苦杏仁、砂仁、半夏、白扁豆、茶叶。功效：解表、和中、燥湿、降浊。主治：感冒、腹痛、泄泻。服法：制成茶曲剂，每袋重9克。每日服1袋，用沸水冲服。出处：《实用中成药手册》。

（二）临床应用的其他成品药茶

近年来，传统药茶的临床应用。促进了成品药茶的进一步开发。医药界将越来越多的中药配方，按照传统中医理论，结合现代药理分析，制成了许多成品药茶。除了上述提及的古今含茶的著名成品药茶外，还有许多含茶的成品药茶，已在相当范围内得到了临床应用，并逐渐为患者所接受。现摘录部分，以供选用。

　　（1）**苦丁茶**。配方：枸骨叶500克、苦丁茶（系非茶之茶）500克。功效：祛风、滋阴，清热、止痛。主治：头痛、齿痛、结膜炎、中耳炎。服法：晒干后，共研成细末，加入适量面粉黏合，再制成块状，每块重4克。每次1块，日服2～3次，用沸水冲服。出处：《农村中草药制剂技术》。

　　（2）**存安曲**。配方：山楂、麻黄、茶叶、苍术、葛根各250克，川芎、羌活、川朴各100克，苍耳子、陈皮各150克，荆芥750克，紫苏1 000克，白芷、防风各500克。功效：疏风解表，理气消食。主治：咳嗽痰稀，伤风感冒，腹胀不适。服法：晒干后，共研成细末，和面粉压制成块状，每块重30克。每次0.5～1块，日服2次，用沸水冲服。出处：《全国中药成药处方集》。

　　（3）**健胃茶—Ⅰ**。配方：徐长卿4克，麦冬或北沙参3克，化橘红3克，白芍3克，生甘草2克，玫瑰花、茶叶各2克。功效：理气、和胃、止痛。主治：虚寒型胃脘痛。服法：茶剂，每包18克，每次1包，日服3次，用沸水冲服。出处：《新中医》，1981（9）。

　　（4）**健胃茶—Ⅱ**。配方：徐长卿4克，麦冬或北沙参3克，青橘叶3克，白芍3克，生甘草2克，玫瑰花、茶叶各2克。功效：健脾和胃，理气止痛。主治：虚寒型胃脘痛。服法：茶剂，每包18克，每次1包，日服3次，用沸水冲服。出处：《新中医》，1981（9）。

　　（5）**健胃茶—Ⅲ**。配方：徐长卿3克、麦冬或北沙参3克、黄芪5克、当归3克、乌梅肉2克、生甘草2克、红茶2克。功效：活血、止痛、健脾、益气。主治：虚寒型胃脘痛。服法：茶剂，每包18克。每次1包，日服3次，用沸水冲服。出处：《新中医》，1981（9）。

　　（6）**艳友茶**。配方：白芍、三七、甜叶菊、茶叶。功效：清热解毒，活血化瘀。主治：高血压，动脉硬化，肥胖症。服法：茶剂，每包2克，每次1包，日服2次，用沸水冲服。出处：《全国中成药产品集》。

　　（7）**心脑健**。配方：绿茶提取物。功效：抗凝血，防止血小板黏附，降低血浆纤维蛋白原。主治：心血管病伴高纤维蛋白原症，动脉粥样硬化。服法：袋泡剂，每包250毫克。每次1包，日服3次，用沸水冲服。出处：《全国中成药产品集》。

　　（8）**百药煎茶**。配方：五倍子、红茶、酒糟。功效：止渴，化痰。主治：咳嗽多痰，烦热口渴。服法：茶剂。每包10克，日服2次，用沸水冲服。出处：《全国中成药产品集》。

　　（9）**莲花峰茶丸**。配方：藿香、丁香、豆蔻、陈皮、桔梗、半夏、甘草、白扁豆、车前子、蓬莱草、鬼针草、爵床、肉桂草、麦芽、谷芽、茶叶。功效：健脾、开胃、消食。主治：急性胃脘胀痛，腹泻，消化不良。服法：晒干后，共研成细末，加入适量面粉制成丸，每丸重3克。每次2～3丸，用水煎服。出处：《实用中成药手册》。

三、保健美容茶疗

　　保健美容的茶疗，以其独特的个性和特色，受到国人的重视。如今众多的保健茶美容茶疗方，以及有益于健美的茶药膳，都在不断发展。这里，将散见于各种古今中医药典籍和书刊中的相关茶疗法，搜集整理如下。

（一）强体健身的保健茶

古往今来，在中医防病治病的过程中，积累了丰富的茶叶保健方剂，特别是一些茶疗补剂，很有实用价值。它们通常具有滋肾润肺，补肝明目，养血益精，健脾和胃的功能。如果能针对自己的体质，服用一些对症的保健茶剂，不但有助于疾病的治疗，而且有利于身体健康。因此，保健茶常为人们选用，受到世人的重视。

现代医药研究表明，茶叶中富含多种维生素和微量元素，又有茶多酚、氨基酸，这些都是养生健身不可缺少的，因此，在中医配方中，就有许多补益身体的茶叶配方。这种配方的重点在于增强体质，延缓衰老，最终达到养生健身之目的。

中医认为，人体不适，乃至疾病发生，在于体内阴阳失调。通过茶叶方剂调理，可使人体的阴阳达到新的平衡，以增强身体的免疫能力。而身体健壮，免疫力增强，疾病也就自然减少或消失，或者说大病化小，小病化了。为此，古往今来，在中药宝库中，就积累了不少具有保健作用的茶叶补剂，常为临床所应用。

（1）**红枣茶**：红枣10枚，白糖10克，茶叶5克。红枣加水和白糖，煎煮至红枣熟。茶叶用沸水冲泡5分钟后去渣取汁，将茶汁倒入红枣汤内煮沸即成。每日1剂，多次温服。功效是补精养血，健脾和胃。适用贫血，久病体虚。维生素缺乏症。

（2）**枣生姜茶**：大枣25～30克，生姜10克，红茶1～2克，蜂蜜适量。大枣加水煎煮晾干。生姜切片炒干，加入蜂蜜炒至微黄。再将大枣、生姜和茶叶用沸水冲泡5～8分钟后即成。每日1剂，分3次温服食枣。功效是健脾补血，和胃，助消化。适用贫血，食欲不振，反胃吐食。

（3）**参茶**：蜜炙党参10～25枚，红茶1～2克。混合后用沸水冲泡5～8分钟即成。每日1剂，分3次温服。功效是益气补血，健胃祛痰。适用营养不良性贫血。

（4）**糖茶**：饴糖15～25克，红茶1～2克。茶叶用沸水冲泡5～8分钟后去渣取汁。饴糖用沸水拌匀溶解，倒入茶汁即成。每日1剂，分2～3次服饮。功效是健胃润肺，滋养强壮。适用身体虚弱，肺虚干咳，慢性气管炎。

（5）**芪茶**：黄芪15～25克，红茶1克。黄芪加水煎沸5～8分钟，趁热加入红茶拌匀即成。每日1剂，分3次温服。功效是固表止汗，补气强壮，利水消肿，排脓驱毒。适用慢性虚弱，表虚自汗，慢性肝炎。

（6）**核桃茶**：核桃仁5～15克，白糖25克，绿茶1克。核桃仁研成粉末，与绿茶、白糖一起，用沸水冲泡5分钟后，拌匀即成。每日1剂，分2次温服。功效是补肾强腰，敛肺定咳。适用腰肌劳损，虚弱，气喘，产后手脚软弱，慢性气管炎。

（7）**米茶**：粳米饭25～50克，绿茶1～2克。粳米加水煮成半熟，将米汤趁热冲泡绿茶，5分钟后即成。每日1剂，少量多次缓饮。功效是生津止渴，健胃利尿，消热解毒。适用暑热口渴，消化不良，痢疾，腹泻失水。

（8）芝麻糖茶：芝麻3～5克，红糖25克，绿茶1克。芝麻炒熟研成细末，与绿茶、红糖一起，用沸水冲泡5分钟后即成。每日1剂，分3次温服。功效是滋养肝肾，润五脏，抗衰老。适用肝阴虚头晕，肾阴虚卫鸣体，四肢管力，皮燥发枯，妇女乳少。

（9）枸杞茶：枸杞子5～10克，红茶2克。枸杞子用食盐炒至发胀后，去盐，加入红茶，用沸水冲泡5分钟后即成。每日1剂，多次温服。功效是润肺补肾，益肝明目，养血。适用阴虚，视力减退，潮热盗窃汗，性欲早退。

（10）芝麻茶：黑芝麻6克，茶叶3克。黑芝麻炒至香熟，与茶叶一起用沸水冲泡10分钟后即成。每日1剂，喝汤食芝麻和茶叶。功效是养血润肺，滋补肝肾。适用肝肾亏虚，皮肤粗糙，毛发黄枯或早白，耳鸣。

（11）莲子茶：莲子（带心）30克，冰糖20克，茶叶5克。莲子用温水浸泡数小时后，加冰糖和水炖烂。茶叶用沸水冲泡5分钟后去渣取汁，将茶汁倒入莲子汤内煮沸即成。每日1剂，多次温服。功效是养心益肾，清心宁神。适用心气不足，心悸怔忡。

（12）五味子茶：北五味子3～5克，蜂蜜25克，绿茶1～2克。北五味子用文火炒至微焦，与茶叶一起用沸水冲泡5分钟，趁热加入蜂蜜拌匀即成。每日1剂，分3次温服。功效是振奋精神，补肾益肝。适用腿软乏力，耳鸣，精神衰弱，慢性肝炎，肝虚目眩，视力减退。

（13）蜂蜜茶：蜂蜜25克，绿茶1～2克。混合后用沸水冲泡5分钟后即成。每日1剂，多次温服。功效是健脾润肺，生津止渴，利尿解毒。适用精神困倦，四肢乏力，暑热口渴，汗多尿少，气管炎，病后体弱，肝炎，低血糖，便秘。

（14）甜乳茶：甜炼乳2汤匙，红茶1克，食盐适量。混合后用沸水冲泡5分钟即成。每日1剂，早饭后服饮。功效是补虚损，益胃肠，养五脏，生津止渴。适用病后体虚，食欲不振。

（15）擂茶：生米、生姜、生茶叶适量。混合后用擂钵研成糊状，再用沸水冲泡5分钟即成。每日1剂，分2～3次温服。功效是通经理肺，清热解毒。适用延年抗衰，防病保健。

（16）圆肉茶：桂圆肉10～25克，绿茶1～2克。桂圆肉加盖蒸1小时。茶叶用沸水冲泡5分钟后去渣取汁，趁热将茶汁冲入桂圆肉内，煮沸即成。每日1剂，温服，食桂圆肉喝汤。功效是益心脾，补气血，安神。适用神经衰弱，体虚血亏，健忘，失眠。

（二）养颜美容茶疗方

饮茶有利于健康。而强健的身体，又是人体健美的根本。茶能健美，乃是借助茶的刺激作用、营养作用、保健作用、药理作用，使人气血流畅，腠理疏通，最终收到治病祛疾，抗皱润肤，美颜悦色，乌发生精的效果。这就是茶能美容的理论依据所在。

现代科学也已证明，茶叶中除了有众多的营养成分和药效成分外，还有不少有益身心健美的成分。例如，当你精神疲劳时，喝一杯茶，顿觉精神气爽；当你油腻食物吃多了，或者饭酒过量时，喝上一杯浓茶，便可"去腻解胀"。据研究，茶叶中的生物碱，特别是咖啡因是一种强劲的中枢神经兴奋剂。而茶叶咖啡因的这种兴奋作用，不像其他烟碱、酒精、咖啡之类，伴有继发性抑制或对人体产生毒害作用。这是因为茶叶中的咖啡因对人大脑皮质的兴奋作用，是一个强兴奋的过程，这与其他通过削弱抑制过程所引起的兴奋有着本质的不同。所以，茶叶咖啡因引起的兴奋是接近正常生理的精神兴奋。另外，茶叶咖啡因在刺激神经的同时，增加了人体肌肉的收缩力，促进肌肉的活动与新陈代谢作用。这样，饮茶的结果，有利于增强肌力，减轻疲劳。为此，科学家常用饮茶来增强思维能力，运动员常在赛

打擂茶

前饮茶来提高比赛成绩，体力劳动者常用饮茶来消除疲劳。其实，消除疲劳、兴奋精神正是美容根本所在。这是因为疲劳的积累，为使肌肉僵硬，血液循环和新陈代谢减慢，营养吸收降低，废物积累增多而又难以排泄出体外，从而使皮肤变得松弛无力，干燥粗糙甚至出现皮肤病。这种人，精神萎靡，反应迟钝，还何来"风度"两字？因此，当你感到疲劳精神差，工作效率减慢，思维不够敏捷时，请喝一杯茶。它有助于精神和躯体的健康。

至于茶能帮助消化，降脂减肥，则是茶叶中多种成分综合作用的结果。其中起主要作用的是两类物质。一是茶叶中的多酚类化合物，它对人体内的脂肪代谢起着重要作用，可明显的抑制血浆和内脏中胆固醇含量上升，促进酯类化合物从粪便中排出。因此，它不但能防止人体动脉粥样硬化的产生，而且还能去腻减肥，不易使人肥胖。二是茶中生物碱，由于它具有兴奋中枢神经系统的功能，因而会影响人体各个方面的机能，如松弛消化道、刺激胃液分泌等，其结果有助于人体对食物的消化。在起到增进食欲作用的同时，又能调节脂肪代谢的功能。所以，对居住在我国西北边疆以食脂肪性食物为主的少数民族来说，经常饮茶更有必要。"不可一日无茶"的道理也就在于此。

茶对人体美容的作用，除了上面提及的护肤、去脂减肥外，还有护发乌发的作用。现将有关人体美容的常用便方，简介于后。

1.减肥　人体肥胖，主要是脂肪积聚过多所致。形体过于肥胖，不但会导致糖尿病、高血压、高脂血等症，而且使人看起来觉得"臃肿"，平日行动不便，缺少健美感。祖国医学认为肥胖多由湿、痰、水、瘀引起。因此，利用茶与其他中药配伍，用利水、去痰湿之法，以消肥祛肥，这样就可以达到减肥健美之目的。以下茶疗方剂，可供应用。

（1）健身降脂茶：何首乌10克，泽泻10克，丹参10克，绿茶10克。混合后用沸水冲泡10分钟后即成。每日1剂，分2次服饮。功效是活血、利湿、降脂、减肥。适用肥胖症。

（2）荷叶茶：荷叶10克，绿茶10克。混合后用沸水冲泡5分钟后即成。每日1剂，分3次服饮。功效是清热、凉血、健脾、利水。适用肥胖症、高脂血症。

（3）普洱茶：普洱茶6克。普洱茶用沸水冲泡10分钟，或加水煎沸5分钟后即成。每日1剂，多次服饮。功效是去腻祛脂，健脾消食。适用肥胖症、咳嗽痰多、呕恶。

（4）健美减肥茶：山楂、麦芽、陈皮、茯苓、泽泻、六神曲、夏枯草、炒二丑（黑白丑）、赤小豆、莱菔子、草决明、藿香、茶叶各等份。将以上诸药，混合后研成细末。每服用量6～12克，用沸水冲泡8～10分钟后即成。每日1～2剂，分多次服饮。功效是利尿、去湿、祛脂、降压、减肥。适用肥胖症、高脂血症、高血压。

（5）消脂茶：大黄2克，绿茶6克。混合后用沸水冲泡5分钟后即成。每日1剂，分2～3次服饮。功效是清热、泻火、通便、消食、去脂。适用肥胖症、高脂血症。

（6）山楂根茶：山楂根10克，玉米须10克，荠菜花10克，茶树根10克。将山楂根、茶树根切片，玉米须切碎、连同荠菜花一起，混合后用沸水冲泡10分钟后即成。每日1剂，多次服饮。功效是降脂、化浊、利尿。适用肥胖症、高脂血症。

（7）葫芦茶：葫芦15克，茶叶3克。混合后研成细末，用沸水冲泡5～8分钟后即成。每日1剂，多次服饮。功效是降脂、利水。适用肥胖症、高脂血症。

（8）决明茶：草决明6克、茶叶6克。混合后用沸水冲泡10分钟后即成。每日1剂，多次服饮。功效是清热、泻火、通便、去脂。适用肥胖症。

2.润肤　以下茶疗方剂，可供应用。

（1）芝麻茶：芝麻500克，茶叶750克。芝麻焙黄，每次取2克，加茶叶3克，再用水煎沸3分钟后即成。每日1剂，25天一个疗程。功效是滋补肝肾，润肺养血。适用皮肤干燥，毛发干枯。

（2）桂花茶：干桂花2克，茶叶2克。混合后用沸水加盖冲泡5～8分钟后即成。每日2剂，早晚各1次服饮。功效是强肌滋肤，活血润喉。适用皮肤干裂，声音沙哑。

（3）牛奶红茶：鲜牛奶100克，红茶适量，食盐适量。红茶加水煎沸5分钟后去渣取浓汁；再将牛奶煮沸，掺入红茶汁、食盐拌匀即成。每日1剂，清晨空腹服饮。功效是滋养气血，补肝强身。适用皮肤干燥，气血不足。

（5）芝麻糖茶：芝麻3～5克，红糖25克，绿茶1克。芝麻炒熟研末，连同红糖、茶叶一起用沸水冲泡5分钟后即成。每日1剂，分3次服饮。功效是滋养肝肾，润五脏，抗衰老。适用皮肤发枯，四肢乏力，腰肌劳损。

（6）慈禧珍珠茶：珍珠、茶叶适量。珍珠研成细粉，每次2～3克，用沸水冲泡后的茶水候温送服。隔10天服1次。功效是葆青春，美容颜，润肌泽肤。适用面部皮肤衰老。

（7）茶水：茶叶10克。茶叶用沸水冲泡5分钟后，去渣取汁。用茶汁水洗脸或洗澡。每日1次。功效是杀菌、润肤、容颜。适用皮肤干枯乏光。

3.乌发　以下茶疗方剂，可供应用。

（1）返老还童茶：槐角18克，何首乌30克，冬瓜皮18克，山楂肉15克，乌龙茶3克。槐角、何首乌、冬瓜皮、山楂肉混合后用水煎沸20分钟，去渣取汁，趁沸加入乌龙茶拌匀，经5分钟后即成。每日1剂，服饮。功效是润须乌发，消脂减肥，滋补肝肾。适用毛发枯黄或早白，肥胖，高血脂，动脉硬化。

（2）**麻茶**：黑芝麻6克，茶叶3克。将黑芝麻炒香熟，与茶叶一起，加水煎沸5分钟或用沸水冲10分钟即成。每日1～2剂，喝汤、吃芝麻和茶叶。功效是滋补肝肾，润肺养血。适用皮肤粗糙，毛发枯黄或早白。

（3）**茶水**：茶叶10克。茶叶用沸水冲泡5分钟后，去渣取汁。将洗过的头发，再用茶汁水冲洗。功效是润须，乌发。适用使头发乌润，柔软。

20世纪中的
北京茶食铺

四、保健茶食制品

据考证，茶的利用最早是从人们用口咀嚼茶开始的。但"茶食"一词，首见于《大金国志·婚姻》："婿纳币，皆先期拜门，亲属偕行，以酒馔往……次进蜜糕，人各一盘，曰茶食。"它指的糕点和糖果之类。而当今在茶学界，茶食多指是用茶掺入食物，再经加工而成的糕点、糖果、点心、菜肴之类食品系列而言的。不过，目前在茶餐饮业、茶艺馆在内的饮食服务行业而言，茶食的内涵较为广泛，除了茶菜和茶膳基本用茶为原料外，茶食、茶点只有部分是用茶做原料的，而更多的是不掺茶的。好在现代营养学告诉人们：一杯清茶，可以涤去肠胃的污浊，又可醒脑提神；而几件食品，既满足了口腹之欲，也使饮茶平添几分情趣。从而，使清淡与浓香，湿润与干燥有机结合。茶水不断按抚舌面，使疲劳的味觉重新得以振奋；点心之味在茶水的配合下，为人们更好地享用。所以，饮茶与茶食、茶点、茶菜和茶膳只要搭配合理，是可以互相促进，相得益彰的。而这里所谈及的茶食、茶点、茶菜和茶膳，都是指与茶相关的饮食制品。

（一）茶食

茶食制品，与一般饮茶相比，更有益于人体健康，它不仅利用了茶的水溶性有益物质，而且将其不溶于水的营养保健成分也一起加以利用。同时，由于茶与食品有机地加以交融，从而使食品通过茶的渗透，达到改良食品滋味的不足，使食品达到去油腻、去腥膻、去异味；而不同茶类

茶瓜子

茶糕点

的不同色彩，还能改善和丰富食品的色、香、味。

　　茶与茶食的搭配，要根据茶的品性和茶食的特点来确定。茶食的特点，总的说来是甜酸香咸，味感鲜明，形小量少，颇耐咀嚼。在多数茶艺馆或家庭待客，茶与茶食，总是同时登场，一则佐茶添话，二则生津开胃，三则奉点迎客。现将常用的大宗茶食，简介如下。

　　1.炒货　按制作方法，可分为炒制、烧煮、油氽等种类。能与茶搭配，又是常见的炒货，有各种花生、瓜子、蚕豆、核桃、松子、杏仁、开心果、腰果等，都有用茶粉或浓茶汁浸泡后，再经炒制而成的炒货。最常见的有各种茶五香豆、茶瓜子、茶松子等。

　　2.蜜饯　分果脯和蜜饯两类：果脯是指以鲜果直接用茶、糖浸煮后再经干燥的果制品，特点是果身干燥，茶果相融，质地透明，多出自北方；蜜饯是指用鲜果或晒干的果坯做原料，经茶、糖浸煮后加工成的半干制品。特点是果形丰润，甜香俱浓，风味多样，多出自南方。

　　目前，常见的茶蜜饯有：山楂糕、果丹皮、苹果脯、桃脯、糖冬瓜、糖橘饼、芒果干、陈皮梅、话梅、脆青梅、金橘饼、九制陈皮、糖杨梅、加应子、大福果、葡萄干等。

　　3.糖食　又称甜食，在饮茶过程中能起到调节口味的作用，称得上是饮茶时的好零食。在东邻日本，品饮抹茶时，先要尝些甜食，一来可以调节口味，二来可以减除饮抹茶对胃可能造成的刺激。目前选用的茶糖食，主要有：芝麻糖、桂霜腰果、多味花生、可可桃仁、糖粘杏仁、白糖松子、桂花糖、核桃等。

　　4.其他　还有以茶为原料的红茶、绿茶、乌龙茶等各种茶奶糖和茶胶姆糖等。它们具有色泽鲜艳、甜而不粘、油而不腻、茶味浓醇的特点。

　　下面，这几款适合家庭或茶艺馆制作的茶食制品，供有意者作参考。

　　（1）**茶膏糖**：选用红茶50克、白糖500克。制作时，将红茶加水煎熬，每15分钟提取一次茶汁，如此不断加水，不断提取茶汁，经3～4次后，茶汁变淡无茶味时，弃掉茶渣。再将各次所得茶汁合并，用文火烧煮浓缩，至茶汁浓厚，加入白糖，调匀。继续用文火煎熬，到用铲挑起糖

品茶点

茶点

液有黏丝而不粘手时停火，趁热将糖倒入涂过熟食油的搪瓷盘上。待糖液稍冷，用铲或刀将糖切成块状即成。其特点是：消食舒胃，甜而不腻。

（2）茶糕点：用茶超微粒粉，再掺食面粉加工而成。它既有糕点特色，可以作食充饥；又有茶叶本色，帮助消化提神。目前，已生产面市的有各种香茶饼、茶饼干、茶面包、茶叶面、茶羹等，这些糕点，对一些不爱食油腻、喜欢清香味的人来说更为适宜。

（3）茶糖果：用茶超微粒粉，再掺食糖，或经茶汁、糖水浸泡加工而成。我国的茶糖果由来已久，目前应市较多的有：红茶奶糖、绿茶奶糖、茶胶姆糖、茶话梅、茶果脯、茶青果、茶应子等。这些茶糖果，都具有色泽鲜艳、甜而不粘、油而不腻、茶味浓醇、清香可口的特点。

（二）茶点心

茶点的最大特征是品种多，制作技巧精细，口味多样，形体小，量少质好，重在慢慢咀嚼，细细品味，使饮茶尝点升华到一个更高的境界。目前，在我国常见的茶点有茶团、迷你茶包子、三丝茶叶面、茶粥等。

下面，介绍几款制作简便的茶点，接受面广的点心，供选用。

（1）三丝茶叶面：用面粉500克，茶粉5克，菜汁30克，芹菜100克，冬笋丝100克，肉丝100克，以及盐、鸡精、食油等适量。制作时，面粉、茶粉、菜汁和匀，制成面条，煮熟后捞出清水凉透，加清油拌和。然后放油下肉丝、冬笋丝、芹菜丝煸炒，再加面条炒匀出锅即成。特点是色香味俱佳，有茶香。

（2）鸡茶盖饭：先用鸡胸脯肉8～10块、鸡蛋1个、面粉100克、绿茶粉末3克及调料适量。制作时：鸡胸脯肉切成丝，撒上炒细盐和黄酒。鸡蛋去壳入碗，加清水150毫升，调入面粉打匀成蛋糊。鸡丝蘸上蛋糊，在熟油中炸熟，置于300克粳米饭之上，并撒上绿茶粉末、炒细盐等即成。特点是香而不腻，鲜而无腥，增食欲，助消化。

（3）茶粥：用粳米100克，绿茶12克，白糖适量。制作时，将粳米淘洗干净；绿茶煎煮成浓

茶叶面

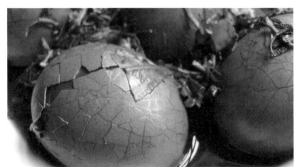

茶叶蛋

汁（去渣）；粳米中加清水800毫升、茶汁及糖，用文火熬煮至熟即成。特点是甜而不腻，既当饭，又作点，易消化。

（4）茶团子：用糯米粉250克，五仁（核桃仁、腰果仁、瓜子仁、芝麻仁、杏仁）各20克，椰丝300克，桂花茶2克，以及白糖、黄油、蜂蜜、芹菜汁适量。制作时，将五仁炒熟，与白糖、黄油、蜂蜜拌匀成馅。然后将糯米用开水搅揉成团分作小坯。再用小坯作皮包上馅，入沸水煮熟，捞出后粘上椰丝置盘。最后，锅内将白糖、桂花茶用小火煎成浓汁抽丝盖于团子上即成。特点是甜、香、糯，且营养丰富。

（5）五香茶叶蛋：用鹌鹑（或鸡）蛋、红茶若干，以及桂皮、茴香、白糖、黄酒、味精、酱油、盐适量。制作时，茶叶、桂皮、茴香用纱布包好，加水煮10分钟。然后放入鹌鹑（或鸡）蛋、黄酒、白糖，用文火煮15分钟后，将蛋壳敲裂，加入细盐。再用文火煮15分钟后加上少量味精即成。特点是既是茶点，又是茶菜，还有强身健身、降脂降压的作用。

（三）家常茶菜

茶菜与一般菜肴相比，既有相同之处，又有不同之点。茶菜的独特之处，主要表现在以下三个方面：

一要清淡入味，又耐咀嚼。应以食用简便，不带骨刺或者只带大骨大刺，而质为肌肉或结缔组织为上。另外，与一般菜肴相比，茶菜更偏向单一的鲜咸味或浓而入味的复合味，一般不带卤汁。为此，前者多选用凉拌菜肴；后者要求味透肌里，香脆偏淡。

二要无腥少腻，有鲜香味。饮茶与饮酒不一样，酒能解腥去腻；而茶就不一样，饮茶的结果，菜之本味暴露无遗。饮茶能清口，所以，饮茶吃菜，会使菜淡者更淡，咸者更咸，夺人胃口。因此，与饮茶时搭配的菜肴，应以清淡为主。

三要用料讲究，制作精细。茶菜多数为冷菜，主要选用动物原料，所以，对刀工火候有较高的要求。同时，茶菜的形和色，香和味应该更加讲究。只要这样，才能更有利于适合饮茶助谈的

龙井虾仁

清蒸茶鲫鱼

功能。

用茶入菜，可用茶叶，也可用茶汁。下面，介绍几款制作简便、原料易得的家常茶菜，供选用。

（1）**龙井虾仁**：新鲜大河虾500克，高级龙井茶（或其他高级细嫩绿茶）3克，鸡蛋1个，以及味精、绍酒、精盐、湿淀粉适量，熟猪油500克（实耗40克）。制作时，将河虾脱壳成虾仁，用清水洗至雪白，沥去水分，加入精盐和鸡蛋清，用筷子搅拌至有黏性时加湿淀粉、味精拌匀，静置1小时待用。烧热锅待油四成热时下虾仁，迅速划散，至呈白色时出锅沥油。茶叶用水冲泡，待用。炒锅留底油，用葱段炝锅，倒入虾仁，烹绍酒，再倒入茶叶及汁，拌炒数下，起锅装盘即成。特点是色如翡翠白玉，清香诱人，鲜嫩爽口，营养丰富。

（2）**茶叶肉末豆腐**：嫩豆腐400克，肉末100克，细嫩绿茶3克，香菇、笋及调料适量。制作时，肉末加入调料后拌匀，香菇、笋切成丁，与肉末一起炒熟，凉后平铺于豆腐上：茶叶研成末，撒于菜表面即成。特点是滋味爽口，色泽雪白、翠绿和玛瑙红相同，且富营养。

（3）**红茶蒸桂花鱼**：新鲜桂花鱼一条500克，红茶5克，香菜、姜丝、红茶汤及调料适量。制作时，将桂花鱼剖肚洗净，用两根筷子架起，放在鱼盘上，洒入盐、绍酒、葱姜，上锅蒸熟取出。再挑出葱姜茶叶，倒入红茶汤100克，洒上葱丝、姜丝、香菜，浇上熟热油即可。特点是茶香味浓，鱼质细嫩，入口鲜美。

（4）**茶酒醉白肉**：绿茶2克，五花肉300克，啤酒250克，白酒、葱、姜、盐适量。制作时，五花猪肉煮成白切肉，绿茶冲泡成浓汁，分别冷却待用。然后烧沸啤酒，冷却后加茶汁和白切肉，加上白酒闷10小时，切片加葱、姜即成。特点是肉质细嫩，鲜美可口，富含营养。

（5）**清蒸茶鲫鱼**：活河鲫鱼一条（250～350克）、高级细嫩名绿茶3克。制作时，将活鲫鱼去鳞、鳃及内脏，洗净，沥去水分，鱼腹中塞入绿茶，放于盘中，加适量盐、酒等调料，上锅蒸熟为止。特点是滋味清香鲜美，能补虚生津，适宜热病和糖尿病人食用。

茶香观音肉

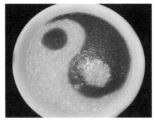

太极碧螺春

普洱鸡

（6）香酥茶条：细嫩绿茶50克，鸡蛋清1个，以及适量淀粉、姜丝、面粉、精盐、味精、清油等。制作时，先将茶用温水浸泡舒展后待用；再将鸡蛋清、面粉、淀粉、精盐、味精、姜丝调成糊。接着，用锅将清油烧至五成熟；同时，将泡好的茶叶连同上述佐料拌糊，用勺抖散下锅炸至茶条澄黄，发出酥香时捞出。片刻，待油温至八成熟时，再复炸捞出装盘即成。特点是香脆可口，鲜而不腻。

（7）观音豆腐：铁观音茶8克，嫩豆腐一盒，以及精油、盐适量。制作时，先将铁观音冲泡后取汁加盐冷却，再用精油将豆腐炸至金黄色，放入铁观音茶汁中，浸泡6小时后即成。特点是嫩滑、香郁、鲜美。

（8）茶酒鹅肫：红茶2克，鹅肫250克，花雕酒50克，以及盐、花椒、葱适量。制作时，红茶冲泡取汁。鹅肫用盐、花椒腌制6小时，再用沸水煮熟，浸在花雕酒和茶汁混合液中。食用时，捞起鹅肫，切成片状，加葱即成。特点是鲜美、爽脆、光亮。

（9）绿茶芥末鸭掌：绿茶粉0.5克，鸭掌250克，芥末15克，以及酱、葱油、盐适量。制作时，将鸭掌用沸水煮熟装盘，尔后用芥末、茶粉、酱、葱油、盐拌和，撒在其上即成。特点是微黄显翠，滋味柔和。

（10）绿茶蛋黄花蟹：黄花蟹2只，咸蛋黄1个，绿茶粉2克，以及精油、生粉、盐、酒等调料适量。制作时，花蟹宰杀切块粘上已调制的茶粉和生粉，入油锅滑透起锅。锅中加入适量水、咸蛋黄调稠后，放入蟹块翻锅即成。特点是原汁、营养、鲜美。

（11）油炸茶香骨：猪肋骨10根（长10～12厘米），红茶粉5克，南乳100克，白糖、生粉及调料适量。制作时，将肋骨洗净，刮去一端之肉（约2～3厘米），留骨，用南乳拌匀，放入茶粉、调味料，再拌入生粉抓匀。另外，锅内放油1 500～2 000克，烧至七成熟，下排骨炸透即可。特点是肋排无油腻，入口鲜嫩，复合味强烈。

（12）茶香观音肉：五花肉500克，铁观音15克，生抽30克，以及桂皮、八角、苹果、葱段、姜块、盐适量。制作时，将五花肉洗净，煸锅去油加佐料待用。再将茶叶过油，与煮熟的五花相拌即成。特点是不肥不腻，肉质细嫩，茶香浓郁。

（13）鸡丝碧螺春：熟鸡脯肉100克，碧螺春15克，鸡蛋2只，白面粉100克及调料适量。制作时，鸡脯肉撕成丝，茶叶用少量水泡开，鸡蛋和面粉调成蛋糊，放入鸡丝、茶叶及调料拌匀。开油锅，待油五成熟时，将茶叶鸡丝糊剜成丸子入锅炸，俟其定型后逐一捞出。最后，将油温升至六成，投入丸子复炸，至丸子金黄酥脆即成。特点是色泽橙黄透绿，口感外脆里嫩，香气清新鲜嫩，可增进食欲，有益健康。

红茶陈皮牛肉

　　（14）**太极碧螺春**：用鸡脯肉50克，鱼脯肉50克，干贝15克，鸡蛋1个，碧螺春茶粉1克，以及菜泥、高汤、料酒、盐、鸡精适量。制法时，将鸡脯肉、鱼脯肉、干贝用粉碎机打成茸。高汤煮沸放入黄酒、鸡精和盐，然后加入打好的鸡茸、鱼茸、干贝茸，少许蛋清和生粉煮成肉羹，倒入汤碗中。再将菜泥、茶粉拌匀。加入100克高汤煮沸后，加少许盐，煮成绿色茶羹，浇在肉羹碗里的一边，勾勒出一幅太极图案。特点是：鲜美，口感滑爽，而白、绿相间的太极图案使人美不胜收。

　　（15）**茶鸡脯**：鸡脯肉500克，香菇250克，冬笋250克，茶粉2克，枸杞子3克，蛋清5个，淀粉20克，芹菜10克，火腿20克，腰果10克。以及盐、味精、鸡粉、料酒、酱油、胡椒粉适量。制作时，鸡脯肉切粒，滑油待用。香菇、冬笋切粒出水待用。将鸡肉、香菇、冬笋、火腿、腰果放一起炒匀入味。蛋清加淀粉、加水，搅匀摊成皮，包好炒好的鸡肉、香菇、冬笋、火腿、腰果，用芹菜丝扎好，撒上茶粉和枸杞子，上锅蒸约5分钟出锅。另起锅放盐、味精、鸡粉加高汤勾芡即成。特点是鲜美滑爽，无腥味，自然得体。

　　与它做法接近还有普洱鸡、红茶鸡、绿茶鸡等。

　　（16）**绿茶番茄汤**：绿茶1.5克，番茄100克及调料适量。制作时，番茄洗净，用开水烫后去皮切成小块。锅中加清水500毫升，煮沸后加入番茄和绿茶，待水再沸后起锅装碗即成。特点是清口止渴，凉血止血。适应眼底出血、高血压、牙龈出血、阴虚口渴、食欲不振等症。

　　（17）**鲜茶腰果**：腰果250克，鲜茶3克，以及食油、盐、白糖适量。制作时，将油烧至30℃，投入腰果炸至浅淡黄色捞起沥干。将糖调成浆，将腰果倒入翻匀，洒上鲜茶细叶和少许盐出锅装盘即成。特点是茶香浓郁，去腻有脆性。

　　（18）**红茶陈皮牛肉**：精牛肉500克，红茶粉5克，陈皮50克，以及干辣椒、食油、精盐适量。制作时，将牛肉切成方丁，用清水将牛肉漂洗干净，再将油倒入锅中；然后投入牛肉炸至金黄捞出，浸在冷水中约1小时；再将陈皮煸炒，加水煮到发烂时放入干辣椒、茶粉、牛肉，用中火收汁装盘。特点是茶香浓郁，牛肉酱红，酥而不烂，无腥味。

　　（19）**茶农豆腐**：豆腐1盒，玉兰片25克，香菇25克，红茶粉5克及调料适量。制作时，将豆腐切成长方形片，玉兰片、香菇经热水泡后待用。再用清油1 000克加热后，将豆腐、玉兰片、香菇在油中滑一下，取出沥干。在锅内放葱、姜、绍酒，加入高汤，下茶粉入主料。尔后，调味

绿茶椒盐虾

樟茶鸭茶树菇

加芡，洒上葱花即可。特点是绿白相间，一清二楚；滋味浓香，鲜嫩可口。

（20）**绿茶椒盐虾**：草虾250克，乌龙茶粉3克，以及椒盐、生粉、精油、洋葱末、红辣椒末、芹菜末适量。制作时，将虾背片开抽去腺，用浓茶汁清洗，沥干茶水，用生粉封虾背开口处备用。然后，将虾投入油中炸成鲜红色，捞出沥油。再加洋葱末、芹菜末、红椒末、椒盐、茶粉调和即成。特点是鲜、香、脆，无腥气，略带辣味。

（21）**樟茶鸭茶树菇**：仔鸭1只，茶树菇50克，花茶10克，花椒、柏树枝、樟树叶、盐适量。制作时，先将仔鸭宰洗净，抹上花椒、盐，腌上半小时后，入沸水烫至紧皮，在炉内用茶树菇、花茶、柏树枝、樟树叶制成的熏料熏至呈黄色，再涂上调料上笼蒸熟。待凉后，油炸至肉酥，刷上香油即成。特点是色泽金红，酥香肥嫩，风味别具。

（22）**茶香菜松**：用青菜500克，茶叶5克，干贝5克，以及调料适量。制作时，将青菜切成细丝，茶叶用热水浸泡，干贝碾碎待用。锅内加油500克，投入茶叶炸酥，取出滤干入盘，撒上干贝粉即可。特点是绿脆、香鲜。

（23）**绿茶丝瓜汤**：用鲜丝瓜200克、绿茶2克及调料适量。制作时，将鲜丝瓜洗净去皮切片，加水400毫升，煮沸5分钟后，趁沸加入绿茶，浸泡3分钟即成。特点是鲜美、爽口。

（四）家用茶膳

茶膳，集保健、营养于一体，古往今来，备受青睐。茶膳的种类很多，现将适合家庭饮用的茶膳，择要介绍如下。

1.保健益寿茶膳　常用常见的有如下几种。

（1）**绿茶蜂蜜饮**：绿茶1克，蜂蜜25克。混合后用100毫升水冲泡5分钟即成。

（2）**红茶甜乳饮**：红茶1克，甜炼乳1汤匙，食盐适量。混合后加沸水200毫升，冲泡5分钟后即成。

（3）**红茶黄豆饮**：红茶3克，黄豆30～40克，食盐少量。将黄豆加清水500毫升煮熟。趁沸加入红茶、食盐即成。

（4）**红茶饴糖饮**：红茶1克，饴糖20克。将红茶加沸水200毫升冲泡5分钟待用；另将饴糖加开水100毫升搅溶。而后，将茶汤与饴糖液拌和即成。

（5）**核桃茶**：核桃仁5～15克，白糖25克，绿茶1克。先将核桃仁研成粉，与绿茶、白糖一起，用沸水冲泡5分钟拌匀即成。每日1剂，分2次服用。

2.健脾胃助消化茶膳　常用常见的有如下几种。

（1）**绿茶鸡蛋饮**：绿茶1克，鸡蛋2个，蜂蜜25克。加水煎至蛋熟，早餐后服食，最适产后气血两虚。

（2）**绿茶莲子饮**：绿茶1克，莲子30克。将莲子加上清水500毫升，煮沸30分钟，趁沸加入绿茶，浸泡5分钟后即成。

（3）**红茶糯米饮**：红茶2克，糯米100克。将糯米加入清水800毫升，待米熟后趁沸加上红茶，浸泡5分钟后即可。

（4）**醋茶饮**：绿茶3克，食醋15毫升。在绿茶和醋中，冲入沸水300毫升，浸泡5分钟后即成。

（5）**饴糖茶**：饴糖15～25克，红茶1克。先将茶叶用沸水冲泡后去渣取汁。饴糖用沸水拌匀使其溶解后，倒入茶汤中即成。每日1剂，分2～3次服饮。

3.止咳祛痰茶膳　常用常见的有如下几种。

（1）**绿茶枇杷饮**：绿茶1克，枇杷100克，冰糖25克。将枇杷洗净，加清水500毫升，煮沸30分钟后，趁沸加入冰糖和绿茶，浸泡5分钟后即成。

（2）**绿茶甜瓜饮**：绿茶1克，甜瓜250克，冰糖25克。将甜瓜洗净切片，加冰糖和清水300毫升，煮沸5分钟后，趁热加入绿茶，浸泡5分钟后即成。

4.预防心血管和血液病茶膳　常用常见的有如下几种。

（1）**绿茶柿饼饮**：绿茶1克，柿饼100克。将柿饼加清水500毫升，煮沸5分钟后，趁沸加入绿茶，浸泡5分钟后即成。

（2）**红茶花生衣饮**：红茶2克，花生衣10克，红枣25克。将红枣剖开，连同花生衣加清水400毫升，煮沸15分钟后，趁沸加入红茶，浸泡5分钟后即成。

5.清热解毒茶膳　常用常见的有如下几种。

（1）**绿茶绿豆饮**：绿茶3克，绿豆30克（熟），共用纱布包住，加水煎汤，再加砂糖适量调饮，代茶饮服。

（2）**姜茶饮**：绿茶3克，干姜丝3克。将绿茶、干姜丝用沸水200毫升冲泡，浸泡5分钟即成。

（3）**绿茶蜂蜜饮**：绿茶3克，蜂蜜适量。将绿茶、蜂蜜混合拌匀后，沸水200毫升，浸泡5分钟后即成。

（4）**绿茶薄荷饮**：绿茶1克，薄荷10克，甘草3克。将绿茶、薄荷、甘草拌匀，用沸水1 000毫升浸泡5分钟后即成。

此外，还有茶鸽子。食用时，将鸽子肉洗净与茶叶同煮食用，有治头痛的作用。

6.润肤美容茶膳　常用常见的有如下几种。

茶冰激凌

绿茶提拉米苏

抹茶粉

（1）芝麻茶：黑芝麻6克，茶叶3克。先将黑芝麻炒至香熟，与茶叶一起用沸水冲泡10分钟即成。每日1～2剂，喝汤吃芝麻和茶叶。此方具有养血润肺，滋补肝肾。主要适用于肝肾亏虚，皮肤粗糙，毛发黄枯或早白，耳鸣。

（2）芝麻润肤茶：芝麻50克，茶叶75克。将芝麻焙黄，每次取2克，加茶叶3克，用药罐煮开，连渣一起食用。25天为一疗程。主治皮肤粗糙，毛发干枯。适用于皮肤粗糙，毛发干枯者。

7.抗辐射茶膳　常用常见的有如下几种。

（1）绿茶大蒜饮：绿茶1.5克，大蒜25克，红糖25克。将大蒜头去皮捣碎，加绿茶、红糖后，再加上沸水500毫升，浸泡5分钟后即可。

（2）绿茶圆肉饮：绿茶1.5克，桂圆肉25克。在锅内加水放入桂圆肉煮烂，然后加入绿茶，冲上沸水400毫升即可。

（3）绿茶苡仁饮：绿茶3克，苡仁50～100克。将苡仁加水1 000毫升，用文火煮熟，趁沸加上绿茶，浸泡5分钟后，温服其汁。

（4）红茶猕猴桃饮：猕猴桃50～100克，大枣25克，加水1 000毫升煎至500毫升，再加红茶3克，浸泡3分钟后分三次服食。

五、茶的营养保健用品

用茶制成的日常生活用品，也同样有利于身体健康。目前，用茶制成的各种生活营养保健用品，主要有以下几个方面。

1.茶饮料　包括罐装茶水、速溶茶、茶冷饮、茶汽水、茶酒、茶香槟等。茶饮料的生产和消费非常普遍，几乎遍及世界所有消费国中的多数国家。中国的茶饮料生产始于20世纪90年代，茶饮料的生产量从1997年的20万吨，经过努力，至2001年达到300万吨；至2011年达到1 600万吨；至2015年突破2 000万吨，发展速度惊人。预计，随着人民生活提高，旅游业的发展，前景将会更加喜人。

2.茶食品　包括茶菜肴、茶面食、茶糕点、茶糖果等。目前，在这方面的开发产品，数以百

茶毛巾

计。其主要方法，就是将茶的微粉和茶多酚类化合物添加到各种食品中，在充分发挥氧化功能和突显保健作用的同时，增加食品色泽的审美感。

3.茶保健品   包括茶多酚胶囊、茶氨酸片剂、γ-氨基丁酸降压片、茶色素胶囊、茶心脑健胶囊、茶褐素等。这里，茶多酚、茶色素具有抗氧化、防辐射的作用，又具有多种保健功能。而茶氨酸是茶中的特有成分，更具有很好的免疫作用。上述茶叶功能成分，都有益于增强人体体质和提高抗病能力。

4.茶食物保鲜剂   包括抹茶粉、食品抗氧化剂等。它主要利用茶叶中的茶多酚成分，延长油脂类食物的过氧化进程，包括鱼、肉腌制类、食品的过氧化，以延长食物的保鲜期。

5.茶叶饲料添加剂   包括鸡鸭等禽类、猪牛养等畜类、鱼虾等水产类的配合饲料。茶叶中的一些功能性成分，尤其是茶多酚，可以提高动物肉中的维生素和肌酸含量，还能有效地降低畜禽水产品胆固醇含量等作用。

6.茶日用品   包括空调杀菌剂、冰箱除臭剂、香波、茶香皂、茶沐浴露、茶床上用品、茶服装等。茶叶中含有茶多酚类的杀菌成分，还有烯萜类、棕榈酸等具有强烈吸收异味的功能成分。用这些茶叶功能成分添制而成的日常生活用品，最显著特点是杀菌、去除异味，还能清新空气。

7.茶化妆品   诸如在防晒霜、沐浴露、面油中加入适量茶多酚功能成分，可以起到保护皮肤

茶装饰品

制茶专用油

免受紫外线灼伤、减少皮肤发痒、延缓皮肤衰老等作用。

8.茶装饰品　诸如用茶经重压后，加工成画屏、墙砖、圆珠等，用来作为装饰用品，不但可以起到清新空气，除异味，杀病菌的作用，而且对一些需要经过后熟作用的黑茶，还能起到熟化作用。

9.茶化工产品　在这方面，目前已有不少产品出现，如茶的洗涤剂、沐浴剂、清洁剂、去污剂等。

10.其他　如茶籽中提取食用油，茶多酚、茶皂素在建材行业中的应用，从茶籽中提取的制茶专用油，以及各种含茶的牙膏、防蛀的纸张等。

第十三章
茶文化走向世界

自西汉张骞出使西域以后，茶就很快通过陆上丝绸之路与海上丝绸之路传播到世界各地。世界各地的茶种来源、茶树栽培、茶叶采制，以及饮茶习俗等都直接或间接地由中国传播出去，并由此使茶成为世界一业，进而构筑成为世界茶文化，融入全球文化之林，以致成为全人类的共同财富。

19 世纪中叶停泊在
澳门南湾港的运茶船只

清时，
武汉运茶出关情景

第一节　茶文化对外传播概说

茶树原产于中国西南地区，以后扩展到全国各地。继而，又采用多种方式，通过陆上丝绸之路和海上丝绸之路两条路径，将茶传播和出口到世界各地。它好比是一株参天大树，虽然辐射面覆盖全球五大洲，但这棵大树的根是在中国。

一、茶称呼和语音的对外传播

中国最早有对茶的称呼和对茶的语音，中国茶在传播和出口到世界各地的同时，也将茶的读音传入到世界各地。有鉴于此，世界各国表示茶的称呼和语音，也都直接或间接地出于中国，而且和茶的传播和出口地区人们对茶的称呼和语音相近。

世界各国对茶的发音和符号，大致可分为两大读音体系：一是中国普通话语音"茶"——"Cha"；一是中国厦门地方语音"的"——"Tey"。两种语音在对外传播时间上，有先有后。一般来说，先为"Cha"音，主要传播到中国的四邻国家，这些国家由于与中国是近邻，最早接触到茶。如日语、印度语、巴基斯坦语、孟加拉语、波斯语（伊朗、阿富汗）、土耳其语、俄语等，基本由"茶"字的原读音直译去的。此外，印地语、乌尔都语、奥利亚语、班巴拉语等的"茶"字的读音，也都源出于中国对汉字"茶"字的读音。特别值得一提的是葡萄牙语称茶的发音亦为"Cha"，这可能与葡萄牙是最早从中国贩运茶叶的国家有关。

明清之际，一些西方远洋航行船队，经由福建厦门等沿海地方，在传播茶的同时也将当地对"茶"称呼的地方语音译成本国语音，如英语、法语、德语、荷兰语、拉丁语、西班牙语等对茶的称呼，均由福建、广东沿海地区人们对茶的地方读音音译去的。所以，世界各国对茶的读音与中国茶最先向外传播地是基本一致的。世界各国对茶的称呼及读音进一步表明，其源直接或间接地出自中国。它从另一侧面证明了茶树的源头在中国，茶是从中国传播到世界各地的，茶的根是在中国。

世界各语种的茶字符号与发音

语种	茶字符号与发音	语种	茶字符号与发音
汉　语	茶	孟加拉语	চা
英　语	TEA	乌尔都语	چائے
日　语	茶	印地语	चाय
韩　语	차	冰岛语	te
泰　语	ชา	尼泊尔语	टी
法　语	Thé	斯瓦希里语	chai
德　语	TEE	保加利亚语	чай
阿拉伯语	شاي	罗马尼亚语	ceai
荷兰语	THEE	塞尔维亚语	чај
西班牙语	TÉ	克罗地亚语	čaj
意大利语	TÈ	阿尔巴尼亚语	çaj
希腊语	τσάι	斯洛伐克语	čaj
葡萄牙语	CHÁ	意第绪语	טיי
俄　语	чай	丹麦语	te
瑞典语	TE	芬兰语	tee
匈牙利语	TEA	爱沙尼亚语	tee
越南语	Trà	拉脱维亚语	tēja
捷克语	čaj	亚美尼亚语	թեյ
波兰语	herbata	印度尼西亚语	teh
拉丁语	Lorem Ipsum	马来语	teh
土耳其语	çay	泰米尔语	தேயிலை
波斯语	چای	乌克兰语	чай
希伯来语	תה		

二、茶文化对外传播方式

中国茶文化对外传播方式是很多的，主要是通过六种方式使茶走出国门，播向世界，在全球五大洲生根、开花和结果，并使之成为一业。

（一）用茶作礼馈赠贵宾

用茶作礼，馈赠各国来华使者，将茶传向海外，这是古代政府的传统做法。据韩国《三国史记·新罗本纪》载："兴德王三年（828）冬十二月，遣使入唐朝贡，唐义宗召见于麟德殿，入唐回使金大廉持茶种子来。王使植地理山（今韩国智异山），茶自兴德王时有之，至此盛矣。"朝鲜史书《东国通鉴》亦载："新罗兴德王时，遣唐大使金氏，蒙唐文宗赐予茶籽，始种于全罗道之智异山。"此后，又有许多文献表明，新罗德兴王时，

韩国智异山下的
华严寺

遣唐使者金大廉参见文宗皇帝时，赐于中国天台山茶种四斛[①]。回国后，按兴德王之命，种于智异山下的华严寺周围。

838年，日本国派遣慈觉大师圆仁来华，先后在福建泉州开元寺、山西五台山和陕西长安等地研修佛学。847年，圆仁从长安留学后回日本时，从中国带回的物品中，除了有800多部佛教经书和诸多佛像外，有唐政府馈赠的"蒙顶茶二斤，团茶一串"。圆仁回国后，著有《入唐求法巡礼》行记，书中记有：唐会昌元年（841），大庄严寺开佛牙，"设无碍茶饮"供养。表明以茶供佛在唐已有所见，并流传日本。

1638年，当时沙俄使臣瓦西里·斯达尔可夫从蒙古回国。其时，蒙古可汗请瓦西里·斯达尔可夫带去赠给沙皇的礼品中，就有茶4普特。

据史籍记载：清圣祖康熙三年（1664）时，西洋意达里亚国（今意大利）教化王伯纳第多派遣使节，奉表向清政府进贡方物。接见后，清政府回赠的礼品中，就有貂皮、人参、瓷器、芽茶等物，表明至迟在17世纪中期，中国茶叶通过馈赠方式已流传到西方。

清康熙四十四年（1705）和五十九年时，意大利罗马教皇格勒门第十二两次派遣使节来华，还每次带来西洋工艺品赠给清王朝。这些使节回国时，清政府也总以礼相待，康熙皇帝回赠给教王的礼品中，就有茶叶和茶具。

1793年，为庆祝清乾隆皇帝80寿诞，英国王乔治三世亲点其弟马戛尔尼勋爵率员随身携带大量珍贵礼品，乘坐英王御舰来华访问，于同年6月抵达天津港。8月乾隆皇帝在承德避暑山庄接见马戛尔尼勋爵等，以礼相待，在回赠给英王乔治三世和来使的礼品单中，均有茶和茶具。据载，其中回赠给英王乔治三世的礼品中，有"五彩瓷茶盅4件，普洱茶8团，六安茶8瓶，武夷

---

①1斛相当于75千克。

茶4瓶，茶膏柿霜4匣"；同时，又随"敕书"赠英王乔治三世普洱茶40团，茶膏5盒，武夷茶10瓶，六安茶10瓶。在赏赐给正使马戛尔尼勋爵的礼品中，有茶叶2大瓶，茶膏2匣，砖茶2块，大普洱茶2个。另外，还按清朝廷惯例，每接见一次或其他重要活动，又加赠正使马戛尔尼勋爵礼品一次，其中有普洱茶8团，六安茶8瓶，茶膏2匣。事后，再追送瓷茶桶1对，瓷奶茶碗1对。送给副使及其他随从的礼品中，也有茶和茶具。最后，清政府还特别许可英国使团顺道去浙江，免税购买茶叶等物，随御船运回英国，以表谢意。

1794年12月，荷兰国使臣访华，清高宗乾隆接见后，赏给荷兰国使臣"茶叶四瓶"，副使臣大班"茶叶二瓶"，将茶作为国家礼品赠送给来华使臣。

1795年7月，缅甸使臣来华进贡，受到乾隆皇帝的接见。事后，乾隆皇帝还赏给缅甸贡使正使"茶叶四瓶"，副使"茶叶二瓶"，以礼相待。另外还特别加赏缅甸国王物品，在物品中就有"茶叶十瓶"。茶为加深中国与世界各国人民的友谊架起了一座桥梁。这种以茶馈赠各国政府首脑、政要、使者的做法，在历史上比比皆是，当代亦然。

1972年2月，美国总统尼克松访华，国务院总理周恩来陪同尼克松总统访问，在杭州参观西湖龙井茶产地梅家坞村后，又在杭州百年名馆"楼外楼"宴请尼克松总统，席间有一道别致的名菜"龙井虾仁"，盘中虾球白里透红，如珍珠般晶莹；龙井茶碧绿鲜润，散落其间；整盘菜不愧是恍若巧夺天工的艺术品，引起了尼克松总统的极大兴趣。饭后，又奉上一杯清香四溢的龙井茶，沁人心脾，妙不可言！尼克松总统不由翘指称赞。茶后，周恩来总理又代表杭州人民将一包西湖龙井茶送给尼克松总统。尼克松总统回国后将龙井茶分赠一些政要与亲友，为中美关系发展增添了浓重的一笔。

2007年3月，国家主席胡锦涛访问俄罗斯期间，将既能体现中国茶文化，又深具代表性的中国名优茶：黄山毛峰、太平猴魁、六安瓜片和绿牡丹（茶）作为国家礼品，赠送给俄罗斯总统普京，为加深中俄友谊做出了贡献。

这种通过赠送，将茶叶作为礼品馈赠到世界各地的做法，也是茶叶走出国门，走向世界的一种重要方式。

（二）由使者将茶带出国门

古时，通过来华学佛的僧侣和各国来华友好使臣，将茶或茶种带去国外的例证是很多的。804年，日本遣唐高僧最澄及翻译义真等一行来华，经浙江明州（今宁波）上岸，赴台州就学于天台山国清寺。翌年三月初，最澄回国时，除从国清寺带回经文典籍外，还特地带去茶籽种于日本近江（今滋贺）县比睿山麓，遗迹至今依在。据说，当时最澄还带回茶叶一箱，分赠给亲朋好友，共享其乐。

805年，日本佛教真言宗创始人空海来中国研修学佛，在长安青龙寺修禅，回国时也带回茶籽种于日本京都栂尾山高山寺等地。如今，这里已成为日本名茶本山茶的主产区。

1603年，英国在爪哇（今印度尼西亚）万丹设立万丹东印度公司。期间，旅居在万丹的英国员工和海员，由于受当地华人影响，开始对饮茶发生兴趣，进而成为中国茶的积极推广者，并

日本种茶始祖
最澄坐像

日本比睿山日吉茶园是
最澄最早种茶的地方

西安青龙寺内的
日僧空海碑刻像

"苏丹王妃"
咖啡店

斯里兰卡
茶园

美国夏威夷
茶园一角

将茶叶带回英国，由此开始，英国饮茶之风逐渐蔓延开来。1657年9月23日，英国伦敦《政治通报》还刊登一则广告：中国的茶，是一切医生们推荐赞誉的优质饮料。并说，在伦敦皇家交易所附近的"苏丹王妃"咖啡店有售。这是英国，也是西方众多国家中最早出现宣传中国茶的广告。又据美国威廉·乌克斯《茶叶全书》记载：1710年10月19日，英国泰德（Tatter）报上，还刊登一则宣传中国武夷茶的广告："范伟君在怀恩堂街贝尔商店出售武夷茶。"这是中国武夷茶在国外的最早广告。

　　1726年，爪哇①政府派遣使者，开始从中国引进茶籽，开始试种茶树。1827年，爪哇政府又

————————

①爪哇：指爪哇岛，属印度尼西亚第四大岛屿，印度尼西亚首都雅加达位于爪哇岛的西北岸。

派遣甲考浦生来华，专门学习茶树栽培和茶叶加工技术，用来为印度尼西亚发展茶叶生产服务。

1841年，居住在锡兰（今斯里兰卡）的德国人瓦姆来到中国，考察中国民情。当他感受到中国茶的魅力后，回锡兰时带去中国茶苗，栽种在锡兰普塞拉华（Pusse Lawa）的罗斯恰特咖啡园中。后来，瓦姆又与其兄一道，将后代茶苗移栽到沙格马种植，并将采集的茶籽种在康提加罗等地，使茶树种植逐渐在斯里兰卡扩展开来。

1858年，美国政府相关部门派遣园艺家罗伯特，为发展本国茶叶生产，专程来中国采购茶籽和茶苗。回国后，美国政府又选择在南方地区，将茶树种苗免费分发给当地农民种植。对此，民国赵尔巽等撰的《清史稿》有记载："美利坚（今美国）于咸丰八年（1858）购吾国茶秧万株，发给农民。其后愈购愈多，岁发茶秧十二万株，足供其国之用。"后因气候等因素，虽未发展成规模，但通过来使，从中国采购大批茶树种苗却是事实。时至今日，在美国南部一些地区，仍然种有小片茶园生产，并提供给供游人参观和鉴赏。

这种通过来华使者将茶叶带出国门的做法，多数带有主观意识，有目的地进行，其结果是将茶种在世界各地生根开花，直至扩大生产，使茶成为一业。

（三）通过贸易方式将茶传到国外

通过国与国之间的贸易往来，以经贸的方式将茶叶传到国外，这是最常见、最直接的一种传播方法。据威廉·乌克斯《茶叶全书》载：早在5世纪中期，中国与土耳其商人在蒙古边境贸易时，就开始以茶易物，这是中国茶叶对外贸易的最早记录。

又据唐代封演《封氏闻见记》记载，在8世纪末唐德宗时，在京城长安与西北边境，以及中亚、西亚地区，已经开始通过以马易茶，进行"茶马互市"，使茶沿着张骞出使西域开通的丝绸之路走出国门，进入西域。

1689年，在中俄《尼布楚条约》中增添了不少商务内容，茶是其中之一。自此开始，俄国商队就源源不断来到中国，将茶叶和丝绸由张家口经内蒙古、西伯利亚贩运至俄国欧洲地区。1727年，中俄签订《恰克图互市界约》，为中俄茶叶贸易打开了一条发展通道。从此，中俄茶商就在边境进行以茶易物。通常是先由中国晋商在茶产地福建、江西、湖北及其周边等省，将茶叶统一收购后，在湖北汉口集中，运至樊城，再用车马经河南、山西运至张家口或归化（今呼和浩特），然后用骆驼穿越沙漠，直抵恰克图。《恰克图互市界约》签约以后，晋商又在恰克图中方一侧建起了"买卖城"，把茶叶集中于此，俄商也将货物集中于此，双方在此进行以茶易物。于是，恰克图便成了中俄茶叶贸易的最大集散地。

1724年前后，山西太谷人王相卿创办"大盛魁"商号，历经数十年经营，最终把"大盛魁"办成旅蒙晋商专做蒙俄贸易的著名商号，主要商品有砖茶、丝绸、布匹等，全盛时期有伙计6 000余人，商队骆驼近20 000头，年贸易总额达上千万两银子，王相卿也因此成了垄断蒙古市场的商贾巨头。

王相卿之后，山西祁县人乔致庸(1818—1907)成为晋商中的杰出代表人物。19世纪50—60

百年前的恰克图是
中俄茶叶贸易的集散地

马来西亚马六甲海峡的
郑和殿

1843年
澳门南湾码头

年代初，南方茶叶通道因受太平天国战争影响，一度中断。19世纪60年代中后期，乔致庸重新开启南方茶叶通道，将福建、江西、湖北等地茶叶集中于山西，再辗转销往蒙古俄国等地。他从业的砖茶生意蜚声海内外，祁县鲁村茶叶市场也应运而生，直至成为山西规模最大的茶叶中转市场之一。

中国海上茶叶贸易肇始于1516年，当时西方葡萄牙商人以明代郑和"七下西洋"开通的马来半岛的麻剌甲（今马来西亚马六甲）为据点，率先来到中国进行包括茶叶在内的贸易活动。从此，打开了中国海上茶叶贸易活动的门户。

1688年，在北美的英国商人，从中国澳门采购茶叶120吨运往北美纽约销售。1689年，英商又在厦门采购茶叶150箱，直接运回本国出售。据威廉·乌克斯《茶叶全书》载：至1721年，英国输入华茶数额，首次超过100万磅（折453吨）。在中英贸易中，茶叶占居首位。

1715年，比利时商人从布鲁塞尔出发，取道好望角到达广州，他们用西班牙银币直接在中国购买瓷器、茶叶和丝绸，从而开通了中比直接贸易的主渠道。1723年，为适应贸易发展需要，比利时商人又联合成立了"比利时帝国印度总公司"，专营与中国的贸易。最初，他们以采购中国丝绸为主，后来因采购茶叶利润高于丝绸，茶叶就成为比利时帝国印度总公司的主要商品。

1812年种茶华工寄回澳门的信件

1719—1728年，该公司从中国采购的茶叶多达3 197吨，并有部分运销西欧诸国。其贸易规模可与英国东印度公司相比。

又据晚清《清朝柔远记》记载：随着清时海禁的逐渐松弛，至1729年，"诸国咸来（厦门）互市，粤、闽、浙商亦以茶叶、瓷器、色纸往市"。当时，厦门已发展成为一个进出口贸易港口，不但允许东南亚各国商人携货前来厦门贸易，而且也允许广东、福建、浙江商人来厦门，并从厦门去东南亚各国进行茶叶贸易往来。从此，中国茶叶源源不断输入东南亚诸国。

1732年，瑞典开始与中国通商，瑞典商人携带铅、绒、酒、葡萄干等商品来广州，进行以物购茶叶、瓷器等，且连年不断。

1751年，荷兰东印度公司远洋帆船"葛尔德马尔森"号来中国广州贸易。回国时满载茶叶70万磅，计318吨。此外，还有包括茶器在内的瓷器等货物。但不幸于翌年1月4日回国时，在中国海礁沉没。现该船已于20世纪80年代初打捞出海。但它足以表明当时荷兰以及西方各国与中国进行茶叶及茶相关物资进行贸易往来，将茶流传到西方的事实。据统计，自清政府开放海禁后，在1772—1780年的9年间，就有英国、荷兰、瑞典、丹麦、法国等欧洲国家的186艘商船来华，在广州购得茶叶16 954万磅，折合76 902吨，运回欧洲销售。

1840年，英国挑起鸦片战争，是年从中国销往英国茶叶只有1.02万吨。1841年1月26日英军占领香港。同年6月7日宣布香港为自由港。这年的8—12月的4个月间，进出香港各国商船就达145艘，其中就有12艘商船专门经香港从广州运载茶叶，前往印度孟买、英国伦敦，以及印度尼西亚马尼拉、美国等地销售。

19 世纪，
中荷茶贸易图

1780 年前后
广东珠江流域的外国商馆

另据1805—1820年15年间统计：美国共派出348艘商船来华，从广州运回茶叶10 174万磅，折合46 148吨，平均每年购茶635万磅，较前19年平均增长1倍多。接着在1821—1839年的19年间，美国共派出557艘商船来华，从广州运回茶叶19 510万磅，折合88 496吨，平均每年购茶叶1 026万磅，运去美国茶叶数量继续提升。1840年，美国从中国广州购买茶叶达8 769吨，为历年之最。

19世纪80年代，中国茶叶出口创历史最高纪录。根据当时海关统计，全国茶叶出口最高时，数量占世界茶叶出口总量的80%以上。

由上可见，在17世纪前中国茶叶对外贸易，虽然通过陆路与海路都有贸易往来，但数量有限，主要对象是亚洲，如日本、朝鲜半岛，以及西亚、中亚等近邻国家。17世纪末开始，中国茶叶才开始大批量地北上俄国，并通过海路进入西方世界。表明以经贸方式将茶叶传播到世界各国，对外贸易是最主要的一条传播途径。它受众面广，限制因素少，因此成为历史上中国茶叶输出国外、走出国门、进入世界的一种最主要的传播方式。

1816年和1817年洋行进出口货物分配定额，毛织品份额两年相同

（《东印度公司对华贸易编年史》第三卷 242 页）

洋商名	毛织品（份额）	茶叶（箱）	
		1816年	1817年
沛官（浩官）	3	35 600	26 600
茂官	3	30 600	22 100
潘启官	3	35 600	26 600
章官	2	24 500	20 000
昆水官	3	31 100	22 100
西成	2	20 000	15 500
人和	2	20 000	15 500
鹏年官	2	20 500	15 500
鳌官	2	20 000	17 000
经官	1	12 100	9 600
发官	1	12 100	10 100
球官		3 600	
合计	24	265 700	200 600

1816—1817 年《东印度公司对华（茶叶）贸易编年史》一页

为俄国茶业作出贡献的　19世纪初油画　　　　　　建于1757年波茨坦市北
中国茶叶专家刘峻周　《中国茶叶技工在巴西植物园种茶情景》　郊的中国茶亭

（四）应邀去国外发展茶叶生产

应各国政府和有关组织的邀请，中国政府或相关组织直接派出专家，应邀去国外发展茶业生产。如清光绪十九年（1893），应俄国皇家采办商之邀，宁波茶厂刘峻周带领技工10名，购得茶籽几百普特①和几万株茶苗，经海路到达今格鲁吉亚巴统、高加索地区（其地原为俄国藩属国）指导种茶。此前，俄国曾多次引进中国茶籽、茶苗到该地种植，但未能成功。经刘峻周等人精心培育，终于获得成功，开创了苏联植茶先河。

1812—1825年，葡萄牙人先后从澳门招募几批中国种茶技工，被招聘到巴西种茶。这些中国种茶技工，带着茶叶种籽和茶树苗木，分批抵达巴西里约热内卢，在圣塔克鲁斯庄园和湖边植物园（今蒂茹卡森林内的罗德里格·德弗雷塔湖畔）进行茶树种植试验，早期到达巴西的中国茶农有赵香、黄才等。据记载，至1825年止，先后到达巴西种茶的中国种茶技工共有300余名。巴西政府为表彰这些中国种茶技工，为发展巴西茶叶生产做出的贡献，在里约热内卢蒂茹卡国家公园内，建立中国式亭子，以示纪念。画家鲁根德斯还于1825年专门创作了一幅雕刻画：《中国茶农在里约热内卢植物园种茶》。

1848年，英国东印度公司派出专员，深入中国内地，选购茶籽、茶苗运去印度栽种。接着，又聘请中国栽茶、制茶技工8名，于1950年去印度传授茶叶栽、制技术和方法。

1875年4月，应日本政府请求，聘请中国茶叶技术人员姚桂秋、凌长富赴日本，专门讲授和实践指导试制红茶、绿茶和乌龙茶技术。同年11月，日本又专门派遣使者，到中国考察制茶技术，为日本发展茶叶作先期准备。

这种因外国政府或相关部门邀请，中国派出专家去帮助国外发展茶叶生产的做法，其实古代有之，当代更多（见《当代茶叶传播方式》）。通过这一渠道，也使中国茶叶有更多机会传播到世界各地，成为世界人民的共同财富。

---

①1普特=16.38千克。

（五）西方传教士助推茶叶西进

西方传教士在中国传教的同时，不但自己喜欢茶，爱喝茶；而且还向西方宣传茶的作用，使西方接受茶，进而推进了茶叶的西进。在这一过程中，基督教，特别是作为基督教的三大派别之一的天主教对中国茶叶西传做出了重大的贡献。

早在16世纪，天主教先后派遣了许多传教士来中国传教。据统计，1581—1712年，来华的耶稣会传教士达249人，分属于澳门、南京、北京三个主教区。他们中很多人来到中国后，改穿儒服，学说汉语，起用汉名，甚至有些人还供职于朝廷，与当时的士大夫交往甚密，关系良好。因此了解中国的风土人情、饮食习惯、礼仪文化，当然也很了解中国的茶文化，并接受中国生活中不可或缺的饮茶风俗。于是，通过他们的口头讲述、书信往来，文章著作等手段将中国饮茶习俗向西方社会传播，以致引起西方社会对中国茶叶的兴趣和了解，进而开始饮用茶、消费茶，并最终从中国购茶、买茶，进行茶叶贸易。

1556年葡萄牙传教士加斯帕尔·达·克鲁兹在广州住了几个月，回葡萄牙后出版了《广州记述》一书，书中介绍中国人"彬彬有礼"，当"欢迎他们所尊重的宾客时"总是递给客人"一个干净的盘子，上面端放着一只瓷器杯子……喝着他们称之为一种'Cha'（茶）的热水"。还说这种饮料"颜色微红，颇有医疗价值"。克鲁兹可谓是将中国茶礼、茶器、茶效介绍给西方的第一人，也是最早将"Cha"这一"茶"的语音带到欧洲的人。

1582年，意大利天主教传教士利玛窦来华传教，他先后到过广州、南昌、南京等地。1601年定居北京，晚年写就《利玛窦中国札记》，在《中华帝国富饶及其物产》一章中，详细介绍了中国茶叶的性状、制作、价格，以及当时的饮茶风习。

1588年，意大利传教士G·马菲在佛罗伦萨出版《印度史》一书，书中引用了传教士阿美达的《茶叶摘记》的材料，向读者介绍了中国茶叶、泡茶的方法以及茶的疗效等内容。1615年，比利时传教士金尼阁在德国将利玛窦的札记资料整理出版了《耶稣会士利玛窦神父的基督教远征中国史》一书，轰动一时。书中，介绍中国茶时说："他们在春天采集这种叶子，放在阴凉处阴干，然后用干叶子调制饮料，供吃饭时饮用或朋友来访时待客。在这种场合，只要宾主在一起谈话，就不停地献茶。这种饮料是要品啜而不要大饮，并且总是趁热喝。它的味道不很好，略带苦涩，但即使经常饮用，也被认为是有益健康的。"由于该书被译成多种文字出版，使更多的欧洲人了解到中国的饮茶风俗及饮茶好处。

阿塔纳修斯·基歇尔（Athanasius Kircher，1602—1680）是欧洲17世纪著名的学者、耶稣会教士，曾多年在中国传教和考察民情。回欧后于1667年在阿姆斯特丹出版《中国宗教、世俗和各种自然、技术奇观及其有价值的实物材料汇编》，简称《中国图说》。出版后，在欧洲引起很大反响。其神奇的内容、美丽的插图、百科全书式的介绍，给欧洲人打开了一扇了解中国的门户。书中还谈到中国的茶俗，并绘制有一株茶树，这也许是欧洲人见到的第一幅茶画，为欧洲了解中国茶做了铺垫。

17世纪中期以后，法国的一些传教士也直接来到中国，他们曾将中国茶叶栽培和加工的图片和文字资料寄回法国，作为研究资料，也促进了法国饮茶之风的兴起。1779年，法国传教士钱德明根据法国对中国农艺研究的需要，在中国搜集相关资料时，曾寄给法国御医勒莫尼埃一套农艺资料，其中也写到了中国的茶，并有许多茶树栽培和茶叶加工的图片。这些资料，至今仍珍藏在巴黎国家图书馆。

《中国图说》
中的茶树

其实，众多的传教士多由意大利罗马教廷派出的，这些西方传教士，他们在经常向罗马教皇汇报传教情况的同时，必然也涉及茶的相关信息，理所当然地会在意大利传播开来。

总之，天主教对中国茶叶传播到欧美起了宣传和推动作用，而且在教会内部也极力提倡饮茶，使茶成为天主教最受欢迎的饮品。

（六）通过不正当手法获取

通过不正当暗中方式从中国获得茶资源，在历史上多次发生过，最典型的是英国罗伯特·福琼（Robert Fortune），他受英国皇家园艺学会和英国东印度公司派遣于1843年、1848年、1850年多次来华，辗转中国茶叶产区宁波、舟山、徽州（今黄山市）、武夷山和广州、厦门、上海、宁波等重要茶叶贸易港口，通过各种手段获取中国的茶树等种子和栽制秘密[1]。罗伯特·福琼亲自把从中国窃取的茶籽和茶苗护送到香港，后因船只偏离航线，绕道锡兰等地，运往印度加尔各答，直至送达终点喜马拉雅山麓时，前两次终因路途时间过长，只有极少数茶苗存活，最后以失败而告终。但罗伯特·福琼并没有放弃任务，他于1850年再次来到中国探寻，并于1851年2月通过海路从中国运走茶树小苗和种子，还同时带走多名中国茶工到达印度的加尔各答，再转到印度大吉岭种植。最终，这次运输取得了成功。大约有不少于1.2万棵茶树苗活了下来，发芽的茶树种子更是数不胜数。又由于印度喜马拉雅山麓地区生态条件适宜茶树生长，还有中国熟练茶工指导，有力地推进了印度茶业发展。

第二节　茶文化对外传播路径

中国茶文化向外传播与交流的路径，主要的有两条：一条是通过陆上丝绸之路传播到四邻国家；一条是通过海上丝绸之路传播到远方国家。

---

[1]参见：［英］罗伯特·福琼著，敖雪岗译，《两访中国茶乡》，江苏人民出版社，2015年。

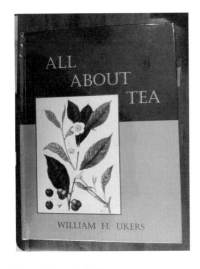

威廉·乌克斯
《茶叶全书》

唐代文成公主
与松赞干布

一、通过陆上丝绸之路对外传播

茶叶陆上丝绸之路传播，主要是指茶叶传播到与我国接壤的相邻国家。中国地处东北亚，东面临海；南西北三面陆地与周边许多国家相邻。在交通工具还不发达的古代，茶的向外传播自然是先经陆路传播到与接壤的邻国开始的。

（一）茶叶西进和北上

据美国的威廉·乌克斯《茶叶全书·中国茶叶贸易史》载：南朝宋元徽三年（475）前后，土耳其商人来到华北与内蒙古交界处，进行以物换物，换走了中国的茶叶和丝绸。于是茶叶经由丝绸之路，穿过河西走廊，经新疆过戈壁，传入中亚和西亚的土耳其、阿富汗、伊朗等国。表明南北朝时，中国饮茶之风已向西传播到西亚的土耳其。所以，在土耳其语中对茶的称呼和发音"Çay"和汉语的"茶"的称呼和发音是一致的，使人在隐约中感觉到千年前中国茶叶经由丝绸之路传入西亚所带来的影响力。史料表明，地处欧亚两洲的土耳其、伊朗等国，虽然很早开始有饮茶习惯，但种茶历史还不到200年。

与此同时，茶源源不断地进入中亚、西亚许多国家。而更多的阿拉伯商人，他们在中国购买丝绸、瓷器的同时，也常常带回茶叶。于是，茶叶也随着丝绸之路从陆路传播到许多阿拉伯国家，使饮茶之风向中亚和西亚一带继续蔓延开来。这种茶马互市的经贸方式，是中国茶叶经陆路向外传播的重要方式之一。所以，确切地说，西汉时张骞开通的丝绸之路，至唐时已逐渐为丝茶之路所代替。

另外，与张骞开通的丝茶之路相呼应的还有一条通道，这就是贞观十五年（641），唐太宗李世民将宗女文成公主下嫁吐蕃（指西藏民族）松赞干布，在和亲的同时，将茶和饮茶习俗传播

古川藏、滇藏
茶马古道图

到了西藏。据称文成公主还开创了西藏饮酥油茶的先河。从此，四川的茶及茶文化，就源源不断地从雅安，经泸定，过康定，直达吐蕃。然后通过尼泊尔到达南亚其他国家。这条通道就是当今人们所说的茶马古道。它与丝茶之路一样，是茶叶向外传播的陆上最早通道之一。

还有，唐时的南昭国（今云南及周边部分地区）茶叶也开始从陆路输入吐蕃，然后到达南亚及东南亚一些国家。

唐末（907年）时，晚唐乡贡进士王敷撰《茶酒论》，其中谈到："浮梁（今属江西）、歙州（今属安徽），万国来求。"表明唐代茶叶及饮茶习俗已传播到很多国家。于是，便用"万国来求"之句，表示茶叶通向许多国家之意。

宋代后期开始，还逐渐形成了两条用商队将茶叶经陆路传播到欧洲的东欧、北欧和亚洲的中亚和西亚的通道。这两条通道是随着古丝绸之路开通后，在中国逐渐兴起的另外两条陆上茶叶国际商路：一是以山西为枢纽，由晋商将茶叶经长城，过蒙古，穿越俄罗斯的西伯利亚，直达欧洲腹地。而蒙古由于是这条国际商路的出口处，所以，饮茶为时较早。二是以甘肃为枢纽，陇商将茶叶通过河西走廊，穿越回纥，直达中亚和西亚。

元时，元始祖至元十四年（1277）三月，置榷场于碉门（今四川天全县）、黎州（今四川汉源县）与吐蕃进行以物易茶，将茶源源不断地进入西藏民族地区，并进而转运到南亚诸国。

自明代（1368—1644）至清代（1644—1911）中期，朝廷为了安定边境，一边采用安抚政策，对亲近番首和邻近国家，不断用茶作奖励加以安边。而对干扰边境安定的番王和邻国，则用严厉的控茶政策加以制裁。所以，历史上，历代朝政尤其是明王朝制定有严格的茶政茶法，以茶安边、用茶备战成为统治者的一条重要国策。

1618年，明廷派遣使臣携茶4箱，从北京出发，经蒙古，最终于1619年抵达俄国，将茶叶赠送给沙皇，前后共花了18个月时间，这是中国使者携茶至俄国的最早记载。1638年，俄国使臣瓦西里·斯达尔可夫回莫斯科时，蒙古可汗为表示对俄国沙皇的崇敬，在赠送给沙皇的礼物中，就有茶叶4普特以示敬意。随着蒙古居民对茶需求的日益增加，视茶为第二粮食。与此同时，俄国人饮茶也开始兴起，于是俄国政府才开始想方设法，控制从中国输入蒙古的茶叶。

古代从中国内蒙古
运茶出关情景

明末清初(1628—1644)，社会动乱，海盗猖獗，虽然海路茶叶对外贸易受阻，但陆路茶叶西进北上之路依然活跃。

1.北上的主要通道　茶叶北上，主要是指茶叶通向蒙古国和俄国之路。1689年，中俄签订了《尼布楚条约》。从此以后，俄国商队从中国贩运茶叶、丝绸，抵达张家口，经蒙古、西伯利亚至俄国欧洲城市的商业活动，日趋活跃。

（1）恰克图是中俄茶叶贸易的集散地：1727年，中俄签订《恰克图互市界约》。它不但确立了中俄两国茶叶贸易，为中俄茶叶的陆路贸易搭建了一个平台，而且为中俄茶叶贸易打开了一个发展契机。恰克图互市，其实在康熙已见雏形，雍正初略具规模，雍正七年（1729）奉旨正式于该处设立市集，中国与俄罗斯的贸易，主要在恰克图进行。素有"彼以皮来，我以茶往"之说。恰克图原本是座小城，《恰克图互市界约》签订后，中俄两国以恰克图为界，以旧市街归于俄国，清政府则建恰克图新市街于旧市街南中国界市。其实，中俄茶叶贸易陆上之路，在《恰克图互市界约》签订前就已有之，其线路是：先由山西（晋）商人，从茶叶产地把茶叶加工后，经汉口集中，再把茶叶运至樊城，然用车马或骆驼将茶叶运至张家口及归化（即呼和浩特），最后穿越戈壁，直抵恰克图，再分销到俄国各地。《恰克图互市界约》签订后，晋商就在恰克图中方一侧建起"买卖城"，把运抵的全部茶叶集中于此，开展集市贸易。俄商也携货汇集到这里易茶。如此一来，恰克图成了中国茶叶输入俄国的最大集散地。输俄的茶叶，主要有两湖的砖茶，福建、浙江、安徽的绿茶，以及江西、福建的工夫红茶等。以后，中国商队又采用将茶叶经天津，再用马车运至张家口，然后改用骆驼运至恰克图。一般要走16个月时间，方可横过1 200多公里的戈壁沙漠才到达恰克图。到达恰克图后，再由沙俄政府的商队将茶运至俄国各地。对此，清代汪廷楷《绥服纪略》有详细记载："所有恰克图贸易商民皆晋省人，由张家口贩运茶、缎、布、杂货，前往易换各色皮张、毡毛等物。"由于这里地处戈壁沙漠，荒无人烟，路途艰辛。所以，茶商大都选用骆驼、马匹载运茶叶，抵达恰克图与俄商进行贸易。

与此同时，俄商也携货汇集到恰克图易茶。有的晋商还在买卖城设立茶栈坐地经营茶叶。如此一来，恰克图不但是中俄茶叶陆路贸易的最早交易地，而且也是中国输俄茶叶的最大集散地。

至清代雍正初年（1723—1725），中国输俄茶叶达25 103箱，计白银10 041两。

1753年，俄国伊丽莎白女皇参加华茶陆路运俄的开幕典礼，从此开始，华茶输俄数量大增。1755年，俄国官方允许私商在恰克图进行贸易。1762年，俄国宣布取消对皮毛的垄断，进一步促进中俄间的茶叶贸易，使中国在恰克图输俄茶叶贸易迅速增长，数量达到3万普特。特别是在道光年间（1821—1850），在恰克图开设有茶叶行栈百余家，主要经营的是中国的砖茶和红茶。

山西乔家大院是
晋商运茶经陆路出关的代表

1850年开始，俄商在汉口与英商争购茶叶，汉口成为最热闹的红茶中心市场。俄商最初收买红茶，但不久改为购销红砖茶。当时俄国平均每年输入华茶60 000公担左右。

1861年，清政府开放汉口为对外通商口岸。俄国茶商很快在汉口设立砖茶厂，并改进砖茶压造方法，一统砖茶贩销。

1868年，清廷允许晋商去俄国内进行茶叶贸易。翌年，在恰克图的不少山西晋商陆续去西伯利亚的十多个城市和莫斯科设立茶叶贸易分庄，以致使输俄茶叶急增。1871年，经恰克图输俄茶叶达到1.58万吨，主要为湖南、湖北的砖茶。

1870年，俄商继在汉口之后，又在江西义宁州建造砖茶厂。1872年又在江西九江建造砖茶厂。接着，俄商新泰洋行在福州又开设一家砖茶厂，开始压制砖茶。1876年，又在福建延平（即南平）的西芹、建宁的南雅口、太平的三门、福州的台南等地，分别建立了9家砖茶厂，使年出口砖茶从1872年的35吨多，增至1876年的2 500余吨。这样，中国茶1861—1870年的平均每年输入俄国的茶约125 000公担，1871—1880年，年已达300 000公担以上。

1878年，俄国开辟海上茶叶之路，为此在中国汉口和俄国敖德萨之间，又开辟定期航线，天津也因此成为中国茶叶贸易的海陆转运站而日渐繁荣。

19世纪90年代，由于茶叶质量欠佳，加上洋行退盘、割价、压磅，使茶商亏损严重。鉴于当时中国茶叶出口以红茶为俏，而红茶又多为俄国商人采购。在这种情况下，清廷重臣张之洞专门上奏清廷，要求《购办红茶运俄试销》，认为中国只有自行赴俄国销售，方可摸清外国茶情底细，避免不必要的周折和盘剥。为此，张之洞还提出了若干试销俄国的具体方法，终于获得清廷准许。从而使出口俄国茶叶很快增长。

1894年（光绪二十年），中国对俄国出口茶叶4.58万吨，占中国茶叶出口总量11.26万吨的40.7%，首次超过对英国的出口。这种盛况一直延续到1917年，前后共达24年，中国对俄国茶叶出口均居首位。

（2）**晋商是茶叶北上的主要商帮：**在中俄茶叶陆路交易中，山西茶帮做出了不可磨灭的功献。特别是在康（熙）乾（隆）时期，当时的张家口已发展为中国对俄国贸易的重要商埠。据《清季外交史料》载：当时张家门有茶行百余家，多为山西人经营，尤以长裕川、长盛川、大玉川、大昌川最为著名。特别是大玉川，它是清廷御帖备案的商家，当年乾隆皇帝御赐"双龙红帖"。持此帖从收购到运输，可以畅通无阻，受到保护。俄国商人只要看到此帖，就放心地与他们进行茶叶交易生意。乾隆皇帝还赐予大玉川双龙石碑一块，以示表彰。

山西平遥的华北第一镖局是明清时期茶叶贸易的金融机构

山西茶帮不但经营内销茶，北方地区的内销茶基本为山西茶帮所控制；而且更注重开拓国际市场，中俄茶叶贸易也基本上为他们所操纵。他们为了把福建等地的茶叶运抵恰克图，把崇安（今武夷山市）、建阳、建瓯等地茶叶集中在崇安的赤石街精制加工，年产数十万箱。由人力挑运"过分水关入江西铅山，再装船，顺信江下波阳，穿湖而过，出九江入长江，溯江抵武昌。转汉水至樊城起岸，贯河南入山西晋城，经潞安（长治）抵平遥、大同到张家口。再由张家口启程走军台三十站，转北行十四站至库伦。由库伦北行十一站达恰克图。全程经福建、江西、湖北、河南、山西、河北等省，近五千公里"。在这条商路上，运输主要靠的是车载、马驮、驼运。"夏、秋两季运输以马和牛为主。每匹马可驮80千克，牛车载250千克。由张家口至库伦①，马队需行40天以上，牛车需行60天。冬、春两季由骆驼运输，每驼可驮200千克，一般行30天可达库伦。然后渡依鲁河抵达恰克图。"史载：在乾隆、嘉庆、道光年间，在这条茶叶陆路贸易道上，驼队累百达千，首尾难望，驼铃之声，数里可闻。至于江西、湖南、湖北的砖茶、绿茶和红茶等，直到1861年前，几乎全为山西茶帮所专控。毋庸置疑，山西茶帮是一支不畏艰难险阻，不怕严寒酷暑的商贾劲旅。

（3）**俄罗斯、格鲁吉亚种茶获得成功：**地跨东欧和中亚的俄罗斯，饮茶历史很早。相传在6世纪时，由回族人运销货物至中亚细亚。到元代，蒙古人远征俄国，中国文明随之传入。明代，中国茶叶开始大量输入俄国。1700年，俄罗斯沙皇叶卡捷琳娜二世将茶叶和茶炊赠送给格鲁吉亚沙皇伊拉克利②。大约从18世纪50年代开始，俄国饮茶开始逐渐形成风尚，对茶叶的需求与日俱增。

但俄国人种茶，为时较晚。1833年，俄国从中国湖北羊楼洞引进茶籽、茶苗，试种于现今

---

①库伦：今乌兰巴托，是蒙古国首都。
②格鲁吉亚：苏联的加盟共和国，1991年独立。

的格鲁吉亚一带，但未获成功。1848年，俄国人索洛左夫从汉口运去12 000株茶苗和成箱茶籽，在外高加索的在查瓦克—巴统附近开辟茶园，从事茶树栽培和制茶。1884年，俄国从中国汉口引进大量茶种，栽种于黑海沿岸苏克亨港口的植物园内。

刘峻周当年在格鲁吉亚的居住地
已建起纪念馆

1888年，俄商波波夫来华，访问宁波一家茶厂，回国时，聘去以刘峻周为首的茶叶技工10名，同时购买茶籽几百普特和几万株茶苗。1893年，中国茶叶技术人员到达俄国，选择在当时俄国高加索西部山区的巴统郊区（今属格鲁吉亚）开始试种茶树，历经3年时间种植了80公顷茶树，并建立了一座小型茶厂。

1896年，刘峻周等人合同期满，回国前，波波夫委托刘峻周再次在中国招聘技工，购买茶苗、茶籽。1897年，刘峻周又带领12名技工携带家属前去当时的俄国巴统种茶，至1924年，共发展茶园230公顷，建立茶厂2座。从此，俄国茶叶生产有了发展。1926年格鲁吉亚成立了股份制茶协会；1931年更名为全苏茶叶及亚热带作物研究所。至20世纪90年代初，苏联茶园面积已达6.7公顷，年产茶近5万吨。1991年，苏联解体，如今有90％以上的茶园集中在格鲁吉亚，只有少数茶园零星分散在俄罗斯和乌克兰部分地区。

刘峻周自1893年应聘赴俄，到1924年返回家乡，前后花了30年时间，对俄国发展茶叶生产做出了卓越贡献。鉴于刘峻周在茶业上的杰出贡献，被俄国政府称颂为俄国茶的创始人。1911年，沙皇政府授予他"斯达尼斯拉夫"三等勋章。1924年，在刘峻周工作满30年之际，苏联政府授予他"劳动红旗勋章"。以后，苏联当地政府把刘峻周住所开辟为刘峻周茶叶博物馆，以缅怀这位中国茶的传播者和当时为发展俄国茶叶生产作出杰出贡献的中国人。至今，格鲁吉亚人民习惯将当地生产的红茶，称为"刘茶"，尊称刘峻周为格鲁吉亚的"茶叶之父""红茶大王"。

2.走向西北　这条通道是随着丝茶之路的开通而实现。早在中国南北朝时期，中国饮茶习俗，就越过长城，沿着河西走廊进新疆伊犁，传入与新疆接壤的中亚国家，它们是哈萨克斯坦、乌兹别克斯坦、吉尔吉斯斯坦、土库曼斯坦和塔吉克斯坦。这些中亚国家，在1991年苏联解体前，都以俄罗斯文化为主导。史载：1851年，中俄缔结了伊犁通商条约。从此，茶叶陆上对俄贸易重要通道，除恰克图外，又增加了伊犁口岸。据不完全统计，通过伊犁塔城输入当时俄国中亚的茶叶，自缔约后增加很快。1841年，从伊犁塔城输俄茶叶还只有1 000多磅（约453千克）。10年后的1852年，就增加到66.6万磅（约302吨），1854年猛增到166.81万磅（约756吨），仅两年时间，输入俄国的茶叶就翻了一番多。以后，在伊犁塔城，由于中俄商人因贸易而产生矛盾，发生华商焚烧俄国"贸易圈子"事件。1858年，经伊犁将军扎拉芬泰与俄国使臣谈判，结果中国"以武夷茶

5 500箱贴补被烧夷货，本年度先付2 500箱"。另3 000箱，分别于咸丰九年、咸丰十年分别付1 500箱而告终。从此，伊犁塔城输入俄国的茶叶，又开始进入正常贸易状态。

在茶叶向西北方向传播中，陕（陕西）商和陇（甘肃）商起到了重要的推动作用，他们将四川、陕西、湖南、湖北等地茶叶集中到陕西泾阳，然后经甘肃，直达新疆南北二路贩销。有的还从新疆出口，到达中亚、西亚贩卖。

清末民初的
陕西泾阳砖茶

陕西
官茶引票

在这一过程中，从19世纪中期开始晋商在茶叶北上的同时，也参加到西进的行列。1886年，清廷理藩院[①]还命茶商在理藩院领票贩茶。特别指出，其时山西商人私贩湖茶倾销新疆南北二路，到处洒卖，一票数年循环转运，逃厘漏税。明令以后领票，应注明不准贩运私茶字样。如欲办官茶，即赴甘肃领票，缴课完厘，与甘商一律办理。可见，其时，茶叶通向西北贸易之路，已经非常兴盛。

茶的西传，还包括由中国向西传播到伊朗、伊拉克、土耳其、阿富汗等中亚和西亚国家。其中，土耳其、伊朗还引进茶种，发展本国茶叶生产。

（1）**土耳其**：地跨欧亚两洲。早在5世纪时，经陆路商队，已由中国茶进入土耳其，所以饮茶历史久远。但种茶历史却是从19世纪后期开始的，种茶只有100多年历史。直到1937年，土耳其从苏联引种茶树，建起土耳其第一个茶树种植场。接着，又于1947年建立了土耳其第一个红茶加工厂。至2013年，土耳其有茶园面积7.7公顷，名列世界第八位，茶叶产量14.9万吨，名列世界第六位。

（2）**伊朗**：位于亚洲西南部，曾经是中国古代丝绸之路的南路要站。伊朗古老语言波斯语对茶的发音，就是根据中国对茶的发音译过去的，可见中国茶传入伊朗当在千年以上。为了满足伊朗人民对茶的需要，1900年开始，伊朗王子沙尔丹尼从印度引进茶籽，首开伊朗试种茶树记录。接着，又派农技人员到印度和中国学习茶树栽培和茶叶加工技术，从此伊朗茶叶生产起步。从20世纪50年代开始，伊朗茶叶生产有较快发展。如今，伊朗茶叶产量已名列世界第十一位。但由于伊朗人民酷爱饮茶，本国生产茶叶自给不足，2013年还从国外进口茶叶8万吨。

---

①理藩院：清代官署，掌蒙古、新疆、西藏等民族事务。

土耳其妇女
在泡茶

伊朗
传统茶饮

茶马古道上，
背茶过四川大渡河铁索桥的情景

（3）**通向西南**：这也是一条古老的国际贸易通道，可分为川藏、滇藏两条主线，主要用马帮、人背、牛驮等方式，分别从四川、云南向西进入西藏。川藏茶马古道的主要线路是从四川雅安出发，经康定、巴塘，抵昌都入藏到拉萨。滇藏茶马古道是从现在的西双版纳、普洱出发，经大理，过丽江、德钦，抵昌都后与川藏茶马古道汇合到拉萨。然后，再经江孜、亚东出口，进入南亚的不丹、尼泊尔等国。交易的货物是茶、马匹、手工艺品、丝绸、药材等，其中以茶、马交易为主，这就是人们常说的茶马古道。在这条古道上，主要采用的方式，就是用边疆之马，易内地之茶。输出的茶叶，主要是康（今属四川雅安）砖茶和云南普洱茶。这些运去的茶叶，多数为藏民消费，少数出口国外。

另外，在中国与缅甸之间，也有陆上茶叶通商往来。每年有少量茶叶，是经云南的景洪、勐海、打洛出口，进入缅甸，然后进入越南、老挝。

（二）南传之路

茶叶南传指的是茶叶向南传播到与中国接壤的南邻国家，主要是南亚和东南亚国家。其中，少数国家虽为岛国，如斯里兰卡、印度尼西亚等，但它们与中国是近邻，同处亚洲，这些茶的传入往往是通过陆路或海陆并进传播过去的。

1.传入南亚　茶叶进入南亚，是指茶叶由中国向南进入南亚的印度、尼泊尔、孟加拉国、斯里兰卡、巴基斯坦等国。

（1）**印度**：虽然与中国接壤，饮茶历史较早，但种茶却只有200多年历史。印度种茶是从1780年开始的，当时由英国东印度公司从中国广州购买少量茶籽，试种于印度的加尔各答等地，这是印度引种茶树的开始，但未获成功。1834年6月，英国人戈登偕传教士从印度加尔各答启程，到中国茶区参观。次年，戈登从福建武夷山购得大批茶籽，寄回到加尔各答繁殖茶苗。与此同时，1834年印度还成立了印度植茶委员会。据威廉·乌克斯《茶叶全书》载，1835—1836年，印度科学会通过种植中国茶决定，在印度加尔各答以中国茶籽育成茶苗42 000余株，分别栽种阿萨姆、古门、苏末尔等地。又于1836年，派遣时任植茶委员会的秘书哥登（G.J.Gordon）

印度茶园

到中国的四川雅安学习种茶、制茶技术，并购买茶种，聘请雅州（今四川雅安）茶业技工作指导，去印度传授种茶、制茶技术，终于获得初步成功。1848年，英国东印度公司还派员到中国内地选购茶籽、茶苗，运回印度栽种。并聘请中国种茶、制茶技工8人，去印度传授种茶、制茶技法。如此，经过百余年的努力，直到19世纪后期，终使茶叶在喜马拉雅山南麓的印度大吉岭一带发展起来。如今，印度已成为世界产茶大国，2013年印度种茶面积为56.4万公顷，茶叶产量为120万吨，均名列世界第二位。

（2）巴基斯坦：早在1860年，在孟特高默利(Montgomery)的指导下，在巴基斯坦的茉利(Murree)进行首次茶树试种。20世纪50年代末期以来，巴基斯坦又先后从中国、日本、孟加拉、斯里兰卡、土耳其、印度尼西亚和苏联等国引种茶籽，在曼赛拉、克什米尔、拉瓦尔品第、依斯兰堡、塔拉雷、茉利、查拉巴尼和穆扎法拉堡等地不断进行茶树试种，然而除个别地区有残存植株和小片茶树成活外，都未获得成功。究其原因：一是大部分地区，土壤pH偏高，不宜茶树生长；二是每年5、6月间高温干旱，茶苗容易遭受热害而死亡。1982年，巴基斯坦农业协会邀请中国茶叶专家考察在巴基斯坦种茶的可能性。确认了巴基斯坦西北部高海拔山地的部分地区，基本具备茶树生长的环境条件和发展茶叶商品生产的良好前景。1986年1月至1989年4月，

尼泊尔茶园

斯里兰卡生产的
茶叶

中国茶叶专家组赴巴基斯坦进行茶树试种，经过3年的努力，试种获得了成功，并在西北边境省曼赛拉县贝达蒂建成了15公顷的中国祁门种现代化茶园。目前，巴基斯坦已开辟有茶园100余公顷，并建有国家茶叶研究站。如今，巴基斯坦茶叶在国际优等茶市场已榜上有名。由于巴基斯坦人民好茶，目前茶叶消费主要依赖于进口。2013年进口茶叶12.7万吨，名列茶叶进口国第三。

（3）孟加拉国：饮茶历史较早，种茶始于1840年，是继咖啡、可可试种失败之后而兴起的。这里的茶叶最早是从中国传入印度，一个多世纪以前又从印度阿萨姆邦传入孟加拉国。孟加拉国第一个茶场建于1857年，茶种大部分由中国引进。目前，孟加拉国有茶园8万英亩[①]，年产茶叶4 400多万千克，约有10万人专门从事茶叶生产和茶叶贸易。茶叶已成为孟加拉国的三大创汇项目之一。2013年，孟加拉国约有茶园4万公顷，茶叶产量6.3万吨，名列世界第10位。

（4）尼泊尔：地处印度和中国西藏之间，位于喜马拉雅山南，是川藏、滇藏茶马古道的出口处，因此饮茶历史较早。但种茶历史与南亚印度一样，1841年开始种茶，1863年开始有发展，种茶历史不到200年。如今，全国茶叶产量在1.2万吨左右，已列入世界产茶国行列。茶树主要种植在尼泊尔东部的大吉岭一带，与印度大吉岭茶区接壤。茶种主要来自印度的阿萨姆种。

（5）斯里兰卡：虽是一个热带岛国，但紧邻南亚，适宜种茶。茶树引种最早发生在英国殖民时代的1824年，当时来自中国的几株茶树引种到康提附近新建的皇家植物园里。1867年，英国人詹姆斯·泰勒又从印度引种到斯里兰卡种植，当时种茶面积不足8公顷。以后，又从中国引种茶树到斯里兰卡种植，但当时的斯里兰卡是一个以种植咖啡为主的国家，茶树种植业一直未曾获得发展。直到19世纪70年代开始，斯里兰卡咖啡叶锈病爆发和蔓延，使咖啡种植业受到毁灭性打击。在这种情况下，咖啡种植园逐渐被茶园替代。从此，茶树种植业开始在斯里兰卡得到迅速发展。1875年，斯里兰卡全国已有茶园种植面积437公顷。1885年，斯里兰卡全国茶园总面积快速增长至2.30万公顷。从此，茶叶生产成为斯里兰卡国民经济的主要产业，2013年，全国种茶

①英亩为非法定计量单位，1英亩=4.046 856×10³平方米。——编者注

越南茶园

泰国茶园

面积18.7万公顷，名列世界第四；茶叶产量34.0万吨，名列世界第四；茶叶出口31.8万吨，名列世界第三。

2.传入东南亚 指的是茶叶由中国传播到东南亚的越南、缅甸、泰国、老挝、印度尼西亚等国家。

（1）**越南**：与中国接壤。历史上很早以前，越南就有饮茶习俗。据唐代杨华《膳夫经手录》载："衡州衡山团饼而巨串，岁收千万。自潇湘达于五岭，皆仰给焉。其先春好者，在湘东皆味好，及至河北，滋味悉变。虽远自交趾之人，亦常食之，功亦不细。"表明早在唐代时，今湖南衡山的饼茶已远销到交趾。而交趾，后称安南，就包括现今的越南。可见在一千多年前，茶已传入越南，越南人已有饮茶习俗了。此外，在《海外纪事》中，也写到17世纪时，中国人释大汕赴越南顺化传戒授法时，以茶果招待越南宾客之事。

另外，在越南的中部和北部地区，还生长有野生茶树。这些野生茶树是从中国云南茶树原产地经红河，顺流自然传入的。但越南种茶，仅有数百年历史。种茶成为一业，是在1900年以后。主要是在法国人①的扶持下，才开始兴起来的。1959年越南政府还派技术人员到中国留学，学习茶叶栽制技术。如今，茶已成为越南农业中的支柱产业之一。2013年，越南茶园面积12.4万公顷，茶叶产量17万吨，茶叶出口14万吨，均名列世界第五位。

（2）**泰国**：自明代开始，就有华人移居泰国。如今，在泰国华人华裔人口达600万之多。而这些华人大多来自中国茶乡福建、广东一带。而华人融入泰国社会的结果，自然将饮茶之风传入到泰国。所以，泰国饮茶已有四五百年历史了。因泰国北部与中国云南接壤，所以与云南少数民族一样，也有雨季腌茶和吃腌茶的风习。但泰国种茶历史不长，茶区主要分布在与我国云南省、缅甸、老挝交界的清迈、清莱等地，这里地处泰国北部山区。据泰国雷明茶叶公司资料，1992年泰国种茶面积8 469公顷，产茶1 810吨。茶叶单产水平不高，其中条栽茶园单产1 025千克／

①越南当时是法国的殖民地。

公顷；丛栽茶园单产更低。茶树品种主要是来自中国云南的大叶种品系。

印度尼西亚茶园

（3）缅甸：中缅两国是一脉相连的邻邦，所以缅甸种茶源自中国，饮茶风俗受中国影响最大。从宋代开始，随着茶马古道的兴起，中国茶源源不断地输入缅甸，尤以云南普洱茶为多。清代乾隆元年（1736）开始，茶叶直接从思茅、西双版纳输入缅甸掸帮，盛况空前，直至今日，情况依旧。当然，缅甸茶文化在发展过程中，也受到印度茶文化的影响，但这是近200年的事。缅甸茶区主要分布在靠近中国边界的掸邦和临近印度的钦邦等地。2013年，缅甸有茶园7.9万公顷，名列世界第七位，但茶叶产量不到6万吨，未能进入世界前十位。

（4）老挝：与中国茶树原产地中心云南省相连。饮茶风习和种茶之习，通过自然传入，可谓一脉相承。至今，在老挝丰沙里省还生长有大片野生古茶树林，有的高达20～30米，可谓参天大树。20世纪80年代以来，中国还多次选派茶叶专家去指导茶叶生产发展。现今，茶园面积、茶叶产量不多。

（5）印度尼西亚：种茶历史可追溯到1684年，当时由德国医生将茶籽试种在爪哇和苏门答腊。1690年，荷兰总督携中国茶种试种于爪哇岛的一个私人花园内。1728年，再次从中国引进茶种和茶叶技工试种茶树和试制茶叶，但一直都未获得成功。此后直到1828年，印度尼西亚又重新开始试种茶树。为了获得试种成功，负责试种的荷属东印度公司茶叶技师，从1828—1833年5年间，曾经六上中国考察种茶，并带去大量茶籽、茶苗，聘请中国种茶、制茶技工，在较大范围内开展茶树试种工作。1827年，试种获得成功。从此，印度尼西亚茶业开始快速发展。至1939年，印度尼西亚全国茶园总面积达到13.8万公顷，茶叶产量8.33万吨，出口茶叶7.36万吨。如今，印度尼西亚已成为世界茶叶的主要生产国之一。2013年，印度尼西亚有茶园12万公顷，名列世界第六位；产茶13.4万吨，名列世界第七位。

总之，这些与中国接壤的南邻国家，由于它们都与中国是近邻，所以它们都是很早有饮茶风习，也都或多或少有种茶、产茶的习惯，而且茶叶发展历史也较早。

二、通过海上丝绸之路对外传播

茶叶海上丝绸之路对外传播，指的就是茶叶经海路向外远航传播到世界各地的路线和途径。

（一）魏晋南北朝时，茶叶传到东邻国家

中国茶传入日本，有人认为始于汉武帝（前140—前87年在位）东征后，日本国派遣使臣来

中国洛阳，汉武帝向日本使臣还以印绶。此后，中日两国经济文化交流更加密切。

还有资料显示，韩国种茶始于5世纪末，是当时的驾洛国首露王妃许黄玉从中国带去茶种繁殖起来的。相传许黄玉为中国

韩国茶人祭茶祖

韩国古书中
记载种茶之事

四川安岳人，与驾洛国首露王在东海之滨相遇，后来结为夫妻，成为王妃。当时许氏出嫁时带去许多包括中国茶叶、茶籽在内的特产，后来许氏将茶种洒播于全罗南道的智异山华严寺附近。至今，韩国的金海市还保存有许黄玉陵墓，碑上刻有"驾洛国首露王妃普州太后许氏陵"字样。该市每年要举办茶会祭拜她。智异山和全罗南道河东郡花开村至今还保存着许多中国茶树遗种，生长繁茂。

一般认为，中国茶及茶文化最早从海路向东邻国家传播，始于魏晋南北朝时期，当时佛教兴起，饮茶之风流行，茶便随着佛教传入东邻高丽。据称，在新罗真兴三十五年（544）时，高句丽在创建智异山华严寺时，就试种过茶树。

（二）隋唐时，茶叶东渡韩国和日本

韩国在新罗二十七年（632），有遣唐高僧从中国带回茶种，种于河东郡双溪寺。不过，高句丽种茶有史可稽的年代是始于唐代。据《东国通鉴》记载：828年，"新罗兴德王之时，遣唐大使金氏（即金大廉），蒙唐文宗赐予茶籽，始种于全罗道智异山。"当时，新罗国的教育制度还规定，除"诗、文、书、武"为必修课外，还要学习"茶礼"。12世纪时，高丽的松应寺、宝林寺等著名禅寺积极提倡饮茶，饮茶之风很快普及到民间。自此，朝鲜半岛不但饮茶，而且开始种茶。但由于气候等原因，茶叶生产发展缓慢。如今，朝鲜半岛主要在韩国的济州岛和南罗道州两地有茶树种植，茶园面积600公顷左右，至今茶叶主要依靠进口，只有富庶人家才能享受到饮茶的乐趣。另外，有史料记载，韩国在三国时代以前就开始饮茶，但那时的茶，是指白山茶和人参茶，而非现在所指的用茶树的嫩芽为原料加工制作而成的茶叶，表明当时所饮之茶，乃是"非茶之茶"。

史料表明，630年开始，日本国就向中国派遣唐使、遣唐僧，至890年，日本先后派出19批使者来华。而这一时期，正是中国茶文化的兴盛时期。世界第一部茶书——唐代陆羽《茶经》的

日本招提寺内的
鉴真圆寂塔

日本崇福寺是
当年都永忠向天皇献茶之地

问世，饮茶之风遍及中国大江南北，波及边陲。特别是隋唐时，中国佛教文化兴起，寺院积极提倡饮茶参禅学法悟性。与此同时，随着佛教文化的东传日本，茶亦伴随着佛教的脚步传入日本。729年，日本天平元年二月八日，圣武天皇在宫中太极殿举行"季御读经会"①，身着盛装的100名僧侣（包括从中国归国的遣唐僧侣）首次进行了施茶仪式，表明当时饮茶已传入日本。另有日本古籍《古事记》及《奥仪抄》记载，日本高僧行基（658—749）一生曾兴建不少寺院，并开始在寺院中种茶。可惜记载甚微，加之茶种来源不详，未被更多专家、学者重视。

与此同时，中国扬州大明寺鉴真和尚（688—763），应日本在华留学僧荣睿和普照之邀，5次东渡日本失败，终于在天宝十二年（753）第六次东渡到达日本。因鉴真大和尚通医学、精《本草》，自然也带着茶去日本。延历六年（787），日本宫廷隶下的药园"典农寮"开始种茶，并将茶视为药物之一，茶在当时日本人的眼中属于药品。此后，陆续有遣唐高僧不断从中国带回茶叶和茶种，使日本饮茶之风开始兴起，种茶时有发生。在这一过程中，起过重要作用的当推日本遣唐僧都永忠、最澄和空海。

（1）都永忠（743—816）：于775年随日本第15次遣唐使来中国，先后在长安西明寺生活了28年（777—805）之久。由于佛教推崇饮茶诵经，认为茶性与佛理是相通的。所以，805年，都永忠回国住持崇福寺和梵释寺时，自然也将中国的饮茶之道带回日本。对此，日本《经国集·和出云巨太守茶歌》有载，当时都永忠的煎茶技艺、饮茶方法与中国唐代的饼茶煮饮法是一致的。另据《日本后记》记载，弘仁六年（815）四月，嵯峨天皇(809—823年在位)行幸近江(今滋贺县)经过崇福寺时，"大僧都永忠、护命法师等，率众僧奉迎于门外。皇帝降舆，升堂礼佛。更过梵释寺，停舆赋诗。皇太弟及群臣奉和者众。大僧都永忠亲自煎茶奉御。"嵯峨天皇饮后大加

---

①季御读经会：即按季节在宫中举行的诵经祈福法会。

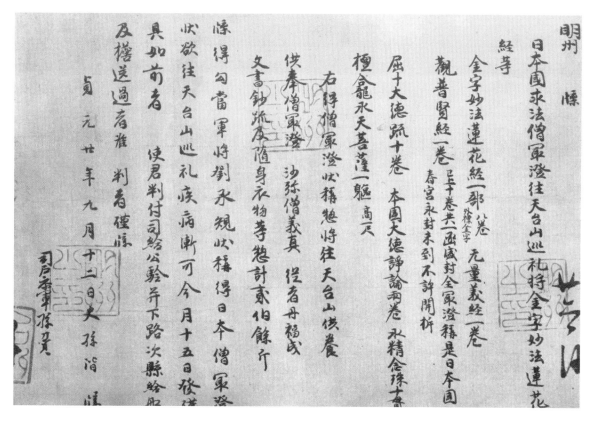

日本最澄大师
入唐渡牒

赞赏，认为比此前最澄、空海所献之茶滋味更美，遂赐之以御冠。同年6月，嵯峨天皇令畿内地区及近江、丹波、播磨等地种植茶树，以备每年贡茶之用。从此，日本饮茶风习也逐渐从寺院开始走向民间。

（2）**最澄**（767—822）：据《日吉社神道秘密记》载，唐贞元二十年（804）七月，日本国钦派最澄（767—822）禅师及翻译义真等赴中国天台山国清寺学佛。他们从肥前国松浦（今佐贺）出发，到达大唐明州（今宁波）。在台

最澄大师
入唐图

州刺史陆淳的保护下，于九月中经台州到达天台国清寺，在修禅寺向道邃禅师学习天台教旨，在佛陇寺向行满禅师学习天台宗教相，向惟象禅师学习《大佛顶大契曙荼罗》法事。8个月后，

西安青龙寺内的
空海纪念碑

日僧空海将从中国带回的茶籽,
播于佛隆寺周围,成为日本大和茶的
发源地

于805年春乘遣唐史船回国。回国时,台州刺史陆淳召集当地官员、名僧、名儒为最澄饯行。对此,时任台州司马的吴顗作《送最澄上人还日本国序》云:"三月(阳历4月)初吉,遐方景浓,酌新茗以饯行,劝春风以送远。"此序现收录在日本《传教大师全集》。从序表明,当时陆淳为最澄饯行的是"酌新茗"欢送茶会。同年五月,最澄回到日本,就将带回的经书章疏230部共460卷,以及图像、法器一并献给天皇,并开创了日本天台宗。

最澄在天台山带去佛教经文的同时,还从国清寺带去茶籽。回国后播种在日本滋贺县比睿山日吉神社旁,后人称之为"日吉茶园",成为日本最古老的茶园。在日吉茶园旁,竖有"日吉茶园之碑",碑文中还写有"此为日本最早茶园"的说明。对最澄在佛教文化和茶文化方面做出的贡献,日本嵯峨天皇(786—842)大加赞赏,并作《和澄上人韵》诗对最澄深加赞美,其中也谈到茶事:"羽客亲讲席,山精供茶杯。"

(3)空海(774—835):作为学问僧于804年随17次遣唐使入唐。抵唐之后,辗转长安,后拜访青龙寺惠果法师。惠果法师圆寂后,空海四处交流和参学。于806年学成后回国,除带回大量佛经外,还带去茶籽献给日本嵯峨天皇。815年,空海上奏《空海奉献表》,内有"观练余暇,时学印度之文,茶汤坐来,乍阅振旦之书"之句,在日本茶文化史料中占有重要地位。空海回国时也带回茶籽,种于京都佛隆寺等地,并由此发展成为日本大和茶的承传地。至今,在佛隆寺前还竖有"大和茶发祥承传地"碑。

另外,空海还特地把中国天台山制茶工具"石臼"带回日本仿制,从此中国的蒸、捣、焙、烘等制茶技艺传入日本。所以,在空海所撰的《性灵感》中曾提到过"茶汤"一说。

此外,还有日本在中国的留学僧慈觉大师圆仁,他于唐开成五年(840)学习期满,从长安回日本时,唐皇李昂向他馈赠的礼物中,就有"蒙顶茶二斤,团茶一串"。日本在中国的留学僧不仅给日本带来了中国的茶种,还带回了中国当时的蒸青茶加工技术。这种茶的加工方法,一直在日本沿用至今。

荣西来中国学佛的
天台山万年寺

日本高山寺
明惠种茶遗址

荣西在日本佐贺县博多建
圣福寺，并亲自在此种茶

　　9世纪末，中国国势渐衰，唐王朝摇摇欲坠，农民起义不断，日本对日中文化交流的热情渐减。日本宇多天皇遂于宽平六年（894）中止了向中国派送遣唐使、遣唐僧。其时，日本文化发展也就进入了传统的国风文化时期，中日茶文化交流也就进入了两三百年的沉寂时期。

　　（三）宋元时，茶叶随着佛教文化快速向外传播

　　9世纪末至12世纪中期，中日茶文化交流处于停滞状态，日本佛教也因没有新思想的输入，使教学僵化，流于形式，进入凝固状态。南宋（1127—1279）时，许多日本佛教高僧决心再度来中国获取佛教经法，促使日本佛教获得新的发展，茶文化也开始兴盛起来。在这一过程中，与中日茶文化交流关系密切、影响深远的当推日本高僧成寻、荣西、道元、圆尔辨圆和南浦绍明。

　　（1）成寻（1011—1081）：7岁时入岩仓大云寺学佛，后任住持。宋神宗熙宁五年（1072）获准来华，后经明州到达临安（杭州）。在他的《参天台五台山记》中，写到在杭州多次见到饮茶的情景，这是他首次接触到宋人点茶之法。上天台山后，在国清寺时，又写到他亲历饮茶，以及上天台山顶峰时见到的满坡茶树和诸多寺院高僧大德点茶饮茶的欢乐情景。

　　（2）荣西（1141—1215）：曾两度到中国天台山万年寺研修佛法。第一次来中国是1168年4月，当时荣西年方28岁。他从博多（今福冈）上船，一星期后到达中国明州（今宁波），接着经台州，抵达天台山万年寺学佛，长达5个月左右。其实，荣西能在万年寺修禅，是南宋朝廷对他有特别关照。万年寺所在的台州当地政要还请荣西祈雨，成功之后，奏请朝廷，南宋孝宗皇帝特赐荣西"千光佛师"称号。而荣西也不负众望，出资修建了万年寺放生池，后人誉称为"荣西莲池"。荣西回国时，带回天台宗新章疏30部60多卷。

　　荣西第二次来中国是1187年4月，并于当月25日抵达南宋京城临安（今杭州）。荣西这次来中国，意在经中国去天竺（今印度）求法。但当荣西获知西去之路，已被中国北方蕃王（即金、辽）阻断，无法通过，于是决定再次上天台山万年寺拜虚庵怀敞和尚为师。这次荣西在万年寺学习、考察先后长达2年5个月，后还与师去明州天童寺取经修禅。这次荣西前后在天台山共停留了4年多时间，最后于1191年秋，从中国明州乘船，抵达日本九州平户港回国。

荣西随师虚庵怀敞禅师到明州（今宁波）天童寺修禅时，还为重修天童寺千佛阁提供优质木料，并与师约定，于回国后的第二年（1192），荣西就从日本起运木材运往宁波天童寺，使天童寺千佛阁得以重修，从此传为美谈。

荣西到天台山两度留学取经期间，在习禅之余，还常在天台山一带考察茶的栽制技艺和饮茶之道。回日本时，荣西还带去天台山云雾茶种，陆续在九州平户岛富春院（禅寺）、京都脊振山灵仙寺、博多（今福冈）圣福寺等地撒下了茶树种籽。荣西回到京都以后，还于1207年前后，上京都栂尾山高山寺会见明惠上人（1173—1232），并向明惠上人推荐饮茶对养生的好处，又将茶种赐予明惠上人。于是，惠明上人将茶树种子种植在高山寺旁。对此，《栂尾明惠上人传》有载：荣西劝明惠饮茶，明惠就此请教医师，医师云：茶叶可遣困、消食、健心。由于高山寺四周的自然条件和生态环境，十分有利茶树的生长，使茶叶很快在栂尾山发展起来。又因其地所产之茶，滋味纯正，高香扑鼻，为与其他地方所产的茶相区别，后人遂将其地所产之茶，称为"本茶"；而其他地方所产的茶称为"非茶"。从此，中国天台山茶种在日本很快繁衍开来。如今，在栂尾山高山寺旁，还竖立着"日本最古之茶园"碑，以示纪念。

与此同时，荣西还积极宣传饮茶好处，从实际出发，结合饮茶养生之道，撰写了日本第一本茶书《吃茶养生记》，为普及饮茶以及发展茶叶生产起到了大的推动作用。

（3）道元（？—1253）：于南宋嘉定十六年（1223）入宋求法于明州（今宁波）天童寺、阿育王寺。宝庆元年（1225），道元登径山求法，在径山寺参谒住持如琰禅师（1151—1225）。如琰禅师还曾在径山寺明月堂为道元设茶宴品茗论禅，款待道元。接着，道元还上天台山万年寺求法，回国时也将天台石梁"罗汉供茶"之法，带回日本曹洞宗总本永平寺等地。据《十六罗汉现瑞华记》载："日本宝治三年（1249）正月一日，道元在永平寺以茶供养十六罗汉，午时，十六尊罗汉皆现'瑞华'。现瑞华（花）之例仅大宋国天台山石梁而已，本山未尝听说。今日本数现瑞华，实是大吉祥也。"日本佛教界把天台山分茶（即点茶）时茶盏茶汤表层浮现的异景称为"瑞华"，誉为"吉祥"之兆。

道元回国后，在深草还建兴圣寺，在越前（今福井县）建永平寺，又将静冈大圆觉寺作为传布曹洞宗的根本道场。同时，他还把径山等寺院茶礼仪规介绍到日本寺院，并将四明山茶种播于静冈县牧之原市所在的大圆觉寺周围。如今，静冈已是日本第一产茶县，牧之原又是静冈的第一产茶市。

（4）圆尔辨圆（1202—1280）：于1235年西渡来到临安（今杭州）巡礼求法，先在杭州天竺寺佛教圣地修戒学禅，后去余杭径山寺住持无准师范（1179—1249）处学习禅法。在禅宗"一日不作，一日不食"的修行原则指导下，圆尔辨圆在径山寺学习中国书画、烹饪技法，掌握麝香药丸、龙须面制法的同时，最用心钻研的是禅林的"以茶悟性"，他将径山寺的种茶、采茶、制茶之技，以及点茶、饮茶、茶礼之道带回日本，开启了日本茶道之风。

圆尔辨圆在中国学佛长达6年（1235—1241）之久。基本没有离开南宋京城杭州。在开始的近两年间，他在天竺寺等寺院修戒律、学禅法。宋嘉熙元年（1237）开始，上径山拜径山寺第

杭州径山寺为纪念日僧圣一国师弘扬径山茶宴而立的纪念碑

杭州径山寺，唐宋时兴盛茶宴

34代十方住持无准师范为师，专心学习临济宗杨岐派禅法近5年之久，终于受得印可。回国时，无准师范还授予圆尔辨圆一部由宋代高僧奎堂所著的《大明录》。圆尔辨圆在径山寺学佛期间，不但修研禅法，领会儒学，而且还对径山寺的禅院生活文化加以学习总结，特别对农禅文化发生浓厚兴趣。径山寺提倡的"以茶悟性"，以及径山寺自成一体的茶宴（又称茶礼），给圆尔辨圆留下了深刻的烙印。所以，当圆尔辨圆回国时，先后在日本建立了崇福寺、承天寺和东福寺等三座大寺，并多次在重大场合讲授禅宗。1245年，他应诏入宫，为嵯峨天皇进献和宣讲《宗镜录》，为此引起朝政震撼。以致后来，嵯峨天皇、龟山天皇、深草天皇还分别随圆尔辨圆受戒，被日本朝廷赠谥圆尔辨圆为圣一国师。1257年，圆尔辨圆又为当时幕府实权派人物北条时赖讲授《大明录》，展示他在佛法、汉学等方面的才能，获得非同凡响的结果。

与此同时，圆尔辨圆还将带去的径山寺院茶树种籽，播种于他的家乡静冈，并按径山寺僧的栽茶、制茶技法用于生产实践，生产了优质日本抹茶，日本当地称之为"本山茶"。从此，使日本静冈茶叶生产进一步扩展开来。

（5）南浦绍明（1235—1308）：于南宋开庆元年（1259）入宋求法，在杭州南山净慈寺参拜虚堂智愚法师，后随虚堂智愚到径山寺，继承法统。回国时，在带去佛经的同时，将径山的茶种、制茶、茶礼仪式和茶具等一并带回日本。南浦绍明回国后，在建长寺、崇福寺弘扬佛法，还积极宣传和推广饮茶之道。对此，日本《续听视草》《本朝高僧传》中有载："南浦绍明由宋归国，把茶台子（茶具架）、茶道具（指风炉、釜、水器等）一式带到崇福寺。"《类聚名物考》

明代郑和"七下西洋"，
为传播茶文化作出了贡献

载："南浦绍明到径山参虚堂传其法而归，时文永四年也。"还说，"（日本）茶道之起在正元中（1259—1260），筑前崇福寺开南浦绍明由宋传入。"在《禅与茶道》一文中，还写道："南浦绍明从径山把中国的茶台子、茶典七部传来日本。茶典中有《茶道清规》三卷。"表明径山茶和径山寺院茶礼与以茶论道的日本茶道的形成，有着直接的关联。

（四）明清时，茶叶对外传播加快，有过辉煌显赫，但依然不能摆脱走向衰退命运

自明（1368—1644）至清（1644—1911），随着海上航路的开通，茶叶对外传播加速，在很长一段时期内，茶叶一直是中国的主要出口商品，也曾经在很长时期内占居国际主导地位，直至垄断国际市场。不过，尽管中国茶叶对外贸易有过辉煌，但走过的道路是曲折的。至19世纪90年代中期开始，中国茶叶对外贸易已渐入低谷。

1.明时，海上茶叶传播加速　1405年，明成祖任命郑和(1371—1433)为总兵太监，率领庞大船队首航西洋。郑和在28年间"七下西洋"。时间之长、规模之大、范围之广是空前的，不仅在航海活动史上达到了当时的顶峰，而且对发展中国与海外各国经济和文化上的友好关系，做出了巨大的贡献。其远航所及，涉足到亚洲、欧洲和非洲的30多个国家和地区，最远到达非洲东海岸的肯尼亚，成为人类航海史上的壮举。据考证，郑和

清时宁波港外的运茶船

使团所带的一切物资，均由当时的京城南京仓库支给，船队除生活必需品外，还随船携带了七大类出口商品。其中食品类中带的主要就是茶叶，瓷器类中带的是包括茶具在内的青花瓷器和青瓷碗盘。自此以后，中国的茶叶就开始源源不断地运往南洋、西欧及非洲的东海岸。清人赵翼《檐曝杂记》载："自前明设茶马御史①，大西洋距中国十万里，其番船来，所需中国物，亦惟茶是急，满船载归，则其用且极西海以外。"可知在15世纪初，已有较多的中国茶叶输往东亚以外的诸多国家。而文中所述"惟茶是急"，更表明当时的东南亚、阿拉伯一带，已是饮茶风俗盛行。

1517年，葡萄牙商船结队来到中国，葡公使进京与清政府交涉：要求准许他们居留在澳门，进行商业交易活动。这样，茶叶对西方贸易也就开始了。

1601年，荷兰开始与中国通商。1607年，荷兰东印度公司商船自爪哇来到澳门运载绿茶转销欧洲，这是中国茶叶输入欧洲的最早记载。1637年1月2日，荷兰东印度公司董事会给巴达维亚（今印度尼西亚首都雅加达）总督的一封信中说："自从人们渐多饮用茶叶后，余等均望各船能多载中国及日本茶叶运到欧洲。"当时茶叶已成为欧洲的重要商品。与此同时，中国的瓷器茶具，也通过荷兰东印度公司，源源不断地出口到欧洲，引起轰动。

2.明末清初，海上茶叶传播受阻　明末清初（16世纪末至17世纪中)时，由于政局动荡，海盗猖獗，海上传播之路受阻，茶叶出口处于停滞状态。

（1）禁海，断绝了茶叶对外商贸之路：1650年，随着欧洲饮茶的兴起，法国国王路易十四还委任大臣马礼兰（Mazarin）创建中国公司，派员到中国订制带有法国色彩的瓷茶具。只是到了顺治十二年（1655）六月，清廷颁布禁海令："严禁沿海省份，无许片帆入海，违者应置重典。"这一禁令，不但断绝了沿海渔民的生路，而且严重地阻碍了已经进行的茶叶对外贸易。其结果是"流通之银日销，而壅滞货莫售"。使"民情拮据，商贾亏折"。不过，在此期

___
①始于永乐十三年，即1415年。

间，茶叶走私之事，还是时有发生。如1673年，随着中国茶的远洋外销，饮茶用具，特别是中国的瓷茶具，也远销到印度尼西亚、马来西亚等地。据《荷兰东印度公司与瓷器》记载：这一年，荷兰在澳门成交走私船所载货物中，就有大批量的瓷器茶具。到1683年，清兵攻取台湾，沿海抗清势力肃清，翌年清政府下诏："令开海贸易。"从而使沿海茶叶出口贸易，从清初的"海禁严切，四民失调"中

18世纪中叶，广州成为
中国茶叶出口的唯一码头

得到复苏。同年，清政府还派官船十三艘开赴日本，进行商贸往来。到康熙、雍正交替期间，每年从上海、宁波口岸开赴日本的商船，就有80余艘，运去的货物中就有茶叶。

（2）解禁，使广州成为对外贸易的唯一通道：康熙二十四年（1685），在解除海禁的同时，清政府又在广州设立粤海关，部分开放口岸，准许广州口岸对外贸易。

1690年，中国茶叶输至美国波士顿，并获得在波士顿售茶的特殊许可证，从此中国茶不断输入到美国。1721年，在中英贸易中，茶叶已占据第一位。据《茶叶全书》载，其时英国输入到美国的中国茶数额，首次超过100万磅（453吨）。

1727年，始废南洋贸易禁令，准许福建、广东商船前往南洋各国贸易。与此同时，清廷随着开展茶税改革的同时，又将厦门发展成为进出口贸易港。其时厦门已发展成为一个进出口贸易港，不但允许东南亚各国商人载货来厦门贸易；同时，也允许广东、福建、浙江的商人来厦门和从厦门出海去东南亚进行茶叶贸易。

1731年，瑞典东印度公司成立。次年开始每当春夏之交，瑞典商船以黑铅、粗绒、酒、葡萄干来广州易货买茶叶、瓷器诸物，至初冬回国。据史料记载：从1731—1831年的100年间，先后有37艘瑞典商船数百航次驶往中国进行贸易。

1743年，以瑞典东印度公司总部所在地哥德堡命名的哥德堡号商船，是瑞典东印度公司所有船只中的第二大船只。仅在1739—1745年期间，三次远航广州。其中，1744年第三次远航到广州时，在广州装了700吨中国货物，内有2 677箱茶叶(366吨)、100吨瓷器。

1752年，荷兰东印度公司的"葛尔德马尔森"号远洋帆船来中国贸易，并从广州港满载中国茶叶（约70万磅，合310余吨）和瓷器回航。

随着欧洲饮茶风尚的盛行，为纪念中国茶叶给欧洲带来的新风尚，普鲁士国王腓特烈二世于1757年，在波茨坦市北郊的无忧宫园林内，特地修筑了一座具有中国风格的中国茶亭，又称中国茶馆。并在亭前立着一只中国式的香鼎，上面刻着"大清雍正元年"字样。腓特烈二世常在此亭内举行中国式的茶会，品茶消遣，招待王亲国戚，宫廷大臣，欣赏中国饮茶文化之风雅。

古代画家笔下的
福建泉州港

瑞典哥德堡号
商船

　　1757年，当时的暹罗（今泰国的古称）派出商船八九十艘，专门来中国沿海的宁波、乍浦、上海等地，贩运包括茶叶、丝绸、棉布在内的各种货物。1760—1764年，英国东印度公司由广州经澳门等港口运出的茶叶，价值年平均白银80多万两，占该公司从广州运出货物总值的91.9%。据报道，1785—1833年，该公司从中国购得的茶叶价值，年平均达白银400万两。

　　1780年，英国东印度公司一船长，从中国广州购得茶籽一批，运至印度加尔各答。英国驻印度总督哈斯丁斯，将一部分茶籽栽种于东北部的不丹和包格尔；其余茶籽栽种于加尔各答英军军官凯特的私人花园中，这也是印度引种中国茶的早期试种记录。1784年，美国商船"中国皇后号"抵达广州，以货换取中国茶叶、瓷器、丝绸等商品。在该船回美途中，美国国内即登出一广告，提到即将运回的商品有"整箱装、半箱装、四分之一箱装的上等红茶和茶叶罐"等内容。这是美国直接从中国贩运茶叶的最早记载，也是美国建国后第一份推销中国茶叶及其他商品的广告。从1784年美国第一艘商船"中国皇后号"运茶返抵纽约引起轰动。以后，美国又陆续增派船只来华采购茶叶。1785—1804年，共派出203艘货船来华，从广州运回茶叶总计5 366万磅（24 300余吨）。嘉庆十年（1805）至嘉庆二十五年，美国从广州输出的茶叶成倍增长。16年间共派出348艘商船来广州，运去茶叶10 174万磅（46 148吨），平均每年21艘，茶叶635万磅（2 880吨），较前19年平均增长一倍多。

　　1817—1827年的10年间，茶叶、生丝和棉布，成为中国出口的三大商品，中国沿海诸多港口，都有外国商船往来，并远销茶叶到欧、美、亚市场。据《上海碑刻资料选辑》记载：到鸦片战争前夕，茶业已成为上海商业行业中的一业。

　　1832年，英国东印度公司派林赛乘"阿美士德"号船，由澳门出发，先后到中国的厦门、福州、宁波、上海、威海等地察勘商贸。据广州茶叶出口品类记载：当时经英国东印度公司从广州运去的茶叶中，就有福建红茶、浙江龙井茶、江南的（包括江苏、安徽）绿茶等。英国东印度公司成立于1602年，获英政府批准享有对印度贸易的专利权。从1637年该公司首次从广州进口茶叶后，由于垄断经营，获得高额利润，因而茶叶业务迅速发展。1760—1833年，其进口茶叶222.65万担（11.13万吨），价值3 757.53万银两，占其总进口值的87%（其中1825—1829年占94%）。茶叶成为该公司进口的第一位商品。1833年，英国废止该公司对中国茶叶贸易的特权，从而结束了该公司垄断英国的中国茶叶贸易近200年的历史。

1834—1835年，从中国运至新加坡的茶叶有30 000～40 000箱（每箱净重21斤）。1821—1839年，美国从广州输入茶叶进一步增长。19年间，美国共派557艘商船来广州，运去茶叶19 510万磅（88 496吨）。平均每年29艘，1 026万磅茶叶（4 635吨）。最高年份为1836年，用42艘船运去茶叶1 658万磅（7 250吨），其中红茶为292万磅（1 324吨），绿茶为1366万磅（6 169吨）。

1836年，据威廉·乌斯克《茶叶全书》载：1835—1836年，印度科学会通过种植中国茶树的决定，在印度加尔各答以中国茶籽育成茶苗42 000余株，分别在阿萨姆、古门、苏末尔、南印度的一些地方栽种，发展茶叶生产。

1840年，由于中英鸦片战争爆发，中国生产茶叶5万吨，出口1.9万吨。其中输往英国1.02万吨。由于英国挑起鸦片战争，这年英国进口的茶叶比1836年锐减一半还多。同年，美国从广州共购买茶叶8 796吨，是历年来中国向美国出口茶叶最多的一年。

1841年1月26日英军侵占香港，并于6月7日宣布香港为自由港。据统计，这年8—12月，进出香港的商船共145艘，其中载运茶叶的共12艘。这些由广州黄埔港运出的茶叶，除小部分在香港销售外，大部分销往印度孟买、英国伦敦，以及印度尼西亚、马尼拉、美国等地。

1842年8月29日，中国因鸦片战争失败，被迫与英国签订了不平等的《南京条约》，准许英国在中国沿海的广州、福州、厦门、宁波、上海五处港口贸易通商，即"五口通商"。"五口通商"的结果，虽然使中国进一步殖民化，但也刺激了中国茶叶对外贸的兴起与发展。进而，使中国茶叶输出实行多口岸出口。

3.清中期是茶叶对外贸易的复兴期　随着海禁的开放，对外贸易口岸的增多，使茶叶向外输出不断增加，以致达到历史的最高峰。

（1）**茶叶对外贸易的兴起**：从1842年中英签订《南京条约》开始，至第二次鸦片战争结束（1860），基本上是实行"五口通商"。在这一时期内，中国茶叶对外贸易迅速兴起，这是因为：

一是1842年前，清政府只准广州一个口岸对外通商，各地茶叶需运抵广州出口。"五口通商"后，开始多口岸出口，广州茶叶出口的"一统天下"被打破，致使广州口岸出口的茶叶骤减。而从康熙时开始，垄断中国丝茶出口贸易有120年左右的广州十三行，在《南京条约》签订后被实际废除。

二是因受太平天国起义的影响，去广州的交通受阻，使江西、湖南、湖北的茶叶，改道其他口岸出口，特别是借道从上海口岸出口。如此一来，广州茶叶出口骤减。这可从中国五口岸茶叶出口数量的变化中找到答案。

上海港用驳船将茶叶
运到货轮上的情景

1843—1860年五口岸茶叶对外出口数量

单位：万吨

年份	上海	广州	福州	厦门	宁波
1843		8 044			
1844	544	31 450			
1845	1 754	34 655			
1846	5 625	32 478			
1847	7 197	29 151			
1848	7 137	27 337			
1849	9 253	15 785			
1850	12 277	18 204			
1851	24 615	19 172			
1852	21 228	16 148			
1853	22 559	13 487	2 722		
1854	16 390	21 894	9 314		
1855	34 776	7 560	7 137		
1856	19 475	13 789	18 567		
1857	20 745	8 891	14 455		
1858	20 624	11 068	1 271	1 814	
1859	17 781	11 431	21 186	1 996	60
1860	24 252	15 906	19 233	3 266	968

资料来源：摘自陈慈玉《近代中国茶业的发展与世界市场》。

福州口岸装运茶
的快剪船

　　从1843—1860年五个口岸茶叶对外出口数量变化表中可以看出：①中国茶叶的对外贸易，已不再是广州一家口岸，而是在一个较长时期内，5个口岸同时出口。②广州的茶叶出口数量开始下降，其余4个口岸的茶叶出口量不断攀升。③上海口岸和福州口岸增加迅速。如以上海口岸为例，从1851年开始第一次超过广州口岸。自此以后，除1854年，因受太平天国起义军战事影响有所例外。其余年份，一直延续到大清结束，茶叶出口量一直超过广州口岸。福州口岸，自1844年开始开放通商后，经过十年积蓄，发展加快。特别是1859年因受太平天国起义军影响，不少茶叶产区的出口改道福州，使福州口岸的对外茶叶出口数量超过上海。

　　不过，从5个口岸整体看，除上述提及的个别年份外，其余年份，上海口岸茶叶输出始终处于领先地位。主要原因有三：

　　一是上海口岸更接近于出口茶叶主产区有关。特别是安徽、浙江、福建等省出口的茶叶，改从上海口岸出口，更加便捷，更能节省运输费用，这也促使上海逐步取代广州，成为中国主要茶叶输出港口的重要原因。

　　二是上海被列为对外通商口岸后，从1843年开始，外国洋行纷纷到上海设立分行。到1850年先后共开设20家洋行。最多是英国洋行，有：怡和、宝顺、仁记、义记、广源、泰和、和记、广隆、公易、华记、客利地、公平、丰茂、李醒、裕记、隆茂16家。美国有旗昌、琼记、森和、同珍4家。这些洋行主要从事茶叶和丝绸业务。

　　三是在此期间，因受太平天国起义军的影响，茶叶出口广州的交通经常受阻，特别是江西、湖南和湖北，以及部分西南省区的出口茶，改道其他口岸，更多的出口茶叶转运上海，从而加速了上海港茶叶出口的快速递增。

　　另外，1862年，汉口口岸开埠。这样一来，原来只能在陆路恰克图购茶的俄国商人纷至沓来，英国商人也由上海逆江而上，俄英两国商人在此展开激烈的茶叶贸易战。汉口也以其优越的地理环境，迅速发展成为中国的主要茶叶出口贸易港，是年出口茶叶1.3万余吨，较1861年增加1.7倍，1872年增至3.3万余吨。汉口很快成为中国茶叶对外贸易，特别是对俄国茶叶出口的主要贸易港口，从而成为仅次于上海、福州之后的中国茶叶又一出口主要港口。

（2）茶叶对外贸易的昌盛：自第二次鸦片战争结束（1861）后，直至甲午战争（1894年）期间，英、法、美、俄相继强迫清政府签订了《天津条约》《北京条约》《瑷珲条约》等，长江沿岸的汉口、镇江、南京、九江，以及沿海的营口、天津、烟台、汕头等地开放成为对外通商口岸。这样一来，在长江流域由原来上海一个口岸出口的茶叶，变为多口岸出口。尤其是汉口、九江两口岸，更接近茶叶产区，更便于直接茶叶发货出口。如此一来，原先上海的洋行，纷纷去那里设立分行和联号。据1864年香港SHORTREDE公司工商行名录所载：当时，12个从事茶叶进出口的口岸，共有贸易洋行178家。口岸的增加，洋行的增多，在一定程度上刺激了中国茶叶的对外贸易的发展。

从总体而言，自1861年第二次鸦片战争结束，至1894年甲午战争期间，中国茶叶对外贸易有了较快的发展，达到昌盛时期。据当时对外开放的上海、广州、福州、厦门、宁波、汉口、九江、天津8个主要茶叶出口口岸统计，包括重复出口在内：1864年茶叶出口量为98 729吨；10年后的1874年出口量增至143 930吨；20年后的1884年，出口量继续增至171 110吨；30年后的1894年，由于茶叶出口价格长期低落等原因，造成茶叶出口量有所下降，这一年的出口量为153 855吨。

1864—1894年中国主要口岸茶叶出口情况

单位：吨

年份	上海	广州	福州	厦门	宁波	汉口	九江	天津
1864	29 415	6 350	29 030	3 268	3 268	17 963	8 286	1 149
1874	34 582	6 169	40 824	5 080	9 556	28 365	14 818	4 536
1884	27 649	6 350	41 005	9 132	9 495	39 614	18 874	18 991
1894	27 456	726	29 514	1 754	9 798	42 155	12 938	29 514

资料来源：摘自陈慈玉《近代中国茶业的发展与世界市场》。

大抵说来，1875年前，中国茶叶出口的快速递增，主要在于国外茶叶消费市场需求的快速递增。当时，中国茶叶的出口占世界茶叶出口总量的81%以上，处于举足轻重的地位。1861年长江沿岸开埠后，许多洋行，特别是上海的洋行，纷纷在汉口、九江等口岸设立分行或联号。当时行栈之多，正如清大臣左宗棠在一篇奏折中所说："浙江、广东、九江、汉口各处洋行、茶栈林立，轮船消息最速，何处便宜，即向何处售买，故闽茶必恃洋商，而洋商不专恃闽商。"而湖北、湖南、江西、安徽等地所产之茶，可以就近选择在汉口、九江等口岸出口，更为便利。因此，这期间，大批洋行、茶栈涌向产地口岸设立行栈，收购茶叶。使汉口、九江口岸茶叶出口迅速增长。1867年英国驻沪领事文极司脱在上海贸易报告中，对1861—1867年茶叶购销情况的变化写道："自1861年长江贸易开放，带来新的局面，开始进入正常以来，这些商人们第一次真正感到满意的一年。外国人长期抱有的，在生产茶区扎根的希望，于1861年第一次得以实现，随之而来的极度兴奋，曾引起长期反应，但是到1867年，这种反应显然已告结束。此间的商人和英国的消费者所追求的，愈接近茶叶产地，产品愈便宜的想法，起初似曾部分实现，但后来表明，至少在中国向内地推进是徒劳无益的。"文极司脱从多年来的经营经验中认识到：深入产地购茶，不如通过中国城乡茶商，将分散的茶叶集中到口岸，在当地茶叶行栈和洋行买办的中介里，收购货源更为有利。这种做法，在他们以后的经营中，付诸实践。这样他们既可坐收茶叶出口货源，又可节约人力、财力；而且受到本国领事的保护，在贸易上处于主动地位。进而，他们又逐渐采用在口岸坐收货源（茶叶）的办法，得以坐享其利。

与此同时，英国商人庆贺在华茶叶贸易取得的胜利，还于1893年在汉口书信馆发行中英文对照的邮票一套，共5枚，其中3枚为茶担图。1894年和1896年，又分别发行了5枚不同面值的邮票。从中，人们不难看出，中国茶叶在出口贸易中的地位和作用。但尽管如此，直到19世纪70年代初以前，对茶叶价格的确定，主要按中国当年茶叶生产情况而定，中国出口茶叶价格一直保持在较高的价位。但自19世纪70年代中期之后，茶叶出口价高低则由外商作决定。因此，出口茶叶价格开始逐年下降。据统计，1862—1892年，中国外销茶叶价格变化情况，如下表所示。

1862—1994年中国出口茶叶价格变化

单位：担/海关两

年　份	红　茶	绿　茶	砖　茶
1862	22.00	29.00	—
1865	27.42	36.81	6.20
1866	24.88	36.91	10.00
1871	22.39	39.04	9.00
1874	21.60	22.20	11.92
1877	17.49	21.96	11.90
1880	17.64	22.25	9.15
1883	17.01	20.42	6.86
1886	16.74	18.41	6.14
1889	16.23	19.85	7.12
1892	17.15	28.43	7.16

资料来源：摘自姚贤镐《中国近代对外贸易史资料》。

中国外销茶叶价格从19世纪70年代中期开始，呈逐年下跌之势。主要原因有三：

首先，19世纪70年代中期开始，印度、斯里兰卡、日本等新兴产茶国兴起，印度、斯里兰卡的红茶出口，日本的绿茶出口，打破了中国茶叶出口的主导地位，它们与中国争夺出口市场。但尽管如此，直到19世纪80年代中期，中国的茶叶出口还是继续上升的，出口最多的1886年达13.4万吨，占世界茶叶出口总量的84%。但此时中国茶叶出口虽仍位居榜首，可从发展趋势看，已处于守势和停滞不前的状态。而印度、斯里兰卡、日本的出口量，则快速大步增长。

1861—1894年世界茶叶主产国出口数量变化

单位：吨

年份	中国	印度	斯里兰卡	日本
1861	60 465	900		1 851
1865	73 163	1 423		4 820
1870	82 934	5 918		7 448
1875	109 927	11 608	0.45	11 807
1880	126 777	20 653	74	18 342
1885	128 690	31 129	1 984	18 709
1890	100 679	45 671	20 775	22 529
1894	112 583	57 755	38 722	22 706

资料来源：摘自陈慈玉《近代中国茶业的发展与世界市场》。

其次，随着中国茶叶的不断出口，为外商出口需要开辟的茶区不断扩大。在这种情况下，为外商收购茶叶的行栈日益增多。而各地茶商收购大量茶叶，运到各口岸后，除洋行收购外，别无销路。洋行看清了这一情况后，就想尽办法压价。如此一来，中国出口茶叶的价格，并非按茶叶产区的收购价而定，而是洋行按各自输入国的行情价确定收购价。于是，反过来，国内茶叶产区的茶商，又根据口岸洋行的出价，向产区茶农收购，从而使洋行的开价具有决定性的作用。特别是19世纪70年代开始，中国茶商连年亏损，而洋行每年有利可图。这是因为在中国口岸的外国洋行，利用中国茶商对外国茶情的无知，任意操纵。结果，正如清大臣左宗棠在一篇奏折中所说一样："每年春茶初到省垣，洋行昂价收购，以广招徕，迨茶船拥至，则价格顿减，茶商往往亏折资本。"洋行采用的是"高价招徕，低价吃进"的方法。

同时，洋商针对中国茶商资本不足的现实情况，采取放款收茶，压价迫售，使中国茶商损失惨重，而外国洋行获利不浅。对此，清大臣张之洞在1892年的奏折中，就曾提到过：中国茶商，"资本不足，重息借贷，更有全无资本，俟茶卖出，以偿债者"。

第三，中国茶叶不重视制茶技术的改进和品质的提高。而在这一时期内，各国对茶叶的需求量却是增加的，这可从1892年通商各关的报告中，得到证实："因获利甚丰，努力广事种植，以期供求相称。惜销路虽畅，而品质殊形退化，是时中之下货，颇见飞俏，真正佳茗，售价反不相当，一般植茶乡民，以洋商对焙制、包装等手续，已不甚吹求，遂注重数量，而忽视品质，驯之培植不善，烘制久不，卒召日后之惨败焉。"由于只重数量，不重质量，在这种情况下，外商对收购中国茶，采用谨慎方法。结果导致外国消费者，特别是中国红茶的主销国——英国认为："印度茶是上品，制法年年都有改进。"在这种情况下，中国茶出口英国开始锐减，而印度茶出口英国得以猛增。

1865—1889年中国、印度茶叶输出英国数量比较

单位：%

年份	印度茶	中国茶
1865	3	97
1867	6	94
1869	10	90
1871	11	89
1873	15	85
1875	16	84
1877	19	81
1879	22	78
1881	30	70
1883	34	66
1885	39	61
1887	46	54
1889	58	42

资料来源：摘自姚贤镐《中国近代对外贸易史资料》。

　　而在同一时期，中国绿茶的主销国——美国，在此前几乎是中国绿茶独占市场。1872年，美国取消茶叶税后，中国口岸的茶商错误估计，购进较多茶叶，结果造成亏损。而此时的日本绿茶，不但质量较好，而且价格也比较便宜，所以，美国开始输入日本绿茶，输入量逐年快速递增。1865年美国输入日本绿茶仅6.2吨，到1870年已达到6 169吨，1874年进而达到10 206吨，第一次超过中国。

1867—1877年中国、日本绿茶输入美国数量比较

单位：吨

年份	中国	日本
1867—1868	6 350	3 946
1868—1869	9 072	4 854
1869—1870	8 891	3 538
1870—1871	8 392	6 169
1871—1872	9 344	6 350
1872—1873	10 070	7 530
1873—1874	9 027	8 119
1874—1875	9 027	10 206
1875—1876	7 711	11 113
1876—1877	4 309	8 754

资料来源：摘自姚贤镐《中国近代对外贸易史资料》。

4.茶叶对外贸易的衰退　中国茶叶出口，在甲午战争（1894）前，尽管受到来自印度、斯里兰卡、日本等国的挑战。但中国茶叶出口量，一直居于各茶叶输出国之首。甲午战争以后，中国茶叶出口下降趋势加剧。而这一时期，世界茶叶的销量却是增加的，尤其是印度、斯里兰卡、日本的输出量增加迅速。

1895—1911年中国、印度、斯里兰卡、日本茶叶出口比较

单位：吨

年份	中国	印度	斯里兰卡	日本
1895	112 786	58 924	44 716	23 482
1896	103 546	63 015	49 939	20 104
1897	92 623	68 236	51 922	19 736
1898	93 012	69 104	55 519	18 614
1899	98 587	71 916	58 815	21 001
1900	83 687	87 232	67 707	19 499
1901	70 005	82 825	65 444	20 109
1902	91 840	83 331	68 416	19 813
1903	101 412	95 053	67 689	21 881
1904	87 732	97 205	71 637	21 539
1905	82 778	98 327	77 195	17 633
1906	84 883	107 090	77 351	18 157
1907	97 336	103 506	81 577	18 558
1908	95 283	106 636	81 375	16 126
1909	90 586	113 636	87 494	18 593
1910	94 355	116 321	82 587	19 926
1911	88 431	119 531	84 639	19 467

资料来源：摘自中央研究院《65年来中国对外贸易统计》和陈慈玉《近代中国茶业的发展与世界贸易》。

这一时期内，中国茶叶之所以出现衰退，主要原因有二：

一是由于当时的英国政府鼓励英商在它的一些殖民地国家种植茶叶，发展茶业生产，并采用机械化种茶、制茶，使茶叶产量快速增长，夺取中国茶叶出口市场。所以，尽管这一时期，各消费国的茶叶销量有增无减，但中国茶叶出口量反而锐减。1900年，印度茶叶出口首次超过中国，位处茶叶出口国之首。1911年，中国茶叶出口，与历史上出口数量最多的1886年相比，反而下降了34%。

二是在这一时期内，清王朝处于连年遭受内忧外患，割地赔款的境地，还签订了一系列不平等条约。而英、美等国的洋商们，利用手中特权，深入内地收购低价茶叶。加之，外国洋行垄断了茶叶对外出口销售，而中国茶商只能收购毛茶，无法向国外市场出口。尤其是当印度、斯里兰

卡、日本茶业兴起后，使中国茶无法抵挡，每况愈下。

　　这一时期，由于中国茶叶出口严重受阻，使各地许多茶厂、行栈倒闭。于是，中国一些有识之士，组织劝业会，调研茶务，举办茶务讲习。1910年，在江宁（今南京）还召开南洋劝业会，举办了中国第一次全国性的综合展览会，这也是中国第一次全国性的茶叶博览和评比。一些老茶区的名牌产品，如建瓯金圃、泉圃、同芳星等号的茶叶获优质奖。婺源祥馨号双窨珠兰茶、丹徒县碧螺春茶获金奖。在这种情况下，使中国出口茶价稳中有升。

1895—1911年中国茶叶出口单价

单位：担/海关两

年份	红茶	绿茶	砖茶
1895	20.56	20.04	8.51
1896	21.27	25.94	8.38
1897	22.41	29.84	10.57
1898	22.95	24.02	9.52
1899	23.33	22.60	9.68
1900	20.38	23.54	9.71
1901	17.14	23.22	8.73
1902	17.62	25.84	7.08
1903	17.53	27.12	7.56
1904	22.12	39.27	8.90
1905	21.31	34.25	8.20
1906	20.90	36.95	11.04
1907	21.79	34.64	11.20
1908	22.24	34.21	13.08
1909	25.30	34.56	13.52
1910	28.25	32.69	13.20
1911	29.15	36.07	14.21

资料来源：摘自陈慈玉《近代中国茶业的发展与世界市场》。

（五）民国时期，内战外患不断，茶叶对外贸易出现一片萧条景象

　　1912年，中华民国成立。国民政府为推动茶叶贸易，也曾作出过一些努力，旨在增加茶叶对外出口。如1914年，农商部总长张謇在《拟具整理茶叶办法并检查条例呈》中提出实施出口茶叶检验的建议："凡出口茶叶之色泽、形状、香气、滋味均须检查所检验，其纯净者分别等级，盖用合格印证。其有作伪情弊者，盖用不合格印证，禁止买卖。"这是我国最早提出的出口检验办法之一，可惜最终未予采纳。接着，国民政府决定自1914年11月1日起降低茶叶出口税20%，鼓励茶叶出口。

1916年，以出口茶叶为专业的华茶公司在上海成立。这是我国开设最早的一家私营茶叶出口行。以后几经奋斗，茶叶对外贸易销量有所扩大，终于成为与英商怡和、锦隆、协和等洋行并列的上海四大茶商之一。

1917年，因第一次世界大战，英国决定统制茶叶进口，限制从非英属殖民地国家进口茶叶。于是中国茶叶对英出口锐减，是年出口仅2 100余吨，为30余年来最少的一年。对此，1918年5月，上海《民国日报》载："上海茶业会馆针对当前华茶外销阻滞，资金奇缺，茶商生计困难等情，特邀集茶商讨论救济对策，提出四个要求，呼吁政府支持解决。一、华茶销俄占华茶出口大宗，今政府禁止运俄，实属自绝茶商生计，故请政府速即宣布解除运俄茶禁。二、欧战期间，船只稀少，华茶货积不消，请政府设法选派华船，酌助航费，自装货直驶外洋。三、茶商连年亏损，资金周转困难，拟请政府命国家银行对于茶商通融接济。四、印度、锡兰等国茶叶出口均为无税，惟华茶税率綦重，要求凡有产地正附税、过境厘捐以及海关出口税通免征收，以减轻成本。"同年6月3日，《民国日报》消息：华茶运俄一事已经国务会议决议准予开禁。

1919年，上海茶业会馆因茶叶出口锐减，出面向政府吁请免去茶叶出口税，以利增加出口，获批准免税二年(1921年10月起又续免税一年)。同时内地的厘金税亦减免一半。

1920年，俄国十月革命后，茶叶经营收归国有。原俄商在中国设立的砖茶厂相继关闭并停止收购。我国对俄茶叶出口锐减，是年降为195吨，仅为1915年最高年份7.03万吨的千分之三。

这样，由于我国茶叶出口的几个主要市场的变化，英国限制华茶进口，极力扩大从印度、锡兰进口；俄国受1917年经济政策的改变，贸易减少；美国则因我国茶叶质量未能改进，也渐由日本、印度、锡兰和爪哇茶所取代。加之内乱连年，导致1920年是我国茶叶出口近百年来最萧条的一年，仅出口1.85万吨，为历史出口最高年份1886年13.41万吨的10%。与1912年出口8.96万吨相比，也仅为其20%。

1929年后，随着北非绿茶市场的开拓以及对苏联茶叶贸易的恢复，茶叶对外贸易开始有新的起色，当年茶叶出口5.73万吨，总值为4 121.3万关两，占全国出口总值的4.0%。但自1912年以来，随着印度、锡兰红茶及日本绿茶对外输出的迅速增多，我国茶叶对外输出开始日渐衰落。1933年6月，上海《申报》载有关改进华茶方案的文章指出："茶为我国特产，今受日本、印度、锡兰、爪哇等茶竞争，以致销路惨落，而居世界第一位的华茶已退到爪哇茶之下，茶商濒于危境。国际贸易局为此召集茶商讨论研究挽救之策。"时任商品检验局长蔡无忌拟具改进华茶方案七条。

1934年，当年出口茶叶4.7吨，较上年增长12%，这也是1929年五年来出口最多的一年。其主要原因是由于1933年签订并生效的国际茶叶协定，规定印度、锡兰等国茶叶出口不得超过1929—1931年该国最高输出额的85%，以维护国际市场茶叶价格。故上述国家茶叶出口减少，华茶出口由此增长。但尽管如此，20世纪30年代，我国茶叶出口主要口岸上海的出口业务，仍由洋商控制。1936年，据吴觉农在《一年来之茶叶》一文中披露：上海茶叶出口行共计30家，其中英国、印度、法国、波兰、德国、苏联、丹麦、瑞士等国共设23家，出口茶叶比重占89.18%，尤以英商锦隆洋行、怡和洋行规模最大，分别占32.48%和15.65%。而华商仅7家(华

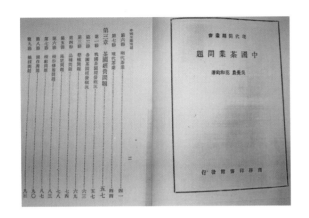

吴觉农、范和钧
《中国茶业问题》

茶公司、永发、合中、欧丰、永大、信记、中国，后4户实际无业务)，出口占10.82%。接着，吴觉农、范和钧又合作出版《中国茶业问题》[1]一书，对包括如何增加中国茶叶出口的问题，通过调查研究，提出不少切实可行的建议。

只可惜1937年7月，日本发动侵华战争，抗日战争爆发，为适应战时需要，国民政府特指定茶叶为统购、统销物资，并指定财政部贸易委员会管理茶叶出口贸易。1938年6月，贸易委员会公布《管理全国茶叶出口贸易办法大纲》，其要点：①各省茶叶生产管理及运输事宜由各省政府组织茶叶管理机关办理。②各省茶叶对外推销事宜，概由本会会同中国茶叶公司负责办理，并邀请各省代表，另组委员会为咨询机关。③本会推销各省茶叶售价须征得货主同意，但必要时可定价收买。④定价原则，以过去3年各该种茶叶所售平均市价或本年必需的生产成本及品质优劣情况制定。⑤收购茶叶出售后，若有损失由国库负担，盈余时得提出半数奖给有关各省，兴办茶叶事业。⑥各省对制茶厂及合作社需要资金时，得与本会订立贷款合约，会方负担十分之八，省方至少十分之二。

1941年，太平洋战争爆发，茶叶外销受阻。1942年，日军侵占缅甸进入云南，滇缅铁路不通，茶叶均受阻停运，所产红、绿茶全部改供内销。我国茶叶出口几乎停顿，茶叶统购统销被迫中止。

1944年，中国茶叶公司因茶区多被日军侵占，外销口岸及路线均被封锁，经行政院决议撤销停办。据统计，1942—1945年，中国茶叶对外贸易仅占世界输出总量的0.15%～0.48%。

1945年，抗战胜利，但接着又是解放战争，1946—1949年，茶叶对外贸易稍有增加，但也仅占世界茶叶贸易量的2.29%～4.75%。如此，1912—1949年，中国茶叶对外贸易一直处于一蹶不振状态。

1912—1949年中国茶叶出口数量比较

单位：吨

年份	世界	中国	占世界%
1912	364 530	89 612	24.58
1913	359 889	87 217	24.23
1914	377 142	90 464	23.98

[1]商务印书馆，1937年6月出版。

（续）

年 份	世 界	中 国	占世界%
1915	441 821	107 795	24.39
1916	401 861	93 297	23.21
1917	402 172	68 071	16.92
1918	322 887	24 447	7.57
1919	390 575	41 740	10.68
1920	298 071	18 501	6.20
1921	295 261	26 026	8.81
1922	318 565	34 840	10.93
1923	352 830	48 469	13.73
1924	376 306	46 323	12.31
1925	375 273	50 380	13.42
1926	390 956	50 761	12.98
1927	411 455	52 748	12.82
1928	417 263	56 005	13.42
1929	439 361	57 318	13.04
1930	406 891	41 975	10.31
1931	410 665	42 529	10.35
1932	423 288	39 527	9.34
1933	384 986	41 958	10.90
1934	392 064	47 049	12.00
1935	382 103	38 140	9.98
1936	384 313	37 284	9.70
1937	403 967	40 657	10.06
1938	422 571	42 625	10.09
1939	399 610	22 558	5.65
1940	419 077	34 493	8.23
1941	410 391	9 118	2.22
1942	298 806	1 449	0.48
1943	319 188	1 001	0.31
1944	353 114	543	0.15
1945	294 241	480	0.16
1946	297 262	6 900	2.32
1947	362 474	16 443	4.54
1948	368 575	17 501	4.75
1949	433 823	9 922	2.29

资料来源：摘自《上海茶叶对外贸易》，上海茶叶进出口公司，1999年12月。

第三节　当代茶叶对外传播

自20世纪50年代以来，中国茶叶对外贸易与传播，尽管走过的道路是曲折的，但就总体而言，是向前发展的，有时甚至是快速的，有收获，也有代价。

（一）当代茶叶对外贸易的崛起

20世纪50年代以来，中国茶叶对外贸易又重新得到恢复和发展，但走过的道路是曲折的。50年代初开始，在很长时期内，将茶叶列为二类农副产品，属国家指令性计划管理，产品统购包销，计划供应，统一出口，这种对外贸易方式，在一定历史时期虽起过作用，使产供销之间分离脱节，市场机制得不到发展。

1978—1982年，茶叶生产发展加快，市场茶叶供应充足，内销市场全部敞开，市场开始由卖方市场向买方市场转化。1984年开始，除边销茶外，取消茶叶统购包销制度，推行了横向联系，多口岸经营，从而加速了茶叶对外贸易的发展。

进入21世纪以来，我国茶叶出口有了新的发展。如今，已跃入全球第二大出口国地位。主要表现在：

首先是21世纪以来，特别是近几年，尽管国际外部经济环境欠佳，但中国茶叶对外贸易，就总体而言，依然是稳步发展，稳中有升。

2001—2013年中国茶叶出口、创汇表

单位：万吨、亿美元

2001		2002		2003		2004		2005	
出口	创汇	出口	创汇	出口	创汇	出口	创汇	出口	创汇
25.51	3.52	25.60	3.40	26.19	3.76	28.43	4.52	29.11	5.01
2006		2007		2008		2009		2010	
出口	创汇	出口	创汇	出口	创汇	出口	创汇	出口	创汇
30.43	5.45	28.54	6.38	30.39	7.16	30.89	7.40	30.88	8.25
2011		2012		2013					
出口	创汇	出口	创汇	出口	创汇				
32.95	10.18	32.33	11.21	33.54	13.41				

资料来源：海关总署。

从上表可知，2013年，在国际外部经济恶劣的处境下，中国茶叶出口依然保持平稳状态，出口量33.54万吨，同比上升3.7%；创汇13.41亿美元，同比上升19.63%；出口茶平均单价每千克4.00美元，同比上升15.27%。

其次，在出口茶类中，绿茶占大头，出口26.4万吨，同比上升6.4%；创汇9.3亿美元，同比上升23.4%。绿茶出口实现连续10年量价齐增。中国绿茶长期占有绝对优势，绿茶生产量和出口量长期处于全球绿茶总量的80%左右。表明中国依然是绿茶生产和出口大国。

中国除绿茶外还有其他茶类出口，但数量不大，其中红茶为3.3万吨，乌龙茶为1.7万吨，花茶为6 856吨，普洱茶4 513吨。除绿茶外，其他茶类出现的是量减价增。

第三，2013年，中国茶叶已出口到全球125个国家和地区，茶叶出口市场前10位的国家和地区依次是摩洛哥、乌兹别克斯坦、美国、毛里塔尼亚、日本、俄罗斯、阿尔及利亚、多哥、塞内加尔和德国。上述10个国家和地区，占了中国茶叶出口总量的60%以上。

2013年中国茶叶出口国别前十位

单位：美元、千克

序号	国别（地区）	出口量	出口额	均价
01	摩洛哥	61 190 976	211 570 552	3.485
02	乌兹别克斯坦	23 415 133	52 838 185	2.257
03	美国	22 077 681	90 719 761	4.109
04	毛里塔尼亚	18 189 520	73 845 049	4.060
05	日本	17 551 544	66 978 684	3.816
06	俄罗斯	13 592 902	52 637 217	3.892
07	阿尔及利亚	13 356 217	48 768 650	3.651
08	多哥	12 188 819	50 286 597	4.126
09	塞内加尔	10 218 980	44 664 864	4.371
10	德国	10 114 505	42 050 676	4.157

非洲一直是中国茶叶出口的传统市场，历年茶叶进口要占到中国茶叶出口总量的50%。其中，摩洛哥长期稳居首位，占中国茶叶出口总量的20%左右。日本是中国茶叶出口的传统市场，但已从前几年的第二位退至第五位。欧盟是世界茶叶主要消费市场，但苛刻的农残标准和消费习惯差异，严重影响了中国茶叶的进入，理应引起关注。

第四，近年来，由于加大对茶叶传统和新兴市场的宣传和交流力度，出现了新的需求格局，各市场对不同茶类的认知和需求增长集中，并出现一些新的亮点。以2011年为例，在中国茶叶对外贸易中，绿茶市场增幅较大的国家有伊朗、喀麦隆、尼日尔、几内亚、加纳等中东和非洲国家，以及以西班牙、比利时、波兰等部分欧洲国家；红茶市场增幅较大的国家有澳大利亚、日本、突尼斯、德国等；乌龙茶市场增幅较大的国家有俄罗斯、德国、泰国、加拿大等；花茶的传统市场是摩洛哥，近年来，出口量骤增；普洱茶市场增幅较大的有俄罗斯、德国、西班牙等国家。

种种迹象表明，中国茶叶在对外贸易中，绿茶和特种茶市场发展广阔，有机茶和品牌茶的优

越南
茶叶检验室

中国专家
在马里

势将会越来越显现，在国际茶叶市场中地位定能不断得到提升。

（二）当代茶叶对外传播方式

当代茶叶的传播，主要以两种方式为主：一是应某国政府邀请，由另一个茶叶生产国派出技术人员和茶种，帮助发展茶叶生产，传授沏茶技艺，具有经济技术援助和文化交流性质；一是通过商业买卖行为，将茶叶从这个国家贩卖到另一个国家，给需求国人民饮用，这个方式，更多的带有经济贸易性质。

1.通过技术输出，发展他国茶叶生产　应一些国家的请求，通过经济技术输出，帮助有条件能种茶的国家和地区发展茶叶生产，使茶叶生产在更广泛的区域内传播开来。在这方面，自20世纪50年代以来，中国做了不少尝试和努力，并取得了不小的成绩。

1952年12月，应苏联政府要求，中国政府指派中国茶业公司华东公司精选浙江鸠坑种茶籽，第一批750箱用保温箱运往苏联。接着，又于1953年1月，将精选的第二批浙江鸠坑种茶籽运往苏联。前后两批茶籽共1 500箱，计30吨，连同相关技术资料一并提供给苏联，为苏联发展茶叶生产作出了贡献。

1956年1月，根据中国和越南两国政府经济技术协定要求，应越南政府邀请，中国政府分别于1957年、1963年派遣茶叶专家去越南，帮助河内茶厂恢复和发展生产，制订茶叶品质标准、工艺规程和质量检测技术体系。同时，帮助培训茶叶技术干部，使茶厂达到标准化生产。由于中国茶叶专家的工作出色，分别获得越南国务院外国专家友谊奖章和越南商业部的表彰。

1962年1月，根据中国和马里两国政府签订的经济技术合作协定要求，有关部门派出首批援马农业技术专家，赴马里考察和帮助发展生产。接着，又多次派出茶叶专家赴马，在通过试种茶树和试制茶叶的基础上，于1973年8月10日，中国援建的马里法拉果茶场和锡加索茶叶加工厂建成投产，并举行移交仪式，马里总统特拉奥雷亲自参加移交仪式。同年12月，中国和马里两国

布基纳法索茶园

新西兰茶园

政府又签订了《关于法拉果茶叶农场技术合作协定》，为期5年，由中国继续派出专家对茶场进行合作管理。至1976年，100公顷茶园，100吨干茶指标超额提前完成。从此，结束了马里不产茶的历史，而且所产珍眉绿茶，在塞内加尔举办的国际博览会上，荣获一等奖。

1962年，应几内亚政府邀请，中国派遣专家赴几内亚考察种茶的可能性。1963年，中国政府指派浙江先后选调多批茶叶专家，赴几内亚的玛桑达进行茶园和茶厂勘察、规划、设计和建设工作。先后经过5年的努力，建成茶园100公顷。其中，中国浙江鸠坑种茶树62.8公顷，其余38.2公顷均为印度阿萨姆种茶树。另建有相应的茶叶加工厂一座，内设红茶初制、绿茶初制和红绿茶精制3个车间。它们分别于1968年2月和5月移交给几内亚政府。为此，多次获得几内亚政府的赞誉。

1976年，应摩洛哥王国茶叶研究所邀请，农业部于同年7月派出茶叶技术考察组赴摩洛哥考察茶叶生产。经过4个月的努力，考察组向摩方提出了摩洛哥发展茶叶生产的考察报告。接着，根据中国和摩洛哥双方签订的合同，中国农业科学院茶叶研究所提供摩方罗可斯茶厂技术设计，中国机械进出口总公司向摩洛哥出口绿茶初、精制加工成套设备48台。1981年10月，浙江省又派出茶叶专家为罗可斯茶厂提供茶机安装、调试和进行试生产技术服务指导，并试制出优质炒青绿茶，获得好评。1982年10月7日，由中国成套绿茶茶机设备装备的摩洛哥罗可斯茶叶加工厂举行竣工落成仪式，为摩洛哥发展茶叶生产提供了条件。

1977年3月，应上沃尔特（今布基纳法索）政府要求，中国政府派出茶叶专家，赴上沃尔特进行茶树试种可行性实践考察。最后，选择在博博省姑河盘地进行茶籽育苗试种实践。经过两年多努力，终于在1979年4月加工出第一批炒青绿茶。1980年3月，上沃尔特组织相关领导和专家举行茶树试种成功验收，并举办移交仪式。

1982年5月，应巴基斯坦农业研究理事会邀请，中国派出茶叶专家一行4人，赴巴基斯坦考察建立国家茶叶实验中心的可能性。经过3个多月努力，考察组提出在西北边疆省曼塞拉县贝达蒂建立试验茶园的可能性。1986年4月，根据巴基斯坦农业研究理事会与中国农牧渔业合作公司签订的茶树种植技术服务合同，指定浙江省农业厅派出茶叶专家，对巴基斯坦西北边疆省曼塞拉县贝达蒂国家茶叶研究站试验茶园开辟与种植进行技术指导。经过历时3年多的努力，选用中国祁门种茶树品种，于1989年4月建立茶园15公顷，试制的茶叶品质优良。从此，巴基斯坦有了自己的茶叶试验中心。

1987年，根据中国和玻利维亚经济技术合作协定，签订了援授玻利维亚茶叶种植和加工合同。对外经济贸易合作部委托广东省先后分两批派出茶叶专家，对玻利维亚原有茶园和茶叶加工厂进行技术指导和改造。玻利维亚茶树试种，始于20世纪40年代。20世纪70年代由中国台湾茶叶专家援建而成。后因茶园和茶厂管理不善，茶叶单产低，品质差，处于连年亏损状态。经中国广东派出的茶叶专家组7年多的努力，至1993年已有200公顷茶园恢复生产，年产红茶达到100余吨，茶场扭亏为盈。

此外，从1997开始，台湾茶叶技术人员还远涉重洋，通过10多年努力，终于在新西兰获得种茶成功，如今已投入生产，为新西兰发展茶叶生产做出了贡献。

2.采用拍卖方式，把茶叶传播到四方 当前，无论是茶的生产国，还是茶的进口国，对茶的消费都是通过贸易的方式进行的。但就世界范围而言，全球有160多个国家和地区有消费茶的习惯，其中有60多个国家和地区既生产茶，又消费茶；有90多个国家和地区纯粹是茶的消费国。而这些国家无论是本国内销，还是出口外销，主要是通过买卖方式，互通有无。

如今，对一些茶的主要生产国，同时又是主要消费国的中国、印度、斯里兰卡和肯尼亚而言，除中国外，其余国家都建立有茶叶拍卖市场，用拍卖的方式来进行茶叶买卖，认为这是一项有效改善市场竞争和市场绩效的方式。而作为世界茶叶产量第一、出口第二的中国来说，茶叶拍卖还处于起步探索阶段，并局限于国内少数地方试行，更谈不上国际间的茶叶拍卖了。

茶叶拍卖市场作为一种茶叶交易方式，始于1679年，当时英国东印度公司第一次采用拍卖方式进行茶叶交易，至今还不足350年历史。1837年1月，世界第一个茶叶拍卖中心——英国伦敦茶叶拍卖市场在Mincing lane成立。1839年1月，印度阿萨姆红茶在伦敦茶叶拍卖市场首次拍卖。在第二次世界大战以前，整个世界60%以上的茶叶是在英国控制之下，并通过伦敦拍卖市场进行销售。1939—1945年拍卖量减少，1945年伦敦拍卖中心关闭，直到1951年又重新开放。此后，印度、肯尼亚、孟加拉国、印度尼西亚和新加坡等国相继建立新的茶叶拍卖中心。随着产茶国新拍卖市场的建立，业主们希望尽快销售出他们生产的茶叶，不愿意承担昂贵运费到英国进行拍卖。结果，导致配货到伦敦拍卖市场的数量急剧下降。1998年6月，英国伦敦茶叶拍卖中心终于关闭。

但尽管如此，茶叶拍卖仍然被茶叶生产者、卖家、出口商认定为是目前最受欢迎的一种茶叶交易方式。因此，随着伦敦茶叶拍卖中心的关闭，一些新的茶叶拍卖中心随之建立。当前，世界各地比较受人注目的大型拍卖市场有以下几个。

世界主要茶叶拍卖市场一览

国家	拍卖市场名称	始拍时间
印度	加尔各答拍卖中心	1861年12月
斯里兰卡	科伦坡拍卖中心	1883年7月
孟加拉国	吉大港拍卖中心	1949年7月
肯尼亚	内罗毕拍卖中心	1956年11月
肯尼亚	蒙巴萨拍卖中心	1969年7月
马拉维	林贝拍卖中心	1970年12月
印度尼西亚	雅加达拍卖中心	1972年
新加坡	新加坡拍卖中心	1981年12月

资料来源：由浙江农林大学苏祝成教授提供。

　　在这些建立茶叶拍卖市场的国家中，尤以印度为甚。它于1861年12月建立首个茶叶拍卖市场后，根据《茶产业控制法》组建起印度茶叶委员会，从而加快了茶叶拍卖市场体系建设。目前，在印度共建有9个茶叶拍卖市场。

印度茶叶拍卖市场

区域	拍卖地	拍卖组织者	始拍时间
北印度	加尔各答	加尔各答茶叶商会	1861年12月
北印度	古瓦哈提	古瓦哈提茶叶拍卖委员会	1970年9月
北印度	西里	西里茶叶拍卖委员会	1976年10月
北印度	杰尔拜古里	北孟加拉茶叶拍卖委员会	2005年
北印度	阿姆利	Kangra茶农协会	1964年4月
南印度	科钦	科钦茶叶贸易协会	1947年7月
南印度	古努尔	古努尔茶叶贸易协会	1963年
南印度	古努尔	Tea Serve	2003年
南印度	哥印拜陀	哥印拜陀茶叶行业协会	1980年11月

资料来源：由浙江农林大学苏祝成教授提供。

　　从上可见，全球茶叶大宗交易的重心已从茶的消费国转向茶的生产国，这是当前国际茶叶流通的一个新趋势。这可从世界非产茶国拍卖市场的更迭与变迁得到佐证。早期，英国伦敦茶叶拍卖中心的交易量约占世界茶叶总成交量的60%以上。进入20世纪90年代，成交量开始下跌。为了挽回颓势，1982年英国伦敦茶叶拍卖市场开始尝试离岸拍卖，包括在途拍卖或非在途拍卖。由于离岸拍卖能提高资金周转和节约仓储成本。因此，吸引了马拉维、津巴布韦、卢旺达等国的茶叶生产商，但并未引起印度、斯里兰卡、印度尼西亚、肯尼亚等茶叶生产商的兴趣。这是因为茶叶拍卖交易需要以一定的市场为前提，而众多小规模生产者和零售商的交易显然不适合茶叶大宗拍卖交易，因为这样做的结果势必会导致无序的竞争。在这种情况下，一些茶叶生产和出口大国也纷纷建起了茶叶拍卖中心，以推动茶叶贸易和生产的新发展。

如今，特别是一些茶叶出口大国，茶的出口交易主要是通过茶叶拍卖中心进行的。斯里兰卡有近90%的茶叶出口是在科隆坡拍卖市场成交的，肯尼亚有70%的茶叶是通过蒙巴萨拍卖中心出口的，印度有近65%的茶叶是在加尔各答等拍卖市场交易的。

但茶叶拍卖交易制度的有效性依赖于既有竞争又有垄断性的市场机制，因此各国对茶叶拍卖市场的具体做法各不相同。印度茶叶生产兼具规模化与企业化经营。全国平均每个茶树种植园的经营规模约为30公顷。因此，印度茶叶拍卖大都采用公司直接入市的方式进行。

斯里兰卡茶叶生产经营的特点是农户小规模和公司规模化并存。斯里兰卡茶园总面积的44%由小规模家庭农户经营，其产量约占全国的60%。在家庭经营的农户中，有17.3万户业主的茶园经营面积平均只有0.4公顷。另外，约有56%茶园由公司直接控制，其产量约占全国的40%。因此，斯里兰卡通过农户和茶叶加工厂商之间的联合，通过拍卖市场价格分成制，从而兼顾了农户与加工厂商的利益。

肯尼亚由农户经营的茶园占全国总面积的66%，产量占全国的60%左右。全国农户平均经营面积不足0.4公顷，他们只生产鲜叶，原料卖给肯尼亚茶叶发展局（KTDA）所属的茶叶加工厂。肯尼亚在解决农户入市方面，采取了与斯里兰卡类似的方法，即对农户鲜叶原料集中加工。然而，农户和加工企业的鲜叶交易实行政府垄断定价，这和斯里兰卡市场化定价和拍卖价分成制又有所不同。

日本和印度尼西亚模式有类似之处，即通过农协等合作组织，解决小规模农户的"入市"问题。

在茶叶拍卖市场建设方面，中国要走的路还很长，尽管中国茶叶拍卖服务有限公司已于2012年7月由国务院正式批复成立，为中国茶叶拍卖交易迈出了重要一步。但是市场环境的建设更应先行营造。这是因为茶叶拍卖交易作为一种市场交易方式和价格形成机制，其优势能否发挥，很大程度上依赖于政策的制定、农业产业化的程度、农产品流通体系的完善、物流专业化的状况，以及如何吸引世界众多茶叶进口国入市等诸多因素，所有这些，还有待于我们去解决。

第四节　当今世界茶文化

茶文化的出现和形成，在中国已有千年以上历史了。传播到境外的历史，也不下千年。在以后的发生和发展过程中，不但茶文化内涵变得更加丰富多彩，而且惠及区域不断扩大。为推动社会进步、人类文明做出了重要贡献。

一、当今世界茶产业

如今，种茶在世界范围内的地理分布，北抵北纬49°的俄罗斯外喀尔阡以南，南至南纬22°的南非纳塔尔以北的广阔区域内，共有60多个国家和地区种茶。至于饮茶的范围，已遍及全世界160多个国家和地区。

（一）世界茶区

根据世界茶园分布情况，结合生态条件、生产历史、茶树类型、品种分布、茶类结构等条件，将世界茶区分布，划分为6个茶区。它们是：①东北亚茶区：包括中国、日本、韩国等国；②南亚茶区：包括印度、斯里兰卡、孟加拉国、巴基斯坦等国；③东南亚茶区：包括印度尼西亚、越南、缅甸、马来西亚等国；④西亚茶区：包括格鲁吉亚、阿塞拜疆、土耳其、伊朗等国；⑤非洲茶区：包括肯尼亚、马拉维、布隆迪、坦桑尼亚、卢旺达、马里等国；⑥南美茶区：包括阿根廷、巴西、玻利维亚等国。

全球茶的种类很多，基本茶类有：红茶、绿茶、青（乌龙）茶、白茶、黄茶和黑茶六大基本茶类；还有经过再加工而成的：花茶、紧压茶、果味茶、保健茶、萃取茶、扎束茶（工艺茶）、袋包茶、含茶饮料等再加工茶类。

（二）世界茶生产

据国际茶叶委员会统计2004—2013年，随着世界茶园面积的扩大，世界茶叶产量一直保持稳定增长。

2004—2013年世界茶园面积和产量

单位：万公顷、万吨

项目	2004	2005	2006	2007	2008
面积	289	302	311	331	342
产量	333.4	345.7	357.9	381.3	388.0
项目	2009	2010	2011	2012	2013
面积	355	368	384	399	418
产量	396.5	420.0	445.4	460.8	490.7

以2013年为例，全球茶园面积最大的国家，前10位依次是：中国、印度、肯尼亚、斯里兰卡、越南、印度尼西亚、缅甸、土耳其、日本和阿根廷；全球茶叶产量最多的国家，前10位依次是：中国、印度、肯尼亚、斯里兰卡、越南、土耳其、印度尼西亚、阿根廷、日本和孟加拉国。其中，世界茶园面积和茶叶产量排列前5位的国家如下。

2013年世界茶园面积和产量前5位国家

单位：万公顷、万吨

序号	1	2	3	4	5
国家	中国	印度	肯尼亚	斯里兰卡	越南
面积	246.9	56.4	19.9	18.7	12.4
产量	192.4	120.0	43.2	34.0	17.0

资料来源：国际茶叶委员会。

截至2013年，全球茶叶总产量中，约59%生产的是红茶类，主要生产国有印度、斯里兰卡、肯尼亚、印度尼西亚等；32%生产的是绿茶类，主要生产国有中国、日本、越南等；8%生产的是乌龙（青）茶类，主要生产国是中国。此外，还有2%左右生产的是其他茶类。

（三）五洲茶产业

从全球茶区的地理分布看，种茶国家已遍及世界五大洲。以气候条件论，已跨越热带、亚热带和温带地区。产茶主要集中在亚洲，产量较多的国家有中国、印度、斯里兰卡、日本、印度尼西亚等国。其次是非洲，产茶较多的国家有肯尼亚、乌干达、马拉维、莫桑比克、坦桑尼亚等国。横跨欧、亚两洲的格鲁吉亚和南美洲的阿根廷、巴西等国，产茶也不少。此外，在大洋洲的巴布亚新几内亚、斐济、新西兰等国家的部局地区，也有少量茶叶生产。

世界各大洲茶树种植面积，亚洲最大，其次是非洲，以下依次为美洲（包括南美洲）、大洋洲和欧洲。世界各大洲茶叶产量分布，大致也是如此。

1.亚洲茶产业　亚洲产茶国家和地区有21个，它们分别是：中国、印度、斯里兰卡、印度尼西亚、日本、土耳其、孟加拉国、伊朗、缅甸、越南、泰国、老挝、马来西亚、柬埔寨、尼泊尔、菲律宾、韩国、朝鲜、阿富汗、巴基斯坦以及中国台湾。

亚洲，原本是茶树原产地及其周边地区，是全球最适宜种茶的一个洲，所以在全世界五大洲中，茶园种植面积最大，2010年有采摘茶园278.32万公顷，占世界采摘茶园总面积313.06万公顷的88.90%；茶叶产量359.64万吨，约占世界茶叶总产量429.92的83.65%以上。而且生产茶类最多，不但六大基本茶类齐全，就是再加工茶类的花色品种也应有尽有。

亚洲的茶类分布，大致说来是东北亚茶叶生产国，如中国、日本、韩国、俄罗斯等，以生产绿茶为主，兼产白茶、黄茶、青（乌龙）茶、红茶和黑茶。南亚南端的茶叶生产国，如印度、斯里兰卡、印度尼西亚等国，以生产红茶为主，兼产绿茶。亚洲生产的茶类品种，在世界五洲中，是生产茶类最丰富、最齐全的一个洲。由于亚洲生产茶类齐全，品种花色齐全，因此亚洲人对各类茶的喜爱程度，也五花八门，各有千秋。

2.非洲茶产业　非洲产茶国家有21个，它们分别是：肯尼亚、马拉维、乌干达、坦桑尼亚、莫桑比克、卢旺达、马里、几内亚、毛里求斯、南非、埃及、刚果、喀麦隆、布隆迪、扎伊尔、埃塞俄比亚、留尼汪岛、摩洛哥、津巴布韦、阿尔及利亚和布基纳法索。全洲茶园种植面积和茶叶产量，仅次于亚洲。除肯尼亚茶树种植面积、茶叶产量进入世界8强外，采摘茶园面积达1万公顷以上的非洲国家还有乌干达、马拉维、坦桑尼亚、卢旺达、布隆迪等国；茶叶产量超过1.5万吨的非洲国家还有马拉维、乌干达、坦桑尼亚、津巴布韦、卢旺达、莫桑比克等国。全洲茶树种植面积，仅次于亚洲。2010年，亚洲采摘茶园面积29.77万公顷，占世界采摘茶园总面积的9.51%；茶叶产量88.30万吨，占世界茶叶总产量的13.56%。

非洲是一个新兴的产茶地区，茶叶生产主要是19世纪后期才发展起来的，种茶历史只有百余年。非洲人的饮茶习惯，以及对各类茶的喜爱程度，大致与全洲茶的生产相一致。其中东非诸国以饮红茶为主，西非诸国以饮绿茶为主。

3.美洲茶产业　美洲，包括南美洲和北美洲，种茶国家有12个，它们分别是：阿根廷、厄瓜多尔、秘鲁、哥伦比亚、巴西、危地马拉、巴拉圭、牙买加、墨西哥、玻利维亚、圭亚那和美国。2010年全洲采摘茶园面积4.37万公顷，占世界采摘茶园总面积的1.40%左右，茶叶产量10.36万吨，约占世界茶叶总产量的2.40%。种茶主要分布在南美洲。总的说来，美洲国家种茶时间不长，仅有百余年历史。种茶较早、较多的国家有巴西、阿根廷、秘鲁、厄瓜多尔等国。这些国家人民钟情饮红茶为主，也有饮绿茶的。

4.欧洲茶产业　欧洲产茶国家有8个，它们分别是：格鲁吉亚、阿塞拜疆、俄罗斯、葡萄牙、乌克兰、意大利、英国和苏格兰。因这里纬度偏高，气候偏冷，只在局部地区种有茶树，茶叶发展受到限制。所以在全球五大洲中，欧洲茶树种植的面积最小。2010年，全洲有采摘茶园0.14万公顷，生产的茶叶产量仅为0.81万吨，是茶园种植面积和茶叶产量最少的一个洲。欧洲生产茶叶种类单一，大多生产绿茶，少数也有生产红茶的。但当地人民大多习惯饮红茶，只有少数饮绿茶。所需茶叶，主要依靠进口解决。

5.大洋洲茶产业　大洋洲产茶国家有4个，它们分别是：巴布亚新几内亚、斐济、新西兰和澳大利亚。2010年全洲有采摘茶园面积0.45万顷，茶叶产量0.81万吨。全洲生产茶叶种类单一，只生产红茶一种。

大洋洲种茶历史不长，茶叶主要依赖进口。

二、当今世界茶消费

根据国际茶叶委员会统计，2004年世界茶叶出口为155.9万吨，至2013年增至186.6万吨，10年间增长了19.3%。

2004—2013年世界茶叶出口量

单位：万吨

2004	2005	2006	2007	2008	2009	2010	2011	2012	2013
155.9	156.6	157.9	157.9	165.2	161.5	176.6	176.1	177.4	186.6

2013年，全球茶叶出口最多的国家，前10位依次是：肯尼亚、中国、斯里兰卡、印度、越南、阿根廷、乌干达、马拉维、坦桑尼亚和卢旺达。

2013年世界茶叶出口前10位国家

单位：万吨

肯尼亚	中国	斯里兰卡	印度	越南	阿根廷	乌干达	马拉维	坦桑尼亚	卢旺达
49.43	33.24	31.77	20.90	14.03	7.80	5.67	4.05	2.74	2.30

　　2004年世界茶叶进口量为142.8万吨，至2013年增至170.3万吨，10年间增长了19.2%。

2004—2013年世界茶叶进口量

单位：万吨

2004	2005	2006	2007	2008	2009	2010	2011	2012	2013
142.8	146.9	148.6	149.1	155.8	149.3	164.2	165.6	163.8	170.3

　　2013年全球茶叶进口最多的国家，前10位依次是：俄罗斯、美国、巴基斯坦、英国、埃及、伊朗、阿富汗、摩洛哥、阿联酋和日本。

2004—2013年世界茶叶进口前10位国家

单位：万吨

俄罗斯	美国	巴基斯坦	英国	埃及	伊朗	阿富汗	摩洛哥	阿联酋	日本
15.63	13.02	12.66	11.53	10.07	8.00	7.18	6.00	5.74	3.62

　　根据国际茶叶委员会统计表明：2004年世界茶叶消费量为320.6万吨，2013年达到457.4万吨，10年增加136.8万吨，增长42.7%。其中消费量排位前10位的国家和地区如下。

2013年世界茶叶消费量前10位国家和地区

单位：万吨

次序	1	2	3	4	5
国家和地区	中国	印度	俄罗斯	土耳其	美国
消费量	153.2	90.6	15.6	15.5	13.0
次序	6	7	8	9	10
国家和地区	巴基斯坦	日本	英国	独联体	埃及
消费量	12.7	11.8	11.5	10.2	10.1

　　可以看出，在产茶国家中，中国和印度是世界上最主要的茶叶消费大国，两国茶叶消费量占总消费量的60%以上。在非产茶国家中，俄罗斯、美国和巴基斯坦是非常有潜力的茶叶消费大国。但从全球茶叶消费分布来看，大致情况是：红茶类主销欧美、西亚、大洋洲等地国家；绿茶类最受中国及西非、北非等国人们的喜爱；乌龙茶类消费除中国外，主销日本及东南亚各国。此外，在西欧，以及东南亚等国的人们，还有喜欢饮花茶、普洱茶、白茶的习惯。

　　如今，茶在中国已成为举国之饮。在世界范围内，茶已列为世界三大无酒精饮料（茶叶、咖啡和可可）之首。人们对茶的认知，以及饮茶人口之多，消费之广，用量之大已成为仅次于水的一种饮品。

三、当今世界茶文化

　　中国茶文化对外传播，一般认为已有两千年左右历史。如今，茶已成了惠及世界五大洲30

日本茶道中
的点茶

韩国茶礼

多亿人类的大众化健康饮料，茶文化已构筑成世界文化的重要组成部分。在这一格局下，如今的世界茶文化呈现出活动频繁、最具特色的四个主要区块。

（一）以中日韩为代表的东北亚茶文化区块

东北亚，通常是指中国、日本、韩国、朝鲜、蒙古5国全境和俄罗斯远东沿海地区。在这一区块内，由于贴近茶的发源地和茶文化的发祥地，具有种茶历史最久，饮茶风俗最浓，茶文化形成最早的特点；且承传千古，长盛不衰，所以，这一区块一直是茶文化发展史上最风光、最热门的区域。千百年来，这一地区，不但茶文化的内涵丰富，遗存众多；而且始终处于全球茶文化活动最为活跃的地区。在茶文化的原产地区域，如中国的云贵川渝及周边地区，仍保持不少原始的吃茶法的习惯，如云南纳西族的"龙虎斗"茶，哈尼族的烤茶，贵州苗族的油茶，重庆、湖南土家族的擂茶，蒙古族的咸奶茶等就是如此。但就整个东北亚而言，无论是中国的茶艺，还是日本的茶道，或者是韩国的茶礼，以及朝鲜等国饮茶风俗，在大范围而言，都仍保持着以清饮绿茶为主的饮茶风俗习惯。只有蒙古国，因地处戈壁草原，历史上以游牧为主，故保留以调饮奶茶为主的饮茶风俗。

（二）以英国为代表的西欧茶文化区块

西欧，多指欧洲西部濒临大西洋的地区和附近岛屿，包括英国、爱尔兰、荷兰、比利时、卢森堡、法国和摩纳哥。在这一区块内，荷兰、葡萄牙是中国茶叶对欧洲出口的最早贸易伙伴。远在17世纪初，荷兰东印度公司成立，就专门到中国澳门运载绿茶转销欧洲，这也是中国茶叶输入欧洲的开始。17世纪30年代开始，英国紧随荷兰之后，在中国购买茶叶，运销欧洲。17世纪后期至19世纪后期，英国一直是中国茶叶出口海外的最大销售商。在长达约200年的时间里，英

英国的下午茶

19 世纪的
法国饮茶情景

国一直保持着中国茶叶销往欧洲及世界各国的霸主地位。所以，欧洲人民受英国饮茶风俗的影响很深，以调饮红茶为主。在这一区块内，饮茶氛围浓，崇尚一日多次饮茶，尤喜饮英式午后茶。

午后茶是英国17世纪时期的产物，多在午后进行，当时是餐饮方式之一，现今正逐渐变成现代人休闲的一种风习。在高楼之上或是隔着玻璃幕墙，品奶茶、尝糕点，在梦浮生中增添了些许温暖，这就是源自遥远的维多利亚时代的午后茶的真义。如今，饮午后茶在这一地区已成为生活必需品，茶已渗透到社会的每个角落、每个阶层，茶的身影无处不在，随处可以闻到茶的芳香。

（三）以中东国家为代表的茶文化区块

中东地区，广义说来，一般是指埃及、沙特阿拉伯、卡塔尔、阿联酋、科威特、也门、叙利亚、约旦、巴勒斯坦、利比亚、苏丹、突尼斯、阿尔及利亚、摩洛哥、毛里塔尼亚、伊拉克、巴林、阿曼、黎巴嫩、伊朗、土耳其、阿富汗、以色列、塞浦路斯等国家。这里气候炎热干燥，大多处于沙漠地区，饮茶解渴是当地人民生活的需要，呈现常态化。又因这里人民多数信奉伊斯兰教，以食牛羊肉为主，茶是当地人民帮助消化、补充营养、调节生理的最优饮品。还因为对伊斯兰兄弟民族而言，酒是禁止的，茶是提倡的。如此三管齐下，使这里人民有"不可一日无茶"之习，饮茶风气很浓，方式奇特。据2013年国际茶叶委员会统计，在全球160多个有饮茶习俗的国家中，中东地区的埃及、伊朗、阿富汗、摩洛哥、阿联酋5个国家的茶叶进口量就进入前10位行列。

另外，中东人民的饮茶方式，多种多样，有崇尚清饮的，也有喜欢调饮的；对茶的要求，有

摩洛哥人在
饮茶

土耳其街头巷尾
为顾客送茶的侍者

钟情饮红茶的，也有以饮绿茶为快的。如伊朗人、土耳其人、伊拉克人爱喝甜红茶，阿富汗人红茶与绿茶兼饮，而摩洛哥人特别钟情于饮绿茶。但总的说来，这一区块内的人民，饮茶普及，风气很浓，方式独特，堪称一奇。

（四）以南洋诸国为代表的多元茶文化区块

南洋是我国古时的地理称谓，一般是指东南亚国家，主要国家有：越南、老挝、柬埔寨、泰国、缅甸、马来西亚、新加坡、印度尼西亚、文莱、菲律宾、东帝汶等。史载，中国历代有大量汉族移民为谋生而涌入该区域，是中国海外华人中的一个最大群体所在。南洋华人在为侨居国经济发展作出重要贡献的同时，也将中国的饮茶习俗很早就传入东南亚国家，而东南亚是东西方海上交通的重要枢纽，特别近400年以来，随着荷兰、葡萄牙、英国等国在将茶叶通过东南亚销往欧洲、美洲的同时，又将西欧的饮茶风情深深地影响着东南亚国家。所以，东南亚地区的茶文化同时受到东西方饮茶文化的影响。与此同时，东南亚本土民族的地域民情又穿插在茶文化之中，从而形成特有的南洋茶文化风情。其特点是东西方茶文化相融，地域特色明显，饮茶方式独树一帜。如新加坡的肉骨茶、马来西亚的拉茶、缅甸的腌制茶、印度尼西亚的红奶茶等，叫人赞叹不绝。尤其是近半个世纪以来，南洋诸国的茶文化活动，此起彼落，非常活跃。

此外，还有美洲区块、非洲区块等。这些区块的饮茶历史大多不到200年，种茶历史更短。但饮茶氛围很浓，特别是自20世纪以来，这些区块内的种茶、饮茶氛围渐浓，有的国家茶的种植和消费已经达到相当高的水平。理所当然，它们也是世界茶文化的重要组成部分。

新加坡肉骨茶

印度尼西亚
凉茶铺

西非撒哈拉沙漠的
游牧者喝茶

形色多样的
南美马黛茶和茶具

参考文献

常璩，1984.华阳国志.刘琳，校注.成都：巴蜀书社.

陈椽，1993.中国茶叶外销史.台北：碧山岩出版社.

陈椽，2008.茶业通史（第二版）.北京：中国农业出版社.

陈慈玉，2013.近代中国茶业之发展.北京：中国人民大学出版社.

陈进，等，2003.中国茶叶起源的探讨.云南植物研究.

陈文华，2006.中国茶文化学.北京：中国农业出版社.

陈宗懋，杨亚军，2011.中国茶经.上海：上海文化出版社.

陈祖椝，朱自振，1981.中国茶叶历史资料选辑.北京：农业出版社.

程启坤，2003.茶经校注与诠释.上海：上海文化出版社.

程启坤，庄雪岚，1995.世界茶叶百年.上海：上海科技教育出版社.

丁以寿，2007.中华茶道.合肥：安徽教育出版社.

丁以寿，2008.中华茶艺.合肥：安徽教育出版社.

董尚胜，王建荣，2002.中国茶史.杭州：浙江大学出版社.

范增平，1992.台湾茶业发展史.台北：台北市茶商业同业公会.

关剑平，2001.茶与中国文化.北京：人民出版社.

关剑平，2011.世界茶文化.合肥：安徽教育出版社.

江用文，程启坤，2016.2013—2016茶业年鉴.北京：中国农业出版社.

李斌城，韩金科，2012.唐代茶史.西安：陕西师范大学出版社.

梁子，1994.中国唐宋茶道（修订版）.西安：陕西人民出版社.

刘枫，2015.新茶经.北京：中央文献出版社.

刘勤晋，2000.茶文化学.北京：中国农业出版社.

罗伯特·福琼，2016.两访中国茶乡.敖雪岗，译.南京：江苏人民出版社.

钱时霖，等，2013.历代茶诗集成·唐代卷·宋代卷·金代卷.上海：上海文化出版社.

钱时霖，等，2014.历代茶诗集成·唐代卷.上海：上海文化出版社.

裘纪平，2014.中国茶画.杭州：浙江摄影出版社.

荣西，1965.多贺宗隼.日本：吉川弘文馆.

萨拉·罗斯，2015.茶叶大盗.孟驰，译.北京：社会科学文献出版社.

上海茶叶协会，1999.上海茶叶对外贸易.上海：上海茶叶进出口公司.

沈冬梅，等，2016.中华茶史·宋辽金元卷.西安：陕西师范大学出版总社.

滕军，2004.中日茶文化交流史.北京：人民出版社.

滕军，2011.日本茶道文化概论.上海：上海东方出版社.

王小英，2005.茶叶对外贸易务实.杭州：浙江摄影出版社.

王旭烽，2013.品饮中国.北京：中国农业出版社.

王泽农，1988.中国农业百科全书·茶业卷.北京：农业出版社.

王镇恒，王广智，2000.中国名茶志.北京：中国农业出版社.

威廉·乌克斯，1949.茶叶全书.中国茶叶研究社，译.上海：开明书店.

吴觉农，2005.茶经述评.北京：中国农业出版社.

萧孔斌，2012.竟陵版陆羽茶经序跋译注.北京：中国社会出版社.

熊仓功夫，1999.日本茶道史话——叙至千利休.陆留男，译.北京：世界图书出版社.

熊仓功夫，程启坤，2012.陆羽茶经研究.日本：宫带出版社.

徐英祥，2009.台湾之茶.台湾：台湾区制茶工业同业公会出版委员会.

许咏梅，苏祝成，2008.中国茶产业竞争力研究.北京：中国农业出版社.

杨亚军，2009.科技创新对茶业的贡献.杭州：中国农业科学院茶叶研究所编印.

姚国坤，2004.茶文化概论.杭州：浙江摄影出版社.

姚国坤，2004.中国茶文化遗迹.上海：上海文化出版社.

姚国坤，2007.图说中国茶文化上、下册.杭州：浙江古籍出版社.

姚国坤，2010.茶圣·茶经.上海：上海文化出版社.

姚国坤，2012.图说世界茶文化（上、下册）.北京：中国文史出版社.

姚国坤，2015.惠及世界的一片神奇树叶——茶文化通史.北京：中国农业出版社.

姚国坤，等，1991.中国茶文化.上海：上海文化出版社.

姚国坤，等，2007.清代茶叶对外贸易.澳门：澳门民政总署文化体育部.

虞富莲，1986.论茶树原产地和起源中心.茶叶科学(1).

张宏达，1998.山茶科·中国植物志.北京：科学出版社.

浙江农业大学茶学系，1992.庄晚芳茶学论文选集.上海：上海科学技术出版社.

郑培凯，2009.茶与中国文化.桂林：广西师范大学出版社.

郑培凯，朱自振，2007.中国历代茶书汇编（校注本）.北京：商务印书馆.

中国茶叶股份有限公司，等，2001.中华茶叶五千年.北京：人民出版社.

中国茶叶学会，1987.吴觉农选集.上海：上海科学技术出版社.

朱自振，1988.茶史初探.北京：农业出版社.

朱自振，1991.中国茶叶历史资料续辑.南京：东南大学出版社.

竺济法，2014.海上茶路·甬为茶港研究文集.北京：中国农业出版社.

庄晚芳，1988.中国茶史散论.北京：北京科学出版社.

后 记

　　《中国茶文化学》，可以说是我从事茶及茶文化科研、教学和实践活动近60年的总结。我这一生，屈指算来先后公开出版过70余部茶及茶文化著作（包括独著、合著和参著），这部书大概算是最厚重的一本书了。

　　事情的经过是这样的：大概在2014年10月，我编著的《惠及世界的一片神奇树叶——茶文化通史》，计48万字，交由中国农业出版社出版发行，时年我已岁在七八。原本打算有关写书之事就此搁笔了，接下去只想写一本我在几十年来，从事茶叶科研、教育和文化活动中值得回味和咀嚼的一些事和人，它们即使回放到今天，仍不失却有现实意义和启迪作用。为此，我列了一个写作提纲，暂定名为《那些不好说，不便说的事》，以半休闲的方式陆续写了六七万字。可是，世事难料，2015年初，我的忘年交、中国农业出版社编辑姚佳女士找到我，说社里经过研究，希望由我执笔写一本60万字左右，并附五六百幅插图的《中国茶文化学》。理由是我过去出版过《中国茶文化》《茶文化概论》《图说中国茶文化》（上、下册）、《图说世界茶文化》（上、下册）、《茶文化通史》等，从事茶及茶文化工作也有几十个年头了，掌握和积累的资料相对较多，是较为合适的人选。当时，我的第一反应是：这本书很难写，中国茶文化后面加上一个"学"字，如此命题，其性质和分量、内涵和深度就不一样了，变得更加深重了。何况，我年岁已高，又另有谋划，于是婉言谢绝，希望另请高人。

　　大约过了10天左右，姚佳女士又来做我的工作了，大意是说：现在年轻人，虽有冲劲，但手头资料不多；中年人，虽胸有学府，但忙于拼搏，无心顾及；说我年岁虽高，但精力依然较旺，又有连续长期从事茶学工作的经历，既有较多的资料积累，又有出版多部著述的经历，希望我能为后来者做件有益的事。当我听到如此恳切的希望和要求时，深为职业使然，于是对原本的打算不免开始有所动摇。这时我的回答是：让我再想一想？

　　当我静下心来，细细琢磨，深感这部书的写作工程浩瀚，工作量大，要查证的资料多，以及本人需要承担的历史使命等众多因素，我依然拿不定主意。这时我家的"内政部长"发话了，她不无惋惜地对我说："依我看，你不要再答应写书了，年岁不饶人啊？！论出书你已经写了几十部，还不够吗？论生活，退休金足够你度过未来生活，该享清福了！"但姚佳女士的声音依然在我脑海中回旋，我辗转反侧，考虑再三，终难做出最后决定。这时有几位好友安慰我说，按联合国最新年龄划分，你今年七八，还尚未步入"80后"老年行列，趁现在身体还可，为后人留下一点东西，有何不可？！如此这般，直到最后关头我还是应允了。

　　既然决心已定，我就按学科性质、内容和建设要求，前后花去了差不多一个月时间，列出了一个《中国茶文化学》编写提纲草稿。以后，又细细品读，经多次修改和增删补充，方将初定提纲用邮件发给姚佳女士。最终，经出版社领导和编辑们的讨论修改，遂将提纲确定下来。大约过了几个月时间，姚佳女士又传来话音，说经出版社研究决定将《中国茶文化学》列入出版社图书重点出版名录。还说，如此一来，这本书的出版要求更高、任务更重了，既然已经上了"船"，我也无话可说了，只得重操旧业，推去不少社会活动，守住寂寞，起早摸黑，埋头书海。但说实话，要编写好本书，仅靠个人的努力显然是不够的，于是我参考了许多其他专家、学者有关茶及茶文化方面的史籍和著述。

　　与此同时，我又从人脉关系入手，向几十年来结识的众多名家求助和讨教，数以十计的海内外同人和朋友，积极为我提供宝贵资料，尤其是中国茶叶学会原理事长程启坤研究员，茅盾文学奖得主王旭烽教授，西南大学刘勤晋教授，中国社会科学院沈冬梅研究员，中国茶叶博物馆原馆长王建荣研究员，宝鸡法门寺博物馆李新玲研究员，江西省社会科学院余悦研究员，中国农业科学院茶叶研究所虞富莲研究员、权启爱研究员，浙江大学王岳飞教授、屠幼英教授，安徽农业大学丁以寿教授，中国茶叶流通协会梅宇秘书长和朱仲海主任，浙江农林大学苏祝成教授、关剑平教授和潘城讲师，清华大学人文学院夏虞南博士，茶文化家谱国学学者竺济法，浙江省茶艺技能大师倪晓英，台湾学者姜育发，香港学者叶惠民，澳门学者罗庆江等，无论是提供史料，还是指导编写都给予了我支持和帮助。

　　此外，还有张顺高、梁婷玉、祝梁基、钟斐、张莉颖、许廉明，以及日本朋友工藤佳治、棚桥篁峰、汤浅熏、顾雯，韩国朋友姜美爱、张祯砚，美国朋友奥斯汀、马修、高涵，德国朋友祝健诚，意大利朋友查立伟，马来西亚朋友萧慧娟，澳大利亚朋友大卫等，众多海内外同人和好友，也积极为我提供宝贵资料。我的助手刘蒙裕、鲍云燕在资料整理、图表制作、前期校勘等方面付出了辛勤劳动。

　　这里，我要特别感谢几位大家：一位是"茶界泰斗""当代十大茶人"之一，为中国茶叶事业发展作出重大贡献，时年108岁的张天福老人；一位是茅盾文学奖得主、茶人"三部曲"作者、浙江农林大学茶文化学院院长王旭烽教授；一位是全国人大代表、嵩山少林寺方丈释永信，当他们获知绌作即将问世之际，欣然命笔，作序题词，为本书增添了光辉。

　　最后，我还要提一下我的夫人陈佩芳，当我接受任务后，她从犹豫转变成我的鼎力支持者，为确保我完成写作任务，倾力做好各项后勤服务工作，不但平时更加注重调配饭菜营养，定时送药倒水；还为我查找资料、做卡片，直至打字、复印、校正等工作，将她从大学学得的茶学知识发挥得淋漓尽致，倾情付出。

如此，历经三年多苦战，将我在半个多世纪中学习和积累的有关研究心得和实践认知全盘托出，在此基础上终于完成了《中国茶文化学》写作初稿任务。但即便如此，我依然深深感到这部书稿的完成和出版，没有前人的知识积累，没有众多高人的倾心相助，没有出版社全力支持，仅靠个人的力量是无法完成这项写作工程的。所以，本书的出版，坦率地说：应是众人共同努力的结果，也是集体智慧凝聚的结晶，在此深表感谢！

如今，一部完整的《中国茶文化学》即将展现在我们面前，思前想后：我在深深感受这部新作意义所在，深深感慨这工作的艰辛，深深感谢各位同仁的鼎力相助的同时，也深深感知限于本人学识，还有尚可提升的空间。如果本书的出版能在茶及茶文化的历史长河中，倘能泛起一波新的浪花，也就非常知足了。在此，期望能得到各位方家的赐教，更期待今后能有更为完善的版本问世。

姚国坤于杭州

2017年7月29日